红外探测器

(原书第2版)

(波兰) ANTONI ROGALSKI 著
周海宪 程云芳 译
周华君 程 林 校

机械工业出版社

本书有三个鲜明特点：第一，内容十分丰富，该书由四部分23章组成，概述了红外探测器的发展史，详细介绍了各种红外探测器的当前状况，同时根据相关理论预测了其性能极限；第二，内容非常系统，不仅介绍了红外探测技术的基础知识，而且还较为详细地阐述了各种类型的探测器，可使读者对红外探测器有全面了解，又能侧重自己从事的研究项目；第三，内容极具先进性，囊括了各种成熟的红外探测器和研究课题，同时介绍了曾经研究但尚未完全成功应用的一些项目，分析了其中的主要原因，指出未来可能的发展方向。

本书参考了大量的会议文献和技术资料，并根据原书作者研究团队的研究成果和经验，分析和列出了目前已经达到的最高性能，无疑给读者提供了一个参考基准，是一部非常有价值的参考书。

本书可供光电子领域特别是航空航天方向从事红外光学仪器设计、器件设计及研究的工程师和研究人员使用，也可作为大专院校相关专业师生的参考用书。

Infrared Detectors, second edition/by Antonio Rogalski/ISBN：9781420076714

Copyright ©2011 by Taylor and Francis Group, LLC.

Authorized translation from English language edition published by CRC Press, part of Taylor & Francis Group LLC; All rights reserved.

Copies of this book sold without a Taylor & Francis Sticker on the cover are unauthorized and illegal.

本书封面贴有Taylor & Francis公司防伪标签，无标签者不得销售.

本书版权登记号：图字01-2012-1007号。

图书在版编目（CIP）数据

红外探测器：原书第2版/（波）罗格尔斯基（Rogalski, A.）著；周海宪等译. —北京：机械工业出版社，2014.1（2025.1重印）

书名原文：Infrared detectors

ISBN 978-7-111-45197-6

Ⅰ.①红… Ⅱ.①罗…②周… Ⅲ.①红外探测器 Ⅳ.①TN215

中国版本图书馆CIP数据核字（2013）第304400号

机械工业出版社（北京市百万庄大街22号　邮政编码100037）
策划编辑：王　欢　责任编辑：王　欢
版式设计：霍永明　责任校对：刘志文
封面设计：赵颖喆　责任印制：单爱军
北京虎彩文化传播有限公司印刷
2025年1月第1版第6次印刷
184mm×260mm・52.5印张・2插页・1306千字
标准书号：ISBN 978-7-111-45197-6
定价：268.00元

凡购本书，如有缺页、倒页、脱页，由本社发行部调换

电话服务	网络服务
社服务中心：（010）88361066	教材网：http://www.CMPedu.com
销售一部：（010）68326294	机工官网：http://www.cmpbook.com
销售二部：（010）88379649	机工官博：http://weibo.com/cmp1952
读者购书热线：（010）88379203	封底无防伪标均为盗版

译 者 序

在自然界中，温度高于绝对零度的任何物体，都会不断地向四周辐射红外谱线，物体各部位温度不同，辐射率不同，就会显示出不同的辐射特征。物体发出的辐射，都要通过大气传输才能到达红外接收装置。由于大气中二氧化碳、水蒸气等气体对红外辐射会产生选择性吸收和微粒散射，使红外辐射发生不同程度的衰减。通常，将红外大气窗口（简称红外窗口）分为近红外（Near Infrared，NIR）（0.76~1.1μm）、短波红外（Short Wavelength Infrared，SWIR）（1~3μm）、中波红外（Medium Wavelength Infrared，MWIR）（3~6μm）、长波红外（Long Wavelength，LWIR）（6~15μm）、甚长波红外（Very Long Wavelength Infrared，VLWIR）（15~30μm）、远红外（Far Infrared，FIR）（30~100μm）和亚毫米波（Sub-millimeter，SubMM）（100~1000μm）。但目前，最常使用的三个是近红外、中波红外和长波红外（包括军事和民用）。

众所周知，人眼能直接感知的光谱范围是400~700nm，而红外线是一种人眼不可见的光波。红外探测技术是利用目标与背景间的红外辐射差所形成的热点或图像获取目标及背景信息。由于红外系统所探测的目标处于各自的特定背景之中，从而使探测过程复杂化。因此，在设计红外系统时，不但要考虑红外辐射在大气中的传输效应，还要采用抑制背景技术以提高红外系统探测和识别目标的能力。

根据全国科学技术名词审定委员会确定的规范，红外探测器定义为：能把接收的红外辐射能量转换成一种便于计量的物理量的器件。因此，红外探测器（Infrared Detector）是非常关键的器件，它要察觉红外辐射的存在并测量其强弱，并可以将入射的红外辐射经光电转换，变为人眼可观察的图像。

在原理上，红外探测器可以分为两大类：热探测器和光子探测器。

第一类热探测器，在吸收红外辐射后，使探测材料的温度、电动势、电阻率及自发极化强度等发生变化，根据这些变化就可以测定探测目标的红外辐射能量或功率。热探测器包括①高莱气动红外探测器；②热电偶和热电堆；③非制冷红外成像阵列；④测辐射热计（热敏电阻）；⑤热释电探测器。第二类光子探测器，在吸收光子后产生内和外光电效应，从而可以测定吸收的光子数。光子探测器包括①光电导探测器（光敏电阻）；②光伏探测器；③光发射肖特基（Schottky）势垒探测器；④量子阱红外探测器（Quantum Well Infrared Photodetector，QWIP）。

由于红外探测技术有其独特优点：①环境适应性好，在夜间和恶劣气候条件下的工作能力优于可见光；②隐蔽性好，不易被干扰；③识别伪装目标的能力优于可见光；④体积小、重量轻、功耗低。因此，红外探测器在军事、国防和民用领域都得到了广泛研究和应用，特别是在军事方面的强烈需求和相关技术发展的推动下，作为高新技术的红外探测技术未来将会有更加广泛的应用和极其重要的地位。

绝大多数红外探测器的研究和发展都是为了满足军事需求。虽然，20世纪最后10年以来，和平领域的应用不断增大，如全球监控环境污染和气候变化、对农作物产量的长期预测、化学工艺监控、傅里叶变换红外光谱术、红外天文学、汽车驾驶、医学诊断中的红外成像以及其它领域中的应用（如刑侦、安全防范、森林防火、电力及通信巡线、场院看护等）。但至今，绝大多数红外探测器应用仍以军事应用为主，如反装甲（坦克）武器制导、防空武器制导、舰载火控、前视红外（Forward Looking Infrared，FLIR）成像系统、红外搜索跟踪（Infrared Search and Track，IRST）系统，点源探测和成像系统以及导弹导引头等。在夜间和恶劣气候条件下，在高强度电子对抗、光电对抗的战场环境中，红外探测系统的优越性得到更充分的发挥。另外，大气层外空间最适用的是红外探测系统。红外探测是空间探测、侦察卫星、导弹预警卫星采用的主要手段，也是气象、资源普查、遥感卫星必备的探测方式。

一个理想的红外探测器应当具备下述条件：①良好的线性输入-输出特性；②高量子效率（或者高探测率）；③正常条件（非低温或超低温）下可靠工作；④响应速度快，时间常数小；⑤工作波段应与被测目标的辐射光谱相适应。对红外探测器的研究主要集中在以下几个方面：

1）充分利用大气窗口，探测器光谱响应从近红外光谱扩展到长波红外光谱，甚至甚长波红外光谱；

2）实现对目标的非制冷探测；

3）从单元器件发展到多元、"凝视"型焦平面阵列，以及探测器与读出电路实现单片集成，从而无需笨重和缓慢的光机扫描模式；

4）采用镶嵌式结构，满足大尺寸红外探测器的需求；

5）由单波段发展到双波段甚至多波段的红外探测器。

研制新一代红外探测器涉及物理、化学、材料、机械、微电子、计算机等诸多学科，并都是各领域的高端科学技术，如红外材料生长工艺（MBE、LPE㊀等）、新型材料和器件的研制技术（二极管和异质结结构）、先进的测试和封装方法、精密的光学机械制造技术（二元光学透镜阵列、微透镜阵列和微光机电系统）以及硅读出集成电路（Readout Integrate Cirluit，ROIC）和数字处理技术等。

近20年来，红外探测器技术发展极其迅速，新型红外材料（如三元合金和四元合金）、微米和纳米光学制造技术（如微光学、微机电学和微光机电系统制造技术）、分子束外延（MBE）生长技术、量子阱（Quantum Well，QW）和量子点（Quantum Dot，QD）生长工艺对红外探测器的快速发展起着重要作用，使红外探测器从概念到性能都有了极大突破，红外探测器技术发生了很大变化。在此期间，召开了一系列有关红外探测器技术的国际会议，发表和公布了大量的相关文章及数据，提供了大量珍贵的参考文献。为了与时俱进地适应上述变化，同时使光电子学领域的研究人员更加系统和完整地理解红外探测器新的设计、制造和封装技术，出版一本"红外探测器"专著势在必行。安东尼·罗格尔斯基（Antoni Rogalski）教授撰写的本书英文原版——《红外探测器（Infrared Detectors）》——应运而生，而第2版在第1版（2000年）的基础上进行了重大修订。

安东尼·罗格尔斯基（Antoni Rogalski）先生分别于1976年和1982年获得技术物理学

㊀ MBE：Molecule Beam Epitaxy，分子束外延。
LPE：Liquid Phase Epitaxy，液相外延。

和电子学方面的学术研究型博士和理学博士，是波兰华沙军事技术大学应用物理研究所教授、所长和固体物理系主任，并担任波兰及他国多所大学的客座教授；一直致力于红外光电子学，尤其是红外探测器的研究和教育事业，是红外光电子领域最主要的研究者和国际资深专家，2004 年被推选为波兰科学院院士。在其科学研究生涯中，对不同类型的红外探测器理论、设计及制造技术都做出了开拓性贡献，尤其在红外探测器三元合金结构研究中，发明了一种新的碲镉汞（HgCdTe）三元合金探测器，例如铅盐、InAsSb、HgZnTe 和 HgMnTe，也因此在 1997 年获得了波兰自然科学基金奖（波兰最具声望的奖项）。

安东尼·罗格尔斯基教授取得的主要科学成就包括确定了 InAsSb、HgCdTe、HgZnTe、HgMnTe 和铅盐的主要物理参数；确定了三元合金探测器的最终性能；精心从事 $3 \sim 5 \mu m$ 和 $8 \sim 12 \mu m$ 光谱范围内高质量 PbSnTe、HgZnTe 和 HgCdTe 光敏二极管的研究。在他的带领下，对 HgCdTe 光敏二极管与其它类型光子探测器（尤其是量子阱红外光探测器和量子点红外光探测器）的性能极限进行了比较性探讨。

安东尼·罗格尔斯基教授在国际会议上做过约 50 次特邀报告，作为作者和共同作者发表过 200 多篇科技论文和 11 本著作，并参加了 13 本著作有关章节的编写。他是国际光学工程协会（International Society of Optical Engineering，SPIE）成员，波兰光电子委员会副主席，波兰科学院电子通信分部副主席，《Opto-Electronics Review》杂志总编辑，波兰科学院院刊《Technical Science》副主编，《红外和毫米波（Infrared and Millimeter Waves）》期刊和《国际物理述评（International Review of Physics）》杂志编委。同时，安东尼·罗格尔斯基教授是国际技术委员会的热心成员，是光电子器件和材料科学领域国内外众多会议的科学委员会成员、组织者、主席和共同主席。

本书有三个鲜明特点：第一，内容十分丰富，该书由四个部分共 23 章组成，包括 638 幅插图和 90 个列表，既概述了红外探测器的发展史（从第一个红外探测器诞生开始），又详细介绍了各种红外探测器的当前状况，同时根据相关理论预测了其性能极限；第二，内容非常系统，不仅介绍了红外探测技术的基础知识，而且还较为详细地阐述了各种类型的探测器，因此，既可以使读者对红外探测器有全面了解，又能侧重自己从事的研究项目；第三，内容极具先进性，该书囊括了各种成熟的红外探测器和研究课题；同时，还介绍了曾经研究但尚未完全成功应用的一些项目，分析了其中的主要原因，指出未来可能的发展方向。本书参考了大量的会议文献和技术资料，并根据研究成果和经验，分析和列出了目前已经达到的最高性能，无疑给读者提供了一个参考基准，是一部非常有价值的参考书。

本书由四部分共 23 章组成：

第 I 部分　红外探测技术的基础知识
　第 1 章　辐射度学
　第 2 章　红外探测器的性质
　第 3 章　红外探测器的基本性能极限
　第 4 章　外差式探测技术
第 II 部分　红外热探测器
　第 5 章　温差电堆
　第 6 章　测辐射热计
　第 7 章　热释电探测器

第 8 章　新型热探测器

第Ⅲ部分　红外光子探测器

第 9 章　光子探测器理论

第 10 章　本征硅和锗探测器

第 11 章　非本征硅和锗探测器

第 12 章　光电发射探测器

第 13 章　Ⅲ-Ⅴ族（元素）探测器

第 14 章　碲镉汞（HgCdTe）探测器

第 15 章　Ⅳ-Ⅵ族（元素）探测器

第 16 章　量子阱红外光电探测器

第 17 章　超晶格红外探测器

第 18 章　量子点红外光电探测器

第Ⅳ部分　焦平面阵列

第 19 章　焦平面阵列结构概述

第 20 章　热探测器焦平面阵列

第 21 章　光子探测器焦平面阵列

第 22 章　太赫兹探测器和焦平面阵列

第 23 章　第三代红外探测器

在本书中文版的翻译、出版过程中，与安东尼·罗格尔斯基教授进行了充分的讨论和沟通，对原书中的印刷错误进行了修订，增加了"译者注"。为使读者更准确地理解和使用本书，保留了英文参考文献。

周海宪主要翻译了第 1~22 章，程云芳主要翻译了第 23 章。在美国工作的周华君和程林先生也参加了翻译工作，并对全书进行了认真核对。高级工程师张良、曾威、贾俊涛和程云芳完成了部分翻译工作之后，还对全书做了专业核对和最终审核。

本书的出版得到了清华大学教授、中国工程院院士金国藩先生，波兰华沙军事技术大学应用物理学院教授、波兰科学院院士安东尼·罗格尔斯基先生，北京理工大学王涌天教授的极大支持；参加翻译工作的还有常本康教授，孙隆和、祖成奎、孙维国和黄存新研究员，翟文军高级工程师，汪江华和李沛工程师，刘永祥、李志强、郭世勇、鲁保启、金朝瀚、郭华鹏、王增光、李艳、韩鹏、周华伟、张庆华、仇志刚等。

机械工业出版社电工电子分社的牛新国社长和王欢编辑对本书的出版给予了非常大的鼓励和支持，在此特别致以谢意！

本书可供工作在光电子学领域、空间传感器及系统、遥感、热成像、军事成像、光通信、红外光谱学、光探测和测距（利用 LIDAR）领域从事红外探测器设计和制造、光电子仪器总体设计、光学系统和光机结构设计的设计师和工程师阅读，也可用作大专院校相关专业本科生、研究生和教师的参考书。希望本书能够对军事、航空航天、天文学和民用光学仪器的设计和制造提供有益指导。

译者
2013 年 12 月

原 书 前 言

红外探测器的技术进步主要与光子探测器领域半导体红外探测器的发展有关。半导体红外探测器既有理想的信噪比性能，又有非常快的响应。然而，为了达到此目的，需要对光子探测器低温制冷。为了满足半导体光电探测器为基础的红外系统的制冷需要，系统会制造得很笨重、成本很昂贵且不便使用，所以制冷需求就成为较广泛使用此类红外系统的主要障碍。

直到20世纪90年代，尽管进行了大量的研究工作，并且期望能够在室温下工作并且成本较低，但是，与热成像应用中的制冷光子探测器相比，热探测器的研究所获得的发展很有限；只有热电光导摄像管受到了更多注意，希望寻找到某些实际的应用。在20世纪80年代和90年代初期，美国的许多公司（尤其是德州（Texas Instruments）仪器公司和霍尼韦尔（Honeywell）实验室）按照不同的热探测原理开展器件的研发工作，在20世纪90年代中期，该类项目的研制成功使美国国防部高等研究计划局（Defense Advanced Research Projects Agency，DARPA）减少了对碲镉汞（HgCdTe）项目的支持，试图在非制冷技术方面能取得大的飞跃；同时，希望生产具有良好性能的阵列，而对大相对孔径（或小 F 数）长波红外光学系统无需进行大的修改。

为适应红外探测器的这种新变化，必须综合介绍红外探测器物理学基础知识和工作原理，以及重要的参考文献。为此，2000年我首次编写出版了《红外探测器（Infrared Detectors）第1版》一书。此后10年，在探测器概念和性能方面都有了极大突破，已经发生了很大变化。显然，对本书内容必须进行重大修订。

本书（第2版）对第1版70%的内容进行了重新修改和更新，许多材料经再次组织和整理。本书分为四个部分：红外探测器基础知识，红外热探测器，红外光子探测器和焦平面阵列。第Ⅰ部分对该技术课题做了简单介绍，是整体了解不同类型红外探测器和系统的基础；第Ⅱ部分阐述不同类型热探测器的理论和技术；第Ⅲ部分介绍光子探测器的理论和技术；第Ⅳ部分是红外焦平面阵列的有关内容，讨论探测器阵列性能与红外系统之间的关系。

下面，简要介绍本书（第2版）和第1版的区别：在第Ⅰ部分，增加了红外探测器和系统分析所需要的辐射度学和光通量传输内容；在后面的两部分中，除了更新第1版中的传统问题外，还包含了新的红外探测器研究成果和趋势，最为明显的是：

- 新型非制冷探测器，如悬臂梁探测器（cantilever detectors）、天线及光耦合探测器（antenna and optically coupled detectors）；
- Ⅱ类超晶格结构红外探测器；
- 量子点红外探测器。

此外，还突出阐述设计和制造太赫兹（THz）阵列和三代红外探测器的新方法。现在，太赫兹技术受到了越来越多的关注，并且在人类活动的不同领域（安全、生物、毒品和爆炸物探测、气体指纹、成像等），使用该波段的器件也变得愈加重要。今天，研究人员正在研发具有更强功能的第三代系统，例如更多的像素、更高的帧速率、更好的热分辨率、多色功能和片上功能。

　　本书将奉献给那些希望对红外探测技术的最新进展进行综合分析和需要基本理解探测技术主要过程的读者。本书特别关注探测器性能的物理极限，并对不同类型探测器的性能做了比较。读者会更好地理解一个多世纪以来所研发的众多方法的相似和不同之处，以及其优点和缺点，从而提高红外辐射探测方面的能力。

　　本书适合接受过现代固体物理学和电子线路正规教育的物理系和工程系的研究生使用，同时，也供工作在空间传感器及系统、遥感、热成像、军事成像、光通信、红外光谱学、光探测和测距（利用 LIDAR）领域的技术人员阅读。为了满足前者的需求，许多章节在阐述每项课题的最新科技资料之前，首先介绍其工作原理及历史背景。对目前工作在该领域的读者，可以将本书看成资料的汇总和积累，作为文献指南以及对各领域应用项目的述评。本书还可以作为相关工厂技术人员和短期学习班学员的参考书。

　　本书对红外探测技术的最新进展做了全面分析，对探测技术非常重要的主要过程进行了基本讨论。本书涵盖了红外探测器的方方面面，包括理论、材料类型、物理性质及其制造技术。

安东尼·罗格尔斯基
（Antoni　Rogalski）

致　　谢

　　在本书的编撰过程中，得到许多人的帮助和支持。首先，我想感谢波兰华沙（Warsaw）军事技术大学（Military University of Technology）应用物理学院（Institute of Applied Physics），为本书的编写提供了良好的环境。本书编写的部分内容是在波兰科学和高等教育部的财政支持（重点项目 POIG. 01. 03. 01-14-016/08 "新型光子材料及其先进应用"）下完成的。

　　与红外探测器技术领域内积极工作的许多科学家的和谐合作，使本书作者受益匪浅。华沙军事技术大学应用物理学院的同事们提供的许多资料以及与他们进行的有益讨论，非常有助于本书的编写准备工作。非常感谢下列人员在本书出版过程中提供的初稿、未发表的资料以及某些原图：L. Faraone 博士和 J. Antoszewski 博士（University of Western Australia，Perth）J. L. Tissot 博士（Ulis，Voroize，France）、S. D. Gunapala 博士（California Institute of Technology，Pasadena）、M. Kimata 博士（Ritsumeikan University，Shiga，Japan）、M. Razeghi 博士（Northwestern University，Evanston，Illinois）、M. Z. Tidrow 博士和 P. Norton 博士（U. S. Army RDECOM CERDEC NVESD，Fort Belvoir，Virginia）、S. Krishna 博士（University of New Mexico，Albuquerque）、H. C. Liu 博士（National Research Council，Ottawa，Canada）、G. U. Perera/先生（Georgia State University，Atlanta）、J. Piotrowski 教授（Vigo System Ltd.，Ożarów Mazowieki，Poland）、M. Reine 博士（Lockheed Martin IR Imaging Systems，Lexington，Massachusetts）、F. F. Sizov 博士（Institute of Semiconductor Physics，Kiev，Ukraine）和 H. Zogg 博士（AFIF at Swiss Federal Institute of Technology，Zürich）。还要感谢 CRC 出版社，特别是 Luna Han 女士，在本书再版过程中的合作和照顾，并一直鼓励作者撰写第 2 版。

　　最后，感谢我的家庭对我的鼓励、理解和支持，使我有勇气从事本书的撰写，并最终得到出版。

作者简介

作者安东尼·罗格尔斯基（Antoni Rogalski）是波兰华沙军事技术大学应用物理学院教授，红外光电子学领域最主要的研究人员之一。在其科学研究生涯中，对不同类型红外探测器理论、设计和制造技术都做出了开拓性贡献，主要是发明了新型锑铬汞（HgCdTe）三元合金探测器，例如铅盐、InAsSb、HgZnTe 和 HgMnTe。为了表彰在红外探测器三元合金结构中的研究成就，1997 年他获得波兰自然科学基金奖（波兰最有声望的奖项），2004 年被推选为波兰科学院院士。

安东尼·罗格尔斯基教授的科学成就包括确定了 InAsSb、HgCdTe、HgZnTe、HgMnTe 和铅盐的主要物理参数；确定了三元合金探测器的最终性能；精心从事 $3\sim 5\mu m$ 和 $8\sim 12\mu m$ 光谱范围内高质量 PbSnTe、HgZnTe 和 HgCdTe 光敏二极管的研究，并在其领导下，对 HgCdTe 光敏二极管与其它类型的光子探测器（尤其是量子阱红外光探测器和量子点红外光探测器）的性能极限进行了比较性研究。

安东尼·罗格尔斯基教授在国际会议上做过约 50 次特邀报告，作为作者和共同作者发表过 200 多篇科技论文、撰写了 11 本著作，以及参与编写 13 本书的有关章节；是国际光学工程协会（SPIE）成员，波兰光电子委员会副主席，波兰科学院电子通信分部副主席，Opto-Electronics Review 杂志总编辑，波兰科学院院刊 Technical Science 副主编，红外和毫米波（Infrared and Millimeter Waves）期刊和国际物理述评（International Review of Physics）杂志编委。

安东尼·罗格尔斯基教授是国际技术委员会的热心成员，光电子器件和材料科学领域国内外众多会议的科学委员会成员、组织者、主席和共同主席。

目　　录

译者序
原书前言
致谢
作者简介

第 I 部分　红外探测技术的基础知识

第 1 章　辐射度学 ·· 2
1.1　辐射度学和光度学的相关量和单位 ··· 3
1.2　辐射度学物理量的定义 ··· 5
1.3　辐射率 ··· 6
1.4　黑体辐射 ··· 9
1.5　发射率（比辐射率）·· 12
1.6　红外光学系统 ·· 13
1.7　红外系统辐射度学的相关概念 ··· 16
　　1.7.1　夜视系统 ··· 16
　　1.7.2　大气透射和红外光谱 ·· 19
　　1.7.3　景物辐射和对比度 ·· 20
参考文献 ·· 21

第 2 章　红外探测器的性质 ·· 22
2.1　现代红外技术的发展史 ··· 24
2.2　红外探测器分类 ·· 28
2.3　红外探测器制冷 ·· 31
　　2.3.1　低温杜瓦瓶 ··· 31
　　2.3.2　焦耳-汤普森制冷器 ·· 32
　　2.3.3　斯特林循环制冷技术 ·· 32
　　2.3.4　珀耳帖制冷器 ··· 33
2.4　探测器的品质因数 ··· 33
　　2.4.1　响应度 ·· 34
　　2.4.2　噪声等效功率 ··· 34
　　2.4.3　探测率 ·· 34
2.5　基本的探测率极限 ··· 35
参考文献 ·· 40

第 3 章　红外探测器的基本性能极限 ··· 44
3.1　热探测器 ··· 44
　　3.1.1　工作原理 ··· 44
　　3.1.2　噪声机理 ··· 47

3.1.3　比探测率和基本极限 ··· 48
3.2　光子探测器 ·· 52
　　3.2.1　光子探测过程 ·· 52
　　3.2.2　光子探测器的理论模型 ·· 55
　　　　3.2.2.1　光学生成噪声 ··· 56
　　　　3.2.2.2　热生成和复合噪声 ·· 57
　　3.2.3　光电探测器的最佳厚度 ·· 58
　　3.2.4　探测器材料的品质因数 ·· 58
　　3.2.5　减小器件体积以提高性能 ··· 60
3.3　光子和热探测器基本限制的比较 ·· 62
3.4　光电探测器的建模 ·· 66
参考文献 ·· 68

第4章　外差式探测技术 ··· 72
参考文献 ·· 80

第Ⅱ部分　红外热探测器

第5章　温差电堆 ··· 84
5.1　温差电堆的基本工作原理 ··· 84
5.2　品质因数 ·· 87
5.3　热电材料 ·· 89
5.4　利用微机械技术制造温差电堆 ·· 93
　　5.4.1　设计优化 ·· 93
　　5.4.2　温差电堆的结构布局 ·· 94
　　5.4.3　微温差电堆技术 ··· 95
参考文献 ·· 97

第6章　测辐射热计 ··· 100
6.1　测辐射热计的基本工作原理 ··· 100
6.2　测辐射热计类型 ·· 102
　　6.2.1　金属测辐射热计 ··· 102
　　6.2.2　热敏电阻 ·· 103
　　6.2.3　半导体测辐射热计 ··· 104
　　6.2.4　微型室温硅测辐射热计 ·· 107
　　　　6.2.4.1　测辐射热计的传感材料 ··· 109
　　　　6.2.4.2　氧化钒 ·· 109
　　　　6.2.4.3　非晶硅 ·· 110
　　　　6.2.4.4　硅二极管 ·· 111
　　　　6.2.4.5　其它材料 ·· 111
　　6.2.5　超导测辐射热计 ··· 112
　　6.2.6　高温超导测辐射热计 ·· 116
6.3　热电子测辐射热计 ·· 121
参考文献 ·· 124

第7章　热释电探测器 ··· 132

7.1 热释电探测器的基本工作原理 ………………………………………………………… 132
　7.1.1 响应度 ……………………………………………………………………………… 133
　7.1.2 噪声和探测率 ……………………………………………………………………… 136
7.2 热释电材料选择 ………………………………………………………………………… 138
　7.2.1 单晶 ………………………………………………………………………………… 141
　7.2.2 热释电聚合物 ……………………………………………………………………… 142
　7.2.3 热释电陶瓷 ………………………………………………………………………… 142
　7.2.4 电介质测辐射热计 ………………………………………………………………… 144
　7.2.5 材料选择 …………………………………………………………………………… 145
7.3 热释电摄像机 …………………………………………………………………………… 146
参考文献 ……………………………………………………………………………………… 147

第8章 新型热探测器 …………………………………………………………………… 150
8.1 高莱辐射计 ……………………………………………………………………………… 150
8.2 新型非制冷探测器 ……………………………………………………………………… 152
　8.2.1 电耦合悬臂梁结构 ………………………………………………………………… 153
　8.2.2 光学耦合悬臂梁结构 ……………………………………………………………… 156
　8.2.3 热-光传感器 ……………………………………………………………………… 160
　8.2.4 天线耦合微测辐射热计 …………………………………………………………… 161
8.3 热探测器性能比较 ……………………………………………………………………… 163
参考文献 ……………………………………………………………………………………… 164

第Ⅲ部分 红外光子探测器

第9章 光子探测器理论 ………………………………………………………………… 170
9.1 光电导探测器 …………………………………………………………………………… 170
　9.1.1 本征光电导理论 …………………………………………………………………… 170
　　9.1.1.1 扫出效应 …………………………………………………………………… 172
　　9.1.1.2 光电导体中的噪声机理 …………………………………………………… 174
　　9.1.1.3 量子效率 …………………………………………………………………… 176
　　9.1.1.4 光电导体的最终性质 ……………………………………………………… 177
　　9.1.1.5 背景影响 …………………………………………………………………… 178
　　9.1.1.6 表面复合的影响 …………………………………………………………… 178
　9.1.2 非本征光电导理论 ………………………………………………………………… 179
　9.1.3 本征和非本征红外探测器的工作温度 …………………………………………… 187
9.2 p-n 结光敏二极管 ……………………………………………………………………… 190
　9.2.1 理想扩散限 p-n 结 ………………………………………………………………… 192
　　9.2.1.1 扩散电流 …………………………………………………………………… 192
　　9.2.1.2 量子效率 …………………………………………………………………… 193
　　9.2.1.3 噪声 ………………………………………………………………………… 194
　　9.2.1.4 比探测率 …………………………………………………………………… 196
　9.2.2 实际的 p-n 结 ……………………………………………………………………… 197
　　9.2.2.1 生成-复合电流 …………………………………………………………… 198
　　9.2.2.2 隧穿电流 …………………………………………………………………… 200

  9.2.2.3 表面漏电流 ········· 201
  9.2.2.4 空间电荷限电流 ········· 203
 9.2.3 响应时间 ········· 204
9.3 p-i-n 光敏二极管 ········· 206
9.4 雪崩光敏二极管 ········· 209
9.5 肖特基势垒光敏二极管 ········· 214
 9.5.1 肖特基-莫特理论及其修正 ········· 214
 9.5.2 电流传输过程 ········· 216
 9.5.3 硅化物 ········· 217
9.6 金属-半导体-金属光敏二极管 ········· 218
9.7 金属-绝缘体-半导体光敏二极管 ········· 220
9.8 非平衡光敏二极管 ········· 224
9.9 nBn 探测器 ········· 225
9.10 光电磁、磁致浓差和登伯探测器 ········· 226
 9.10.1 光电磁探测器 ········· 227
  9.10.1.1 光电磁效应 ········· 227
  9.10.1.2 利乐解 ········· 228
  9.10.1.3 制造技术和性能 ········· 229
 9.10.2 磁致浓差探测器 ········· 230
 9.10.3 登伯探测器 ········· 231
9.11 光子牵引探测器 ········· 234
参考文献 ········· 236
第 10 章 本征硅和锗探测器 ········· 246
10.1 硅光敏二极管 ········· 247
10.2 锗光敏二极管 ········· 254
10.3 锗化硅光敏二极管 ········· 256
参考文献 ········· 258
第 11 章 非本征硅和锗探测器 ········· 261
11.1 非本征探测技术 ········· 262
11.2 非本征光电探测器的工作特性 ········· 264
11.3 非本征光电导体的性能 ········· 265
 11.3.1 硅掺杂光电导体 ········· 265
 11.3.2 锗掺杂光电导体 ········· 268
11.4 受阻杂质带器件 ········· 269
11.5 固态光电倍增管 ········· 273
参考文献 ········· 273
第 12 章 光电发射探测器 ········· 278
12.1 内光电发射过程 ········· 278
 12.1.1 散射效应 ········· 281
 12.1.2 暗电流 ········· 283
 12.1.3 金属电极 ········· 283
12.2 肖特基势垒探测器截止波长的控制 ········· 285

| 12.3 肖特基势垒探测器的结构优化和制造 ⋯⋯ 285
| 12.4 新型内光电发射探测器 ⋯⋯ 287
| 12.4.1 异质结内光电发射探测器 ⋯⋯ 287
| 12.4.2 同质结内光电发射探测器 ⋯⋯ 288
| **参考文献** ⋯⋯ 290
| **第 13 章 Ⅲ-V 族（元素）探测器** ⋯⋯ 295
| 13.1 Ⅲ-V 族窄带隙半导体的物理性质 ⋯⋯ 295
| 13.2 InGaAs 光敏二极管 ⋯⋯ 301
| 13.2.1 p-i-n InGaAs 光敏二极管 ⋯⋯ 302
| 13.2.2 InGaAs 雪崩光敏二极管 ⋯⋯ 304
| 13.3 二元Ⅲ-V 探测器 ⋯⋯ 308
| 13.3.1 InSb 光电导探测器 ⋯⋯ 308
| 13.3.2 InSb 光电磁探测器 ⋯⋯ 309
| 13.3.3 InSb 光敏二极管 ⋯⋯ 310
| 13.3.4 InAs 光敏二极管 ⋯⋯ 318
| 13.3.5 InSb 非平衡光敏二极管 ⋯⋯ 321
| 13.4 三元和四元Ⅲ-V 探测器 ⋯⋯ 323
| 13.4.1 InAsSb 探测器 ⋯⋯ 324
| 13.4.1.1 InAsSb 光电导体 ⋯⋯ 324
| 13.4.1.2 InAsSb 光敏二极管 ⋯⋯ 327
| 13.4.2 以 GaSb 三元和四元合金为基础的光敏二极管 ⋯⋯ 333
| 13.5 以 Sb 为基础的新型Ⅲ-V 窄带隙光电探测器 ⋯⋯ 337
| 13.5.1 InTlSb 和 InTlP ⋯⋯ 337
| 13.5.2 InSbBi ⋯⋯ 338
| 13.5.3 InSbN ⋯⋯ 338
| **参考文献** ⋯⋯ 338
| **第 14 章 碲镉汞（HgCdTe）探测器** ⋯⋯ 351
| 14.1 HgCdTe 探测器的发展史 ⋯⋯ 351
| 14.2 HgCdTe 材料：技术和性质 ⋯⋯ 354
| 14.2.1 相图 ⋯⋯ 354
| 14.2.2 晶体生长技术 ⋯⋯ 355
| 14.2.3 缺陷和杂质 ⋯⋯ 362
| 14.2.3.1 固有缺陷 ⋯⋯ 362
| 14.2.3.2 掺杂物 ⋯⋯ 363
| 14.3 HgCdTe 的基本性质 ⋯⋯ 364
| 14.3.1 能带隙 ⋯⋯ 366
| 14.3.2 迁移率 ⋯⋯ 367
| 14.3.3 光学性质 ⋯⋯ 369
| 14.3.4 热生成-复合过程 ⋯⋯ 373
| 14.3.4.1 肖克莱-里德过程 ⋯⋯ 373
| 14.3.4.2 辐射过程 ⋯⋯ 374
| 14.3.4.3 俄歇过程 ⋯⋯ 375

14.4 俄歇效应为主的光电探测器性能 … 378
  14.4.1 平衡型器件 … 378
  14.4.2 非平衡型器件 … 379
14.5 光电导探测器 … 380
  14.5.1 探测技术 … 381
  14.5.2 光电导探测器的性能 … 382
    14.5.2.1 工作在温度77K的器件 … 382
    14.5.2.2 工作温度高于77K的器件 … 386
  14.5.3 俘获模式光电导体 … 388
  14.5.4 排斥光电导体 … 389
  14.5.5 扫积型探测器 … 392
14.6 光伏探测器 … 397
  14.6.1 结的形成 … 397
    14.6.1.1 Hg向内扩散 … 398
    14.6.1.2 离子束铣 … 399
    14.6.1.3 离子植入 … 399
    14.6.1.4 反应离子刻蚀 … 402
    14.6.1.5 生长期间掺杂 … 402
    14.6.1.6 钝化 … 404
    14.6.1.7 接触层金属化工艺 … 406
  14.6.2 对HgCdTe光敏二极管性能的主要限制 … 407
  14.6.3 对HgCdTe光敏二极管性能的次要限制 … 419
  14.6.4 雪崩光敏二极管 … 423
  14.6.5 俄歇抑制光敏二极管 … 429
  14.6.6 金属-绝缘体-半导体光敏二极管 … 433
  14.6.7 肖特基势垒光敏二极管 … 436
14.7 Hg基探测器 … 437
  14.7.1 晶体生长 … 437
  14.7.2 物理性质 … 438
  14.7.3 HgZnTe光电探测器 … 440
  14.7.4 HgMnTe光电探测器 … 442

参考文献 … 444

第15章 IV-VI族（元素）探测器 … 469

15.1 材料制备和性质 … 469
  15.1.1 晶体生长 … 469
  15.1.2 缺陷和杂质 … 472
  15.1.3 物理性质 … 473
  15.1.4 生成-复合过程 … 477
15.2 多晶光电导探测器 … 481
  15.2.1 多晶铅盐的沉积 … 481
  15.2.2 制造技术 … 482
  15.2.3 性能 … 483
15.3 p-n结光敏二极管 … 486

15.3.1　性能限 ………………………………………………………………………………… 486
　　15.3.2　技术和性质 …………………………………………………………………………… 489
　　　　15.3.2.1　扩散光敏二极管 …………………………………………………………… 492
　　　　15.3.2.2　离子植入 …………………………………………………………………… 493
　　　　15.3.2.3　异质结 ……………………………………………………………………… 493
15.4　肖特基势垒光敏二极管 ……………………………………………………………………… 495
　　15.4.1　肖特基势垒的相关争议问题 …………………………………………………………… 496
　　15.4.2　技术和性质 ……………………………………………………………………………… 498
15.5　非寻常薄膜光敏二极管 ……………………………………………………………………… 503
15.6　可调谐谐振腔增强型探测器 ………………………………………………………………… 505
15.7　铅盐与 HgCdTe ……………………………………………………………………………… 507
参考文献 …………………………………………………………………………………………………… 509

第16章　量子阱红外光电探测器 …………………………………………………………………… 521
16.1　低维固体：基础知识 ………………………………………………………………………… 521
16.2　多量子阱和超晶格结构 ……………………………………………………………………… 526
　　16.2.1　成分超晶格结构 ………………………………………………………………………… 527
　　16.2.2　掺杂超晶格结构 ………………………………………………………………………… 529
　　16.2.3　子带间光学跃迁 ………………………………………………………………………… 530
　　16.2.4　子带间弛豫时间 ………………………………………………………………………… 533
16.3　光电导量子阱红外光电探测器 ……………………………………………………………… 534
　　16.3.1　制造技术 ………………………………………………………………………………… 536
　　16.3.2　暗电流 …………………………………………………………………………………… 537
　　16.3.3　光电流 …………………………………………………………………………………… 542
　　16.3.4　探测器性能 ……………………………………………………………………………… 543
　　16.3.5　量子阱红外光电探测器与碲镉汞探测器 …………………………………………… 546
16.4　光伏量子阱红外光电探测器 ………………………………………………………………… 548
16.5　超晶格微带量子阱红外光电探测器 ………………………………………………………… 551
16.6　光耦合 ………………………………………………………………………………………… 552
16.7　其它相关器件 ………………………………………………………………………………… 555
　　16.7.1　p 类掺杂 GaAs/AlGaAs 量子阱红外光电探测器 …………………………………… 555
　　16.7.2　热电子晶体管探测器 …………………………………………………………………… 557
　　16.7.3　SiGe/Si 量子阱红外光电探测器 ……………………………………………………… 558
　　16.7.4　采用其它材料体系的量子阱红外光电探测器 ……………………………………… 560
　　16.7.5　多色探测器 ……………………………………………………………………………… 561
　　16.7.6　集成发光二极管量子阱红外光电探测器 …………………………………………… 564
参考文献 …………………………………………………………………………………………………… 565

第17章　超晶格红外探测器 ………………………………………………………………………… 576
17.1　HgTe/HgCdTe 超晶格 ………………………………………………………………………… 576
　　17.1.1　材料性质 ………………………………………………………………………………… 576
　　17.1.2　超晶格光敏二极管 ……………………………………………………………………… 580
17.2　应变层超晶格 ………………………………………………………………………………… 583
17.3　InAsSb/InSb 应变层超晶格光敏二极管 …………………………………………………… 584

17.4 InAs/GaInSb II 类应变层超晶格	585
17.4.1 材料性质	586
17.4.2 超晶格光敏二极管	589
17.4.3 nBn 超晶格探测器	596
参考文献	598
第 18 章 量子点红外光电探测器	603
18.1 量子点红外光电探测器的制备和工作原理	603
18.2 量子点红外光电探测器的预期优势	606
18.3 量子点红外光电探测器模型	607
18.4 量子点红外光电探测器性能	611
18.4.1 R_0A 乘积	611
18.4.2 温度 78K 时的比探测率	611
18.4.3 高温性能	612
参考文献	614

第IV部分 焦平面阵列

第 19 章 焦平面阵列结构概述	618
19.1 概述	619
19.2 单片焦平面阵列结构	625
19.2.1 电荷耦合器件	626
19.2.2 互补金属氧化物半导体器件	629
19.3 混成型焦平面阵列	632
19.3.1 互连技术	633
19.3.2 读出集成电路	635
19.4 焦平面阵列的性能	640
19.4.1 噪声等效温差	640
19.4.2 读出电路对噪声等效温差的影响	643
19.4.2.1 HgCdTe 光敏二极管和量子阱红外光电探测器的读出电路限噪声等效温差	645
19.5 最小可分辨温差	646
19.6 自适应焦平面阵列	647
参考文献	649
第 20 章 热探测器焦平面阵列	653
20.1 热电堆焦平面阵列	655
20.2 测辐射热计焦平面阵列	659
20.2.1 制造技术	662
20.2.2 焦平面阵列性能	664
20.2.3 封装	669
20.3 热释电焦平面阵列	670
20.3.1 线阵列	670
20.3.2 混成型结构	672
20.3.3 单片结构	674
20.3.4 对非制冷焦平面阵列商业市场的展望	677

20.4　新型非制冷焦平面阵列 ……………………………………………………………………… 678
参考文献 …………………………………………………………………………………………… 681

第 21 章　光子探测器焦平面阵列 ……………………………………………………………… 688
　　21.1　本征硅和锗焦平面阵列 ……………………………………………………………………… 688
　　21.2　非本征硅和锗焦平面阵列 …………………………………………………………………… 693
　　21.3　光电发射阵列 ………………………………………………………………………………… 698
　　21.4　Ⅲ-V 族（元素）焦平面阵列 ………………………………………………………………… 704
　　　　21.4.1　InGaAs 焦平面阵列 …………………………………………………………………… 704
　　　　21.4.2　InSb 焦平面阵列 ……………………………………………………………………… 708
　　　　　　21.4.2.1　混成型 InSb 焦平面阵列 ……………………………………………………… 709
　　　　　　21.4.2.2　单片 InSb 焦平面阵列 ………………………………………………………… 712
　　21.5　HgCdTe 焦平面阵列 ………………………………………………………………………… 715
　　　　21.5.1　单片焦平面阵列 ……………………………………………………………………… 717
　　　　21.5.2　混成型焦平面阵列 …………………………………………………………………… 718
　　21.6　铅盐焦平面阵列 ……………………………………………………………………………… 726
　　21.7　量子阱红外光电探测器阵列 ………………………………………………………………… 729
　　21.8　InAs/GaInSb 应力层超晶格焦平面阵列 …………………………………………………… 735
参考文献 …………………………………………………………………………………………… 737

第 22 章　太赫兹探测器和焦平面阵列 ………………………………………………………… 749
　　22.1　直接和外差太赫兹探测技术：概论 ………………………………………………………… 750
　　22.2　肖特基势垒结构 ……………………………………………………………………………… 754
　　22.3　对破坏中断光子探测器 ……………………………………………………………………… 757
　　22.4　热探测器 ……………………………………………………………………………………… 760
　　　　22.4.1　半导体测辐射热计 …………………………………………………………………… 761
　　　　22.4.2　超导热电子测辐射热计 ……………………………………………………………… 763
　　　　22.4.3　转换边界传感器测辐射热计 ………………………………………………………… 765
　　22.5　场效应晶体管探测器 ………………………………………………………………………… 769
　　22.6　结论 …………………………………………………………………………………………… 772
参考文献 …………………………………………………………………………………………… 772

第 23 章　第三代红外探测器 …………………………………………………………………… 781
　　23.1　多色探测技术的优越性 ……………………………………………………………………… 782
　　23.2　第三代探测器的技术要求 …………………………………………………………………… 783
　　23.3　HgCdTe 多色探测器 ………………………………………………………………………… 786
　　　　23.3.1　双波段 HgCdTe 探测器 ……………………………………………………………… 787
　　　　23.3.2　三色 HgCdTe 探测器 ………………………………………………………………… 795
　　23.4　多波段量子阱红外光电探测器 ……………………………………………………………… 797
　　23.5　Ⅱ类 InAs/GaInSb 双波段探测器 …………………………………………………………… 807
　　23.6　多波段量子点红外光电探测器 ……………………………………………………………… 809
参考文献 …………………………………………………………………………………………… 812
跋 ………………………………………………………………………………………………… 819

第Ⅰ部分
红外探测技术的基础知识

第1章 辐射度学

传统上，常将红外技术与控制功能相联系，简单地利用红外辐射的探测作用解决应用中的夜视问题，继而又根据温差和不同的辐射程度而形成红外图像（例如应用于侦查识别系统、坦克瞄准系统、反坦克导弹、空空导弹等），绝大多数研究和发展都是为了满足军事需求。20世纪最后10年以来，和平领域的应用不断增大（见图1.1），根据对商业市场的最近预测，该方面的产量约占70%，产值占40%。这在很大程度上与非制冷成像装置的批量生产有关[1]，包括医学、工业、地球资源和节能应用。医学应用包括红外热成像技术，其原理是，癌症或其它外伤会造成身体表皮温度升高，利用红外光对身体进行扫描，从而探测出病症所在；用卫星红外成像及地形测量对地球资源进行标定确认（例如利用该方法，可以确定土地和森林面积及其成分）。在某些情况中，甚至可以根据空间确定一种作物的完好状态；利用红外扫描以确定最大的热损耗点（或位置），有助于家庭或企业节能。由于上述技术的有效应用，促使对其需求迅速增长，例如，全球监控环境污染和气候变化、农作物产量的长期预测、化学工艺监控、傅里叶变换红外光谱术、红外天文学、汽车驾驶、医学诊断中的红外成像以及其它领域中的应用。

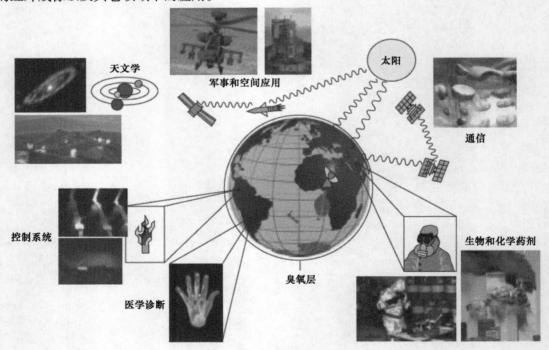

图 1.1 红外探测器的应用

红外光谱区覆盖着比可见光波长、但比毫米波长短的所有电磁辐射波谱范围，如图1.2所示。可以根据不同领域使用的光源和探测技术对红外光谱区进行分类。表1.1列出的数据是根据通常使用的红外探测器的光谱带极限划分的，波长 $1\mu m$ 是常用硅（Si）探测器的灵敏度极限，同样波长 3μm 是硫化铅（PbS）和砷镓铟（InGaAs）探测器的长波灵敏度，波长 6μm 是锑化铟（InSb）、硒化铅（PbSe）、硅化铂（PtSi）探测器的灵敏度极限，碲镉汞（HgCdTe）探测器最适合应用于 3~5μm 的大气窗口，波长 15μm 则是最适合应用于 8~14μm 大气窗口的碲镉汞（HgCdTe）探测器的灵敏度极限。

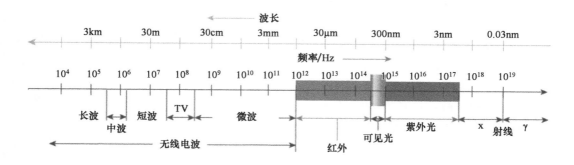

图 1.2　电磁波谱

表 1.1　红外辐射光谱的划分

光谱区（缩写）	波长范围/μm
近红外（Near, Infrared, NIR）	0.78~1
短波红外（Short Wavelength IR, SWIR）	1~3
中波红外（Medium Wavelength IR, MWIR）	3~6
长波红外（Long Wavelength IR, LWIR）	6~15
甚长波红外（Very Long Wave length IR, VLWIR）	15~30
远红外（FarIR, FIR）	30~100
亚毫米波（Submillimeter, SubMM）	100~1000

不了解目标投射到探测器上辐射能量的多少，就不能设计出红外装置。并且，若不利用一种辐射度学测量技术，也就无从知道目标的辐射量，该问题对于确保红外系统能够达到的总信噪比至关重要。

由于采用了某些规定条件和近似表达方式，使得本章的讨论得以简化。我们特别关注非相干光源的辐射度，并忽略衍射的影响。一般地，类似近轴光学我们假设都是小角度的情况，角度正弦近似等于该角度本身，单位为弧度（rad）。

本章主要阐述辐射度学的一些知识，更详细内容请阅读本章参考文献【2-7】。

1.1　辐射度学和光度学的相关量和单位

辐射度学（Radiometric）是物理光学的一个分支，是研究 $3\times10^{13}\sim3\times10^{16}$ Hz 频率范围之间电磁辐射计量技术的一门学科，该频率区间对应着波长范围为 10nm~10μm，包括通常所说的紫外光、可见光和红外光波谱。辐射度学是讨论实际的能量含量，而不是人类视觉系统的感觉。典型的辐射度学单位包括瓦特(W)（辐射通量）、每球面角度瓦特(W/sr)（辐射强度）、瓦特每平方米(W/m^2)（辐照度）和瓦特每平方米每球面角度($W/(srm^2)$)（辐射率）。

历史上，通过观察光源亮度获得光源功率。原来，人眼接收的亮度取决于波长，即取决于光的颜色,完全不同于其包含的真实能量。眼睛对黄绿光最敏感,而对光谱中的红光和蓝光不太敏感。为顾及这些差别,对可见光的测量确定了一组新的物理量,与辐射度学的相关量并行使用。根据人眼的灵敏度特性,将相应量乘以一个称为 $V(\lambda)$ 函数的光谱函数,以强调其光谱功率的作用,该光谱函数的范围是 360~830nm,并且,在其峰值 555nm 处归一化为 1(见图 1.3),有时,

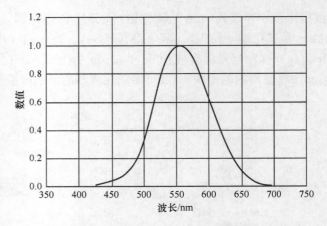

图 1.3 国际照明委员会(CIE)定义的 $V(\lambda)$ 函数

该函数也称为亮视觉光谱发光效率。$V(\lambda)$ 函数表示人眼对各种波长的不同响应,1924 年,国际照明委员会(Commission Internationale de l'Éclairage,CIE)首先定义了该函数[8],代表了各年龄段人群的平均灵敏度特性。应当注意,在定义 $V(\lambda)$ 函数时,假设有感知相加性以及在较高发光率($>1\text{cd/m}^2$)状态下有 2°的视场。在很弱光亮度($<10^{-3}\text{cd/m}^2$)状态下,眼睛中的杆状细胞起着主导作用,人眼的光谱灵敏度会有很大偏离,这类视觉称为暗视觉。

光度学(Photometric)定义为对人眼可探测到的辐射光进行测量的一门学科,因此,局限于可见光光谱区,所有相关量都强调是针对眼睛的光谱响应。典型的光度学单位包括流明(lm)(光通量)、坎德拉(cd)(发光强度)、勒克斯(lx)(照度)和坎德拉每平方米(cd/m^2)(亮度)。

光度学中类似性质的名字和单位与辐射度学不同。例如,功率在辐射度学中简单称为功率或辐射通量,而在光度学中称为光通量;辐射度学中功率单位是瓦特(W),光度学中是流明(lm)。流明是根据一个冗余的基本单位坎德拉(candela,简写为 cd,俗称烛光)定义的,而坎德拉是 SI 单位制七个基本单位(米,千克,秒,安培,绝对温度,摩尔和坎德拉)之一。坎德拉是光度学中称为发光强度或亮度(原文将 luminosity 错写为 luminositry。——译者注)物理量的 SI 单位,对应着辐射度学中的辐射强度。表 1.2 列出了辐射度学和光度学的相关物理量及单位,以及单位间的换算。

表 1.2 辐射度学和光度学的相关物理量和单位

光度学	单位	辐射度学	符号	单位	单位换算
光通量	lm(流明)	辐射通量	ϕ	W(瓦特)	1W = 683lm
发光强度	cd(坎德拉)= lm/sr	辐射强度	I	W/sr	1W/sr = 683cd
照度	lx(勒克斯)= lm/m²	辐照度	E	W/m²	1W/m² = 683 lx
发光率	cd/m² = lm/(sr m²)	辐射率	L	W/(sr m²)	1/W(sr m²) = 683cd/m²
光出射度	lm/m²	辐射出射度	M	W/m²	
曝光量	lx s	辐射量		W/(m² s)	
光能	lm s	辐射能	Q	J(焦耳)	1J = 683 lm s

辐射度学的术语、符号、定义和单位,很容易使人们感到混淆不清,这在很大程度上,

是由于不同学科的科技人员在并行或重复研发基本的辐射度学工作,因此在阅读出版文献时应当特别注意。本章使用的术语符合国际标准和推荐用语。

1.2 辐射度学物理量的定义

辐射通量,也称为辐射功率,是光源在单位时间内辐射的能量 Q(单位为 J),定义如下:

$$\Phi = \frac{dQ}{dt} \tag{1.1}$$

辐射通量的单位为 W(W = J/s)。

辐射光强度是一个点光源在某给定方向单位立体角内发射的辐射通量,表示为

$$I = \frac{d\Phi}{d\Omega} = \frac{\partial^2 \Phi}{\partial t \partial \Omega} \tag{1.2}$$

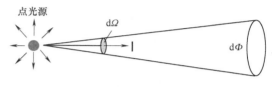

图 1.4 辐射光强度

式中,$d\Phi$ 为该光源发出并沿给定方向在一个立体角元 $d\Omega$ 内传播的辐射通量(见图 1.4)。辐射光强度的单位为 W/sr。

立体角有不同的表达形式,例如

$$d\Omega = \frac{dA}{r^2} \tag{1.3}$$

立体角单位为 sr(球面度)。

如果采用图 1.5 所示的球坐标系,并令 $dA = r^2 \sin\theta d\theta d\varphi$,那么,可以将半平面角为 θ_{max} 的一块平板所对应的立体角表示为

$$\Omega = \int d\Omega = \int_0^{2\pi} d\varphi \int_0^{\theta_{max}} \sin\theta d\theta$$
$$= 2\pi(1 - \cos\theta_{max}) \tag{1.4}$$

辐照度是入射辐射通量在表面上一点的密度,定义为单位面积上的辐射通量(见图 1.6a),表示为

$$E = \frac{\partial \Phi}{\partial A} = \frac{\partial^2 \Phi}{\partial t \partial A} \tag{1.5}$$

式中,$\partial\Phi$ 为入射在含有该点的面元 ∂A 上的辐射通量,辐照度的单位为 W/m²。

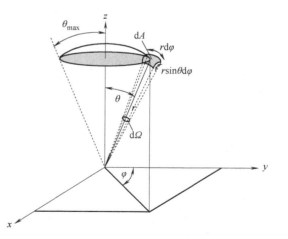

图 1.5 立体角与平面角的关系

对于真正的点光源,一个常用的经验法则是光能量按照 $1/r^2$ 衰减。现在,假设点光源具有均匀的辐射光强度 I,一块为 A 的接收面积位于至点光源不同距离的位置上(见图 1.7),利用式(1.2)得到

$$\Phi = I\frac{A}{r^2} \tag{1.6}$$

和

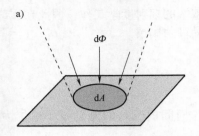 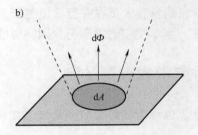

图 1.6　辐照度与辐射出射度
a) 辐照度　b) 辐射出射度

$$E = \frac{\Phi}{A} = \frac{I}{r^2} \quad (1.7)$$

由于探测器对应的立体角随 $1/r^2$ 减小，所以，所接收的光通量和辐照度也近似地依此下降。应当注意，对于扩展光源，要使该关系式式（1.7）成立，到光源的距离必须足够大。

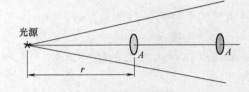

图 1.7　辐照度的衰减是至光源距离 r 的函数

辐射率是给定方向面元在单位立体角内发射的辐射光通量，面元的单位投影面积要垂直于该方向（见图 1.8），定义如下：

$$L = \frac{\partial^2 \Phi}{\nabla \Omega \partial A \cos\theta} \quad (1.8)$$

式中，$\partial \Phi$ 为面元发射的、在给定方向立体角 $\partial \Omega$ 内传播的辐射光通量；∂A 为面元面积，θ 为面元法线与光束方向夹角；$\partial A \cos\theta$ 为面元在垂直于测量方向上的投影面积；辐射率的单位是 $W/(sr\ m^2)$。

辐射出射度是离开表面某点处的辐射通量密度（见图 1.6b），定义如下：

$$M = \frac{\partial \Phi}{\partial A} = \frac{\partial^2 Q}{\partial t \partial A} \quad (1.9)$$

式中，$\partial \Phi$ 为离开面元的辐射光通量。辐射出射度的单位为 W/m^2。

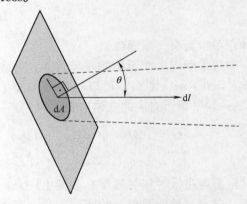

图 1.8　辐射率

辐照度和辐射出射度单位相同，但具有不同解读。辐照度是投射到单位表面面积上的功率量，而辐射出射度是离开单位表面面积上的功率量，因此，出射度是阐述自发光光源产生能量的能力特性的，而辐照度是表示被动接收表面接收能量的性质的。

1.3　辐射率

辐射率（Radiance）用于表示扩展光源的特性（见图 1.9）。式（1.8）表示，探测器接收到的功率是辐射光通量相对于光源的投影面积增量和探测器立体角增量的微分。重新整理该公式得到

$$\partial^2 \Phi = L \partial A_s \cos\theta_s \partial \Omega_d \quad (1.10)$$

进行一次积分,得到光源强度为

$$I = \frac{\partial \Phi}{\partial \Omega_d} = \int_{A_s} L\cos\theta_s dA_s \quad (1.11)$$

同样,对于探测器立体角进行一次积分,得到辐射出射度:

$$M = \frac{\partial \Phi}{\partial A_s} = \int_{\Omega_d} L\cos\theta_s d\Omega_d \quad (1.12)$$

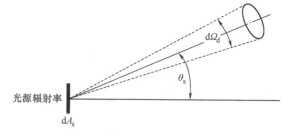

图 1.9 扩展光源的辐射率

朗伯(Lambertian)辐射器的辐射率是恒定不变的,与观察方向无关。这类反射装置还是一种理想的漫射辐射器(发射器或反射器),如图 1.10 所示。实际上,没有真正的朗伯表面,大部分粗糙表面都近似于理想的漫反射装置,但在斜观察方向,会呈现半透半反的反射特性。一个理想热源(黑体)是完美的朗伯光源,某些专用漫反射器非常接近满足该条件。一些实际光源在观察角 θ_s 小于 20° 范围内,也几乎是朗伯光源。

即使是朗伯光源,其光强度也与 θ_s 有关。假设 L 与光源位置无关,由式(1.11)得到

$$I = \frac{\partial \Phi}{\partial \Omega_d} = \int_{A_s} L\cos\theta_s dA_s = LA_s\cos\theta_s = I_n\cos\theta_s \quad (1.13)$$

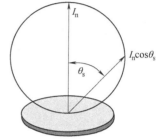

图 1.10 朗伯光源的辐射
强度是 θ_s 的函数

这就是朗伯余弦定律。式中,I_n 为表面垂直方向出射光线的光强度。对非朗伯表面,辐射率 L 就是角度本身的函数,I 随 θ_s 要比随 $\cos\theta_s$ 衰减得更快。

为了推导平面朗伯光源辐射出射度和辐射率之间的关系,参考式(1.12),并积分得到

$$M = \frac{\partial \Phi}{\partial A_s} = \int_{\Omega_d} L\cos\theta_s d\Omega_d = \int_0^{2\pi} d\varphi \int_0^{\frac{\pi}{2}} L\cos\theta_s \sin\theta d\theta = 2\pi L \frac{1}{2} = \pi L \quad (1.14)$$

式中,已经假设是朗伯光源,将 L 提到角度积分之外。对非朗伯光源,该积分会得到一个不同于 π 的比例常数。

进一步简化,令 $\theta_s = 0$。讨论图 1.11 所示的结构布局,将探测器的立体角乘以光源面积和光源辐射率,可以得到探测器上的辐射功率[10]:

$$\Phi_d = LA_s\Omega_d = \frac{LA_sA_d}{r^2} = L\Omega_sA_d \quad (1.15)$$

由该公式得出结论:探测器接收的光通量等于光源的辐射率乘以面积与立体角的乘积($A\Omega$)。为完成式(1.15)的运算,要满足两个条件:假设平表面立体角的近似值 A/r^2 是小角度,同时光通量传输不受系统吸收损耗的影响。

还有另外一种情况,即图 1.12 所示的倾斜接收装置,光源法线沿中心连线,$\theta_s = 0$,而 θ_d 角是中心连线与探测器表面法线间的夹角,因此有

$$\Phi_d = LA_s\Omega_d \quad (1.16)$$

对于斜置表面,假设

$$\Omega_d = \frac{A_d\cos\theta_d}{r^2} \quad (1.17)$$

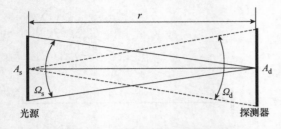
图 1.11 辐射功率从光源传输到探测器

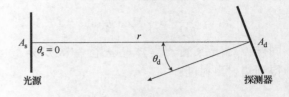
图 1.12 辐射功率从光源传输到斜置的探测器上

得到

$$\varPhi_\mathrm{d} = LA_\mathrm{s}\frac{A_\mathrm{d}\cos\theta_\mathrm{d}}{r^2} \tag{1.18}$$

接收的光通量和辐照度($\varPhi/A_\mathrm{d}$)要乘以因数 $\cos\theta_\mathrm{d}$,因而有所下降。

现在,计算一个平面朗伯光源在 θ_s 和 θ_d 非零条件下探测器接收到的光通量(见图 1.13),光源和接收器都含有余弦衰减因数:

$$\varPhi_\mathrm{d} = LA_\mathrm{s}\cos\theta_\mathrm{s}\frac{A_\mathrm{d}\cos\theta_\mathrm{d}}{(r/\cos\theta_\mathrm{s})^2} \tag{1.19}$$

假设,光源与探测器表面平行,并且,$\theta_\mathrm{s} = \theta_\mathrm{d} = \theta$,则辐射光强度正比于 $\cos^4\theta$,式(1.19)称为余弦四次方定律。

最后,讨论成像系统中光通量的传输,假设局限于图 1.14 所示的近轴光学系统(小角度)。该光学系统只能接收到一定量的光通量,若令透镜孔径 A_lens 作为中间接收装置,就可以完成该计算。应当注意,对比较复杂的系统,人瞳就是上述中间接收装置,$A_\mathrm{lens}\varOmega_\mathrm{obj}$ 是系统面积-立体角乘积。满足这些条件,接收到的辐射光通量为

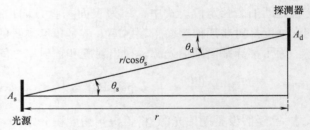
图 1.13 余弦四次方定律

$$\varPhi = LA_\mathrm{obj}\varOmega_\mathrm{lens} = LA_\mathrm{lens}\varOmega_\mathrm{obj} \tag{1.20}$$

将被透镜传输,并以适当的放大率使原始物体成像。

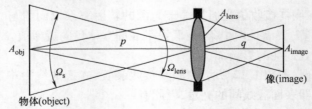
图 1.14 光学系统接收的辐射功率

(资料源自:Dereniak, E. L., and Boreman, G. D., Infrared Detector and Systems, Wiley, New York, 1996)

由式(1.20)得到的光通量除以图像面积可以简单得到像的辐照度,该公式可以转换成下面形式:

$$\Phi = LA_{\text{lens}}\Omega_{\text{lens}} = LA_{\text{lens}}\Omega_{\text{obj}} = L\frac{A_{\text{lens}}A_{\text{obj}}}{p^2} = L\frac{A_{\text{lens}}A_{\text{image}}}{q^2} \tag{1.21}$$

利用 $A_{\text{image}} = A_{\text{obj}}(q/p)^2$,得到上式中最后一个等式。

根据式(1.21),像的辐照度为

$$E_{\text{image}} = \frac{\Phi}{A_{\text{image}}} = L\frac{A_{\text{lens}}}{q^2} \tag{1.22}$$

1.4 黑体辐射

所有物体都是由不断振动的原子组成,具有较高能量的原子振动频率更高。所有带电粒子,包括上述原子的振动都会产生电磁波。物体的温度越高,振动越快,光谱辐射能量越高,因此,所有物体都以某种速率和一定的波长分布形式不断发射辐射,波长分布形式取决于物体温度及其光谱发射率 $\varepsilon(\lambda)$。

通常是按照黑体的概念处理辐射发射[5]。一个黑体是吸收所有入射辐射的物体,反之,根据基尔霍夫(Kirchhoff)定律,也是一个辐射体。从理论上讲,在给定温度下,黑体发射的能量可能最大,对于辐射仪器的标定和计量,这类装置是非常有用的标准光源。此外,完全可以依照黑体是通过滤波器进行发射的观念描述大部分热辐射光源,从而有可能利用黑体辐射定律作为许多辐射度学计算的出发点。

黑体或者普朗克公式是物理学发展的一个里程碑。普朗克(Planck)定律阐述:理想黑体的光谱辐射率是发射辐射波长和温度的函数,表示为如下形式:

$$L(\lambda,T) = \frac{2hc^2}{\lambda^5}\left[\exp\left(\frac{hc}{\lambda kT}\right) - 1\right]^{-1} \text{W}/(\text{cm}^2 \text{ sr } \mu\text{m}) \tag{1.23}$$

$$M(\lambda,T) = \frac{2\pi hc^2}{\lambda^5}\left[\exp\left(\frac{hc}{\lambda kT}\right) - 1\right]^{-1} \text{W}/(\text{cm}^2 \mu\text{m}) \tag{1.24}$$

式中,λ 为波长;T 为温度;h 为普朗克(Planck)常数;c 为光速;k 为玻耳兹曼常数。光谱辐射出射度 $M(\lambda,T)$ 和光谱辐射率 $L(\lambda,T)$ 之间有这样的关系:$M = \pi L$。

表1.2所列单位是以焦耳(J)作为基本单位的,一组类似的量也可以以光子数为基础,利用光子携带能量的关系式 $\varepsilon = hc/\lambda$,很容易完成两者间的转换。例如:

$$\phi(\text{J/s}) = \phi(\text{光子/s}) \times \varepsilon(\text{J/光子}) \tag{1.25}$$

同样,式(1.23)和式(1.24)可以转换为下列形式:

$$L(\lambda,T) = \frac{2c}{\lambda^4}\left[\exp\left(\frac{hc}{\lambda kT}\right) - 1\right]^{-1} \quad \text{光子}/(\text{s cm}^2 \text{ sr } \mu\text{m}) \tag{1.26}$$

$$M(\lambda,T) = \frac{2\pi c}{\lambda^4}\left[\exp\left(\frac{hc}{\lambda kT}\right) - 1\right]^{-1} \quad \text{光子}/(\text{s cm}^2 \mu\text{m}) \tag{1.27}$$

图 1.15 给出了一些黑体温度下的不同曲线,随着温度升高,任一波长发射的能量也随之增大,而峰值发射的波长在减小。维恩(Wien)位移定律可以给出后者的结果[11]:

对于最大瓦特值 $\lambda_{mw} T = 2898 \mu m\ K$ (1.28)

对于最大光子数 $\lambda_{mp} T = 3670 \mu m\ K$ (1.29)

该结果是根据出射度函数峰值条件下,令下列导数等于零:

$$\frac{dM(\lambda, T)}{d\lambda} = 0 \quad (1.30)$$

再求解最大出射度时的波长。

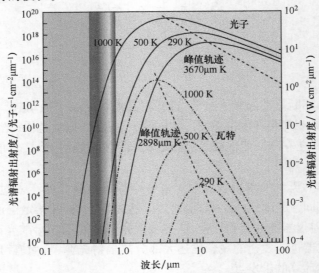

图 1.15 阐述光谱辐射出射度的普朗克(Planck)定律
(资料源自:Burnay, S. G., Willams, T. L., and Jones, C. H., Applications of Thermal Imaging, Adan Hilger, Bristol, England, 1988)

图 1.15 给出了这些最大值的轨迹线,注意到,若物体处于 259K 环境温度中,则 λ_{mw} 和 λ_{mp} 分别出现在 10.0μm 和 12.7μm 处。如果希望在不借助反射光条件下能够"看到"室温环境下的物体,例如人、树和车辆,就需要使用工作波长约 10μm 的探测器。对于较热的物体,例如发动机,最高的发射率出现在较短波长处,因此,若以热成像应用为目的,电磁波谱红外或热源谱区 2~15μm 波段会包含最高辐射发射。非常有意义的是,太阳光的 λ_{mw} 在 0.5μm 附近,非常接近人眼的极值灵敏度。

温度为 T 时,一个黑体的总辐射出射度是光谱出射度在整个波长范围内的积分:

$$M(T) = \int_0^\infty M(\lambda, T) d\lambda = \int_0^\infty \frac{2\pi h c^2}{\lambda^5 \left[\exp\left(\frac{hc}{\lambda kT} - 1\right)\right]} d\lambda = \frac{2\pi^5 k^4}{15 c^2 h^3} T^4 = \sigma T^4 \quad (1.31)$$

式中,$\sigma = 2\pi^5 k^4 / (15 c^2 h^3)$,称为斯忒藩-玻耳兹曼(Stefan-Boltzmann)常数,近似值为 $5.67 \times 10^{-12} W/(cm^2\ K^4)$。

根据式(1.31)确定的黑体总辐射出射度及与温度之间的关系称为斯忒藩-玻耳兹曼(Stefan-Boltzmann)定律。总出射度可以解释为某给定温度下光谱出射度曲线下的面积,如图 1.16 所示。

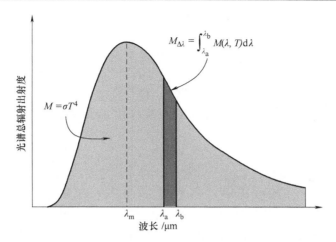

图 1.16 温度 T 相对于波长的总光谱辐射出射度曲线

通过对 $[\lambda_a, \lambda_b]$ 区域内普朗克（Planck）定律进行积分，可以得到黑体在 λ_a 与 λ_b 之间的辐射出射度，如图 1.16 所示：

$$M_{\Delta\lambda}(T) = \int_{\lambda_a}^{\lambda_b} M(\lambda,T) d\lambda = \int_{\lambda_a}^{\lambda_b} \frac{2\pi h c^2}{\lambda^5 \left[\exp\left(\frac{hc}{\lambda kT} - 1\right)\right]} d\lambda \quad (1.32)$$

300K 温度时，人体的出射度是 500W/m², 2m² 皮肤表面的辐射功率是 10^3W，但辐射吸收部分地补偿了能量损耗。

300K 温度下，在 8~14μm 光谱范围内的出射度为 1.22×10^2W/m²，等效于 410K 温度时 3~5μm 光谱范围内的出射度。如果按照图 1.17 所示曲线（$M_{(8\sim14)}/M_{(3\sim5)}$ 之比），则注意到，直至 600K 范围，8~14μm 的出射度都比 3~5μm 出射度大。

温度偏离公式式（1.24），造成光谱辐射出射度的温度变化为

$$\frac{\partial M(\lambda, T)}{\partial T} = \frac{(hc/k)(hc/\lambda kT)}{\lambda T^2 [\exp(hc/\lambda kT) - 1]} M(\lambda, T) \quad (1.33)$$

在热成像中，一般地，物体的温度都是在 $\lambda_{\max} \approx 10\mu m$ 时接近 300K，而在 $\lambda_{\max} \approx 4\mu m$ 时接近 700K。在这两种情况中，$\lambda \ll hc/kT$，因此：

$$\frac{\partial M(\lambda, T)}{\partial T} = \frac{hc}{\lambda kT^2} M(\lambda, T) \quad (1.34)$$

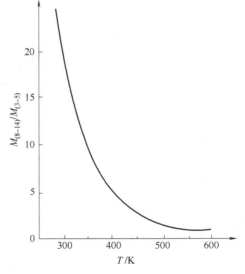

图 1.17 辐射度比 $M_{(8\sim14)}/M_{(3\sim5)}$ 与温度的关系
（资料源自：Gaussorgues, G., La Thermographie Infrarouge, Technique et Documentation, Lavoisier, Paris, 1984）.

对工作在有限带通（$\Delta\lambda$）范围的系统，重要的是要了解何种波长时光源（目标）出射度随温度的变化最大。这是考虑红外系统灵敏度需要注意的基本问题。令二阶微分为零，则有：

$$\frac{\partial}{\partial \lambda}\left[\frac{\partial M(\lambda, T)}{\partial T}\right] = 0 \tag{1.35}$$

类似于维恩（Wien）位移定律，得到一个出射度对波长的约束条件[10]：

$$\lambda_{\text{maxcontrast}} = \frac{2410}{T} \mu m \tag{1.36}$$

例如，若光源温度300K，则最大对比度出现在波长约8μm处，并非最大出射度的波长位置。

1.5 发射率（比辐射率）

如前所述，黑体曲线可以提供任意温度下光源整个光谱出射度的上限。大部分热源并非理想黑体，许多称为灰体。灰体就是在相同温度下能够发射与黑体完全相同的辐射，但光强度有所下降。

实际光源与黑体在相同温度下的出射度之比定义为发射率，一般地，取决于波长 λ 和温度 T：

$$\varepsilon(\lambda, T) = \frac{M(\lambda, T)_{\text{source}}}{M(\lambda, T)_{\text{blackbody}}} \tag{1.37}$$

这是≤1的一个无量纲数字。

对理想黑体，所有波长都有 $\varepsilon = 1$，灰体的发射率与 λ 无关（见图1.18）。所选定光源的发射率与波长有关。

整个波长范围内总的辐射出射度为

$$M^{\text{gb}}(T) = \varepsilon \sigma T^4 \tag{1.38}$$

辐射能量入射到表面上，一部分（α）被吸收，一部分（r）反射，一部分（t）透射。由于能量守恒，所以，可以写出下面公式：

$$\alpha + r + t = 1 \tag{1.39}$$

基尔霍夫（Kirchhoff）发现，在某给定温度下，所有材料的发射率值与吸收率的积分值之比都是常数，等于该温度时黑体的辐射出射度。基尔霍夫（Kirchhoff）定律表示如下

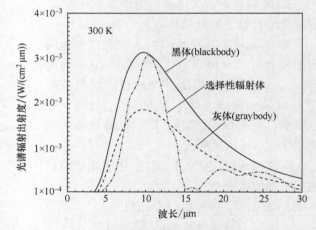

图1.18 三种不同辐射器的光谱辐射出射度

$$\frac{M(\lambda, T)_{\text{source}}}{\alpha} = M(\lambda, T)_{\text{blackbody}} \tag{1.40}$$

该定律常常理解为"好吸收器就是好发射器"。组合式（1.31）和式（1.37），得到

$$\frac{\varepsilon \sigma T^4}{\alpha} = \sigma T^4 \tag{1.41}$$

由此得到

$$\varepsilon = \alpha \tag{1.42}$$

所以，一定温度下，任何材料的发射率在数值上都等于该温度下的吸收率。由于不透明材料

不能传输能量,所以,$\alpha + r = 1$,并有

$$\varepsilon = 1 - r \tag{1.43}$$

表 1.3 列出了一些常用材料的发射率,除非是具有良好特性的材料,否则只给出一个数值,并且未提供 λ 或 T 的函数表达式[13]。可以这样理解发射率与波长的依赖关系:许多物质(例如玻璃)的吸收都可以忽略,在一定波长下有很低的发射率,而在其它波长几乎完全被吸收。许多材料的发射率随波长增大而减小。对非金属材料,室温下的典型值 $\varepsilon > 0.8$,并随温度升高而下降;而金属材料室温下的发射率非常低,一般随温度成正比增大。

表 1.3 一些材料的发射率

材料	温度/K	发射率
钨	500	0.05
	1000	0.11
	2000	0.26
	3000	0.33
	3500	0.35
抛光后的银	650	0.03
抛光后的铝	300	0.03
	1000	0.07
抛光后的铜①		0.02~0.15
抛光后的铁		0.2
抛光后的黄铜	4~600	0.03
氧化铁		0.8
黑氧化铜①	500	0.78
氧化铝	80~500	0.75
水	320	0.94
冰	273	0.96~0.985
纸		0.92
玻璃	293	0.94
油烟	273~373	0.95
实验室黑体腔		0.98~0.99

① 原书错将 copper 印为 cooper。——译者注

(资料源自:Smith W. J., Modern Optical Engineering, McGraw-Hill, New York, 2000)

1.6 红外光学系统

红外系统中的光学装置会将观察到的物体成像在探测器平面上。如果是扫描成像装置,则光学扫描系统会以比探测器元件(element)数目多得多的像素数形成一幅图像。此外,利用诸如光窗、整流罩和滤光片等光学元件能够保护此类系统,使其免受环境影响或改变探测器的光谱响应。

可见光和红外光学物镜的设计原则没有根本的区别。由于只有很少材料适合于红外光学元件,所以,与可见光光学系统设计相比,尤其是对于大于 $2.5\mu m$ 的波长,红外光学系统

设计师会受到更多约束。

有两类红外光学元件：反射光学元件和折射光学元件。顾名思义，反射光学元件的作用是反射辐射，而折射光学元件的作用是折射和透射入射辐射。

红外系统（尤其是扫描器）广泛使用的反射镜是最经常遇到的反射光学元件，在红外系统中有着多种功能，常常需要镀一层保护膜，免其反射面日久会变得黯淡无光泽。球面或非球面反射镜用作成像元件，平面反射镜折转光路，并常常在扫描系统中使用反射棱镜。

最经常使用四种反射镜材料：光学冕玻璃（optical crown glass）、低膨胀系数硼硅酸盐玻璃（Iow-Expansion Borosilicate Glass，LEBG）、人造熔凝石英（synthetic fused silica）和微晶玻璃（zerodur）。应用中不太受欢迎的是金属基板（铍、铜）和碳化硅。光学冕玻璃有较高的热膨胀系数，一般应用于非成像系统。它有相对较高的热膨胀系数，并且只能用在热稳定性并非是关键因素的应用中。硼硅酸盐玻璃，众所周知的美国康宁（Corning）公司的品牌名称是Pyrex⊖。非常适合设计高质量前表面反射镜，在热冲击下仅形成小的光学变形。人造熔凝石英的热膨胀系数非常低。

一般地，以金属膜用作红外反射镜的反射膜，有四种最经常使用的金属膜类型：裸铝膜、保护铝膜、银膜和金膜。它们在3～15μm光谱范围内有很高的反射率，高于95%。裸铝膜有非常高的反射率，但随着时间推移，会慢慢氧化。保护铝膜是在裸铝膜上加镀一层介质保护膜，以延缓氧化过程。在近红外光谱区，银膜比铝膜有更高的反射率，并且，在宽光谱范围内有高反射率。金膜是一种广泛使用的材料，在0.8～50μm光谱范围内可以有非常高的反射率（约为99%）。然而，金膜较软（甚至不能擦拭以去除灰尘），常常在实验室中应用。

最经常用于制造红外系统折射光学元件的材料：锗（Ge）、硅（Si）、熔凝石英（SiO_2）、BK-7玻璃、硒化锌（ZnSe）和硫化锌（ZnS）。有可能适用于光窗和透镜的透红外材料列在表1.4中，其红外透射率如图1.19[14]所示。

表1.4 一些红外材料的主要性质

材料	波段/μm	$n_{4\mu m}$, $n_{10\mu m}$	$dn/dT/(10^{-6}/K)$	密度/(g/cm^3)	其它特性
锗（Ge）	3～5, 8～12	4.025, 4.004	424（4μm） 404（10μm）	5.33	脆，半导体，可以用金刚石切割，目视不透明，硬
硅（Si）	3～5	3.425	159（5μm）	2.33	脆，半导体，难用金刚石切割，目视不透明，硬
砷化镓（GaAs）	3～5, 8～12	3.304, 3.274	150	5.32	脆，半导体，目视不透明，硬
硫化锌（ZnS）	3～5, 8～12	2.252, 2.200	43（4μm） 41（10μm）	4.09	微黄色，中等硬度和强度，可以用金刚石切割，使短波长散射
硒化锌（ZnSe）	3～5, 8～12	2.433, 2.406	63（4μm） 60（10μm）	5.26	橘黄色，较软和易碎，可以用金刚石切割，很低的内部吸收和散射

⊖ 一种耐热玻璃。——译者注

（续）

材料	波段/μm	$n_{4\mu m}$, $n_{10\mu m}$	$dn/dT/(10^{-6}/K)$	密度（g/cm³）	其它特性
氟化钙（CaF₂）	3~5	1.410	-8.1（3.39μm）	3.18	目视透明，可以用金刚石切割，易轻度吸湿
蓝宝石（Sapphire）	3~5	1.677（n_o）	6（o）	3.99	很硬，由于晶界而使抛光很难
		1.667（n_e）	12（e）		
AMTIR-1①	3~5, 8~12	2.513, 2.497	72（10μm）	4.41	非晶态红外玻璃，可以实现近净制备成形
BK-7 玻璃	0.35~2.3		3.4	2.51	典型光学玻璃

① 一种红外玻璃牌号。——译者注

（资料源自：Couture, M. E., "Challenges in IRoptics," Proceedings of SPIE 4369, 649-61, 2001）

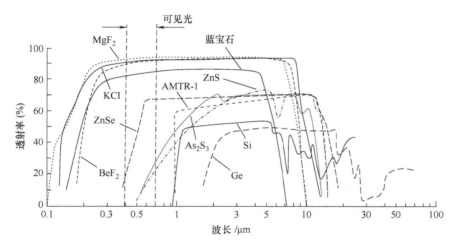

图 1.19 红外材料的透射范围

（资料源自：Couture, M. E., "Challenges in IR optics," Proceedings of SPIE 4369, 649-61, 2001）

锗（Ge）是一种看起来像金属一样的银色固体物质，有很高的折射率（约4），以最少数目的锗透镜就可以设计出高分辨率光学系统。这种材料的有效透射波长范围是 2~15μm，相当脆，难以切割，但有非常好的抛光质量。此外，由于具有非常高的折射率，所以对于任何锗透射光学系统都必须镀增透膜。锗材料具有很低的色散，除了要求非常高分辨率的系统外，不必进行色差校正。尽管材料价格和镀增透膜成本都高，但在 8~12μm 光谱范围内，锗透镜特别有用。锗材料的主要缺点是其折射率对温度有很强的依赖性，因此，可能需要对锗望远镜和透镜消热差。

硅材料的理化性能非常类似锗，有很高的折射率（约3.45），脆，不容易切开，有良好的抛光质量，具有大的 dn/dT。与锗类似，必须对硅光学零件镀膜。硅材料有两种透射范围：1~7μm 和 25~300μm。只有第一种波长范围应用于典型的红外系统中。这种材料比锗便宜，最经常应用于 3~5μm 光谱范围的红外系统中。

一般地，单晶材料比多晶材料有更高的透射率。应用于最高光学透射系统的光学等级的锗是 n 类掺杂材料，有 5~14Ω·cm 的电导率（conductivity）。利用硅材料的本征态，在温度升高时，半导体材料就变成不透明，因此，当温度高于 100℃，很少使用锗材料。在 8~12μm 光谱范围，若温度低于 200℃，可以使用半绝缘材料砷化镓（GaAs）。

普通玻璃不能透过大于 2.5μm 的红外光谱区的光。熔凝石英具有非常低的热膨胀系数，在变化的环境条件下，用该材料设计的光学系统特别有用，光谱透射范围是 0.3~3μm。由于低折射率（约为 1.45）造成低反射损失，所以不需要镀增透膜。然而，为了避免产生鬼像（ghost image），还是建议镀增透膜。熔凝石英比 BK-7 玻璃贵，但仍比锗、硫化锌和硒化锌便宜得多，是波长小于 3μm 光谱范围的红外光学系统最常用的透镜材料。BK-7 玻璃的性质类似熔凝石英，区别在于透射光谱范围小一点，最大波长到 2.5μm。

与锗材料相比，硒化锌（ZnSe）是价值较贵的材料，光谱透射范围是 2~20μm，折射率约为 2.4，可见光波段时呈半透明状，略带红色。由于折射率较高，必须镀增透膜。材料的耐化学腐蚀性比较好。

硫化锌（ZnS）在 2~20μm 光谱区有良好的透射率，通常是一种多晶材料，呈淡黄色，最近又研制出无色低散射硫化锌。其折射率比较高（2.25），必须镀增透膜使光通量反射降到最低。这种材料的硬度和抗断强度非常好，硫化锌较脆，可以在高温下工作，并能够用于校正高性能锗光学元件的色差。

卤化碱材料有非常好的红外透射率，但这类材料较软，或者较脆，许多品种易受到湿气浸蚀，一般不太适合工业应用。

对于红外材料的更详细讨论，请参考 Smith 和 Harris 的相关著作（本章参考文献【13，15】）。

1.7 红外系统辐射度学的相关概念

1.7.1 夜视系统

本节重点介绍红外系统的一般性概念。1993 年，红外信息分析中心（Infrared Information Analysis，IRIA）和国际光学工程协会（SPIE）共同出版了一本全面阐述红外系统的简编著作《红外和电光系统手册（The Infrared and Electro-Optical Systems Handbook）》，主编是 Joseph S. Accetta 和 David L. Shumaker。

可以将夜视系统分为两类：一类是接收和处理目标反射的光辐射的系统；另一类以目标的内部辐射为基础进行工作的系统。

人类的视觉系统最好工作在白昼的照明条件下。视觉光谱为 420~700nm，视觉最高灵敏度处于阳光的峰值波长附近，约 550nm。然而，在夜间，可见光光子很少，只有大的高对比物体才能看见，800~900nm 光谱区的光子速率是 500nm 附近可见光光谱区的 5~7 倍。此外，不同材料（即绿色植物，由于其叶绿素含量不同）在 800~900nm 的反射率要比 500nm 波长的高，这意味着，与目视光谱区相比，夜间有更多的近红外（NIR）光，并且对一定背景会有更高的对比度。

利用由物镜、像增强器和目镜组成的夜视观察装置（见图 1.20）可以大大提高夜视能力。通过物镜可以比肉眼收集到更多的来自外界景物光能量，利用具有比人眼更高光灵敏度和更宽光谱响应的光阴极管，以及采用某种原理放大光子对视觉的作用，从而提高人们的可视度。

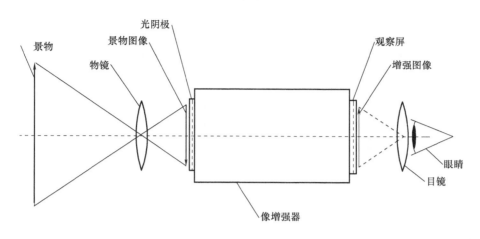

图 1.20　像增强器的原理图

热成像是将景物的热辐射图像（人眼不可见）转换成可见光图像的一种技术。在最简单的形式中，热成像装置包括一个物镜，将景物的热辐射成像在热敏探测器阵列上，标明和显示探测器的状态，以便于肉眼看得见。由于下面原因使该系统非常有用：

- 一种完全被动的技术，可以昼夜工作；
- 可以理想地探测目标内不同发射率的冷热点或区域；
- 热辐射可以比可见光辐射更容易穿透烟尘和薄雾；
- 一种实时遥感技术。

热成像是温差的一种图像表示，显示在一个扫描光栅上，类似景物的电视图像，可以由计算机处理成彩色编码温度分布图。初始时期（20 世纪 60 年代）的研发目的是为了拓展夜视系统的应用范围，热像仪是首先提供一种替代像增强器的途径。随着技术的逐步成熟，其应用范围得以大大扩展，以前没有使用夜视系统的领域现在都得到普及（如应力分析、医学诊断）。在最新型热像仪中，扫描（机械或电子式）光学聚焦图像，并将其输出转换成可见光图像。光学件、扫描模式和信号处理电子装置密切相关，探测器的性质（即其性能特性）或者探测器阵列的尺寸决定着景物中图像点的数目。利用光机扫描装置将景物的不同部位顺序实时地成像在探测器上，可以增大景物中图像点或分辨率元素的有效数目。

图 1.21 所示是由三个不同的硬件设备组成的非常有代表性的相机装置：相机头部，包括光学系统，由聚光、成像、变焦、调焦和滤光部件组成；电子/控制处理装置和显示器，必须包括控制和驱动移动组件的电路和电动机；控制电子系统，通常包括通信电路、偏压发生器和时钟。一般地，相机传感器和焦平面阵列（Focal Plane Array，FPA）都需要制冷，所以，需要包括某种形式的制冷器及其闭环冷却电子控制电路。焦平面阵列发出的信号是低电压和小电流，要进行模拟处理（包括放大、控制和校正）。实际上，该过程是在焦平面附近进行，并且执行器件包含在照相机头部装置中。该部分常常还包含 A-D 转换装置。为方便用户，应使相机头部所必需的硬件数目最少，从而使体积、重量和功率达到最小。

低温制冷照相机的典型价格约 \$50000，并局限应用于至关重要的军事领域，可以在完

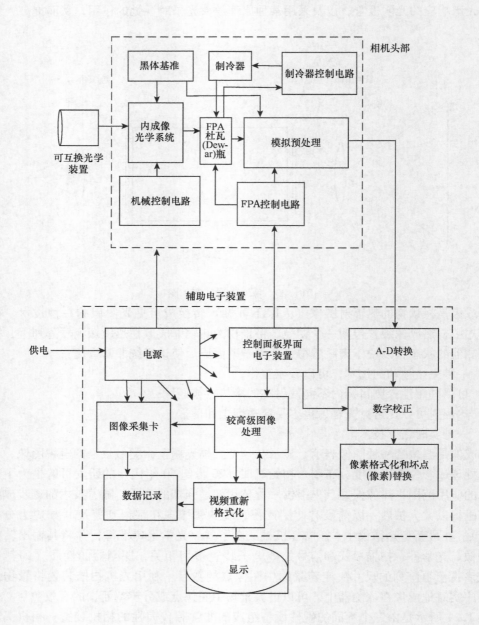

图1.21 红外照相系统的代表性结构

(资料源自：Miller, J. L., Principles of Infrared Technology, Van Nostrand Reinhold, New York, 1994)

全黑暗条件下进行操作。从制冷到非制冷工作模式（即使用硅微测热辐射计）可以将成像仪的价格降到$15000以下，这是比较便宜的红外相机与图1.21所示相机结构的主要不同之处。

1.7.2 大气透射和红外光谱

上述的绝大部分应用都需要通过空气进行传播,但散射和吸收过程会使辐射衰减。散射使辐射光束改变方向,而空气中的悬浮颗粒造成吸收,并使能量再次辐射。对于大的粒子,散射与波长无关,如果与辐射波长相比是小粒子,则该过程称为瑞利(Rayleigh)散射,并有 λ^{-4} 的依赖关系。所以,对于波长大于 $2\mu m$ 的光谱区,气体分子造成的散射可以忽略不计。若与红外波长相比,烟尘和薄雾颗粒一般较小,所以,红外辐射要比可见光辐射更容易透射。然而,如果雨、大雾颗粒和悬浮微粒比较大,那么,散射红外光和可见光的透射力基本相同。

图 1.22 所示为海拔高度 6000ft 高空的透射曲线,是波长的函数[17]。图中给出了水、二氧化碳和氧分子的吸收带,将大气传输限制在 $3\sim 5\mu m$ 和 $8\sim 14\mu m$ 两个窗口。臭氧、一氧化二氮、一氧化碳和甲烷不是造成大气吸收的重要成分。

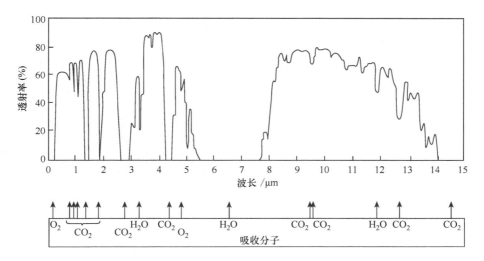

图 1.22 海拔 6000ft⊖高空平面上、有 17mm 降水的大气透射率
(资料源自:Hudson, R., Infrared System Engineering, Wiley, New York, 1969)

一般地,高性能成像系统更愿意使用 $8\sim 14\mu m$ 波段,原因是对常温物体有较高的灵敏度,并且,有较好的穿透薄雾和烟尘能力。然而,对于较热的物体,或者要求对比度比灵敏度更重要的情况下,则 $3\sim 5\mu m$ 波段更合适。还有另外的区别,例如,中波红外波段(MWIR)的优点:为了获得一定的分辨率,需要小孔径的光学系统。一些探测器可能要在高温(热电制冷)下工作,而对需要低温制冷(约为 77K)的长波红外波段,是很正常的。

概括起来,中波红外(MWIR)和长波红外(LWIR)在相对于背景光通量、景物(scene)性质、温度对比和各种气象条件下的大气透射都不相同。有利于 MWIR 应用的因素是:较高对比度、良好气候条件(如在亚洲和非洲的大部分国家)下的性能、高湿度下的高透射传输,以及光学衍射约为 1/3 的条件下的高分辨率。有利于 LWIR 应用的因素是,雾和灰尘条件下的高性能、冬季雾霾(典型的气候条件,如在西欧、北美、加拿大)、对大气

⊖ 1ft = 0.3048m,后同。

扰动的高抗扰性、降低对太阳耀斑和火焰闪烁的灵敏度。由于同等程度下长波红外区的背景光通量会更高，并有可能受到读出技术的限制，所以，长波红外光谱区有较高辐射率就有可能实现高信噪比（S/N）的说法并不能使人信服。理论上，凝视阵列可以在全帧时间段聚集电荷。但由于读出单元电荷存储容量的限制，聚集电荷的时间远不能与全帧时间相比，特别是对于背景光通量高于有效信号几个数量级的长波红外探测器，更是如此。

1.7.3　景物辐射和对比度

接收到由物体发出的总辐射量是发射、反射和透射辐射之和。非黑体物体只能发射部分黑体辐射 $\varepsilon(\lambda)$，其它部分辐射 $1-\varepsilon(\lambda)$ 或者透射或者被不透明物体反射。如果景物是由物体和同样温度的背景组成，则反射辐射易使对比度降低。然而，热或冷物体的反射对热景物的显现有很大影响。表 1.5 列出了 290K 黑体发射以及中波红外和长波红外光谱区地表太阳辐射的功率[11]，可以看出，当反射阳光对 8~13μm 成像的影响可以忽略不计时，对 3~5μm 波段的成像却是很重要的。

表 1.5　MWIR 和 LWIR 成像波段的功率

IR 光谱区/μm	地表太阳辐射/（W/m²）	290K 黑体发射/（W/m²）
3~5	24	4.1
8~13	1.5	127

（资料源自：Burnay, S. G., Williams, T. L., and Jones, C. H., Applications of Thermal Imaging, Adam Hilger, Bristol, England, 1988）

热成像源于景物内的温度变化或者不同的发射率。若目标与其背景的温度几乎一样，探测就非常困难。热对比度是红外成像器件的重要参数之一，是光谱辐射出射度的导数与光谱辐射出射度之比：

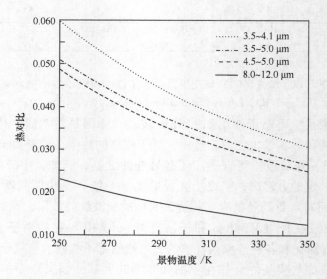

图 1.23　中波红外和长波红外的光谱光子对比度

（资料源自：Kozlowski, L. J., and Kosonocky, W. F., Handbook of Optics, Mcgraw-Hill, New york, 1995）

$$C = \frac{\partial M(\lambda,T)/\partial T}{M(\lambda,T)} \tag{1.44}$$

图 1.23 所示为几种中波红外部分波段和 8~12μm 长波红外波段的 C 曲线[18]。与可见光图像对比度相比，由于反射率的差别，热成像的对比度较小。我们注意到，中波红外波段 300K 温度时的对比度是 3.5%~4%，而长波红外波段是 1.6%。

参 考 文 献

1. P. R. Norton, " Infrared Detectors in the Next Millennium," *Proceedings of SPIE* 3698, 652-65, 1999.
2. F. Grum and R. J. Becherer, *Optical Radiation Measurements*, Vol. 1. Academic Press, San Diego, CA, 1979.
3. W. L. Wolfe and G. J. Zissis, *The Infrared Handbook*, SPIE Optical Engineering Press, Bellingham, WA, 1990.
4. W. L. Wolfe, " Radiation Theory," in *The Infrared and Electro-Optical Systems Handbook*, ed. G.. J.. Zissis, SPIE Optical Engineering Press, Bellingham, WA, 1993.
5. W. R. McCluney, *Introduction to Radiometry and Photometry*, Artech House, Boston, MA, 1994.
6. W. L. Wolf, *Introduction to Radiometry*, SPIE Optical Engineering Press, Bellingham, WA, 1998.
7. Y. Ohno, " Basic Concepts in Photometry, Radiometry and Colorimetry," in *Handbook of Optoelectronics*, Vol. 1, eds. J. P. Dakin and R. G. W. Brown, 287-305, Taylor & Francis, New York, 2006.
8. *CIE Compte Rendu*, p. 67, 1924.
9. *Quantities and Units*, ISO Standards Handbook, 3rd ed., 1993.
10. E. L. Dereniak and G. D. Boreman, *Infrared Detectors and Systems*, Wiley, New York, 1996.
11. S. G. Burnay, T. L. Williams, and C. H. Jones, *Applications of Thermal Imaging*, Adam Hilger, Bristol, England, 1988.
12. G. Gaussorgues, *La Thermographie Infrarouge*, Technique et Documentation, Lavoisier, Paris, 1984.
13. W. J. Smith, *Modern Optical Engineering*, McGraw-Hill, New York, 2000.
14. M. E. Couture, " Challenges in IR optics," *Proceedings of SPIE* 4369, 649-61, 2001.
15. D. C. Harris, *Materials for Infrared Windows and Domes*, SPIE Optical Engineering Press, Bellingham, WA, 1999.
16. J. L. Miller, *Principles of Infrared Technology*, Van Nostrand Reinhold, New York, 1994.
17. R. Hudson, *Infrared System Engineering*, Wiley, New York, 1969.
18. L. J. Kozlowski and W. F. Kosonocky, " Infrared Detector Arrays," in *Handbook of Optics*, eds. M. Bass, E. W. Van Stryland, D. R. Williams, and W. L. Wolfe, McGraw-Hill, New York, 1995.

第 2 章 红外探测器的性质

在 212 年前[⊖]，在赫谢耳（Herschel）温度计试验首次公布时，人们对红外辐射本身是不了解的。首台探测器是在一个专门涂黑的球状玻璃温度计中装上液体，以吸收辐射。赫谢耳做了一台粗糙的单色仪，用温度计作探测器，以便测量阳光的能量分布。在 1800 年 4 月，他写到[1]：

"1#温度计完全放置在红光辐射中 10 分钟，温度升高 7 度。将台架后移，当 1#温度计中心位于可见光光线外 $\frac{1}{2}$ 英寸位置时，16 分钟时间内温度升高 $8\frac{3}{8}$ 度。"

大约 50 年前，众所周知的两本专著评述过红外探测器的早期历史[2,3]，在最近出版的专著中还能发现许多历史资料[4]。

红外探测器研发过程中最重要的事件如下[5,6]：

- 1821 年，赛贝克（Seebeck）热电效应，此后不久，验证了首台温差电偶；
- 1829 年，诺比利（Nobili）将一些温差电偶串联，制造出首台热电堆；
- 1833 年，梅洛尼（Melloni）对温差电偶进行了改进，将铋和锑应用于其设计中。

1880 年，兰利（Langley）热辐射计成功研制[7]。兰利将两根细的铂箔带相连，形成惠斯顿（Wheatstone）电桥的两个支路。在之后的 20 年，他继续研发热辐射计（比其第一台的灵敏度高 400 倍），最后一台热辐射计可以探测到 1/4mile[⊜] 远一头母牛发出的热量，由此，红外探测器的研究开始与热探测器联系在一起。

1873 年，史密斯（Smith）利用硒做海底电缆绝缘层的试验时，发现了光导效应[8]。几十年来，该发现开拓了广阔的研究领域，尽管绝大部分努力并未取得良好结果。直到 1927 年，有关光敏材料硒的研究文章已经有 1500 多篇，并有 100 份专利[9]。1904 年，玻色[⊜]公布了对天然硫化铅或方铅矿中红外光伏效应的研究成果[10]。然而，在后续的几十年内，并没有将这种效应应用在辐射探测器中。

20 世纪，研究人员发明了光子探测器。1917 年，凯斯（Case）研制出第一台红外光导装置[11]，并发现，一块含有铊和硫的物质呈现出光导性。稍后又发现，加入氧元素会大大地提高响应[12]。然而，有光照或起偏电压时电阻不稳定、过曝光会造成响应度降低、高噪声、反应迟钝及缺乏可重复性，似乎是其固有的缺点。

1930 年以来，光子探测器的研究是红外技术的发展主流，大约在 1930 年，研发出性能较稳定的 Cs-O-Ag 光电管，在很大程度上激励了光电导管的进一步研发，这种情况大约持续到 1940 年。当时，首先在德国开始研究探测器性能的改进[13,14]。1933 年，柏林大学的库切尔（Kutzscher）发现，（撒丁岛天然方铅矿中的）硫化铅具有光导性，并对 3μm 光波响应。

⊖ 原书错印为 2010 年前。——译者注
⊜ 1mile = 1609.344m，后同。
⊜ 印度物理学家，全名是玻色·萨田德拉·纳斯。——译者注

当然，该研究是在非常秘密的条件下完成，直至 1945 年之后，才知道其结果。硫化铅是战争环境中第一个在各种领域中真正应用的红外探测器。1941 年，卡什曼（Cashman）对硫酸铊探测器技术进行了改进，从而成功地投入生产[15]，此后，卡什曼重点开展硫化铅的研究，并在第二次世界大战之后，发现了有希望作为红外探测器的其它铅盐族（PbSe 和 PbTe）半导体[15]。大约在 1943 年，德国开始生产硫化铅光电导体，美国伊利诺依州埃文斯顿市西北大学和英格兰海军研究实验室也分别于 1944 年和 1945 年首次进行了生产[16]。

已经对红外领域的许多材料进行过研究，纵观红外探测器技术的发展史，在诺顿（Norton）[17]之后，可以总结出一个简单的道理："在大约 0.1～1eV 范围内的所有物理现象都可以用红外探测器探测"。这些现象包括热电功率（热电偶）、电导率（测辐射热计）、气体膨胀（高莱（Golay）盒或高莱探测器）、热电性（热电探测器）、光子牵引、约瑟夫森（Josephson）效应（超导量子相干器件（Superconductivity Quantum Interference Device，SQUID）、约瑟夫森结）、内发射（PtSi 肖特基（Schottky）势垒）、基本吸收（本征光探测器）、杂质吸收（非本征光探测器）、低维固体［超晶格（Super Lattice，SL），量子阱（Quantum Well，QW）和量子点（Quantum Dot，QD）探测器］及各种相位转换等。

图 2.1 列出了上述重要研究的大概日期，由此看出，第二次世界大战期间开始研发现代红外探测器技术，在最近 60 年内成功地研发出高性能红外探测器，从而使当今能够成功地将红外技术应用到遥感领域。光子红外技术与半导体材料科学和为集成电路研发的光刻技术相结合，以及冷战军备的刺激，使红外技术在 20 世纪短暂时间内取得非同寻常的发展[18]。

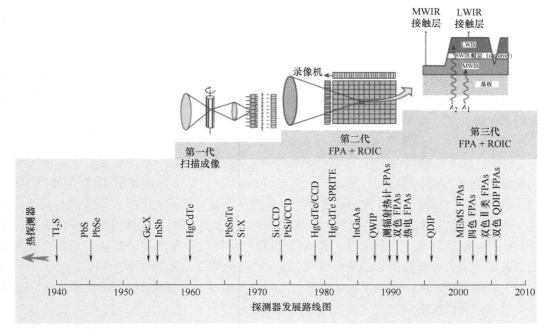

图 2.1　红外探测器发展史

军事和民用领域主要应用三代系统：一代（扫描系统）、二代（凝视系统-电子扫描）和三代（多色功能和单片机功能）

2.1 现代红外技术的发展史

20世纪50年代,利用单元制冷铅盐材料制造红外探测器,主要用于防空导弹导引头。一般地,铅盐探测器是多晶材料,应用某种溶液的真空镀和化学镀,再采用后生长敏化工艺而制成[16]。通常,并不容易理解铅盐光导探测器的准备过程,只能按照良好的配方才能重复生产。20世纪50年代初发明晶体管之后,报道了第一台非本征⊖光导探测器,大大促进了材料生长和纯化技术的发展[19]。由于早期控制杂质的技术非常适合于锗材料,所以,第一台高性能非本征探测器是以锗为基础制造的。锗材料中掺入不同杂质铜、锌和金所产生的非本征光导响应可以制成适于 $8\sim14\mu m$ 长波红外(LWIR)光谱窗口及远至 $14\sim30\mu m$ 超长波红外(VLWIR)光谱区的探测器。非本征光导体广泛应用于 $10\mu m$ 之外的波长,快于本征(有时也称为"内禀")探测器的发展。为了具有良好性能,类似其它本征探测器必须工作在较低温度下,以及避免探测器太厚,就需要牺牲量子效率。

1967年,索里夫(Soref)首次发表综述非本征硅探测器的论文[20]。然而,非本征硅材料的状况并没有大的改变。尽管相对于锗,硅有诸多优势(较低的介电常数,因而具有较短的弛豫时间;较低电容、较高掺杂溶解度和较大的光电离截面,从而得到较高的量子效率;较低的折射率,进从而具有低反射率),但还不足以保证付出必要的努力能使其达到当时高速发展的锗探测器的水平。在停止发展大约10年之后,玻意耳(Boyle)和史密斯(Smith)发明了电荷耦合器件(Charg-Coupled Device,CCD),非本征硅⊖才重新得到重视[21]。1973年,谢泊德(Shepherd)和杨(Yang)提出了金属-硅化物/硅肖特基势垒探测器,首次有希望出现许多高水平的读出方案——可以在一块共用的硅芯片上实现探测和读出两种功能。

同时,窄带隙半导体也有快速发展,稍后将证明这有利于扩展波长范围和提高灵敏度。此类第一种材料是锑化铟(InSb),是最新发现的Ⅲ-Ⅴ化合物半导体族中的一种。对锑化铟的兴趣不仅源自其具有小的能隙,而且利用普通技术就可以得到其单晶形式。20世纪50年代末~60年代初,已经将窄带隙半导体合金掺入到Ⅲ-Ⅴ($InAs_{1-x}Sb_x$)、Ⅳ-Ⅵ($Pb_{1-x}Sn_xTe$)和Ⅱ-Ⅵ($Hg_{1-x}Cd_xTe$)材料系中,这些合金能够提供半导体带隙,可以根据具体应用对探测器的光谱响应进行专门设计。1959年,劳森(Lawson)及其合作者开启了变带隙 $Hg_{1-x}Cd_xTe$(碲镉汞,HgCdTe)合金的研发,为红外探测器设计提供一个空前未有的自由度,首篇论文就公布了波长 $12\mu m$ 处的光导和光伏两种响应。此后不久,根据美国空军的合同,要求研制一种在温度77K下工作的 $8\sim12\mu m$ 背景限半导体红外探测器。美国明尼苏达州霍普金斯市霍尼韦尔公司研究中心的克鲁泽(Kruse)先生领导的团队为HgCdTe研发了一种改进型布里奇曼(Bridgman)晶体生长技术,并很快报道了在简陋的HgCdTe设备中应用了光导和光伏两种探测技术[24]。

窄带隙半导体的基本性质(高光学吸收系数,高电子迁移率和低的产热速率)和带隙工程的能力使这些合金系几乎成为理想的宽光谱红外探测器,主要源于高蒸气压力汞的原

⊖ 有时也称为"外赋"。——译者注

⊖ 有时也称为"内禀硅"或者"杂质硅"。——译者注

因,所以,在过去 40 年内,生长 HgCdTe 材料的难度反而激励研发另外的探测器技术。一种是碲锡铅(PbSnTe)产品,在 20 世纪 60 年代末~70 年代初期,与碲镉汞(HgCdTe)产品同时在轰轰烈烈地开展着研究[25-27]。碲锡铅材料比较容易生长,已经验证可以制成高质量的长波红外光敏二极管。然而,在 20 世纪 70 年代后期,两个因素导致放弃对碲锡铅探测器的研究:高介电常数和大的温度膨胀系数(Temperature Coefficient of Expansion,TCE),与硅不匹配。20 世纪 70 年代的扫描红外成像系统需要较快的响应时间,以便在扫描方向扫描出的图像不出现拖影,由于当今趋势是向凝视阵列发展,因而在进行第一代系统设计时,这种考虑就不太重要了;第二个缺点是,从室温到低温工作反复循环之后,大的 TCE 会导致混合结构(硅读出和探测器阵列之间)中铟键失效。

材料技术研究的开展一直主要也是围绕军事应用的。在美国,越南战争使部队的后勤服务开始研制红外系统,提供地面车辆、建筑和人员的热成像之用。在 20 世纪 60 年代初,光刻术已经趋于实用,被用于制造红外探测器阵列。线性阵列技术首先应用于硫化铅(PbS)、硒化铅(PbSe)和锡化铅(PbSn)探测器。20 世纪 60 年代初期,发明了非本征掺汞锗材料,从而利用线性阵列制造出第一台长波前视红外(FLIR)系统。由于探测原理基于非本征激励,所以,需要二级式冷却器才能保证在 25K 的温度下工作。非本征窄带隙半导体探测器对制冷的要求就宽松得多。一般地,为了得到红外光电探测器的背景限性能(Background-Limited Performance,BLIP),$3\sim5\mu m$ 红外探测器的工作温度低于 200K,而 $8\sim14\mu m$ 红外探测器的工作温度应是液氮温度。20 世纪 60 年代末~70 年代初,研发出本征碲镉汞(HgCdTe)光导探测器第一代线性阵列(在这种结构中,多元阵列每个元的电接触将被移到低温制冷焦平面结构外,电子通道都处在室温中),从而使长波前视红外(LWIR FLIR)系统可以在单级低温制冷机支持下工作,也使系统更紧凑、轻便,大大降低了能耗。

确切地说,碲镉汞(HgCdTe)激励了"三代"探测器装置的研究。一代是线性阵列光导探测器,已经批量生产,并得到广泛应用;二代是二维阵列光伏探测器,目前正高负荷生产,现阶段研发中,凝视阵列大约有 10^6 个元,并利用与阵列集成在一起的线路完成电子扫描,这种用铟柱将光敏二极管与读出集成线路(Readout Integrated Circuit,ROIC)芯片相连接的二维阵列作为混成结构常常称为传感器芯片组件(SCA);第三代装置的定义涵盖了在双波段探测器和多光谱阵列中包含的较特别的装置结构,如图 2.1 所示。

对二代系统概念的早期评估表明,硅化铂(PtSi)肖特基(Schottky)势垒、锑化铟(InSb)和碲镉汞(HgCdTe)光敏二极管,或者诸如硒化铅(PbSe)、硫化铅(PbS)和非本征硅探测器之类的高阻抗光导体一直是很有希望的候选产品,原因是其阻抗都非常适合于读出多路传输的场效应晶体管(Field Effect Transistor,FET)的输入。由于光导型碲镉汞探测器在焦平面上有低电压和大功率损耗,所以不适合。英国的一个新颖发明,扫积型(Signal Processing in the Element,SPRITE)探测器[29,30](通常直接称为 SPRITE 探测器。——译者注)将信号的时间延迟积分(Time Delay and Integration,TDI)融合在单个加长型探测器元件内,从而扩展了普通光导型碲镉汞(HgCdTe)探测器技术。该探测器代替了一整排由普通串行扫描探测器、外部放大器和时间延迟线路组成的离散元件。尽管仅应用在大约 10 个元件的小型器件中,但这种装置已经生产了数千台。

20 世纪 70 年代末~80 年代,碲镉汞技术的研发几乎全部集中在光伏器件上,这是因为与读出输入线路相连接的大型阵列中需要小功率损耗和高阻抗。努力的最终结果是成功开发出碲镉汞二代红外系统,提供了两种形式的大型二维阵列:一种是为扫描成像研制的具有时间延迟积分(TDI)的线性格式,另一种是应用于凝视阵列的方形和矩形格式。最近,已经生产 1024×1024 混成焦平面阵列(Focal Plane Array, FPA)。当然,目前的碲镉汞焦平面阵列的产量有限,成本很高,在此情况下,对红外探测器的另一种合金系统进行了研究,例如量子阱红外光电探测器(Quantum Well Infrared Photodector, QWIP)和Ⅱ类超晶格。

增大像素数的思路类似于对大幅面阵列继续进行研究,利用一些传感器芯片组件(Sensor Chip Assembly, SCA)紧密对接镶嵌可以继续增大像素数。美国雷神(Raytheon)公司制造了一个由 2K×2K 碲镉汞传感器芯片组件拼成的 4×4 镶嵌器件,并协助安装在最终的焦平面结构中以便利用四种红外波长考察南半球整个天空[31],具有 6 千 7 百万像素,是目前世界上最大的红外焦平面。目前,尽管减小相邻 SCA 上主动探测器间的间隙尺寸受到限制,但许多限制还是能够打破的。预计,大于 1 百万像素(megapixel)的焦面将是可能的,但是受到财政预算而非技术方面的约束[32]。

由国防部门支持的项目有消极的一面,因涉及保密要求,会妨碍国家层面、尤其是国际上研究团队间的有意义合作。此外,研究主要精力集中在焦平面阵列的验证研究上,很少确立基础知识。尽管如此,在最近 40 年,还是取得了很大进步。目前,碲镉汞是红外光探测器中使用最广泛的变间隙半导体,成功击退了非本征硅和碲锡铅器件的主要挑战。当然,今天仍面临着前所未有的更多的竞争者,包括硅肖特基势垒、锗化硅(SiGe)异质结、砷化镓铝(AlGaAs)多量子阱、锑化铟镓(GaInSb)应变层超晶格、高温超导体,尤其是两类热探测器:热释电探测器和硅测辐射热计。然而,根据其基本性质,这些挑战者中没有一个具有竞争力,它们的优势是较易加工,但不会获得更高性能或在较高甚至可比较的温度下工作的能力,但热探测器是一例外。应当注意,从物理学观点来看,Ⅱ类锑化铟镓(GaInSb)超晶格是一个特别具有吸引力的研究课题。

如上所述,20 世纪 70 年代中期,首先验证了单片非本征硅探测器[33-35],但集成电路制造工艺会使探测器材料的性质退化,所以该项研究被搁置。

历史上,Si:Ga 和 Si:In 是首先使用的镶嵌焦平面阵列光导材料,原因是早期的单片法与这些掺杂物质相兼容。可以采用普通技术,或杂质带传导(Impurity Band Conduction, IBC)技术,或阻滞杂质带(Blocked Impurity Band, BIB)技术,制造光导材料。由于非本征光导探测器比本征探测器的光子捕获界面低很多,所以必须制造得比较厚。然而,阻滞杂质带探测器具有独特的光导方面和光伏方面的组合特性,包括超高阻抗、较弱的复合噪声、线性的光导增益、高均匀性和极好的稳定性。现在,已经使用截至波长为 28μm 的百万像素探测器阵列[36]。特定掺杂杂质带传导探测器可以像固体光倍增管(Solid-State Photomult Plier, SSPM)和可见光光子转换器(Visble Light Photon Converter, VLPC)一样工作,光受激载流子在低光通量条件下对单个光子计数。标准固体光倍增管的光谱响应范围是 0.4~28μm。

如前所述,大约从 1930 年以来,光子探测器是红外技术的主要发展趋势,但光子探测器需要低温制冷,必须避免电荷载流子发热。热传递与光学传输并存,所以非制冷器件有非常大的噪声。制冷热像仪通常使用斯特林循环制冷器,是光子探测器红外热像仪中较昂贵的组件,制冷器的寿命只有大约 10000h。制冷需求会使红外系统笨重、昂贵并且使用不便,所以是广泛使用以半导体光子探测器为基础的红外系统的主要障碍。

使用热探测器红外成像是多年来的研发课题，但商用和军事系统已经很少利用热探测器。其原因是业界普遍认为，与光子探测器相比，热探测器相当慢和不灵敏，因此，相对于光子探测器，世界范围内对热探测器的研发力度就特别小。

前面的阐述并不是说，还没有对热探测器积极地开展研究。的确，在这方面已经有了一些有意义和重要的进展。例如，1947年，高莱（Golay）制造了一台改进型气动红外探测器[37]，并将这种气体温度计应用在光谱仪中；由美国贝尔（Bell）电话实验室首次研发的热敏电阻器测辐射热计也在探测低温光源辐射方面得到了广泛用途[38,39]；应用超导效应已经制造出超灵敏测辐射热计。

同时，人们也将热探测器应用于红外成像。蒸发成像仪和吸收式边缘图像转换器就属于首批非扫描红外成像仪。初始，蒸发成像仪是用于检测使涂有薄油膜的膜片变黑的放射问题的[40]。由于油膜蒸发速率正比于放射强度，用可见光照射油膜，就可以产生与热图像相对应的干涉图。第二种热成像装置是吸收式边缘图像转换器[41]，其工作原理是利用半导体边缘吸收对温度的依赖性。由于时间常数很长和空间分辨率很差，致使两种成像装置的性能不佳。尽管有大量的积极的研究，并且可以在常温下工作及低成本的潜在优势，但与制冷光子探测器的热成像应用相比，热探测器技术仅取得了有限的成功。不过，广泛应用于消防和紧急服务部门的热电光导摄像管（Pyroeletrtc Vidicon，PEV）[42]是一个值得注意的例外，它用热释电探测器和锗面板替代光导靶板，可将热电光导摄像管类似看作可见光电视摄像机。紧凑而坚固的热电光导摄像管成像仪已经应用于军事领域，但缺点是管子寿命短、较脆，尤其是网纹式摄像管需要提高空间分辨率。然而，凝视焦平面阵列的出现预示着某一天非制冷系统会进入许多应用领域，尤其是商业应用中。美国德州仪器（Texas Instruments）公司在与美国陆军夜视实验室（U. S. Army Night Vision Laboratory）签订的合同的支持下，在该领域做出了相当大的努力[4]，目的是以钛酸锶钡铁电探测器为基础制造一个凝视焦平面阵列系统。20世纪80~90年代初期，其它公司也研发出许多以各种热探测原理为基础的装置。

20世纪末，热成像迎来了第二次革命，对室温景物成像的非制冷红外阵列的研发有了突出的技术成就。在美国军事机密合同支持下研发了多种技术，所以，在1992年对这些资料的公开解密使全世界许多红外研究机构大吃一惊[43]。有一个不言而喻的假设：只有适合8~12μm大气窗口工作的低温光子探测器，才具有室温物体成像所必需的灵敏度。尽管热探测器的响应较慢，从而很少应用在扫描成像装置中，但目前，人们仍很有兴趣将其应用于二维电子编址阵列。在这种情况下，其带宽较窄，而热器件在1个帧幅时间段内的积分能力又是一个优势[44-49]。当今的许多研究重点集中在混合和单片非制冷阵列两个方面，并且，热和热释电探测器阵列（bolometric and pyroelectric detector array）的探测灵敏度有了很大提高。美国霍尼韦尔（Honeywell）公司已经批准几家公司利用测辐射热计技术，为商业和军事系统研发和生产非制冷焦平面探测器。目前，美国雷神（Raytheon）、波音（Boeing）和洛克希德-马丁（Lockheed-Martin）公司正在生产小型640×480微测辐射热计相机，美国政府允许这些厂商将其产品销售到国外，但不能泄露生产技术。最近几年，一些国家，包括英国、法国、日本和韩国，已另起炉灶研发自己的非制冷成像系统，因此，虽然美国是非制冷成像系统研发的主导国家，但最令人激动和最具前途的低成本非制冷红外系统或许来自美国之外的国家（例如，来自日本的三菱电子（Mitsubishi Electric）公司已详细介绍了使用串联p-n结的微测辐射热计焦平面阵列）。这是一种独特的以全硅型微测辐射热计为基础的方法。

2.2 红外探测器分类

图 2.2 给出了一些商用红外探测器的光谱探测灵敏度曲线。虽然最近几年，空间应用使人们对更长波长的兴趣越来越高，但该曲线的重点是两个大气窗口位置的波长：3～5μm（中波红外（MWIR））和 8～14μm（长波红外（LWIR）区，在该波段，大气透射率最高，并且，$T \approx 300K$ 时物体的最高发射率在波长 $\lambda = 10\mu m$ 处）。背景的光谱特性会受到大气透射率的影响（见图 1.22[50]），控制着大气环境下探测器应用的红外光谱范围。

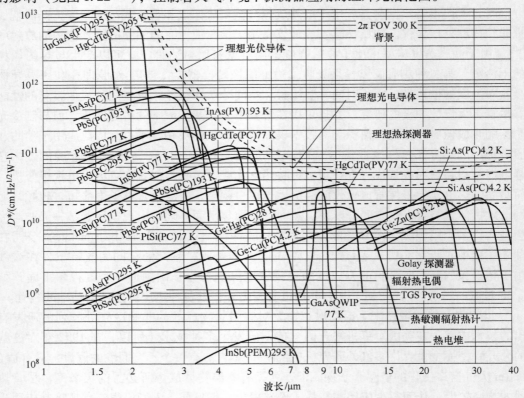

图 2.2 不同商用红外探测器在各温度下工作的 D^* 值

除了温差电堆（10Hz）、热电偶（10Hz）、热敏电阻测热辐射计（10Hz）、高莱探测器（10Hz）和热电探测器（10Hz）外，所有探测器的斩波频率都是 1000Hz。假设各种探测器都面对温度为 300K 的半球环境。图中还给出理想光伏、光导和热探测器的背景限 D^* 的理论曲线（虚线）。PC：Photoconductive detector，光电导探测器；PV：Photovoltaic detector，光伏探测器；PE：Photoemissive detector，光发射探测器；PEM：Photoelectromagnetic detector，光电磁探测器

红外探测器技术的进步与属于光子探测器类型的半导体红外探测器有关。在这类探测器中，在材料内通过与约束到晶格或杂质原子上的电子反应，或者与自由电子反应而使辐射被吸收，观察到的电输出信号源自改变后的电能分布。半导体的基本光学激励过程如图 2.3[51,52] 所示。光子探测器的波长对单位入射辐射功率响应度有一定选择性的依赖关系（见图 2.4），呈现出理想的信噪比性能和非常快的响应速度。但是，为达到此目的，光子探测

器需要低温制冷,一般地,波长大于 3μm 的光子探测器都要制冷。为避免电荷载体产生热量,制冷是必需的。热传递伴随着光学传递,所以,非制冷器件的噪声非常大。

根据反应性质,可以将光子探测器进一步划分为不同类型,见表 2.1,最重要的是本征探测器、非本征探测器、光发射探测器(金属硅肖特基势垒)和量子阱探测器。根据研发电场或磁场方式,可以有不同的模式,例如光导型、光伏型、光电磁(PEM)型和光发射型,任何一种材料体系都可以用于不同的工作模式。

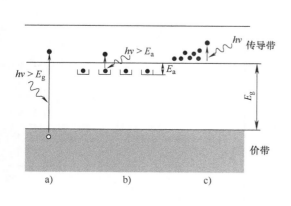

图 2.3　半导体中的基本光学激励过程
a) 本征吸收　b) 非本征吸收
c) 自由载体吸收
(资料源自:Elliott, C. T. and Gordon, N. T., Handbook on Semicinductors, Vol. 4, 841-936, Elsevier, Amsterdam, 1993)

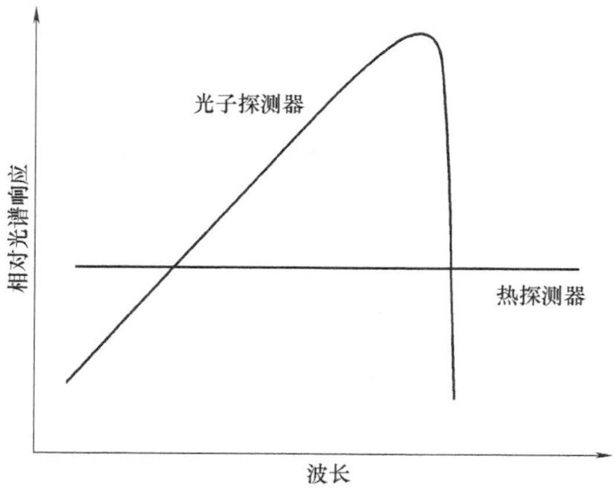

图 2.4　光子探测器和热探测器的相对光谱响应

表 2.1　红外探测器比较

探测器类型		优　点	缺　点
热探测器(热电堆,测热辐射计,热电检测器)		轻便、牢固、成本低、可靠、室温下工作	高频率下低探测率,响应慢(ms 数量级)
本征探测器	IV-VI (PbS, PbSe, PbSnTe)	较容易制备,比较稳定的材料	很高的热膨胀系数
	II-VI (HgCdTe)	容易调整带隙,成熟的理论和实践,多色探测器	大面积易出现不均匀性,生长和处理工艺的成本高,表面不稳定性
	III-V (InGaAs, InAs, InSb, InAsSb)	良好的材料和掺杂物,先进的技术,可能实现单片集成	大晶格失配造成异质外延,截止长波长限于 7μm(温度 77K)

(续)

探测器类型		优 点	缺 点
非本征探测器	(Si:Ga, Si:As, Ge:Cu, Ge:Hg)	很长的工作波长,技术较简单	产生高的热量,超低温工作
光子探测器			
自由载体探测器 (PtSi, Pt₂Si, IrSi)		低成本,高产出,大而密集排列的二维阵列	低量子效率,低工作温度
	I 类 (GaAs/AlGaAs, InGaAs/AlGaAs)	成熟的材料生长技术,有良好的大面积均匀性,多色探测器	产生高的热量,复杂的设计和生长技术
量子阱探测器	II 类 (InAs/InGaSb, InAs/InAsSb)	低螺旋组合率,易于控制波长,多色探测器	复杂的设计和生长技术,对界面敏感
量子点探测器	InAs/GaAs, InGaAs/InGaP, Ge/Si	垂直入射光,产生的热量低	复杂的设计和生长技术

正如下面将要讨论的,最近,欣克(Kinch)重新讨论了这种标准分类[51],将光子探测器分为两大类,即多数载流子和少数载流子装置,所用材料体系如下:

1. 直接跃迁半导体(或直接带隙半导体)——少数载流子
   - 二元合金:InSb,InAs
   - 三元合金:HgCdTe,InGaAs
   - II 类、III 类超晶格材料:InAs/GaInSb,HgTe/CdTe

2. 非本征半导体——多数载流子
   - Si:As,Si:Ga,Si:Sb
   - Ge:Hg,Ge:Ga

3. I 类超晶格材料——多数载流子
   - GaAs/AlGaAs 量子阱红外光探测器(Quantum Well Infrared Photodetector,QWIP)

4. 硅肖特基势垒——多数载流子
   - PtSi,IrSi

5. 高温超导体——少数载流子

除 III 类超晶格和高温超导体外,所有这些材料体系在红外领域都起着重要作用。

第二类红外探测器由热探测器组成。在图 3.1 所示的热探测器中,入射辐射被吸收以改变材料温度,利用某些物理性质的变化产生电输出,这种探测器悬吊在与散热片相连接的支架上。信号与入射辐射的光子性质没有关系,因此,一般来说,热效应与波长无关(见图 2.4)。信号取决于辐射功率(或变化速率),但与光谱内容无关。由于辐射能够被黑色表面镀膜吸收,所以,光谱响应可以非常宽。研究主要集中在对红外技术最有用的三种方法:测辐射热计、热电效应和温差电效应。热电探测器是测量内部的电偏振变化,而热敏电阻测辐射热计是测量电阻的变化。与光子探测器相比,热探测器一般工作在室温下,通常具有中等灵敏度和低响应度特性(因为探测元的加热和冷却是一个较慢过程),但较便宜和易于使用,广泛应用于不需要高性能和响应速度的低成本领域。因为具有非选择性,常常应用在红外分光计中。表 2.2 列出了一些红外热探测器的热效应。

表 2.2 红外热探测器

探 测 器	工 作 方 式

测辐射热计
    金属
    半导体
    超导体
    铁电体
    热电子
	电导率的变化

热电偶/热电堆	两种不同材料连接处的温度变化而产生电压
热电	自发电偏振的变化
高莱探测器/气体传声器	气体的热膨胀
吸收缘	半导体的光学传输
热磁	磁性变化
液晶	光学性质变化

与光子探测器相比，直到 20 世纪 90 年代，热探测器还极少应用在商用和军事领域，但最近 10 年发现，大的热探测器阵列可以在非制冷工作环境下以 TV 帧频获得特别好的成像质量。对二维探测器非扫描成像装置，热探测器的这种速度是足够的。二维电扫描阵列含有大量的探测元，可以补偿热探测器的中等灵敏度之不足。因为有效噪声带宽可以小于 100Hz，所以，大数量探测元阵列的热探测器具有的噪声等效温差（Noise Equivalent Temperature Difference，NETD）⊖最佳值小于 0.05K。

第三类红外探测器，即辐射场探测器，直接对所述的辐射场响应，这种探测器是在 1970 年后开始研发的，但未产生重大影响[52]。最近，由于谐波混频器在远红外（太赫兹）和亚毫米波区域的广泛应用，又重新认识到这种探测器的重要性[53]。

2.3 红外探测器制冷

根据工作温度及系统的物流需求确定不同的制冷方法[54,55]。图 2.5 给出了各种实用红外探测器技术对应的红外工作温度和波长范围列表。

已经研发出各种制冷系统，包括低温液态或固态杜瓦瓶（Dewar），焦耳-汤普森（Joule-Thompson）开式循环系统，斯特林（Stirling）闭式循环系统和热电制冷器（见图 2.5 和图 2.6），下面简单做些讨论。

2.3.1 低温杜瓦瓶

大部分 8~14μm 的探测器在约 77K 温度下工作，并用液态氮制冷。充满低温液体的杜瓦瓶常应用于实验室的探测器制冷，相当笨重，隔几个小时就要重新灌充液体。对于多种应用，尤其是液氮（LN_2）领域，使用充满液体的杜瓦瓶是不实际的，因此，众多厂商都转向不需要使用低温液体或固体的其它制冷装置。

⊖ 原书错印为 NEDT。——译者注

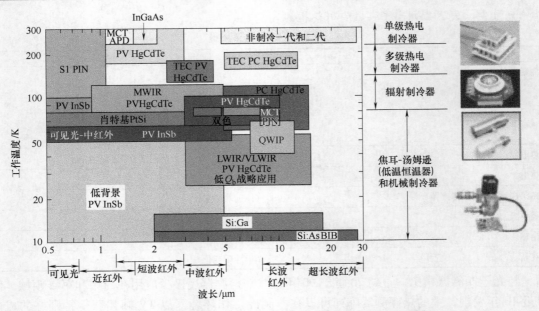

图 2.5 各种实用红外探测技术对应的工作温度和波长范围①

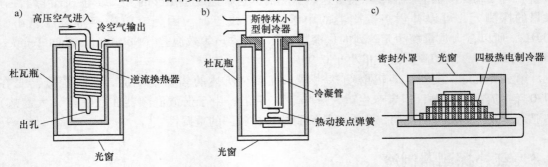

图 2.6 三种红外探测器制冷方式

a）焦耳-汤普森制冷器 b）斯特林-循环发动机 c）四极热电制冷器（珀耳帖（Peltier）效应）

2.3.2 焦耳-汤普森制冷器

焦耳-汤普森（Joule-Thompson）制冷器的设计以下面原理为基础：当高压气体从节流阀喷出而膨胀时，就会变冷并液化。该制冷器需要使用压缩瓶或压缩机提供高压气体。使用压缩空气，在 1~2min 内就可以达到 80K 数量级的温度，所用气体必须经过净化，去除水蒸气和二氧化碳，否则，容易结冰和堵塞节流阀。专门设计的焦耳-汤普森制冷器利用氩气制冷，非常适合将温度超快速降下来（几秒的制冷时间）。

2.3.3 斯特林循环制冷技术

20 世纪 70 年代后期，军队系统利用斯特林（Stirling）闭式循环制冷技术攻克了 LN_2 的工作难题，为红外探测器关键组件提供必需的低温条件，这种制冷装置直接利用直流电源形

---

① Q_b 代表背景光子通量。——译者注

成77K工作温度。早期型的制冷器体积大、价格贵，常常产生颤噪声（microphonic）和电磁干扰（Electromagnetic Interference，EMI）噪声。目前，已经研发出更有效的、可以集成和拆解的小型制冷器。

最近，由于制冷发动机具有高效率、可靠性好及降低成本的优点，开始大量应用。尤其是斯特林循环式制冷发动机需要几分钟的制冷时间，工作液是氦气。焦耳-汤普森制冷和发动机制冷两种形式的探测器安装在具有制冷装置的精密杜瓦瓶中（见图2.6）。探测器安装在杜瓦瓶内壁端部位置真空环境中，周围是冷辐射屏，同时兼容光学系统的会聚角，能够通过红外光窗观察外界景物。在某些杜瓦瓶中，探测器元件的导线隐埋在杜瓦瓶的内壁中，以避免振动造成伤害。

斯特林制冷器的典型参数如下：

- 集成件：质量0.3kg；热负载0.15W；输入功率3.5W；储藏寿命5年；平均故障间隔时间（或平均无故障时间）（Mean Time Before Failure，MTBF）2000h；探测器尺寸9cm×9cm；4min内温度可以达到80K；大的颤噪声；工作2000~3000h后，要求厂方对制冷器进行维修，以保持性能不变。杜瓦瓶和制冷器是一个集成组件，所以，必须对整套装置一起维修。
- 拆解件：输入功率约为20W；热负载1.5W；有较小的颤噪声；MTBF[⊖]8年；探测器安装在杜瓦瓶腔内，并通过波纹管将制冷器冷指与杜瓦瓶相连以传导热量。必须用一台风扇消除热量，可以很容易地从探测器/杜瓦瓶中卸下制冷器，替换方便。

无需使用笨重的液氮，闭式循环制冷器就能够提供最佳的探测器性能，可以获得15K的低温。然而，原价较高、输入功率大和工作寿命有限影响了该制冷器在许多领域的应用。

2.3.4 珀耳帖制冷器

与闭式循环制冷方式相比，探测器的热电（Thermoelectric，TE）制冷方式更为简单和成本较低。若是珀耳帖制冷器，通常是将探测器与一个基座密封安装，基座与散热片连接。热电制冷器可以使温度达到约200K，约20年的工作寿命和较低的输入功率（两级器件小于1W，三级器件小于3W），小而坚固。热电制冷器应用于焦平面阵列，包括一级（TE1，温度制冷到-20℃或253K）、二级（TE2，温度到-40℃或233K）、三级（TE3，温度到-65℃或208K）和四级（TE4，-80℃或193K）。可以利用珀耳帖制冷器使温度稳定在所需要的温度范围。使用超晶格材料，有希望使热电制冷器达到更好性能[56]。就热电制冷器的品质因数ZT几乎是Bi_2Te_3制冷器的三倍，使用新材料二级简单TE制冷器可以使温度低于200K。

2.4 探测器的品质因数

由于存在大量的实验变量，很难测量红外探测器的性能，必须考虑并仔细控制环境、电和辐射等各种参数，对于大的二维探测器阵列，探测器的测试更为复杂，也更为需要。

本节对红外探测器的测试作简单介绍，以供参考，大量教科书和期刊都涵盖这方面的内

⊖ 原书错印为MTFB。——译者注

容，包括：R. D. Hudson 编著的《红外系统工程（Infrared System Engineering）》[50]；W. L. Wolfe 和 G. J. Zissis 的《红外手册（The Infrared Handbook）》[57]；W. D. Rogatto 的《红外和电光系统手册（The Infrared and Electro-Optical System Handbook）》[58] 以及 J. D. Vincent 的《红外探测器工作原理和测试基础（Fundamentals of Infrared Detector Operation and Testing）》[59]。本书将讨论局限于其输出由电信号组成，并正比于辐射信号功率的探测器[59-62]。

本书给出的测量数据足以表征一个探测器的性能，为了对不同的探测器比较容易地进行比较，还需要根据测量数据确定其品质因数。

2.4.1 响应度

红外探测器的响应度定义：探测器电输出信号基本量的方均根（rms）值与输入辐射功率基本量的方均根值之比。响应度的单位是每瓦伏特（V/W）或者每瓦安培（A/W）。

电压（或类似于电流）光谱响应度为

$$R_v(\lambda, f) = \frac{V_s}{\Phi_e(\lambda)\Delta\lambda} \tag{2.1}$$

式中，V_s 为 Φ_e 的信号电压；$\Phi_e(\lambda)$ 为光谱辐射入射功率（W/m）。

上述单色量的另一种表示方法，即黑体响应度由下列公式表示：

$$R_v(T, f) = \frac{V_s}{\int_0^\infty \Phi_e(\lambda)d\lambda} \tag{2.2}$$

式中，入射辐射功率是黑体光谱功率密度分布 $\Phi_e(\lambda)$ 对所有波长的积分。通常，响应度是偏压 V_b、工作电频率 f 和波长 λ 的函数。

2.4.2 噪声等效功率

噪声等效功率（Noise Equivalent Power，NEP）是探测器产生的信号输出等于方均根噪声输出时的入射功率。另一描述方式是，噪声等效功率是信噪比（Signal-to-Noise Ratio，SNR）为 1 时的输出表征量（信号电平），根据响应度可以写为

$$\text{NEP} = \frac{V_s}{R_v} = \frac{I_n}{R_i} \tag{2.3}$$

式中，NEP 的单位为 W。

还可以定义为，噪声等效功率是一个假设频率为 1Hz 的固定基准带宽。每单位带宽 NEP 的单位为 $W/Hz^{\frac{1}{2}}$（每二次方根赫兹瓦）。

2.4.3 探测率

探测率 D 是噪声等效功率的倒数，即

$$D = \frac{1}{\text{NEP}} \tag{2.4}$$

琼斯（Jones）发现[63]，许多探测器的 NEP 正比于探测器信号的方均根，而探测器信号正比于探测器面积 A_d。这意味着，NEP 和探测灵敏度两者都是电带宽和探测器面积的函数，

因此，琼斯建议采用归一化探测率 D^*（或 D 星）[①]，并定义为

$$D^* = D(A_\mathrm{d}\Delta f)^{1/2} = \frac{(A_\mathrm{d}\Delta f)^{1/2}}{\mathrm{NEP}} \tag{2.5}$$

D^* 的重要性在于，该品质因数可以使同类探测器进行比较，无论是光谱还是黑体 D^*，都可以根据对应的 NEP 类型确定。

式（2.5）非常有用的等效表达式为

$$D^* = \frac{(A_\mathrm{d}\Delta f)^{1/2}}{V_\mathrm{n}} R_v = \frac{(A_\mathrm{d}\Delta f)^{1/2}}{I_\mathrm{n}} R_i = \frac{(A_\mathrm{d}\Delta f)^{1/2}}{\Phi_\mathrm{e}} (\mathrm{SNR}) \tag{2.6}$$

式中，D^* 定义为每二次方根探测器面积每单位方均根入射辐射功率在 1Hz 带宽处的方均根信噪比（SNR）；或者说，归一化到单位光敏面，单位噪声等效带宽时，单位入射功率产生的探测器输出信噪比，单位为 $\mathrm{cm\,Hz^{1/2}\,W^{-1}}$，最近该单位也称为"琼斯（Jones）"。

根据光谱探测率可以确定黑体的 D^*，即

$$D^*(T,f) = \frac{\int_0^\infty D^*(\lambda,f)\Phi_\mathrm{e}(T,\lambda)\mathrm{d}\lambda}{\int_0^\infty \Phi_\mathrm{e}(T,\lambda)\mathrm{d}\lambda} = \frac{\int_0^\infty D^*(\lambda,f)E_\mathrm{e}(T,\lambda)\mathrm{d}\lambda}{\int_0^\infty E_\mathrm{e}(T,\lambda)\mathrm{d}\lambda} \tag{2.7}$$

式中，$\Phi_\mathrm{e}(T,\lambda) = E_\mathrm{e}(T,\lambda)A_\mathrm{d}$，为入射黑体的辐射光通量（W）；$E_\mathrm{e}(T,\lambda)$ 为黑体的辐照度（$\mathrm{W/cm^2}$）。

2.5 基本的探测率极限

与光子噪声相比，当探测器和放大器噪声较低时，就可以获得红外探测器的最佳性能。若噪声不是源自探测器缺陷或与其相关的电子，而是来自探测过程，是辐射场离散性的结果，那么，光子噪声就是主要噪声，入射到探测器上的辐射是目标和背景辐射的组合。对大部分红外探测器工作的实际限制并非信号扰动，而是背景扰动限制，也称为背景限红外光探测器（Background Limited Infrared Photodetector，BLIP）限制。

可以利用散粒噪声公式推导出背景限红外光探测器（BLIP）的比探测率：

$$D^*_\mathrm{BLIP}(\lambda,f) = \frac{\lambda}{hc}\left(\frac{\eta}{2Q_\mathrm{B}}\right)^{1/2} \tag{2.8}$$

式中，η 为量子效率（每个入射光子产生的电子-空穴对的数目）；Q_B 为到达探测器的背景光子总光通量密度：

$$Q_\mathrm{B} = \sin^2(\theta/2)\int_0^{\lambda_\mathrm{c}} Q(\lambda,T_\mathrm{B})\mathrm{d}\lambda \tag{2.9}$$

由下式可以得到温度为 T_B 时的普朗克光子发射率（单位为 $\mathrm{ph\,cm^{-2}\,s^{-1}\,\mu m^{-1}}$，每平方厘米每秒每微米光子数）：

$$Q(\lambda,T_\mathrm{B}) = \frac{2\pi c}{\lambda^4\left[\exp\left(\dfrac{hc}{\lambda kT_\mathrm{B}}\right)-1\right]} = \frac{1.885\times 10^{23}}{\lambda^4\left[\exp\left(\dfrac{14.388}{\lambda T_\mathrm{B}}\right)-1\right]} \tag{2.10}$$

图 2.7 给出了不同黑体温度和 2π 视场（FOV）下积分背景光通量密度对波长的依赖关

[①] 通常称为"比探测率"。——译者注

系。积分公式式（2.9）的值列于罗文（Lowan）和布兰奇（Blanch）给出的表格中[65]。

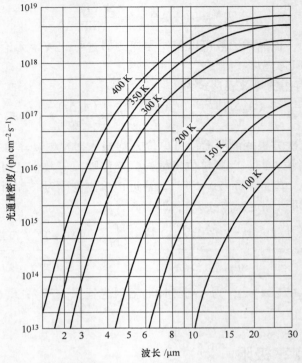

图 2.7 不同黑体温度和 2π 视场的积分背景光通量密度对波长的依赖关系
（资料源自：Hudson, R. D., Infrared System Engineering, Wiley, New York, 1969）

由式（2.9）得到

$$\frac{Q_B(\theta)}{Q_B(2\pi)} = \sin^2(\theta/2) \tag{2.11}$$

相对于 2π 视场的背景限 D^* 为

$$\frac{D^*_{BLIP}(\theta)}{D^*_{BLIP}(2\pi)} = \frac{1}{\sin(\theta/2)} \tag{2.12}$$

D^* 随视场按照 $[\sin(\theta/2)]^{-1}$ 规律变化。图 2.8 所示曲线显示任意背景温度下理想 D^* 随视场角减小而增大[66]。

式（2.8）适用于散粒噪声限光伏探测器。产生复合噪声限的光导探测器有较低的 D^*_{BLIP}，相差 $\sqrt{2}$ 倍，表示如下：

$$D^*_{BLIP}(\lambda, f) = \frac{\lambda}{2hc}\left(\frac{\eta}{Q_B}\right)^{\frac{1}{2}} \tag{2.13}$$

如果玻色-爱因斯坦（Bose-Einstein）系数 $b = \left[\exp\left(\frac{hc}{\lambda k T_B^{\ominus}}\right) - 1\right]^{-1}$ 接近 1，那么，表示光子噪声限的式（2.8）和式（2.13）只能对泊松统计成立。如果包含玻色-爱因斯坦系数，则式（2.13）修改为

$\ominus$ 原书错印为 t_B。——译者注

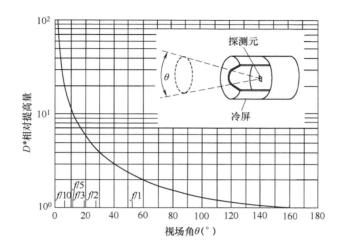

图2.8 背景限红外光电探测器比探测率相对提高值与视场角的依赖关系
(资料源自：Bratt, P. R., "Impurity Germanium and Silicon Infrared Detectors," in Semiconductors and Semimetals, Vol. 12, 39-141, Academic Press, New York, 1977)

$$D_{BLIP}^*(\lambda, f) = \frac{\eta\lambda}{2hc\sin(\theta/2)}\left[\int_0^{\lambda_c}\eta(\lambda)Q(\lambda,T_B)(1+b)d\lambda\right]^{-1/2} \quad (2.14)$$

具有均匀量子效率和理想光谱探测率［直至截止波长 λ_c，$R(\lambda)$ 都随波长增大，在截止波长处，探测器灵敏度降至零］的理想探测器将有可能获得最高性能。这种极限性能对于比较实际的探测器性能非常有意义。理想光导体在 λ_c 时的探测率是以数值积分为基础得到的 λ_c 的函数，在图 2.9 中，表示成 2π 视场的背景温度 $T_B^{\ominus}$ 的函数[67]。$T_B^{\ominus}=300K$ 时显示的虚线是忽略玻色子因数得到的探测率，认为随着波长范围的扩大，会产生逐渐增大的小效应。当 T_B 增大时，玻色子效应的校正就显得越来越么重要。一些学术论文阐述了不同背景条件下 λ 对应的 D_{BLIP}^* 值[3,68-71]。

降低背景光子光通量 Φ_b，可以提高背景限红外光子探测器的探测率，实际上，有两种方法：采用制冷或者反射式光谱滤光片以限制光谱范围，或者采用一种冷屏限制探测器的角视场（如上所述）。前者消除了不需要探测器响应的光谱范围内的黑体辐射，最好的探测器会在相当窄的视场范围内产生背景限探测率。

可以看出，若信号源在温度 T_s 下是一个黑体，而辐射背景在温度 T_B 下也是黑体，则背景噪声限黑体的 D_{BLIP}^* 是峰值光谱 D_{BLIP}^* 的函数：

$$D_{BLIP}^*(T_s,f) = D_{BLIP}^*(\lambda_p,f)\frac{(hc/\lambda_p)}{\sigma T_s^4}\int_0^{\lambda_p}Q(T_s,\lambda)d\lambda \quad (2.15)$$

式中，λ_p 为峰值探测时的波长，也是理想光子探测器的截止波长；σ 为斯忒藩-玻耳兹曼（Stefan-Boltzman）常数。所有的 D_{BLIP}^* 表达式都假设：朗伯（Lambertian）光源对应的半发射角是 2π 弧度。

背景限红外光子探测器峰值光谱 D^* 与背景限红外光子探测器背景 D^* 之比为

$\ominus$ 原书错印为 T_b。——译者注

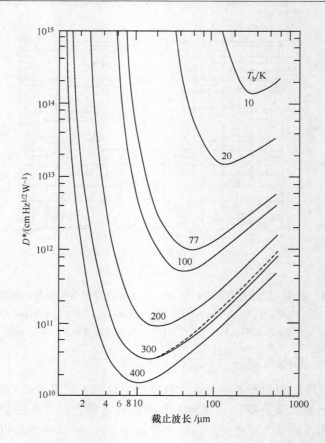

图 2.9 理想光导探测器在 2π 视场，工作温度 T_B 分别是 400、300、200、100、77、20 和 10K，在波长 λ_c 处探测率与 λ_c 的关系（300K 时的虚线是忽略了玻色子因数的结果）

（资料源自：Sclar., N., Progress in Quantum Electronics, 9, 149-257, 1984）

$$K(T,\lambda) = \frac{D^*_{\text{BLIP}}(\lambda_p, f)}{D^*_{\text{BLIP}}(T_s, f)} = \frac{\sigma T_s^4}{\frac{hc}{\lambda_p}\int_0^{\lambda_p} Q(T_s, \lambda) d\lambda} \tag{2.16}$$

图 2.10 所示为 $T_s = 500K$ 和视场 2π 弧度时的 $K(\lambda)$ 曲线[67]。由于测试红外探测器可以得到黑体的 D^* 值，所以，物理量 $K(T, \lambda)$ 是非常有用的。然后，利用 $K(T, \lambda)$ 计算峰值光谱 D^*。

如果探测器工作在背景光通量小于信号光通量的条件下，则探测器的最终性能取决于信号扰动限（Signal Fluctuation Limit，SFL）。在可见光和紫外光光谱区，实际上，这是利用光电倍增管实现的，但几乎无法使用固体器件完成。当背景温度非常低时，这种限制同样适于长波探测器。一些作者已经推导出该限制条件下工作的探测器的 NEP 和比探测率（参考 Kruse 等人的著作，即本章参考文献【3，68】）。

若应用于泊松统计，则信号扰动限 NEP 为[68-72]

$$\text{NEP} = \frac{2hc\Delta f}{\eta \lambda} \tag{2.17}$$

该阈值意味着，每个观察间隔有少量的光子。一个更有意义的参数是，一个观察周期内探测

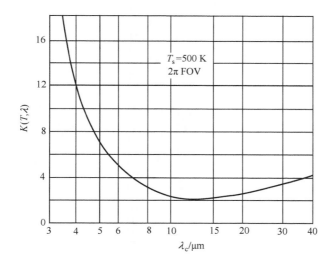

图 2.10 峰值光谱 D^* 与黑体 D^* 之比和探测器截止波长之
间的关系曲线（其中，$T_s = 500\text{K}$，视场 2π）

（资料源自：Kruse, P. W., Optical and Infrared Detectors, 5-69, Springer, Berlin, 1977）

到一个光子的概率。Kruse[25]指出，在观察周期 t_0 内探测到一个光子的概率能够达到99%所需要的最小信号功率为

$$\text{NEP}_{\min} = \frac{9.22 hc \Delta f}{\eta \lambda} \quad (2.18)$$

式中，假设 Δf 为 $\frac{1}{2} t_0$。注意到，式中没有包含探测器面积，并且，$\text{NEP}_{\min}$ 与带宽是线性关系，不同于由内噪声或背景噪声限制的探测器情况。

塞布（Seib）和奥科曼（Aukerman）[73]也推导出一个信号扰动限表达式，除了公式中常数不是 9.22 外，其它与式（2.18）都相同：若是理想的光发射或光伏探测器，常数是 $2^{3/2}$；对光导探测器，则是 $2^{5/2}$。常数不同是源自对探测器的使用方式和最小可探测信噪比的不同假设。

假设将塞布和奥科曼的信号扰动限近似表达式应用于光伏探测器，则对应的比探测率为

$$D^* = \frac{\eta \lambda}{2^{\frac{3}{2}} hc} \sqrt{\frac{A_d}{\Delta f}} \quad (2.19)$$

确定信号和背景组合扰动限是一件非常有益的事情。图 2.11 给出了 $0.1 \sim 4 \mu\text{m}$ 波长范围内的光谱探测率。其中，假设温度为 290K，视场为 2π（只能应用于背景扰动限）。注意到，信号扰动限和背景扰动限曲线的交点大约位于 $1.2 \mu\text{m}$ 处。若波长小于 $1.2 \mu\text{m}$，信号扰动限起主要作用；当大于 $1.2 \mu\text{m}$，情况正好相反。小于 $1.2 \mu\text{m}$ 时，对波长的依赖性很小；大于 $1.2 \mu\text{m}$ 时，比探测率对 290K 背景光谱分布的短波长端有非常强的依赖性。

将会看到（本书第 4 章），使用光学外差探测技术，即使在环境背景温度下，也有可能使红外探测器实现信号扰动限。

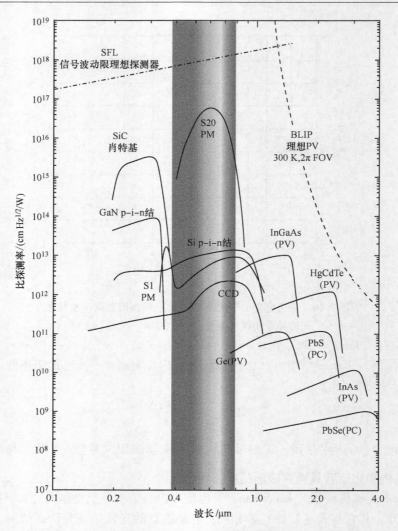

图 2.11　比探测率与 0.1~4μm 光探测器波长值的依赖关系
（PC 表示光导探测器；PV 表示光伏探测器；PM 表示光倍增管）

参 考 文 献

1. W. Herschel, " Experiments on the Refrangibility of the Invisible Rays of the Sun," *Philosophical Transactions of the Royal Society of London* 90, 284, 1800.
2. R. A. Smith, F. E. Jones, and R. P. Chasmar, *The Detection and Measurement of Infrared Radiation*, Clarendon, Oxford, 1958.
3. P. W. Kruse, L. D. McGlauchlin, and R. B. McQuistan, *Elements of Infrared Technology*, Wiley, New York, 1962.
4. L. M. Biberman, ed., *Electro-Optical Imaging: System Performance and Modeling*, SPIE Press, Bellingham, WA, 2000.
5. E. S. Barr, " Historical Survey of the Early Development of the Infrared Spectral Region," *American Journal of Physics* 28, 42-54, 1960.
6. E. S. Barr, " The Infrared Pioneers—Ⅱ. Macedonio Melloni," *Infrared Physics* 2, 67-73, 1962.

7. E. S. Barr, " The Infrared Pioneers—III. Samuel Pierpont Langley," *Infrared Physics* 3, 195-206, 1963.
8. W. Smith, " Effect of Light on Selenium During the Passage of an Electric Current," *Nature* 7, 303, 1873.
9. M. F. Doty, *Selenium, List of References*, 1917-1925, New York Public Library, New York, 1927.
10. J. C. Bose, U. S. Patent 755840, 1904.
11. T. W. Case, " Notes on the Change of Resistance of Certain Substrates in Light," *Physical Review* 9, 305-10 (1917).
12. T. W. Case, " The Thalofide Cell: A New Photoelectric Substance," *Physical Review* 15, 289, 1920.
13. R. D. Hudson and J. W. Hudson, *Infrared* Detectors, Dowden, Hutchinson & Ross, Stroudsburg, PA, 1975.
14. E. W. Kutzscher, " Review on Detectors of Infrared Radiation," *Electro-Optical Systems Design* 5, 30, June 1973.
15. D. J. Lovell, " The Development of Lead Salt Detectors," *American Journal of Physics* 37, 467-78, 1969.
16. R. J. Cushman, " Film-Type Infrared Photoconductors," *Proceedings of IRE* 47, 1471-75, 1959.
17. P. R. Norton, " Infrared Detectors in the Next Millennium," *Proceedings of SPIE* 3698, 652-65, 1999.
18. A. Rogalski, *Infrared Detectors*, Gordon and Breach Science Publishers, Amsterdam, 2000.
19. E. Burstein, G. Pines, and N. Sclar, " Optical and Photoconductive Properties of Silicon and Germanium," in *Photoconductivity Conference at Atlantic City*, eds. R. Breckenridge, B. Russell, and E. Hahn, 353-413, Wiley, New York, 1956.
20. R. A. Soref, " Extrinsic IR Photoconductivity of Si Doped with B, Al, Ga, P, As or Sb," *Journal of Applied Physics* 38, 5201-9, 1967.
21. W. S. Boyle and G. E. Smith, " Charge-Coupled Semiconductor Devices," *Bell Systems Technical Journal* 49, 587-93, 1970.
22. F. Shepherd and A. Yang, " Silicon Schottky Retinas for Infrared Imaging," *IEDM Technical Digest*, 310-13, 1973.
23. W. D. Lawson, S. Nielson, E. H. Putley, and A. S. Young, " Preparation and Properties of HgTe and Mixed Crystals of HgTe-CdTe," *Journal of Physics and Chemistry of Solids* 9, 325-29, 1959.
24. P. W. Kruse, M. D. Blue, J. H. Garfunkel, and W. D. Saur, " Long Wavelength Photoeffects in Mercury Selenide, Mercury Telluride and Mercury Telluride-Cadmium Telluride," *Infrared Physics* 2, 53-60, 1962.
25. J. Melngailis and T. C. Harman, " Single-Crystal Lead-Tin Chalcogenides," in *Semiconductors and Semimetals*, Vol. 5, eds. R. K. Willardson and A. C. Beer, 111-74, Academic Press, New York, 1970.
26. T. C. Harman and J. Melngailis, " Narrow Gap Semiconductors," in Applied *Solid State Science*, Vol. 4, ed. R. Wolfe, 1-94, Academic Press, New York, 1974.
27. A. Rogalski and J. Piotrowski, " Intrinsic Infrared Detectors," *Progress in Quantum Electronics* 12, 87-289, 1988.
28. S. Borrello and H. Levinstein, " Preparation and Properties of Mercury Doped Infrared Detectors," *Journal of Applied Physics* 33, 2947-50, 1962.
29. C. T. Elliott, D. Day, and B. J. Wilson, " An Integrating Detector for Serial Scan Thermal Imaging," *Infrared Physics* 22, 31-42, 1982.
30. A. Blackburn, M. V. Blackman, D. E. Charlton, W. A. E. Dunn, M. D. Jenner, K. J. Oliver, and J. T. M. Wotherspoon, " The Practical Realisation and Performance of SPRITE Detectors," *Infrared Physics* 22, 57-64, 1982.
31. A. Hoffman, " Semiconductor Processing Technology Improves Resolution of Infrared Arrays," *Laser Focus World*, 81-84, February 2006.
32. A. W. Hoffman, P. L. Love, and J. P. Rosbeck, " Mega-Pixel Detector Arrays: Visible to 28 μm," *Proceed-*

ings of SPIE 5167, 194-203, 2004.
33. J. C. Fraser, D. H. Alexander, R. M. Finnila, and S. C. Su, " An Extrinsic Si CCD for Detecting Infrared Radiation," in *Digest of Technical Papers*, 442-445, IEEE, New York, 1974.
34. K. Nummendal, J. C. Fraser, S. C. Su, R. Baron, and R. M. Finnila, " Extrinsic Silicon Monolithic Focal Plane Array Technology and Applications," in *Proceedings of CCD Applications International Conference*, Noval Ocean Systems Center, 19-30, San Diego, CA, 1976.
35. N. Sclar, R. L. Maddox, and R. A. Florence, " Silicon Monolithic Infrared Detector Array," *Applied Optics* 16, 1525-32, 1977.
36. E. Beuville, D. Acton, E. Corrales, J. Drab, A. Levy, M. Merrill, R. Peralta, and W. Ritchie," High Performance Large Infrared and Visible Astronomy Arrays for Low BackgroundApplications: Instruments Performance Data and Future Developments at Raytheon," *Proceedings of SPIE* 6660, 66600B, 2007.
37. M. J. E. Golay, " A Pneumatic Infrared Detector," *Review of Scientific Instruments* 18, 357-62, 1947.
38. E. M. Wormser, " Properties of Thermistor Infrared Detectors," *Journal of the Optical Society of America* 43, 15-21, 1953.
39. R. W. Astheimer, " Thermistor Infrared Detectors," *Proceedings of SPIE* 443, 95-109, 1983.
40. G. W. McDaniel and D. Z. Robinson, " Thermal Imaging by Means of the Evaporograph," *Applied Optics* 1, 311-24, 1962.
41. C. Hilsum and W. R. Harding, " The Theory of Thermal Imaging, and Its Application to the Absorption-Edge Image Tube," *Infrared Physics* 1, 67-93, 1961.
42. A. J. Goss, " The Pyroelectric Vidicon: A Review," *Proceedings of SPIE* 807, 25-32, 1987.
43. R. A. Wood and N. A. Foss, " Micromachined Bolometer Arrays Achieve Low-Cost Imaging," *Laser Focus World*, 101-6, June, 1993.
44. R. A. Wood, " Monolithic Silicon Microbolometer Arrays," in *Semiconductors and Semimetals*, Vol. 47, eds. P. W. Kruse and D. D. Skatrud, 45-121, Academic Press, San Diego, CA, 1997.
45. C. M. Hanson, " Hybrid Pyroelectric-Ferroelectric Bolometer Arrays," in *Semiconductors and Semimetals*, Vol. 47, eds. P. W. Kruse and D. D. Skatrud, 123-74, Academic Press, San Diego, CA, 1997.
46. P. W. Kruse, " Uncooled IR Focal Plane Arrays," *Opto-Electronics Review* 7, 253-58, 1999.
47. R. A. Wood, " Uncooled Microbolometer Infrared Sensor Arrays," *in Infrared Detectors and Emitters: Materials and Devices*, eds. P. Capper and C. T. Elliott, 149-74, Kluwer Academic Publishers, Boston, MA, 2000.
48. R. W. Whatmore and R. Watton, " Pyroelectric Materials and Devices," in *Infrared Detectors and Emitters: Materials and Devices*, eds. P. Capper and C. T. Elliott, 99-147, Kluwer Academic Publishers, Boston, MA, 2000.
49. P. W. Kruse, *Uncooled Thermal Imaging. Arrays, Systems, and Applications*, SPIE Press, Bellingham, WA, 2001.
50. R. D. Hudson, *Infrared System Engineering*, Wiley, New York, 1969.
51. M. A. Kinch, " Fundamental Physics of Infrared Detector Materials," *Journal of Electronic Materials* 29, 809-17, 2000.
52. C. T. Elliott and N. T. Gordon, " Infrared Detectors," in *Handbook on Semiconductors*, Vol. 4, ed. C. Hilsum, 841-936, Elsevier, Amsterdam, 1993.
53. H.-W. Hubers, " Terahertz Heterodyne Receivers," *IEEE Journal of Selected Topics in Quantum Electronics* 14, 378-91, 2008.
54. J. L. Miller, *Principles of Infrared Technology*, Van Nostrand Reinhold, New York, 1994.
55. P. T. Blotter and J. C. Batty, " Thermal and Mechanical Design of Cryogenic Cooling Systems," in *The Infra-*

red and Electro-Optical Systems Handbook, Vol. 3, ed. W. D. Rogatto, 343-433, Infrared Information Analysis Center, Ann Arbor, MI, and SPIE Press, Bellingham, WA, 1993.

56. R. J. Radtke and H. E. C. H. Grein, " Multilayer Thermoelectric Refrigeration in $Hg_{1-x}Cd_xTe$ Superlattices," *Journal of Applied Physics* 86, 3195-98, 1999.

57. W. I. Wolfe and G. J. Zissis, eds., *The Infrared Handbook*, Office of Naval Research, Washington, DC, 1985.

58. W. D. Rogatto, ed., *The Infrared and Electro-Optical Systems Handbook*, Infrared Information Analysis Center, Ann Arbor, MI, and SPIE Optical Engineering Press, Bellingham, WA, 1993.

59. J. D. Vincent, *Fundamentals of Infrared Detector Operation and Testing*, Wiley, New York, 1990.

60. W. L. Eisenman, J. D. Merriam, and R. F. Potter, " Operational Characteristics of Infrared Photodetectors," in *Semiconductors and Semimetals*, Vol. 12, eds. R. K. Willardson and A. C. Beer, 1-38, Academic Press, New York, 1977.

61. T. Limperis and J. Mudar, " Detectors," in *The Infrared Handbook*, eds. W. L. Wolfe and G. J. Zissis, 11.1-11.104, Environmental Research Institute of Michigan, Office of Naval Research, Washington, DC, 1989.

62. D. G. Crove, P. R. Norton, T. Limperis, and J. Mudar, " Detectors," in *The Infrared and Electro-Optical Systems Handbook*, Vol. 3, ed. W. D. Rogatto, 175-283, Infrared Information Analysis Center, Ann Arbor, MI, and SPIE Optical Engineering Press, Bellingham, WA, 1993.

63. R. C. Jones, " Performance of Detectors for Visible and Infrared Radiation," in *Advances in Electronics*, Vol. 5, ed. L. Morton, 27-30, Academic Press, New York, 1952.

64. R. C. Jones, " Phenomenological Description of the Response and Detecting Ability of Radiation Detectors," *Proceedings of IRE* 47, 1495-1502, 1959.

65. A. N. Lowan and G. Blanch, " Tables of Planck's Radiation and Photon Functions," *Journal of the Optical Society of America* 30, 70-81, 1940.

66. P. R. Bratt, " Impurity Germanium and Silicon Infrared Detectors," in *Semiconductors and Semimetals*, Vol. 12, eds. R. K. Willardson and A. C. Beer, 39-141, Academic Press, New York, 1977.

67. N. Sclar, " Properties of Doped Silicon and Germanium in Infrared Detectors," *Progress in Quantum Electronics* 9, 149-257, 1984.

68. P. W. Kruse, " The Photon Detection Process," in *Optical and Infrared Detectors*, ed. R. J. Keyes, 5-69, Springer, Berlin, 1977.

69. R. W. Boyd, *Radiometry and the Detection of Optical Radiation*, Wiley, New York, 1983.

70. R. H. Kingston, *Detection of Optical and Infrared Radiation*, Wiley, New York, 1983.

71. E. L. Dereniak and G. D. Boremen, *Infrared Detectors and Systems*, Wiley, New York, 1996.

72. A. Smith, F. E. Jones, and R. P. Chasmar, *The Detection and Measurement of Infrared Radiation*, Clarendon, Oxford, 1968.

73. D. H. Seib and L. W. Aukerman, " Photodetectors for the 0.1 to 1.0 μm Spectral Region," in *Advances in Electronics and Electron Physics*, Vol. 34, ed. L. Morton, 95-221, Academic Press, New York, 1973.

第 3 章 红外探测器的基本性能极限

如本书第 2 章所述,红外探测器分为两类:光子探测器和热探测器。多年来,尽管热探测器一直以单元件形式工作,但在 20 世纪最后 10 年,开启了成像阵列方面的应用。

本章将通过对红外探测器的统计性质,并结合工艺和辐射度学方面的阐述,讨论探测器的基本极限性能,希望确定其在某指定温度下能够达到的最终探测灵敏度的理论极限值。在此给出的模型适用于本书第 1 章述及的任何探测器类型。

光子探测器主要受限于与背景辐射进行光子交换时形成的生成-复合(generation-recombination)噪声,热探测器受限于与辐射背景进行辐射功率交换时形成的温度扰动噪声。由于属不同的噪声类型,所以,两类探测器的比探测率对波长和温度有着不同的依赖关系,光子探测器更适合于长波红外和较低的工作温度,而热探测器适于非常长波长的光谱范围。

本章首先介绍两类探测器完成红外探测的基本过程,然后,对热探测器和光子探测器进行比较,在第 5~9 章将详细讨论不同类型的热探测器和光子探测器。为了完整理解这些器件内噪声过程对探测灵敏度的限制,必须清楚地了解探测过程的某些基本概念。

3.1 热探测器

根据工作方式,可以将热探测器进行分类:热堆式(thermopile scheme)、测辐射热式(bolometer scheme)和热释电式(pyroelectric scheme)探测器。在本节,将阐述热探测器的一般原理。

3.1.1 工作原理

可以分两步阐述热探测器的性能:第一步,讨论系统的热特性,确定入射热辐射造成的温度升高;第二步,利用升高的温度确定信号某性质的变化。第一步计算对所有热探测器都相同,而对不同类型的热探测器,第二步的具体细节是不一样的。

热探测器是根据下面的简单原理工作:当探测器受到红外热辐射的照射而加热时,温度升高,并利用温度变化机理,例如热电偶电压、电阻或者热电电压测量温度的变化。

图 3.1 所示为最简单的热探测器,用热容 C_{th} 表示,通过热导率 G_{th} 耦合到保持固定温度 T 的散热器上。没有热辐射输入时,即使在温度 T 附近有些扰动,探测器的平均温度仍是 T,当探测器接收到辐射输入,通过求解热平衡公式[1-3]确定温度的升高:

$$C_{th}\frac{d\Delta T}{dt} + G_{th}\Delta T = \varepsilon\Phi \tag{3.1}$$

式中,ΔT 为光学信号 Φ 造成探测器与周围环境间的温度差;ε 为探测器的发射率。表 3.1 列出了热路与电路之间的模拟关系,图 3.1b 给出了热路(见图 3.1a)与电路的对应关系。

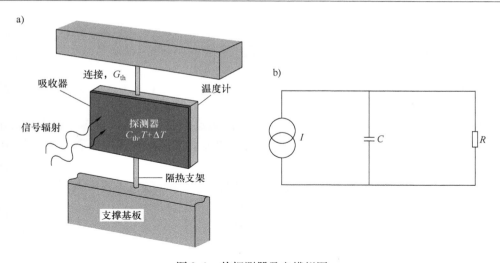

图 3.1 热探测器及电模拟图

a）热探测器 b）热探测器的电模拟图

表 3.1 热路与电路的类比

热　　路		电　　路	
物理量	单位	物理量	单位
热能	J	电荷	C
热流	W	电流	A
温度	K	电压	V
热阻抗	K/W	电阻	Ω
热容	J/K	电容	F

假设辐射功率是周期函数：

$$\Phi = \Phi_0 e^{i\omega t} \tag{3.2}$$

式中，Φ_0 为正弦辐射的振幅，不同热辐射的解为

$$\Delta T = \Delta T_0 e^{-(G_{th}/C_{th})t} + \frac{\varepsilon \Phi_0 e^{i\omega t}}{G_{th} + i\omega C_{th}} \tag{3.3}$$

第一项是瞬变部分，随着时间推移，该项会按照指数形式减小到零。在不丧失一般性的原则下，温度发生变化时，可以不考虑该式的影响。所以，入射辐射光通量造成热探测器的温度变化为

$$\Delta T = \frac{\varepsilon \Phi_0}{(G_{th}^2 + \omega^2 C_{th}^2)^{1/2}} \tag{3.4}$$

式（3.4）显示了热探测器的几个特征：很清楚，使 ΔT 尽可能大是有好处的；为此，探测器的热容量 C_{th} 以及与周围环境的热耦合度 G_{th} 要尽可能小；若尽量减少与周围环境的热接触，就需要优化热探测器与入射热辐射的相互作用；这意味着，探测器的质量要小，与散射器连接的导线要好。

式（3.4）表明，随着 ω 的增大，$\omega^2 C_{th}^2$ 项最终会大于 C_{th}^2 项，而 ΔT 随 ω 的增大反而减小，因此，将探测器的热响应时间常数定义为

$$\tau_{th} = \frac{C_{th}}{G_{th}} = C_{th}R_{th} \tag{3.5}$$

式中，$R_{th} = 1/G_{th}$是热阻抗。式（3.4）可以写为

$$\Delta T = \frac{\varepsilon \Phi_0 R_{th}}{(1 + \omega^2 \tau_{th}^2)^{\frac{1}{2}}} \tag{3.6}$$

热响应时间常数的典型值是毫秒级，比光子探测器的典型时间长得多。在探测灵敏度、ΔT和频率响应之间需要一个折中，如果要求高探测灵敏度，就使探测器具有较低的频率响应特性。

为了继续讨论，首先引入常数K，反映探测器将温度变化转化为输出电压的程度[4]：

$$K = \frac{\Delta V}{\Delta T} \tag{3.7}$$

由温度变化ΔT产生的对应的方均根（rms）电压信号为

$$\Delta V = K\Delta T = \frac{K\varepsilon \Phi_0 R_{th}}{(1 + \omega^2 \tau_{th}^2)^{\frac{1}{2}}} \tag{3.8}$$

探测器的电压响应度R_v是输出信号电压ΔT与输入辐射功率之比，形式如下：

$$R_v = \frac{K\varepsilon R_{th}}{(1 + \omega^2 \tau_{th}^2)^{\frac{1}{2}}} \tag{3.9}$$

该表达式显示，低频电压响应度（$\omega \ll 1/\tau_{th}$）正比于热阻抗，与热容无关；对高频情况（$\omega \gg 1/\tau_{th}$），正好相反，在该情况下，R_v与R_{th}无关，反比于热容。

如前所述，探测器对外界环境的热导率（热阻）应当很小（高），当探测器完全与外界环境相隔绝而处于真空状态时，仅仅在探测器和散热片闭环之间完成辐射热交换，就可能出现最小热导率。这种理想模式可以使热探测器达到最终性能极限，根据斯忒藩-玻耳兹曼（Stefan-Boltzmann）辐射定律可以确定该极限值。

若热探测器的接受面积为A，发射率为ε，当与周围环境处于热平衡状态时，其辐射的总光通量是$A\varepsilon\sigma T^4$。其中，σ是斯忒藩-玻耳兹曼（Stefan-Boltzmann）常数。若探测器温度升高小量dT，则辐射光通量就增大$4A\varepsilon\sigma T^3 dT$，热导率的辐射分量为

$$G_R = \frac{1}{(R_{th})_R} = \frac{d}{dT}(A\varepsilon\sigma T^4) = 4A\varepsilon\sigma T^3 \tag{3.10}$$

在这种情况下

$$R_v = \frac{K}{4\sigma T^3 A(1 + \omega^2 \tau_{th}^2)^{\frac{1}{2}}} \tag{3.11}$$

当探测器与散热片处于热平衡状态时，以该热导率传输到探测器的功率扰动为[5,6]

$$\Delta P_{th} = (4kT^2G)^{1/2} \tag{3.12}$$

假设G是最小值（即G_R），则ΔP_{th}也有最小值，从而得到理想热探测器的最小可探测功率。

最小可探测信号功率，或者噪声等效功率NEP定义为：入射在探测器上并等于方均根热噪声功率的方均根信号功率。如果与G_R有关的温度扰动是唯一的噪声源，则

$$\varepsilon NEP = \Delta P_{th} = (16A\varepsilon\sigma kT^5)^{\frac{1}{2}} \tag{3.13}$$

或者

$$\text{NEP} = \left(\frac{16A\sigma kT^5}{\varepsilon}\right)^{\frac{1}{2}} \tag{3.14}$$

如果所有的入射辐射都被探测器吸收,则 $\varepsilon = 1$,假设 $A = 1\text{cm}^2$、$T = 290\text{K}$ 和 $\Delta f = 1\text{Hz}$,可以得到

$$\text{NEP} = (16A\sigma kT^5)^{\frac{1}{2}} = 5.0 \times 10^{-11}\text{W} \tag{3.15}$$

3.1.2 噪声机理

为了确定探测器的 NEP 和比探测率 D^*,必须首先定义噪声机理。有许多噪声源对探测器探测灵敏度极限施加影响。

一个主要噪声是约翰逊(Johnson)噪声。阻抗为 R 的电阻在 Δf 带宽范围内的约翰逊噪声为

$$V_\text{J}^2 = 4kTR\Delta f \tag{3.16}$$

式中,k 为玻耳兹曼常数;Δf 为频带。该噪声称为白噪声。

对探测器最终性能有重要影响的其它两种噪声源是热扰动噪声和背景扰动噪声。

热扰动噪声源自探测器中的温度波动。探测器和与其周围环境之间的热导率变化会造成热扰动噪声。

温度的差异("温度"噪声)可以表示为[2,5,6]

$$\overline{\Delta T^2} = \frac{4kT^2\Delta f}{1 + \omega^2\tau_\text{th}^2}R_\text{th} \tag{3.17}$$

由该公式可以看出,作为主要热损失机理的热导率 $G_\text{th} = 1/R_\text{th}$ 是影响温度扰动噪声的关键性设计参数。图 3.2 给出了一种有代表性的红外微机械探测器的温度扰动噪声(温度扰动的方均根值)[7]。注意到,信号会如同温度扰动噪声一样在较高频率处衰减。

温度扰动产生的光谱噪声电压为

$$V_\text{th}^2 = K^2\overline{\Delta T^2} = \frac{4kT^2\Delta f}{1 + \omega^2\tau_\text{th}^2}K^2 R_\text{th} \tag{3.18}$$

第三种噪声源是由于探测器温度为 T_d 和环境温度为 T_b 时辐射热交换所产生的背景噪声。最终探测器在 2π 视场时,性能极限由下式给出[2,5,6]:

$$V_\text{b}^2 = \frac{8k\varepsilon\sigma A(T_\text{d}^2 + T_\text{b}^2)}{1 + \omega^2\tau_\text{th}^2}K^2 R_\text{th}^2 \tag{3.19}$$

式中,σ 为斯忒藩-玻耳兹曼(Stefan-Boltzmann)常数。

除上述噪声源外,$1/f$ 是热探测器中经常遇到的影响探测器性能的另一种噪声源,可以用下面的经验公式表述:

$$V_{1/f}^2 = k_{1/f}\frac{I^\delta}{f^\beta}\Delta f \tag{3.20}$$

式中,系数 $k_{1/f}$ 为比例系数;δ 和 β 为其值约为 1 的系数。由于参数 $k_{1/f}$、δ 和 β 与包括接触层和表面在内的材料制造和处理技术紧密相关,所以,很难以解析形式表示 $1/f$ 幂率谱噪声的特性。

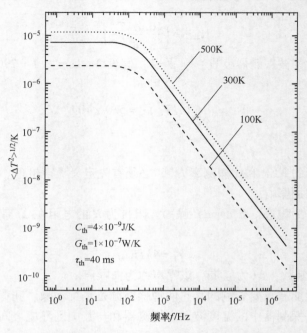

图 3.2 一种典型热红外探测器温度扰动噪声的光谱密度

（资料源自：Datskos, P. G., Encyclopedia of Optical Engineering, Marcel Dekker, New York, 349-57, 2003）

总噪声电压的二次方为

$$V_n^2 = V_{th}^2 + V_b^2 + V_{1/f}^2 \tag{3.21}$$

3.1.3 比探测率和基本极限

根据式（2.6）、式（3.16）、式（3.18）和式（3.21），可以得到热探测器的比探测率为

$$D^* = \frac{K\varepsilon R_{th} A^{\frac{1}{2}}}{(1+\omega^2\tau_{th}^2)^{\frac{1}{2}} \left(\frac{4kT_d^2 K^2 R_{th}}{1+\omega\tau_{th}^2} + 4kTR + V_{1/f}^2\right)^{\frac{1}{2}}} \tag{3.22}$$

对典型的热探测器，当工作在真空或低压气体环境中时，通过器件微支撑结构的热传导决定着热损耗机理。若外部有良好的隔热措施，那么，主要的热损耗机理可能简化到仅仅是探测器与环境之间的辐射热交换。在大气环境下，通过空气的热传导是主要的热损耗机理，空气的热导率（$2.4 \times 10^{-2} W\,m^{-1}K^{-1}$）要比通过微机械探测器支撑梁传导的热导率大。

根据温度扰动噪声可以确定任何热探测器探测灵敏度的基本极限。在低频（$\omega \ll 1/\tau_{th}$）并满足该条件时，由式（3.22）可以得到

$$D_{th}^* = \left(\frac{\varepsilon^2 A}{4kT_d^2 G_{th}}\right)^{\frac{1}{2}} \tag{3.23}$$

在此已经假设，ε 与波长无关，所以，光谱 D_λ^* 和黑体 $D^*(T)$ 一样。

图 3.3 给出了探测器不同有效面积处比探测率对温度和热导率的依赖关系。很清楚，强

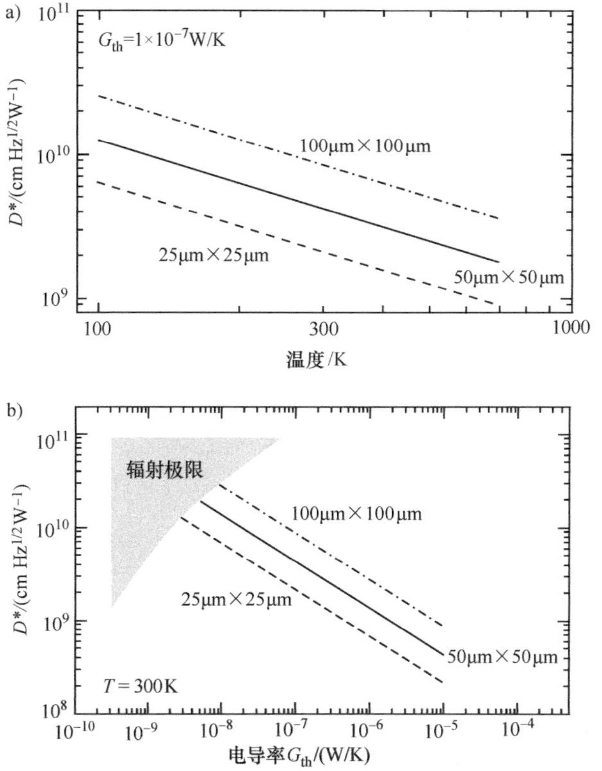

第 3 章 红外探测器的基本性能极限

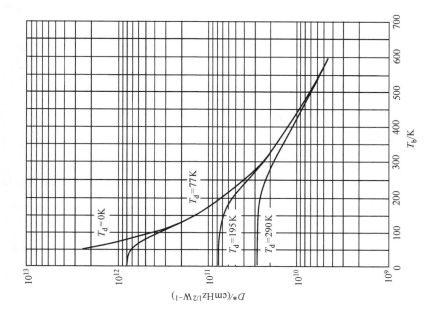

图 3.4 热探测器的温度扰动噪声限比探测率是探测器温度 T_d 和背景温度 T_b 的函数(其中,视场为 2π, $\varepsilon=1$)
(资料源自:Kruse, W., McGlauchlin, L. D., and McQuistan, R. B., Elements of Infrared Technology, Wiley, New York, 1962)

图 3.3 热红外探测器不同有效面积的温度扰动噪声限探测率
a) 与探测器温度的函数关系
b) 与探测器和周围环境之间总热导率的函数关系
(资料源自:Datskos, P. G., Encyclopedia of Optical Engineering, Marcel Dekker, New York, 349-57, 2003)

化探测器与周围环境间的隔热措施可以提高热探测器的性能。

如果辐射功率交换是主要的热交换机理，G 就是斯忒藩-玻耳兹曼（Stefan-Boltzmann）函数相对于温度的一阶微分，若是众所周知的背景扰动噪声限，根据式（2.6）和式（3.19），则有

$$D_b^* = \left[\frac{\varepsilon}{8k\sigma(T_d^5 + T_b^5)}\right]^{\frac{1}{2}} \tag{3.24}$$

注意到，正如所愿，D_b^* 与 A 无关。

在许多实际的例子中，背景温度 T_b 是室温，为 290K。图 3.4 给出了理想热探测器在发射率为 1（或完全发射）以及低于 290K 条件下的光子噪声限比探测率，是背景温度的函数[6]。

式（3.23）和式（3.24）以及图 3.4 有如下假设：当探测器和背景温度相等时，背景辐射是从所有方向入射到探测器上，若探测器处于低温，只从前半球方向入射。可以看到，在室温下，能够观察到室温背景的热探测器所具有的最大可能的 D^* 是 1.98×10^{10} cm Hz$^{1/2}$ W^{-1}，即使将探测器或背景（并非两者同时）制冷到绝对零度，比探测率也仅提高至 $\sqrt{2}$ 倍，这是所有热探测器比探测率的基本极限。由于背景噪声限光子探测器受到光谱响应度的限制（见图 2.2），所以，具有较高的比探测率。

至此，仅讨论了热探测器较平坦的光谱响应，实际上，有时制冷滤波器限制着探测器的光谱探测灵敏度。对于理想的滤波器，可以计算出比探测率分别随短波和长波截止波长 λ_{c1} 和 λ_{c2} 的变化。如果除了 λ_{c1} 至 λ_{c2} 间的波长外，探测器在其它波长的发射率 $\varepsilon = 0$，并且在 λ_{c1} 和 λ_{c2} 之间，ε 与波长无关，则可以用下式代替式（3.24）[8]：

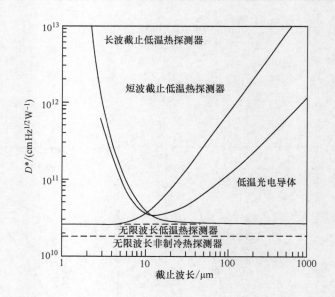

图 3.5　比探测率对热探测器和光子探测器长波限的依赖关系
（资料源自：Low, F. J., and Hoffman, A. R., Applied Optics, 2, 649 -50, 1963）

$$D_b^* = \left[\frac{\varepsilon}{8k\sigma T_d^5 + F(\lambda_{c1}, \lambda_{c2})}\right]^{\frac{1}{2}} \tag{3.25}$$

式中

$$F(\lambda_{c1}, \lambda_{c2}) = 2\int_{\lambda_{c1}}^{\lambda_{c2}} \frac{h^2 c^3}{\lambda^6} \frac{\exp(hc/\lambda k T_b)}{[\exp(hc/\lambda k T_b) - 1]^2} d\lambda \qquad (3.26)$$

图 3.5 给出了式 (3.25) 与波长 λ 的函数关系,有两种情况:一种是长截止波长 λ_{c2} (即 $\lambda < \lambda_{c2}$ 时, $\varepsilon = 1$; $\lambda > \lambda_{c2}$ 时, $\varepsilon = 0$); 另一种是短截止波长 λ_{c1}[⊖] (即 $\lambda < \lambda_{c1}$ 时, $\varepsilon = 0$; $\lambda > \lambda_{c1}$ 时, $\varepsilon = 1$)。背景温度 300K。

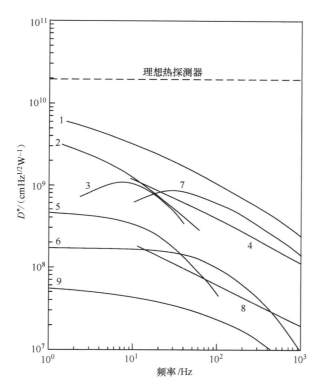

图 3.6 非制冷热探测器的性能

(资料源自: Putley, E. H., Optical and Infrared Detectors, Springer, Berlin, 71-100, 1977)

1—掺杂丙氨酸 (alaine) 的硫酸三甘肽 (TGS) 低温探测器 ($A = 1.5\text{mm} \times 1.5\text{mm}$)

2—光谱热电堆 ($A = 0.4\text{mm}^2$, $\tau_{th} = 40\text{ms}$)

3—高莱 (Golay) 探测器

4—加固型封装的 TGS 低温探测器 ($0.5\text{mm} \times 0.5\text{mm}$)

5—镀锑-铋膜 (Sb-Bi) 的热电堆 ($A = 0.12\text{mm} \times 0.12\text{mm}$, $\tau_{th} = 13\text{ms}$)

6—浸没式热敏电阻探测器 ($A = 0.1\text{mm} \times 0.1\text{mm}$, $\tau_{th} = 2\text{ms}$)

7—钽酸锂 (LiTaO₃) 低温探测器

8—普莱塞 (Plessey) 压电陶瓷低温探测器

9—薄膜测辐射热计

⊖ 原书错印为 λ_{c2}。——译者注

真实探测器所达到的性能低于式（3.23）的预测值。即使没有其它噪声源，辐射噪声限探测器的性能也比理想探测器差一个因数 $\varepsilon^{1/2}$（参看式（3.24））。下面的因素将使性能进一步恶化：

- 探测器的封装（光窗的反射和吸收损耗）；
- 过量热传导的影响（电接触的影响，通过支架的条件，气体影响——传导和对流）；
- 其它噪声源。

图 3.6 给出了一些热探测器在室温下的性能[9]，热探测器在 10Hz 时典型探测率值的变化范围为 $10^8 \sim 10^9 \text{cm Hz}^{1/2} \text{W}^{-1}$。

3.2 光子探测器

3.2.1 光子探测过程

光子探测器的工作原理是以半导体材料中的光子吸收为基础。随着光场通过半导体的传播，产生光载流子的信号会继续损耗能量（见图 3.7）。在半导体内部，随着能量转移到光载流子而使光场成指数形式衰减，可以用吸收长度 α 和渗透深度 $1/\alpha$ 表示该材料的性质。渗透深度是仍然保持有 $1/e$ 光信号功率的位置处。

半导体中所吸收的功率是材料中位置的函数：

$$P_a = P_i(1-r)(1-e^{-\alpha x}) \tag{3.27}$$

吸收的光子数等于功率（单位为 W）除以光子能量（$E = h\nu$）。如果每个吸收的光子产生一个光载流子，那么，对于反射率为 r 的某具体的半导体材料，利用下式可以得到入射光子产生的光载流子数目：

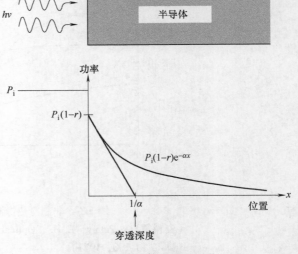

图 3.7 半导体中的光吸收

$$\eta(x) = (1-r)(1-e^{-\alpha x}) \tag{3.28}$$

式中，$0 \leq \eta \leq 1$⊖ 是探测器的量子效率。

图 3.8 给出了不同窄带隙光探测器材料的本征吸收系数的测量值，不同材料的吸收系数及对应的渗透深度是不一样的。众所周知，光子能量大于能带隙 E_g 处抛物带间的直接跃迁服从二次方根定律，即

$$\alpha(h\nu) = \beta(h\nu - E_g)^{\frac{1}{2}} \tag{3.29}$$

式中，β 为常数。由图 3.8 所示很容易看到，在中波红外光谱区，吸收边缘值在 $2 \times 10^3 \text{cm}^{-1}$

⊖ 原书错印为 $1 \leq \eta \leq 1$。——译者注

与 $3 \times 10^3 \text{cm}^{-1}$ 之间变化；而在长波红外区，该值大约是 10^3cm^{-1}。

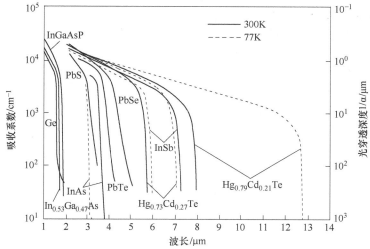

图 3.8 不同光探测器材料在 $1 \sim 14 \mu\text{m}$ 光谱范围内的吸收系数

由于 α 是一个对波长依赖性很强的函数，对某种具体的半导体，能够产生合适光电流的波长范围是有限的。在材料带隙附近存在着大量变数，会使吸收变化三个数量级。在材料最大可利用波长范围内，吸收效率会有明显下降。大于截止波长的波长，其 α 太小，以致无法得到可感知的吸收。

非本征半导体的吸收系数 α 为

$$\alpha = \sigma_p N_i \tag{3.30}$$

是光致电离截面 σ_p 和中性杂质浓度 N_i 的乘积。希望 α 尽可能的大，通过"跳频"（或跃迁）或者"杂质带"传导可以设置 N_i 上限。锗材料最佳掺杂光导体实际的 α 值是 $1 \sim 10 \text{cm}^{-1}$，硅材料的 α 值是 $10 \sim 50 \text{cm}^{-1}$。为了得到最大效率，掺杂锗探测器晶体的厚度应不小于 0.5cm，而掺杂硅晶体的厚度约为 0.1cm。幸运的是，大部分非本征探测器光载流子的漂移距离足够长，可以得到接近 50% 的量子效率。

低维固体的吸收系数完全不同。图 3.9 给出了不同 n 类掺杂、50 周期（或层）GaAs/$\text{Al}_x\text{Ga}_{1-x}\text{As}$ 量子阱红外光电探测器（QWIP）结构的红外吸收光谱，是室温下利用 45° 多通道波导装置完成的测量值[10]。连续束缚（Bound-bound Continuum, B-C）量子阱红外光电探测器（样品 A、B 和 C）的光谱要比束缚-束缚（Bound-to-Bound, B-B）量子阱红外光电探测器（样品 F）或束缚-准束缚（Bound-to-Quasibound, B-QB）量子阱红外光电探测器（样品 F）的光谱更宽。由于振子强度守恒，B-C 量子阱红外光电探测器的吸收系数值相应地要比 B-B 量子阱红外光电探测器的小许多。看来，低温吸收系数 $\alpha_p(77\text{K}) \approx 1.3\alpha_p(300\text{K})$，并且，$\dfrac{\alpha_p(\Delta\lambda/\lambda)}{N_D}$ 是个常数（$\Delta\lambda$ 是半 α_p 处的全宽度，N_D 是量子阱掺杂量）[10]。温度为 77K 时，长波红外光谱区吸收系数的典型值是 $600 \sim 800 \text{cm}^{-1}$。比较图 3.8 和图 3.9 所示会注意到，带-带直接吸收的吸收系数要比子带间跃迁的大。

对于一组量子点（Quantum Dot，QD）系统，可以利用下面形式的高斯曲线形状[11]建立吸收光谱模型：

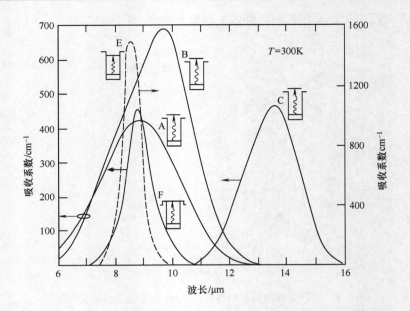

图 3.9 不同量子阱红外光电探测器样机的吸收（系数）光谱的测量值，温度 $T=300\text{K}$
（资料源自：Levine，B. F.，Journal of Applied Physics，74，R1-R81，1993）

$$\alpha(E) = \alpha_0 \frac{n_1}{\delta} \frac{\sigma_{QD}}{\sigma_{ens}} \exp\left[-\frac{(E-E_g)^2}{\sigma_{ens}^2}\right] \tag{3.31}$$

式中，α_0 为吸收系数最大值；n_1 为量子点基态中电子的面密度；δ 为量子点密度，$E_g = E_2 - E_1$，是量子点中基态与受激态之间光学跃迁的能量；σ_{QD} 和 σ_{ens} 分别为单量子点中带内吸收和量子点系能量分布对高斯曲线形状的标准偏离。因此，n_1/δ 和 σ_{QD}/σ_{ens} 分别表述量子点基态中没有合适的电子和非均匀展宽造成的吸收下降。

已经发现，基态与受激态之间的光学吸收具有下面量值（单位为 cm^{-1}）[12]：

$$\alpha_0 \approx \frac{3.5 \times 10^5}{\sigma} \tag{3.32}$$

式中，σ 为跃迁线宽（meV）。式（3.32）表示吸收系数和吸收线宽 σ 之间的折中。对于非常均匀的量子点，与窄带本征材料的测量值相比，由式（3.31）预测的吸收系数理论值将大许多。

吸收系数的光谱依赖性对量子效率有决定性影响[13-15]。图 3.10 给出了某些用于制造紫外（UV）、可见光和红外探测器的材料所具有的量子效率[15]。一直在研发适合于紫外光谱的 AlGaN 探测器，已经研究出镀有和不镀有增透膜的硅 p-i-n 二极管。铅盐（PbS 和 PbSe）探测器具有中等量子效率，而 PtSi 肖特基势垒型和量子阱红外光电探测器（QWIP）的量子效率较低。InSb 在 80K 时的响应范围是近紫外到 $5.5\mu\text{m}$。适合于近红外光谱区（$1.0 \sim 1.7\mu\text{m}$）的探测器材料是与 InP 匹配的 InGaAs 晶格。各种 HgCdTe 合金，包括光伏和光导结构，覆盖了 $0.7 \sim 20\mu\text{m}$ 的光谱区。掺杂（Sb、As 和 Ga）硅杂质阻滞传导（Impurity-Blocked Conduction，IBC）探测器在工作温度为 10K 时的光谱截止响应范围是 $16 \sim 30\mu\text{m}$。掺杂锗探测器可以将响应延伸到 $100 \sim 200\mu\text{m}$。

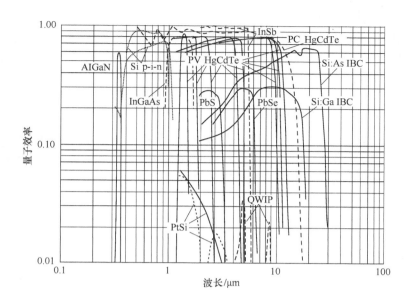

图 3.10 紫外、可见光和红外光子探测器的量子效率

(资料源自：Norton, P., Encyclopedia of Optical Engineering, Marcel Dekker Inc., New York, 320-48, 2003)

3.2.2 光子探测器的理论模型

现在，讨论探测器的一种广义模型，与红外辐射光束耦合的光学面积为 A_o[16-19]。该探测器是一块匀质的薄半导体，真正的"电学"面积为 A_e，厚度为 t（见图 3.11）。一般地，探测器的光学面积和电学面积是一样的，或者大致相等，然而，使用某些光学聚光镜类型可以将 A_o/A_e 增大许多。

光电探测器的电流响应灵敏度取决于量子效率 η 和光电增益 g。量子效率表示探测器与入射辐射的耦合程度，定义为每个入射光子在本征探测器中产生的电子-空穴对的数目，在非本征探测器中产生自由单极电荷载流子的数目，或者在光发射探测器中是携带有能够穿越势垒区能量的电荷载流子数目。光电增益是，本征探测器中所产生的电子-空穴对能够穿越接触面的载流子数目，或者

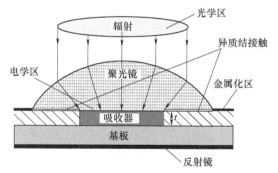

图 3.11 光电探测器模型

其它类型探测器中电荷载流子数目，该值表示产生的电荷载流子形成光导体电流响应的强烈程度。在此假设，该探测器的上述两个值都是常数。

光谱电流响应度为

$$R_i = \frac{\lambda \eta}{hc} qg \tag{3.33}$$

式中，λ 为波长；h 为普朗克（Planck）常数；c 为光速；q 为电子的电荷；g 为光电流增益。由于生成和复合过程的统计性质：光生成、热生成和辐射及非辐射复合速率的扰动，所以，流过探测器接触面的电流是噪声电流。假设，光电流和噪声电流的电流增益相同，则噪声电流为

$$I_n^2 = 2q^2g^2(G_{op} + G_{th} + R)\Delta f \tag{3.34}$$

式中，G_{op} 为光学生成率；G_{th} 为热生成率；R 为由此产生的复合速率；Δf 为频带。

应当注意，若安排复合过程发生在低光电增益对探测器有较小影响的位置，例如具有扫出效应的光电导体的接触面、在光电磁探测器的背面或者二极管的中性区，常常可以避免扰动复合的影响。然而，采取任何方法都不能避免相关扰动的生成过程[20,21]。

比探测率 D^* 是表示探测器归一化信噪性能的主要参数，定义为

$$D^* = \frac{R_i(A_o\Delta f)^{1/2}}{I_n} \tag{3.35}$$

3.2.2.1 光学生成噪声

光学生成噪声是入射光通量扰动造成的光子噪声。电荷载流子的光学生成可能源自三个不同方面：

- 信号辐射生成；
- 背景辐射生成；
- 探测器本身在一个有限温度时的热辐射。

光学信号生成率（单位为 ph/s 每秒光子数）为

$$G_{op} = \Phi_s A_o \eta \tag{3.36}$$

式中，Φ_s 为信号光子光通量密度。

如果复合对噪声没有贡献，则

$$I_n^2 = 2\Phi_s A_o \eta q^2 g^2 \Delta f \tag{3.37}$$

和

$$D^* = \frac{\lambda}{hc}\left(\frac{\eta}{2\Phi_s}\right)^{\frac{1}{2}} \tag{3.38}$$

这就是理想状态，探测器噪声完全由信号光子的噪声决定。与背景辐射或者热生成-复合过程的贡献量相比，光学信号光通量产生的噪声通常较小。但是，外差式探测器是一种例外，其强大的局部振荡器辐射噪声可能是主要噪声。

背景辐射常常是探测器的主要噪声源。假设复合过程没有贡献量，则

$$I_n^2 = 2\Phi_B A_o \eta q^2 g^2 \Delta f \tag{3.39}$$

式中，Φ_B 为背景光子光通量密度，所以：

$$D^*_{BLIP} = \frac{\lambda}{hc}\left(\frac{\eta}{2\Phi_B}\right)^{\frac{1}{2}} \tag{3.40}$$

一旦达到背景限性能，量子效率 η 就是能够影响探测器性能的唯一参数。

图 3.12 所示为 300K 背景辐射和半球视场（$\theta = 90°$）环境下光子计数器的峰值光谱与截止波长的关系曲线，在 14μm 处 D^*_{BLIP} 有最小值（300K）4.6×10^{10} cmHz$^{1/2}$/W。若光电探测器工作在准平衡条件下，例如不具有非扫出效应光电导体，复合速率等于生成速率，复合对噪声的贡献会使 D^*_{BLIP} 降低 $2^{1/2}$（即除以 $\sqrt{2}$）。注意到，D^*_{BLIP} 与面积及 A_o/A_e 的比值无关，因

此，使 A_o/A_e 增大不能提高背景限和信号限性能。

与信号和背景相关的过程相比，光学生成与探测器自身有关，对在接近室温工作的探测器可能是比较重要的。由于探测器材料的折射率大于1，并且能量大于带隙的光子全部被吸收，所以，通常计算相关的最终性能都假设是黑体辐射，并且使用的是约化光速和波长[23]。单位面积载流子生成率为

$$g_a = 8\pi c n^2 \int_0^\infty \frac{\mathrm{d}\lambda}{\lambda^4(\mathrm{e}^{\frac{hc}{\lambda kT}}-1)} \quad (3.41)$$

式中，n 为折射率。注意到生成速率要比 $\eta=1$ 时 180°视场背景生成大 $4n^2$ 倍，所以，最后得到的比探测率为

$$D^* = \frac{\lambda \eta A_o}{hc(2g_a A_e)^{\frac{1}{2}}} \quad (3.42)$$

这要比探测器温度下背景的 BLIP 比探测率（$A_o = A_e$）降低 $2n$（即除以 $2n$）。

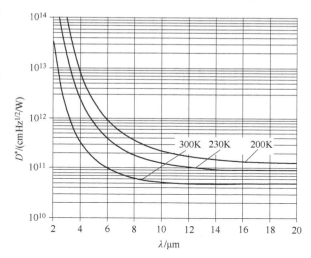

图 3.12 受半球视场背景辐射限制的光子计数器具有的峰值光谱探测率计算值是峰值波长和温度的函数

（资料源自：Piotrowski, J., and Rogalski, A., High-Operating Temperature Infrared Photodetectors, SPIE Press, Bellingham, WA, 2007）

与 D^*_{BLIP} 相比，通过增大 A_o/A_e，可以使内热辐射限 D^* 得到改善。

汉弗里（Humprey）在重新审视目前有关辐射复合和内光学生成理论时[24,25]指出，作为辐射复合而发射的大部分光子在探测器内部立刻被重新吸收而生成电荷载流子。由于再吸收，辐射寿命有很大延长，这意味着，最佳质量设备中的内光学生成-复合过程可以是无噪声的，所以，实际上是由信号或背景光子噪声确定最终性能极限。

3.2.2.2 热生成和复合噪声

一般地，在接近室温下工作的红外光电探测器和低背景辐照度下工作的低温器件，受限于热生成和复合机理而非光子噪声。对半导体中有效吸收红外辐射的情况，必须采用具有低能量光学跃迁的材料（与探测的光子能量相比），例如，具有较窄带隙的半导体。其直接结果是，在近室温下，电荷载流子的热能 kT 与跃迁能量可相比拟，从而使热跃迁成为可能，热生成率很高，因此，在接近室温下工作时，长波探测器的噪声很大。

若均匀的体积生成和再组合率为 G 和 R（单位为 $\mathrm{m}^{-6}\mathrm{s}^{-1}$），则噪声电流为

$$I_n^2 = 2(G+R)A_e t \Delta f q^2 g^2 \quad (3.43)$$

所以

$$D^* = \frac{\lambda}{2^{\frac{1}{2}}hc(G+R)^{\frac{1}{2}}}\left(\frac{A_o}{A_e}\right)^{\frac{1}{2}}\frac{\eta}{t^{\frac{1}{2}}} \quad (3.44)$$

在平衡状态下，生成与复合率相等，则

$$D^* = \frac{\lambda \eta}{2hc(Gt)^{\frac{1}{2}}}\left(\frac{A_o}{A_e}\right)^{\frac{1}{2}} \quad (3.45)$$

3.2.3　光电探测器的最佳厚度

在一定波长和工作温度下，令 $\eta/[(G+R)t]^{1/2}$ 最大就可以得到最佳性能，这就是量子效率与表面热生成-复合速率之和二次方根达到最高比值的条件。这意味着，必须利用一块薄器件以获得高量子效率。

在下面的计算中，假设 $A_e = A_o$，辐射垂直入射，并忽略前后侧的反射系数，因此

$$\eta = 1 - e^{-\alpha t} \tag{3.46}$$

式中，α 为吸收系数，则

$$D^* = \frac{\lambda}{2^{\frac{1}{2}}hc}\left(\frac{\alpha}{G+R}\right)^{\frac{1}{2}} F(\alpha t) \tag{3.47}$$

式中

$$F(\alpha t) = \frac{1 - e^{-\alpha t}}{(\alpha t)^{\frac{1}{2}}} \tag{3.48}$$

当 $t = 1.26/\alpha$ 时，函数 $F(\alpha t)$ 有最大值，因此，$\eta = 0.716$，最高可探测率为

$$D^* = 0.45 \frac{\lambda}{hc}\left(\frac{\alpha}{G+R}\right)^{\frac{1}{2}} \tag{3.49}$$

若是双程辐射，还可以使探测率增大 $2^{1/2}$ 倍，利用后侧反射器可以达到该目的。简单计算表明，此时的最佳厚度是单程辐射情况厚度之半，量子效率仍保持 0.716。

对热平衡状态，生成和再组合率相等，则有

$$D^* = \frac{\lambda}{2hc}\eta(Gt)^{-\frac{1}{2}} \tag{3.50}$$

如果复合过程与贡献探测器噪声的生成过程无关，则有

$$D^* = \frac{\lambda}{2^{\frac{1}{2}}hc}\eta(Gt)^{-\frac{1}{2}} \tag{3.51}$$

3.2.4　探测器材料的品质因数

根据上述讨论，可以将任何类型的最佳红外光探测器的比探测率概括表示为

$$D^* = 0.31 \frac{\lambda}{hc} k \left(\frac{\alpha}{G}\right)^{-\frac{1}{2}} \tag{3.52}$$

式中，$1 \leq k \leq 2$，取决于复合和背侧反射器的贡献，见表 3.2。

表 3.2　式 (3.52) 中系数 k、最佳厚度和量子效率对复合和背侧反射贡献量的依赖关系

背侧反射	复合贡献量	最佳厚度	量子效率	k
0	$R = G$	$1.26/\alpha$	0.716	1
1	$R = G$	$0.63/\alpha$	0.716	$2^{\frac{1}{2}}$
0	无	$1.26/\alpha$	0.716	$2^{\frac{1}{2}}$
1	无	$0.63/\alpha$	0.716	2

正如所看到的,吸收系数与热生成率之比是红外探测器材料的主要品质因数。由彼得洛夫斯基(Piotrowski)首次倡议使用的品质因数可以用于预测红外探测器的最终性能,也可以帮助选择探测器可能使用的候选材料[17]。

图 3.13 给出了不同类型可调谐材料的 α/G 与温度的关系曲线[26]。其中,假设能带隙分别是 0.25eV($\lambda = 5\mu m$)和 0.124 eV($\lambda = 10\mu m$)。罗格尔斯基(Rogalski)给出了不同材料体系 α/G 的计算方法[27]。很明显,到目前为止,碲镉汞(HgCdTe)是最有效的红外辐射探测器材料,还注意到,量子阱红外光探测器(QWIP)也是一种优于非本征硅的材料。利用图 3.14 所示曲线可以完成上述评估。图中,给出了不同材料在温度 77K 时 α/G 与波长的依赖关系。

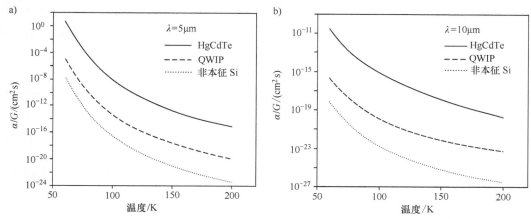

图 3.13 α/G 与温度的关系

a)中波红外——$\lambda = 5\mu m$ 光子探测器 b)长波红外——$\lambda = 10\mu m$ 光子探测器

(资料源自:Rogalski, A., Reports on Progress in Physics, 68, 2267-2336, 2005)

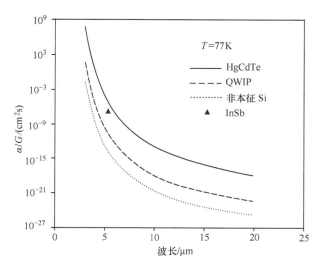

图 3.14 不同类型光子探测器在温度 77K 时 α/G 与波长的依赖关系

(资料源自:Rogalski, A., Reports on Progress in Physics, 68, 2267-2336, 2005)

计算品质因数需要确定具有基本特性和具有较少基本特性不同过程的吸收系数和热生成

率。

应当注意到,隆(Long)首先认识到热生成率作为品质因数的重要性[28],在许多阐述高工作温度(High Operating Temperature,HOT)探测器的英文论文中都用到此概念。最近,欣克(Kinch)将单位面积深度$\frac{1}{\alpha}$内的热生成率定义为品质因数[31],实际上,是彼得洛夫斯基(Piotrowski)提出的品质因数α/G的倒数[17]。

按照欣克判据,背景限红外光探测器(BLIP)的条件可以表示为[31]

$$\frac{\eta \Phi_B \tau}{t} > n_{th} \qquad (3.53)$$

式中,n_{th}为温度为T时热载流子的密度;τ为载流子寿命;Φ_B为到达探测器的背景光子光通量总密度($cm^{-2}s^{-1}$);t为探测器厚度。对于背景限红外探测器(BLIP),重新整理后有

$$\frac{\eta \Phi_B}{t} > \frac{n_{th}}{\tau} \qquad (3.54)$$

这就是说,要求单位体积光子生成率大于单位体积热生成率。实际上,可以是多数也可以是少数载流子。利用$\eta = \alpha t$,得到下面公式,其中,α为材料吸收系数,即

$$\Phi_B > \frac{n_{th}}{\alpha \tau} = G_{th} \qquad (3.55)$$

该归一化热生成$G_{th} = n_{th}/(\alpha \tau)$能够预估红外材料的最终性能,并用以比较不同材料的相关性能(温度和能带隙(截止波长))。

3.2.5 减小器件体积以提高性能

提高红外光探测器性能的一种方式是通过减小探测器体积以减小探测器工作元器件内热生成总量,而探测器体积是厚度和实际面积的乘积,为此,要求做到:

- 不会使量子效率降低;
- 保持所需要的光学面积不变;
- 使探测器的接收角足够大,以保证接收到红外系统主光学件发射出的辐射。

有趣的是,当传播到单位面积环境上的热导率相同时,热探测器的性能与其实际面积的关系有相同的表述方式。

增强吸收有可能在不降低量子效率的情况下减小探测器厚度。利用干涉现象在光子探测器中设置一个谐振腔,可以大大提高薄器件的量子效率[32-34],图3.15所示为各种光学谐振腔结构。在最简单的方法中,半导体高反射率后表面和前表面反射的光波之间发生干涉。选择半导体厚度使结构中形成驻波,峰值位于前表面,节点位于后表面。量子效率与结构厚度有关,随着与$\lambda/4n$奇数倍相对应厚度处的峰值振荡,其中,n是半导体的折射率。量子效率增益随n增大。图3.15b所示的结构能够得到较高增益,图3.15c所示的多层介质膜结构甚至得到更大提高。

对依赖少数载流子渐变工作的器件,例如登伯(Dember)效应和电磁效应探测器,由于干涉效应使吸收加强显得尤为重要[16,35,36]。

应当注意的是,由于只能在很窄的光谱范围内形成光腔,所以,干涉效应严重影响器件的光谱响应和增益。对于需要宽光谱探测灵敏度的应用,这是一个重要限制。实际中,通常

第 3 章 红外探测器的基本性能极限

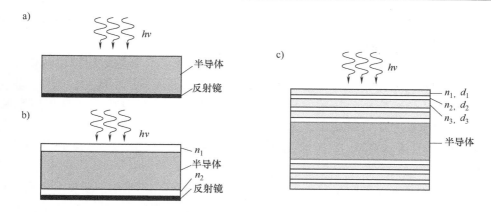

图 3.15 利用干涉法提高量子效率的探测器结构示意图
a) 最简单结构 b) 安置在两种电介质层之间,并设计有背侧反射器的结构
c) 安置在微型腔体中的结构

(资料源自:Piotrowski J., and Rogalski, A., High-Operating Temperature Infrared Photodetectors, SPIE Press, Bellingham, WA, 2007)

红外系统是应用在一个光谱带(即大气窗口),利用谐振腔产生很大的增益。另一个限制是,只有垂直入射才会产生有效光学谐振,斜入射不太有效。这就限制了器件与快镜(即大相对孔径),尤其是与光学油浸透镜的联用[34]。

提高红外光探测器性能的另一种方法是,利用合适的聚光镜压窄入射的红外辐射,从而增大探测器的表观"光学"尺寸(与实际尺寸相比),但一定不能减小接收角,或者对于红外系统快镜所需要的角度只是有限量的减小。有各种实用的光学聚光镜可以使用,包括光锥、锥形光纤及其它类型的反射、衍射和折射光学聚光镜。

一种有效会聚光束的方法是使光探测器与半球或超半球形透镜以油浸形式组合使用[37],作为齐明透镜使用的超半球透镜有更大效益[22]。

油浸半球透镜的工作原理如图 3.16 所示,探测器放置在油浸透镜的曲率中心,该透镜对探测器成像,没有球差和慧差(齐明成像)。由于油浸的原因,探测器的表观线性尺寸会增大 n 倍,像位于探测器平面上。图 3.16b 所示为由半球形油浸透镜与一个物镜组成的成像光学系统,油浸透镜相当于场镜,增大了光学系统的视场。

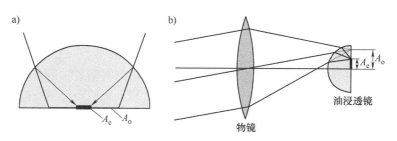

图 3.16 油浸透镜
a) 光学油浸的工作原理 b) 物镜和油浸透镜组成的光学系统的光线追迹

(资料源自:Piotrowski, J., and Rogalski, A., High-Oprating Temperature Infrared Photodetectors, SPIE Press, Bellingham, WA, 2007)

由于探测器与透镜材料的机械匹配问题以及严重的透射和反射损失,油浸技术的实际应用受到限制。另一个限制是透镜-胶层界面处的全反射会使器件的接受角受限。

锗材料($n=4$)最经常用作油浸透镜。砷掺杂非晶硒或者聚酯树脂用作粘合剂[3]。硅是另一种重要材料。采用整体技术可以解决探测器与油浸透镜的匹配问题,例如,波兰维格系统(VIGO System)公司的技术就是将碲镉汞(HgCdTe)外延生长在高折射率碲锌镉(CdZnTe)透明基板上[38]。碲镉汞作为敏感元件,直接将油浸透镜形成在基板上。应用该技术已经在砷化镓(GaAs)基板上形成砷化镓铟(InGaAs)和锑砷化镓铟(InGaAsSb)[39,40]。

表3.3中,整体光学油浸技术使探测器参数有很大提高,与半球油浸技术相比,超半球油浸得到的增益因数相当高,可以限制探测器的接收角,并需要更为严格的制造公差,这些限制取决于透镜的折射系数。然而,这些对碲锌镉(CdZnTe)透镜不像锗透镜那样严重,实际上,多数情况下并不重要。例如,碲锌镉(CdZnTe)油浸透镜主光学系统的最小 f 数限定到约1.4。

表3.3 光学油浸透镜对组装有碲锌镉透镜的光探测器性质的影响

性能	半球形	超半球形	探测器类型
线性尺寸	n(≈ 2.7)	n^2(≈ 7)	任何探测器
面积	n^2(≈ 7)	n^4(≈ 50)	任何探测器
电压响应度	n(≈ 2.7)	n^2(≈ 7)	PC,PEM①
电压响应度	n^2(≈ 7)	n^4(≈ 50)	PV,登伯(Dember)
比探测率	n(≈ 2.7)	n^2(≈ 7)	任何探测器
偏置功率	n^2(≈ 7)	n^4(≈ 50)	PC,PV
电容	n^2(≈ 7)	n^4(≈ 50)	PV
接收角(°)	180	42	任何探测器
厚度/半径	1	1.3	任何探测器
公差	不严格	严格	任何探测器

注:上述数字表示与相同光学尺寸的非油浸探测器相比,某给定值的相对变化。PC和PV分别表示光导和光伏探测器。

① PEM代表光电磁类探测器。——译者注

(资料源自:Piotrowski, J., and Rogalski, A., High-Oprating Temperature Infrared Photodetectors, SPIE Press, Bellingham, WA, 2007)

另外一种方法是利用温斯顿(Winston)光锥。英国奎奈蒂克(QinetiQ)公司已经研发出一种微机械技术,利用干蚀刻法制造出应用于探测器和照明装置中的光锥聚光镜[41-43]。

3.3 光子和热探测器基本限制的比较

后面讨论将服从欣克(Kinch)假设:红外材料的热生成率是对不同材料体系进行比较的关键性参数。

归一化暗(dark)电流为

$$J_{\text{dark}} = G_{\text{th}} q \tag{3.56}$$

第3章 红外探测器的基本性能极限

它直接决定着热比探测率(参见式(3.51)):

$$D^* = \frac{\eta\lambda}{hc}(2G_{th})^{-\frac{1}{2}} \quad (3.57)$$

红外探测器技术中使用的各种材料在长波红外光谱区($E_g = 0.124\text{eV}$,$\lambda_c = 10\mu\text{m}$)的归一化暗电流密度如图 3.17 所示[44]。此外,图中还给出了 $f/2$ 背景光通量电流密度。为便于比较,假设包括有非本征硅、高温超导体(High Temperature Superconductor,HTSC)和光发射(硅肖特基势垒)探测器。计算过程中,除了量子点红外光探测器(QDIP)是使用菲利普斯(Philips)模式外[11],都采用欣克论文阐述的方法完成不同材料体系的计算。根据本书参考文献【11,45】,代表自组装 InAs/GaAs 量子点的参数如下:$\alpha_o = 5 \times 10^4 \text{cm}^{-2}$,$V = 5.3 \times 10^{-19}\text{cm}^{-3}$,$\delta = 5 \times 10^{10}\text{cm}^{-2}$,$\tau = 1\text{ns}$,$N_d = 1 \times 10^{11}\text{cm}^{-2}$,探测器厚度 $t = 1/\alpha_0$。Martyniuk 和 Rogalski[44] 详细阐述过这种计算。

菲利普斯(Philips)的论文假设了一个理想的量子点结构,有两个电子能级(受激态与势垒材料导电带最小值重合),还忽略量子点集成造成的不均匀展宽($\sigma_{QD}/\sigma_{ens} = 1$;参见式(3.31))。上述假设决定着量子点红外光探测器(QDIP)的高性能。

在中波红外(MWIR)和长波红外(LWIR)光谱区,碲镉汞(HgCdTe)光敏二极管占据着重要位置。量子阱红外光探测器(QWIP)主要应用于 65~70K 较低温度下工作的长波红外战术系统,并且制冷不是问题。一些厂商利用这些材料体系制造出具有几百万个探测元的大型探测器阵列,探测元大于 $15\mu\text{m}$,利用非本征硅探测器就可以得到高质量性能。这些探测器称

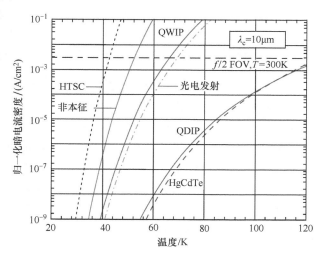

图 3.17 各种长波红外($\lambda_c = 10\mu\text{m}$)材料归一化暗电流与温度的依赖关系,以及 $f/2$ 背景光通量电流密度
(资料源自:Martyniuk, P., and Rogalski, A., Progress in Quantum Electronics, 32, 89-120, 2008)

为杂质带传导(Impurity Band Conduction,IBC)探测器,尽管碲镉汞还未完全发挥其低温状态和吸收背景下的潜力,但在天文学和民用航天领域仍然得到很好应用。图 3.17 所示表明,可调谐带隙合金碲镉汞(HgCdTe)具有最高性能(最低暗电流/热生成和最高背景限红外光探测器(BLIP)工作温度),实验数据证实了这些评估[46,47]。若是非常均匀的量子点集合,量子点红外光探测器(QDIP)的性能已经接近碲镉汞的性能,并在高工作温度环境下可能会超过碲镉汞。

图 3.18 给出了各种探测器在中波红外和长波红外区的截止波长处(分别为 $\lambda_c = 5\mu\text{m}$ 和 $\lambda_c = 10\mu\text{m}$)的热比探测率的比较,并标明假设的典型量子效率,完成了低量子效率分别为 2%(实际中常会测量出)和 67% 的假设条件下 QDIP 的理论预估计。最后一个值是碲镉汞光敏二极管(没有镀增透膜)的典型值。应注意的是,最近,QDIP 装置的性能,尤其在近室温环境下的性能已经有了快速提高。林(Lim)等人已经宣布,在峰值探测波长约 $4.1\mu\text{m}$

处已经得到35%的量子效率。

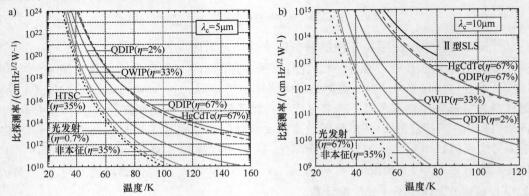

图3.18 各种红外波长探测器的热比探测率预估值与温度的关系及假设的量子效率
a) 中波红外（$\lambda_c = 5\mu m$） b) 长波红外（$\lambda_c = 10\mu m$）

（资料源自：Martyniuk, P., and Rogalski, A., Progress in Quantum Electronics, 32, 89-120, 2008）

对砷化铟/锑铟镓（InAs/GaInSb）应变层超晶格（Strained Layer Superlattice，SLS）探测率的预估是以发表的几篇理论性论文为依据进行的[49-51]。早期的计算表明，长波红外Ⅱ型 InAs/GaInSb 应变层超晶格在相同截止波长处具有与碲镉汞合金可比拟的吸收系数[49]。图3.18b所示预测，Ⅱ型超晶格是长波范围最有效的红外辐射探测器，甚至是比碲镉汞还好的材料，具有高吸收系数和较低的热生长率等特性。然而，到目前为止，这种理论预测还没有得到验证，主要是由于受到肖克莱-里德（Schockley-read）生成-复合机理的影响，造成较低的载流子寿命（较高的热生成率）。根据分析看得非常清楚，量子阱红外光电探测器（QWIP）的主要性能极限值不太可能比得上碲镉汞探测器。据预测，非常均匀的量子点红外光电探测器（QDIP）[$\sigma_{QD}/\sigma_{ens} = 1$]的性能可以与碲镉汞探测器相比。如图3.18所示，砷化镓铝/砷化镓（AlGaAs/GaAs）量子阱红外光电导体（QWIP）是比非本征硅更好的材料。

背景限红外光探测器（BLIP）温度的定义为，给定视场和背景温度，器件工作在暗电流等于背景光电流时的温度。

图3.19所示为根据f/2视场时背景限（即BLIP）工作需要计算出的温度曲线，是各类探测器截止波长的函数。可以看出，理想量子点红外光电探测器（QWIP）的工作温度可以与碲镉

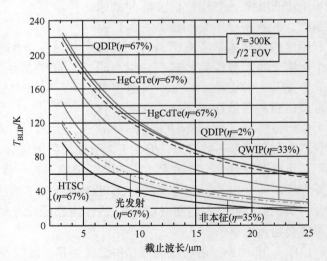

图3.19 对各类光电探测器背景限工作所需温度的预估值
（资料源自：Martyniuk, P., and Rogalski, A., Progress in Quantum Electronics, 32, 89-120, 2008）

汞光二极管相比拟。实际上，具有背景限性能的碲镉汞探测器在中波红外光谱范围内是利用热电制冷器工作，而长波红外探测器（$8\mu m \leq \lambda_c \leq 12\mu m^{\ominus}$）在约100K温度下工作。与非本征探测器、硅肖特基势垒、量子阱红外光电探测器（QWIP）和高温超导体（HTSC）相比，碲镉汞（HgCdTe）光敏二极管有较高的工作温度，在此，不考虑Ⅱ型应变层超晶格（SLS）的情况。与非本征探测器、肖特基势垒器件和应变层超晶格（SLS）相比，截止波长小于$10\mu m$的量子阱红外光探测器（QWIP）对制冷的要求不太严格。

菲利普斯（Philips）已经指出[45]，若$\sigma_{ens}/\sigma_{QD} = 100$（目前量子点制造技术的标志性状态），量子阱红外光探测器（QWIP）的性能就会恶化若干个数量级。非常清楚的是，由于尺寸不均匀致使量子点中的光学吸收减少从而造成归一化暗电流增大和探测率降低。不均匀性还会对背景限红外光探测器（BLIP）的温度有很大影响，将σ_{ens}/σ_{QD}比值从1增大到100会使T_{BLIP}下降几十K[44]。

由于是完全不同类型的噪声，所以，热探测器和光子探测器的探测率对波长和温度有不同的依赖关系。图3.20和图3.21给出了不同背景级条件下光子探测器和热探测器的探测率D^*极限值与温度的依赖关系[52]。与克鲁泽（Kruse）的论文[53]相比，不同类型探测器的最新理论再次验证了这些研究结果。

由图3.20所示可以看出，在长波红外光谱区，本征红外探测器（HgCdTe光敏二极管）的性能比其它类型的光子探测器更好。具有背景限性能的碲镉汞（HgCdTe）光敏二极管在低于约80K温度下工作，具有高光学吸收系数和量子效率；与非本征探测器和量子阱红外光电探测器（QWIP）相比，有较低的热生成率。非本征光子探测器比具有项同波长限制的本征光子探测器需要有更强的制冷。

与光子探测器相比，热探测器比探测率的理论值对温度没有太大依赖性。若温度低于50K和零背景，长波红外热探测器的D^*值要比长波红外光子探测器更低。然而，当温度高于60K时，上述结论更适合于热探测器。室温下，热探测器的性能要比长波红外光子

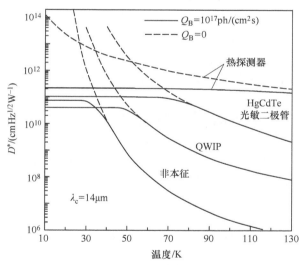

图3.20 长波红外光子探测器和热探测器性能的理论极限值，是探测器温度的函数（波长$14\mu m$，零背景和$10^{17}ph/(cm^2 s)$的背景）

（资料源自：Ciupa, R., and Rogalski, A., Opto-Electronics Review, 5, 257-66, 1997）

探测器好。背景会影响到上述关系，$10^{17}ph/(cm^2)$背景的情况如图3.20所示。已经注意到，光子探测器和热探测器D^*值的理论曲线表明，在低温下两者有类似的基本限制。

对工作在$14\sim50\mu m$光谱范围的超长波长红外探测器，也完成了类似的讨论，计算结果如图3.21所示。工作在该光谱范围内的探测器是制冷硅和锗非本征光导体以及低温热探测

$\ominus$ 原书错印为12mm。——译者注

器,通常是辐射热测量计。尽管如此,在图3.21中,也包括了本征探测器(HgCdTe光敏二极管)的理论预估值。图3.21所示表明,超长波红外热探测器在一个宽温度范围内,在零背景和高辐射背景条件下的性能理论极限值不会小于光子探测器的对应值。

对两类探测器的比较表明,随着波长从长波红外移向超长波红外,热探测器的理论性能限更为有利,原因是完全不同的噪声类型所致(光子探测器中生成-复合噪声和热探测器中温度扰动噪声)。这两种探测器的比探测率对波长和温度有不同的依赖关系。光子探测器倾向于长波红外和低的工作温度,而热探测器青睐于超长波长光谱范围。一般地,在低温温度较高时,热探测器易于达到背景扰动噪声性能的温度要求;在较低低温温度时,光子探测器易于实现其要求。

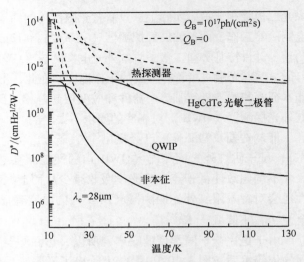

图3.21 超长波红外光子探测器和热探测器性能的理论极限值,是探测器温度的函数(波长28μm,零背景和10^{17}ph/cm² s的背景)

(资料源自:Ciupa, R., and Rogalski, A., Opto-Electronics Review, 5, 257-66, 1997)

3.4 光电探测器的建模

传统上,已经将红外光探测器称为光导探测器或光伏探测器,光学生成的载流子作为电压或电流通过元件传输时的电荷能被探测到。简单的光导探测器是以一片具有欧姆接触的半导体为基础,而光伏探测器是个p-n结器件。登伯(Dember)和光电磁效应(photoelectromagnetic effect)探测器是不常见的无需p-n结的光伏器件。

然而,异质结器件的最新进展,例如异质结光电导体和层膜异质结光敏二极管,以及非平衡工作模式的引入使这种区分变得不太清晰。此外,光伏结构常常需要偏置,根据结处的光压和某区域光电导性的表现信号。

经过优化的任何类型的探测器(见图3.11)都可能是一个三维异质结结构,由下面部分组成:

- 红外辐射聚光镜,将入射辐射传播到吸收装置上(宽带隙半导体制成的油浸透镜就是一个例子)。
- 红外辐射吸收器,生成自由载流子(是一个窄带半导体,为了具有最高的光学-热生成率之比,带隙、掺杂和外形都要经过选择)。
- 吸收器连接,感知光学产生的电荷载流子(连接不应贡献暗电流,现代器件中使用的宽带隙异质结接触就是例子)。
- 吸收器钝化(利用一种不会产生载流子的材料将吸收器表面与环境绝缘隔开)。此外,钝化可以阻挡吸收器中光学生成的载流子,使其远离复合可能会降低量子效率的表面。

- 加强吸收的棱锥镜（金属或者介质反射镜是其例子，也可以利用光学谐振腔结构）。

利用具有严重掺杂接触区域、例如 N^+-p-p^+ 和 P^+-n-n^+ 的异质结构就可以满足上述条件（符号 + 表示严重掺杂，大写字母表示具有较宽带隙）。同质结器件（例如 n-p、n^+-p、p^+-n）会遇到表面问题，生成过量热而使暗电流和复合增大，进而减小光电流。

对光探测器建模是理解光探测器性质和优化其设计必需的一个战略性重要任务。对于以理想化结构为基础、工作在平衡和非平衡模式的特定红外器件，已研发出解析式模型，这些模型使器件的某些工作特征很容易得到理解和分析。

然而，一般地，不再用解析模式描述高级器件的工作（原理）。忽略窄带隙材料的专属特征，例如简并度和非抛物线形导带，可能会产生很大错误。红外光探测器的非平衡工作模式会进一步变得复杂，这些器件是以室温下准本征或非本征形式工作的吸收器为基础，其性质不同于具有非本征特性的器件[55]：第一，电子和空穴间空间电荷耦合造成的双极效应决定着漂移和扩散；第二，可以促使准本征材料中电荷载流子浓度大大低于本征材料浓度，因此，只能根据大信号理论阐述扰动；第三，螺旋式生成和复合确定着低带隙材料中的载流子浓度。

应用描述半导体器件电特性基本方程式的解可以精确描述非常复杂的器件结构，包括掺杂和梯度带隙、异质结、二维和三维效应、双极效应、非平衡工作，以及表面、界面和接触效应。这些偏微分方程包括电子和空穴的连续性方程和泊松（Posson）方程：

$$\frac{\partial n}{\mathrm{d}t} = \frac{1}{q}\vec{\nabla} \times \vec{J_\mathrm{n}} + G_\mathrm{n} - R_\mathrm{n} \tag{3.58}$$

$$\frac{\partial p}{\mathrm{d}t} = \frac{1}{q}\vec{\nabla} \times \vec{J_\mathrm{p}} + G_\mathrm{p} - R_\mathrm{p} \tag{3.59}$$

$$\varepsilon_\mathrm{o}\varepsilon_\mathrm{r}\nabla^2 \Psi = -q(N_\mathrm{d}^+ - N_\mathrm{a}^- + p - n) - \rho_\mathrm{s} \tag{3.60}$$

式中，Ψ 为静电势，定义为本征费米电位；ρ_s 为表面电荷密度；N_d^+ 和 N_a^- 分别为离子化施主和受主浓度。

利用式（3.58）~式（3.60）的解，有可能分析半导体器件中的静态和跃迁现象，主要问题是非线性及对其参数的复杂依赖关系，多数情况会进行一些简化。根据玻耳兹曼（Boltzmann）传输理论，电流密度 $\vec{J_\mathrm{n}}$ 和 $\vec{J_\mathrm{p}}$ 可以表示为电子和空穴载流子浓度以及准费米电位 Φ_n 和 Φ_p 的函数：

$$\vec{J_\mathrm{n}} = -q\mu_\mathrm{n} n \vec{\nabla}\Phi_\mathrm{n} \tag{3.61}$$

$$\vec{J_\mathrm{p}} = -q\mu_\mathrm{p} p \vec{\nabla}\Phi_\mathrm{p} \tag{3.62}$$

另外，$\vec{J_\mathrm{n}}$ 和 $\vec{J_\mathrm{p}}$ 可以表示为 Ψ、n 和 p 的函数，包含有漂移和扩散成分：

$$\vec{J_\mathrm{n}} = q\mu_\mathrm{n}\vec{E_\mathrm{e}} + qD_\mathrm{n}\vec{\nabla} n \tag{3.63}$$

和

$$\vec{J_\mathrm{p}} = q\mu_\mathrm{p}\vec{E_\mathrm{h}} - qD_\mathrm{p}\vec{\nabla} p \tag{3.64}$$

式中，D_n 和 D_p 为电子和空穴的扩散系数。

如果忽略带隙变窄的影响，并假设玻耳兹曼（Boltzmann）载流子的统计规律为

$$\vec{E_\mathrm{n}} = \vec{E_\mathrm{p}} = \vec{E} = -\vec{\nabla}\Psi \tag{3.65}$$

那么，就可以用一组具有相应边界条件的五个微分方程表示一维器件的稳态性能：两个是电子和空穴的传输方程，两个是电子和空穴的连续方程，以及泊松方程。这些都与 Van. Roosbroeck 的论述一致[56]：

$$J_n = qD_n \frac{dn}{dx} - q\mu_n n \frac{d\Psi}{dx} \quad \text{电子的电流传输} \quad (3.66)$$

$$J_p = qD_p \frac{dp}{dx} - q\mu_p p \frac{d\Psi}{dx} \quad \text{空穴的电流传输} \quad (3.67)$$

$$\frac{1}{q}\frac{dJ_n}{dx} + (G-R) = 0 \quad \text{电子的连续方程} \quad (3.68)$$

$$\frac{1}{q}\frac{dJ_p}{dx} - (G-R) = 0 \quad \text{空穴的连续方程} \quad (3.69)$$

$$\frac{d^2\Psi}{dx^2} = -\frac{q}{\varepsilon_0 \varepsilon_r}(N_d^+ - N_a^- + p - n) \quad \text{泊松方程} \quad (3.70)$$

从古迈尔（Gummel）[57]和德·马里（de Mari）[58]的论文到目前已商业运作的数值程序，已经发表了许多文章求解这些方程式。基本方程式必须依靠近似法，即使一维稳态情况也是如此，所以必须采用数值法。数值求解包括三个步骤：①数值网格生成；②将微分方程转换为线性几何方程；③求解。通常利用牛顿直接法求解矩阵方程[59]，也可用其它方法提高收敛速度和减少迭代次数[60]。

对复杂器件结构进行实验既是比较复杂，又是成本高和耗时的，所以，数值模拟就变成研发高级探测器非常重要的工具[61]。一些实验室已经研发出合适的软件，例如美国斯坦福（Stanford）大学、波兰军事技术大学[62]、韩国汉阳（Honyang）大学[60]等。商业模拟器可以从多个来源获得，软件包括 Medici（美国 AVANT! 公司，建模技术协会（Technology Modeling Associates）），Semicad（中国香港曙光技术（Dawn Techndogies）公司），Atlas/Blaze/Luminouse（美国 Silvaco International 有限公司），APSYS（加拿大 Crosslight 软件有限公司）等。例如，APSYS 软件提供一种全二维/三维模拟器，不仅可以求解泊松方程和电流连续性方程（包括如场相关迁移率和雪崩倍增特性），而且，能够求解光子波导器件的标量波方程（如波导光探测器）和具有灵活热边界条件和任意与温度有关参数的热交换方程。

尽管目前的模拟器还不能顾及所有对光探测器非常重要的半导体参数，但它们已经成为分析和提高红外光电探测器性能的非常有价值的工具。除了器件模拟器，正在研发方便于高级器件生长技术研究的工艺模拟器[63,64]。

参 考 文 献

1. A. Rogalski, *Infrared Detectors*, Gordon and Breach, Amsterdam, 2000.
2. J. T. Houghton and S. D. Smith, *Infra-Red Physics*, Oxford University Press, Oxford, 1966.
3. E. L. Dereniak and G. D. Boreman, *Infrared Detectors and Systems*, Wiley, New York, 1996.
4. J. Piotrowski, " Breakthrough in Infrared Technology; The Micromachined Thermal Detector Arrays," *Opto-Electronics Review* 3, 3-8, 1995.
5. A. Smith, F. E. Jones, and R. P. Chasmar, *The Detection and Measurement of Infrared Radiation*, Clarendon, Oxford, 1968.
6. W. Kruse, L. D. McGlauchlin, and R. B. McQuistan, *Elements of Infrared Technology*, Wiley, New York, 1962.
7. P. G. Datskos, " Detectors: Figures of Merit," in *Encyclopedia of Optical Engineering*, ed. R. Driggers, 349-

57, Marcel Dekker, New York, 2003.
8. F. J. Low and A. R. Hoffman, " The Detectivity of Cryogenic Bolometers," *Applied Optics* 2, 649-50, 1963.
9. E. H. Putley, " Thermal Detectors," in *Optical and Infrared Detectors*, ed. R. J. Keyes, 71-100, Springer, Berlin, 1977.
10. B. F. Levine, " Quantum-Well Infrared Photodetectors," Journal of Applied Physics 74, R1-R81, 1993.
11. J. Phillips, " Evaluation of the Fundamental Properties of Quantum Dot Infrared Detectors," *Journal of Applied Physics* 91, 4590-94, 2002.
12. J. Singh, *Electronic and Optoelectronic Properties of Semiconductor Structures*, Cambridge University Press, New York, 2003.
13. A. Rogalski, " Infrared Detectors: Status and Trends," *Progress in Quantum Electronics* 27, 59-210, 2003.
14. A. Rogalski, " Photon Detectors," in *Encyclopedia of Optical Engineering*, ed. R. Driggers, 1985-2036, Marcel Dekker Inc., New York, 2003.
15. P. Norton, " Detector Focal Plane Array Technology," in *Encyclopedia of Optical Engineering*, ed. R. Driggers, 320-48, Marcel Dekker Inc., New York, 2003.
16. J. Piotrowski, " $Hg_{1-x}Cd_xTe$ Infrared Photodetectors," in *Infrared Photon Detectors*, Vol. PM20, 391-494, SPIE Press, Bellingham, WA, 1995.
17. J. Piotrowski and W. Gawron, " Ultimate Performance of Infrared Photodetectors and Figure of Merit of Detector Material," *Infrared Physics & Technology* 38, 63-68, 1997.
18. J. Piotrowski and A. Rogalski, " New Generation of Infrared Photodetectors," *Sensors and Actuators* A67, 146-52, 1998.
19. J. Piotrowski, " Uncooled Operation of IR Photodetectors," *Opto-Electronics Review* 12, 111-22, 2004.
20. T. Ashley and C. T. Elliott, " Non-Equilibrium Mode of Operation for Infrared Detection," *Electronics Letters* 21, 451-52, 1985.
21. T. Ashley, T. C. Elliott, and A. M. White, " Non-Equilibrium Devices for Infrared Detection," *Proceedings of* SPIE 572, 123-32, 1985.
22. J. Piotrowski and A. Rogalski, *High-Operating Temperature Infrared Photodetectors*, SPIE Press, Bellingham, WA, 2007.
23. S. Jensen, " Temperature Limitations to Infrared Detectors," *Proceedings of SPIE* 1308, 284-92, 1990.
24. R. G. Humpreys, " Radiative Lifetime in Semiconductors for Infrared Detectors," *Infrared Physics* 23, 171-75, 1983.
25. R. G. Humpreys, " Radiative Lifetime in Semiconductors for Infrared Detectors," *Infrared Physics* 26, 337-42, 1986.
26. A. Rogalski, " HgCdTe Infrared Detector Material: History, Status, and Outlook," *Reports on Progress in Physics* 68, 2267-336, 2005.
27. A. Rogalski, " Quantum Well Photoconductors in Infrared Detectors Technology," *Journal of Applied Physics* 93, 4355-91, 2003.
28. D. Long, " Photovoltaic and Photoconductive Infrared Detectors," in *Optical and Infrared Detectors*, ed. R. J. Keyes, 101-47, Springer-Verlag, Berlin, 1977.
29. C. T. Elliott and N. T. Gordon, " Infrared Detectors," in *Handbook on Semiconductors*, Vol. 4, ed. C. Hilsum, 841-936, North-Holland, Amsterdam, 1993.
30. C. T. Elliott, " Photoconductive and Non-Equilibrium Devices in HgCdTe and Related Alloys," in *Infrared Detectors and Emitters: Materials and Devices*, ed. P. Capper and C. T. Elliott, 279-312, Kluwer Academic Publishers, Boston, MA, 2001.

31. M. A. Kinch, " Fundamental Physics of Infrared Detector Materials," *Journal of Electronic Materials* 29, 809-17, 2000.

32. M. S. Ünlü and S. Strite, " Resonant Cavity Enhanced Photonic Devices," *Journal of Applied Physics* 78, 607-39, 1995.

33. E. Rosencher and R. Haidar, " Theory of Resonant Cavity-Enhanced Detection Applied to Thermal Infrared Light," *IEEE Journal of Quantum Electronics* 43, 572-79, 2007.

34. J. Kaniewski, J. Muszalski, and J. Piotrowski, " Resonant Microcavity Enhanced Infrared Photodetectors," *Optica Applicata* 37, 405-13, 2007.

35. J. Piotrowski, W. Galus, and M. Grudzien', " Near Room-Temperature IR Photodetectors," *Infrared Physics* 31, 1-48, 1990.

36. A. Rogalski and J. Piotrowski, " Intrinsic Infrared Detectors," *Progress in Quantum Electronics* 12, 87-289, 1988.

37. R. C. Jones, " Immersed Radiation Detectors," *Applied Optics* 1, 607-13, 1962.

38. M. Grudzien? and J. Piotrowski, " Monolithic Optically Immersed HgCdTe IR Detectors," *Infrared Physics* 29, 251-53, 1989.

39. J. Piotrowski, H. Mucha, Z. Orman, J. Pawluczyk, J. Ratajczak, and J. Kaniewski, " Refractive GaAs Microlenses Monolithically Integrated with InGaAs and HgCdTe Photodetectors," *Proceedings of SPIE* 5074, 918-25, 2003.

40. T. T. Piotrowski, A. Piotrowska, E. Kaminska, M. Piskorski, E. Papis, K. Gol'aszewska, J. Katcki, et al., "Design and Fabrication of GaSb/InGaAsSb/AlGaAsSb Mid-Infrared Photodetectors," *Opto-Electronics Review* 9, 188-94, 2001.

41. T Ashley, D. T. Dutton, C. T. Elliott, N. T. Gordon, and T. J. Phillips, " Optical Concentrators for Light Emitting Diodes," *Proceedings of SPIE* 3289, 43-50, 1998.

42. G. R. Nash, N. T. Gordon, D. J. Hall, M. K. Ashby, J. C. Little, G. Masterton, J. E. Hails, et al., " Infrared Negative Luminescent Devices and Higher Operating Temperature Detectors," *Physica E* 20, 540-47, 2004.

43. M. K. Haigh, G. R. Nash, N. T. Gordon, J. Edwards, A. J. Hydes, D. J. Hall, A. Graham, et al.," Progress in Negative Luminescent Hg1-xCdxTe Diode Arrays," *Proceedings of SPIE* 5783, 376-83, 2005.

44. P. Martyniuk and A. Rogalski, " Quantum-Dot Infrared Photodetectors: Status and Outlook," *Progress in Quantum Electronics* 32, 89-120, 2008.

45. P. Martyniuk and A. Rogalski, " Insight into Performance of Quantum Dot Infrared Photodetectors," *Bulletin of the Polish Academy of Sciences: Technical Sciences* 57, 103-16, 2009.

46. A. Rogalski, K. Adamiec, and J. Rutkowski, *Narrow-Gap Semiconductor Photodiodes*, SPIE Press, Bellingham, WA, 2000.

47. M. A. Kinch, *Fundamentals of Infrared Detector Materials*, SPIE Press, Bellingham, WA, 2007.

48. H. Lim, S. Tsao, W. Zhang, and M. Razeghi, " High-Performance InAs Quantum-Dot Infrared Photoconductors Grown on InP Substrate Operating at Room Temperature," *Applied Physics Letters* 90, 131112, 2007.

49. D. L. Smith and C. Mailhiot, " Proposal for Strained Type II Superlattice Infrared Detectors," *Journal of Applied Physics* 62, 2545-48, 1987.

50. C. H. Grein, H. Cruz, M. E. Flatte, and H. Ehrenreich, " Theoretical Performance of Very Long Wavelength InAs/In$_x$Ga$_{1-x}$Sb Superlattice Based Infrared Detectors," *Applied Physics Letters* 65, 2530-32, 1994.

51. C. H. Grein, P. M. Young, M. E. Flatte, and H. Ehrenreich, " Long Wavelength InAs/InGaSb Infrared De-

tectors: Optimization of Carrier Lifetimes," *Journal of Applied Physics* 78, 7143-52, 1995.

52. R. Ciupa and A. Rogalski, " Performance Limitations of Photon and Thermal Infrared Detectors," *Opto-Electronics Review* 5, 257-66, 1997.

53. P. W. Kruse, " A Comparison of the Limits to the Performance of Thermal and Photon DetectorImaging Arrays," *Infrared Physics & Technology* 36, 869-82, 1995.

54. J. Piotrowski and A. Rogalski, " Uncooled Long Wavelength Infrared Photon Detectors," *Infrared Physics & Technology* 46, 115-131, 2004.

55. M. White, " Auger Suppression and Negative Resistance in Low Gap Diode Structures," *Infrared Physics* 26, 317-24, 1986.

56. W. Van Roosbroeck, " Theory of the Electrons and Holes in Germanium and Other Semiconductors," *Bell Systems Technical Journal* 29, 560-607, 1950.

57. H. K. Gummel, " A Self-Consistent Iterative Scheme for One-Dimensional Steady State Transistor Calculations," *IEEE Transactions on Electron Devices* ED 11, 455-65, 1964.

58. A. De Mari, " An Accurate Numerical Steady-State One-Dimensional Solution of the p-n Junction," *Solid State Electronics* 11, 33-58, 1968.

59. M. Kurata, *Numerical Analysis of Semiconductor Devices*, Lexington Books, DC Heath, 1982.

60. S. D. Yoo, N. H. Jo, B. G. Ko, J. Chang, J. G. Park, and K. D. Kwack, " Numerical Simulations for HgCdTe Related Detectors," *Opto-Electronics Review* 7, 347-56, 1999.

61. K. Kosai, " Status and Application of HgCdTe Device Modeling," *J Electronic Materials* 24, 635-40, 1995.

62. K. Jóźwikowski, " Numerical Modeling of Fluctuation Phenomena in Semiconductor Devices," *Journal of Applied Physics* 90, 1318-27, 2001.

63. J. L. Meléndez and C. R. Helms, " Process Modeling and Simulation of $Hg_{1-x}Cd_xTe$. Part I: Status of Stanford University Mercury Cadmium Telluride Process Simulator," *Journal of Electronic Materials* 24, 565-71, 1995.

64. J. L. Melendez and C. R. Helms, " Process Modeling and Simulation for $Hg_{1-x}Cd_xTe$. Part II: Self-Diffusion, Interdiffusion, and Fundamental Mechanisms of Point-Defect Interactions in $Hg_{1-x}Cd_xTe$," *Journal of Electronic Materials* 24, 573-79, 1995.

第4章 外差式探测技术

上面讨论的大部分红外探测器是应用直接探测模式,其输出电信号与信号功率呈线性关系。但根据辐射的电场振幅,光探测器是二次方关系,据此,在电输出中并没有考虑信号的相位信息。当探测器辐射场仅是振幅信号时,就称为直接探测技术(见图4.1a),是至今最经常应用的情况。

相比之下,外差探测产生的输出信号与电场强度成正比,因此,在电信号的相位中保留有光场相位。在20世纪60年代,激光器的发明使形成强相关光束首次成为可能。这类似许多年前无线电频率的出现,从而首次证明,外差技术可以像无线电领域中那样应用在光学领域。这种探测方法的主要优点是具有较高的探测灵敏度,较高并较容易得到的选择性,有可能采取不同的调制方法进行探测,以及较容易在宽范围内实现调谐。由于将本地场与输入光子相混合可以将信号放大,所以,能够探测到非常微弱的信号。该技术的主要优势是,将信号降频,从而可以利用超低噪声的电子使其放大,外差接收器是唯一可以提供高光谱分辨率($\nu/\Delta\nu > 10^6$,ν为频率)和高灵敏度的探测系统。从1962年就开始研发相干光学探测技术,但

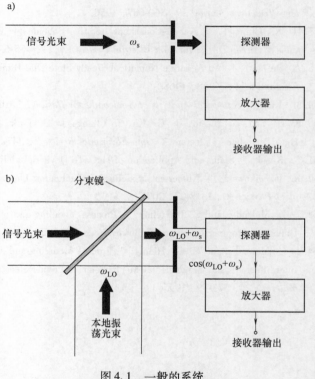

图4.1 一般的系统
a) 直接探测技术 b) 相干探测技术

紧凑而稳定地生产这种系统比较困难,并且,与同等的无线电技术相比,该系统较昂贵和麻烦。目前,相干接收器垄断了无线电领域的应用,但由于光谱带宽较窄、视场较小以及无法形成简单的大幅面阵列形式,所以,没有广泛应用于红外及光学频率领域。

多年以来,红外外差探测技术一般应用于商用和国内无线电接收机,也用于电磁波谱的微波波段、利用这种技术设计多普勒(Doppler)速度计、激光测距机、光谱仪(尤其是激光雷达(Light Detection And Ranging,LIDAR,即光探测与测量)系统)和电信系统。过去20年,由于对先进材料的研究可以提供新的高功率光源,已经引发一场太赫兹(THz)系统革命,并验证了太赫兹技术在先进的物理学研究和商业化应用方面的潜力。太赫兹频段高分辨率外差式光谱仪是研究天体化学成分、演化和动态特性,以及地球大气层的重要工具。最近,太赫兹外差接收器已经应用于生物医学和安全领域的成像。太赫兹的光谱范围是0.3~

10THz，与早期定义的亚毫米波和远红外光谱区的内容基本一致。

红外外差探测类似毫米波技术。在外差式探测技术中，光通量为 Φ_s 的相干光束与本地激光振荡器在探测器发出的光通量为 Φ_{LO} 的光束在输入位置混合，如图 4.1b 所示。两束光经过良好的准直和对准，使其波前平行，因此，与本地振荡器共轴，在探测器内被吸收的较弱相干信号与本地振荡器的信号混合，在中频或差频 $\omega_{if} = |\omega_{LO} - \omega_s|$ 位置产生光电流[1-4]：

$$I_{ph} = I_{LO} + I_s + 2\eta(\omega_{if})q(\Phi_{LO}\Phi_s)^{\frac{1}{2}}A\cos(\omega_{if}t) \tag{4.1}$$

式中，I_{LO} 和 I_s 分别为 Φ_{LO} 和 Φ_s 产生的直流光电流。对于光敏二极管，有：

$$I_{LO} = \eta(0)q\Phi_{LO}A$$

$$I_s = \eta(0)q\Phi_s A$$

直流量子效率 $\eta(0)$ 和交流量子效率 $\eta(\omega_{if})$ 分别给出直流光电流 $(I_{LO} + I_s)$ 和调制光电流。当频率响应受限于结处载流子扩散时，$\eta(0)$ 和 $\eta(\omega_{if})$ 的值是不同的[4]。

由式（4.1）得到的外差信号电流 $I_H(\omega_{if})$ 的方均根（rms）值为

$$I_H(\omega_{if}) = \eta(\omega_{if})q(2\Phi_{LO}\Phi_s)^{\frac{1}{2}}A = \frac{\eta(\omega_{if})q}{h\nu}(2P_{LO}P_s)^{\frac{1}{2}} = R_i\left(\frac{2P_{LO}}{P_s}\right)^{\frac{1}{2}} \tag{4.2}$$

式中，P_{LO} 为本地振荡辐射功率；P_s 为信号辐射功率；R_i 为直接探测方式的电流探测灵敏度。上述式（4.2）表明，外差信号是直接探测模式中信号的 $(2P_{LO}/P_s)^{\frac{1}{2}}$ 倍。如果 $P_{LO}/P_s \gg 1$，则外差模式会比直接探测模式探测到更低功率的信号。然而，应当注意到，在外差探测技术中，探测器仅响应非常接近本地振荡器波长的波段（典型值是 $\lambda_{LO} \pm < 0.003\mu m$）[5]。相对而言，该探测器对背景辐射和相干效应不太敏感。

如果中频 ω_{if} 位于光混合器所涵盖的频率响应范围之内，就会出现调制光电流。通常，频率响应截止到小于 1THz 的频率（光子探测器的最短响应时间是皮秒（ps）级）。这就意味着，非直接探测技术中两个相干光源的波长几乎相等。

表示外差探测器探测灵敏度的品质因数是外差噪声等效功率 NEP_H，定义为信噪功率比 $(S/P)_P$ 为 1 时所必需的信号功率 P_s。与直接探测方式一样，也会出现噪声电流。若本地振荡器功率足够大（$I_{LO} > I_s$），并且是反向偏压光敏二极管，则 $I_n^2 = 2qI_{LO}\Delta f$。其中，Δf 为通过探测器传输的中频通道带宽。这就是经过精心设计的外差接收器的情况，由本地振荡器控制的噪声会导致散粒噪声或者生成-复合噪声。对这种情况，$(S/P)_P$⊖其最终形式为

$$\left(\frac{S}{N}\right)_P = \frac{I_H^2}{I_n^2} = \frac{\eta^2(\omega_{if})}{\eta(0)}\frac{P_s}{h\nu\Delta f}$$

则

$$NEP_H = \frac{\eta(0)}{\eta^2(\omega_{if})}h\nu\Delta f \tag{4.3}$$

可以看出，在外差式探测中，光敏二极管的探测灵敏度比忽略结处载流子扩散时的 $\eta(\omega_{if})P_s/(h\nu\Delta f)$ 的值减小了 $\eta(\omega_{if})/\eta(0)$ 倍。应当注意，对于外差探测和背景限红外光探测器（BLIP）直接探测模式[4]，有探测灵敏度恶化因数 $\eta(\omega_{if})/\eta(0)$ 是很正常的。

对于光导体外差接收器，不能直接应用上述结论。若本地振荡器是在大功率的极限情况

⊖ 原书错印为 S/P_P。——译者注

下，光导体会呈现由本地振荡器信号波动感应产生的生成-复合噪声，则光导体探测器有[1]：

$$\mathrm{NEP_H} = \frac{2h\nu}{\eta(\omega_{if})}\Delta f \tag{4.4}$$

与理想的量子计数器相比，这些器件的灵敏度是原来的 $\frac{\eta}{2}$。

假设，探测器的探测灵敏度和内噪声不受本地振荡器影响，就可以得到一种简单和更一般的 $\mathrm{NEP_H}$ 表达式：

$$\mathrm{NEP_H} = \left[\frac{(\mathrm{NEP_D})^2}{2P_{LO}} + \frac{h\nu}{\eta(\omega_{if})}\right]\Delta f \tag{4.5}$$

式中，$\mathrm{NEP_D}$ 为直接探测的噪声等效功率。

由于下述原因：降低量子噪声使探测灵敏度提高，信号和本地振荡器光束容易对准，以及在给定孔径尺寸下具有更大的衍射限（diffraction-limited）接收角，所以，外差探测技术是在红外区域最成功的实际应用[1,5,6]。在该波长范围内，可使用稳定的大功率 $10.6\mu m$ 谱线的本地振荡器。此外，与热成像器件相比，为了具有良好的相干探测，不需要探测器有特别低的暗电流。具有良好外差探测灵敏度的主要要求是，在中频（IF）和短噪声限工作所需的本地振荡器功率级时具有高量子效率。对于高性能光混合装置，无论是太赫兹频率还是高工作温度下实现短噪声限工作和高频率一直都是面临的挑战。

外差光学接收器的基本框图如图 4.2 所示。携带有信息的信号辐射经过入射光学滤光片和分束镜后被准直，在探测器表面与本地振荡器发出的光束相干组合或者"混合"。可以用多种方法制造分束镜，最简单的是用一块具有足够反射率的玻璃平板。一般情况下，完成这种任务的器件称为方向耦合器，类似微波或无线电器件。为探测光的电子场，混合信号使用的探测器必须具有二次方律特性，对于大部分光学探测器（光敏二极管，光导体，光倍增管，雪崩光敏二极管等），这是很典型的性质，继而将该信号放大，中频（IF）电滤波器提取所希望的信号的差频成分，接着是解调过程，后续电探测的设计和工作原理取决于信号调制的性质。一个负载电阻发出的信号通过输出滤波片到达接收器，并借助本地振荡器的频率

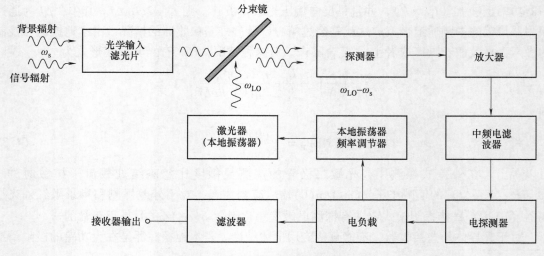

图 4.2　外差探测光学接收器的框图

控制器控制激光器。利用本地振荡器激光器中的频率控制线路保持频率差 $\omega_{LO} - \omega_s = \omega_{if}$ 不随输入信号变化。保持有效相干探测的一个不可或缺的条件是偏振匹配，以及两束光的波形形状要与探测器表面的外形轮廓相匹配。

早期对 10.6μm 光混合器的研究集中在液氦制冷掺铜的锗光导体、碲镉汞（HgCdTe）和铅盐光敏二极管[1,5-9]。随着碲镉汞（HgCdTe）光敏二极管的成功研发，它迅速替代了锗光导体和铅盐光敏二极管。其原因是：锗光导体要求本地振荡器具有非常高的功率，而探测灵敏度只有 1/2；铅盐光敏二极管则是由于材料具有很大的介电常数，响应非常慢[10,11]。

20 世纪 60 年代，已经报告研制出基带宽为 1GHz 和灵敏度接近理想极限值的外差探测系统[1,7]，图 4.3 所示为工作在温度 4.2K 的 Ge∶Cu 掺杂外差信噪比的实验结果[2]。实心圆代表信噪功率比观察点，$(S/N)_P$ 是信号辐射功率 P_s 的函数，仅考虑由本地振荡器光束（是噪声的主要贡献）引发的噪声。还给出了理论期望值 $(S/N)_P = \eta P_s / (2h\nu\Delta f)$ 的曲线，由预估的量子效率值 $\eta = 0.5$ 可以看出，与试验数据有良好的一致性。由于外差信号中心在 70kHz 附近，放大器带宽 270kHz，所以，认为实验观察到的 NEP_H 值是 7×10^{-20} W，可以与期望值 $(2/\eta)h\nu\Delta f = 7.6 \times 10^{-20}$ W 相比。通常，探测器有较高噪声，需要本地振荡器有更大功率，以超过制冷器功率或者将探测器加热，得到一个小于理论值的 NEP_H 值。

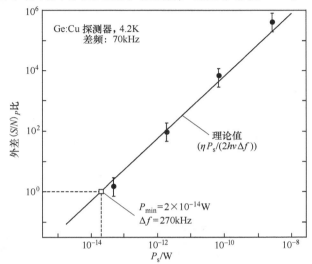

图 4.3 在温度 4.2K 下工作的 Ge∶Cu 掺杂光导体外差信噪比）实心圆代表信噪功率比观察位置，实线代表理论结果）（资料源自：Teich, M. C., Proceedings of IEEE 56, 37-46, 1968）

散粒噪声频谱表示衰减为外部线路（即阻容（RC）电路），但并非光敏二极管带宽的良好指示器，因为除线路影响外，光敏二极管的频率响应还取决于载流子通过空间电荷区以及扩散所需时间。设计一个具有较宽能隙透明层的最佳外差结构以使载流子扩散最小是比较容易的，但是，低电容需要的 p-i-n 二极管结构采用碲镉汞（HgCdTe）外延层已是可行的方法。大部分 10μm HgCdTe 光混合器已经是 n-n⁻-p 同质结光敏二极管，从 n 类侧照明。由于光混合器工作区是由本地振荡器的入射图形确定，所以，探测器面积是兼顾本地振荡器和结电容而折中确定。已经利用汞扩散到 p 类材料中的方法制造出低电容 n-n⁻-p 蚀刻平台和平面 HgCdTe 光敏二极管，还没有成功地将杂质扩散和离子植入应用在千兆赫带宽光混合器的制造中。宽带 HgCdTe 光混合器是在反向偏压（0.5~2V）下工作，可以得到较低的结电容，有良好的阻抗匹配，与第一级前置放大器有良好的耦合（与探测器一起都有很好的制冷效果）。一般来说，直径 100~200μm 扩散结的电容范围是 1~5pF，阻容电路的衰减频率是 0.5~3GHz[8,11]。为目标跟踪应用研发的最大宽带阵列是 1.5GHz 光混合器中的 12 元阵列，结构布局是中心四象元阵列和周围八个探测器。

图 4.4 给出了外差噪声等效功率（NEP）与本地振荡器功率的函数关系[12]，实线是根

据式 (4.2) 对两个不同 NEP_D 值和 $\eta = 50\%$ 的量子效率计算出的数据。可以看出，小的 NEP_D 值只需使用低的 P_{LO}，便可达到量子极限。若是 NEP_D 值较差的一个探测器，并且通过

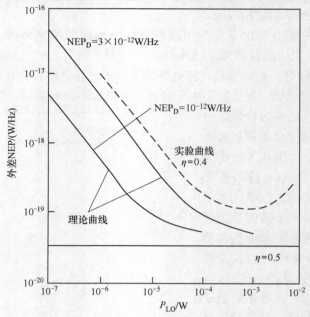

图 4.4 外差噪声等效功率与本地振荡器功率的关系曲线（实线是根据式 (4.2)[⊖] 对两种不同的噪声等效功率值（直接探测方式）和 $\eta = 0.5$ 量子效率计算出的值；虚线是由实验得出的 HgCdTe 的典型性能曲线）

（资料源自：Wilson, D. J., Constant, G. D. J., Foord, R., and Vaughan, J. M., Infrared Physics, 31, 109-15, 1991）

增大载流子密度或者图 4.5 所示为美国林肯（Lincoln）实验室和美国霍尼韦尔（Honeywell）公司得到的碲镉汞（HgCdTe）光敏二极管在温度 77K 时 $10.6\mu m$ 波长位置的最佳 NEP_H 值，是频率的函数。在 1GHz 处，NEP_H 值仅高于理论量子极限 2 倍，当 $\lambda = 10.6\mu m$ 时，其理论值是 $1.9 \times 10^{-20} W/Hz$，许多 12 元光敏二极管阵列的平均探测灵敏度是 $4.3 \times 10^{-20} W/Hz$，已经接近该值[13]。

表 4.1 列出了对所有涉及外差碲镉汞光敏二极管性质见本书参考文献【14】的相关内容给出了总结。

尽管在稍高温度下也可工作，但大部分高频、$10\mu m$ 碲镉汞（HgCdTe）光混合器都应用于约 77K 温度环境中。在高温下，无论外差或直接探测，p 类光导体都比普通的 n 类光电导体有更高的探测灵敏度[12-17]。此外，对于带宽较宽的光电导体，由于具有低光电导增益，所以，要求本地振荡器（LO）功率可能比光敏二极管更大。通过考虑加热和填充能带对载流子寿命和光学吸收的影响已经成功地对碲镉汞（HgCdTe）光电导体的 NEP 与本地振荡器（LO）功率（和偏压功率）的函数关系完成了建模[13]。由于本地振荡器（LO）功率正比于光电导体器件体积，所以，利用小型器件（$50 \sim 100\mu m^2$）便可得到最佳性能，并且尺寸减

⊖ 原书错印为式 (9.2)。——译者注

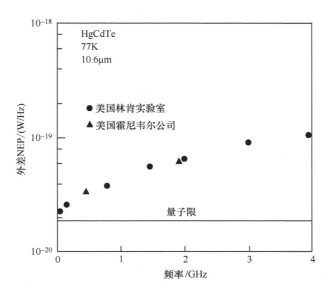

图 4.5 外差 NEP_H 与中频（IF）频率的函数关系

（热效应的方式提高 P_{LO} 不会影响内部响应度和噪声过程,那么,仍然可以得到良好的性能）

（资料源自：Spears, D. L., Optical and Laser Remote Sensing, Springer-Verlag, Berlin, 278-86, 1983）

小可以改善散热性能。图 4.6 所示为 $100\mu m \times 100\mu m$ p 类光混合器 NEP_H 的计算值和测量值,是本地振荡器（LD）功率的函数[13],温度分别是 77K 和 195K。在温度为 77K 时,很容易实现本地振荡器噪声限工作。但在温度为 195K,本地振荡器感应噪声最大值与放大器和暗电流的产生-复合（g-r）噪声值相差无几或者更小些。在高本地振荡器功率条件下,量子效率已下降到超过 70% 的低功率值以下。表 4.2 总结了碲镉汞（HgCdTe）光导外差探测器在温度 193K 环境下的工作性能。

表 4.1 碲镉汞外差光电探测器实例

x	A /($10^{-4}cm^2$)	λ_c /μm	λ_{LO} /μm	$\eta(0)$ (%)	V /mV	T /K	P_{LO} /mW	Δf /GHz	NEP/(10^{-19} W/Hz)
0.19	1	12.5~14.5		40~60	−500		0.5	1.4	
0.2		10.7~12.5	10.6			77	>2.0		0.43(1GHz) 0.62(1.8GHz) 1.1(4GHz)
0.2	0.12	12		70	−1100	77		3~4	
	1.8		10.6 10.6	21	−800	170 77	0.5~1	0.023 0.85	8.0(10GHz) 1.0(20MHz) 1.65(1.5GHz) 3.0(1.5GHz,130K)

（资料源自：Galeczki, G., Properties of Narrow Gap Cadmium-based Compounds, INSPEC, London, 347-58, 1994）

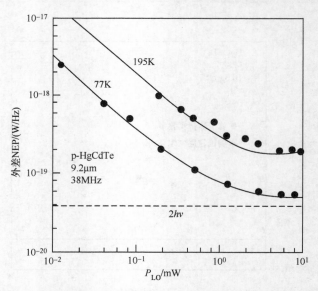

图 4.6　P 类 HgCdTe 光电导体 NEP_H 在温度 77K 和 195K 下的计算值和测量值与本地振荡器（LO）功率的关系曲线

（资料源自：Spears, D. L., Optical and Laser Remote Sensing, Springer-Verlag, Berlin, 278-86, 1983）

表 4.2　HgCdTe 光导电外差混频器

材料	$x = 0.18 \sim 0.19$
类型	p 类，$N_a \approx 2 \times 10^{17} cm^{-3}$
表面	天然氧化物钝化层，镀 ZnS 增透膜
探测器温度	193K
灵敏区	$100\mu m \times 100\mu m$；$A_{opt} = 10^{-4} cm^2$
基板	蓝宝石散热片
响应时间	降至几 ns
带宽	直至 100MHz
20kHz 时的响应度	67V/W
20kHz 时的比探测率	$2.7 \times 10^8 cm\ Hz^{1/2} W^{-1}$
193K 时的最小 NEP	2×10^{-19} W/Hz
理论极限值	4×10^{-20} W/Hz
P_{LO}	7mW
λ_{LO}	$10.6\mu m$

（资料源自：Galaczki, G., Properties of Narrow Gap Cadmium-Based Compounds, INSPEC, London, 347-58, 1994）

利用指形电极或油浸透镜[17,18]改变标准的光电导体结构布局，可以进一步优化红外混频器。

应当注意的是，已经研制出砷化镓/砷化镓铝（GaAs/AlGaAs）量子阱红外光电探测器（QWIP）在 $10\mu m$ 波长位置的宽带相干探测技术[19,20]。与碲镉汞（HgCdTe）为基础的探测技术相比，GaAs/AlGaAs QWIP 探测技术具有以下优点：较大的电带宽；更可靠，对高功率本地振荡器（LO）的要求更为宽松，并可以与砷化镓 HEMT（高电子迁移率晶体管）放大器单片兼容，已经对高达 82GHz 的中频（IF）验证过外差探测[20]。最近，利用半导体量子结构中的子带跃迁演示证明过太赫兹（THz）光子探测器，这些探测器具有非常快的时间响应，从而使其在太赫兹外差探测中的应用颇具魅力[21]。

对微波、毫米波和太赫兹频率范围敏感的大部分接收器都以外差原理为基础。这些混合器接收装置可以以不同模式工作，这取决于接收器的结构布局和测量特性。利用相关器可以将信号与像的频率分离，或通过本地振荡器对的适当相位切换消除该像。分离或清除接收器中的图像是为了去除某些无关的噪声，从而提高系统的灵敏度。

在单边频带（SSB）工作模式的图像边频带处，接收器的结构布局要使混频器与接收器中的一个终端连接，与像频（image frequency）没有外部连接，整个接收器在功能上等效于一个放大器和一个变频器。

在双边频带（DSB）工作模式中，换句话说，混合器连接在上下边频带的同一个输入口上。DSB 接收器可以以两种模式工作[22,23]：

- 以 SSB 模式测量完全包含在一条边频带内的窄带信号——为了探测这种窄带信号，双边频带接收器中的像频带内所汇聚的能量会使测量灵敏度下降。
- 以 DSB 模式工作测量涵盖双边频带的宽带（或连续）光源——对于连续辐射，DSB 接收器像频带中汇聚的其它信号源会提高测量灵敏度。

可以用一系列参数描述外差接收器，最经常遇到的参数是接收器的噪声温度：

$$T = T_{\text{mixer}} + LT_{\text{if}} \tag{4.6}$$

式中，右侧两项分别表示混合器和中间第一放大级的噪声分布；L 为混频器的转换损失。参考 Hewlett Packard 的论文即本章参考文献【22】，可以阅读到有关无线电频率设备中噪声及其测量的更多信息。

一般地，对于太赫兹接收器，是根据单边频带（SSB）或双边频带（DSB）混频器噪声温度 T^{SSB} 或 T^{DSB} 表述混频器的噪声的。SSB 系统噪声温度的量子噪声限为[23,24]

$$T^{\text{SSB}} = \frac{h\nu}{k} \tag{4.7}$$

这是完成一个宽带混频接收器窄带测量（在一个单边频带内）后的系统噪声温度，反之，如果进行宽带（连续）测量，所需信号会大两倍，并且，理想系统的噪声温度为[23,24]

$$T^{\text{DSB}} = \frac{h\nu}{2k} \tag{4.8}$$

通常，是用噪声等效功率或 NEP 来描述直接探测器的噪声，利用下述关系式[25]可以对 NEP 和 T^{SSB} 进行转换：

$$T^{\text{SSB}} = \frac{\text{NEP}^2}{2\alpha k P_{\text{LO}}} \tag{4.9}$$

式中，P_{LO} 为本地振荡器入射功率；α 为辐射到混频器的耦合因数。对于 T^{DSB}，可以得到一个类似的关系式：

$$T^{\text{DSB}} = \frac{\text{NEP}^2}{4\alpha k P_{\text{LO}}} \tag{4.10}$$

传统上适合太赫兹接收器的技术是利用气体激光本地振荡器泵浦的肖特基势垒二极管混频器，达到的双边频带（DSB）噪声温度如图 4.7 所示[26]。这类接收器在低于 3THz 频率范围的噪声温度基本上达到大约 $50h\nu/k$ 的极限值。单频率大于 3THz 时，由于天线损失增加及二极管本身的性能下降，噪声温度会有一个突然增大。

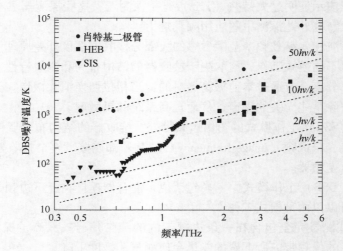

图 4.7 肖特基二极管混频器、SIS 混频器和 HEB 混频器在太赫兹光谱波段的 DSB 噪声温度
（资料源自：Hübers，H.-W.，"Terahertz Heterodyne Receivers," IEEE Journal of Selected Topics in Quantum Electronics 14, 378-91, 2008）

最近 20 年，利用超导体-绝缘体-超导体（Superconductor-Insulator-Superconductor，SIS）和热电子测辐射热计（Hot Electron Bolometer，HEB）的超导混频器，使接收器的灵敏度有了极大提高。图 4.7 给出了所选接收器的噪声温度。以铌（Nb）为基材的 SIS 混频器几乎在 0.7THz 间隙频率都能够达到量子限性能。

与肖特基二极管和 SIS 混频器不同，HEB 混频器是一种热探测器，混频过程总的时间常数最大值约几十皮秒，所以，辐射过程对于中频（IF）非常快，而对直接响应本地振荡器的入射光波或信号场是比较慢的。图 4.7 给出了 HEB 混频器在温度 400K、频率 600GHz 至温度 6800K、频率 5.2THz 范围能够达到的 DSB 噪声温度。直至 2.5THz，噪声温度与 $10h\nu/k$ 曲线都比较接近。与肖特基势垒技术相比，HEB 混频器需要的功率要比本地振荡器低 3~4 个数量级。

参 考 文 献

1. M. C. Teich," Coherent Detection in the Infrared," in *Semiconductors and Semimetals*, Vol. 5, ed. P. K. Willardson and A. C. Beer, 361-407, Academic Press, New York, 1970.
2. M. C. Teich," Infrared Heterodyne Detectionn" *Proceeding of IEEE* 56, 37-46, 1968.
3. R. H. Kingston, *Detection of Optical and Infrared Radiation*, Springer-Verlag, Berlin, 1979.
4. D. L. Spears and R. H. Kingston," Anomalous Noise Behavior in Wide-Bandwidth Photodiodes in Heterodyne and Background-Limited Operation," *Applied Physice Letters* 34, 589-90, 1979.
5. R. J. Keyes and T. M. Quist, " Low-Level Coherent and Incoherent Detection in the Infrared," in *Semiconductors and Semimetals*, Vol. 5, ed. R. K. Willardson and A. C. Beer, 321-59, Academic Press, New York, 1970.
6. F. R. Arams, E. W. Sard, B. J. Peyton, and F. P. Pace, " Infrared Heterodyne Detection with Gigahertz IF

Response," in *Semiconductors and Semimetals*, Vol. 5, eds. R. K. Willardson and A. C. Beer, 409-34, Academic Press, New York, 1970.

7. F. R. Arams, E. W. Sard, B. J. Peyton, and F. P. Pace, " Infrared 10. 6-Micron Heterodyne Detection with Gigahertz IF Capability," *IEEE Journal of Quantum Electronics* QE-3, 484-92, 1967.

8. C. Verie and M. Sirieix, " Gigahertz Cutoff Frequency Capabilities of CdHgTe Photovoltaic Detectors at 10. 6 μm," *IEEE Journal of Quantum Electronics* QE-8, 180-91, 1972.

9. A. M. Andrews, J. A. Higgins, J. T. Longo, E. R. Gertner, and J. G. Pasko, " High-Speed $Pb_{1-x}Sn_xTe$ Photodiodes," *Applied Physics Letters* 21, 285-87, 1972.

10. D. J. Wilson, R. Foord, and G. D. J. Constant, " Operation of an Intermediate Temperature Detector in a 10. 6 μm Heterodyne Rangefinder," *Proceedings of SPIE* 663, 155-58, 1986.

11. I. Melngailis, W. E. Keicher, C. Freed, S. Marcus, B. E. Edwards, A. Sanchez, T. Yee, and D. L. Spears, " Laser Radar Component Technology," *Proceedings of IEEE* 84, 227-67, 1996.

12. D. J. Wilson, G. D. J. Constant, R. Foord, and J. M. Vaughan, " Detector Performance Studies for CO_2 Laser Heterodyne Systems," *Infrared Physics* 31, 109-15, 1991.

13. D. L. Spears, " IR Detectors: Heterodyne and Direct," in *Optical and Laser Remote Sensing*, eds. D. K. Killinger and A. Mooradian, 278-86, Springer-Verlag, Berlin, 1983.

14. G. Galeczki, " Heterodyne Detectors in HgCdTe," in *Properties of Narrow Gap Cadmium-Based Compounds*, ed. P. Capper, 347-58, INSPEC, London, 1994.

15. D. L. Spears, " Theory and Status of High Performance Heterodyne Detectors," *Proceedings of SPIE* 300, 174, 1981.

16. W. Galus and F. S. Perry, " High-Speed Room-Temperature HgCdTe CO_2-Laser Detectors," *Laser Focus/Electro-Optics* 11, 76-79, 1984.

17. J. Piotrowski, W. Galus, and M. Grudzień, " Near Room-Temperature IR Photo-Detectors," *Infrared Physics* 31, 1-48, 1991.

18. T. Kostiuk and D. L. Spears, " 30 μm Heterodyne Receiver," *International Journal of Infrared Millimeter Waves*, 8, 1269-79, 1987.

19. E. R. Brown, K. A. McIntosh, F. W. Smith, and M. J. Manfra, " Coherent Detection with a GaAs/AlGaAs Multiple Quantum Well Structure," *Applied Physics Letters* 62, 1513-15, 1993.

20. H. C. Liu, J. Li, E. R. Brown, K. A. McIntosh, K. B. Nichols, and M. J. Manfra, " Quantum Well Intersubband Heterodyne Infrared Detection Up to 82 GHz," *Applied Physics Letters* 67, 1594-96, 1995.

21. H. C. Liu, H. Luo, C. Song, Z. R. Wasilewski, A. J. SpringThorpe, and J. C. Cao, " Terahertz Quantum Well Photodetectors," *IEEE Journal of Selected Topics in Quantum Electronics* 14, 374-77, 2008.

22. *Fundamentals of RF and Microwave Noise Figure Measurements*, Application Note 57-1, Hewlett Packard, July 1983.

23. A. R. Kerr, M. J. Feldman, and S. -K. Pan, " Receiver Noise Temperature, the Quantum Noise Limit, and the Role of the Zero-Point Fluctuations," in *Proceedings of the 8th International Space Terahertz Technology Symposium* March 25-27, pp. 101-11, 1997. http://colobus. aoc. nrao. edu/memos, as MMA Memo 161.

24. E. L. Kollberg and K. S. Yngvesson, " Quantum-Noise Theory for Terahertz Hot Electron Bolometer Mixers," *IEEE Transactions of Microwave Theory Technology* 54, 2077-89, 2006.

25. B. S. Karasik and A. I. Elantiev, " Noise Temperature Limit of a Superconducting Hot-Electron Bolometer Mixer," *Applied Physics Letters* 68, 853-55, 1996.

26. H. -W. Hübers, " Terahertz Heterodyne Receivers," *IEEE Journal of Selected Topics in Quantum Electronics* 14, 378-91, 2008.

第Ⅱ部分
红外热探测器

第5章 温差电堆

1821年，出生在俄罗斯的德国物理学家托马斯·约翰·赛贝克(Thomas Johann Seebeck)发现了热电偶现象[1]。他发现，温度变化会使两种不同导体的结合处形成电压(见图5.1)。1833年，梅洛尼(Melloni)利用这种效应生产出第一个铋-铜热电偶探测器[2]以研究红外光谱。金属热电偶形成很小的输出电压，约 μV/K 数量级，妨碍了对很小温差的测量。1829年，诺比利(Nobili)首次将一些热电偶串联起来，产生了可以测量出的较高电压。

温差电堆是最古老的一种红外探测器，是热电偶相串联的集合，从而实现较高的温度探测灵敏度。长期以来，认为温差电堆是一种反应慢、灵敏度差、笨重而成本高的器件。随着半导体技术的发展，温差电堆被优化，并应用于某些特定的领域。最近，借助常规的互补金属氧化物半

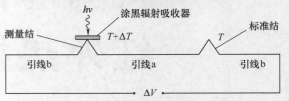

图5.1 两种不同的铅金属相串联

导体(Complementary Metal-Qxide-Semiconductor，CMOS)工艺，温差电堆芯片电路技术又打开了批量生产的大门。尽管温差电堆并不像测辐射热计和低温探测器那样灵敏，但由于其可靠性和良好的性/价比，温差电堆还是应用在许多领域中。

5.1 温差电堆的基本工作原理

热电偶中电流对应的电压正比于两个连接结间的温差：

$$\Delta V = \alpha_s \Delta T \tag{5.1}$$

式中，α_s 为赛贝克系数，通常以 μV/K 为单位。

系数 α_s 是两种不同导体 "a" 和 "b" (将其一端电连接) 组成的热电偶的有效或相对赛贝克系数，因此，热电压等于：

$$\Delta V = \alpha_s \Delta T = (\alpha_a - \alpha_b)\Delta T \tag{5.2}$$

式中，α_a 和 $\alpha_b^{\ominus}$ 分别是材料 a 和 b 的绝对赛贝克系数。应当注意，相对和绝对赛贝克系数都与温度有关，并且，产生的电势差与温度梯度间的比例性只有在小温差限定范围内才成立。

通常，单热电偶的输出电压是不够的，需要把一些热电偶串联起来以形成所谓的$^{\ominus}$温差电堆。图5.2所示为由三个热电偶串联的温差电堆。如果将热电偶放置在一悬浮的介质层上，并且，一层吸收膜层紧靠或放置在温差电堆上端热层上，就可以将温差电堆作为红外探测器使用。从温差电堆能够得到较大的输出电压的一个重要因素是有良好的热隔离，使得对于某一具体吸收功率，冷热连接结之间的温差 ΔT 最大。参考式(5.2)，总输出电压将是单

 ⊖ 原书错印为 α_a 和 α_a。——译者注
 ⊜ 原书错将英文"so-called"印成"so-cold"。——译者注

个元件电压的 N 倍,即

$$\Delta V = N(\alpha_a - \alpha_b)\Delta T \tag{5.3}$$

式中,N 为相连热电偶的数目。

除了赛贝克效应,还存在另一种重要的温差偏移——珀耳帖(Peltier)和汤姆逊(Thomson)效应,只有当电流通过一个闭合温差电路时才呈现出这两种效应。珀耳帖效应可能会在温差效应中引起明显的不对称性,利用加热电阻设计热探测器件时要特别注意。由于热的吸收或释放取决于电流方向,所以,这种效应是可逆的。汤姆逊效应解决的问题是一根线而不是连接结的类似热交换,当一根线沿其长度方向具有温度梯度时,就会形成汤姆逊电动势。

珀耳帖系数(单位为 V)定义为热吸收与电流之比,等于赛贝克系数乘以绝对温度,称为第一开尔文(Kelvin)关系式:

$$\prod = \alpha_s T \tag{5.4}$$

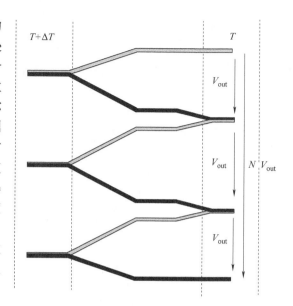

图 5.2 三热电偶温差电堆的示意图

普通的珀耳帖系数值为 100~300mV,对于使用加热电压,例如 1~3V,这就足够了。在这类情况中,生成(不可逆)的焦耳热的 10% 珀耳帖热流将从一个接触点流向另一个接触点。

许多文章和资料对赛贝克系数都有大量的理论表述。波洛克(Pollock)[3]认为,如果不考虑热力学理论,一般来说不同材料的连接结位置不会产生赛贝克效应,不会直接受到汤姆逊或者珀耳帖效应的影响。阿希克夫(Ashcroft)和梅尔曼(Mermin)认为,赛贝克效应是平均电子速度的结果[4],这种假设最终涉及电化学势 $\Phi(T)$ 相对于温度的梯度,因此,热电偶的输出电压可以表示为[5]

$$\Delta V = \left[\frac{\mathrm{d}\Phi_a(T)}{\mathrm{d}T} - \frac{\mathrm{d}\Phi_b(T)}{\mathrm{d}T}\right]\Delta T \tag{5.5}$$

范·荷瓦尔登(Van Herwaarden)对非本征非退化半导体绝对赛贝克效应给出了更具描述性的解释[6],确定了对赛贝克效应的两种有效贡献:

- 费米-狄拉克分布变化造成的温度梯度;
- 带缘(bond edge)绝对值的变化是由于净扩散电流与光子牵引电流感应而产生电场的结果。

重掺杂硅($>10^9\mathrm{cm}^{-3}$)在室温下的一种简化表达式为[7]

对于 n 类硅

$$\alpha_n = -\frac{k}{q}\left(\ln\frac{N_c}{N_d} + 4\right) \tag{5.6}$$

对于 p 类硅

$$\alpha_p = \frac{k}{q}\left(\ln\frac{N_v}{N_a^{+4}}\right) \tag{5.7}$$

式中,N_c 和 N_v 分别为导带和价带的态密度;N_d 为 n 类硅的施主浓度;N_a 为 p 类硅受主浓度。p 类硅的 α_s 是正号的,n 类硅是负号的。在格拉夫(Graf)及其同事的文章[8](即本章参考文献）中可以阅读到有关半导体赛贝克效应的进一步讨论。

在此讨论的赛贝克效应适用于整块材料，对薄膜结构，可能有其它因素，例如粒度和晶界的影响，萨尔瓦多里（Salvadori）等人已经讨论过很薄薄膜结构中的影响[9]。

表 5.1 列出了一些热电材料的参数[8,10]。铋/锑（Bi/Sb）是传统热电偶最经典的材料对，并且，不仅是源自历史的观点[11]。在所有金属热电偶中，铋/锑（Bi/Sb）有最高的赛贝克系数和最低的热导率。尽管金属热电偶具有悠久传统，而使用半导体材料，例如硅（单晶（crystalline），多晶（poly crystalline）作为热电材料，有可能采用标准的集成电路工艺，所以，会有一些新的优势。半导体材料的赛贝克系数取决于其费米级相对于温度的变化，因此，对于半导体温差电堆，改变掺杂类型和剂量可以调整赛贝克系数和电阻率的大小和符号。

表 5.1 部分热电材料在近室温下的参数

样品	$\alpha_a/(\mu V/K)$	参比电极	$\rho/(\mu\Omega\, m)$	$G_{th}/(W/mK)$
p-Si	100 ~ 1000		10 ~ 500	150
p-poly①-Si	100 ~ 500		10 ~ 1000	20 ~ 30
p-Ge	420	Pt		
Sb	48.9	Pt	18.5	0.39
Cr	21.8			
Fe	15		0.086	72.4
Ca	10.3			
Mo	5.6			
Au	1.94		0.023	314
Cu	1.83		0.0172	398
In	1.68			
Ag	1.51		0.016	418
W	0.9			
Pb	-1.0			
Al	-1.66		0.028	238
Pt	-5.28		0.0981	71
Pd	-10.7			
K	-13.7			
Co	-13.3	Pt	0.0557	69
Ni	-19.5		0.0614	60.5
康铜（Constantan）	-37.25	Pt		
Bi	-73.4	Pt	1.1	8.1
n-Si	-450	Pt	10 ~ 500	约 150
n-poly-Si	-100 ~ -500		10 ~ 1000	约 20 ~ 30
n-Ge	-548	Pt		

① poly 指多晶。

（资料源自：Graf. A, Arndt, M., Sauer, M., and Gerlach, G., Measurement Science Technology, 18, R59-R75, 2007 and Schieferdecker, J., Quad, R., Holzenkampfer, E., and Schulze, M., Sensors and Actuators A, 46 - 47, 422 - 27, 1995）

从实际设计硅传感器的目的出发，将赛贝克系数近似表示为电阻率的函数是非常方便的[12]：

$$\alpha_s = \frac{mk}{q}\ln\left(\frac{\rho}{\rho_0}\right) \quad (5.8)$$

式中，$\rho_0 \cong 5\times 10^{-6}\Omega$ m，$m\cong 2.6$ 为常数。当低电阻率与高赛贝克系数之间达到最佳折中时，硅的赛贝克系数值是 $500\sim 700\mu V/K$。式(5.8)表明，半导体的赛贝克系数随电阻率的增大而增大，因而是随掺杂剂量的减小而增大。然而，赛贝克系数仅仅是影响其总体性能的参数之一，所以，对于具体的红外探测器，使用非常低电阻率的温差电堆材料不一定是最佳选择。

对于各种面微机械器件，多晶硅已经迅速成为最重要材料。多晶硅在该领域的普及是其良好的机械性质、比较成熟的镀膜和处理技术直接造成的结果。这些性质以及利用成熟集成电路(IC)加工技术的能力使其成为一种很自然的选择。

多晶硅赛贝克系数的测量值如图5.3所示[13]。p类和n类多晶硅的赛贝克系数几乎相同，但符号相反。该系数完全取决于其杂质浓度，使用的杂质浓度介于 10^{19} 与 $10^{20}\mathrm{cm}^{-3}$ 之间。

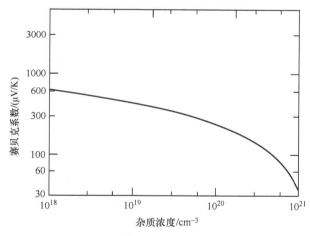

图5.3 多晶硅的赛贝克系数

(资料源自：Kanno, T., Saga, M., Matsumoto, S., Uchida, M., Tsukamoto, N., Tanaka, A., Itoh, s., et al., "Uncooled Infrared Focal Plane Array Having 128×128 Thermopile Detector Elements," Proceedings of SPIE 2269, 450-59, 1994)

5.2 品质因数

下面讨论将按照本书第3章中使用的方法。考虑式(3.7)和式(5.1)，注意到，$K = \alpha_s$。

根据式(3.9)电压响应度为

$$R_v = \frac{\alpha R_{th}\varepsilon}{(1+\omega^2\tau_{th}^2)^{\frac{1}{2}}} \quad (5.9)$$

很低频率下，$\omega^2\tau_{th}^2 \ll 1$，因此

$$R_v = \frac{\alpha\varepsilon}{G_{th}} \quad (5.10)$$

通常，在 0.1~1000Hz 频率范围内，热电偶电阻 R 的热噪声决定其方均根噪声电压。根据式(3.22)有

$$D^* = \frac{\alpha_s \varepsilon A_d^{\frac{1}{2}}}{G_{th}(4kTR)^{\frac{1}{2}}} \quad (5.11)$$

如果 N 个热电偶相串联，则响应度增大 N 倍，即

$$R_v = \frac{N\alpha\varepsilon}{G_{th}(1+\omega^2\tau_{th}^2)^{\frac{1}{2}}} \quad (5.12)$$

对于主要热噪声源的温差电堆，探测率表示为

$$D^* = \frac{\alpha_s \varepsilon (NA_d)^{\frac{1}{2}}}{G_{th}(4kTR_e)^{\frac{1}{2}}} \quad (5.13)$$

式中，R_e 为温差电堆中每个热电偶的电阻。

为了得到一个有效的器件，连接结的热电容 C_{th} 要最小，吸收系数达到最佳值，以使响应尽可能短(参考式(3.5))，将传感器进行黑化处理常常可以达到此目的。经过精心设计，有希望使热电偶有效率高达 99%，对可见光到 40μm 光谱范围会有一个均匀的光谱响应。对黑体吸收器的详细讨论，请参考布莱文(Blevin)和盖斯特(Geist)的文章(即本章参考文献[14])，光谱响应取决于封装窗口的材料。

应当使用具有下列性质的两种材料制造连接结：
- 大的赛贝克系数 α_s；
- 低的热导率 G_{th}(使热冷结间的热交换最小)；
- 低的体电阻率(降低电流产生的噪声和热量)。

请注意，一个器件按照比例缩小某一百分比，其表面面积仅按其二次方根倍数减小(见式(5.11))，所以，温差电堆小型化是提高总探测率的正确途径。

遗憾的是，按照威德曼-弗兰茨(Wiedemann-Franz)定律[15]，热导率 G_{th} 与电阻率 ρ 有下面关系，上述要求是不能兼容的：

$$\frac{G_{th}\rho}{T} = L \quad (5.14)$$

式中，L 为洛仑兹(Lorentz)数，对于多数材料，尤其金属材料，几乎是常数，但是，很低的温度环境是个例外。很自然导出众所周知的热电材料品质因数的判断准则，其最大值为[16]

$$Z = \frac{\alpha_s^2}{\rho G_{th}} \quad (5.15)$$

在此需要特别提醒的是，应根据传输至最佳负载电阻中的输出功率定义热电品质因数，而不是根据响应度定义式(5.9)中直接定义的开路电压。

大量的论文和著作都详细讨论过热电材料的判断准则。约费(Ioffe)的研究[17]是以载流子浓度的影响为基础，而没有考虑有效质量或迁移率的变化因素。艾格里(Egli)[18]、卡多夫(Cadoff)和米勒(miller)[16]以及最近发表的许多论文[19-22]都对该内容进行了回顾和总结。

式(5.11)表明，应当选择低电阻材料制造热电偶，然而，较低的 ρ 值会有较低的赛贝克系数，所以，需要以品质因数为基础全盘考虑所有参数以确定最佳点。图 5.4 给出了对金属、半导体和绝缘体热电性质的直观解读。当单晶硅和多晶硅的掺杂质约为 10^{19}cm^{-3} 时，半

导体的品质因数达到最佳值。50 多年前,约费预估给出了类似结论[17]。

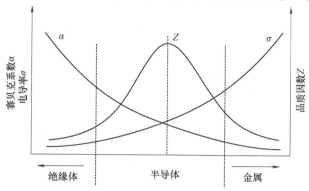

图 5.4 金属、半导体和绝缘体的热电性质

(资料源自:Voelklein, F., Sensors and Materials, 8, 389-408, 1966)

应当注意,为了得到高输出电压而增加热电偶数目时,也同时增大了冷热结之间的热传导、串联电阻和热噪声,这意味着,应当特别小心优化温差电堆热电偶的数目。增加热电偶数目不一定能提高其性能。

式(5.15)适合于单热电偶材料。对于由两种不同材料 a 和 b 构成的热电偶,品质因数定义如下[16]:

$$Z = \frac{(\alpha_a - \alpha_b)^2}{(\sqrt{\rho_a G_a} + \sqrt{\rho_b G_b})^2} \tag{5.16}$$

式中,ρ_a 和 ρ_b 为材料的电阻率;G_a 和 G_b 为材料的热导率。

总的热导率 G_{th} 包含吸收体和散热片之间所有热导率的贡献量(包括周围气体的热导率 G_g,支架和热电导体的热导率 G_s 和辐射热损失 G_R):

$$G_{th} = G_g + G_s + G_R + N(G_a + G_b) \tag{5.17}$$

所选热电材料对的 Z 值见表 5.2[23]。

表 5.2 室温下热电结对的 Z 值

结对	Z/K^{-1}
镍/康铜	1.0×10^{-4}
铝/n-多晶硅 Al/n-poly-Si 或者 p-多晶硅(p-poly-Si)	1.1×10^{-5}
n-多晶硅/p-多晶硅(n-poly-Si/p-poly-Si)	1.4×10^{-5}
Bi/Sb(铋/锑)	1.8×10^{-4}
$Bi_{0.87}Sb_{0.13}$/Sb	7×10^{-4}
n-碲化铅/p-碲化铅(n-PbTe/p-PbTe)	1.3×10^{-3}
n-Bi_2Te_3/p-Bi_2Te_3	2×10^{-3}

(资料源自:Kruse, P. W., Uncooled Thermal Imaging. Arrays, Systems, and Applications, SPIE Press, Bellingham, WA, 2001。)

5.3 热电材料

第一个温差电堆用细金属丝制成,采用最受欢迎的组合结构:铋/银、铜/康铜和铋/铋

—锡合金[24],两根线相连接形成热电结,一个涂黑的接收器与结直接相接。通常,一块薄金箔就是接收器,确定着灵敏面积。

半导体材料的成功研发生产出了具有更大赛贝克系数的材料,因而,有希望制造具有高灵敏度的温差电堆。然而,生产细的半导体丝是不实际的。为此,开发了一种新技术,以金箔接收器用作两种有限元件间的连接结构。舒瓦茨(Schwartz)建议该结构的正电极使用合金——33% Te、32% Ag、27% Cu、7% Se、1% S,负极材料使用合金——50% Ag_2Se、50% Ag_2S[15]。如果将这些安装在一个充满低热导率气体的真空中,例如氙气,其响应度会提高大约一个数量级。通常,这些器件的响应时间约 30min,镀膜厚度减小时,响应时间也随之减小。然而,由于器件的电阻增大,约翰逊噪声也会增大。

尽管旧式金属温差电堆的灵敏度远比使用半导体元器件的温差电堆低,但比较坚固和稳定,因此,仍然应用在要求高可靠性和长期稳定性的领域中,已经成功应用在许多空间仪器、地面气象仪器和工业辐射高温计中[25,26]。

一般来说,利用真空镀膜法(铋和锑)和模板技术可以将热电偶材料镀在薄塑料或铝基板上[15,24]。这种方法能够制造出相对较大的结构,但该结构较少使用在高度发达的硅集成电路批量制造和灵活处理的设备中。为了从这项技术中获益,温差电堆的确使用了硅材料,但仅作为辅助结构[27,28]。

表 5.1 列出了所选热电材料的参数。良好的导电体(如金、铜和银)有很差的温差电动势率,高电阻率的金属(尤其是铋和锑)具有高温差电动势率和低热导率,从而成为"经典"的热电材料。将这些材料与硒(Se)或碲(Te)掺杂组合,则温差电系数可以提高到 $230\mu V/K$[11]。通过组合 Bi-Te 和 Bi-Sb-Te 热电材料,福特(Fote)及其同事们已经将温差电堆线阵列的性能提高了许多[29,30]。与大部分热电材料相比,这些材料的 D^* 值最高(见图 5.5),然而,Bi-Sb-Te 材料并不适用于 CMOS 技术。

早在 20 世纪 50 年代,硅材料具有较高的赛贝克系数为人们所熟知,被视为很有希望的温差器件材料[31,32]。然而,由于产生有意义的输出需要大量的耦合器,从而使得器件特别大,所以,将硅应用到温差电堆装置中的早期设想

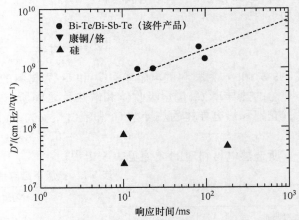

图 5.5 代表性数据源自一些公开发表的文章,值是薄膜温差电堆线阵列响应时间的函数(虚线代表 Fote 和 Jones 的结果。其倾斜表示正比于响应时间的二次方根,对于具有不同的几何形状和相同材料系的温差电堆或测辐射热计,是很典型的情况。)

(资料源自:Fote, M. C., and Jones, E. W., "High Performance Micromachined Thermopile Linear Array," Proceedings of SPIE 3379, 192 - 97, 1998)

最终没有获得成功。硅是一种非常好的热导体,并且,硅基板由于热短路会对灵敏性造成不利影响。事实证明,利用批量制造和微机械制造工艺中的平面处理技术[27]去除掉这层硅是非常有益的。

最近 20 年,集成硅温差电堆的研发有了很大进展。利用微制造技术非常有利于解决微

型化的实际问题,在一些文章中,不同程度地成功公布了利用微机械制造技术加工出温差电堆的实例。早期仅致力于将硅材料作为基板使用,利用金属薄膜作为热电材料。例如,La-hiji 和 Wise 制造了一个温差电堆,将 Bi/Sb 对镀在硅薄膜上,并用一层化学镀采用(CVD)氧化物膜作为绝缘层[28]。后来的设计将硅糅合在有效的温差电堆连接结内。与硅的赛贝克系数相比,通常在集成电路芯片上使用的铝互连材料的影响可以忽略不计。

温差电堆制造过程中使用半导体材料的优点如下:
- 与金属相比,半导体可以有相当高的赛贝克系数;
- 半导体微机械加工技术可以使器件有相当高的微型化程度,从而有效降低其热容量;
- 高性能温差电堆的生产与标准 IC 工艺,如 CMOS 相兼容。

近几年微传感器的迅速发展主要源自微机械制造技术的应用。微加工工艺是利用光刻术和选择性刻蚀术相结合的组合技术制造亚微米精度微型鲁棒结构的制造工艺,许多材料适用该工艺。但是,由于许多微制造技术都类似硅处理工艺,所以,特别希望采用硅材料加工方法。硅还可以使电子的掺入完整地与微结构连接。最广泛使用的方法是 n-多晶硅/铝温差电堆。虽然铝有很低的赛贝克系数,但可利用已经成熟的 CMOS 工艺,因此,这种方法得到广泛应用。极具吸引力的一种方法是 p-多晶硅/n-多晶硅法,使其可以有非常高的赛贝克系数。一些资料,如里斯蒂克的专著即本章参考文献【33】,讨论过体微制造技术和表面微制造技术。对于利用表面微制造技术加工的各种器件,多晶硅已经迅速成为最重要的材料。多晶硅在该领域颇受欢迎主要是由于其机械性质,以及比较成熟的镀膜和处理技术。这些特性以及成熟的集成电路处理技术使硅材料成为自然的选择。

表 5.3 列出了利用不同微机械制造技术加工的 CMOS 温差电堆的代表性参数[8]。应当注意的是,已经公布的另外一些材料表中未包括。德赫(Dehe)等人[34]推荐了一种 AlGaAs/GaAs 温差电堆,其中,由于砷化镓(GaAs)具有 $470 cm^2/(V \cdot s)$ 较高的电荷载流子迁移率(为了便于比较,给出多晶硅载流子迁移率为 $24 cm^2/(V \cdot s)$),所以,具有 $-670 \mu V/K$ 的高赛贝克系数,然而,高热导率使砷化镓铝温差电堆不能应用于普通情况之中。利用微机械加工技术研制成功的 InGaAs/InP 温差电堆传感器还提出另一种概念[35],这种材料系的一个重要特性是具有高热电阻率($0.09 K \cdot m/W$)和高载流子迁移率,对 p 类 InGaAs,具有 $790 \mu V/K$ 的高赛贝克系数;若是 n 类 InGaAs,赛贝克系数是 $-450 \mu V/K$。

表 5.3 不同微结构温差电堆的特性

种类	面积 /mm²	D^* /(10^7J)	R /($\mu V/K$)	材料系	τ /ms	α_t /($\mu V/K$)	耦合数目	大气情况	数据
CB	0.013	0.68	10	Al/(铝/多晶硅)		58	20		Sim
CB	0.77	1.5	25	Al/(铝/多晶硅)		58	200		Sim
CB	15.2	5		p-Si/Al	300	700	44	空气	Meas
MB	15.2	10	>10	p-Si/Al		700	44	真空	Meas
MB	0.12	1.7	12	Al/poly	10	-63	4×10		Meas

（续）

种类	面积 /mm²	D^* /(10^7J)	R /(μV/K)	材料系	τ /ms	α_t /(μV/K)	耦合数目	大气情况	数据
MB	0.3	2	44	n,p poly	18	200	4×12		Meas
MB	0.15	2.4	72	n,p poly	10	200	4×12		Meas
MB	0.15	2.4	150	n,p poly	22	200	4×12	氪气	Meas
MB	0.12	1.74	12	Al/poly AMS①	10	65	10	空气	Meas
MB	0.12	1.78	28	Al/poly AMS	20	65	2×24	空气	Meas
MB	0.42	4.4	11	InGaAs/InP				空气	Meas
M	0.42	71	184	InGaAs/InP				真空	Meas
M	4	6	6	Bi/Sb	15	100	60		Meas
M	4	3.5	7	n-poly/Au	15		60		Sim
M	4	4.8	9.6	p-poly/Au	15		60		Sim
M	0.25	9.3	48	p-poly/Al	20		40		
M	3.28	13	12	p-poly/Al	50		68		
M	0.2	55	180	Bi/Sb	19	100	72	空气	Meas
M	0.2	88	290	Bi/Sb	35	100	72	氪气	Meas
M	0.2	52	340	$Bi_{0.50}Sb_{0.15}$ $Te_{0.35}/Bi_{0.87}Sb_{0.13}$	25	330	72	空气	Meas
C	0.2	77	500	$Bi_{0.50}Sb_{0.15}$ $Te_{0.35}/Bi_{0.87}Sb_{0.13}$	44	330	72	氪气	Meas
C	9	26	14.8	Bi/Sb	100		72	空气	Meas
C	0.785	29	23.5	Bi/Sb	32		15	空气	Meas
C	0.06	25	194	Si	12		20	空气	Meas
C	0.37	5.6	36	CMOS	<6				Meas
C	1.44	8.7	27	CMOS	<6				Meas
C	0.37	5.6	36	CMOS	<6				Meas
C	1.44	4.6	12	CMOS	30				Meas
C	0.2	45	200		20		72	氪气	Meas
C	1.44	35	100		30		200	氪气	Meas
C	0.49	21	110	BiSb/NiCr	40		100		Meas
C	0.49	6	35	CMOS	25				Meas
C	1.44	8	20	CMOS	35				Meas
C	0.6	24	80	CMOS	<40			真空	Meas

① 奥地利微系统（Austria Mikro System）公司。——译者注

注：CB：Cantilever Beam thermopile，悬臂梁温差电堆；MB：Micro-Bridge thermopile，微桥温差电堆；M：Membrane thermopile，薄膜温差电堆；C：Commercial thermopile，市场上可以买到的温差电堆；Sim：Simulated data，模拟数据；Meas：Measured data，实测数据。

（资料源自：Graft, A., Amdit, M., Sauer, M., and Gerlach, G., Measurement Science Technology 18, R59 – R75, 2007）

5.4 利用微机械技术制造温差电堆

改进型 CMOS 表面或者体微机械加工工艺，可以很容易地以几种结构形式将温差电堆红外探测器集成在标准 CMOS 芯片上。最近几年，产能的增加是由于成本-效益与性能之间有一个非常好的折中。巴尔特（Baltes）等人对利用 CMOS 技术制造的温差电堆的兼容性进行了系统评估，包括温差电堆吸收体的材料问题。

图 5.6a 所示为现代温差电堆结构的示意图[8]，该电堆由微结构绝缘膜层支撑的串联热电偶组成。从技术和经济的观点来说，CMOS 温差电堆是当今普通的工业器件，由 Al/Si 热电偶组成。位于一片薄膜上的温差电堆的热结覆盖着一层吸收层。相比之下，冷结位于基板缘上，相当于散热片的作用。通常，一片非常薄的（几微米厚）硅膜或包含有温差电堆的悬臂梁构成冷热区间的连线（见图 5.6b）。一般地，在环境温度下，热区产生的热通过硅膜（或悬臂梁）传输到冷区，由薄膜（或悬臂梁）的热电阻率形成温度差。

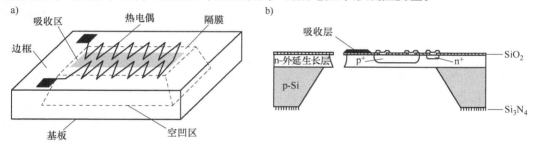

图 5.6 微型温差电堆
a）一般示意图 b）截面示意图

5.4.1 设计优化

由于复杂的器件结构及三维热流效应对器件性能的影响，使微温差电堆的精确分析变得复杂。例如，为了使一个位于薄膜上的温差电堆具有极值的探测率，必须满足两个条件[23]，第一为

$$\frac{A_a}{A_b} = \left(\frac{G_{tha}\rho_a}{G_{thb}\rho_b}\right)^{\frac{1}{2}} \tag{5.18}$$

式中，A_a 为涂镀在连接薄膜与基板的支架上材料 a 的横截面积；A_b 为材料 b 的对应横截面积；G_{tha} 和 G_{thb} 分别是材料 a 和 b 的热导率。

第二个条件为

$$N(G_{tha}A_a + G_{thb}A_b) = 2G_{thm}t\omega \tag{5.19}$$

式中，G_{thm} 为薄膜材料的热导率；t 和 ω 为连接支架的厚度和宽度。假设有两根同样的连接支架。式（5.19）表明，通过热电连线传导给基板的热量等于通过薄膜材料传导的热量。

满足上述条件，能够达到的比探测率极值为[23]

$$D^* = \frac{Z^{\frac{1}{2}}\tau_{th}^{\frac{1}{2}}\beta\kappa}{2^{\frac{3}{2}}(C_m t + C_{abs})^{\frac{1}{2}}(kT)^{\frac{1}{2}}} \tag{5.20}$$

式中,C_m 为薄膜材料的单位体积热容量;C_{abs} 为吸收材料单位表面面积的热容量;β 为探测器的填充因数;κ 为光学吸收系数,定义为入射至灵敏区并被该区域吸收的那部分辐射功率,其值一般小于 1。

最佳结构布局的热响应时间为

$$\tau_{th} = \frac{(C_m t + C_{abs})Al}{4G_{thm}t\omega} \tag{5.21}$$

式中,l 为连接支架的长度。

式 (5.20) 表明,温差电堆优化关注的是通过选择热电材料以及通过结构设计进行优化,实际上,单片阵列制造过程中硅兼容性的技术工艺大大限制了这些选择。

5.4.2 温差电堆的结构布局

一般认为,发表的文章中涉及两种温差电堆结构布局[8]:单层膜和多层膜结构[11,39]。

最通用的结构是单层膜温差电堆,利用常规的平板印制技术在一个平面内涂镀出两条热电偶导线。由于单层结构较平,所以,较简单,加工处理过程较快,并能提供良好的隔热效果。图 5.7 给出了这种结构的例子[40],它是在 n 类外延层内含有 p 类硅带或者用铝带连接。该器件含有一根 10μm 厚的悬臂梁,其中一半覆盖有吸收层,另一半是有 44 根带的温差电堆,成功完成浅层 p-类和 n-类扩散:在 n-类扩散中,电化学可控蚀刻工序形成了 n^+ 区,与外延层建立了良好接触。优化这些带中的掺杂比例,使赛贝克系数较高 (700μV/K)。晶片背侧生长出一层 75nm⊖ 的低压化学气相沉积氮化硅 (LPCVD⊖ Si_3N_4) 薄膜。接着,采用两步蚀刻工艺:第一步,利用电化学可控蚀刻工艺使外延层/基板连接结处停止蚀刻,并形成薄膜;第二步,应用 $CF_4 + 6\% O_2$ 的反应离子蚀刻工艺形成悬臂梁结构,最后,在每根梁的吸收区镀一层吸收材料,最终结构如图 5.6b 所示。该探测器在空气中的响应度约为 6V/K,利用 500K 黑体源测量其空气中的探测率约为 $5 \times 10^7 cmHz^{1/2}W^{-1}$。

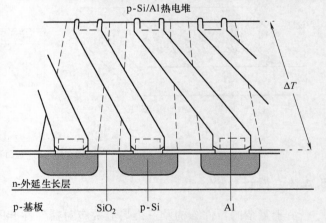

图 5.7 集成 p-Si/Al 温差电堆示意图
(资料源自:Sarro, P. M., and van Herwaarden, A. W., Proceedings of SPIE, 807, 113-18, 1987)

对多层膜结构,一根热电偶导线位于被绝缘层(如光致抗蚀剂)隔开的另一根导线上。

通过仅仅在第一层图形转印热电薄膜的热端和冷端去除掉绝缘层,形成一个小的接触窗口[11]。然而,设计一个多层温差电堆需要在较高的集成密度、较高的内电阻和较低的热电阻之间仔细平衡(后面两种影响是由于多层温差电堆较厚的膜层堆积所致)。

⊖ 原文采用非国际标准单位 Å,本书均进行了更正。——译者注
⊖ LPCVD: Low Pressure Chemical Vapor Deposition,低压化学气相沉积。

5.4.3 微温差电堆技术

按照微机械制造技术的观点,可以将温差电堆分为体微机械制造器件和体-面微机械制造器件[36]。通过对硅基板进行精密的微机械加工形成第一类结构-从背侧去除薄膜下整块硅而完成薄膜蚀刻工艺。与其相比,面-体微机械制造温差电堆的微加工工艺是从前侧,通过涂镀薄膜堆层中的窗口完成的,只去除一部分硅基板,在薄膜下形成腔体。

利用体微机械制造技术加工温差电堆的工艺如图 5.8 所示。阿里森(Allison)及其同事对该工艺进行了全面阐述[41]。一条 p-类和 n-类硅带加工在另一条被隔开的 n-类和 p-类单晶晶片上,并被电串连接在一起,形成 p/n 耦合结,如图 5.8c 所示。利用有机粘合剂、玻璃质或高温粘结(high temperature bounding)将具有凹凸槽结构的基本 n-类和 p-类元件连接在一起,通常,是利用各向异性 KOH 蚀刻技术加工这种配对槽。在(111)晶体平面位置终止蚀刻工艺,提供一个平面配对连接面。在晶片连接之前,在沟槽表面生长一层电绝热二氧化硅氧化物薄膜,最后,利用电子束蒸镀铝膜的剥离成形工艺完成串联。在该方法中,制造出的温差电堆是热电偶的线阵形式,芯片尺寸 $0.5cm \times 3.5cm$,厚度约为 $100\mu m$。

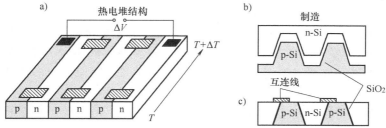

图 5.8 利用体微机械制造技术加工出的硅温差电堆
a)温差电堆设计图 b)利用 KOH 蚀刻技术在 n-类和 p-类 Si 中形成连接面
(沟槽)的加工顺序 c)最终的器件结构(退火、切割和封装)

尽管利用体微机械制造技术加工温差电堆工艺简单,但这类器件的特点是冷热结之间具有高热导率,并可以知道是什么因素导致性能下降。为了提高绝热性,已经研发出不同独立形式的微机械加工结构,一种是图 5.9 所示的封闭式微结构,使热与冷接触点隔离。在蚀刻薄膜周围设计一块厚缘晶片就可以形成含有冷结的冷区。厚边缘起着散热片以及支撑蚀刻结构和机械保护的双重作用[42]。

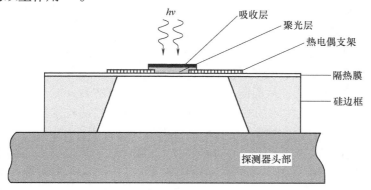

图 5.9 体微机械制造技术制造出的温差电堆横截面图

拉伊基（Lahiji）和怀斯（wise）[28]，以及埃尔贝尔（Elbel）[37]已经公开了封闭薄膜微机械的制造工艺。为了研发单片 Bi/Sb 探测器的制造工艺，Lahiji 和 Wise 开始使用（100）排列的 Si 晶片[28]。该工艺从晶片的热氧化开始，直到热氧化层厚度约为 $0.8\mu m$；接着，将所希望的图形确定在晶片的正、反面上。此后，将薄膜区上面的浅层硼扩散层作为各向异性蚀刻工艺的蚀刻停止层（etch stop）。由于该层具有高电导率，接着将一层薄绝缘层（dielectric layer）镀在正面，以与温差电堆相隔离。在加工了一层非常薄的热氧化层之后，化学气相沉积一层氧化硅和氮化硅薄膜能够得到最好结果。最后，利用常规的平板印制技术完成对热电偶材料和金属化连接的沉积和图形转印工艺。

埃尔贝尔（Elbel）介绍了当今广泛使用的一种更简单的制造工艺[37]：第一步，在（100）Si 晶片正面镀上具有最合适应力的 $Si_3N_4/SiO_2/Si_3N_4$ CVD 薄膜堆；镀一层 Si_3N_4 膜用作晶片反面蚀刻工艺的图形转印掩模；根据正面绝缘层堆蚀刻停止底层来确定薄膜厚度。与体微机械制造工艺加工的 Si 相比（140W/mK），采用上述工艺，可以得到具有低热导率（2.4W/mK）的 $1\mu m$ 厚的薄膜。

利用悬臂梁薄膜减少薄膜与硅边缘间的接触可以进一步增大热电阻率，虽然能够大大提高器件的灵敏度，但遗憾的是机械稳定性却随之下降。薄层热电阻乘以梁的长宽比（l/w）可以确定梁的热电阻率。与圆形薄膜相比，悬臂热电偶的长宽比是其 5 倍，因此，热电阻提高 10 倍[8]。此外，在没有减少热电阻率的情况下，悬臂热电偶增大了吸收面积，所以，响应度比圆形薄膜提高了许多。需要说明的是，考虑到时间常数增大和机械结构性能变得更脆，所以，总的性能是下降的。

通常，采用各向异性蚀刻工艺制造悬臂梁微温差电堆，包括两个步骤[43,44]：第一，为了在外延层/基板结处停止蚀刻，采用电化学可控蚀刻技术从反面（后表面）整体去除薄膜下的硅材料；第二，利用等离子体蚀刻技术处理晶片的正面（前表面），在三个表面上形成薄膜。图 5.10 给出了采用体微机械制造硅技术在 n^+-多晶硅/Al 温差电堆上加工像素结构的例子[45]。

面-体微机械制造技术是体微机械和面微机械制造技术的一种组合[46]。若通过蚀刻去除功能层下面的牺牲层而使表面沉积的薄膜（应力）得到释放，便使用面微机械制造方法。然而，与常规的面微机械制造技术加工的器件相比，该方法是通过表面薄层中一个小的开孔去除整块硅，从而降低了生产工艺的复杂性。从技术的观点，利用面-体微机械制造技术加工出的、具有封闭薄膜和盖帽式晶片的 CMOS 温差电堆具有目前最好的器件结构[8]。

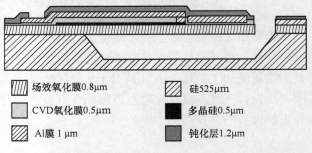

图 5.10 利用体微机械制造工艺、适合于温差电堆探测器的 CMOS 工艺结构（温差电堆由 n^+-多晶硅/Al 组成）

（资料源自：Lenggenhager, R., Baltes, H., Peer, J., and Forster, M., IEEE Electron Devices 13, 454–56, 1992）

利用面—体微机械制造技术加工出的封闭式 CMOS 温差电堆的例子如图 5.11 所示。在制造博世（Bosch）温差电堆第一道工序（见图 5.11a）中，有多层氧化物和外延层在基板表面形成薄膜和热电偶，采用各向异性蚀刻技术穿透表面层到基板，并通过这些蚀刻窗口去除表面下的基板，在最后工序，将温差电堆密封。这种封闭薄膜式温差电堆的机械性能比悬臂薄膜式的更稳固。

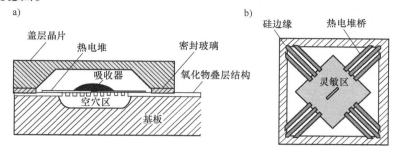

图 5.11　利用面—体微机械制造技术加工的温差电堆探测器
a) 博世 (Bosch) 温差电堆芯片　b) 桥式温差电堆结构

(资料源自: Graf, A., Arndt, M., Sauer, M., and Gerlach, G., Measurment Science Technology 18, R59 - R75, 2007)

为了提高机械稳定性, 已经提出不同类型的桥式结构, 如图 5.11b 所示的一种 4 桥结构式传感器结构, 其吸收器件位于薄膜中心[47]。

为了获得高灵敏度, 探测器的吸收效率一定要高, 而吸收层的热损耗一定要低。一般来说, 吸收器件可以分为三种: 金属膜、多孔金属 (Porous Metal, PM) 黑体和多层薄膜堆。

用窄光谱带宽表示金属膜特性, 并且, 吸收完全取决于薄膜厚度。已有报道, $17\mu m$ 厚的金膜层具有 50% 的最大吸收率[48]。利用电镀 (如铂) 和蒸镀 (如黄金) 技术涂镀多孔金属黑体。增强吸收的另一种方法是利用干涉现象, 在探测器内形成一个谐振腔。这种吸收器在 $8 \sim 14\mu m$ 波长范围内可以吸收 90% 的辐射。关于吸收器的更多资料, 请阅读本章参考文献【48-51】。

参 考 文 献

1. J. T. Seebeck," Magnetische Polarisation der Metalle und Erze durch Temperatur-Differenz," *Abhandlung der deutschen Akademie der Wissenschaften zu Berlin*, 265 – 373, 1822.
2. M. Melloni," Ueber den Durchgang der Wärmestrahlen durch verschiedene Körper," *Annals of Physics* 28, 371 – 78, 1833.
3. D. D. Pollock," Thermoelectric phenomena," in *CRC Handbook of Thermoelectrics*, ed. D. M. Rowe, 7 – 17, CRC Press, Boca Raton, FL, 1995.
4. N. W. Ashcroft and N. D. Mermin, *Solid State Physics*, Saunders College, Philadelphia, PA, 1976.
5. S. M. Sze, *Semiconductor Devices*, Wiley, New York, 2002.
6. A. W. van Herwaarden," TheSeebeck Effect in Silicon ICs," *Sensors Actuators* 6, 245 – 54, 1984.
7. J. H. Kiely, D. V. morgan, and D. M. Rowe," The Design and Fabrication of a Miniature Thermoelectric Generator Using MOS Process Techniques," *Meaurement Science and Technology* 5, 182 – 89, 1994.
8. A. Graf, M. Arndt, M. Sauer, and G. Gerlach," Review of Micromachined Thermopiles for Infrared Detection," *Measurement Science Technology* 18, R59 – R75, 2007.
9. M. C. Salvadori, A. R. Vaz, F. S. Teixeira, M. Cattani, and I. G. Brown," Thermoelectric Effect in Very Thin Film Pt/Au Thermocouples," *Applied Physics Letters* 88, 133106, 2006.
10. J. Schieferdecker, R. Quad, E. Holzenkämpfer, and M. Schulze," Infrared Thermopile Sensors with High Sensitivity and Very Low Temperature Coefficient," *Sensors and Actuators A* 46 – 47, 422 – 27, 1995.

11. F. Völklein, A. Wiegand, and V. Baier," High-Sensitive Radiation Thermopiles Made of Bi-Sb-Te Films," *Sensors and Actuators* 29, 87 – 91, 1991.
12. A. W. van Herwaarden and P. M. Sarro," Thermal Sensors Based on the Seebeck Effect," *Sensors and Actuators* 10, 321 – 46, 1986.
13. T. Kanno, M. Saga, S. Matsumoto, M. Uchida, N. Tsukamoto, A. Tanaka, S. Itoh, et al. ," Uncooled Infrared Focal Plane Array Having 128 × 128 Thermopile Detector Elements," *Proceedings of SPIE* 2269, 450 – 59, 1994.
14. W. R. Blevin and J. Geist, " Influence of Black Coatings on Pyroelectric Detectors," *Applied Optics* 13, 1171 – 78, 1974.
15. A. Smith, F. E. Jones, and R. P. Chasmar, *The Detection and Measurement of Infrared Radiation*, Clarendon, Oxford, 1968.
16. I. B. Cadoff and E. Miller, *Thermoelectric Materials and Devices*, Reinhold, New York, 1960.
17. A. F. Ioffe, *Semiconductor Thermoelements and Thermoelectric Cooling*, Infosearch Ltd. , London, 1957.
18. P. H. Egli, *Thermoelectricity*, Wiley, New York, 1958.
19. H. J. Goldsmid, " Conversion Efficiency and Figure – of – Merit," in *CRC Handbook of Thermoelectrics*, ed. D. M. Rowe, 19 – 26, CRC Press, Boca Raton, FL, 1995.
20. F. Voelklein, " Review of the Thermoelectric Efficiency of Bulk and Thin – Film Materials," *Sensors and Materials* 8, 389 – 408, 1996.
21. D. M. Rowe, G. Min, V. Kuznietsov, and A. Kaliazin, " Effect of a Limit to the Figure – of – Merit on Thermoelectric Generation," *Energy Conversion Engineering Conference and Exhibition*, (IECEC), 123 – 34, 35th Intersociety, Las Vegas, NV, 2000.
22. T. Akin, " CMOS – Based Thermal Sensors," in *Advanced Micro and Nanosystems*, Vol. 2, eds. H. Baltes, O. Brand, G. K. Fedder, C. Hierold, J. Korvink, and O. Tabata, 479 – 511, Wiley, Weinheim, Germany, 2005.
23. P. W. Kruse, *Uncooled Thermal Imaging. Arrays, Systems, and Applications*, SPIE Press, Bellingham, WA, 2001.
24. B. Stevens, " Radiation Thermopiles," in *Semiconductors and Semimetals*, Vol. 5, eds. R. K. Willardson and A. C. Beer, 287 – 317, Academic Press, New York, 1970.
25. A. J. Drummond, " Precision Radiometry and Its Significance in Atmospheric and Space Physics," in *Advances in Geophysics*, Vol. 14, 1 – 52, Academic Press, New York, 1970.
26. R. W. Astheimer and S. Weiner, " Solid – Backed Evaporated Thermopile Radiation Detectors," *Applied Optics* 3, 493 – 500, 1964.
27. C. Shibata, C. Kimura, and K. Mikami, " Far Infrared Sensor with Thermopile Structure," *Proceedings of the 1st Sensor Symposium* 221 – 25, Japan, 1981.
28. G. R. Lahiji and K. D. Wise, " A Batch – Fabricated Silicon Thermopile Infrared Detector," *IEEE Transactions on Electron Devices* ED – 29, 14 – 22, 1982.
29. M. C. Fote, E. W. Jones, and T. Caillat, " Uncooled Thermopile Infrared Detector Linear Arrays with Detectivity Greater than 10^9 cmHz$^{1/2}$/W," *IEEE Transactions on Electron Devices* 45, 1896 – 1902, 1998.
30. M. C. Fote and E. W. Jones, " High Performance Micromachined Thermopile Linear Arrays," *Proceedings of SPIE* 3379, 192 – 97, 1998.
31. C. Herring, " Theory of the Thermoelectric Power of Semiconductors," *Physical Review* 96, 1163 – 87, 1954.
32. T. H. Geballe and G. W. Hull, " Seebeck Effect in Silicon," *Physical Review* 98, 940 – 47, 1955.
33. L. Ristic, ed. , *Sensor Technology and Devices*, Artech House, Boston, MA, 1994.

34. A. Dehé, K. Fricke, and H. L. Hartnagel, " Infrared Thermopile Sensor Based on AlGaAs – GaAs Micromachining," *Sensors and Actuators* A 46 – 47, 432 – 36, 1995.
35. A. Dehé, D. Pavlidids, K. Hong, and H. L. Hartnagel, " InGaAs/InP Thermoelectric Infrared Sensors Utilizing Surface Bulk Micromachining Technology," *IEEE Transactions on Electron Devices* 44, 1052 – 58, 1997.
36. H. Baltes, O. Paul, and O. Brand, " Micromachined Thermally Based CMOS Microsensors," *Proceedings of IEEE* 86, 1660 – 78, 1998.
37. T. Elbel, " Miniaturized Thermoelectric Radiation Sensor," *Sensors and Materials* A3, 97 – 109, 1991.
38. A. Mzerd, F. Tchelibou, A. Sackda, and A. Boyer, " Improvement of Thermal Sensors Based on Bi_2Te_3; Sb_2Te_3, and $Bi_{0.1}Sb_{1.9}Te_3$," *Sensors and Actuators* A47, 387 – 90, 1995.
39. T. Elbel, S. Poser, and H. Fischer, " Thermoelectric Radiation Microsensors," *Sensors and Actuators* A42, 493 – 96, 1994.
40. P. M. Sarro and A. W. van Herwaarden, " Infrared Detector Based on an Integrated Silicon Thermopile," *Proceedings of SPIE* 807, 113 – 18, 1987.
41. S. C. Allison, R. L. Smith, D. W. Howard, C. Gonzalez, and S. D. Collins, " A Bulk Micromachined Silicon Thermopile with High Sensitivity," *Sensors and Actuators* A102, 32 – 39, 2003.
42. I. Simon and M. Arndt, " Thermal and Gas Sensing Properties of a Micromachined Thermal Conductivity Sensor for the Detection of Hydrogen in Automotive Applications," *Sensors and Actuators* A98-98, 104-8, 2002.
43. A. W. van Herwaarden, P. M. Sarro, and H. C. Meijer, " Integrated Vacuum Sensor," *Sensors and Actuators* 8, 187 – 96, 1985.
44. P. M. Sarro and A. W. van Herwaarden, " Silicon Cantilever Beams Fabricated by Electrochemically Controlled Etching for Sensor Applications," *Journal of the Electrochemical Society* 133, 1724 – 29, 1986.
45. R. Lenggenhager, H. Baltes, J. Peer, and M. Forster, " Thermoelectric Infrared Sensors by CMOS Technology, " *IEEE Electron Devices* 13, 454 – 56, 1992.
46. J. M. Bustillo, R. T. Howe, and R. S. Muller, " Surface Micromachining for Microelectromechanical Systems," *Proceedings of IEEE* 86, 1552 – 74, 1998.
47. C. – H. Du and C. Lee, " Investigation of Thermopile Using CMOS Compatible Process and Front-Side Si Bulk Etching," *Proceedings of SPIE* 4176, 168 – 78, 2000.
48. W. Lang, K. Kuhl, and H. Sandmaier, " Absorbing Layers for Thermal Infrared Detectors," *Sensors and Actuators* A34, 243 – 48, 1992.
49. N. Nelms and J. Dowson, " Goldblack Coating for Thermal Infrared Detectors," *Sensors and Actuators* A120, 403 – 7, 2005.
50. A. Hadni and X. Gerbaux, " Infrared and Millimeter Wale Absorber Structured for Thermal Detectors," *Infrared Physics* 30, 465 – 78, 1990.
51. A. D. Parsons and D. J. Fedder, " Thin – Film Infrared Absorber Structures for Advanced Thermal Detectors," *Journal of Vacuum Science and Technology* A6, 1686 – 89, 1988.

第 6 章　测辐射热计

另一种广泛使用的探测器是测辐射热计（bolometer），它是利用具有非常小热容量和大电阻温度系数的材料制成的一种电阻元件，所以吸收辐射会使电阻产生大的变化。与热电偶相比，该器件是通过精确控制流经器件的偏置电流及监控输出电压而工作的。然而，电阻的变化类似光电导体，基本的探测原理是不同的。若是测辐射热计，辐射功率在材料内产生热，依次使电阻发生变化，光子和电子间没有直接相互作用。

1880 年美国的天文学家兰利（S. P. Langley）[1]设计了第一台测辐射热计，使用一块变黑的铂金吸收元件和简单的惠斯顿（Wheatstone）电桥传感电路对太阳进行观察。兰利能够制造出比当时使用的热电偶更为敏感的测辐射热计。尽管当时已经研发出其它的热探测装置，但测辐射热计仍然是最有用的红外探测器之一。

20 世纪 80 年代初期，美国霍尼韦尔（Honeywell）公司和德州仪器（TI）公司分别对氧化钒（VO_x）和非晶硅（amorphous-Si，a-Si）进行研究，从而开始了现代测辐射热计技术的研发。该项技术的许多项目都是在美国各种军事合同下完成的，所以在 1992 年，该资料的公开发布使全世界的红外行业感到震惊。图 6.1 所示为利用与集成

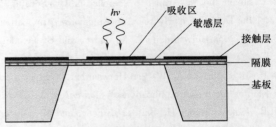

图 6.1　薄膜测辐射热计的横截面示意图

电路处理工艺相兼容的硅微加工技术制造出的薄膜测辐射热计横截面图示意。根据此原理，可以制造出很大、成本低、单片二维阵列。

目前，非制冷焦平面阵列（FPA）方面的研究基本上沿两个方向开展：
- 具有最高可能性能的军用和高端商业应用阵列；
- 具有最低可能成本的商业应用阵列。

关键因素是在最小可能面积上具有高性能传感器以及高隔热性。

6.1　测辐射热计的基本工作原理

相对电阻温度系数（Temperature Coefficient of Resistance，TCR）定义为

$$\alpha = \frac{1}{R}\frac{dR}{dT} \tag{6.1}$$

恒定偏流测辐射热计的电压变化为

$$\Delta V = I\Delta R = IR\alpha\Delta T$$

在这种情况下，$K = IR\alpha$（参考式（3.7）），由式（3.9），电压响应度为

$$R_v = \frac{IR\alpha R_{th}\varepsilon}{(1+\omega^2\tau_{th}^2)^{\frac{1}{2}}} \tag{6.2}$$

测辐射热计和热电偶的电压响应度表达式相同，$IR\alpha_s$ 代替 $n\alpha$。响应度反比于热导率（$G_{th}=1/R_{th}$），对热电偶也是正确的。

所允许的元件最高温度 T_{max} 决定着偏置电流的极值，所以有

$$I^2 R = G_{th}(T_{max} - T) \tag{6.3}$$

和

$$R_v = \alpha\varepsilon\left[\frac{RR_{th}(T_{max} - T)}{1 + \omega^2 \tau_{th}^2}\right]^{\frac{1}{2}} \tag{6.4}$$

$R_{th} = 1/G_{th}$ 部分地控制着 R_v 的值；具有高热导率的测辐射热计热得较快（参考式（3.5）），但响应度低。研发高灵敏度测辐射热计的关键是具有高的温度系数 α、很低的热质量 C_{th} 和良好的隔热性能（低热导率 G_{th}）。

对于简单的模式，忽略偏置电流的焦耳热，并假设有不变的电偏置，就会普遍应用上述讨论。精确描述测辐射热计是一个复杂和困难的事情，本章参考文献[2-4]给出了详细分析。

为了区分电压源工作（$R_L \gg R_B$，其中 R_B 是测辐射热计的电阻率）与电流源工作（$R_L \ll R_B$）（见图 6.2），在测辐射热计电路中引入了负载电阻 R_L。而热流量方程（如式（3.1））包含因偏置电压和负载电阻 R_L 产生的焦耳热时，情况变得更为复杂。如果电路断开，没有信号，测辐射热计处于环境温度 T_0。电路闭合就造成电流流动，电阻 R_B 产生焦耳热，因此其温度升高到 T_1。若现在辐射透射到测辐射热计上，其温度会随之改变 ΔT 到新的温度 T，从而使测辐射热计的电阻变化，造成 R_L 间的电压变化。

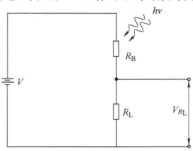

图 6.2 测辐射热计电路图

克鲁泽（Ktuse）完成了对包括焦耳热和恒定电偏置的测辐射热计的分析[4]。看来，探测器性质与测辐射热计电阻对温度有很强的依赖性。

半导体薄片的电阻可以表示为

$$R = R_0 T^{-\frac{3}{2}}\exp\left(\frac{b}{T}\right) \tag{6.5}$$

式中，R_0 和 b 为常数。对室温下的半导体，有

$$\alpha = -\frac{b}{T^2} \tag{6.6}$$

电阻率对温度具有线性依赖关系的金属，有

$$R = R_0^{\ominus}([1 + \gamma(T - T_0)]) \tag{6.7}$$

因此有

$$\alpha = \frac{\gamma}{1 + \gamma(T - T_0)} \tag{6.8}$$

式中，γ 为探测器材料的温度系数。

当测辐射热计在恒定电偏置和焦耳热情况下工作，热平衡方程式的解类似式（3.3）所

㊀ 原书将等号右侧 R_0 错印为 R。——译者注

述[4]，具有下面的形式：

$$\Delta T = \Delta T_0 e^{-(G_e/G_{th})t} + \frac{\varepsilon \Phi_0 e^{i\omega t}}{G_e + i\omega C_{th}} \quad (6.9)$$

式中，第一项为热传输；第二项为周期函数；G_e 为"有效"热导率，定义为

$$G_e = G - G_0(T_1 - T_0)\alpha\left(\frac{R_L - R_B}{R_L + R_B}\right) \quad (6.10)$$

式中，G_0 为探测器介质在温度范围 T_1 与 T_0 之间的平均热导率；G 为测辐射热计在温度 T 时的热导率。式（6.10）表明，G_e 是两项之差。如果满足下式，G_e 为正值：

$$G > G_0(T_1 - T_0)\alpha\left(\frac{R_L - R_B}{R_L + R_B}\right) \quad (6.11)$$

随着时间推移，热传输项趋于零，只留有周期函数。然而，如果

$$G < G_0(T_1 - T_0)\alpha\left(\frac{R_L - R_B}{R_L + R_B}\right) \quad (6.12)$$

则 G_e 为负值，这意味着，测辐射热计的温度随时间成指数形式增大（参考式（6.9）），直至烧毁。半导体可能发生这种情况，而金属是不可能的。

假设 $R_L \gg R_B$，则响应度由下式给出：

$$R_v = \frac{\alpha I_b R_b \varepsilon}{G_e(1 + \omega \tau_e)^{\frac{1}{2}}} \quad (6.13)$$

式中，τ_e 定义为

$$\tau_e = \frac{C_{th}}{G_e} \quad (6.14)$$

式中，τ_e 为"有效热响应时间"。由于偏置电流的加热作用而使热容量和 τ 对温度有一定的依赖性，此现象被定义为"电热效应"。

一般地，对于大焦平面阵列，电偏置是脉冲而非连续形式的，并且产生的热是由于偏置电压（焦耳效应）和吸收入射的辐射通量所致，因此，热转移方程呈非线性，并一定会得到数值解[5]。

除与元件热阻抗相关的辐射噪声和温度噪声，与电阻 R 有关的焦耳噪声是室温测辐射热计最重要的噪声之一。通常情况下，放大器噪声是主要噪声，但对于低温探测器应当并不重要。对某些类型的测辐射热计，低频电流噪声很重要，是限制电流的主要因素。

6.2 测辐射热计类型

测辐射热计可以分为几类，最通常使用的是金属、热敏电阻和半导体测辐射热计。第四类是超导测辐射热计，它根据电导率变化原理工作，在转换温度范围内电阻有明显变化。

6.2.1 金属测辐射热计

金属测辐射热计使用的典型材料是镍、铋、铂和锑。对这些金属材料的基本要求是具有长久的高稳定性。金属测辐射热计要做得小些，以便具有足够小的热容量，从而得到合适的灵敏度。大部分金属测辐射热计是通过真空镀膜或者溅射方法制成大于 10~50nm 厚的带状

薄膜，常镀上一种黑吸收剂，例如镀金或铂黑。

典型的金属电阻温度系数（TCR）是正值，约等于 0.3%/K。

金属测辐射热计在室温下工作，探测率是 $1 \times 10^8 \text{cm Hz}^{\frac{1}{2}} \text{W}^{-1}$ 数量级，响应时间约 10ms。遗憾的是，该测辐射热计相当脆，因此局限于一定的应用范围。不过，已经制造出各种一维和二维形式的金属膜测辐射热计阵列，并成功应用在为远程监控应用设计的非成像红外传感器中[6]。由于功率损耗和放大器设计的限制（要求与低探测器阻抗匹配），这些器件的相关技术一般局限于小型阵列。

由于下面原因，最经常应用于测辐射热计的金属是钛金属膜：钛适用于标准硅工艺生产线，低的热导率（块状材料是 0.22W/（K cm），远低于其它大部分金属）和低的 $1/f$ 噪声[7,8]。然而，薄膜形式的金属的电阻温度系数是 0.004%/K，大大低于其它候选材料，因此，较少应用于非制冷测辐射热计阵列。

室温天线耦合型金属微测辐射热计（通常使用铋或铌）也工作在很长波长的红外光谱范围（10～100μm）。使用悬吊式微桥或者硅基板低热导率中间层结构，可以得到大约 10^{-12} $\text{W/Hz}^{\frac{1}{2}}$ 的噪声等效功率（NEP）。图 6.18 给出了该类探测器的实验数据。

6.2.2 热敏电阻

在第二次世界大战期间，美国贝尔（Bell）实验室首先研发出热敏电阻材料。单像素热敏电阻测辐射热计已经商业化约 60 年，从防盗报警器到火灾探测报警系统、工业温度测量、星载地平仪和辐射计上，都有广泛应用；并且，在要求具有均匀光谱响应的辐射领域也非常有用。若偏置适当，则热敏电阻寿命长，有良好的稳定性，并能高度抗核辐射。

利用相对电阻温度系数比金属更高（(2～4)%/K），并更为坚固耐用的各种半导体氧化物材料的烧结混合料，可以制造热敏电阻测辐射热计。这种材料的尖晶石结构呈结晶状，在其最终形式中，形成 10μm 厚的半导体薄片。负温度系数取决于带隙、杂质状态和主要的传导机理，该系数不是常数，而是随 T^{-2} 变化的，是与半导体电阻率成指数依赖关系所致的[9]。一般地，热敏电阻测辐射热计中的敏感材料是由锰、钴和氧化镍烧结在一起的晶片制成的，安装在电绝缘但导热的材料（如蓝宝石）上[10,11]。蓝宝石器件安装在金属散热片上，用以控制器件的时间常数。将灵敏区涂黑以提高其辐射吸收特性。热敏电阻室温电阻率的典型值在 250～2500Ωcm 变化，其尺寸范围是 0.05～5mm²。研究过的主要材料是 $(\text{MnNiCO})_3\text{O}_4$，室温下具有大约 0.04/K 的负相对电阻温度系数。

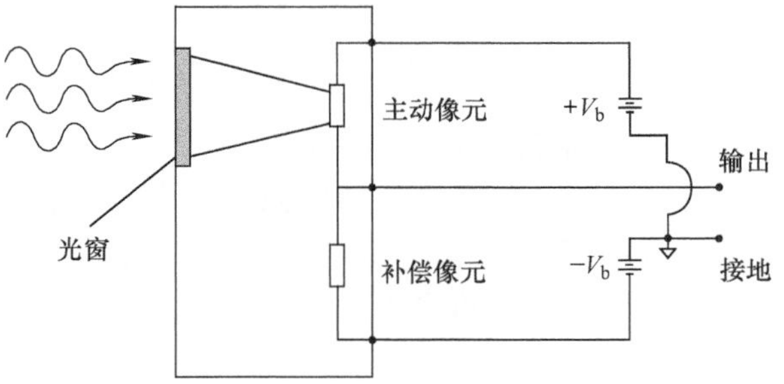

图 6.3 热敏电阻测辐射热计的典型偏置电路
（补偿元件被遮挡，不能接收到入射辐射）

在装置中成对使用这种结构（见图 6.3），一个热敏电阻免受辐射，并放到一个桥中，使其起到负载电阻的作用。这种布局可以通过补偿环境温度的变化而优化源自有源元件的信号。该结果是一个从 100 万至 1 的动态范围。为了减小时间常数而提高散热效应，不会使探测器达到最高温度，因此降低了响度,所以,器件灵敏度和响应时间不能同时得到优化。阿斯特海默(Astheimer)的研究表明[12],可以用下面公式表示这类测辐射热计室温下的焦耳噪声限探测率:

$$D^* = 3 \times 10^9 \tau^{\frac{1}{2}} \quad \text{cm Hz}^{\frac{1}{2}} \text{W}^{-1} \tag{6.15}$$

式中,τ 的单位为 s;时间常数的变化范围为 1~10ms。当频率高于25Hz,其灵敏度非常接近温差电堆的对应值。在较低频率时,可能有过量的 $1/f$ 噪声[○]。

由于热敏电阻是约翰逊噪声限[◎]的,所以,在其表面设计一个半球或超半球透镜可以提高探测率[13],此方法不会提高光子噪声限探测器的信噪比。该探测器必须与透镜实现光学耦合,为此,可以将探测器直接涂镀在透镜平面上(见图3.16)。传播到探测器边缘的光线被透镜折射,使探测器外形增大到原来的 n 倍(若使用超半球透镜,达到 n^2 倍)。n 为透镜折射率。由于探测器是二维器件,所以,虚拟面积增大 n^2 倍,信噪比增大 n^2(或者 n^4)。油浸还可以降低偏置功率耗散为 $1/n^2$(或者 $1/n^4$),因而,减轻了制冷器的热负载,获得更高的偏置功率耗散密度。要求透镜材料具有尽可能高的折射率和电绝缘性,不会造成热敏电阻膜短路,锗、硅和三硒化二砷都是最有用的材料。油浸结构本身固有的低热阻抗,使其允许施加高偏置电压,所以,热敏电阻探测器特别适合于油浸形式。

制造热敏探测器就是将热敏材料薄片粘结在基板上,器件的性能参数,如响应度、噪声和响应时间,与制造人员的技巧、经验及工艺条件关系极大。为了克服这些缺点和降低热敏电阻的成本,已经开始研究采用蒸镀膜层的可能性[14,15],最流行的是喷溅技术。

由于上限波长由封装芯片的光窗透射度确定,所以,热敏电阻的光谱响应度基本上是平缓的,在增益边缘呈现大量的 $1/f$ 噪声,因而,热敏电阻薄膜在非制冷温差电堆热成像阵列领域还没有找到用武之地。

6.2.3 半导体测辐射热计

如果将器件制冷,其电阻变化远比室温下大得多,从而使测辐射热计探测器的性能有很大提高,并且,可以制造较厚的器件以提高红外吸收,同时,无需由于降低了制冷材料的比热而增大热容量。最终灵敏度可以达到高于室温器件几个数量级。实际上,对于绝大部分应用,它必须有一个允许存在于室温背景辐射的孔径。

半导体测辐射热计是低光照度热探测器的最先进形式,是为许多应用,尤其是红外和亚毫米光谱范围所选择的探测器。要求制造精良,以保证与周围的热环境有良好隔离,而此处使用的典型制造技术并不适合有效研发大型阵列。

式(6.5)阐述了半导体电阻率对温度的依赖关系,然而,当温度很低(<10K)时,半导体材料一定要比式(6.5)所假设的掺杂剂量更多,以便于占主要地位的电导率模式跳频(或跃迁)。这种机理相对比较稳定,以下面形式的经验公式表示电阻率:

$$R = R_o \left(\frac{T}{T_o}\right)^{-a} \tag{6.16}$$

式中,一般 $a \approx 4$,因此有

$$\alpha(T) = -\frac{a}{T} \tag{6.17}$$

○ 原文错将 of $1/f$ 印为 or $1/f$。——译者注
◎ 约翰逊噪声限,原文为 Johnson noise limited。约翰逊噪声即热噪声。——译者注

注意，α<0 时，有很强的温度依赖关系。

测辐射热计偏置电流的典型值如图 6.2 所示，几乎总是使用大的负载电阻使约翰逊噪声降到最低。在马瑟（Mather）的文章[16]中可以找到关于总噪声的讨论。

红外测辐射热计的现代发展史起源于博伊尔（Boyle）和罗杰斯（Rogers）[17]对碳质电阻测辐射热计的研究。当时，低温物理学家将碳膜电阻器广泛用作液氦温度下的温度计。研发具有卓越性能测辐射热计的下一个重要步骤是以重掺镓（Ga）和补偿锗（Ge）为基础发明的低温测辐射热计，在 5~100μm 波长范围内其灵敏度都接近理论极限值（见图 6.4）。茨韦德林（Zwerdling）等人已经详细讨论过这种器件的工作模式[20]。若正确掺杂锗（镓的典型浓度约为 10^{16}cm^{-3} 下锗的为 10^{15}cm^{-3}，在给定 p-类电导率下补偿比是 0.1），吸收的能量快速传输到晶格，提高了样片的温度而不像光导体那样提高现有自由载流子的温度。帕特利（Putley）认为[18]，将器件安装在一个集成腔体中，可以提高吸收效率。在小孔径、温度为 4.2K 的情况下，锗测辐射热计的固有噪声会在约翰逊噪声与光子噪声之间均匀分配[21]；而对于大孔径，光子噪声可能会超过固有探测器噪声，这取决于背景性质。一种众所周知的材料具有可重现属性、高稳定性和低噪声的优点，可使其应用于红外天文学和中长波及实验室红外光谱学中。在大部分远红外（FIR）光谱波段，锗测辐射热计的性能可以与具有宽波段的最佳光子探测器相比。锗和碳测辐射热计的性能参数见表 6.1。器件性能的进一步改善是可能的，德雷恩（Draine）和西弗斯（Sievers）已经得到器件在 0.5K 温度下的 NEP 值为 $3×10^{-16}\text{ W Hz}^{-1/2}$[22]。然而，或许只有在极冷温度试验中，才能够得到如此的低值，并需要低温运作低噪声放大器。最近，更注重于利用硅作为锗的替代材料。与锗相比，硅材料的比热低（约为 5 倍），材料配置较容易，并且具有比较先进的器件制造技术。欣克（Kinch）已经公布了 NEP 值达到 $2.5×10^{-14}\text{ W Hz}^{\frac{1}{2}}$ 的硅测辐射热计[23]，可以与锗相比。

一些评论文章[24-26]介绍了现代测辐射热计的性能和制造细节。看来，可以利用中子嬗变掺杂技术和离子注入技术以获较均匀的材料，从而得到更高性能的锗和硅亚毫米测辐射热计。

上述芯片测辐射热计将辐射吸收与测温功能相组合，但对于毫米和亚毫米波芯片测辐射

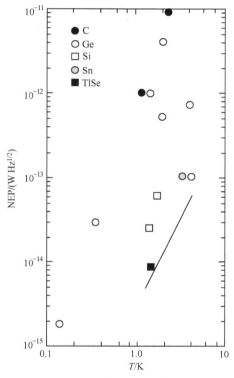

图 6.4 碳、锗、硅、锡和硒化铊制冷测
辐射热计 NEP 的低温依赖关系

（资料源自：Putley, E. H., Optical and Infrared Detectors, Springer, Berlin, 71 – 100, 1977）

实线是根据科伦（Coron）理论（即，锗测辐射热计在没有较高背景辐射条件下可以达到的最佳性能）的预估值（资料源自：Coron, N., Infrared Physics, 16, 411 – 19, 1976）

原文将 Tin 错印为 Thin，将硒化铊（TlSe）错印为硒化钛（TiSe）。——译者注

热计，尤其难于兼顾这两种功能。具有有效电阻率的锗、硅体状材料在低频下的吸收系数降低，测辐射热计的厚度一般要大于1mm，由此产生的热容量就是一个很大的限制。为了克服该限制，研制出了具有低热容量同时减小了时间常数的复合测辐射热计[25,27]。看起来，这是一种有前途的低噪声低温探测器。

表6.1 低温测辐射热计的性能

	Ge 测辐射热计	C 测辐射热计
T_{sink}/K	2.15	2.1
A_d/cm^2	0.15	0.20
厚度/cm	0.012	0.0076
R_L/Ω	5.0×10^5	3.2×10^6
R_d/Ω	1.2×10^4	1.2×10^6
$R_v/(V/W)$	4.5×10^3	2.1×10^4
$\tau/\mu s$	400	10^4
f/Hz	200	13
$G_{th}/(\mu W/K)$	183	36
NEP/$(W\ Hz^{-\frac{1}{2}})$	5×10^{-13}	1×10^{-11}
$D^*/(cm\ Hz^{\frac{1}{2}}/W)$	8×10^{11}	4.5×10^{10}

（资料源自：Boyle, W. S., and Rogers, Jr., K. F., Journal of the Optical Society of America, 49, 66 – 69, 1959; Low, F. J., Journal of the Optical Society of America, 51, 1300 – 1304, 1961）

复合测辐射热计由三部分组成：辐射吸收材料、确定其有效面积的基板和温度传感器，如图6.5所示[28]。吸收器是一块薄膜，调整其厚度和成分，可以在几百微米波长范围内获得很高的发射率。通常，使用黑（black）的铋和镍铬合金膜吸收器。利用环氧树脂或油漆以及机械和加热技术，将温度传感器（即锗）固定到基板上，因此，基板和薄膜共同起着有效吸收元件的作用，使非常小的温度传感器具有大的有效面积和低的热容量。

早期的复合测辐射热计使用蓝宝石基板，热容量约为锗的1/60，低温下的吸收率约为300cm^{-1}，以致可以忽略不计。这就意味着，可以制造大面积探测器，而不会损失频率响应。金刚石呈透明状，大大超过1000cm^{-1}，其热容量近似为锗的1/600，因此，可以得到更大的有效面积，现已广泛应用于温度约为1K的低背景测辐射热计中。硅基板具有较大的晶格比热容，由于晶格热容量足够小，并比金刚石具有更小的杂质热容量，所以，当温度远远小于1K时是非常有用的。理查兹（Richards）介绍过制造复合测辐射热计的例子[25]。

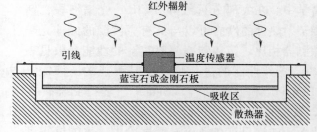

图6.5 复合测辐射热计

（资料源自：Dereniak, E. L., and Crowe, D. G., Optical Radiation Detectors, Wiley, New York, 1984）

已经研制出比较先进的半导体测辐射热计的制造技术，可以出制造工作在100~300mK温度范围的几百个像素的阵列（见本书22.4节），通常采用Si和Si$_3$N$_4$平板印制术和微机械制造技术，并利用离子注入硅或中子嬗变掺杂锗热敏电阻。

6.2.4 微型室温硅测辐射热计

唐尼（Downey）等人介绍了新一代单片 Si 测辐射热计[29]。在这种测辐射热计装置中，由窄硅支架支撑的 Si 基板是利用光刻术加工硅晶片制成的。在基板背侧使用普通的铋膜吸收器，通过在硅基板内植入硼和磷离子直接制成温度计以得到合适的施主密度和补偿比。然而，该测辐射热计的性能并不好。单片硅测辐射热计的进一步研究极具吸引力。最广泛使用的方法之一，是利用面微机械制造技术在处理过的互补金属氧化物（Complementary Metal-Oxide-Semiconductor，CMOS）晶片上加工出微型桥，从而完成微测辐射热计的制造。面微机械制造技术可以将温度敏感层涂镀在读出电路芯片上方微型桥的上表面，具有很薄的厚度、很小的质量和良好的隔热性。去除微型桥与读出电路芯片间的牺牲层，就可以得到封装在真空中具有隔热性的悬吊式探测器结构。20 世纪 80 年代初期，位于美国明尼苏达州明尼阿波利斯市（Minneapolis）的霍尼韦尔（Honeywell）公司传感器和系统研发中心（以下简称霍尼韦尔研究中心）开始利用微机械制造技术研究硅微型红外传感器。这项工作受到美国国防部高级研究计划局（DARPA）以及美国军队夜视装备和电子传感器管理局分类合同的支持，目的是生产适合军用的低成本夜视系统，利用 $f/1$ 光学系统使噪声等效温差（Noise Equivalent Temperature Difference，NEDT）达到 0.1℃。美国德州仪器公司生产的硅测辐射计阵列和热释电阵列都已经超过了该指标[30,31]。

根据本书第 20 章中的相关阐述，热探测器的焦平面阵列（FPA）比当今使用的低温扫描成像仪能够分辨更小的温差。

测辐射热计结构使用两种形式：微型桥（microbridge）式和薄膜支撑（pellicle-supported）式（见图 6.6）。前者结构中的探测器元件悬吊在微电路板上面的支撑架上，该支撑架具有高热电阻率，并承担探测器到微电路板电导线的作用。美国霍尼韦尔公司的微型测辐射热计的设计就采用了这种方法[31-33]。第二种形式是将探测器元件涂镀在一种与晶片表面共面的介质薄膜上，是原始澳大利亚单片探测器技术的基础[34,35]。

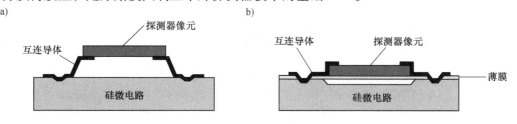

图 6.6 热探测器元件设计

a）微型桥式探测器元件 b）薄膜支撑式探测器元件

（资料源自：Liddiard, K. C., "Thin Film Monolithic Arrays for Uncooled Themal Imaging," Proceedings of SPIE 1969, 206 – 16, 1993）

制造霍尼韦尔型硅微测辐射热计的加工工艺及微机械制造工艺的简要解释如图 6.7[36]所示。该工艺由镀膜和图形转印工序组成，将牺牲层图形转印到含有电子线路的基板上，由镀有探测材料的一块薄膜确定探测面积。图 6.8[31]所示为最终的微型测辐射热计的像素结构，微型测辐射热计包含有一个厚 0.5μm 的 Si_3N_4 微型桥，悬吊在底层硅基板上方 2μm 处。该微型桥由两根窄 Si_3N_4 支架支撑，使微测辐射热计与散热读出（heat-sink readout）电路基板之间隔热。需要一个双极输入放大器,通常使用双 CMOS 技术便可得到。支撑架中含有一层薄金属层,实现测辐射热计材料与读出电路间的电连接。

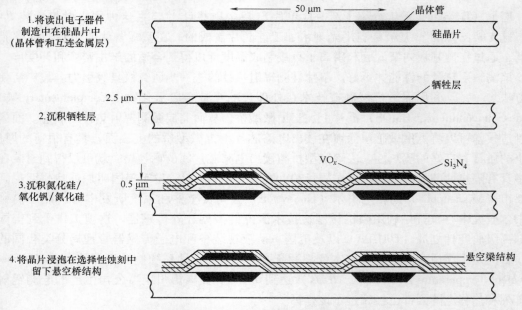

图 6.7 制造双层霍尼韦尔型微测辐射热计的简化工艺

(资料源自:Wood, R. A., Electron Devices Meeting, IEDM'93, Technical Digest, International, 175-77, 1993)

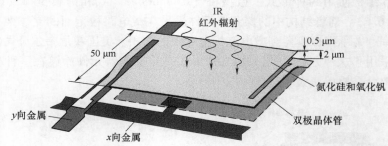

图 6.8 霍尼韦尔型测辐射热计的微型桥结构

(资料源自:Wood, R. A., Han, C. J., and Kruse, P. W., "Integrated Uncooled IR Detector Imaging Arrays", Proceedings of IEEE Solid State Sensor and Actuator Workshop, Hilton Head Island, SC, 132-35, June 1992)

基板薄膜下面镀一层反射层(典型的是铝层),使被探测材料完全吸收的红外入射辐射再反射回该材料,从而增大了吸收量。当吸收层与反射层间隔是入射波长的 1/4 时效果最为明显。光腔的峰值吸收波长 λ_p 取决于下面公式:

$$nt = \frac{(2k+1)\lambda_p}{4} \tag{6.18}$$

式中,n 为腔中(真空)传输介质的折射率;t 为腔的厚度;k 为谐振级。$n=1$(真空),$t=2.5\mu m$ 和 $k=0$ 时,$\lambda_p=10\mu m$,适合有效应用于长波红外区的标准微测辐射热计阵列。对于下一谐振级($k=1$),预测在 $3\sim5\mu m$ 光谱范围内($\lambda_p=3.3\mu m$)具有大的吸收。例如,图

6.9 给出了法国尤利斯（Ulis）公司微测辐射热计的光谱响应与 1/4 波腔体波谱的理论值的比较[37]。该腔体采用的是最常用的谐振腔设计。在第二类设计中，光学谐振腔是测辐射热计薄膜的一部分，但该方法很少使用。

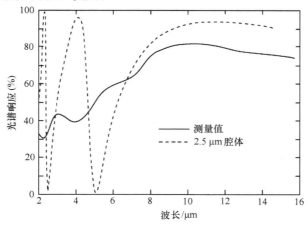

图 6.9 法国尤利斯（Ulis）测辐射热计的 1/4 波腔体光谱

（资料源自：Fieque, B., Tissot, J. L., Trouilleanu, C., Crates, A., and Legras, O., Infrared Physics and Technology, 49, 187-91, 2007）

Si_3N_4 具有良好的加工性能，这种材料使测辐射热计的隔热性能接近可达到的极限值，对于 $50\mu m^2$ 的探测器，约为 $1\times10^8 K/W$。已经证明，若微测辐射热计的热隔离为 $1\times10^7 K/W$，则 10nW 的入射红外信号足以使其温度变化 0.1K[32]。热容量的测量值约 $10^{-9}J/K$，对应着 10ms 的热时间常数。美国霍尼韦尔研究中心已经确定，微桥结构是能够经受几千克力⊖冲击的坚固结构。密封在 Si_3N_4 桥中心的部分是作为测辐射热计活性物质的多晶氧化钒（VO_x）薄膜层。VO_x 是一种具有高电阻温度系数（TCR）、高电阻率和良好加工性能的材料，制造出的像素在 300K 黑体辐射条件下的响应度是 250000V/W[33]。

为了使测辐射热计与环境间通过气体传递的热量达到最低值，普通测辐射热计一般都在真空封装环境中工作，工作的真空气压是 0.01mbar⊖数量级。

6.2.4.1 测辐射热计的传感材料

当今，最普通的测辐射热计温度传感材料是氧化钒（VO_x）、非晶硅（a-Si）和硅二极管。一般地，测辐射热计的性能受限于 $1/f$ 噪声[38,39]，不同材料可以变化几个数量级，即使材料成分有很小变化也会使 $1/f$ 噪声值有明显改变。与非晶或多晶材料相比，单晶材料具有非常低的 $1/f$ 噪声常数[38,40]。然而，大部分材料的 $1/f$ 噪声常数在文献中都没有留下记载。

6.2.4.2 氧化钒

微硅测辐射热计制造工艺中最经常使用的热敏电阻材料是氧化钒（VO_x）。最初，美国霍尼韦尔研究中心是将一层混合氧化物薄膜喷溅在 Si_3N_4 微桥基板上。钒是一种能够形成大量氧化物的变价金属。鉴于氧化物稳定范围较窄，所以，无论是整块还是薄膜形式的材料，其制备都很难。某些氧化钒材料，其中最熟知的是 VO_2、V_2O_3 和 V_2O_5，呈现出温度诱变晶

⊖ 千克力：符号 kgf，1kgf = 9.806N，后同。

⊖ mbar：名称毫巴，1bar = 10^5Pa，后同。

体相变现象，即由可逆半导体（低温相）到金属（高温相）的相跃迁，并且电和光的性质都有很大变化（见图6.10）[41-44]。在大约50~70℃的温度下，VO_2就会有跃迁。利用高氧气偏压环境中钒金属靶离子束可以制备V_2O_5，但其室温下电阻非常高。V_2O_3制备能量低，在低温下可以从半导体跃迁到金属相，所以，室温下电阻非常低。这种氧化物是制造低噪声微测辐射热计的重要材料。

可以利用各种技术制备氧化钒薄膜，包括射频（RF）反应溅射技术、脉冲激光镀膜技术、退火技术以及可控条件下钒膜的氧化技术[45]。为了获得高电阻温度系数及同时兼有足够的低薄层电阻，试验了几组制造方案[46,47]。

图6.11给出了混合氧化钒薄膜的电阻率对电阻温度系数的依赖关系[3]。从红外成像的应用出发，氧化钒最重要的性质是在环境温度下具有高值负电阻温度系数，每度超过3%。然而，没有利用具有较高x值和很高电阻温度系数的氧化钒材料有两个原因：在较高x值范围，由于实验数据比较分散，存在氧化物性质的可重复性问题；同时，对于高电阻率薄膜，焦耳热也是一个问题，这也加剧了脉冲期间温度与时间的非线性关系[3]。

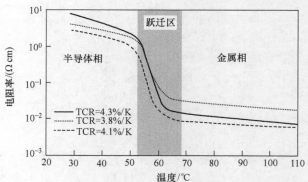

图6.10 三种VO_2薄膜的电阻率与温度特性

（资料源自：Jerominek, H., Picard, F., and Vincent, D., Optical Engineering, 32, 2092-99, 1993）

6.2.4.3 非晶硅

非晶硅可以用作液晶显示的薄膜晶体管、消费产品的小面积光伏器件及太阳电池的活性层，是特别有用的材料。Syllaios等人介绍过非晶硅的制造技术[48]，对测辐射热计传感材料的研究至少也有20年。已有报道，室温下电阻温度系数值范围从掺杂低电阻薄膜的$-0.025K^{-1}$到高电阻材料的$0.06K^{-1}$[49]。然而，高电阻非晶硅具有不可接受的$1/f$噪声级[50]。图6.12给出了非晶硅电阻温度与电阻率间的依赖关系[51]。

薄膜性质取决于制备方法和掺杂类型。

非晶掺氮类硅（a-Si: H）会由于长期照明产生缺陷而出现一种亚稳态（或称斯特布勒-朗斯基效应 Staebler and Wronski Effect, SWE）。这是一种不希望

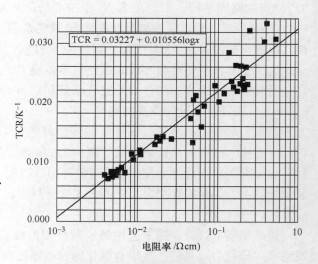

图6.11 混合氧化钒薄膜的电阻温度系数与电阻率的关系

（资料源自：Wood, R. A., Uncooled Infrared Imaging Arrays and Systems, Academic Press, San Diego, CA, 43-121, 1997）

有的性质,在制备过程中,需要专门的退火工艺予以消除(本章参考文献[52]介绍了提高可靠性的方法),如果不消除该效应,对长期可靠性会产生不利影响。只能通过非平衡工艺,例如等离子体增强化学气相沉积法(PECVD)或者喷溅技术制造掺氮非晶硅,因而,电阻温度系数和薄膜电阻值与镀膜工艺参数直接相关:掺杂浓度,镀膜温度和退火[53]。可以在非常低的温度下(低至75℃)涂镀非晶硅。

非晶硅电阻率的典型值要比氧化钒(VO_x)大几个数量级,所以,可以应用在连续偏置而非脉冲偏置的非制冷阵列中。该选择基于以下事实:测辐射热计信号取决于$I_b\alpha R$,而造成探测器温度升高的功耗取决于$I_b^2 R$(其中,I_b为偏置电流)。

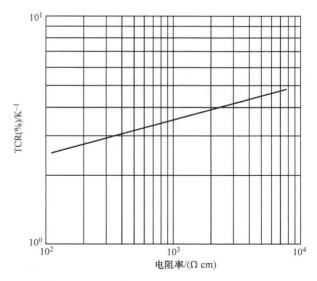

图 6.12 非晶硅的电阻温度系数与电阻率的函数关系
(资料源自:Tissot, J. T., Rothan, F., Vedel, C., Vilain, M., and Yon, J. -J., "LETI/LIR's Amorphous Silicon Uncooled IR Systems," Proceedings of SPIE 3379, 139 - 44, 1998)

6.2.4.4 硅二极管

作为温度传感,也可以使用正向偏压 p-n 结。

正向偏压二极管的电压温度关系为[59]

$$\left.\frac{dV}{dT}\right|_{I=常数} = \frac{V}{T} - \frac{q}{kT}\left(\frac{1}{I_s}\frac{dI_s}{dT}\right) = \frac{qV - E_g}{qT} \tag{6.19}$$

式中,I_s为反向饱和电流;E_g为能隙。对于硅二极管,$E_g = 1.12eV$,室温下工作电压的典型值为 0.6~0.7V。温度每升高 10℃,电流会加倍,而电压随温度以系数 -2mV/K 近似地线性下降,得到的温度系数约为 2%/K,比最佳电阻器件低一个数量级。例如,美国 OMEGA 工程公司的温度传感二极管,在高于 100K 的温度范围内,采用 10μA 的精确偏置电流,根据公式 $V = 1.245 - 0.0024 (V/kT) T$,则二极管的正向电压几乎随温度线性降低[60]。其中,V 的单位是伏特。与晶体管相比,二极管作为温度传感材料的优点是可以加工更小尺寸的像素。二极管具有低的 $1/f$ 功率谱噪声,并可能采用标准 CMOS 技术制造。

最近,首次研制成功了以非晶硅薄膜晶体管为基础的单片非制冷红外传感器阵列,并介绍了其特性[61,62]。

6.2.4.5 其它材料

目前,一些研究计划集中在将材料性能提高到超过 $10^9 cm\ Hz^{\frac{1}{2}} W^{-1}$。预期,新的材料(如 SiGe、SiGeO 和 SiC)将是下一代半导体薄膜测辐射热计的基础[63]。

非晶及多晶两种复合材料都在研究中。利用 Ar 或 Ar:O_2 环境中的反应喷溅技术[64-66]或者等离子体增强化学气相沉积(PECVD)技术[67]生长含有 85% 锗的非晶 GeSiO,已经得到 5.1%/K 的电阻温度系数。然而,比较高的 $1/f$ 噪声可能使测辐射热计会有较低的性能。

已经使用不同的技术制造 SiGe 多晶薄膜，包括减压化学气相沉积法[68]、分子束外延（Molecular Beam Epitaxy，MBE）[69]法和蒸镀法[70]。然而，由于多晶材料具有高 $1/f$ 噪声，所以，至今探测器的性能仍低于氧化钒探测器。诸如量子阱 Si/GeSi 和 AlGaAs/GaAs 热敏电阻之类的晶体材料具有高电阻温度系数（AlGaAs/GaAs 材料高达 4.5%/K）特性，同时又有很低的 $1/f$ 噪声[71]。两种材料的噪声要比非晶硅和氧化钒低几个数量级。利用普通的倒装芯片组装技术或晶片粘结工艺将这些非制冷热敏电阻材料与读出电路混装在一起[45]。

另一种热敏电阻材料是 $YBa_2Cu_3O_{6+x}$（YBaCuO），属氧化铜一类，称为高温超导体（High Temperature Superconductor，HTSC）。适当减少氧含量，可以使其导电性能从金属性（$0.5 \leq x \leq 1$）改变到绝缘性（$0 \leq x \leq 0.5$）。若 $x \approx 1$，YBaCuO 具有正晶结构，呈现出金属电导率，并且，一旦制冷到低于其临界温度，就变成超导体。当 x 降至 0.5，晶体结构便发生相位跃迁，成为四方结构，由于是费米玻璃态，所以，呈现半导体电导率特性。当 x 进一步降到 0.3 以下，YBaCuO 就成为能隙 1.5eV 的哈伯德（Hubbard）绝缘体[72]。

若是半导体态，YBaCuO 在室温附近的 60K 的温度范围内会具有较大的电阻温度系数（3%~4%）/K），并且，与 CMOS 处理工艺相兼容的制造技术使其薄膜制造较为容易，从而使 YBaCuO 在微测辐射热计应用方面极具吸引力[73-77]。已经证明，采用空气隙微测辐射热计结构，可以使这些器件的电压响应度大于 10^3V/W，探测率高于 10^8cm $Hz^{\frac{1}{2}}$/W，时间常数小于 15ms[77]。

应当指出，已经有建议将具有大磁阻效应和高室温电阻温度系数（4.4%/K）的钙钛矿结构锰金属氧化物[78]和薄膜碳[79]应用于热成像。

6.2.5 超导测辐射热计

超导跃迁边缘测辐射热计并非新的概念[80-86]。常规类型超导测辐射热计是大面积结构，探测器薄膜起着辐射吸收器的作用。已经利用锡[85]和氮化铌[82]研制成这种吸收器。精确利用超导跃迁的第一台测辐射热计是一种复合结构，使用黑（blackened）的铝箔吸收器和钽温度传感器[82]。另一种此类复合结构是用铝作为温度传感器和铋作为吸收器[86]。

低于某温度 T_c（定义为临界温度），则费米级电子聚集成由库珀（Cooper）对组成的相干态，如图 6.13 所示。参数 2Δ 是超导能隙。根据巴丁（Bardeen）-库珀（Cooper）-施里

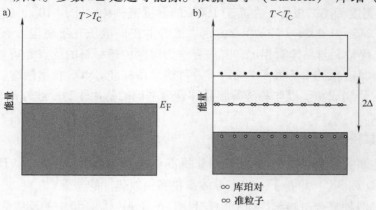

图 6.13 能量图
a）高于超导跃迁的情况 b）低于超导跃迁的情况

弗（Schrieffer）理论，2Δ 值是 $3.53kT_c$，与超导元件的测量值（$3.2\sim4.6$）kT_c 相当一致[87]。对于 90K 跃迁温度（是 YBaCuO 的典型值），根据该关系式得到的能隙预测值是 27meV。由于不同材料实验数据的散射范围，经常使能隙的精确值不易确定。如同普通的测辐射热计一样，没有直接的光子-晶格反应，因而反应慢但与波长无关。

一些评论性文章已经回顾了超导测辐射热计的理论、结构原理和性能[25,86-95]。6.1 节介绍的关于测辐射热计的一般理论也适用于超导测辐射热计。

图 6.14 给出了测辐射热计中电阻元件是超导体的工作状况，并且超导体仍位于超导-正常跃迁边缘间的中点附近，这种探测器通常称为跃迁边缘传感器（Transition Edge Sensor, TES）。由于临界温度 T_c 附近的边缘较陡，温度的小量变化就会造成电阻的很大变化，因而，dR/dT 较大，宽度可以 $<0.001K$。这表明，D^* 值取决于探测器的时间常数[89]：$D^* =$ 时间常数 $\times \tau^{\frac{1}{2}}$（参考式（6.15），进行比较）。对于工作在远红外光谱区的测辐射热

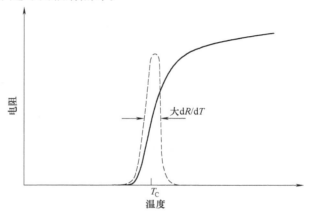

图 6.14 由于在跃迁边缘叠加一个微商量 dR/dT 而形成的电阻与温度的典型关系曲线

计，引入所谓的脉冲探测率作为品质因数，定义为探测率与响应时间的二次方根之比，$D^*/\tau^{\frac{1}{2}}$，单位为 cm/J[90]。

超导态与正常态间的跃迁可以作为一种特别敏感的探测器，例如，图 6.15 所示一种双层结构（40nm 钼和 75nm 金）的超导跃迁，得到 330mΩ 的正常电阻[96]。在 440mK 附近，灵敏度 $\alpha \cong dlogR/dlogT$ 达到 1100。由于与散热片上方的温度相比，跃迁范围较窄（$\approx$1mK），所以，跃迁边缘传感器（TES）在跃迁过程中几乎是等温的。在双层金属结构处理工艺中，改变普通金属（金或铜）和超导金属（钼）的相对厚度，就可以调谐跃迁温度，从而针对各种不同的光学负载和工作温度使探测器性能得以优化。

不同作者得到的 D^* 实验值列于表 6.2 中[90,92]。研制的最灵敏和最慢的测辐射热计由于结构原因使基板与

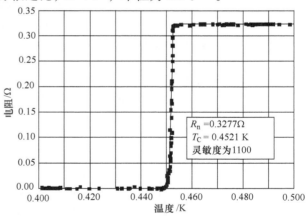

图 6.15 高灵敏度跃迁边缘传感器钼/金双层结构在温度 444mK 超导跃迁过程中电阻与温度的关系
（资料源自：Benford D. J., and Moseley, S. H., "Superconducting Transition Edge Sensor Bolometer Arrays for Submillimeter Astronomy," Proceedings of the International Symposium on Space and THz Technology）

底座热接触不良（poor）。这种结构要使用专用薄尼龙纤维来实现（见图 6.16a[90]，表 6.2

中材料样品1和2），或者利用薄基板使其端部与底座相连以达到散热目的（见图6.16b，表6.2中材料样品3~5）从而实现上述要求。设计底座直接接触固体基板结构的测辐射热计（见图6.16c）可以实现较快的响应。在某些情况中，超导膜与具有高热导率材料（如蓝宝石）的大尺寸基板直接接触（表6.2中材料样品7），超导膜与液氦接触（表6.2中材料样品8和9），或者在底座与超导敏感器件间夹持一层隔热层（表6.2中材料样品10）。最后一种设计有可能制成微秒级测辐射热计，光通量阈值接近背景辐射功率扰动设置的极限值。

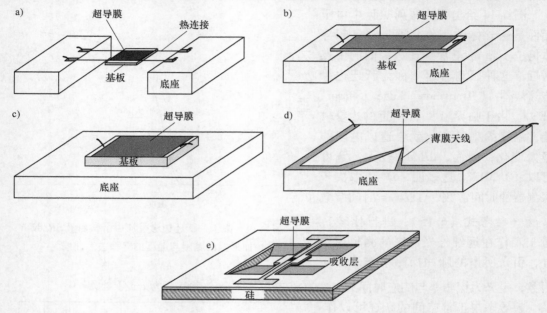

图6.16　超导体测辐射热计

a) 等温测辐射热计　b) 非等温测辐射热计　c) 制造在固态基板上的测辐射热计
d) 耦合天线式测辐射热计　e) 利用微机械制造技术制造出的测辐射热计

（资料源自：Khrebtov, I. A., Soviet Journal of Optical Technology, 58, 261-70, 1991）

表6.2　超导热辐射探测器的参数

材料	元件尺寸 (mm×mm)	温度 /K	灵敏度 /(V/W)	时间常数 /s	D^* /(cm Hz$^{\frac{1}{2}}$ W^{-1})	NEP /(W/Hz$^{\frac{1}{2}}$)	备注 （基板/天线）
1. 锡	3×2	3.05	850	10^{-2}	3.6×10^{11}	7×10^{-13}	
2. 铝	4×4	1.27	3.5×10^4	8×10^{-2}	1.2×10^{14}	7×10^{-13}	
3. 镍+锡	1×1	0.4	2.2×10^6	10^{-3}	2.2×10^{13}	3.4×10^{-15}	
4. 铅+锡	—	4.8	10^4	6×10^{-3}	—	4.5×10^{-15}	
5. 氮化铌	0.1×0.1	6.5	5×10^5	10^{-4}			
6. 锡	0.15×0.15	3.7	10^4	6×10^{-3}	10^{10}	1.6×10^{-12}	
7. 铅+锡	1×1	3.9	24	7×10^{-9}	1.2×10^9	8.4×10^{-11}	
8. 锡	10×10	3.63	1	2×10^{-8}	10^9	10^{-9}	
9. 银+锡	2.3×2.3	2.1	2.2	5×10^{-9}	2.6×10^9	9×10^{-10}	
10. 锡	1×1	3.3	4200	2×10^{-6}	5×10^{10}	2×10^{-12}	
11. 铅+锡	0.02×0.00225	4.7	5700	2×10^{-8}		3×10^{-13}	

(续)

材料	元件尺寸 (mm×mm)	温度 /K	灵敏度 /(V/W)	时间常数 /s	D^* /(cm Hz$^{\frac{1}{2}}$ W^{-1})	NEP /(W/Hz$^{\frac{1}{2}}$)	备注 (基板/天线)
12. 钼:锗	—	0.1	10^9	10^{-6}	1×10^{16}	1×10^{-18}	
13. 铅	—	3.7	10^5	10^{-8}	5×10^{11}	2×10^{-14}	蓝宝石
14. 金+铅+锡	—	3.7	6000	2×10^{-8}	2×10^{11}	5×10^{-14}	石英/V 天线
15. YBaCuO	1×1	20	0.1	4×10^{-7}	2.5×10^6	4×10^{-13}	
16. YBaCuO	1×1	86	40	1.3×10^{-2}	6.7×10^7	1.5×10^{-9}	
17. YBaCuO	0.01×0.09	40	4×10^3	10^{-3}	10^8	2.5×10^{-11}	
18. YBaCuO	0.1×0.1	86	15	1.6×10^{-4}	3.3×10^7	3×10^{-10}	
19. YBaCuO	0.1×0.1	80	10^3 (A/W)	6×10^{-2}	3×10^8	10^{-10}	
20. YBaCuO	2.5×4	85	5.2	32	—	5.7×10^{-8}	
21. YBaCuO	—	90	2000	10^{-6}	2×10^9	5×10^{-12}	YSZ①
22. YBaCuO	—	91	480	2×10^{-5}	2.2×10^9	4.5×10^{-12}	YSZ①/对数周期
23. YBaCuO	—	90	4000	2×10^{-7}	4×10^9	2.5×10^{-12}	Si_3N_4/悬吊桥
24. YBaCuO	—	88	2180	1×10^{-5}	1.1×10^9	9×10^{-12}	Si_3N_4/对数周期
25. YBaCuO	—	85	240	3×10^{-7}	8.3×10^8	1.2×10^{-11}	$NdGaO_3$/领结形

① YSZ 为钇稳定氧化锆。

(资料源自:Khrebtov, I. A., Soviet Journal of Optical Technology, 58, 261-70, 1911; Kreisler, A. J., and Gaugue, A. "Recent Progress in HTSC Bolometric Detectors at TerahertzFrequencies," Proceedings of SPIE 3481, 457-68, 1998)

将入射辐射耦合到超导测辐射热计中的主要难题是在超导材料方面,尤其是对于长波长和远红外波长的高反射率。例如,YBaCuO 对 $\lambda>20\mu m$ 范围内波长的反射率>98%。为了解决该问题,使用多孔粒状黑体金属(通常是银和金)就可以提供高吸收和低比热的性能,以便在吸收层和满意的时间响应之间做到合理折中。然而,这种器件具有相当慢的响应时间,脉冲探测率范围在 $10^{10}\sim10^{11}$cm/J 之间,比可实现的耦合天线器件的值低 1~2 个数量级。

耦合天线式设计(见图 6.16d)给出了提高热辐射探测器灵敏度而又保持快速响应的有效方法。在这种情况中,涂镀在基板上的薄膜天线接收辐射,感应产生其频率与辐射波长相对应的位移电流。高频电流将薄膜测辐射热计加热,起到了将热功率转换成电信号的作用。

1977 年,施瓦茨(Schwarz)和乌尔里希(Ulrich)发表了第一篇关于室温耦合天线金属膜红外探测器的论文[98]。与吸收层耦合相比,天线耦合可以给出空间模式和入射辐射偏振两种方式的选择性响应度。由于探测器有效面积是 λ^2 量级,所以,对远红外波长的情况,会有很大的吸收区(还会导致很大的热质量和较慢的响应时间)。然而,采用常规的光刻术和微机械制造技术制造的微测辐射热计(见图 6.16e)可以得到 μs 数量级的时间常数和良好的探测率,在此情况中,一个具有较大有效面积的天线,就可以满足超小面积超导微型桥(几 μm^2)的需要。

有两种与频率无关的天线类型,如图 6.17 所示。第一种,由角度(而不是几何长度)确定天线布局[92],领结(蝴蝶结)式和螺旋式天线称为等角天线;第二种(见图 6.17c),

耦合器件（如偶极子）构成天线。结构的有限尺寸将天线带宽大约限制在 $2r_{min} \sim 2r_{max}$ 波长范围内。并且，利用对数-周期结构，克服了辐射带宽限制中的扰动。

图 6.17 与频率无关的平面天线的几何形状
a) 等角度蝴蝶结状 b) 等角度螺旋式 c) 敏感器件位于结构中心
（资料源自：Kreisler, A. J., and Gaugue, A., "Recent Progress in HTSC Bolometric Detectors at Terahertz Frequencies," Proceedings of SPIE 3481, 457 – 68, 1998）

另一类天线结构属于端射（end-fire）天线，源自长线行波（long wire traveling wave）天线。与前面阐述的结构相反（其辐射方向位于与天线平面垂直的平面内），其辐射方向是沿天线平面的。有可能将这些结构设计成含有 V 形天线像素的紧凑探测器阵列，如图 6.16d 所示。

表 6.2 列出了不同超导热辐射探测器的性能。图 6.18 给出了耦合天线超导测辐射热计在远红外光谱区的探测率，是响应时间的函数。最佳探测器的 NEP 值接近声子（phonon）噪声限预测值 2×10^{-12} W/Hz$^{1/2}$[92]。对于以 YBaCuO 测辐射热计为基础的液氮（Liquid Nitrogen, LN）制冷测辐射热计，探测率与响应时间之间有一个简单的关系：$D^* = 2 \times 10^{12} \tau^{\frac{1}{2}}$。其中，$D^*$ 单位为 cm Hz$^{\frac{1}{2}}$/W；τ 的单位为 s。

图 6.18 给出了含铋或铌微桥传感器的探测器在 10 ~ 100μm 光谱范围和室温下的实验数据。实验证明，使用悬吊微桥或者硅基板上镀低导热缓冲层，已经得到最佳 NEP 值。

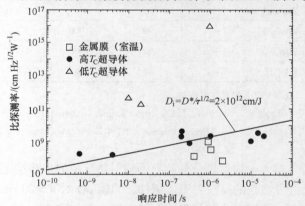

图 6.18 耦合天线远红外测辐射热计探测率与响应时间的函数关系
（资料源自：Kreisler, A. J., and Gaugue, A., "Recent Progress in HTSC Bolometric Detectors at Terahertz Frequencies," Proceedings of SPIE 3481, 457 – 68, 1998）

目前，极少使用普通的低临界温度超导体，它们可以在电压响应度和 NEP 两方面提供无与伦比的性能。由于具有低比热，所以，其低工作温度就导致高脉冲探测率，达到 10^5 cm/J 数量级。还应注意到，这种传感器具有很低的电阻，从而使得天线与传感器之间阻抗相匹配。

6.2.6 高温超导测辐射热计

马勒（Müller）和贝德诺尔茨（Bednorz）对高温超导体（HTSC）的新型超导材料的重要发现[99,100]，无疑是 20 世纪末材料科学的重大突破。图 6.19 列出了自 1911 年翁内斯

(Onnes)在汞中发现该现象后,超导转变温度的变化过程。1911 年至 1974 年,金属超导体的临界温度从汞的 4.2K 稳定升高到锗化铌(Nb_3Ge)溅射膜的 23.2K。直到意外发现金属间化合物 MgB_2 在 39K 温度时的超导电性为止[101],Nb_3Ge 在金属超导体中一直保持着临界温度记录。1964 年发现的第一个超导氧化物 $SrTiO_3$ 的转变温度低至 0.25K。之后,发现铜酸盐 $(La,Ba)_2CuO_4$($T_c \approx 30K$)具有高温超导电性,从而开启了新的研究领域。之后不到一年的时间,研究发现 $YbBa_2Cu_3O_{7-x}$(YBaCuO)有高于 77K 的临界温度。至今,已经发现 $HgBa_2Ca_2Cu_3O_{8+x}$ 的最高转变温度达 135K[102]。

在 1987 年 2 月取得突破之前,已经深入研究过超导电性,但是,包括超导体的应用研究受到超导体需要具有超低的工作温度的困扰。尽管在低温技术研究方面有巨大的进步,但是,只有当没有合适的传统替代方案或者利用非超导方案不能实现所需性能时,才使用超导方案。此外,对于超导红外探测器,需要严格控制温度,使其可使用性受到限制,并且,由于较薄和较脆,所以具有不太好的辐射吸收特性。一般来说,性能是受放大器噪声而非辐射扰动的限制的。

所有高温超导体(HTSC)材料都是缺氧钙钛矿,其基本晶体结构类似 $CaTiO_3$(钙钛矿结构系的母矿)。

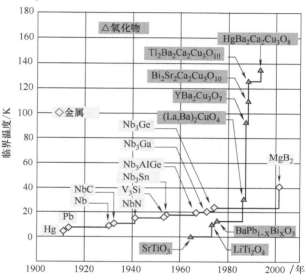

图 6.19 发现该现象后,超导转变温度的演化过程

虽然知道几种高温超导体,但 YBaCuO 已经受到更多关注,所以讨论直接针对该材料。榎本(Enomoto)和村上隆(Murakami)利用颗粒状 $BaPb_{0.7}Bi_{0.3}O_3$ 做了最早的光响应测量,并公布了令人鼓舞的结果[103]。克鲁泽(Kruse)述评了适用于器件设计的 YBaCuO 参数[104]。因为很难确定一种超导相,所以对使用 BiSrCaCuO 的兴趣有所减弱。由于元素 Tl(铊)有毒且不稳定,即使临界温度是 125K,对使用 TlBaCaCuO 也存有疑虑[125]。

对于高温超导体,已经有几位作者从理论上研究过 YBaCuO 薄膜[25,104-108]。低温超导探测器的性能应当比非制冷热探测器高 1~2 个数量级。高质量 YBaCuO 薄膜的转变温度约为 90K,所以,液氮是 YBaCuO 常用制冷剂。理查兹(Richards)及其同事估计,NEP 应为 (1~20)$\times 10^{-12} W/Hz^{\frac{1}{2}}$[107],取决于基板。该性能优于任何工作在波长大于 $20\mu m$、温度高于液氮温度的探测器性能。

对于正确设计的微测辐射热计探测器,热导率 G_{th} 的值主要取决于其支撑结构,而不是 YBaCuO,其值小至 $2\times 10^{-7} W/K$ 是可能的[104]。由于 YBaCuO 的密度是 $6.3 g/cm^3$,90K 温度时的比热是 $195 mJg^{-1}K^{-1}$,一个 $75\mu m\times 75\mu m$ 大小和 $0.30\mu m$ 厚的像素的热容量 C_{th} 是 $2.1\times 10^{-9} J/K$,因此,根据式(3.5)得到的热时间常数是 $1.0\times 10^{-2} s$。假设,吸收率 ε 是 0.8,那么,由式(3.23)计算出的温度扰动噪声限探测率的值是 $2.1\times 10^{10} cm\ Hz^{\frac{1}{2}} W^{-1}$。为了得到该值,一定要使偏置电流大于 $3.5\mu A$。当偏置电流较低时,探测器将呈现约翰逊噪声限形式,随着偏置电流升高到 3.5μA,微测辐射热计将变成温度扰动噪声限。假设电阻温度系数是 $0.33K^{-1}$,那么偏置电流 3.5μm 时的低频响应度(式(6.2))是 $6.1×10^3 V/W$。

韦尔盖塞(Verghese)等人给出了 YBaCuO 高温超导测辐射热计的性能,并与工作温度 77K 的二维焦平面阵列光子探测器的相应值进行比较[108],如图 6.20 所示。实验中利用 YBaCuO 薄膜的测量值以及 $\tau=10ms$、衍射限成像和 $f/6$ 光学性能完成该计算。其中,YBaCuO 薄膜位于 Si 和 Si_3O_4 之上(硅上)钇稳定氧化锆(Yttria-Stabilized Zirconia, YSZ)过渡层上,D^* 值可高达 $3×10^{10} cm\ Hz^{\frac{1}{2}} W^{-1}$。为了便于比较,该图还表示出光子噪声限 D^* 及对现在应用于大幅面成像阵列探测器性能进行的评估。可以看出,由于薄膜技术不能为小的探测面积提供足够小的 G_{th},所以 D^* 在短波长范围降低,并且 τ 变得小于 10ms。由于大面积探测器的电阻扰动噪声变得很重要,所以 D^* 在长波长时也下降。Si_3O_4 薄膜测辐射热计的 D^* 在 10μm(对热成像非常重要的波长)附近有一个有用的峰值。因为硅具有较高的体热导率,因而,与 Si_3N_4 薄膜测辐射热计相比,光子噪声限 D^* 的范围似乎出现在更长的波长位置。由于硅材料上 YBaCuO 的 NEP 较低,所以,与 Si_3O_4 上的测辐射热计相比,其测辐射热计噪声对 D^* 的限制更严格。

上述分析清楚表明,高温超导测辐射热计主要应用于远红外光谱区($\lambda>20μm$),在该光谱区很难找到适合工作于较高温度(如 $T>77K$)的敏感探测器。此外,预计高温超导测辐射热计像素的生产成本可能比碲镉汞(HgCdTe)和锑化铟(InSb)低几个数量级。

索博列夫斯基(Sobolewski)对适于生产电子和光电子应用的高质量高温超导膜基板材料和镀膜技术进行了评述[105]。高温超导薄膜的扫描电子显微镜显微图表明有两类结构:随机或散体结构,定向或外延结构。

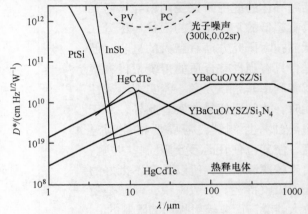

图 6.20 衍射限像素的探测率与波长的函数关系(视场 0.02 球面度(sr)($f/6$ 光学系统),$\tau=10ms$。粗线表示在硅和 Si_3N_4 薄膜上利用 YBaCuO 膜作为高温超导测辐射热计的 D^* 预测值,是根据能够达到的最小热容量和热导率预估值以及对高温超导测辐射热计电压噪声的测量值进行计算得到的曲线。为了便于比较,还给出了二维焦平面阵列锑化铟(InSb)、硅化铂(PtSi)和碲镉汞(HgCdTe)探测器在 77K 温度时 D^* 的典型值,同时给出了光伏和光导探测器在 0.02 球面度(sr)视场接收到 300K 辐射的光子噪声限)

(资料源自:Verghese, S., Richards, P. L., Char, K., Fork, D. K., and Geballe, T. H., Journal of Applied Physics 71, 2491-98, 1992)

随机结构由许多嵌入在非超导矩阵中很小的($\approx1μm$)超导颗粒组成,颗粒间的点接触可以起到约瑟夫森结(Tosephson Junction)的作用。这种结构薄膜具有跃迁宽,并有相对较低转变温度 T_c 和临界电流 I_c,颗粒边界也会产生过量的 $1/f$ 噪声。

定向结构是一种 c 轴垂直于基板平面生长的晶体。这种结构薄膜跃迁突然具有较高的转变温度 T_c 和 I_c。为了使探测器得到较好的应用,薄膜厚度一定要小于材料的光学穿透深度,约为 0.15μm。对于散体结构，为了减少偏置约瑟夫森结的数目，应当采用图形转印技术将薄膜刻印在微桥内。从理想的角度，希望是一种线性结链（linear chain of junctions），以便于只有一条传导线路。对于外延结构，一定要在薄膜中人为地建立较弱的连接（link）以形成约瑟夫森结。

一般认为，高质量高温超导薄膜需要高质量介质基板，使希望的介质性质与良好的晶格匹配相结合，增强薄膜的外延生长。除金刚石外，大部分合适的基板材料在 77~90K 温度范围内都有类似的体比热容。对所有情况，这些都比液氮温度下看到的大得多，因此热时间（thermal time）往往要长。对基板材料的一个重要要求是强度，以便做得很薄。某些非常适合薄膜生长的基板机械强度不够，例如 $SrTiO_3$ 和 $LaAlO_3$，以致无法制成毫米级的薄层。然而，利用这些基板已经制成高质量测辐射热计[25,26,90-93,107-112]，也利用了诸如硅、蓝宝石、ZrO_2 或 SiN 一类的基板[91-93]。由于硅基板与半导体技术中片上电子应用（on-chip electronics implementation）相兼容，所以受到了更多关注。

一般地，基板还要完成其它任务。为了使声子逸出时间最短（如对于声子冷却（phonon-cooled）热电子测辐射热计（Hot-Electron Bolometer，HEB）），基板应具有高热导率，并使超导膜具有低热界面电阻 R_b。其次，在使用读出电路（如在 GHz 范围）时，传播辐射信号应具备良好的性质；在这方面，电介质损耗角正切要低，电介质常数应适合传播线并可与天线尺寸相比。最后，基板材料对辐射信号来说应是透明的，如远红外传感器，通常是借助聚焦透镜从基板背侧照明接收天线。表 6.3 列出了基板的参数[113]。

表 6.3 一些基板材料的热和电介质特性

材 料	MgO	Al_2O_3	$LaAlO_3$	$YAlO_3$	YSZ
90K 时的热导率（W/(K·cm)）	3.4	6.4	0.35	0.3	0.015
90K 时含有 YBaCuO 的基板的 R_b（$KW^{-1}cm^2$）	5×10^{-4}	10^{-3}	10^{-3}	—	10^{-3}
10GHz、77K 时的 $\tan\delta$	7×10^{-6}	8×10^{-6}	5×10^{-6}	10^{-5}	4×10^{-4}
10GHz、77K 时的 ε_r	10	10	23	16	32

（资料源自：Burns, M. J., Kleinsasser, A. W., Delin, K. A., Vasquez, R. P., Karasik, B. S., McGraph, W. R., and Gaidis, M. C., IEEE Transactions on Applied Superconductivity 7, 3564-67, 1997）

最近，在高温超导测辐射热计技术方面的主要工作是如何提高利用微机械制造技术在硅基板上制造出的微测辐射热计焦平面阵列（FPA）的性能。初始，将这些器件中的 YBaCuO 薄膜夹持在两氮化硅层之间，而氮化硅中含有钇稳定氧化锆薄层，从而使 YBaCuO 与氮化硅有缓冲作用[114,115]。预计这些 125μm×125μm 的器件在 5μA 偏置下、在 5Hz 附近的 NEP 是 $1.1\times10^{-12}W/Hz^{1/2}$（忽略接触噪声）。该设计的缺点是 YBaCuO 生长在非晶氮化硅下层，限制了其外延生长的可能性，所以，YBaCuO 是具有宽电阻转换的多晶体，影响了测辐射热计的响应度，并且颗粒边界会产生过量的 $1/f$ 噪声。

掺入外延 YBaCuO 薄膜可以提高测辐射热计的性能[116-118]。图 6.21 给出了利用外延 YBaCuO 薄膜设计微测辐射热计的示意图，约翰逊（Johnson）及其同事[117]已经阐述过这些器件的制造工艺。利用脉冲激光沉积技术将超导膜镀在外延钇稳定氧化锆（YSZ）缓冲层上，而缓冲层已事先沉积在一块未氧化的 3in⊖ 裸硅晶片上。利用射频溅射技术将金接触层

⊖ in：英寸，1in = 2.54cm，后同。

镀在 YBaCuO 薄膜上。YSZ、YBaCuO 和金可以在同一镀膜工艺中完成,避免在不同材料镀膜之间破坏真空度。利用普通的光刻术刻印出金和 YBaCuO 的图形曲线,YBaCuO 连同 YSZ 和氮化硅一起被钝化,应用各向异性蚀刻技术形成硅蚀刻坑从而使微测辐射热计具有隔热性。正如图 6.21 所示,薄膜悬吊在硅晶片上一个蚀刻坑上方,仅受到宽约为 $8\mu m$ 横向氮化硅支架的支撑。

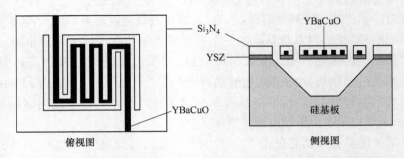

图 6.21 YBaCuO 微测辐射热计示意图(其中,外延 YBaCuO 涂镀在外延 YSZ 缓冲层上,并都置于硅基板上)

(资料源自:Foote, M. C., Johnson, B. R., and Hunt, B. D., "Transition Edge $YBa_2Cu_3O_{7-x}$ Microbolometers for Infrared Staring Arrays," Proceedings of SPIE 2159, 2–9, 1994)

若上述器件尺寸是 $140\mu m \times 105\mu m$,在 $2\mu A$ 偏置电流下,单个元件探测率的测量值是 $(8\pm2) \times 10^9 cm\ Hz^{1/2}W^{-1}$,这是至今公布的工作温度高于 70K 时半导体微测辐射热计最高 D^* 值之一。温度 80.7K 时、2Hz 处的 NEP 是 $1.5\times 10^{-12} W/Hz^{1/2}$,热常数是 105ms。噪声功率光谱密度随频率按照 $1/f^{3/2}$ 规律缩放。同时已经制造出微测辐射热计的线性阵列,6mm 长 64 元线性阵列探测器响应度测量值变化量小于 20%。

许多论文都介绍了制造高温超导光子探测器方面取得的进步(例如,本章参考文献【90–93】。自 20 年前第一篇利用高温超导传感器验证热探测作用的报告以来,其技术进步就主要受益于新研发的超导纳米结构。尤其是作为远红外探测的主要候选器件[91,93],在中红外光谱区,其探测率类似液氮制冷光子探测器的值,然而后者的响应时间仍然较短。图 6.22 给出了对高温超导测辐射热计的性能进行的比较,是探测率与响应时间的函数,也给出了制冷光导碲镉汞(HgCdTe)的典型性能($\lambda = 3 \sim 20\mu m$)。正如前面所指出,脉冲探测率 $D_i = D^*\tau^{-1/2}$。$D_i = 2\times 10^{11} cm/J$ 对应着耦合吸收器高

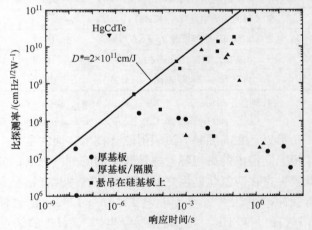

图 6.22 薄膜高温超导测辐射热计($\lambda = 0.8 \sim 20\mu m$)比探测率与响应时间的函数关系

(资料源自:Kreisler, A. J., and Gaugue, A., Superconductor Science and Technology, 13, 1235–45, 2000)

温超导测辐射热计的最先进值,该值要比远红外光谱区耦合天线高温超导(HTSC)测辐射热计的 D_i 平均值低一个数量级[93]。

应当注意,超导红外探测器的分类也属于光子探测器,这方面的更多内容将在本书 22.4.3 节介绍。

6.3 热电子测辐射热计

原理上,热电子测辐射热计(HEB)完全类似本书 6.2.5 节阐述的跃迁边缘传感器(TES),入射光吸收造成温度的小量变化会引起偏置传感器电阻在其超导转变态附近有很大波动。热电子测辐射热计与普通测辐射热计的差别是响应时间。辐射功率直接被超导体中的电子吸收而不是使用分离辐射吸收器,并如同普通的测辐射热计一样,经过声子使能量流向超导跃迁边缘传感器,就可以得到高响应速度。光子吸收后,初始,单个电子接受能量 $h\nu$,迅速与其它电子共享,使电子温度稍有增高,随后,通过发射声子使电子温度降到镀液温度(bath temperature)。

与跃迁边缘传感器相比,通过选择具有电子-声子相互反应较大的材料,就可以加快热电子测辐射热计电子的热释放时间。超导 HEB 混频器的研发已经在太赫兹范围成功得到最灵敏系统,总的时间常数一定是几十 ps,在电介质基板上制造出 NbN、NbTiN 或 Nb 超导微桥结构就可以满足这些要求[94]。

热电子测辐射热计可以按照两种机理工作,使电子比较快地交换能量(与加热声子相比):

- Gershenzon 等人建议[119]的声子制冷 HEB 原理,并首次由 Karasik 等人实现[120];
- Prober 建议[121]的扩散制冷 HEB 原理,并首次由 Skalare 等人实现[122]。

麦格(McGrath)对上述两种机理给出了一个综合表达式[123]。

图 6.23a 给出了声子制冷测辐射热计的基本工作原理:在这类器件中,热电子在 τ_{eph} 时间内将其能量传输给声子,接着,过量的声子能量在时间 τ_{esc} 内逸出到基板。要满足几个条件以使声子制冷机理有效:①电子间的相互作用时间 τ_{ee} 一定要比 τ_{eph} 短得多;②超导膜要非常薄(几 nm),薄膜-基板热导率一定要很高($\tau_{esc} \ll \tau_{eph}$),保证声子能够有效地从超导体逸出到基板;③基板热导率要非常高,并且基板与指形制冷架之间要有良好的热接触。

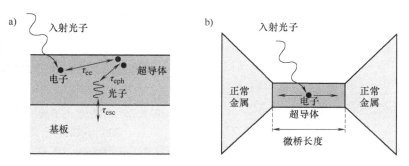

图 6.23 热电子测辐射热计工作机理
a)声子制冷原理 b)扩散制冷原理

图 6.23b 所示为扩散制冷测辐射热计的工作原理，热电子通过散射将其能量传导给作为探测器外部读出电路电连接和/或平面天线臂的普通金属。因此，超导微桥的长度要非常短，最大值 $L_{max} = 2(D_e\tau_{ee})^{1/2}$。其中，$D_e$ 为电子扩散率。正如伯克（Burker）所述[124]，测辐射热计带宽反比于微桥长度的二次方，位于亚微米范围（见图 6.24）。扩散制冷测辐射热计的带宽并不受如 τ_{eph} 这样的参数的限制，因此，与声子制冷测辐射热计相比，可以得到较大的中频值。对于扩散制冷，连接垫片与超导薄膜间的界面是关键；而对于声子制冷，薄膜和基板间的界面是关键。应当指出，在某种程度上，声子制冷也存在于扩散制冷测辐射热计中，反之亦然，所以这种区别是随意划分的。

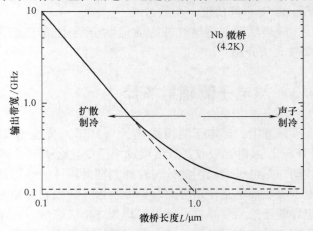

图 6.24 铌热电子测辐射热计混频器的输出带宽与微桥长度的函数关系（当 L 短于 1μm，制冷机理是电子将热扩散到普通金属；若 L 较长，则声子制冷机理起主要作用）

（资料源自：Burker, P.J., Schoelkopf, R.J., Prober, D.E., Skalare, A., McGrath, W.R., Bumble, B., and LeDuc, H.G., Applied Physics Letters 68, 3344-46, 1996）

一般地，声子制冷热电子测辐射热计是由超薄 NbN 薄膜制成，而扩散制冷器件用的是铌或者铝。当今最先进的 NbN 技术能够正常提供 3nm 厚的 $500nm^2$ 的器件，转变温度 T_c 约为 9K，跃迁宽度为 0.5K。利用直流磁控溅射技术将 NbN 薄膜镀在电介质材料上（一般高电阻率（>10kΩ·cm）的硅）。借助电子束光刻术确定超导桥，其长度在 0.1~0.4μm，宽度在 1~4μm 间变化。例如，图 6.25 给出了 NbN 热电子微桥平面对数螺旋天线中心部分的显微图[125]。

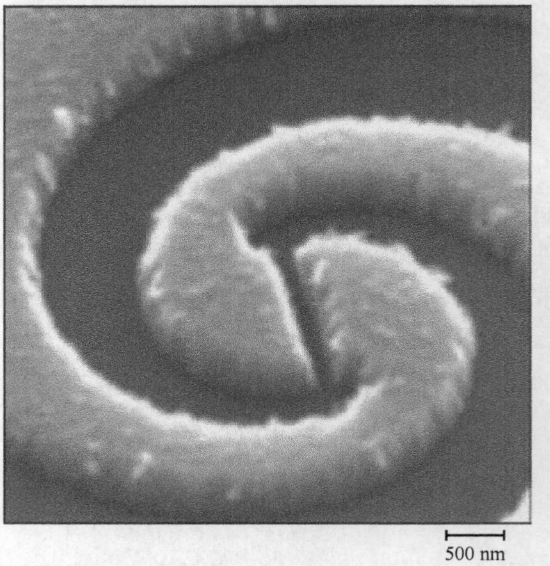

热电子测辐射热计的理论仍然在研究之中，一般认为，在中心形成热斑电阻区，其面积大小对应着对施加能量的响应。该模式初始由斯科克波尔（Skocpol）等人提出[126]，之后，应用于超导热电子测辐射热计混频器[125,127,128]。实际温度超过临界温度，并转换为正常状态的范围称为热斑。当辐射被吸收，热斑的长度增大，其边界开始移向电连接片，直至热斑达到热平衡。边界的移动速度决定着响应时间，但其它效应如辐射与磁性漩涡的相互作用，也有一定作

图 6.25 NbN 热电子微桥平面对数螺旋天线的中心部分

（资料源自：Semenov, A.D., Goltsman, G.N., Sobolewski, R., Superconductor Science and Technology, 15, R1-R16, 2002）

用。若将扩散制冷与声子制冷测测辐射热计相比较，后者有较小的噪声温度，所以更受欢迎。

超导热电子测辐射热计在远红外和太赫兹波长领域有一个重要应用。由于探测器比所接收的波长小得多，所以需要使用天线和相关耦合电路将辐射传给探测器。热电子测辐射热计混频器可以制成具有喇叭形天线的波导结构或者是准光学混频器。较传统的方法是波导耦合，喇叭形天线首先将辐射会聚到单模波导中（一般是一个矩形波导），然后，转换接头将辐射从该波导耦合到探测器芯片光刻薄膜透明线上。波导法的一个主要问题是：混频器的芯片必须非常窄，并且必须制造在超薄基板上，使用微机械制造技术有助于达到这些要求（见图 6.26[129]）。

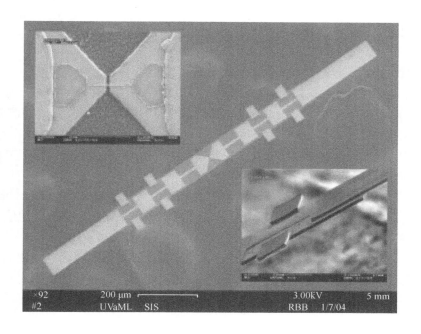

图 6.26 利用超薄硅基板制造安装的波导所具有的 585GHz 扩散制冷 HEB 混频器芯片的像（HEB 桥长 150nm 和宽 75nm；芯片本身长 800μm 和厚 3μm。从芯片背面和两端面突出 2μm 长的金线，保证与波导的电连接和热传导，以及对芯片的机械支撑）

（资料源自：Bass, R. B., "Hot Electron Bolometers on Ultra – Thin Silicon Chips with Beam Leads for a 585 GHz Receiver," PhD dissertation）

高于约 1THz，采用准光学耦合则更为平常。该方法省略了将辐射会聚到波导的中间步骤，而是使用探测器芯片本身光刻上的天线（如双缝或对数螺旋天线）。这类混频器的制造相当简单，并且可以利用厚基板生产（见图 6.27[130]）。将含有馈电天线和微桥结构的基板安装到超半球或者椭球透镜的平面侧，采用 1/4 波长增透膜，可以使透镜表面的反射损失降到最小。

选用的热电子测辐射热计的性能如图 4.7 所示。与扩散制冷器件相比，该类器件的性能会有提高，但声子制冷热电子测辐射热计在所有的频率范围内都有更低的噪声温度[94]。关于热电子测辐射热计混频器方面的更多内容将在本书 22.4.2 节进行介绍。

在本节的简短讨论中应当提到,其它 HEB 材料,如普通金属(通常是铜)、高 T_c 超导体和 n 类锑化铟(InTe)高温超导体,都有非常短的电子-声子反应时间(一般 YBaCuO 在 80~90K 的值是 1~2ps),到目前为止仅成功研制出声子制冷器件(忽略电子扩散机理)。此外,由于是高工作温度,所以,对高温超导热电子测辐射热计(HTSC HEB)的分析完全不同于相应的低温器件[131]。使用 YBaCuO HEB,已经得到了有限的结果[92,93]。

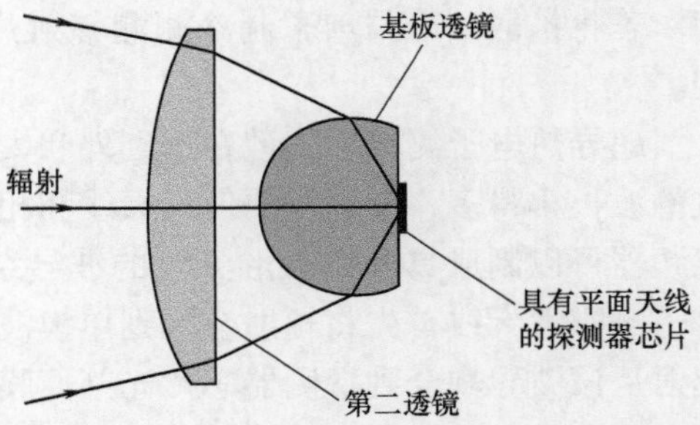

图 6.27 "反向显微镜"准光学耦合法示意图
(资料源自:Rutledge, D., and Muha, M., "Imaging Antenna Arrays" IEEE Transactions on Antennaa and Propagation AP-30, 535-40, 1982)

锑化铟(InTe)HEB 已经有了实际的应用。因为带宽大约是 4MHz,所以其应用是有限的。这些测辐射热计的参数在很大程度上是由锑化铟确定的[132,133],电压响应度一般是 100~1000V/W,热导率约 5×10^{-5} W/K,电子海的热容量 $C_{th} \approx (3/2)nkV$,其中,n 为载流子浓度,V 为探测器电压。假设,探测器的体积是 10^{-2}cm^3(原文错印为 cm^{-3}。——译者注)和 $n \approx 5\times10^{13}$cm^{-3},就可以估算出热容量 $C_{th} \approx 10^{-11}$J/K,探测器的时间常数是 2×10^{-7}s(见式(3.5))。对于在温度 4K 下工作的 n 类锑化铟样品,热限 NEP 的预估值等于 2×10^{-13} W/Hz$^{1/2}$。

红外探测器的量子效率取决于吸收系数。由于自由载流子吸收系数随 λ^2 增大,所以,利用该效应的器件的性能应随波长增大而提高。1mm 波长位置 $\alpha \approx 22$cm^{-1} 的值可以与非本征锗光电导探测器相比[133],但在 100μm 波长位置的值则太小($\alpha \approx 0.30$cm^{-1} ⊖)以致于无法制造出适合该波长的有效探测器。根据这些预估结果,n 类锑化铟热电子测辐射热计在小于 1mm 波长范围内是有用的,而在小于 300μm 的波长范围,这些器件便无效了。

参 考 文 献

1. S. P. Langley, " The Bolometer," *Nature* 25, 14-16, 1881.
2. P. W. Kruse, L. D. McGlauchlin, and R. B. McQuistan, *Elements of Infrared Technology: Generation, Transmission, and Detection*, Wiley, New York, 1962.
3. R. A. Wood, " Monolithic Silicon Microbolometer Arrays," in *Uncooled Infrared Imaging Arrays and Systems*, eds. P. W. Kruse and D. D. Skatrud, 43-121, Academic Press, San Diego, CA, 1997.
4. P. W. Kruse, *Uncooled Thermal Imaging. Arrays, Systems, and Applications*, SPIE Press, Bellingham, WA, 2001.
5. C. Jansson, U. Ringh, and K. Liddiard, " Theoretical Analysis of Pulse Bias Heating of Resistance Bolometer Infrared Detectors and Effectiveness of Bias Compensation," *Proceedings of SPIE* 2552, 644-52, 1995.
6. K. C. Liddiard, " Thin-Film Resistance Bolometer IR Detectors," *Infrared Physics* 24, 57-64, 1984.
7. A. Tanaka, S. Matsumoto, N. Tsukamoto, S. Itoh, K. Chiba, T. Endoh, A. Nakazato, et al. ," Infrared Focal Plane Array Incorporating Silicon IC Process Compatible Bolometer," *IEEE Transactions on Electron Devices* 43, 1844-80, 1996.

⊖ 原书此处将 "too small to fabricate" 错印为 "to small to fabricate" ——译者注

8. S.-B. Ju, Y.-J. Yong, and S.-G. Kim, " Design and Fabrication of High Fill-Factor Microbolometer Using Double Sacrificial Layers," *Proceedings of SPIE* 3698, 180-89, 1999.
9. J. M. Shive, *Semiconductor Detectors*, Van Nostrand, New York, 1959.
10. E. M. Wormser, " Properties of Thermistor Infrared Detectors," *Journal of the Optical Society of America* 43, 15-21, 1953.
11. R. De Waars and E. M. Wormser, " Description and Properties of Various Thermal Detectors," *Proceedings of IRE* 47, 1508-13, 1959.
12. R. W. Astheimer, " Thermistor Infrared Detectors," *Proceedings of SPIE* 443, 95-109, 1984.
13. R. C. Jones, " Immersed Radiation Detectors," *Applied Optics* 1, 607, 1962.
14. S. G. Bishop and W. J. Moore, " Chalcogenide Glass Bolometers," *Applied Optics* 12, 80-83, 1973.
15. S. Baliga, A. Doctor, and M. Rost, " Sputtered Film Thermistor IR Detectors," *Proceedings of SPIE* 2225, 72-78, 1994.
16. J. C. Mather, " Bolometer Noise: Nonequilibrium Theory," *Applied Optics* 21, 1125-29, 1982.
17. W. S. Boyle and K. F. Rogers, Jr., " Performance Characteristics of a New Low-Temperature Bolometer," *Journal of the Optical Society of America* 49, 66-69, 1959.
18. E. H. Putley, " Thermal Detectors," in *Optical and Infrared Detectors*, ed. R. J. Keyes, 71-100, Springer, Berlin, 1977.
19. N. Coron, " Infrared Helium Cooled Bolometers in the Presence of Background Radiation: Optimal Parameters and Ultimate Performances," *Infrared Physics* 16, 411-19, 1976.
20. S. Zwerdling, R. A. Smith, and J. P. Theriault, " A Fast, High-Responsivity Bolometer Detector for the Very Far Infrared," *Infrared Physics* 8, 271-336, 1968.
21. F. J. Low, " Low-Temperature Germanium Bolometer," *Journal of the Optical Society of America* 51, 1300-04, 1961.
22. B. T. Draine and A. J. Sievers, " A High Responsivity, Low-Noise Germanium Bolometer for the Far Infrared, " *Optics Communications* 16, 425-28, 1976.
23. M. A. Kinch, " Compensated Silicon-Impurity Conduction Bolometer," *Journal of Applied Physics* 42, 5861-63, 1971.
24. E. E. Haller, " Physics and Design of Advanced IR Bolometers and Photoconductors," *Infrared Physics* 25, 257-66, 1985.
25. P. L. Richards, " Bolometers for Infrared and Millimeter Waves," *Journal of Applied Physics* 76, 1-24, 1994.
26. E. E. Haller, " Advanced Far-Infrared Detectors," *Infrared Physics & Technology* 35, 127-46, 1994.
27. N. S. Nishioka, P. L. Richards, and D. P. Woody, " Composite Bolometers for Submillimeter Wavelengths," *Applied Optics* 17, 1562-67, 1978.
28. E. L. Dereniak and D. G. Crowe, Optical Radiation Detectors, Wiley, New York, 1984.
29. P. M. Downey, A. D. Jeffries, S. S. Meyer, R. Weiss, F. J. Bachner, J. P. Donnelly, W. T. Lindley, R. W. Mountain, and D. J. S. Silversmith, " Monolithic Silicon Bolometers," *Applied Optics* 23, 910-14, 1984.
30. R. E. Flannery and J. E. Miller, " Status of Uncooled Infrared Imagers," *Proceedings of SPIE* 1689, 379-95, 1992.
31. R. A. Wood, C. J. Han, and P. W. Kruse, " Integrated Uncooled IR Detector Imaging Arrays," *Proceedings of IEEE Solid State Sensor and Actuator Workshop*, 132-35, Hilton Head Island, SC, June 1992.
32. R. A. Wood, " Micromachined Bolometer Arrays Achieve Low-Cost Imaging," *Laser Focus World*, 101-6,

June 1993.

33. R. A. Wood, " Uncooled Thermal Imaging with Monolithic Silicon Focal Planes," *Proceedings of SPIE* 2020, 322 – 29, 1993.

34. K. C. Liddiard, " Thin Film Monolithic Arrays for Uncooled Thermal Imaging," *Proceedings of SPIE* 1969, 206 – 16, 1993.

35. M. H. Unewisse, S. J. Passmore, K. C. Liddiard, and R. J. Watson, " Performance of Uncooled Semiconductor Film Bolometer Infrared Detectors," *Proceedings of SPIE* 2269, 43 – 52, 1994.

36. R. A. Wood, " High – Performance Infrared Thermal Imaging with Monolithic Silicon Focal Planes Operating at Room Temperature," *Electron Devices Meeting*, *IEDM'93*, *Technical Digest*, *International*, 175 – 77, 1993.

37. B. Fieque, J. L. Tissot, C. Trouilleanu, A. Crates, and O. Legras, " Uncooled Microbolometer Detector: Recent Developments at Ulis," *Infrared Physics and Technology* 49, 187 – 91, 2007.

38. M. Kohin and N. Buttler, " Performance Limits of Uncooled VO_x Microbolometer Focal Plane Arrays," *Proceedings of SPIE* 5406, 447 – 53, 2004.

39. P. W. Kruse, " Can the 300 K Radiating Background Noise Limit be Attained by Uncooled Thermal Imagers?" *Proceedings of SPIE* 5406, 437 – 46, 2004.

40. F. Niklaus, C. Jansson, A. Decharat, J. – E. Källhammer, H. Pettersson, and G. Stemme, " Uncooled Infrared Bolometer Arrays Operating in a Low to Medium Vacuum Atmosphere: Performance Model and Tradeoffs," *Proceedings of SPIE* 6542, 65421M, 2007.

41. H. Jerominek, F. Picard, and D. Vincent, " Vanadium Oxide Films for Optical Switching and Detection," *Optical Engineering* 32, 2092 – 99, 1993.

42. E. Kuz'ma, " Contribution to the Technology of Critical Temperature Resistors," Electron Technology 26 (2/3), 129 – 42, 1993.

43. H. Jerominek, T. D. Pope, M. Renaud, N. R. Swart, F. Picard, M. Lehoux, S. Savard, et al. ," 64 × 64, 128 × 128 and 240 × 320 Pixel Uncooled IR Bolometric Detector Arrays," *Proceedings of SPIE* 3061, 236 – 47, 1997.

44. C. Chen, X. Yi, J. Zhang, and B. Xiong, " Micromachined Uncooled IR Bolometer Linear Array Using VO_2 Thin Films," *International Journal of Infrared Millimeter Waves* 22, 53 – 58, 2001.

45. F. Niklaus, C. Vieider, and H. Jakobsen, " MEMS-Based Uncooled Infrared Bolometer Arrays: A Review," *Proceedings of SPIE* 6836, 68360D, 2007.

46. M. Soltani, M. Chaker, E. Haddad, R. V. Kruzelecky, and J. Margot, " Effects of Ti – W Codoping on the Optical and Electrical Switching of Vanadium Dioxide Thin Films Grown by a Reactive Pulsed Laser Deposition," *Applied Physics Letters* 85, 1958 – 60, 2004.

47. Y. – H. Han, K. – T. Kim, H. – J. Shin, and S. Moon, " Enhanced Characteristics of an Uncooled Microbolometer Using Vanadium – Tungsten Oxide as a Thermoelectric Material," *Applied Physics Letters* 86, 254101 – 3, 2005.

48. A. J. Syllaios, T. R. Schimert, R. W. Gooch, W. L. McCardel, B. A. Ritchey, and J. H. Tregilgas, " Amorphous Silicon Microbolometer Technology," *MRS Proceedings* 609, A14. 41 – 6, 2000.

49. K. C. Liddiard, U. Ringh, C. Jansson, and O. Reinhold, " Progress of Swedish – Australian Research Collaboration on Uncooled Smart IR Sensors," *Proceedings of SPIE* 3436, 578 – 84, 1998.

50. B. I. Craig, R. J. Watson, and M. H. Unewisse, " Anisotropic Excess Noise Within a – Si: H," *Solid-State Electronics* 39, 807 – 12, 1996.

51. J. L. Tissot, F. Rothan, C. Vedel, M. Vilain, and J. – J. Yon, " LETI/LIR's Amorphous Silicon Uncooled

IR Systems," *Proceedings of SPIE* 3379, 139 – 44, 1998.
52. J. L. Tissot, J. L. Martin, E. Mottin, M. Vilain, J. J. Yon, and J. P. Chatard, " 320 × 240 Microbolometer Uncooled IRFPA Development," *Proceedings of SPIE* 4130, 473 – 79, 2000.
53. J. F. Brady, T. S. Schimert, D. D. Ratcliff, R. W. Gooch, B. Ritchey, P. McCardel, K. Rachels, et al. , " Advances in Amorphous Silicon Uncooled IR Systems," *Proceedings of SPIE* 3698, 161 – 67, 1999.
54. A. Tanaka, M. Suzuki, R. Asahi, O. Tabata, and S. Sugiyama, " Infrared Linear Image Sensor Using a Poly – Si pn Junction Diode Array," *Infrared Physics* 33, 229 – 36, 1992.
55. Y. P. Xu, R. S. Huang, and G. A. Rigby, " A Silicon-Diode-Based Infrared Thermal Detector Array," *Sensors and Actuators* A 37 – 38, 226 – 30, 1993.
56. M. Ueno, O. Kaneda, T. Ishikawa, K. Yamada, A. Yamada, M. Kimata, and M. Nunoshita, " Monolithic Uncooled Infrared Image Sensor with 160 × 120 Pixels," *Proceedings of SPIE* 2552, 636 – 43, 1995.
57. J. – K. Kim and C. – H. Han, " A New Uncooled Thermal Infrared Detector Using Silicon Diode," *Sensors and Actuators* A89, 22 – 27, 2001.
58. J. E. Murguia, P. K. Tedrow, F. D. Shepherd, D. Leahy, and M. M. Weeks, " Performance Analysis of a Thermionic Thermal Detector at 400K, 300K, and 200K," *Proceedings of SPIE* 3698, 361 – 75, 1999.
59. E. S. Young, *Fundamentals of Semiconductor Devices*, McGraw-Hill, New York, 1978.
60. *Omega Complete Temperature Measurement Handbook and Encyclopedia*, Vol. 26, Omega Engineering Inc. , Stanford, CT, U – 1 – 24, 1989.
61. L. Dong, R. F. Yue, and L. T. Liu, " A High Performance Single-Chip Uncooled a-Si TFT Infrared Sensor," *Proceedings of Transducers* 2003, Vol. 1, 312 – 15, 2003.
62. L. Dong, R. Yue, and L. Liu, " Fabrication and Characterization of Integrated Uncooled Infrared Sensor Arrays Using a – Si Thin – Film Transistors as Active Elements," *Journal of Microelectromechanical Systems* 14, 1667 – 77, 2005.
63. M. H. Unewisse, B. I. Craig, R. J. Watson, O. Reinhold, and K. C. Liddiard, " The Growth and Properties of Semiconductor Bolometers for Infrared Detection," *Proceedings of SPIE* 2554, 43 – 54, 1995.
64. E. Iborra, M. Clement, and L. Herrero, " Sangrador IR Uncooled Bolometers Based on Amorphous GeSiO on Silicon Micromachined Structures," *Journal of Microelectromechanical Systems* 11, 322 – 29, 2002.
65. D. Butler and M. Rana, " Radio frequency Sputtered SiGe and SiGeO Thin Films for Uncooled Infrared Detectors," *Thin Solid Films* 514, 355 – 60, 2006.
66. A. Ahmed and R. Tait, " Noise Behavior of Amorphous GeSiO for Microbolometer Applications," *Infrared Physics and Technology* 46, 468 – 72, 2005.
67. M. Moreno, A. Kosarev, A. Torres, and R. Ambrosio, " Fabrication and Performance Comparison of Planar and Sandwich Structures of Micro-Bolometers with Ge Thermo – Sensing Layer," *Thin Solid Films* 515, 7607 – 10, 2007.
68. V. Leonov, N. Perova, P. De Moor, B. Du Bois, C. Goessens, B. Grietens, A. Verbist, C. Van Hoof, and J. Vermeiren, " Micromachined Poly-SiGe Bolometer Arrays for Infrared Imaging and Spectroscopy," *Proceedings of SPIE* 4945, 54 – 63, 2003.
69. I. Chistokhin, I. Michailovsky, B. Fomin, and E. Cherepov, " Polycrystalline Layers of Silicon – Germanium Alloy for Uncooled IR Bolometers," *Proceedings of SPIE* 5126, 407 – 14, 2003.
70. R. Yue, L. Dong, and L. Liu, " Monolithic Uncooled 8 × 8 Bolometer Arrays Based on Poly-SiGe Thermistor," *International Journal of Infrared and Millimeter Waves* 27, 995 – 1003, 2006.
71. S. Wissmar, L. Hoglund, J. Andersson, C. Vieider, S. Susan, and P. Ericsson, " High Signal to Noise Ratio

Quantum Well Bolometer Material," *Proceedings of SPIE* 6401, 64010N, 2006.
72. G. Yu and A. J. Heeger, " Photoinduced Charge Carriers in Insulating Cuprates: Fermi Glass Insulator, Metal-Insulator Transition and Superconductivity," *International Journal of Modern Physics* B7, 3751, 1993.
73. P. C. Shan, Z. Celik-Butler, D. P. Butler, A. Jahanzeb, C. M. Travers, W. Kula, and R. Sobolewski, " Investigation of Semiconducting YBaCuO Thin Films: A New Room Temperature Bolometer," *Journal of Applied Physics* 80, 7118 – 23, 1996.
74. L. Mechin, J. C. Villegier, and D. Bloyet, " Suspended Epitaxial YbaCuO Microbolometers Fabricated by Silicon Micromachining: Modeling and Measurements," *Journal of Applied Physics* 81, 7039 – 47, 1997.
75. A. Jahanzeb, C. M. Travers, Z. Celik – Butler, D. P. Butler, and S. G. Tan, " A Semiconductor YBaCuO Microbolometer for Room Temperature IR Imaging," *IEEE Transactions on Electron Devices* 44, 1795 – 801, 1997.
76. L. Phong and S. Qiu, " Room Temperature YBaCuO Microbolometers," *Journal of Vacuum Science and Technology* A18, 635 – 38, 2000.
77. M. Almasri, Z. Celik – Butler, D. P. Butler, A. Yarafanakul, and A. Yildiz, " Semiconducting YBaCuO Microbolometers for Uncooled Broad – Band IR Sensing," *Proceedings of SPIE* 4369, 264 – 73, 2001.
78. J. Kim and A. Grishin, " Free – Standing Epitaxial $La_{1-x}(Sr, Ca)_x MnO_3$ Membrane on Si for Uncooled Infrared Microbolometer," *Applied Physics Letters* 87, 033502, 2005.
79. M. Liger and Y. – C. Tal, " A 32 × 32 Parylene-Pyrolyzed Carbon Bolometer Imager," *Proceedings of MEMS* 2006, 106 – 9, 2006.
80. D. H. Andrews, W. F. Brucksch, Jr. , W. T. Ziegler, and E. R. Blanchard, " Attenuated Superconductors: I. For Measuring Infra-Red Radiation," *Review of Scientific Instruments* 13, 281 – 92, 1942.
81. R. M. Milton, " A Superconducting Bolometer for Infrared Measurements," *Chemical Reviews* 39, 419 – 22, 1946.
82. D. H. Andrews, R. M. Milton, and W. DeSorbo, " A Fast Superconducting Bolometer," *Journal of the Optical Society of America* 36, 518 – 24, 1946.
83. N. Fuson, " The Infra – Red Sensitivity of Superconducting Bolometers," *Journal of the Optical Society of America* 38, 845 – 53, 1948.
84. H. D. Martin and D. Bloor, " The Applications of Superconductivity to the Detection of Radiant Energy," *Cryogenics* 1, 159, 1961.
85. C. L. Bertin and K. Rose, " Radiant – Energy Detection by Superconducting Films," *Journal of Applied Physics* 39, 2561 – 68, 1968.
86. J. Clarke, G. I. Hoffer, P. L. Richards, and N. H. Yeh, " Superconductive Bolometers for Submillimeter Wavelengths," *Journal of Applied Physics* 48, 4865 – 79, 1977.
87. C. P Poole, H. A. Farach, and R. J. Creswick, *Superconductivity*, Academic Press, San Diego, CA, 1995.
88. K. Rose, C. L. Bertin, and R. M. Katz, " Radiation Detectors," in *Applied Superconductivity*, Vol. 1, ed. V. L. Newhouse, 268 – 308, Academic Press, New York, 1975.
89. K. Rose, " Superconductive FIR Detectors," *IEEE Transactions on Electron Devices* ED – 27, 118 – 25, 1980.
90. I. A. Khrebtov, " Superconductor Infrared and Submillimeter Radiation Receivers," *Soviet Journal of Optical Technology* 58, 261 – 70, 1991.
91. H. Kraus, " Superconductive Bolometers and Calorimeters," *Superconductor Science and Technology* 9, 827 – 42, 1996.
92. A. J. Kreisler and A. Gaugue, " Recent Progress in HTSC Bolometric Detectors at Terahertz Frequencies,"

Proceedings of SPIE 3481, 457 – 68, 1998.

93. A. J. Kreisler and A. Gaugue, " Recent Progress in High-Temperature Superconductor Bolometric Detectors: From the Mid-Infrared to the Far-Infrared (THz) Range," Superconductor Science and Technology 13, 1235 – 45, 2000.

94. J. Zmuidzinas and P. L. Richards, " Superconducting Detectors and Mixers for Millimeter and Submillimeter Astrophysics," Proceedings of IEEE 92, 1597 – 616, 2004.

95. G. H. Rieke, " Infrared Detector Arrays for Astronomy," Annual Review of Astronomy and Astrophysics 45, 77 – 115, 2007.

96. D. J. Benford and S. H. Moseley, " Superconducting Transition Edge Sensor Bolometer Arrays for Submillimeter Astronomy," Proceedings of the International Symposium on Space and THz Technology. Available: http://www.eecs.umich.edu/~jeast/benford_2000_4_1.pdf

97. Z. Zhang, T. Le, M. Flik, and E. Carvalho, " Infrared Optical – Constant of the HTc Superconductor $YBa_2Cu_3O_7$," Journal of Heat Transfer 116, 253 – 56, 1994.

98. S. E. Schwarz and B. T. Ulrich, " Antenna Coupled Thermal Detectors," Journal of Applied Physics 85, 1870 – 73, 1977.

99. K. A. Muller and J. G. Bednorz, " The Discovery of a Class of High – Temperature Superconductors," Science 237, 1133 – 39, 1987.

100. J. G. Bednorz and K. A. Müller, " Possible High Tc Superconductivity in the Ba-La-Cu-O System," Zeitschrift fur Physik B-Condensed Matter 64, 189 – 93, 1986; " Perovskite – type Oxides – The New Approach to High-T_c Superconductivity," Reviews of Modern Physics 60, 585 – 600, 1988.

101. J. Nagamatsu, N. Nakagawa, T. Muranaka, Y. Zenitani, and J. Akimitsu, " Superconductivity at 39°K in Magnesium Diboride," Nature 410, 63 – 64, 2001.

102. A. Schilling, M. Cantoni, J. D. Guo, and H. R. Ott, " Superconductivity Above 130 K in the Hg-Ba-Ca-Cu-O System," Nature 363, 56 – 58, 1993.

103. Y. Enomoto and T. Murakami, " Optical Detector Using Superconducting $BaPb_{0.7}Bi_{0.3}O_3$," Journal of Applied Physics 59, 3807 – 14, 1986.

104. P. W. Kruse, " Physics and Applications of High-T_c Superconductors for Infrared Detectors," Semiconductor Science and Technology 5, S229 – S329, 1990.

105. R. Sobolewski, " Applications of High-T_c Superconductors in Optoelectronics," Proceedings of SPIE 1512, 14 – 27, 1991.

106. Q. Hu and P. L. Richards, " Design Analysis of High T_c Superconducting Microbolometer," Applied Physics Letters 55, 2444 – 46, 1989.

107. P. L. Richards, J. Clarke, R. Leoni, Ph. Lerch, S. Verghese, M. B. Beasley, T. H. Geballe, R. H. Hammond, P. Rosenthal, and S. R. Spielman, " Feasibility of the High T_c Superconducting Bolometer," Applied Physics Letters 54, 283 – 85, 1989.

108. S. Verghese, P. L. Richards, K. Char, D. K. Fork, and T. H. Geballe, " Feasibility of Infrared Imaging Arrays Using High-T_c Superconducting Bolometers," Journal of Applied Physics 71, 2491 – 98, 1992.

109. J. C. Brasunas, S. H. Moseley, B. Lakew, R. H. Ono, D. G. McDonald, J. A. Beall, and J..E.. Sauvageau, " Construction and Performance of a High-Temperature-Superconductor Composite Bolometer," Journal of Applied Physics 66, 4551 – 54, 1989.

110. J. Brasunas and B. Lakew, " High Tc Bolometer Developments for Planetary Missions," Proceedings of SPIE 1477, 166 – 73, 1991.

111. S. Verghese, P. L. Richards, S. A. Sachtjen, and K. Char, " Sensitive Bolometers Using High-T_c Superconducting Thermometers for Wavelengths 20 – 300 μm," *Journal of Applied Physics* 24, 4251 – 53, 1993.

112. J. Brasunas and B. Lakew, " High T_c Bolometer with Record Performance," *Applied Physics Letters* 64, 777 – 78, 1994.

113. M. J. Burns, A. W. Kleinsasser, K. A. Delin, R. P. Vasquez, B. S. Karasik, W. R. McGraph, and M. C. Gaidis, " Fabrication of High-T_c Hot-Electron Bolometric Mixers for Terahertz Applications," *IEEE Transactions on Applied Superconductivity* 7, 3564 – 67, 1997.

114. B. R. Johnson, T. Ohnstein, H. Marsh, S. B. Dunham, and P. W. Kruse, " $YBa_2Cu_3O_7$ Superconducting Microbolometer Linear Arrays," *Proceedings of SPIE* 1685, 139 – 45, 1992.

115. B. R. Johnson and P. W. Kruse, " Silicon Microstructure Superconducting Microbolometer Infrared Arrays," *Proceedings of SPIE* 2020, 2 – 7, 1993.

116. M. C. Foote, B. R. Johnson, and B. D. Hunt, " Transition Edge $Yba_2Cu_3O_{7-x}$ Microbolometers for Infrared Staring Arrays," *Proceedings of SPIE* 2159, 2 – 9, 1994.

117. B. R. Johnson, M. C. Foote, H. A. Marsh, and B. D. Hunt, " Epitaxial $YBa_2Cu_3O_7$ Superconducting Infrared Microbolometers on Silicon," *Proceedings of SPIE* 2267, 24 – 30, 1994.

118. B. R. Johnson, M. C. Foote, and H. A. Marsh, " High Performance Linear Arrays of $YBa_2Cu_3O_7$ Superconducting Infrared Microbolometers on Silicon," *Proceedings of SPIE* 2475, 56 – 61, 1995.

119. E. M. Gershenzon, G. N. Goltsman, I. G. Gogidze, Y. P. Gusev, A. J. Elant'ev, B. S. Karasik, and A. D. Semenov, " Millimeter and Submillimeter Range Mixer Based on Electronic Heating of Superconducting Films in the Resistive State," *Superconductivity* 3, 1582 – 97, 1990.

120. B. Karasik, G. N. Gol'tsman, B. M. Voronov, S. I. Svechnikov, E. M. Gershenzon, H. Ekstrom, S. Jacobsson, E. Kollberg, and K. S. Yngvesson, " Hot Electron Quasioptical NbN Superconducting Mixer," *IEEE Transactions on Applied Superconductivity* 5, 2232 – 35, 1995.

121. D. E. Prober, " Superconducting Terahertz Mixer Using a Transition-Edge Microbolometer," *Applied Physics Letters* 62, 2119 – 21, 1993.

122. A. Skalare, W. R. McGrath, B. Bumble, H. G. LeDuc, P. J. Burke, A. A. Vereijen, R. J. Schoelkopf, and D. E. Prober, " Large Bandwidth and Low Noise in a Diffusion-Cooled Hot-Electron Bolometer Mixer," *Applied Physics Letters* 68, 1558 – 60, 1996.

123. W. R. McGrath, " Novel Hot – Electron Bolometer Mixers for Submillimeter Applications: An Overview of Recent Developments," *Proceedings of URSI International Symposium on Signals, Systems, and Electronics*, 147 – 52, 1995.

124. P. J. Burke, R. J. Schoelkopf, D. E. Prober, A. Skalare, W. R. McGrath, B. Bumble, and H. G. LeDuc, " Length Scaling of Bandwidth and Noise in Hot – Electron Superconducting Mixers," *Applied Physics Letters* 68, 3344 – 46, 1996.

125. A. D. Semenov, G. N. Gol'tsman, and R. Sobolewski, " Hot – Electron Effect in Superconductors and Its Applications for Radiation Sensors," *Superconductor Science and Technology* 15, R1 – R16, 2002.

126. W. J. Skocpol, M. R. Beasly, and M. Tinkham, " Self-Heating Hotspots in Superconducting Thin-Film Microbridges," *Journal of Applied Physics* 45, 4054 – 66, 1974.

127. A. D. Semenov and H. – W. Hübers, " Frequency Bandwidth of a Hot-Electron Mixer According to the Hot-Spot Model," *IEEE Transactions on Applied Superconductivity* 11, 196 – 99, 2001.

128. H. – W. Hubers, " Terahertz Heterodyne Receivers," *IEEE Journal of Selected Topics in Quantum Electronics* 14, 378 – 91, 2008.

129. R. B. Bass, " Hot Electron Bolometers on Ultra-Thin Silicon Chips with Beam Leads for a 585 GHz Receiver. PhD dissertation. Available: http://www.ece.virginia.edu/uvml/sis/Papers/ rbbpapers/eucas03OI.pdf.
130. D. Rutledge and M. Muha, " Imaging Antenna Arrays," *IEEE Transactions on Antennas and Propagation* AP −30, 535−40, 1982.
131. B. S. Karasik, W. R. McGrath, and M. C. Gaidis, " Analysis of a High-Tc Hot-Electron Superconducting Mixer for Terahertz Applications," *Journal of Applied Physics* 83, 1581−89, 1997.
132. M. A. Kinch and B. V. Rollin, " Detection of Millimetre and Submillimetre Wave Radiation by Free Carrier Absorption in a Semiconductor," *British Journal of Applied Physics* 14, 672−76, 1963.
133. E. H. Putley, " InSb Submillimeter Photoconductive Devices," in *Semiconductors and Semimetals*, Vol. 12, eds. R. K. Willardson and A. C. Beer, 143−68, Academic Press, New York, 1977.

第 7 章 热释电探测器

由于自发极化随温度而变化,所以,热释电晶体无论何时发生温度变化,都会在某特定方向形成表面电荷。公元前 315 年,狄奥弗拉斯塔(Theophrastus)[1]曾阐述过这种效应,许多世纪以来,该效应一直被称为可观察物理现象,布儒斯特(Brewster)首次使用了术语"热释电⊖"[2]。很早以前,塔(Ta)就建议在探测辐射时使用热释电效应的概念[3],但由于缺少合适的材料,进展很慢。大约 50 年前,诸如查诺韦思(Chynoweth)[4]、库珀(Cooper)[5,6]、哈德尼(Hadni)等人[7]及其它作者[8-13]的科学活动,使热释电效应在红外探测领域的重要性越加明显。至 1969 年,帕特利(Putley)[14]发表了一篇广受赞誉的研究工作综述,贝克(Baker)等人[15]、帕特利(Putley)[16]、刘和龙(Liu and Long)[17]、马歇尔(Marshall)[18]、波特(Porter)[19]、乔希(Joshi)和达瓦尔(Dawar)[20]、沃特莫尔(Whatmore)[21,22]、拉维奇(Ravich)[23]、沃顿(Watton)[24]和罗宾(Robin)等人[25]报告了进一步的研究成果。最近发表的论文显示,利用微机械制造技术制造的热释电非制冷热探测器已达到了基本极限值[26-33]。

7.1 热释电探测器的基本工作原理

约二十四个世纪以前,就已经知道热释电性,在 1938 年的一段时间,巴黎市索邦(Sorbonne)地区的化学家塔(Y. Ta)曾建议,使用电气石晶体作为光谱学仪器的红外探测器[3,32]。此后十年,英国、美国和德国相继进行了一些热释电探测器的研究,其研究成果只能保存在机密文件中。1962 年,库珀首次提出热释电探测器理论,并利用钛酸钡做了实验[5,6]。就在同一年,朗(Lang)也提议,利用热释电器件测量小至 $0.2\mu K$ 的温度变化,此后,有关热释电红外探测器研究方面的论文呈爆发式增长[32]。

热释电材料是一种与温度有关的自发电极化(或电偏振)材料,已知有 32 种晶体类,21 种属非中心对称结构,10 种呈现与温度有关的自发极化。在平衡条件下,由于自由电荷存在,使电非对称性得到补偿,然而,当材料的温度变化快于补偿电荷本身的再分布时,就可以观察到电信号。这就意味着,与其它探测温度绝对量而非温度变化的热探测器不同,热释电探测器是一个交流(AC)器件。一般来说,这就限制了低频率工作性能;而对于最大输出信号,输入辐射的充电率应可以与元件的电时间常数相比。

大部分热释电材料也是铁电材料,意味着,施加合适的电场可以使其极化方向逆转,并且,在某些温度下,如居里(Curie)温度 T_c,极化降为零。通常,热探测器阵列所需要的热电材料都是以铅为基础的钙钛矿氧化物,例如钛酸铅 [$PbTiO_3$: PT]。这些材料的结构类似矿物钙钛矿($CaTiO_3$)。基本化学方程式是 ABO_3。其中,A 是铅,O 是氧,B 是一种阳离子或者混合体,例如,锆钛酸铅 [Pb(ZrTi)O_3: PZT]、钛酸锶钡 [$BaSrTiO_3$: BST]、钽酸

⊖ pyroelectricity,又称热电效应、热电。

铅钪［Pb（Sc$_{0.5}$Ta$_{0.5}$）O$_3$：PST］和镁铌酸铅［Pb（Mg$_{1/3}$Nb$_{2/3}$）O$_3$：PMN］。常将掺杂物添加到这些基本配方中，以增强或调制材料性质。高于居里温度T_C，这些材料就会形成对称非极性立方结构（见图7.1），是顺电材料，没有热电性质。一旦制冷，这些材料就会有结构相位转换，形成铁电相变。

上述材料可以进一步细分为两组。第一组是普通的热电材料，如钛酸铅（PT）陶瓷和锆钛酸铅（PZT）压电陶瓷，在低于其居里温度的室温下无需施加电场就可以很好地工作。由于探测器性能在相当大的温度范围只有很小的变化，所以，对探测器的温度稳定性要求非常低，或者不予考虑。然而，在介质测辐射热计工作模式下，有可能使铁电器件在温度高于T_C并存在施加偏压电场情况下工作，与介电常数随转变区域的温度变化有关。介电常数对温度有密

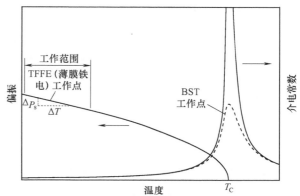

图7.1 铁电材料的热特性（虚线表示施加电场对介电常数的影响）

切的依赖关系，但对施加电场关系不紧密（图7.1所示虚线）。由于入射辐射会造成介电常数增大，进而引起信号电压变高，所以施加偏压场会给元件充电和加热。第二组材料（包括 BST、PST 和 PMN）的T_C稍低于探测器产生最低热释电性的工作温度。

对于铁电材料，一般地，电位移D是自发极化（零场）P_s和场致极化（即$\varepsilon_0\varepsilon_r E$）贡献量之和，对在转变温度附近实现非线性化也是很重要的，因此，需要进行积分：

$$D = P_s(T) + \varepsilon_0 \int_0^E \varepsilon_r(E', T) dE' \tag{7.1}$$

式中，ε_0为自由空间的介电常数；ε_r为热电材料的相对介电常数。

热电系数是位移随温度的变化：

$$p = \frac{dD}{dT_E} = \frac{dP_s}{dT} + \varepsilon_0 \int_0^E \frac{d\varepsilon_r}{dT} dE' \tag{7.2}$$

为了使电介质测辐射热计材料具有高热电系数，希望介电常数随温度有一个大的变化，和/或应施加高偏置电场。如前所述，通常，偏置电场减小介电常数变化，甚至会引入正斜率，因此简单施加高电场获得的效益是有限的。

7.1.1 响应度

可以将热释电探测器看做是垂直于自发极化方向安装、具有两个导电电极的小电容器，图7.2所示为其等效电路图。为了在使用前确定敏感元件的方向，要对材料加热并施加电场。当探测器工作时，偏振发生变化，电容上出现电荷，并形成电流，其量值取决于材料温度的升高以及热电系数p。

由于温度变化ΔT引起的偏振变化可以用下式表示：

$$P = p\Delta T \tag{7.3}$$

产生的热释电电荷为

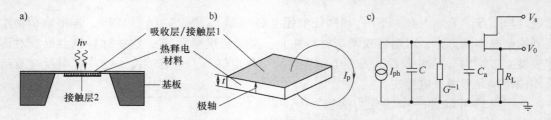

图 7.2 热释电探测器
a) 横截面示意图 b) 热释电元件 c) 等效电路

$$Q = pA\Delta T \tag{7.4}$$

所以,热释电材料温度变化的影响就是产生电流 $I_{ph} = dQ/dT$,在外部电路中流动(见图 7.2),因此

$$I_{ph} = Ap\frac{dT}{dt} \tag{7.5}$$

式中,A 为探测器面积;p 为热释电系数垂直于电极方向的分量;dT/dt 为温度随时间的变化速率。参考式(3.4),光电流等于

$$I_{ph} = \frac{\varepsilon p A \Phi_0 \omega}{G_{th}(1+\omega^2\tau_{th}^2)^{1/2}} \tag{7.6}$$

为使热释电器件工作,必须对能源进行调制,通过机械斩波或探测器相对于辐射源移动就能够达此目的。面积为 A、厚度为 t 的元件的热电容 $C_{th} = c_{th}At$(其中,c_{th} 为体比热),通过热导率 G_{th} 与散热片连接,得到的热时间常数 $\tau_{th} = C_{th}/G_{th}$。

假设,探测器有电容 C,并且对于像 MOSFET 这样的低噪声高输入阻抗缓冲放大器有电导 G($G^{-1}=R$ 是并联电阻),并有输入电容 C_a。实际上,放大器的电阻远比分流电阻器 G^{-1} 大很多,并且可以忽略不计;但与探测器电容 C 相比,C_a 并非总是较小的,从而产生一个电时间常数 $\tau_e = (C_a + C)/G$。τ_{th} 和 τ_e 是确定频率响应的基本参数。

电流响应度为

$$R_i = \frac{I_{ph}}{\Phi_0} = \frac{\varepsilon p A \omega}{G_{th}(1+\omega^2\tau_{th}^2)^{\frac{1}{2}}} \tag{7.7}$$

对于低频($\omega \ll 1/\tau_{th}$),响应度正比于 ω,若频率大于该值,响应度是个常数:

$$R_i = \frac{\varepsilon p}{c_{th} t} \tag{7.8}$$

如果探测器与高阻抗放大器相连,则观察到的信号等于电荷 Q 产生的电压,如图 7.2c 所示,可以用电容器 C、电流源 I_{ph} 和并联电导 G 表示探测器,形成的电压为

$$V = \frac{I_{ph}}{(G^2+\omega^2 C^2)^{\frac{1}{2}}} \tag{7.9}$$

电压响应度为

$$R_v = \frac{V}{\Phi_0} = \frac{R\varepsilon p A \omega}{G_{th}(1+\omega^2\tau_{th}^2)^{\frac{1}{2}}(1+\omega^2\tau_e^2)^{\frac{1}{2}}} \tag{7.10}$$

式中,$\tau_e = C/G$,电时间常数。若频率高于 $(\tau_{th})^{-1}$ 和 $(\tau_e)^{-1}$,该公式可进一步简化为

$$R_v = \frac{\varepsilon p}{\varepsilon_0 \varepsilon_r c_{th} A \omega} \tag{7.11}$$

式（7.11）表明，热电探测器高频处的电压响应度反比于频率，在低频处，受到电和热时间常数的修正，见式（7.10），所以真正的频率响应是图 7.3 所示的形式。最大值位于频率 $(\tau_{th}\tau_e)^{-\frac{1}{2}}$ 处，其值为

$$R_{v\,max} = \frac{\varepsilon p A R}{G_{th}(\tau_e + \tau_{th})} \tag{7.12}$$

由式（7.12）很容易看出，令 G_{th} 最小就可以使响应度最大，要保持适当的热时间常数 τ_{th} 在一个限定值内，应当减小热容量。

若频率 $\omega = (\tau_e)^{-1}$ 和 $\omega = (\tau_{th})^{-1}$，则

$$R_v = \frac{R_{v\,max}}{\sqrt{2}} \tag{7.13}$$

仅根据响应度的测量来区分 τ_e 和 τ_{th} 是不太可能的。帕特利（Putley）通过讨论响应度与噪声的组合测量方式对性能进行过详细分析[34]。

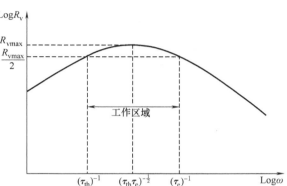

图 7.3　热释电探测器电压响应度对频率的依赖关系

τ_e 和 τ_{th} 的选择取决于许多因素。对于低频、高灵敏度的使用条件。利用自由悬浮活动元件固定器件，使传导至环境中的热量最少。调整元件的热容量，让有效频率处的响应最大。为达到此目的，可以使用低热容量、高电容量的较薄元件。通常，τ_{th} 是 0.01～10s；然而，τ_e 可以是 10^{-12}～100s 之间的任何值，具体数值取决于探测器电容和分流电阻器的值。

若应用于高频情况，减少其中一个时间常数（通常是 τ_e）值，使其倒数比应用的最大频率更大。使元件的电容（采用边缘电极结构）最小，并对 50Ω 电路实现输出。由于热电响应速度仅受限于晶格的振动极化（约为 10^{12}Hz），所以有可能使这些探测器响应特别快。奥斯坦（Austan）和格拉斯（Glass）通过实验已经验证了 9ns 的响应时间[35]，而罗迪（Roundy）等人实现了具有 170ps 响应时间的实际的探测器[36]。

对探测器响应的上述讨论并没有考虑与电阻器 R 并联的放大器的输入电阻 R_a。对低频探测器，$R_a \gg R$，可以忽略 R；而对于快速响应探测器，$R_a \ll R$，因此 R_a 决定着电时间常数和器件的响应度。

许多作者对热释电探测器进行了更为严格的分析，涉及安装技术和黑体镀膜导致的影响[35-41]。然而，上述处理对绝大部分应用已经足够。

一般地，对整块材料制成的器件，$\tau_e < \tau_{th}$。但帕特利（Putley）和波特（Porter）的研究指出，τ_e 也可以比 τ_{th} 大[19]，具体取决于材料和电元件，该情况出现在典型的薄膜结构中。热释电材料厚度 t 变薄会引起电容增大和热容减小。由于块状热电材料是良好的隔热体[28]，所以，使用与厚材料相同的安装方式很难改善隔热效果。τ_e/τ_{th} 比例缩放大约为

$$\frac{RC(t)}{C_{th}(t)/G_{th}} \propto \frac{1}{t^2}$$

因此，当从单晶按比例缩放成一块薄膜时，该比例就从小于 1 变为大于 1。薄膜的频率特性

类似图7.3所示情况,而时间常数是相反量级(即$\tau_e > \tau_{th}$)。结果是,中频区域(图7.3所示工作区域)的响应度取决于其它参数:

- 对整块晶体器件

$$R_v \equiv \frac{\varepsilon pAR}{C_{th}} \qquad (7.14)$$

- 对薄膜器件

$$R_v \equiv \frac{\varepsilon pA}{CG_{th}} \qquad (7.15)$$

对整体材料器件,一般施加10GΩ的并联电阻(R不应超过放大器的控制级阻抗)。式(7.15)表明,薄膜探测器的电压响应没有直接包含并联电阻。这是由于薄膜电容器的电流要比整块材料电容器的大,因而没有包含在内。

假设$C = \varepsilon_0 \varepsilon_r A/t$,则式(7.15)可以进一步修正为

$$R_v \cong \frac{\varepsilon pt}{\varepsilon_0 \varepsilon_r G_{th}} \qquad (7.16)$$

这表明,响应度与探测器面积A无关。

7.1.2 噪声和探测率

设计有分流电阻器的热电探测器有三种主要的噪声源[14,17,19,21,28]:
- 热扰动噪声;
- 约翰逊噪声;
- 放大器噪声。

本书3.1节介绍过前两类噪声,式(3.16)给出了与分流电阻器R相关的约翰逊噪声。

然而,对工作在中频的大部分器件(1~1000Hz),噪声主要是由探测器元件的交流电传导产生的。器件的交流电传导有两个分量:与频率无关的分量R^{-1}和与频率有关的分量G_d。

$$G_d = \omega C \tan\delta \qquad (7.17)$$

式中,$\tan\delta$为探测器材料损耗正切值。对于远远小于$\omega = (RC\tan\delta)^{-1}$的频率,约翰逊噪声简单地由下式给出:

$$V_{Jr}^2 = \frac{4kTR\Delta f}{1 + \omega^2 \tau_e^2} \qquad (7.18)$$

推导出当频率$\omega \gg \tau_e^{-1}$时与ω^{-1}的依赖关系。

而对远远大于$\omega = (RC\tan\delta)^{-1}$的频率,探测器元件交流电传导产生的噪声是主要的,所以,若$C \gg C_a$,则有

$$V_{Jd}^2 = 4kT\Delta f \frac{\tan\delta}{C} \frac{1}{\omega} \qquad (7.19)$$

这类噪声又称为电介质噪声,是高频时的主要噪声。

将探测器不同噪声源的相对量进行比较是非常有益的,即图7.4所示的频率的函数曲线[21],其中已经假设,热和电的时间常数大于1s。几乎在所有的实际探测器中,热噪声是无关紧要的,并且计算时常常忽略不计。可以看到,在频率高于20Hz时,受损耗控制的约

翰逊噪声是主要的；而低于该频率，受电阻器控制的约翰逊噪声和放大率电流噪声 V_{ai} 对总噪声贡献量几乎相等。若是极高频率，放大器电压噪声（V_{av}）就是主要的。

高频［大于 τ_e^{-1} 和 $(RC\tan\delta)^{-1}$］时，探测率（根据式（2.6）、式（7.11）和式（7.19））由下式给出：

$$D^* = \frac{\varepsilon t}{(4kT)^{\frac{1}{2}}} \frac{p}{c_{th}(\varepsilon_0\varepsilon_r\tan\delta)^{\frac{1}{2}}} \frac{1}{\omega^{\frac{1}{2}}}$$
(7.20)

探测率随频率以 $\omega^{1/2}$ 形式下降，这意味着，D^* 将在高于 R_v（见式（7.11））的频率处达到最大值，并在高于该最大值时会比 R_v（以 ω^{-1} 下降）下降得更慢（以 $\omega^{-1/2}$ 下降）。对于大部分探测器，D^* 在 1~100Hz 范围内达到极值，而在几 Hz 至几百 Hz 范围内可以得到相当平坦的 D^* 曲线。

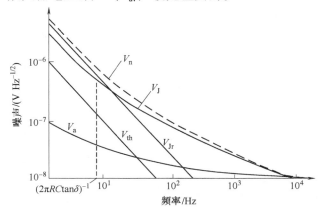

图 7.4 一个典型热释电探测器各种噪声电压相对量比较
（资料源自：Whatmore, R. W., "Pyroelectric Devices and Materials," Reports on Progress in Physics 49, 1335–86, 1986）

热释电探测器中还有一些不希望存在的信号源，大部分与环境有关。低频时的环境温度扰动会产生虚假信号，或者当外部温度变化速率非常高，会使探测器的放大器饱和。

对热释电探测器可利用性的主要限制是颤噪效应（microphonic），即由机械振动或噪声而造成的电输出。如果探测器位于高机械振动环境中，这种颤噪信号就会超过其它所有的噪声源。产生颤噪声的基本原因是热释电材料的压电性，意味着，机械应变、温度变化都会造成偏振变化。通常，热释电探测器的托架灵活些，会得到较低的颤噪声。利用补偿探测器，或者选择具有低压电性的材料与主要的应力成分相耦合，可以进一步降低颤噪声。斯洛克斯（Shorrocks）等人讨论过将热电阵列的颤噪声降至极低水平的方法[42]。

将补偿元件与敏感元件反向串联或者并联（见图 7.5[21]），但要镀一个反射电极和/或采用机械屏蔽，可以使其不受输入辐射通量的影响。应将补偿元件放置在机械和热环境都与探测器元件类似的位置，以消除由于温度变化和机械应力产生的信号。

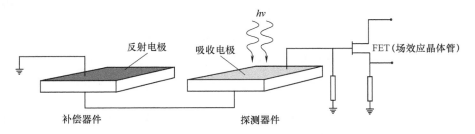

图 7.5 补偿热释电探测器
（资料源自：Whatmore, R. W., "Pyroelectric Devicess and Materials," Reports on Progress in Physics 49, 1335–86, 1986）

其它两种环境噪声源也影响着热释电探测器的使用。如果热释电探测器感受到环境温度的变化，有时会观察到在正常的热释电响应上叠加有快速变化的脉冲，这些脉冲以随机形式出现，但数量和幅度随温度的变化速率增大。有人认为，这些杂乱噪声是由铁电材料畴壁（domain wall）移动造成，选择高质量的材料可以使其降到最低。并且，陶瓷要比某些单晶材料（如 $LiTaO_3$）更低。最后，电磁干扰也是一种不希望有的信号源。如果前置放大器的输入阻抗很高，需要将低频下工作的探测器仔细地加以屏蔽。一般地，将锗或硅导电窗与接地金属外壳相连即可。

7.2 热释电材料选择

已经对许多热释电材料在探测器方面的应用做过研究，由于受多种因素影响，包括探测器尺寸、工作温度及工作频率，所以如何选取也不是太容易。

有可能定义一些评价函数（Figures-of-Merit，FoM，或称评价因数），用以表述材料的物理性质对器件性能的贡献大小，例如，电流响应度（见式（7.8））正比于

$$F_i = \frac{p}{c_{th}} \tag{7.21}$$

而电压响应度（见式（7.11））正比于

$$F_v = \frac{p}{\varepsilon_0 \varepsilon_r c_{th}} \tag{7.22}$$

对于薄膜热释电探测器，电压响应度的评价函数定义为（见式（7.16））

$$F_v^* = \frac{p}{\varepsilon_0 \varepsilon_r} \tag{7.23}$$

由于对频率的依赖及滤波因素的影响，所以，普通的灵敏度评价函数 D^* 不太实用，而其解析表达式对考核各项参数的相对重要性是非常有用的。若探测器中主要是约翰逊交流（AC）噪声（见式（7.20）），则探测率正比于

$$F_d = \frac{p}{c_{th}(\varepsilon_0 \varepsilon_r \tan\delta)^{\frac{1}{2}}} \tag{7.24}$$

这就是热释电探测器的评价函数。

一个包括探测器电路输入电容影响在内的有用评价函数为

$$F = \frac{1}{C_d + C_L} \frac{p}{c_{th}} \tag{7.25}$$

当 C_L 较大或较小时，该公式就分别简化为 F_i 或 F_v。

热释电摄像机使用的材料的相关评价函数是 F_{vid}，即

$$F_{vid} = \frac{F_v}{G_{th}} \tag{7.26}$$

式中，G_{th} 为热电材料的热导率。将热成像目标分割成许多独立的小区（利用网状成形工艺），就可以消除 F_{vid} 对 G_{th} 的依赖关系。

响应度 FoM 对如何选择具有足够高响应度的材料是非常有价值的，足够高的响应度可以使预放大器噪声比温度扰动噪声小。在选择约翰逊噪声比温度扰动噪声小的材料时，约翰逊灵敏度 FoM 则非常有意义。因此，为确保温度扰动噪声限性能，必须使这两种 FoM 都大。

理想材料应当具有大的热电系数、小的电介质常数、低的电解质损耗和低的体比热，利

用一种材料满足这些要求的可能性不大。一般地，正确做法是希望具有大的热电系数和小的电介质常数，但这两个参数不可能单独调整。因为发现，大热电系数材料也具有大介电常数，小介电常数材料也具有小热电系数。这就意味着，不同探测器预放大器尺寸和布局要根据不同材料进行优化[21]。假设，已知像素的形状以及探测器材料使用的电路，则式（7.24）就是一个较好的响应度评价函数。表7.1列出了一些典型材料的参数值和传统的评价函数，例如，传统的评价函数表明，TGS（triglycine sulfate 硫酸三甘肽）和 LiTaO$_3$（钽酸锂）应当比 BST（钛酸锶钡）和 PST（钽酸铅钪）更好，然而，传感器系统的结果表明情况正好相反。

沃特莫尔（Whatmore）[21,22]、沃顿（Watton）[24]、穆拉尔特（Muralt）[28]及其它研究者[32,43,44]对热释电材料的发展水平和不同应用中相关评价函数的评估做了综述，热释电探测器材料的性质见表7.1～表7.3。

表7.1 热释电聚合材料和块状热释电材料的性质

材料	结构	p /(μC m^{-2} K^{-1})	ε_r①	$\tan\delta$	c_{th} /(10^6 J m^{-3} K^{-1})	F_v^* /(kV m^{-1} K^{-1})	F_v /(m^2 C^{-1})	F_d /(10^{-5} Pa$^{-1/2}$)	T_C /℃
NaNO$_2$	单晶	40	4	0.02	—	1130	—	—	164
LiTaO$_3$	单晶	230	47	<0.01	3.2	553	0.17	5～35	620
TGS	单晶	280	38	0.01	2.3	832	0.36	6.6	49
DTGS	单晶	550	43	0.02	2.6	—	0.53	8.3	61
ATGSAs	单晶	70	32	<0.01	2.6	—	0.99	>16	51
SBN-50	单晶	550	400	0.003	2.3	155	0.07	7.3	121
(Pb,Ba)$_5$Ge$_3$O$_{11}$	单晶	320	81	0.001	2.0	446	0.22	18.9	70
PbZrTiO$_3$ PZFNTU	陶瓷	380	290	0.003	2.5	148	0.06	5.5	230
PbTiO$_3$	陶瓷	180	190	0.01	3.0	107	0.04	1.5	490
PbTiO$_3$ PCWT4-24	陶瓷	380	220	0.01	2.5	195	0.08	3.4	255
BaSrTiO$_3$ 67/33	陶瓷，场诱导	1500	8800	0.004	2.6	—	—	12.4	25
PbSc$_{0.5}$Ta$_{0.5}$O$_3$	陶瓷，场诱导	3000～6000	直至15 000	—	2.7	—	—	14-16	25
P(VDF/TrFE) 50/50	共聚物薄膜	40	18	0.03	2.3	251	0.11	0.8	49
P(VDF/TrFE) 80/20	共聚物薄膜	31	7	0.015	2.3	500	0.22	1.4	135

① 原书此处错将 ε_r 印为 ε。——译者注

（资料源自：Muralt, P., "Micromachined Infrared Detectors Based on Pyroelectric Thin Films," Reports on Progress in Physics 64 1339-88, 2001; Whatmore, R. W., Journal of Electroceramics 13, 139-47, 2004）

表7.2 硅基板上薄膜热释电材料的性质

材料/纹理/电极	涂镀法/基板	p /($\mu C\ m^{-2}\ K^{-1}$)	ε_r	$\tan\delta$	c_{th} /($10^6 J\ m^{-3}\ K^{-1}$)	F_v^* /($kV\ m^{-1}\ K^{-1}$)	F_v /($m^2 C^{-1}$)	F_d /($10^{-5}\ Pa^{-1/2}$)
PbTiO$_3$/(001)+(100)Pt	溶胶凝胶法和喷溅法	130~145	180~260	0.014~0.035	2.7	57~88	0.02~0.03	0.7~1.1
PZT15/85/(111)Pt	溶胶凝胶法	160~220	200~230	0.01~0.015	2.7	78~113	0.03~0.04	1.3~1.5
PZT25/75(111)Pt	喷溅法	200	300	0.01	2.7	75	0.028	1.4
PZT30/70(111)Pt	溶胶凝胶法	200	340	0.011	2.7	66	0.025	1.3
改进型PZT(掺Mn)	陶瓷	356	218	0.007	2.6	—	0.07	5.1
PTL10-20Pt和Si	离子束,喷溅,溶胶凝胶法,MOD[①]	200~576	153~550	0.01~0.024	2.7	41~425	0.02~0.015	0.7~4.1
多孔PCT15/(11)Pt	溶胶凝胶法	220	90	0.01	2.0	276	0.14	3.9
LiNbO$_3$/(006)Pt	喷溅	71	30	0.01	3.2	267	0.08	1.4
YBaCuO/Nb	喷溅	4000	—	—	—	—	—	3.2
外延膜								
PbTiO$_3$/(001)Pt	喷溅/氧化镁	250	97	0.006	3.2	291	0.09	3.4
PZT45/55(001)Pt	喷溅/氧化镁	420	400	0.013	3.1	119	0.04	2.0
PZT52/48(100)	YBaCuO/LaAlO$_3$ PLD	500	100	0.02	3.1	57	0.02	1.2
PZT90/10(111)Pt	蓝宝石/喷溅	450	350	0.02	3.2	145	0.05	1.7
PLT5-15/(001)Pt	喷溅/氧化镁	400~1300	100~350	0.006~0.01	3.2	196~565	0.06~0.17	2.6~8.9
PLZT7.5/90-20/80/(001)Pt	喷溅/氧化镁	360~820	193~260	0.013~0.017	2.6	160~480	0.06~0.18	2.2~6.7
PCT30/(001)Pt	喷溅/氧化镁	520	290	0.02	3.0	202	0.06	2.4

① MOD为金属有机化学沉积法。——译者注

(资料源自:Muralt, P., "Micromachined Infrared Detectors Based on Pyroelectric Thin Films," Reports on Progress in Physics 64 1339-88, 2001; Whatmore, R. W., Journal of Electroceramics 13, 139-47, 2004)

第7章 热释电探测器

表7.3 诱导热释电薄膜的性质

材料/纹理/电极	涂镀法/基板	诱导偏振 p /($\mu C\ m^{-2}\ K^{-1}$)	ε_r	$\tan\delta$	c_{th} /($10^6\ J\ m^{-3}\ K^{-1}$)	F_v^* /($kV\ m^{-1}\ K^{-1}$)	F_v /($m^2\ C^{-1}$)	F_d /($10^{-5}\ Pa^{-1/2}$)
Pb(Sc$_{0.5}$Ta$_{0.5}$)O$_3$① /蓝宝石	RF 喷溅,900℃	6000 (25~30℃)	6500	0.03	2.5	104	0.04	6~9
Pb(Sc$_{0.5}$Ta$_{0.5}$)O$_3$ /CdGa-沉积层	溶胶凝胶法,900℃	3800	9000	0.002	2.7	50	0.02	11
Pb(Sc$_{0.5}$Ta$_{0.5}$)O$_3$ /Si/Pt	溶胶凝胶法,700℃	200~450	900	0.02	2.7	25~57	0.02	0.6~1.3
Pb(Sc$_{0.5}$Ta$_{0.5}$)O$_3$ /Si/Pt	溶胶凝胶法,630℃	490	700	0.008	2.7	60	0.02	2.6
PbMgZn-NbO /(100)Pt/MgO	溶胶凝胶法,900℃	14 000 (15℃)	1600	0.004	2.85	989	0.34	20~40
K$_{0.89}$Na$_{0.11}$Ta$_0$Nb$_{0.45}$O$_3$/KTO$_3$	LPE,930℃	5200 (66℃)	1200 (66℃)	0.02	2.9	50	0.02	3.9

① 原文将 Pb(Sc$_{0.5}$Ta$_{0.5}$)O$_3$ 错印为 PbSc$_{0.5}$Ta$_{0.5}$O$_3$。——译者注

(资料源自:Muralt, P., "Micromachined Infrared Detectors Based on Pyroelectric Thin Films", Reports on Progress in Physics 64 1339–88, 2001)

可以将热释电材料大致分为三类:单晶、陶瓷(多晶)和聚合物。

7.2.1 单晶

在单晶材料中,利用硫酸三甘肽[TGS:(NH$_2$CH$_2$COOH)$_3$H$_2$SO$_4$]获得了最成功的应用。该材料具有极其诱人的性质高热释电系数、很低的介电常数和热导率(高F_v值),但却有相当的吸湿性,难于处理,化学和电稳定性也较差,对于需要满足军用技术条件的探测器较低的居里温度尤其是主要的缺点。尽管存在上述问题,该材料仍经常应用于高性能单元件探测器,而且是最喜欢用于光导摄像管靶的材料。为了克服低居里温度的问题,已经研发出几种纯TGS 的改进型产品。对丙氨酸⊖和砷酸掺杂材料(ATGSAs)特别感兴趣,原因是这种材料具有低介电损耗和高热电系数(见表7.1),在10Hz时探测器的

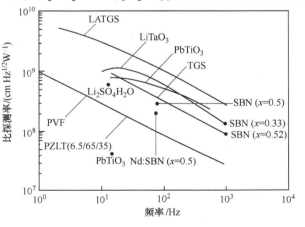

图7.6 离散的热释电探测器性能
(资料源自:Ravich, L. E., Laser Focus/Electro Optics, 104–15, July 1986)

⊖ 原书将"alanine"错印为"aliane"。——译者注

D^*值已经达到$2 \times 10^9 \text{cm Hz}^{1/2}\text{W}^{-1}$(见图7.6[23])。

与硫酸三甘肽(TGS)相比,钽酸锂晶体(LiTaO$_3$)热电系数低和相对介电常数稍高(较低的F_v值),所以性能较差。这种材料具有下面优点:化学稳定性好、非常低的损耗(所以F_d很有利)、很高的居里温度及不溶水性。虽然在超低频器件中使用时,这种材料在热致瞬态噪声峰值的位置方面会出现问题,但仍广泛应用于单元件探测器中。因为具有低介电常数,所以,不适合应用于热成像阵列;该材料的热导率相当高,也不是应用于热电摄像机的好材料。利用卓克拉尔斯基(Czochralski)技术(或提拉法)可以生产出高质量的单晶钽酸锂晶体(LiTaO$_3$),并已经进入商业运作。

钡铌酸锶(Strontium Barium Niobate,SBN)是另一种单晶热电材料。实际上,这是按照$\text{Sr}_{1-x}\text{Ba}_x\text{Nb}_2\text{O}_6$配方确定的固溶体材料族的名称。其中,$x$的变化范围是$0.25 \sim 0.75$。SBN-50($x=50$)材料具有合适的评价函数$F_d$,根据成分,铁电转换可以在$40 \sim 200 \text{℃}$间完成。基于铁电材料具有近室温相变的特性,已经在非制冷热成像中应用了高场诱导效应。高介电常数使其成为热成像阵列的良好备选材料。可以利用卓克拉尔斯基技术生产钡铌酸锶晶体,但高质量大面积单晶体的生长还是较困难的。

7.2.2 热释电聚合物

以聚偏氟乙烯(Polyviny lidene Fluoride,PVDF)为基础和以三氟乙烯共聚物(PVDF Trifluoroethylene,PVDF-TrFE)为基础的铁电聚合物具有较低的热释电系数、低介电常数和高损耗,所以其评价函数不如其它材料好。这类材料在加工样品($<6\mu\text{m}$)时表现出优良的机械性质、低介电常数和低热导率,所以,初始应用于热释电摄像管。低介电常数材料非常适合制作大面积探测器,但相当不适合制作大面积阵列。然而,由于这种材料随时可以以大面积薄片形式使用,不需要昂贵的研磨和抛光工艺(而对其它材料,这些工艺都是必需的),所以是超廉价探测器的必选材料[46,47]。低热导率和介电质常数降低了多元探测器元件间的串扰效应,除了在高频下工作的很大的探测器外,PVDF探测器的性能不如其它类型材料,其较低的玻璃化温度严重影响着在许多领域中的应用。

不同厚度的极化聚合物片的PVDF适合商用,并且,在进行极化以便研究其铁电性质之前需要利用机械方式拉伸。然而对于PVDF-TrFE共聚物,可以将其融化或利用甲基乙基酮(或称甲乙酮)溶液直接铸成铁电相。所以,研究人员特别感兴趣的是直接将其沉积于硅基板上以形成阵列。

7.2.3 热释电陶瓷

有希望成功应用在热释电探测器中的另一类材料是多晶铁电陶瓷,其许多优点是上述材料所不具备的:

可以比较廉价地利用标准的混合氧化工艺大面积制造;
- 机械和化学鲁棒性较好(可以制成薄晶片);
- 具有高居里温度;
- 不会形成热诱导噪声峰值;
- 通过选择晶格中的掺杂元素可以控制下述参数从而调整材料性质——p、ε_r、$\tan\delta$、居里温度、电阻抗和机械性质(控制材料颗粒的尺寸)。

陶瓷材料的范围非常宽,包括锆酸铅 PZ($PbZrO_3$)和钛酸铅 PT($PbTiO_3$)固溶液,以及非常类似的氧化物。为了满足各种铁电、压电、电光和热释电方面的需要,对这些材料已经研究了许多年。沃特莫尔(Whatmore)介绍了一个调整热释电陶瓷电性质的例子[21],应用合适的电场可以对陶瓷在任意所希望的方向进行极化。对于热释电应用,一般地,应当避免锆钛酸铅(PZT)系统准同型相界(Morphotropic Phase Boundary,MPB)复合,因为这样会产生高介电常数,对评价函数不利。

普通热释电陶瓷材料的性质在正常的工作温度范围(一般居里温度高于200℃)比较稳定,无需施加直流偏压电场就能够工作,所以受到大部分实际应用的青睐。

为了提高锆酸铅(PZ)改进型材料的评价函数,已经对其进行了各种实验研究[45]。一种可能的预期是研发出相变阶段自极化工艺[48]。

陶瓷器件的 D^* 值在 $10^8 cm\ Hz^{\frac{1}{2}} W^{-1}$ 数量级,其性能高于钽酸锂,但不包括大面积器件。

改进型陶瓷的电阻率是 $10^9 \sim 10^{11} \Omega\ cm^2$,这意味着,图 7.2c 所示的栅极偏置电阻(一般是 $10^{11} \sim 10^{12} \Omega$,一种价格昂贵的元件)作为一个分离组件,可以通过调整材料的电阻率使其与所需要的电时间常数匹配,而将其代替不用。在包含有大量此类元件的阵列中,这显得尤为重要。

利用整块热释电材料制造红外探测器有以下缺点:必须将该材料切割、研磨和抛光才能形成具有良好绝缘性和灵敏的薄层。此外,加工成阵列还需要对两端金属化,并与硅读出电路固定以形成完整的混合阵列。因此,在最近十年,研究人员越来越感兴趣将热电薄膜直接集成在硅基板上,通过减小热质量和提高隔热性,既降低了阵列制造成本,又提高了性能[31]。

薄膜材料的性能不同于具有同样微结构的整块材料,并且基板的影响也很重要[28]。与整块陶瓷相比,薄膜是生长纹理结构的,在外延情况下甚至完全可以是定向结构的(见表 7.2)。如果极轴在薄膜中仍保持处处垂直于电极,则这种最佳纹理结构就能够达到类似单晶材料的性能。若整块材料作为多晶陶瓷形式存在(如 PZT、PLT),那么,薄膜性质还可能有很大改善。例如,外延 $PbTiO_3$ 就是一个很好的验证,薄膜的评价函数 F_v^* 的测量值是 291kV mK^{-1},而整块陶瓷材料只有 107kV $m^{-1}K^{-1}$ [28]。

材料的温度稳定性与热电效应大小之间有一个折中,具有高临界温度的材料,例如 $LiTaO_3$ 和 $PbTiO_3$ 足以满足简单可靠探测器的要求。表 7.2 列出的材料的相关性质表明,以锆钛酸铅(PZT)(15% ~30%)锆膜(Zr)形式出现的派生钛酸铅复合材料是合适的材料,但会被镧钛酸铅(PLT)或钙钛酸铅(PCT)替代。由于纯钛酸铅($PbTiO_3$)具有太高的介电损耗和难于极化,因而几乎已经被弃用。还注意到,钽酸锂($LiTaO_3$)薄膜热释电探测器的应用远不如散装钽酸锂探测器那样超前。

当陶瓷在约1200℃温度下烧结时,氧化物材料(改进型锆钛酸铅或电介质测辐射热计材料)具有正确属性(高 ε 和 F_d);而将铁电薄膜直接集成于硅基板上时,对铁电材料生长的温度就有非常严格的限制,无论时间多长,芯片上连线金属化工序都不能超过500℃,并且这是对铁电层工艺温度设置的上限。幸运的是,已经研发出许多适合于铁电薄膜沉积的技术,包括化学融液沉积法(Chemical Solution Deposition,CSD)——尤其是溶胶凝胶法或者金属有机化学沉积法(MOD)以及金属有机化学气相沉积法(Metalorganic Chemical CVD,MOCVD)。看来，溶胶凝胶沉积法是560℃温度下生长掺锰锆钛酸铅（PZT）薄膜的优良技术，其评价函数 F_d 高于许多块状材料（p 值是 $3.52 \times 10^{-4} \mathrm{C\ K^{-1} m^{-2}}$，$F_d$ 值是 $3.85 \times 10^{-5} \mathrm{Pa}^{-1/2}$）。

7.2.4 电介质测辐射热计

上面讨论的普通材料是在低于温度 T_C 时正常工作的铁电材料，其偏振态永远不受环境温度变化的影响，但铁电材料有可能处在高于温度 T_C、施加了偏压电场的环境中，并以电介质测辐射热计模式工作[49]。目前热释电材料领域的研究就包括电介质测辐射热计的应用。

由于施加了外部电场，所以利用式（7.1 描述总的偏振态。温度低于 T_C，则 P_s 与第二项相比就是大数，因此，D 和 P_s 常常可以互换。然而，由图 7.7a 所示可以看得很清楚，最强的热电效应（即 P 对于 T 的最大斜率）出现在 T_C 附近，所以，有希望在此温度下工作。

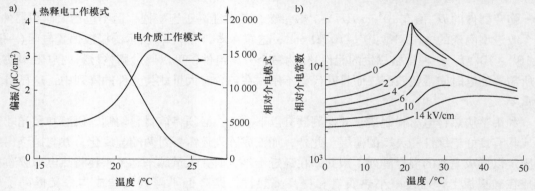

图 7.7 钛酸锶钡陶瓷
a）铁电陶瓷工作模式 b）介电常数

（资料源自：Betatan, H., Hanson, C., and Meissner, E. G., "Low Cost Uncooled Ferroelectric Detector," Proceedings of SPIE 2274, 147-56, 1994）

式（7.2）描述了加强场热释电系数，释电系数感应项的结果不仅取决于介电常数的温度变化速率，而且还与场的变化速率有关，因此计算场效应并非一件易事。电介质性质对所有温度都是非线性，也就是说，介电常数的梯度随施加电场强度变化，并且介电常数峰值和 $d\varepsilon/dT$ 都随电场强度增大而减小（见图 7.7b）。注意到，温度范围内热电系数最大值要比电容峰值稍低些（见图 7.7b）。电容数据代表偏置抽样，并且，介电常数和热释电系数最大值出现在高于居里温度的温度范围内，随着工作点继续偏离居里温度，电介质对偏振的作用就变成主要贡献量。

因此，施加电场对探测器性能具有以下益处：
- 在自发偏振基础上增加了诱导偏振；
- 随着转变温度附近达到峰值，开始抑制电介质的介电常数；
- 展宽响应峰值，放松了温度控制极限；
- 抑制电介质损耗，降低了噪声；
- 使转换温度附近的偏振稳定，可预测性能。

已经以电介质测辐射热计模式对几种材料进行过验证，包括铌铊酸钾 $\mathrm{KTa}_x\mathrm{Nb}_{1-x}\mathrm{O}_3$（KTN）、铌锌酸铅 $\mathrm{Pb}(\mathrm{Zn}_{1/3}\mathrm{Nb}_{2/3})\mathrm{O}_3$（PZN）、钛酸锶钡 $\mathrm{Ba}_{1-x}\mathrm{Sr}_x\mathrm{TiO}_3$（BST）、铌镁酸铅 Pb

$(Mg_{1/3}Nb_{2/3})O_3$ (PMN)以及最近对钽钪酸铅 $Pb(Sc_{0.5}Ta_{0.5})O_3$(PST)材料的试验[22]。电介质测辐射热计要求很强的偏压电场和温度稳定性。表7.1和7.3列出了在环境温度下可以进行转换,并且在施加电场作用下工作的,热释电材料的性质。

钛酸锶钡(BST)陶瓷是一种具有很高介电常数的较正规的材料。当复合材料中 $Sr^{\ominus}$ 的量从40%降至0,T_C 就从0(原文错印为0%。——译者注)升高到120℃。注意到,高密度阵列研究(High-Density Array Development,HIDAD)计划中的BST 67/33材料的相对介电常数的典型值高于30000[50],难于制作到的 $17\mu m$ 厚的钛酸锶钡(BST)陶瓷可以作为最低的极限。BST 65/35 的 F_d 峰值达到 $10.5 \times 10^{-5} Pa^{-1/2}$,是改进型锆酸铅(PZ)和钛酸铅(PT)陶瓷的两倍[22]。

所有电介质测辐射热计的氧化物材料在工作温度和施加电场下都有很高的相对介电常数(>1000),同时有很高的热释电系数。一般来说,这非常适合小面积的探测器,特别是小像元组成的大阵列。

当以电解质模式工作,相对于钛酸锶钡(BST)陶瓷而言,单晶钛酸锶钡没有什么优势。表面看两者在相似条件下有相同的成分,但钛酸锶钡(BST)陶瓷的热释电系数要比单晶材料大出一倍。同样,陶瓷的介电常数也超过单晶值。钛酸锶钡(BST)陶瓷比单晶材料更具魅力的另外一些特性是加工容易、制造成本低、材料均匀、性能卓越、阻抗合适、耐老化和适于掺杂。

目前,制作钛酸锶钡(BST)陶瓷的技术是一种冗长繁杂的散体陶瓷制造技术,利用刚玉(boule)材料对切成薄片的陶瓷晶片完成研磨、抛光,激光加工像素网格,进行多次修磨和极化工序,使用压力焊接技术将阵列与硅读出电路相连接。该工艺会遇到下列问题:厚台面结构产生的隔热以及多次修磨造成钛酸锶钡表面质量下降。

要求下一代非制冷热释电探测器能够以普通的热释电模式工作而无需施加偏压和使温度稳定。此外,希望采用薄膜热释电探测器技术从而利用最先进的微机械制造技术加工焦平面阵列(FPA)。

7.2.5 材料选择

由于探测器面积和工作频率都会影响其性能,还要考虑工作的环境条件,所以很难直接对各种热电材料进行比较。波特(Porter)已经讨论过面积在 $100 \sim 0.01 mm^2$ 范围内、工作在不同条件下的探测器[19]。对于某给定场效应晶体管(FET),如果要求探测率达到最大值,则元件面积是需要考虑的重要因素,因为会影响到元件电容与放大器电容之间的匹配。对于大面积元件,适合使用低介电常数材料。除很高频率(>10kHz)时以聚合物薄膜器件为主外,硫酸三甘氨酸($TGS^{\ominus}$)和钽酸锂晶体可能是适合所有频率的最佳器件。一种较复杂的情况就是,当元件区域减小到最通常使用的数量级 $1mm^2$ 时,没有一种材料对所有频率为最佳。然而,小面积探测器使用高介电常数材料较好(如铌酸锶钡(SBN),元件和放大器之间具有良好的电容匹配)。对中等面积的器件,所有的器件性能都相当。

应当强调,上述讨论仅显示出一种趋势:改变探测器参数或者场效应晶体管放大器可以

⊖ 原书错印为 S。——译者注
⊖ 原书错将 TGS 印为 TGA。——译者注

使这种状况得到改变，对另外一些因素，如环境稳定性、可用性、成本和制造方面，进行考虑也很重要。

制造焦平面阵列使用的材料是非常薄的铁电薄膜，对此有严格的要求[27,29,51-54]。随着厚度变薄，大部分铁电材料容易失去其有意义的性质，但有些铁电材料似乎更好地保留着这些性质，钛酸铅（PT）及相关材料就是这种情况，而钛酸锶钡（BST）的薄膜形式就无法做到。

由式（7.22）～式（7.24）可以看出，希望热释电材料具有大的热释电系数 p 和小的介电常数，然而这两个参数一般并不可以单独调整。虽然通过材料掺杂可以保持 p 值不变而使介电常数更小，但具有高 p 值的材料通常也具有高介电常数，反之亦然。

7.3 热释电摄像机

热释电器件应用于特别需要利用热释电探测器性能的各种领域。首先是它们只对入射的辐射变化响应，并且，尽管工作在大背景级入射能量下，但特别适合于光通量变化非常小的探测；其次是从微波到 X 射线的宽光谱范围响应。

热释电探测器已经得到了广泛应用，包括光谱学、辐射度学、远距离温度测量、方向遥感、激光诊断、污染遥感和成像。

热释电探测器的最重要应用是热成像。哈迪（Hadni）首次提出使用热释电摄像管的概念[55]，并在 1970 年就从商业角度演示验证了这种器件[56]。图 7.8 给出了该管的示意图，可以认为它类似可见光电视摄像管，不同的是热释电探测器和锗面板靶板代替了光导靶。该靶板是一块热释电材料（厚 20μm，直径 2cm）板，前表面安装一块透明电极，红外透镜将热图像形成在该靶板上，并通过扫描电子束从后表面读出由此产生的电荷分布。使用氘化的硫酸三甘氨酸（TGS）和氟铍酸三甘钛（TGFB）材料已经达到原来使用 TGS 制造出的摄像管具有的较好性能。

限制热释电摄像管分辨率的主要因素是靶板内的热扩散，随着空间频率增大，会造成热分辨率迅速下降，为此，一直都在研发网状靶[59]。摄像管在 100TV 线图像时的分辨率达到 0.2℃，使用网格靶，空间分辨率提高到 400TV 线以上[60]。在美国、英国和法国进行的摄像管研制计划中，只有英国电子管（English Electric Value，EEV⊖）有限公司在继续生产，并应用于消防相机和工业维修方面。

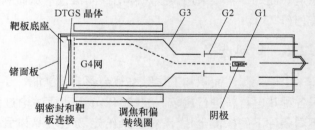

图 7.8 热释电摄像管的示意图
（DTGS 代表氘化三甘氨酸硫酸酯。——译者注）

尽管热释电摄像机具有良好的成像质量，但最近的研究工作主要集中于大型二维焦平面阵列的生产。这可以使系统的温度分辨率得到改善，并制造出更耐用和更轻便的热像仪。

⊖ 现在的名字是 E2V。——译者注

参 考 文 献

1. S. B. Lang, "Pyroelectricity: A 2300 - year history," *Ferroelectrics* 7, 231 – 34, 1974.
2. D. Brewster, "Observation of Pyroelectricity of Minerals," *Edinburg Journal of Science* 1, 208 – 14, 1824.
3. Y. Ta, "Action of Radiations on Pyroelectric Crystals," *Comptes Rendus* 207, 1042 – 44, 1938.
4. A. G. Chynoweth, "Dynamic Method of Measuring the Pyroelectric Effect with Special Reference to Barium Titanate," *Journal of Applied Physics* 27, 78 – 84, 1956.
5. J. Cooper, "A Fast - Response Pyroelectric Thermal Detector," *Journal of Scientific Instruments* 39, 467 – 72, 1962.
6. J. Cooper, "Minimum Detectable Power of a Pyroelectric Thermal Receiver," *Review of Scientific Instruments* 33, 92 – 95, 1962.
7. A. Hadni, Y. Henninger, R, Thomas, P. Vergnat, and B. Wyncke, "Investigation of Pyroelectric Properties of Certain Crystals and Their Utilization for Detection of Radiation," *Comptes Rendus* 260, 4186, 1965.
8. G. A. Burdick and R. T. Arnold, "Theoretical Expression for the Noise Equivalent Power of Pyroelectric Detectors," *Journal of Applied Physics* 37, 3223 – 26, 1966.
9. J. H. Ludlow, W. H. Mitchell, E. H. Putley, and N. Shaw, "Infrared Radiation Detection by Pyroelectric Effect," *Journal of Scientific Instruments* 44, 694 – 96, 1967.
10. H. P. Beerman, "Pyroelectric Infrared Radiation Detector," *American Ceramic Society Bulletin* 46, 737, 1967.
11. A. M. Glass, "Ferroelectric Strontium - Barium - Niobate as a Fast and Sensitive Detector of Infrared Radiation," *Applied Physics Letters* 13, 147 – 49, 1968.
12. R. W. Astheimer and F. Schwarz, "Thermal Imaging Using Pyroelectric Detectors: Mylar Supported TGS," *Applied Optics* 7, 1687 – 95, 1968.
13. R. J. Phelan, Jr. , R. J. Mahler, and A. R. Cook, "High D* Pyroelectric Polyvinylfluoride Detectors," *Applied Physics Letters* 19, 337 – 38, 1971.
14. E. H. Putley, "The Pyroelectric Detector," in *Semiconductors and Semimetals*, Vol. 5, eds. R. K. Willardson and A. C. Beer, 259 – 85, Academic Press, New York, 1970.
15. G. Baker, D. E. Charlton, and P. J. Lock, "High Performance Pyroelectric Detectors," *Radio Electronic Engineers* 42, 260 – 64, 1972.
16. E. H. Putley, "Thermal Detectors," in *Optical and Infrared Detectors*, ed. R. J. Keyes, 71 – 100, Springer, Berlin, 1977.
17. S. T. Liu and D. Long, "Pyroelectric Detectors and Materials," *Proceedings of IEEE* 66, 14 – 26, 1978.
18. D. E. Marshall, "A Review of Pyroelectric Detector Technology," *Proceedings of SPIE* 132, 110 – 17, 1978.
19. S. G. Porter, "A Brief Guide to Pyroelectric Detectors," *Ferroelectrics* 33, 193 – 206, 1981.
20. J. C. Joshi and A. L. Dawar, "Pyroelectric Materials, Their Properties and Applications," *Physica Status Solidi A-Applied Research* 70, 353 – 69, 1982.
21. R. W. Whatmore, "Pyroelectric Devices and Materials," *Reports on Progress in Physics* 49, 1335 – 86, 1986.
22. R. W. Whatmore, "Pyroelectric Ceramics and Devices for Thermal Infra-Red Detection and Imaging," *Ferroelectrics* 118, 241 – 59, 1991.
23. L. E. Ravich, "Pyroelectric Detectors and Imaging," *Laser Focus/Electro-Optics* 104 – 15, July 1986.
24. R. Watton, "Ferroelectric Materials and Design in Infrared Detection and Imaging," *Ferroelectrics* 91, 87 – 108, 1989.
25. P. Robin, H. Facoetti, D. Broussoux, G. Vieux, and J. L. Ricaud, "Performances of Advanced Infrared Pyro-

electric Detectors," *Revue Technique Thompson-CSF* 22(1), 143 – 86, 1990.

26. H. Betatan, C. Hanson, and E. G. Meissner, "Low Cost Uncooled Ferroelectric Detector," *Proceedings of SPIE* 2274, 147 – 56, 1994.

27. M. A. Todd, P. A. Manning, O. D. Donohue, A. G. Brown, and R. Watton, "Thin Film Ferroelectric Materials for Microbolometer Arrays," *Proceedings of SPIE* 4130, 128 – 39, 2000.

28. P. Muralt, "Micromachined Infrared Detectors Based on Pyroelectric Thin Films," *Reports on Progress in Physics* 64, 1339 – 88, 2001.

29. C. M. Hanson, H. R. Beratan, and J. F. Belcher, "Uncooled Infrared Imaging Using Thin – Film Ferroelectrics," *Proceedings of SPIE* 4288, 298 – 303, 2001.

30. P. W. Kruse, *Uncooled Thermal Imaging. Arrays, Systems, and Applications*, SPIE Press, Bellingham, WA, 2001.

31. R. W. Whatmore and R. Watton, "Pyroelectric Materials and Devices," in *Infrared Detectors and Emitters: Materials and Devices*, eds. P. Capper and C. T. Elliott, 99 – 147, Kluwer Academic Publishers, Boston, MA, 2000.

32. S. B. Lang, "Pyroelectricity: From Ancient Curiosity to Modern Imaging Tool," *Physics Today*, 31 – 36, August 2005.

33. R. W. Whatmore, Q. Zhang, C. P. Shaw, R. A. Dorey, and J. R. Alock, "Pyroelectric Ceramics and Thin Films for Applications in Uncooled Infra – Red Sensor Arrays," *Physica Scripta* T 129, 6 – 11, 2007.

34. E. H. Putley, "A Method for Evaluating the Performance of Pyroelectric Detectors," *Infrared Physics* 20, 139 – 47, 1980.

35. D. H. Austan and A. M. Glass, "Optical Generation of Intense Picosecond Electrical Pulses," *Applied Physics Letters* 20, 398 – 99, 1972.

36. C. B. Roundy, R. L. Byer, D. W. Phillion, and D. J. Kuizenga, "A 170 psec Pyroelectric Detector," *Optics Communications* 10, 374 – 77, 1974.

37. W. R. Blevin and J. Geist, "Influence of Black Coatings on Pyroelectric Detectors," *Applied Optics* 13, 1171 – 78, 1974.

38. A. van der Ziel, "Pyroelectric Response and D^* of Thin Pyroelectric Films on a Substrate," *Journal of Applied Physics* 44, 546 – 49, 1973.

39. R. M. Logan and K. More, "Calculation of Temperature Distribution and Temperature Noise in a Pyroelectric Detector: I. Gas-Filled Tube, *Infrared Physics* 13, 37 – 47, 1973.

40. R. M. Logan, "Calculation of Temperature Distribution and Temperature Noise in a Pyroelectrical Detector: II. Evacuated Tube," *Infrared Physics* 13, 91 – 98, 1973.

41. R. L. Peterson, G. W. Day, P. M. Gruzensky, and R. J. Phelan, Jr., "Analysis of Response of Pyroelectric Optical Detectors," *Journal of Applied Physics* 45, 3296 – 303, 1974.

42. N. M. Shorrocks, R. W. Whatmore, M. K. Robinson, and S. G. Parker, "Low Microphony Pyroelectric Arrays," *Proceedings of SPIE* 588, 44 – 51, 1985.

43. A. Mansingh and A. K. Arora, "Pyroelectric Films for Infrared Applications," *Indian Journal of Pure & Applied Physics* 29, 657 – 64, 1991.

44. A. Sosnin, "Image Infrared Converters Based on Ferroelectric-Semiconductor Thin-Layer Systems," *Semiconductor Physics, Quantum Electronics and Optoelectronics* 3, 489 – 95, 2000.

45. R. W. Whatmore, "Pyroelectric Arrays: Ceramics and Thin Films," *Journal of Electroceramics* 13, 139 – 47, 2004.

46. S. B. Lang and S. Muensit, "Review of Some Lesser – Known Applications of Piezoelectric and Pyroelectric Polymers," *Applied Physics* A 85, 125 – 34, 2006.
47. J. L. Coutures, R. Lemaitre, E. Pourquier, G. Boucharlat, and P. Tribolet, "Uncooled Infrared Monolithic Imaging Sensor Using Pyroelectric Polymer," *Proceedings of SPIE* 2552, 748 – 54, 1995.
48. R. Clarke, A. M. Glazer, F. W. Ainger, D. Appleby, N. J. Poole, and S. G. Porter, "Phase Transitions in Lead Zirconate – Titanate and Their Applications in Thermal Detectors," *Ferroelectrics* 11, 359 – 64, 1976.
49. R. A. Hanel, "Dielectric Bolometer: A New Type of Thermal Radiation Detector," *Journal of the Optical Society of America* 51, 220 – 25, 1961.
50. C. Hanson, H. Beratan, R. Owen, M. Corbin, and S. McKenney, "Uncooled Thermal Imaging at Texas Instruments," *Proceedings of SPIE* 1735, 17 – 26, 1992.
51. R. Watton, "IR Bolometers and Thermal Imaging: The Role of Ferroelectric Materials," *Ferroelectrics* 133, 5 – 10, 1992.
52. R. Watton and P. Manning, "Ferroelectrics in Uncooled Thermal Imaging," *Proceedings of SPIE* 3436, 541 – 54, 1998.
53. R. K. McEwen and P. A. Manning, "European Uncooled Thermal Imaging Sensors," *Proceedings of SPIE* 3698, 322 – 37, 1999.
54. C. M. Hanson, H. R. Beratan, and D. L. Arbuthnot, "Uncooled Thermal Imaging with Thin-Film Ferroelectric Detectors," *Proceedings of SPIE* 6940, 694025, 2008.
55. A. Hadni, "Possibilities actualles de detection du rayonnement infrarouge," *Journal of Physics* 24, 694 – 702, 1963.
56. E. H. Putley, R. Watton, W. M. Wreathall, and S. D. Savage, "Thermal Imaging with Pyroelectric Television Tubes," *Advances in Electronics and Electron Physics* 33A, 285 – 292, 1972.
57. R. Watton, "Pyroelectric Materials: Operation and Performance in Thermal Imaging Camera Tubes and Detector Arrays," *Ferroelectrics* 10, 91 – 98, 1976.
58. E. H. Stupp, "Pyroelectric Vidicon Thermal Imager," *Proceedings of SPIE* 78, 23 – 27, 1976.
59. S. E. Stokowski, J. D. Venables, N. E. Byer, and T. C. Ensign, "Ion – Beam Milled, High – Detectivity Pyroelectric Detectors," *Infrared Physics* 16, 331 – 34, 1976.
60. A. J. Goss, "The Pyroelectric Vidicon: A Review," *Proceedings of SPIE* 807, 25 – 32, 1987.

第8章 新型热探测器

目前,氧化钒和非结晶硅(a-Si)微型测辐射热计是非制冷热成像装置的首选技术。然而,其灵敏度上的限制[1]以及较高的价格,使许多研究团队探索其它有希望提高性能并降低探测器成本的红外传感技术。最近,已经生产出低于$1000的热成像模块[2],这意味着,与目前红外成像系统的大概价格相比(见表8.1)[3],成本降低到了$\frac{1}{10}$。

表8.1 性能和成本比较

性能	微型测辐射热计	高温计	微悬臂梁结构
最终灵敏度/mK	20	40	3
响应时间/ms	15~20	15~20	5~10
动态范围	10^4	10^3	$>10^5$
光学系统	大,昂贵	大,昂贵	小,便宜
所需功率	低	低	低
可加工性	难	难	标准IC制造工艺
尺寸	中小型	中小型	小型
相机成本	$20~50k	$7~25k	$5~15k

(资料源自:"MEMS Transform Infrared Imaging," Opto & Laser Europe, June 2003)

20世纪40年代末期,马塞尔·高莱(Marcel Golay)发明的高莱辐射计(Golay cell)在热红外探测器中具有最好的性能[4,5]。尽管存在某些不足,如高成本(超过$5000)、尺寸较大,但仍是可用的商业产品,并应用于要求具有高性能的领域。已经利用微机械制造技术研发出采用电容式以及隧道位移传感器的新式微型高莱辐射计。

探测红外能量最具发展前途的方法是利用热驱动微机电结构(Microelectro-machined Structures, MEMS),已有报道,探测率达到$10^8 cm\ Hz^{1/2} W^{-1}$,本章将讨论该新型非制冷探测器。由于这种探测器阵列本身比较简单、具有高灵敏性及响应迅速,预计在许多领域都会有良好的市场应用前景。

8.1 高莱辐射计

高莱辐射计(见图8.1)是一种由填充某种气体(通常是氙气,具有低热导率)的封闭容器结构组成的热探测器,所以,由光子信号加热而致气体膨胀就会使安装有反射镜的柔性膜变形,利用反射镜的移动使照射到光电管上的光束偏转,造成光电池输出电流的变化。在现代结构形式的高莱辐射计中,用一个固态光敏二极管替代光电管,并用发光二极管照明[6]。这种结构布局的可靠性和稳定性远远超过初期使用钨丝灯和真空光电管的高莱辐射计。

高莱辐射计的性能仅受限于吸收膜与探测器气体的热交换所致的温度噪声,因而与探测器相比,具有特别高的灵敏度,$D^* \approx 3 \times 10^9 cm\ Hz^{1/2} W^{-1}$,响应度是$10^5 \sim 10^6 V/W$。响应时

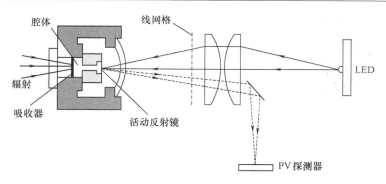

图 8.1　高莱辐射计

间相当长，典型值是 15ms。探测器非常脆，对振动很敏感，仅适用于如实验室一类受控的环境条件。

已经利用硅微机械制造技术制造出电容式[7]和隧道位移传感器[8,9]式小型高莱辐射计。最初，是由(美国加州帕萨迪纳(Pasadena)市)喷气推进实验室开始研制微型隧道高莱辐射计，是在低产量工艺条件下制造的，包括手工进行装配以及将传感器零件粘合在一起。利用该工艺制造的器件，其关键性能会有很大变化，样机在 25Hz 的噪声等效功率(NEP)高于 $3\times10^{-10}\mathrm{W\ Hz^{-1/2}}$[9]。

阿杰凯耶(Ajakaiye)等人[10]介绍了一种制造隧道位移传感器、具有 80% 成功率的晶片级工艺。传感器的截面图如图 8.2 所示，上端两个零件构成气室，边长 2mm 的正方形辐射吸收区，其高度为 $0.85\mu m$。5nm 厚的白金膜蒸镀在上端 $1\mu m$ 厚氮化膜的内表面上，用以吸收红外辐射。环绕 $7\mu m$ 高的隧道端口(刻蚀在晶片底部)有一个偏转电极，位于隧道端口上方的偏转电极是一块 $0.5\mu m$ 厚的柔性膜。端口、偏转电极和氮化膜都镀有金层，并与紧靠排气口的三块垫片相连。这种器件的性能可以与市场上最佳的非制冷宽带红外探测器相比拟。

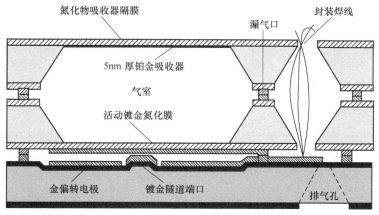

图 8.2　隧道位移红外探测器的截面图

(资料源自：Kenny, T. W., Uncooled Infrared Imaging Arrays and Systems, Academic Press, San Diego, CA, 227-67, 1997)

8.2 新型非制冷探测器

虽然小型非制冷微型测辐射热计已成功应用于热成像领域，但研究人员仍致力于为热成像仪研发一个平台，兼顾用户利益、操作方便及高性能。微机电系统（MEMS）的最新成果已经导致非制冷红外探测器发展为微机械型热探测器和微机械型光子探测器。两者最重要的都是双材料微悬臂梁，它以机械形式响应辐射吸收。这些传感结构最初是20世纪90年代中期由美国橡树岭国家实验室（Oak Ridge National Laboratory，ORNL）发明，之后ORNL[16-20]、美国萨诺夫（Sarnoff）公司[21,22]、美国萨肯（Sarcon）微系统公司[23-25]及其它研制单位继续进行研发，应用于成像[26-33]和光子光谱学方面[34,35]。

当巴恩斯（Barnes）等人涂镀某种金属悬臂梁作为传感活性层而形成双层材料结构时就开创了热机械探测器制造法[36]。图8.3所示为电容式传感微悬臂梁结构示意图，利用机械和电方法将微悬臂梁一端铆定在基板上，当沿悬臂方向的应力有变化时，悬臂梁另一端可以自由弯曲。微悬臂梁薄片材料与调谐共振吸收腔一起吸收红外辐射，采用类似测辐射热计中使用的隔热臂使微悬臂梁结构与基板热绝缘，因此微悬臂梁结构吸收的辐射就转换成热。

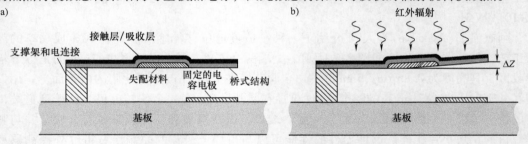

图8.3 双层材料微悬臂梁红外探测器工作原理示意图
a）标称位置 b）施加辐射后的位置

悬臂梁结构有一个双层材料区，由热膨胀系数相差很大的两种材料组成，例如一种热膨胀系数低（$\alpha = 0.5 \times 10^{-6} K^{-1}$）的$SiO_2$基板层镀以热膨胀系数$\alpha = 23 \times 10^{-6} K^{-1}$的铝层[24]。当入射辐射将该结构加热时，由于双层材料具有不同的热膨胀系数（温度每变化1K约为0.1μm），悬臂梁结构双层材料区就变成向上弯曲的。表8.2列出了常用的双层材料组合。通常，使用SiN_x和SiO_2作为红外吸收材料，以金和铝作为电触点和反射镜材料。

表8.2 设计悬臂梁经常使用的几种材料的性质

	杨氏模量 /GPa	热导系数 /(W/(m K))	热膨胀系数 /($10^{-6} K^{-1}$)	热容量 /(J/(kg K))	密度 /($10^3 kg/m^3$)	发射率 (8~14μm)
SiN_x	180	5.5±0.5	0.8	691	2.40	0.8
Au	73	296.0	14.2	129	19.3	—
SiO_2	46~92	1.1	0.05~12.3	—	2.20	
Al	80	237.0	23.6	908	2.70	0.01
Si	100	135	2.6	700		

对微悬臂梁性能的基本限制与热探测器本身的性能、背景扰动限及温度扰动限有关（见本书第3章）。

对热机红外探测器，会有一个额外的基本限制，其热能量会使悬吊的微结构形成自发微观机械运动（振荡），而对大多数读出方法，无法将这些振荡与温度感应产生的弯曲相区分，所以，直接贡献为探测器噪声[19,37]。根据萨里德（Sarid）的观点[38]，热机械噪声在低频率时与频率无关，而悬臂端的位移为

$$\langle \delta z_{\text{TM}}^2 \rangle^{\frac{1}{2}} = \left(\frac{4kT\Delta f}{Qk_s\omega_0} \right)^{\frac{1}{2}} \tag{8.1}$$

式中，Q（质量因数）为谐振频率 ω_0 与谐振峰值宽度之比；k_s 为弹簧常数，定义为施加到微悬臂梁上的力除以悬臂端的位移。另一种模型预测，若阻尼是由内部摩擦而非介质的粘性阻尼所致，那么，在低于机械共振时，热机械噪声的密度就服从 $1/f^{1/2}$ 规律[39]。

利用式（8.1），由热机械噪声造成的 NEP 和探测率的极限预测值为

$$\text{NEP} = \frac{1}{R_z} \left(\frac{4kT\Delta f}{Qk_s\omega_0} \right)^{\frac{1}{2}}$$

和

$$D^* = \frac{1}{R_z} \left(\frac{4kT}{AQk_s\omega_0} \right)^{\frac{1}{2}} \tag{8.2}$$

式中，R_z 为探测器的响应度。

热机械探测器的一个重要优点是基本上没有内在的电子噪声，能够与许多具有高灵敏度的不同读出技术相组合。按照读出技术，可以将新型非制冷探测器的研究致力于以下几个方面：

- 电容式[19,21-25]；
- 光学式[13,15,17,19,20,26-28,30-33]；
- 压阻式[11,12]；
- 电子隧穿式[8]。

8.2.1 电耦合悬臂梁结构

在电耦合传感器结构中，悬臂梁弯曲会造成其电容变化，进而转换成与吸收的红外光能量成正比的电信号。利用可调谐 RC 谐振电路对所有不希望存在的外部振动进行阻尼衰减。例如，图 8.4 所示为电容耦合探测器工作原理示意图，可变微悬臂梁板电容传感器是桥电路的一个支路[24]，将对称、反相电压脉冲（基准电压附近）分别施加到悬臂梁和桥基准电容器 C_s 和 C_R 上，如果 C_s 和 C_R 相同，电容器共节点处的电压值就是零。当红外辐射入射到微悬臂梁上，叶片向上移动，增大了电容器极板间隙，从而减小了探测器电容，在增益和积分电路输入处产生偏置电压 V_g。

当探测器温度从 T_0 升至 T，则微悬臂梁端的偏转（见图 8.3b）为[24]

$$\Delta Z = \frac{3L_p^2}{8t_{\text{bi}}} (\alpha_{\text{bi}} - \alpha_{\text{subs}})(T - T_0) K_0 \tag{8.3}$$

式中，L_p 为微悬臂梁探测器双层材料部分的长度；α_{bi} 和 α_{subs} 分别为双层材料和基板材料的热膨胀系数（TCE）；t_{bi} 为高热膨胀系数双层材料的厚度；常数 K_0 为

$$K_0 = \frac{8(1+x)}{4 + 6x + 4x^2 + nx^3 + 1/(nx)} \tag{8.4}$$

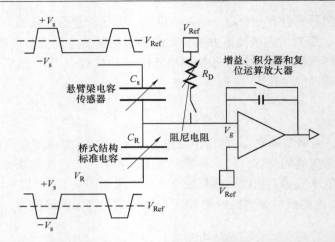

图 8.4 微悬臂梁桥电路、阻尼电阻和信号增益放大器的电路图

(资料源自：Hunter, S. R., Maurer, G., Jiang, L., and Simelgor, G., "High Sensitivity Uncooled Microcantilever Infrared Imaging Arrays," Proceedings of SPIE 6206, 62061J, 2006)

式中，$x = t_{subs}/t_{bi}$，为基板与双层材料厚度之比；$n = E_{subs}/E_{bi}$，为基板与双层材料杨氏模量之比。这两个公式表明，采用热膨胀系数相差较大的双层材料，并对悬臂梁形状进行优化可以得到最大的微悬臂梁弯曲。

探测器的电压响应度(单位为 V/K)为

$$R_v = \frac{V_s C_s}{C_T Z_{gap}} \frac{\Delta Z}{\Delta T} \tag{8.5}$$

式中，Z_{gap} 为传感器有效真空间隙；C_T 为运算放大器输入处总电容之和。

对于电耦合悬臂梁结构，以类似测辐射热计电阻温度系数的确定方法来确定电容温度系数(Temperature Coefficient of Capacitance，TCC)：

$$\text{TCC} = \frac{1}{C_s} \frac{\Delta C}{\Delta T} = \frac{1}{Z_{gap}} \frac{\Delta Z}{\Delta T} \tag{8.6}$$

表 8.3 不同微悬臂梁像素结构噪声源建模得到的 NEDT 值

像素尺寸	50μm	25μm	17μm
背景热噪声	1.2	2.1	3.5
温度扰动噪声	5.2	7.3	10.4
热机械噪声	0.7	0.7	1.0
读出集成电路(ROIC)噪声源			
$1/f$ + 白噪声	9.7	7.1	7.4
kT/C 噪声	7.0	8.7	15.1
开关和其它相关噪声	小?	小?	小?
总 NEDT	13.1	13.7	19.8

(资料源自：Hunter, S. R., Maurer, G. S., Simelgor, G., Radhakrishnan, S., and Gray, J., "High Sensitivity 25μm and 50μm Pitch Microcantilever IR Imaging Arrays," Proceedings of SPIE 6542, 65421F, 2007)

已经测量出，电容传感器的 TCC > 30%/K[25]。建模理论预测的性能值可以更大，直至 100%/K，具体数值取决于所要求的动态范围。对于一个正确调谐和阻尼的传感器阵列，热机械噪声相当或小于背景热导率噪声，目前器件的主要噪声分布是在读出集成电路中（Readout Entegrated Circuit，ROIC）（kT/C噪声、预放大器和开关噪声）。表8.3总结了为不同像素结构噪声源建模得到的噪声等效温差（Noise Equivalent Difference Temperature，NEDT）值[40]。

实际上，金属-陶瓷双层材料结构热膨胀系数差的典型值受限于$\Delta\alpha < 20 \times 10^{-6} K^{-1}$。最近，已有建议，由于$\Delta\alpha < 200 \times 10^{-6} K^{-1}$以及具有低热导率可随时膨胀聚合物纳米层具备更有效的驱动作用，所以使用聚合物-陶瓷双层材料悬臂结构能够显著提高热致弯曲[41]。为了提高红外吸收和加强纳米复合膜层，已经将这些新型复合结构与聚合物刷层、纳米银粒子和碳纳米管相结合。与金属镀膜悬臂梁相比，这种新颖的悬臂梁设计几乎使热灵敏度提高了4倍。目前研发出的聚合物-陶瓷悬臂梁结构的严重缺点是与传统的微制造技术不兼容。

采用碳化硅隔热可以使微悬臂梁红外探测器的NEDT（对于$50\mu m$正方形像素）降低到5mK[21]。然而，在完全实现上述可能性之前，必须强调如下几个重要问题：①微机械系统中固有的机械噪声；②大型阵列中微悬臂梁的非均匀性；③红外热探测器对环境温度变化的高灵敏度。

通过定制微悬臂机构的谐振频率和刚度，可以大大消除机械噪声的影响。图8.5b所示为增强叶片和隔热臂刚性而设计的带肋单像素结构，在双材料臂上使用横向波纹结构以减小分层，并提高双层材料响应度。该图还给出了一种免受环境温度变化和其它干扰机械应力源影响的结构设计方法[42]。此传感器还有第二个双层材料和隔热结构（见图8.5a），工作原理描述如下：

- 当环境温度升高时，A段悬臂梁向上弯曲；
- B段悬臂梁支撑点允许A段悬臂梁移动；
- B段悬臂梁监控低温（加载辐射除外）；
- B段悬臂梁弯曲，并使电容器板到基板的间隔保持不变。

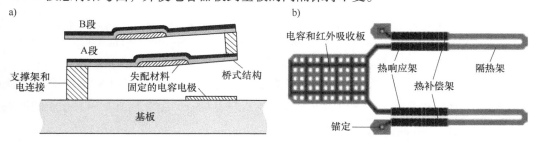

图8.5 环境温度补偿
a）工作原理示意图
b）多光谱成像系统中热补偿$25\mu m$像素结构的详细说明图

（资料源自：Hunter, S. R., Maurer, G. S., Simelgor, G., Radhakrishnan, S., and Gray, J., "High Sensitivity $25\mu m$ and $50\mu m$ Pitch Microcantilever IR Imaging Arrays," Proceedings of SPIE 6542, 65421F, 2007）

红外传感（A段）和额外增加的结构（B段）两者对环境温度的变化同样都有响应，但感知相反，因此，使基板温度归零会引起悬臂板叶片运动。实际上，B段是在A段之后，而不是在其上的（见图8.5b[40]）。这种补偿结构还另有优点，就是可使探测器制造过程造成的残余应力导致的双层材料和隔热臂的机械弯曲归零。

由对悬臂梁结构的热机械响应详细建模可以预测热响应时间达到 5~10ms，实验数据已经证实了该理论预测值[40]。与光子探测器相比，这种热探测器具有较慢的响应时间。不过，这样的微机械结构也可以用于具有较快响应时间和较高性能的光子探测器（与微机械热探测器相比）[43-47]。

固体吸收光子会造成温度变化和热膨胀，在与入射光子辐射振幅调制相对应的频率处会依次产生声波。当硅微悬臂梁受到光子照射，产生的多余电荷载体能够感应生成电子应力，造成半导体微悬臂梁偏转（见图 8.6[44]），半导体中形成的电子和空穴会产生局部的机械应力。在热平衡状态下，表面应力 S_1 和 S_2 是平衡的，沿微悬臂梁中间面产生一个径向力 F_r，一旦受到光子照射，这些应力就变得不相等，从而产生弯曲力 F_z，使微悬臂梁端头发生移动，弯曲程度与辐射强度成正比。

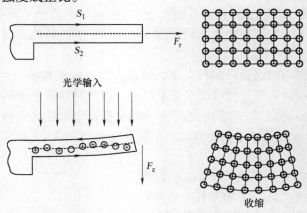

图 8.6 半导体微悬臂梁受到照射的弯曲过程示意图（在热平衡状态时，表面应力 S_1 和 S_2 是平衡的。还描述了由于电子-空穴对而伴随有硅晶格的收缩）

（资料源自：Datskos, P. D., Rajic, S., Datskos, I., and Eger, C. M., "Novel Photon Detection Based Electronically-Induced Stress in Silicon," Proceedings of SPIE 3379, 173-81, 1998）

Datskos 等人公布的研究结果[45-47]表明，微结构代表了微机电系统（MEMS）光子探测器技术领域的一个重大进步，并期望为进一步研发提供基础，但至今其研发只有很小的进展。

8.2.2 光学耦合悬臂梁结构

也可以利用光学技术，并根据单个微悬臂梁结构偏转完成红外辐射探测和图像的后续重现，而这种技术源自标准原子力显微（Atomic Force Microscope，AFM）成像系统[13]。该方法无需对每个像素结构进行金属化处理。与电耦合悬臂梁结构相比，光学读出具有许多重要优点[30]：

- 阵列制造比较简单，能够降低成本；
- 不需要读出集成电路（ROIC）；
- 不需要布局复杂的矩阵寻址；
- 消除了读出集成电路（ROIC）的寄生热；
- 基板与悬臂梁结构之间没有电路接触点，消除了漏热途径。

而上述方法最重要的实际意义是能够直接扩展到更大阵列（>2000×2000）[20]。

一个具体微悬臂梁阵列中各个元件(或像素)的响应度会稍有变化,部分元件(或像素)也稍有应力,而通过读出技术不可能探测到其中的缺陷。幸运的是,最近研发的计算算法可以将包含有缺失信息或性能恶化信息的图像或视频重新恢复[20]。

图 8.7 给出了光机红外成像系统示意图和相关组件[48],包括红外成像物镜、微悬臂梁焦平面阵列(FPA)和光学读出装置。LED 发出的可见光经准直透镜后称为平行光,然后被焦平面阵列的像素反射,再通过转换透镜,反射后的衍射光线将悬臂梁阵列谱综合生成在转换透镜的后焦平面上。当入射红外光通量被阵列像素吸收,其温度升高,从而造成悬臂梁有小的偏转,然后,利用一个普通的电荷耦合器件(Charge-Coupled Device,CCD)或者互补金属氧化物半导体(CMOS)相机,对可见光反射后的分布变化进行收集和分析。安装在相机上的小孔径物镜有可能完成所需要的角度-强度转换。这种简单的光学读出技术利用 1mW 功率的

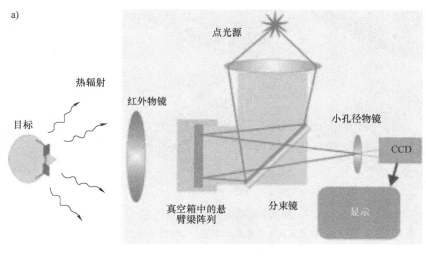

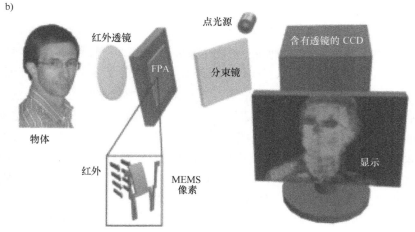

图 8.7 非制冷光学可读红外成像系统
a)示意图 b)热成像仪组件

(资料源自:Datskos, P., and Lavrik, N., "Simple Thermal Imagers Use Scalable Micromechanical Array," SPIE Newsroom10.1117/2.1200608.036,2006)

光束，而每个FPA像素的功率是几nW。相机的动态范围、内在噪声和分辨率在很大程度上决定着系统的性能。

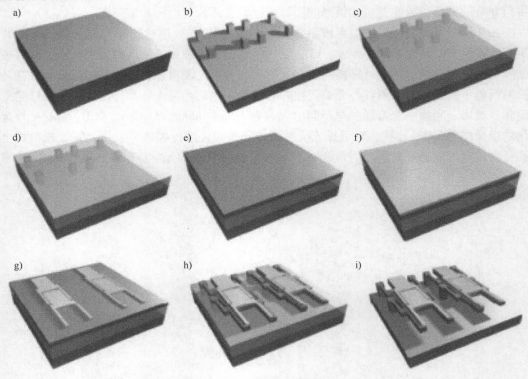

图8.8 焦平面阵列制造工艺

a)对硅晶片进行双面抛光 b)为了在硅晶片上形成固定支柱，进行反应离子刻蚀 c)沉积SiO_2牺牲层 d)化学-机械抛光 e)低应力SiN_x层沉积 f)镀可剥离的金属层 g)对金属层刻印成形 h)利用反应离子刻蚀技术使像素结构刻印成形 i)对SiO_2牺牲层进行湿法刻蚀，得到一个应力释放结构

（资料源自：Lavrik, N., Archibald, R., Grbovic, D., Rajic, S., and Datskos, P., "Uncooled MEMS IR Imagers with Optical Readout and Image Processing," Proceedings of SPIE 6542, 65421E, 2007）

为使制造的复杂程度降至最低，Datskos及同事[20,48]制定了一个焦平面阵列制造工艺流程。该工艺只包括三种光刻蚀工艺，并依靠行之有效的面微机械制造技术方法（见图8.8）。该工艺首先抛光硅晶片两侧。为了图印成形一个$5\mu m$高的固定支柱以悬吊该结构，利用SF_6反应离子刻蚀技术刻蚀光致抗蚀剂掩模板。然后，利用等离子体增强化学气相沉积法（PECVD）在250℃温度下将$6.5\mu m$厚氧化硅牺牲层沉积在含有固定支柱的硅表面上。接着进行化学-机械抛光使表面平坦，直至氧化层厚度达到$4.5\mu m$，但要保留固定支柱不变。如此选择牺牲层厚度是为了在硅基板与像素层之间形成最佳谐振腔。之后，将600nm厚的SiN_x层沉积在平坦的氧化层上。下一步是利用电子束蒸镀技术将金膜镀在前面完成的5nm厚的Cr粘附层上。第二种光刻蚀术包括对蒸镀在SiN_x上120nm金膜层图形进行剥离，相对应的，要进行各双层材料臂段和各像素顶端反射区的叠加。之后，再利用第三种光刻工艺在SiN_x中完成探测器几何布局的确定。最后，利用HF湿刻蚀技术去除牺牲层，接着进行清洗和CO_2临界点干燥。

第 8 章 新型热探测器

到目前为止已经证明，以悬臂梁结构为基础的红外成像装置的灵敏度要比理论预测值低。有许多种方法可以提高灵敏度，包括设计、改善工艺及读出系统。理论预测值表明，微悬臂梁结构的灵敏度反比于悬臂梁与基板的间距[49]。通常将悬臂梁锚定在硅基板上，间隔是 $2\sim3\mu m$。小间隔会有高性能，但也会由于静摩擦以及释放结构中存留有牺牲层而产生其它问题。此外，红外光通量必须通过硅基板传播，只有 54% 的入射光能够到达悬臂梁，因此必须研发新的结构设计。

新型设计之一是以光学可读方法为基础的无基板非制冷红外探测器[33]。该探测器由无硅基板的双层材料悬臂梁阵列组成，制造过程中去除了基板，图 8.9 所示为该结构示意图。具有 $1\mu m$ 厚 SiN_x 主结构层的悬臂梁包含一个红外吸收器/反射镜、两个双层材料臂和两个隔热臂。在红外吸收器和双层材料臂上分别镀有金反射薄膜层和厚的金双材料层。研发了一种包括硅-玻璃阳极连接和深反应离子刻蚀技术的块状硅处理工艺以去除基板硅，并为每个 FPA 像素形成一个框架。与通常使用的牺牲层悬臂梁相比，无基板结构中由硅基板反射和吸收造成的红外光能量损失完全得以消除。悬臂梁像素的热机灵敏度测量值是 $0.11\mu m/K$。

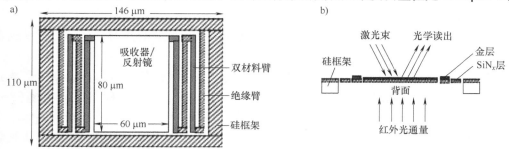

图 8.9 悬臂梁像素示意图
a) 俯视图　b) 截面图

（资料源自：Yu, X., Yi, Y., Ma, S., Liu, M., Dong, L., and Zhou, L., Journal of Micromechanics and Microengineering, 18, 057001, 2008）

无基板光学可读焦平面阵列的另一种改进型是采用两个双层材料悬臂梁的像素[50]。悬臂梁像素上层是热膨胀系数相差很大的两种材料——SiN_x 和金（Au），将红外辐射转换成机械偏转（见图 8.10）。悬臂梁像素下层也是 SiN_x 悬臂梁，起到局部隔热支架的作用。这种结构布局形成谐振腔，与无基板的设计一起大大提高了红外入射光的吸收（红外光通过下层 SiN_x 吸收片）。理论分析认为，成像系统的温度分辨率可以达到 7mK。

最近，建议采用多重间隔金属支架布局，以提高光学可读双材料微悬臂梁阵列的灵敏度[32]。该多重结构包括交替连接的非金属化和金属化支架。然而，灵敏度测量值

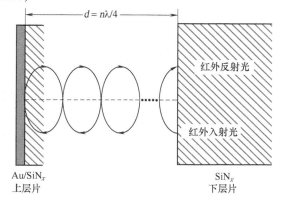

图 8.10 无基板结构中谐振腔的光学模型
（资料源自：Shi, S., Chen, D., Jiao, B., Li, C., Qu, Y., Jing, Y., Ye, T., et al., IEEE Sensor Journal, 7, 1703-10, 2007）

(对于 160×160 元、间隔 120μm 结构，NEDT 约为 400mK）远低于理论值(28.1mK），改进制造工艺，并利用较小噪声的光学读出装置以期得到较高的性能。

8.2.3 热-光传感器

第一批非扫描红外成像仪包括蒸发成像仪(evaporograph）和吸收限变像管(absorption edge image converter）。蒸发成像仪将辐射光聚焦在一块涂有薄油膜的黑体(blackened）膜层上[51,52]，油膜蒸发速率的差异正比于辐射强度，因此，用可见光照射膜层就得到一个与热图像相对应的干涉图。

第二种热成像装置是吸收限变像管[53]，其工作原理是利用半导体吸收限对温度的依赖关系。当阈值附近某一波长单色透射光照射到某合适材料制成的器件上，温度的任何变化都显示为透射光的强度差。哈丁(Harding)、伊尔桑(Hilsum)和诺斯罗普(Northrop)研制的变像管用非晶体硒作为半导体，吸收限是 580～660nm[53]，吸收限移动 0.27nm/℃ 等效于能隙变化 9.7×10^{-4}eV/℃[54]。伊尔桑和哈丁讨论过吸收限变像管的吸收理论和应用[55]，并指出，高于环境温度10℃的物体就可以成像。

由于两种成像装置都有很长的时间常数(直至几秒)和很低的空间分辨率，所以成像质量很差。

最近，已经研发出具有光学读出装置的新一代固态热成像仪。卡尔(Carr)和塞蒂亚迪(Setiadi)使用一种吸收随温度变化的相变材料研发出热-光学像素结构[56]。塞昆多(Secundo)、鲁比亚尼克(Lubianiker)和格拉纳特(Granat)介绍了一种以热敏电光双折射晶体为基础的波导灵敏像素阵列结构[57]。弗拉斯伯格(Flusberg)等人则阐述了另一种以高热膨胀系数共聚物膜上干涉为基础的方法[58,59]。

图 8.11 给出了热-光学红外-可见光传感器的基本概念。物体发出的红外辐射成像在红外—可见光传感器上，可调谐热传感器的每个像素都可以起到波长转换器的作用，将红外辐射转换为可见光信号，而被可见光传感器(眼睛、CCD 或 CMOS 相机)探测。通过探测可见光造成像素的温度变化，从而将接收红外辐射到可见光的转换。为了组合红外辐射和可见光辐射，使用一块高透射率分束镜。图 8.11 所示的传感器对可见光是反射而非透射，类似测辐射热计，但使用光学偏置。

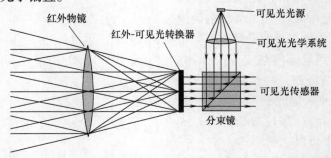

图 8.11 热-光传感器的概念

美国红移系统(RedShift System)公司生产的热光管(Thermal Light Value, TLV)是新设计的光学可读热-光直视成像仪的例子[60,61]，其芯片是以 Aegis 半导体公司为电信应用研发的一类光学薄膜为基础[62]，并由一个热量可调谐法布里-泊罗带通滤波器(像素)组成(见图

8.12a)。其中,该滤波器固定在一根耐热支柱上,而支柱安装在具有光学反射和热导作用的基板上。利用 CMOS 成像仪测量近红外(NIR)探头信号(850nm 竖腔面发射激光)反射过程中像素间的变化,来获得热图像。由于热光管(TLV)反射的近红外探头信号取决于红外入射辐射,所以,CMOS 成像仪接收的光强度受到观察景物红外特征的有效调制。

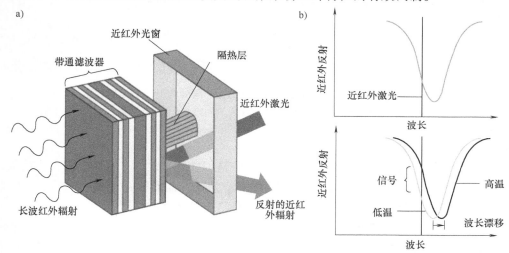

图 8.12　红移热光管像素
a)滤光片像素固定在基板耐热柱上,场景发出的红外光光路以及近红外探测光
b)"波长转换"原理

法布里-泊罗结构是以在太阳电池和平板显示领域广泛应用多年的高折射率非晶硅和低折射率 SiN_x 薄膜为基础。利用等离子体增强化学气相沉积法(PECVD)沉积这些材料,依靠该技术,可以大批量制造均匀的密致材料。通过改变其腔体-厚度和折射率乘积,实现滤光片的光谱调制。美国红移系统公司的热光管就是通过改变折射率实现调制的。非晶硅的折射率在 300K 时以 $6 \times 10^{-5}/K$ 速率随温度变化(按折射率归化)。

图 8.13 给出了热光管(TLV)的设计以及可调谐二维滤光片阵列扫描电子显微图[61]。该阵列包括传感器滤光片(吸收物体发出的长波红外(LWIR)辐射)和标准滤光片,并通过隔热锚点将两者与基板相连。若是基态,滤光片阵列便形成一个反射近红外探测光束的反射镜。由于红外辐射的加热,传感器滤光片的温度就偏离基板和本地标准滤光片的温度,因此,反射近红外探测光束的相位会发生漂移,近红外读出波长范围内的反射光振幅随之增大。

利用上述技术,美国红移系统公司制造了一个 160×120 像素热像仪,在 8~12μm 长波红外范围的光谱灵敏度是 150mK。与微测辐射热计相机相比,由于成本低(价格/性能比相差 5 倍),因而大量使用这种成像仪,应用领域包括视频安防监控系统和汽车安全领域。

8.2.4　天线耦合微测辐射热计

热探测器的一个主要限制是不适用于下一代以多光谱工作的红外热成像系统[63]。第三代系统要求对目标实现快速、有效和多维场景展示,特别有益于预警威胁和目标识别方面的应用。

最近,尼柯克(Neikirk)等人[64-66]提出一种单片微阵列测辐射热计的新型设计方法,非

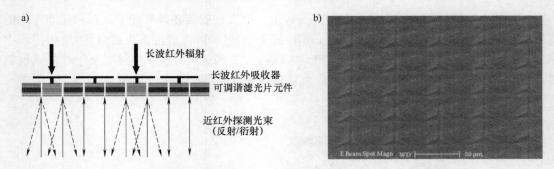

图8.13 热光管设计以及可调谐二维滤光片阵列的电子扫描显微图
a) 热光管设计 b) 可调谐二维滤光片阵列的电子扫描显微图

(资料源自：Wagner，M.，"Solid State Optical Thermal Imaging：Performance Update," Proceedings of SPIE 6940，694016，2006.)

常适用于长波红外光谱区的多光谱成像。该方法的精华之处是使用了平面多模天线结构，将入射光耦合到远比红外波长小的微测辐射热计中（有效探测器面积是 λ^2 数量级）。与吸收层耦合相比，天线耦合对空间模式和入射光偏振都会给出选择性响应[67]。

图8.14a 给出了一种简单实现多模探测器像素的方法，像素由一个交织的金属电阻"丝"网格组成[67]。图8.14b 所示的像素由 3×3 微测辐射热传感器阵列组成，传感器的有效尺寸与目前使用的 FPA 像素的尺寸相同（约 $50\mu m$）。以该方式有可能研发成功一种普通的热探测器，从而可以非常小的器件完成探测。微测辐射热传感器位于 ROIC 基板上方 1/4 波长处，其作用在很大程度上相当于导电反射层。一般来说，如果 n 个微测辐射热计元件组合在同一个像素中，天线耦合探测器就称为"多模"探测器，有效面积约为 $n\lambda^2$[68]。其输出是 9 个接收元件响应的固有叠加，性能仍以普通单模微测辐射热计的探测率表示。

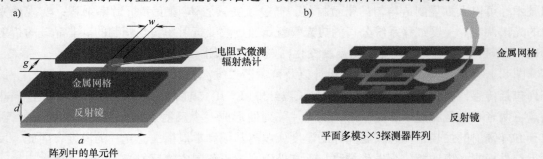

图8.14 平面多模探测器的结构布局
a) 单元件 b) 多模阵列像素

(资料源自：Weling，A. S.，Henning，P. F.，Neikirk，D. P.，and Han，S.，"Antenna-Coupled Microbolometers for Multi-Spectral Infrared Imaging," Proceedings of SPIE 6206，62061F，2006)

平面多模测辐射热探测器的电响应是多个单模天线耦合微测辐射热计串联和并联的组合。通过优化多个几何参数，并利用普通微测辐射热计中谐振天线耦合和多层干涉效应，可以调谐波长灵敏度。网格响应度取决于阵列周期 a、间隙宽度 g、固定支柱宽度 w、到反射镜的距离 d 以及微测辐射热计材料的薄层电阻 R_s。

利用传输线理论[67]可以分析平面微测辐射热计的电磁特性。例如[66]，图8.15 给出了三分离像素的设计和光谱响应，各像素的峰值光谱响应分别位于不同波长处，并位于多模阵列像素与反射镜间相等的距离 d 处(没有机械调谐),通过改变光刻术绘制参数 a、g 和 w 就可控制每个像素的波长选择性。假设测辐射热计薄层电阻 R_s 对所有像素都是常数,就可以使用单一测辐射热计材料,以这种方式有可能实现三色长波红外成像,而无需移动像素中的元件。此外,由于降低了热质量,从而可以大大提高了这种具有光谱选择性测辐射热计的响应速度。

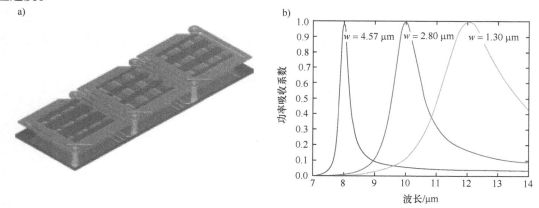

图 8.15 三分离像素的设计和光谱响应
a)三分离像素的设计 b)三分离像素的光谱响应

(每个像素的峰值光谱响应对应着不同的波长位置,并且,每个像素位于多模阵列像素和反射镜之间相同的距离 d 上($d_1 = d_2 = d_3$,没有机械调谐)。设计波长处的功率吸收几乎是 1。a、g、w 和 R_s 分别是 6.80μm、0.20μm、3.14μm 和 56.6Ω(每正方形像素))

(资料源自:Han, S. W., and Neikirk, D. P., "Design of infrared Wavelength-Selective Microbolometers Using Planar Multimode Detectors," Proceedings of SPIE 5836, 549 - 57, 2005)

制造平面天线耦合探测器阵列需要有足够的热阻抗,从而使其性能与普通空气桥微测辐射热计的性能相当。通过只改变牺牲层厚度的刻蚀参数,而研发出一种较为简单的制造工艺。

最后,应当提及由冈萨雷(Gonzale)、波特(Porter)和博尔曼(Boreman)研发的两类天线耦合红外像素结构[69]。第一类像素串联 N 个微测辐射热计(面积为 $10μm^2$ 数量级),$N \times N$ 个阵列单个探测器的信噪比可以提高 N 倍。第二类像素是利用菲涅尔透镜制造的,将光能量收集和聚焦在单元件探测器上,使直径 200μm 探测器的探测率提高两倍。

8.3 热探测器性能比较

表 8.4 给出了对热探测器的基本性质进行的总结[37,70,71]。热电堆的信号形式是电压变化 ΔV。测辐射热计是通过载流子密度变化和迁移率变化探测自身温度,信号形式是电阻变化 ΔR。热释电结构是通过介电常数的变化和自发偏振的变化探测温度变化,信号形式是偏振变化 ΔQ。对于热机械红外探测器,如微悬臂梁结构,应当根据器件的机械响应(即单位吸收功率的位移量 ΔZ)确定内在响应度,单位是 m/W。

实际上,热电堆广泛应用于低频领域,包括直流应用。由于热释电探测器和测辐射热计能够在高频条件下提供更好的性能,所以热电堆器件正面临着严峻挑战。测辐射热计与光学油浸透镜相组合具有非常好的性能，响应时间可以达到约 1ms。由于热电堆探测热结与冷结间的温差，并且冷结位于储热层之上，所以冷结扮演着温度基准的重要角色。热电堆不需要工作稳定器，而测辐射热计需要。因为红外入射光造成红外吸收器的温度变化远小于工作温度变化，并且前置放大器很难根据整体工作温度变化范围感知电阻变化，所以测辐射热计常需要工作温度稳定。为了提高电阻和介电常数对温度的依赖性，并具有大的响应度，测辐射热计和热释电探测器经常使用具有温度转换点的热电材料，应将工作温度设置在转换温度附近。在这种情况下，必须进行温度控制。然而，应当强调的是，改进读出电路的性能可以排除测辐射热计热电稳定性的问题。

表 8.4 热探测器的基本参数

探测器类型	信号与温度关系	特征参数	K	电噪声功率密度	偏置功率
热电堆	$\propto \Delta T$	$\alpha_s = \dfrac{dV}{dT}$	$\alpha_s = \dfrac{dV}{dT}$	$4kTR$	无
测辐射热计	$\propto T$	$\alpha = \dfrac{1}{R}\dfrac{dR}{dT}$	IRa	$4kTR$	$I^2 R$
热释电	约 $\propto \dfrac{dT}{dt}$	$p = \dfrac{dP}{dT}$	$\dfrac{pA\omega R}{(1+\omega^2\tau^2)^{\frac{1}{2}}}$	$\dfrac{4kTR}{1+\omega^2\tau^2}$	无
正向偏压二极管	$\propto T$	$\alpha = \dfrac{dV}{dT}$	α	$\dfrac{4(kT)^2}{2I}$	IV
微悬臂梁	$\propto T$	$TCC = \dfrac{1}{Z_{gap}}\dfrac{\Delta Z}{\Delta T}$	—	—	—

热电堆探测器内部设有温度基准，所以不需要斩波。因为测辐射热计探测的是自身温度，所以也不需要斩波器。反之，热释电探测器是探测温度变化的，所以需要斩波器。此外，热释电探测器容易受到颤噪声的不利影响，不适合应用于振动较大的环境中。

参 考 文 献

1. C. M. Hanson, "Barriers to Background-Limited Performance for Uncooled IR Sensors," *Proceedings of SPIE* 5406, 454–64, 2004.
2. *UKTA News*, Issue 27, December 2006.
3. "MEMS Transform Infrared Imaging," *Opto&Laser Europe*, June 2003.
4. M. J. E. Golay, "A Pneumatic Infra–Red Detectors," *Review of Scientific Instruments* 18, 357–62, 1947.
5. M. J. E. Golay, "The Theoretical and Practical Sensitivity of the Pneumatic Infrared Detector," *Review of Scientific Instruments* 20, 816, 1949.
6. J. R. Hickley and D. B. Daniels, "Modified Optical System for the Golay Detector," *Review of Scientific Instruments* 40, 732–33, 1969.
7. J. B. Chevrier, K. Baert, T. Slater, and A. Verbist, "Micromachined Infrared Pneumatic Detector for Gas Sensors," *Microsystem Technologies* 1, 71–74, 1995.
8. T. W. Kenny, J. K. Reynolds, J. A. Podosek, E. C. Vote, L. M. Miller, H. K. Rockstad, and W. J. Kaiser, "Micromachined Infrared Sensors Using Tunneling Displacement Transducers," *Review of Scientific Instruments* 67, 112–28, 1996.
9. T. W. Kenny, "Tunneling Infrared Sensors," in *Uncooled Infrared Imaging Arrays and Systems*, eds. P. W. Kruse and D. D. Skatrud, 227–67, Academic Press, San Diego, CA, 1997.
10. O. Ajakaiye, J. Grade, C. Shin, and T. Kenny, "Wafer-Scale Fabrication of Infrared Detectors Based on Tun-

neling Displacement Transducers," *Sensors & Actuators* A134, 575 – 81, 2007.
11. P. I. Oden, P. G. Datskos, T. Thundat, and R. J. Warmack, "Uncooled Thermal Imaging Using a Piezoresistive Microcantilevers," *Applied Physics Letters* 69, 3277 – 79, 1996.
12. P. G. Datskos, P. I. Oden, T. Thundat, E. A. Wachter, R. J. Warmack, and S. R. Hunter, "Remote Infrared Detection Using Piezoresistive Microcantilevers," *Applied Physics Letters* 69, 2986 – 88, 1996.
13. E. A. Wachter, T. Thundat, P. I. Oden, R. J. Warmack, P. D. Datskos, and S. L. Sharp, "Remote Optical Detection Using Microcantilevers," *Review of Scientific Instruments* 67, 3434 – 39, 1996.
14. P. I. Oden, E. A. Wachter, P. G. Datskos, T. Thundat, and R. J. Warmack, "Optical and Infrared Detection Using Microcantilevers," *Proceedings of SPIE* 2744, 345 – 54, 1996.
15. P. G. Datskos, S. Rajic, and I. Datskou, "Photoinduced and Thermal Stress in Silicon Microcantilevers," *Applied Physics Letters* 73, 2319 – 21, 1998.
16. P. G. Datskos, S. Rajic, and I. Datskou, "Detection of Infrared Photons Using the Electronic Stress in Metal/Semiconductor Cantilever Interfaces," *Ultramicroscopy* 82, 49 – 56, 2000.
17. L. R. Senesac, J. L. Corbeil, S. Rajic, N. V. Lavrik, and P. G. Datskos, "IR Imaging Using Uncooled Microcantilever Detectors," *Ultramicroscopy* 97, 451 – 58, 2003.
18. P. G. Datskos, N. V. Lavrik, and S. Rajic, "Performance of Uncooled Microcantilever Thermal Detectors," *Review of Scientific Instruments* 75, 1134 – 48, 2004.
19. P. Datskos and N. Lavrik, "Uncooled Infrared MEMS Detectors," in *Smart Sensors and MEMS*, eds. S. Y. Yurish and M. T. Gomes, 381 – 419, Kluwer Academic, Dordrecht, 2005.
20. N. Lavrik, R. Archibald, D. Grbovic, S. Rajic, and P. Datskos, "Uncooled MEMS IR Imagers with Optical Readout and Image Processing" *Proceedings of SPIE* 6542, 65421E, 2007.
21. R. Amantea, C. M. Knoedler, F. P. Pantuso, V. K. Patel, D. J. Sauer, and J. R. Tower, "An Uncooled IR Imager with 5 mK NEDT," *Proceedings of SPIE* 3061, 210 – 22, 1997.
22. R. Amantea, L. A. Goodman, F. Pantuso, D. J. Sauer, M. Varghese, T. S. Villani, and L. K. White, "Progress Towards an Uncooled IR Imager with 5 mK NEDT," *Proceedings of SPIE* 3436, 647 – 59, 1998.
23. S. R. Hunter, R. A. Amantea, L. A. Goodman, D. B. Kharas, S. Gershtein, J. R. Matey, S. N. Perna, Y. Yu, N. Maley, and L. K. White, "High Sensitivity Uncooled Microcantilever Infrared Imaging Arrays," *Proceedings of SPIE* 5074, 469 – 80, 2003.
24. S. R. Hunter, G. Maurer, L. Jiang, and G. Simelgor, "High Sensitivity Uncooled Microcantilever Infrared Imaging Arrays," *Proceedings of SPIE* 6206, 62061J, 2006.
25. S. R. Hunter, G. Maurer, G. Simelgor, S. Radhakrishnan, J. Gray, K. Bachir, T. Pennell, M. Bauer, and U. Jagadish, "Development and Optimization of Microcantilever Based IR Imaging Arrays," *Proceedings of SPIE* 6940, 694013, 2008.
26. T. Ishizuya, J. Suzuki, K. Akagawa, and T. Kazama, "Optically Readable Bi – Material Infrared Detector," *Proceedings of SPIE* 4369, 342 – 49, 1998.
27. T. Perazzo, M. Mao, O. Kwon, A. Majumdar, J. B. Varesi, and P. Norton, "Infrared Vision Using Uncooled Micro – Optomechanical Camera," *Applied Physics Letters* 74, 3567 – 69, 1999.
28. P. Norton, M. Mao, T. Perazzo, Y. Zhao, O. Kwon, A. Majumdar, and J. Varesi, "Micro – Optomechanical Infrared Receiver with Optical Readout-MIRROR," *Proceedings of SPIE* 4028, 72 – 78, 2000.
29. J. E. Choi, "Design and Control of a Thermal Stabilizing System for a MEMS Optomechanical Uncooled Infrared Imaging Camera," *Sensors & Actuators* A104, 132 – 42, 2003.
30. J. Zhao, "High Sensitivity Photomechanical MW – LWIR Imaging Using an Uncooled MEMS Microcantilever Ar-

ray and Optical Readout," *Proceedings of SPIE* 5783, 506–13, 2005.
31. B. Jiao, C. Li, D. Chen, T. Ye, S. Shi, Y. Qu, L. Dong, et al., "A Novel Opto-Mechanical Uncooled Infrared Detector," *Infrared Physics & Technology* 51, 66–72, 2007.
32. F. Dong, Q. Zhang, D. Chen, Z. Miao, Z. Xiong, Z. Guo, C. Li, B. Jiao, and X. Wu, "Uncooled Infrared Imaging Device Based on Optimized Optomechanical Micro-Cantilever Array," *Ultramicroscopy* 108, 579–88, 2008.
33. X. Yu, Y. Yi, S. Ma, M. Liu, X. Liu, L. Dong, and Y. Zhao, "Design and Fabrication of a High Sensitivity Focal Plane Array for Uncooled IR Imaging," *Journal of Micromechanics and Microengineering* 18, 057001, 2008.
34. J. R. Barnes, R. J. Stephenson, C. N. Woodburn, S. J. O'Shea, M. E. Welland, J. R. Barnes, R. J. Stephenson, et al., "A Femtojoule Calorimeter Using Micromechanical Sensors," *Review of Scientific Instruments* 65, 3793–98, 1994.
35. J. Varesi, J. Lai, T. Perazzo, Z. Shi, and A. Majumdar, "Photothermal Measurements at Picowatt Resolution Using Uncooled Micro-Optomechanical Sensors," *Applied Physics Letters* 71, 306–8, 1997.
36. J. R. Barnes, R. J. Stephenson, C. N. Woodburn, S. J. O'Shea, M. E. Welland, T. Rayment, J. K. Gimzewski, et al., "A Femtojoule Calorimeter Using Micromechanical Sensors," *Review of Scientific Instruments* 65, 3793–98, 1994.
37. P. G. Datskos, "Detectors: Figures of Merit," in *Encyclopedia of Optical Engineering*, ed. R. Driggers, 349–57, Marcel Dekker, New York, 2003.
38. D. Sarid, *Scanning Force Microscopy*, Oxford University Press, New York, 1991.
39. E. Majorana and Y. Ogawa, "Mechanical Noise in Coupled Oscillators," *Physics Letters* A233, 162–68, 1997.
40. S. R. Hunter, G. S. Maurer, G. Simelgor, S. Radhakrishnan, and J. Gray, "High Sensitivity 25μm and 50μm Pitch Microcantilever IR Imaging Arrays," *Proceedings of SPIE* 6542, 65421F, 2007.
41. Y. H. Lin, M. E. McConney, M. C. LeMieux, S. Peleshanko, C. Jiang, S. Singamaneni, and V. V. Tsukurk, "Trilayered Ceramic-Metal-Polymer Microcantilevers with Dramatically Enhanced Thermal Sensitivity," *Advanced Materials* 18, 1157–61, 2006.
42. J. L. Corbeil, N. V. Lavrik, S. Rajic, and P. G. Datskos, "'Self-leveling' Uncooled Microcantilever Thermal Detector," *Applied Physics Letters* 81, 1306–8, 2002.
43. P. G. Datskos, S. Rajic, and I. Datskou, "Photo-Induced Stress in Silicon Microcantilevers," *Applied Physics Letters* 73, 2319–21, 1998.
44. P. D. Datskos, S. Rajic, I. Datskos, and C. M. Eger, "Novel Photon Detection Based Electronically-Induced Stress in Silicon," *Proceedings of SPIE* 3379, 173–81, 1998.
45. P. G. Datskos, "Micromechanical Uncooled Photon Detectors," *Proceedings of SPIE* 3948, 80–93, 2000.
46. P. G. Datskos, S. Rajic, and I. Datskou, "Detection of Infrared Photons Using the Electronic Stress in Metal-Semiconductor Cantilever Interfaces," *Ultramicroscopy* 82, 49–56, 2000.
47. P. G. Datskos, S. Rajic, L. R. Senesac, and I. Datskou, "Fabrication of Quantum Well Microcantilever Photon Detectors," *Ultramicroscopy* 86, 191–206, 2001.
48. P. Datskos and N. Lavrik, "Simple Thermal Imagers Use Scalable Micromechanical Arrays," *SPIE Newsroom* 10.1117/2.1200608.036, 2006.
49. B. Li, "Design and Simulation of an Uncooled Double-Cantilever Microbolometer with the Potential for ~mK NETD," *Sensors and Actuators* A112, 351–59, 2004.
50. S. Shi, D. Chen, B. Jiao, C. Li, Y. Qu, Y. Jing, T. Ye, et al., "Design of a Novel Substrate-Free Double-Layer-Cantilever FPA Applied for Uncooled Optical-Readable Infrared Imaging System," *IEEE Sensor Journal* 7,

1703-10, 2007.

51. P. W. Kruse, L. D. McGlauchlin, and R. B. McQuistan, *Elements of Infrared Technology*, Wiley, New York, 1962.
52. G. W. McDaniel and D. Z. Robinson, "Thermal Imaging by Means of the Evaporograph," *Applied Optics* 1, 311-24, 1962.
53. W. R. Harding, C. Hilsum, and D. C. Northrop, "A New Thermal Image-Converter," *Nature* 181, 691-92, 1958.
54. C. Hilsum, "The Absorption Edge of Amorphous Selenium and Its Change with Temperature," *Proceedings of the Physical Society* B69, 506-12, 1956.
55. C. Hilsum and W. R. Harding, "The Theory of Thermal Imaging, and Its Application to the Absorption-Edge Image Tube," *Infrared Physics* 1, 67-93, 1961.
56. W. Carr and D. Setiadi, "Micromachined Pyro-Optical Structure," U. S. Patent No. 6, 770, 882.
57. L. Secundo, Y. Lubianiker, and A. J. Granat, "Uncooled FPA with Optical Reading: Reaching the Theoretical Limit," *Proceedings of SPIE* 5783, 483-95, 2005.
58. A. Flusberg and S. Deliwala, "Highly Sensitive Infrared Imager with Direct Optical Readout," *Proceedings of SPIE* 6206, 62061E, 2006.
59. A. Flusberg, S. Swartz, M. Huff, and S. Gross, "Thermal-to-Visible Transducer (TVT) for Thermal-IR Imaging, *Proceedings of SPIE* 6940, 694015, 2008.
60. M. Wagner, E. Ma, J. Heanue, and S. Wu, "Solid State Optical Thermal Imagers," *Proceedings of SPIE* 6542, 65421P, 2007.
61. M. Wagner, "Solid State Optical Thermal Imaging: Performance Update," *Proceedings of SPIE* 6940, 694016, 2008.
62. M. Wu, J. Cook, R. DeVito, J. Li, E. Ma, R. Murano, N. Nemchuk, M. Tabasky, and M. Wagner, "Novel Low-Cost Uncooled Infrared Camera," *Proceedings of SPIE* 5783, 496-505, 2005.
63. A. Rogalski, J. Antoszewski, and L. Faraone, "Third Generation Infrared Photodetector Arrays," *Journal of Applied Physics* 105, 091101, 2009.
64. S. W. Han, J. W. Kim, Y. S. Sohn, and D. P. Neikirk, "Design of Infrared Wavelength-Selective Microbolometers Using Planar Multimode Detectors," *Electronics Letters* 40, 1410-11, 2004.
65. S. W. Han and D. P. Neikirk, "Design of Infrared Wavelength-Selective Microbolometers Using Planar Multimode Detectors," *Proceedings of SPIE* 5836, 549-57, 2005.
66. A. S. Weling, P. F. Henning, D. P. Neikirk, and S. Han, "Antenna-Coupled Microbolometers for Multi-Spectral Infrared Imaging," *Proceedings of SPIE* 6206, 62061F, 2006.
67. S. E. Schwarz and B. T. Ulrich, "Antenna Coupled Thermal Detectors," *Journal of Applied Physics* 85, 1870-3, 1977.
68. D. B. Rutledge and S. E. Schwarz, "Planar Multi-Mode Detector Arrays for Infrared and Millimetre-Wave Applications," *IEEE Journal of Quantum Electronics* QE-17, 407-14, 1981.
69. F. J. Gonzales, J. L. Porter, and G. D. Boreman, "Antenna-Coupled Infrared Detectors," *Proceedings of SPIE* 5406, 863-71, 2004.
70. J. T. Houghton and S. D. Smith, *Infra-Red Physics*, Oxford University Press, Oxford, 1966.
71. J. Piotrowski, "Breakthrough in Infrared Technology-The Micromachined Thermal Detector Arrays," *Opto-Electronics Review* 3, 3-8, 1995.

第Ⅲ部分
红外光子探测器

第9章 光子探测器理论

红外辐射与电子相互作用会产生一些光电效应，例如光导、光伏、光电磁、丹倍（Dember）和光子索引效应。人们对这些以光电效应为基础的不同类型的探测器已经产生兴趣，但只有光导和光伏（p-n 结和肖特基（Schottky）势垒）探测器得到了广泛研发和应用。

在带有内置势垒的结构中产生的光电效应，本质上就是光伏效应。当过多载流子以光学方式注入到势垒附近就会产生这种效应。内置电场使符号相反的电荷载流子根据外部电路情况沿相反方向移动。有几种结构可能观察到光伏效应，包括 p-n 结、异质结、肖特基势垒和金属绝缘半导体（Metal-insulator-semiconductor，MIS）光电容器。对于红外探测，上述各类型器件都有一定优点，取决于具体应用。最近，更多的兴趣集中在硅混合焦平面阵列使用的 p-n 结光敏二极管，它可完成 $3\sim5\mu m$ 和 $8\sim14\mu m$ 光谱范围的直接探测。在该应用领域，与光电导体相比，由于光敏二极管具有较高阻抗，在硅读出输入阶段就可以直接匹配，并有较低的功率损耗，所以，更受欢迎。此外，由于在耗尽层强电场使光生载流子具有很大速度，因此，光敏二极管比光电导体具有更快的响应速度。同时，光敏二极管不受俘获效应（与光电导体有关）的影响。

本章将以相同的结构形式来阐述不同材料不同类型光子探测器的基础理论。

9.1 光电导探测器

已经公开发表了大量有关光电导探测器的论文[1-13]，其中许多文章都涉及碲镉汞（HgCdTe）光电导体的研究。近40年，该领域几乎都偏重于这类探测器的研究。在此，作者以一种最适合于设计和应用的方式给出光电导体理论和原理的最新阐述。

9.1.1 本征光电导理论

光电导探测器实质上就是一个对辐射敏感的电阻，其工作原理如图9.1所示。一个比带隙能量 E_g 更大的光子（能量 $h\nu$）被吸收，产生电子-空穴对，因而改变了半导体的电导率。对直接窄带隙半导体，其光吸收要比非本征探测器高得多。

几乎在所有情况中，都要借助设计在样品上的电极测量电导率变化。对于典型样品电阻值为 100Ω 的低电阻材料，光电导体通常是在图9.1所示的恒流源电路中工作。串联负载电阻要比样品电阻大，并根据样品两端的电压变化探测信号。对高电阻光电导体，更喜欢使用恒压源电路，根据偏压电路中的电流变化探测信号。

假设，光通量为 $\Phi_s(\lambda)$ 的单光子入射在面积 $A=\omega l$ 的探测器上，该探测器是在恒电流条件下（即 $R_L \gg R$）工作。同时假设，照明和偏压场较弱，多数载流子和少数载流子的过剩载流子寿命 τ 相同。为推导电压响应度公式，并为了简单化，首先讨论一维方法。已经证明，探测器的厚度 t 相对于少数载流子扩散长度是很小的。此外，这里还忽略了前后表面处复合的影响。初始，只是简单考虑块状材料的性质对光导性造成的影响。

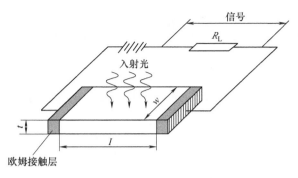

图 9.1 光电导体的结构布局和偏压电路

平衡激励条件下(即稳态)半导体本征或非本征光电导性的基本表达式为

$$I_{ph} = q\eta A \Phi_s g \tag{9.1}$$

式中，I_{ph} 为零频时(即直流,DC)的短路光电流，就是说，电流大于暗电流时，电流的增加会伴随产生辐射。光导增益 g 取决于探测器性质(即采用的探测效应、探测器材料和布局)。

一般来说，光电导性是一种双载流子现象，电子和空穴的总光电流为

$$I_{ph} = \frac{qwt(\Delta n \mu_e + \Delta p \mu_h) V_b}{l} \tag{9.2}$$

式中，μ_e 为电子迁移率；μ_h 为空穴迁移率；V_b 为偏置电压，并且

$$n = n_0 + \Delta n ; \quad p = p_0 + \Delta p \tag{9.3}$$

式中，n_0 和 p_0 为平均热平衡载流子浓度；Δn 和 Δp 为过量载流子浓度。

如果电导率主要由电子决定(最普遍的高灵敏度光电导体就是这种情况)，并假定，探测器均匀、完全地将光吸收，则材料中过量电子浓度的速率方程为[14]

$$\frac{d\Delta n}{dt} = \frac{\Phi_s \eta}{t} - \frac{\Delta n}{\tau} \tag{9.4}$$

式中，τ 为过量载流子寿命。对稳态情况，过量载流子寿命由下式给出：

$$\tau = \frac{\Delta n t}{\eta \Phi_s} \tag{9.5}$$

令式(9.1)与式(9.2)相等，得到

$$g = \frac{t V_b \mu_e \Delta n}{l^2 \eta \Phi_s} \tag{9.6}$$

利用式(9.5)，得到光导增益

$$g = \frac{\tau \mu_e V_b}{l^2} = \frac{\tau}{l^2/(\mu_e V_b)} \tag{9.7}$$

所以，光导增益可以定义为

$$g = \frac{\tau}{t_t} \tag{9.8}$$

式中，t_t 为电子在欧姆接触间的传输时间。这表明，光电导增益是自由载流子寿命 τ 与样品电极之间传输时间 t_t 之比。光电导增益可以大于或小于 1，数值取决于漂移长度($L_d = v_d \tau$)是小于或是大于电极间隔 l。$L_d > l$ 意味着，一个电极处扫出(sweep out)的自由电荷载流子马上被另一电极处注入的等量自由电荷载流子替代。这样，自由电荷载流子继续完成循环，直

至复合。

若 $R_L \gg R$,通过负载电阻的信号电压基本上就是开路电压,即

$$V_s = I_{ph}R_d = I_{ph}\frac{l}{qwtn\mu_e} \tag{9.9}$$

式中,R_d 为探测器电阻。假设,与暗电导率相比,电导率随辐射的变化较小,则电压响应度可以表示为

$$R_v = \frac{V_s}{P_\lambda} = \frac{\eta}{lwt}\frac{\lambda\tau}{hc}\frac{V_b}{n_0} \tag{9.10}$$

式中,吸收的单色光功率 $P_\lambda = \Phi_s Ah\nu$。

式(9.10)清楚地表示出一定波长 λ 时高光电导响应度的基本要求:必须有高量子效率 η,长过量载流子寿命 τ,使用可能最小的晶体片,低的热平衡载流子浓度 n_0 和可能的最高偏压 V_b。

由下面公式确定与频率有关的响应度:

$$R_v = \frac{\eta}{lwt}\frac{\lambda\tau_{ef}}{hc}\frac{V_b}{n_0}\frac{1}{(1+\omega^2\tau_{ef}^2)^{1/2}} \tag{9.11}$$

式中,τ_{ef} 为有效载流子寿命。

上述的简单模型未考虑到与光电导体实际工作条件相关的附加限制,例如扫出效应(sweep out effect)或表面复合(surface recombination),下面将专门介绍。

9.1.1.1 扫出效应

式(9.11)表示电压响应度随偏压增大而单调增大。然而,对施加偏压有两个限制:热条件(探测器元件的焦耳加热)和少数载流子的扫出。探测器的热导率取决于器件的制造方法。阻碍向小尺寸元件(如典型值 $50\mu m \times 50\mu m$)发展的原因是,光电导体推广到热成像二维密排阵列在技术上的限制。如果过量载流子寿命较长(通常,$8\sim14\mu m$ 器件在温度77K时超过 $1\mu s$,$3\sim5\mu m$ 器件在更高温度时则大于 $10\mu s$),就不能忽略接触点、漂移和扩散对器件性能的影响。在中等偏压电场下,少数载流子可能会在一个短暂时间内(与材料中复合时间相比)漂移到欧姆接触点,以这种方式在欧姆接触点去除载流子就称为扫出[15,16]。少数载流子扫出效应限制了最大施加电压 V_b。当少数载流子扩散长度超过探测器长度(甚至在非常低偏压下)时,探测器中少数载流子寿命会大大缩短[17-21]。在低偏压下,少数载流子的平均漂移长度远比探测器长度 l 小,并且,少数载流子寿命取决于扩散到表面层和接触层而得到调整后的体复合。在探测器长度方向上的载流子浓度是均匀的。在较高施加电场下,少数载流子的漂移长度与探测器长度 l 差不多,或者更长些。过量少数载流子会在电极处损失一部分,使空间电荷处于平衡状态,过量多数载流子浓度一定会下降,从而导致多数载流子寿命缩短。应当指出,多数载流子在一个欧姆接触点的损耗会在另一个接触点通过注入得到补充,但少数载流子不会被替代。在高偏压条件下,过量载流子浓度沿样品长度方向呈非均匀分布。

现在,根据里特纳(Rittner)介绍的方法推导扫出条件下的过量少数载流子浓度[15]。半导体内过量载流子浓度 $\Delta p(x,t) = p(x,t) - p_0$,受双极传输控制,在稳态和电中性条件下一维情况的双极连续方程可以表示为

第9章 光子探测器理论

$$\frac{\partial^2(\Delta p)}{\partial x^2} + \frac{L_d}{L_D^2}\frac{\partial(\Delta p)}{\partial x} + \frac{\Delta p}{L_D^2} + G_s = 0 \tag{9.12}$$

式中，有

$$L_d = \tau\mu_a E \qquad \text{漂移(drift)长度}$$

$$L_D = (D_D\tau)^{1/2} \qquad \text{扩散(diffusion)长度}$$

$$\mu_a = \frac{(n_0 - p_0)\mu_e\mu_h}{n_0\mu_e + p_0\mu_h} \qquad \text{双极(ambipolar)漂移迁移率}$$

$$D_D = \frac{D_e p_0\mu_h + D_h n_0\mu_e}{n_0\mu_e + p_0\mu_h} \qquad \text{双极扩散系数}$$

式（9.12）中其它符号具有通常的意义：$D_{e,h} = (kT/q)\mu_{e,h}$，为各自的载流子扩散系数；$G_s$ 为信号生成率；$E = V_b/l$ 为偏压电场；k 为玻耳兹曼常数。

里特纳（Rittner）模型中的主要假设与金属-半导体在 $x = 0$ 与 $x = l$ 界面的边界条件有关。该模型假设此界面以无限复合速度表示，意味着光电导体完全是欧姆接触。正确的边界条件如下：

$$\Delta p(0) = \Delta p(l) = 0 \tag{9.13}$$

式（9.12）的解为

$$\Delta p = G_s\tau[1 - C_1\exp(\alpha_1 x) + C_2\exp(\alpha_2 x)] \tag{9.14}$$

式中

$$\alpha_{1,2} = \frac{1}{2L_D^2}[-L_d \pm (L_d^2 + 4L_D^2)^{1/2}] \tag{9.15}$$

考虑到边界条件（式（9.13）），有

$$C_1 = \frac{1 - \exp(\alpha_2 l)}{\exp(\alpha_2 l) - \exp(\alpha_1 l)} \quad C_2 = \frac{1 - \exp(\alpha_1 l)}{\exp(\alpha_2 l) - \exp(\alpha_1 l)} \tag{9.16}$$

在样品长度范围内对式（9.14）积分，可以得到对光电导率有贡献的载流子总数为

$$\Delta P = wt\int_0^l \Delta p(x)\mathrm{d}x$$

注意到，信号生成率 G_s 是与总的信号光通量 Φ_s 和量子效率 η 有关的，可以表示为 $G_s = \eta\Phi_s/t$，因此：

$$\Delta P = \eta\Phi_s\tau w\int_0^l[1 + C_1\exp(\alpha_1 x) + C_2\exp(\alpha_2 x)]\mathrm{d}x \tag{9.17}$$

另外，有下面关系：

$$\Delta P = \eta\Phi_s\tau_{ef} \qquad \text{其中 } \tau_{ef} = \gamma\tau \tag{9.18}$$

可以证明得到

$$\gamma = 1 + \frac{(\alpha_1 - \alpha_2)th(\alpha_1 l/2)th(\alpha_2 l/2)}{\alpha_1\alpha_2(l/2)[th(\alpha_2 l/2) - th(\alpha_1 l/2)]} \tag{9.19}$$

在这种情况下，电压响应度为[3]

$$R_v = \frac{\eta}{lwt}\frac{\tau\lambda_{ef}}{hc}\frac{V_b(b+1)}{bn+p}\frac{1}{(1+\omega^2\tau_{ef}^2)^{1/2}} \tag{9.20}$$

式中，$b = \mu_e/\mu_h$。在低频调制下（$\omega\tau_{ef} \ll 1$）有

$$R_v = \frac{\eta}{lwt} \frac{\lambda \tau_{ef}}{hc} \frac{V_b(b+1)}{bn+p} \tag{9.21}$$

正如前面已经看到的（式（9.11）），除了以 τ_{ef} 替代载流子寿命 τ 外，得到一个相似的公式。由于 $\gamma \leq 1$，所以，永远都有 $\tau_{ef} \leq \tau$。采用叠层机构[17,18]、异质结接触[19,22,23]或者高掺杂接触[18,19,23]，可以解决与欧姆接触有关的寿命衰减问题。

实际上，用复合速度表示接触层特性，那么数值可以从无穷大（欧姆接触）变化到零（通常称为闭塞接触）。若是后者，接触层重掺杂区（即 n 类器件中 n$^+$）会产生排斥少数载流子的内置电场，因而减少了复合，提高了有效寿命和响应度。库玛（Kumar）等人已经阐述了更为成熟的闭塞接触技术及其对本征光电导体性能的影响[24,25]，实验结果表明可以达到低至几百 cm/s 的接触复合速度[19,23,26]。

一般情况下，光电导体中电场分布是不均匀的，在这种情况下，不能完全利用解析法描述这种结构。需要采用数值求解，利用该技术已经求解出集中结构布局的载流子传输方程[21]。通常会使用范·鲁斯布鲁克（Van Roosbroeck）模型[27]（见本书 3.4 节）。

埃利奥特（Elliott）等人已完成了扫出效应对光电导体性能的影响分析[13,20]。看来，只要以高偏压条件下稍有不同的 n' 和 p' 代替 n 和 p，上述公式（式（9.20）和式（9.21））就完全适用，n' 和 p' 的数值取决于少数载流子源以及少数载流子注入接触点的性质。一般情况下的响应度可以写为

$$R_v = \frac{\eta}{lwt} \frac{\lambda \tau_{ef}}{hc} \frac{V_b(b+1)}{bn'+p'} \tag{9.22}$$

式中

$$\tau_{ef} = \tau \left\{ 1 - \frac{\tau}{\tau_a}\left[1 - \exp\left(-\frac{\tau_a}{\tau}\right)\right] \right\}$$

并且，$\tau_a = \frac{1}{\mu_a E}$，是一个少数载流子漂移相同长度的时间。

若在非常高偏压的条件下，则电压响应度饱和至如下的数值[20]：

$$R_v = \frac{\eta q \lambda}{2hc}(1+b)\frac{\mu_h}{\mu_a}R' \tag{9.23}$$

式中，R' 为器件电阻。另外，对 n 类材料，$\mu_a = \mu_h$；若是 p 类材料，$\mu_a = \mu_e$。

9.1.1.2 光电导体中的噪声机理

探测器可探测的最小辐射功率都受限于某种形式的噪声，这些噪声可能由探测器本身产生，也许是探测器响应的辐射能量或其后续的电子系统所产生。精细地进行电子系统设计，包括用低噪声前置放大器，可以将系统噪声降到低于探测器输出噪声。在此，对该课题不作进一步阐述。

我们可以区分两类噪声：辐射噪声和探测器内噪声。辐射噪声包括信号扰动噪声和背景扰动噪声[28,29]。在大部分工作条件下，本书 3.2 节讨论的背景扰动限对应的是红外探测器的工作模式，而信号扰动限对应的是紫外和可见光探测器的工作模式。

即使没有光照，半导体中出现的随机过程也会产生内噪声，有两种主要的随机过程：随机热运动使自由载流子的速度产生波动；热生成（thermal generation）和复合速率的随机性使载流子浓度出现波动[30]。

第9章 光子探测器理论

可以根据范·德·泽尔（Van der Ziel）的理论[30]计算光子噪声电压为

$$V_{ph} = \frac{2\pi^{1/2} V_b}{(lw)^{1/2} t} \frac{1+b}{bn+p} \int_0^\infty \frac{\eta(\nu) \nu^2 \exp(\frac{h\nu}{kT_B}) d\nu}{c^2 [\exp(\frac{h\nu}{kT_B}) - 1]^2} \frac{\tau (\Delta f)^{1/2}}{(1+\omega^2 \tau^2)^{1/2}} \tag{9.24}$$

式中，T_B 为背景温度；ν 为对应于探测器长波限 λ_c 的频率（原文错将上式和本行中的 T_B 和 ν 错印为 T_b 和 ν_0。——译者注）。

通常，光导探测器中存在大量的内部噪声源，主要类型包括：约翰逊-奈奎斯特（Johnson-Nyquist）噪声（有时称为热噪声，简称约翰逊噪声）和生成-复合（g-r）噪声；由于该噪声可以与 $1/f$ 幂律谱表示成一种非常近似的吻合，所以，第三种形式的噪声（不适合精确分析）称作 $1/f$ 噪声。

光电导体的总噪声电压为

$$V_n^2 = V_{gr}^2 + V_J^2 + V_{1/f}^2 \tag{9.25}$$

约翰逊-奈奎斯特噪声与器件大小有限的电阻 R 有关。该噪声由晶体中电荷载流子的随机热运动所致，与电荷载流子总数的波动无关。在没有外部偏置时，该噪声以波动电压或波动电流形式出现，是电压还是电流取决于测量方法。器件终端电压或电流的小量变化是由电荷随机地到达终端导致的。式（3.16）给出了带宽 Δf 时约翰逊-奈奎斯特噪声的方均根值。这种噪声具有"白"频率分布。

在有限偏置电流下，载流子浓度波动会造成电阻变化，则认为是约翰逊-奈奎斯特噪声之外的噪声，称为 g-r 噪声。这种噪声是由晶体振动随机产生自由电荷载流子及后续的随机复合所致的。由于生成和复合过程的随机性，所以，在时间连续的情况下，不太可能有相同数目的电荷载流子处于自由态，从而导致电导率变化，反映为通过晶体的电流发生波动。

热平衡条件下 g-r 噪声电压为

$$V_{gr}^2 = 2(G+R) lwt (Rqg)^2 \Delta f \tag{9.26}$$

式中，G 和 R 为体生成速率和复合速率。

g-r 噪声有许多种表达形式，取决于半导体的内部性质。隆（Long）给出了准本征光电导体噪声的表达式：

$$V_{gr} = \frac{2V_b}{(l\omega t)^{1/2}} \frac{1+b}{bn+p} \left(\frac{np}{n+p}\right)^{1/2} \left(\frac{\tau \Delta f}{1+\omega^2 \tau^2}\right)^{1/2} \tag{9.27}$$

生成-复合噪声通常主导着光电导体在中频时的噪声谱。应当注意，在高偏压条件下，g-r 噪声的表达式不同于低偏压的情况[20]。

载流子寿命为 τ 的非本征 n 类光电导体的方均根 g-r 噪声电流可以写为[30]

$$I_{gr}^2 = \frac{4I^2 \overline{\Delta N^2} \tau \Delta f}{N^2 (1+\omega^2 \tau^2)} \tag{9.28}$$

式中，N 为探测器中的载流子数目。通常，非本征半导体会有一些反向掺杂（即将电子俘陷在深位层）。与电子（多数载流子电子）数目相比，如果深位俘陷的数目较少，则变量 $\overline{\Delta N^2} = N$[30]，器件中的电流是 $I = \frac{N_q g}{\tau}$，因此：

$$I_{gr}^2 = \frac{4qIg\Delta f}{1+\omega^2 \tau^2} \tag{9.29}$$

利用噪声功率近似反比于频率的一种谱表示 $1/f$ 噪声特性。通常，红外探测器在低频时呈现 $1/f$ 噪声；在较高频率时，其振幅降到其它类型噪声（g-r 噪声和约翰逊-奈奎斯特噪声）之下。

这种噪声电流的一般表达式为

$$I_{1/f} = \left(\frac{KI_b^\alpha \Delta f}{f^\beta}\right)^{1/2} \tag{9.30}$$

式中，K 为比例系数；I_b 为偏置电流；α 为值约为 2 的常数；β 为值约为 1 的常数。

一般认为，$1/f$ 噪声与半导体接触点、内部或表面存在的势垒有关。将 $1/f$ 噪声降低到可以接受的水平是一种技巧，很大程度上这取决于制备接触点和表面时所使用的工艺。至今，尚未形成令人完全满意的一般理论。下面讨论目前最为流行的解释 $1/f$ 噪声的两种模型[32]：豪格（Hooge）模型[33]和麦克沃特（McWhorter）模型[30]。前者假设自由电荷载流子迁移率波动，后者则以自由载流子浓度波动为基础。

豪格（Hooge）表达式描述低频噪声电压为

$$V_{1/f}^2 = \alpha_H \frac{V^2}{Nf}\Delta f \tag{9.31}$$

式中，α_H 为豪格（Hooge）常数；N 为电荷载流子数目。常用 $1/f$ 噪声的拐点频率 $f_{1/f}$ 表示低频性质，即

$$V_{1/f}^2 = V_{gr}^2 \frac{f_{1/f}}{f} \tag{9.32}$$

通常认为，豪格（Hooge）常数和 $f_{1/f}$ 是与技术有关的器件属性。然而，量子 $1/f$ 噪声理论将 $1/f$ 噪声描述为材料的基本性质[7]。豪格常数测量值的范围是 $3.4 \times 10^{-5} \sim 5 \times 10^{-3}$，一般低于按照当今理论计算出的最小极限值[34]。

9.1.1.3 量子效率

在大部分光电导体中，本征量子效率 η_0 接近 1。也就是说，几乎所有被吸收的光子都贡献给光导现象。一个探测器，如图 9.1 所示，薄片材料的表面反射系数（分别为上、下表面）为 r_1 和 r_2，吸收系数为 α，则 y 方向的内光生电荷分布规律为[35]

$$S(y) = \frac{\eta_0(1-r_1)\alpha}{1-r_1r_2\exp(-2\alpha t)}[\exp(-\alpha y) + r_2\exp(-2\alpha t)\exp(-\alpha y)] \tag{9.33}$$

外量子效率是该函数在探测器厚度范围内的简单积分，即

$$\eta = \int_0^t S(y)dy = \frac{\eta_0(1-r_1)[1+r_2\exp(-\alpha t)][1-\exp(\alpha t)]}{1-r_1r_2\exp(-\alpha t)} \tag{9.34}$$

当 $r_1 = r$ 和 $r_2 = r$，量子效率便简化为

$$\eta = \frac{\eta_0(1-r)[1-\exp(\alpha t)]}{1-r\exp(-\alpha t)} \tag{9.35}$$

本征探测器材料易于具有高吸收性能，所以，对于一个经过精细设计的实际探测器组件，只有上表面反射项有意义，因此有

$$\eta \approx \eta_0(1-r) \approx 1-r \tag{9.36}$$

通过对探测器前表面镀增透膜，可以令上述值大于 0.9。

9.1.1.4 光电导体的最终性质

通常,使用本征或稍有掺杂的 n 类材料来制造红外光电探测器。然而,如果是带间复合机理占优势,以高掺 p 类材料制成的光电导体就能达到最佳性能,该情况一般发生在长波近室温碲镉汞(HgCdTe)光电导体中[36,37]。

利用一种简单的模型可以满意地描述在弱光学激励和稳态条件下工作的传统长波近室温光电导体。该模型不考虑下面现象:器件内扫出、面复合和干涉,以及背景辐射的边缘效应和影响。在前后表面的反射系数 $r_1 = 0$ 和 $r_2 = 1$ 的理想情况下,则量子效率为

$$\eta = \eta_0 [1 - \exp(-2\alpha t)] \approx 1 - \exp(-2\alpha t) \tag{9.37}$$

在上述条件下,由式(9.21)描述的电压响应度变为

$$R_v = \frac{V_b}{hc} \frac{\mu_e + \mu_h}{n_0 \mu_e + p_0 \mu_h} \frac{\tau[1 - \exp(-2\alpha t)]}{lwt} \tag{9.38}$$

仅考虑约翰逊-奈奎斯特噪声和 g-r 噪声(采用合适的制造技术可以使 1/f 噪声降至最小,并忽略不计),则探测率为

$$D^* = \frac{R_v (l\omega \Delta f)^{1/2}}{(V_J^2 + V_{gr}^2)^{1/2}} \tag{9.39}$$

一定要区分两种情况:第一,当 V_{gr} 达到饱和状态且大于 V_J 时,g-r 噪声限情况;第二,当 V_{gr} 达到饱和状态且小于 V_J 时,约翰逊噪声/扫出限情况。

g-r 噪声限情况总是适用于背景限探测器,根据式(9.21)、式(9.27)和式(9.39)可以得到 g-r 噪声限探测率,即

$$D_{gr}^* = \frac{\lambda}{2hc} \frac{\eta}{t^{1/2}} \left(\frac{n+p}{np}\right)^{1/2} \tau^{1/2} \tag{9.40}$$

将该公式可以写为式(3.50)的形式,其中 G 为单位体积内所有生成过程之和。$(n+p)\tau/(np)$ 可用作半导体的广义掺杂评价函数,用来确定光电导体的最终性能。由于 $\alpha \approx 1/t$,所以,式(9.40)可以写为

$$D_{gr}^* = \frac{\lambda \eta}{2hc} \left(\frac{n+p}{n_i}\right)^{1/2} \left(\frac{\alpha \tau}{n_i}\right)^{1/2} \tag{9.41}$$

式中,$\alpha \tau / n_i$ 可视为光电导材料的评价函数[38],确切地说是 α/G 评价函数(见本书 3.2 节)。

对理想的探测器结构,如果忽略表面和接触点处发生的非基本生成过程,则总生成率可以表示为三种体过程生成率之和:螺旋过程、辐射过程和肖克莱-里德(Shockley-Read)过程。辐射项是针对探测器中所吸收的光子而言的。这些光子是由探测器周围发射的或者来自环境温度现场由透镜接收的。从原理讲,如果该项是由现场的光子造成的(请参考下面内容),那么,为使辐射生成过程是主要过程而对探测器进行足够的制冷时,就可以达到探测器性能的基本极限。

在大多数实际应用中,为了消除热损耗造成的热转变和热噪声,会使光导探测器工作在低温环境中。偏置电流形成的焦耳热会使探测器温度升高,因此,在探测器与制冷接收器之间一定有一个界面。在降低背景温度的条件下,工作在短波范围内的大部分探测器都会有功率损耗造成的约翰逊有限噪声比探测率。

9.1.1.5 背景影响

在背景辐射光通量密度为 Φ_b 而生成过量载流子浓度的情况下，载流子浓度为

$$n = n_0 + \frac{\eta \Phi_b \tau}{t} \quad p = p_0 + \frac{\eta \Phi_b \tau}{t}$$

随着 Φ_b 增大，起初，随少数载流子浓度增大背景开始产生影响。在正常工作阶段，探测器得到足够制冷，所以，与光子激励产生的过量载流子相比，热激励产生的少数载流子可以忽略不计。那么，g-r 噪声完全由背景光子光通量密度所致。对工作在背景光通量密度下的光电导体，背景限性能要求满足两个条件：如 n 类材料则 $\eta \Phi_b \tau / t > p_0$（p 类材料则 $\eta \Phi_b \tau / t > n_0$），以及 $V_{gr}^2 > V_j^2$（原书错印为 V_j^2。——译者注）。第二个条件表明，施加在探测器上的偏压要足够大，才能使 g-r 噪声在约翰逊-奈奎斯特噪声分布中占据优势。若上述条件得到满足，则比探测率为

$$D_b^* = \frac{\lambda}{2hc}\left[\frac{\eta(n+p)}{\Phi_b n}\right]^{1/2} \tag{9.42}$$

若是中等背景影响（$p_0 < \Delta n = \Delta p < n_0$），得到由下式确定的比探测率：

$$D_b^* = \frac{\lambda}{2hc}\left(\frac{\eta}{\Phi_b}\right)^{1/2} \tag{9.43}$$

然而，对于高背景光通量和高纯度材料，可以实现条件：$\Delta n = \Delta p \gg n_0, p_0$。因此得到"光伏"背景限红外光电探测器（BLIP）比探测率为

$$D_b^* = \frac{\lambda}{hc}\left(\frac{\eta}{2\Phi_b}\right)^{1/2} \tag{9.44}$$

应当注意，由于光伏背景限红外光电探测器（BLIP）比探测率是载流子浓度的函数，并且在高背景光通量条件下会变小，所以实际上很难达到该数值。已经通过实验验证了这类探测器的寿命特性[39]。

9.1.1.6 表面复合的影响

由于在表面有可能加强复合，所以，光电导寿命一般都是块状材料寿命的下限。通过减少复合时间，表面复合会减少稳态过量载流子的总数。可以用下式表明 τ_{ef} 与块状材料寿命间的关系[40]：

$$\frac{\tau_{ef}}{\tau} = \frac{A_1}{\alpha^2 L_D^2 - 1} \tag{9.45}$$

式中

$$A_1 = L_D \alpha \left[\frac{(\alpha D_D + s_1)\{s_2[ch(t/L_D) - 1] + (D_D/L_D)sh(t/L_D)\}}{(D_D/L_D)(s_1 + s_2)ch(t/L_D) + (D_D^2/L_D^2 + s_1 s_2)sh(t/L_D)} \right.$$
$$- \frac{(\alpha D_D - s_2)sh\{s_1[ch(t/L_D) - 1] + (D_D/L_D)sh(t/L_D)\}\exp(\alpha t)}{(D_D/L_D)(s_1 + s_2)ch(t/L_D) + (D_D^2/L_D^2 + s_1 s_2)sh(t/L_D)}$$
$$\left. - [1 - \exp(-\alpha t)] \right]$$

式中，D_D 为双极散射系数；s_1 和 s_2 为光电导体前后表面的表面复合速度；$L_D = (D_D \tau)^{1/2}$。

如果吸收系数 α 较大，则 $\exp(-\alpha t) \approx 0$ 且 $s_1 \ll \alpha D_D$，式（9.45）便简化为众所周知的表达式[15,20,28]：

$$\frac{\tau_{\text{ef}}}{\tau} = \frac{D_D}{L_D} \frac{s_2[ch(t/L_D) - 1] + (D_D/L_D)sh(t/L_D)}{L_D(D_D/L_D)(s_1 + s_2)ch(t/L_D) + (D_D^2/L_D^2 + s_1 + s_2)sh(t/L_D)} \quad (9.46)$$

若 $s_1 = s_2 = s$，进一步简化为

$$\frac{1}{\tau_{\text{ef}}} = \frac{1}{\tau} + \frac{2s}{t} \quad (9.47)$$

戈帕尔（Gopal）的研究表明，如果对光电导体精确建模，则表面复合效应将直接影响量子效率而非载流子寿命[40]。据此，若 $r_1 = r_2 = r$，则

$$\eta = \frac{(1-r)A_1}{[1 - r\exp(-\alpha t)](\alpha^2 L_D^2 - 1)} \quad (9.48)$$

当 $s_1 = s_2 = 0$，该公式简化为式（9.34）。

低温情况下，扩散长度较长，典型的光电导体会以 $t/L < 1$ 模式稳定地工作。并且，如果 $s \ll 1$，$\tau_{\text{ef}} = [1/\tau + 2s/t]^{-1} \approx t/(2s)$，比探测率计算公式就变为

$$D^* = \frac{\eta \lambda}{2hc} \left(\frac{n_0 + p_0}{2n_i^2 s}\right)^{1/2} \quad (9.49)$$

上述讨论的要点是，表面复合速度的限值对可达到的比探测率有很大的影响。

9.1.2 非本征光电导理论

业内已经发表了许多评论非本征光电导体的文章，其中，伯斯坦（Burstein）、皮库斯（Picus）和斯克拉尔（Sclar）于1956年发表了第一篇"硅和锗的光学和光电导性质（Optical and Photoconductive Properties of Silicon and Germanium）"[42]；接着，1959年，纽曼（Newman）和泰勒（Tyler）发表了"锗的光电导性（Photoconductivity of Germaniuma）"[43]；1964年，帕特利（Putley）发表了"远红外光电导性（Far Infrared Photoconductivity）"[44]；1977年，布拉特（Bratt）发表了"杂质锗和硅红外探测器（Impurity Germanium and Silicon Infrared Detectors）"[5]；1984年，斯克拉尔（Sclar）发表了"掺杂硅和锗红外探测器的性质（Properties of Doped Silicon and Germanium Infrared Detectors）"[8]。最后两篇文章非常全面，目前仍很适用，并被本书多次引用。在最近发表的评论文章[45]中，克切罗夫（Kocherov）等人讨论了低背景条件下非本征探测器的某些特性。

初期，研究的主要精力集中在锗探测器。目前，由于硅器件有希望成功应用于制造热成像领域大面积焦平面阵列（FPA），所以，对硅器件产生了浓厚兴趣[46,47]。非本征硅器件的吸引力在于已经高度发展的 CMOS 技术，以及有可能将探测器与电荷转移器件（Charge Transfer Devices，CTD）相集成应用于读出和信号处理。

偏压非本征光电导体有两种简单的结构布局：横向偏压和并行（纵向）偏压，如图9.2所示[8]。若是横向情况，电场和产生的电流与入射光子通量横切，光生载流子生成分布曲线与电流方向上的距离无关；对于纵向情况，电场平行于光子通量，光生载流子生成分布曲线沿电流方向按指数形式变化。对大吸收比（$\alpha l > 1$），偏压配置上的区别就显得很重要。纳尔逊（Nelson）完成的分析表明（见图9.3），纵向时的最佳情况是，$\alpha l \approx 1.5$ 时的响应度峰值约为归一化值的87%，进一步增大 αl，峰值就会下降[35]。因此，加入条件 $\alpha l \approx 1.5$ 代表纵向结构探测器的最佳设计准则。纵向结构欠佳的原因如图9.2所示。对于横向情况，探测器非激发深度只代表高电阻分流，对信号或噪声影响很小；若是纵向情况，这种非激发深度

在电学上是与激发深度串联的,其作用是弱化信号电平,并可能增大噪声。历史上在离散探测器阵列方面应用横向偏压,现在,单片阵列中利用并行(纵向)偏压。与在扫描阵列中具有重要应用的横向探测器相比,纵向结构探测器扫描一个光斑具有相当均匀的灵敏度。由于后者具有较好性能和经济性,因此,后续分析假设是并行(纵向)偏压。

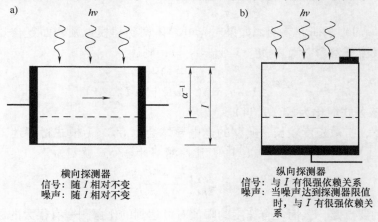

图 9.2 横向探测器和纵向探测器激发图形比较

a) 横向探测器 b) 纵向探测器

(资料源自:Sclar, N., Progress in Quantum Electronics, 9, 149-257, 1984)

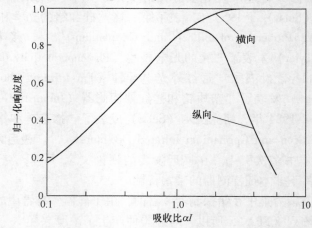

图 9.3 对于表面镀有理想膜层 ($r_1=0$, $r_2=1$) 和光导增益为 1 的探测器,纵向和横向探测器结构的归一化响应度与吸收度的关系

(资料源自:Nelson, R. D., Optical Engineering, 16, 275-83, 1977)

下面将分析图 9.2b 所示的几何模型,并假设,n 类非本征半导体的简单能级模型是由可光电离化施主级和补偿受主级组成,对应的 p 类模型的性质与之类似。假设,光电导晶体包含 N_d 个多数浅层施主杂质和 N_a 个少数浅层受主杂质(即 $N_d > N_a$),在非常低温($kT \ll E_i$,其中 E_i 是电子施主级的键连能量)和暗环境条件下,$N_d - N_a$ 个施主将键连一个电子。所以,当 N_a 个施主将其电子传给补偿受主时,显示中性。导带中电子数目将会特别少,所以产生高灵敏度。下面用寿命 τ、迁移率 μ 和量子效率 η 表示半导体材料的性质。

当光子通量密度为 Φ_s 的信号,$h\nu \geq E_d$,进入晶体并被中性施主吸收时,束缚电子被激励进入导带,自由电子在外部施加电场 E 作用下以速度 $v = \mu E$ 运动。利用式(9.1)计算光电流,光导增益 g 为

$$g = \frac{\mu \tau E}{l} \tag{9.50}$$

因此

$$I_{ph} = \frac{q\eta\mu\tau}{l} E \Phi_s A \tag{9.51}$$

由式(9.51)看得非常清楚,大的光电流需要高迁移率和长寿命,探测器短就需要高量子效率,其中更多细节稍后讨论。

由于载流子的扫出和介电弛豫效应,所以非本征光导体的光电导增益取决于频率。扫出效应的作用较难理解[45,48-50],实际上在本征光电导体中并不那么重要。

现在讨论短光脉冲探测器。该脉冲产生 n_{op} 个电子和等浓度正电荷施主。电子在通过时间内被扫出探测器,留下离子化施主均匀分布。在此假设,漂移长度 $L_d = \mu \tau E$ 比探测器长度 l 更长。在介电弛豫时间内,探测器放松回到中性状态,介电弛豫时间为

$$\tau_\rho = \varepsilon \varepsilon_0 \rho \tag{9.52}$$

式中,ε 为介电常数;ε_0 为空间介电常数;ρ 为探测器电阻。假设,$\rho = (qn_{op}\mu)^{-1}$ 和 $n_{op} = \eta\Phi_s\tau/l$,则介电弛豫频率为

$$f_\rho = \frac{q\eta\mu\tau\Phi_s}{2\pi\varepsilon\varepsilon_0} \tag{9.53}$$

对于硅,典型参数值为 $\eta = 0.3$,$\mu = 8 \times 10^3 \text{cm}^3/(\text{V}\cdot\text{s})$,$\tau = 10^{-8}\text{s}$ 和 $l = 0.05\text{cm}$。由上面公式得到 $f_\rho \cong 1.2 \times 10^{-11} \Phi_s$ (Hz)。若应用于 $\Phi_b \approx 10^{12}$ 光子/(cm^2s) 低背景辐射情况,f_ρ 只有12Hz;对普通的300K温度下陆地成像,则 f_ρ 位于较低的 kHz 范围。

当空穴从探测器扫出而无需由接触点进行补充,就可以观察到电介质弛豫时间的影响。这意味着,光导增益与频率有关。有几种描述这种频率相关性的模式:第一种模式[48]预测 f_ρ 处增益下降,第二种模式[49]预测 $f_\rho/2g_0$ 为拐点频率。其中 g_0 是式(9.50)给出的低频增益。

最近发表的论文阐述了制冷非本征光电导体的非线性现象和异常瞬态响应(见本书参考文献【45,51-55】的举例)。通过充分考虑注入电接触点附近的照明状况来对空间电荷完成动态响应分析,进而对这些光电导体中观察到的普遍性质进行研究。目前,探测器瞬态响应的反常现象、尖峰和噪声都归结于注入接触点处的电场效应。例如,高局部电场值会造成一种热载流子分布,使迁移率大幅变化,使俘获截面、碰撞电离系数彻底改变,从而改变了载流子动态。

增强光子照射而产生的过量载流子可以漂移或扩散到其进行复合的接触点区,因而限制了器件的初始增益。由于注入的变化要求接触点附近区域的空间电场有局部变化,所以,在接触点损失的电荷不可能通过增加注入在整体中立刻得到补充。因此,瞬时响应是由慢和快两部分组成,其相对比例取决于扩散和漂移的长度与器件的长度之比。慢瞬态响应受控于外扩散、扫出和建立对抗电场载流子,而快瞬态响应取决于载流子寿命。

由掺杂锗和硅制成的光电导体的 g 达到10,但到目前为止,由于寿命低,所以比较典型值是 0.1~1。因此,使用的增益与频率无关。然而,随着材料不断改进,希望寿命可以

变长，从而伴随着增益的提高，那么就需要考虑增益与频率的关系。

由于非本征探测器的光导率源自杂质的光电离化，所以，探测器必须工作在允许自由电荷载流子能在杂质中被俘获的环境中。最具挑战性的是热电离化工艺，要求探测器采取制冷进行拟制。若不考虑背景辐射，则电子热平衡浓度 n_{th} 取决于中性杂质中心热电离化速率与电离化中心复合速率之间的平衡。其通用模型相当复杂（见本书参考文献【5】和【8】中的讨论）。在稳态条件下，并且杂质光电导体工作在低温环境中（$kT \ll E_i$ 和 $n \ll E_d$，N_a），则热平衡自由电荷载流子浓度为

$$n_{th} = \frac{N_c}{\delta}\left(\frac{N_d - N_a}{N_a}\right)\exp\left(-\frac{E_d}{kT}\right) \quad (9.54)$$

式中，N_c（原书错印为 N_C。——译者注）为导带的态密度；δ 为简并因数（degeneracy factor），p 类杂质是 4，n 类杂质是 2。高 n_{th} 会使探测器无用，有两种降低 n_{th} 的方法可供选择：降低温度冷凝电子或增加补偿受主。很明显，前者是不希望的，因此采用后一种方法。例如，Si:In 探测器中掺杂硼杂质的影响就通过施主浓度进行补偿，从而达到中等制冷（50～60K）同样的效果。对于切克劳斯基（Czochralski）法（通常称为提拉法或直拉法。——译者注）生长的硅，$N_B = (5 \sim 10) \times 10^{13} \mathrm{cm}^{-3}$，显然很难达到所希望的补偿。而对浮区法生长的硅，硼的浓度为 10～50 分之一，只要能以如此低的浓度水平引入类似磷一类的补偿杂质，就比较容易得到补偿。一种折中方法是采用中子嬗变掺杂，核反应堆中的热中子与硅晶格反应，嬗变出一小部分硅原子，进入已知浓度的磷施主中[56]。图 9.4 给出了采用中子嬗变掺杂技术进行极精确补偿的情况[56]。提拉法生长出的样品具有相当高的 $N_B = 1.5 \times 10^{14} \mathrm{cm}^{-3}$，残余磷浓度是 $5.9 \times 10^{13} \mathrm{cm}^{-3}$。在中子照射后，$N_P - N_B = 1.9 \times 10^{14} \mathrm{cm}^{-3}$。

通过吸收外部辐射或进行碰撞电离化可以将额外的电荷载流子增加到半导体中。理论和试验结果表明，声子辅助级联复合过程是锗和硅在电离化杂质状态下自由电子或空穴复合的主要机理[28]，因此有：

$$\tau = \frac{1}{B(N_a + n)} \quad (9.55)$$

在大部分实际情况中，$n \ll N_a$，所以式（9.55）变为

$$\tau = \frac{1}{BN_a} \quad (9.56)$$

复合效率 B 为

$$B = <v> \sigma_c \quad (9.57)$$

式中，$<v> = (8kT/(\pi m^*))^{1/2}$，为载流子平均速度；$\sigma_c$ 为复合中心的俘获截面。

从施加电场获得足够能量的自由载流子使中性杂质原子电离化，从而形成碰撞电离化效应。该效应表现为，在一些临界电场强度 E_c 下通过晶体的电流突然增大。由于不同晶体区域击穿的零散性，所以，碰撞电离化效应不仅产生额外的自由载流子，也形成过量的电噪声。因为较高浓度会由于中性杂质散射而降低载流子迁移率，因此，临界电场强度要随着多数杂质浓度的增大而升高。图 9.5 给出了有代表性的实验数据[5]。

随着浓度增大和原子间距变得足够小，载流子可以在杂质间跃迁。通过补偿杂质增大跃迁的概率，令多数杂质部分电离化可以制造出适合载流子跃迁的空位。若浓度仍然很高，则杂质能级形成一条带，并在该带中由载流子流产生传导。对于跃迁和杂质带传导，无需将空

第 9 章 光子探测器理论

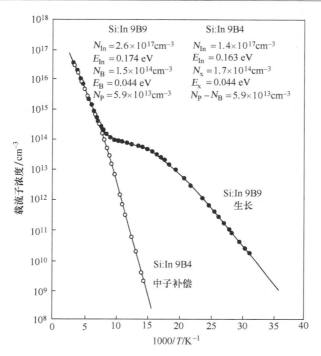

图 9.4 非补偿生长样品（9B9）和中子补偿样品（9B4）的载流子浓度与温度倒数的关系（图中的载流子浓度是指 In、X（0.11eV 级）、B 和 P-B（净浓度））

（资料源自：Thomas, R. N., Braggins, T. T., Hobgood, H. M., and Takei, W. J., Journal of Applied Physics, 49, 2811-20, 1978）

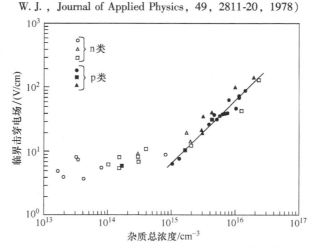

图 9.5 锗材料中浅层杂质在温度 4~5K 下临界碰撞电离化击穿场

（资料源自：Bratt, P. R., Semiconductors and Semimetals, Academic Press, New York, 12, 39-142, 1977）

穴激励到价带中就可以产生电流。由于降低了光导/暗电流之比并增大了器件噪声，从而使探测器性能下降。

假设，前表面反射率接近零并且后表面反射率为 1 时，量子效率最大（见式 (9.37)）。然而，应当注意，这会使没有被吸收的辐射光返回到器件内部，从而将光学串音（或串光）

引入焦平面阵列（FPA）。

吸收系数 α 为

$$\alpha = \sigma_p N_i \quad (9.58)$$

α 等于光电离化截面 σ_p 与中性杂质浓度的乘积，并希望 α 尽可能大。正如前面所讨论，通过"跃跳"或"杂质带"传导性能来设置 N_i 的上限，并且，硅的 N_i 值约为 $10^{15} \sim 10^{16}$ cm^{-3}，锗的相应值稍小一些（见表9.1）[5,8]。

表9.1 锗和硅中杂质原子的电离化截面

杂质	类型	锗		硅	
		$\lambda_c/\mu m$	σ_p/cm^2	$\lambda_c/\mu m$	σ_p/cm^2
Al	p			18.5	8×10^{-16}
B	p	119	1.0×10^{-14}	28	1.4×10^{-15}
Be	p	52		8.3	5×10^{-18}
Ga	p	115	1.0×10^{-14}	17.2	5×10^{-16}
In	p	111		7.9	3.3×10^{-17}
As	n	98	1.1×10^{-14}	23	2.2×10^{-15}
Cu		31	1.0×10^{-15}	5.2	5×10^{-18}
P	n	103	1.5×10^{-14}	27	1.7×10^{-15}
Sb	n	129	1.6×10^{-14}	29	6.2×10^{-15}

（资料源自：Bratt, P. R., Semiconductors and Semimetals, Academic Press, New York, 12, 39-142, 1977; Sclar, N., Progress in Quantum Electronics, 9, 149-257, 1984）

有各种企图预测光电离化截面的想法[8]，一些适用于深层杂质，而另一些更适合具有浅能量层的杂质。图 9.6 给出了 Si:In 和 Si:Ga 探测器材料 σ_p 与波长的函数关系[57]，随波长从零增大而增大，在 $\lambda_c/2$ 处达到最大值，然后减小。尽管它不是常数，但有一个相当宽的极值，吸收系数在一个有用的波长范围内十分稳定。硅材料光电离化截面最大值 σ_0 在氢近似法中对 E_i 的依赖关系为

$$\sigma_0 = 2.65 \times 10^{-18} E_i^{-2} cm^2 (eV)^2 \quad (9.59)$$

结果如图 9.7[8] 所示，与试验数据相当吻合，最大值随非本征杂质的能级变化。注意到，能级越浅，光电离化截面越大。但有一些例外情况，一些有价值的数据表明，若能量一定，施主截面要比受主的更大。

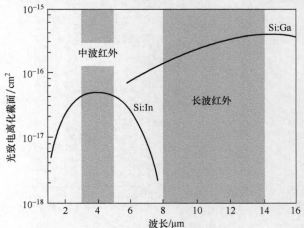

图 9.6 Si:In 和 Si:Ga 红外探测器材料的光电离化截面与波长的关系

（资料源自：Hobgood, H. M., Braggins, T. T., Swartz, J. C., and Thomas, R. N., Neutron Transmutation in Semiconductors, Plenum Press, New York, 65-90, 1979）

根据可接受的杂质浓度典型值以及光电离化截面，由式（9.58）可以看出，非本征光

探测器的吸收系数要比本征光电导体直接吸收约小三个数量级。锗材料最佳光电导体的 α 的实际值是 $1\sim10\text{cm}^{-1}$，硅的值是 $10\sim50\text{cm}^{-1}$，因此，为了得到最大量子效率，掺杂锗探测器晶体的厚度不应小于 0.5cm 左右，掺杂硅晶体厚度约不小于 0.1cm。对于非本征探测器，由于漂移长度 $L_d=\mu\tau E$ 之外产生的光生载流子在未会聚之前会复合（光导增益 $g=L_d/l$，随着 l 增加减小），所以，对厚度有一定限制。幸运的是，大部分非本征探测器的漂移长度足够长，能够使量子效率接近 50%。

表述红外探测器性能的另一个量是电流（或电压）响应度。类似对本征光电导体的讨论（见本书考 9.11 节），短路电流响应度为

$$R_i = \frac{I_{\text{ph}}}{P_\lambda} \quad (9.60)$$

可以转换成下面公式：

$$R_i = \frac{\eta\lambda}{hc}\frac{\tau}{lwt}\frac{I}{n}\frac{1}{(1+\omega^2\tau^2)^{1/2}} \quad (9.61)$$

式中，I 为通过探测器电路的暗电流；lwt 为探测器元件体积。这表明，当 $\alpha l<1$，$R_i\propto\alpha\lambda\propto\sigma_0$ 时，响应度正比于 σ_0。

图 9.8 给出了中子补偿 Si:In 探测器在温度为 10K 时的相对光谱响应[56]，响应测量值在 $2\sim8\mu\text{m}$ 光谱范围内仅与由拉克斯基（Lucovsky）研究的并广为接受的深能级杂质理论模型稍有不同[58]。通常，质量非常高的硅光电导体的 R_i 值可以高达 100A/W，而一般值的范围是 $1\sim20$A/W。已经发现，对于某给定能级，Si 中与 p 类杂质相比 n 类非本征杂质的峰值响应位于更长波长处。所以，希望 n 类探测器能为某给定波长响应提供优越的温度特性[8,59,60]。

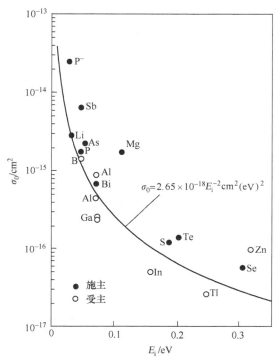

图 9.7 Si 材料在峰值响应时杂质光电离化截面与其键联能量的关系

（资料源自：Sclar, N., Progress in Quantum Electronics, 9, 149-257, 1984）

为了确定电压响应度，应当讨论光电导探测器的电路问题。实际的探测器电路如图 9.9 所示，探测器与负载电阻 R_L 与直流源如电池 V_b 串联。与暗电流相比，输入信号光子产生的光电流通常都非常小。将探测器电路交流耦合到前置放大器，则大的直流电被挡掉，只能测量到扰动信号的电流。

可以得到

$$\Delta V = I\frac{\Delta R}{R}\frac{RR_L}{R+R_L} \quad (9.62)$$

式中，ΔV 为信号电压；ΔR 为照射信号引起探测器电阻 R 的微小变化。该公式仅对"欧姆"光电导体情况下放大器输入电阻 R_a 远大于探测器电阻时成立。大部分杂质探测器绝对是"非欧姆"型的，在该情况下，要用下式代替式（9.62）：

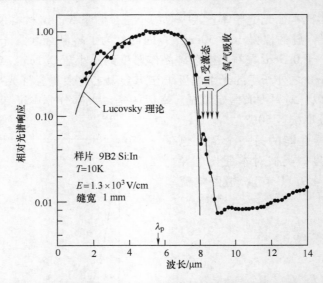

图 9.8 提拉法生长出的中子补偿 Si:In 晶体样品相对光谱响应的试验和理论值，
$N_{In} = 2.5 \times 10^{17} \text{cm}^{-3}$，$N_P - N_B = 1.6 \times 10^{14} \text{cm}^{-3}$ 和 $N_B = 1.3 \times 10^{14} \text{cm}^{-3}$
（资料源自：Thomas, R. N., Braggins, T. T., Hobgood, H. M., and Takei, W. J.,
Journal of Applied Physics 49, 2811-20, 1978）

$$\Delta V = I \frac{\Delta R}{R_{dc}} \frac{R_{ac} R_L}{R_{ac} + R_L} \quad (9.63)$$

式中，R_{ac} 为探测器的交流电阻，定义为 dV/dI；R_{dc} 为直流电阻，定义为 V/I。现在，可以很容易得到电压响应度为

$$R_v = R_i \frac{R_{ac} R_L}{R_{ac} + R_L} \quad (9.64)$$

有时需要开路电压响应度。根据式 (9.64)，并令 $R_L \gg R_{ac}$ 就可以得到，因此有

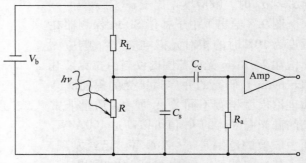

图 9.9 实际的探测器电路

$$R_{vo} = R_i R_{ac} \quad (9.65)$$

探测器的最终灵敏度取决于信噪比。只有器件中的噪声是 g-r 噪声类型时才能达到最高性能。在一般低温情况下，$n \ll N_a$，N_d，则 g-r 噪声电流为[8]

$$I_{gr} = 2I \left(\frac{\tau \Delta f}{nlwt} \right)^{1/2} \frac{1}{(1 + \omega^2 \tau^2)^{1/2}} \quad (9.66)$$

由于比探测率为

$$D^* = \frac{R_i (A \Delta f)^{1/2}}{I_n} \quad (9.67)$$

所以，将 g-r 噪声（式 (9.66)）和电流响应度（式 (9.61)）代入式 (9.67)，得

$$D^* = \frac{\eta \lambda}{2hc} \left(\frac{\tau}{nl} \right)^{1/2} \quad (9.68)$$

若热和光子生成都重要,则自由载流子密度可以表示为两项之和,$n = n_{th} + n_{op}$。其中,n_{th} 由式(9.54)给出,并且有

$$n_{op} = \frac{\eta \Phi \tau}{l} = \frac{\eta \Phi}{l} \frac{1}{BN_a} \tag{9.69}$$

式中,式(9.56)利用 B 表示与温度有依赖关系的载流子寿命,因此,可以将比探测率表示成下面形式的温度依赖关系,即

$$D^* = \frac{\eta \lambda}{2hc} \left[\eta \Phi + \frac{lB}{\delta}(N_d - N_a) N_c \exp\left(-\frac{E_i}{kT}\right) \right]^{-1/2} \tag{9.70}$$

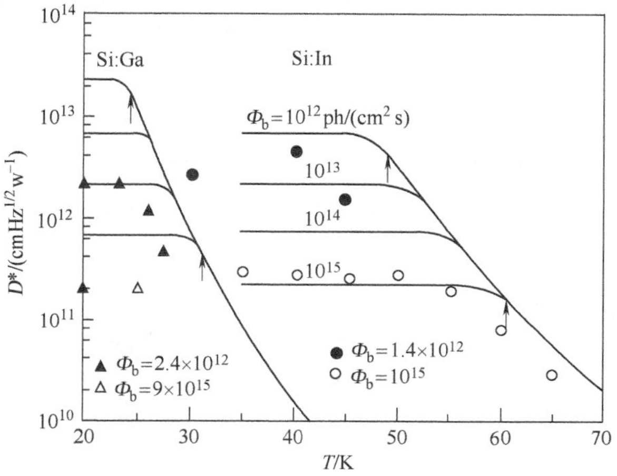

图 9.10 中子补偿 Si:In 光电导体和掺杂 Si:Ga 光电导体比探测率 D^*(温度的函数)的测量值和计算值
(实线表示理论计算值,参数为 $\eta = 50\%$,$l = 0.05$ cm,
$\lambda = 12\mu m$(Si:In)和 $\lambda = 4\mu m$(Si:Ga);数据点表示实际测量值)

(资料源自:Schroder, D. K., *Charge-Coupled Devices*, Springer-Verlag, Heidelberg, 57-90, 1980)

当 $n_{th} \ll n_{op}$,D^* 达到极大值。也就是说,对于光生载流子占优势的探测器应当减小热载流子浓度。图 9.10 给出了 Si:In 和 Si:Ga 光电导体的上述内容[50]。若温度 $T < T_{BLIP} \approx 60K$,则 Si:In 探测器是背景辐射限的,背景辐射光通量密度 $\Phi_b = 10^{15}$ 光子/(cm²s)。T_{BLIP} 是照射探测器的光通量 Φ_b 的函数。由图 9.10 可以看出,Si:In 探测器的实测数据值比理论值低 5~10K,这主要是由于 0.11eV 级杂质污染物造成的;而 Si:Ga 的实测数据大约是低 3~5K。正如所预料,降低温度可以减少背景噪声,如图 9.10 箭头所示的 3dB。

9.1.3 本征和非本征红外探测器的工作温度

本节将根据前面确定的关系及测量数据对本征和非本征光电导体的比探测率(工作温度的函数)进行比较,并评估诸如杂质浓度、自由载流子寿命和俘获截面等参数的影响。

以 g-r 噪声为主时的峰值比探测率 D^* 表达式设置了上限(与偏压和探测器面积无关),本节以此开始讨论。联解式(9.21)、式(9.27)和式(9.39),可以将具有低过量杂质密度的本征光电导体的比探测率 D^* 变化为

$$D_{in}^* = \frac{\eta \lambda}{2hc} \left[\frac{\tau_{in}}{t_{in}(n_{ph} + n_i)} \right]^{1/2} \tag{9.71}$$

式中,n_{ph} 为一般光生载流子密度;n_i 为本征载流子密度。由于诸如禁带中俘获中心、过量杂

质、与温度有关的过量噪声或者前置放大器要求因素的影响,所以式(9.71)给出的是实际上达不到的比探测率 D^* 的上限。

若同样假设是以热和光 g-r 噪声为主的非本征光电导体,则根据式(9.68),n 类非本征的比探测器的 D^* 可以表示为

$$D_{ex}^* = \frac{\eta\lambda}{2hc}\left[\frac{\tau_{ex}}{t_{ex}(n_{ph}+n_{th})}\right]^{1/2} \quad (9.72)$$

对本征和非本征探测器,当 $n_{ph} > n_{th}$ 或 n_i 时满足 BLIP 条件,D^* 由式(9.43)确定。使热和背景生自由载流子密度相等,就可以确定从热限噪声到背景限噪声转换所对应的温度。对于非本征光电导体,令式(9.54)与式(9.69)相等便得

$$T_{BLIP} = \frac{E_d}{k}\left\{\ln\left[\left(\frac{tN_d}{\eta}\right)\frac{BN_c}{\delta\Phi_B}\right]\right\}^{-1} \quad (9.73)$$

该公式表示,若视场(FOV)一定,T_{BLIP} 是杂质参数 E_d、$\sigma_c(B\propto\sigma_c)$、$\sigma_p$(用来确定吸收系数和量子效率)及背景通量 Φ_b 的函数。布赖恩(Brane)曾讨论过非本征硅探测器的温度限制[61]。

即使少量掺杂物进行热电离化,也会导致很短的复合时间。所以,确定非本征探测器要严格制冷的重要因素之一,是与常用掺杂剂相关的 σ_c 数值很大。非本征光电导体的俘获截面 σ_{ex} 要比本征光电导体的 σ_{in} 对应值大。浅层杂质(B 和 As)的典型值是 $\sigma_c \approx 10^{-11} cm^2$,而深层杂质(In,Au 和 Zn)的是 $\sigma_c = 10^{-13} cm^2$(见表9.8)[8]。为便于比较,图 9.11 给出了几种 $\sigma_{in} = 1.2 \times 10^{-17} cm^2$ 的本征光电导体的 σ_c[62]。

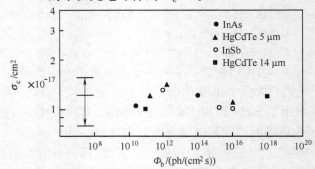

图 9.11 根据响应时间计算出的一些本征光电导体的 σ_c

(资料源自:Borrello, S. R., Roberts, C. G., Breazeale, B. H., and Pruett,
G. R., Infrared Physics, 11, 225-32, 1971)

米尔恩斯(Milnes)指出,普通掺杂具有一个重新俘获光载流子的吸引电子,其 σ_c 值为 $10^{-15} \sim 10^{-12} cm^2$,中性杂质的 σ_c 值约为 $10^{-17} cm^2$ 和 $10^{-15} cm^2$,斥力中心的 σ_c 小于 $10^{-22} cm^2$(见图9.12)[63]。一个杂质原子的 σ_c 取决于其复合潜力,中性或斥力中心的这种潜力要比目前库仑吸引中心的小。埃利奥特(Elliott)等人探讨过利用中性或斥力中心实现较高温度工作的可能性[64],可以考虑使用与浅层施主杂质反掺杂的很深的受主层,例如,在距离传导层具有合适电离化能量位置的受主层。采用反掺杂补偿会产生中性或斥力型复合现象。尽管反掺杂已使工作温度有些提高,但不像原来预期那么高,原因可能是中性或斥力中心的俘获截面随温度升高而增大,而米尔恩斯(Milnes)给出的数值[63]一般是在很低温

度下测量的。

表 9.2　锗和硅中杂质原子的俘获截面

杂质原子	锗		硅	
	T/K	σ_c/cm^2	T/K	σ_c/cm^2
B			4.2	8×10^{-12}
Al	10	2×10^{-12}		
In			77	10^{-13}
As	10	10^{-12}	10	10^{-11}
Cu	10	5×10^{-12}		
Au	80	1×10^{-13}	77	10^{-13}
Zn			$80 \sim 200$	10^{-13}
Cd	8	1×10^{-11}		
Hg	20	3.6×10^{-12}		

(资料源自：Sclar, N., Progress in Quantum Electronics, 9, 149-257, 1984)

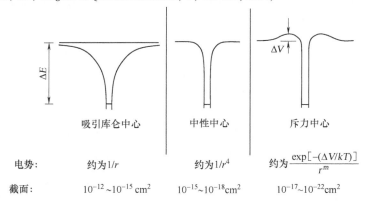

图 9.12　吸引库仑、中性和斥力电荷中心复合的预估截面和可能分布

(资料源自：Sclar, N., Progress in Quantum Electronics, 9, 149-257, 1984)

图 9.13 给出了非本征硅光电导体较小 σ_c 对较高工作温度的直接影响[20]。计算中假设光电离化截面 σ_p 具有拉克斯基（Lucovsky）提出的对波长的依赖关系[58]，并且下面给出的数值都是针对 p 类材料：反射率为 3.44，$N_v = 1.7 \times 10^{15} T^{3/2} \text{cm}^{-3}$，$\delta = 4$，$v_{th} = 9.5 \times 10^5 T^{1/2}$ cm/s，$E_{ef}/E_0 = 2.5$。其中，E_{ef} 和 E_0 是拉克斯基的论文中定义的电场。目标场景温度为 295K，视场为 30°。Sclar[8] 给出了较高背景光通量条件下硅红外探测器的实验结果，其曲线与研究过的大部分杂质的性质一致，其中假设 $\sigma_c = 10^{-12} \text{cm}^2$。还要指出的是，使用具有一样 σ_c 值的掺杂物可以在 $8 \sim 14 \mu\text{m}$ 光谱范围内得到大于 50K 的 T_{BLIP}，以及在 $3 \sim 5 \mu\text{m}$ 光谱范围内得到大于 80K 的 T_{BLIP}。

在图 3.19 中，$f/2$ 视场下以背景限工作温度计算出的曲线是截止波长的函数[65,66]。根据无量纲参数 $a(\eta)$ 完成了硅非本征探测器归一化计算[8]，参数 $Q = [a(\eta)(m^*/m)^{3/2}/\delta](B/\sigma_p)$ 值是 10^{10}。可以看到，"非薄膜态"本征红外探测器（HgCdTe）的工作温度比其它类型光子探测器高。与非本征探测器、硅肖基势垒和量子阱红外探测器（QWIP）相比，本征材料具有高光吸收系数和量子效率以及低热生成率。

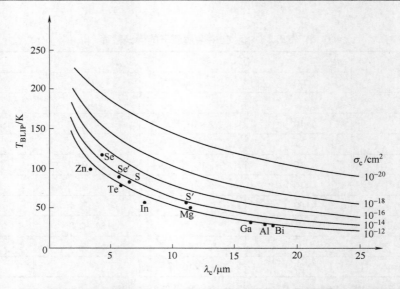

图 9.13 非本征硅光电导体的 BLIP 与截止波长的关系（是热俘获截面的函数）
（实验数据源自 Progress in Quantum Electronics, 9, 149-257, 1984）
（背景温度 295K, 视场 30°）
（资料源自：Elliott, C. T., and Gordon, N. T., Handbook on Semiconductors,
4, 841-936, North-Holland, Amsterdam, 1993）

由于非本征光电导体的吸收截面比本征光电导体小，所以，非本征光电导体应制造得比本征光电导体更厚。对于硅探测器，其典型值 $t_{ex} = 0.1$ cm，本征探测器的 $t_{in} = 10^{-3}$ cm。正如上面所指出，t_{ex} 是 σ_p 的直接结果，是波长的函数（见图 9.6），而与温度、辐射度和杂质浓度无关[67]，所以，σ_p 不受控制，对每种杂质都是固定的参数。

9.2 p-n 结光敏二极管

光电压探测器最普通的例子是用半导体材料制作的突变 p-n 结，常简称为光敏二极管。p-n 结光敏二极管的工作原理如图 9.14 所示。能量大于能隙的光子入射到器件的前表面，在结两侧形成电子-空穴对。通过散射，散射长度之内产生的电子和空穴从该结到达空间电荷区，然后，电子-空穴对被强电场分隔开；少数载流子被加速，在另一侧变成多数载流子。产生光电流的这种方法使电压-电流特性在负电流或反向电流方向发生了漂移，如图 9.14d 所示。

光敏二极管的等效电流如图 9.15 所示。光敏二极管有一个小的串联电阻 R_s、由结和封装电容组成的总电容 C_d 以及偏压（负载）电阻 R_L。紧临光敏二极管的放大器的输入电容是 C_a，输入电阻是 R_a。从实际出发，R_s 要比负载电阻 R_L 小得多，可以忽略不计。

通常，p-n 结总的电流密度表示为

$$J(V, \Phi) = J_d(V) - J_{ph}(\Phi) \qquad (9.74)$$

式中，暗电流密度 J_d 只与 V 有关；光电流仅与光子通量密度 Φ 有关。

一般地，简单光电压探测器［不是雪崩光敏二极管（Avalanche Photodiode, APD）］的电流增益等于1。根据式（9.1），光电流等于

第 9 章 光子探测器理论

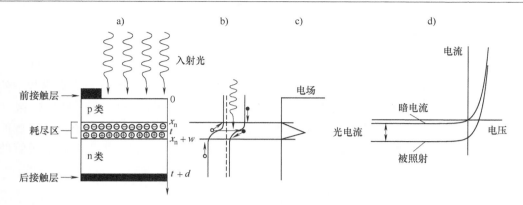

图 9.14 p-n 结光敏二极管
a) 突变结的结构 b) 能带图 c) 电场 d) 被照射和未被照射光敏二极管的电流-电压特性

$$I_{ph} = \eta q A \Phi \quad (9.75)$$

然而，光敏二极管受到照射时会产生过量的多数载流子，负责消除该载流子的电场将额外的少数载流子感应到 p-n 结。因此，对混合传导起重要作用的光敏二极管，增益与汇集的光电流有关，其大小取决于迁移率之比，改变偏压可以进行增减[68]。该增益适用于在结处附近的激励。这种效应会在光敏二极管中产生异常低的结电阻。下面，讨论增益等于 1 的普通光敏二极管的理论。

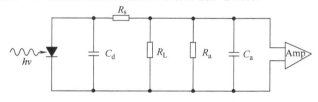

图 9.15 被照射光敏二极管的等效电流（串联电阻包括接触电阻以及非薄膜 p 区和 n 区电阻）

暗电流和光电流具有各自独立的线性关系（即使这些电流起着重要作用），并且可以采用一种很直接的方式计算量子效率[69-72]。

如果 p-n 结二极管是开路的，结两侧累积的电子和空穴就会形成开路电压（见图 9.14d）。若将一个负载与二极管相连，电路中就会有电流。当二极管终端出现短路，就会出现最大电流，称为短路电流。

将 $V = V_b$ 时二极管的增量电阻 $R = (\partial I / \partial V)$ 乘以短路电流，就可以得到开路电压，即

$$V_{ph} = \eta q A \Phi R \quad (9.76)$$

式中，V_b 为偏压；$I = f(V)$，为二极管的电流-电压特性。

在许多直接应用中，光敏二极管是在零偏压下工作，有

$$R_0 = \left(\frac{\partial I}{\partial V}\right)^{-1}_{V_b = 0} \quad (9.77)$$

经常遇到的一个光敏二极管评价函数是 $R_0 A$ 乘积，即

$$R_0 A = \left(\frac{\partial J}{\partial V}\right)^{-1}_{V_b = 0} \quad (9.78)$$

式中，$J = I/A$，为电流密度。

在辐射探测中，光敏二极管可以工作在 I-V 特性曲线的任意位置。为减小器件的时间常数 RC，在很高频率应用中常使用反向偏压工作模式。

9.2.1 理想扩散限 p-n 结

9.2.1.1 扩散电流

扩散电流是 p-n 结光敏二极管中基本的电流运行机理。图 9.14a 所示为具有突变结的一维光敏二极管模型，宽度为 w 的空间电荷区围绕金属相结边界 $x = t$，两个准中性区（0, x_n）和（$x_n + w, t + d$）是匀质掺杂。暗电流密度由 n 侧注入越过潜在载流子再到 p 侧的电子电流，以及一种类似的由 p 侧注入到 n 侧的空穴电流组成。一种理想扩散限二极管的电流-电压特性为

$$I_D = AJ_s\left[\exp\left(\frac{qV}{kT}\right) - 1\right] \tag{9.79}$$

式中[70,71]

$$J_s = \frac{qD_h p_{no}}{L_h} \frac{\gamma_1 \text{ch}(x_n/L_h) + \text{sh}(x_n/L_h)}{\gamma_1 \text{sh}(x_n/L_h) + \text{ch}(x_n/L_h)} + \frac{qD_e n_{po}}{L_e} \frac{\gamma_2 \text{ch}[(t+d-x_n-w)/L_e] + \text{sh}[(t+d-x_n-w)/L_e]}{\gamma_2 \text{sh}[(t+d-x_n-w)/L_e] + \text{ch}[(t+d-x_n-w)/L_e]} \tag{9.80}$$

式中，$\gamma_1 = s_1 L_h / D_h$，$\gamma_2 = s_2 L_e / D_e$；p_{no} 和 n_{po} 为结两侧少数载流子浓度；s_1 和 s_2 分别为照明条件下（n 类材料中的空穴）和光敏二极管后表面（p 类材料中的电子）的表面复合速度。饱和电流密度 J_s 取决于少数载流子扩散长度（L_e, L_h）、少数载流子扩散系数（D_e, D_h）、表面复合速度（s_1, s_2）、少数载流子浓度（p_{no}, n_{po}）及结的设计（x_n, t, w, d）。

对于具有厚准中性区的结 $[x_n \gg L_h, (t+d-x_n-w) \gg L_e]$，饱和电流密度为

$$J_s = \frac{qD_h p_{no}}{L_h} + \frac{qD_e n_{po}}{L_e} \tag{9.81}$$

若玻耳兹曼统计规律 $[n_0 p_0 = n_i^2, D = (kT/q)\mu$，和 $L = (D\tau)^{1/2}]$ 成立，则有

$$J_s = (kT)^{1/2} n_i^2 q^{1/2} \left[\frac{1}{p_{no}}\left(\frac{\mu_e}{\tau_e}\right)^{1/2} + \frac{1}{n_{po}}\left(\frac{\mu_h}{\tau_h}\right)^{1/2}\right] \tag{9.82}$$

式中，p_{no} 和 n_{no} 为空穴和电子多数载流子浓度；τ_e 和 τ_h 分别为 p 类和 n 类区域电子和空穴的寿命。扩散电流按照 n_i^2 随温度变化。

根据式（9.79），对 I-V（电流-电压）特性进行微分可以得到零偏压时的电阻，即

$$R_0 = \frac{kT}{qI_s} \tag{9.83}$$

因此，由扩散电流确定的 $R_0 A$ 乘积为

$$(R_0 A)_D = \left(\frac{dJ_D}{dV}\right)^{-1}_{V_b=0} = \frac{kT}{qJ_s} \tag{9.84}$$

如果，$\gamma_1 = \gamma_2 = 1$，并且二极管在结两侧区域都很厚，则 $R_0 A$ 由下式确定：

$$(R_0 A)_D = \frac{(kT)^{1/2}}{q^{3/2} n_i^2}\left[\frac{1}{n_{no}}\left(\frac{\mu_h}{\tau_h}\right)^{1/2} + \frac{1}{p_{po}}\left(\frac{\mu_e}{\tau_e}\right)^{1/2}\right]^{-1} \tag{9.85}$$

实际上，结两侧具有厚区域的光敏二极管是无法实现的。对（厚 p 类区域）传统光敏二极管结构的影响分析表明，深度 $0 < t < 0.2 L_h$ 和表面复合速度 $0 < s_1 < 10^6$ cm/s 的结的 $R_0 A$ 乘积与其两侧具有厚区域的光敏二极管的结的 $(R_0 A)_0$ 乘积相差 0.3~2 倍[72]。这表明，用

来具有 p 类和 n 类厚区域的光敏二极管的 R_0A 乘积的值是具有最佳结构光敏二极管的乘积的良好近似。对于 n-p^+ 结，$R_0A/(R_0A)_0$ 值有下面形式：

$$\frac{R_0A}{(R_0A)_0} = \frac{\gamma_1 \text{ch}(x_n/L_h) + \text{sh}(x_n/L_h)}{\gamma_2 \text{sh}(x_n/L_h) + \text{ch}(x_n/L_h)} \tag{9.86}$$

图 9.16 给出了不同 γ_1 值时 $R_0/(R_0A)_0$ 对 n-p^+（n^+-p）结的深度的依赖关系[72]。若 $\gamma_1 < 1$（闭塞接触点[69]），得到 $R_0A > (R_0A)_0$，则很小 γ_1 值就会使 R_0A 增大得特别快，并且 $x_n/L_h \to 0$。制造这种结构有很大技术难度，并且需要满足 $s_2 = 0$ 的条件。在这种情况下，由于 p 类（n 类）和 p^+ 类（n^+ 类）区域间势垒限制少数载流子流向具有较多杂质的区域，所以利用 n-p-p^+（p-n-n^+）结构会更有优势。

对于 n^+-p 二极管结构，结电阻受限于 p 侧少数载流子扩散到消耗层的程度。这样对于普通的体效应二极管，$d \gg L_e$，则有

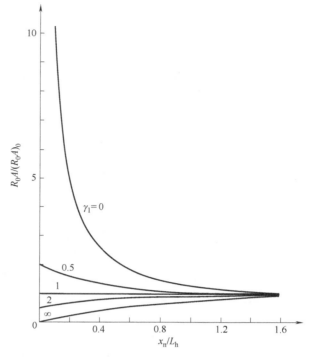

图9.16 不同表面复合速度（$\gamma_1 = 0, 0.5, 1, 2$ 和 ∞）下 $R_0A/(R_0A)_0$ 对 n-p^+（n^+-p）结归一化深度的依赖关系

(资料源自：Rogalski, A., and Rutkowski, J., Infrared Physics, 22, 199-208, 1982)

$$(R_0A)_D = \frac{(kT)^{1/2}}{q^{3/2}n_i^2} N_a \left(\frac{\tau_e}{\mu_e}\right)^{1/2} \tag{9.87}$$

通过使基板厚度变薄至小于少数载流子扩散长度（因此，减小了产生扩散电流的体积），对应的 R_0A 乘积会增大，使后表面适当地进行钝化以降低表面复合效果。对 n^+-p 结，如果 p 类区域的厚度设置能使 $d \ll L_e$，可以得到

$$(R_0A)_D = \frac{kT}{q^2} \frac{N_a}{n_i^2} \frac{\tau_e}{d} \tag{9.88}$$

因此，R_0A 能够增大 L_e/d 倍。当然，还可以得出 p^+-n 结对应的类似公式。

从 p^+（n^+）侧照明的 p^+-n（n^+-p）结的厚度一定要薄，以消除自由载流子对辐射的吸收。对于从 n(p) 侧照射的 n-p^+(p-n^+) 结构，对量子效率的主要贡献源自具有 n(p) 类杂质较少的区域。这就是该区域的厚度（即结的深度）要更大些的原因（即 $0.2L_h < t < 0.4L_h$[72]）。另外，在 t 值较小且 $0 < \gamma_1 < 1$ 时，可以使 R_0A 乘积有大的提高（见图9.16）。由此可见，结的最佳深度是需要较小 t 值的。

最后，应当注意，对 R_0A 乘积的设计能起作用取决于电流密度的散射分量。若 R_0A 乘积取决于其它机理，则上述讨论不再正确。但是，而与量子效率相关的讨论仍然可信。

9.2.1.2 量子效率

对光敏二极管量子效率的贡献量分三个区域：不同传导率类型的两个中性区域和空间电

荷区域(见图9.14),因此[70,71]有

$$\eta = \eta_n + \eta_{DR} + \eta_p \tag{9.89}$$

其中

$$\eta_n = \frac{(1-r)\alpha L_h}{\alpha^2 L_h^2 - 1}\left\{\frac{\alpha L_h + \gamma_1 - e^{-\alpha x_n}[\gamma_1 ch(x_n/L_h) + sh(x_n/L_h)]}{\gamma_1 sh(x_n/L_h) + ch(x_n/L_h)} - \alpha L_h e^{-\alpha x_n}\right\} \tag{9.90}$$

$$\eta_p = \frac{(1-r)\alpha L_e}{\alpha^2 L_e^2 - 1} e^{-\alpha(x_n + w)}$$

$$\left\{\frac{(\gamma_2 - \alpha L_e)e^{-\alpha(t+d-x_n-w)} - sh[(t+d-x_n-w)/L_e] - \gamma_2 ch[(t+d-x_n-w)/L_e]}{ch[(t+d-x_n-w)/L_e] - \gamma_2 ch[(t+d-x_n-w)/L_e]} + \alpha L_e\right\} \tag{9.91}$$

$$\eta_{DR} = (1-\gamma)[e^{-\alpha x_n} - e^{-\alpha(x_n+w)}] \tag{9.92}$$

下面讨论内量子效率,忽略被照射光敏二极管表面造成的反射损失。光敏二极管要获得高量子效率就要求结的被照射部分足够薄,使产生的载流子通过扩散可以到达结势垒。

图 9.17 给出了光敏二极管量子效率和 p 类材料无限厚时被照射部分归一化结厚度 t/L_h 之间的关系[72]。在下列条件下完成该计算:吸收系数典型值是 $5\times 10^3 cm^{-1}$,波长紧靠窄带隙半导体本征吸收缘,并且,$L_e = L_h = 15\mu m$,$w = 0.3\mu m$。消耗层的量子效率随 t 的增大逐渐减小,但减少得较少,不起主要作用。若 $s_1 = 0$,则总量子效率在 $t = 0.2L_h$ 处达到最大值。随着表面复合速度 s_1 增大,该极值向较小的 t 值处漂移。总量子效率最大值的位置还与吸收系数有关,当吸收系数增大,总效率达到极值的结深度减小。

在高吸收系数范围(小波长)内,表面复合速度对 η 有很大影响,所以辐射穿透深度 $1/\alpha$ 很小。当表面复合速度远远小于某一特性值 s_0 时,所有吸收系数值对应的量子效率都是常数,并且 $s_1 \gg s_0$ 量子效率降至更小,但仍是常数。范德威尔(Van De Wiele)[71]指出,根据公式 $s_0 = (D_h/L_h) cth(x_n/L_h)$ 可以确定 s_0,而 s_0 与吸收系数无关。

一般来说,光敏二极管的设计都能使大部分辐射被结的一侧(例如图9.14a 所示的 p 类侧)吸收。实际上,使 n 类区非常薄或者利用异质结就可以达到该目的。在异质结结构中,n 类区域中带隙比光子能量大,所以,大部分入射辐射不会被吸收就可以直接到达结处。如果后触点距离 p-n 结为几个少数载流子扩散长度 L_e,则量子效率为

$$\eta(\lambda) = (1-r)\frac{\alpha(\lambda)L_e}{1 + \alpha(\lambda)L_e} \tag{9.93}$$

当后触点远离 p-n 结的距离小于一个扩散长度,量子效率就为

$$\eta(\lambda) = (1-r)[1 - e^{-\alpha(\lambda)d}] \tag{9.94}$$

式中,d 为 p 类区的厚度。已经假设,后触点的表面复合速度是零,且后表面没有反射。因此,当上述假设条件成立时,利用增透膜使前表面反射降至最小以保证器件厚度大于吸收长度,就可以实现高量子效率。

应当注意,许多以数值和解析法为基础的研究成果[73-75]都给出了光敏二极管的二维和三维的计算机解。

9.2.1.3 噪声

与光电导探测器相比,p-n 结器件中主导热噪声机理的两个基本过程(由于自由载流子随机运动及热生成-复合速率的随机性而造成的自由载流子速度波动)是不容易区分的。两者

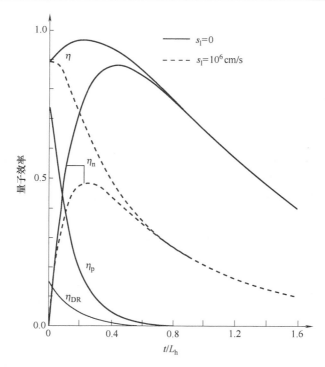

图 9.17 量子效率与归一化结厚度的关系(照射区域是 $s_1 = 0(\gamma_1 = 0)$ 和 $s_1 = 10^6 \text{cm/s}(\gamma_1 = 7)$；
计算中假设 $d = \infty$，$w = 0.3\mu\text{m}$，$r = 0$ 和 $\alpha = 5 \times 10^3 \text{cm}^{-1}$)

(资料源自：Rogalski, A., and Rutkowski, J., Infrared Physics, 22, 199 – 208, 1982)

共同使少数载流子成分产生散粒噪声(shot noise)，形成净结电流。随机热运动造成 p-n 结器件中性区域扩散率波动，以及中性区与耗尽区两者的 g-r 波动。后面将介绍，若 p-n 结器件在零偏压(即净结电流为零)下，由此产生的噪声等同于与器件增量斜率相关的约翰逊噪声。尚未研究出适于任意偏压及所有漏电流源的光敏二极管噪声的一般理论[76]。光敏二极管本征噪声机理是电流通过二极管造成散粒噪声。一般认为，理想二极管中的噪声为

$$I_n^2 = [2q(I_D + 2I_s) + 4kT(G_J - G_0)]\Delta f \qquad (9.95)$$

式中，$I_D = I_s[\exp(qV/kT) - 1]$；$G_J$ 为结的传导率；G_0 为 G_J 的低频值。若是低频，等号右侧第二项是零。如果二极管处于热平衡(即未施以偏压和外部光子通量)，则方均噪声电流恰好是光敏二极管零偏压电阻($R_0^{-1} = qI_s/(kT)$)的约翰逊-奈奎斯特噪声，即

$$I_n^2 = \frac{4kT}{R_0}\Delta f \qquad (9.96)$$

和

$$V_n = 4kTR_0\Delta f \qquad (9.97)$$

值得注意的是，反向偏压时方均散粒噪声是零偏压时方均约翰逊-奈奎斯特噪声的 1/2。

当二极管受到通量密度为 Φ_b 的背景光照射，从统计学观点，附加电流 $I_{ph} = q\eta A\Phi_b$ 对方均噪声电流的影响是统计独立的，因此[3]有

$$I_n^2 = 2q\left[q\eta A\Phi_b + \frac{kT}{qR_0}\exp\left(\frac{qV}{\beta kT}\right) + \frac{kT}{qR_0}\right]\Delta f \qquad (9.98)$$

式中

$$R_0 = \left(\frac{dI}{dV}\right)^{-1}_{|V=0} = \frac{\beta kT}{qI_s} \quad (9.99)$$

R_0 是二极管在零偏压时的暗电阻。若是零偏压,则式(9.96)变为

$$I_n^2 = \frac{4kT\Delta f}{R} + 2q^2\eta A\Phi_b\Delta f \quad (9.100)$$

因此

$$V_n = (4kT + 2q^2\eta A\Phi_b R_0)R_0\Delta f \quad (9.101)$$

一般地,假设该形式的零偏压噪声公式的可独立应用在有其它电流源的情况下。

根据式(9.98),令二极管在反向偏压下工作可以减小散粒噪声。如果没有背景辐射产生的电流,则电流噪声等于零偏压下的约翰逊噪声($4kT\Delta f/R_0$);并且,若每个方向的电压都大于几倍的 kT,往往采用散粒噪声($2qI_D\Delta f$)的一般表达式。然而,实际上在反向偏压下很难提高性能。实际器件中,在反向偏压下,漏电流中 $1/f$ 噪声常使电流噪声增大。上述分析过程忽略了 $1/f$ 噪声。

9.2.1.4 比探测率

光敏二极管的光电增益通常等于1,所以,根据式(3.3),电流响应度为

$$R_i = \frac{q\lambda}{hc}\eta \quad (9.102)$$

比探测率(见式(3.35))可以确定为

$$D^* = \frac{\eta\lambda q}{hc}\left[\frac{4kT}{R_0A} + 2q^2\eta\Phi_b\right]^{-1/2} \quad (9.103)$$

上式根据式(9.100)和式(9.102)能够推导出。

对式(9.103),一定要区分两种重要情况:
- 背景限性能:如果 $4kT/(R_0A) \ll 2q^2\eta\Phi_b$,则得到式(3.40)。
- 热噪声限性能:若 $4kT/(R_0A) \gg 2q^2\eta\Phi_b$,则有

$$D^* = \frac{\eta\lambda q}{2hc}\left(\frac{R_0A}{kT}\right)^{1/2} \quad (9.104)$$

图 9.18 给出了探测器比探测率与 R_0A 的关系,截止波长是 $12\mu m$ 和 $5\mu m$,$\eta = 50\%$,工作温度为 300K,$f/1$ 背景(视场)。若使用判据 $4kT/(R_0A) = 2q^2\eta\Phi_b$,则 77K 和 195K 温度下,准背景限工作的最低需求分别是 $R_0A1.0\Omega\ cm^2$ 和 $160\Omega\ cm^2$[77]。

没有背景光子通量条件下的比探测率也可以表示为

$$D^* = \frac{\eta\lambda q}{hc}\left[\frac{A}{2q(I_D + 2I_s)}\right]^{1/2} \quad (9.105)$$

反向偏压下,I_D 趋于 $-I_s$,式中括号内的表达式就趋于 I_s。

上述讨论表明,令量子效率最大和使反向饱和电流 I_s 最小,可以使理想扩散限光敏二极管的性能达到最佳。对扩散限光敏二极管,p 类侧电子饱和电流的一般表达式为(见式(9.80))

$$I_s^p = A\frac{qD_e n_{po}}{L_e}\frac{sh(d/L_e) + (s_2L_e/D_e)ch(d/L_e)}{ch(d/L_e) + (s_2L_e/D_e)sh(d/L_e)} \quad (9.106)$$

通常,有希望将对光信号没有贡献的一侧的漏电流降至最小。至少在理论上,通过提高非活性侧的掺杂量或带隙,可大大降低少数载流子生成率,因而减小了扩散电流。

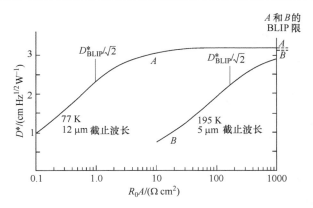

图 9.18 零偏压光敏二极管比探测率与 R_0A 的函数关系（$\eta=50\%$，工作温度为 300K，$f/1$ 背景）

（资料源自：Knowles, P., GEC Journal of Research, 2, 141-56, 1984）

如果后触点与 p-n 结的距离有几个扩散长度，那么式（9.106）变为

$$I_s = \frac{qD_e n_{po} A}{L_e} \tag{9.107}$$

随着后触点逐渐靠近结，漏电流可以增大或减小，如何变化取决于表面复合速度是否大于扩散速度 D_e/L_e。在 $d \ll L_e$ 的极限情况，$s=0$ 时的饱和电流是式（9.107）的 d/L_e 倍，而 $s=\infty$ 时会增大 L_e/d 倍。若表面复合速度小，则式（9.107）通常可以写为

$$I_s = qGV_{\text{diff}} \tag{9.108}$$

式中，G 为单位体积体少数载流子生成率；V_{diff} 为扩散到结的少数载流子所占据材料的有效体积。若 $L_e \ll d$，有效体积是 AL_e；$L_e \gg d$，有效体积是 Ad。对 p 类材料，生成率为

$$G = \frac{n_{po}}{\tau_e} = \frac{n_i^2}{N_d \tau} \tag{9.109}$$

上述讨论表明，器件性能在很大程度上取决于后触点性质。解决该问题的最常用方法是将后触点远离一侧若干个扩散长度的距离，并保证所有表面得到正确钝化。另外一种方法是，有时可以为金属触点与器件其它部分之间的少数载流子引入一种载流子，从而使后触点本身具有低表面复合速度。提高触点附近的掺杂或带隙就能够形成这种载流子，这样可有效地使少数载流子在触点位置没有高复合速率。

9.2.2 实际的 p-n 结

上节对光敏二极管暗电流受限于扩散的情况进行了分析。然而实际工作中，特别是对于宽带隙半导体 p-n 结，并不总是出现这种现象。在确定光敏二极管暗电流-电压特性时，需要额外考虑其它几种机理。暗电流是三种二极管区域电流贡献量的叠加：体状态区、耗尽区和表面区。可依照下面内容进行区分：

1. 在体状态区和耗尽区由热产生的电流

- 体状态 p 和 n 区的扩散电流；
- 耗尽区的生成-复合电流；
- 带间隧穿效应；
- 俘获间和俘获-带间隧穿效应；

- 异常雪崩电流；
- 穿过耗尽层的欧姆漏电流。

2. **表面漏电流**
   - 表面态的表面生成电流；
   - 场致表面耗尽层的生成电流；
   - 表面附近感应形成的隧穿效应；
   - 欧姆或非欧姆分流漏电流；
   - 场致表面区雪崩式倍增效应。

3. **空间电荷限电流**

图 9.19 所示内容示意性地表明其中某些机理[20]，每种机理都有自己独立的与电压和温度的关系。鉴于此，许多研究人员分析 I-V 特性时都假设，只有一种机理在某种指定的二极管偏压区起主要作用。这种分析二极管 I-V 曲线的方法并非总是正确的，较好的方法是采用数值法使电流分量之和在施加电压和温度的某范围内与实验数据吻合。

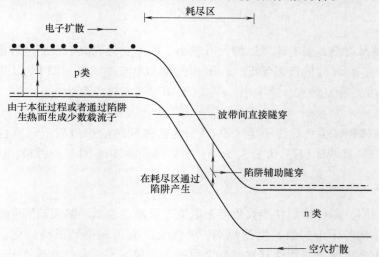

图 9.19　反向偏压 p-n 结中产生暗电流的机理示意

（资料源自：Elliott, C. T., and Gordon, N. T., Handbook on Semiconductors, North-Holland, Amsterdam, 4, 841-936, 1993）

下面，讨论具有高 R_0A 乘积的高质量光敏二极管的电流贡献量主要受限于：
- 耗尽层内的产生-复合；
- 隧穿通过消耗层；
- 表面效应；
- 碰撞电离化；
- 空间电荷限电流。

9.2.2.1　生成-复合电流

萨赫（Sah）等人首先指出这种电流机理的重要性[78]，之后秋（Choo）进行了拓展[79]。尽管空间电荷区的宽度远小于少数载流子扩散长度，但是看来，一种空间电荷区的 g-r 电流要比其扩散电流，尤其是低温下的扩散电流更重要。消耗层中的生成率可以比体状态材料更大。在反向偏压下，由类似式（9.108）的如下公式表示：

$$I = qG_{\text{dep}}V_{\text{dep}} \tag{9.110}$$

式中，G_{dep} 为生成率；V_{dep} 为消耗层体积。利用肖克莱-里德-霍尔（Shockley-Read-Hall）公式计算耗尽层中俘获造成的生成率为

$$G_{\text{dep}} = \frac{n_i^2}{n_1\tau_{\text{eo}} + p_1\tau_{\text{ho}}} \tag{9.111}$$

式中，n_1 和 p_1 为费米能量等于俘获能量时所得到的电子和空穴浓度；τ_{eo} 和 τ_{ho} 为强 p 型和 n 型材料的寿命。通常，式（9.111）分母中只有一项起主导作用，对本征俘获情况，如果 n_i 是主要因素，且 $p_1 = n_i$，则有

$$G_{\text{dep}} = \frac{n_i}{2\tau_0} \tag{9.112}$$

耗尽层的 g-r 电流等于

$$J_{\text{GR}} = \frac{qwn_i}{2\tau_0} \tag{9.113}$$

比较式（9.109）和式（9.112）可以看出，体态材料中的生长率正比于 n_i^2，而中间带隙态耗尽层中的生长率正比于 n_i。

耗尽层宽度（即体积）随方向电压而增大，若是突变结，则有

$$w = \sqrt{\frac{2\varepsilon_0\varepsilon_r(V_{\text{bi}} \pm V)}{qN_aN_d(N_a + N_d)}} \tag{9.114}$$

式中，N_a 和 N_d 分别为受主和施主浓度；$V_{\text{bi}} = (kT/q)\ln(N_aN_d/n_i^2)$，为内置电压；$V$ 为施加电压。对于线性分级结，耗尽层宽度取决于 $V^{1/3}$。

对突变结，g-r 电流大约随施加电压的二次方根变化（$w \sim V^{1/2}$），线性分级结随三次方根变化（$w \sim V^{1/3}$）。电流随反向偏压增大的性质可以与扩散限二极管的相关性质进行比较，后者中反向电流与几个 kT/q 以上的电压无关。

空间电荷区 g-r 电流随温度按 n_i 规律变化，就是说，要比扩散电流按 n_i^2 规律变化慢，所以最终会达到一个使两种电流大小差不多的温度。并且，低于该温度，g-r 电流就会占据主导地位。通常，在最低温度时，由于分流电阻与温度有弱依赖关系，所以电流密度可能达到饱和。在宽带隙半导体中最容易观察到空间电荷复合的影响。

根据萨哈-诺伊斯-肖克莱（Sah-Noyce-Shockley）理论[78]，假设掺杂结两侧是一样的，一个复合中心位于带隙中间。在反向偏压下，正向偏压（forward bias）值小于 V_{bi} 几个 kT/q 倍数时的 g-r 电流密度为

$$J_{\text{GR}} = \frac{qn_iw}{(\tau_{\text{eo}}\tau_{\text{ho}})^{1/2}}\frac{2\text{sh}(qV/2kT)}{q(V_{\text{bi}} - V)/kT}f(b) \tag{9.115}$$

式中，τ_{eo} 和 τ_{ho} 为耗尽层载流子寿命；函数 $f(b)$ 是一个复杂的表达式，包含有俘获级 E_t，两个寿命参数和施加电压 V，即

$$f(b) = \int_0^\infty \frac{\mathrm{d}x}{x^2 + 2bx + 1}$$

$$b = \exp\left(-\frac{qV}{2kT}\right)\text{ch}\left[\frac{E_t - E_i}{kT} + \frac{1}{2}\ln\left(\frac{\tau_{\text{eo}}}{\tau_{\text{ho}}}\right)\right]$$

式中，E_i 为本征费米级。当 b 值比较小（正向偏压 $>2kT/q$），函数 $f(b)$ 的最大值是 $\pi/2$，并随 b 值增大而减小。在 $E_t = E_i$ 和 $\tau_{eo} = \tau_{ho} = \tau_o$ 时，复合中心影响最强。对于对称结参数，$f(b) \approx 1$，J_{GR} 由式（9.113）确定。

若施加偏压较小，就认为函数 $f(b)$ 与 V 无关，也可以忽略耗尽层宽度 w 对偏压的依赖性。对式（9.115）微分，并令 $V=0$，则有

$$(R_0 A)_{GR} = \left(\frac{dJ_{GR}}{dV}\right)^{-1}_{|V=0} = \frac{V_b (\tau_{eo} \tau_{ho})^{1/2}}{q n_i w f(b)} \tag{9.116}$$

为了简单，进一步假设 $\tau_{ho} = \tau_{eo} = \tau_0$，$E_t = E_i$ 和 $f(b) = 1$，式（9.116）变为

$$(R_0 A)_{GR} = \frac{V_b \tau_0}{q n_i w} \tag{9.117}$$

在评述式（9.117）时，具有最大不确定度的项是 τ_0。

9.2.2.2 隧穿电流

第三种暗电流成分是电子直接从价带隧穿通过结达到导带（直接隧穿效应），或者通过结区域中间俘获方式间接隧穿 p-n 结所造成的隧穿电流（见图 9.19，直接隧穿或借助俘获方式隧穿）。

通常在直接隧穿计算中，假设有效质量恒定的粒子入射到三角形或抛物线形潜在载流子上。对于三角形潜在载流子有[80]

$$J_T = \frac{q^2 E V_b}{4 \pi^2 h^2} \left(\frac{2m^*}{E_g}\right)^{1/2} \exp\left[-\frac{4(2m^*)^{1/2} E_g^{3/2}}{3 q h E}\right] \tag{9.118}$$

若是突变 p-n 结，可用下式近似表示电场：

$$E = \left[\frac{2q}{\varepsilon_0 \varepsilon_s}\left(\frac{E_g}{q} \pm V_b\right)\frac{np}{n+p}\right]^{1/2} \tag{9.119}$$

可以看出，隧穿电流与能带、施加电压及有效掺杂浓度 $N_{ef} = np/(n+p)$ 有很强的依赖关系；相对而言，对温度变化和结载流子的形状不太敏感[80]有

$$J_T \propto \exp\left[-\frac{(\pi n^*)^{1/2} E_g^{3/2}}{2^{3/2} q h E}\right] \tag{9.120}$$

安德森（Anderson）[81]根据温策尔-克拉默斯-布里渊（WKB）近似表达式和凯恩（Kane）**k·p** 理论推导出，适合非对称均匀 p-n 突变结窄带隙半导体中，带间直接隧穿效应的表达式。利用安德森表达式进行初始估算，尤其在偏压接近零的情况非常方便。但是，由于隧穿效应对电场特别敏感，所以，当施加到一般器件结构的电场有误差时，可能导致几个数量级的变化。贝克（Beck）和拜尔（Byer）对不同斜率的线性分级结计算了其隧道效应，从而得到上述结论[82]。之后，亚达（Adar）对窄带隙半导体中带间直接隧穿效应提出了一种直接计算和分析的新技术，包括对耗尽层在任意偏压点的空间积分[83]。

除带间直接隧穿效应外，通过间接变换也可能实现隧穿效应，空间电荷区内的杂质和缺陷的作用相当于中间态[84]。这是一种两步过程：第一步是某个带与陷阱（trap）之间的热传输；第二步是陷阱和另一带间的隧穿。由于电子的隧穿距离较短，所以，隧穿过程会发生在比带间直接隧穿效应更低的电场条件下（见图 9.19）。已经发现，HgCdTe 的 p-n 结在低温下具有这类隧穿效应[85-93]。一般地，在 p 类 HgCdTe 中可以观察到少量而有限的受主激活能量。

通过下面途径可以实现陷阱辅助隧穿效应：

- 以速率 $\gamma_p p_1$ 从价带向位于能带 E_t 带隙的陷阱中心进行热传输[γ_p 是密度为 N_t 的中心具有的空穴复合系数，$p_t = N_v \exp(-E k T)$]；
- 以速率 $\omega_v N_v$ 进行隧穿传输（ω_v 表示中心与能带间载流子隧穿概率）；
- 以速率 $\omega_c N_c$ 完成到传导带的隧穿传输后，陷阱辅助隧穿的总电流为[86]

$$J_T = q N_T w \left(\frac{1}{\gamma_p p_1 + \omega_v N_v} + \frac{1}{\omega_c N_c} \right)^{-1} \quad (9.121)$$

在讨论与小导带电子质量有关的低密度态时，不考虑导带的热传输。对于 $\omega_c N_c < \gamma_p p_1$ 和 $\omega_c N_c \approx \omega_v N_v$ 极限情况，有

$$J_T = q N_t \omega_c N_c w \quad (9.122)$$

假设是抛物线形状载流子和均匀电场，从中性中心到导带的隧穿速率为

$$\omega_c N_c = \frac{\pi^2 q m^* E M^2}{h^3 (E_g - E_t)} \exp\left[-\frac{(m^*/2)^{1/2} E_g^{3/2} F(a)}{2qEh} \right] \quad (9.123)$$

式中，$a = 2(E_t/E_g) - 1$，$F(a) = (\pi/2) - a(1 - a^{1/2})^{1/2} - (1/\sin a)$。矩阵元素 M 与陷阱势垒（或称俘获势垒）有关。已经确定，硅的 $M^2 (m^*/m)$ 实验值是 $10^{23} V\,cm^3$ [84]。假设 HgCdTe 的数值类似[86,91,92]，隧穿效应随有效质量减小呈指数形式增大，因此，轻空穴质量主导着价带和陷阱中心间的隧穿过程。与直接隧穿效应相比，间接隧穿不仅与电场（掺杂浓度），而且与负荷中心密度及在带隙中的位置（通过几何因数 $0 < F(a) < \pi$）都有重要的依赖关系。大部分隧穿电流会以最高的转换概率（即载流子选择具有最小电阻的路程）通过陷阱能级。如果导带和轻空穴质量相等，则对于 $\omega_c N_c \cong \omega_v N_v$ 的禁带中间态，会出现最大隧穿概率。常常缺少材料陷阱（俘获）态位置方面的详细资料，所以，在理论分析时假设是一个位于禁带中间的单个肖克莱-里德-霍尔（SRH）中心。假设另外一个的陷阱能级改变了隧穿电流计算值总量，则电场和温度造成隧穿电流效应的一般性质是相同的。一般地，隧穿电流随电场按指数形式变化，与扩散和消耗造成的电流相比，这种电流对温度的依赖关系较弱。

许多论文讨论过不同结电流成分对窄隙半导体不同类型结的 $R_0 A$ 乘积的影响，例如，图 9.20 给出了 $R_0 A$ 乘积在温度 77K 时对 n^+-pHg$_{0.78}$Cd$_{0.22}$Te 突变结掺杂浓度的依赖关系[94]。可以看出，如果基板掺杂太高，则零偏压下结的性能受限于隧穿电流。为了得到高 $R_0 A$ 乘积，要求掺杂浓度为 $10^{16} cm^{-3}$ 或者更低。低于该浓度值，则 $R_0 A$ 乘积取决于扩散电流，少数载流子寿命受到俄歇（Auger）7 工艺的影响。然而，为了得到 $R_0 A$ 乘积可能的最大值，并避免产生钝化结层固定绝缘体电荷效应，制造光敏二极管的技术工艺应以得到掺杂浓度大于 $10^{15} cm^{-3}$ 为目的[94]。根据上面讨论，p-n 结较低掺杂侧的最佳浓度范围是 $10^{15} < N_a < 10^{16} cm^{-3}$。由理论曲线与实验数据的比较可以看出，还没有达到满意的结果。存在该差异的主要原因可能是突变结模式与试验结外形不一致。安德森理论假设势垒是一个均匀电荷模型和带结构为非抛物线模型。较小的隧穿电流值（对于受主浓度 $10^{16} < N_a < 2 \times 10^{16} cm^{-3}$，有较高的 $R_0 A$ 乘积试验值，见图 9.20）可能与远离金相结边界的电场减弱有关。此外，隧穿电流计算只能在近似满足空阱条件时才严格成立，随着阱被填充，隧穿电流很容易由于阱的消失而减小。

9.2.2.3 表面漏电流

真正的 p-n 结，尤其是宽带隙半导体并在低温下，会额外产生与表面有关的暗电流，表

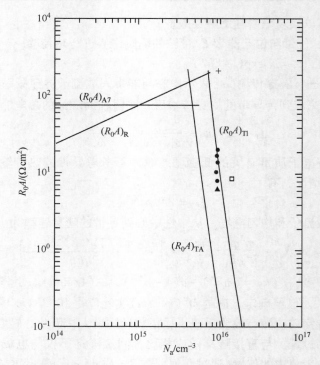

图 9.20 温度 77K 下，$n^+ - pHg_{0.78}Cd_{0.22}Te$ 光敏二极管的 R_0A 乘积与受主浓度的关系（实验值（●、+、▲、□）摘自不同的论文）

（资料源自：Rogalski, A., *Infrared Physics*, 28, 139-53, 1988）

面现象对确定光伏探测器性能起着重要作用。表面具有不连续性，交界处密度较大，根据肖克莱-里德-霍尔（Shockley-Read-Hall, SRH）机理，会产生少数载流子，增大生成电流的扩散区和耗尽区范围。表面还具有影响其消耗层位置的静电荷。

为了使表面相对于化学变化和热变化保持稳定，并能够控制表面复合、产生漏电流和相关噪声，所以对实际器件的表面进行钝化。通常在引入固定电荷态的 p-n 结制造过程中使用本征氧化层和绝缘覆盖层，从而引起半导体绝缘表面电荷的消耗或累积。半导体绝缘界面上有三种主要类型的态：固定绝缘体电荷、慢表面态和快表面态。绝缘体中的固定电荷调整结的表面电势，带正电荷的表面将消耗层进一步推向 p 类侧，而带负电荷的表面将耗尽层推向 n 类侧。如果耗尽层移向较高掺杂侧，则电场增强，更有可能形成隧穿效应，若移向较少掺杂侧，耗尽层就会沿着表面扩展，大大增大耗尽层产生的电流。当聚集有足够量的固定电荷时，就形成累积区、反转区以及 n 类和 p 类表面隧穿通道（见图 9.21）[95]。一个理想表面应是电中性，并具有很低的表面态密度。作为 g-r 中心的快界面态和绝缘体中的固定电荷会组成各种与表面相关的电流形成机理，g-r 通过快界面态与通过体状态肖克莱-里德-霍尔（SRH）中心的运动学原理是相同的。表面通道中的电流为

$$I_{GRS} = \frac{qn_i w_c A_c}{\tau_0} I \tag{9.124}$$

式中，w_c 为通道宽度；A_c 为通道面积。

除表面和表面通道内存在 g-r 过程，还有其它与表面有关的电流生成机理，统称为面泄

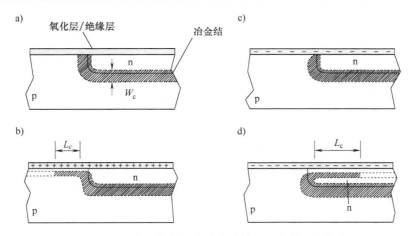

图 9.21　固定绝缘体电荷对有效结空间电荷区的影响

a) 平面带条件　b) 正固定电荷（p 侧反转，形成 n 类表面通道）　c) 负固定电荷（p 侧累积，电场表面上的结产生感应）　d) 大量负固定电荷（n 侧反转，形成 p 类表面通道）

（资料源自：Reine, M. B., Sood, A. K., and Tredwell, T. J., Semiconductors and Semimetals, Academic Press, New York, 18, 201-311, 1981）

漏。这些具有欧姆或类击穿的电流-电压特性，几乎与温度没有关系。表面击穿会发生在高电场区（见图 9.21c，耗尽层与表面相交；见图 9.21d，非常薄的消耗层）。

均匀分布的体状态与表面 g-r 中心的零偏压电阻面积乘积为

$$\left(\frac{1}{R_0 A}\right)_{GR} = \frac{e n_i w}{V_b}\left(\frac{1}{\tau_0} + \frac{S_0 P}{A}\right) \tag{9.125}$$

式中，V_b 为 p-n 结的内置电压，括号内的第二项是针对表面上的 g-r 中心；S_0 为 g-r 表面复合速度，与 g-r 缺陷浓度成正比；P 为结周长。注意到，体状态和表面状态的 g-r R_0A 乘积与结的几何形状有完全不同的依赖关系。

在绝缘膜上 p-n 结四周叠置一个栅极就可以控制 p-n 结表面上带的弯曲。

作为几种互不相关贡献量之和的暗电流也可以表示成下面形式：

$$I = I_s\left[\exp\frac{q(V - IR_s)}{\beta kT} - 1\right] + \frac{V - IR_s}{R_{sh}} + I_T$$

式中，R_s 为串联电阻；R_{sh} 为二极管的分流电阻。若扩散电流起主要作用，则 β 系数接近于 1，当 g-r 电流主要负责载流子传输，则 $\beta = 2$。

9.2.2.4　空间电荷限电流

对于宽带隙 p-n 结，常用下列公式表示正向电流-电压特性：

$$J \propto \exp\left(\frac{qV}{\beta kT}\right) \tag{9.126}$$

式中，二极管的理想系数 $\beta > 2$。该 β 值并不位于扩散电流（$\beta = 1$）或耗尽层电流（$\beta = 2$）主导正向偏置电流产生过程时所形成的范围以内。对于具有浅和/或深阱以及热生载流子的绝缘体，该特性是很典型的性质。

罗斯（Rose）[96]、兰佩特（Lampert）和马克（Mark）[97,98] 已详细讨论过固体中空间电荷限（Space-Charge-Limited, SCL）电流，将 $E_g \leq 2\mathrm{eV}$ 的材料粗略地定义为半导体，$E_g \geq 2\mathrm{eV}$ 的材料为绝缘体。

如果将足够大的电场施加到具有欧姆触点的绝缘体上,电子就被注入到体状材料内,形成受限于空间电荷效应的电流。若有俘获中心,就会捕获多个注入载流子,而降低自由载流子密度。

在注入半绝缘体材料中的载流子可以忽略不计的低电压下,遵守欧姆定律,并由 $J-V$ 特性曲线的斜率确定材料的电阻率 ρ。若施加一定量电压 V_{TH},电流会以快于线性的速度增大,V_{TH} 为

$$V_{TH} = 4\pi \times 10^{12} q p_t \frac{t^2}{\varepsilon} \tag{9.127}$$

式中,t 为半绝缘体材料厚度;p_t 为只讨论一种载流子(空穴)空间电荷限电流时的俘获空穴密度。随着电压不断升高超出 V_{TH},过剩的空穴就会注入到材料中,并且,电流密度为

$$J = 10^{-13} \mu_h \varepsilon \theta \frac{V^2}{t^2} \tag{9.128}$$

式中,θ 为俘获占有概率,定义为自由空穴与俘获空穴密度之比,由下式计算:

$$\theta = \frac{p}{p_t} = \frac{N_v}{N_t} \exp\left(-\frac{E_t}{kT}\right) \tag{9.129}$$

式中,N_v 为价带中有效态密度;N_t 为俘获空穴密度;E_t 为顶部到价带的俘获深度。继续增大施加电压,式(9.128)中平方律(square-law)部分使电流急剧上升而达到终值,变成无俘获 SCL 电流,该式变为

$$J = 10^{-13} \mu_h \varepsilon \frac{V^2}{t^2} \tag{9.130}$$

当阱被充满并且电流急剧上升时,电压 V_{TFL} 可以确定俘获密度 N_t,有:

$$V_{TFL} = 4\pi \times 10^{12} q N_t \frac{t^2}{\varepsilon} \tag{9.131}$$

根据式(9.131),利用 N_t 值也可以计算俘获深度 E_t。但是,如果式(9.128)作为温度的函数,并有可能绘出 $\ln(\theta T^{-3/2})$ -$1/T$ 曲线,则无需考虑式(9.131)就可以直接得到 E_t 和 N_t。

为了解释上述半绝缘材料中的现象,现在讨论图 9.22 所示四种 $\log I$(即 $\log J$)-$\log V$ 曲线[99]。图 9.22a 所示为 $I \propto V^2$ 的理想绝缘体,可表示空间电荷限电流。换句话说,没有杂质-带或者带间传输而产生的热生载流子,传导仅在传导带内注入载流子。如图 9.22b 所示,是在无阱绝缘体内传导,有热生自由载流子 n_0,当注入载流子密度 n_{inj} 超过 n_0($n_{inj} > n_0$)时,便表现出理想绝缘体特性($I \propto V^2$)。浅阱在较低电压时呈现 $I \propto V^2$ 规律,继而突然转换到理想绝缘体平方律形式,如图 9.22c 所示。突然转换对应着一个施加电压 V_{TFL},该电压能够填充一组初始没被占据的离散阱。如图 9.22d 所示,当 n_{inj} 变得可以与 n_0 相比拟时,具有深阱材料的情况,出现这种现象时的电压是 V_{TFL}。所以,若 $V < V_{TFL}$,出现欧姆条件;$V > V_{TFL}$,SCL 电流是主要的。

9.2.3 响应时间

宽带光敏二极管可应用于直接探测和外差探测。由于高频光敏二极管适用于 10.6μm(包括 CO_2 激光器外差探测)雷达系统和光纤通信系统,所以,人们对此非常感兴趣。

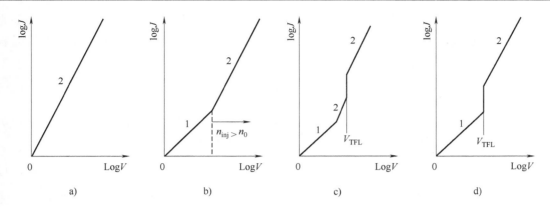

图 9.22 电流与电压对数关系示意图
a) 理想绝缘体 b) 具有热生自由载流子的俘获绝缘体 c) 具有浅陷阱和热生自由载流子的绝缘体
d) 具有深陷阱和热生自由载流子的绝缘体

(资料源自:Edmond,J. A. ,Das,K. ,and Davis,R. F. ,Journal of Applied Physics,63,922-29,1988)

可以通过三种基本作用确定光敏二极管的以下几个高频响应:载流子扩散至结耗尽层的时间 τ_d、载流子穿过耗尽层的传播时间 τ_s 以及与电路参数相关的 RC 时间常数,包括结电容 C 和二极管电阻与外部负载的并联电阻(不考虑串联电阻)。

主导这三种效应的光敏二极管参数是吸收系数 α、耗尽层宽度 w_{dep}、光敏二极管结和包覆层电容 C_d、放大器电容 C_a、探测器负载电阻 R_L、放大器输入电阻 R_a 和光敏二极管串联电阻 R_s(见图 9.15)。

一般地,快速响应光敏二极管的结构设计能使辐射吸收出现在 p 类区域,从而保证比空穴更活跃的电子(无论通过扩散还是漂移)能携带大部分光电流。索耶(Sawyer)和瑞蒂克(Rediker)已经计算出背部照明二极管中扩散过程的频率响应,是二极管厚度、扩散常数、吸收深度、少数载流子寿命和表面复合速度的函数[100]。假设,扩散长度大于二极管厚度和吸收深度,则响应下降 $1/\sqrt{2}$ 的截止频率为[20,101]

$$f_{diff} = \frac{2.43D}{2\pi t^2} \quad (9.132)$$

式中,D 为扩散常数;t 为二极管厚度。

耗尽层传输时间为

$$\tau_t = \frac{w_{dep}}{v_s} \quad (9.133)$$

式中,w_{dep} 为耗尽层宽度;v_s 为结场中载流子饱和漂移速度,其值约为 $10^7 cm/s$。加特纳(Gartner)已经推导出传输时间限二极管的频率响应[102]。正确地设计光敏二极管,使耗尽层足够靠近表面,实际上可以消除滞后源。对于下面的典型参数值:$\mu_e = 10^4 cm^2/(Vs)$,$v_s = 10^7 cm/s$,$\alpha = 5 \times 10^3 cm^{-1}$ 和 $w_{dep} = 1\mu m$,传输时间以及扩散时间约为 $10^{-11}s$。

与高电场区漂移的载流子相比,扩散过程一般是较慢的。为了得到高速响应光敏二极管,应在耗尽层或靠近耗尽层处生成光生载流子,从而使扩散时间小于或等于载流子漂移时间。

当采用阶梯式输入光照射探测器时,通过研究光敏二极管响应时间就能够观察到长扩散时间的影响(见图 9.23)[103]。对于全消耗光敏二极管,当 $w_{dep} \gg 1/\alpha$ 时,上升和下降时间一般是一样的,光敏二极管的升、降时间与输入脉冲吻合得相当好(见图9.23b)。如果光敏二极管的电容较大,则响应时间受限于负载电阻 R_L 的 RC 时间常数和光敏二极管电容(见图9.23c),即

$$\tau_{RC} = \frac{AR_T}{2}\left(\frac{q\varepsilon_0\varepsilon_s N}{V}\right)^{1/2} \quad (9.134)$$

式中,$R_T = R_d (R_s + R_L) / (R_s + R_d + R_L)$。其中,$R_s$、$R_d$ 和 R_L 分别为串联、二极管和负载电阻。探测器性能粗略地类似一个简单的 RC 低通滤波器,其带通为

$$\Delta f = \frac{1}{2\pi R_T C_T} \quad (9.135)$$

一般情况下,R_T 为负载和放大器电阻的组合;C_T 为光电二极管和放大器电容之和(见图9.15)。

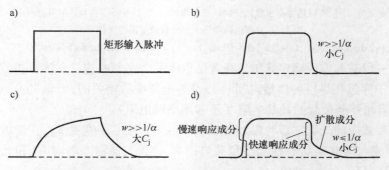

图9.23 不同探测器参数下光敏二极管的脉冲响应。
(资料源自:Kreiser, G., Optical Fiber Communications, McGrawi-Hill Book Co., Boston, 2000)

通过减小与结临近的多数载流子浓度、借助反向偏压增大 V、减小结的面积以及降低二极管电阻或负载电阻值,可以减小 RC 时间常数。除应用反向偏压,所有这些变化都将降低探测率。显然,在响应时间和探测率之间需要进行折中。

如果耗尽层太窄,那么,在 n 区和 p 区产生的电子-空穴对在汇聚之前必须扩散返回到耗尽层。因此,具有很薄消耗层的器件容易表现出不同快慢的响应成分,如图9.23d 所示。快速响应成分是由于耗尽层中产生的载流子,而慢速响应成分源自扩散载流子。

一般地,在高频率响应与高量子效率之间需要做出合理妥协,通常吸收层厚度在 $1/\alpha$ 和 $2/\alpha$ 之间。

9.3 p-i-n 光敏二极管

p-i-n 光敏二极管是替代简单 p-n 光敏二极管的最常用方案,尤其是应用在超快速光电探测技术的光通信、测量和抽样系统中。在 p-i-n 光敏二极管中,一个不掺杂的 i 区(p^- 或者 n^-,取决于结的形成方法)夹持在 p^+ 区和 n^+ 区中间。图9.24 示意性地给出了 p-i-n 光敏二极管的结构、反向偏压下的能带图以及光吸收特性。由于 i 区中自由电子密度非常低以及高电阻率,因此施加的偏压全加在 i 区,从而获得零偏压或者非常低的反向偏压。一般地,对于本征区约为 $10^{14} \sim 10^{15} cm^{-3}$ 掺杂浓度的,$5 \sim 10V$ 偏压足以用来耗尽几微米的厚度,电子速度也能够达到饱和值。

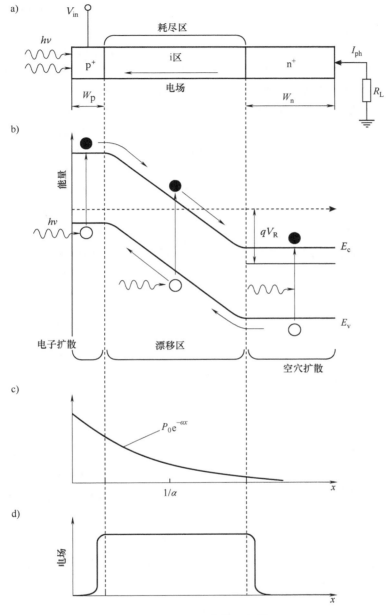

图 9.24　p-i-n 光敏二极管

a) 结构　b) 能带图　c) 载流子生成特性　d) 电场分布

　　p-i-n 光敏二极管有一个"受控"耗尽层宽度，为满足光电响应和带宽要求，可以对该宽度进行调整。在响应速度和量子效率之间必须进行折中，对高响应速度，耗尽层宽度应当小；但对于高量子效率（或响应度），宽度应当大。已经有人提议，采用外部微型谐振腔方法来提高该情况下的量子效率[104,105]。在这种方法中，吸收层放置在腔内，从而使很小的探测体积也可以吸收大部分光子。

　　p-i-n 光敏二极管的响应速度最终受限于传输时间或电路参数。载流子通过 i 层的传输时间取决于其宽度及载流子的速度。通常，即使在中等偏压下，载流子也是以饱和速度通过 i

层，减小 i 层厚度可以缩短传输时间。将结设计得非常靠近照明表面能够降低 i 层外所产生的载流子造成的扩散效应。

p-i-n 光敏二极管的传输时间比 p-n 结光敏二极管短，即使其耗尽层比 p-n 光敏二极管宽，但由于载流子几乎是以饱和速度传输的，所以实际上对应的是载流子用在耗尽区的所有时间（在 p-n 结的 p-n 界面处的电场达到峰值，然后快速减小）。对于厚度小于一个扩散长度的 p 层和 n 层，仅对扩散的响应时间典型值是，p 类硅是 $1ns/\mu m$，p 类Ⅲ-V 材料约为 $100ps/\mu m$。因为空穴的迁移率较低，所以 n 类Ⅲ-V 族材料的对应值是每微米几纳秒。

通常使用两种类型的 p-i-n 光敏二极管：前侧照射和后侧照射（见图 9.25）。从实际应用出发，在顶部触点刻蚀一个窗孔或在基板上刻蚀一个孔，从而得到光激励。后一种方法可以将二极管的工作区减少到入射光束孔径的尺寸。采用一种钝化材料，如聚酰亚胺，覆盖台面结构侧壁（sidewalls）。如果光束从侧面入射，平行于图 9.25d 所示的结，就可以实现量子效率和响应之间的妥协。另外，也可以令光束以某种角度入射，在器件内会造成多次反射，从而大幅度增加有效吸收和量子效率。常利用这种方法将探测器与单模光纤相耦合。

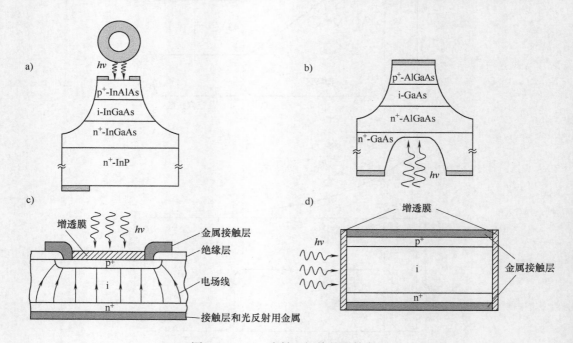

图 9.25 p-i-n 光敏二极管的器件布局
a) 前侧照射台面结构 b) 后侧照射台面结构 c) 前侧照射平面结构 d) 平行照射平面结构

对于适合光通信的 $1.0 \sim 1.55\mu m$ 波长范围，锗和少数几种Ⅲ-V 复合半导体合金可以作为 p-i-n 光敏二极管材料，主要原因是它们具有大的吸收系数（见图 3.8）。p-i-n 光敏二极管的响应度与近红外光谱波长的典型函数关系如图 9.26 所示[103]。硅材料在 900nm 波长的响应度值 0.65A/W，锗在 $1.3\mu m$ 波长的响应度是 0.45A/W。对 InGaAs，在波长 $1.3\mu m$ 的响应度是 0.9A/W，而在波长 $1.55\mu m$ 的响应度是 1.0A/W。目前，Ⅲ-V 族半导体在很大程度上已经替代锗作为光纤光学可兼容探测器的材料。由于带隙小，锗光敏二极管的暗电流使信噪比下降，此外，锗光敏二极管的钝化技术也不能令人满意。表 9.3 列出了对不同供应商提供的 p-i-n 光敏二极管性能做了比较。

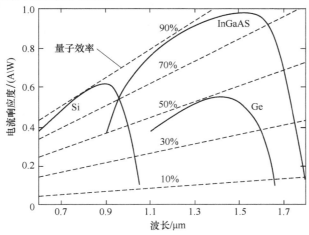

图 9.26　电流响应度和量子效率的比较,两者均是近红外 p-i-n 光敏二极管波长的函数
（资料源自：Kreiser, G., Optical Fiber Communications, McGraw-Hill Book Co., Boston, 2000）

表 9.3　硅、锗和砷镓铟（InGaAs）p-i-n 光敏二极管的特性比较

参　　数	Si	Ge	InGaAs
波长范围/nm	400~1100	800~1650	1100~1700
峰值波长/nm	900	1550	1550
电流响应度/(A/W)	0.4~0.6	0.4~0.5	0.75~0.95
量子效率(%)	65~90	50~55	60~70
暗电流/nA	1~10	50~500	0.5~2.0
上升时间/ns	0.5~1	0.1~0.5	0.05~0.5
带宽/GHz	0.3~0.7	0.5~3	1~2
偏压/-V	5	5~10	5
电容/pF	1.2~3	2~5	0.5~2

p-i-n 光敏二极管的主要噪声源是 g-r 噪声,由于反向偏压结中暗电流非常小,所以要比约翰逊噪声大。

9.4　雪崩光敏二极管

当半导体中的电场高于某一定值,载流子获得了足够能量（大于带隙）,所以,通过碰撞电离化可以激励电子-空穴对。雪崩光敏二极管（Avalanche Photodiode, APD）的工作原理是,将探测到的每一个光子转换为级联移动载流子对[80,106-112]。该器件是一种结电场很大的强反向偏压光敏二极管,所以电荷载流子被加速,获得足够能量,并通过碰撞激励新的载流子。

对于最佳设计的光敏二极管,雪崩光敏二极管的几何外形应当能够使光子吸收达到最大（例如,假设为 p-i-n 的结构形式）,倍增区应当薄以便使强电场产生局部非受控雪崩（不稳定性或微等离子体）的可能性降至最低。倍增区较薄可以使电场有较好的均匀性。这两个相互矛盾的条件要求设计师将吸收区和倍增区分离。例如,图 9.27 所示为一种可以实现该设计需求的 p^+-π-p-n^+ 雪崩光敏二极管贯通结构。电子漂移通过 π 区域进入薄 p-n^+ 结,在这里它们要经受造成雪崩效应的强电场。施加在器件上的反向偏压足够大,以致耗尽层贯通 p 和 π 区,进入 p^+ 触点层。

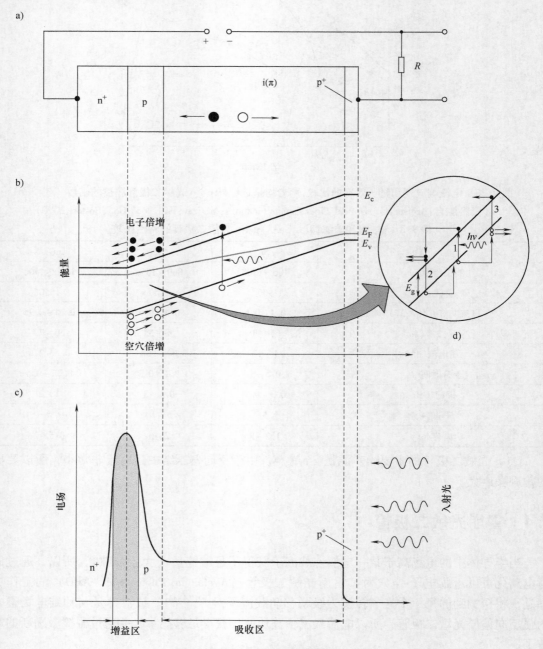

图 9.27 雪崩光敏二极管
a) 结构 b) 能带图 c) 电场分布 d) 倍增过程的示意性表示

雪崩倍增过程如图 9.27d 所示。在点 1 被吸收的光子创立了一个电子-空穴对,电子在强电场作用下被加速。由于与晶格随机碰撞,电子会损失了获得的部分能量,加速过程经常中断。这些竞争过程使电子达到一个平均饱和速度。一旦与原子发生碰撞,电子就会获得足以打破晶格键的运动能量,创建第2个电子-空穴对,该现象称为碰撞电离化(在点2)。新形成的电子和空穴都从电场获得了运动能量,并再创立另外的电子-空穴对(在点3),依次持续此过程,创立其它的电子-空穴对。载流子从电场获得能量并发生碰撞电离化的微观方式取决于半导体带结构及其本身确定的散射环境(主要是光学声子)。卡帕索(Capasso)对低电场下半导体碰撞电离化理论有过很好地论述[107]。

用电离化系数 α_e 和 α_h 表示电子和空穴碰撞电离化的能力,这些量代表单位长度电离化概率。电离化系数随耗尽层电场增大而增大,随器件温度升高而减小。

图9.28 所示的曲线是几种重要雪崩光敏二极管半导体材料的 α_e 和 α_h 与电场强度的函数[113]。如图所示,从几 $10^5 V/cm$ 开始,随着电场强度小量增大使电离化系数突然增大;而对于电场强度 $<10^5 V/cm$,所有复合半导体材料的电离化都可以忽略不计。对某些半导体材料(Si、GaAsSb、InGaAs,这些材料 $\alpha_e > \alpha_h$),电子比空穴更有效的电离化;而对另一些半导体材料,情况恰恰相反(Ge、GaAs,其 $\alpha_e < \alpha_h$)。

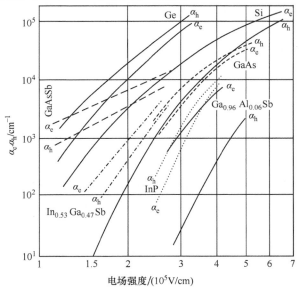

图9.28 雪崩光敏二极管使用的某些半导体材料电子和空穴的电离化系数
(α_e, α_h)与电场强度的函数关系

(资料源自:Donati, S., Photodetectors, Devices, Circuits, and Applications, Prentice Hall, New York, 2000)

电离化系数随施加电场的增大而增大,随器件温度升高而减小。前者是因为增大了载流子速度,而后者是由于与热激励原子非电离碰撞增多。若温度一定,则电离化系数与电场强度呈指数形式变化,并以下面形式表示:

$$\alpha = a \exp\left(-\left[\frac{b}{E}\right]^c\right) \tag{9.136}$$

式中,a、b、c 为试验确定的常数;E 为电场强度。

一个表示雪崩光敏二极管性能的重要参数是电离化率 $k = \alpha_h / \alpha_e$。当空穴未被明显电离

化时（即 $\alpha_h \ll \alpha_e$，$k \ll 1$），是由电子来实现大部分的电离化的。因此，图 9.27d 所示的持续雪崩过程主要从右侧到左侧（从 p 侧到 n 侧），稍后，当所有电子都到达耗尽层 n 侧时该过程终止。如果电子和空穴两者都明显发生电离化（$k \approx 1$），那么，移向右侧的空穴会生成移向左侧的电子，依次又进一步生成移向右侧的空穴，处于一种无休止的循环之中。尽管这种反馈过程提高了器件增益（即电路中每个光生载流子对产生的总电荷），但由于下面原因是不可取的：耗时长，减小了器件带宽；随机，增大了器件的噪声；不稳定，造成雪崩击穿。综上所述，希望采用只允许一类载流子（电子或者空穴）碰撞电离化的材料来制造雪崩光敏二极管。例如，如果电子具有较高的电离化系数，则通过在耗尽层 p 端注入光生载流子对的电子，并利用 k 值尽可能低的材料就可以得到最佳性能。如果注入空穴，就应当在耗尽层 n 端注入光生载流子对的空穴，并采用 k 值尽可能大的材料。当 $k = 0$ 或者 ∞，就可以得到单载流子倍增的理想情况。

麦金太尔（McIntyre）阐述了雪崩光敏二极管产生雪崩噪声的综合理论[114,115]，用下面公式可以表示雪崩光敏二极管的单位带宽噪声：

$$<I_n^2> = 2qI_{ph}<M>^2 F \qquad (9.137)$$

式中，I_{ph} 为未倍增光电流（信号）；$<M>$ 为平均雪崩增益；F 为与 M 有关的过量噪声系数，是由电离化过程的随机性引起的。

麦金太尔（McIntyre）指出：

$$F_e(M_e) = k<M_e> + (1-k)\left(2 - \frac{1}{<M_e>}\right) \qquad (9.138)$$

对空穴主导倍增的情况有：

$$F_h(M_h) = \frac{1}{k}<M_h> + \left(1 - \frac{1}{k}\right)\left(2 - \frac{1}{<M_h>}\right) \qquad (9.139)$$

对于没有增益的 p-n 和 p-i-n 反向偏压光敏二极管，$<M> = 1$，$F = 1$，并利用众所周知的散粒噪声公式描述器件的噪声性能。在雪崩过程中，如果每个注入的光生载流子都有相同的增益 M，那么应当是 1。由此产生的噪声功率应是随机到达信号光子具有的输入散粒噪声乘以增益的二次方。然而雪崩过程本质上是符合统计规律的，因此，单个载流子一般具有不同的雪崩增益，一般用一种平均分布 $<M>$ 表示其特性。这就额外形成一种称为雪崩多余噪声的噪声，通常用式(9.137)中的因数 F 表示。如上所述，为了得到低 F 值，不仅使 α_e 和 α_h 尽可能不同，还必须利用具有高电离化系数的载流子来启动雪崩过程。根据麦金太尔（McIntyre）理论，当电离化比增大到 5 时，利用大于 10 的因数可以改善雪崩光敏二极管的噪声性能。大部分Ⅲ-Ⅴ族半导体有 $0.4 \leqslant k \leqslant 2$。

由于电子和空穴的电离化率对温度的依赖关系，所以增益机理对温度是很敏感的。

式(9.138)和式(9.139)是在电场作用下电离化系数处于局部平衡条件下推导出的，因此，需要规定"局部电场"（Local Field）模型。在大部分半导体材料中，这种局部近似为厚雪崩区（$>1\mu m$）提供一种精确预测多余噪声因数的方法。由式(9.138)可以看出，当为电子启动倍增选择的 k 值取最小值时有最低的多余噪声，如图 9.29 所示。然而，已经知道，碰撞电离化是非局部现象，注入到高电场中的载流子是"冷"（cool）的，并需要一定距离以获得足够的能量实现电离化[116]。未发生碰撞电离化的距离称为电子（或空穴）的"绝对空间"（Dead Space），用 $d_{e(h)}$ 表示。如果倍增区域较厚，绝对空间可以忽略不计，局部场模型就能精确描

第9章 光子探测器理论

述雪崩光敏二极管特性。图9.30描述了电子电离化路程长度概率分布函数（PDF）$h_e(x)$，包括局部模型和严格（Hard）绝对空间模型[116]。由E_{th}/qE近似给出电子和空穴的d值。其中，E_{th}是电离化的阈值能量，取决于半导体带结构和电场强度E。由于绝对空间的概率分布函数要远比局部模型窄，所以，绝对空间效应会很显著，也会大大降低多余噪声。结果是，即使$k\approx 1$，也能得到低多余噪声雪崩光敏二极管[117-119]。

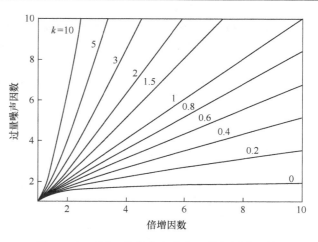

图9.29 不同k值的多余噪声因数与倍增因数

减小雪崩区域长度会有意想不到的另外的益处，即提高速度。根据雪崩形成和衰减所需时间得到光敏二极管增益带宽积。增益越高，相关时间常数越大，带宽就越窄。然而，埃蒙斯（Emmons）指出，当α_e或$\alpha_h=0$时，可以消除带宽限制[120]。对于非零的电离化系数，电子启动平均增益对频率的依赖关系近似为

$$M(\omega) = \frac{M_0}{\sqrt{1+(\omega M_0 k\tau)^2}} \quad (9.140)$$

式中，M_0为DC增益；τ近似为载流子通过倍增层的时间（因数约在2之内）。

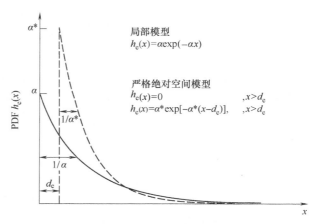

图9.30 局部模型和绝对空间模型电离化路程距离概率分布函数

（资料源自：David, J. P. R., and Tan, C. H., Journal of Selected Topics in Quantum Electronics 14, 998-1009, 2008）

设计雪崩光敏二极管时最重要的两个目的是降低暗电流和增大器件的响应速度。为了获得最佳性能，必须在结构和材料方面满足以下要求：首先，最重要的是在整个二极管光敏区保证均匀的载流子倍增；其次，器件中发生雪崩效应的材料必须没有缺陷，要非常细心地进行加工。一个重要问题是结边缘处有过量的漏电流。对硅雪崩光敏二极管，通常用于缓解该问题的技术是加入一个护环，在二极管周围由于选择性区域扩散而形成n-p结。为使雪崩光敏二极管工作稳定，要求非常仔细地控制探测器偏压。对常用的硅雪崩光敏二极管结构进行优化以满足特定的样式需求[121]。

根据应用来选择雪崩光敏二极管的材料。最广泛的应用是激光测距、高速接收器和单光子计数。Si雪崩光敏二极管应用于400~1100nm波长范围；Ge雪崩光敏二极管的是800~1650nm（原文错印为1550nm。——译者注）的波长范围；InGaAs雪崩光敏二极管的波长范围是900~1700nm。应用于光纤通信的InGaAs的要比Ge的昂贵，但能够提供较低的噪声和

较高的频率响应（工作面积一定）。建议，Ge 雪崩光敏二极管应用在放大器噪声较大或成本是主要考虑因素的情况中。表 9.4 列出了 Si、Ge 和 InGaAs 雪崩光敏二极管的参数，可以作为比较指南。

表 9.4　Si、Ge 和 InGaAs 雪崩光敏二极管性能汇总表

参　数	Si	Ge	InGaAs
波长范围/nm	400～1100	800～1650	1100～1700
峰值波长/nm	830	1300	1550
电流响应度/（A/W）	50～120	2.5～25	—
量子效率（%）	77	55～75	60～70
雪崩增益	20～400	50～200	10～40
暗电流/nA	0.1～1	50～500	10～50（$M=10$）
上升时间/ns	0.1～2	0.5～0.8	0.1～0.5
增益×带宽/GHz	100～400	2～10	20～250
偏压/V	150～400	20～40	20～30
电容/pF	1.3～2	2～5	0.1～0.5

最近，有关雪崩光敏二极管的许多研究都集中于新型结构和替代材料的研发，保持光学增益不变而得到更低噪声和更高的响应速度[112,118]。例如，采用含有 InGaAs 吸收区的亚微米 InAlAs 或者 InP 雪崩区，由于绝对空间效应，可以实现低多余噪声。InAlAs 和 InP 两种材料的晶格都与 InGaAs 相匹配。已经发现，在低电场条件下，其 α_e/α_h 要比 InP 的大得多。一定增益下，由于前者具有大的 α_e/α_h 和后者具有良好的绝对空间效应，所以，InAlAs 中的多余噪声因数远比 InP 的低。

应当注意，雪崩光敏二极管也可以通过下面方式，在电压高于无限大增益电压下施加偏压：单光子的到达使雪崩击穿突然发生，因而形成对后续光子有重大影响的大脉冲电流，通过被动或主动方式可以实现上述目的。这种工作方式称为计数模式，利用该模式工作的器件称为单光子雪崩探测器（Single Photon Avalanche Detector, SPAD），在科瓦（Cova）及其同事完成了开创性研究工作之后[122]，也称为盖格尔（Geiger）模式雪崩探测器。单光子雪崩探测器有可能非常灵敏，相当于光倍增管的灵敏度。然而，也必须注意到，一旦启动无限增益下的雪崩效应，最终就可以在脉冲持续期间探测到后续入射的光子，而且电路的恢复时间可以忽略。从这个观点出发，单光子雪崩探测器更类似盖格尔计数器，而不是光倍增管。

9.5　肖特基势垒光敏二极管

肖特基（Schottky）势垒光敏二极管已经得到相当多的研究，并在紫外、可见光和红外探测器领域得到应用[123-132]。这些器件展现出 p-n 结光敏二极管不具有的优点：制造简单、没有高温扩散过程和高速响应。

9.5.1　肖特基-莫特理论及其修正

根据简单的肖特基-莫特（Schottky-Mott）模型，金属-半导体接触区具有的整流特性源自金属和半导体之间存在静电载流子，原因是金属和半导体的功函数 ϕ_m 和 ϕ_s 不同。例如，若金属与 n 类半导体接触，ϕ_m 比 ϕ_s 大；而与 p 类半导体接触，ϕ_m 应比 ϕ_s 小。如图 9.31a

和 9.31b 所示，两种情况中的势垒高度分别为

$$\phi_{bn} = \phi_m - \chi_s \tag{9.141}$$

和

$$\phi_{bp} = \chi_s + E_g - \phi_m \tag{9.142}$$

式中，χ_s 为半导体的电子亲和性。半导体内与界面间的势垒也称为带弯曲，在上述两种情况下可以表示为

$$\psi_s = \phi_m - \phi_s \tag{9.143}$$

如果 $\phi_b > E_g$，与表面相邻的 p 类半导体层的类型会被翻转，材料内就有了 p-n 结。然而，实际上，内置载流子并不遵从与 ϕ_m 如此简单的关系，而是由于表面状态或者金属感应能隙态，和/或金属与半导体原子界面的化学反应造成不同的界面状态，而被大量减少。

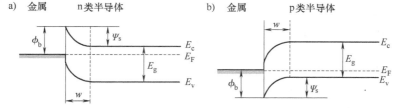

图 9.31　肖特基势垒结的平衡能带图
a) 金属-（n 类）半导体　b) 金属-（p 类）半导体

在相关文献中，ϕ_m 的实验数据有很多和相当大的变化[128,130]。其分析给出了一个表明类型关系的经验公式：

$$\phi_b = \gamma_1 \phi_m + \gamma_2 \tag{9.144}$$

式中，γ_1 和 γ_2 为半导体的特征常数。根据这种经验关系可以审视两种极限情况：$\gamma_1 = 0$ 和 $\gamma_1 = 1$，分别代表着巴丁（Bardeen）势垒（局部表面态的影响起决定性作用）和理想肖特基（Schottky）势垒的特性。不同的研究人员指出，可以利用斜率参数 $\gamma_1 = \partial \phi_b / \partial \phi_m$ 表述某种半导体费米级稳定或牢固程度，并利用参数 γ_1 和 γ_2 预估了界面态密度。

考利（Cowley）和施敏（S. M. Sze）根据巴丁（Bardeen）模型指出，n 类半导体中势垒高度近似为[133]

$$\phi_{bn} = \gamma(\phi_m - \chi_s) + (1 - \gamma)(E_g - \phi_0) - \Delta\phi \tag{9.145}$$

式中，$\gamma = \varepsilon_i / (\varepsilon_i + q\delta D_s)$；$\phi_0$ 为从价带顶端测量的界面态中性级的位置；$\Delta\phi$ 为由于位错力（或像力，image forces）造成势垒降低的差值；δ 为界面层厚度；ε_i 为其总介电常数。假设表面态能量在带隙内呈均匀分布，单位面积电子伏特的密度是 D_s。如果没有表面态，$D_s = 0$，$\Delta\phi$ 忽略不计，则式（9.145）简化为式（9.141）。若态密度很高，则 γ 变得很小，ϕ_{bn} 接近 $E_g - \phi_0$，原因是费米级偏离中性能级很小量就会造成大的偶极矩，一种负反馈效应使势垒高度稳定，费米级被表面态相对固定在带缘处。

对 p 类半导体进行类似的分析表明，ϕ_{bp} 近似等于：

$$\phi_{bp} = \gamma(E_g - \phi_m + \chi_s) + (1 - \gamma)\phi_0 \tag{9.146}$$

因此，如果 ϕ_{bn} 和 ϕ_{bp} 代表相同半导体 n-类和 p-类样本上相同的金属，则应有：

$$\phi_{bn} + \phi_{bp} \cong E_g \tag{9.147}$$

若在两种情况中都以相同方式处理半导体表面，那么 δ、ε_i、D_s 和 ϕ_0 是一样的。实际中，

该关系保持得相当好，通常，下列条件也成立：$\phi_{bn} > E_g/2$ 和 $\phi_{bn} > \phi_{bp}$。

9.5.2 电流传输过程

p-n 结中的电流传输主要是少数载流子的作用，而金属-半导体接触部分中的电流传输是多数载流子起主导作用。如图 9.32 所示，在正向偏压条件下，电流可以用各种方式传输，四种传输过程[129]如下：

1. 电子穿越势垒上端从半导体发射到金属中。
2. 量子机械隧穿通过势垒。
3. 在空间电荷区复合。
4. 在中性区复合（等效于从金属向半导体注入空穴）。

反向偏压下则出现相反的过程。此外，接触周边的高电场会产生边缘漏电流，或者由于金属-半导体界面陷阱造成界面电流。许多理论，包括扩散[134,135]、热电子发射[136]和统一热电子发射-扩散[133]都阐述过电子穿越势垒的传输过程。现已得到广泛承认的是，对于杂质浓度具有实际意义的高迁移率半导体，热电子发射理论似乎可以定性地解释实验中观察到的电流-电压（I-V）特性。[137]有些

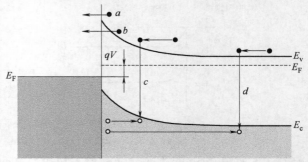

图 9.32 n 类半导体正向偏压肖特基势垒中四种基本的传输过程
（资料源自：Rhoderick, E. R., "Metal-Semiconductor Contacts," IEE Proceedings 129, 1-14, 1982）

研究者[138-140]在简单的热电子理论文章中也涉及了量子效应（即量子机械反射和载流子隧穿通过势垒），并准备对电流-电压关系给出改进后的解析表达式。然而，基本上得到的结果都是将导致势垒高度降低和顶部变圆。

假设势垒高度远大于 kT，发射面处于热平衡状态，并且，即使有净电流也不会影响这种热平衡。根据上述假设可以推导出贝特（Bethe）提出的热电子发射理论[136]。势垒斜率的贝特准则是，在等于散射长度的范围内势垒一定减少得比 kT 大，由此产生的电流仅取决于势垒高度而与宽度无关，饱和电流与施加偏压无关。由半导体穿越势垒进入金属的多数载流子密度为

$$J_{MSt} = J_{st}\left[\exp\left(\frac{qV}{\beta kT}\right) - 1\right] \tag{9.148}$$

式中，饱和电流密度为

$$J_{st} = A^* T^2 \exp\left(-\frac{\phi_b}{kT}\right) \tag{9.149}$$

式中，$A^* = 4\pi q k^2 m^*/h^3$ 等于 $120(m^*/m)\mathrm{Acm^{-2}K^{-2}}$，为理查森（Richardson）常数；$m^*$ 为有效电子质量；β 为约等于 1 的经验常数。式（9.148）类似 p-n 结的传输公式，但饱和电流密度表达式完全不同。

看来，适合于低迁移率半导体的扩散理论、扩散的电流密度表达式和热电子发射理论，基本上是很类似的。然而，扩散理论的饱和电流密度为

$$J_{sd} = \frac{q^2 D_e N_c}{kT}\left[\frac{q(V_{bt}-V)2N_d}{\varepsilon_0\varepsilon_s}\right] \tag{9.150}$$

它随电压比较快地变化,但与热电子发射理论的饱和电流密度 J_{st} 相比,对温度不太敏感。克罗韦尔(Crowell)和施敏(Sze)建议将上述的热电子发射和扩散法进行了综合[137]。他们假设,贝特(Bethe)准则(平均自由路程应大于势垒从极值下降 kT/q 所经历的距离)对热电子发射理论成立,考虑到势垒顶部和金属间区域内光子散射效应以及具有足够能量超越势垒的电子产生的量子机械反射,其综合效应是以 $A^{**}=f_p f_q qA^*$ 代替理查森常数 A^*。其中,f_p 为光子未散射条件下电子经势垒顶部到达金属的概率;f_q 是平均传输系数。f_p 和 f_q 取决于势垒中最大电场、温度和有效质量。一般地,乘积 $f_p f_q$ 是 0.5 数量级。

参考图 9.31 所示的能带图,在光子能量较小位置,如 $q\phi_b<h\nu<E_g$,金属中受光激励的电子可以通过热电子发射穿过势垒,跨越半导体而汇聚到接触点。该过程将二极管的光谱响应扩展到比带隙低的光子能量处。然而,由于热电子发射过程慢,所以不是一种非常理想的工作模式。最有效的工作模式是光子能量大于能隙时的状况 ($h\nu>E_g$)。如果金属层是半透明的,会半导体吸收光子产生电子-空穴对,并以各自的饱和状态沿相反方向运动和汇聚。

由式(9.149)确定 J_{st},再根据下式计算 $R_0 A$:

$$(R_0 A)_{MS} = \left(\frac{dJ_{MSt}}{dV}\right)^{-1}_{|V=0} = \frac{kT}{qJ_{st}} = \frac{k}{qA^*T}\exp\left(\frac{\phi_b}{kT}\right) \tag{9.151}$$

电流响应度可以写作下面形式:

$$R_i = \frac{q\lambda}{hc}\eta \tag{9.152}$$

电压响应度为

$$R_v = \frac{q\lambda}{hc}\eta R \tag{9.153}$$

式中,$R=(dI/dV)^{-1}$ 为光敏二极管的微分电阻。

此时,讨论光电导、p-n 结与肖特基势垒探测器的重要区别是非常必要的。

光电导探测器具有本征光电增益的重要优点,放宽了对低噪声预置放大器的要求。与光电导体相关的 p-n 结探测器的优点包括:低或零偏压电流;有利于与焦平面阵列中读出电路耦合的高阻抗;适合高频工作的电容,以及制造技术与平面处理技术相兼容。与肖特基势垒光敏二极管相比,p-n 结光敏二极管还具有另外一些重要优点。肖特基势垒中的热电发射过程远比扩散过程有效,所以,当内置电压一定时,肖特基二极管中的饱和电流要比 p-n 结高几个数量级,此外,肖特基二极管中的饱和电压比同样的半导体 p-n 结低。然而,p-n 结光敏二极管高频工作能力受限于少数载流子存储问题。肖特基势垒结构决定其是多数载流子器件,具有快速响应和大工作带宽的特性。换句话说,消散前正向压注入的载流子所需的最小时间由复合寿命决定。在肖特基势垒中,若是 n-类半导体,在正向偏压下,是将电子从半导体注入至金属中,由于载流子间碰撞,会极迅速(约 10^{-14}s)热化,与少数载流子复合时间相比,该时间可以忽略不计。有例子表明光敏二极管的带宽超过 100GHz。通常,二极管在反向偏压下工作。

9.5.3 硅化物

半导体器件中使用的大部分接触区都要进行热处理。这样做是经过深思熟虑或者说是不可避免的，其目的为提高金属与半导体的附着力。因为在完成金属沉积后，其它处理工序需要使用高温，这时重要的是避免整流接触区熔化。如果发生此事，界面会变得明显不平，锐利的金属尖峰插入半导体中，在金属尖端处造成高电场区隧穿，而使电特性严重恶化。

如果这种金属可以形成一种定比化合物组成的硅化物，热处理对金属-硅接触区的影响就特别重要。大部分金属，包括所有过渡金属，在经过适当的热处理后都会成为硅化物（见表9.5）。这些硅化物可能是在硅化物熔点约1/3至1/2的温度（开氏温度单位）范围内固态反应的结果[139]。对大量过渡金属硅化物-硅体系的研究表明，ϕ_b 几乎以线性形式随共晶温度减小[140]。绝大多数硅化物具有金属电导率，因此，如果对金属-硅接触区进行热处理而形成金属硅化物，硅化物-硅结就具有类似金属-半导体接触区的性质，也就具有整流功能。此外，由于硅化物-硅界面形成在原硅表面之下一段距离，所以可以避免污染，室温下也非常稳定，还表现出非常好的机械粘附性。以该方式形成的接触区一般都具有稳定的、非常接近于理想状态的电性能[141,142]。硅化物-硅器件的奇异特性可以与硅平面处理技术得到的结果相比拟。

表9.5 硅化物特性

硅化物	电阻率 /($\mu\Omega$ cm)	反应温度 /℃	0.1nm 厚的金属对应的 Si 厚度/nm	0.1nm 厚的金属对应的硅化物厚度/nm
$CoSi_2$	18~25	>550	0.364	0.352
$MoSi_2$	80~250	>600	0.256	0.259
$NiSi_2$	约 50	750	0.365	0.363
Pd_2Si	30~35	>400	0.068	约 0.169
PtSi	28~35	600~800	0.132	0.197
$TaSi_2$	30~45	>600	0.221	0.240
$TiSi_2$	14~18	>700	0.227	0.251
WSi_2	30~70	>600	0.253	0.258

1973年，美国马萨诸塞州汉斯科姆基地（Hanscom AFB）罗马空军研发中心的谢波德（Shepherd）和杨（Yang）提出一种概念，利用硅化物肖特基势垒探测器焦平面阵列作为红外成像碲镉汞（HgCdTe）焦平面阵列重复生产的替代方案[143]。自20世纪70年代对初始概念验证，到研发高分辨率扫描凝视型焦平面阵列，硅化物肖特基势垒焦平面阵列技术有了很大进展，都致力于1~3μm和3~5μm光谱范围红外成像的多种应用研究[144]。PtSi/p-Si探测器非常适用于3~5μm光谱范围。业内感兴趣的其它硅化物是 Pd_2Si 和 IrSi。Pd_2Si 肖特基势垒的截止波长 λ = 3.7μm，与红外透过大气窗口不相匹配。IrSi 肖特基势垒具有较低的势垒能量，截止波长 λ 为 7.3~10.0μm（原书错印为 mm。译者序）[145]。

有关硅化物肖特基势垒探测器和焦平面阵列性质和技术的更多内容，请参考本书第12章。

9.6 金属-半导体-金属光敏二极管

另一种形式的金属-半导体光敏二极管是金属-半导体-金属（Metal-Semiconductor-Metal，

MSM）光敏二极管，如图 9.33 所示[80,110,111]。实际上，除了将金属-半导体和半导体-金属结制造成肖特基势垒而不是欧姆接触外，该结构与图 9.33b 所示的梳状光导体类似。若是平面结构，则 MSM 光敏二极管适合于单片集成，并能够利用类似场效应晶体管制造技术的处理工艺进行加工[146]。

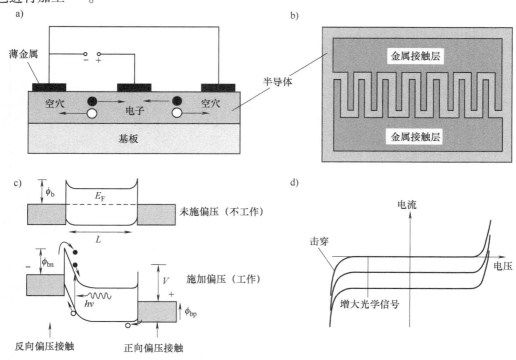

图 9.33　金属-半导体-金属（MSM）光敏二极管
a）截面结构图　b）俯视图　c）未加偏压（未工作）和施以偏压（工作）的能带图　d）电流-电压特性

MSM 光敏二极管实质上就是一对背靠背相连的肖特基势垒二极管。被吸收的光子在半导体中产生电子-空穴对。施加电场作用下，电子向正接触点移动，空穴移向负接触点。MSM 光敏二极管的量子效率取决于金属电极形成的遮蔽。双肖特基势垒提供的暗电流要比单个肖特基二极管低，并且，MSM 光敏二极管的电容比 p-i-n 结光敏二极管的小，从而提高了响应速度。MSM 光敏二极管在偏压下工作，对一个接触点施加正向偏压，而对另一个接触点施加反向偏压。施加和未施加偏压的能带图如图 9.33c 所示。低偏压时，施以反向偏压接触点处的电子注入主导传导机理；若偏压较高，则由施加正向偏压接触点注入的空穴替补该传导。图 9.33d 所示为 MSM 光敏二极管在三种照明方式时的 I-V 特性曲线。反向偏压接触点处的消耗层远比正向偏压接触点附近的消耗层大，但是，当它们相连接时，可以说，该器件实现了"贯通"条件。虽然已经讨论过这些结构的内增益，但尚未理解透彻和实现建模[110]。

例如，图 9.34 给出了含有 WSi_x 接触点的 GaAs MSM 器件的 I-V 特性曲线[147]，暗电流是 1nA 数量级，可以与 p-i-n 光敏二极管相比拟。对于这两种极性，随着偏压升高到贯通电压，电容一直在减小，此后几乎保持不变。响应度随偏压而增大（见图 9.34c），表明即使低偏压值时仍存有内增益，从而排除了雪崩倍增效应。有人建议，由于陷阱或表面缺陷是长期存在的,所以低偏压增益是可行的。传导带最小处的累积电子可以降低传输空穴的势垒。

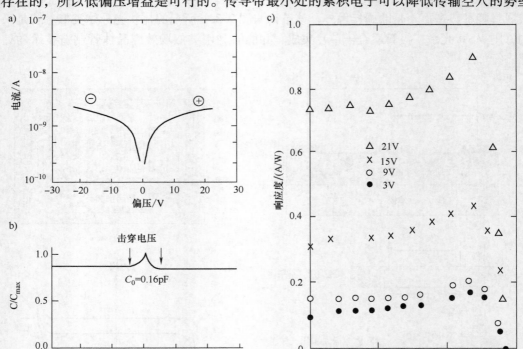

图 9.34 含有钨硅化物接触点的 GaAs MSM 光敏二极管的特性曲线
a) 暗电流特性 b) 电容-电压特性 c) 光谱响应度与偏压的函数关系
(资料源自:Ito,M.,and Wada,O.,IEEE Journal of Quantum Electronics QE-62,1073-77,1986)

9.7 金属-绝缘体-半导体光敏二极管

金属-绝缘体-半导体(Metal-Insulator-Semiconductor,MIS)结构器件是在半导体表面研究中最有用的器件。由于该结构与大部分平面器件和集成电路直接相关,所以得到广泛而深入的研究。20 世纪 70 年代之前,MIS 器件作为红外探测器并没有显示出其重要性。1970 年,博伊尔(Boyle)和史密斯(Smith)发布了一篇电荷耦合原理的论文[148],是关于一种以 MIS 结构内电荷转移为基础的、功能极强的简单概念原理。在红外技术领域,利用电荷转移器件(Charge Transfer Device,CTD)是后续提高热成像质量的关键,许多优秀论文对 MIS 电容器的一般理论都有过阐述[86,149-151]。

本节只讨论使用 n 类基板和 p 通类 MIS 的情况。虽然经过适当变化,本节介绍的都可以扩展应用于 n 通道 MIS 器件。

简单的 MIS 器件由一个金属栅极和一个半导体表面组成,两者间夹有厚度为 t_i、相对介电常数为 ε_i 的绝缘体(见图 9.35)。在金属电极上施以负电压 V_b,则电子受到 I-S 界面的排斥,形成消耗层(见图 9.36)。事实是,形成了少数载流子(空穴)势阱,并通过下式将表面势 Φ_s 与门电压及其它参数联系在一起[152-154]:

$$\Phi_s = V_G - V_{FB} + \frac{qN}{C_i} - \frac{qN_d\varepsilon_0\varepsilon_s}{C_i^2} + \frac{1}{C_i}\left[-2q\varepsilon_0\varepsilon_s N_d\left(V_G - V_{FB} + \frac{qN}{C_i}\right) + \left(\frac{qN_d\varepsilon_0\varepsilon_s}{C_i}\right)^2\right]^{1/2}$$
(9.154)

式中，V_{FB} 为平带电压；$C_i = \varepsilon_0\varepsilon_s/t$ 为单位面积的绝缘体电容；N 为单位面积反转层中移动电子数目；$N_d = n_0$，基板掺杂密度；ε_s 为半导体相对介电常数。由式（9.154）可以看出，表面势 Φ_s 受控于正确选择栅极电压、掺杂密度和绝缘体厚度。

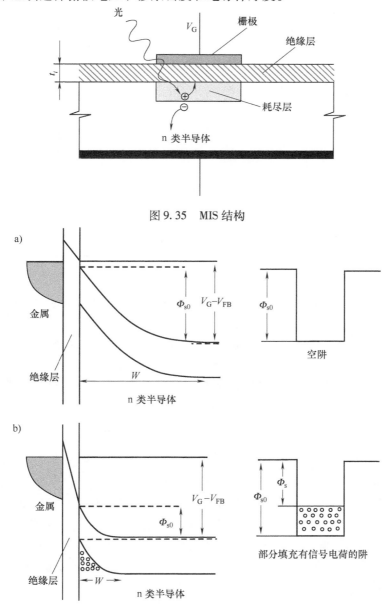

图 9.35 MIS 结构

图 9.36 p 通道 MIS 结构能带图

a) 深耗尽层带弯曲和空势阱表示 b) I-S 界面处带有移动电荷的带弯曲和局部填充的势阱

初始，势阱中没有电荷（式（9.154）中 $N=0$）产生较大的表面势 Φ_{s0}。然而，由于光子吸收、输入扩散的注入、热生成或者隧穿及使载流子汇聚在势阱中,整个绝缘体和半导体上的势将重新分布,如图 9.36b 所示。稳态下,将势阱完全填满,表面势最终值为[80]

$$\Phi_{sf} \approx 2\Phi_F = -\frac{2kT}{q}\ln\left(\frac{n_0}{n_i}\right) = -\frac{kT}{q}\ln\left(\frac{n_0}{p_0}\right) \tag{9.155}$$

式中,Φ_F 为体费米级与本征费米级间的势差。应当注意,在该处表面势开始地强烈反转(见图 9.37[86]),并且,空穴的表面浓度变得比体多数载流子浓度更大。

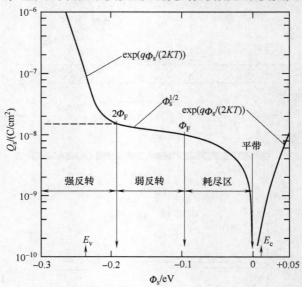

图 9.37　0.25eV p-通道 MIS 碲镉汞空间电荷密度 $Q_s = qN$ 变化与表面势 Φ_s 的函数关系

($N_d = 2 \times 10^{15} \text{cm}^{-3}$, $T = 77\text{K}$)

(资料源自:Kinch,M. A. ,Semiconductors and Semimetals,18,313-78,Academic Press,New York,1981)

MIS 结构的热电流生成机理与前面讨论的 p-n 结(参考本章 9.2 节)相类似。对于 n 类材料[86]有:

$$J = qn_i\left(\frac{n_i L_h}{N_d \tau_h} + \frac{w_d(t)}{\tau} + \frac{1}{2}S\right) + \eta q\Phi_b + J_t \tag{9.156}$$

式中,括号内的项分别代表中性体、耗尽区和界面态中的热生电流。在界面处施加一个"平带"(Flat Zero)电压,可以极大降低界面态生成速度 S。西拉奥斯(Syllaios)和哥伦布(Colombo)[155]已经发现中波红外(MWIR)和长波红外(LWIR)HgCdTe MIS 器件中暗电流与位错密度的密切关系,认为位错起着复合中心的作用,并使寿命缩短,该缺陷限制了 HgCdTe MIS 器件的击穿偏压。式 (9.156) 中的第三项是背景通量产生的电流,背景限起作用的条件是应大于暗电流。第四项表示载流子从价带隧穿通过带隙到达传导带。欣克(Kinch)完成的研究表明[86],对于合理的表面复合速度($s < 10^2 \text{cm/s}$),HgCdTe MIS 器件中占主导作用的暗电流产生于耗尽层中。

利用式 (9.155) 可以计算存储在 MIS 电容中的最大电荷密度。令 $N = N_{max}$,求解式 (9.154),得到:

$$N_{max} = \frac{C_i}{q}(V_G - V_{FB} - 2\Phi_{sf} - V_B) \tag{9.157}$$

式中，$V_B = (4q\varepsilon_0\varepsilon_s\Phi)^{1/2}/C_i$。一般地，$V_{FB}$、$2\Phi_{sf}$ 和 V_B 都比 V_b 小，所以 $N_{max} = C_iV_b/q$。假设 C_i 和 V_b 的类似值达到 Si/SiO$_2$ 结构中的值，则最大存储电荷约等于 10^{12} 个电子/cm^2。实际上，为避免存储电荷扩散开，最大存储能力约取为 $0.5N_{max}$，此间，在 4.5μm 波长处约为 0.4×10^{12} 个电子/cm^2，在 9.5μm 波长处约为 0.15×10^{12} 个电子/cm^2 [20]。

由式(9.157)可知，增大绝缘体电容或栅极电压，或者减少半导体中的掺杂可以提高存储能力，但必须保持半导体中的电场低于击穿电场。一般地，窄带隙半导体的击穿机理是隧穿效应，安德森(Anderson)对 HgCdTe[156]、InSb 和 PbSnTe MIS 器件完成的计算表明，隧穿电流随带隙减小而迅速增大，并且，该电流截止波长大于 10μm 严格限制。与热过程不同，不可能通过冷却使隧穿电流减小。古德温(Goodwin)等人[157]指出，通过生长一个异质结，使最高场出现在宽带隙材料中，可大大降低 HgCdTe 中的隧穿电流。

利用下式可以近似计算未被照明器件的最大存储时间为

$$\tau_c = \frac{Q_{max}}{J_{dark}} = \frac{qN_{max}}{J_{dark}} \tag{9.158}$$

温度 77K 时的典型值从波长 4.5μm 时 100s 变化到波长 10μm 时 100μs[86]。存储时间是电荷转移器件(CTD)工作状态下的重要参数，因为该参数确定最小的工作频率。通过下面途径可以得到长存储时间：减少体生成中心数目和表面态数目及降低温度。隧穿效应会对窄带半导体的存储时间造成严重限制。

理想 MIS 器件($V_{FB} = 0$)的总电容是绝缘体电容 C_i 和半导体耗尽层电容 C_d 的串联组合：

$$C = \frac{C_iC_d}{C_i + C_d} \tag{9.159}$$

式中

$$C_d = \left(\frac{\varepsilon_0\varepsilon_sq^2}{2kT}\right)^{1/2}\frac{n_{no}[\exp(q\Phi_s/kT) - 1] - p_{no}[\exp(-q\Phi_s/kT) - 1]}{\{n_{no}[\exp(q\Phi_s/kT) - q\Phi_s/kT - 1] - p_{no}[\exp(-q\Phi_s/kT) + q\Phi_s/kT - 1]\}^{1/2}} \tag{9.160}$$

理想 p 通道 MIS HgCdTe($E_g = 0.25$eV，$n_0 = 10^{15}$ cm^{-3})器件中 C 与栅极电压 V_b 理论上的变化规律如图 9.38 所示[86]。正栅极电压时，有电子累积，所以，C_d 大；随着电压降至负值，在 I-S 界面附近形成消耗层，总电容减小；电容达到最小值，然后增大，直至在强反转区再次近似等于 C_i 为止。应当注意，负电压区电容增大的程度取决于少数载流子受外部施加 AC 信号驱动的能力。高频下 MIS 的电容-电压测量曲线并没有显示电容在该电压区增大。图 9.38 所示还指出，深消耗层下的电容和产生足够快脉冲的条件，都与 CCD 工作直接相关。

在接收入射光子通量时，较低 Φ_s 值（与热平衡情况相比）就会出现表面反转，对应的耗尽层宽度也将变窄。由式(9.155)给出的 p_0 与 Φ_s 之间的关系为

$$\Delta\Phi_{sf} = \frac{kT}{q}\frac{\Delta p_0}{p_0} \tag{9.161}$$

因此，由于光子通量变化量 Δp_0 会引起相应的变化 $\Delta\Phi_{sf}$。

可以将上述公式重新表示成较熟悉的形式。对受限于扩散电流的 MIS 器件，二极管部

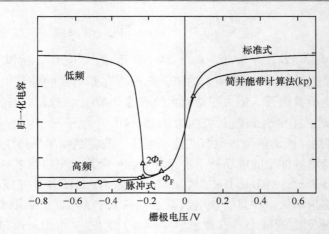

图 9.38 p 通道 MIS HgCdTe 器件在温度 77K、$E_g = 0.25\text{eV}$、$n_d = 10^{15}\text{cm}^{-3}$、
$\Phi_F = 0.092\text{eV}$、$C_i = 2.1 \times 10^{-7}\text{F/cm}^2$ 条件下的电容与栅极电压的关系

(资料源自:Kinch,M. A. ,Semiconductors and Semimetals,313-78,Academic Press,New York,1981)

分的阻抗为（参考本章 9.2.1 节）

$$RA = \frac{kT}{qJ_D} = \frac{kT\tau_h}{q^2 p_0 L_h} \tag{9.162}$$

假设，Δp_0 是由于入射信号光子通量 Φ_s 导致的，则 $\Delta p_0 = \eta \Delta \Phi_s \tau_h / L_h$，代入式（9.161）和式（9.162），得到：

$$\Delta \Phi_{sf} = \eta q \phi_s RA \tag{9.163}$$

因此可见，入射光子通量引起表面势的变化确实就是阻抗 R 的开路光电敏二极管所期望的变化（见式（9.76））。

9.8 非平衡光敏二极管

红外探测器的主要缺点是要求进行制冷以平抑自由载流子产生的热，换句话说，就是降低噪声。埃利奥特（Elliott）和英国的其它科学家[158,159]建议采用一种以非平衡工作模式为基础的新方法来降低探测器对制冷的要求。其概念是，通过将自由载流子浓度降低到其平衡值以下从而抑制俄歇（Auger）效应。例如，可在施以偏压的 l-h 或异质结接触中实现这种方法。上述可行性在 HgCdTe n 类光导体[159,160]和光敏二极管[161]以及 InSb 光敏二极管[162]中已经得到验证。

非平衡器件以准本征窄带隙外延层为基础，该外延层夹持在两个宽带隙层之间，或宽带隙层与非常重掺杂层之间，如 P-π-N、P-π-N$^+$ 和 P-ν-N$^+$。其中，大写字母表示宽带隙，符号 + 表示超过 10^{17}cm^{-3} 的重掺杂，π 是准本征 p，ν 是准本征 n。这些器件包含一个 p-n 结，在反向偏压下提取少数载流子。其它同类结排斥少数载流子以使其无法注入 π 层和 ν 层中。例如，现在讨论图 9.39 所示的 P-π-N 异质结结构，P 区和 N 区对于能量接近或大于 π 区带隙的光子是透明的，所以，两者都可以作为光窗。若在平衡状态，π 区中电子和空穴浓度 n_0 和 p_0 接近于本征值 n_i，如图 9.39c 所示，其典型值是 $10^{16} \sim 10^{17}\text{cm}^{-3}$。

与匀质结相比，即使零偏压，图 9.39 所示的红外探测器的器件结构也具有以下两个重

第 9 章 光子探测器理论

要优点:
- 噪声的生成被限制在敏感区（宽带隙区有很低的热生成率,并将敏感区与接触点载流子生成隔离)。
- 可以选择敏感区的掺杂度和类型,从而使载流子寿命最长并使噪声最小。

然而,在反向偏压下,希望由于下面特性能使探测器性能有较大提高:
- 在 P-π 区和 π-P 区分别出现少数载流子的排斥（exclusion）和吸收（extracting),因此,在敏感区两种类型的载流子都减少（少数电子密度减少几个数量级,而多数空穴浓度降到净掺杂水平),如图 9.39c 所示。
- 由于上述工艺减少了包括俄歇效应在内生成的热,所以,饱和电流 I_s 小于零偏压电阻 R_0 时的值,即 $I_s < kT/qR_0$（见式 (9.83)),并且,预计会出现复传导率区[164]。

按照现阶段器件的制造技术,俄歇抑制非平衡光敏二极管会具有较大的 $1/f$ 噪声,因此,只能在高频条件下才能通过减小漏电流来提高比探测率。而对工作在较高中频的外差系统,并不存在这样的问题。

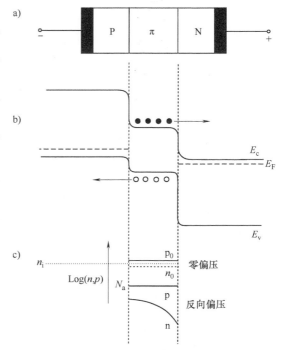

图 9.39　一种吸收型（extracting) P-π-N 异质结结构光敏二极管的示意图
a) 多层结构　b) 反向偏压下的带缘　c) π 区的电流密度
(资料源自:Elliott,C. T. ,"Advanced Heterostructures for $In_{1-x}Al_xSb$ and $Hg_{1-x}Cd_x Te$ Detectors and Emiters," Proceedings of SPIE 2744,452-62,1996)

9.9　nBn 探测器

最近,迈蒙（Maimon）和维克斯（Wicks）提出了一种称为 nBn 探测器的新红外探测器概念[165]。不同的半导体材料都可以制造这类探测器,利用 InAs、InAsSb[165]、和 InAs/GaSb 类-Ⅱ 超晶格材料[166,167]已经验证了其实际应用。

nBn 结构如图 9.40 所示[165],由下面部分组成:n 类窄带隙薄接触层、50～100nm 厚宽带隙层（具有电子载流子,没有空穴载流子）和 n 类窄带隙厚吸收层。高载流子层足够厚,所以,可以忽略不计电子隧穿效应（即 5～100nm 厚,高度超过 1eV)。因此,大的能量偏移使两个接触层之间无法形成多数载流子电流,而对光生少数载流子不存在势垒。实际上,这类器件是作为一种"少数载流子光导体"工作的。

新异质结结构器件的设计和处理工艺表明,nBn 探测器在抑制表面漏电流方面是非常有前途的。例如图 9.41 中的插图表示经过标准处理工艺后的 nBn InSb 结构[165]。使用具有选择性的刻蚀剂（在势垒处停止刻蚀）来刻蚀接触层以此确定探测器,其它层不用刻蚀。将金（Au）接触层沉积在接触层和基板上,并用势垒层覆盖在激活层上,而不需要额外进行

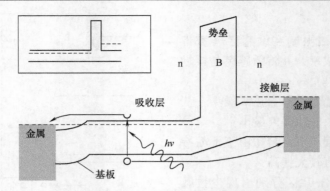

图 9.40 工作条件下施加偏压的 nBn 结构示意图（插图为势垒结中的平带条件）
（资料源自：Maimon, S., and Wicks, G. W., Applied Physics Letters, 89, 151109, 2006）

表面钝化。与未经良好钝化的 InAs-InAsSb-GaSb 材料系光敏二极管相比，这是最主要的优点。

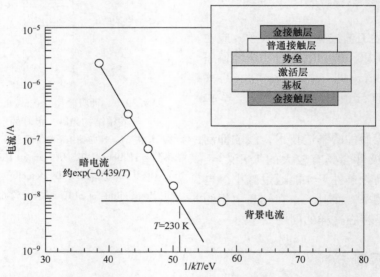

图 9.41 室温背景辐射条件下 2π 球面度范围内 nBn InAs 探测器电流的阿伦尼乌斯（Arrhenius）曲线
（插图为 nBn 器件示意图）

（资料源自：Maimon, S., and Wicks, G. W., Applied Physics Letters, 89, 151109, 2006）

InSb 器件由三种利用分子束外延技术生成的膜层组成：$3\mu m$ 厚 InAs（N_d 约为 $2 \times 10^{16} cm^{-3}$）、100nm 厚 AlAsSb 势垒和 n 类 InAs 接触层（N_d 约为 $1 \times 10^{18} cm^{-3}$）。生长过程是在与 GaAs 相匹配的 InAs 基板上完成。如图 9.41 所示，较高温度时，器件的暗电流具有 0.439eV 的热激活能量，非常接近 InAs 的带隙。当温度低于 230K，器件在背景限红外光探测器（BLIP）条件下工作。其 BLIP 温度至少比商用 InAs 光敏二极管高 100K[165]。大大降低制冷要求和较高室温下具有高性能，是 nBn 探测器具有的好处。

9.10　光电磁、磁致浓差和登伯探测器

除了光电导探测器和光敏二极管，其它三种无结器件也已经应用于非制冷红外光探测

器：光电磁（PEM）探测器、磁致浓差（Magnetoconcentration）探测器和登伯（Dember）效应探测器。这类探测器肯定是非常合适的器件，但仍在生产中并应用于重要领域，包括适用于长波红外辐射的快速非制冷探测器。彼得罗夫斯基（Piotrowski）和罗格尔斯基（Rogalski）曾对这种探测器进行了介绍[38,168]。

9.10.1 光电磁探测器

1934 年，基科因（Kikoin）和诺斯科夫（Noskov）首次利用氧化亚铜（Cu_2O）完成了 PEM 效应的实验[169]。诺华克（Nowak）的论文以专题总结了他对 60 年来全世界广为传播的 PEM 效应的调研结果[170]。长期以来，PEM 效应主要用于中红外和远红外波段的 InSb 室温探测器[171]。然而，截止波长约为 7μm 的非制冷 InSb 器件对 8～14μm 大气窗口没有响应，在 3～5μm 大气窗口内的性能也较一般。$Hg_{1-x}Cd_xTe$ 以及密切相关的 $Hg_{1-x}Zn_xTe$ 和 $Hg_{1-x}Mn_xTe$ 有希望使 PEM 探测器在任何波长范围都有最佳性能[172]。

9.10.1.1 光电磁效应

由于光致载流子整个浓度梯度使光生载流子散射以及磁场作用使电子和空穴轨道在相反方向发生偏折，从而产生光电磁效应（见图 9.42）。如果样片两端在 x 方向是开路，那么，空间电荷聚集起来，沿 x 轴形成电场（开路电压）。若在 x 方向将样片两端短路，就会有电流通过短路（短路电流）。与光电导体和光伏（PV）器件相比，产生 PEM 光电压（或光电流）不仅需要简单的光波振荡，而且要整个形成光生载流子梯度。一般地，由于器件近表面区对辐射吸收而造成非均匀光波振荡，从而能够达到上述要求。

一般地，不可能完全利用解析方法阐述 PEM 器件载流子的传输，需要一个数值解。讨论有可能得到解析解的假设：半导体均匀性、非简并统计、忽略不计界面和边缘效应，材料性质与磁场和电场无关以及相等的霍尔和漂移迁移率。

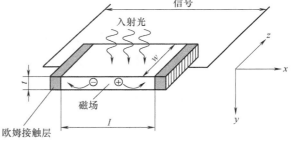

图 9.42　PEM 效应示意图

利用下面公式描述电子和空穴在 x 和 y 方向的传输：

$$J_{hx} = qp\mu_h E_x + \mu_h B J_{hy} \quad (9.164)$$

$$J_{hy} = qp\mu_h E_y - \mu_h B J_{hx} - qD_h \frac{dp}{dy} \quad (9.165)$$

$$J_{ex} = qn\mu_e E_x - \mu_e B J_{ey} \quad (9.166)$$

$$J_{ey} = qn\mu_e E_y + \mu_e B J_{ex} + qD_e \frac{dn}{dy} \quad (9.167)$$

式中，B 为 z 方向磁场；E_x 和 E_y 分别为电场的 x 和 y 分量；J_{ex} 和 J_{ey} 为 x 和 y 方向的电子电流密度；J_{hx} 和 J_{hy} 为空穴电流密度的相应分量。

满足下列条件可以消除式（9.164）～式（9.167）中的 E_y：

$$J_y = J_{ey} + J_{hy} = 0 \quad (9.168)$$

y 方向电流使用的其它公式是连续性方程：

$$\frac{dJ_{hy}}{dy} = -\frac{dJ_{ey}}{dy} = q(G-R) \tag{9.169}$$

式中，G 和 R 分别为载流子生成和负荷率。

因此，根据上述电子和空穴传输公式可以得到 p 类非线性二阶微分方程：

$$A_2 \frac{d^2p}{dy^2} + A_1 \left(\frac{dp}{dy}\right)^2 + A_0 \frac{dp}{dy} - (G-R) = 0 \tag{9.170}$$

式中，A_2、A_1 和 A_0 为与半导体参数、电场和磁场有关的系数。式 (9.170) 与前后侧面的边界条件可以确定 y 方向的空穴分布。根据电学准中性公式能够计算电子浓度，进而计算出 x 方向的电流和电场。

9.10.1.2 利乐解

利乐（Lile）阐述了小信号稳态 PEM 光电压的解析解，根据利乐解推导出的 PEM 探测器的电压响应度为[173,174]

$$R_v = \frac{\lambda}{hc} \frac{B}{wt} \frac{\alpha z(b+1)}{n_i(b+z^2)} \frac{Z(1-\gamma_1)}{Y(a^2+\alpha^2)} \tag{9.171}$$

式中，$b = \mu_e/\mu_h$；$z = p/n_i$；w 和 t 为探测器的宽度和厚度；γ_1 为前侧面反射率；a 为磁场中扩散长度倒数，即

$$a = \left[\frac{(1-\mu_e^2 B^2)z^2 + b(1+\mu_h^2 B^2)}{L_e^2(z^2+1)}\right]^{1/2} \tag{9.172}$$

式 (9.171) 中的 Z 和 Y 为半导体参数相当复杂的函数[174]。

PEM 探测器的薄面电阻率为

$$R = \frac{zl}{qn_i\mu_h(b+z^2)wt}\left[1 - \frac{b(b+1)^2 z^2 \mu_h^2 B^2}{a^2 L_e^2(1-z^2)(b+z^2)}\right]^{-1} \tag{9.173}$$

由于 PEM 探测器并没有施加偏压，所以，约翰逊-奈奎斯特噪声是器件的唯一噪声，即

$$V_j = (4kTR\Delta f)^{1/2} \tag{9.174}$$

可以根据下式计算比探测率：

$$D^* = \frac{R_v(A\Delta f)^{1/2}}{V_j} \tag{9.175}$$

沿探测器长度（方向）形成 PEM 光电压，因此，信号随探测器长度线性增大，并且，在相同光子通量密度条件下，与器件宽度无关。与普通的结光伏器件相比，这种大面积器件可以得到良好的比探测率。

对式 (9.171) 的分析表明，在对高电阻材料施加强磁场（$B \approx 1/\mu_e$）时，可以得到电压响应度最大值。当 $\mu_e/\mu_h \gg 1$，探测器电阻在 $p/n_i \approx (\mu_e/\mu_h)^{1/2}$ 位置达到极值，轻掺杂 p 类材料的 R_v 达到最高值[174,175]，窄带隙半导体的受主浓度被调整到约 $(2\sim3)\times10^{17}\text{cm}^{-3}$ 数量级。室温下，窄带隙半导体中双极扩散长度小（几 μm），辐射吸收较弱（$1/\alpha \approx 10\mu m$），在这种情况下，扩散长度内的辐射几乎被均匀吸收。因此，为使 PEM 探测器具有良好响应，必须在前表面有低复合速度而后表面有高复合速度。在这类器件中，信号极性随照明方向从低复合速度表面改变到高复合速度表面而反转，而响应度几乎保持不变。

图 9.43 所示为 $10.6\mu m$ 波长 $Hg_{1-x}Cd_xTe$ PEM 探测器室温下优化比探测率性质与掺杂的函数关系[38,172,174]。掺杂量约 $2\times10^{17}\text{cm}^{-3}$ 的 p 类材料具有最好性能。由于 p 类器件中少数载

第 9 章 光子探测器理论

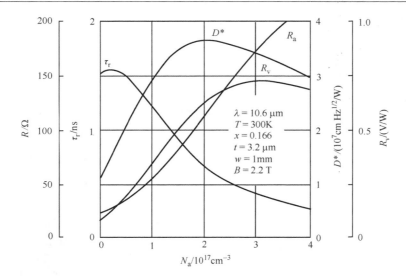

图 9.43 波长为 10.6μm 非制冷 $Hg_{1-x}Cd_xTe$ PEM 探测器的薄面电阻率、电压响应度、比探测率及响应时间是受主掺杂的函数

(资料源自:Piotrowski,J.,and Rogalski,A.,High-Operating Temperature Infrared Photodetectors,SPIE Press,Bellingham,WA,2007)

流子的高迁移率,所以,磁通密度约为 2T 的磁场就足以获得高性能。优化比探测率器件的电压响应度约为 0.6V/W。非制冷 10.6μm 器件比探测率的理论最大值约 $3.4×10^7$ cm $Hz^{1/2}/W$。

根据 RC 时间常数或过剩电荷载流子浓度梯度的衰减时间可以确定 PEM 探测器的响应时间[172]。一般地,由于高频优化器件具有小电容(≈1pF 或更小)和低电阻(≈50Ω),所以,非制冷长波器件的 RC 时间常数较小(<0.1ns)。

利用体复合或双极扩散可以使载流子浓度梯度衰退。当第一种机理减小过剩浓度时,第二种机理就使过剩浓度均匀。因此,如果厚度小于扩散长度,则响应时间就比复合时间短得多。由此得到的响应时间为

$$\frac{1}{\tau_{ef}} = \frac{1}{\tau} + \frac{2D_a}{t^2} \tag{9.176}$$

对于厚度 $t=2μm$ 的 p 类 HgCdTe 器件,响应时间约为 $5×10^{-11}$s。使用更薄层,可以得到更短的响应时间,但辐射吸收、量子效率和比探测率方面要付出代价。

9.10.1.3 制造技术和性能

目前唯一制造出的是外延器件[175,176]。除了后表面,PEM 探测器的制造非常类似光电导器件。在 PEM 器件中,为了获得高复合速度,加工后表面采用一种专门的机械化学处理技术,在采用渐变带隙结构时,并不强制使用该方法。通常沉积金/铬(Au/Cr)作为电接触区,然后,固定金导线。图 9.44 给出了 PEM 探测器敏感器件的截面图。

图 9.45 给出了 PEM 探测器的装配示意图,是标准的 TO-5 封装。对于较大器件,可采用 TO-8 晶体管封装。常常将 PEM 探测器放置在为高频工作要求准备的封装中。敏感器件安装在封装中,同时,安装一种微型双器件结构的永久磁铁和极片,永久磁铁使用现代稀土磁性材料而极片利用钴钢材料,可以获得磁通密度约为 2T 的磁场。

PEM 器件最好的电压响应度测量值超过 0.15V/W（宽为 1mm），比探测率为 $1.8 \times 10^7 \mathrm{cm\ Hz^{1/2}/W}$，比预测的最终值低约 2 倍[174]。其原因是磁场（比最佳值）低以及探测器结构方面的问题，可能包括非最佳表面处理、材料成分/掺杂比例。

通过研究二氧化碳激光器自锁模和

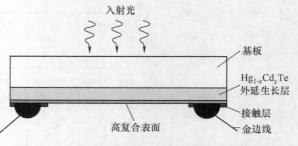

图 9.44 PEM 探测器背侧照明敏感器件的截面图

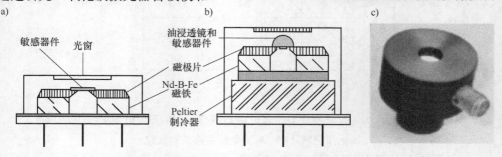

图 9.45 PEM 探测器装配示意图
a）环境温度的封装　b）热电制冷、光学油浸 PEM 探测器
c）高频优化专用封装

（资料源自：Piotrowski, J., and Rogalski, A., High – Operating Temperature Infrared Photodetectors, SPIE Press, Bellingham, WA, 2007）

自由电子激光器实验已经确认了 PEM 探测器的快速响应[38]。当探测普通或低重复率短脉冲时，由于受限于强光学激励效应，1mm 的探测器上会得到约 1V 的信号电压。又因为辐射生热，所以，调制二氧化碳辐射的最大信号电压非常低，对于具有良好散热条件的器件，每 mm 超过 30mV。

PEM 探测器性能的理论值和测量值都低于光电导（PC）探测器的，然而，该探测器具有另外的重要优点，使之在许多应用中非常有用。与光电导探测器相比，它不需要施加电偏压；PEM 探测器的频率特性曲线从零频开始，在很宽的频率范围内都较平，原因是没有低频噪声和响应时间很短；PEM 探测器的电阻不随尺寸增大而减小，所以，无论多大面积的器件都可能得到同样性能；若电阻接近 50Ω，可以非常方便地将器件直接与宽带放大器相连。

已经使用以 HgTe 为基础的其它三元合金来制造 PEM 探测器，如 $Hg_{1-x}Zn_xTe$ 和 $Hg_{1-x}Mn_xTe$[38]。与 $Hg_{1-x}Cd_xTe$ 相比，其性能和响应速度并没有优势。

9.10.2　磁致浓差探测器

如果对半导体板施加偏压，并放置在正交磁场中，则电子-空穴对沿晶体截面的空间分布会偏离平衡值，这称为磁浓差效应。对于厚度可以与电荷载流子的双极性扩散长度相比拟的半导体板，这类再分布是有效的。洛伦兹力使电子和空穴偏转，在电场中沿相同方向移动，从而使一个表面上载流子浓度增大，而另一表面上的载流子浓度减小，具体情况取决于磁场和电场的方向。

图 9.46 所示样本的前表面具有较低的复合速度而后表面具有较高的复合速度,特别适合红外探测器和光源的应用。当洛伦兹力将载流子移向具有高复合速度的表面时(消耗模式),载流子在此重新组合,在靠近具有高复合速度表面区域之外的空间中产生消耗。在洛伦兹力的相反方向(浓缩模式),载流子移向低复合速度表面,并通过高复合速度表面不断产生载流子而得到补充。载流子的浓度变化将产生光吸收或光发射[177-179]。

久里奇(Djuric)和彼得罗夫斯基(Piotrowski)建议利用消耗模式磁浓差效应抑制俄歇效应[180-182],已经完成磁浓差器件的数学模拟,并公布了首个实际器件。只能通过数值求解磁场电子和空穴的传输方程组才可以完成磁浓差器件的理论分析(参考式(9.164)~式(9.167))。利用四阶龙格(Runge)-库塔(Kutta)法求解方程式能够完成稳态数值解析。更多细节可阅读本章参考文献[38]。

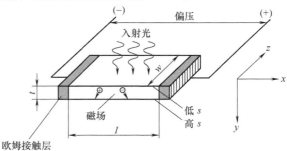

图 9.46 磁浓差效应(消耗模式)(在洛伦兹力作用下,将电子-空穴对推向具有高复合速度的后表面)

已经研发出实际的 10.6μm 非制冷和热电制冷磁浓差探测器[183],可以观察到所希望的由电流饱和、负电阻和振荡区组成的 I-V 曲线形状。当施加偏压使半导体有足够消耗时,该器件呈现大的低频噪声,在负电阻区,形成异常高噪声。可以看出,仔细选择偏压电流,能够大大减少高频率(>100kHz)噪声并提高性能。具有这类性质的器件仅适用于某些宽带应用,必须进一步研究,并使其满足一些典型领域的需求。

9.10.3 登伯探测器

登伯(Dember)探测器是一种以简单结构中体光扩散电压为基础的光伏器件,两个接触区仅含一类半导体掺杂[184]。当光入射到产生电子-空穴对的半导体表面时,由于电子和空穴的扩散差,通常沿光入射方向(见图 9.47)会产生电势差。登伯效应电场会抑制高迁移率电子而使空穴加速,因而使两者通量相等。

假设 x 和 y 方向总电流为零,求解传输和连续性方程,就可以对登伯效应探测器进行分析。弱光激励和假设电中性条件下的稳态光电压可以表示为[185]

$$\begin{aligned} V_d &= \int_0^t E_z(z) \mathrm{d}z \\ &= \frac{kT}{q} \frac{\mu_e - \mu_h}{n_0 \mu_e + p_0 \mu_h} \\ & \quad [\Delta n(0) - \Delta n(t)] \end{aligned} \quad (9.177)$$

式中,E_z 为 z 方向电场强度;$\Delta n(z)$ 为过剩电子浓度。如该式所示,为产

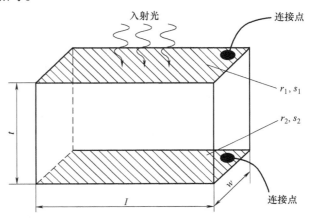

图 9.47 登伯(Dember)探测器示意图

生光电压需要满足两个条件:光生载流子的不均匀分布,以及电子和空穴的扩散系数不相等。这种差别可能源自器件前后表面的非均匀光学振荡或者/和不同的复合速度。

上下表面的边界条件为

$$D_a \frac{\partial \Delta n}{\partial z} = s_1 \Delta n(0) \quad \text{在 } z = 0 \text{ 位置} \tag{9.178}$$

$$D_a \frac{\partial \Delta n}{\partial z} = s_2 \Delta n(t) \quad \text{在 } z = t \text{ 位置} \tag{9.179}$$

电压响应度表示为[186]

$$R_v A = C\{-[A(\alpha) + \gamma_2 e^{-2\alpha t} A(-\alpha)]\} \sinh(t/L_a) \\ + [B(\alpha) + \gamma_2 e^{-2\alpha t} B(-\alpha)] \times [1 - \cosh(t/L_a)] + (1 - e^{-\alpha t})(1 - \gamma_2 e^{-2\alpha t}) \\ + (1 - e^{-\alpha t})(1 - \gamma_2 e^{-2\alpha t}) \tag{9.180}$$

式中

$$C = \frac{\lambda \alpha \tau}{hc} \frac{\mu_e - \mu_h}{n\mu_e + p\mu_h} \frac{(1 - \gamma_1)kT}{q(1 - \alpha^2 L_a^2)(1 - \gamma_1 \gamma_2 e^{-2\alpha t})} \tag{9.181}$$

$$A(\alpha) = \frac{(\alpha L_a + \Gamma_1)[\sinh(t/L_a) + \Gamma_2 \cosh(t/L_a)] + \Gamma_1(\alpha L_a - \Gamma_2)e^{-2\alpha t}}{(\Gamma_1 + \Gamma_2)\cosh(t/L_a) + (1 + \Gamma_1 \Gamma_2)\sinh(t/L_a)} \tag{9.182}$$

$$B(\alpha) = \frac{(\alpha L_a - \Gamma_2)e^{-2\alpha t} - (\Gamma_1 + \alpha L_a)[\cosh(t/L_a) + \Gamma_2 \sinh(t/L_a)]}{(\Gamma_1 + \Gamma_1)\cosh(t/L_a) + (1 + \Gamma_1 \Gamma_2)\sinh(t/L_a)} \tag{9.183}$$

$$\Gamma_1 = \frac{s_1 L_a}{D_a} \tag{9.184}$$

$$\Gamma_2 = \frac{s_2 L_a}{D_a} \tag{9.185}$$

对式(9.180)的分析表明,满足下列条件可以得到最大响应度:
- 最佳 p 类掺杂。
- 照明侧接触区具有低表面复合速度和低反射系数。
- 未照明侧接触区具有大复合速度和大反射系数。

由于对器件未施加偏压,并且,噪声电压取决于约翰逊-奈奎斯特(Johnso-Nyquist)热噪声,所以,根据式(9.180)和约翰逊-奈奎斯特噪声表达式(见式(9.174))可以计算比探测率(见式(9.175))。

曾有文章介绍过 $Hg_{1-x}Cd_xTe$ 的理论设计和实际的登伯效应探测器[172,183,186]。当器件厚度稍微大于双极性扩散长度就可以得到最佳性能,更薄的器件会有低的电压响应度,更厚些则产生过大的电阻和大的约翰逊噪声。

图 9.48 给出了对波长 10.6μm、具有最佳探测率厚度的非制冷登伯探测器计算出的电阻率、比探测率和体复合时间[172]。与 PEM 探测器一样,利用 p 类材料可以获得最佳性能。登伯探测器比探测率计算值可以与相同工作条件下的光电导体相比拟。优化后的 10.6μm 器件在温度 300K 和 200K 时的比探测率预估值分别高达 $2.4 \times 10^8 cm\ Hz^{1/2}/W$ 和 $2.2 \times 10^9 cm\ Hz^{1/2}/W$。

登伯器件极具意义的性质是零偏压下具有大的光电增益。在最佳掺杂下,增益约为1.7,并且减小厚度还会使之增大。双极效应会造成增益。在零偏压并使器件变短条件下,

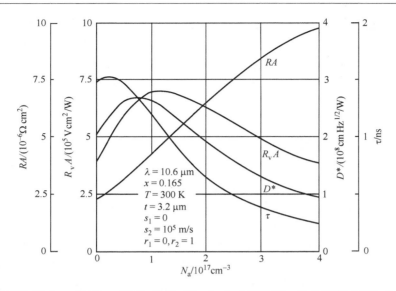

图 9.48 非制冷 10.6μm 的 $Hg_{1-x}Cd_xTe$ 登伯（Dember）探测器归一化电阻率（RA）和归一化电压响应度（R_vA）、比探测率（D^*）和体复合时间（τ）的计算值，是受主浓度的函数

（资料源自：Piotrowski, J., and Rogalski, A., High-Operating Temperature Infrared Photodetectors, SPIE Press, Bellingham, WA, 2007）

光生电子在空穴复合或扩散至背侧接触区之前，在接触区之间可以反复传输几个回合。

然而，在获得可能达到的性能过程中，很低的电阻、低电压响应度和远低于最佳放大器噪声级的噪声电压导致了严重的问题。例如，尺寸只有 7μm×7μm 的优化非制冷 10.6μm 器件的电阻约为 7Ω，电压响应度约为 82V/W，噪声电压约为 0.35nV/$Hz^{1/2}$。低电阻和低电压响应度是简单登伯探测器难以与其它类型光电探测器竞争的原因。

有两种克服该难点的途径：一个方法是将小面积登伯探测器串联；另一个方法是使用光学油浸透镜[38]。

由于过剩载流子的双极扩散，登伯探测器的响应时间比体复合时间更短，若厚度远小于扩散长度，则非常短。比探测率优化器件的响应时间约为 1ns，使用 p 类掺杂还会缩短，但性能会略有降低。应当利用光学谐振腔和重掺杂材料制造高频优化登伯探测器。

图 9.49 所示为波兰 Vigo Systems 公司（波兰一家专门生产测量仪器的企业。——译者注）制造的小型光学油浸登伯效应探测器示意图[38]。敏感器件用 $Hg_{1-x}Cd_xTe$ 缓变带隙外延片（采用等温气相外延技术生长而成）制成，超半球形透镜直接加工在透明的（Cd、Zn）

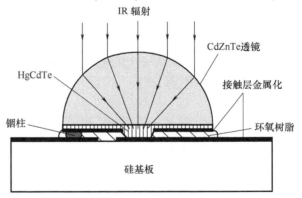

图 9.49 实验用单片光学油浸透镜登伯（Dember）效应探测器截面示意图

（资料源自：Piotrowski, J., and Rogalski, A., High-Operating Temperature Infrared Photodetectors, SPIE Press, Bellingham, WA, 2007）

Te 基板上。敏感器件表面经过专门处理，具有高复合速度，并覆盖有一层金反射膜。敏感器件的"电"尺寸是 $7\mu m \times 7\mu m$。由于采用超半球油浸透镜，所以，表观光学尺寸增大到约 $50\mu m \times 50\mu m$。大面积器件已经使用多组元串联登伯探测器。

HgCdTe 登伯探测器已在工业二氧化碳激光器高速激光束诊断及快速操作领域得到了应用[187]。

9.11 光子牵引探测器

在重掺杂半导体中，若波长比吸收缘长，则自由载流子吸收是主要的。波长与载流子吸收一致的入射光子流将动量转移给自由载流子，沿坡印廷矢量方向有效地推着它们前进，因而，在半导体内形成纵向电场，并可以通过固定在样本上的电极探测到该电场。动量从光子转移到半导体中的自由载流子称为光子牵引效应。辐射压力在前后表面间形成压差。光子牵引探测器结构如图 9.50 所示。当器件与高阻抗放大器一起工作时，净电流是零，从而形成一个与光子牵引力相反的电场，并沿该棒方向的电势变化提供输出信号。

按照经典模型，当光子能量 $h\nu \ll kT$ 并且吸收取决于自由载流子时，可以根据每个光子具有的动量 $p = E/c$ 确定光子牵引电压。其中，E 为光子能量，c 为光速。x 方向单位体积的动量变化速率为

$$\frac{\mathrm{d}p(x)}{\mathrm{d}t} = \frac{n_r P \alpha \exp(-\alpha x)}{Ac} \quad (9.186)$$

式中，P 为入射到截面 A 上的光通量功率。若是开路，传递到每个载流子的平均动量变化速率一定与作用在载流子上的电动力相平衡（以 n 类半导体作例子）：

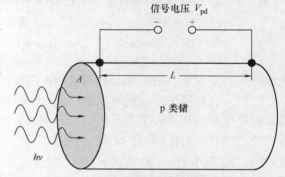

图 9.50 光子牵引探测器结构

$$qE(x) = \frac{n_r P \alpha \exp(-\alpha x)}{Acn} \quad (9.187)$$

在整个长度 L 范围内对该纵向电场积分，则光子牵引电压为

$$V_{pd} = \frac{n_r P[1 - \exp(-\alpha L)]}{qAcn} \quad (9.188)$$

该式仅对大于几百个微米的波长成立。对于较短波长，响应度与波长有依赖关系，V_{pd} 也小于式（9.188）给出的值。

1967 年，古莱维奇（Gurevich）和鲁缅采夫（Rumyantsev）提出经典光子牵引效应微观理论[188]。吉布森（Gibson）和蒙塔瑟（Montasser）阐述的光子牵引理论在 $1 \sim 10\mu m$ 波长范围是成立的[189]。格林贝格（Grinberg）和路易（Luryi）认为量子阱结构的光子牵引效应源自子带间跃迁而不是带间跃迁（原文将"interband"错印为"interbad"。——译者注）[190]。吉布森（Gibson）和金米特（Kimmitt）更详细地介绍了光子牵引探测器[191]。

一般地，如果光吸收取决于带间光学跃迁，则控制光子牵引效应的机理就尤为复杂。由于晶格遵守动量守恒定律，载流子的牵引可以与光传播方向相反。因此，在 $1 \sim 10\mu m$ 范围

内,光子牵引电压的符号随波长变化[192]。

$\lambda = 10.6\mu m$ 处 p 类锗材料的吸收是由于电子从轻质空穴带跃迁到重质空穴带的空置态所致的。费尔德曼(Feldman)和赫根罗德(Hergenrother)首先在重掺杂样本中观察到这些带间跃迁产生的光电导性[193]。吉布森(Gibson)等人[194]和达尼谢夫斯基(Danishevskii)等人[195]利用光子牵引效应检测二氧化碳激光器短脉冲,吉布森(Gibson)等人认为工作在10.6μm 波长位置的 Q-开关二氧化碳激光器可以在 4cm 长的矩形锗棒中传送足够动量以产生纵向电磁力[194]。利用 p 类碲材料也得到了类似结果[196]。

电压响应度的实验测量值很低,一般为 1~40μV/W,但器件响应特别快(小于1ns),并在室温下工作。在最短波长下,p-GaAs 具有最高灵敏度(见图9.51)[191]。对于 2~11μm 的情况,n-GaP 是较好选择。峰值响应位于3μm 附近是由于光学整流和严重吸收扩展到12μm 附近,而对较长波长范围(见图9.52),p-Si 可能是非常适合的探测器材料。空置带直接跃迁性质会导致高光子牵引系数。

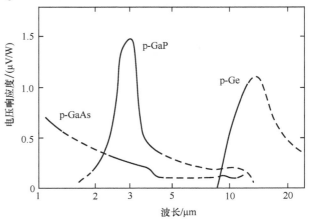

图 9.51 3.2Ω cm p-Ge、5Ω cm n-GaP 和 2.5Ω cm p-GaAs 纵向探测器的响应度(所有探测器的敏感区面积是 4mm × 4mm,电阻为 50Ω,晶向是 111 方向;电压响应度 1μV/W 约等效于 NEP 是 10^{-3} W/Hz$^{1/2}$)

(资料源自:Gibson, A. F., and Kimmitt, M. F., Infrared and Millimeter Waves, Academic Press, New York, Vol. 3, 182-219, 1980)

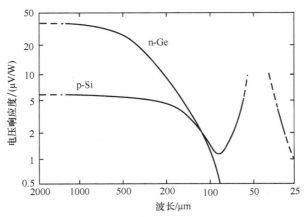

图 9.52 30Ω cm n-Ge 和 p-Si 纵向探测器在 110 晶向方向的电压响应度(敏感区面积是 4mm × 4mm;n-Ge 和 p-Si 探测器的电阻分别是 250Ω 和 350Ω;n-Ge 和 p-Si 探测器的电压响应度 10μV/W 分别约等效于 NEP 是 2×10^{-4} W/Hz$^{1/2}$ 和 2.6×10^{-4} W/Hz$^{1/2}$)

(资料源自:Gibson, A. F., and Kimmitt, M. F., Infrared and Millimeter Waves, Academic Press, New York, Vol. 3, 182-219, 1980)

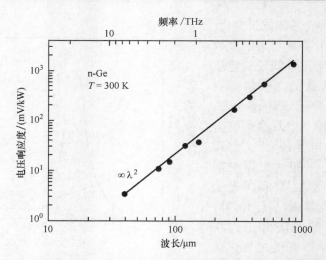

图 9.53 n 类 Ge: Sb 光子牵引探测器在 20dB 放大后的响应度与波长的函数关系
(资料源自: Ganichev, S. D., Terentev, Ya., V., and Yaroshetskii, I. D., .
Tech. Phys. Lett. 11, 20-21, 1985)

由于快速响应且吸收（系数）小（在大体积材料中吸收辐射），可以毫无损伤地吸收大量能量，所以，具有光子牵引效应的探测器非常适用于激光探测器。直到功率密度约为 50mW/cm^2，功率都有良好的单线性值。在 100mW/cm^2，探测器开始出现损伤。缺乏良好的灵敏度使其在大部分应用领域很少作为红外探测器使用。

最近，对光子牵引探测器的兴趣越来越浓，并明显受到 THz 探测器技术进步的激励[197]。p-Ge 探测器并不太适合 THz 频率的探测，原因是：由于价带中子带间直接跃迁和自由载流子的德吕德（Drude）吸收，电压响应度谱曲线会有突然变化，出现几个零值和符号反转。图 9.53 所示为 n 类锗探测器 20dB 放大之后的电压响应度与波长的函数关系[198]。由于自由载流子动量在室温下的快速释放，所以响应时间非常短，可以小于 1ps。

参 考 文 献

1. A. Rose, *Concepts in Photoconductivity and Allied Problems*, Interscience, New York, 1963.
2. D. Long and J. Schmit, " Mercury-Cadmium Telluride and Closely Related Alloys," in *Semiconductors and Semimetals*, Vol. 5, eds. R. K. Willardson and A. C. Beer, 175-255, Academic Press, New York, 1970.
3. D. Long, " Photovoltaic and Photoconductive Infrared Detectors," in *Optical and Infrared Detectors*, ed. R. J. Keyes, 101-47, Springer-Verlag, Berlin, 1977.
4. W. L. Eisenman, J. D. Merriam, and J. F. Potter, " Operational Characteristics of Infrared Photodetectors," in *Semiconductors and Semimetals*, Vol. 12, eds. R. K. Willardson and A. C. Beer, 1-38, Academic Press, New York, 1977.
5. P. R. Bratt, " Impurity Germanium and Silicon Infrared Detectors," in *Semiconductors and Semimetals*, Vol. 12, eds. R. K. Willardson and A. C. Beer, 39-142, Academic Press, New York, 1977.
6. R. H. Kingston, *Detection of Optical and Infrared Radiation*, Springer-Verlag, Berlin, 1979.
7. R. M. Broudy and V. J. Mazurczyck, " (HgCd) Te Photoconductive Detectors," in *Semiconductors and Semimetals*, Vol. 18, eds. R. K. Willardson and A. C. Beer, 157-99, Academic Press, New York, 1981.
8. N. Sclar, " Properties of Doped Silicon and Germanium Infrared Detectors," *Progress in Quantum Electronics* 9,

149-257, 1984.
9. A. Rogalski and J. Piotrowski, " Intrinsic Infrared Detectors," *Progress in Quantum Electronics* 12, 87-289, 1988.
10. A. Rogalski, " Photoconductive Detectors," in *Infrared Photon Detectors*, ed. A. Rogalski, 13-49, SPIE Optical Engineering Press, Bellingham, WA, 1995.
11. E. L. Dereniak and G. D. Boreman, *Infrared Detectors and Systems*, Wiley, New York, 1996.
12. A. Rogalski, *Infrared Detectors*, Gordon and Breach Science Publishers, Amsterdam, 2000.
13. C. T. Elliott, " Photoconductive and Non-Equilibrium Devices in HgCdTe and Related Alloys," in *Infrared Detectors and Emitters: Materials and Devices*, eds. P. Capper and C. T. Elliott, 279-312, Kluwer Academic Publishers, Boston, 2001.
14. R. A. Smith, *Semiconductors*, Cambridge University Press, Cambridge, 1978.
15. E. S. Rittner, " Electron Processes in *Photoconductors*," in *Photoconductivity Conference at Atlantic City* 1954, eds. R. G. Breckenbridge, B. Russel, and E. Hahn, 215-68, Wiley, New York, 1956.
16. R. L. Williams, " Sensitivity Limits of 0.1 eV Intrinsic Photoconductors," *Infrared Physics* 8, 337-43, 1968.
17. M. A. Kinch, S. R. Borrello, B. H. Breazeale, and A. Simmons, " Geometrical Enhancement of HgCdTe Photoconductive Detectors," *Infrared Physics* 17, 137-45, 1977.
18. J. F. Siliquini, C. A. Musca, B. D. Nener, and L. Faraone, " Performance of Optimized $Hg_{1-x}Cd_xTe$ Long Wavelength Infrared Photoconductors," *Infrared Physics & Technology* 35, 661-71, 1994.
19. Y. J. Shacham-Diamand and I. Kidron, " Contact and Bulk Effects in Intrinsic Photoconductive Infrared Detectors," *Infrared Physics* 21, 105-15, 1981.
20. C. T. Elliott and N. T. Gordon, " Infrared Detectors," in *Handbook on Semiconductors*, Vol. 4, ed. C. Hilsum, 841-936, North-Holland, Amsterdam, 1993.
21. A. Jóźwikowska, K. Jóźwikowski, and A. Rogalski, " Performance of Mercury Cadmium Telluride Photoconductive Detectors," *Infrared Physics* 31, 543-54, 1991.
22. D. L. Smith, D. K. Arch, R. A. Wood, and M. W. Scott, " HgCdTe Heterojunction Contact Photoconductor," *Applied Physics Letters* 45, 83-85, 1984.
23. D. L. Smith, " Effects of Blocking Contacts on Generation-Recombination Noise and Responsivity in Intrinsic Photoconductors," *Journal of Applied Physics* 56, 1663-69, 1984.
24. R. Kumar, S. Gupta, V. Gopal, and K. C. Chhabra, " Dependence of Responsivity on the Structure of a Blocking Contact in an Intrinsic HgCdTe Photoconductor," *Infrared Physics* 31, 101-7, 1991.
25. V. Gopal, R. Kumar, and K. C. Chhabra, " A n^{2+}-n^+-n Blocking Contact Structure for an Intrinsic Photoconductor," *Infrared Physics* 31, 435-40, 1991.
26. T. Ashley and C. T. Elliott, " Accumulation Effects at Contacts to n-Type Cadmium-Mercury-Telluride Photoconductors," *Infrared Physics* 22, 367-76, 1982.
27. W. Van Roosbroeck, " Theory of the Electrons and Holes in Germanium and Other Semiconductors," *Bell Systems Technical Journal* 29, 560 – 607, 1950.
28. P. W. Kruse, L. D. McGlauchlin, and R. B. McQuistan, *Elements of Infrared Technology*, Wiley, New York, 1962.
29. P. W. Kruse, " The Photon Detection Process," in *Optical and Infrared Detectors*, ed. R. J. Keyes, 5-69, Springer-Verlag, Berlin, 1977.
30. A. Van der Ziel, *Fluctuation Phenomena in Semiconductors*, Butterworths, London, 1959.
31. D. Long, " On Generation-Recombination Noise in Infrared Detector Materials," *Infrared Physics* 7, 169-70, 1967.

32. T. D. Kleinpenning, " 1/f Noise in p-n Junction Diodes," *Journal of Vacuum Science and Technology* A3, 176-82, 1985.

33. F. N. Hooge, " 1/f Noise Is No Surface Effect," *Physics Letters* 29A, 123-40, 1969.

34. Z. Wei-jiann and Z. Xin-Chen, " Experimental Studies on Low Frequency Noise of Photoconductors," *Infrared Physics* 33, 27? 31, 1992.

35. R. D. Nelson, " Infrared Charge Transfer Devices: The Silicon Approach," *Optical Engineering* 16, 275-83, 1977.

36. K. Jóźwikowski and J. Piotrowski, " Ultimate Performance of $Cd_xHg_{1-x}Te$ Photoresistors as a Function of Doping," *Infrared Physics* 25, 723-27, 1985.

37. J. Piotrowski, W. Galus, and M. Grudzień, " Near Room-Temperature IR Photo-Detectors," *Infrared Physics* 31, 1-48, 1991.

38. J. Piotrowski and A. Rogalski, High-Operating Temperature Infrared Photodetectors, SPIE Press, Bellingham, WA, 2007.

39. S. Borrello, M. Kinch, and D. LaMont, " Photoconductive HgCdTe Detector Performance with Background Variations," *Infrared Physics* 17, 121-25, 1977.

40. V. Gopal, " Surface Recombination in Photoconductors," *Infrared Physics* 25, 615-18, 1985.

41. A. Kinch and S. R. Borrello, " 0.1 eV HgCdTe Photodetectors," *Infrared Physics* 15, 111-24, 1975.

42. E. Burstein, G. Picus, and N. Sclar, " Optical and Photoconductive Properties of Silicon and Germanium," in *Photoconductivity Conference at Atlantic City*, eds. R. Breckenbridge, B. Russell, and E. Hahn, 353-413, Wiley, New York, 1956.

43. R. Newman and W. W. Tyler, " Photoconductivity in Germanium," in *Solid State Physics* 8, eds. F. Steitz and D. Turnbill, 49-107, Academic Press, New York, 1959.

44. E. H. Putley, " Far Infrared Photoconductivity," *Physica Status Solidi* 6, 571-614, 1964.

45. V. F. Kocherov, I. I. Taubkin, and N. B. Zaletaev, " Extrinsic Silicon and Germanium Detectors," in *Infrared Photon Detectors*, ed. A. Rogalski, 189-297, SPIE Optical Engineering Press, Bellingham, WA, 1995.

46. A. W. Hoffman, P. J. Love, and J. P. Rosbeck, " Mega-Pixel Detector Arrays: Visible to 28 μm," *Proceedings of SPIE* 5167, 194-203, 2004.

47. G. H. Rieke, " Infrared Detector Arrays for Astronomy," *Annual Review of Astronomy and Astrophysics* 45, 77-115, 2007.

48. M. M. Blouke, E. E. Harp, C. R. Jeffus, and R. L. Williams, " Gain Saturation in Extrinsic Photoconductors Operating at Low Temperatures," *Journal of Applied Physics* 43, 188-94, 1972.

49. A. F. Milton and M. M. Blouke, " Sweepout and Dielectric Relaxation in Compensated Extrinsic Photoconductors," *Physical Review* 3B, 4312-30, 1971.

50. D. K. Schroder, " Extrinsic Silicon Focal Plane Arrays," in *Charge-Coupled Devices*, ed. D. F. Barbe, 57-90, Springer-Verlag, Heidelberg, 1980.

51. R. W. Westervelt and S. W. Teitsworth, " Nonlinear Transient Response of Extrinsic Ge Far-Infrared Photoconductors," *Journal of Applied Physics* 57, 5457-69, 1985.

52. N. M. Haegel, C. A. Latasa, and A. M. White, " Transient Response of Infrared Photoconductors: The Role of Contacts and Space Charge," *Applied Physics* A56, 15-21, 1993.

53. N. M. Haegel, C. B. Brennan, and A. M. White, " Transport in Extrinsic Photoconductors: A Comprehensive Model for Transient Response," *Journal of Applied Physics* 80, 1510-14, 1996.

54. N. M. Haegel, S. A. Sampei, and A. M. White, " Electric Field and Responsivity Modeling for Far-Infrared Blocked Impurity Band Detectors," *Journal of Applied Physics* 93, 1305-10, 2003.

55. N. M. Haegel, W. R. Schwartz, J. Zinter, A. M. White, and J. W. Beeman, " Origin of the Hook Effect in Extrinsic Photoconductors," *Applied Optics* 40, 5748-754, 2001.
56. R. N. Thomas, T. T. Braggins, H. M. Hobgood, and W. J. Takei, " Compensation of Residual Boron Impurities in Extrinsic Indium-Doped Silicon by Neutron Transmutation of Silicon," *Journal of Applied Physics* 49, 2811-20, 1978.
57. H. M. Hobgood, T. T. Braggins, J. C. Swartz, and R. N. Thomas, " Role of Neutron Transmutation in the Development of High Sensitivity Extrinsic Silicon IR Detector Material," in *Neutron Transmutation in Semiconductors*, ed. J. M. Meese, 65-90, Plenum Press, New York, 1979.
58. G. Lucovsky, " On the Photoionization of Deep Impurity Centers in Semiconductors," *Solid State Communications* 3, 299-302, 1965.
59. N. Sclar, " Extrinsic Silicon Detectors for 3-5 and 8-14 μm," *Infrared Physics* 16, 435-48, 1976.
60. N. Sclar, " Survey of Dopants in Silicon for 2-2.7 and 3-5 μm Infrared Detector Application," *Infrared Physics* 17, 71-82, 1977.
61. E. Bryan, " Operation Temperature of Extrinsic Si Photoconductive Detectors," *Infrared Physics* 23, 341-48, 1983.
62. S. R. Borrello, C. G. Roberts, B. H. Breazeale, and G. R. Pruett, " Cooling Requirements for BLIP Performance of Intrinsic Photoconductors," *Infrared Physics* 11, 225-32, 1971.
63. A. G. Milnes, *Deep Impurities in Semiconductors*, John Wiley, New York, 1973.
64. C. T. Elliott, P. Migliorato, and A. W. Vere, " Counterdoped Extrinsic Silicon Infrared Detectors," *Infrared Physics* 18, 65-71, 1978.
65. A. Rogalski, " Quantum Well Infrared Photodetectors Among the Other Types of Semiconductor Infrared Detectors," *Infrared Physics & Technology* 38, 295-310, 1997.
66. P. Martyniuk and A. Rogalski, " Quantum-Dot Infrared Photodetectors: Status and Outlook," *Progress in Quantum Electronics* 32, 89-120, 2008.
67. N. Sclar, " Temperature Limitation for IR Extrinsic and Intrinsic Photodetectors," *IEEE Transactions on Electron Devices* ED-27, 109-18, 1980.
68. A. P. Davis, C. T. Elliott, and A. M. White, " Current Gain in Photodiode Structures," *Infrared Physics* 31, 575-77, 1991.
69. R. W. Dutton and R. J. Whittier, " Forward Current-Voltage and Switching Characteristics of p^+-n-n+ (Epitaxial) Diodes," *IEEE Transactions on Electronic Devices* ED-16, 458-67, 1969.
70. H. J. Hovel, *Semiconductors and Semimetals*, Vol. 11, eds. R. K. Willardson and A. C. Berr, Academic Press, New York, 1975.
71. F. Van De Wiele, " Quantum Efficiency of Photodiode," in *Solid State Imaging*, eds. P. G. Jespers, F. Van De Wiele, and M. H. White, 41-76, Noordhoff, Leyden, The Netherlands, 1976.
72. A. Rogalski and J. Rutkowski, " Effect of Structure on the Quantum Efficiency and RoA Product of Lead-Tin Chalcogenide Photodiodes," *Infrared Physics* 22, 199-208, 1982.
73. Z. Djuric and Z. Jaksic, " Back Side Reflection Influence on Quantum Efficiency of Photovoltaic Devices," *Electronics Letters* 24, 1100-01, 1988.
74. J. Shappir and A. Kolodny, " The Response of Small Photovoltaic Detectors to Uniform Radiation," *IEEE Transactions on Electronic Devices* ED-24, 1093-98, 1977.
75. D. Levy, S. E. Schacham, and I. Kidron, " Three-Dimensional Analytical Simulation of Self- and Cross-Responsivities of Photovoltaic Detector Arrays," *IEEE Transactions on Electronic Devices* ED-34, 2059-70, 1987.
76. M. J. Buckingham and E. A. Faulkner, " The Theory of Inherent Noise in p-n Junction Diodes and Bipolar

Transistors," *Radio and Electronic Engineers* 44, 125-40, 1974.
77. P. Knowles, " Mercury Cadmium Telluride Detectors for Thermal Imaging," *GEC Journal of Research* 2, 141-56, 1984.
78. C. T. Sah, R. N. Noyce, and W. Shockley, " Carrier Generation and Recombination in p-n Junctions and p-n Junction Characteristics," *Proceedings of IRE* 45, 1228-43, 1957.
79. S. C. Choo, " Carrier Generation-Recombination in the Space-Charge Region of an Asymmetrical p-n Junction," *Solid-State Electronics* 11, 1069-77, 1968.
80. S. M. Sze, *Physics of Semiconductor Devices*, Wiley, New York, 1981.
81. W. W. Anderson, " Tunnel Contribution to $Hg_{1-x}Cd_xTe$ and $Pb_{1-x}Sn_xTe$ p-n Junction Diode Characteristics," *Infrared Physics* 20, 353-61, 1980.
82. W. A. Beck and N. Y. Byer, " Calculation of Tunneling Currents in (Hg, Cd) Te Photodiodes Using a Two-Sided Junction Potential," *IEEE Transactions on Electronic Devices* ED-31, 292-97, 1984.
83. R. Adar, " Spatial Integration of Direct Band-to-Band Tunneling Currents in General Device Structures," *IEEE Transactions on Electronic Devices* 39, 976-81, 1992.
84. C. T. Sah, " Electronic Processes and Excess Currents in Gold-Doped Narrow Silicon Junctions," *Physical Review* 123, 1594-612, 1961.
85. J. Y. Wong, " Effect of Trap Tunneling on the Performance of Long-Wavelength $Hg_{1-x}Cd_xTe$ Photodiodes," *IEEE Transactions on Electronic Devices* ED-27, 48-57, 1980.
86. M. A. Kinch, " Metal-Insulator-Semiconductor Infrared Detectors," in *Semiconductors and Semimetals*, Vol. 18, eds. R. K. Willardson and A. C. Beer, 313-78, Academic Press, New York, 1981.
87. H. J. Hoffman and W. W. Anderson, " Impurity-to-Band Tunneling in $Hg_{1-x}Cd_xTe$," *Journal of Vacuum Science and Technology* 21, 247-50, 1982.
88. D. K. Blanks, J. D. Beck, M. A. Kinch, and L. Colombo, " Band-to-Band Processes in HgCdTe: Comparison of Experimental and Theoretical Studies," *Journal of Vacuum Science and Technology* A6, 2790-94, 1988.
89. Y. Nemirovsky, D. Rosenfeld, A. Adar, and A. Kornfeld, " Tunneling and Dark Currents in HgCdTe Photodiodes," *Journal of Vacuum Science and Technology* A7, 528-35, 1989.
90. Y. Nemirovsky, R. Fastow, M. Meyassed, and A. Unikovsky, " Trapping Effects in HgCdTe," *Journal of Vacuum Science and Technology* B9, 1829-39, 1991.
91. D. Rosenfeld and G. Bahir, " A Model for the Trap-Assisted Tunneling Mechanism in Diffused n-p and Implanted $n^+ - p$ HgCdTe Photodiodes," *IEEE Transactions on Electronic Devices* 39, 1638-45, 1992.
92. Y. Nemirovsky and A. Unikovsky, " Tunneling and 1/f Noise Currents in HgCdTe Photodiodes," *Journal of Vacuum Science and Technology* B10, 1602-10, 1992.
93. G. Sarusi, A. Zemel, A. Sher, and D. Eger, " Forward Tunneling Current in HgCdTe Photodiodes," *Journal of Applied Physics* 76, 4420-25, 1994.
94. A. Rogalski, " Analysis of the RoA Product in n^+-p $Hg_{1-x}Cd_xTe$ Photodiodes," *Infrared Physics* 28, 139-53, 1988.
95. M. B. Reine, A. K. Sood, and T. J. Tredwell, " Photovoltaic Infrared Detectors," in *Semiconductors and Semimetals*, Vol. 18, eds. R. K. Willardson and A. C. Beer, 201-311, Academic Press, New York, 1981.
96. A. Rose, " Space-Charge-Limited Currents in Solids," *Physical Review* 97, 1538-44, 1955.
97. M. A. Lampert, " Simplified Theory of Space-Charge-Limited Currents in an Insulator with Traps," *Physical Review* 103, 1648-56, 1956.
98. M. A. Lampert and P. Mark, *Current Injections in Solids*, eds. H. G. Booker and N. DeClaris, Academic Press, New York, 1970.

99. J. A. Edmond, K. Das, and R. F. Davis, " Electrical Properties of Ion-Implanted p-n Junction Diodes in β-SiC," *Journal of Applied Physics* 63, 922-29, 1988.
100. D. E. Sawyer and R. H. Rediker, " Narrow Base Germanium Photodiodes," *Proceedings of IRE* 46, 1122-30, 1958.
101. G. Lucovsky and R. B. Emmons, " High Frequency Photodiodes," *Applied Optics* 4, 697-702, 1965.
102. W. W. Gartner, " Depletion-Layer Photoeffects in Semiconductors," *Physical Review* 116, 84-87, 1959.
103. G. Kreiser, *Optical Fiber Communications*, McGraw-Hill Book Co., Boston, 2000.
104. A. G. Dentai, R. Kuchibhotla, J. C. Campbell, C. Tasi, and C. Lei, " High Quantum Efficiency, Long-Wavelength InP/InGaAs Microcavity Photodiode," *Electronics Letters* 27, 2125-27, 1991.
105. M. S. Ünlü and M. S. Strite, " Resonant Cavity Enhanced Photonic Devices," *Journal of Applied Physics* 78, 607-39, 1995.
106. G. E. Stillman and C. M. Wolfe, " Avalanche Photodiodes," in *Semiconductors and Semimetals*, Vol. 12, eds. R. K. Willardson and A. C. Beer, 291-393, Academic Press, New York, 1977.
107. F. Capasso, " Physics of Avalanche Diodes," in *Semiconductors and Semimetals*; Vol. 22D, ed. W. T. Tang, 2-172, Academic Press, Orlando, 1985.
108. T. Kaneda, " Silicon and Germanium Avalanche Photodiodes," in *Semiconductors and Semimetals*, Vol. 22D, ed. W. T. Tang, 247-328, Academic Press, Orlando, 1985.
109. T. P. Pearsall and M. A. Pollack, " Compound Semiconductor Photodiodes," in *Semiconductors and Semimetals*, Vol. 22D, ed. W. T. Tang, 173-245, Academic Press, Orlando, 1985.
110. P. Bhattacharya, Semiconductor Optoelectronics Devices, Prentice Hall, New Jersey, 1993.
111. S. B. Alexander, *Optical Communication Receiver Design*, SPIE Optical Engineering Press, Bellingham, WA, 1997.
112. J. C. Campbell, S. Demiguel, F. Ma, A. Beck, X. Guo, S. Wang, X. Zheng, et al., " Recent Advances in Avalanche Photodiodes," *IEEE Journal of Selected Topics in Quantum Electronics* 10, 777-87, 2004.
113. S. Donati, *Photodetectors. Devices, Circuits, and Applications*, Prentice Hall, New York, 2000.
114. R. J. McIntyre, " Multiplication Noise in Uniform Avalanche Diodes," *IEEE Transactions on Electronic Devices* ED-13, 164-68, 1966.
115. R. J. McIntyre, " The Distribution of Gains in Uniformly Multiplying Avalanche Photodiodes: Theory," *IEEE Transactions on Electronic Devices* ED-19, 703-13, 1972.
116. Y. Okuto and C. R. Crowell, " Ionization Coefficients in Semiconductors: A Nonlocalized Property," *Physical Review* B10, 4284-96, 1974.
117. J. P. R. David and C. H. Tan, " Material Considerations for Avalanche Photodiodes," *IEEE Journal of Selected Topics in Quantum Electronics* 14, 998-1009, 2008.
118. J. C. Campbell, " Recent Advances in Telecommunications Avalanche Photodiodes," *Journal of Lightwave Technology* 25, 109-21, 2007.
119. G. J. Rees and J. P. R. David, " Why Small Avalanche Photodiodes are Beautiful," *Proceedings of SPIE* 4999, 349-62, 2003.
120. R. B. Emmons, " Avalanche-Photodiode Frequency Response," *Journal of Applied Physics* 38, 3705-14, 1967.
121. S. Melle and A. MacGregor, " How to Choice Avalanche Photodiodes," *Laser Focus World*, 145-56, October 1995.
122. S. Cova, A. Lacaita, M. Ghioni, G. Ripamonti, and T. A. Louis, " 20 ps Timing Resolution with Single-Photon Avalanche Diodes," *Review of Scientific Instruments* 60, 1104-10, 1989.

123. H. K. Henish, *Rectifying Semiconductor Contacts*, Clarendon Press, Oxford, 1957.

124. M. M. Atalla, " Metal-Semiconductor Schottky Barriers, Devices and Applications," in *Proceedings of 1966 Microelectronics Symposium* 123-57, Munich-Oldenberg, 1966.

125. F. A. Padovani, " The Voltage-Current Characteristics of Metal-Semiconductor Contacts," *in Semiconductors and Semimetals*, Vol. 7A, eds. R. K. Willardson and A. C. Beer, 75-146, Academic Press, New York, 1971.

126. A. G. Milnes and D. L. Feught, *Heterojunctions and Metal-Semiconductor Junctions*, Academic Press, New York, 1972.

127. V. L. Rideout, " A Review of the Theory, Technology and Applications of Metal-Semiconductor Rectifiers," *Thin Solid Films* 48, 261-291, 1978.

128. E. H. Rhoderick, *Metal-Semiconductor Contacts*, Clarendon Press, Oxford, 1978.

129. E. R. Rhoderick, " Metal-Semiconductor Contacts," *IEE Proceedings* 129, 1-14, 1982.

130. S. C. Gupta and H. Preier, " Schottky Barrier Photodiodes," in *Metal-Semiconductor Schottky Barrier Junctions and Their Applications*, ed. B. L. Sharma, 191-218, Plenum, New York, 1984.

131. W. Monch, " On the Physics of Metal-Semiconductor Interfaces," *Reports on Progress in Physics* 53, 221-78, 1990.

132. R. T. Tung, " Electron Transport at Metal-Semiconductor Interfaces: General Theory," *Physical Review* B45, 13509-23, 1992.

133. A. M. Cowley and S. M. Sze, " Surface States and Barrier Height of Metal-Semiconductor Systems," *Journal of Applied Physics* 36, 3212-20, 1965.

134. W. Schottky and E. Spenke, " Quantitative Treatment of the Space-Charge Boundary-Layer Theory of the Crystal Rectifiers," *Wiss. Veroff. Siemens-Werken.* 18, 225-91, 1939.

135. E. Spenke, *Electronic Semiconductors*, McGraw-Hill, New York, 1958.

136. H. A. Bethe, " Theory of the Boundary Layer of Crystal Rectifiers," *MIT Radiation Laboratory Report* 43-12, 1942.

137. C. R. Crowell and S. M. Sze, " Current Transport in Metal-Semiconductor Barriers," *Solid-State Electronics* 9, 1035-48, 1966.

138. S. Y. Wang and D. M. Bloom, " 100 GHz Bandwidth Planar GaAs Schottky Photodiode," *Electronics Letters* 19, 554-55, 1983.

139. J. W. Mayer and K. N. Tu, " Analysis of Thin-Films Structures with Nuclear Backscattering and X-ray Diffraction," *Journal of Vacuum Science and Technology* 11, 86-93, 1974.

140. G. Ottaviani, K. N. Tu, and J. M. Mayer, " Interfacial Reaction and Schottky Barrier in Metal-Silicon Systems," *Physical Review Letters* 44, 284-87, 1980.

141. M. P. Lepselter and S. M. Sze, " Silicon Schottky Barrier Diode with Near-Edeal I-V Characteristics," *Bell Systems Technology Journal* 47, 195-208, 1968.

142. J. M. Andrews and M. P. Lepselter, " Reverse Current-Voltage Characteristics of Metal-Silicide Schottky Diodes," *Solid-State Electronics* 13, 1011-23, 1970.

143. F. D. Shepherd and A. C. Yang, " Silicon Schottky Retinas for Infrared Imaging," 1973 IEDM Technical Digest, 310-13, Washington, DC, 1973.

144. W. F. Kosonocky, " Review of Infrared Image Sensors with Schottky-Barrier Detectors," *Optoelectronics—Devices and Technologies* 6, 173-203, 1991.

145. W. A. Cabanski and M. J. Schulz, " Electronic and IR-Optical Properties of Silicide/Silicon Interfaces," *Infrared Physics* 32, 29-44, 1991.

146. J. S. Wang, C. G. Shih, W. H. Chang, J. R. Middleton, P. J. Apostolakis, and M. Feng, " 11 GHz

Bandwidth Optical Integrated Receivers Using GaAs MESFET and MSM Technology," *IEEE Photonics Technology Letters* 5, 316-18, 1993.

147. M. Ito and O. Wada, " Low Dark Current GaAs Metal-Semiconductor-Metal (MSM) Photodiodes using WSix Contacts," *IEEE Journal of Quantum Electronics* QE-62, 1073-77, 1986.
148. W. S. Boyle and G. E. Smith, " Charge-Coupled Semiconductor Devices," *Bell Systems Technology Journal* 49, 587-93, 1970.
149. A. S. Grove, *Physics and Technology of Semiconductor Devices*, Wiley, New York, 1967.
150. E. R. Nicollian and J. R. Brews, *MOS Physics and Technology*, Wiley, New York, 1982.
151. D. G. Ong, *Modern MOS Technology: Process, Devices and Design*, McGraw-Hill Book Company, New York, 1984.
152. D. F. Barbe, " Imaging Devices Using the Charge-Coupled Concept," *Proceedings of IEEE* 63, 38-67, 1975.
153. E. S. Young, *Fundamentals of Semiconductor Devices*, McGraw-Hill Book Company, New York, 1978.
154. W. D. Baker, " Intrinsic Focal Plane Arrays," in *Charge-Coupled Devices*, ed. D. F. Barbe, 25-56, Springer, Berlin, 1980.
155. A. J. Syllaios and L. Colombo, " The Influence of Microstructure on the Impedance Characteristics on HgCdTe MIS Devices," *IEDM Technical Digest* 137-48, 1982.
156. W. W. Anderson, " Tunnel Current Limitation of Narrow Bandgap Infrared Charge Coupled Devices," *Infrared Physics* 17, 147-64, 1977.
157. M. W. Goodwin, M. A. Kinch, and R. J. Koestner, " Metal-Insulator-Semiconductor Properties of Molecular-Beam Epitaxy Grown HgCdTe Heterostructure," *Journal of Vacuum Science and Technology* A8, 1226-32, 1990.
158. T. Ashley and C. T. Elliott, " Non-Equilibrium Devices for Infrared Detection," *Electronics Letters* 21, 451-52, 1985.
159. T. Ashley, C. T. Elliott, and A. T. Harker, " Non-Equilibrium Modes of Operation for Infrared Detectors," *Infrared Physics* 26, 303-15, 1986.
160. T. Ashley, C. T. Elliott, and A. M. White, " Non-Equilibrium Devices for Infrared Detection," *Proceedings of* SPIE 572, 123-33, 1985.
161. C. T. Elliott, " Non-Equilibrium Modes of Operation of Narrow-Gap Semiconductor Devices," *Semiconductor Science and Technology* 5, S30-S37, 1990.
162. T. Ashley, A. B. Dean, C. T. Elliott, M. R. Houlton, C. F. McConville, H. A. Tarry, and C. R. Whitehouse, " Multilayer InSb Diodes Grown by Molecular Beam Epitaxy for Near Ambient Temperature Operation," *Proceedings of SPIE* 1361, 238-44, 1990.
163. C. T. Elliott, " Advanced Heterostructures for $In_{1-x}Al_xSb$ and $Hg_{1-x}Cd_xTe$ Detectors and Emiters," *Proceedings of* SPIE 2744, 452-62, 1996.
164. A. M. White, " Auger Suppression and Negative Resistance in Low Gap Pin Diode Structure," *Infrared Physics* 26, 317-24, 1986.
165. S. Maimon and G. W. Wicks, " nBn Detector, an Infrared Detector with Reduced Dark Current and Higher Operating Temperature," *Applied Physics Letters* 89, 151109, 2006.
166. J. B. Rodriguez, E. Plis, G. Bishop, Y. D. Sharma, H. Kim, L. R. Dawson, and S. Krishna, " nBn Structure Based on InAs/GaSb Type-II Strained Layer Superlattices," *Applied Physics Letters* 91, 043514, 2007.
167. G. Bishop, E. Plis, J. B. Rodriguez, Y. D. Sharma, H. S. Kim, L. R. Dawson, and S. Krishna," nBn Detectors Based on InAs/GaSb type-II Strain Layer Superlattices," *Journal of Vacuum Science and Technology* B26, 1145-48, 2008.
168. J. Piotrowski and A. Rogalski, " Photoelectromagnetic, Magnetoconcentration and Dember Infrared Detectors,"

in *Narrow-Gap II-VI Compounds for Optoelectronic and Electromagnetic Applications*, ed. P. Capper, 507-25, Chapman & Hall, London, 1997.

169. I. K. Kikoin and M. M. Noskov, " A New Photoelectric Effect in Copper Oxide," *Physik Zeit Der Soviet Union*, 5, 586, 1934.

170. M. Nowak, " Photoelectromagnetic Effect in Semiconductors and Its Applications," *Progress in Quantum Electronics* 11, 205-346, 1987.

171. P. W. Kruse, " Indium Antimonide Photoelectromagnetic Infrared Detector," *Journal of Applied Physics* 30, 770-78, 1959.

172. J. Piotrowski, W. Galus, and M. Grudzień, " Near Room-Temperature IR Photodetectors," *Infrared Physics* 31, 1-48, 1991.

173. D. L. Lile, " Generalized Photoelectromagnetic Effect in Semiconductors," *Physical Review* B8, 4708-22, 1973.

174. D. Genzow, M. Grudzień, and J. Piotrowski, " On the Performance of Noncooled CdHgTe Photoelectromagnetic Detectors for 10, 6 μm Radiation," *Infrared Physics* 20, 133-38, 1980.

175. J. Piotrowski, " HgCdTe Detectors" in *Infrared Photon Detectors*, ed. A. Rogalski, 391-493, SPIE Optical Engineering Press, Bellingham, WA, 1995.

176. J. Piotrowski, " Uncooled Operation of IR Photodetectors," *Opto-Electronics Review* 12, 11-122, 2004.

177. P. Berdahl, V. Malutenko, and T. Marimoto, " Negative Luminescence of Semiconductors," *Infrared Physics* 29, 667-72, 1989.

178. V. Malyutenko, A. Pigida, and E. Yablonovsky, " Noncooled Infrared Magnetoinjection Emitters Based on $Hg_{1-x}Cd_xTe$," *Optoelectronics-Devices and Technologies* 7, 321-28, 1992.

179. T. Ashley, C. T. Elliott, N. T. Gordon, R. S. Hall, A. D. Johnson, and G. J. Pryce, " Negative Luminescence from $In_{1-x}Al_xSb$ and $Cd_xHg_{1-x}Te$ Diodes," *Infrared Physics & Technology* 36, 1037-44, 1995.

180. Z. Djuric and J. Piotrowski, " Room Temperature IR Photodetector with Electromagnetic Carrier Depletion," *Electronics Letters* 26, 1689-91, 1990.

181. Z. Djuric and J. Piotrowski, " Infrared Photodetector with Electromagnetic Carrier Depletion," *Optical Engineering* 31, 1955-60, 1992.

182. Z. Djuric, Z. Jaksic, A. Vujanic, and J. Piotrowski, " Auger Generation Suppression in Narrow- Gap Semiconductors Using the Magnetoconcentration Effect," *Journal of Applied Physics* 71, 5706-8, 1992.

183. J. Piotrowski, W. Gawron, and Z. Djuric, " New Generation of Near Room-Temperature Photodetectors," *Optical Engineering* 33, 1413-21, 1994.

184. H. Dember, " Uber die Vorwartsbewegung von Elektronen Durch Licht," *Physik Z.* 32, 554, 856, 1931.

185. J. Auth, D. Genzow, and K. H. Herrmann, *Photoelectrische Erscheinungen*, Akademie Verlag, Berlin, 1977.

186. Z. Djuric and J. Piotrowski, " Dember IR Photodetectors," *Solid-State Electronics* 34, 265 – 69, 1991.

187. H. Heyn, I. Decker, D. Martinen, and H. Wohlfahrt, " Application of Room-Temperature Infrared Photo Detectors in High-Speed Laser Beam Diagnostics of Industrial CO_2 Lasers," *Proceedings of SPIE* 2375, 142 – 53, 1995.

188. L. E. Gurevich and A. A. Rumyantsev, " Theory of the Photoelectric Effect in Finite Crystals at High Frequencies and in the Presence of an External Magnetic Field," *Soviet Physics Solid State* 9, 55, 1967.

189. A. F. Gibson and S. Montasser, " A Theoretical Description of the Photon-Drag Spectrum of p-Type Germanium," *Journal of Physics C: Solid State Physics* 8, 3147-57, 1975.

190. A. A. Grinberg and S. Luryi, " Theory of the Photon-Drag Effect in a Two-Dimensional Electron Gas," *Physical Review B* 38, 87, 1987.

191. A. F. Gibson and M. F. Kimmitt, " Photon Drag Detection," in *Infrared and Millimeter Waves*, Vol. 3, ed. K. J. Button, 182-219, Academic Press, New York, 1980.
192. A. F. Gibson and A. C. Walker, " Sign Reversal of the Photon Drag Effect in p Type Germanium," *Journal of Physics* C 4, 2209-19, 1971.
193. J. M. Feldman and K. M. Hergenrother, " Direct Observation of the Excess Light Hole Population in Optically Pumped p-Type Germanium," *Applied Physics Letters* 9, 186, 1966.
194. A. F. Gibson, M. F. Kimmitt, and A. C. Walker, " Photon Drag in Germanium," *Applied Physics Letters* 17, 75-77, 1970.
195. A. M. Danishevskii, A. A. Kastalskii, S. M. Ryvkin, and I. D. Yaroshetskii, " Dragging of Free Carriers by Photons in Direct Interband Transitions," *Soviet Physics JETP* 31, 292, 1970.
196. S. Panyakeow, J. Shirafuji, and Y. Inuishi, " High-Performance Photon Drag Detector for a CO_2 Laser Using p-TypeTellurium," *Applied Physics Letters* 21, 314-16, 1972.
197. S. D. Ganichev and W. Prettl, *Intense Terahertz Excitation of Semiconductors*, Clarendon Press, Oxford, 2005.
198. S. D. Ganichev, Ya. V. Terent'ev, and I. D. Yaroshetskii, " Photon-Drag Photodetectors for the Far-IR and Submillimeter Regions," *Soviet Technical Physics Letters*, 11, 20-21, 1985.

第10章 本征硅和锗探测器

硅是占据了电子工业40多年的半导体材料。当利用锗和III-V族半导体材料的化合物制造出第一个具有高迁移率、高饱和速度或者大带隙晶体管时,硅器件占所有微电子产量97%以上[1],主要原因是硅器件利用的是集成线电中最便宜的微电子技术。硅占据统治地位可以归结于本身固有的性质,而更重要的是,硅的两种绝缘体SiO_2和Si_3N_4,使沉积和选择性刻蚀工艺具有特别高的均匀性和产量。

光电探测器或许是最古老和最容易理解的硅光子器件[2,3]。最近,在以硅光学组件实现高性能光学互联领域,人们对全单片方案的兴趣逐渐高涨[4],硅是具有中心对称晶体结构的间接带隙半导体,并不直接适合光电子应用。此外,1.16eV带隙使硅无法用于光纤通信系统的第二窗口(1.3μm)和第三窗口(1.55μm)。尽管如此,作为一种半导体,硅在电子学领域的应用相当成功,从而激励着大量的研究人员开发以硅为基础的光电子器件。几十年来,硅集成电路的成本一直保持在1美分/mm^2左右,而硅器件(晶体管、被动式和其它组件)的数量随时间以指数速率增长[1]。此外,如今在互补金属氧化物半导体(CMOS)占主导地位的体系结构中,除漏电流外,只有栅极电路打开时才消耗能量。利用硅绝缘体和p-n植入隔离可以获得低漏电流,加之比其它半导体具有更高热导率,使硅制造技术能获得更高密度(与推动集成电路研发的其它技术相比)。在微电子学处于20世纪主导地位之时,一些作者预测,硅光子学将是21世纪的主要技术[2,3]。目前,硅正在成为实现光学功能的重要候选材料。

本章将介绍利用硅和锗制造近红外光探测器技术的最新成就。如探求本章以外的内容,请读者查阅一些优秀专著(本书参考文献【4-7】)和评论文章(本书参考文献【8-10】)。表10.1列出了硅和锗室温(300K)下的性质。

表10.1 硅和锗在温度300K时的性质

性质		Si	Ge
原子/cm^{-3}		5.02×10^{22}	4.42×10^{22}
原子量		28.09	72.60
击穿场/(V/cm)		约3×10^5	约10^5
晶体结构		金刚石结构	金刚石结构
密度/(g/cm^3)		2.329	5.3267
相对介电常数		11.9	16.0
导电带中的有效态密度/cm^{-3}		2.86×10^{19}	1.04×10^{19}
价电带中的有效态密度/cm^{-3}		2.66×10^{19}	6.0×10^{19}
有效质量(电导率)	电子(m_e/m_0)	0.26	0.39
	空穴(m_h/m_0)	0.19	0.12
电子亲和性/V		4.05	4.0

(续)

性　质		Si	Ge
能带隙/eV		1.12	0.67
折射率		3.42	4.0
本征载流子浓度/cm^{-3}		9.65×10^9	2.4×10^{13}
本征电阻率/Ω cm		3.3×10^5	
晶格常数/nm		0.543102	0.564613
线性热膨胀系数/℃$^{-1}$		2.59×10^{-6}	5.8×10^{-6}
熔点/℃		1412	937
少数载流子寿命/μs	电子（p类）	800	1000
	空穴（n类）	1000	1000
迁移率（cm^2/(V s)）	μ_e（电子）	1450	3900
	μ_h（空穴）	505	1900
光学声子能量/eV		0.063	0.037
比热/(J/g℃)		0.7	
热导率/(W/(cm K))		1.31	0.31

10.1　硅光敏二极管

硅光敏二极管广泛应用于小于 1.1μm 的光谱区，甚至可以用于 X 射线和伽马射线探测器，主要类型如下：

- 一般由扩散（采用离子植入术）形成 p-n 结；
- p-i-n 结（敏感区较厚，所以增强了近红外光谱响应）；
- 紫外（UV）和深蓝光敏二极管；
- 雪崩光敏二极管；

在平面光敏二极管结构中（扩散或植入），横截面如图 10.1 所示。重掺杂 p$^+$ 区很薄（典型值约 1μm），并镀有介质增透薄膜（SiO$_2$ 或 Si$_3$N$_4$）。将 p 类杂质生长在 n 类体硅晶片中，或者将如磷的 n 类杂质生长在 p 类体硅晶片中就能够形成扩散结。为了形成欧姆接触区，必须将其它杂质扩散到（常与植入技术相配合）晶片背面。接触垫镀在前侧敏感区和后侧面，并完全覆盖后侧面。镀增透膜以降低指定波长光的反射，顶部非敏感区覆盖一层厚 SiO$_2$ 层。根据光敏二极管应用环境设计不同结构，通过体改变体基板厚度，可以控制光敏二极管的速度响应和灵敏度（参考本书 9.2 节）。

注意到，光敏二极管可以在无偏压（光伏）或反向偏压（光导）模式下工作（见图 10.2）。放大器的功能是进行简单的电流-电压转换（光敏二极管以短路模式工作）。模式选择取决于对速度的需求及所容许的暗电流大小。当光敏二极管应用于低频（直至 350KHz）以及微光领域时，最好采用无偏压工作模式；应用反向偏压模式可以大大提高响应速度和器件的线性，原因是增大了消耗层宽度，因而减小了结的电容，其缺点是增大了暗电流和噪声电流。

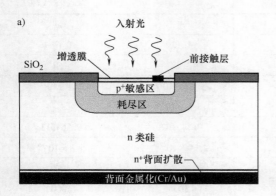 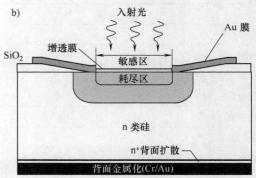

图 10.1 硅光敏二极管的截面图
a) p-n 结 b) 肖特基势垒

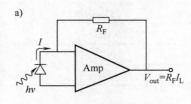 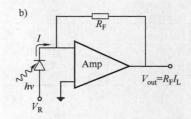

图 10.2 光敏二极管的工作模式
a) 光伏模式 b) 光导模式

平面扩散硅光敏二极管的典型光谱特性如图 10.3 所示。p-n 结硅光敏二极管的时间常数一般受限于 RC 常数而非探测机理(漂移和/或扩散)的固有速度,并且是微秒级的。一般地,比探测率是 $10^{12} \sim 10^{13} \mathrm{cmHz}^{\frac{1}{2}}/\mathrm{W}$,放大器限制用于小面积探测器。

p-i-n 探测器有较快响应,但不如普通 p-n 结探测器灵敏,并红光响应会稍微延长。由于较长波长的光子会在器件敏感区被吸收,其结果是扩展了耗尽层宽度。在 p 层和 n 层中间增加一层轻掺杂层和中等程度的反向偏压,就使整个材料厚度成为耗尽层(硅晶片的典型值约为 $500\mu m$)。较宽耗尽层的内部振荡形成较大暗电流,从而造成较低的灵敏度。

硅在蓝光和紫外光谱区的高吸收系数会在 p-n 和 p-i-n 光敏二极管重掺杂 p^+(或 n^+)接触面内产生载流子,由于高表面复合,使寿命变短,造成该区域内量子效率快速下降。通

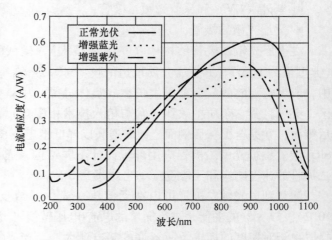

图 10.3 几种不同类型平面扩散硅光敏二极管的典型电流响应度
(资料源自:After UDT Sensors, Inc., Catalog; http://129.105.69.13/datasheets/optoelectronics)

过将表面附近载流子复合降至最小,蓝光和紫外光加强型光敏二极管可以在短波范围得到最佳响应。采用极薄的高质量 p^+(或 n^+,或金属势垒)接触,或者利用横向汇聚使重掺杂表面积的百分比减至最小,和/或者利用固定表面电荷清除表面的少数载流子而对其钝化就可以达到上述目的。

美国雷神视觉系统公司(Raytheon Vision System)为可见光和近红外成像大市场研发的混合 p-i-n Si-CMOS 阵列已经取得令人瞩目的进步(见图 10.4a)[11-13]。粗略地说,大尺寸成像仪定义为像素超过 2k×2k 的探测器阵列,一般地,面积大于 2cm×2cm。同时,像素间距小于 10μm。一直以来,可以以 99.9% 的可操作度生产间隔 10μm、像素多达 4096×4096(H4RG-10)阵列[12]。混合成像仪可以单独优化读出芯片和探测器芯片。这种灵活性降低了循环时间;并可与探测器无关地单独更新读出集成电路(ROIC),反之亦然。该阵列具有下列特性:填充因数为 100%,在 400~900nm 波长范围具有高量子效率和高调制传递函数(Modulation Transfer Function,MTF)。一个重要优点是采用高电阻率硅凝视材料,能够全部耗尽探测器中厚达 200μm 的本征区。与普通的电荷耦合器件(CCD)成像仪(见图 10.4b)相比,该深耗尽(本征)吸收层对可见光光谱的长波(红光)更敏感。图 10.4b 所示曲线对成像市场提供的前后表面照明各种成像仪的光谱特性进行了比较。

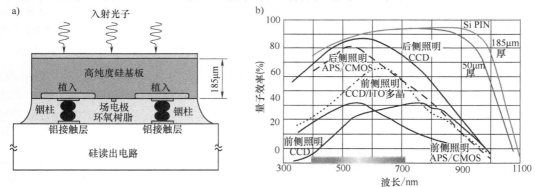

图 10.4 混合 p-i-n Si-CMOS 成像仪及各种成像仪的光谱特性
a)混合 p-i-n Si-CMOS 成像仪的单元像素 b)不同技术的量子效率的比较
(ITO poly 代表氧化铟锡多晶膜。——译者注)

(资料源自:Kilcoyne, S., Malone, N., Harris, M., Vampola, J., and Lindsay, D., "Silicon p-i-n Focal Plane Arrays at Raytheon", Proceedings of SPIE 7082, 72820J, 2008)

硅 p-i-n 探测器的暗电流是由于耗尽层产生热所致的,并发生在探测器表面。在目前的研发阶段,室温下 18μm 像素的暗电流是 5~10nA/cm²,温度约 195K 时相应地为每像素每秒一个电子(见图 10.5)[12]。该暗电流有希望进一步减小到约 1nA/cm²。采用厚探测层,p-i-n 光敏二极管一定会在探测器层内产生强电场,将光生电荷推向 p-n 结,使电荷扩散降至最小,从而得到高的点扩散函数,将一个高达 50V 的偏压施加在背面接触区。

雪崩光敏二极管特别适合需要快速响应和高灵敏度的应用领域。波兰电子技术研究所(Institute of Electron Technology,ITE)研发的 n^+-p-π-p^+ 外延平面雪崩硅光敏二极管的结构布局如图 10.6 所示[14]。p^+ 硅(111)基板上的初始材料是具有 π-类外延层的硅晶片(ρ_π = 200~300Ω·cm, x_π = 30~50μm,见图 10.6b)。选择 π 类高电阻率层用以保证探测过程有更多电子(与空穴相比)参与。在敏感区热处理过程中,磷经过预扩散,紧接着再扩散工序,从而得到了 n 类护环。通过植入，然后完成再扩散硼工艺，就制成了 p^+ 类沟道截断环。光敏二极管敏感区上面涂盖一层 150nm 厚 SiO_2 增透膜。激活（光敏，雪崩）区构成 n^+-p 突变结（使砷从非晶态硅扩散到 p 类区域可以形成突变结）中心区，而 p 类区是先进行硼植入再进行硼扩散事先就形成的。波兰电子技术研究所（ITE）开发的光敏二极管的基本参数见表 10.2[14]。

在使用低阻抗负载电阻实现快速响应时，普通光敏二极管就变成约翰逊或者热噪声限光敏二极管，而雪崩光敏二极管使用内部倍增效应，使探测器噪声高于约翰逊噪声级。最佳增益应当这样定义：若低于该增益，系统受限于接收器噪声，高于该增益，

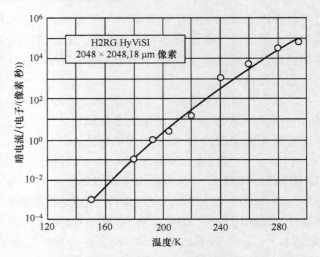

图 10.5　18μm 像素 p-i-n Si 探测器的暗电流（选用的是 Teledyne 图像传感器公司制造的 H2RG-18 焦平面阵列）
（资料源自：Bai, Y., Bajaj, J., Beletic, J. W., and Farris, M. C.,"Teledyne Imaging Sensors: Silicon CMOS Imaging Technologies for X-Ray, UV, Visible and Near Infrared", Proceedings of SPIE 7021, 702102, 2008）

则散粒噪声是主要接收器噪声，并且总噪声要比信号增大得更快（见图 10.7）。非常仔细地控制偏压对得到稳定性质是十分重要的。噪声是探测器面积的函数，并随增益增大而增大。与非雪崩管相比，信噪比会提高 1 至 2 个数量级。比探测率的典型值是 $(3\sim5)\times10^{14}\,cm\,Hz^{1/2}/W$。

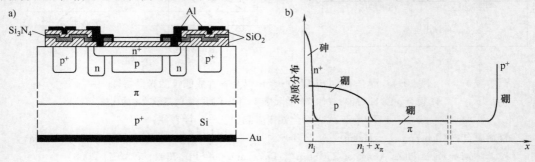

图 10.6　n^+-p-π-p^+ 雪崩光敏二极管
a）结构截面图　b）敏感区掺杂物分布
（资料源自：Wegrzecka, I., and Wegrzecki, M., Opto-Electronics Review, 5, 137-46, 1997）

表 10.2　波兰电子技术研究所（ITE）研制的硅雪崩光敏二极管的基本参数表

参数	单位	BPYP 52 (0.3mm)	BPYP 54 (0.5mm)	BPYP 53 (0.9mm)	BPYP 58 (1.5mm)	BPYP 59 (3mm)	测试条件
工作电压 V_R	V	180~220（最低可为 130，最高可为 280）					$\lambda=850nm$
V_R 的温度系数	V/℃	0.75					
电流响应度	A/W	50					$\lambda=850nm$
噪声电流	pA/$Hz^{1/2}$	0.07	0.12	0.3	0.45	1.5	$P=0$
噪声等效功率	fW/$Hz^{1/2}$	1.4	2.4	6	9	30	$\lambda=850nm$

（续）

参数	单位	BPYP 52 (0.3mm)	BPYP 54 (0.5mm)	BPYP 53 (0.9mm)	BPYP 58 (1.5mm)	BPYP 59 (3mm)	测试条件
过剩噪声因数				4			$\lambda = 850$nm
暗电流	nA	0.7	1.3	2.2	5	12	$P = 0$
电容	pF	1.7	3	7	12	40	$P = 0$

注：V_R 增益 $M = 100$；$t_{amb} = 22℃$。

（资料源自：I. Wegrzecka and M. Wegrzecki, Opto-Electronics Review, 5, 137-46, 1997）

表 10.3 列出了为满足特定范例要求而优化的普通硅雪崩光敏二极管（Sillicon Avalanche Photodiode，APD）的性能[15]。利用护环或锥表面结构消除由于结弯曲效应或者高电场密度而沿结缘形成的过量暗电流。

肖特基势垒二极管可以作为高效的光敏二极管。由于该二极管是多数载流子器件，所以不存在少数载流子的存储和消除问题，并且有希望得到较高带宽。与 p-i-n 光敏二极管相比，肖特基势垒光敏二极管有较窄的敏感区域，因而传输时间非常短。这类器件还具有较低的寄生电阻和电容，并能在大于 100GHz 的频率下工作。然而，窄敏感区会造成较低的量子效率。表面陷阱及复合会连续损失表面上产生的载流子。

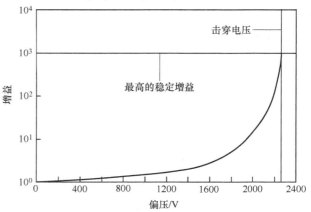

图 10.7 作为反向偏压函数的增益值可达 1000
（该工作点非常接近于击穿值，需仔细控制偏压）
（资料源自：After Advanced Photonix Inc. Avalanche Catalog. http://www.advancephotonix.com/ap_products/）

表 10.3 普通硅雪崩光敏二极管（APD）性质

	锥形边缘	外延式	贯通式
结构			
吸收区	宽	窄	中到宽
倍增区	宽	窄	窄
典型尺寸（直径）	直至 15mm	直至 5mm	直至 5mm
增益	50 ~ 1000	1 ~ 200	13 ~ 300
过量噪声因数	优（$k \approx 0.0015$）	良（$k \approx 0.03$）	良到优（$k \approx 0.0015$）
工作电压	500 ~ 2000V	80 ~ 300V	150 ~ 500V
响应时间	慢	快	快
电容	低	高	低
蓝光响应	良好	良好	差
响应	优	差	良

（资料源自：S. Melle and A. MacGregor, Laser Focus World, 145-56, October 1995）

硅肖特基势垒光敏二极管的普通结构如图 10.1b 所示，通常在高电阻率 n 类材料上蒸镀一层金（Au）膜（约 15nm）完成此类硅器件的制造。由于镀了金层，所以在 >800nm 波长范围内的反射系数约为 30%，致使该光谱范围内的响应度降低。响应时间是皮秒数量级，对应着约 100GHz 的带宽。

因为是间接带隙，硅吸收一般较差。与砷化镓（GaAs）的 1.1μm 和锗（Ge）的 0.27μm 相比，硅（Si）的吸收波长几乎有 20μm。因此，在硅 CMOS 工艺中很难设计出高效率的硅光探测器。

由于硅具有长吸收波长，所以，为了得到合适的量子效率，传统的垂直光敏二极管必须有数十微米甚至更厚。对于体硅探测器，在基板深处会产生大多数电子穴对，远离高电场漂移区，或者由表面电极产生。其次，工作电压必需高于消耗吸收区，因而严格限制 3dB 带宽。此外，企图将厚 p-i-n 结构纳入硅 CMOS 工艺是不实际的。

与 CMOS 工艺兼容的光敏二极管结构是图 10.8a 所示的横向 p-i-n 结构。该设计由互相交替的叉指形 p 类和 n 类结构组成，中间是吸收层，类似金属-半导体-金属（MSM）光电探测器布局。然而，这种结构的特点是单位面积上的电容低、载流子从深层区到电极的缓慢漂移严重限制着带宽，所以其益处是以牺牲量子效率为代价阻挡深层载流子。一种解决方法是在表面下几微米处设置绝缘层，如二氧化硅。调整氧化层厚度而可使指定波长的反射率最大。阻挡慢漂移载流子的另一种方法，是使用 p-n 结作为隔离终端。敏感区是放置在 n 阱内侧的，周围环绕着基板接触层。

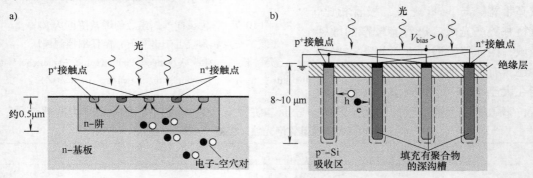

图 10.8　硅 p-i-n 横向光敏二极管
a) 叉指形结构　b) 槽式结构

杨（Yang）等人介绍了一种能够改进体探测器性能的奇特方法[16]，演示验证了横向槽式探测器（Lateral Trench Detector，LTD）（见图 10.8b）。它是由槽式电极深 7μm 的横向 p-i-n 探测器组成。这些探测器制造在电阻率为 11~16Ω·cm 的 p 类（100）硅材料上，上表面的槽宽约为 0.35μm。为了用 n^+ 和 p^+ 非晶硅（a-Si）顺序填充这些槽，以硼硅酸盐玻璃作为牺牲材料。槽内的非晶硅在现场掺杂，磷和硼的浓度分别是 $1 \times 10^{20} cm^{-3}$ 和 $6 \times 10^{20} cm^{-3}$。最后，将器件在高温下退火，使非晶硅结晶为多晶硅，激活掺杂物，并将其从槽中激励到硅基板内，在远离槽壁处形成结。

杨（Yang）及其同事研制的横向槽式探测器（LDT）在波长 670nm 处同时具有高量子效率（68%）和高工作速度（3GHz）。然而，在长波长处，由于载流子在电极之下生成和汇聚，所以使器件带宽变窄。

第 10 章 本征硅和锗探测器

为了改善硅光敏二极管的性能,已经深入研究过使用绝缘体硅片(或绝缘体上硅结构)(Sillicon-On-Insulator,SOI)[17]。当普遍接受 SOI 技术作为高性能 CMOS 器件的平台时,该技术具有了更大的吸引力[18]。采用 SOI 技术的主要益处是地下绝缘子能够防止基板内氧化层下产生的载流子到达氧化层之上的表面电极。此外,地下氧化物的折射率对比度会使入射光反射回吸收层,因而提高了量子效率。

刘(Liu)等人[19]已经验证了带宽高达 140GHz、制造在薄 SOI 基板上的 MSM 探测器。然而,由于薄吸收层是 200nm,外部量子效率非常低,低于 2%。吸收层较厚的 SOI 探测器的量子效率有所提高(波长 820nm 时达到 24%),然而使带宽降到 3.4GHz[20]。

谐振腔增强型(Resonance Cavity-Enhanced,RCE)光电探测器设计是另一种应用于硅探测器的技术[21,22]。图 10.9a 所示为应用于不同器件布局(如肖特基势垒二极管,MSM 光敏二极管和 APD)的 RCE 敏感层一般结构。上下侧分布式布喇格反射镜由大带隙非吸收材料的交替层组成。厚度为 d 的敏感层是一种小带隙半导体材料,位于两块反射镜中间,到上下反射镜的距离分别是 l_1 和 l_2。大带隙半导体 1/4 波长($\lambda/4$)堆层可以形成两个端反射镜,具有光学腔长 βl、敏感区厚度 d 和吸收系数 α 的探测器,其量子效率与波长的函数关系表示如下[21,22]:

$$\eta = \left[\frac{1 + r_2\exp(-\alpha d)}{1 - 2\sqrt{r_1 r_2}\exp(-\alpha d)\cos(2\beta L) + r_1 r_2\exp(-\alpha d)}\right](1 - r_1)[1 - \exp(-\alpha d)]$$

(10.1)

式中,$\beta = 2\pi/\lambda$;r_1 和 r_2 为敏感层附近厚度分别为 l_1 和 l_2 的材料折射系数。当 $\beta l = m\pi$ 而出现谐振波长时,量子效率会周期性得到加强。应当指出,以谐振腔设计为基础的器件对工艺引起的变化非常敏感。

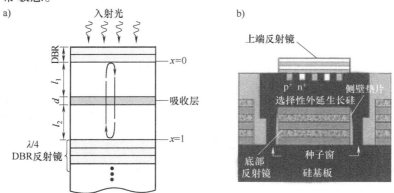

图 10.9 谐振腔增强型(RCE)光电探测器
(DBR 代表分布式布拉格反射层,原文错印为 DRB。——译者注)
a)一般结构 b)叉指式 p-i-n 光敏二极管横截面示意图

(资料源自:Schaub, J. D., Li, R., Schow, C. L., Campbell, L. C., Neudeck, G. W., and Denton, J., IEEE Photonics Technology Letters, 11, 1647-49, 1999)

例如,图 10.9b 给出了一种利用横向过生长技术制造的谐振腔增强型(RCE)叉指式 p-i-n 硅光敏二极管[23]。通过涂镀三对 1/4 波长 SiO_2 和多晶硅层,将底端反射镜制造在 p 类(100)基板上部。将两个 20×160μm、间距 40μm 的槽刻蚀在反射镜上,用作后续选择性外延生长成核窗口。在反射镜上制造出侧壁隔圈，以避免硅外延生长工艺中多晶硅边缘位置缺陷成核。通过依次砷（As）和 BF_2 的植入和退火，在外延硅中形成叉指式 p-i-n 光敏二极管。之后，完成金属化工序，蒸镀两个电介质反射镜对（ZnS-MgF）以形成法布里-泊罗谐振腔。

10.2 锗光敏二极管

通常，采用将砷化物扩散到 p 类锗（镓掺杂浓度为 $10^{15}\,cm^{-3}$，电阻率为 $0.8\,\Omega\,cm$）中的方法制造锗光敏二极管。在得到 $1\,\mu m$ 厚 n 类区域后，涂镀一种氧化钝化膜以降低 p-n 结附近表面的电导率，最后镀一层增透膜（锗材料的折射率 n 较高，约为 4，透射范围为 $2\sim 23\,\mu m$）。

锗不能形成稳定的氧化物。GeO_2 溶于水，从而导致两方面的工艺难度：器件钝化和稳定性。缺少高质量钝化层使得难以实现低暗电流。有趣的是，将器件缩小到较小尺寸，可以容许较高暗电流。

有三种类型锗光敏二极管：p-n 结光敏二极管、p-i-n 结光敏二极管和雪崩光敏二极管[24]。面积为 $0.05\sim 3\,mm^2$ 的二极管很容易制造，目前已经具备制造面积小至 $10\,\mu m\times 10\,\mu m$ 和大至 $500\,mm^2$ 的能力，上限取决于原材料均匀性。

除蓝光和紫外加强型器件技术与锗探测器无关外，前面对硅探测器的讨论一般地都适用于锗探测器。由于带隙较窄，与硅探测器相比，锗探测器有较高的漏电流，从可见光到 $1.8\,\mu m$ 波长范围都有亚微秒级的响应时间和高灵敏度。一般地，使用零偏压以获得高灵敏度，得到高速度要施加大反向偏压。室温下其比探测率峰值约为 $2\times 10^{11}\,cm\,Hz^{1/2}W^{-1}$。采用热电制冷或冷却到液氮温度可以大大提高其性能，如图 10.10 所示（冷却至低于室温 20℃，探测器阻抗大约增大该数量级）。

由于锗材料具有高折射率，$n=4$，所以是优秀的油浸透镜候选材料。通常，锗光敏二极管性能受约翰逊噪声限制，因此，用半球油浸透镜可以提高探测器性能。探测器的有效面积要增大 n^2 倍，其中 n 是介质折射率。

目前的研究方向是希望在一种与 CMOS 兼容的工艺中将锗探测器集成在硅（Ge/Si）基板上。对制造用于电子-光子芯片的片内探测器阵列，这是极具吸引力的奋斗目标。

Serge Luryi 等人的创造性研究[25]之后，在硅基板上生长 Ge（或 GeSi）膜技术上已经提出了许多方法，既能优化

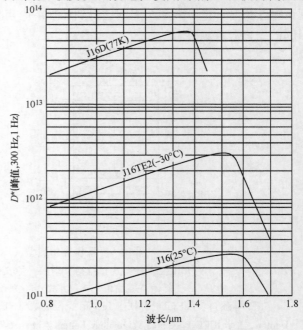

图 10.10　三种温度下锗光敏二极管的比探测率与波长的函数关系
（Judson 目录后，红外探测器）
(http://www.judsontechnologies.com/germanium.html)

薄膜的电子学质量，又能与标准硅制造技术保持兼容性。锗的晶格常数是 4.17%，比硅大。由于晶格失配造成的应力修改了带结构，引起脱位缺陷，使光敏二极管的漏电流增大。应力限制着采用外延技术在硅材料上生长的锗层厚度。从带宽出发，希望锗膜薄些，从而使载流子传输时间最小，但要以减少吸收和响应度为代价。当然，出色的进展正一步步实现硅上锗探测器的愿望。

为了克服上述限制，曾开展了下述方法的研究：低锗成分合金、掺碳、分级缓冲区、低温薄缓冲区以及最近研发的多晶膜生长技术[26,27]。具有厚多级缓冲层的 p-i-n 器件已经验证了其具有的优秀质量[28,29]。然而，由于 CMOS 设备的非平面性，集成方面遇到了困难，为此，硅上锗探测器的近期研究集中在薄缓冲层的利用或直接生成硅上锗。最近，对硅上锗光敏二极管的研究（见图 10.11）表明，速度已急剧提高到 40GHz，有希望超过 100GHz[30]。

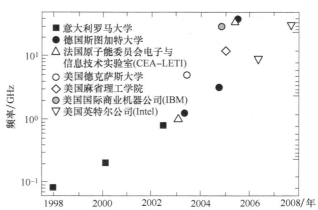

图 10.11 锗光电探测器速度的发展过程

（资料源自：Kasper, E., and Oehme, M., Physic Status Solidi (c), 5, 3144-49, 2008）

成功使用低温缓冲层在硅基板上生长锗膜的技术首次得到了验证（参阅 Colace 等人的论文，即本章参考文献[31]）。生长之后增加热循环可以使错位密度降至 $2 \times 10^7 \text{cm}^{-2}$[32,33]。采用该技术，可以制造出高性能 p-i-n 光敏二极管，在波长 1.3μm 和 1.55μm 时的最大响应度分别为 0.89A/W 和 0.75A/W，1V 下反向暗电流是 15mA/cm^2，响应时间短至 180ps[33]。

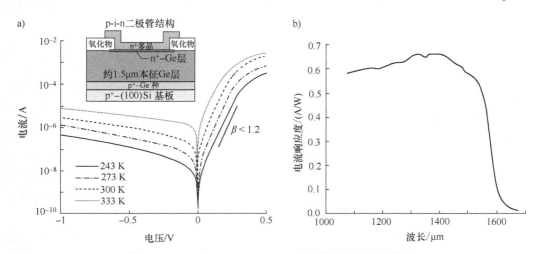

图 10.12 100μm × 100μm p-i-n 硅上锗光敏二极管特性
a) I-V 特性与温度的函数关系 b) 响应度与波长的函数关系（没有增透膜）

（资料源自：Kärtner, F. X., Akiyama, S., Barbastathis, G., Barwicz, T., Byun, H., Danielson, D. T., Gan, F., et al., Proceedings of SPIE 6125, 612503, 2006）

图 10.12 所示为 $100\mu m \times 100\mu m$ p-i-n 硅上锗光敏二极管的 I-V 及光谱特性[34]。图 10.12a 所示的插图是器件结构，采用两步镀膜工艺（超高真空化学气相沉积或低压化学气相沉积）将约 $2\mu m$ 厚的本征锗膜涂镀在 p^+-(100)Si 基板上，并以 $0.2\mu m$ 厚的 n^+-多晶硅膜层封装。锗生长完成后，采用标准 CMOS 工艺沉积并图形刻印电介质（SiON）膜为锗表面开个窗口；然后沉积多晶硅，同时将磷植入到下层锗中，从而在锗中形成垂直的 p-i-n 结。二极管在 300K 温度下的理想因数小于 1.2，并且在 $-1V$ 偏压下外围环境主导反向漏电流约为 $40mA/cm^2$。相信，漏电流是由于锗钝化工艺引入的表面态所致，若未镀增透膜，则 $1.55\mu m$ 波长时的响应度是 $0.5A/W$。

最近，美国诺贝尔皮克（NoblePeak）视觉公司研发出单片锗成像阵列，将锗岛与硅晶体管和以 CMOS 工艺制造的金属层集成在一起[35]。图 10.13a 给出了生长锗岛的关键工艺示意，在晶体管上覆盖一层电介质层，在该层一定范围内完成选择性锗外延生长。Si-Ge 界面处的错位以对界面成 60°角扩散，终止在侧壁处。锗岛形成后，采用普通的 CMOS 工艺将锗光敏二极管与电路连接（见图 10.13b），利用离子植入技术形成横向光敏二极管。应用这种创新的增长技术，能够以大容量 $0.18\mu m$ CMOS 工艺研制出 10mm 间距、128×128 的成像仪原理样机。

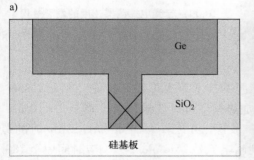
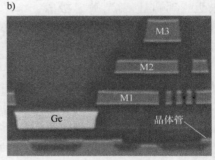

图 10.13 锗岛的生长
a）位错俘获 b）植入在 CMOS 堆中的锗光敏二极管电子扫描显微图
（资料源自：Rafferty, C. S., King, C. A., Ackland, B. D., Aberg, I. Sriram, T. S., and O'Neill, J. H., Proceedings of SPIE 6490, 69400N, 2008）

10.3 锗化硅光敏二极管

有几种材料适用于近红外光谱（NIR）光敏二极管的制造，如 InGaAs、PbS 和 HgCdTe。SiGe 为光谱波带至 $1.6\mu m$ 的近红外传感器提供了一种低成本的替代方法。以 SiGe 为基础的红外焦平面阵列引人注意的性能是充分利用了以硅为基础的技术，有非常小的特征尺寸，并具有与信号处理应用中硅 CMOS 线路的兼容性。

由于在硅上生长的 $Si_{1-x}Ge_x$ 合金，因为具有 100% 的相容性，从硅的 1.1eV 降到锗的 0.66eV，SiGe 可以连续调谐，所以是一种理想材料。若锗成分 x 一定，硅与锗间的晶格失配将导致具有应变的异质外延，因此 $Si_{1-x}Ge_x$ 合金只能毫无错位地沉积在 Si 上，直至临界厚度。应变还会引起 SiGe 带隙结构改变（见图 10.14[36]）。将没有应变的曲线（虚线）与有应变的曲线（实线）相比可以看出，应变对带隙有很大影响。利用 SiGe 技术已提高了应变外延层载流子的迁移率，n 通道器件的是 46%，p 通道器件的是 60% ~ 80%。这决定了可将 SiGe 引入到高速 CMOS 技术。无应变合金 $x > 0.85$ 时带隙明显下降表明，这种含锗量高的锗结构的（温度）转变点（该处导带最小）从布里渊（Brillouin）区的 Δ-点变化到 L-点 <111>[36,37]。

对大量的外延生长技术已经进行了试验验证，包括分子束外延（MBE）、等离子体加强型化学气相沉积（CVD）、喷溅和激光辅助生长技术。对于制造 CMOS 和双极性硅的工厂使用的生产线，截至目前，只是从公司需要的质量、均匀性和生产量诸项上对普通高温（>1000℃）化学气相沉积技术验证过。

在第一个近红外 p-i-n 硅上锗探测器中，使用一种渐变 SiGe 缓冲器将二极管敏感本征层与高错位 Si-Ge 界面区隔开[25]。然而，大的错位密度会使反向暗电流在 1V 电压下超过 $50mA/cm^2$。为了降低暗电流，特姆金（Temkin）等人采用一种由连续应变 GeSi/Si 层超晶格（Super Lattice Structure，SLS）材料组成的敏感层[38]。SLS 的带隙比非应变层小，所以，能够增大较薄探测器的光学吸收系数。

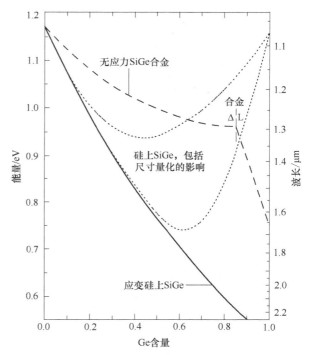

图 10.14 SiGe 合金的基本带隙与锗含量的函数关系（长虚线代表无应变 SiGe；实线代表应变 SiGe，而硅的横向量不变；短虚线代表临界层厚度和尺寸量化的影响）

（资料源自：Presting, H., Handbook of Infrared Detection Technologies, 393-448, Elsevier, Kidlington, UK, 2002）

由于应变 GeSi/Si SLS 材料可以使镀层超过临界厚度（应变对称化），所以，具有类似平均成分的 SiGe 合金首选 SLS 结构。若应变 SiGe 生长在硅弛豫基板上，则 Si 与 SiGe 异质界面处的能带排列属 I 类，意味着偏移量主要位于价带内（见图 10.15b）。另外，当应变硅生长在 SiGe 弛豫基板上，在异质界面处形成 II 类交错能带排列。在该情况中，SiGe 的导带比 Si 高，而价带比 Si 低。

通常，光电探测器是逐层生长在基板上，光垂直照射在探测器表面。为了解决垂直二极管中弱吸收造成的低灵敏度问题，研发了一种波导光电探测器，接收装置是一个既薄又窄但很长的矩形波导。光束平行于表面并通过探测器结构传播。吸收长度可以至几个毫米，实际值取决于波导长度。

图 10.15 所示为 p-i-n SLS SiGe 波导光敏二极管性质[37]。p-i-n 探测器是由非掺杂 20 周期（或层）超晶格敏感区任一侧上的 n 类和 p 类 Si 组成，其中利用分子束外延技术（MBE）将超晶格敏感区生长在 n 类硅基板上。若成分 $x > 0.40$，则光谱响应度会出现严重变化，图中曲线清楚标明在波长 $1.3\mu m$ 处的有效响应。随着锗含量从 $x = 0.40$（原文错印为 $x = 40$。——译者注）并按照 10% 增量增大，光电流响应分别在 $1.08\mu m$、$1.12\mu m$ 和 $1.23\mu m$

处出现峰值。利用波导几何形状，在波长 1.3μm 处，SLS 中 Ge 含量 $x=0.60$，内部量子效率的测量值是 40% 的量级。

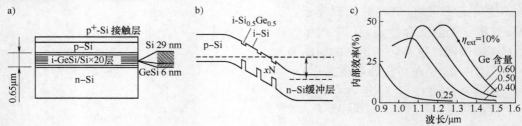

图 10.15 p-i-n SLS SiGe 超晶格光敏二极管

a）器件结构示意图 b）能带图 c）室温光谱响应与敏感层锗含量的函数关系

（资料源自：Paul, D. J., Semiconductor Science and Technology, 19, R75-R108, 2004）

1986 年，美国贝尔（Bell）实验室最先验证了雪崩 SiGe 光敏二极管，二极管的厚度范围为 0.5~2μm[39]。其中，带有 39nm 硅隔圈的 3.3nm 厚 $Ge_{0.6}Si_{0.4}$ 层的最有效，在 1.3μm 波长处的量子效率约为 10%，最大响应度是 1.1A/W。在 30V 反向偏压下可以有更稳定的性质，响应度是 4A/W。

20 世纪 90 年代中期之后，对 SiGe 探测器的大量研究集中在能在第三个光谱窗口（1.55μm）工作的结构[7]。由于 SiGe 在该波段没有吸收，所以利用纯锗材料减少外延层中的错位密度。若将锗生长在硅上，为使由晶格不匹配造成的处理错位密度降至最低，则要将渐变 $Si_{1-x}Ge_x$ 膜用作生长锗的垂直基板，或将厚膜退火后再涂镀一层低温锗种层[40]。

应当提及的是，利用分子束外延技术（MBE）已经在硅基板上生长出短周期 SiGe 超晶格和 SiGe 量子阱结构，适用于近红外、中红外和长波红外探测应用[41,42]。有关量子阱红外探测的更详细资料，请参考本书第 16 章的内容。

参考文献

1. D. J. Paul," Si/SiGe Heterostructures: From Material and Physics to Devices and Circuits," *Semiconductor Science and Technology* 19, R75-R108, 2004.

2. L. Pavesi," Will Silicon be the Photonic Material of the Third Millennium?" *Journal of Physics: Condensed Matter* 15, R1169-R1196, 2003.

3. B. Jajali and S. Fathpour," Silicon Photonics," *Journal of Lightwave Technology* 24, 4600-615, 2006.

4. S. M. Sze, *Physics of Semiconductor Devices*, Wiley, New York, 1981.

5. S. Adachi, *Properties of Group-IV, III-V and II-VI Semiconductors*, John Wiley & Sons, Chichester, 2005.

6. D. Wood, *Optoelectronic Semiconductor Devices*, Prentice-Hall, Trowbridge, UK, 1994.

7. H. Zimmermann, *Integrated Silicon Optoelectronics*, Springer, New York, 2000.

8. T. P. Pearsall," Silicon-Germanium Alloys and Heterostructures: Optical and Electronic Properties," *CRS Critical Reviews in Solid State and Materials Sciences*, 15, 551-600, 1989.

9. J. C. Bean," Silicon-Based Semiconductor Heterostructures: Column IV Bandgap Engineering," *Proceedings of IEEE* 80, 571-87, 1992.

10. R. A. Soref," Silicon-Based Optoelectronics," *Proceedings of IEEE* 81, 1687-1706, 1993.

11. T. Chuh," Recent Developments in Infrared and Visible Imaging for Astronomy, Defense and Homeland Securi-

ty," *Proceedings of SPIE* 5563, 19-34, 2004.

12. Y. Bai, J. Bajaj, J. W. Beletic, and M. C. Farris," Teledyne Imaging Sensors: Silicon CMOS Imaging Technologies for X-Ray, UV, Visible and Near Infrared," *Proceedings of SPIE* 7021, 702102, 2008.
13. S. Kilcoyne, N. Malone, M. Harris, J. Vampola, and D. Lindsay," Silicon p-i-n Focal Plane Arrays at Raytheon," *Proceedings of SPIE* 7082, 70820J, 2008.
14. I. Węgrzecka and M. Węgrzecki," Silicon Photodetectors: The State of the Art," *Opto-Electronics Review* 5, 137-46, 1997.
15. S. Melle and A. MacGregor," How to Choice Avalanche Photodiodes," *Laser Focus World*, 145-56, October 1995.
16. M. Yang, K. Rim, D. L. Rogers, J. D. Schaub, J. J. Welser, D. M. Kuchta, D. C. Boyd, et al.," A High-Speed, High-Sensitivity Silicon Lateral Trench Photodetector," *IEEE Electron Device Letters* 23, 395-97, 2002.
17. S. J. Koester, J. D. Schaub, G. Dehlinger, and J. O. Chu," Germanium-on-SOI Infrared Detectors for Integrated Photonic Applications," *IEEE Journal of Selected Topics in Quantum Electronics* 12, 1489-1502, 2006.
18. G. G. Shahidi," SOI Technology for the GHz Era," *IBM Journal of Research and Development* 46, 121-31, 2002.
19. M. Y. Liu, E. Chen, and S. Y. Chou," 140-GHz Metal-Semiconductor-Metal Photodetectors on Silicon-on-Insulator Substrate with a Scaled Active Layer," *Applied Physics Letters* 65, 887-88, 1994.
20. C. L. Schow, R. Li, J. D. Schaub, and J. C. Campbell," Design and Implementation of High-Speed Planar Si Photodiodes Fabricated on SOI Substrates," *IEEE Journal of Quantum Electronics* 35, 1478-82, 1999.
21. M. S. Unlu and M. S. Strite," Resonant Cavity Enhanced Photonic Devices," *Journal of Applied Physics* 78, 607-39, 1995.
22. M. S. Unlu, G. Ulu, and M. Gokkavas," Resonant Cavity Enhanced Photodetectors," in *Photodetectors and Fiber Optics*, ed. H. S. Nalwa, 97-201, Academic Press, San Diego, CA, 2001.
23. J. D. Schaub, R. Li, C. L. Schow, L. C. Campbell, G. W. Neudeck, and J. Denton," Resonant-Cavity-Enhanced High-Speed Si Photodiode Grown by Epitaxial Lateral Overgrowth," *IEEE Photonics Technology Letters* 11, 1647-49, 1999.
24. A. Bandyopadhyay and M. J. Deen," Photodetectors for Optical Fiber Communications," in *Photodetectors and Fiber Optics*, ed. H. S. Nalwa, 307-68, Academic Press, San Diego, CA, 2001.
25. S. Luryi, A. Kastalsky, and J. C. Bean," New Infrared Detector on a Silicon Chip," *IEEE Transactions on Electron Devices* ED-31, 1135-39, 1984.
26. G. Masini, L. Colace, and G. Assanto," Poly-Ge Near-Infrared Photodetectors for Silicon Based Optoelectronics," *ICTON Th.* C. 4, 207-10, 2003.
27. G. Masini, L. Colace, F. Petulla, G. Assanto, V. Cencelli, and F. DeNotaristefani, *Optical Materials* 27, 1079-83, 2005.
28. S. B. Samavedam, M. T. Currie, T. A. Langdo, and E. A. Fitzgerald," High-Quality Germanium Photodiodes Integrated on Silicon Substrates Using Optimized Relaxed Buffers," *Applied Physics Letters* 73, 2125-27, 1998.
29. J. Oh, J. C. Campbell, S. G. Thomas, S. Bharatan, R. Thoma, C. Jasper, R. E. Jones, and T. E. Zirkle," Interdigitated Ge p-i-n Photodetectors Fabricated on a Si Substrate Using Graded SiGe Buffer Layers," *IEEE Journal of Quantum Electronics* 38, 1238-41, 2002.
30. E. Kasper and M. Oehme," High Speed Germanium Detectors on Si," *Physic Status Solidi* (c) 5, 3144-49, 2008.
31. L. Colace, G. Masini, G. Assanto, G. Capellini, L. Di Gaspare, E. Palange, and F. Evangelisti," Metal-

Semiconductor-Metal Near-Infrared Light Detector Based on Epitaxial Ge/Si," *Applied Physics Letters* 72, 3175, 1998.

32. H. -C. Luan, D. R. Lim, K. K. Lee, K. M. Chen, J. G. Sandland, K. Wada, and L. C. Kimerling," High-Quality Ge Epilayers on Si with Low Threading-Dislocation Densities," *Applied Physics Letters* 75, 2909-11, 1999.

33. S. Farma, L. Colace, G. Masini, G. Assanto, and H. -C. Luan," High Performance Germaniumon-Silicon Detectors for Optical Communications," *Applied Physics Letters* 81, 586-88, 2002.

34. F. X. Kartner, S. Akiyama, G. Barbastathis, T. Barwicz, H. Byun, D. T. Danielson, F. Gan, et al. ," Electronic Photonic Integrated Circuits for High Speed, High Resolution, Analog to Digital Conversion," *Proceedings of SPIE* 6125, 612503, 2006.

35. C. S. Rafferty, C. A. King, B. D. Ackland, I. Aberg, T. S. Sriram, and J. H. O' Neill," Monolithic Germanium SWIR Imaging Array," *Proceedings of SPIE* 6940, 69400N, 2008.

36. H. Presting," Infrared Silicon/Germanium Detectors," *Handbook of Infrared Detection Technologies*, eds. M. Henini and M. Razeghi, 393-448, Elsevier, Kidlington, UK, 2002.

37. D. J. Paul," Si/SiGe Heterostructures: From Material and Physics to Devices and Circuits," *Semiconductor Science and Technology* 19, R75-R108, 2004.

38. H. Temkin, T. P. Pearsall, J. C. Bean, R. A. Logan, and S. Luryi," Ge_xSi_{1-x} Strained-Layer Superlattice Waveguide Photodetectors Operating near 1.3 μm," *Applied Physics Letters* 48, 963-65, 1986.

39. T. P. Pearsall, H. Temkin, J. C. Bean, and S. Luryi," Avalanche Gain in Ge_xSi_{1-x}/Si Infrared Waveguide," *IEEE Electron Device Letters* 7, 330-32, 1986.

40. N. Izhaky, M. T. Morse, S. Koehl, O. Cohen, D. Rubin, A. Barkai, G. Sarid, R. Cohen, and M. J. Paniccia," Development of CMOS-Compatible Integrated Silicon Photonics Devices," *IEEE Journal of Selected Topics in Quantum Electronics* 12, 1688-98, 2006.

41. H. Presting," Near and Mid Infrared Silicon/Germanium Based Photodetection," *Thin Solid Films* 321, 186-95, 1998.

42. H. Presting, J. Konle, M. Hepp, H. Kibbel, K. Thonke, R. Sauer, W. Cabanski, and M. Jaros," Mid-Infrared Silicon/Germanium Focal Plane Arrays," *Proceedings of SPIE* 3630, 73-89, 1999.

第11章　非本征硅和锗探测器

历史上，以锗为基础的非本征光电导体探测器是第一个非本征光电探测器，此后，出现了以硅和其它半导体材料（如砷化镓（GaAs）或磷化镓（GaP））为基础的光电探测器。

非本征光电探测器应用于几 μm 到约 300μm 非常宽的红外光谱，是在 $\lambda > 20\mu m$ 光谱范围工作的主要探测器。光电探测器的具体光谱范围取决于掺杂杂质以及被掺杂的材料。对于大多数 GaAs 浅层掺杂，光电响应的长波截止约为 300μm。与以其它材料为基础的非本征光电探测器相比，以硅和锗为基础的探测器已经得到了最为广泛应用，并在本章进行讨论。

对非本征红外光光探测器的研究和开发已经持续了 50 多年[1-3]。在 20 世纪 50 和 60 年代，可以制造出比硅纯度更高的锗。掺杂硅比掺杂锗需要更多补偿，并且掺杂硅的载流子寿命比非本征锗更短。如今，除硼污染的情况外，已经在很大程度上解决了生产纯净硅的问题。与锗相比，硅有几个优点，例如，可以得到高三个数量级的杂质溶解度，因此，利用硅能够制造具有较高空间分辨率和更薄的探测器。硅比锗有更低的介电常数，硅相关器件的制造技术已经得到较彻底开发，包括接触方法、表面钝化、成熟的 MOS 和电荷耦合器件（Charge-Coupled Device，CCD）技术。此外，硅探测器在中性辐射环境中具有特别好的硬度特性。

高度发达的硅 MOS 技术非常方便用于大型探测器阵列与读出和信号处理系统电荷转移器件（Charge-Transfer Device，CTD）的集成，也有助于制造均匀探测器阵列以及形成低噪声接触。尽管已经检验过大型非本征硅焦平面阵列（FPA）地面应用的可能性，但研究兴趣仍然倾向于工作温度更方便的 HgCdTe 和 InSb 材料。对掺杂硅在空间中的应用，尤其在低背景光照和波长范围为 13~30μm 的情况下，仍然有着很高的兴趣。在此应用中，HgCdTe 的成分控制是个难点。锗中浅层掺杂能量可使探测器的光谱响应波长超出 100μm，但对超出约 200μm 的波长，兴趣还是非本征锗。

由于为空间和地基红外天文学及空间防御飞行器的应用发明了多元件焦平面阵列（FPA），所以，对非本征探测器的兴趣越来越高。光电探测器技术的成功、深制冷低噪声半导体前置放大器和多路复用器的发明，以及光电探测器器件和深制冷设备的绝妙设计可以保证：即使在空间背景照度极低的情况下（比室内背景照度低 8~10 个数量级），也能够达到接近辐射极限的破纪录探测率[4,5]。目前这对于其它类型的光电探测器是不可能的。

非本征光电探测器的研发和制造主要集中在美国。在红外天文卫星（Infrared Astronomical Satellite，IRAS）获得巨大成功之后，外大气天文学应用计划受到广泛重视[6,7]。IRAS 的焦平面上排列着 62 个离散光电探测器。各种研究中心和大学都启动了由美国国家航空航天局（NASA）和美国国家科学基金会（NSF）支持的项目，探测器阵列制造厂商都有非常大的兴趣，为天文学界做了比预料多得多的工作[8,9]，例如美国雷神视觉系统（Raytheon Vision System，RVS）公司、诊断检测系统（Diagnostic Retrieval Systems，DRS）公司和泰莱达因图像传感器（Teledyne Imaging Sensors）公司。位于真空中的深制冷空间望远镜能涵盖 1~1000μm 整个红外波长范围，远红外天文学能提供有关银河系、恒星和行星的重要信息。

在低背景辐射情况下，通过增大积分时间（至几百秒）有希望使这些系统的灵敏度得到改善。

本书曾阐述过非本征光电导探测器经典理论的基础知识（见本书9.1.2节）。与本征光电导性相比，由于半导体中可以掺入的杂质量有限而不会改变杂质态性质，所以，非本征光电导性能要低得多。低背景光电探测器的探测过程意味着，是通过光子吸收而不是热激励来主导自由载流子产生的。因此，随着探测器长波截止波长（λ_c，单位为 μm）增大而需要更低温度，可以近似表示为

$$T_{max} = \frac{300}{\lambda_c} \tag{11.1}$$

式中，λ_c 的单位为 μm。

图11.1给出了五种适用于低背景光应用的高性能探测器材料的总趋势：Si、InGaAs、InSb、HgCdTe 光电二极管以及 Si：As 杂质带导体（IBC）探测器（也称为被阻杂质带（BIB）探测器）。探测器具有较长截止波长，一般地，要求较低的工作温度以实现相同的暗电流性能。由于系统背景光范围很宽，所以，工作温度范围也相当宽。

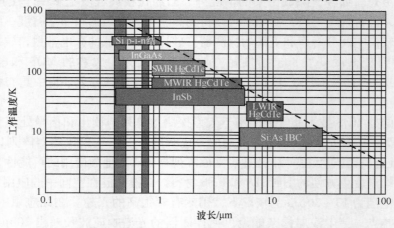

图 11.1　具有最大灵敏度光谱带的低背景材料体系的工作温度
（虚线表示长波长探测需要较低工作温度的趋势）

本章将对非本征探测技术及器件的工作特点进行简要讨论，并介绍已研制出的不同类型的非本征光电探测器：被阻杂质带（Blocked Impurity Band，BIB）器件和固态光倍增器（Solid-State Photomultipler，SSPM）。非本征光电探测器焦平面阵列的主要内容将在本书21.2节阐述。

11.1　非本征探测技术

通常，利用半导体工业技术制造硅和锗非本征光电导体[4,10]。采用切克劳斯基（Czochralski）晶体生长法（或提拉法）无需触及炉壁就能从熔液中拉出晶体。从而避免其与坩锅壁接触固化而在晶体中形成应力，还可以防止壁上的杂质落入晶体。在生长晶体的熔液中增加一些杂质而可以使其成为掺杂材料。另外，对材料进行区域精炼会提高材料纯度，在区域精炼阶段向熔化区放置杂质可以增加掺杂度。将晶体置于杂质蒸气中，或者使其表面与杂

质材料样片接触，就能够完成生长晶体的掺杂。在这两种情况中，杂质原子通过高温扩散进入晶体中。浮法区域生长晶体技术综合了切克劳斯基生长法和区域精炼法的特点，将晶体生长在一个悬吊着的晶块熔化部分的晶种上，以避免与坩埚壁接触。

由于杂质具有少量的激励能量 E_i，为了抵消有害的热导率，通过增加相反类型的杂质（如杂质是 p 类，则增加 n 类），并仔细控制增加量，就能够得到补偿（见本书 9.1.2 节）。虽然为获得高性能探测器，采用某种程度的补偿是非常重要的，但通常最基本的还是使用尽可能纯的材料，并只需要少量补偿。通常高浓度补偿掺杂可使光激励产生的电荷载流子能被快速俘获，降低光导增益。由于样本不均匀或者没有精确控制补偿材料量，因而控制补偿工艺上存在问题。最后，补偿杂质的原子使一些多数杂质原子离子化，形成一些载流子可以跃入的空位，因而会加强跳跃电导率。合理的补偿效果是，只局部掺杂期望杂质就能填满材料中的污染杂质；并且，期望杂质的能级决定了该材料冻结的温度。补偿过程中，以降低载流子寿命为代价提高工作温度。补偿不足会导致浅层杂质产生热，形成过量噪声，除非降低工作温度；补偿过剩降则低载流子寿命，并恶化探测器响应度，但不会进一步提高工作温度。

为了得到高质量的 Si: X（或 Ge: X）材料，特别是用于阵列的材料，保证掺杂和补偿杂质两者的均匀性是最重要的。影响均匀性的因素包括：掺杂浓度、基质晶体固化时掺杂物的隔离系数和蒸气压力、晶体是从空气或者坩埚中生长取出的、生长期间提拉率和旋转率、降水和脱位工序的缺陷以及将材料处理成阵列时高温可能引发的影响。利用浮法区域生长晶体技术能制造高质量 Si: X 材料，这种技术使材料具有最低密度的污染元素。使用高旋转率（6r/min）和低提拉率（4mm/min）能够增大主要掺杂物的均匀性。对于 Si: Ga 材料，为了达到最大均匀性，必须在 1300℃ 温度下退火 16 天。这种退火工艺只对使用浮法区域生长低氧和低碳的晶体时才是成功的。通过比较知道，切克劳斯基晶体生长法（或提拉法）生产的材料充满了包括氧和碳在内的污染杂质。氧污染杂质会造成有害的施主，而碳污染杂质可以改变杂质的激活能级。

多晶硅中含有磷和硼两种杂质。通过连续的真空浮法区域生长过程可以消除磷，但不能去除硼。通常消除磷，然后重新引入磷以补偿硼。补偿杂质的典型浓度是 $N_d - N_a = 10^{13}$ cm^{-3}。一种在非本征硅中补偿硼的方法称为中子构型掺杂，经过受控中子辐照使部分 Si 原子转变为磷施主。

为了制造探测器，利用一种精密锯将晶体切成薄晶片材料，然后抛光。晶片两侧形成探测器接触点。为了使接触点附近电场变化平稳，在连接实际接触点的半导体中使用重掺杂。通过植入一种类似多数杂质类型的杂质原子（例如，对于 p 类杂质是硼，而 n 类材料是磷）实行掺杂，然后通过加热进行晶体损伤退火[11]。热退火会恢复单晶性，并激活植入的原子。20nm 薄 Pd 粘附层金属化后附上一层几百 nm 的金（Au）层就完成了接触点形成工艺。在比第一层能量更低的层上增加第二层离子植入杂质就可以制成透明接触点，因此，到目前为止，不会穿透到晶体内，并有较高杂质密度，进而有较大的电导率。对不透明接触点，将金属蒸镀在离子植入层上，单个探测器或探测器阵列都可以用精密锯由晶片切割而成，对探测器进行刻蚀可以消除上述切割工艺留下的表面损伤。最后，自然生长的氧化硅（在高温下）是硅光电探测器的良好保护层。对于锗和其它许多半导体，必须通过更复杂的处理步骤增加保护层。

为了制造半导体探测器，需要采用不同的附加技术，包括标准光刻术。外延技术是一种在已有晶体结构上生长薄晶体层的特别有用的技术。与硅相比，锗和其它许多半导体在制造保护层或隔离层方面需要较复杂的处理步骤。

11.2 非本征光电探测器的工作特性

20世纪50年代以来，对低温和低背景光下非本征光导体所属的高电阻率晶体的光电导率的研究，是从非本征光电导率的研究开展进行的。当时完成的最有意义的工作是：光电流增益机理的研究、空间电荷限电流（Space-Charge-Limited Current，SCLC）的估算[12-14]、强场下光生载流子扫出特性的确定[15-19]、补偿半导体的电场遮蔽[20]和光导体中热和生成-复合噪声的研究[16]。与本征器件不同，普通的非本征光电导体只有一类移动载流子。本征光电导体的低阻抗，使空间电荷较容易保持中性。因此，施加偏压时，电子和空穴的过量分布沿一个方向移动。而高阻抗光电导体中的空间电荷就不再保持中性，如后所述，将导致非寻常效应。

最早的实验研究揭示，非本征光电导体参数对制造方法和接触点特性有很强的依赖关系，特别是频率高于介电弛豫时间倒数时更是如此。20世纪80年代，斯克拉尔（Sclar）发表的综述性论文强调了详细研究该影响的必要性，包括低温低背景光下补偿半导体接触点性质的特殊性[4,21-25]。应当注意，这些综述论文对非本征光电导体数据系统化以及使这些设备大众化和纳入红外光电子设备起着重要作用。

在过去三十年里，对非本征光电导体低温和低背景光下工作机理的理解有了很大进步[4,8,26-33]。福克斯（Fouks）对俄罗斯（其它地方忽略）研发的低背景光电非本征探测器非平稳性理论做了有意义的历史性评述[29]。科切罗夫（Kocherov）及其同事进行了更为综合的理论性讨论[31]。已经表明，补偿半导体重掺杂接触点在固定频率或低频率调制电场影响下是欧姆效应；而频率高于俘获充电时间倒数时就变成有效注入器件。在这种情况下，电荷载流子的注入受控于接触点附近的电场，并且，当施加偏压小于为空间电荷限电流（SCLC）的施加偏压时便可以观察到。

非本征半导体中遮蔽长度与频率有关。低频下，电场遮蔽距离在德拜（Debye）长度的数量级，远小于探测器长度。若频率高于介电弛豫频率、等于介电弛豫时间倒数时，则遮蔽长度会有很大提高，可以超过探测器长度。在此情

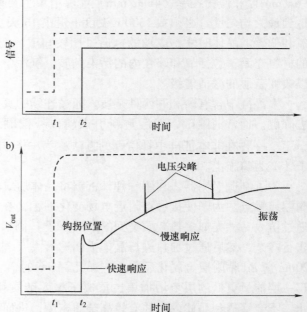

图11.2 非本征光电导体对两步输入信号的响应
a) 一个是中等背景光信号（虚线），另一个几乎是
0、1阶跃信号（实线） b) 探测器响应
（资料源自：Rieke, G. H., Detection of Light:
From the Ultraviolet to the Submillimeter, 2nd ed, Cambridge University Press, Cambridge, 2003）

况下，随着电场增大会产生光生载流子扫出和光电导增益饱和。

利用接触性质新概念可以得到非本征光电导探测器阻抗和光响应对频率的依赖关系，光信号或电压突变的瞬态性质以及噪声谱密度[27,29-35]。此外，已经表明，即使是具有线性电流-电压特性的补偿半导体，注入电荷载流子引起的陷阱（trap）充电也将导致载流子单极等离子体的不稳定性。已经确定了非稳态复合过程中过量浓度的多数载流子起主导作用，并且找到了抑制注入接触点处中频电流散粒噪声的机理。

对光电导性的传统讨论中认为，初始的快速响应是由于探测器激活区内电荷的产生和复合所致（见图11.2）[36]。对于中等背景光，探测器的响应与信号相当一致（虚线）。若是应用于非本征探测器的典型低背景光情况，必须发射电荷载流子以维持平衡（这一点大致表现为探测器介电弛豫时间常数），并且，探测器空间电荷以这样较慢的速率调整到一个新的结构布局。缓慢注入新载流子的结果就是在新的照明条件下将注入点附近电场缓慢地调整到新的平衡。由于此现象，响应表现为多个部分，包括快和慢响应、曲线弯处（或钩响应）异常、电压尖峰和振荡（实线）。

钩响应（由于电信号输出波形外观而得名）部分源自探测器内横向接触方向的非均匀照明。由于接触点的遮蔽，其下的光照减小。当增大照明量时，探测器其它部分的电阻减小，电场中的大部分载流子离开接触点附近的高电阻层，只是在介电弛豫时间内恢复到平衡态。因此，在初始快速响应之后，探测器范围内的光电导增益减小，总的响应缓慢下降。钩响应与电荷载流子量子机械隧穿接触点处的电压势垒有关，电荷被接触点附近的电场加速时形成尖峰，并聚集足够能量使材料中杂质冲击电离化，电荷载流子形成小的雪崩。精密设计探测器电接触点结构使钩响应和尖峰降至最小。在透明锗探测器中，包括接触点之下的面积在内，整个探测器体完全得到照明，钩响应特性变得不明显或者得到消除[35]。低光电导增益，如使探测器在降低偏压条件下工作，也可以降低尖峰和钩响应。

在高背景光条件下，可产生稳定的自由载流子浓度，减小介质弛豫时间常数，所以非本征光导体具有较好的性能，可以快速达到适合新信号电平的新平衡。然而，若是低背景光照射，在探测器仍然处于非平衡状态下必须提取信号，并且，输入信号要从探测器的部分响应中导出。已经实施了各种方法，包括经验拟合校正法和近似解析模型[37,38]。低背景光下的数据标定是一种挑战。

11.3 非本征光电导体的性能

11.3.1 硅掺杂光电导体

探测器的光谱响应，取决于具体杂质态的能量级和态密度，是束缚电荷载流子被激励到某级能带的能量的函数。已经研究过大量的其它类杂质，表11.1列出了一些常用的杂质能级以及以此为基础的非本征硅探测器对应的长波截止波长。注意到，精确的长波截止波长是杂质掺杂密度的函数，高密度值会有稍高的光谱响应。图11.3给出了几种非本征探测器的光谱响应[39]。与体Si:As器件相比，受阻杂质带（BIB）Si:As器件（见本章11.4节）具有较长光谱响应是由于其具有较高掺杂级，从而降低了电子的键能。

表 11.1 非本征 Si 红外探测器通常使用的杂质级

杂质	能量/meV	截止波长/μm	温度/K
铟	155	8	40~60
铋	69	18	20~30
镓	65	19	20~30
砷	54	23	13
锑	39	32	10

注：工作温度取决于背景光通量强弱。

非本征探测器常使用液态氢制冷，以满足地基和空间天文学应用。闭式循环两级和三级制冷器适用于这些探测器，可分别制冷到 20~60K 和 10~20K。

非本征探测器性能一般是量子效率背景限的，量子效率随特定掺杂物、掺杂浓度、波长以及器件厚度变化（见本书 9.2.2 节）。峰值对应处的量子效率典型值是 10%~50%。

对于 3~5μm 的波长范围，掺杂受体 In 的 Si（Si:In）材料是一种理想选择。In 空穴基态位于 E_v + 156meV 处（E_v 是价带上端的能量），

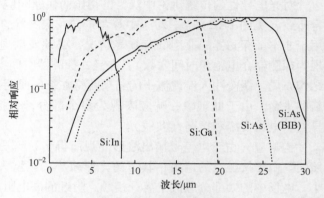

图 11.3 非本征硅探测器光谱响应实例
（图中 Si:In、Si:Ga 和 Si:As 体探测器，以及 Si:As 杂质带导体）
（资料源自：Norton, P. R., Optical Engineering, 30, 1649-63, 1991）

导致光电导始点位于 $\lambda \approx 8\mu m$，峰值响应在 7.4μm。各种硅晶体不可避免地包含有残余的空穴键能是 E_v +45meV 的硼（B）的受体。已经链接到 In-C 中心、称为 In-X 的下一能级位于 E_v +111meV 处。除这三个受体级外，总是存在一个 P 施主级。亚历山大（Alexander）等人已经计算出温度和浅层能级补偿对探测器响应度的影响[40]。若工作在很低温度下，即使最浅层剩余受主（E_B =45meV）生成的热也可忽略不计时，使剩余施主浓度最小总可以得到最高响应度。当浅层受主经过仔细补偿后，热重发使这些中心内俘获的有效截面变小，导致自由载流子寿命更长（高达 200ns），因而得到非常高的响应度。Si:In 材料，已经得到了 100A/W 的值。在热中子俘获之后进行 β 衰变，将 ^{30}Si 原子核嬗变成 ^{31}P 原子核，就可以通过掺杂工艺实现近乎完美的补偿[41,42]。Si:In 探测器达到的性能如图 9.10 所示，图中还给出了与理论曲线的比较。

长波探测器主要使用镓（Ga）。通常，是在垂直浮法区域晶体生长过程中对熔液掺杂来制备探测器材料的。然而，应用于 8~14μm 大气窗口的，镓因低激活能量（0.074eV）并非最佳，但它并不需要采用低工作温度。镁（Mg）具有更合适的能级，但是，根据斯克拉尔（Sclar）的观点，该材料有一个浅层 0.044eV 能级，需要低温或者额外补偿[21]。如果能够消除该能级，或许镁是适合 8~14μm 的理想材料。对于其它探测器，Si:Al 和 Si:Bi 呈现出各种缺点[21]。在对 Si:Al 晶片进行热处理过程中，经常遇到铝析出和形成晶隙 Al_2C_3，对制造均匀的探测器阵列非常不利。若是 Si:Bi，由于生长温度下存在高 Bi 蒸气压力，所以，利用浮法区域技术生长具有合适掺杂浓度的均匀晶体是很困难的。利用切克劳斯基法生长的

Si: Bi 表现出较高的 B 浓度，使探测器性能降低。

斯克拉尔（Sclar）的论文对硅和锗探测器在各种光谱范围内的探测性能做了综合评述[4,21-25]。表 11.2 列出了对应用于 $2 \sim 2.5 \mu m$、$3 \sim 5 \mu m$ 和 $8 \sim 14 \mu m$ 大气窗口的硅探测器情况做了总结。表 11.3 列出了掺杂硅和锗在低背景光空间中的应用性质。

表 11.2 硅红外探测器的性能

探测器	$(E_i)_{op}$ /meV	$(E_i)_{th}$ /meV	λ_p /μm	λ_c (T) /[μm; (K)]	η (λ_p) (%)	T_{BLIP} (30 FOV; λ_p) /[K; (μm)]
Si: Zn (P)		316	2.3	3.2 (50~110)	20	103 (32)
Si: Tl (p)	246	240	3.5	4.3 (78)	>1	
Si: Se (n)	306.7	300	3.5	4.1 (78)	24	122
Si: In (p)	156.9	153	5.0	7.4 (78)	48	60
Si: Te (n)	198.8	202	4.6	6.3 (78)	25	77
Si: S (n)	186.42	174	5.5	6.8 (78)	13	78
Si: Se' (n)	205	200	5.5	6.2 (78)		85
Si: Ga (p)	74.05	74	15.0	17.8 (27)	30 (13.5)	32 (13.5)
Si: Al (p)	70.18	67	15.0	18.4 (29)	6 (13.5)	32 (13.5)
Si: Bi (n)	70.98	69	17.5	18.7 (29)	35 (13.5)	32 (13.5)
Si: Mg (n)	107.5	108	11.5	12.1~12.4	2 (11)	50 (11)
Si: S' (n)	109	102	11.0	12.1 (5)	<1	55

（资料源自：N. Sclar, Progress in Quantum Electronics 9, 149-257, 1984）

表 11.3 一些硅和锗探测器在低背景光应用中的性能

探测器	$(\Delta E)_{opt}$ /meV	λ_p /μm	λ_c (T) /[μm; (K)]	η (λ_p) (%)	Φ_B / (光子 $cm^{-2} s^{-1}$)	NEP (λ; T; f) /(W $Hz^{-1/2}$)	λ/μm; T/K; f/Hz
Si: As	53.76	23	24~24.5 (5)	50 (T) 20 (L)	9×10^6 6.4×10^7	0.88×10^{-17} 4.0×10^{-17}	(19; 6; 1.6) (23; 5; 5)
Si: P	45.59	24/26.5	28/29 (5)	~30 (T)	2.5×10^8	7.5×10^{-17}	(28; 4.2; 10)
Si: Sb	42.74	28.8	31 (5)	58 (T) 13 (L)	1.2×10^8 1.2×10^8	5.6×10^{-17} 5.5×10^{-17}	(28.8; 5; 5) (28.8; 5; 5)
Si: Ga	74.05	15.0	18.4 (5)	47 (T)	6.6×10^8	1.4×10^{-17}	(15; 5; 5)
Si: Bi	70.98	17.5	18.5 (27)	34 (L)	$<1.7 \times 10^8$	3×10^{-17}	(13; 11; -)[①]
Ge: Li	9.98	125 (计算值)			8×10^8	1.2×10^{-16}	(120; 2; 13)
Ge: Cu	43.21	23	29.5 (4.2)	50	5×10^{10}	1.0×10^{-15}	(12; 4.2; 1)
Ge: Be[②]	24.81	39	50.5 (4.2)	100[2]	1.9×10^{10}	1.8×10^{-16}	(43; 3.8; 20)
Ge: Ga	11.32	94	114 (3)	34	6.1×10^9	5.0×10^{-17}	(94; 3; 150)
Ge: Ga[②]	11.32	94	114 (3)	~100	5.1×10^9	2.4×10^{-17}	(94; 3; 150)
Ge: Ga[②] (s)[③]	~6	150	193 (2)	73[2]	2.2×10^{10}	5.7×10^{-17}	(150; 2; 150)

注：T 和 L 表示横向和纵向探测器；
① 表示 1s 集成信号；
② 表示利用集成型腔得到的结果；
③ (s) 表示应力 $= 6.6 \times 10^3$ kg cm^{-2}。

（资料源自：N. Sclar, Progress in Quantum Electronics 9, 149-257, 1984。）

11.3.2 锗掺杂光电导体

正如前面所述,对于高和低两种背景辐射的应用情况,硅探测器可以得到差不多的光谱响应,所以,锗非本征探测器在很大程度上已经被硅探测器替代。但是,对很长的波长光谱,仍然非常青睐锗器件。各种锗光电导体已经应用于多种红外天文试验,以及机载、星载两个领域。欧洲航天局(European Space Agency,ESA)红外空间天文台(Infrared Space Observatory,ISO)的光度计(ISO Photometer,ISOPHOT)就是空间应用的例子,使用波长范围3~200μm的非本征光电导体[43]。红外天文卫星(Infrared Astronomical satellite,IRAS)的成功发射是现代远红外光电导体研发的开始[44]。非常浅层的施主,如Sb,及受主,如B、In或Ga,都在100μm波谱范围提供截止波长。图11.4给出了掺杂Zn、Be和Ga以及受压掺杂镓的非本征锗光电导体的光谱响应[28]。最近,尽管在研发极敏感热探测器方面做了大量工作,然而,对于波长小于240μm的波长范围,锗光电导体仍然保持最灵敏的探测器水平。

由于晶体的生长技术进步,以及能够将掺杂晶体中剩余的少数杂质控制在$10^{10}cm^{-3}$以下,所以有可能实现低NEP值,保持在$10^{-17}W\ Hz^{1/2}$数量级(见表11.3)[11,45]。因此,可以得到长寿命和迁移率值,以及较高的光电导增益。

Ge:Be光电导体的光谱范围约30~50μm。铍(Be)在锗中是一种具有能级$E_v+24.5meV$和$E_v+58meV$的双受主材料,由于具有强烈的氧亲和性,所以,存在特殊的掺杂问题。在0.5~1mm厚探测器中,铍的掺杂浓度为$5×10^{14}$~$1×10^{15}cm^{-3}$时会有很

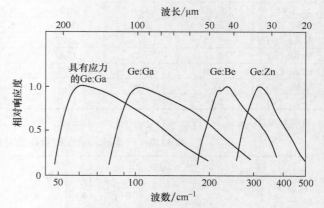

图11.4 一些锗非本征光电导体的相对光谱响应
(资料源自:Leotin, J., "Far Infrared Photoconductive Detectors", Proceedings of SPIE 666, 81-100, 1986)

强的光子吸收,同时,由调频传导产生的暗电流保持低至每秒几十个电子。已有报道指出,低背景下Ge:Be探测器在波长$\lambda=42\mu m$处的响应度>10A/W,量子效率是46%[11]。

Ge:Be光电导体是波长40~120μm范围内最好的低背景光子探测器。材料的吸收系数是光电离化截面与掺杂浓度的乘积(参考式(9.58)),所以,一般情况下,希望其浓度最大。但实际限制是,浓度太高会使杂质带传导形成过大的暗电流。对于Ge:Ga,杂质带的起始点在$2×10^{14}cm^{-3}$处,吸收系数仅$2cm^{-1}$,量子效率的典型值范围是10%~20%[46]。因此,探测器必须有长的实际吸收长度或者安装在积分腔内。表11.4列出了Ge:Ga探测器的部分特性参数[47]。

沿Ge:Ga晶轴(100)施加的单轴应力降低了Ga受体的键能,将截止波长扩展到约240μm[48,49]。在该效应的具体应用中,对探测器要施加并保持一个很均匀的可控压力,使整个探测器处于压力之下,而任何一点都不超过其断裂强度。已经研发出大量的机械压力模型,受压Ge:Ga光导体系统已经广泛应用于天文学和天文物理领域[43,47,50,51]。

表 11.4 Ge:Ga 探测器的部分典型参数

参数	数值	参数	数值
受主浓度	$2 \times 10^{14} cm^{-3}$	响应度	7A/W
施主浓度	$< 1 \times 10^{11} cm^{-3}$	量子效率	20%
偏压典型值	50mV/mm	暗电流	<180e/s
工作温度	<1.8K		

(资料源自：Young, E., Stansberry, J., Gordon, K., and Cadien, J., "Properties of Germanium Photoconductor Detectors", in Proceedings of the Conference of ESA SP-481, 231-35, VilSpa, 2001)

11.4 受阻杂质带器件

根据本书 9.12 节内容，为了使非本征光电导体的量子效率和比探测率达到最大，掺杂级应尽可能高。当需要器件抗辐射，并且为了使电离化辐射吸收最小而做得尽量薄时，这一点特别重要。对一般非本征探测器进行有效掺杂的一个可能的限制因素是杂质能带的位置。当掺杂程度足够高以致相邻杂质波函数相叠加，并且其能级扩展到一个可以支持跳频传导的能带的情况下，就会出现此现象。这种现象，会限制探测器电阻和光电导增益，同时也增大了暗电流和噪声。例如，对 Si:As 材料，若掺杂级高于 $7 \times 10^{16} cm^{-3}$，上述效应变得非常重要。为了克服杂质带效应，也为了改善抗辐射性和降低阵列相邻像元间的光学串扰，建议采用受阻杂质带（BIB）器件。BIB 探测器也称为杂质带传导（Impurity Band Conduction, IBC）探测器，已经证明，该探测器还有其它重要优点。例如，没有光电导探测器的典型不规范特性（形成尖峰，反常瞬变响应），若响应度固定不变，以及单个探测器工作范围内和不同探测器间的响应有良好的均匀性，则可以增大频率范围。

由掺杂硅或者掺杂锗制成的受阻杂质带（BIB）探测器对 2～220μm 红外波长范围敏感，1977 年，美国罗克韦尔（Rockwell）国际科学中心的佩特罗夫（Petroff）和 Stapelbroek 首先提出该项课题[52]。起初，大部分 BIB 探测器的研发集中在掺砷硅（Si:As）[53,54]，该探测器仅对 2～30μm 波长范围的红外辐射敏感，广泛应用于地基望远镜及所有的斯皮策（Spitzer）仪器。一旦研制出合适的材料，BIB 探测器的性能就可以扩展到较长波谱。由于磷广泛应用于商业集成电路中，所以，是另一种吸引人的掺杂物（截止波长约 34μm），可直接用于制造探测器[55]。Si:Sb 与 Si:As 一起安装在斯皮策红外光谱仪中[56,57]，也已经使用 Ge:Ga[58,59]、Ge:B[60,61]、Ge:Sb[62] 和 GaAs:Te[63,64] 制造受阻杂质带（BIB）探测器。GaAs:Te 的数据表明，探测器光谱几乎超过 300μm，无需施加接近探测器像素断裂极限的单轴压力。然而，Si:As 受阻杂质带探测器是目前唯一适用于大尺寸阵列的形式。

目前众多厂商都在使用的一种先进的成熟工艺制造探测器阵列。器件制造过程通常使用抛过光的本征硅晶片技术，以及掺杂和未掺杂化学气相沉积技术。利用一个两层结构代替均匀的中度掺杂单晶半导体片，而双层结构由几微米厚的纯净未掺杂阻挡层和几十微米厚的重掺杂红外吸收层组成，利用简并掺杂欧姆层将这两层相连。与体光电导体一样，受阻杂质带（BIB）器件是单极的（都是 n 类或者 p 类）。

以外延晶体生长 n 类材料为基础的受阻杂质带（BIB）探测器结构如图 11.5 所示。敏感层夹持在较高掺杂简并基板电极与未掺杂阻挡层之间。为了使杂质电离化有高量子效率，

10μm 厚度范围内的敏感层掺杂要足够高（若是 Si: As 的 BIB 器件，敏感层掺杂高达约 $5 \times 10^{17} cm^{-3}$）才能使杂质带起作用。除电子光激励发生在施主杂质与传导带之间外，该器件具有类似二极管的特性。重掺杂 n 类红外敏感层具有小浓度负电荷补偿受主杂质（$N_a \approx 10^{13} cm^{-3}$）。若未施加偏压，电荷中性要求电离施主相等的浓度，而负电荷固定在受主级，与电离施主级（D^+ 电荷）有关的正电荷是移动的。根据占有（D^0）和空置（D^+）邻位间的跳频机理，D^+ 电荷可以通过红外敏感层传播。施加正偏压于透明接触点就会形成一个将现有的 D^+ 电荷驱动至基板的电场，而未掺杂阻挡层防止注入新 D^+ 电荷，因而形成 D^+ 电荷的耗尽区，其宽度取决于施加偏压及补偿受主浓度。

下面重点讨论 n 类硅器件，特别是 Si: As。该器件由两层涂镀在简并掺杂 n 类硅基板上的薄膜组成。第一层是重掺杂、但不是简并掺杂的红外敏感层，厚度为 d。由于敏感层是重掺杂的，所以杂质带在其名义能级附近的宽度增大，导带（或 p 类材料的价带）与杂质带最近部分的能隙变小。因此，与具有相同掺杂物的普通体光电导体相比，激励受阻杂质带（BIB）探测器的光电导效应所需要的最小光子能量更低，光谱响应扩展到更长波长，该效应如图 11.3 所示。

红外敏感层分为厚度为 w 的耗尽层和厚度为 $d-w$ 的中性层。称为阻挡层的第二外延层厚度为 b，是本征材料，多数情况为轻掺杂。最后，为了接收红外辐射，将一浅层 n^+ 植入透明接触点置于阻挡层上端。在红外敏感层中，有小浓度的受主（硼），假设全部得到补偿，因此全部电离化，$N_a^- = N_a$ ($N_a \approx 10^{13} cm^{-3}$)。若没有施加偏压，电荷中性便要求离子化施主有相等的浓度 $N_d^+ = N_a$。与固定受主位相关的负电荷是不能移动的，而与离子化施主位有关的正电荷可以移动。由于

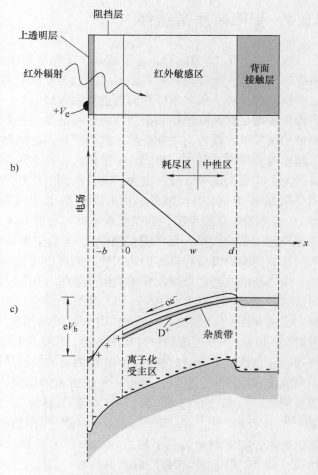

图 11.5 受阻杂质带探测器
a) 正偏压探测器的截面图 b) 电场 c) 能带图

重掺杂浓度施主，所以，施主电荷从一个位跳频至另一个位（称为杂质带效应）具有很高概率。与 N_d^0 中性位相关的电子跳频到 N_d^+ 空位，可以视为杂质带中在相反方向移动的"空穴"。施加正向偏压到透明接触点，就将 N_d^+ 电荷扫出红外敏感层，远离与阻挡层的界面，而未掺杂阻挡层防止注入新的 N_d^+ 电荷，因而形成 N_d^+ 电荷耗尽区。因为电离化受体电荷不能移动，所以，负空间电荷留在耗尽区。阻挡层电场最大，根据泊松（Poisson）公式，随

着到红外敏感层的距离(见图 11.5b)而线性减小。如果阻挡层是理想本征材料(没有任何杂质),则耗尽层的宽度 w 为

$$w = \left[\frac{2\varepsilon_0\varepsilon_s}{qN_a}V_b + b^2\right]^{1/2} - b \tag{11.2}$$

式中,V_b 为施加偏压。耗尽层宽度确定器件的敏感区(或工作区),因为合适的电场只能形成在该区域。

假设,$N_a = 10^{13} \mathrm{cm}^{-3}$、$V_b = 4\mathrm{V}$ 和 $b = 4\mathrm{\mu m}$,可以得到 $w = 19.2\mathrm{\mu m}$。对于典型的施主浓度 $N_d = 5 \times 10^{17} \mathrm{cm}^{-3}$,可以看出 $\sigma_i N_d w = 2.12$。对于具有后反射表面的探测器,单通的吸收量子效率约为 88%,双通的高达 98%。随着 V_b 增大,直至 $w \geq d$,其量子效率都在增大,其中 d 是红外敏感层厚度。假设,$w = d$,其它参数取典型值,则阻挡层附近的电场大,约为 2800V/cm,远远大于普通的体光电导体[36]。

这种大区域中电子的平均自由路程约为 0.2μm。在 2800V/cm 电场作用下使电子加速通过该路程将获得 0.056eV 能量。而 Si:As 需要的激励能量是 0.054eV(对应 $\lambda_c = 23\mathrm{\mu m}$),所以,足以使中性砷杂质原子电离化,形成两个传导带电子。反复碰撞会导致大的增益,由于这是一个统计过程,所以,可以用过量噪声因数 β 表示由于增益色散额外产生的噪声特性。较大偏压时,该因数大于 1,探测器噪声增大。量子效率 η 和增益 g 的乘积给出量子产率,其值正比于响应度 $R = (\lambda\eta/hc)qg$(见式(3.33))。探测量子效率定义为量子效率与过量噪声因数之比 η/β。满足背景限条件,则信噪比正比于 η/β 的二次方根。对受阻杂质带(BIB)探测器的更详细分析,请参考斯姆洛维茨(Szmulowicz)和马达拉斯(Madarsz)的论文[65]。

与体光电导探测器相比,受阻杂质带(BIB)探测器有一些优点。首先,由于本征层阻挡暗电流,所以敏感层掺杂可以比体光电导体高两个数量级;其次,增加掺杂量能够使探测器体积相应减少,有效地减少高能粒子或光子的干扰;第三,当正施主态(非施主本身)传播到负接触点的非耗尽区时,电子传播到遍布阻挡层的正接触区。结果等效于一个载流子传播了两个接触点间的全部距离,而与发生电离化(只是一个与单个光子探测相关的单个随机事件)位置无关。因此,与普通的光电导体相比,g-r 噪声电流 rms 减少 $\sqrt{2}$ 倍(采用较低电阻的材料时会在受阻杂质带(BIB)探测器中出现复合,并且,探测器高阻抗部分并非是随机分布过程)。

受阻杂质带(BIB)探测器的工作原理类似光伏探测器。当红外辐射入射到探测器上,若光子能量大于施主杂质的光电离子阈值,则会形成载流子对,耗尽区中形成的这些载流子对被其电场扫出;中性区形成的载流子对复合。耗尽区中也有热产生的载流子对,这会引起暗电流和与暗电流有关的噪声。对于大电场,电子加速通过耗尽区将碰撞中性施主使其电离化,产生内部增益和放大。此外,受阻杂质带(BIB)探测器一个接触点之下重掺杂材料会降低量子机械隧穿的可能性,因而降低钩响应,而另一个接触点之下具有低杂质浓度的本征材料降低了碰撞电离化,因此,相对于低背景下体光电导体会形成尖峰。

探测器制备过程详细的工艺步骤取决于探测器是通过第一个接触会和阻挡层从前侧照明,还是通过第二个接触层从后侧照明,如图 11.6 所示[36]。后照明方式受阻杂质带(BIB)探测器的制造从制造离子植入镶嵌式电接触层开始,采用外延法将较高掺杂红外敏感层和未掺杂阻挡层生长在嵌入接触层上面,通过另外的离子植入完成对探测器元素(阵列像素)

的图形刻印，从而形成第二个接触层。利用标准的硅微光刻工艺划定金属线就完成探测器结构，为嵌入接触层提供电连接，并形成铟柱。对于前侧照明探测器，将一个透明接触层植入阻挡层中，将探测器生长在一个特种掺杂的导电（简并）基板上就制造出第二个接触层。在后一种情况中，一层薄简并但透明的接触层生长在高纯度透明基板上敏感层下面。利用V形槽形成嵌入接触层的偏压。V形槽镀有金属膜使其导电，并位于探测器一侧。

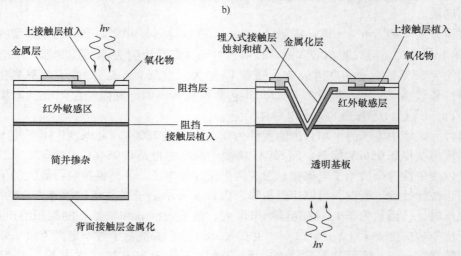

图11.6 前后照明的受阻杂质带探测器
a) 前侧照明受阻杂质带（BIB）探测器　b) 后侧照明受阻杂质带（BIB）探测器
（资料源自：Rieke, G. H., Detection of Light: From the Ultraviolet to the Submillimeter, 2nd ed., Cambridge University Press, Cambridge, 2003）

除了这些探测器的长波截止与电压有更强依赖关系并稍微延长到更长波谱范围外，受阻杂质带（BIB）探测器与普通探测器有类似的光谱响应。使用Si:As受阻杂质带（BIB）阵列获得的巨大成功至今尚不能被锗受阻杂质带（BIB）器件替代。锗外延生长技术远不如硅发展快，并在许多方面都不一样，尚存在几个技术障碍，包括对锗外延生长技术的经验非常有限，缺乏高纯度锗外延生长技术，结构缺陷及杂质继续影响着探测器性能。

制造锗受阻杂质带（BIB）探测器需要采用高纯度外延生长技术，诸多不同的制造方法都是以使用超纯锗和离子植入掺杂技术为基础，利用这些方法已经制造出具有一定功能的器件。由于植入层相当薄，所以，有很低的漏电流，但响应度也低[60]。对于受阻杂质带（BIB）探测器外延锗层的生长，液相外延生长技术似乎比分子束外延技术（MBE）和化学气相沉积技术（CVD）有更多优点（低生长温度、低掺杂度）[66,67]。可以期望，继续努力研发和萌发新的思路将会得到应用于低背景天文学和天文物理观察领域的功能性锗受阻杂质带（BIB）探测器。

对于最佳GaAs受阻杂质带（BIB）探测器，非有意掺杂阻挡层必须低于$10^{13}\mathrm{cm}^{-3}$，然而，对吸收层的要求更具挑战性。与单质锗和硅半导体相比，会遇到由砷化镓性质造成的困难，对理想化学计量的任何偏离都会导致大剂量的本征缺陷，这些缺陷一般都带电，并形成深杂质中心。为了获得最高的可能纯度，最好采用液相外延（LPE）技术。已经验证了剩余掺杂低于$10^{12}\mathrm{cm}^{-3}$的砷化镓液相外延层可重复生长技术[68]。

11.5 固态光电倍增管

固态光电倍增管（Solid State Photomultiplier，SSPM）与受阻杂质带（BIB）探测器有密切关系，示意如图 11.7 所示[69]。为使 SSPM 成功工作需要对一些参数进行优化，不仅包括探测器结构，还有偏压和工作温度。探测器的内部结构类似 Si：As 受阻杂质带（BIB）探测器，不同的是：明确定义的增益区生长在阻挡层与红外吸收层中间，具有较高的补偿受主级（$5 \times 10^{13} \sim 1 \times 10^{14} cm^{-3}$），厚度约为 $4 \mu m$。一般地，红外吸收区具有较低的受主浓度。当探测器正确地施以偏压，与受阻杂质带（BIB）探测器一样，增益区变为耗尽区，其间形成一个强电场。从阻挡层大约 8000V/cm 下降的较强电场施加在红外敏感区耗尽层上。耗尽层（$4 \mu m$ 厚）上的电场超过了中性施主碰撞电离化的临界场（$\approx 2500V/cm$）。比正常受阻杂质带（BIB）探测器更大的电场增大了雪崩量。耗尽区右侧是一个均匀场（$\approx 1000V/cm$）漂移区，厚约 $25 \mu m$（见图 11.7b）。

与受阻杂质带（BIB）探测器一样，与电离化施主位（D^+ 电荷）有关的正电荷是移动的。图 11.7a 所示的 x 点处由红外光子（或由热生成）形成的电子-D^+ 对被电场 $E_J = \rho J_B$ 分隔开（其中，J_B 为偏压电流，ρ 为红外激活层电阻）。电子快速漂移到左侧，D^+ 电荷较慢地漂移到右侧，而在低场区碰撞电离化概率可以忽略不计。对于进入到与阻挡层相邻的电场陡增区的电子，会形成高增益雪崩（$V = 7V$ 和 $T = 77K$ 时，$M = 4 \times 10^4$）[69]。

固态光电倍增管能够连续探测波长范围 $0.4 \sim 28 \mu m$ 内的单个光子[69]，显示该器件应用于天文学的

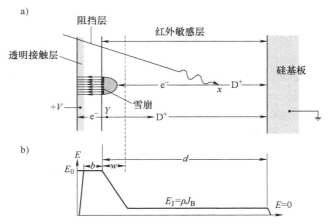

图 11.7 SSPM 与 BIB 探测器的关系示意
a）固态光电倍增管（SSPM）布局，示意性表示偏压电流的生成以及吸收一个光子的影响 b) 电场分布
（资料源自：Petroff, M. D., Stapelbroek, M. G., and Kleinhaus, W. A., Applied Physics Letters, 51, 406-8, 1987）

可行性。输出脉冲有亚微秒上升时间，振幅远高于读出噪声。波长 $20 \mu m$ 处的计数量子效率大于 30%，可见光光谱区超过 50%。当探测器面积上的计数速率小于 10^{10} 个/cm^2 时，在 $6 \sim 10K$ 温度范围内会有最佳光子计数性能。

海斯（Hays）等人曾详细介绍了固态光电倍增管（SSPM）的性能[70]。

参 考 文 献

1. B. V. Rollin and E. L. Simmons," Long Wavelength Infrared Photoconductivity of Silicon at Low Temperatures," *Proceedings of the Physical Society* B65, 995-96, 1952.
2. E. Burstein, J. J. Oberly, and J. W. Davisson," Infrared Photoconductivity Due to Neutral Impurities in Silicon," *Physical Review* 89 (1), 331-32, 1953.

3. B. V. Rollin and E. L. Simmons," Long Wavelength Infrared Photoconductivity of Silicon at Low Temperatures," *Proceedings of the Physical Society* B66, 162-68, 1953.

4. N. Sclar," Properties of Doped Silicon and Germanium Infrared Detectors," *Progress in Quantum Electronics* 9, 149-257, 1984.

5. C. R. McCreight, M. E. McKelvey, J. H. Goebel, G. M. Anderson, and J. H. Lee," Detector Arrays for Low-Background Space Infrared Astronomy," *Laser Focus/Electro-Optics* 22, 128-33, November 1986.

6. F. J. Low, C. A. Beichman, F. C. Gillett, J. R. Houck, G. Neugebauer, D. E. Langford, R. G. Walker, and R. H. White," Cryogenic Telescope on the Infrared Astronomical Satellite (IRAS)," *Proceedings of SPIE* 430, 288-96, 1983.

7. N. W. Boggess," NASA Space Programs in Infrared Astronomy," *Laser Focus/Electro-Optics*, 116-27, June 1984.

8. G. H. Rieke," Infared Detector Arrays for Astronomy," *Annual Review of Astronomy and Astrophysics* 45, 77-115, 2007.

9. T. Sprafke and J. W. Beletic," High-Performance Infrared Focal Plane Arrays for Space Applications," OPN 22-27, June 2008.

10. P. R. Bratt," Impurity Germanium and Silicon Infrared Detectors," in *Semiconductors and Semimetals*, Vol. 12, eds. R. K. Willardson and A. C. Beer, 39-142, Academic Press, New York, 1977.

11. E. E. Haller," Advanced Far-Infrared Detectors," *Infrared Physics & Technology* 35, 127-46, 1994.

12. A. Rose," Space-Charge-Limited Currents in Solids," *Physical Review* 97, 1538-44, 1955.

13. M. A. Lampert," Simplified Theory of Space-Charge-Limited Currents in an Insulator with Traps," *Physical Review* 103, 1648-56, 1956.

14. M. A. Lampert and P. Mark, *Current Injections in Solids*, eds. H. G. Booker and N. DeClaris, Academic Press, New York, 1970.

15. A. Rose," Performance of Photoconductors," *Proceedings of IRE* 43, 1850-69, 1955.

16. A. Rose, *Concepts in Photoconductivity and Allied Problems*, Interscience, New York, 1963.

17. R. L. Williams," Response Characteristics of Extrinsic Photoconductors," *Journal of Applied Physics* 40, 184-90, 1969.

18. A. F. Milton and M. M. Blouke," Sweepout and Dielectric Relaxation in Compensated Extrinsic Photoconductors," *Physical Review* 3B, 4312-30, 1971.

19. M. M. Blouke, E. E. Harp, C. R. Jeffus, and R. L. Williams," Gain Saturation in Extrinsic Photoconductors Operating at Low Temperatures," *Journal of Applied Physics* 43, 188-94, 1972.

20. S. M. Ryvkin, *Photoelectric Effects in Semiconductors*, Consultants Bureau, New York, 1964.

21. N. Sclar," Extrinsic Silicon Detectors for 3-5 and 8-14 μm," *Infrared Physics & Technology* 16, 435-48, 1976.

22. N. Sclar," Survey of Dopants in Silicon for 2-2.7 and 3-5 μm Infrared Detector Application," *Infrared Physics & Technology* 17, 71-82, 1977.

23. N. Sclar," Temperature Limitation for IR Extrinsic and Intrinsic Photodetectors," *IEEE Transactions on Electron Devices* ED-27, 109-18, 1980.

24. N. Sclar," Development Status of Silicon Extrinsic IR Detectors," *Proceedings of SPIE* 409, 53-61, 1983.

25. N. Sclar," Development Status of Silicon Extrinsic IR Detectors," *Proceedings of SPIE* 443, 11-41, 1984.

26. D. K. Schroder," Extrinsic Silicon Focal Plane Arrays," in *Charge-Coupled Devices*, ed. D. F. Barbe, 57-90, Springer-Verlag, Heidelberg, 1980.

27. R. W. Westervelt and S. W. Teitsworth," Nonlinear Transient Response of Extrinsic Ge Far-Infrared Photocon-

ductors," *Journal of Applied Physics* 57, 5457-69, 1985.
28. J. Leotin," Far Infrared Photoconductive Detectors," *Proceedings of SPIE* 666, 81-100, 1986.
29. B. I. Fouks," Nonstationary Behaviour of Low Background Photon Detectors," *Proceedings of ESA Symposium on Photon Detectors for Space Instruments* 167-74, 1992.
30. N. M. Haegel, C. A. Latasa, and A. M. White," Transient Response of Infrared Photoconductors: The Roles of Contacts and Space Charge," *Applied Physics* A 56, 15-21, 1993.
31. V. F. Kocherov, I. I. Taubkin, and N. B. Zaletaev," Extrinsic Silicon and Germanium Detectors," in *Infrared Photon Detectors*, ed. A. Rogalski, 189-297, SPIE Optical Engineering Press, Bellingham, WA, 1995.
32. N. M. Haegel, C. B. Brennan, and A. M. White," Transport in Extrinsic Photoconductors: A Comprehensive Model for Transient Response," *Journal of Applied Physics* 80, 1510-14, 1996.
33. N. M. Haegel, J. C. Simoes, A. M. White, and J. W. Beeman," Transient Behavior of Infrared Photoconductors: Application of a Numerical Model," *Applied Optics* 38, 1910-19, 1999.
34. A. Abergel, M. A. Miville-Deschenes, F. X. Desert, M. Perault, H. Aussel, and M. Sauvage," The Transient Behaviour of the Long Wavelength Channel of ISOCAM," *Experimental Astronomy* 10, 353-68, 2000.
35. N. M. Haegel, W. R. Schwartz, J. Zinter, A. M. White, and J. W. Beeman," Origin of the Hook Effect in Extrinsic Photoconductor," *Applied Optics* 34, 5748-54, 2001.
36. G. H. Rieke, *Detection of Light: From the Ultraviolet to the Submillimeter*, 2nd ed., Cambridge University Press, Cambridge, 2003.
37. A. Coulais, B. I. Fouks, J. -F. Giovanelli, A. Abergel, and J. See," Transient Response of IR Detectors Used in Space Astronomy: What We Have Learned From the ISO Satellite," *Proceedings of SPIE* 4131, 205-17, 2000.
38. J. Schubert, B. I. Fouks, D. Lemke, and J. Wolf," Transient Response of ISOPHOT Si: Ga Infrared Photodetectors: Experimental Results and Application of the Theory of Nonstationary Processes," *Proceedings of SPIE* 2553, 461-69, 1995.
39. P. R. Norton," Infrared Image Sensors," *Optical Engineering* 30, 1649-63, 1991.
40. D. H. Alexander, R. Baron, and O. M. Stafsudd," Temperature Dependence of Responsivity in Closely Compensated Extrinsic Infrared Detectors," *IEEE Transactions on Electron Devices* ED-27, 71-77, 1980.
41. R. N. Thomas, T. T. Braggins, H. M. Hobgood, and W. J. Takei," Compensation of Residual Boron Impurities in Extrinsic Indium-Doped Silicon by Neutron Transmutation of Silicon," *Journal of Applied Physics* 49, 2811-20, 1978.
42. H. M. Hobgood, T. T. Braggins, J. C. Swartz, and R. N. Thomas," Role of Neutron Transmutation in the Development of High Sensitivity Extrinsic Silicon IR Detector Material," in *Neutron Transmutation in Semiconductors*, ed. J. M. Meese, 65-90, Plenum Press, New York, 1979.
43. J. Wolf, C. Gabriel, U. Grozinger, I. Heinrichsen, G. Hirth, S. Kirches, D. Lemke, et al.," Calibration Facility and Preflight Characterization of the Photometer in the Infrared Space Observatory," *Optical Engineering* 33, 26-36, 1994.
44. G. H. Rieke, M. W. Werner, R. I. Thompson, E. E. Becklin, W. F. Hoffmann, J. R. Houck, F. ? J. ? Low, W. A. Stein, and F. C. Witteborn," Infrared Astronomy after IRAS," *Science* 231, 807-14, 1986.
45. N. M. Haegel and E. E. Haller," Extrinsic Germanium Photoconductor Material: Crystal Growth and Characterization," *Proceedings of SPIE* 659, 188-94, 1986.
46. J. -Q. Wang, P. I. Richards, J. W. Beeman, J. W. Haegel, and E. E. Haller," Optical Efficiency of Far-Infrared Photoconductors," *Applied Optics* 25, 4127-34, 1986.
47. E. Young, J. Stansberry, K. Gordon, and J. Cadien," Properties of Germanium Photoconductor Detectors," in

Proceedings of the Conference of ESA SP-481, eds. L. Metcalfe, A. Salama, S. B. Peschke, and M. F. Kessler, 231-35, VilSpa, 2001.

48. A. G. Kazanskii, P. L. Richards, and E. E. Haller," Far-Infrared Photoconductivity of Uniaxially Stressed Germanium," *Applied Physics Letters* 31, 496-97, 1977.

49. E. E. Haller, M. R. Hueschen, and P. L. Richards," Ge: Ga Photoconductors in Low Infrared Backgrounds," *Applied Physics Letters* 34, 495-97, 1979.

50. N. Hiromoto, M. Fujiwara, H. Shibai, and H. Okuda," Ge: Ga Far-Infrared Photoconductors for Space Applications," *Japanese Journal of Applied Physics* 35, 1676-80, 1996.

51. Y. Doi, S. Hirooka, A. Sato, M. Kawada, H. Shibai, Y. Okamura, S. Makiuti, T. Nakagawa, N. Hiromoto, and M. Fujiwara," Large-Format and Compact Stressed Ge: Ga Array for the Astro-F (IRIS) Mission," *Advances in Space Research* 30, 2099-2104, 2002.

52. M. D. Petroff and M. G. Stapelbroek," Blocked Impurity Band Detectors," U. S. Patent, No. 4568 960, filed October 23, 1980, granted February 4, 1986.

53. S. B. Stetson, D. B. Reynolds, M. G. Stapelbroek, and R. L. Stermer," Design and Performance of Blocked-Impurity-Band Detector Focal Plane Arrays," *Proceedings of SPIE* 686, 48-65, 1986.

54. D. B. Reynolds, D. H. Seib, S. B. Stetson, T. L. Herter, N. Rowlands, and J. Schoenwald," Blocked Impurity Band Hybrid Infrared Focal Plane Arrays For Astronomy," *IEEE Transactions on Nuclear Science* 36, 857-62, 1989.

55. H. H. Hogue, M. L. Guptill, D. Reynolds, E. W. Atkins, and M. G. Stapelbroek," Space Mid-IR Detectors from DRS," *Proceedings of SPIE* 4850, 880-89, 2003.

56. J. E. Huffman, A. G. Crouse, B. L. Halleck, T. V. Downes, and T. L. Herter," Si: Sb Blocked Impurity Band Detectors for Infrared Astronomy," *Journal of Applied Physics* 72, 273-75, 1992.

57. J. E. van Cleve, T. L. Herter, R. Butturini, G. E. Gull, J. R. Houck, B. Pirger, and J. Schoenwald," Evaluation of Si: As and Si: Sb Blocked-Impurity-Band Detectors for SIRTF and WIRE," *Proceedings of SPIE* 2553, 502-13, 1995.

58. D. M. Watson and J. E. Huffman," Germanium Blocked Impurity Band Far Infrared Detectors," *Applied Physics Letters* 52, 1602-4, 1988.

59. D. M. Watson, M. T. Guptill, J. E. Huffman, T. N. Krabach, S. N. Raines, and S. Satyapal," Germanium Blocked Impurity Band Detector Arrays: Unpassivated Devices with Bulk Substrates," *Journal of Applied Physics* 74, 4199-4206, 1993.

60. I. C. Wu, J. W. Beeman, P. N. Luke, W. L. Hansen, and E. E. Haller," Ion-Implanted Extrinsic Ge Photodetectors with Extended Cutoff Wavelength," *Applied Physics Letters* 58, 1431-33, 1991.

61. J. W. Beeman, S. Goyal, L. R. Reichetz, and E. E. Haller," Ion-Implanted Ge: B Far-Infrared Blocked Impurity-Band Detectors," *Infrared Physics & Technology* 51, 60-65, 2007.

62. J. Bandaru, J. W. Beeman, and E. E. Haller," Growth and Performance of Ge: Sb Blocked Impurity Band (BIB) Detectors," *Proceedings of SPIE* 4486, 193-99, 2002.

63. L. A. Reichertz, J. W. Beeman, B. L. Cardozo, N. M. Haegel, E. E. Haller, G. Jakob, and R. Katterloher," GaAs BIB Photodetector Development for Far-Infrared Astronomy," *Proceedings of SPIE* 5543, 231-38, 2004.

64. L. A. Reichertz, J. W. Beeman, B. L. Cardozo, G. Jakob, R. Katterloher, N. M. Haegel, and E. E. Haller," Development of a GaAs-Based BIB Detector for Sub-mm Wavelengths," *Proceedings of SPIE* 6275, 62751S, 2006.

65. F. Szmulowicz and F. L. Madarsz," Blocked Impurity Band Detectors: An Analytical Model: Figures of Merit," *Journal of Applied Physics* 62, 2533-40, 1987.

66. J. E. Huffman," Infrared Detectors for 2 to 220 μm Astronomy," *Proceedings of SPIE* 2274, 157-69, 1994.
67. N. M. Haegel," BIB Detector Development for the Far Infrared: From Ge to GaAs," *Proceedings of SPIE* 4999, 182-94, 2003.
68. E. E. Haller and J. W. Beeman," Far Infrared Photoconductors: Recent Advances and Future Prospects," *Far-IR Sub-mm&MM Detectors Technology Workshop*, 2-06, Monterey, April, 1-3, 2002.
69. M. D. Petroff, M. G. Stapelbroek, and W. A. Kleinhaus," Detection of Individual 0.4-28 μm Wavelength Photons via Impurity-Impact Ionization in a Solid-State Photomultiplier," *Applied Physics Letters* 51, 406-8, 1987.
70. K. M. Hays, R. A. La Violette, M. G. Stapelbroek, and M. D. Petroff," The Solid State Photomultiplier-Status of Photon Counting Beyond the Near-Infrared," in *Proceedings of the Third Infrared Detector Technology Workshop*, ed. C. R. McCreight, 59-80, NASA Technical Memorandum 102209, 1989.

第 12 章　光电发射探测器

1973 年，（美国纽约州）罗马（Rome）空军发展中心的谢普德（Shepherd）和杨（Yang）提出一种概念：以硅化物肖特基势垒探测器焦平面阵列作为红外热成像 HgCdTe 焦平面阵列的替代品，以便大批量生产[1]，首次有可能采用更为复杂的读出电路方案——将探测和读出电路同时植入一个共用硅芯片中。自此以后，肖特基势垒技术连续有了迅速发展，目前，已经能够提供大尺寸红外成像传感器。尽管比其它类型红外探测器的量子效率（QE）低，但 PtSi 肖特基势垒探测器技术已经取得了非凡进步。诸如单片结构、响应度和信噪比的均匀性（红外系统的性质最终取决于利用外部电子的各种温度基准补偿焦平面阵列非均匀性的能力）以及没有明显 1/f 噪声等特性都使肖特基势垒器件成为主流红外系统和应用的强力竞争者[2-9]。当 PtSi 肖特基势垒探测器工作在中短波红外光谱带时，已经利用以硅为基础的异质结红外光发射探测器演示验证了长波红外探测器。后一类探测器的光电探测机理与肖特基势垒探测器相同。

本章将介绍硅基光发射探测器。

12.1　内光电发射过程

20 世纪 30 年代，富勒（Fowler）阐述了电子从金属到真空的光发射的初始模型[10]。在 20 世纪 60 年代，根据对热电子从金属薄膜到半导体内部光发射的研究成果，对富勒的光产额（photoyield）模型进行了修改[11,12]。科恩（Cohen）等人修正富勒发射理论以便考虑到半导体中的发射[13]。

如图 12.1 所示，内部光发射类似光子辐射造成的电子从金属到真空的发射。入射光子在金属中被吸收，生成空穴-电子对。受激电子在金属膜中随机活动，直至到达金属和半导体界面，最后，电子超越势垒，发射进入半导体。内部光发射过程包括三步：

- 电极的光吸收，产生热载流子气体；
- 势垒发射之前，热载流子在电极和半导体中传输；
- 跃过肖特基势垒发射。

与本征探测器不同，由于发射概率对受激电子能量有很强的依赖性，所以，肖特基势垒探测器的量子效率取决于光子能量。

假设，电子受激概率与初始态和最终态无关，并且，从填充到费米级空态有一个突变结（见图 12.1），则可能的受激态总数为

$$N_\mathrm{T} = \int_{E_\mathrm{F}}^{E_\mathrm{F}+h\nu} \frac{\mathrm{d}N}{\mathrm{d}E}\mathrm{d}E \qquad (12.1)$$

式中，$\mathrm{d}N/\mathrm{d}E$ 为金属的态密度；E_F 为费米能量；

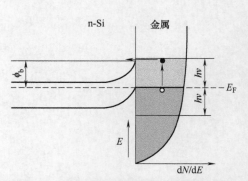

图 12.1　肖特基势垒探测器中的内部光发射

$h\nu$ 为入射光子能量；E 为相对于金属传导带边缘的电子能量。当电子被激励至下面一种态，即与界面相垂直的动量分量相对应的动能等于或大于势垒时，就会出现光发射，所以满足动量判据的态数为

$$N_E = \int_{e_F+\phi_b}^{e_F+h\nu} \frac{dN}{dE} P(E) dE \tag{12.2}$$

式中，$P(E)$ 为能量为 E 的电子的光发射概率；ϕ_b 为势垒高度。若电子的动量分布呈各向同性，就可以根据图 12.2 所示计算 $P(E)$。

该图中，p 为受激电子的动量；p_0 为对应于势垒高度的动量：

$$p = \sqrt{2m^* E} \tag{12.3}$$

$$p_0 = \sqrt{2m^*(E_F + \phi_b)} \tag{12.4}$$

式中，m^* 为电子的有效质量。$P(E)$ 是包含在发射区内的球面面积与球面总表面面积之比，为

$$P(E) = \frac{1}{2}(1 - \cos\omega) = \frac{1}{2}\left(1 - \sqrt{\frac{E_F + \phi_b}{E}}\right) \tag{12.5}$$

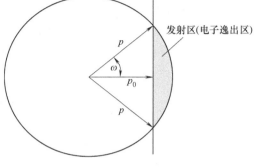

图 12.2　内部光发射的动量准则（p_0 是与势垒高度相对应的动量。发射区（或电子逃逸区）内受激电子发射到半导体中）

由于费米能量远比光子能量大，所以，为了进一步开展讨论，假设，dN/dE 是与相关能量范围内的能量无关，则式（12.1）和（12.2）变为

$$N_T = \frac{dN}{dE} h\nu \tag{12.6}$$

$$N_E = \frac{dN}{dE} \frac{(h\nu - \phi_b)^2}{8E_F} \tag{12.7}$$

再次假设，受激电子到达界面之前没有电子碰撞及能量损耗，则定义为 N_E 与 N_T 之比的内部量子效率为

$$\eta_i = \frac{1}{8E_F} \frac{(h\nu - \phi_b)^2}{h\nu} \tag{12.8}$$

由科恩（Cohen）等人阐述的这种简单理论[13]，之后又被达拉尔（Dalal）[14]、维克斯（Vikers）[15] 以及穆尼（Mooney）和西尔弗曼（Silverman）[16] 进行了扩展。根据上述作者的意见，内部光发射量子效率的一般形式为

$$\eta = C_f \frac{(h\nu - \phi_b)^2}{h\nu} \tag{12.9}$$

式中，C_f 为富勒（Fowler）发射系数。富勒（Fowler）系数是与能量无关的内部光发射效率的一种计量，其值近似表示为

$$C_f = \frac{H}{8E_F} \tag{12.10}$$

式中，H 为与器件和电压有关的制约因数。

将式（12.9）转换为波长变量：

$$\eta = 1.24 C_f \frac{(1-\lambda/\lambda_c)^2}{\lambda} \tag{12.11}$$

C_f 取决于肖特基电极的物理和几何参数。PtSi-Si 中的 λ_c 和 C_f 已经分别获得高达 $6\mu m$ 和 0.5 $(eV)^{-1}$ 的值[3]。肖特基光发射与诸如半导体掺杂、少数载流子寿命和合金成分等因素无关，因此，其空间均匀性远优于其它探测器技术。均匀性仅受限于探测器的几何尺寸。

图 12.3 所示对典型光子探测器的光谱量子效率进行了比较。根据该图，选择高量子效率本征光电探测器似乎是合理的。肖特基势垒探测器在波长 3~5μm 大气窗口的有效量子效率很低，1% 数量级，但通过对面阵几乎是全幅面的积分可以得到有用的灵敏度。利用 IrSi 有希望将该技术扩展到长波波带（见图 12.3），然而，要求制冷到温度低于 77K[4]。

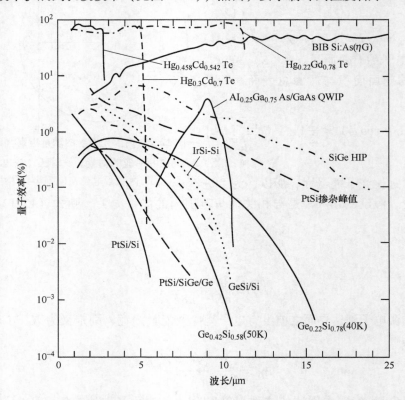

图 12.3　几种探测器材料的量子效率与波长，包括 HgCdTe 光敏二极管、受阻杂质带（BIB）外赋探测器、GaAs 基量子阱红外光电探测器（QWIP）和硅基光发射探测器（PtSi、IrSi、PtSi/SiGe、PtSi 掺杂尖峰和 SiGe 异质结内部光发射）

电流响应度（参考式（3.33），$g=1$）可以表示为

$$R_i = qC_f\left(1-\frac{\lambda}{\lambda_c}\right)^2 \tag{12.12}$$

由后面两个公式可以得到光发射探测器的两个特定性质。与体探测器相比，其光响应随波长减小，量子效率低。这两个性质是载流子在势垒范围发射时动量守恒的直接结果。多数受激载流子没有足够的动量与势垒相垂直，因此，经常被反射，而不是发射。图 12.4 给出了 Pd_2Si、PtSi 和 IrSi 肖特基势垒探测器典型的光谱响应[7]。

经常作为肖特基势垒探测器能带图的图 9.31 和图 12.1 是一个误导,因为给人的印象是:肖特基势垒峰值出现在半导体-电极界面,肖特基势垒附近的电场影响势垒高度。当载流子注入半导体中,会形成一种称为场力(场效应力)的吸引力,因而降低了有效势垒的高度,这种现象称为肖特基效应。由于这种效应,峰值势垒总是出现在半导体内,一般在 5~50nm 深度(见图 12.5[17])。

势垒降低的量 $\Delta\phi_b$ 为[17]

$$\Delta\phi_b = \sqrt{\frac{qE}{4\pi\varepsilon_0\varepsilon_s}} \quad (12.13)$$

式中,q 为电子电荷;E 为势垒附近的电场;ε_0 为自由空间的介电常数;ε_s 为硅的相对介电常数。电场为

$$E = \sqrt{\frac{2qN_d}{\varepsilon_0\varepsilon_s}\left(V + V_{bi} - \frac{kT}{q}\right)} \quad (12.14)$$

式中,N_d 为硅的杂质浓度;V 为施加电压;V_{bi} 为内置电位。该公式表明,改变反向偏压和基板杂质浓度可以控制势垒高度。较大电场时,界面与最大电位间的距离变短,最大电位位置漂移增大了量子效率系数。

由式(12.9)发现,可以用两个参数表示肖特基势垒探测器的量子效率:势垒高度和富勒(Fowler)发射系数,并根据 $\sqrt{\eta h\nu}$ 与 $h\nu$ 曲线确定,这类分析称为富勒(Fowler)曲线法。由曲线截距斜率的二次方和势垒电位确定

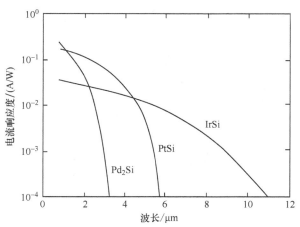

图 12.4 Pd_2Si、PtSi 和 IrSi 肖特基势垒探测器典型的光谱响应

(资料源自:Kimata, M., and Tsubouchi, N., Infrared Photon Detectors, SPIE Optical Engineering Press, Bellingham, WA, 299-349, 1995)

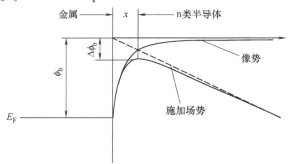

图 12.5 肖特基效应造成势垒降低(发出的电子与感应的正电荷间的吸引力使势垒高度减小 $\Delta\phi_b$)

(资料源自:Sze, S. M., Physics of Semiconductor Devices, Wiley, New York, 1981)

富勒(Fowler)系数。图 12.6 所示的富勒(Fowler)曲线是根据美国罗马实验室制造的 Pi-Si/p-Si 探测器光谱响应度的相关数据绘制的[18]。降低图像(image lowering)可以提高发射效率,并通过增大电压将光谱响应扩展到更长波段。

12.1.1 散射效应

热载流子在电极中的传输包括表面和晶界处的弹性散射以及光子和费米电子的非弹性散射[16]。弹性散射重新确定载流子方向,因而增大了发射概率。此外,光子散射重新确定载流子方向,也可以提高发射概率。然而,光子发射期间的晶格能量损失降低了穿越势垒的概率。若是多个光子散射,载流子能量会降至低于峰值的电位,从而不再发生光发射,该载流

子被"加热"到费米级。

采用折中方法选择电极厚度:使其足够薄保证载流子在不损耗能量的条件下到达硅界面,同时有足够厚度便于吸收辐射。为了获得最佳发射效率,设计光发射电极一定要使弹性散射与非弹性散射之比最大。许多论文都表示,金属膜变薄可以使 PtSi/p-Si 肖特基势垒探测器的量子效率有很大提高,如图 12.7 所示[19-22]。做出下面假设可以解释所观察到的现象:界面散射(金属-硅和金属-电介质界面)在没有能量损失条件下,重新使动量改变方向,并且,动量方向与其之前定位无关[13-15]。当金属薄膜厚度变得远小于电子衰减长度时,金属膜内会出现多个界面散射,并由于界面散射使动量改变方向以增大发射概率,所以,提高了量子效率。

穆尼(Mooney)等人[16,23]扩展了维克斯(Vikers)模型[15],从而考虑到由于发射消除载流子以及电子-光子散射造成能量损失所产生的效应。该模型更精确地解释了光谱响应的结构,包括较高光子能量时修正后富勒(Fowler)曲线线性拟合造成的(信号)衰减,以及光子能量低于线性区与光子能量轴交点时具有的有限响应。高光子能量时,高量子效率区内由于事先的发射而减少了可用的载流子数目,因而造成信号衰减。低于外推势垒高度能量的有限响应与电子-光子散射造成的能量损耗有关。在高能条件下,只要几个光子碰撞就足以加热低激励能量的热载流子,则该载流子不是很容易被加热,可能会重新改变到出射方向,因此,光子散射易于提高量子效率。这种效应使表观外推势垒高度比实际的势垒高度要高,这就是为什么利用电学方法测量出的势垒高度总比以光学方法的测量值要低的原因。

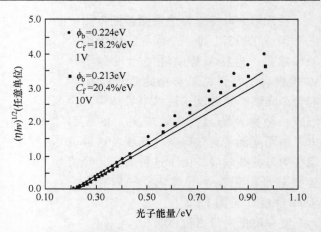

图 12.6 肖特基势垒二极管的富勒(Fowler)光发射分析
(1V 偏压下 $\lambda_c = 5.5\mu m$;10V 偏压下 $\lambda_c = 5.8\mu m$)
(资料源自:Shepherd, F. D., "Infrared Internal Emission Detectors," Proceedings of SPIE 1753, 250-61, 1992)

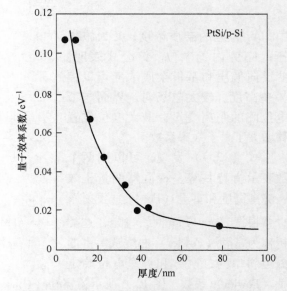

图 12.7 PtSi/p-Si 肖特基势垒探测器的量子效率对 PtSi 厚度的依赖关系
(资料源自:Kimata, M., Denda, M., Fukumoto, T., Tsubouchi, N., Uematsu, S., Shibata, H., Higuchi, T., Saeki, T., Tsunoda, R., and Kanno, T., Japanese Journal of Applied Physics 21 (Suppl. 21-1), 231-35, 1982)

12.1.2 暗电流

流经硅化物肖特基势垒二极管的电流主要是热离子发射电流。热离子发射理论阐述了其电流-电压特性,见式(9.148)。在中等电场范围内,硅材料中空穴的有效理查森(Richardson)常数 A^* 约为 30A/(cm²K²)[17]。

红外焦平面阵列中的肖特基势垒二极管是在反向偏压下工作。施加反向偏压时,必须考虑肖特基效应使势垒降低的情况。根据式(9.149),如果反向偏压大于 $3kT/q$,则有:

$$J_{st} = A^* T^2 \exp\left[-\frac{q(\phi_b - \Delta\phi_b)}{kT}\right] \quad (12.15)$$

式中,$\Delta\phi_b$ 为由式(12.13)计算出的势垒降低量。根据式(12.15)以及 J_{st}/T^2 与 $1/T$ 曲线可以确定一定反向偏压下的有效势垒高度。图 12.8 所示对图 12.6 所示的 PtSi 二极管在施加 1V 偏压下的理查森解析结果[18]。根据垂直交点可以粗略确定理查森常数,理查森解析在 5 个数量级范围内常常是线性。存在漏电流或过大的串联电阻都会使该曲线饱和,因此,理查森解析需要评估数据量。注意到,正如前面所述,根据电学测量(ϕ_{bt})得到的势垒高度要比光学测量得到的值(ϕ_{bo})低:

$$\phi_{bt} = \phi_{bo} - nh\nu \quad (12.16)$$

式中,$nh\nu$ 为电子-光子散射造成的平均能量损耗,其典型测量值为 20~50meV,在弹性散射为主的大部分有效器件中都有较低的值。

假设已知势垒高度范围,利用式(12.11)和式(12.15)可以评估背景限肖特基势垒探测器需要的工作温度,它是波长的函数。在 J_{st} 等于背景电流条件下,计算温度 T_{BLIP},如图 3.19 所示。与本征探测器相比,对制冷的要求更为严格,但与非本征硅器件是可比拟的。若应用于 8~12μm,要求制冷温度低于 80K,典型温度大约为 45K。

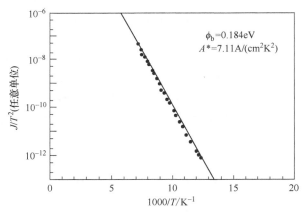

图 12.8 PtSi/p-Si 二极管在 1V 偏压下的热离子发射分析(注意与图 12.6 所示的富勒解析得到的势垒电位的区别)

(资料源自:Shepherd, F. D., Prpceedings of SPIE 1735, 250-61, 1992)

12.1.3 金属电极

有 5 种硅化物应用于肖特基势垒红外探测器:硅化钯(Pd_2Si)、硅化铂(PtSi)、硅化铱(IrSi)、硅化钴(Co_2Si)和硅化镍(NiSi)。

已经清楚地了解 Pt 与 Si 基板之间的固态化学反应并且能加以控制。形成 PtSi 的主要步骤如图 12.9 所示[24]。在温度 300℃下开始 Pt_2Si 层初相,Pt_2Si 层厚度随退火时间的二次方根增长,直至所有 Pt 耗完,形成 Pt_2Si-Si 界面;之后,缺少源元素 Pt,会导致界面成分的变化,有利于形成富硅相,即 PtSi。PtSi 层厚度也正比于退火时间的二次方根。最后,再额外进行退火就会消耗 Pt_2Si,并形成 Pt_2Si/Si 结界面。后退火氧化工艺在 PtSi 层外表面形成一层 SiO_2,适合在肖特基势垒结构中形成谐振腔。

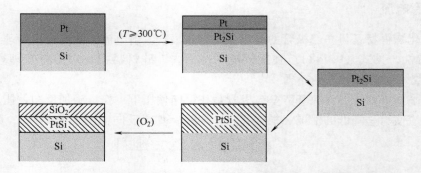

图 12.9 PtSi 和 Pt$_2$Si 膜的形成（箭头表示增加时间或提高温度）
（资料源自：Dereniak, E. L., and Boreman, G. D., Infrared Detectors and Systems, Wiley, New York, 1996）

斯普拉特（Spratt）和施瓦茨（Schwarz）讲述了，在美国通用电气公司利用罗马实验室制造的硅化钯二极管焦平面靶和高着陆速度摄像管首次实现了热成像[25]。由于摄像管灵敏度、角分辨率和动态范围均有限，因而停止研发这种管状传感器。

同年，美国大卫·萨尔诺夫（David Sarnoff）研究中心（美国新泽西州普林斯顿，是美国无线电公司（RCA）的实验室）的科恩（Kohn）等人利用 Pd$_2$Si/p-Si 肖特基光敏二极管和单片 CCD 阵列首次验证了固态红外成像[26]。其中，利用罗马实验室研发的工艺制造上述二极管。CCD 传感器具有优良的动态范围，1~3μm 范围内有良好的灵敏度，角分辨率等于探测器（像元）间距。Pd$_2$Si 探测器的势垒是 0.34eV，截止波长是 3.5μm。因此，该器件的热灵敏度受限，之后的研究方向直指 PtSi，其光响应范围有可能超过 5μm。仍有兴趣利用 Pd$_2$Si 探测器测量 1~3μm 光谱范围内的反射能量，如应用于星基地球资源评估[27-31]。其工作温度约为 130K，与目前卫星被动制冷技术相兼容。

最受欢迎的肖特基势垒探测器是应用于 3~5μm 光谱范围的 p 类硅 PtSi 探测器。1979 年，卡波内（Capone）等人[32]介绍了一种 25×50 单元 PtSi 单片 IR-CCD 阵列，λ_c = 4.6μm（势垒为 0.27eV），量子效率系数为 0.036eV^{-1}，填充因数为 16%，光响应均匀性为 2%，热灵敏度（NEDT）为 0.8℃。自此，PtSi 器件处理和焦平面阵列的研发有了稳定的发展。美国萨尔诺夫中心的 Kosonocky[33] 和索尔（Sauer）[34] 及其同事、美国休斯飞机公司的盖茨等人[35]、日本三菱公司的木全（Kimata）等人[36]和美国柯达公司的克拉克（Clark）等人[37]的研究都取得了重大进展。目前的技术状态是，美国和日本的一些供应商可以提供尺寸大于 480×640 单元、NEDT 低于 0.1K 的 PtSi 单片阵列，这些器件已经应用在高性能红外照相机中。1991 年，三菱电气公司的由谷（Yutani）及其同事研制成功 1040×1040 单元、NEDT 为 0.1K 的 PtSi 阵列。[38]。

希望以 p 类硅为基础的 IrSi 肖特基势垒具有最低势垒。1982 年，佩莱格里尼（Pellegrini）等人[39]测量了 8μm 光谱之外硅化铟探测器的光响应度，还讨论了制造 IrSi 的难度（与 PtSi 制造技术相比）[40]。与 PtSi 制造技术不同，在整个反应过程中，硅是主要的扩散材料，初始硅表面的污染仍保留在 IrSi/Si 表面，因而使二极管性能有所下降。另一个难度是相位控制，IrSi 工艺的可重复性较差，阵列均匀性远不如 Pd$_2$Si 和 PtSi。由于扩散原子是 Si 而不是 Ir，所以 IrSi 探测器很难形成清晰界面。尽管存在这些问题，但也已经对 IrSi 阵列进行了验证[41]。

研究人员对硅化钴（Co_2Si）和硅化镍（NiSi）探测器在短波长红外光谱范围内遥感领域的应用也进行了研究，有了报道，以 p 类硅为基础的硅化钴（Co_2Si）和硅化镍（NiSi）探测器的光学势垒分别是 0.44eV 和 0.40eV[42,43]。

12.2 肖特基势垒探测器截止波长的控制

肖特基势垒探测器的截止波长或者工作温度使其应用限制在特定的领域。提高势垒电位可以减小暗电流，或者提高工作温度。降低 PtSi 探测器的势垒改善了寒冷夜晚的热成像性能，但需要在较低温度下工作。

增强势垒附近的电场会降低有效势垒高度。坪内为雄（Tsubouchi）等人利用肖特基效应使 PtSi 肖特基势垒探测器的势垒降低[44]。使电位分布图变窄至隧道始点也可以降低有效势垒高度。夏伦（Shannon）利用较浅层离子植入技术验证了镍（Ni）肖特基势垒电位的升高和降低[45]，佩莱格里尼（Pellegrini）等人[46]和魏（Wei）等人[47]应用该技术调整 PtSi 肖特基势垒探测器的截止波长，曹（Tsaur）等人将此技术应用于 IrSi 肖特基势垒探测器，得到了大于 12μm 的截止波长[48]。

法奥尔（Fathauer）等人利用分子束外延生长技术（MBE）在金属-半导体界面生长 n^+ 类掺杂镓硅薄膜层，以控制 p 类和 n 类两种 $CoSi_2/Si$ 肖特基二极管的势垒电位[49]。据报道，势垒高度从 0.35eV 降到 0.25eV。林（Lin）等人通过在界面处引入 1nm 厚的快速掺杂层验证了 PtSi 探测器具有 22μm 的截止波长[50-52]。为了减少光学势垒高度，必须有一个薄的掺杂尖峰，为了制造具有高杂质浓度的薄掺杂尖峰，他们研发了一种低温 Si-MBE 技术，以硼元素作为掺杂源。

利用一种双金属合金也可以控制势垒高度。曹（Tsaur）等人通过 PtSi 和 IrSi 组合制造肖特基势垒探测器[53]，在 p 类硅上顺序沉积 1.5nm 铟和 0.5nm 铂金膜就可以得到 0.135eV 的硅化 Pt-Ir 合金肖特基势垒。与仅使用 IrSi 的探测器相比，使用该技术可以得到更好的二极管特性。

一般地，将肖特基势垒探测器制造在（100）基板上，然而使用（111）基板得到的势垒电位几乎从 0.1eV 增大到 0.313eV，从而将探测器截止波长降至 4.0μm，将工作温度提高了约 100K。

表面态的存在也影响势垒高度，PtSi 势垒的势垒高度随表面态降低而减小[54]。

12.3 肖特基势垒探测器的结构优化和制造

肖特基势垒探测器一般在后侧照明（Back Side Illumination，BSI）模式下工作。硅在有效的红外光谱区是透明的，所以，这种工作模式是可能的。硅基板的作用相当于硅膜的折射率匹配层，背侧照明模式要比前侧照明有较低的反射损失。据报道，这两种照明模式的量子效率相差约 3 倍[55]。

为了得到最高响应度，通常将肖特基势垒探测器设计成"光学腔"，其结构包括金属反射镜以及反射镜与肖特基势垒二极管金属电极之间的电解质膜。根据基本的光学理论，光学腔效应取决于电介质膜厚度、折射率以及波长。光学腔厚度采用普通的1/4波长膜系设计作为得到最佳响应度的初次近似尝试[56]。例如，图12.10给出了具有可调谐光学腔的PtSi肖特基势垒探测器截面图，最大响应位于4.3μm处[6]。

需要补充说明的是，已经有使用前侧照明的肖特基势垒探测器的报道，为了实现包括红外、可见光和紫外光在内的宽光谱响应[55,57]，将红外信号引到探测器硅化物一侧；并且，若是直接肖特基注入的情况，可以得到100%填充因数[58]。图12.11给出了0.4～5.2μm波长范围前侧照明PtSi肖特基势垒探测器的光谱响应[59]。对于比硅基本吸收缘更短的波长范围，由于硅基板中电子-空穴反应，可见光和近红外光谱区附近的量子效率要比红外光谱区高。

肖特基势垒探测器的主要优点是可以利用标准的硅超大规模集成电路（VLSI）工艺将其制造成单片阵列。一般地，直到完成铝金属化工序才算真正完成硅阵列。使用肖特基-接触掩模板在肖特基势垒探测器位置开启一个通向p类（100）硅的SiO_2表面（电阻率30～50Ω·cm）。对于PtSi探测器，沉积和烧结（在300～600℃温度范围内退火）一层非常薄的Pt层（1～2nm）以形成PtSi；再利用热王水浸渍蚀刻技术消除SiO_2表面未反应的Pt[60]；然后，沉积一层合适的电介质膜（通常是SiO_2）以形成谐振腔，去除肖特基势垒区以外的电解质膜，准确镀一层铝用作探测器反射镜和硅读出多路复用器的连线，从而完成了肖特基势垒结构的制造。若是10μm的IrSi肖特基势垒探测器，则利用现场真空退火工艺形成IrSi，再利用反应离子刻蚀技术去除未反应的铟[61]。

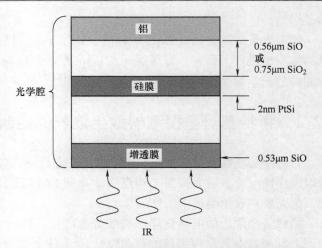

图12.10　具有可调谐光学腔的PtSi肖特基势垒探测器截面图（最大响应位于4.3μm波长处）
（资料源自：Kosonocky, W. F., Optoelectronics: Devices and Technologies, 6, 173-203, 1991）

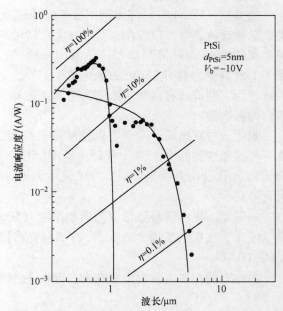

图12.11　前侧照明PtSi肖特基势垒探测器的光谱响应（根据内部光发射和本征机理分别计算出的红外和可见光光谱的拟合曲线）
（资料源自：Kimata, M., Denda, M., Iwade, S., Yutani, N., and Tsubouchi, N., International Journal of Infrared and MM Waves, 6, 1031-41, 1985）

12.4 新型内光电发射探测器

12.4.1 异质结内光电发射探测器

1971年,谢普德(Shepherd)等人建议利用简并半导体代替肖特基势垒探测器的金属电极[62]。简并半导体的自由载流子密度至少比金属硅化物小两个数量级,因此,载流子吸收系数更小。并且,一定要把简并半导体的电极做得更厚,以便与金属硅化物的吸收系数匹配。1970年,美国罗马实验室利用合金和液相外延生长技术制造出简并电极器件,然而,由于在较厚电极中传输会有较大能量损耗,这些器件的发射效率并不能与金属硅化物器件相竞争,因而停止了该项研究[62]。

分子束外延(MBE)技术的进展使硅基板上制造高质量 Ge_xSi_{1-x} (GeSi)薄膜成为可能。已有报道,利用 GeSi/Si 异质结二极管内部光发射实现红外探测的思想正在进入实际的研究阶段[63-74]。1990年,林(Lin)等人验证了第一个 GeSi/Si 异质结探测器[63,64]。图12.12 所示为这种探测器的结构和能带图[68],GeSi 和 Si 之间形成一个能量势垒 ϕ_b,应变 GeSi 的带隙能量要比硅小。通过改变锗的成分及 Ge_xSi_{1-x} 层的掺杂浓度,可以使器件的截止波长在 $2\sim 25\mu m$ 的范围内变化[65,68]。图12.3 比较了几种技术的量子效率:普通的 PtSi/p-Si 探测器,IrSi/p-Si 探测器,$PtSi/p-Si_{0.85}Ge_{0.15}/p-Si$ 探测器,具有 1nm 掺杂尖峰($2\times 10^{20} cm^{-3}$ 浓度的硼)的 PtSi/p-Si 探测器,以及在 SiGe 层中掺杂硼浓度为 $5\times 10^{20} cm^{-3}$ 的 $p-Si_{0.7}Ge_{0.3}$/p-Si 异质结探测器。

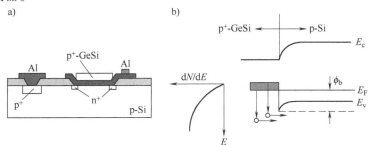

图 12.12 异质结光发射探测器的结构如工作原理
a) 结构 b) 工作原理

(资料源自:Tsaur, B.-Y., Chen, C. K., and Marino, S. A., "Long-Wave length$Ge_{1-x}Si_x$/Si Heterojunction Infrared Detectors and Focal Plane Arrays," Proceedings of SPIE 1540, 580-95, 1991)

$Ge_{1-x}Si_x$/Si 探测器的吸收机理是自由载流子吸收和价带间转换。假设,价带的态密度正比于能量的二次方根,则量子效率可以表示为[70]

$$\eta = \frac{A}{8E_F^{1/2}(E_F+\phi_b)^{1/2}}\frac{(h\nu-\phi_b)^2}{h\nu} \tag{12.17}$$

式中,A 为吸收比,在长波光谱区与波长无关。对硅化物势垒探测器,该表达式几乎是相同的(见式(12.9))。由于半导体的 E_F 通常远小于金属,所以,异质结探测器的 η 要比硅化物肖特基势垒探测器大得多。同时,由于 $Ge_{1-x}Si_x$ 中自由载流子密度较低,所以,预计 $Ge_{1-x}Si_x$ 的吸收比 A 要比硅化物肖特基势垒探测器小。

据报道，$Ge_{1-x}Si_x$ 的最佳厚度约为20nm[68]，比硅化物势垒探测器的金属电极厚一个数量级。该厚度既考虑到实现 GeSi 层可能的高吸收比，又照顾到其弹性和非弹性散射的影响（参考12.1.1节对散射效应的讨论），是两者的折中值。曹（Tsaur）等人采用一种金属重叠层和双异质结构来提高量子效率[68]。帕克（Park）等人提出一种堆叠式 GeSi/Si 异质结探测器，其光学吸收和内部量子效率都可以达到最佳[71-73]。由几个周期的简并掺杂硼 $Si_{0.7}Ge_{0.3}$ 薄层（≤5nm）和未掺杂厚 Si 层（约30nm）组成的堆叠式 $Si_{0.7}Ge_{0.3}$/Si 探测器的光响应波长范围是 $2\sim20\mu m$，其中 $10\mu m$ 和 $15\mu m$ 波长处的量子效率分别是4%和1.5%。该类探测器具有近乎理想的热离子发射限暗电流性质。

12.4.2 同质结内光电发射探测器

1988年，远山（Tohyama）等人首次实践了同质结内部光发射红外探测器的概念[75]。根据报告，尽管该探测器的量子效率低，但有用光谱响应范围是 $1\sim7\mu m$。继而，奥尼尔（O'Neil）研制的同质结探测器将量子效率提高到实用水平（百分之几），其研究小组利用该技术已经研制出 128×128 元阵列[76]。

最近，佩雷拉（Perera）等人讨论了以高-低 Si 和 GaAs 同质结界面功函数内光发射（HIWIP）结为基础的各种探测方法[77-84]。HIWIP 探测器的工作原理以重掺杂吸收/发射层与本征层界面处形成的内光发射为基础，截止波长主要取决于界面功函数。探测机理涉及重掺杂薄发射层内的远红外（FIR）吸收，在自由载流子吸收后，产生光受激载流子穿过结势垒的内光发射，然后汇聚。

HIWIP 探测器（原文错印为 HIWP。——译者注）的基本结构由重掺杂层（作为红外吸收区）和本征层（或轻掺杂区，通过该层后，会使大部分偏压降低）组成。根据重掺杂层的掺杂浓度，可以将其分为三类，如图 12.13 所示[77]。

在 I 类探测器中，当 n^+-层中掺杂浓度 N_d 较高，但低于莫特（Mott）临界浓度 N_c 时，就形成掺杂带。低温时，费米能量置于杂质带上。入射红外光由于杂质电离化而被吸收，由公式 $\Delta = E_c^{n^+} - E_F$ 给出功函数，其中 $E_c^{n^+}$ 是 n^+-层中导带边缘。外部偏压在 i 层中形成电场以汇聚 n^+ 层所产生的受激电子。I 类探测器的工作原理与半导体光发射探测器类似，可以阐述为以下三个过程：

- 低于费米级被填充杂质带态中的电子被光激励，转入传导带空态。
- 光子弛豫使光受激电子迅速热化，进入导带底部，然后扩散到发射界面。
- 电子隧穿通过由于带隙变窄效应造成导带边缘偏移而形成的界面势垒 ΔE_c。

II 类探测器工作原理类似肖特基势垒红外探测器。当掺杂浓度高于莫特跃迁时，导带边缘将杂质带连接起来，n^+-层变成金属层。即使如此，由于带隙变窄效应，费米级仍然可以低于 i-层（$E_F < E_c^i$）的导带边缘，形成功函数 $\Delta = E_c^i - E_F$，除非 N_d 大于 $\Delta = 0$ 时的临界浓度 N_0。该类探测器的一个独特性质是，由于功函数可以随掺杂浓度增大而变得任意小，因此对截止波长没有限制。所以，可以得到 $\lambda_c > 40\mu m$ 的高性能硅探测器[77]。

III 类探测器中，掺杂浓度相当高，以至于费米级高于 i-层的导带边缘，n^+-层变成简并层，由于电子扩散，在 n^+-i 界面形成与空间电荷区有关的势垒。势垒高度取决于掺杂浓度和施加电压，形成电可调谐的 λ_c。随着势垒电压增高，势垒高度降低，光谱响应移向长波，给定波长下的信号增大。图像降低造成响应的这种变化有利于界面处 p-n 结利用。远山

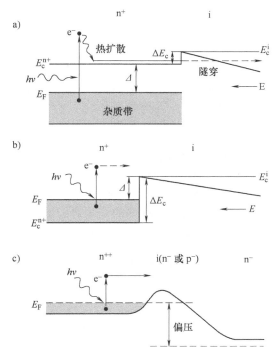

图 12.13　三种不同类型同质结（原文错印为异质结。——译者注）内光发射探测器的能带图
a) I 类：$N_d < N_c$（$E_F < E_c^{n+}$）
b) II 类：$N_c < N_d < N_0$（$E_c^{n+} < E_F < E_c^i$）（原文错印两个 N_d。）
c) III 类：$N_d > N_0$（$E_F > E_c^i$）

其中，N_c 是莫特（Mott）临界浓度；N_0 是对应于 $\Delta=0$ 的临界浓度。在图 a 和图 b 中，虚线和实线分别代表 $V_b = 0$ 和 $V_b > V_o$ 时 i 层的导带边缘。

（资料源自：Perara, A. G. U., Yuan, H. X., and Francombe, M. H., Journal of Applied Physics, 77, 915-24, 1995）

（Tohyama）等人利用由简并 n^{++} 热-载流子、消耗势垒层（轻掺杂 p、n 或者 i）和轻掺杂 n 类热载流子集热器组成的结构，首次验证了 III 类器件[75]。尽管公布的量子效率很低，但探测器的有效光谱响应范围是 $1 \sim 7\mu m$。

图 12.14 所示为 n^+-i HIWIP 探测器的基本结构和能带图[79]。该结构包括发射器、本征层和集热层，用 W_e、W_i 和 W_c 为各自厚度。为了使吸收损失降至最小，在顶部敏感区周围形成一个环形接触层。集热层为中等掺杂，并且由于杂质带传导而具有较低电阻。所以，当光子能量小于杂质电离化能量时，在远红外光谱区它仍是透明的。界面功函数是 $\Delta = \Delta E_c - E_F - \Delta\phi$。其中 ΔE_c 为由于重掺杂发射层中带隙变窄造成的传导带边缘偏移量；E_F 是费米能；$\Delta\phi$ 是由于场力效应造成的界面势垒高度降低量。尽管厚度变薄会降低光子吸收效率，但为了得到高量子效率，应当使发射层足够薄，因此最佳厚度是光子吸收和热电子散射折中考虑的结果。

硅 HIWIP 远红外探测器具有与普通锗远红外光电导体[85]或者锗受阻杂质带（BIB）探测器[86]相比拟的性能。除硅以外，在重掺杂 p-GaAs 中已经观察到相当大的带隙收缩。GaAs 具有较好的载流子传输特性使该类器件的性能有所改善。p-GaAs HIWIP 远红外探测器具有

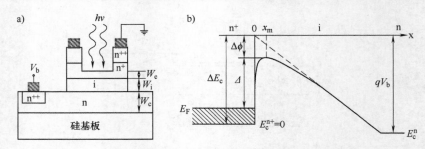

图 12.14 前侧照明 n^+-i HIWIP 探测器
a) 基本结构 b) 能带图

（资料源自：Yuan, H. X., and Perera, A. G. H., Applied Physics Letters, 66, 2262-64, 1995）

很大潜力，会逐渐成为远红外应用领域中强有力的竞争者：响应度为（3.10 ± 0.05）A/W；量子效率为 12.5%；温度 4.2K 时比探测率为 $5.9 \times 10^{10} \mathrm{cmHz^{1/2}/W}$；$\lambda_c$ 范围为 80 ~ 100μm。

参 考 文 献

1. F. D. Shepherd and A. C. Yang," Silicon Schottky Retinas for Infrared Imaging," *Technical Digest of IEDM*, 310-13, 1973.
2. W. F. Kosonocky," Infrared Image Sensors with Schottky-Barrier Detectors," *Proceedings of SPIE* 869, 90-106, 1987.
3. F. D. Shepherd," Schottky Diode Based Infrared Sensors," *Proceedings of SPIE* 443, 42-49, 1984.
4. F. D. Shepherd," Silicide Infrared Staring Sensors," *Proceedings of SPIE* 930, 2-10, 1988.
5. W. F. Kosonocky," Review of Schottky-Barrier Imager Technology," *Proceedings of SPIE* 1308, 2-26, 1990.
6. W. F. Kosonocky," Review of Infrared Image Sensors with Schottky-Barrier Detectors," *Optoelectronics: Devices and Technologies* 6, 173-203, 1991.
7. M. Kimata and N. Tsubouchi," Schottky Barrier Photoemissive Detectors," in *Infrared Photon Detectors*, ed. A. Rogalski, 299-349, SPIE Optical Engineering Press, Bellingham, WA, 1995.
8. M. Kimata," Metal Silicide Schottky Infrared Detector Arrays," in *Infrared Detectors and Emitters: Materials and Devices*, eds. P. Capper and C. T. Elliott, 77-98, Kluwer Academic Publishers, Boston, MA, 2000.
9. M. Kimata," Silicon Infrared Focal Plane Arrays," in *Handbook of Infrared Detection Technologies*, eds. M. Henini and M. Razeghi, 353-92, Elsevier, 2002.
10. R. H. Fowler," The Analysis of Photoelectric Sensitivity Curves for Clean Metals at Various Temperatures," *Physical Review* 38, 45-57, 1931.
11. C. R. Crowell, W. G. Spitzer, L. E. Howarth, and E. E. Labate," Attenuation Length Measurements of Hot Electrons in Metal Films," *Physical Review* 127, 2006, 1962.
12. R. Stuart, F. Wooten, and W. E. Spicer," Monte-Carlo Calculations Pertaining to the Transport of Hot Electrons in Metals," *Physical Review* 135 (2A), 495-504, 1964.
13. J. Cohen, J. Vilms, and R. J. Archer," Investigation of Semiconductor Schottky Barriers for Optical Detection and Cathodic Emission," Air Force Cambridge Research Labs. Report No. . 68-0651 (1968) and No. 69-0287 (1969).
14. V. L. Dalal," Simple Model for Internal Photoemission," *Journal of Applied Physics* 42, 2274-79, 1971.
15. V. E. Vickers," Model of Schottky-Barrier Hot Electron Mode Photodetection," *Applied Optics* 10, 2190-92, 1971.
16. J. M. Mooney and J. Silverman," The Theory of Hot-Electron Photoemission in Schottky Barrier Detectors,"

IEEE Transactions on Electron Devices ED-32, 33-39, 1985.

17. S. M. Sze, *Physics of Semiconductor Devices*, Wiley, New York, 1981.
18. F. D. Shepherd," Infrared Internal Emission Detectors," *Proceedings of SPIE* 1735, 250-61, 1992.
19. R. Taylor, L. Skolnik, B. Capone, W. Ewing, F. Shepherd, S. Roosild, B. Cochrun, M. Cantella, J. Klein, and W. Kosonocky," Improved Platinum Silicide IRCCD Focal Plane," *Proceedings of SPIE* 217, 103-10, 1980.
20. H. Elabd and W. F. Kosonocky," The Photoresponse of Thin-Film PtSi Schottky Barrier Detector with Optical Cavity," *RCA Review* 43, 543-47, 1982.
21. H. Elabd and W. F. Kosonocky," Theory and Measurements of Photoresponse for Thin Film Pd2Si and PtSi Infrared Schottky-Barrier Detectors with Optical Cavity," *RCA Review* 43, 569-89, 1982.
22. M. Kimata, M. Denda, T. Fukumoto, N. Tsubouchi, S. Uematsu, H. Shibata, T. Higuchi, T. ? Saeki, R. Tsunoda, and T. Kanno," Platinum Silicide Schottky-Barrier IR-CCD Image Sensor," *Japanese Journal of Applied Physics* 21 (Suppl. 21-1), 231-35, 1982.
23. J. M. Mooney, J. Silverman, and M. M. Weeks," PtSi Internal Photoemission; Theory and Experiment," *Proceedings of SPIE* 782, 99-107, 1987.
24. E. L. Dereniak and G. D. Boreman, *Infrared Detectors and Systems*, Wiley, New York, 1996.
25. J. P. Spratt and R. F. Schwarz," Metal-Silicon Schottky Diode Arrays as Infrared Retinae," *Technical Digest of IEDM*, 306-9, 1973.
26. E. Kohn, S. Roosild, F. Shepherd, and A. Young," Infrared Imaging with Monolithic CCDAddressed Schottky-Barrier Detector Arrays," *International Conference on Application of CCD's*, 59-69, 1975.
27. H. Elabd, T. S. Villani, and J. R. Tower," High Density Schottky-Barrier Infrared Charge-Coupled Device (IRCCD) Sensors for Short Wavelength Infrared (SWIR) Application at Intermediate Temperature," *Proceedings of SPIE* 345, 161-71, 1982.
28. H. Elabd, T. Villani, and W. Kosonocky," Palladium-Silicide Schottky-Barrier IR-CCD for SWIR Applications at Intermediate Temperatures," *IEEE Electron Device Letters* EDL-3, 89-90, 1982.
29. J. R. Tower, A. D. Cope, L. E. Pellon, B. M. McCarthy, R. T. Strong, K. F. Kinnard, A. G. Moldovan, et al.," Development of Multispectral Detector Technology," *Proceedings of SPIE* 570, 172-83, 1985.
30. J. R. Tower, L. E. Pellon, B. M. McCarthy, H. Elabd, A. G. Moldovan, W. F. Kosonocky, J. E. Kakshoven, and D. Tom," Shortwave Infrared 512 × 2 Line Sensor for Earth Resources Applications," *IEEE Transactions on Electron Devices* ED-32, 1574-83, 1985.
31. J. R. Tower, A. D. Cope, L. E. Pellon, B. M. McCarthy, R. T. Strong, K. F. Kinnard, A. G. Moldovan, et al., Design and Performance of 4 × 5120-Element Visible and 5 × 2560-Element Shortwave Infrared Multispectral Focal Planes," *RCA Review* 47, 226-55, 1986.
32. B. Capone, L. Skolnik, R. Taylor, F. Shepherd, S. Roosild, and W. Ewing," Evolution of a Schottky Infrared Charge-Coupled (IRCCD) Staring Mosaic Focal Plane," *Optical Engineering* 18, 535-41, 1979.
33. W. F. Kosonocky, F. V. Shallcross, T. S. Villani, and J. V. Groppe," 160 × 244 Element PtSi Schottky-Barrier IR-CCD Image Sensor," *IEEE Transactions on Electron Devices* ED-32, 1564-73, 1985.
34. D. J. Sauer, F. V. Shallcross, F. L. Hsueh, G. M. Meray, P. A. Levine, H. R. Gilmartin, T. S. Villani, B. J. Esposito, and J. R. Tower," 640 × 480 MOS PtSi IR Sensor," *Proceedings of SPIE* 1540, 285-96, 1991.
35. J. L. Gates, W. G. Connelly, T. D. Franklin, R. E. Mills, F. W. Price, and T. Y. Wittwer," 488 × 640-Element Platinum Silicide Schottky Focal Plane Array," *Proceedings of SPIE* 1540, 262-73, 1991.
36. M. Kimata, M. Denda, N. Yutani, S. Iwade, and N. Tsubouchi," 512 × 512 Element PtSi Schottky-Barrier

Infrared Image Sensor," *IEEE Journal of Solid-State Circuits* SC-22, 1124-29, 1987.

37. D. L. Clark, J. R. Berry, G. L. Compagna, M. A. Cosgrove, G. G. Furman, J. R. Heydweiller, H. Honickman, R. A. Rehberg, P. H. Solie, and E. T. Nelson," Design and Performance of a 486-640 Pixel Platinum Silicide IR Imaging System," *Proceedings of SPIE* 1540, 303-11, 1991.

38. N. Yutani, H. Yagi, M. Kimata, J. Nakanishi, S. Nagayoshi, and N. Tsubouchi," 1040 × 1040 Element PtSi Schottky-Barrier IR Image Sensor," *IEDM Technical Digest*, 175-78, 1991.

39. P. W. Pellegrini, A. Golubovic, C. E. Ludington, and M. M. Weeks," IrSi Schottky Barrier Diodes for Infrared Detection," *IEDM Technical Digest*, 157-60, 1982.

40. P. W. Pellegrini, A. Golubovic, and C. E. Ludington," A Comparison of Iridium Silicide and Platinum Silicide Photodiodes," *Proceedings of SPIE* 782, 93-98, 1987.

41. B-Y. Tsaur, M. J. McNutt, R. A. Bredthauer, and B. R. Mattson," 128 × 128-Element IrSi Schottky-Barrier Focal Plane Arrays for Long Wavelength Infrared Imaging," *IEEE Electron Devices Letters* 10, 361-63, 1989.

42. J. Kurian' ski, J. Vermeiren, C. Claeys, W. Stessens, K. Maex, and R. De Keersmaecker" Development and Evaluation of $CoSi_2$ Schottky Barrier Infrared Detectors," *Proceedings of SPIE* 1157, 145-52, 1989.

43. J. Kurianski, J. Van Dammer, J. Vermeiren, M. Maex, and C. Claeys," Nickel Silicide Schottky Barrier Detectors for Short Wavelength Infrared Applications," *Proceedings of SPIE* 1308, 27-34, 1990.

44. N. Tsubouchi, M. Kimata, M. Denda, M. Yamawaki, N. Yutani, and S. Uematsu," Photoresponse Improvement of PtSi-Si Schottky-Barrier Infrared Detectors by Ion Implantation," *Technical Digest* 12th *ESSDERC*, 169-71, 1982.

45. J. M. Shannon," Reducing the Effective Height of a Schottky Barrier Using Low-Energy Ion Implantation," *Applied Physics Letters* 24, 369-71, 1974; " Control of Schottky Barrier Height Using Highly Doped Surface Layers," *Solid-State Electronics* 19, 537-43, 1976.

46. P. Pellegrini, M. Weeks, and C. E. Ludington," New 6.5 μm Photodiode for Schottky Barrier Array Applications," *Proceedings of SPIE* 311, 24-29, 1981.

47. C-Y. Wei, W. Tantraporn, W. Katz, and G. Smith," Reduction of Effective Barrier Height in PtSi-p-Si Schottky Diode Using Low-Energy Ion Implantation," *Thin Solid Films* 93, 407-12, 1982.

48. B-Y. Tsaur, C. K. Chen, and B. A. Nechay," IrSi Schottky-Barrier Infrared Detectors with Wavelength Response Beyond 12 μm," *IEEE Electron Device Letters* 11, 415-17, 1990.

49. R. W. Fathauer, T. L. Lin, P. J. Grunthaner, P. O. Andersson, and J. Maserijian," Modification of the Schottky Barrier Height of MBE-Grown $CoSi_2$/Si (111) Diodes by the Use of Selective Ga Doping," *Proceedings of the 2nd International Symposium on MBE (Honolulu)*, 228-34, 1987.

50. T. L. Lin, J. S. Park, T. George, E. W. Jones, R. W. Fathauer, and J. Maserijian," Long-Wavelength PtSi Infrared Detectors Fabricated by Incorporating a p^+ Doping Spike Grown by Molecular Beam Epitaxy," *Applied Physics Letters* 62, 3318-20, 1993.

51. T. L. Lin, J. P. Park, T. George, E. W. Jones, R. W. Fathauer, and J. Maserijian," Long-Wavelength Infrared Doping-Spike PtSi Detectors Fabricated by Molecular Beam Epitaxy," *Proceedings of SPIE* 2020, 30-35, 1993.

52. T. L. Lin, J. S. Park, S. D. Gunapala, E. W. Jones, and H. M. Del Castillo," Doping-Spike PtSi Schottky Infrared Detectors with Extended Cutoff Wavelengths," *IEEE Transactions on Electron Devices* 42, 1216-20, 1995.

53. B-Y. Tsaur, M. M. Weeks, and P. W. Pellegrini," Pt-Ir Silicide Schottky-Barrier IR Detectors," *IEEE Electron Device Letters* 9, 100-102, 1988.

54. B-Y. Tsaur, J. P. Mattia, and C. K. Chen," Hydrogen Annealing of PtSi-Si Schottky Barrier Contacts," *Applied Physics Letters* 57, 1111-13, 1990.

55. B.-Y. Tsaur, C. K. Chen, and J. P. Mattia," PtSi Schottky-Barrier Focal Plane Arrays for Multispectral Imaging in Ultraviolet, Visible, and Infrared Spectral Bands," *IEEE Electron Device Letters* 11, 162-64, 1990.
56. J. M. Kurianski, S. T. Shanahan, U. Theden, M. A. Green, and J. W. V. Storey," Optimization of the Cavity for Silicide Schottky Infrared Detectors," *Solid-State Electronics* 32, 97-101, 1989.
57. C. K. Chen, B. Nechay, and B.-Y. Tsaur," Ultraviolet, Visible, and Infrared Response of PtSi Schottky-Barrier Detectors Operated in the Front Illumination Mode," *IEEE Transactions on Electron Devices* 38, 1094-1103, 1991.
58. W. F. Kosonocky, T. S. Villani, F. V. Shallcross, G. M. Meray, and J. J. O'Neil," A Schottky-Barrier Image Sensor with 100% Fill Factor," *Proceedings of SPIE* 1308, 70-80, 1990.
59. M. Kimata, M. Denda, S. Iwade, N. Yutani, and N. Tsubouchi," A Wide Spectral Band Detector with PtSi/p-Si Schottky-Barrier," *International Journal of Infrared and MM Waves* 6, 1031-41, 1985.
60. W. F. Kosonocky, F. V. Shallcross, T. S. Villani, and J. V. Groppe," 160 × 244 Element PtSi Schottky-Barrier IR-CCD Image Sensor," *IEEE Transactions on Electron Devices* ED-32, 1564-72, 1995.
61. B.-Y. Tsaur, M. M. Weeks, R. Trubiano, P. W. Pellegrini, and T.-R. Yew," IrSi Schottky-Barrier Infrared Detectors with 10-μm Cutoff Wavelength," *IEEE Transactions on Electron Device Letters* 9, 650-53, 1988.
62. F. D. Shepherd, V. E. Vickers, and A. C. Yang," Schottky-Barrier Photodiode with Degenerate Semiconductor Active Region," U. S. Patent No. 3, 603, 847, September 7, 1971.
63. T. L. Lin, A. Ksendzov, S. M. Dajewski, E. W. Jones, R. W. Fathauer, T. N. Krabach, and J. Maserjian," A Novel Si-Based LWIR Detector: The SiGe/Si Heterojunction Internal Photoemission Detector," *IEDM Technical Digest*, 641-44, 1990.
64. T. L. Lin and J. Maserjian," Novel $Si_{1-x}Ge_x$/Si Heterojunction Internal Photoemission Long-Wavelength Infrared Detectors," *Applied Physics Letters* 57, 1422-24, 1990.
65. T. L. Lin, A. Ksendzov, S. M. Dejewski, E. W. Jones, R. W. Fathauer, T. N. Krabach, and J. Maserjian," SiGe/Si Heterojunction Internal Photoemission Long-Wavelength Infrared Detectors Fabricated by Molecular Beam Epitaxy," *IEEE Transactions on Electron Devices* 38, 1141-44, 1991.
66. T. L. Lin, E. W. Jones, T. George, A. Ksendzov, and M. L. Huberman," Advanced Si IR Detectors Using Molecular Beam Epitaxy," *Proceedings of SPIE* 1540, 135-39, 1991.
67. B.-Y. Tsaur, C. K. Chen, and S. A. Marino," Long-Wavelength GeSi/Si Heterojunction Infrared Detectors and 400 × 400-Element Imager Arrays," *IEEE Electron Device Letters* 12, 293-96, 1991.
68. B.-Y. Tsaur, C. K. Chen, and S. A. Marino," Long-Wavelength Ge1-xSix/Si Heterojunction Infrared Detectors and Focal Plane Arrays," *Proceedings of SPIE* 1540, 580-95, 1991.
69. B.-Y. Tsaur, C. K. Chen, and S. A. Marino," Heterojunction $Ge_{1-x}Si_x$/Si Infrared Detectors and Focal Plane Arrays," *Optical Engineering* 33, 72-78, 1994.
70. T. L. Lin, J. S. Park, S. D. Gunapal, E. W. Jones, and H. M. Del Castillo," Photoresponse Model for $Si_{1-x}Ge_x$/Si Heterojunction Internal Photoemission Infrared Detector," *IEEE Electron Device Letters* 15, 103-5, 1994.
71. T. L. Lin, J. S. Park, S. D. Gunapala, E. W. Jones, and H. M. Del Castilo," $Si_{1-x}Ge_x$/Si Heterojunction Internal Photoemission Long Wavelength Infrared Detector," *Proceedings of SPIE* 2474, 17-23, 1994.
72. J. S. Park, T. L. Lin, E. W. Jones, H. M. Del Castillo, T. George, and S. D. Gunapala," Long-Wavelength Stacked $Si_{1-x}Ge_x$/Si Heterojunction Internal Photoemission Infrared Detectors," *Proceedings of SPIE* 2020, 12-21, 1993.
73. J. S. Park, T. L. Lin, E. W. Jones, H. M. Del Castillo, and S. D. Gunapala," Long-Wavelength Stacked SiGe/Si Heterojunction Internal Photoemission Infrared Detectors Using Multiple SiGe/Si Layers," *Applied Physics Letters* 64, 2370-72, 1994.

74. H. Wada, M. Nagashima, K. Hayashi, J. Nakanishi, M. Kimata, N. Kumada, and S. Ito," 512 × 512 Element GeSi/Si Heterojunction Infrared Focal Plane Array," *Opto-Electronics Review* 7, 305-11, 1999.
75. S. Tohyama, N. Teranishi, K. Kunoma, M. Nishimura, K. Arai, and E. Oda," A New Concept Silicon Homojunction Infrared Sensor," *IEDM Technical Digest*, 82-85, 1988.
76. W. F. O' Neil," Nonuniformity Corrections for Spectrally Agile Sensor," *Proceedings of SPIE* 1762, 327-39, 1992.
77. A. G. U. Perera, H. X. Yuan, and M. H. Francombe," Homojunction Internal Photoemission Far-Infrared Detectors: Photoresponse Performance Analysis," *Journal of Applied Physics* 77, 915-24, 1995.
78. A. G. U. Perera," Physics and Novel Device Applications of Semiconductor Homojunctions," in *Thin Solid Films*, Vol. 21, eds. M. H. Francombe and J. L. Vossen, 1-75, Academic Press, New York, 1995.
79. H. X. Yuan and A. G. H. Perera," Dark Current Analysis of Si Homojunction Interfacial Work Function Internal Photoemission Far-Infrared Detectors," *Applied Physics Letters* 66, 2262-64, 1995.
80. A. G. U. Perera, H. X. Yuan, J. W. Choe, and M. H. Francombe," Novel Homojunction Interfacial Workfunction Internal Photoemission (HIWIP) Tunable Far-Infrared Detectors for Astronomy," *Proceedings of SPIE* 2475, 76-87, 1995.
81. W. Shen, A. G. U. Perera, M. H. Francombe, H. C. Liu, M. Buchanan, and W. J. Schaff," Effect of Emitter Layer Concentration on the Performance of GaAs p^+-i Homojunction Far-Infrared Detectors: A Comparison of Theory and Experiment," *IEEE Transaction on Electron Devices* 45, 1671-77, 1998.
82. A. G. U. Perera and W. Z. Shen," GaAs Homojunction Interfacial Workfunction Internal Photoemission (HIWIP) Far-Infrared Detectors," *Opto-Electronics Review* 7, 153-80, 1999.
83. A. G. H. Perera," Semiconductor Photoemissive Structures for Far Infrared Detection," in *Handbook of Thin Devices*, Vol. 2, ed. M. H. Francombe, 135-70, Academic Press, San Diego, CA, 2000.
84. A. G. H. Perera," Silicon and GaAs as Far-Infrared Detector Material," in *Photodetectors and Fiber Optics*, ed. H. S. Nalwa, 203-37, Academic Press, San Diego, CA, 2001.
85. E. E. Haller," Advanced Far-Infrared Detectors," *Infrared Physics & Technology* 35, 127, 1994.
86. D. W. Watson, M. T. Guptill, J. E. Huffman, T. N. Krabach, S. N. Raines, and S. Satyapal," Germanium Blocked-Impurity-Band Detector Arrays: Unpassivated Devices with Bulk Substrates," *Journal of Applied Physics* 74, 4199, 1993.

第13章 III-V族（元素）探测器

20世纪50年代中后期发现，在当时所有已知的半导体中，InSb 具有最小能隙，以其作为中波红外探测器的应用已非常明显[1,2]。在较高工作温度下，InSb 的能隙并不能很好地与 3～5μm 光谱匹配，但 $Hg_{1-x}Cd_xTe$ 可以得到较好的性能。InAs 与 InSb 有类似成分，但具有较大能隙[3]，所以阈值波长是 3～4μm，并可制造出光电导和光伏两类探测器。已经深入研究过 InSb 的光电导过程，从摩顿（Morton）和金（King）[4]、克鲁泽（Kruse）[5]以及埃利奥特（Elliott）和戈登（Gordon）[6]的著作中可以阅读到更详细内容。

InSb 探测器已经广泛应用于高质量探测系统中，40 多年来，在国防和航天工业得到了大量应用。或许，这些系统中最为人们熟知的（和最成功的）是响尾蛇空对空防空导弹。InSb 的制造技术早已得到确立，CCD 和 CMOS 混合器件的发明更增强了人们对该半导体的兴趣。

13.1 III-V 族窄带隙半导体的物理性质

20 世纪 50 年代，晶体生长技术的发展使 InSb 和 InAs 体单晶探测器得以成功研制，自此，单晶生长质量有了极大提高。

在商业上，用两种方法可以得到这些晶体：切克劳斯基法（提拉法）和水平坩埚下降技术。使用这些方法可以生长出纯度较高、低错位密度、晶片直径范围在 5～100mm、方便处理和适于光刻术的单晶。胡尔默（Hulme）、穆林（Mullin）、朗（Liang）、米克尔思韦特（Micklethwaite）和约翰逊（Johnson）评述过 InSb 单晶生长技术[7-11]。当今的工程师、材料科学家和物理学家所需材料方面的广泛课题都包含在有关电子和光子材料的综合著作本章参考文献【12】《施普林格电子和光子材料手册（Springer Handbook of Electronic and Photonic Materials）》中。

与 InSb 不同，使形成 InAs 复合材料的元素间发生反应并非简单的事情。为了防止砷在高蒸气压力下接近熔点而消失，必须使其成分在一个密闭的细径石英瓶中反应。与 InSb 相比，InAs 的分离提纯也更难。

对 $In_xGa_{1-x}As$ 三元合金感兴趣的一直是短波红外（SWIR）低成本探测器的应用。与 InP 基板晶格匹配的 $x = 0.53$ 合金的带隙是 0.73eV，涵盖的波长范围是 0.9～1.7μm。高质量 InP 基板的可用直径达 100mm。含有 53% InAs 的 $In_xGa_{1-x}As$ 常称为"标准 InGaAs"，无需标注"x"或"$1-x$"的值，是批量生产 1.3μm 和 1.55μm 光纤光学接收器的成熟材料。目前，InGaAs 材料正在成为 1～3μm 光谱范围高温工作探测器的选择。将铟的含量增大到 $x = 0.82$，$In_xGa_{1-x}As$ 的波长响应可以扩展到 2.6μm。单元件 InGaAs 探测器的截止波长已经达到 2.6μm，而线阵和相机验证到 2.2μm。

InGaAsP 四元系统的能带隙范围为 0.35eV（InAs）～2.25eV（GaP），InP 的 1.29eV 和 GaAs 的 1.43eV 都在该范围内[13,14]。图 13.1 所示为与 InP 晶格相匹配的 $Ga_xIn_{1-x}As_yP_{1-y}$ 在

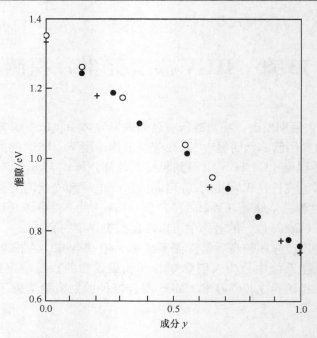

图 13.1 与 InP 晶格匹配的 $Ga_xIn_{1-x}As_yP_{1-y}$ 在温度 300K 时其能隙值与成分 y 的关系

(资料源自：Adachi, S., Physical Properties of III-V Semiconducting compounds: InP, InAs, GaAs, GaP, InGaAs, and InGaAsP, Wiley-Interscience, New York, 1992; Properties of Group-IV, III-V and II-VI Semiconductors, John Wiley& Sons, Ltd., Chichester, 2005.)

温度 300K 时的能隙值与其成分 y 的关系。已经采用下述外延晶体生长技术制造出 InGaAsP 合金：氢化物和氯化物气相外延（Vapor Phase Epitaxy，VPE）；液相外延（LPE）；分子束外延（MBE）和金属有机化学气相沉积（MOCVD）[15]。奥尔森（Olsen）和班（Ban）对这四种技术做了简要比较[16]，每种技术都有一定优点，氢化物 VPE 非常适合 InGaAsP/InP 光电器件，外延生长技术也适用于结构更为复杂的现代 InSb、InAs、InGaAs、$InAs_{1-x}Sb_x$（InAsSb）和 $Ga_xIn_{1-x}Sb$（GaInSb）器件[12,17-20]。

图 13.2 所示为 $Ga_xIn_{1-x}As$、$InAs_xSb_{1-x}$ 和 $Ga_xIn_{1-x}Sb$ 三元合金 Γ-传导带的位置能隙和电子有效质量与成分的关系。

InAsSb 是一种适合 3～5μm 和 8～14μm 光谱范围、极具吸引力的探测器半导体材料[17]。然而，三元系统的发展受到了晶体合成问题的限制。由于液相线和固态线间存在着大的间隔（见图 13.3）以及晶格失配（InAs 与 InSb 间的失配率是 6.9%），所以对晶体生长方法提出了严格要求[21]。采用分子束外延法（MBE）和金属有机化学气相沉积（MOCVD）技术能够系统地克服这些困难。

对于长波（8～12μm）探测器，采用的主要材料是碲镉汞（HgCdTe）。尽管过去 30 年 HgCdTe 光伏技术有了很大进展[22,23]，但困难仍然存在——特别是波长大于 10μm 时，器件性能受限于其具有大的隧穿暗电流，以及为精确确定能隙而需要精确控制成分的敏感关系。鉴于 III-V（族）元素晶体生长和处理技术的成熟，已经研究并建议采用基于 III-V 族半导体的 HgCdTe 替代品[24]。该方法分有如下三类：

- 使用超晶格材料，如 AlGaAs/GaAs[25-30]、InAsSb/InSb[17,26,31] 和 InGaSb/InAs[20,32,33]

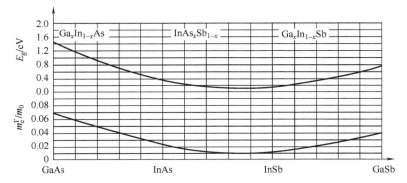

图 13.2 室温下，$Ga_xIn_{1-x}As$、$InAs_xSb_{1-x}$ 和 $Ga_xIn_{1-x}Sb$ 三元合金 Γ-传导带的位置能隙和电子有效质量与成分的关系

（参考第 16、17 章）。

- 利用量子点（参考第 18 章）。
- 在 InAs、InSb 和 InAsSb 中增加大群 V 族元素 Bi，或者在 InAs、InP 和 InSb 中增加大群 III 族元素 Tl。

到目前为止，利用 AlGaAs/GaAs 和 InGaSb/InAs 超晶格已获到了最佳结果。

III-V 族探测器材料在布里渊区中心有一个闪锌矿结构和直接能隙。电子带和轻空穴带的形状取决于 **k·p** 理论。不同材料的动量矩阵元稍有不同，近似值为 9.0×10^{-8} eV cm。具有相同能隙材料的电子有效质量和传导带态密度是彼此类似的。

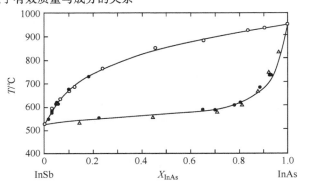

图 13.3 InAs-InSb 系统的微二元相图

（资料源自：Stringfellow, G. B., and Greene, P. R., Journal of the Electrochemical Society, 118, 805-10, 1971）

III-V 材料能隙具有普通的负温度系数，以下列的 Varshni 方程表述[35]：

$$E_g(T) = E_0 - \frac{\alpha T^2}{T + \beta} \quad (13.1)$$

式中，α 和 β 为某种材料的拟合参数特性。

已经发现，三元复合材料的带隙能量一般都是成分 x 的二次方的函数。对于 $InAs_{1-x}Sb_x$，可以用下面表达式描述：

$$E_g(x,T) = 0.411 - \frac{3.4 \times 10^{-4} T^2}{210 + T} - 0.876x + 0.70x^2 + 3.4 \times 10^{-4} xT(1-x) \quad (13.2)$$

该式表明，与 HgCdTe 相比，其带缘对成分 x 的依赖相当弱。E_g 的最小值可能出现在成分 x =0.65 位置。

表 13.1 列出了 InAs、InSb、GaSb、$InAs_{0.35}Sb_{0.65}$ 和 $In_{0.53}Ga_{0.47}As$ 半导体的物理性质[37]。

曾进行最广泛研究的 III-V 探测器材料是 InSb。霍尔（Hall）曲线与温度无关部分表明，InSb 中大部分电活性杂质原子具有浅层活性能，并在高于 77K 温度下受热电离化。p 类材料的霍尔系数在低温非本征范围内是正值，由于电子有较高的迁移率（迁移率 $b = \mu_e/\mu_h$ 是 10^2 数量级），所以在本征范围内符号变为负。p 类材料的 R_H 改变符号时的变态温度取决于纯度，高于某一温度（完全 n 类材料，高于 150K），是本征材料；低于某温度（若是完全 n 类材料，低于 100K），霍尔系数稍有变化。

表 13.1 窄带隙 III-V 复合材料的物理性质

晶格结构		T/K	InAs	InSb	GaSb	InAs$_{0.35}$Sb$_{0.65}$	In$_{0.53}$Ga$_{0.47}$As
			立方 (ZnS)	立方 (ZnS)	立方 (ZnS)	立方 (ZnS)	立方 (ZnS)
晶格常数 a/nm		300	0.60584	0.647877	0.6094	0.636	0.58438
热膨胀系数 α/ (10^{-6} K^{-1})		300	5.02	5.04	6.02		
		80		6.50			
密度 ρ/ (g/cm^3)		300	5.68	5.7751	5.61		5.498
熔点 T_m/K			1210	803	985		
能隙 E_g/eV		4.2	0.42	0.2357	0.822	0.138	0.627
		80	0.414	0.228		0.136	
		300	0.359	0.180	0.725	0.100	0.75
E_g 的热系数		100~300	-2.8×10^{-4}	-2.8×10^{-4}			-3.0×10^{-4}
有效质量	m_e^*/m	4.2	0.023	0.0145	0.042		0.041
		300	0.022	0.0116		0.0101	
	m_e^*/m	4.2	0.026	0.0149			0.0503
	m_e^*/m	4.2	0.43	0.41	0.28	0.41	0.60
动量矩阵元 P/ (eV cm)			9.2×10^{-8}	9.4×10^{-8}			
迁移率	μ_e/ (cm^2/(V s))	77	8×10^4	10^6		5×10^5	70000
		300	3×10^4	8×10^4	5×10^3	5×10^4	13800
	μ_h/ (cm^2/(V s))	77		1×10^4	2.4×10^3		
		300	500	800	880		
本征载流子浓度 n_i/ cm^{-3}		77	6.5×10^3	2.6×10^9		2.0×10^{12}	
		200	7.8×10^{12}	9.1×10^{14}		8.6×10^{16}	
		300	9.3×10^{14}	1.9×10^{16}		4.1×10^{16}	5.4×10^{11}
折射率 n_r			3.44	3.96	3.8		
静态相对电介质常数 ε_s			14.5	17.9	15.7		14.6
高频相对电介质常数 ε_∞			11.6	16.8	14.4		
光学声子	LO/cm^{-1}		242	193		约 210	
	TO/cm^{-1}		220	185		约 200	

（资料源自：S. Adachi, Physical Properties of III-V Semiconducting Compounds: InP, InAs, Ga As, GaP, InGaAs, and InGaAsP, Wiley-Interscience, New York, 1992; Properties of Group-IV, III-V and II-VI Semiconductors, John Wiley &Sons, Ltd., Chichester, 2005; I. Vurgaftman, J. R. Meyer, and L. R. Ram-Mohan, Journal of Applied Physics, 89, 5815-75, 2001; A. Rogalski, K. Adamiec, and J. Rutkowski, Narrow-Gap Semiconductor Photodiodes, SPIE Press, Bellingham, WA, 2000）

有各种半导体载流子扩散机理，InSb 的如图 13.4 所示[38]。直至大约 20~60K，非常纯

n 类和 p 类材料的迁移率都是增大的，此后，由于极性和电子空穴的扩散作用会使迁移率减小。77K 和 300K 温度时，载流子迁移率随杂质浓度减小而系统地增大。

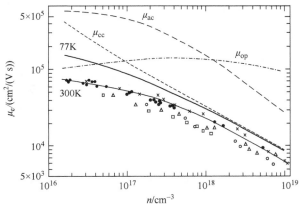

图 13.4　n 类 InSb 在温度 77K 和 300K 时的电子迁移率与自由电子浓度的关系（虚线表示电荷中心、极性光学和声学扩散模型的理论迁移率；实验数据的温度环境是 300K）

（资料源自：Zawadzki, W., Advances in Physics, 23, 435-522, 1974）

合金半导体中，带电载流子的电位波动会造成成分 x 的无序变化。这种扩散机理，即所谓的合金扩散，对某些三元和四元系统非常重要。简单地，合金 $A_xB_{1-x}C$ 中的总载流子迁移率 u_{tot} 可表示为[12]

$$\frac{1}{\mu_{tot}(x)} = \frac{1}{x\mu_{tot}(AC)+(1-x)\mu_{tot}(BC)} + \frac{1}{\mu_{al,0}/[x/(1-x)]} \quad (13.3)$$

式中的第一项源自线性插值法，第二项考虑了合金影响。例如，图 13.5 给出了 $Ga_xIn_{1-x}P_yAs_{1-y}$/InP 四元系统的电子霍尔迁移率曲线[12]。四元系统是 $In_{0.53}Ga_{0.47}As$（$y=0$）和 InP（$y=1.0$）的一种合金，并采用下面数值：μ_{tot}（$In_{0.53}Ga_{0.47}As$）= 13000cm²/（V s）和 $\mu_{al,0}$ 3000cm²/（V s）。实验数据对应着较纯材料的相关值。

克鲁泽（Kruse）曾阐述过 InSb 的光学性质[5]。由于电子的有效质量很小，导带的态密度也很小，所以，有可能通过掺杂填充适用的带态，将吸收边缘适当地移动到较短波长。这些内容已经涉及伯斯坦-摩斯效应（见图 13.6[39]）。

InAs 的与 InSb 物理性质类似。对 3.5μm 截止波长的 InAs 材料，即使理论上证明可以在 190K 温度下工作，但应用仅局限于中波红外波段。其研发工作受到生长技术和钝化问题的约束。

尽管一直努力研发以 InAsSb 作为红外应用领域 HgCdTe 的替代品，但很少有其物理性质方面的信息。一种 III-V 探测器技术是受益于以下几方面：高键合强度，高材料稳定性（与 HgCdTe 相比）、高性能掺杂和高质量 III-V 基板。伍利（Woolley）及其同事首先研究了 InAsSb 的性质，确定了 InAs-InSb 的混溶性[40]、伪二元相位图[41]、散射机理[42]、诸如带隙[43]和有效质量等基本性质对成分的依赖性[43,44]。上述所有性质的测量都是在多晶样片上完成，而这些多晶片是利用各种冷冻和退火技术制造的。罗格尔斯基（Rogalski）的论文对 InAsSb 晶体生长技术、物理性质及探测器制造方法等方面的研究情况进行了评述[17,45]。

用下面公式可以近似表示不同温度下 InAsSb 本征载流子浓度与成分 x 的函数关系[17]：

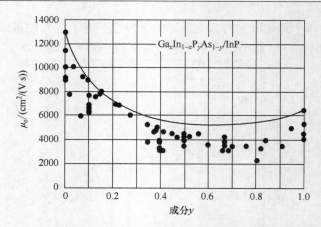

图 13.5 $Ga_xIn_{1-x}P_yAs_{1-y}$/InP 四元系统的电子霍尔迁移率（实验数据对应着较纯材料的相关值；实线代表式（13.3）计算出的数据，其中，μ_{tot}（$In_{0.53}Ga_{0.47}As$）= 13000cm^2/（V·s）和 $\mu_{al,0}$ = 3000cm^2/（V·s））。

（资料源自：Kasap, S., and Capper, P., Springer Handbook of Electronic and Photonic Materials, Springer, Heidelberg, 2006）

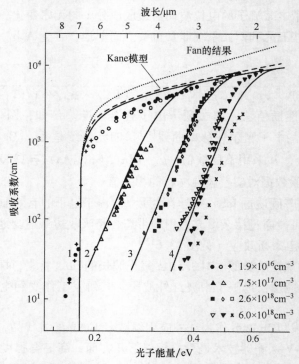

图 13.6 温度 300K 时，InSb 光学吸收系数对光子能量的依赖关系（载流子浓度：$1.9 \times 10^{16} cm^{-3}$，$7.5 \times 10^{17} cm^{-3}$，$2.6 \times 10^{18} cm^{-3}$ 和 $6.0 \times 10^{18} cm^{-3}$）

（资料源自：Kesamanli, F. P., Malcev, Yu. V., Nasledov, D. N., Uhanov, Yu. I., and Filipczenko, A. S., Fizika, Tverdogo Tela, 8, 1176-81, 1966）

$$n_i = (1.35 + 8.50x + 4.22 \times 10^{-3}T - 1.53 \times 10^{-3}xT - 6.73x^2) \times 10^{14}T^{3/2}E_g^{3/4}\exp\left(-\frac{E_g}{2kT}\right) \tag{13.4}$$

若温度一定，n_i 最大值出现在 $x \approx 0.65$ 时，且对应着最小能隙。

普通的 InAsSb（尽管在所有体 III-V 材料中，该材料有最小带隙）工作在 77K 的温度和 8~14μm 的光谱范围下并没有足够小的带隙。为了制造适用于 8~14μm 光谱范围的探测器，奥斯本（Osbourn）建议使用 InAsSb 应力层超晶格结构[46]。预计该理论能重新唤起人们研究三元合金 InAsSb 作为红外探测器材料的兴趣。本书第 17 章将更详细地介绍超晶格 InAsSb 红外探测器。

三元合金 $Ga_xIn_{1-x}Sb$ 是制造中波红外探测器的重要材料。通过调整成分，$Ga_xIn_{1-x}Sb$ 探测器对长波的限制已经，从 1.52μm（77K 时 $x=1.0$）转至 6.8μm（室温下 $x=0.0$）。由下面公式可以得到室温下 $In_xGa_{1-x}As_ySb_{1-y}$ 的带隙能量[47]：

$$E_g(x) = 0.726 - 0.961x - 0.501y + 0.08xy + 0.451x^2 - 1.2y^2 + 0.021x^2y + 0.62xy^2 \tag{13.5}$$

并且，GaSb 晶格匹配条件额外施加了约束：要求 x 和 y 满足条件 $y = 0.867/(1-0.048x)$。

13.2 InGaAs 光敏二极管

工作在 1~1.7μm 波长范围的光波通信系统要求使用高速低噪声的 $In_xGa_{1-x}As$（InGaAs）材料[48-56]。锗是一种非常有竞争力的近红外材料（间接带隙）。而上述材料比锗有更低的暗电流和噪声，可用以解决许多不能使用低温制冷探测器的热成像应用中存在的这两个根深蒂固的问题[57-59]。目前的应用包括低成本工业热成像、人眼安全监测、在线过程控制和地下精美艺术品探测[62,70]。

与可见光和热带谱相比，短波红外波谱（SWIR）具有独特的成像优势。如同可见光相机一样，它基本上由宽带反射光源形成图像，所以很容易为观察者理解。用来制造可见光相机光窗、透镜和膜层的大部分材料完全适用于短波红外相机，从而使成本降低。普通玻璃能够透射直至 2.5μm 的光辐射，短波红外相机对许多同样光源的辐射也可以成像，如 YAG 激光波长。因此，由于安全问题已经解决，将激光工作波长转移到"人眼安全"波长，光束不再聚焦在视网膜上（大于 1.4μm）；所以，短波红外相机处于一个很独特的位置，可代替可见光相机而完成许多任务。由于降低了光在长波范围内的瑞利散射，尤其是空气（如灰尘或雾霾）中的散射，因此，短波红外相机比可见光相机能够更好地透过雾霾进行观察。

三元体系 InAs/GaAs 的带隙涵盖从 InAs 的 0.35eV（3.5μm）到 GaAs 的 1.43eV（0.87μm）的范围。通过改变 InGaAs 吸收层的合金成分，可以使光电探测器的响应度在最终用户所要求的波长条件下达到最大值，从而以提高信噪比。图 13.7 给出了三种 InGaAs 探测器室温下的光谱响应，其截止波长分别优化在 1.7μm、2.2μm 和 2.5μm。与目前最先进的夜视增强技术——GaAs 三代像增强器相比，$In_{0.53}Ga_{0.47}As$ 焦平面阵列对夜间光谱的光谱响应使其成为夜视相机应用技术中更好的选择。图 13.7 同时也给出了关键的激光波长。

InGaAs 与锗器件的基本参数（能带隙、吸收系数和背景载流子浓度）存在区别[16]。室温下 InGaAs 可以实现低背景掺杂级（$n = 1 \times 10^{14}cm^{-3}$）和高迁移率（11500$cm^2$/(V·s)）[71]。

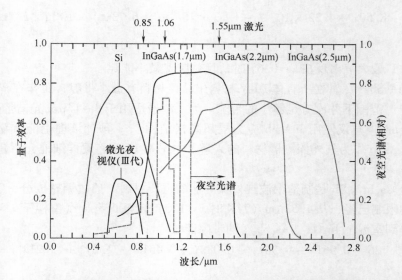

图13.7 硅、InGaAs 和夜视探测器在可见光和短波红外光谱范围的量子效率，以及关键的激光波长（$In_{0.53}Ga_{0.47}As$ 光敏二极管的量子效率比 GaAs 三代光阴极管几乎高三倍；InGaAs 还更多地覆盖夜空的照明光谱）

InGaAs 探测器的处理技术与硅的类似，但制造技术不同。利用氯化物气相外延技术（VPE）[16,72]或者金属有机化学气相沉积（MOCVD）技术[73,74]，通过调整厚度、背景掺杂及其它参数，将 InGaAs 探测器的敏感材料沉积在基板上。平面技术是由古老的台面工艺演化而来的，并由于结构和处理简单、高可靠性和低成本，目前仍得到了广泛应用。

已经制造出整层厚度为几个微米的 p-i-n 和雪崩两类光敏二极管结构[55]。$In_{0.53}Ga_{0.47}As$ 在波长 1.55μm 处的吸收系数是 $7000cm^{-1}$，比锗大一个数量级，所以 1.5μm 厚度可以吸收 >70% 的入射光子，从而使高速 p-i-n 光敏二极管有可能在频率高达 10GHz 下工作，并具有良好的量子效率。

已经知道，由于雪崩光敏二极管（APD）的内增益使其比 p-i-n 光敏二极管具有更高的光学灵敏度[75-78]，然而，它是以更为复杂的外延晶片结构和偏压电路为代价的。与在相同波长范围内工作的 APD 相比，p-i-n 光敏二极管具有下面优点：较低暗电流、较高频率带宽和较为简单的驱动电路。因此，尽管 p-i-n 光敏二极管没有内部增益，但是，p-i-n 光敏二极管与低噪声、大带宽晶体管优化组合，可以使高灵敏度光学接收器工作速度至高达几个 Gbit/s。

13.2.1 p-i-n InGaAs 光敏二极管

图 13.8 所示为背部照明（BSI）的 InGaAs p-i-n 光敏二极管的结构。初始基板是 n^+-InP 材料，上面镀有约厚 1μm 的 n^+-InP 作为缓冲层。之后，镀厚 3~4μm 的 n^--InGaAs 敏感层，接着是厚 1μm 的 n^--InP 盖层，再用 Si_3N_4 覆盖该结构。使锌通过 InP 盖层扩散到敏感层中就形成 p-i-n（原文错印为 p-on-n。——译者注）光敏二极管，经过烧结 Au/Zn 合金形成欧姆接触层。至此，基板约为 100μm，利用烧结 Au/Ge 合金作为背面欧姆接触层。最后工序是在前接触层上沉积 20μm 的铟柱。

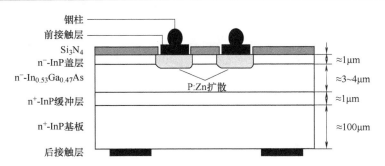

图 13.8 背部照明的平面 InGaAs p-i-n 光敏二极管的截面图
(资料源自：Joshi, A. M., Ban, V. S., Mason, S., Lange, M. J., and Kosonocky, W. F., "512 and 1024 Element Linear InGaAs Detector Arrays for Near-Infrared (1-3μm) Environmental Sensing," Proceedings of SPIE 1753, 287-95, 1992)

当合金的铟含量提高时，长波截止波长就扩展到能覆盖整个传统近红外波段[72-74]。$In_{0.8}Ga_{0.2}As$（$\lambda_c \approx 2.5\mu m$）的晶格常数比 InP 基板约大 2%，并利用 $InAs_yP_{1-y}$ 梯度层结构调剂这种差别[57]。已发表的文章阐述过一种 15 层结构，y 值从 0.0 增大到 0.68[79]。有选择地去除不同层，就可以形成具有不同波长响应的 p-n 结。以该方式已经制造出一种新的三波长 InGaAs 焦平面阵列像素元，探测波长范围为 $1.0 \sim 2.5\mu m$[74]。然而，由于带隙较小以及晶格失配造成界面缺陷，所以更长波长的 InGaAs 光敏二极管比晶格匹配合金制造出的器件具有高得多的暗电流。三类光敏二极管偏压下的暗电流如图 13.9 所示[74]。$In_{0.7}Ga_{0.3}As$ 和 $In_{0.85}Ga_{0.15}As$（原文错印为 $In_{0.75}Ga_{0.15}As$。——译者注）探测器的暗电流，尤其在较低电压下，要比 $In_{0.53}Ga_{0.47}As$ 探测器大得多。吸收层与 InP 基板间失配而形成中等带隙生成-复合 (g-r) 中心，增大 g-r 电流。与波长和照明方向有关，量子效率的测量值是 15% ~ 95%。

乔希 (Joshi) 等人宣布了减小晶格失配 InGaAs 光敏二极管的漏电流的"四项原则"：
- 生长具有成分突变界面的外延层；
- 保持相邻层的晶格失配低于 0.12%；
- InGaAs 敏感层掺杂范围 $1 \sim 5 \times 10^{17} cm^{-3}$；
- 生长后对晶片进行热循环。

一个有用的光敏二极管参数是 R_0A 乘积。如图 13.10 所示，利用金属有机化学气相沉积 (MOCVD) 技术已经生长出最高质量的 InGaAs 光敏二极管[65,80,81]。其性能与辐射极限一致。由于 InGaAs 和 HgCdTe 三元合金有类似的带结构，所以，在波长 $1.5\mu m < \lambda < 3.7\mu m$ 范围内，两类光电探测器的最终主要性能也类似[82]。图 13.10b 所示为在温度范围 -20 ~ 40℃、波长 $1.7\mu m$ 的 InGaAs $20\mu m$ 像素二极管零偏置电阻与温度的关系[68]。可以看出，在整个测试温度范围内，R_0A 受扩散限制。在 -100mV 时，若 $T \geqslant 7$℃ 则电流是扩散限的，温度更低时则变为 g-r 限的。在该偏压下，室温下的平均暗电流约为 70fA，4℃ 时约为 25fA。

标准 InGaAs 光敏二极管可使探测器的室温比探测率达 $10^{13} Hz^{1/2}W^{-1}$。图 13.11 所示为具有不同截止波长的 InGaAs 光敏二极管室温下的光谱响应度和比探测率。进一步研究器件性能得到图 13.12 所示数据[65]。图中给出了平均 D^* 与工作温度及背景光的关系。利用以有限辐射金属有机化学气相沉积 (MOCVD) 技术制造的材料，制造出的光敏二极管在温度 295K

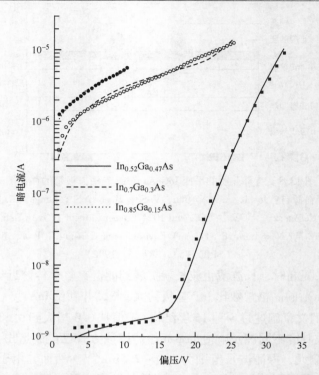

图 13.9　InGaAs 光敏二极管的暗电流与反向偏压的关系（点代表测量数据，线代表理论值）
（资料源自：Olsen, G. H., Lange, M. J., Cohen, M. J., Kim, D. S., and Forrest, S. R.,
"Three-Band 1.0-2.5μm Near-Infrared InGaAs Detector Array"
Proceedings of SPIE 2235, 151-59, 1994）

时的 D^* 大约是 $8 \times 10^{13} \mathrm{cmHz}^{1/2}\mathrm{W}^{-1}$。短波红外背景光极低条件下探测器 R_0A 乘积对 D^* 的关系如图 13.12b 所示。最高的平均 D^* 值超过 $10^{15}\mathrm{cmHz}^{1/2}\mathrm{W}^{-1}$ 意味着 R_0A 乘积 $>10^{10}\Omega\cdot\mathrm{cm}^2$。

13.2.2　InGaAs 雪崩光敏二极管

最早应用于电信领域的雪崩光敏二极管（APD）是以拉通型结构（Reach-through structure）的硅为基础的，具有较薄的高电场倍增区和较厚的低电场载流子漂移区[83]。这种较低工作电压的结构有高量子效率、大的 α_e/α_h 比（一般为 10~100）、中等速度、高增益和很低的噪声。随着光纤光通信系统的演化，要求雪崩光敏二极管能够探测波长 1.3μm 和 1.55~1.65μm 的光。能够探测到该波长范围内光子的锗雪崩光敏二极管具有 1.5 的 α_e/α_h 比，因此得不到低过量噪声[84-86]。此外，1.5μm 波长之外的量子效率快速下降，光敏二极管还具有高热生成率。

对于高速接收器，产生光生载流子必须有短的响应时间和高带宽积。这些参数主要受限于吸收与倍增区间异质结的形状以及整个器件的掺杂分布。由于隧穿机理造成很高的漏电流，所以企图通过增大电场使 InGaAs 获得大的雪崩增益是不可能的。在高于 150kV/cm 的低电场下，电子的有效质量小会快速增大隧穿电流[51,81,87]。将低电场下能够吸收光子的 InGaAs 区与可以产生雪崩倍增的晶格匹配宽带隙 InP 区相组合，就可以克服这些问题。由此产生的结构称为吸收倍增区分离 APD（Separate Absorption Multiplication APD，SAM-APD）。

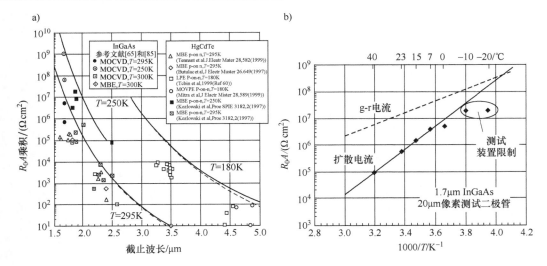

图 13.10 InGaAs 光敏二极管的 R_0A 乘积的相关曲线

a) 温度 295K 和 250K 时 R_0A 与波长的关系（资料源自：Kozlowriasski, L. J., Vural, K., Arias, J. M., Tennant, W. E., and DeWames, R. E., "Performance of HgCdTe, InGaAs and Quantum Well GaAs/AlGaAs Staring Infrared Focal Plane Arrays" Proceedings of SPIE 3182, 2-13, 1997; Rogalski, A., and Ciupa, R., Journal of Electronic Materials, 28, 630-36, 1999）

b) 波长 1.7μm 的 InGaAs 20μm 像素二极管 R_0A 与温度的关系（资料源自：Yuan, H., Apgar, G., Kim, J., Laquindanum, J., Nalavade, V., Beer, P., Kimchi, J., and Wong, T., "FPA Development: From InGaAs, InSb, to HgCdTe", Proceedings of SPIE 6940, 69403C, 2008）

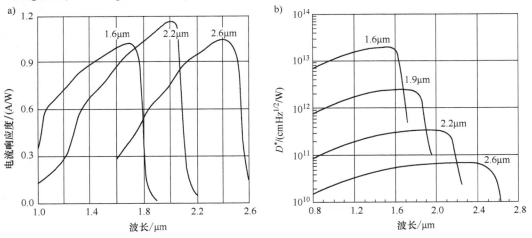

图 13.11 室温下的光谱响应

a) InGaAs 光敏二极管不同截止波长的响应度
b) InGaAs 光敏二极管不同截止波长的比探测率

图 13.13 所示为 SAM-APD 的一个例子，同时给出整个异质结构的能带图。光在 InGaAs 吸收层被吸收，同时将空穴（比电子有更高的碰撞电离化系数，从而保证可低噪声工作）倍扫出到 InP 结，发生雪崩倍增。由于结放置在高带隙材料（InP）中，所以这种结构形成低漏电流。其中，由较低带隙 InGaAs 吸收区主导长波灵敏度，可以得到 pA 级暗电流。然而，SAM-APD（原文错印为 ADP。——译者注）存在一个潜在问题，空穴在 InGaAs/InP 异

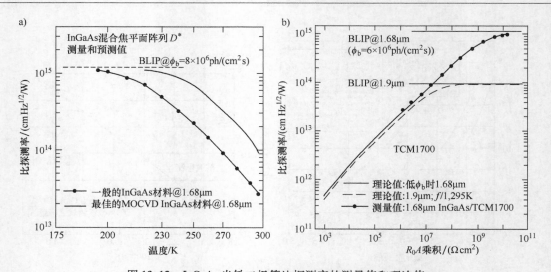

图 13.12　InGaAs 光敏二极管比探测率的测量值和理论值
a）1.7μm InGaAs 与温度的关系，趋势预测线表示 MOCVD InGaAs 的能力　b）与 R_0A 乘积的关系

（资料源自：Kozlowski, L. J., Varal, K., Arias, J. M., Tennant, W. E., and DeWames, R. E., "Performance of HgCdTe、InGaAs and Quantum Well GaAs/AlGaAs Starting Infrared Focal Plane Arrays," Proceedings of SPIE 3182, 2-13, 1997）

质结以价带阶跃形式累积，增大了响应时间。为了减缓该问题，可以在 InP 与 InGaAs 之间插入一个分级（grated）带隙 InGaAsP 层，改进后的结构称为分离式吸收渐次倍增 APD（Separate Absorption Graded Multiplication APD，SAGM-APD）。若倍增噪声低，增益带宽积足够高，则 APD 的灵敏度可达到 5~10dB，比 p-i-n 的更好。

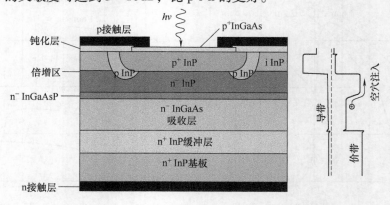

图 13.13　InP 基 SAGM-APD 光敏二极管截面图

在实际器件中，1~2μm 厚的吸收层是不掺杂的。分级层（0.1~0.3μm）和雪崩层（1~2μm）的掺杂浓度达 $1\times10^{16}\,cm^{-3}$，p^+-层可以薄并掺杂到 $10^{17}~10^{18}\,cm^{-3}$。通常采用下面方法制造结：InP 中锌 p^+-类扩散以实现倍增，以及进行镉（Cd）扩散（或者植入）以便通过封闭管中的 SiO_2 结构掩模在上面 InP 中形成护圈。根据久罗（Gyuro）的研究[71]，该器件的暗电流 <6nA，7GHz 时具有 3dB 的带宽，增益带宽积是 74GHz。长期老化试验（150℃，30000h 和 100μA 反向电流）证明该器件具有良好的稳定性。

InGaAs SAM-APD 的关键部分是 InGaAs 吸收层与 InP 倍增层之间场控层厚度及其掺杂。

雪崩增益和过量噪声主要取决于 InP 的电离化系数[88]。InP 中，空穴的电离化系数 α_h 大于电子的电离化系数 α_e，α_h/α_e 比从低电场时的 4 变到最高电场时的 1.3。根据麦金太尔（McIntyre）的局部理论，利用启动倍增的空穴使 $1\mu m$ 厚雪崩结构的 APD 噪声对应 k 约为 0.4（见图 13.14）。

在过去十年，由于材料性能的提高及雪崩器件结构的改进，用于光纤通信系统的雪崩光敏二极管性能有了很大改善[56,89,90]。其主要进步是吸收/倍增区带隙中引入分级层，从而避免载流子被俘获，并准备引入场控层。最近，坎贝尔（Campbell）对这种新型的电信用雪崩光敏二极管结构做了详细评述[89]。由于要求具有更高的工作速度，所以，器件中雪崩区的宽度继续收缩。麦金太尔（McIntyre）局部模型不能用来再预测具有薄雪崩宽度

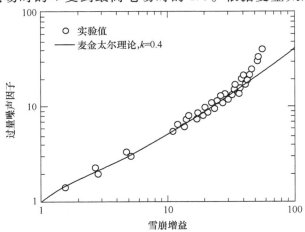

图 13.14 InP 基 SAGM-APD 光敏二极管的过量噪声因数与雪崩增益 $\left(k = \dfrac{\alpha_e}{\alpha_h}\right)$

器件的噪声性能（见图 13.15）[90]。雪崩宽度 $0.25\mu m$ InP 二极管的噪声性能等效于空穴激励倍增情况的 $1/k$ 约为 0.25[90]，但根据麦金太尔（McIntyre）模型，在此电场下电离化系数约为更大的 0.7。过量噪声有较大下降是因为在亚微米雪崩区存在死腔效应（dead space effect）。引入 InAlAs 替代 InP 作为倍增区，还有晶格与 InGaAs 和 InP 相匹配，可以令器件性能进一步提高。在低电场下 InP 的 α_e/α_h 比 $\dfrac{\alpha_h}{\alpha_e}$ 大许多。由于 InAlAs 具有大 α_e/α_h 比而 InP 中死腔的有利影响，所以一定增益下 InAlAs 的过量噪声因数比 InP 低得多。

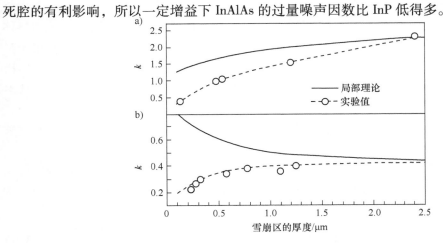

图 13.15 InP 有效电离化系数比与雪崩区厚度的关系
a) 电子启动倍增　b) 空穴启动倍增

（资料源自：David, J. P. R., and Tan, C. H., IEEE Journal of Selected Topics in Quantum Electronics, 14, 998-1009, 2008）

13.3 二元 III-V 探测器

13.3.1 InSb 光电导探测器

对光电导（Photoconductive，PC）探测器的基本要求是使用很高纯度的材料，材料中有很少量杂质，并要仔细控制具体杂质的加入量。InSb 光电导体通常由 p 类材料制成（常使用锗一类的掺杂物），77K 温度下自由载流子的浓度小于 $10^{14}cm^{-3}$，空穴迁移率为 7000cm^2/(V s)，错位密度小于 10^2cm^{-2}。p 类光电导体具有较高电阻并且无扫出效应，使之有可能比 n 类器件有更高的响应度[6]。低温下 p 类材料中两类载流子的寿命完全不同（$\tau_e < 10^{-9}$s，$\tau_h \approx 10^9/p$）[91]。大部分少数载流子被俘获缩短了其在器件中的漂移长度，因而增大了扫出开始的偏压场，与利用没有俘获的 p 类材料制成的小探测器相比，可以实现更高的 D^* 值。高质量光电导体也是由载流子浓度低于 $10^{14}cm^{-3}$、77K 温度时电子迁移率为 $7.7 \times 10^5 cm^2$/(V s) 的 n 类材料制成的[92,93]。

探测器的光敏面积从几十 μm^2 到几 mm^2，取决于其用途。小光敏面积用于快速响应，大光敏面积应用于高响应度。对工作在温度 300K 的器件，单元的最佳厚度是 5~10μm。若是 195K 和 77K，则光电导单元的厚度约为 25μm[5]。

克鲁泽（Kruse）精确地介绍了制造 InSb 光电导探测器的步骤[5]：将一块满足电学性质的晶片切割成单元所需尺寸，用氧化铝细粉将两侧表面研磨成镜面；在等量（体积）HF、HNO_3 和 CH_3COOH 混合液中刻蚀到最终厚度，用化学方法消除氧化膜和损伤层表面；然后，用环氧树脂将单元装在蓝宝石基板上。也可以使用热膨胀系数非常接近 InSb 的其它基板，如锗和 Irtran2 基板。从板坯中消除敏感成分的另一方法是使用光刻技术。利用以铟为主要成分的接触材料焊接电接触线。

为了长时间控制和稳定 InSb 探测器的性质，表面需要有一层钝化层，从而改变表面特性以及探测器的性质[92]。森德（Sunde）发现，InSb 表面氧化层的浅层俘获会造成光电导体性能退化[94]。对器件的良好钝化意味着，可使具有氧化层的表面没有这种俘获。利用阳极氧化技术可以得到约 50nm 厚的钝化层，一般在 0.1N 氢氧化钾（KOH）溶液中完成。此外，在钝化层上表面，蒸镀一层厚约 0.5μm 的 SiO_x 或 ZnS，以提供一个更稳定的表面，上述这最后一层也是增透膜。

不同用途的探测器都有单独的隔热封装，包括光窗、辐射屏蔽罩、输出引线及制冷装置。

温度 77K 时、p 类 InSb 光电导探测器的比探测率在很宽的掺杂范围内都等于偏压完全低于扫出起始点或者功率损耗极限时的 g-r 噪声限。若是单一类中心激励和复合情况，g-r 噪声表达式为[95]

$$V_{gr}(0) = \frac{2V_b \tau_h^{1/2}}{(lwtp)^{1/2}} \qquad (13.6)$$

响应度为[5,6]

$$R_v = \frac{\eta \lambda V_b \tau_h}{hclwtp} \qquad (13.7)$$

由上述公式及式（3.35）有：

$$D^* = \frac{\eta \lambda \tau_h^{1/2}}{2hct^{1/2}p^{1/2}} \tag{13.8}$$

克鲁泽（Kruse）更详细地阐述了 InSb 的光电导效应，推导出三种工作温度（77K、195K 和 300K）下的光谱响应度和比探测率[5]。

图 13.16 给出了 InSb 光电导体比探测率与波长的函数关系，其调制频率是一个独立参数。实用探测器在工作温度 77K、峰值灵敏波长 5.3μm 时的比探测率范围一般是 $5 \times 10^{11} \sim 10^{11}$ cm $Hz^{1/2}W^{-1}$，可以制造出接近背景限比探测率的器件。0.5mm × 0.5mm 的单元在最佳信噪比条件下的响应度一般都会超过 10^5 V/W，电阻是每 2kΩ/mm^2。噪声特性并非总随偏压电流线性变化。当高于某临界值时，噪声迅速增大。直至 100 ~ 150Hz，噪声正比于 $1/f$。从 150Hz 到几 kHz，g-r 噪声占主导地位。在更高频率范围，则噪声受限于约翰逊噪声。

InSn 光电导体也可在无需制冷或者在 190 ~ 300K 温度范围的热电制冷环境中使用。随着工作温度升高，长波响应增大，比探测率显著下降。室温下，峰值波长 $\lambda_p \approx 6 \mu m$ 处的比探测率可能可达到 2.5×10^8 cm $Hz^{1/2}W^{-1}$。1mm × 1mm 探测器的响应是 0.5V/W。大约 0.05μs 的低时间常数使这些探测器非常适合高速应用的需求。对于 77K 光电导探测器，时间常数一般为 5 ~ 10μs。

派因斯（Pines）和斯塔夫苏德（Stafsudd）公布了高质量 n 类 InSb 光电导体的相关光电数据[93]。其研究表明，经表面钝化的探测器性能受限于体材料性质。图 13.17 给出了 n 类光电导探测器响应度和噪声与温度的函数关系。温度较高时，响应度和噪声稍微取决于背景光子光通量密度，高温时响应度和噪声向上漂移可能与载流子寿命缩短和多数载流子浓度增大有关。

13.3.2 InSb 光电磁探测器

工作在室温下的 InSb 光电磁（Photoelectromagnetic，PEM）探测器在 5 ~ 7μm 的光谱范围具有良好的性能。难以制冷使该探测器无法工作在温度为 195K 和 77K 的环境中。对于制冷，与光电导或光伏（Photovoltavic）探测器相比，没有什么优越性。克鲁泽（Kruse）对 InSb 光电磁探测器的工作原理、技

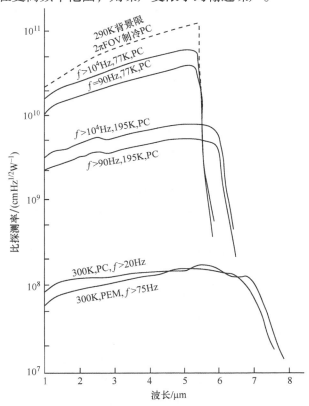

图 13.16　77K、195K 和 300K 工作温度下 InSb 光电导（PC）和光电磁（PEM）探测器光谱的典型变化

（资料源自：Kruse, P. W., Semiconductors and Semimetals, Academic Press, New York, Vol.5, 15-83, 1970）

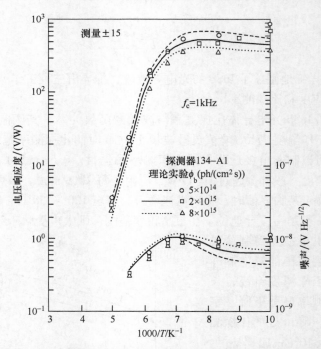

图 13.17 n 类 InSb 光电导体电压响应度和噪声与温度的函数关系
(资料源自：Pines, M. Y., and Stafsudd, O. M., Infrared Physics, 19, 563-69, 1979)

术和性质都做了综合评述[5]。

InSb 光电磁探测器的器件制造技术与光电导器件相同。然而，光电导探测器要求前后表面具有低表面复合速度；PEM 探测器要求前表面有低复合速度，后表面则有高复合速度（见本书 9.10.1 节）。

已经得到空穴浓度约 $7 \times 10^{16} cm^{-3}$ 的 p 类材料的最高响应度和比探测率的理论计算值。对于给定的一些参数值（$\lambda_c = 6.6 \mu m$，$B = 0.7T$ 和 $t = 20 \mu m$），最大的比探测率约为 $6 \times 10^8 cm Hz^{1/2} W^{-1}$，响应度为 5V/W。为了得到轻 p 类材料，通常用 Zn 或 Cd 补偿 InSb 单晶中的残余施主。对于 300K PEM 探测器，最佳厚度约为 $25 \mu m$。PEM 探测器结构中设计有一块永久磁铁（见图 9.45）。对样机的高磁通量密度要求将样机的宽度限制到 1mm 或更小尺寸。

图 13.16 给出了温度 300K 时 InSb PEM 探测器的光谱比探测率。当频率大于 75Hz 时，峰值比探测率约为 $2 \times 10^8 cm Hz^{1/2} W^{-1}$。一般地，$D^*$ 峰值出现在波长 $6.2 \mu m$ 处[96,97]。响应时间不大于 $0.2 \mu s$，在宽带应用中这是一个很吸引人的性质。

非制冷 InSb PEM 探测器具有最大响应度的光谱范围（$5.5 \sim 6.5 \mu m$）在"大气窗口"之外，对波长大于 $8 \mu m$ 的辐射实现非制冷探测存在着实际问题。约维考斯基（Jóźwikowski）等人指出，$InAs_{0.35}Sb_{0.65}$ 中的 PEM 效应可以视为长波非制冷探测器的基本原理[98]。

13.3.3 InSb 光敏二极管

最近，对红外探测器技术的大部分研究集中在大型电子扫描焦平面阵列上。由于结型光敏二极管能够降低电功率损耗、高阻抗直接匹配到硅读出的输入阶段以及对读出器件和电路没有严格的噪声要求，因此目前混合焦平面阵列是以结型光敏二极管为基础开展设计的[99]。

通常，采用杂质扩散技术[100-110]、离子植入技术[111-123]、液相外延晶体生长技术（LPE）[124-132]、分子束外延生长技术（MBE）[20,133-136]和金属有机化学气相沉积技术（MOCVD）[20,136,137]来制造 III-V 光敏二极管。

初始，将锌（Zn）或镉（Cd）在 77K 温度下在 n 类基板中扩散到纯施主浓度（范围为 $10^{14} \sim 10^{15} cm^{-3}$）来制造 InSb 中的 p-n 结[100]。为了提供无损伤平面，采用化学或者电化学方法对基板抛光。凯塔格纳斯（Catagnus）等人在标准气压下利用 5:45:50 的 InSbCd 成分比在密闭容器瓶中制造 p-n 结[104]，在 250~400℃ 间的任何温度，根据公式 $x = 40.5 cm/h^{1/2} (t)^{1/2} \exp(-0.80 eV/kT)$ 确定结深度随时间的变化。西谷（Nishitani）等人利用元素 Zn 或 Zn 与 Sb 的合成物作为扩散源，温度范围为 355~455℃[105]。推荐使用 N_{sb}，$N_{Zn} \geqslant 5$ 作为制造 p-n 结的最佳扩散源条件。也可采用一种称为双源温度区法的改进型技术：Cd 源的温度 380℃，InSb 基板的温度是 440℃[109,110]。

图 13.18 给出了以扩散法制造 InSb 台面式光敏二极管的 10 个主要处理步骤[138]，探测器活性表面区镀以阳极层，使表面态稳定，并提供一层 SiO_2 增透膜。

然而，一些研究者发现[113]，Zn 和 Cd 会形成难以消除的多孔表面。为了规避该问题，并制造出高质量 p-n 结，已经采用轻离子铍（Be）和镁（Mg）植入技术[111-123]。据报道，有研究通过植入硫[112]和质子[111]以形成 n-p 二极管，植入 Zn 和 Cd 形成 p-n 二极管。看来，室温下植入重离子可以将 InSb 制成非结晶材料[117]。但 Zn 和 Cd 可能太重以至无法植入到 InSb 中。

霍尔维茨（Hurwitz）和唐纳利（Donnely）采用 Be 植入技术制造出 InSb 光敏二极管[113]。研发出的这种二极管制造工艺已应用于单片 InSb CCD 阵列，零偏压输入结构，以及在输出电路或电荷读出电路中简单地提取电荷[114]。Be 植入也应用于 InSb 金属氧化物半导体场效应晶体管（MOSFET）源极和漏极的制造上。将二极管制造在（100）方向、施主浓度为 $10^{14} \sim 10^{15} cm^{-3}$ 的薄片上。植入前，对每片晶片抛光，并在 0.1N 氢氧化铵（NH_4OH）溶液中、在 30V 电压下阳极氧化 30s，以保证后续处理工序中对该表面的保护。将 5μm 厚光致抗蚀剂涂到每个样片上，再在抗蚀剂上刻蚀数排直径 0.5mm 的开孔，制成一块阻挡离子的掩模板。使用 100~200keV 的离子植入能量以及（2~5）$\times 10^{14} cm^{-2}$ 剂量就制造出最佳光敏二极管。为了降低隧穿效应，样片相对于法线要倾斜 7°。去除光致抗蚀剂后，在温度 350℃ 下，将样片镀 2~3min 以镀上 100nm 厚的热解二氧化硅膜，并在温度 350℃ 下退火 15min。该工艺可以有效地退去室温下 Be 离子植入造成的辐射损伤。继而消除大约 0.4μm 厚的 InSb 以及退火期间形成的表面逆温层，已经发现这对于制造高质量二极管至关重要。刻蚀和清洗之后，立即将晶片镀以 150nm 厚氮氧化硅层和 100nm 厚二氧化硅层以形成稳定表面。为了调整表面电位以得到最佳二极管性能，还要构造一个电场护圈。镀一层 0.5μm 厚 Au 层，再复镀 1.5μm 厚的 In 层就制成与 p 类区的接触点。之后，将 In 与基板相连接（接触）。抛光后的二极管晶片截面图如图 13.19a 所示。

目前，制造 InSb 光敏二极管并不经常使用外延生长技术，反而使用标准制造技术，从施主浓度约 $10^{15} cm^{-3}$ 的体 n 类单晶晶片开始。市场上可以购买到直径为 2~3in 较大尺寸的体生长晶体。由于 InSb 探测器材料能够制造得较薄——小于 10μm（表面钝化和混合到读出芯片之后），可以适应 InSb/Si 的热失配[139]，因此有希望使阵列的混合尺寸高达 2048×2048 像元。正如图 13.19b 所示，背侧照明（BSI）InSb p-上-n 探测器是一种具有离子植入结的平面结构。混合后,在探测器与Si读出集成电路(ROIC)之间巧妙地夹一层环氧树脂胶,再利用金刚石单刃切削机床加工探测器加工,使其厚度薄至10μm。薄InSb探测器的重要优点是不需要基板,这些探测器也适用于可见光光谱范围。已经证明,利用分子束外延生长技术和基板掺杂可以生长InSb和相关合金,从而改善透明性[140]。在这种情况中,无需使探测器材料变薄。

由公式 $J = J_0\exp(qV/\beta kT)$,其中 $\beta \approx 1.8$,给出正向 I-V 族材料的特性。根据正向 I-V 曲线确定扩散电流分量 $J_D = J_s[\exp(qV/kT) - 1]$。77K 时,$J_s$ 是 $(5 \sim 7) \times 10^{-10}$ A/cm^2,与反向偏压下的生成-复合电流密度相比可以忽略不计。77K 时 R_0A 的测量值大于 $10^6 \Omega \cdot cm^2$。图 13.20a 所示为利用 Be 离子植入技术制造的 InSb 中 p^+-n 结电流密度测量值与反向电压的关系[114]。这种基本材料是利用切克劳斯基(Czochralski)法(提拉法)或者液相外延(LPE)生长技术制造的。显然,小偏压区 A 内的电流是 g-r 限。图 13.20a 中标有 J_{gr} 的实线是式(9.113)的计算值。其

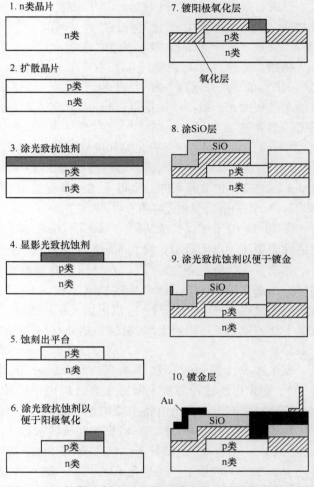

图 13.18 扩散法制造 InSb 台面式光敏二极管的处理步骤
(资料源自:Chan, W. S., and Wan, J. T., Journal of Vacuum Science Technology, 14, 718-22, 1977)

中,参数 $N_d = 6.6 \times 10^{14} cm^{-3}$、$V_{bi} = 0.209V$、$\tau_0 = 10^{-8}s$、$E_t = E_i$ 和 $n_i = 2.7 \times 10^9 cm^{-3}$。随着 V 增大,光敏二极管进入击穿区,J 随 V 超线性增大。击穿区的电流是掺杂量的强函数,并相信是由于带间隧穿所致的。实线 B 和 C 是利用类似式(9.118)的表达式得到的隧穿电流计算值。其中对应值分别为 $N_d = 6.6 \times 10^{14} cm^{-3}$ 和 $N_d = 1.4 \times 10^{14} cm^{-3}$。虚线 D 和 E 是假设带间隧穿模式并在液氮温度下的计算值,可以看出,反向电压超过约2V,隧穿效应起着主要作用。以液相外延(LPE)晶体技术生长的晶体材料制成的二极管的电流密度约为提拉法材料的1/5。工作温度确定的情况下,外延材料具有较长少数载体寿命的直接结果是,光敏二极管的暗电流密度减小[141]。

图 13.20b 比较了目前高性能大面积焦平面阵列使用的 InSb 和 HgCdTe 光敏二极管的暗电流对温度的依赖关系[142]。比较研究建议,中波红外 HgCdTe 光敏二极管在 30～120K 温度范围具有相当高的性能。由于能隙中缺陷中心的作用,InSb 器件在 60～120K 温度范围内主要是 g-r 电流起作用;而中波红外 HgCdTe 探测器在该温度范围没有 g-r 电流,是受限于扩散

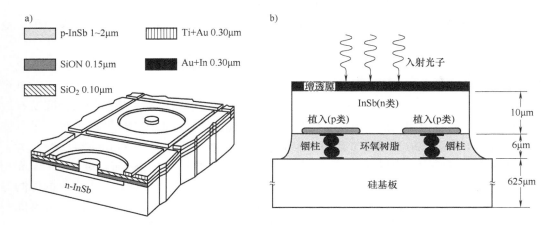

图 13.19 InSb 光敏二极管的截面图

a) 离子植入、静电场起电护板 InSb 光敏二极管（植入区直径为 0.5mm，接触点直径为 75μm，相邻场板间距为 5μm）（资料源自：Hurwitz, C. E., and Donnelly, J. P., "Planar InSb Photodiodes Fabricated by Be and Mg Ion Implantation", Solid State Electronics 18, 753-56, 1975）

b) InSb 传感器芯片组件（资料源自：Love, P. J., Anodo, K. J., Bornfreund, R. E., Corrales, E. Mills, R. E., Cripe, J. R., Lum, N. A., Rosbeck, J. P., and Smith, M. S., "Large-Format Infrared Arrays for Furture Space and Ground-Based Astronomy Applications," Proceedings of SPIE 4486, 373-84, 2002）

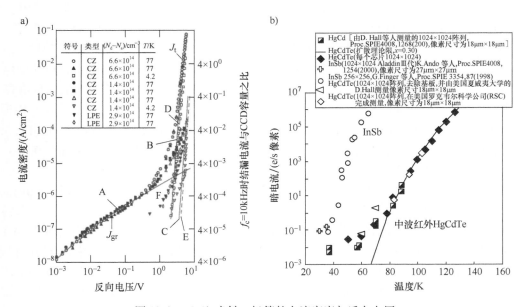

图 13.20 InSb 光敏二极管的电流密度与反向电压

a) 利用 Be 离子植入法形成的平面 p^+-n 结，实线表示与其数据相拟合的理论值（资料源自：Thom, R. D., Koch, T. L., Langan, and Parrish, W. L., IEEE Transactions on Electron Devices ED-27, 160-70, 1980）

b) InSb 阵列和利用 MBE 技术生长的 HgCdTe 中波红外焦平面阵列的最高暗电流值（已报道的）与温度的关系（资料源自：Zandian, M., Garnett, J. D., DeWames, R. E., Carmody, M., Pasko, J. G., Farris, M., Cabelli, C. A., et al., Journal of Electronic Materials, 32, 803-9, 2003）

电流的。此外,波长可调性已经使 HgCdTe 成为较经常使用的材料。

电容-电压的测量表明,C 与 V 是 C^{-2} 形式的函数关系。可以肯定,铍二极管是单侧突变结。零偏压 RC 时间常数约 $0.4ms$。

有可能制造出仅需要一层隔绝层的最简单 InSb 光敏二极管结构和接触点表面金属化一般都应用于大尺寸单个像元探测器。然而,这种方案有几个缺点:焊盘电容成为器件总电容的重要部分(尤其对小尺寸探测器);对密集的多元阵列,不能再利用焊盘把像元间所有敏感区遮挡。在多元成像和光谱系统中,由此产生的光敏二极管间暴露的"半活性"区可能会造成分辨率下降(InSb 二极管 n 区域中少数载流子扩散长度是 $20 \sim 30\mu m$ 数量级)。为了使 InSb 光敏二极管有效分辨率和响应最大化,应把体材料变薄到约 $10\mu m$。对于 $2 \sim 5\mu m$ 光谱范围的高性能焦平面阵列,一定要很好地确定光敏二极管参数以便设计一个完整的探测器/前置放大器组合单元。InSb 材料高度均匀,又经过扩散和植入处理从而精密控制器件布局,由此得到的探测器阵列响应度将是非常好的。

布鲁姆(Bloom)和内米洛夫斯基(Nemirovsky)阐述了具有 n 类敏感区、载流子浓度约 $10^{15}cm^{-3}$ 背侧照明(BSI)平面栅极控 InSb 光敏二极管(经过改进)的处理技术[143,144]。该光敏二极管的设计如图 13.21 所示。在剂量 $5 \times 10^{14}cm^{-2}$ 和能量 100keV 条件下将 Be 植入在(111)晶片上形成 p^+ 结,然后在氮环境和 350℃ 温度中退火半小时。对前后表面,利用经过改进的紫外光助 SiO_x 沉积(PHOTOX)技术对表面钝化。在该工艺中,由于与吸收紫外辐射(波长为 253.7nm)的受激汞原子相碰撞,在 50℃ 时反应气体(SiN_4 和 N_2O)出现光分解。强累积界面以逐渐下降的表面复合速度形成在铟表面,由此形成的层粘结产生一个电场,阻止少数载流子流向表面复合区域,将产生的空穴扫到结处,从而提高量子效率。对 Sb 侧(结已植入)表面钝化的要求比较严格,为了在结周围达到所要求的表面控制,控制栅极(镀钛)覆盖着周边的结,并且阵列所有传感元的栅极都与第二层钛和金层相连(见图 13.21)。正如金属-绝缘体-半导体(MIS)器件和非常小滞后现象所具有的准理想电容-电压特性所示,Sb 表面形成一个稍有累积的界面,快、慢态具有较小浓度。此外,最佳栅极偏压下(直至 1V 反向偏压)小几何尺寸结($30\mu m \times 30\mu m$)光敏二极管的电性能与大尺寸结中观察到的一样,表明其性能受限于凝视体材料性质而非前侧表面(Sb 表面)钝化。温度 77K 时,R_0A 乘积是 $5 \times 10^4 \Omega \cdot cm^2$。

温默斯(Wimmers)等人介绍了美国俄亥俄州梅森市辛辛那提电子公司(Cincinnati Electronics,Mason,Ohio)用于各种线性和焦平面阵列的 InSb 光敏二极管制造技术的现状[106,108]。InSb 光敏二极管制造技术使用气体扩散及后续的刻蚀工艺,在施主浓度约 $10^{15}cm^{-3}$ 的 n 类基板上形成一个 p 类台面。严格控制扩散工艺使 p 层扩散造成很小的表面损伤,无需进行深扩散及后续的再刻蚀,就使"台面"总高度只有几微米。为了使 InSb 表面不透明(不包括活性区和接触区),研发了一种与焊盘金属化无关的"埋入式金属化"基础工艺。光刻术及控制扩散工艺的精度可以保证响应有良好的均匀性。

温度 77K 下,InSb 光敏二极管 RA 乘积的典型值在零偏压条件下是 $2 \times 10^6 \Omega \cdot cm^2$,在约 100mV 小偏压情况下是 $5 \times 10^6 \Omega \cdot cm^2$(见图 13.22 和图 13.23[106,108])。当探测器应用于电容放电模式时,该形式是有益的。随着像元尺寸减小到 $10^{-4}cm^{-2}$ 以下,周长与面积之比增大,由于表面泄漏会使电阻稍有减小。

焦平面阵列的性能取决于探测器像元的电容。InSb 光敏二极管的电容可以有效地建模

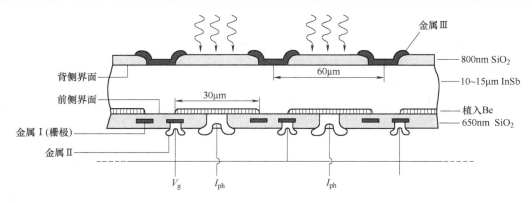

图 13.21 背侧照明、栅极控制 InSb 矩阵光敏二极管的详细截面图

(资料源自：Bloom, I., and Nemirovsky, Y., IEEE Transactions on Electron Devices, 40, 309-14, 1993)

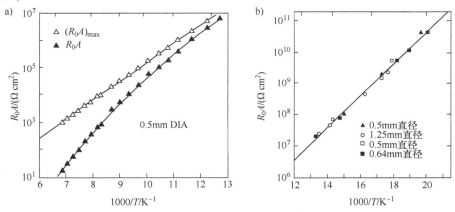

图 13.22 InSb 光敏二极管的 R_0A 和 $(RA)_{max}$ 与温度的关系

a) 80~150K (资料源自：Wimmers, J. T., Davis, R. M., Niblack, C. A., and Smith, D. S., "Indium Antimonide Detector Technology at Cincinnati Electronics Corporation," Proceedings of SPIE 930, 125-38, 1988)

b) 50~80K (资料源自：Wimmers, J. T., and Smith, D. S., "Characteristics of InSb Photovoltaic Detectors at 77K and Below," Proceedings of SPIE 364, 123-31, 1983)

为与电压有关的结电容（与突变结模型完全一致）和焊盘电容之和[106]。对具有较大敏感区的二极管，无论焊盘电容还是与接触区相关的电容，都不能代表二极管总电容的主要部分，然而，随着敏感区面积减小，二极管总电容更强烈地依赖这两项。图 13.24 给出了温度 77K 和零偏压时电容与 InSb 光敏二极管敏感区面积的函数关系[106]。

InSb 光伏探测器广泛应用于地基和天基红外天文学。为了应用于天文物理学，这些器件常常工作在温度为 4~7K 的环境中，采用一个电阻或电容式转移阻抗放大器以获得最低噪声性能[145]。在如此低温下，InSb 光敏二极管的电阻非常高以至于可以忽略不计探测器的约翰逊噪声，其主要噪声源是反馈电阻或者放大器噪声。由于后者是直接随组合后探测器和输入电路电容而变化的，所以使其最小就变得非常重要。上述 InSb 光敏二极管在 60~80K 温度范围内工作具有最佳性能，，已经验证低温下的长波量子效率有所降低原因是 n 区少数载流子寿命缩短[146]。因此，低温应用时一定要重新对器件进行优化，并着重减小探测器电容，同时使量子效率最大[147]。将 n 类区域掺杂密度降到约 $10^{14}\,cm^{-3}$，对其它工艺稍作些修改就可以使载流子寿命减少降到最低，还能够额外提供降低电容的优势。该方法会稍微降低 RA 乘积，但乘积仍会随温度降低而成指数形式增大，直至探测器电阻再次不是主要噪声为止。

图 13.25 给出了典型 InSb 光敏二极管比探测率与波长的关系。图中，比探测率随背景光通量下降（窄视场和/或制冷滤波）而增大。（由于重复，原文作者删除了此处的一段话。——译者注）

InSb 光敏二极管也可以工作在高于 77K 的温度环境中，当然该范围内的 RA 乘积会逐渐下降。在 120K，稍微施加反向偏压，RA 乘积仍然能够达到 $10^{14}\,\Omega\,cm^2$，有可能实现背景限红外光电（BLIP）探测工作模式。直至 160K，InSb 光敏二极管优化得到的量子效率在该温度范围内仍保持不会受到影响（见图 13.26[108]）。对工艺进行修改，如增大掺杂密度，可以使响应度在温度升高时保持不变。

在使用植入或扩散注入技术制造体器件时，利用晶体外延生长技术的话可以放宽一些设计上的约束。已经有研究将外延背侧照明（BSI）InSb 光敏二极管生长在掺杂 Te 的 InSb 基板上。根据伯斯坦-莫斯效应（Burstein-Moss），简并 n 类掺杂基板可以做成透明的，$2\times10^{18}\,cm^{-3}$ 的掺杂就能够在温度 80K 的环境下对 3~5μm 光谱范围的绝大部分是透明的[148]。自由载流子吸收要求将基板抛光到 100μm 厚，而为了得到高量子效率，基板应薄至

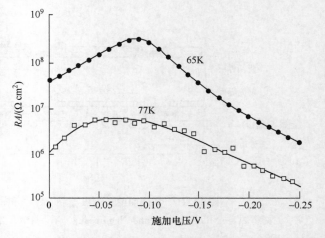

图 13.23 3.2mm×3.2mm InSb 光敏二极管在温度 77K 和 65K 条件下 RA 乘积与施加偏压的关系

（资料源自：Wimmers, J. T., Davis, R. M., Niblack, C. A., and Smith, D. S., "Indium Antimonide Detector Technology at Cincinnati Electronics Corporation", Proceedings of SPIE 930, 125-38, 1988）

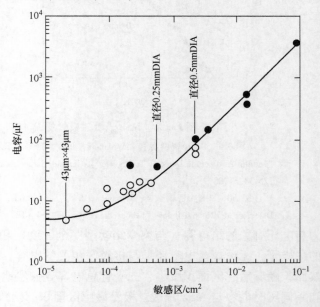

图 13.24 温度 77K 和零偏压条件下，InSb 光敏二极管电容与敏感区面积的函数关系

（资料源自：Wimmers, J. T., and Smith, D. S., "Characteristics of InSb Photovoltaic Detectors at 77K and Below," Proceedings of SPIE 364, 123-31, 1983）

10μm 数量级，与体器件情况一样。p^+ 区和 n^+ 区分别掺杂到 $3\times10^{18}\,cm^{-3}$ 和 $2\times10^{18}\,cm^{-3}$，敏感区具有大约 $2\times10^{15}\,cm^{-3}$ 的 n 类掺杂。p^+ 区、n^+ 区和敏感区的厚度分别是 1μm、4μm 和

第 13 章 III-V 族（元素）探测器

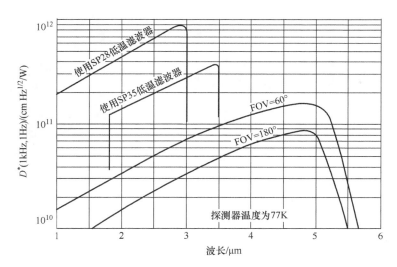

图 13.25 工作在温度 77K 环境中的 InSb 光敏二极管比探测率与波长的函数关系
（资料源自：Judson Catalog, Infrared Detectors, http://www.judsontechnologies.com）

$3\mu m$。利用标准光刻术，按照 $30\mu m$ 间距使晶片图形印制成形，再利用化学蚀刻方法制成台面形状，直至 n^+ 区域。二极管结处的最终尺寸大约是 $17\mu m$。

利用分子束外延生长（MBE）技术已经将 InSb 光敏二极管异质外延生长在 Si 和 GaAs 基板上[20,149-154]。最近，久世（Kuze）等人在半绝缘 GaAs (100) 基板上研制出一种新型微芯片级 InSb 光敏二极管传感器，并进行了探测。该传感器由 910 个光敏二极管组成（见图 13.27），每个光敏二极管都包括利用 MBE 技术生长的 $1\mu m$ 厚的 n^+-InSb 层和 $2\mu m$ 厚的 π-InSb 吸收层。为了减少受激电子扩散，将 20nm

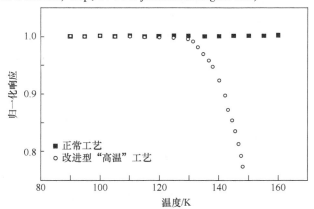

图 13.26 InSb 光敏二极管在较高温度范围内的归一化响应值
（资料源自：Wimmers, J. T., Davis, R. M., Niblack, C. A., and Smith, D. S., "Indium Antimonide Detector Technology at Cincinnati Electronics Corporation," Proceedings of SPIE 930, 125-38, 1988）

厚 p^+-$Al_{0.17}In_{0.83}Sb$ 势垒层生长在 π-InSb 层上。最后，生长 $0.5\mu m$ 厚的 π-InSb 层用作顶端的接触点。分别进行 n-类 Sn 掺杂和 p-类 Zn 掺杂，n^+ 层浓度为 $7\times10^{18}cm^{-3}$，π 层浓度为 $6\times10^{16}cm^{-3}$ 和 p^+ 层浓度为 $2\times10^{18}cm^{-3}$。为了使台面结构绝缘，利用等离子体化学气相沉积（CVD）技术涂镀 300nm 厚 Si_3N_4 钝化层，最后，在 Ti/Au 剥离金属化工艺后，还要利用等离子体 CVD 技术生长 300nm 厚 SiO_2 钝化层。单个 InSb 光敏二极管的长度是 $20\mu m$，光伏红外传感器的最终外部尺寸是 $1.9mm\times2.7mm\times0.4mm$（原文错印为 mm^2。——译者注）。灵敏度与噪声等效差温度分别是 $127\mu V/K$ 和 $1mK/Hz^{1/2}$。

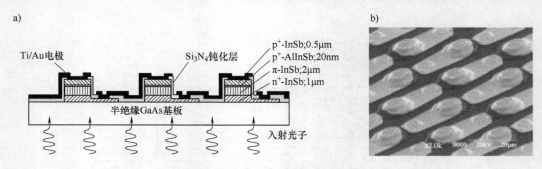

图 13.27　InSb 光伏红外传感器

a) 多光敏二极管串联结构示意图　b) 电子扫描显微镜（SEM）显微图

（资料源自：Camargo, E. G., Ueno, K., Morishita, T., Sato, M., Endo, H., Kurihara, M., Ishibashi, K., and Kuze, M., IEEE Sensors Journal, 7, 1335-39, 2007）

13.3.4　InAs 光敏二极管

InAs 探测器可以以光电导（PC）、光伏和光电磁（PEM）模式工作。然而最近，在近室温下工作的 InAs 光敏二极管已经有了更为广泛的应用（激光告警接收系统、过程控制监视器、温度传感器脉冲激光监视器和红外光谱学）。该光敏二极管主要是采用离子植入技术[112,123,124]和扩散法[100,102]制造的。

在合适的温度工作下，可以优化二极管的灵敏度、响应速度、阻抗和峰值波长。室温下，InSb 光敏二极管的分流电阻与影响光敏二极管响应的串联电阻相近（见图 13.28）。小尺寸探测器具有较高的分流电阻和较小的表面面积，所以很少强调这种效应。对二极管制冷可以降低或消除该效应，因为增大了结电阻。InAs 光敏二极管的波长灵敏度范围是 1～3.6μm。图 13.29 给出了 InAs 光敏二极管比探测率的典型值范围。

宽（Kuan）等人介绍了利用分子束外延（MBE）技术生长的高性能 InAs 光敏二极管[135,155]。其结构生长在（100）n 类 InAs 晶片上。清除表面氧化物后（通过缓慢加热到 500℃），InAs 外延层在最佳生长条件和 500℃ 温度下生长。该 p-i-n 光敏二极管结构由一层 0.2μm 厚 n 类缓冲层（掺杂硅到 $1 \times 10^{18} cm^{-3}$）和 1μm 厚 n 类 InAs 敏感层（掺杂硅到 $5 \times 10^{16} cm^{-3}$）组成；然后生长 0.72μm 厚未掺杂 InAs 层，继而是 0.1μm 厚 p 类 InAs 层（掺杂铍到 $1 \times 10^{18} cm^{-3}$），最后沉积 0.1μm 厚 InAs 接触层（从 $1 \times 10^{18} cm^{-3}$ 到 $1 \times 10^{19} cm^{-3}$ 按照指数形式分级掺杂）。对于 p-n 二极管，除了是未掺杂 InAs 层外，也要生长同样的结构。图 13.30 给出了 InAs 栅控光敏二极管的原理图和结构[155]。

在制造未钝化和钝化 InAs 二极管之前，需采用专用化学处理和两步光刻工序[155]。如果是栅控光敏二极管，首先将外延层刻蚀成直径为 200μm 的圆形平台面，再应用光 CVD 技术涂镀 300nm 厚的 SiO_2。为了制造电接触层，第二次应用光刻技术消除 p 类层 10μm×4μm 面积上的 SiO_2，先后蒸镀 100nm 厚 Au-Be 和 300nm 厚 Au 双层膜，并完成剥离工艺以形成 p 类欧姆接触层。第三次利用光刻技术确定直径 40μm 的圆垫及覆盖结周长的栅。最后，蒸镀 12nm 厚 Cr 和 300nm 厚 Au 双层膜并剥离。

宽（Kuan）及其同事对 30～300K 温度范围内 InAs p-n 和 p-i-n 二极管的暗电流特性分析和比较[135]后指出，增加的厚 i 层（约 720nm）是探测器成功的关键，p-i-n 结构的优点不仅削减隧穿电流，而且提高了均匀性。

图 13.31a 给出了典型的 77K 和室温 300K 环境下未钝化的 p-i-n 和 p-n 光敏二极管的 I-V 族材料的性质[155]。在 77K 时，未钝化的 p-i-n 光敏二极管的暗电流易受背景热辐射的扰动，其证据是存在光电压。还可以看到，未加钝化的光敏二极管在温度 77K 和 300K 时的反向暗电流与二极管的反向偏压有关，说明存在分流漏电流。图 13.31b 给出了温度为 77K 和 300K 时栅极控 p-i-n 光敏二极管在 0V、-16V 和 -40V 不同栅极偏压下 I-V 族材料的特性。二极管反向暗电流对栅极电压有很强依赖性，则表明反向漏电流一直流经表面区。当栅极偏压 V_g 接近 -40V 时，反向暗电流与反向偏压几乎无关，表示二极管没有漏电流。显然，在栅极偏压 $V_g = -40V$ 条件下，未钝化 p-i-n 光敏二极管的 I-V 族特性类似甚至优于 p-i-n 栅极控光敏二极管的性质，从而表明，InAs p-i-n 光敏二极管的钝化使器件性能有所恶化。未钝化 p-i-n 光敏二极管室温下的 R_0A 乘积是 $8.1\Omega\ cm^2$，温度 77K 时是 $1.3M\Omega\ cm^2$。若受到 500K 黑体光源照射，受限于约翰逊噪声的光敏二极管室温下的比探测率是 $1.2 \times 10^{10}\ cm\ Hz^{1/2}W^{-1}$，温度 77K 时是 $8.1 \times 10^{11}\ cm\ Hz^{1/2}W^{-1}$。

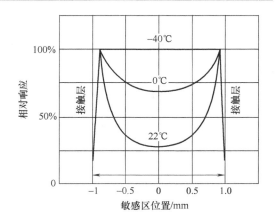
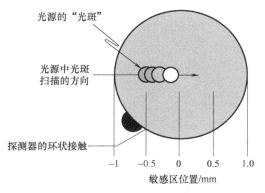

图 13.28　InAs 光敏二极管 2mm 敏感区内的响应变化
（原文错印标号（a）。——译者注）

（资料源自：product brochure of Judson Inc., http://www.judsontechnologies.com）

制造 InAs 光敏二极管还使用另一种基板。多伯拉尔（Dobbelaere）等人利用分子束外延（MBE）技术在 GaAs 和镀有 GaAs 的 Si 上已生长出 InAs 光敏二极管[156]。这种技术适于制造单片近红外成像仪，使探测器与硅读出电子线路组合是完全可能的。

最近，俄罗斯约费（Ioffe）物理技术研究所（俄罗斯圣彼得堡）的研究小组研发出接近室温工作的 InAs 油浸透镜光敏二极管[132]。利用液相外延（LPE）技术将 InAs 异质结结构光敏二极管（见图 13.32a）生长在 n^+-InAs 透明基板上（根据伯斯坦-莫斯效应），并由约 $3\mu m$ 厚 n-InAs 层和约 $3\mu m$ 厚的 p-InAs$_{1-x-y}$Sb$_x$P$_y$ 包裹层组成，后者晶格与 InAs 基板（$y \approx 2.2x$）匹配。由于 n^+-InAs/n-InAs 界面处有一个能阶，所以，可以期望光敏二极管在工作过程中会产生一个有益的空穴限制。使用多级湿光刻蚀工艺处理直径 $280\mu m$ 倒装芯片平台面器件。喷溅 Cr、Ni、Au（Te）和 Cr、Ni，以及 Au（Zn）金属，再利用电化学方法涂镀 $1 \sim 2\mu m$ 厚的金层就制成一个阴极和一个阳极接触层。使基板减薄到 $150\mu m$，并用 Pb-Sn 接触点将芯片焊接到硅基板上。最后，利用具有高折射率（$n = 2.4$）的硫化玻璃将 3.5mm 宽体硅透镜固定在芯片基板侧。显然，油浸光敏二极管的视场要比未镀膜器件小得多（降到 15°）。

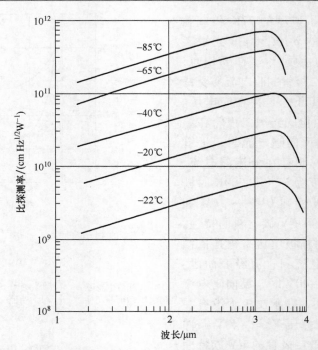

图 13.29 InAs 光敏二极管在不同温度下比探测率与波长的关系

（资料源自：product brochure of Judson Inc.，http：//www.judsontechnologies.com）

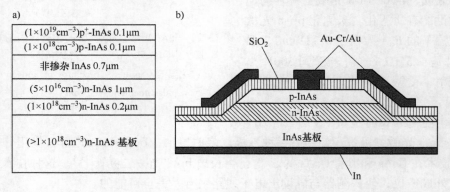

图 13.30 InAs 栅控光敏二极管

a）原理图 b）器件结构

（资料源自：Lin, R. M., Tang, S. F., Lee, S. C., Kuan, C. H., Chen, G. S., Sun, T. P., and Wu, J. C., IEEE Transactions on Electron Devices, 44, 209-13, 1997）

图 13.32b 所示为 InAs 异质结油浸光敏二极管的比探测率光谱。这些探测器具有高比探测率（为便于比较，请参考图 13.29）反映出与其有关的有效改进：宽反射镜接触、非对称掺杂、油浸效应和倾斜台面壁对辐射的会聚。窄光谱响应是基板和中间层滤光的结果。由于高温下带隙变窄，所以，峰值波长随温度升高向长波长漂移。然而，可能由于温度升高情况下排除了传导带电子生成的可能性，致使吸收缘附近 n^+-InAs 的透明性逐渐变差，所以其在短波光谱要比在长波光谱对温度更加敏感[132]。

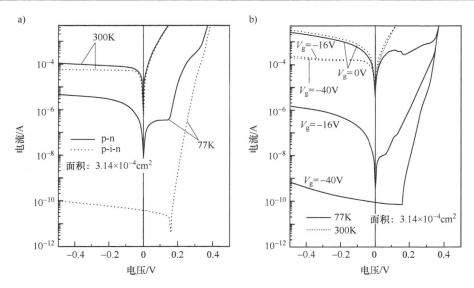

图 13.31 温度 77K 和室温下 I-V 族材料特性

a) 未钝化 p-i-n 光敏二极管

b) 栅极控制 InAs p-i-n 和 p-n 光敏二极管（栅极偏压 V_g = 0V、-16V 和 -40 标注在图中）

（资料源自：Lin, R. M., Tang, S. F., Lee, S. C., Kuan, C. H., Chen, G. S., Sun, T. P., and Wu, J. C., IEEE Transactions on Electron Devices, 44, 209-13, 1997）

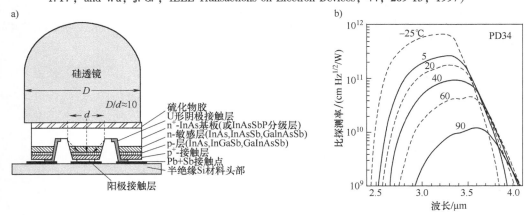

图 13.32 InAs 异质结结构油浸光敏二极管

a) 油浸光敏二极管结构 b) 近室温下的比探测率光谱曲线

（资料源自：Remennyy, M. A., Matveev, B. A., Zotova, N. V., Karandashev, S. A., Stus, N. M., and Ilinskaya, N. D., "InAs and InAs (Sb) (P) (3-5μm) Immersion Lens Photodiodes for Potable Optic Sensors," Proceedings of SPIE 6585, 658504, 2007）

13.3.5　InSb 非平衡光敏二极管

第一个非平衡 InSb 探测器是一个 p^+-π-n^+ 结构。其中，π 代表低掺杂 p 类材料，在工作温度下呈本征特性[18]。对室温下二极管中电流源的精确分析表明，p^+ 材料中发生 7 次俄歇效应是主要成分。当温度低于 200K，光敏二极管的性能取决于 π 区域中发生的肖克莱-里德（Shockley-Read）效应（见图 13.33）。戴维斯（Davies）和怀特（White）研究了俄歇抑制光敏二极管[157]后发现,消除敏感区的电子改变了陷阱的占有率,导致敏感区肖克莱-里德陷阱生成率的提高。

接下来,可以看出 p^+ 和 π 区间的 InAlSb 薄应变层会在传导层中形成势垒,实质上是减少了电子从 p^+ 层向 π 层的扩散,从而导致室温下的性能提高[19,158]。这类 p^+-P^+-π-n^+ InSb/$In_{1-x}Al_xSb$ 结构如图 13.34 所示,并在温度 420℃ 时利用分子束外延技术成功制造出掺杂硅(n类)和掺杂铍(p类)的 InSb 层结构。每层的掺杂浓度和厚度如图 13.34a 所示。$In_{1-x}Al_xSb$ 层中的成分 x 是 0.15,从而得到传导带势垒高度的估算值为 0.26eV。一般地,中心区是 $3\mu m$ 厚,没有故意掺杂。利用台面刻蚀工序在 p^+ 层制造出直径 $300\mu m$ 的圆形二极管,再用阳极氧化物进行钝化。将喷溅形成的铬/金接触层放置在 p^+ 区每个台面上部,接触层是一个内径 $180\mu m$ 和外径 $240\mu m$ 的环形结构。厚 $0.7\mu m$ 薄氧化物层作为增透膜。

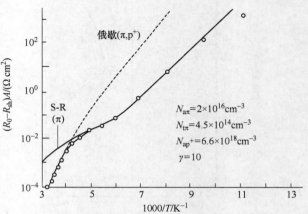

图 13.33 p^+-π-n^+ InSb 光敏二极管 R_0A 乘积对温度的依赖关系(圆点代表实验数据,实线是基于肖克莱-里德和俄歇两种生成机理在 π 区和 p^+ 区的计算值)

(资料源自:Ashley, T., Dean, A. B., Elliott, C. T., Houlton, M. R., McConville, C. F., Tarry, H. A., and Whitehouse, C. R., "Multilayer InSb Diodes Grown by Molecular Beam Epitaxy for Near Ambient Temperature Operation," Proceedings of SPIE 1361, 238-44, 1990)

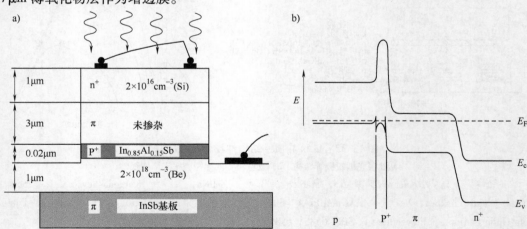

图 13.34 p^+-P^+-π-n^+ InSb/$In_{1-x}Al_xSb$ 异质结光敏二极管
a) 截面图 b) 能带图

(资料源自:Elliott, C. T., "Advamced Heterostructures for $In_{1-x}Al_xSb$ and $Hg_{1-x}Cd_xTe$ Detectors and Emiters," Proceedings of SPIE 2744, 452-62, 1996)

p^+-P^+-π-n^+ InSb/$In_{1-x}Al_xSb$ 未施偏压的异质结光敏二极管的比探测率大于 2×10^9cm $Hz^{1/2}W^{-1}$,峰值响应位于 $6\mu m$ 处。该值比商用单像元热探测器的典型值高一个数量级。图

13.35 所示对普通的 p^+-n 二极管与采用外延晶体生长技术制造、具有 $3\mu m$ 厚活性区的 p^+-P^+-ν-n^+ 结构的比探测率理论值进行了比较，计算时采用零偏压电阻。例如，可以看到，对于一样的 D^*，p^+-n 二极管在 200K 附近，工作温度大约升高了 40K。然而，在环境温度附近工作的 InSb 探测器并不能很好地与 $3\sim5\mu m$ 大气透射窗口匹配。一种解决方案是改变 $In_{1-x}Al_xSb$ 敏感区的成分，使截止波长降到最佳值。为了得到 $5\mu m$ 的截止波长，要求温度 200K 时 $x\approx0.023$，室温时 $x\approx0.039$。在图 13.35 中，点虚线表示具有 $5\mu m$ 固定截止波长材料的比探测率预测值[158]。其 D^* 总的增加比普通的体器件大 10 倍。温度 200K 时可以在 2π 视场 (FOV) 内达到背景限比探测率，采用帕尔帖 (Peltier) 制冷器有希望得到高性能、小型而低廉的成像系统。

只有利用晶格匹配生长技术才能得到具有 $In_{1-x}Al_xSb$ 敏感区的最佳的材料质量。利用双坩埚切克劳斯基 (Czochralski) 技术已经生长出 (111) 晶向排列的 InGaSb 晶格匹配的基板[148]。该技术从外面坩埚补充熔液以保证内部坩埚中的熔液成分恒定在一个合适的水平，从而得到均匀的铸造成分。已经生长出铝成分高达 6.7% 的光敏二极管，正如期望的，室温下的 R_0A 乘积提高了 10 倍。然而，温度低于 200K 时，或许是由于晶格匹配不理想造成的缺陷或者 InGaSb 基板的质量问题，额外引入了肖克莱-里德 (Shockley-Read) 缺陷，不能再保持该性能增益。

目前，由于在反向偏压下容易增大通过陷阱的生成率，所以 InSb 材料

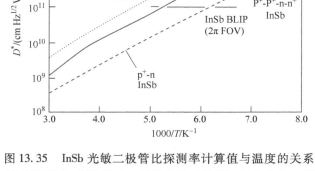

图 13.35 InSb 光敏二极管比探测率计算值与温度的关系（比较体 InSb（线虚线）、外延 InSb（实线）和具有 $5\mu m$ 截止波长的外延 InAlSb（点虚线）之间的区别）

（资料源自：Elliott, C. T., "Advamced Heterostructures for and Detectors and Emitters", Proceedings of SPIE 2744, 452-62, 1996）

中存在一定的肖克莱-里德 (Shockley-Read) 陷阱密度使非平衡光敏二极管优势未能实用。在 (001) 基板上相对于 (111) 2°方向进行生长，已经得到较好性能——器件首次显示负微分电阻[148]。

13.4 三元和四元 III-V 探测器

三元和四元 III-V 族复合材料适合制造近红外和中红外波段的光电器件。二元基板（如 InAs 和 GaSb）能够生长多层单质或异质结，在其中特制晶格匹配的三元和四元层就可以探测 $0.8\sim4\mu m$ 光谱范围的波长。$Ga_xIn_{1-x}As_ySb_{1-y}$ 带隙大约在 $475\sim730meV$ 的范围内可以连续地调整，并保持与 GaSb 基板晶格匹配不变[13,14]，如图 13.36 所示，这不同于该范围内主要的三元材料，如 InP 基板上的 InGaAs。三元（InGaSb 和 InAsSb）和四元（InGaAsSb 和 AlGaAsSb）两类材料在 $\geqslant 2\mu m$ 的波长范围都具有良好的性能，但仍然都处于研究阶段，尚

未进入商业化运作。适用的三元 InGaSb 虚拟基板在研发高性能探测器方面很有发展前途,并且在处理三元材料时丝毫不会影响通常使用的二元基板[159]。

与 HgCdTe 相比,InAsSb 三元合金更稳定,且其带缘对成分的依赖性也很弱。与 HgCdTe 中的离子键合相比,该材料的稳定性是以低原子数 III-V 族材料具有合适的较强化学键及较大共价键贡献量为前提。InAsSb 材料的其它物理性质都优于 HgCdTe,如其介相对电常数低(≈ 11.5),室温下自扩散系数低($\approx 5.2 \times 10^{-16} cm^2/s$)。

三种半导体 InAs、GaSb 和 AlSb 在约 0.61nm 处可形成一组晶格近似匹配的材料,(室温下)能隙范围为 0.36eV(InAs)~1.61eV(AlSb)。与其它半导体合金一样,研究人员主要对其异质结很感兴趣,尤其 InAs 与两种锑化物及其合金组成的异质结结构。这种组合提供

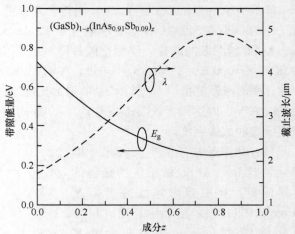

图 13.36 $Ga_xIn_{1-x}As_ySb_{1-y}$ 带隙大约在 475~730meV 范围内可以连续调整,而保持与 GaSb 基板晶格匹配不变,其中,按照 $(GaSb)_{1-z}(InAs_{0.91}Sb_{0.09})_z$ 给出的比例选择 x 和 y 的浓度

的带结构完全不同于已广泛研究的 AlGaAs 体系,这是对 0.61nm 材料系感兴趣的主要原因之一。最吸引人的是 1977 年由榊英雄(Sakaki)等人发现的 InAs/GaSb 异质结[161]。它具有一种断隙结构:在界面处,InAs 传导带的底边排在 GaSb 价带的上端边之下,带隙中大约有 150meV 断口。在这种异质结中,由于 InAs 导带与富 GaSb 固溶价带部分叠加,电子和空穴是分开的,并位于异质结两侧所形成的自洽量子阱中。从而导致非寻常的隧道辅助辐射复合过渡和新颖的传输性质。例如,图 13.37 给出了模拟的四类 GaInAsSb/InAs 异质结(N-n、N-p、P-p 和 p-n)近似能带图[162]。正如图中所看到,所有整流异质结(N-n、N-p 和 P-p)在结中都呈现大的空间电荷区。由于 GaInAsSb 中的导带和 InAs 中的价带在异质结界面有很大的键和力,所以,大的叠加将导致异质结边界两侧自洽势阱中的载流子受到严重约束。若这种叠加消失,结两侧的载流子自由移动,则使 P-GaInAsSb/n-InAs 结构具有欧姆(金属)性质。对于 N-n 异质结,势垒高度接近 GaInAsSb 固溶的带隙值;对于 P-p 结构,接近于 InAs 带隙值。

许多文章都介绍了利用诸如 GaInAsSb 和 AlGaAsSb 材料[126-132]来制造不同的器件结构,包括雪崩光敏二极管(APD)[163-165]和光敏晶体管[166]。这些器件一般会涉及材料工艺较难处理的复杂结构。APD 暂不讨论,光敏晶体管可以达到较高的增益和较好的信噪比,没有过量噪声效应使其非常适合 $2\mu m$ 波长的应用。

13.4.1 InAsSb 探测器

13.4.1.1 InAsSb 光电导体

只有少数几篇文章论述过 $InAs_{1-x}Sb_x$(InAsSb)探测器某些理论和技术方面的内

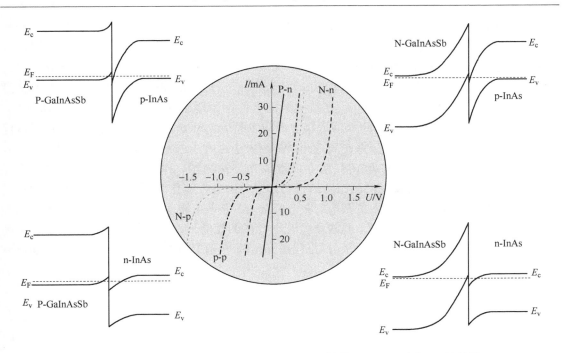

图 13.37　四类单断隙 GaInAsSb/InAs 异质结的能带图及 77K 时的 I-V 族特性

（资料源自：Mikhailova, M. P., Moiseev, K. D., and Yakovlev, Yu. P., Semiconductor Science and Technology, 19, R109-R128, 2004）

容[167-174]。贝西娅（Bethea）等人利用分子束外延（MBE）技术在半绝缘 GaAs 基板上生长出 InAsSb，从而制造出光电导探测器并阐述了其特性[168,169]。尽管外延层与基板间有大的晶格失配（约 14%），但已经得到高质量的 $InAs_{0.02}Sb_{0.98}$ 光电导体[168]。该探测器在 $\lambda = 5.4\mu m$ 波长时的比探测率达到 $3 \times 10^{10} cm\ Hz^{1/2} W^{-1}$，和最好的 InSb 探测器属同一数量级，并且实现了高达 47% 的内部量子效率以及 10ns 的高速响应。

以接近最小带隙成分的合金制造的光电导体的性能较差。这种探测器在 9V 偏压下，波长 $8\mu m$ 处的电压响应度是 1.5V/W，对应的 77K 温度时的比探测率 $D^* = 10^8 cm\ Hz^{1/2} W^{-1}$。该探测器光电导寿命低，等于 9ns。此参数和低电子迁移率表明其材料质量较差。继续改进材料性能可以使光电导探测器有效地应用于 $8 \sim 14\mu m$ 光谱范围。

最近，比利时勒文市大学微电子中心（Interuniversity Micro-Electronics Center, Leuven, Belgium）首次验证了共面技术，非常适合用于以 InAsSb 为基础的红外探测器与 Si 电荷耦合器件的单片集成[170,171]。已经验证了使用分子束外延（MBE）技术在凹形 Si 阱中生长 I-nAs$_{1-x}$Sb$_x$ 光电导探测器（$x = 0.80$ 和 0.95）的技术及其性能。研究对不同基板条件的 InAsSb 外延层形态做了比较：Si 阱、Si 平台和 GaAs[171,172]。与镀有 GaAs 层的 Si 或者 GaAs 上涂镀的大面积 InAsSb 薄膜相比，没有观察到阱中生长的外延层形态恶化。InAsSb 层的螺线缺陷（Threading Defect）密度高（约 $10^8 cm^{-2}$），但随厚度减少。在生长初期阶段，失配错位的整齐排列降低了对晶格失配的要求。

图 13.38a 给出了 InAsSb 探测器的结构示意图。作为基板，3in（001）硅晶片偏离（011）方向 4°使用。采用标准光刻术和 SiO_2 窗掩模板对晶片图形印制成形，并使用 69%

HNO₃:48% HF (19:1) 混合刻蚀液以形成约深 6μm 的 80μm×400μm 矩形阱,晶片平行于 (110) 方向。初始,在较低温下 (350℃) 以 1μm/h 的生长速度将 GaAs 生长在硅基板上,然后,将基板温度和生长速率分别提高到 580℃ 和 1.3μm/h,并生长一层 2μm 厚的缓冲层。之后,将基板冷却到 380℃,生长一薄层 $InAs_{0.05}Sb_{0.95}$。最后,在 410℃ 和 1μm/h 生长速度下生长 3μm 厚的 $InAs_{0.05}Sb_{0.95}$ 层。以光致抗蚀剂覆盖探测器结构,并用 25:1:50 (H_2SO_4: H_2O_2: H_2O) 溶液刻蚀掉生长在 SiO_2 保护层上面的多晶 InAsSb。该刻蚀过程遇到 SiO_2 层则停止,以便实现集成,SiO_2 层会保护硅上事先处理过的电子器件。最后,将 Ti-Au (40~260nm) 接触层蒸镀在植入的 InAsSb 层上以形成光导探测器。探测器与周围基板之间确保横向绝缘,但应填充具有良好回流性质的材料以避免出现金属化问题。这种光电导体的光谱响应如图 13.38b 所示。若在温度 77K、波长 4.2μm、负载电阻 100Ω 和偏压 1.5V 下,该光电导体的电压响应度是 420V/W。这说明,光电导体的性能不高,可能是由于掺杂度非常高 (300K 温度时本征载流子浓度) 所致,并且在 InAsSb 外延层与 GaAs 缓冲层之间的界面层有大量缺陷。

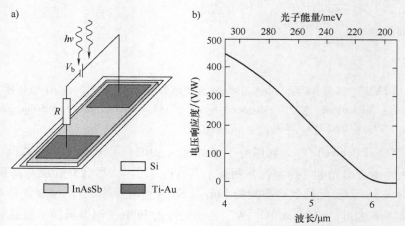

图 13.38 InAsSb 光电导探测器

a) 处理后探测器的示意图 b) 温度 77K 和 1.5V 偏压下 $InAs_{0.05}Sb_{0.95}$ 光电导体的光谱响应

(资料源自: Dobbelaere, W., De Boeck, J., Van Hove, M., Deneffe, K., De Raedt, W., Mertens, R., and Borghs, G., Electronic Letters, 26, 259-61, 1990)

可以将共面技术应用于垂直光伏探测器,研究人员认为它优于当前的光电导探测器,有两个理由:可以工作在零偏压条件下以及将敏感区放置在至界面有一定距离,所以,具有类似体材料的高电阻率特性。

波德莱茨基 (Podlecki) 等人利用金属有机化学气相沉积 (MOCVD) 技术在 GaAs 基板上制造了 $InAs_{0.91}Sb_{0.09}$ 光电导体,并阐述了其性质[173]。已经成功制造出 2μm 厚、敏感区面积为 200μm² 的探测器,并且采用喷溅法得到 Au-Sn 接触层。过量噪声导致波长 3.65μm 处有相当低的比探测率,$D^* = 5.3 \times 10^{10}$ cm $Hz^{1/2}W^{-1}$ ($V_b = 3.75V$, $f = 10^5 Hz$, $T = 80K$)。金姆 (Kim) 等人也采用 MOCVD 技术在 GaAs 基板上生长出工作在室温的、以 p 类 $InAs_{0.23}Sb_{0.77}$ 为基础的光电导体[174]。该光电导体结构由 p 类 $InAs_{0.23}Sb_{0.77}$ 和 p-InSb 两种外延层组成。InSb 层用作缓冲层,与 $InAs_{0.23}Sb_{0.77}$ 层的晶格失配为 2%,同时也作为敏感层中的电子约束层。在近室温下,类-InSb 带结构中的 p 类掺杂比 n 类掺杂可以保证在光学与热生成之间有更好折中[175]。在室温下有 14μm 的截止波长表示,其带隙值比期望的更小。这可能是通过结构调整能使之减小的。图 13.39 所示为波长 10.6μm 处电压响应度对电压的依赖关系[174]。电压响应度随施加电压而增大,并在大约 3V 时达到饱和,温度 300K 和 200K 时的电压响应度分别是 5.8mV/W 和 10.8mV/W。300K 时对应的约翰逊噪声限比探测率约为 $3.27 \times 10^7 cm Hz^{1/2} W^{-1}$,低于俄歇(Auger)g-r 过程设置的理论极限(约 $1.5 \times 10^8 cmHz^{1/2}W^{-1}$)。

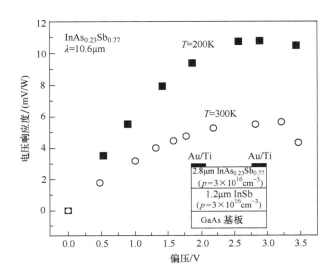

图 13.39 $InAs_{0.23}Sb_{0.77}$ 光电导体在 10.6μm 波长处的电压响应度与电压的关系

(资料源自:Kim, J. D., Wojkowski, J., Piotrowski, J., Xu, J., and Razeghi, M., Applied Physics Letters, 68, 99-101, 1996)

13.4.1.2 InAsSb 光敏二极管

对 InAsSb 探测器技术的研究,已经转移到第二代热成像系统和极低损耗光纤通信系统使用的下一代光敏二极管[17,37,45]方向。过去 30 年,已经研发出适用于 3~5μm 光谱的高质量 InAsSb 光敏二极管[132,176-197]。根据成分变化,$InAs_{1-x}Sb_x$ 探测器的长波限已经从波长 3.1μm ($x=0.00$) 调整到 7.0μm ($x \approx 0.6$),很可能,该材料能够在各种 III-V 族合金中以最长截止波长(温度 77K 时约为 9.0μm)工作[17,37]。为了在所有可能的工作范围内应用红外探测器,必须使用晶格匹配基板。看来,使用 $Ga_{1-x}In_xSb$ 基板已经使该问题得到解决,在此情况下晶格参数可以在 0.6095nm (GaSb) 和 0.6479nm (InSb) 之间调整。一些研究小组成功地实现了 GaInSb 单晶的生长[148,198-200]。一种值得注意的合成物是与 $InAs_{0.35}Sb_{0.65}$ 晶格匹配的 $Ga_{0.38}In_{0.62}Sb$,它具有最小带隙,室温下的对应波长约为 12μm。

已报道过许多种 InAsSb 光敏二极管结构布局,包括平台、平面、n-p、n-p$^+$、p$^+$-n 和 p-i-n 结构。用于形成 p-n 结的技术包括 Zn 扩散、Be 离子植入以及利用液相外延(LPE)技术、分子束外延(MBE)技术和金属有机化学气相沉积(MOCVD)技术在 n 类材料上生长 p 类层。光敏二极管的制造技术基本上都要依靠浓度约为 $10^{16} cm^{-3}$ 的 n 类材料。表 13.2 对 InAsSb 光敏二极管的制造做出了总结。

表 13.2　$InAs_{0.35}Sb_{0.65}$ 光敏二极管的性能

材料	制造	T /K	R_0A /($\Omega \cdot cm^2$)	λ_p /μm	η_p (%)	D^* / ($cm \cdot Hz^{1/2} W^{-1}$)	备注	本章参考文献
n-p$^+$ $InAs_{0.85}Sb_{0.15}$	平台，分级 LPE $n=10^{15} cm^{-3}$	77	2×10^7	4.2	60		InAs 基板，背侧照明	176
n-p $InAs_{0.86}Sb_{0.14}$	平台，LPE $n \approx p \approx 10^{16} cm^{-3}$	77	10^9	4.2	65		GaSb 基板，背侧照明	178
n-p$^+$ $InAs_{0.85}Sb_{0.15}$	平面，LPE $n \approx 10^{16} cm^{-3}$ Be 植入	77	10^7		80	4×10^{11}	GaSb 基板，CVD 二氧化硅作为植入模板，背侧照明，10^{15} ph/(cm^2 s)	177
n-p $InAs_{0.85}Sb_{0.15}$	平台，LPE $n \approx p \approx 10^{17} cm^{-3}$	77 200		3.5 3.0	40 40	1.5×10^{11} 2.0×10^{10}	InAs 基板 2π 视场	180
n-i-p $InAs_{0.85}Sb_{0.15}$	平台，MBE $n \approx p \approx (2\sim20) \times 10^{16} cm^{-3}$ $i = 3 \times 10^{15} cm^{-3}$	77 77 77	49 25 1.9	3.5 3.5 3.5		1.5×10^{11} 1.6×10^{11} 4.5×10^{10}	InAs 基板 GaAs 基板 Si 基板	182
n-p $InAs_{0.88}Sb_{0.12}$	平台，LPE	77 200	2	3.8 4.3		3.0×10^{11} 5×10^9	InAs 基板，前侧照明	184
P-GaSb/ i-$InAs_{0.91}Sb_{0.09}$/N-GaSb	平台，MBE i (1μm) $\approx 10^{16}$ cm^{-3}	250		3.39		2.5×10^{10}	N-GaSb 基板，双异质结	195
n-$InAs_{0.91}Sb_{0.09}$/N-GaSb	平台，MOCVD n (2.65μm) $\approx$ $1.06 \times 10^{16} cm^{-3}$ $N \approx 1.1 \times 10^{18} cm^{-3}$	300 180	2~3 180		≈4	4.9×10^9 1.3×10^{10}	N-GaSb 基板，前侧照明，同型异质结，反向偏压下比探测率测量，偏压调谐双色探测	197
p$^+$-$InAs_{0.91}Sb_{0.09}$/ P$^+$-InAlAsSb/ N-$InAs_{0.91}Sb_{0.09}$/p$^+$-I-n$As_{0.91}Sb_{0.09}$	平台，MBE n (2μm) $\approx 2 \times 10^{16} cm^{-3}$	300 230	0.19 10.9	4 3.7		2.6×10^9 4.2×10^{10}	P-GaSb 基板，前侧照明，2μm 厚 $In_{0.88}Al_{0.12}As_{0.80}Sb_{0.20}$ 势垒几乎完全与敏感层匹配，导致了光生空穴的有效传输	193
N$^+$-InAs/ n-InAsSb/ P-InAsSbP	平台，LPE $N^+ = 10^{18} cm^{-3}$ n (3~8μm) 未掺杂 $\approx 10^{16} cm^{-3}$	300	2×10^{-2}	4.2		2×10^{10}	N^+-InAs 基板，背侧照明，光学油浸（硅透镜）	132

(续)

材料	制造	T/K	R_0A/($\Omega \cdot cm^2$)	λ_p/μm	η_p(%)	D^*/($cm \cdot Hz^{1/2}W^{-1}$)	备注	本章参考文献
N^+-InAs/N^+-InAs$_{0.55}$Sb$_{0.15}$P$_{0.30}$/n-I-nAs$_{0.89}$Sb$_{0.11}$/P-InAs$_{0.55}$Sb$_{0.15}$P$_{0.30}$	平台,LPE n(5μm)未掺杂敏感区放置在两个(3μm 厚)InAsSbP包裹层之间	300		4.5		1.26×10^9	N^+-InAs 基板,前侧照明	185
P^+-AlGaAsSb/AlInAsSb/n-InAs$_{0.91}$Sb$_{0.09}$/N^+-GaSb	平台,MBE n(1.6μm)≈3×10^{16}cm^{-3} 未掺杂敏感区,碱性亚硫酸盐钝化	300	3	4.3		1×10^{10}	N-GaSb 基板,AlGaAsSb 用作透明光窗,AlInAsSb 减小了 InAsSb/AlGaAsSb 异质结处对空穴的约束,前侧照明	191
p^+-InSb/π-InAs$_{0.15}$Sb$_{0.85}$/n^+-InSb	平台,MOCVD n(2μm)≈3×10^{18}cm^{-3} π(3μm)≈3.6×10^{16}cm^{-3} p^+(0.5μm)≈3×10^{18}cm^{-3}	300	2×10^{-4}	≈8		1.5×10^8	GaAs 基板,背侧照明,λ_c≈13μm	183
p^+-InSb/π-InAs$_{0.15}$Sb$_{0.85}$/n^+-AlInSb	平台,MBE n^+(2μm)≈3×10^{18}cm^{-3} π(3μm)≈3.6×10^{16}cm^{-3} p^+(0.5μm)≈3×10^{18}cm^{-3}	300	0.11	6		≈3×10^8	GaAs 基板,背侧照明,加入 AlInSb 缓冲层阻挡高错位界面的载流子	20

首先有研究称,采用分级液相外延技术在 InAs 基板上生长出 InAs$_{0.85}$Sb$_{0.15}$ 二极管[176],在敏感层与 InAs 基板之间引入一系列不同成分层次的 InAsSb 缓冲层以减小晶格失配造成的应变。该器件以背侧照明(BSI)模式工作。在这种情况中,光子通过 InAs 基板及足够厚的缓冲层,到达滤光层上以吸收其能量比滤光层能带隙大的大部分入射光子。截止波长的大小主要取决于敏感层的能带隙,通过控制敏感层和滤光层中的 Sb 成分可以调整光谱特性。结两侧的载流子浓度是,n 类约为 10^{15}cm^{-3} 和 p 类约为 10^{16}cm^{-3}。以该方式制造的平台光敏二极管可以与窄带背侧照明(BSI)红外探测器一样,具有非常好的性能。温度为 77K、内部量子效率峰值为 70% 时,光谱响应的半带宽可以窄到 176nm。零偏压电阻区的 R_0A 乘积是

$10^5\Omega\ cm^2$ 左右,最高达 $2\times10^7\Omega\ cm^2$。

当采用晶格匹配 $InAs_{1-x}Sb_x/GaSb$ ($0.09\leqslant x\leqslant 0.15$) 器件结构时,得到了 InAsSb 光敏二极管最佳性能[178]。对于 $InAs_{0.86}Sb_{0.14}$ 外延层,低蚀刻坑密度 ($\approx 10^3 cm^{-2}$) 可以适应高达 0.25% 的晶格失配。背侧照明 $InAs_{1-x}Sb_x/GaSb$ 光敏二极管的结构如图 13.40a 所示[178]。光子穿过 GaSb 透明基板,到达被吸收的 $InAs_{1-x}Sb_x$ 敏感层。GaSb 基板决定短波长截止值,温度 77K 时是 1.7μm;而敏感区决定长波长的截止值(见图 13.40b)。利用液相外延技术得到作为同质结的 p-n 结。未掺杂 n 类层和掺杂 Zn 的 p 类层的载流子浓度约为 $10^{16} cm^{-3}$。已经验证,77K 温度时,高质量 $InAs_{0.86}Sb_{0.14}$ 光敏二极管的 R_0A 乘积值超过 $10^9\Omega\ cm^2$。

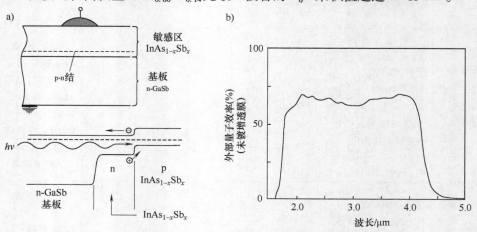

图 13.40 背侧照明 $InAs_{0.86}Sb_{0.14}/GaSb$ 光敏二极管
a) 器件结构和结构能带图 b) 温度 77K 时的光谱响应
(资料源自:Bubulac, L. O., Andrews, A. M., Gertner, E. R., and Cheung, D. T., Applied Physics Letters, 36, 734-36, 1980)

利用 Be 离子植入技术也可以得到高性能 $InAs_{0.89}Sb_{0.11}$ 光敏二极管[177]。在 (100) GaSb 基板上的生成态(as-grown)液相外延(LPE)层是载流子浓度为 $10^{16} cm^{-3}$ 的 n 类层。200℃ 温度下采用化学气相蒸镀技术涂镀 100nm 硅以形成植入掩模板,然后,覆盖 5μm 厚的光致抗蚀剂或者 700nm 的铝层。采用 100keV 电子束和 $5\times10^{15} cm^{-2}$ 总剂量完成 Be 离子植入。之后,在温度 550℃ 退火 1 个小时。对 $InAs_{0.89}Sb_{0.11}$ 平面结和电容-电压(C-V)数据进行电子束感生电流(Electron Beam Induced Current,EBIC)分析,确认是由热扩散机理形成的结。

企图采用分子束外延技术在晶格失配基板——InAs(晶格失配 1%)、GaAs(晶格失配 8.4%)和 Si(晶格失配 12.8%)——上生长 $InAs_{0.85}Sb_{0.15}$ p-i-n 结没有得到好的结果[182]。这些光敏二极管的性能比利用液相外延(LPE)技术制造的要差。其 R_0A 乘积几乎比 LPE 技术低 3 个数量级[176,178]。对于 InAs 基板上的二极管,77K 温度下 R_0A 低于 $50\ \Omega cm^2$,具有相当大的反向漏电流。缺陷的存在缩短了载流子寿命,因此 g-r 电流变得相当重要。为了减少失配错位的影响,采用不同方法涂镀界面区,多伯拉尔(Dobbelaere)及其同事详细阐述过这方面内容[201,202]。

罗格尔斯基(Rogalski)完成了对 $n-p^+$ $InAs_{0.85}Sb_{0.15}$ 突变结电阻-面积(R_0A)乘积在温度 77K 环境中的分析[45]。其 R_0A 乘积的最大值对掺杂浓度的依赖关系如图 13.41a 所示。可以看出，R_0A 乘积取决于结的耗尽层的 g-r 电流。根据与 g-r 模型的理论拟合曲线确定的耗尽层 τ_0 的寿命特性是 0.03~0.5μs，最佳光敏二极管的值是 0.55μs[178]。R_0A 乘积的辐射值 $(R_0A)_R$ 和俄歇（Auger）复合值 $(R_0A)_{AL}$ 的理论估计值要大几个数量级。隧穿电流在浓度稍低于 10^{16} cm^{-3} 处会产生一个突然变低的 R_0A 值。为了得到可能高的零偏压结电阻值，应当精心编排光敏二极管的技术工艺，使掺杂浓度稍低于 10^{16} cm^{-3}。

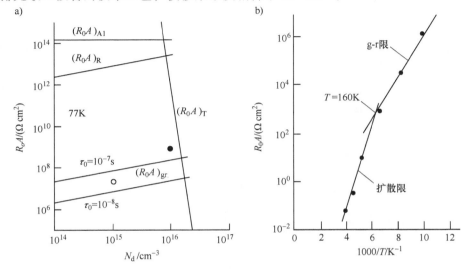

图 13.41 InAs$_{1-x}$Sb$_x$ 光敏二极管的 R_0A 乘积

a) 对温度 77K 时 n-p$^+$ InAs$_{0.85}$Sb$_{0.15}$ 突变结掺杂浓度的依赖关系，实验数据取自 Cheng[176]（图 a 中 o）和 Bubulac[178]（图 a 中 ●）（资料源自：Rogalski, A., Progress in Quantum Electronics, 13, 191-231, 1989）;

b) 典型的平面铍植入 InAs$_{0.89}$Sb$_{0.11}$ 光敏二极管对温度的依赖关系（资料源自：Bubulac, L. O., Barrowcliff, E. E., Tennat, W. E., Pasko, J. P., Willams, G., Andrews, A. M., Cheung, D. T., and Gertner, E. R., Institute of Physics Conference Series No. 45, 519-29, 1979）

p-n 结的每种电流分量都有其独立的对电压和温度的依赖关系，并与体或面材料特性有关。图 13.41b 给出了铍离子植入 InAs$_{0.89}$Sb$_{0.11}$ 结的 R_0A 乘积与 $1/T$ 曲线[177]。按照半对数标度表示方式，g-r 和扩散模式的 R_0A 分别随 $1/n_i$ 和 $1/n_i^2$ 线性变化。当温度高于 160K 时，R_0A 乘积服从扩散模式，而温度 80K ≤ T ≤ 160K 时，R_0A 乘积遵从 g-r 模式。温度低于 80K 则 R_0A 乘积受限于表面效应。因此，当温度高于 80K 时，平面铍植入光敏二极管的工作性能受体材料性能的限制。

利用金属有机化学气相沉积技术（MOCVD）在 InAs$_{1-x}$Sb$_x$ 三元合金混合区制造 p-n 结（成分 $0.4 < x < 0.7$）没有获得正面结果[203]。将 Zn 扩散到未掺杂 n 类外延层（载流子浓度在 10^{16} cm^{-3} 范围）形成 p$^+$-n 结，消耗层 g-r 电流和表面漏电流会影响正向和反向特性。研究人员相信，InAs$_{0.60}$Sb$_{0.40}$ 外延层与 InSb 表面间的晶格失配错位以及扩散引发的损伤会造成消耗层中的复合中心。

一般地，低温同质结器件形成肖克莱（Shockley）-里德（Read）振荡电流，并且，激活能下降到大约带隙能的一半[45,188]。高温下，扩散电流机理起主要作用，这些同质结器件具有大的暗电流、R_0A 乘积低于 10^{-2} Ω cm^2，从而导致较低的比探测率。

为了提高器件性能（低电流和高探测率），有些小组研制了 P-i-N 异质结器件，在 P 和 N 层大带隙材料中间增加非有意掺杂的 InAsSb 敏感层。正如本书 3.2 节所述，高带隙层中的低少数载流子浓度可以产生低扩散暗电流和高 R_0A 乘积及比探测率。图 13.42 示意性给出了 N-i-P 双异质结锑化物为基础的 III-V 光敏二极管的能带图及器件结构中敏感层与包裹层不同组合。根据接触层的结构布局和基板透明度，可以使用前侧或者背侧两类照明。尽管有较低的吸收系数，仍要求基板有较薄的厚度，甚至小于 $25\mu m$。InAs 较脆，许多制造工艺都不能采用。使用重掺杂 n^+-InAs 基板，在较低电子浓度（$>10^{17}cm^{-3}$）下传导带中的电子严重减少，从而可以克服上述问题。例如，重掺杂 n^+-InAs（$n=6\times10^{18}cm^{-3}$）中的伯斯坦-莫斯（Burstein-Moss）漂移使基板对波长 $3.2\mu m$ 的波透明[132]。

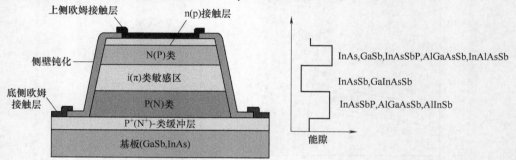

图 13.42 以 N-i-P 双异质结锑化物为基础的 III-V 光敏二极管的能带示意图，以及敏感层与包裹层的不同组合

表 13.2 列出了 InAsSb 异质结光敏二极管制造及其性能的简要信息。俄罗斯圣彼得堡市约费（Ioffe）物理技术研究所在液相外延（LPE）锑化物为基础异质结光敏二极管研究方面取得了很大进步。通过对以超热力学函数以及化学电位线性组合为基础的原始方法的研究，掌握了液相外延技术中共存相的热力学数据[204]。以这种方式已经计算出 Ga-In-As-Sb、In-As-Sb-P、Ga-In-As-Pb 和 Ga-Al-As-Sb 体系的相图。引入一种想法：在采用液相外延技术生长 GaSb 和 InAs 两种晶体层过程中以 Pb 作为中性溶剂，从而造成 GaSb 固溶体中的结构缺陷浓度大大减少，从 $2.8\times10^{17}cm^{-3}$ 减至 $2\times10^{15}cm^{-3}$ [205]。此外，采用 Pb 便引入了具有低浓度缺陷和杂质以及高载流子迁移率的未掺杂 GaInAsSb 固溶体。

LPE InAsSb 异质结生长在重掺杂（111）n^+-InAs（Sn）基板上，基板的电子浓度是 $10^{18}cm^{-3}$，浸蚀坑密度为 $10^4\sim10^5cm^{-3}$。它们是由沉积在 $3\sim8\mu m$ 厚的未掺杂 InAsSb 敏感层上的 $5\mu m$ 厚掺杂锌 p-InAsSbP 层［其中 $E_g=375meV$，$p=(2\sim5)\times10^{17}cm^{-3}$］构成的。图 13.43a 表示含有油浸硅透镜的 InAsSb 光敏二极管（见图 13.32）[132]近室温条件下的比探测率变化，短波长光谱响应大幅下降与 InAs 基板的透明度有关。

利用液相外延技术也制造出了 InAsSbP 油浸光敏二极管，光谱比探测率如图 13.43b 所示。然而，在这种情况中，已经在温度 $650\sim680℃$ 下将 $25\sim60\mu m$ 厚、具有低错位密度（10^4cm^{-3}）的 InAsSbP 分级带隙外延层生长在 $350\mu m$ 厚、载流子密度 $10^{16}cm^{-3}$ 的（111）n-InAs 基板上。对于能量接近 InAsSb（P）窄带隙值的光子，界面处 InAsSbP 宽带部分是透明的[207]。分级带隙光敏二极管的高能量灵敏度下降，与扩散机理有关，是由于光学方式在宽带 InAsSbP 表面附近形成的载流子扩散到二极管窄带部分（扩散长度估算值是 $11\sim15\mu m$，比分级带隙 InAsSbP 层的厚度短）所致。

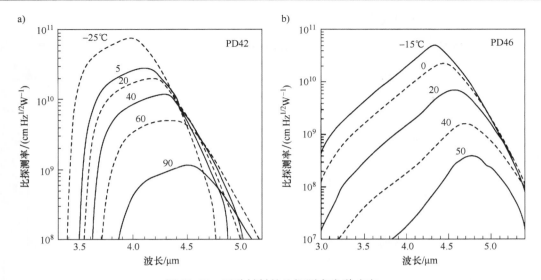

图 13.43 两种材料的比探测率光谱响应

a）近室温下 InAsSb 的比探测率光谱响应

b）带有光学油浸透镜的 InAsSbP 异质结光敏二极管的比探测率光谱响应

（资料源自：Remennyy, M. A., Matveev, B. A., Zotova, N. V., Karandashev, S. A., Stus, N. M., and Ilinskaya, N. D., "InAs and InAs（Sb）（P）（3-5μm）Immersion Lens Photodiodes for Potable Optic Sensors", Proceedings of SPIE 6585, 658504, 2007）

金姆（Kim）等人阐述了第一台工作在室温下以 InAsSb 为基础的长波（8～14μm）光敏二极管[183]。利用低压金属有机化学气相沉积（MOCVD）技术生长的该结构采用背侧（GaAs 基板侧）照明方式工作，图 13.44 所示为不同温度下的电压响应度及器件内部结构的示意图[186]。300K 温度下，p^+-InSb/$π$-nAs$_{0.15}$Sb$_{0.85}$/n^+-InSb 异质结器件已得到高达 13μm 的光谱响应，300K 时峰值电压响应度是 9.13×10^{-2}V/W。在温度 77K 时，电压响应度只有 2.85×10^1V/W，远低于期望值，原因可能是由于吸收层与基础层之间较差的界面性质以及敏感层高掺杂浓度造成大的暗电流所致。引入 AlInSb 缓冲层作为底部接触层，阻挡高错位界面形成的载流子，从而提高 R_0A 乘积和比探测率。

与图 13.37 所示 N-GaInAsSb/n-InAs 同类型异质结类似，N-GaSb/n-InAsSb 整流异质结构也具有新颖的 II 类断隙界面[208,209]。在界面 GaSb 侧对电子会形成大的势垒。由于两种材料间电子亲和力的差别，会将电子从 GaSb 侧转移到界面的 InAsSb 侧，由此产生的带键便对 GaSb 侧电子形成势垒，并在 InAsSb 中形成二维电子气。N-n 界面的势垒与宽带隙材料（GaSb）的能隙相差无几。谢拉巴尼（Sharabani）等人指出，N-GaSb/n-In$_{0.91}$As$_{0.09}$Sb 异质结构是制造高工作温度中波红外（MWIR）探测器非常有前途的材料[197]。已经确定，背景限红外光敏二极管（BLIP）的温度是 180K，而在 300K 和 180K 时 R_0A 乘积分别是 2.5Ω cm^2 和 180Ω cm^2。

13.4.2 以 GaSb 三元和四元合金为基础的光敏二极管

与 GaSb 有关的三元和四元合金已被认为是研发近室温条件下中波红外（MWIR）光敏二极管的良好材料[127-132,159,165,207,210-212]。目前，研究重点主要集中在双异质结器件，其示意图如图 13.42 所示，该图同时给出了活性和包裹层使用的不同材料系。

最近由雷门尼（Remennyy）等人发表的论文对以 GaSb 为基础的光敏二极管性能做了简单评述[132]。图 13.45 总结了零偏压电阻率的试验数据，并给出了 R_0A 乘积对光子能量的依赖关系。近似以 $\exp(E_g/kT)$ 形式表示 R_0A 乘积的指数依赖关系表明，由扩散电流确定异质结在室温下的传输性质。

图 13.46 给出了后端照明（或称背侧照明，Back Side Illuminated，BSI）和镀膜（含有油浸透镜（Immersion Lens，IL）光敏二极管（Photodiode，PD）的电流响应度和比探测率与光子能量的关系[132]。图中曲线表明，约费（Ioffe）物理技术研究所研发的光敏二极管性能优于其它论文公布的成果，图 13.46b 所示的比探测率要高于表 13.2 所收集到的光敏二极管在同等条件下的值。可以预期，更高的器件性能将反映出器件设计和制造技术的改进和提高：倾斜式台状壁造成宽反射接触层和辐射汇聚。

窄隙 III-V 半导体及合金也是研发高速、低噪声雪崩光敏二极管（APD）很有前途的材料，在 2 ~ 5μm 光谱范围内已确认了许多应用：激光二极管光谱学，中红外纤维光学，激光测距，高频通信用自由空间光学互联。

许多文章都讨论了中红外雪崩光敏二极管的性质，约费物理技术研究所也做了大量研究。最近，米哈伊洛娃（Mikhailova）和安德烈耶夫（Andreev）公布了一篇关于综述 2 ~ 5μm 雪崩光敏二极管的论文[165]。

众所周知，雪崩光敏二极管（APDs）过量的雪崩噪声因数，因此信噪比取决于电子和空穴碰撞电离化系数（分别为 α_e 和 α_h）之比。为了获得低噪声因数，不仅要求 α_e 和 α_h 尽量不相等，而且，必须利用具有较高电离化系数的载流子启动雪崩过程。已经发现，与硅雪

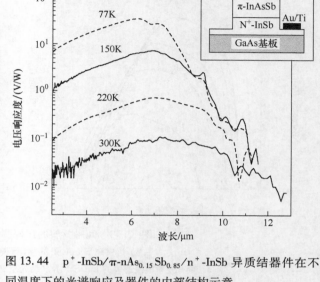

图 13.44 p^+-InSb/π-nAs$_{0.15}$Sb$_{0.85}$/n^+-InSb 异质结器件在不同温度下的光谱响应及器件的内部结构示意

（资料源自：Kim, J. D., and Razeghi, M., Opto-Electronics Review, 6 217-30, 1998）

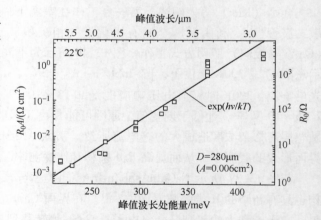

图 13.45 所研发的光敏二极管系列在室温下的 R_0A

（资料源自：Remennyy, M. A., Matveev, B. A., Zotova, N. V., Karandashev, S. A., Stus, N. M., and Ilinskaya, N. D., "InAs and InAs (Sb) P (3-5μm) Immersion Lens Photodiodes for Potable Optics Sensors", Proceedings of SPIE 6585, 658504, 2007）

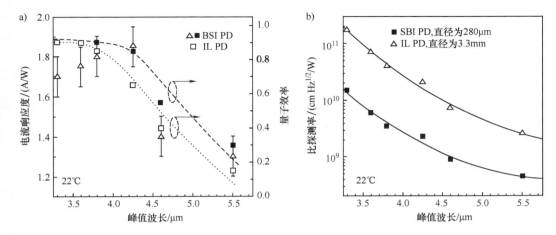

图 13.46 具有 BSI 和具有 Si 透镜（IL）的光敏二极管
a）电流响应度 b）峰值比探测率

（资料源自：Remennyy, M. A., Matveev, B. A., Zotova, N. V., Karandashev, S. A., Stus, N. M., and Ilinskaya, N. D., "InAs and InAs（Sb）（P）（3-5μm）Immersion Lens Photodiodes for Portable Optic Sensors", Proceedings of SPIE 6585, 658504, 2007）

崩光敏二极管不同，在这种情况中，空穴主导着碰撞电离化过程。根据麦金太尔（McIntyre）原则，当 α_e/α_h 增大到 5，雪崩光敏二极管的性能可能提高 10 倍还多。对于以 InAs 和 GaSb 为基础的合金，已经确定了一种空穴电离化系数谐振增强方法[165,210,213,214]，这种效应归结于分裂价带的空穴启动碰撞电离化：如果自旋轨道分裂 Δ 等于带隙能量 E_g，则空穴启动碰撞电离化的阈值能量达到最小可能值，并出现零动量电离化过程，将导致 α_h 在 $\Delta/E_g = 1$ 处猛然增大。

图 13.47 所示为 GaInAsSb/GaAlAsSb 异质结构在 230K 温度时 α_e 和 α_h 与电场的关系[215]。采用液相外延法将异质结构生长在载流子浓度为 $(5～7) \times 10^{17} cm^{-3}$ 的 <111> n-GaSb 掺杂 Te 基板上。敏感区由一层非故意掺杂 n 类和一层载流子密度为 $2 \times 10^{16} cm^{-3}$、厚 2.3μm 的 $Ga_{0.80}In_{0.20}As_{0.17}Sb_{0.83}$（300K 温度时 $E_g = 0.54eV$）组成。宽隙"窗口"层是厚 2μm 的 $p^+-Ga_{0.66}Al_{0.34}As_{0.025}Sb_{0.975}$（温度 300K 时 $E_g = 1.20eV$），并掺杂 Ge 浓度直至 $(1～2) \times 10^{18} cm^{-3}$，通过宽隙 GaAlAsSb 层对台状光敏二极管照明。同时还讨论了碰撞电离化系数和过量噪声因数的关系。由图 13.47 可清楚知道，空穴电离子系数要比电子的大，其比值 α_h/α_e 约为 4～5。自旋轨道分裂雪崩带空穴的电离化在电场范围 $E = (1.5～2.3) \times 10^5 V/cm$ 的范围内都是起主导作用的。

具有分离式吸收和倍增（Separate Absorption and Multiplication）区的 InGaAsSb 雪崩光敏二极管（APD），简称 SAM APD 的结构形式如图 13.48 所示[215]。该器件结构顺序包含：厚 2.2μm、电子浓度为 $(5～7) \times 10^{15} cm^{-3}$ 的补偿介质 Te 与 $Ga_{0.78}In_{0.22}As_{0.18}Sb_{0.82}$ 层，厚 0.3μm、电子浓度为 $8 \times 10^{16} cm^{-3}$ 的 $n-Ga_{0.96}Al_{0.04}Sb$ 的"谐振"成分层，以及厚 1.5μm、空穴浓度为 $5 \times 10^{18} cm^{-3}$ 的 $Al_{0.34}Ga_{0.66}As_{0.014}Sb_{0.986}$ 窗口层。p-n 结的位置与两种宽隙材料层之间的异质界面重合。空间电荷区位于 $n-Ga_{0.96}Al_{0.04}Sb/p-Al_{0.34}Ga_{0.66}As_{0.014}Sb_{0.986}$ 异质界面处，并在 $n-Ga_{0.96}Al_{0.04}Sb$ 倍增区形成以空穴为主的倍增。室温下倍增因数的最大测量值 M 为 30～40，宽带隙材料确定的击穿电压约为 10～12V。当 0.76eV，$Ga_{0.96}Al_{0.04}Sb$ 中形成带谐振条件

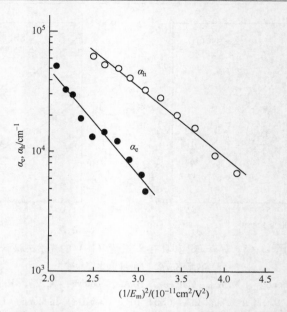

图 13.47 在温度 230K 时,$Ga_{0.80}In_{0.20}As_{0.17}Sb_{0.83}$ 固溶体中空穴和电子电离化系数与最大电场倒数二次方的依赖关系

(资料源自:Andreev, I. A., Mikhailova, M. P., Melnikov, S. V., Smorchkova, Yu. P., and Yakovlev, Yu. p., Soviet Physics-Semiconductor, 25, 861-65, 1991)

时,比值 α_h/α_e 能够达到 60 的高值,因此,可以提供一个基本上是单极的倍增,解决了该雪崩光敏二极管的过量噪声问题。

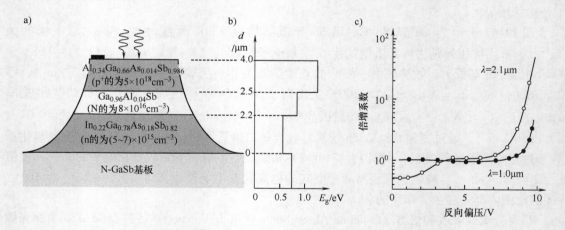

图 13.48 雪崩区具有"谐振"成分的 SAM APD $Ga_{0.80}In_{0.20}As_{0.17}Sb_{0.83}/Ga_{0.96}Al_{0.04}Sb$

a) 器件结构示意图 b) 带隙结构 c) 倍增系数与反向偏压的关系

(资料源自:Andreer, I. A., Afrailov, M. A., Baranov, A. N., Marinskaya, N. N., Mirsagatov, M. A., Mikhailova, M. P., Yakovlev, Yu. P., Soviet Technical Physics Letters, 15, 692-96, 1989)

13.5 以 Sb 为基础的新型 III-V 窄带隙光电探测器

13.5.1 InTlSb 和 InTlP

以 $InAs_{0.35}Sb_{0.65}$ 为基础的探测器还不能有效地在低温下完成 $8\sim12\mu m$ 光谱范围内的红外探测，所以，建议使用 $In_{1-x}Tl_xSb$（InTlSb）作为长波红外光谱区可能的红外材料[217,218]。TlSb 可以表述为一种半金属材料，将 TlSb 与 InSb 制成合金，则 InTlSb 的带隙就从 $-1.5eV$ 变化到 $0.26eV$。假设，带隙与合金成分是线性关系，那么，在 $x=0.08$ 时，$In_{1-x}Tl_xSb$ 有希望达到 $0.1eV$ 的带隙。同时，由于 Tl 的原子半径与 In 非常类似，所以 InSb 具有类似的晶格常数。在该带隙时，InTlSb 和 HgCdTe 有非常类似的带结构，从而意味着，InTlSb 和 HgCdTe 具有类似的光学和电学性质。在结构方面，由于 InTlSb 具有较强的键合力，所以更为结实坚固。闪锌矿 InTlSb 中 Tl 的混溶性极限估算值约为 15%，足以使能隙降到 $0.1eV$。图 13.49 给出了以 Tl 为基础的 III-V 族闪锌矿合金带隙能量与晶格常数之间所期望的关系[34]。已经验证了 InTlSB 光电探测器室温下的工作，截止波长约为 $11\mu m$[219]。

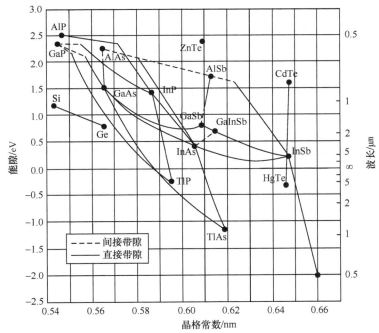

图 13.49 含有金刚石和闪锌矿的一些半导体的波长与其晶格常数的比较和波长图，其中也包括以 Tl 为基础的 III-V 的材料

范·希夫卡迪（Van Schifgaarde）等人指出，其它的三元合金 $In_{1-x}Tl_xP$（InTlP）也很有希望作为红外探测器材料[220]。利用与 InP 有小的晶格失配，可以使这种材料的带隙覆盖 $1.42eV$（InP 在温度 0K 条件下）到 0eV 的范围。光学测量证明，由于将 Tl 添加到 InP 中而使带隙有所减小[221]。

如果晶体生长工艺中的难关能够突破，以 Tl 为基础的 III-V 合金将会更广泛地得到研究并应用于器件中。

13.5.2 InSbBi

已经考虑使用 $InSb_{1-x}Bi_x$（InSbBi）作为 HgCdTe 材料系的另外替代产品。其原因是，将 Bi 加入到 InSb 中会使带隙以 36meV/% Bi 形式快速减小，因此，减小带隙能量只需要很小百分比的 Bi。

由于 InSb 和 InBi 之间存在大的固相混溶性间隙，所以 InSbBi 外延层的生长比较困难。利用低压金属有机化学气相沉积（MOCVD）技术已经成功地将 InSbBi 外延层生长在 InSb 和 GaAs（100）基板上，其中 Bi 的含量约为 5%[222,223]。室温下，$InSb_{0.95}Bi_{0.05}$ 对 10.6μm 波长的响应度是 1.9×10^{-3} V/W，相应的约翰逊噪声限的比探测率为 $1.2 \times 10^6 cm\ Hz^{1/2}/W$。根据与偏压有关的响应度估算出的有效载流子寿命在温度 300K 时约为 0.7ns。

13.5.3 InSbN

发现强负带隙弯曲效应后，最近几年，III-V 族半导体稀释氮合金的研究有了快速进展[224,225]。大部分论文集中在阐述合金 GaAsN 和 GaInAsN 内容上，其原因是，1.3~1.55μm 光谱范围波长在光纤通信中占有极重要的技术地位。

初始估计表明，将 N 增加到 InSb 中应当导致其带隙以类似宽带隙 III-V 族材料那样，以近似 100meV/% N 速率下降。所以，对某些应用领域，InSbN 会成为某种材料的替代品，如 HgCdTe 和 InAs/GaInSb II 类超晶格，从而克服某些限制。

利用半经验 **kp** 模型对 $InSb_{1-x}N_x$ 带结构做了初步估计，对带结构变化进行的理论预测表明，带隙在 1% N 的情况下，可以以 110meV 的速度（110meV/1% N）减小（可以有 63% 的形式变化），明显存在着长波应用的可能性[226]。通过测量二极管的响应波长就从实验上确认了这些理论预测结果。将分子束外延技术与 N 等离子体源相结合可以生长出直至 10% N 的 $InSb_{1-x}N_x$ 样片。

与等效 HgCdTe 带隙相比，由于具有较高的电子质量和传导带的非抛物面性，所以，带隙的减小，同时伴随着俄歇复合寿命近似地变为 HgCdTe 的三倍[227]。

参 考 文 献

1. C. Hilsum and A. C. Rose-Innes, *Semiconducting III-V Compounds*, Pergamon Press, Oxford, 1961.
2. O. Madelung, *Physics of III-V Compounds*, Wiley, New York, 1964.
3. T. S. Moss, G. J. Burrel, and B. Ellis, *Semiconductor Optoelectronics*, Butterworths, London, 1973.
4. F. D. Morten and R. E. King," Photoconductive Indium Antimonide Detectors," *Applied Optics* 4, 659-63, 1965.
5. P. W. Kruse," Indium Antimonide Photoconductive and Photoelectromagnetic Detectors," in *Semiconductors and Semimetals*, Vol. 5, eds. R. K. Willardson and A. C. Beer, 15-83, Academic Press, New York, 1970.
6. C. T. Elliott and N. T. Gordon," Infrared Detectors," in *Handbook of Semiconductors*, Vol. 4, ed. C. Hilsum, 841-936, Elsevier, Amsterdam, 1993.
7. K. F. Hulme and J. B. Mullin," Indium Antimonide: A Review of Its Preparation, Properties and Device Applications," *Solid-State Electronics* 5, 211-47, 1962.
8. K. F. Hulme," Indium Antimonide," in *Materials Used in Semiconductor Devices*, ed. C. A. Hogarth, 115-62,

Wiley-Interscience, New York, 1965.

9. S. Liang," Preparation of Indium Antimonide," in *Compound Semiconductors*, eds. R. K. Willardson and H. L. Georing, 227-37, Reinhold, New York, 1966.

10. J. B. Mullin," Melt-Growth of III-V Compounds by the Liquid Encapsulation and Horizontal Growth Techniques," in *III-V Semiconductor Materials and Devices*, ed. R. J. Malik, 1-72, North Holland, Amsterdam, 1989.

11. W. F. M. Micklethwaite and A. J. Johnson," InSb: Materials and Devices," in *Infrared Detectors and Emitters: Materials and Devices*, eds. P. Capper and C. T. Elliott, 178-204, Kluwer Academic Publishers, Boston, MA, 2001.

12. S. Kasap and P. Capper, eds., *Springer Handbook of Electronic and Photonic Materials*, Springer, Heidelberg, 2006.

13. S. Adachi, *Physical Properties of III-V Semiconducting Compounds: InP, InAs, GaAs, GaP, InGaAs, and InGaAsP*, Wiley-Interscience, New York, 1992; *Properties of Group-IV, III-V and II-VI Semiconductors*, John Wiley & Sons, Ltd., Chichester, 2005.

14. I. Vurgaftman, J. R. Meyer, and L. R. Ram-Mohan," Band Parameters for III-V Compound Semiconductors and Their Alloys, *Journal of Applied Physics* 89, 5815-75, 2001.

15. M. Ilegems," In p-based Lattice-matched Heterostructures," in *Properties of Lattice-Matched and Strained Indium Gallium Arsenide*, ed. P. Bhattacharya, 16-25, IEE, London, 1993.

16. G. H. Olsen and V. S. Ban," InGaAsP: The Next Generation in Photonics Materials," *Solid State Technology*, 99-105, February 1987.

17. A. Rogalski, *New Ternary Alloy Systems for Infrared Detectors*, SPIE Optical Engineering Press, Bellingham, WA, 1994.

18. T. Ashley, A. B. Dean, C. T. Elliott, M. R. Houlton, C. F. McConville, H. A. Tarry, and C. R. Whitehouse," Multilayer InSb Diodes Grown by Molecular Beam Epitaxy for Near Ambient Temperature Operation," *Proceedings of SPIE* 1361, 238-44, 1990.

19. T. Ashley, A. B. Dean, C. T. Elliott, A. D. Johnson, G. J. Pryce, A. M. White, and C. R. Whitehouse," A Heterojunction Minority Carrier Barrier for InSb Devices," *Semiconductor Science and Technology* 8, S386-S389, 1993.

20. M. Razeghi," Overview of Antimonide Based III-V Semiconductor Epitaxial Layers and Their Applications at the Center for Quantum Devices," *European Physical Journal Applied Physics* 23, 149-205, 2003.

21. G. B. Stringfellow and P. R. Greene," Liquid Phase Epitaxial Growth of $InAs_{1-x}Sb_x$," *Journal of the Electrochemical Society* 118, 805-10, 1971.

22. A. Rogalski," Infrared Detectors: Status and Trends," *Progress in Quantum Electronics* 27, 59-210, 2003.

23. A. Rogalski," HgCdTe Infrared Detector Material: History, Status, and Outlook," *Reports on Progress in Physics* 68, 2267-336, 2005.

24. A. Rogalski," New Trends in Semiconductor Infrared Detectors," *Optical Engineering* 33, 1395-1412, 1994.

25. B. F. Levine," Quantum Well Infrared Photodetectors," *Journal of Applied Physics* 74, R1-R81, 1993.

26. F. F. Sizov and A. Rogalski," Semiconductor Superlattices and Quantum Wells for Infrared Optoelectronics," *Progress in Quantum Electronics* 17, 93-164, 1993.

27. S. D. Gunapala and K. M. S. V. Bandara," Recent Developments in Quantum-Well Infrared Photodetectors," in *Physics of Thin Films*, Vol. 21, eds. M. H. Francombe and J. L. Vossen, 113-237, Academic Press, New York, 1995.

28. S. D. Gunapala and S. V. Bandara," Quantum Well Infrared Photodetector (QWIP)," in *Handbook of Thin Film*

Devices, Vol. 2, edited by M. H. Francombe, 63-99, Academic Press, San Diego, CA, 2000.

29. H. C. Liu," An Introduction to the Physics of Quantum Well Infrared Photodetectors and Other Related New Devices," in *Handbook of Thin Film Devices*, ed. M. H. Francombe, Vol. 2, pp. 101-34, Academic Press, San Diego, CA, 2000.

30. H. Schneider and H. C. Liu, *Quantum Well Infrared Photodetectors. Physics and Applications*, Springer, Berlin, 2007.

31. S. R. Kurtz, L. R. Dawson, T. E. Zipperian, and R. D. Whaley," High-detectivity ($>1 \times 10^{10}$ cmHz$^{1/2}$W^{-1}), InAsSb Strained-Layer Superlattice, Photovoltaic Infrared Detector," *IEEE Electron Device Letters* 11, 54-56, 1990.

32. D. L. Smith and C. Mailhiot," Proposal for Strained Type II Superlattice Infrared Detectors," *Journal of Applied Physics* 62, 2545-48, 1987.

33. L. Burkle and F. Fuchs," InAs/ (GaIn) Sb Superlattices: A Promising Material System for Infrared Detection," in *Handbook of Infrared Detection and Technologies*, eds. M. Henini and M. . Razeghi, 159-89, Elsevier, Oxford, 2002.

34. H. Asahi," Tl-Based III-V Alloy Semiconductors," in *Infrared Detectors and Emitters: Materials and Devices*, eds. P. Capper and C. T. Elliott, 233-49, Kluwer Academic Publishers, Boston, MA, 2001.

35. Y. P. Varshni," Temperature Dependence of the Energy Gap in Semiconductors," *Physica* 34, 149, 1967.

36. H. H. Wieder and A. R. Clawson," Photo-Electronic Properties of InAs$_{0.07}$Sb$_{0.93}$ Films," *Thin Solid Films* 15, 217-21, 1973.

37. A. Rogalski, K. Adamiec, and J. Rutkowski, *Narrow-Gap Semiconductor Photodiodes*, SPIE Press, Bellingham, WA, 2000.

38. W. Zawadzki," Electron Transport Phenomena in Small-Gap Semiconductors," *Advances in Physics* 23, 435-522, 1974.

39. F. P. Kesamanli, Yu. V. Malcev, D. N. Nasledov, Yu. I. Uhanov, and A. S. Filipczenko," Magnetooptical Investigations of InSb Conduction Band," *Fizika Tverdogo Tela* 8, 1176-81, 1966.

40. J. C. Woolley and B. A. Smith," Solid Solution in III-V Compounds," *Proceedings of the Physical Society* 72, 214-23, 1958.

41. J. C. Woolley and J. Warner," Preparation of InAs-InSb Alloys," *Journal of the Electrochemical Society* 111, 1142-45, 1964.

42. M. J. Aubin and J. C. Woolley," Electron Scattering in InAsSb Alloys," *Canadian Journal of Physics* 46, 1191-98, 1968.

43. J. C. Woolley and J. Warner," Optical Energy-Gap Variation in InAs-InSb Alloys," *Canadian Journal of Physics* 42, 1879-85, 1964.

44. E. H. Van Tongerloo and J. C. Woolley," Free-Carrier Faraday Rotation in InAs$_{1-x}$Sb$_x$ Alloys," *Canadian Journal of Physics* 46, 1199-1206, 1968.

45. A. Rogalski," InAsSb Infrared Detectors," *Progress in Quantum Electronics* 13, 191-231, 1989.

46. G. C. Osbourn," InAsSb Strained-Layer Superlattices for Long Wavelength Detector," *Journal of Vacuum Science and Technology* B2, 176-78, 1984.

47. A. Joullie, F. Jia Hua, F. Karouta, H. Mani, and C. Alibert," III-V Alloys Based on GaSb for Optical Communications at 2.0-4.5 μm," *Proceedings of SPIE* 587, 46-57, 1985.

48. T. P. Pearsall and M. Papuchon," The Ga$_{0.47}$In$_{0.53}$As Homojunction Photodiode: A New Avalanche Photodetector in the Near Infrared Between 1.0 and 1.6 μm," *Applied Physics Letters* 33, 640-42, 1978.

49. S. R. Forrest, R. F. Leheny, R. E. Nahory, and M. A. Pollack," In$_{0.53}$Ga$_{0.47}$As Photodiodes with Dark Current

Limited by Generation-Recombination and Tunneling," *Applied Physics Letters* 37, 322-25, 1980.

50. N. Susa, H. Nakagome, O. Mikami, H. Ando, and H. Kanbe," New InGaAs/InP Avalanche Photodiode Structure for the 1-1.6 μm Wavelength Region," *IEEE Journal of Quantum Electronics* QE-16, 864-70, 1980.

51. S. R. Forrest, R. G. Smith, and O. K. Kim," Performance of $In_{0.53}Ga_{0.47}As$/InP Avalanche Photodiodes," *IEEE Journal of Quantum Electronics* QE-18, 2040-48, 1980.

52. G. E. Stillman, L. W. Cook, G. E. Bulman, N. Tabatabaie, R. Chin, and P. D. Dapkus," Long-Wavelength (1.3- to 1.6-μm) Detectors for Fiber-Optical Communications," *IEEE Transactions on Electron Devices* ED-29, 1365-71, 1982.

53. G. E. Stillman, L. W. Cook, N. Tabatabaie, G. E. Bulman, and V. M. Robbins," InGaAsP Photodiodes," *IEEE Transactions Electron Devices* ED-30, 364-81, 1983.

54. T. P. Pearsall and M. A. Pollack," Compound Semiconductor Photodiodes," in *Semiconductors and Semimetals*, Vol. 22D, ed. W. T. Tang, 173-245, Academic Press, Orlando, FL, 1985.

55. D. E. Ackley, J. Hladky, M. J. Lange, S. Mason, S. R. Forrest, and C. Staller," Linear Arrays of InGaAs/InP Avalanche Photodiodes for 1.0-1.7 μm," *Proceedings of SPIE* 1308, 261-72, 1990.

56. J. C. Campbell, S. Demiguel, F. Ma, A. Beck, X. Guo, S. Wang, X. Zheng, et al. ," Recent Advances in Avalanche Photodiodes," *IEEE Journal of Selected Topics in Quantum Electronics* 10, 777-87, 2004.

57. G. H. Olsen, A. M. Joshi, S. M. Mason, K. M. Woodruff, E. Mykietyn, V. S. Ban, M. J. Lange, J. . Hladky, G. C. Erickson, and G. A. Gasparian," Room-Temperature InGaAs Detector Arrays for 2.5 μm," *Proceedings of SPIE* 1157, 276-82, 1989.

58. G. Olsen, A. Joshi, M. Lange, K. Woodruff, E. Mykietyn, D. Gay, G. Erickson, D. Ackley, V. . Ban, and C. Staller," A 128 × 128 InGaAs Detector Array for 1.0-1.7 Microns," *Proceedings of SPIE* 1341, 432-37, 1990.

59. G. H. Olsen," InGaAs Fills the Near-IR Detector-Array Vacuum," *Laser Focus World*, A21-A30, March 1991.

60. G. H. Olsen, A. M. Joshi, and V. S. Ban," Current Status of InGaAs Detector Arrays for 1-3 μm," *Proceedings of SPIE* 1540, 596-605, 1991.

61. A. M. Joshi, V. S. Ban, S. Mason, M. J. Lange, and W. F. Kosonocky," 512 and 1024 Element Linear InGaAs Detector Arrays for Near-Infrared (1-3 μm) Environmental Sensing," *Proceedings of SPIE* 1735, 287-95, 1992.

62. M. J. Cohen and G. H. Osen," Near-IR Imaging Cameras Operate at Room Temperature," *Laser Focus World*, 109-13, 1993.

63. M. J. Cohen and G. H. Olsen," Room Temperature InGaAs Camera for NIR Imaging," *Proceedings of SPIE* 1946, 436-43, 1993.

64. L. J. Kozlowski, W. E. Tennant, M. Zandian, J. M. Arias, and J. G. Pasko," SWIR Staring FPA Performance at Room Temperature," *Proceedings of SPIE* 2746, 93-100, 1996.

65. L. J. Kozlowski, K. Vural, J. M. Arias, W. E. Tennant, and R. E. DeWames," Performance of HgCdTe, InGaAs and Quantum Well GaAs/AlGaAs Staring Infrared Focal Plane Arrays," *Proceedings of SPIE* 3182, 2-13, 1997.

66. T. Martin, R. Brubaker, P. Dixon, M. -A. Gagliardi, and T. Sudol," 640 × 512 Focal Plane Array Camera for Visible and SWIR Imaging," *Proceedings of SPIE* 5783, 12-20, 2005.

67. A. Hoffman, T. Sessler, J. Rosbeck, D. Acton, and M. Ettenberg," Megapixel InGaAs for Low Background Applications," *Proceedings of SPIE* 5783, 32-38, 2005.

68. H. Yuan, G. Apgar, J. Kim, J. Laquindanum, V. Nalavade, P. Beer, J. Kimchi, and T. Wong," FPA Devel-

opment: From InGaAs, InSb, to HgCdTe," *Proceedings of SPIE* 6940, 69403C, 2008.
69. D. Acton, M. Jack, and T. Sessler," Large Format Short Wave Infrared (SWIR) Focal Plane Array (FPA) with Extremely Low Noise and High Dynamic Range," *Proceedings of SPIE* 7298, 72983E, 2009.
70. M. J. Cohen and G. H. Olsen," Near-Infrared Camera Inspects with Clarity," *Laser Focus World*, 269-70, June 1996.
71. I. Gyuro," MOVPE for InP-based Optoelectronic Device Application," in *Compound Semiconductor Industry Directory*, 58-68, Elsevier Science Ltd., 1996.
72. A. M. Joshi, G. H. Olsen, S. Mason, M. J. Lange, and V. S. Ban," Near-Infrared (1-3 μm) InGaAs Detectors and Arrays: Crystal Growth, Leakage Current and Reliability," *Proceedings of SPIE* 1715, 585-93, 1992.
73. R. U. Martinelli, T. J. Zamerowski, and P. A. Longeway," 2.6 μm InGaAs Photodiodes," *Applied Physics Letters* 53, 989-91, 1988.
74. G. H. Olsen, M. J. Lange, M. J. Cohen, D. S. Kim, and S. R. Forrest," Three-Band 1.0-2.5 μm Near-Infrared InGaAs Detector Array," *Proceedings of SPIE* 2235, 151-59, 1994.
75. S. D. Personick," Receiver Design for Digital Fiber-Optic Communication Systems, Parts I and II," *Bell Systems Technical Journal* 52, 843-86, 1973.
76. R. G. Smith and S. D. Personick," Receiver Design for Optical Fiber Communications Systems," in *Semiconductor Devices for Optical Communication*, Chapter 4, Springer-Verlag, New York, 1980.
77. S. R. Forrest," Sensitivity of Avalanche Photodetector Receivers for Highbit-Rate Long-Wavelength Optical Communication Systems," in *Semiconductors and Semimetals*, Vol. 22, Chapter 4, ed. W. T. Tang, Academic Press, Orlando, 1985.
78. B. L. Kasper and J. C. Campbell," Multigigabit-Per-Second Avalanche Photodiode Lightwave Receivers," *Journal of Lightwave Technology* LT-5, 1351-64, 1987.
79. V. S. Ban, G. H. Olsen, and A. M. Joshi," High Performance InGaAs Detectors and Arrays for Near-Infrared Spectroscopy," *Spectroscopy* 6 (3), 49-52, 1991.
80. M. Gallant, N. Puetz, A. Zemel, and F. R. Shepherd," Metalorganic Chemical Vapor Deposition InGaAs p-i-n Photodiodes with Extremely Low Dark Current," *Applied Physics Letters* 52, 733-35, 1988.
81. A. Zemel and M. Gallant," Current-Voltage Characteristics of Metalorganic Chemical Vapor Deposition InP/InGaAs p-i-n Photodiodes: The Influence of Finite Dimensions and Heterointerfaces," *Journal of Applied Physics* 64, 6552-61, 1988.
82. A. Rogalski and R. Ciupa," Performance Limitation of Short Wavelength Infrared InGaAs and HgCdTe Photodiodes," *Journal of Electronic Materials* 28, 630-36, 1999.
83. H. W. Ruegg," An Optimized Avalanche Photodiode," *IEEE Transactions on Electron Devices* ED-14, 239-51, 1967.
84. H. Melchior and W. T. Lynch," Signal and Noise Response of High Speed Germanium Avalanche Photodiodes," *IEEE Transactions on Electron Devices* ED-13, 820-38, 1966.
85. H. Ando, H. Kanbe, T. Kimura, T. Yamaoka, and T. Kaneda," Characteristics of Germanium Avalanche Photodiodes in the Wavelength Region of 1-1.6 μm," *IEEE Journal of Quantum Electronics* QE-14, 804-9, 1978.
86. T. Mikawa, S. Kagawa, T. Kaneda, Y. Toyama, and O. Mikami," Crystal Orientation Dependence of Ionization Rates in Germanium," *Applied Physics Letters* 37, 387-89, 1980.
87. J. S. Ng, J. P. R. David, G. J. Rees, and J. Allam," Avalanche Breakdown Voltage of $In_{0.53}Ga_{0.47}As$," *Journal of Applied Physics* 91, 5200-5202, 2002.
88. L. W. Cook, G. E. Bulman, and G. E. Stillman," Electron and Hole Ionization Coefficients in InP Determined by Photomultiplication Measurements," *Applied Physics Letters* 40, 589-91, 1982.

89. J. C. Campbell, " Recent Advances in Telecommunications Avalanche Photodiodes," *Journal of Lightwave Technology* 25, 109-21, 2007.
90. J. P. R. David and C. H. Tan, " Material Considerations for Avalanche Photodiodes," *IEEE Journal of Selected Topics in Quantum Electronics* 14, 998-1009, 2008.
91. R. W. Zitter, A. J. Strauss, and A. E. Attard, " Recombination Processes in p-Type Indium Antimonide," *Physical Review* 115, 266-73, 1969.
92. M. Y. Pines and O. M. Stafsudd, " Surface Effect in InSb Photoconductors," *Infrared Physics* 19, 559-61, 1979.
93. M. Y. Pines and O. M. Stafsudd, " Characteristics of n-Type InSb," *Infrared Physics* 19, 563-69, 1979.
94. E. Sunde, " Impact of Surface Treatment on the Performance of Cooled Photoconductive Indium Antimonide Detectors," *Physica Scripta* 25, 768-71, 1982.
95. K. M. Van Vliet, " Noise Limitations in Solid State Photodetectors," *Applied Optics* 6, 1145-69, 1967.
96. P. W. Kruse, " Indium Antimonide Photoelectromagnetic Infrared Detector," *Journal of Applied Physics* 30, 770-78, 1959.
97. P. W. Kruse, L. D. McGlauchlin, and R. B. McQuistan, *Elements of Infrared Technology: Generation, Transmission, and Detection*, Wiley, New York, 1962.
98. K. Jo'zwikowski, Z. Orman, and A. Rogalski, " On the Performance of Non-Cooled (In, As) Sb Photoelectromagnetic Detectors for 10. 6 μm Radiation," *Physica Status Solidi* (a) 91, 745-51, 1985.
99. D. A. Scribner, M. R. Kruer, and J. M. Killiany, " Infrared Focal Plane Array Technology," *Proceedings of IEEE* 79, 66-85, 1991.
100. M. Talley and D. P. Enright, " Photovoltaic Effect in InAs," *Physical Review* 95, 1092-94, 1954.
101. L. L. Chang, " Junction Delineation by Anodic Oxidation in InSb (As, P)," *Solid Sate Electronics* 10, 539-44, 1967.
102. R. L. Mozzi and J. M. Lavine, " Zn-Diffusion Damage in InSb Diodes," *Journal of Applied Physics* 41, 280-85, 1970.
103. C. W. Kim and W. E. Davern, " InAs Charge-Storage Photodiode Infrared Vidicon Targets," *IEEE Transactions on Electron Devices* ED-18, 1062-69, 1971.
104. P. C. Catagnus, C. Polansky, and J. P. Spratt, " Diffusion of Cadmium into InSb," *Solid State Electronics* 16, 633-35, 1973.
105. K. Nishitani, K. Nagahama, and T. Murotani, " Extremely Reproducible Zinc Diffusion into InSb and Its Application to Infrared Detector Array," *Journal of Electronic Materials* 12, 125-41, 1983.
106. J. T. Wimmers and D. S. Smith, " Characteristics of InSb Photovoltaic Detectors at 77 K and Below," *Proceedings of SPIE* 364, 123-31, 1983.
107. R. Adar, Y. Nemirovsky, and I. Kidron, " Bulk Tunneling Contribution to the Reverse Breakdown Characteristics of InSb Gate Controlled Diodes," *Solid-State Electronics* 30, 1289-93, 1987.
108. J. T. Wimmers, R. M. Davis, C. A. Niblack, and D. S. Smith, " Indium Antimonide Detector Technology at Cincinnati Electronics Corporation," *Proceedings of SPIE* 930, 125-38, 1988.
109. T. P. Sun, S. C. Lee, and S. J. Yang, " The Current Leakage Mechanism in InSb p^+-n Diodes," *Journal of Applied Physics* 67, 7092-97, 1990.
110. W. H. Lan, S. L. Tu. Y. T. Cherng, Y. M. Pang, S. J. Yang, and K. F. Huang, " Field-Induced Junction in InSb Gate-Controlled Diodes," *Journal of Applied Physics* 30, L1-L3, 1991.
111. A. G. Foyt, W. T. Lindley, and J. P. Donnelly, " N-p Junction Photodetectors in InSb Fabricated by Proton Bombardment," *Journal of Applied Physics* 16, 335-37, 1970.

112. P. J. McNally," Ion Implantation in InAs and InSb," *Radiation Effects and Defects in Solids* 6, 149-53, 1970.

113. C. E. Hurwitz and J. P. Donnelly," Planar InSb Photodiodes Fabricated by Be and Mg Ion Implantation," *Solid State Electronics* 18, 753-56, 1975.

114. R. D. Thom, T. L. Koch, J. D. Langan, and W. L. Parrish," A Fully Monolithic InSb Infrared CCD Array," *IEEE Transactions on Electron Devices* ED-27, 160-70, 1980.

115. C. Y. Wei, K. L. Wang, E. A. Taft, J. M. Swab, M. D. Gibbons, W. E. Davern, and D. M. Brown," Technology Developments for InSb Infrared Images," *IEEE Transactions on Electron Devices* ED-27, 170-75, 1980.

116. J. P. Rosbeck, I. Kassi, R. M. Hoendervoog, and T. Lanir," High Performance Be Implanted InSb Photodiodes," *IEEE IEDM* 81, 161-64, 1981.

117. J. P. Donnelly," The Electrical Characteristics of Ion Implanted Semiconductors," *Nuclear Instruments & Methods in Physics Research* 182/183, 553-71, 1981.

118. M. Fujisada and T. Sasase," Effects of Insulated Gate on Ion Implanted InSb p^+-n Junctions," *Journal of Applied Physics* 23, L162-L164, 1984.

119. H. Fujisada and M. Kawada," Temperature Dependence of Reverse Current in Be Ion Implanted InSb $p+$-n Junctions," *Journal of Applied Physics* 24, L76-L78, 1985.

120. S. Shirouzu, T. Tsuji, N. Harada, T. Sado, S. Aihara, R. Tsunoda, and T. Kanno," 64 × 64 InSb Focal Plane Array with Improved Two Layer Structure," *Proceedings of SPIE* 661, 419-25, 1986.

121. J. P. Donnelly," Ion Implantation in III-V Semiconductors," in *III-V Semiconductor Materials and Devices*, ed. R. J. Malik, 331-428, North-Holland, Amsterdam, 1989.

122. I. Bloom and Y. Nemirovsky," Quantum Efficiency and Crosstalk of an Improved Backside-Illuminated Indium Antimonide Focal Plane Array," *IEEE Transactions on Electron Devices* 38, 1792-96, 1991.

123. V. P. Astachov, Yu. A. Danilov, V. F. Dutkin, V. P. Lesnikov, G. Yu. Sidorova, L. A. Suslov, I. . I. . Taukin, and Yu. M. Eskin," Planar InAs Photodiodes," *Pisma v Zhurnal Tekhnicheskoi Fiziki* 18 (3), 1-5, 1992.

124. O. V. Kosogov and L. S. Perevyaskin," Electrical Properties of Epitaxial p^+-n Junctions in Indium Antimonide," *Fizika i Tekhnika Poluprovodnikov* 8, 1611-14, 1970.

125. K. Kazaki, A. Yahata, and W. Miyao," Properties of InSb Photodiodes Fabricated by Liquid Phase Epitaxy," *Journal of Applied Physics* 15, 1329-34, 1976.

126. N. N. Smirnova, S. V. Svobodchikov, and G. N. Talalakin," Reverse Characteristic and Breakdown of InAs Photodiodes," *Fizika i Tekhnika Poluprovodnikov* 16, 2116-20, 1982.

127. Z. Shellenbarger, M. Mauk, J. Cox, J. South, J. Lesko, P. Sims, M. Jhabvala, and M. K. Fortin," Recent Progress in GaInAsSb and InAsSbP Photodetectors for Mid-Infrared Wavelengths," *Proceedings of SPIE* 3287, 138-45, 1998.

128. N. D. Stoyanov, M. P. Mikhailova, O. V. Andreichuk, K. D. Moiseev, I. A. Andreev, M. . A. . Afrailov, and Yu. P. Yakovlev," Type II Heterojunction Photodiodes in a GaSb/InGaAsSb System for 1.5-4.8 μm Spectral Range," *Fizika i Tekhnika Poluprovodnikov* 35, 467-73, 2001.

129. T. N. Danilova, B. E. Zhurtanov, A. N. Imenkov, and Yu. P. Yuakovlev," Light Emitting Diodes on GaSb Alloys for Mid-Infrared 1.4-4.4 μm Spectral Range, *Fizika i Tekhnika Poluprovodnikov* 39, 1281-1311, 2005.

130. A. Krier, X. L. Huang, and V. V. Sherstnev," Mid-Infrared Electroluminescence in LEDs Based on InAs and Related Alloys," in *Mid-Infrared Semiconductor Optoelectronics*, ed. A. Krier, 359-94, Springer-Verlag, London, 2006.

131. B. A. Matveev," LED-Photodiode Opto-Pairs," in *Mid-Infrared Semiconductor Optoelectronics*, ed. A. Krier, 395-428, Springer-Verlag, London, 2006.
132. M. A. Remennyy, B. A. Matveev, N. V. Zotova, S. A. Karandashev, N. M. Stus, and N. D. Ilinskaya, " InAs and InAs (Sb) (P) (3-5 μm) Immersion Lens Photodiodes for Potable Optic Sensors," *Proceedings of SPIE* 6585, 658504, 2007.
133. T. Ashley, A. B. Dean, C. T. Elliott, C. F. McConville, and C. R. Whitehouse," Molecular-Beam Growth of Homoepitaxial InSb Photovoltaic Detectors," *Electronics Letters* 24, 1270-72, 1988.
134. G. S. Lee, P. E. Thompson, J. L. Davis, J. P. Omaggio, and W. A. Schmidt," Characterization of Molecular Beam Epitaxially Grown InSb Layers and Diode Structures," *Solid-State Electronics* 36, 387-89, 1993.
135. C. H. Kuan, R. M. Lin, S. F. Tang, and T. P. Sun," Analysis of the Dark Current in the Bulk of InAs Diode Detectors," *Journal of Applied Physics* 80, 5454-58, 1996.
136. W. Zhang and M. Razeghi," Antimony-Based Materials for Electro-Optics," in *Semiconductor Nanostructures for Optoelectronic Applications*, ed. T. Steiner, 229-88, Artech House, Inc. , Norwood, MA, 2004.
137. R. M. Biefeld and S. R. Kurtz," Growth, Properties and Infrared Device Characteristics of Strained InAsSb-Based Materials," in *Infrared Detectors and Emitters: Materials and Devices*, eds. P. Capper and C. T. Elliott, 205-32, Kluwer Academic Publishers, Boston, MA, 2001.
138. W. S. Chan and J. T. Wan," Auger Analysis of InSb IR Detector Arrays," *Journal of Vacuum Science Technology* 14, 718-22, 1977.
139. P. J. Love, K. J. Ando, R. E. Bornfreund, E. Corrales, R. E. Mills, J. R. Cripe, N. A. Lum, J. P. Rosbeck, and M. S. Smith," Large-Format Infrared Arrays for Future Space and Ground-Based Astronomy Applications," *Proceedings of SPIE* 4486, 373-84, 2002.
140. T. Ashley, R. A. Ballingall, J. E. P. Beale, I. D. Blenkinsop, T. M. Burke, J. H. Firkins, D. J. Hall, et al. ," Large Format MWIR Focal Plane Arrays," *Proceedings of SPIE* 4820, 400-405, 2003.
141. S. R. Jost, V. F. Meikleham, and T. H. Myers," InSb: A Key Material for IR Detector Applications," *Materials Research Society Symposium Proceedings* 90, 429-35, 1987.
142. M. Zandian, J. D. Garnett, R. E. DeWames, M. Carmody, J. G. Pasko, M. Farris, C. A. Cabelli, et al. , " Mid-Wavelength Infrared p-on-on Hg1-xCdxTe Heterostructure Detectors: 30-120 Kelvin State-of-the-Art Performance," *Journal of Electronic Materials* 32, 803-9, 2003.
143. I. Bloom and Y. Nemirovsky," Bulk Lifetime Determination of Etch-Thinned InSb Wafers for Two-Dimensional Infrared Focal Plane Arrays," *IEEE Transactions on Electron* Devices 39, 809-12, 1992.
144. I. Bloom and Y. Nemirovsky," Surface Passivation of Backside-Illuminated Indium Antimonide Focal Plane Array," *IEEE Transactions on Electron Devices* 40, 309-14, 1993.
145. D. N. B. Hall, R. S. Aikens, R. R. Joyse, and T. W. McCurnin," Johnson-Noise Limited Operation of Photovoltaic InSb Detectors," *Applied Optics* 14, 450-53, 1975.
146. R. Schoolar and E. Tenescu," Analysis of InSb Photodiode Low Temperature Characteristics," *Proceedings of SPIE* 686, 2-11, 1986.
147. J. T. Wimmers and D. S. Smith," Optimization of InSb Detectors for Use at Liquid Helium Temperatures," *Proceedings of SPIE* 510, 21, 1984.
148. T. Ashley and N. T. Gordon," Epitaxial Structures for Reduced Cooling of High Performance Infrared Detectors," *Proceedings of SPIE* 3287, 236-43, 1998.
149. G. S. Lee, P. E. Thompson, J. L. Davis, J. P. Omaggio, and W. A. Schmidt," Characterization of Molecular Beam Epitaxially Grown InSb Layers and Diode Structures," *Solid-State Electronics* 36, 387-89, 1993.
150. E. Michel, J. Xu, J. D. Kim, I. Ferguson, and M. Razeghi," InSb Infrared Photodetectors on Si Substrates

Grown by Molecular Beam Epitaxy," *IEEE Photonics Technology Letters* 8, 673-75, 1996.

151. E. Michel and M. Razeghi," Recent Advances in Sb-Based Materials for Uncooled Infrared Photodetectors," *Opto-Electronics Review* 6, 11-23, 1998.

152. I. Kimukin, N. Biyikli, T. Kartaloglu, O. Aytur, and E. Ozbay," High-Speed InSb Photodetectors on GaAs for Mid-IR Applications," *IEEE Journal of Selected Topics in Quantum Electronics* 10, 766-70, 2004.

153. E. G. Camargo, K. Ueno, T. Morishita, M. Sato, H. Endo, M. Kurihara, K. Ishibashi, and M. . Kuze, " High-Sensitivity Temperature Measurement with Miniaturized InSb Mid-IR Sensor," *IEEE Sensors Journal* 7, 1335-39, 2007.

154. M. Kuze, T. Morishita, E. G. Camargo, K. Ueno, A. Yokoyama, M. Sato, H. Endo, Y. Yanagita, S. Toktuo, and H. Goto," Development of Uncooled Miniaturized InSb Photovoltaic Infrared Sensors for Temperature Measurements," *Journal of Crystal Growth* 311, 1889-92, 2009.

155. R. M. Lin, S. F. Tang, S. C. Lee, C. H. Kuan, G. S. Chen, T. P. Sun, and J. C. Wu," Room Temperature Unpassivated InAs p-i-n Photodetectors Grown by Molecular Beam Epitaxy," *IEEE Transactions on Electron Devices* 44, 209-13, 1997.

156. W. Dobbelaere, J. De Boeck, P. Heremens, R. Mertens, and G. Borghs," InAs p-n Diodes Grown on GaAs and GaAs-Coated Si by Molecular Beam Epitaxy," *Applied Physics Letters* 60, 868-70, 1992.

157. A. P. Davis and A. M. White," Residual Noise in Auger Suppressed Photodiodes," *Infrared Physics* 31, 73-79, 1991.

158. C. T. Elliott," Advanced Heterostructures for $In_{1-x}Al_xSb$ and $Hg_{1-x}Cd_xTe$ Detectors and Emiters," *Proceedings of SPIE* 2744, 452-62, 1996.

159. T. Refaat, N. Abedin, V. Bhagwat, I. Bhat, P. Dutta, and U. Singh," InGaSb Photodetectors Using an InGaSb Substrate for 2-μm Applications," *Applied Physics Letters* 85, 1874-76, 2004.

160. H. Kroemer," The 6.1 A family (InAs, GaSb, AlSb) and Its Heterostructures: A Selective Review," *Physica E* 20, 196-203, 2004.

161. H. Sakaki, L. L. Chang, R. Ludeke, C. A. Chang, G. A. Sai-Halasz, and L. Esaki, $In_{1-x}Ga_xAs$-$GaSb_{1-y}As_y$ Heterojunctions by Molecular Beam Epitaxy," *Applied Physics Letters* 31, 211-13, 1977.

162. M. P. Mikhailova, K. D. Moiseev, and Yu. P. Yakovlev," Interface-Induced Optical and Transport Phenomena in Type II Broken-Gap Single Heterojunctions," *Semiconductor Science and Technology* 19, R109-R128, 2004.

163. J. Benoit, M. Boulou, G. Soulage, A. Joullie, and H. Mani," Performance Evaluation of GaAlAsSb/GaInAsSb SAM-APDs for High Bit Rate Transmission in the 2.5μm Wavelength Region," *Optics Communication* 9, 55-58, 1988.

164. M. Mikhailova, I. Andreev, A. Baranov, S. Melnikov, Y. Smortchkova, and Y. Yakovlev," Low-Noise GaInAsSb/GaAlAsSb SAM Avalanche Photodiode in the 1.6-2.5 μm Spectral Range," *Proceedings of SPIE* 1580, 308-12, 1991.

165. M. P. Mikhailova and I. A. Andreev," High-Speed Avalanche Photodiodes for the 2-5 μm Spectral Range," in *Mid-Infrared Semiconductor Optoelectronics*, ed. A. Krier, 547-92, Springer-Verlag, London, 2006.

166. N. Abedin, T. Refaat, O. Sulima, and U. Singh," AlGaAsSb/InGaAsSb Heterojunction Phototransistor with High Optical Gain and Wide Dynamic Range," *IEEE Transactions on Electron Devices* 51, 2013-18, 2004.

167. M. R. Reddy, B. S. Naidu, and P. J. Reddy," Photoresponsive Measurements on InAs0.3Sb0.7 Infrared Detector," *Bulletin of Material Science* 8, 373-77, 1986.

168. C. G. Bethea, M. Y. Yen, B. F. Levine, K. K. Choi, and A. Y. Cho," Long Wavelength $InAs_{1-x}Sb_x$/GaAs Detectors Prepared by Molecular Beam Epitaxy," *Applied Physics Letters* 51, 1431-32, 1987.

169. C. G. Bethea, B. F. Levine, M. Y. Yen, and A. Y. Cho," Photoconductance Measurements on $InAs_{0.22}Sb_{0.78}$/GaAs Grown Using Molecular Beam Epitaxy," *Applied Physics Letters* 53, 291-92, 1988.
170. W. Dobbelaere, J. De Boeck, M. Van Hove, K. Deneffe, W. De Raedt, R. Martens, and G.. Borghs, " Long Wavelength $InAs_{0.2}Sb_{0.8}$ Detectors Grown on Patterned Si Substrates by Molecular Beam Epitaxy," *IEDM Technical Digest*, 717-20, 1989.
171. W. Dobbelaere, J. De Boeck, M. Van Hove, K. Deneffe, W. De Raedt, R. Mertens, and G.. Borghs, " Long Wavelength Infrared Photoconductive InAsSb Detectors Grown in Si Wells by Molecular Beam Epitaxy," *Electronics Letters* 26, 259-61, 1990.
172. J. De Boeck, W. Dobbelaere, J. Vanhellemont, R. Mertens, and G. Borghs," Growth and Structural Characterization of Embedded InAsSb on GaAs-Coated Patterned Silicon by Molecular Beam Epitaxy," *Applied Physics Letters* 58, 928-30, 1991.
173. J. Podlecki, L. Gouskov, F. Pascal, F. Pascal-Delannoy, and A. Giani," Photodetection at 3.65 μm in the Atmospheric Window Using $InAs_{0.91}Sb_{0.09}$/GaAs Heteroepitaxy," *Semiconductor Science and Technology* 11, 1127-30, 1996.
174. J. D. Kim, D. Wu, J. Wojkowski, J. Piotrowski, J. Xu, and M. Razeghi," Long-Wavelength InAsSb Photoconductors Operated at Near Room Temperatures (200-300 K)," *Applied Physics Letters* 68, 99-101, 1996.
175. J. Piotrowski and M. Razeghi," Improved Performance of IR Photodetectors with 3D Gap Engineering," *Proceedings of SPIE* 2397, 180-192, 1995.
176. D. T. Cheung, A. M. Andrews, E. R. Gertner, G. M. Williams, J. E. Clarke, J. L. Pasko, and J. T.. Longo," Backside-Illuminated $InAs_{1-x}Sb_x$-InAs Narrow-Band Photodetectors," *Applied Physics Letters* 30, 587-98, 1977.
177. L. O. Bubulac, E. E. Barrowcliff, W. E. Tennant, J. P. Pasko, G. Williams, A. M. Andrews, D.. T.. Cheung, and E. R. Gertner," Be Ion Implantation in InAsSb and GaInSb," *Institute of Physics Conference Series* No. 45, 519-29, 1979.
178. L. O. Bubulac, A. M. Andrews, E. R. Gertner, and D. T. Cheung," Backside-Illuminated InAsSb/GaSb Broadband Detectors," *Applied Physics Letters* 36, 734-36, 1980.
179. K. Chow, J. P. Rode, D. H. Seib, and J. D. Blackwell," Hybrid Infrared Focal-Plane Arrays," *IEEE Transactions on Electron Devices* 29, 3-13, 1982.
180. K. Mohammed, F. Capasso, R. A. Logan, J. P. van der Ziel, and A. L. Hutchinson," High-Detectivity $InAs_{0.85}Sb_{0.15}$/InAs Infrared (1.8-4.8 μm) Detectors," *Electronics Letters* 22, 215-16, 1986.
181. J. L. Zyskind, A. K. Srivastava, J. C. De Winter, M. A. Pollack, and J. W. Sulhoff," Liquid-Phase-Epitaxial $InAs_ySb_{1-y}$ on GaSb Substrates Using GaInAsSb Buffer Layers: Growth, Characterization, and Application to Mid-IR Photodiodes," *Journal of Applied Physics* 61, 2898-903, 1987.
182. W. Dobbelaere, J. De Boeck, P. Heremans, R. Mertens, and G. Borghs," $InAs_{0.85}Sb_{0.15}$ Infrared Photodiodes Grown on GaAs and GaAs-Coated Si by Molecular Beam Epitaxy," *Applied Physics Letters* 60, 3256-58, 1992.
183. J. D. Kim, S. Kim, D. Wu, J. Wojkowski, J. Xu, J. Piotrowski, E. Bigan, and M. Razeghi," 8-13 μm InAsSb Heterojunction Photodiode Operating at Near Room Temperature," *Applied Physics Letters* 67, 2645-47, 1995.
184. M. P. Mikhailova, N. M. Stus, S. V. Slobodchikov, N. V. Zotova, B. A. Matveev, and G. N. Talalakin, " $InAs_{1-x}Sb$ Photodiodes for 3-5-μm Spectral Range," *Fizika i Tekhnika Poluprovodnikov* 30, 1613-19, 1996.
185. H. H. Gao, A. Krier, and V. V. Sherstnev," A Room Temperature InAs0.89Sb0.11 Photodetectors for CO Detection at 4.6 μm," *Applied Physics Letters* 77, 872-74, 2000.

186. J. D. Kim and M. Razeghi," Investigation of InAsSb Infrared Photodetectors for Near-Room Temperature Operation," *Opto-Electronics Review* 6, 217-30, 1998.
187. A. Rakovska, V. Berger, X. Marcadet, B. Vinter, G. Glastre, T. Oksenhendler, and D. Kaplan," Room Temperature InAsSb Photovoltaic Midinfrared Detector," *Applied Physics Letters* 77, 397-99, 2000.
188. G. Marre, B. Vinter, and V. Berger," Strategy for the Design of a Non-Cryogenic Quantum Infrared Detector," *Semiconductor Science and Technology* 18, 284-91, 2003.
189. G. Marre, M. Carras, B. Vinter, and V. Berger," Optimization of a Non-Cryogenic Quantum Infrared Detector," *Physica E* 20, 515-18, 2004.
190. J. L. Reverchon, M. Carras, G. Marre, C. Renard, V. Berger, B. Vinter, and X. Marcadet," Design and Fabrication of Infrared Detectors Based on Lattice-Matched $InAs_{0.91}Sb_{0.09}$ on GaSb," *Physica E*, 20, 519-22, 2004.
191. H. Ait-Kaci, J. Nieto, J. B. Rodriguez, P. Grech, F. Chevrier, A. Salesse, A. Joullie, and P.. Christol," Optimization of InAsSb Photodetector for Non-Cryogenic Operation in the Mid-Infrared Range," *Physica Status Solidi (a)* 202, 647-51, 2005.
192. M. Carras, J. L. Reverchon, G. Marre, C. Renard, B. Vinter, X. Marcadet, and V. Berger," Interface Band Gap Engineering in InAsSb Photodiodes," *Applied Physics Letters* 87, 102-3, 2004.
193. H. Shao, W. Li, A. Torfi, D. Moscicka, and W. I. Wang," Room-Temperature InAsSb Photovoltaic Detectors for Midinfrared Applications," *IEEE Photonics Technology Letters* 18, 1756-58, 2006.
194. A. Krier and W. Suleiman," Uncooled Photodetectors for the 3-5 μm Spectral Range Based on III-V Heterojunctions," *Applied Physics Letters* 89, 083512, 2006.
195. M. Carras, C. Renard, X. Marcadet, J. L. Reverchon, B. Vinter, and V. Berger," Generation-Recombination Reduction in InAsSb Photodiodes," *Semiconductor Science and Technology* 21, 1720-23, 2006.
196. A. I. Zakhgeim, N. V. Zotova, N. D. Il'inskaya, S. A. Karandashev, B. A. Matveev, M. A.. Remennyi, N. M. Stus, and A. E. Chernyakov," Room-Temperature Broadband InAsSb Flip-Chip Photodiodes with λ_{cutoff} = 4.5 μm," *Semiconductors* 43, 394-99, 2009.
197. Y. Sharabani, Y. Paltiel, A. Sher, A. Raizman, and A. Zussman," InAsSb/GaSb Heterostructure Based Mid-Wavelength-Infrared Detector for High Temperature Operation," *Applied Physics Letters* 90, 232106, 2007.
198. W. F. Micklethwaite, R. G. Fines, and D. J. Freschi," Advances in Infrared Antimonide Technology," *Proceedings of SPIE* 2554, 167-74, 1995.
199. A. Tanaka, J. Shintani, M. Kimura, and T. Sukegawa," Multi-Step Pulling of GaInSb Bulk Crystal from Ternary Solution," *Journal of Crystal Growth* 209, 625-29, 2000.
200. P. S. Dutta," III-V Ternary Bulk Substrate Growth Technology: A Review," *Journal of Crystal Growth* 275, 106-12, 2005.
201. W. Dobbelaere, J. De Boeck, W. De Raedt, J. Vanhellemont, G. Zou, M. Van Hove, B. Brijs, R.. Martens, and G. Borghs," InAsSb Photodiodes Grown on InAs, GaAs and Si Substrates by Molecular Beam Epitaxy," *Materials Research Society Proceedings* 216, 181-86, 1991.
202. W. Dobbelaere, J. De Boeck, and G. Borghs," Growth and Optical Characterization of $InAs_{1-x}Sb_x$ ($0 \leqslant x \leqslant 1$) on GaAs and on GaAs-Coated Si by Molecular Beam Epitaxy," *Applied Physics Letters* 55, 1856-58, 1989.
203. P. K. Chiang and S. M. Bedair," p-n Junction Formation in InSb and InAs1-xSbx by Metalorganic Chemical Vapor Deposition," *Applied Physics Letters* 46, 383-85, 1985.
204. A. M. Litvak and N. A. Charykov," New Thermodynamic Method for Calculation of the Diagrams of Double and Triple Systems Including In, Ga, As, and Sb," *Zhurnal Inorganic Materials* 27, 225-30, 1990.
205. Yu. P. Yakovlev, I. A. Andreev, S. Kizhayev, E. V. Kunitsyna, and P. Mikhailova," High-Speed Photothodes

for 2.0-4.0 μm Spectral Range," *Proceedings of SPIE* 6636, 66360D, 2007.

206. E. V. Kunitsyna, I. A. Andreev, N. A. Charykov, Yu. V. Soloviev, and Yu. P. Yakovlev," Growth of $Ga_{1-x}In_xAs_ySb_{1-y}$ Solid Solutions from the Five-Component Ga-In-As-Sb-Pb Melt by Liquid Phase Epitaxy," *Journal of Applied Surface Science* 142, 371-74, 1999.

207. B. A. Matveev, N. V. Zotova, S. A. Karandashev, M. A. Remenniy, N. M. Stus, and G..N..Talalakin," III-V Optically Pumped Mid-IR LEDs," *Proceedings of SPIE* 4278, 189-96, 2001.

208. A. K. Srivastava, J. L. Zyskind, R. M. Lum, B. V. Dutt, and J. K. Klingert," Electrical Characteristics of InAsSb/GaSb Heterojunctions," *Applied Physics Letters* 49, 41-43, 1986.

209. M. Mebarki, A. Kadri, and H. Mani," Electrical Characteristics and Energy-Band Offsets in n-$InAs_{0.89}Sb_{0.11}$/n-GaSb Heterojunctions Grown by the Liquid Phase Epitaxy Technique," *Solid State Communication* 72, 795-98, 1989.

210. I. A. Andreev, A. N. Baranov, M. P. Mikhailova, K. D. Moiseev, A. V. Pencov, Yu. P. Smorchkova, V. V. Scherstnev, and Yu. P. Yakovlev," Non-Cooled InAsSbP and GaInAsSb Photodiodes for 3-5 μm Spectral Range," *Pisma v Zhurnal Tekhnicheskoi Fiziki* 18 (17), 50-53, 1992.

211. M. Mebarki, H. Ait-Kaci, J. L. Lazzari, C. Segura-Fouillant, A. Joullie, C. Llinares, and I..Salesse," High Sensitivity 2.5 μm Photodiodes with Metastable GaInAsSb Absorbing Layer," *Solid-State Electronics* 39, 39-41, 1996.

212. H. Shao, A. Torfi, W. Li, D. Moscicka, and W. I. Wang," High Detectivity AlGaAsSb/InGaAsSb Photodetectors Grown by Molecular Beam Epitaxy with Cutoff Wavelength Up to 2.6 μm," *Journal of Crystal Growth* 311, 1893-96, 2009.

213. B. A. Matveev, M. P. Mikhailova, S. V. Slobodchikov, N. N. Smirnova, N. M. Stus, and G. N. Talalakin," Avalanche Multiplication in p-n $InAs_{1-x}Sb_x$ Junctions," *Fizika i Tekhnika Poluprovodnikov* 13, 498-503, 1979.

214. O. Hildebrand, W. Kuebart, K. W. Benz, and M. H. Pilkuhn," $Ga_{1-x}Al_x$ Sb Avalanche Photodiodes: Resonant Impact Ionization with Very High Ratio of Ionization Coefficients," *IEEE Journal of Quantum Electronics* 17, 284-288, 1981.

215. I. A. Andreev, M. P. Mikhailava, S. V. Mel'nikov, Yu. P. Smorchkova, and Yu. P. Yakovlev," Avalanche Multiplication and Ionization Coefficients of GaInAsSb," *Soviet Physics-Semiconductor* 25, 861-65, 1991.

216. I. A. Andreev, M. A. Afrailov, A. N. Baranov, N. N. Marinskaya, M. A. Mirsagatov, M..P..Mikhailova, Yu. P. Yakovlev," Low-Noise Avalanche Photodiodes with Separated Absorption and Multiplication Regions for the Spectral Interval 1.6-2.4 μm," *Soviet Technical Physics Letters* 15, 692-96, 1989.

217. M. Van Schilfgaarde, A. Sher, and A. B. Chen," InTlSb: An Infrared Detector Material?" *Applied Physics Letters* 62, 1857-59, 1993.

218. A. B. Chen, M. Van Schilfgaarde, and A. Sher," Comparison of In1-xTlxSb and Hg1-xCdxTe as Long Wavelength Infrared Materials," *Journal of Electronic Materials* 22, 843-46, 1993.

219. E. Michel and M. Razeghi," Recent Advances in Sb-Based Materials for Uncooled Infrared Photodetectors," *Opto-Electronics Review* 6, 11-23, 1998.

220. M. Van Schilfgaarde, A. B. Chen, S. Krishnamurthy, and A. Sher," InTlP: A Proposed Infrared Detector Material," *Applied Physics Letters* 65, 2714-16, 1994.

221. M. Razeghi," Current Status and Future Trends of Infrared Detectors," *Opto-Electronics Review* 6, 155-94, 1998.

222. J. J. Lee and M. Razeghi," Novel Sb-Based Materials for Uncooled Infrared Photodetector Applications," *Journal of Crystal Growth* 221, 444-49, 2000.

223. J. L. Lee and M. Razeghi," Exploration of InSbBi for Uncooled Long-Wavelength Infrared Photodetectors," *Opto-Electronics Review* 6, 25-36, 1998.
224. J. N. Baillargeon, P. J. Pearah, K. Y. Cheng, G. E. Hofler, and K. C. Hsieh," Growth and Luminescence Properties of GaPN," *Journal of Vacuum Science and Technology B* 10, 829-31, 1992.
225. M. Weyers, M. Sato, and H. Ando," Red Shift of Photoluminescence and Absorption in Dilute GaAsN Alloy Layers," *Japanese Journal of Applied Physics* 31 (7A), L853-L855, 1992.
226. T. Ashley, T. M. Burke, G. J. Pryce, A. R. Adams, A. Andreev, B. N. Murdin, E. P. O' Reilly, and C. R. Pidgeon," InSb1-xNx Growth and Devices," *Solid-State Electronics* 47, 387-94, 2003.
227. B. N. Murdin, M. Kamal-Saadi, A. Lindsay, E. P. O' Reilly, A. R. Adams, G. J. Nott, J. G. Crowder, et al. ," Auger Recombination in Long-Wavelength Infrared InN_xSb_{1-x} Alloys," *Applied Physics Letters* 78, 1568-70, 2001.

第 14 章 碲镉汞（HgCdTe）探测器

1959 年，劳森（Lawson）及其同事发布的研究成果触发了变带隙 $Hg_{1-x}Cd_xTe$（HgCdTe）合金的研发热情，为红外探测器设计提供了前所未有的自由[1]。2009 年 4 月 13 ~ 17 日，在美国佛罗里达州奥兰多市举行的第 35 届红外技术与应用会议上，举行了该成果公布 50 周年庆祝专题研讨会[2]，将参与 HgCdTe 后续研发的大部分研究中心和工业公司齐聚一起。图 14.1 所示为 1957 年首次公布专利中复合三元合金材料 HgCdTe 的皇家雷达研究所（Royal Radar Establishiment）的发明人[3]。1959 年首次发表文章时增加了 E. H. Putley 先生[1]。

亚历克斯.杨　　比尔.劳森　　斯坦.尼尔森　　欧内斯特.普特雷
(Alex Young)　(Bill Lawson)　(Stan Nielsen)　(Ernest Putley)

图 14.1 碲镉汞（HgCdTe）三元合金的发明者
（资料源自：Elliot, T., "Recollections of MCT Work in the UK at Malvern and Southampton", Proceedings of SPIE 7298, 72982M, 2009）

HgCdTe 是结晶在闪锌矿中的伪二元合金半导体。由于其带隙可以随 x 调整，所以，$Hg_{1-x}Cd_xTe$ 已逐步成为整个红外光谱范围探测器应用中最重要/通用的材料，随着碲（Cd）成分增加，$Hg_{1-x}Cd_xTe$ 能隙逐渐从 HgTe 的负值增大到 CdTe 的正值。带隙能量调整使红外探测器能够应用于短波红外（SWIR：1 ~ 3μm）、中波红外（MWIR：3 ~ 5μm）、长波红外（LWIR：8 ~ 14μm）及甚长波红外（VLWIR：14 ~ 30μm）光谱区。

无论过去还是将来，研发 HgCdTe 技术都是为了军事应用。国防部门支持其产生的副作用是与要求保密有关的，禁止一个国家的各研究团队的有益合作，更是国际间研究团队的有益合作。此外，主要精力集中在了焦平面阵列（FPA）的试验验证，极少用在确立知识基础。不过，近 50 年来，已经取得了很大进展。目前，HgCdTe 是最广泛应用于红外光敏二极管的变带隙半导体。

14.1 HgCdTe 探测器的发展史

劳森（Lawson）等人发表的首篇论文[1]阐述了波长 12μm 范围内的光电导和光伏两种响

应,并做了低调评论:这种材料有希望应用于本征红外探测器。当时,已经相当清楚地知道8~12μm大气透射窗口对热成像的重要性,对景物发射的红外辐射成像可以增强夜视观察能力。1954年以来,已经研究了掺杂铜的锗本征光导探测器[4],但其光谱响应在波长30μm之外(远长于8~12μm窗口之需要);同时,为了得到背景限性能,Ge:Cu探测器必须制冷到液氦温度。1962年,发现Ge中Hg受主能级具有约0.1eV的活化能[5],之后不久,利用该材料制成探测器阵列。然而,这种Ge:Hg探测器也要制冷到30K以得到最大灵敏度。根据理论很清楚:本征HgCdTe探测器(光学转换是价带和传导带之间的直接转换)在更高工作温度(高至77K)下可以达到相同的灵敏度。对这种事情重要性的早期认识导致许多国家对HgCdTe探测器深入地开展研究,包括英国、法国、德国、波兰、苏联和美国[6]。然而,早期的研发工作几乎没有留下资料,例如,直至20世纪60年代末期,在美国进行的研究还处于保密。

图14.2列出了HgCdTe红外探测器重大研发事件的时间表,图14.3列出了HgCdTe探测器演化的时间表及工艺技术中有望实现的重点研发成果[7]。早至1964年,美国德州仪器公司在研发出改进型布里奇曼晶体生长技术时,就已经制造出光电导器件,维列(Velie)和格兰杰(Granger)首次报告为制造HgCdTe光敏二极管有意识地形成结[8],在Hg内扩散成具有Hg空穴的p类材料。HgCdTe光敏二极管的第一个重要应用是用作二氧化碳激光辐射的高速探测器[9]。1967年蒙特利尔博览会上法国馆展出一台安装有HgCdTe光敏二极管的二氧化碳激光系统。然而,20世纪70年代研究和制造的高性能中波红外(MWIR)和长波红外线性阵列是用于第一代扫描系统中的n类光电导体。1969年,巴特利特等人介绍了工作在温度77K、长波红外光谱区、具有背景限性能的光电导体[10],材料配置和探测器技术方面的优势已导致器件性能在较大的温度和背景范围内接近响应度和探测率的理论极限值[11]。

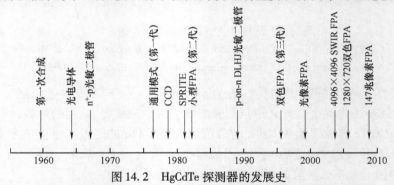

图14.2 HgCdTe探测器的发展史

英国发明了一种新的改进型标准光电导体器件,即扫积型探测器(SPRITE)[12,13]。一些热成像系统已采用了该器件,但使用量在减少。SPRITE探测器提供扫描像斑的平均信号,并通过少数载流子沿材料光电导带长度的漂移速度与成像系统扫描速度间的同步完成探测。图像信号形成一束少数电荷,汇聚在光电导带端部,在足够长时间段内有效地对信号进行积分,因此,提高了信噪比(SNR)。

扫描系统不包括焦平面阵列中的多路复用功能,属于第一代系统。美国普通模块式HgCdTe阵列根据应用情况使用60、120或180光电导元。

在波伊尔(Boyle)和史密斯(Smith)发明电荷耦合器件(CCD)[14]之后,一个全固态电扫描二维(2D)红外探测器阵列直接应用于HgCdTe光敏二极管的想法引起了业界关注,包括

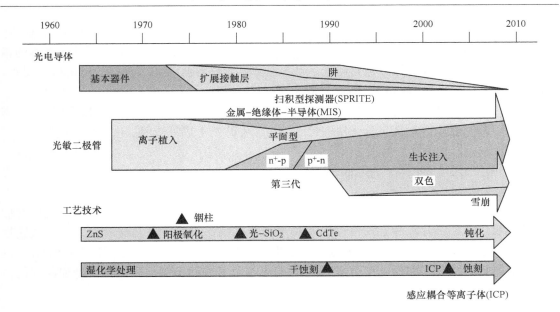

图 14.3 HgCdTe 探测器演化的时间表及工艺技术中有望实现的重点研发成果
（资料源自：Norton, P., Opto-Electronics Review, 10, 159-74, 2002）

p-n 结、异质结和金属-绝缘体-半导体（MIS）。根据不同的应用情况这些不同类型的器件对于红外探测都有其一定优点选用。比较感兴趣的集中于前两种结构，所以，进一步的讨论将局限于 p-n 结和异质结构。具有很低功率损耗、固有高阻抗、可以忽略不计的 1/f 噪声以及在焦平面硅芯片上易多路复用的光敏二极管，可以组装在由大量像元组成的 2D 阵列中，但受限于当时的技术。即使有较高的阻抗，它们也可以施加反向偏压，所以，能够以电学方式与小型低噪声硅读出前置放大器电路相匹配。虽然具有比光电导体高得多的光子通量，光敏二极管的响应仍保持线性（由于光敏二极管吸收层中有较高的掺杂级，并且，光生载流子被结快速收集）。在 20 世纪 70 年代末，重点是研究中波和长波光谱范围热成像应用的大型光伏 HgCdTe 阵列，最近的主攻方向是扩展到短波长（即短波（SW）光谱范围的星光成像）及大于 15μm 的超长波红外（VLWIR）星载遥感传感系统。

与第一代相比，第二代系统（全幅系统）在焦平面上会有更多像元（$>10^6$），一般要多三个数量级，探测器像元排列在 2D 阵列上。与该阵列集成在一起的电路以电学方式对这些凝视阵列进行扫描。读出集成电路（ROIC）包括，如像素取消选择、每个像素上防止电子溢流、副帧成像、输出前置放大器和其它功能。第二代 HgCdTe 器件是 2D 光敏二极管阵列，该技术始于 20 世纪 70 年代末，之后花费了十年时间才实现批量生产。20 世纪 70 年代中期，首次验证了混合型结构[15]，读出电子线路的铟柱倒焊保证了在很少几个输出线路上可多路复用几千个像素信号，大大简化了真空密封低温传感器和系统电子线路间的界面，探测器材料和多路复用器单独优化。混合焦平面阵列的另一优点是接近 100% 填充因数，并增大了多路复用器芯片上信号处理的面积。

一般地，金属-绝缘体-半导体（MIS）光电容器都形成在 n 类吸收层上，一块半透明金属膜作为栅极。选择的绝缘体是薄天然氧化物。研究 HgCdTe MIS 探测器的唯一动机是实现单片红外 CCD 的诱惑，这使探测和多路复用在一种材料上同时完成。然而，由于 MIS 探测器是非平衡工作(因为需要在电容上施加几伏的偏压脉冲以便将表面驱动成深消耗层),所以,在 MIS 器件消耗层形成的电场要比 p-n 结大得多,产生的与缺陷相关的隧穿电流比基本的暗电流大几个数量级。与光敏二极管相比,MIS 探测器对材料质量要求更高,仍未达到要求,为此,大约在 1987 年,放弃了 HgCdTe MIS 探测器的研究[16,17]。

在 20 世纪最后十年,在探测器研发的巨大推动下制造出第三代 HgCdTe 探测器(见本书第 23 章),第二代系统制造工程采用的异质结构器件的技术成果造就了这一代探测器[18]。

14.2 HgCdTe 材料:技术和性质

高质量半导体材料对于生产高性能和价格合理的红外光电探测器至关重要,一定要有低的缺陷密度、大的晶片尺寸、均匀性以及本征和非本征性质的可重复性。为了获得这些性质,HgCdTe 材料(制造技术)从高温、熔态生长、体晶体演变到低温、液体和气相外延(VPE),然而,大面积和高质量 $Hg_{1-x}Cd_xTe$ 的成本及可用性仍然是生产价格合理器件的主要考虑。

14.2.1 相图

为了正确设计生长工艺,深刻理解相图至关重要。已经广泛和深入讨论过 $Hg_{1-x}Cd_xTe$ 晶体生长的相图及其意义[19-21],从理论和实验上在整个吉布斯(Gibbs)三角形范围内确定了三元 HgCdTe 相图[22-24]。布赖斯(Brice)以数学描述方式对 100 多名研究人员的 HgCdTe 相图进行了总结[23],对于设计生长工艺是非常方便的[25]。

已经证明,与广义化模型相关的解决方案在解释实验数据和预测整个 HgCdTe 体系相图方面是成功的。假设,液相是 Hg、Te、Cd、HgTe 和 CdTe 的混合体,这种材料的气相包含 Hg、Cd 原子和 Te_2 分子,可以用广义公式 $(Hg_{1-x}Cd_x)_{1-y}Te_y$ 阐述固体材料的成分。类似公式 $Hg_{1-x}Cd_xTe$ 对应着具有完全互溶度的伪二元 CdTe 和 HgTe 合金($y=0.5$)。目前相信,$Hg_{1-x}Cd_xTe$ 中闪锌矿伪二元相位区在富 Te 材料中宽度扩展了约 1%,在低温下宽度变窄,该形式相图的结果是使 Te 沉淀的一种趋势,过量 Te 是由于金属子晶格中空位造成 p 类纯材料导电所致。200~300K 温度下低温退火降低了固有缺陷(主要是受主)浓度,并显示一个未受控制的(主要是施主)杂质背景。弱 Hg-Te 键合力导致了低的激活能使得基质中形成缺陷和 Hg 的移动,从而造成体和表面的不稳定性。

晶体生长中的大部分问题是由固相和液相曲线间的明显差别引起(见图 14.4),在熔化态结晶期间造成二元分凝,熔液生长的分凝系数取决于 Hg 的压力。伪二元和富汞熔液具有高汞压力还会引发严重问题,因此,充分了解图 14.5a 所示的 $P_{Hg}-T$ 相图是非常必要的[26]。图中曲线表示成分为 x 的固溶体中 Hg 沿边界的分压力。在该成分条件下,固溶体处于与其它凝聚相及蒸气相间的平衡状态。可以看出,若 $x=0.1$ 和 $1000/T=1.3K^{-1}$,则 HgCdTe 有 0.1(Te 饱和)和 7(Hg 饱和)个标准大气压(atm)的 Hg 气压。随着 Hg 分压增大,Te 的原子分数会在 0.5 原子分数附近减少一个小量,但不会为零。即使在 $x=0.95$ 和 Te 饱和条件下,Hg 也是主要的蒸气成分,没有固溶体精确地含有 0.5 原子分数的 Te。这些特性对控制 HgCdTe 的固有缺陷浓度,同时控制电学性质方面稍得非常重要。由图 14.5b 可知,与 Hg 压力相比,Te_2 分压要低几个数量级。图 14.6 给出了富 Hg 和富 Te 角中低温液相和固溶体等浓度线[22]。例如，如图 14.6a 所示，在 450℃时，包含有 0.9 克分子分数 CdTe 的固溶体处于与含有 7×10^{-4} 原子分数 Cd 和 0.014 原子分数 Te 液体的平衡状态。可以看出，纯 CdTe 材料是由高富含 Hg 的液相晶化而成。

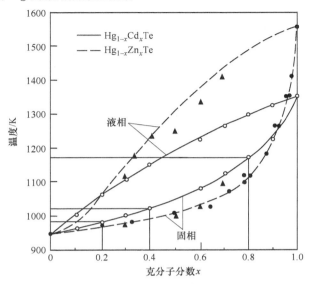

图 14.4　HgTe-CdTe 和 HgTe-ZnTe 伪二元体系中液相和固相线

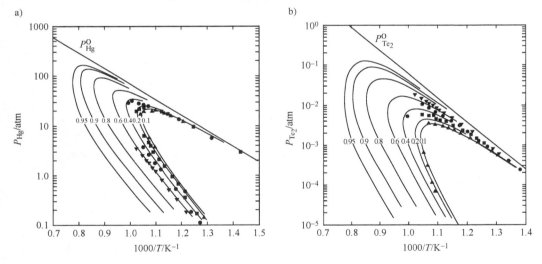

图 14.5　沿各种固溶体三相曲线的分压
a) Hg　b) Te_2

注：标出的数字是公式 $Hg_{1-x}Cd_xTe$ 中的 x 值

（资料源自：Tung, T., Su, C. H., Liao, P. K., and Brebrick, R. F., Journal of Vacuum Science and echnology, 21, 117-24, 1982）

14.2.2　晶体生长技术

HgCdTe 晶体生长技术演化时间表见图 14.7[7]。从历史的观点，HgCdTe 晶体生长主要

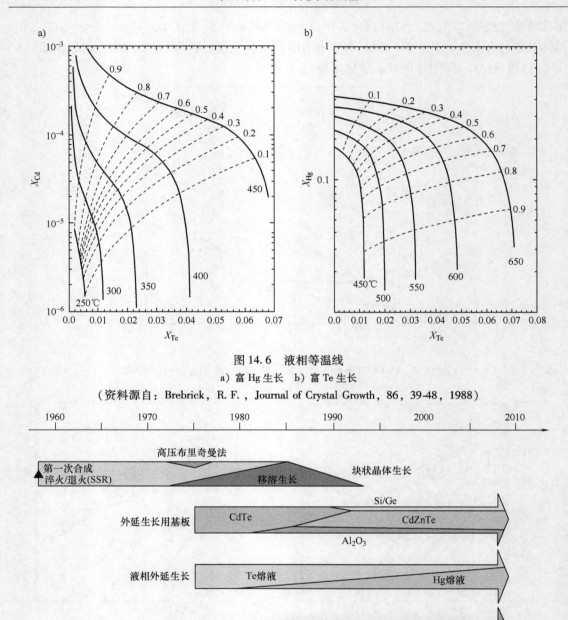

图 14.6 液相等温线

a) 富 Hg 生长 b) 富 Te 生长

(资料源自：Brebrick, R. F., Journal of Crystal Growth, 86, 39-48, 1988)

图 14.7 1958 年至今，HgCdTe 晶体生长技术的演化过程

(资料源自：Norton, P., Opto-Elecronics Review, 10, 159-74, 2002)

问题是，由于生长期间存在高 Hg 气压，因此，难以控制生长材料的化学计量比和成分。由于液相和固相间相距较远，导致 CdTe 与 HgTe 明显分离，这对于放缓该体系中体生长的技术的研发起着重要作用。除固相-液相分离外，高 Hg 分压在生长和后生长热处理工艺期间也颇具影响力。

已经发表有几篇关于研发体 HgCdTe 晶体的历史性评述文章[19,27-29]。最近，卡珀(Capper)对体材料和外延层生长的相关内容做了相当好的评述[30]。早期,曾尝试过许多技术(如 Verie 和 Granger 的本书参考文献【8】中,Micklethwaite 介绍了 1980 年之前使用的许多有关生长技术的综合信息),但图 14.7 所示的三种最佳技术流传下来:固态再结晶技术(Solid State Recrystallization,SSR)、布里奇曼(Bridgman)法和移热法(Traveling Heater Method,THM)。

早期实验和相当一部分早期生产是采用一种淬火软化法或者固态再结晶工艺进行的。在这种方法中,所需成分的炉料被合成、熔化和淬火,然后,将该工艺中得到的细微局部脱玻化材料(高多晶化固体)在低于液相温度条件下退火几个星期,使晶体再结晶和均质。已经对这种工艺提出多种改进建议,包括梯度温度退火和缓慢冷却以避免碲凝结。为了调整固有缺陷的浓度,一般要求材料低温退火。在淬火阶段,一定要非常小心,避免出现空管/空隙,再结晶工序无法消除这些缺陷。(原文作者删去此处两句重复的句子。——译者注)。

固态再结晶技术(SSR)具有严重缺点。如果没有固相-液相分离,那么,炉料中所有杂质都被"冻结"(残留)在晶体中,所以,初始就需要加入高纯度元素。为了抑制分离,导致大直径炉料的冷却速率过慢,为此,晶块的最大直径限于约 1.5cm。该晶体包含有低晶界。

基本固态再结晶(SSR)工艺的替代方案包括"软"生长[31]、高压力生长[32]、增量淬火[33]和水平浇注技术[34]。软生长工艺中,初始的均质炉料保持跨接低端是固体而高端是液体的液相-固相间隙(10K/cm 的温度梯度)[30]。在再结晶工序中采用高压力(30atm 的 Hg),期望液体区移动期间,通过改善热流控制及采用内在晶粒状(原文错将"intergranular"印为"intergranual"。——译者注)Te 达到降低结构缺陷的目的。

在 20 世纪 70 年代中期前后,尝试使用布里奇曼(Bridgman)生长法持续有若干年。为限控该生长工艺中的混合熔液,必须使用一种能够搅拌密闭加压容器中熔液的方法。增加坩埚加速旋转技术(Accelerat Crucible Rotation Technique,ACRT)(在此方法中,熔液受到转速高达 60r/min 的周期性加速和减速)会使普通布里奇曼(Bridgman)生长技术,尤其是高 x 成分材料有明显改善。该工艺具有更好的可重复性、较平的界面和大颗粒数目减少(对 $x=0.2$ 区域,一般会从 10 减到 1)[35-37],能够生产出直径达 20mm 的晶体,在某些晶体的边缘区,x 值可以达到 0.6。

同时,也初始采用富 Te 熔液移溶生长法来降低生长温度。一种成功的实施方法是能够形成 5cm 晶体直径的移热法(THM)[38],利用这种方法可以得到理想质量的晶体生长,但以低生长速率为代价[39]。

最初,体 HgCdTe 晶体应用于各类红外光电探测器,目前仍应用于一些红外领域,如 n 类单元件光电导体、SPRITE 探测器和线阵列。体生长产生的细棒可以达到直径 15mm 和长 20cm,但成分不均匀分布,采用体晶体不可能获得大尺寸 2D 阵列。体材料的另一个缺点是需要将体晶片变薄,通常,切割下 500μm,而加工到约 10μm 的最终器件厚度。此外,进一步的制造工序(对晶片抛光、将其安装在合适的基板上以及抛光到最终器件厚度)是非常费时费力。

与体生长技术相比,外延生长技术有可能生长大尺寸(约 100cm^2)外延层,制造出具有高横向均匀性、突变和复杂成分的高级器件结构,并可以改变掺杂成分以提高光电探测器性能。低温环境下完成该生长技术(见图 14.8)[40],有可能减少固有的缺陷密度。利用在此讨论的各种生长技术制造的 HgCdTe 的性质见表 14.1。

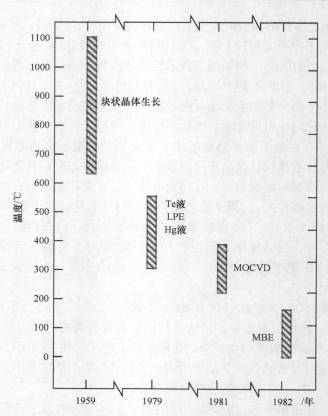

图 14.8　各种技术生长 HgCdTe 所需的温度范围与首次公布的日期
（资料源自：Gertner, E. R,, Annual Review of Materials Science, 15, 303-28, 1985）

表 14.1　生长 HgCdTe 采用的各种方法的比较

		体材料			液相外延法		气相外延法	
		SSR	移热法		Hg 熔液	Te 熔液	MOCVD	MBE
			HCT[①] 熔液	Te 熔液				
温度/℃		950	950	500	350~500	400~550	275~400	160~200
压力/Torr[②]		150000	150000	760~8000	760~11400	760~8000	300~760	10^{-3}~10^{-4}
生长速率/(μm/h)		250	250	80	30~60	5~60	2~10	1~5
尺寸	w/cm	直径 0.8~1.2	直径 0.8~1.2	直径 2.5	5	5	直径 7.5	直径 7.5
	l/cm	—			6	5	4	4
	t/cm	15	15	15	0.0002~0.0030	0.0005~0.012	0.0005~0.001	0.0005~0.001
错位/(个/cm²)		<10^5	—	<10^5	<10^5	<10^5~10^7	5×10^5~10^7	<5×10^4~10^6
纯度/(个/cm³)		<5×10^{14}	<5×10^{14}	<5×10^{14}	<5×10^{14}	<5×10^{14}	<1×10^{15}	<1×10^{15}
n 类掺杂/(个/cm³)		N/A	N/A	N/A	1×10^{14}~1×10^{18}	1×10^{15}~1×10^{16}	5×10^{14}~5×10^{18}	5×10^{14}~1×10^{19}

(续)

	体材料			液相外延法		气相外延法	
	SSR	移热法		Hg 熔液	Te 熔液	MOCVD	MBE
		HCT① 熔液	Te 熔液				
p 类掺杂/(个/cm³)	N/A	N/A	N/A	$1 \times 10^{15} \sim 1 \times 10^{18}$	$1 \times 10^{15} \sim 1 \times 10^{16}$	$3 \times 10^{14} \sim 5 \times 10^{17}$	$1 \times 10^{16} \sim 5 \times 10^{18}$
X 射线摇摆曲线(″)(弧秒)	—	—	20~60	<20	<20	50~90	20~30
成分均匀性(Δx)	<0.002	<0.004	<0.005	<0.002	<0.002	±0.01~0.0005	±0.01~0.0006

① HCT 是碲镉汞一种缩写，通常缩写为 HgCdTe。
② 1Torr=135.322Pa。
（资料源自：P. Norton，"HgCdTe Infrared Detectors"，Opto-Electronics Review，10，159-74，2002）

  在各种晶体外延生长技术中，液相外延法（Liquid Phase Epitaxy，LPE）是技术上最为成熟的方法，其生长工艺是从基板上的冷液开始生长单晶。其它技术，如气相外延（Vapor Phase Epitaxy，VPE）生长 HgCdTe，一般是以非平衡法完成，该法也应用于金属有机化合物化学气相沉积（Metalorganic Chemical Vapor Deposition，MOCVD）技术、分子束外延（Molecular Beam Epitaxy，MBE）技术及其它改进型方案。MBE 和 MOCVD 技术采用非平衡法可能获得的益处：在生长过程中能够动态修改生长条件，从而调整带隙、增减掺杂物、制造表面和界面、增加钝化、完成退火，甚至有选择地生长在基板的相关位置；非常精确地控制生长环境，以便使获得的材料的基本性质可以与平衡生长条件下通常得到的材料性质相比拟。

  外延生长 HgCdTe 层要求有合适的基板。初始，使用 CdTe 材料，因为该材料有相当大的尺寸，有商业市场。但这种材料的缺点是，与长波红外和中波红外 HgCdTe 相比，有百分之几的晶格失配。20 世纪 80 年代中期，已经验证，在 CdTe 中增加百分之几的 ZnTe（一般是 4%），就可以得到晶格匹配的基板。通常，采用改进型垂直或水平无晶种布里奇曼（Bridgman）技术生长 CdTe 和晶格匹配 CdZnTe 基板。尽管也尝试使用其它材料，但最常使用的是（111）和（100）排向。正确利用基板错向能够避免（111）层中出现孪晶现象。选择（112）B 晶向几乎是最佳的生产条件。尺寸有限、纯度问题、Te 冷凝、错位密度（通常在 10^4 个/cm^{-2} 低范围内）、晶格匹配不均匀性和高成本（抛光，（\$50~500）/cm^{-2}）仍是尚待解决的问题。相信这些基板，尤其对最高性能的器件来说，在未来较长一段时间仍是很重要的。

  最初是采用液相外延技术在 CdTe 基板上生长 HgCdTe，并持续到 20 世纪 70 年代中期。利用 Te 熔液（420~500℃）和 Hg 熔液（360~500℃）两种生长技术以不同布局都获得成功。1980 年，发表了对 HgCdTe 相图 Te 角开创性的研究工作[41]，相关的 LPE 生长设备为从 Te 熔液生长技术派生出几种不同改进型开管 LPE 技术提供了必要的基础[42-45]。最初，在 420~600℃的温度范围内，使用含有 Cd（Cd 在 Te 中有高溶解度）和饱和 Hg 蒸气的 Te 熔液可以有效地生长 HgCdTe，进而允许采用生长运行过程中没有明显消耗的滑块技术而使用少量熔液。20 世纪 70 年代后期，开始 Hg 溶剂 LPE 技术的试验。美国圣芭芭拉研究中心（SBRC）率先开展 Hg-Cd-Te 系统 Hg 角相图的研究[46]，并经过几年试验之后开发出一种可重复生产的 Hg 溶液技术[47]。由于Cd在Hg中的溶解度有限，所以，为使380~500℃温度范围内生长晶体层的熔液消耗最小，Hg熔液的体积必须比（原文错将than印为then。——译者注）Te熔液多（一般约20kg）。这就意味着不再使用滑块生长法，并研发出利用大的浸渍槽完成Hg熔液外延生长。Hg溶液技术的优点是：由于容易使熔体沉淀分离，所以，能够生产具有良好表面形状的晶层。最近，额外有两个的新特性被确认为是由LPE技术制造出高性能、双层异质结（DLHJ）光敏二极管的重要性质；低液相温度（<400℃）使得保护层的生长工序成为可能，也使得生长过程中很容易将p类和n类两种温度稳定的杂质掺合在一起，如As、Sb和In。

20世纪90年代初期，液相外延（LPE）晶体生长技术替代了体生长技术，现已是制造第一代和第二代探测器非常成熟的生产技术。然而，第三代探测器需要的各种先进HgCdTe结构限制了LPE技术的使用。一般地，由于较高的生长温度，LPE技术每次都要熔化掉一层薄薄的基础材料，再额外生长一层。此外，在某些情况中，由于相互扩散，在p^+-on-n结基层中x值的梯度变化会对载流子传输形成势垒。这些限制为气相外延（VPE）技术，尤其是分子束外延技术（MBE）和金属有机化学气相沉积（MOCVD）技术提供了机会。

已经应用各种气相外延技术生长$Hg_{1-x}Cd_xTe$层，最早使用的方法是由法国科学家发明的等温气相外延生长技术（Isothermal VPE，ISOVPE）[48]。这是一种较简单、准平衡生长技术。在较高温度下（400~600℃），根据蒸发-冷凝机理，HgTe从原材料（HgTe或$Hg_{1-x}Cd_xTe$）转移到基板。由于在层的形成过程中存在沉积材料与基板材料的相互扩散的现象，所以，该方法的一个固有性质是深层分级。

采用分子束外延（MBE）和金属有机化学气相沉积（MOCVD）技术生长HgCdTe始于20世纪80年代初期，在III-V族半导体材料中使用这两种方法已经相当成熟。经过以后十年的探索，研究出许多金属有机成分，并设计出各种反应室（或反应箱）[49,50]。采用直接合金生长法（Direct Alloy Growth，DAG）和相互扩散多层工艺（Interdiffused Multilayer Process，IMP）两种替代工艺中的一种就可以实现HgCdTe的MOCVD生长。DAG法面临着几个严重问题，主要是由于HgTe和CdTe的稳定性完全不同，以及Te前驱物与Cd烷基的反应度要比与金属Hg的更强。IMP技术能够克服这些困难[51]。由CdTe和HgTe组成的逐层是由两层的厚度约为$0.1\mu m$的晶体层连续制备的。在生长期间或生长结束时现场短期退火期间，这些晶体层被沉积下来，并相互扩散。当CdTe生长周期内，并使Cd/Te通量比大于1，此时采用IMP就比较容易激活As、Sb和In[52]。与In相比，碘是一种更稳定的施主掺杂物，可用来将局部掺杂控制在3×10^{14}~$2\times10^{17}cm^{-3}$范围内，当按照标准的化学计量退火时会100%被激活[53]。

采用含有Hg、Te_2和CdTe的隙流束源可以实现使用MBE技术生长HgCdTe。一台专门设计的Hg源炉成功克服了生长温度下Hg的粘附系数低所致的问题[54-56]。在采用MBE技术生长HgCdTe过程中，表面生长温度在扩展缺陷方面起着重要作用。优化后的生长温度是185~190℃。低于此温度时，由于Hg的粘附系数随着温度的下降而增大，所以，表面存有过量的Hg，形成显微孪晶缺陷，这对于外延层和器件的电学性质起着决定作用，在上述条件下生长出材料的蚀刻坑密度（Etch Pit Density，EPD）较高（10^6~$10^7 cm^{-2}$）。若在相同条件下生长温度升在190℃以上，则表面缺Hg，形成空洞型缺陷。目前，在最佳优化Hg/Te_2通量生长条件下，已观察到的最低空洞型缺陷浓度约为$100cm^{-2}$。灰尘颗粒和/或与基板有关的表面瑕疵或许能够解释这种现象。在这些条件下生长出的外延层的蚀刻坑密度值较低（10^4

~$10^5 cm^{-2}$)。为了改善 MBE 工艺期间的合成过程和降低激活所需的温度,在 As 和 Sb 掺杂方面花费了大量精力。在高质量 MBE 晶体生长所需的温度下,不可能达到金属饱和条件。高温下必须激活受主掺杂物的要求,抵消了低温生长带来的益处。最近,对于 As 浓度为 $2 \times 10^{18} cm^{-2}$ 的情况下,采用 300℃ 激活退火,接着 250℃ 化学计量退火,可以达到近 100% 的激活[57]。

目前,MBE 技术是生长 HgCdTe 的主要气相方法,在超高真空环境下可以实现低温生长,现场进行 n 和 p 类掺杂,控制成分、掺杂和界面分布。现在,MBE 技术是生长雪崩光敏二极管和多色探测器复杂层结构的首选方法。尽管 MBE 材料的质量还不能等同于 LPE 的,但在过去十年,已经有了很大进步。其成功的关键是具有高掺杂能力,以及将蚀刻坑密度(EPD)降低到 $10^5 cm^{-2}$ 以下。

MBE 的生长温度低于 200℃,而 MOCVD 的是 350℃ 左右。由于较高生长温度下形成 Hg 空位,所以,在 MOCVD 技术中控制 p 类掺杂比较困难。砷是 p 类层的首选掺杂物,而铟是 n 类层的理想掺杂物。几个实验室同时报道了使用纯度约为 $10^{14} cm^{-3}$ 生长未掺杂 MOCVD 和 MBE 层的研究成果。尽管结果表明这样的纯度会有一些提高,但从商业供应商购买的源材料纯度已经足够了。采用这两种方法尚存问题是孪晶的形成、生长之前要求非常好地处理表面、非受控掺杂、错位密度以及成分不均匀。

利用 MBE 和 MOCVD 技术将 HgCdTe 薄膜生长在 CdZnTe 基板上,可以得到报道的最低载流子浓度和最长寿命。一般地,采用改进型垂直和水平无晶籽布里奇曼(Bridgman)技术生长基板,准晶格匹配 CdZnTe 基板具有严重缺点,如尺寸小、生产成本高。更为重要的是,CdZnTe 基板与硅读出集成电路的热膨胀系数相差较大。此外,对大尺寸二维红外焦平面阵列(1024×1024 或者更大)的需求已经限制了 CdZnTe 基板的应用。目前,可以批量生产的 CdZnTe 基板局限于面积约 $50 cm^2$,该尺寸晶片最多容纳两个 1024×1024 焦平面阵列。对该尺寸基板上超大型幅面焦平面阵列(2048×2048 或者更大),甚至不能容下单个芯片。

降低基板成本的可行方法是使用混合基板,由体晶体晶片层压结构组成,并覆盖一层缓冲晶格匹配层。替代基板主要有四个问题:晶格失配、成核现象、热膨胀失配和多数成分污染[58,59]。体 Si、GaAs 和蓝宝石是完全适用于 $Hg_{1-x}Cd_xTe$ 基板的高质量、低成本晶体,缓冲层是几微米厚的 CdTe 或(CdZn)Te,采用现场(in situ)或者异地(ex situ)非平衡生长,一般采用气相生长。美国罗克韦尔(Rockwell)国际公司首先验证了将高质量 $Hg_{1-x}Cd_xTe$ 生长在混合基板上的可行性,这种技术称为 CdTe 外延可生产替代法(Producible Alternative to CdTe for Epitaxy,PACE)[60,61],采用的基板是 CdTe/蓝宝石(PACE1)、CdTe/GaAs(PACE2)和 Si/GaAs/CdZnTe(PACE3)。

蓝宝石已广泛用作 HgCdTe 外延生长技术中的基板。在该情况中,生长 HgCdTe 之前,就将 CdTe(CdZnTe)薄膜沉积在蓝宝石上。这种基板具有良好的物理性质,可以购买到大尺寸晶片。采用 CdTe 缓冲层容许与 HgCdTe 有大的晶格失配。蓝宝石在紫外(UV)到约 $6\mu m$ 的光谱范围内是透明的,并且,已经应用在背侧照明短波红外(SWIR)和中波红外(MWIR)探测器中(由于 $6\mu m$ 波长之外不透明,所以,不适合背侧照明长波红外阵列)。

对于 $8 \sim 12\mu m$ 长波红外波段,CdTe/GaAs(PACE2)已经开发出以 GaAs 为基板的探测器[62]。由于 GaAs 的热膨胀系数与 CdZnTe 的相当,所以,除非使用 GaAs 读出电路,否则,这些 PACE2 焦平面阵列会与以 CdZnTe 为基础的混合结构具有同样的尺寸限制。此外,

GaAs 初始层会造成 II-VI 薄膜的 Ga 污染,并造成不希望的成本增加和工艺复杂化。最近发表的论文指出,利用 CdZnTe 缓冲层可以解决 Ga 污染问题[63]。

在红外焦平面阵列技术中使用 Si 基板是非常具有吸引力的,不仅因为这种材料便宜和适用于大尺寸晶片,而且由于硅基板与焦平面阵列中硅读出电路的耦合使其可以制造具有长期热循环稳定性的很大尺寸阵列。7cm×7cm 体 CdZnTe 基板是最大的商业可用基板,并且不太可能提高到比目前尺寸更大。6 英寸硅基板的价格约为$100,而 7cm×7cm CdZnTe 基板约为 10000,所以,HgCdTe/Si 的巨大优越性是很明显的[64]。尽管 CdTe 与 Si 之间有较大的晶格失配(≈19%),但已经应用 MBE 技术在 Si 上成功地异质外延生长出 CdTe。对 Si(211)B 基板和 CdTe/ZnTe 缓冲层采用最佳生长条件,已得到蚀刻坑密度(EPD)为 $10^6 cm^{-2}$ 的外延层。该 EPD 值对中波红外和长波红外 HgCdTe/Si 探测器的影响很小[64,65]。通过比较,利用 MBE 或 LPE 技术在体 HgZnTe 上生长的 HgCdTe 外延层的 EPD 的数值范围为 10^4 ~ 约 $5 \times 10^5 cm^{-2}$。在此范围内,可以忽略错位密度对探测器性能的影响。对于 Si 基板上 HgCdTe,在温度 77K 时,二极管在长波红外光谱范围截止波长处的性能可以与体 CdZnTe 基板相比拟[65]。

14.2.3 缺陷和杂质

固有缺陷的性质及杂质掺和的性质仍是研究的热点。许多综述文章已对体晶体和外延层缺陷的诸多性质做了阐述,如电活性、分凝现象、电离化能量、扩散性和载流子寿命[66-73]。

14.2.3.1 固有缺陷

利用类化学(quasichemical)方法可以解释未掺杂的和掺杂的 $Hg_{1-x}Cd_xTe$ 的缺陷结构[74-79]。$Hg_{1-x}Cd_xTe$ 中占主要优势的固有缺陷是与金属晶格空位有关的双电离化受主。一些直接测量显示具有比霍尔测量更大的空位浓度,表明大部分空位是中性的[80]。

与大量的早期发现相比,现在可以确定,固有施主缺陷浓度可以忽略不计。生长态未掺杂和纯 $Hg_{1-x}Cd_xTe$,包括利用富汞 LPE 技术生长的晶体,总是呈现出 p 类电导特性,空穴浓度取决于生长过程中与空位浓度相对应的成分、生长温度和汞压力。

在 Te 饱和的 $Hg_{1-x}Cd_xTe$ 条件下,空位的平衡浓度和汞压力为

$$c_v = (5.08 \times 10^{27} + 1.1 \times 10^{28} x) P_{Hg}^{-1} \exp\left(\frac{-(1.29 + 1.36x - 1.8x^2 + 1.375x^3)\text{eV}}{kT}\right)$$
(14.1)

式中,c_v 的单位为 cm^{-3}。

$$P_{Hg} = 1.32 \times 10^5 \exp\left(-\frac{0.635\text{eV}}{kT}\right)$$
(14.2)

式中,P_{Hg} 的单位为 atm。

Hg 饱和的 $Hg_{1-x}Cd_xTe$ 的汞压力接近饱和汞压力,为

$$p_{Hg} = (5.0 \times 10^6 + 5.0 \times 10^6 x) \exp\left(\frac{-0.99 + 0.25x}{kT}\text{eV}\right)$$
(14.3)

图 14.9 所示为空穴浓度与局部 Hg 压力的函数关系,与类化学方法对窄带隙 $Hg_{1-x}Cd_xTe$ 的预估结果一致,而局部 Hg 压力与固有受主浓度是 $1/p_{Hg}$ 的依赖关系[68]。由于填充了空位,所以,在汞蒸气中退火降低了空穴浓度。汞蒸气中低温退火(<300℃)会暴露本底杂质程

度,在某些晶体中造成 p 到 n 的转换。例如,图 14.10 所示的 $Hg_{0.80}Cd_{0.20}Te$ 均匀分布空穴浓度曲线,表明了在两种不同温度和局部 Hg 压力条件下得到相同空穴浓度的可能性[69],在 $T = 300℃$ 和 $p_{Hg} = 7 \times 10^{-2} atm$,或者 $T = 200℃$ 和 $p_{Hg} = 7 \times 10^{-5} atm$ 条件下退火可以得到大约 $10^{15} cm^{-3}$ 的空位浓度,使用较低温度退火得到的 Hg 间隙浓度也较低。如果汞间隙是肖克莱-里德(Shockley-Read)中心的,那么,即使两种样本材料中的汞空位浓度相同,在较低温度下制备的材料的少数载流子寿命应比最高温度下制备的材料更长。

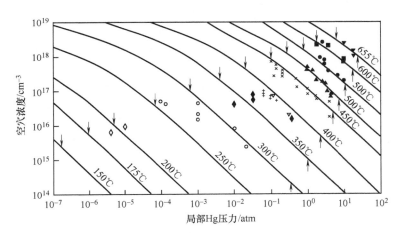

图 14.9 根据类化学法计算出 $Hg_{1-x}Cd_xTe$(原文错印为 Hg0.80Cd0.20Te)在温度 77K 时的空位浓度,是汞局部压力和退火温度(150℃~655℃)的函数(其中,箭头表示材料存在的区域)
(资料源自:Vydyanath, H. R., Journal of Vacuum Science and Technology, B9, 1716-23, 1991)

具有较高残余施主浓度的材料在较高温度下转成 n 类材料,并显示出更高的电子浓度。Te 沉积会造成不希望的影响[81],会促使主要杂质超过汞,不再保持 p 类核心特性。继续退火,这些杂质会在晶片中重新分配,使整个样片材料转为 p 类。许多方面的影响都会造成不希望的 n 类性质的污染,如冷却期间形成表面层、应力、错位、孪晶现象、晶界、基板取向、氧化或许还有其它参数。

固有缺陷对扩散特性有着重要作用[82]。即使在低温下,空位也有非常高的扩散性。例如,150~200℃ 温度下,在 $10^{16} cm^{-3}$ 材料中形成几微米深的结只需大约 15min,对应着 10^{16} cm^{-2}/s 数量级的扩散常数。存在错位甚至会进一步增大空位迁移率,而存在 Te 沉积可能会延缓汞进入晶格的程度。

14.2.3.2 掺杂物

卡珀(Capper)已经广泛地评述过掺杂物的电学性质[70]。对于金属晶格位上 III 族晶群以及 Te 晶格位中 VII 族晶群,期望它们是施主特性的。由于铟具有高可溶性和中高扩散能力,所以,最经常用作 n 类掺杂物以便进行良好控制。假设在低($<10^{18} cm^{-3}$)浓度下,铟作为单可电离化施主掺入,占据金属晶格位,在高铟浓度情况下,铟作为中性复合物 In_2Te_3 掺入。一般地,体材料是直接加入到金属中完成掺杂,在外延生长中,经常通过扩散掺杂铟。多年来,铟已经成为 n 类光电导体以及光敏二极管 n 类侧的接触层材料。

在 VII 族元素中,只有 I 占据 Te 位证明是良好的施主,浓度范围是 $10^{15} \sim 10^{18}$ cm^{-3}[72,83]。已经发现,电子浓度随汞压力而增大。希望受主行为是 I 族元素(Ag、Cu 和

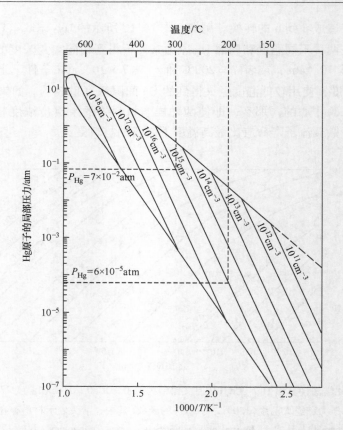

图 14.10 $Hg_{0.80}Cd_{0.20}Te$ 均匀分布空穴的浓度曲线（表明在两种不同温度和局部汞压力环境下退火获得相同空穴浓度的可能性）

（资料源自：Vydyanath, H. R., Journal of Crystal Growth, 161, 64-72, 1996）

Au）替代金属晶格位和 V 族元素（P、As、Sb 和 Bi）代替 Te 晶格位。

Ag、Cu 和 Au 是浅单受主[66,70]，是限制器件应用的超快扩散体。室温下，Ag 会大量的扩散，Cu 则更大[84]。获得的空穴浓度大约等于 Cu 的浓度，可以高达 $10^{19}cm^{-3}$。而 Au 的行为比较复杂。尽管已经证明适用于接触层，但 Au 作为受控受主似乎不太有用。

已经确定了 V 族元素（P、As 和 Sb）的双重性质（碱性和酸性）[69,72]，是代替 Te 位的受主，而在金属位中是施主。所以，为了在 Te 位中引入掺杂物，必须满足富金属条件。至今为止，证明 As 是形成稳定结的最成功 p 类掺杂物[85-88]，主要优点是具有很低的扩散度、高晶格中的稳定性、低激活能量以及在一个宽范围内（$10^{15} \sim 10^{18} cm^{-3}$）有希望控制浓度。目前正着力研究的内容是降低为激活 As 作为受主所需要的高温（400℃）和高 Hg 压力。

14.3 HgCdTe 的基本性质

HgCdTe 三元合金是近乎理想的红外探测器材料体系。下述三个重要性质决定了其所处的地位[89]：

- 1～30μm 可调整的能带隙范围。

- 能够产生高量子效率的大光学系数。
- 有利的内在复合机理，从而导致高工作温度（High Operating Temperature，HOT）。

这些性质是形成闪锌矿半导体能带结构的直接结果。此外，HgCdTe 特有的优点是具有低和高两种载流子浓度、高电子迁移率和低介电常数。晶格常数随成分具有特别小的变化，这种性质有可能生长出高质量分层和分级的带隙结构，因此，HgCdTe 可以应用于不同工作模式的探测器（光导体、光敏二极管或者金属-绝缘体-半导体（MIS）探测器）。

表 14.2 给出了 $Hg_{1-x}Cd_xTe$ 各种材料的性质汇总[89]。表 14.3 对 HgCdTe 和红外探测器制造使用的其它窄带隙半导体的重要参数进行了比较。

表 14.2　$Hg_{1-x}Cd_xTe$ 三元合金材料性质汇总（包括二元成分 HgTe 和 CdTe，以及在技术上非常重要的几种合金成分）

性质	HgTe	$Hg_{1-x}Cd_xTe$						CdTe
x	0	0.194	0.205	0.225	0.31	0.44	0.62	1.0
a/nm	0.6461 (77K)	0.6464 (77K)	0.6464 (77K)	0.6464 (77K)	0.6465 (140K)	0.6468 (200K)	0.6472 (250K)	0.6481 (300K)
E_g/eV	−0.261	0.073	0.091	0.123	0.272	0.474	0.749	1.490
λ_c/μm	—	16.9	13.6	10.1	4.6	2.6	1.7	0.8
n_i/cm^{-3}	—	1.9×10^{14}	5.8×10^{13}	6.3×10^{12}	3.7×10^{12}	7.1×10^{11}	3.1×10^{10}	4.1×10^5
m_c/m_0	—	0.006	0.007	0.010	0.021	0.035	0.053	0.102
g_c	—	−150	−118	−84	−33	−15	−7	−1.2
$\varepsilon_s/\varepsilon_0$	20.0	18.2	18.1	17.9	17.1	15.9	14.2	10.6
$\varepsilon_\infty/\varepsilon_0$	14.4	12.8	12.7	12.5	11.9	10.8	9.3	6.2
n_r	3.79	3.58	3.57	3.54	3.44	3.29	3.06	2.50
μ_e/(cm^2/(V s))	—	4.5×10^5	3.0×10^5	1.0×10^5	—	—	—	—
μ_{hh}(cm^2/(V s))	—	450	450	450	—	—	—	—
$b = \mu_e\mu_\eta$	—	1000	667	222	—	—	—	—
τ_R/μs	—	16.5	13.9	10.4	11.3	11.2	10.6	2
τ_{Al}/μs	—	0.45	0.85	1.8	39.6	453	4.75×10^3	—
$\tau_{typical}$/μs	—	0.4	0.8	1	7	—	—	—
E_p/eV	19							
Δ/eV	0.093							
m_{hh}/m_0	0.40 ~ 0.53							
ΔE_v/eV	0.35 ~ 0.55							

注：τ_R 和 τ_{Al} 是针对 $N_d = 1 \times 10^{15}$ cm^{-3} 的 n 类 HgCdTe 的计算值，最后四种材料性质与合金成分无关或者对其不太敏感。

译者注：a 的单位（原文中为"埃"）已经转化为国际标准单位 nm。

（资料源自：M. B., Reine, Encyclopedio of Modern Optics, Academic Press, London, 2004）

表 14.3 窄带隙半导体的物理性质

材料	E_g/eV		n_i/cm^{-3}		ε	μ_e/(cm^2/(V s))		μ_h/(cm^2/(V s))	
	77K	300K	77K	300K		77K	300K	77K	300K
InAs	0.414	0.359	6.5×10^3	9.3×10^{14}	14.5	8	3	0.07	0.02
InSb	0.228	0.18	2.6×10^9	1.9×10^{16}	17.9	100	8	1	0.08
In$_{0.53}$Ga$_{0.47}$As	0.66	0.75		5.4×10^{11}	14.6	7	1.38		0.05
PbS	0.31	0.42	3×10^7	1.0×10^{15}	172	1.5	0.05	1.5	0.06
PbSe	0.17	0.28	6×10^{11}	2.0×10^{16}	227	3	0.10	3	0.10
PbTe	0.22	0.31	1.5×10^{10}	1.5×10^{16}	428	3	0.17	2	0.08
Pb$_{1-x}$Sn$_x$Te	0.1	0.1	3.0×10^{13}	2.0×10^{16}	400	3	0.12	2	0.08
Hg$_{1-x}$Cd$_x$Te	0.1	0.1	3.2×10^{13}	2.3×10^{16}	18.0	20	1	0.044	0.01
Hg$_{1-x}$Cd$_x$Te	0.25	0.25	7.2×10^8	2.3×10^{15}	16.7	8	0.6	0.044	0.01

14.3.1 能带隙

Hg$_{1-x}$Cd$_x$Te 的电子和光学性质取决于布里渊区 $\varGamma$ 点附近的带隙结构,与 InSb 方式基本相同,电子带和轻质空穴带的形状取决于 kp 相互作用,因而也取决于能隙和动量矩阵元。这种复合材料在 4.2K 温度时的能隙范围从半金属 HgTe 的 -0.300eV,在 $x \approx 0.15$ 处经过零点,一直到 CdTe 的 1.648eV。

图 14.11 给出了 Hg$_{1-x}$Cd$_x$Te 带隙 $E_g(x, T)$ 在温度 77K 和 300K 时与合金成分参数 x 的关系曲线,并给出了截止波长 $\lambda_c(x, T)$。在此截止波长定义为响应下降至峰值 50% 处的波长。

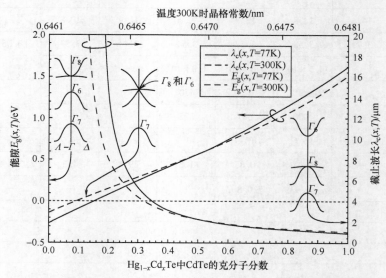

图 14.11　$\varGamma$ 点附近三种不同禁能隙值时 Hg$_{1-x}$Cd$_x$Te 的带隙结构
(根据 $\varGamma = 0$ 处 $\varGamma_6$ 与 $\varGamma_8$ 极值间的差确定能带隙)

目前,正使用一些近似表达 $E_g(x, T)$ 的计算公式[73],最广泛使用的是汉森(Hansen)等人给出的表达式[90]:

$$E_g = -0.302 + 1.93x - 0.81x^2 + 0.832x^3 + 5.35 \times 10^{-4}(1-2x)T \quad (14.4)$$

式中，E_g 单位为 eV；T 单位为 K。

计算本征载流子浓度最广泛使用的公式是汉森（Hansen）和施密特（Schmit）推导的表达式[91]。其中，利用他们自己推导的 $E_g(x,T)$ 关系，即式（14.4），以及 kp 法，若重空穴有效质量比取 $0.443m_0$，则有：

$$n_i = (5.585 - 3.82x + 0.001753T - 0.001364xT) \times 10^{14} E_g^{3/4} T^{3/2} \exp\left(-\frac{E_g}{2kT}\right) \quad (14.5)$$

窄带隙汞复合材料中电子 m_e^* 和轻质空穴 m_{lh}^* 的有效质量相近，并可以根据凯恩（Kane）模型确定。在此，采用维勒（Weiler）表达式[92]：

$$\frac{m_0}{m_e^*} = 1 + 2F + \frac{E_p}{3}\left(\frac{2}{E_g} + \frac{1}{E_g + \Delta}\right) \quad (14.6)$$

式中，$E_p = 19\text{eV}$；$\Delta = 1\text{eV}$；$F = -0.8$。该关系式可近似表示为 $m_e^*/m \approx 0.071 E_g$。其中，$E_g$ 单位为 eV。重空穴 m_{hh}^* 的有效质量大，测量值范围是 $0.3 \sim 0.7 m_0$。$m_{hh}^* = 0.55 m_0$ 常用于对红外探测器建模。

14.3.2 迁移率

由于有效质量小，所以，HgCdTe 中电子迁移率相当高，而重质空穴的迁移率低两个数量级，一些散射机理主导着电子的迁移率[93-96]。迁移率对成分 x 的依赖性主要源自带隙对 x 的依赖性，而对温度的依赖关系取决于与温度有关的各种散射机理间的竞争。

HgCdTe 中电子迁移率主要取决于低温下离子化杂质散射（CC）及高于低温区时极性纵光学声子散射（PO），如图 14.12a 所示[97]。图 14.12b 所示为未掺杂和掺杂材料在温度 77K 和 300K 时迁移率与成分的关系。在半导体-半金属转换附近可以观察到高纯度材料的超高迁移率值，看来，该理论正确地阐述了最高的迁移率。对于 $\text{Hg}_{0.78}\text{Cd}_{0.22}\text{Te}$ 液相外延生长层，若是 n 类材料，电离化杂质散射开始起主导作用的阈值载流子浓度约为 $1 \times 10^{16} \text{cm}^{-3}$；p 类材料，约为 $1 \times 10^{17} \text{cm}^{-3}$[98]。在绘制电子迁移率相对于温度的曲线时，特别对液相外延生长的材料，在温度 $T<100\text{K}$ 范围内，常常呈现很宽的峰值，而由高质量体材料得到的迁移率数据并没有这种峰值特性。相信，这些峰值与带电中心的散射有关，或者与材料不均匀性密切相关的反常电特性有关[96]。

对空穴传输特性的研究远少于对电子的研究，原因是由于其具有较低的迁移率，所以，空穴对电传导的贡献也较小。在传输测量中，即使对 p 类材料，电子贡献量也往往占优势，除非电子密度足够低。雅达瓦（Yadava）等人已经综合分析了 $\text{Hg}_{1-x}\text{Cd}_x\text{Te}(x=0.2\sim0.4)$ 中不同空穴的散射机理[99]。他们并得出结论：重质空穴迁移率在很大程度上受控于电离杂质的散射，除非低于 50K 的应力场或错位散射，或者高于 200K 的极性散射，成为主要散射。轻质空穴迁移率主要受控于声子散射。图 14.13 给出了 $\text{Hg}_{1-x}\text{Cd}_x\text{Te}(0.0 \leq x \leq 0.4)$ 中空穴迁移率的相关数据[100]。

若材料成分范围是 $0.2 \leq x \leq 0.6$，温度 $T>50\text{K}$，则 $\text{Hg}_{1-x}\text{Cd}_x\text{Te}$ 的电子迁移率（单位为 $\text{cm}^2/(\text{V}\cdot\text{s})$）可以近似表示为

$$\mu_e = \frac{9 \times 10^8 s}{T^{2r}} \quad (14.7)$$

式中，$r = (0.2/x)^{0.6}$；$s = (0.2/x)^{7.5}$。

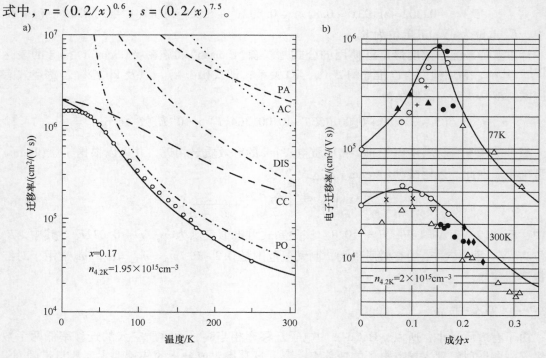

图 14.12　电子迁移率

a) 电子迁移率与温度的关系：实线是理论上假设的混合散射模式，包括带电中心（CC）、极性纵光学（PO）、杂乱（DIS）、声（AC）和压声（PA）散射模式

b) 与温度 77K 和 300K 时成分的关系：曲线是在 4.2K、电子浓度为 条件下计算所得，近似对应浓度条件下的试验点数据取自不同的研究成果

（资料源自：Dubowski, J., Dietl, T., Szymańska, W., and Galazka, R.R., Journal of Physics and Chemistry of Solids, 42, 351-63, 1981）

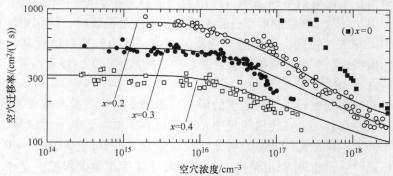

图 14.13　温度 77K 下 $Hg_{1-x}Cd_xTe$ 空穴迁移率与浓度的函数关系（实线代表计算数据，已经考虑到组合晶格和电离化杂质的散射）

（资料源自：Nelson, D.A., Higgins, W.M., Lancaster, R.A., Roy, R., and Vydyanath, H.R., Extanded Abstracts of U.S. Workshop on Physics and Chemistry of Mercury Cadmium Telluride, p. 175, Minneapolis, Minnesota, October 28-30, 1981）

希金斯（Higgins）等人为他们研究的很高质量熔液生长材料样品提供了一个经验公

式[102],显示300K温度下 μ_e 随 x 的变化(适合于 $0.18 \leq x \leq 0.25$):

$$\mu_e = 10^{-4}(8.754x - 1.044)^{-1} \quad \text{单位为 cm}^2/(\text{V s}) \tag{14.8}$$

室温下的空穴迁移率范围为 $40 \sim 80 \text{cm}^2/(\text{V s})$,并对温度的依赖性较弱,温度77K下空穴迁移率要高一个数量级。根据丹尼斯(Dennis)及其同事的研究[103],随着受主浓度增大,77K温度下空穴迁移率的测量值会下降,在 $0.20 \sim 0.30$ 成分范围内,可以得到下面的经验表达式:

$$\mu_h = \mu_0 \left[1 + \left(\frac{p}{1.8 \times 10^{17}} \right)^2 \right]^{-1/4} \tag{14.9}$$

式中, $\mu_0 = 440 \text{cm}^2/(\text{V s})$。

为了对红外光电探测器建模,通常在计算空穴迁移率时假设电子-空穴迁移率比 $b = \mu_e/\mu_h$ 是常数,并等于100。

少数载流子迁移率是影响HgCdTe性能的基本材料性质之一,还包括载流子浓度、成分和少数载流子寿命。对于受主浓度 $<10^{15} \text{cm}^{-3}$ 的材料,许多论文的研究结果给出的电子迁移率与n类HgCdTe[$\mu_e(n)$]中的数据相差无几。随着受主浓度增加,对n类电子迁移率的偏离越大,所以,对于p类材料[$\mu_e(p)$]会有较低的电子迁移率。一般地,若 $x = 0.2$ 和 $N_a = 10^{16} \text{cm}^{-3}$,则 $\mu_e(p)/\mu_e(n) = 0.5 \sim 0.7$;而当 $x = 0.2$ 和浓度 $N_a = 10^{17} \text{cm}^{-3}$,则 $\mu_e(p)/\mu_e(n) = 0.25 \sim 0.33$;然而,若 $x = 0.3$,则 $\mu_e(p)/\mu_e(n)$ 的变化范围从 $N_a = 10^{16} \text{cm}^{-3}$ 时的0.8 到 $N_a = 10^{17} \text{cm}^{-3}$ 时的0.9[104]。已经发现,温度高于200K时,外延p类HgCdTe层的电子迁移率与n类层中的直接测量值只有极小差别。

14.3.3 光学性质

对HgCdTe光学性质的研究主要集中在带隙附近光学能量方面[25,105]。所公布的各个与吸收系数有关的结果之间仍存在较大的不一致,原因是它们有不同的固有缺陷和杂质浓度、不均匀的成分和掺杂、样片材料厚度不均匀、机械应力及不同的表面处理方式。

在大部分复合材料半导体中,带结构非常近似于抛物线能量与动量色散的关系。因此,光学吸收系数与遵守电子态密度(规律)的能量具有二次方根倍数的函数关系,常常称为凯恩(Kane)模式[106]。对类似于InAs带结构的半导体,例如 $\text{Hg}_{1-x}\text{Cd}_x\text{Te}$,可以计算出上述的带隙吸收系数,包括莫斯-布尔斯坦(Moss-Burstein)效应,安德森(Anderson)已经推导出相应的表达式[107]。贝蒂(Beattie)和怀特(White)则直接为窄带隙半导体中带-带间辐射跃迁几率提出一种广泛应用的解析近似表达式[108]。

在高质量材料中,短波红外区吸收系数的测量值与凯恩(Kane)模式的计算值相当吻合,而在长波区边缘,由于出现吸收拖尾现象,一直延长至比能隙更低的能量处,因而情况变得比较复杂,这种拖尾现象归因于材料成分混乱。根据菲科曼(Finkman)和沙哈姆(Schacham)的研究[109],吸收拖尾遵从改进型乌尔巴赫(Urbach)规则:

$$\alpha = \alpha_0 \exp \left[\frac{\sigma(E - E_0)}{T + T_0} \right] \quad \text{单位为 cm}^{-1} \tag{14.10}$$

式中, T 的单位为K; E 的单位为eV; $\alpha_0 = \exp(53.61x - 18.88)$; $E_0 = -0.3424 + 1.838x + 0.148x^2$,单位为eV; $T_0 = 81.9$,单位为K; $\sigma = 3.267 \times 10^4(1 + x)$,单位为K/eV,是随成分平稳变化的拟合参数。在温度 $80 \sim 300$K 采用成分 $x = 0.215$ 和 $x = 1$,数据完成拟合。

假设高能量吸收系数可以表示为

$$\alpha(h\nu) = \beta(h\nu - E_g)^{1/2} \qquad (14.11)$$

许多研究者假设,该规则可以应用于 HgCdTe。例如,沙哈姆(Schacham)和菲科曼(Finkman)采用拟合参数 $\beta = 2.109 \times 10^5 [(1+x)/(81.9+T)]^{1/2}$,该参数是成分和温度的函数[110]。用于确定能隙位置的最方便方法是利用拐点,就是说,当带-带转换遇到较弱的乌尔巴赫(Urbach)贡献时,希望斜率 $\alpha(h\nu)$ 有大的变化,为了减缓确定带-带转换起始位置的难度,带隙定义为 $\alpha(h\nu) = 500 \text{cm}^{-1}$ 时的能量值[109]。沙哈姆(Schacham)和菲科曼(Finkman)分析了交叉点并建议最好选择 $\alpha = 800 \text{cm}^{-1}$[110]。霍根(Hougen)分析了 n 类液相外延生长层的吸收数据,并给出最佳公式 $\alpha = 100 + 5000x$[111]。

楚(Chu)等人[112]对凯恩(Kane)和乌尔巴赫(Urbach)拖尾区的吸收系数给出了类似的经验公式,采纳下面形式的改进型乌尔巴赫(Urbach)规则:

$$\alpha = \alpha_0 \exp\left[\frac{\delta(E - E_0)}{kT}\right] \qquad (14.12)$$

式中

$$\ln\alpha_0 = -18.5 + 45.68x$$
$$E_0 = -0.355 + 1.77x$$
$$\delta/kT = (\ln\alpha_g - \ln\alpha_0)/(E_g - E_0)$$
$$\alpha_g = -65 + 1.88T + (8694 - 10.315T)x$$
$$E_g(x, T) = -0.295 + 1.87x - 0.28x^2 + 10^{-4}(6 - 14x + 3x^2)T + 0.35x^4$$

参数 α_g 的意义是带隙能量 $E = E_g$ 时的吸收系数,即 $\alpha = \alpha_g$。当 $E < E_g$ 时,$\alpha < \alpha_g$,吸收系数遵守式(4.12)中乌尔巴赫(Urbach)规则。

楚(Chu)等人[113]也给出了一个计算凯恩区本征光学吸收系数的经验公式:

$$\alpha = \alpha_g \exp[\beta(E - E_g)]^{1/2} \qquad (14.13)$$

式中,参数 β 取决于合金成分和温度,$\beta(x, T) = -1 + 0.083T + (21 - 0.13T)x$。扩展方程式(14.13)有一个符合抛物带 α 与 E 之间二次方根定律(参考式(14.11))的线性项 $(E - E_g)^{1/2}$。

图 14.14 给出了温度 77K 和 300K 条件下 $Hg_{1-x}Cd_xTe$(其中,$x = 0.170 \sim 0.443$)本征吸收光谱。由于传导带有效质量减小及吸收系数对波长 λ 呈 $\lambda^{-1/2}$ 的依赖关系两方面原因,一般随带隙变小,吸收强度将减弱。可以看出,根据夏尔马(Sharma)及其同事的观点及按照式(14.13)计算出的凯恩曲线平直部分与由式(14.12)计算的拐点 α_g 处乌尔巴赫(Urbach)吸收拖尾有着密切联系。由于安德森(Anderson)模型并没有包含拖尾效应[107],所以,根据该模型计算出的曲线在与 E_g 相邻的能量处急剧下降。若温度 300K,则吸收系数高于 α_g 的曲线形状几乎具有相同的趋势,然而,楚(Chu)等人给出的表达式(式(14.12))与实验数据具有更好的一致性。若温度 77K,则根据安德森(Anderson)和楚(Chu)等人给出的公式绘制的曲线都与测量值一致,但对夏尔马(Sharma)等人给出的经验抛物线规则出现了差异[114],并且,这些偏差会随 x 减小而增大,带的非抛物面度随温度或 x 减小而增大,引起实验结果与二次方根定律间的差异增大。对于成分 x 在 $0.170 \sim 0.443$ 和温度在 $4.2 \sim 300K$ 的 $Hg_{1-x}Cd_xTe$,楚(Chu)等人的经验公式和安德森(Anderson)模型都与试验数据有很好的一致,但安德森模型不能解释 E_g 附近的吸收[115]。

最近的研究提出[116,117]窄带隙半导体,如 HgCdTe,更类似双曲线带结构关系,吸收系

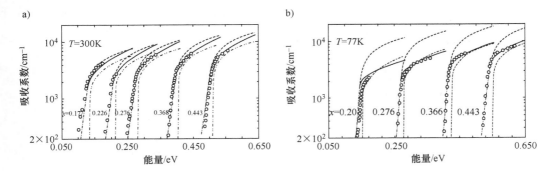

图 14.14 $Hg_{1-x}Cd_xTe$ 材料的本征吸收光谱(其中，$x=0.170\sim0.443$)

a) 温度 300K b) 温度 77K

(资料源自：Chu, J., Mi, Z., and Tang, D., Journal of Applied Physics, 71, 3955-61, 1992; Chu, J., Li, B., Liu, K., and Tang, D., Journal of Applied Physics, 75, 1234-35, 1994)

[虚线-双点划线曲线是根据安德森模型汇成；虚线-单点划线源自 Sharma, R. K., Verma, D., and Sharma, B. B., Infrared Physics & Technology, 35, 673-80, 1994；实线源自(楚 Chu)等人的式(14.13)；低于 E_g 的虚线源自式(14.12)(资料源自：Li, B., Chu, J. H., Chang, Y., Gui, Y. S., and Tang, D. Y., Infrared Pgysics & Technology, 37, 525-31, 1996)]

数为

$$\alpha = \frac{K\sqrt{(E-E_g+c)^2-c^2}(E-E_g+c)}{E} \tag{14.14}$$

式中，c 为确定带结构双曲线弯曲的参数；K 为确定吸收系数绝对值的参数。最近，通过测量利用分子束外延(MBE)技术生长的、具有均匀成分的 HgCdTe 材料的光学性质，已经确认了理论预测结果[118,119]。根据确定两类区域间的转换点为式(4.10)和式(14.14)确定的吸收系数的带隙拖尾和双曲线区域选取出拟合参数。在此认为：吸收系数的微分在乌尔巴赫(Urbach)与双曲线区域之间具有一个最大值。图 14.15 给出了测量出的指数斜率参数值 $\sigma/(T+T_0)$ 与温度的关系，并将其与沙哈姆(Schacham)和菲科曼(Finkman)给出的值进行比较(其中，材料成分任意选择 $x=0.3$)[109]，如此选择材料成分对所得数值没有太大影响。在感兴趣的范围内(0.2 < x < 0.6)，沙哈姆(Schacham)和菲科曼(Finkman)给出的值对成分的依赖性很小，其中带尾参数 $\sigma/(T+T_0)$ 与 $(1+x)^3$ 成正比。该参数表明与成分没有明确关系，低温下的数据有很大的散点分布。随着温度升高令该参数值减小的趋势与热受激吸收过程中的增大现象一致，较低温度下得到的值更能表明晶体层的生长质量。

应当注意，上面讨论的表达式并没有考虑掺杂对吸收系数的影响，所以，在对长波非制冷器件建模时不是很有用。

$Hg_{1-x}Cd_xTe$ 及其密切相关的合金在低于吸收缘的情况下，会有较大的吸收能力，可能与导带和价带两种带内跃迁及价带间跃迁有关。这种吸收对光学生成电荷载流子没有贡献。

通常，利用克拉默斯(Kramers)和克勒尼希(Kronig)相互关系确立折射率对温度的依赖关系[120-122]。对于 x 变化范围 0.276~0.540 和温度范围 4.2~300K 的 $Hg_{1-x}Cd_xTe$，可以使用下面的经验公式[121]：

$$n(\lambda,T)^2 = A + \frac{B}{1-(C/\lambda)^2} + D\lambda^2 \tag{14.15}$$

式中，A、B、C 和 D 为拟合参数，随成分 x 和温度 T 变化。式(14.15)也可以应用于室温下 x 范围是 0.205~1 的 $Hg_{1-x}Cd_xTe$。

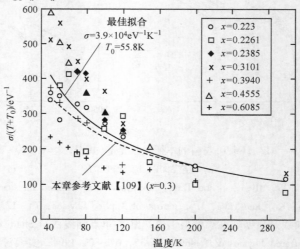

图 14.15 带尾参数 $\sigma/(T+T_0)$ 与温度的关系(其中包括三类情况：不同成分、以最佳总拟合为基础的模式以及 $x=0.3$ 条件下沙哈姆和菲科曼给出的值)

(资料源自：Finkman, E. and Schacham, S. E., Journal of Applied Physics, 56, 2896-2900, 1984; Moazzami, K., Phillips, J., Lee, D., Edwall, D., Carmody, M., Piquette, E., Zandian, M., and Arias, J., Journal of Electronic Materials, 33, 701-8, 2004)

一般地，根据评价 ε 实部和虚部时的反射率数据推导高频介电常数 ε_∞ 和静态常数 ε_0。介电常数与 x 并非线性函数，并且，在力所能及的实验范围内也没有观察到与温度的依赖关系[93]。可以利用下面公式表述这些关系：

$$\varepsilon_\infty = 15.2 - 15.6x + 8.2x^2 \tag{14.16}$$

$$\varepsilon_0 = 20.5 - 15.6x + 5.7x^2 \tag{14.17}$$

使用 $Hg_{1-x}Cd_xTe$ 探测器的主要问题之一是生产匀质材料。根据公式 $\lambda_c = 1.24/E_g(x)$ (其中，λ_c 单位为 μm，E_g 单位为 eV)，使人想起，x 的变化与截止波长有关。其中，根据式(14.4)能够得到 E_g，代入并重新整理后得到：

$$\lambda_c = \frac{1}{-0.244 + 1.556x + (4.31 \times 10^{-4})T(1-2x) - 0.65x^2 + 0.671x^3} \tag{14.18}$$

式中，λ_c 单位为 μm。对式(14.17)求导数，就使制造过程中的 x 变化与截止波长联系起来：

$$d\lambda_c = \lambda_c^2(1.556 - 8.62 \times 10^{-4}T - 1.3x + 2.013x^2)dx \tag{14.19}$$

图 14.16 给出了 x 变化 0.1% 造成截止波长的某些不确定性。x 值的这种变化是极高质量材料具有的性质。例如，对于短波红外(约 3μm)和中波红外(约 5μm)材料，截止波长变化不大；然而，对长波材料(约 20μm)，截止波长的不确定性变大，超过 0.5μm，不能忽略不计。这种响应变化会造成辐射定标问题，探测器所探测的将完全不是所期望的光谱区域。

采用吸收测量技术确定和设计体晶体及外延层成分可能是最通常的方法。一般地，对于厚样品材料(>0.1mm)，采用 50% 或者 1% 的起始波长[111,123-125]，而对较薄的材料曾采用过各种方法。根据希金斯(Higgins)等人对厚材料的研究[102]：

$$x = \frac{w_n(300K) + 923.3}{10683.98} \quad (14.20)$$

式中，w_n 为 1% 绝对透射率的起始波数。通常，根据与最大透射率的一半 $0.5T_{max}$ 相对应的波长确定外延层成分[124]。若是分级成分可能使讨论更为复杂[124]。

进行紫外和可见光反射率测量对确定成分，特别是描述表面(10~30nm 透过深度)区域特性很有帮助[125]。一般地，在 E_1 带隙位置测量峰值反射率，并根据实验表达式计算成分：

$$E_1 = 2.087 + 0.7109x + 0.1421x^2 + 0.3623x^3 \quad (14.21)$$

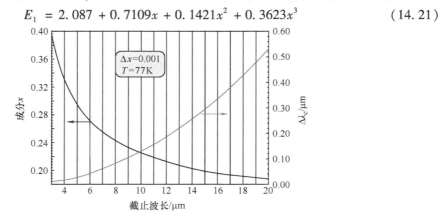

图 14.16　$Hg_{1-x}Cd_xTe$ 截止波长的变化(右侧 y 轴)与截止波长(x 轴)的函数关系
(晶体生长期间具有 $x=0.001$ 固定的成分波动)

14.3.4　热生成-复合过程

与复合过程相互作用的生成过程，直接影响光电探测器的性能，该过程要求在半导体中保持一个稳态载流子浓度以形成热和光激励，并常常决定着光生信号的动力学特性。许多文章都广泛讨论过半导体中的生成-复合过程[73,126,127]。在此，仅阐述与光电探测器性能直接相关的依赖关系。假设只是体过程，主要讨论窄带隙半导体中的三种热生成-复合过程：肖克莱-里德、辐射和俄歇生成-复合过程。

14.3.4.1　肖克莱-里德过程

由于是通过禁带能隙中的能级形成肖克莱-里德(Shockley-Read，SR)生成机理，所以 SR 生成并不是一种本征基本过程。据报道，n 类和 p 类两种材料的 SR 中心位置在从价带附近到导带附近的范围内处处均可。

SR 机理很可能是决定轻掺杂 n 类和 p 类 $Hg_{1-x}Cd_xTe$ 的寿命的，可能因素是与固有缺陷和残余杂质有关的 SR 中心。在载流子浓度低于 $10^{15}cm^{-3}$ 的 n 类材料($x = 0.20~0.21$，温度为 80K)中，以各种技术制造的材料的寿命有一个很宽的范围(0.4~8μs)[127]。当错位密度 $>5×10^5 cm^{-2}$ 时，错位密度也会影响复合时间[128-130]。

在 p 类 HgCdTe 中，通常将寿命随温度降低而缩短的原因归咎于 SR 机理。稳态低温光电导体的寿命一般远比暂态寿命短。低温寿命表现出完全不同的温度依赖关系，具有从 1ns 到 1μs 超过三个数量级的宽范围值($p ≈ 10^{16} cm^{-3}$，$x ≈ 0.2$，$T ≈ 77K$，空位掺杂)[127,131]。影响寿命测量值的原因是多方面的，包括非均匀性、内含物、表面和接触形式。利用富汞 LPE

和 MOCVD 低温外延技术生长的高质量未掺杂和非本征掺杂材料具有最高的寿命测量值[82,132,133]。一般地，掺杂铜（Cu）和金（Au）材料的寿命要比含有相同空穴浓度的空位掺杂材料高一个数量级[131]。相信，掺杂 $Hg_{1-x}Cd_xTe$ 的寿命将随 SR 中心的减少而提高，可能是由于掺杂层的低温生长或者掺杂材料的低温退火所致。

目前，空位掺杂 p 类材料出现 SR 中心的起因还不清楚。这些中心似乎不是空位本身，因而可以移动[134]。具有相同载流子浓度，但在不同退火温度下制成的空位掺杂材料会有不同寿命，一种可能形成复合中心的是汞间质[135]。空位掺杂 $Hg_{1-x}Cd_xTe$ 具有的 SR 复合中心密度近似等于空位浓度。

利用 DSR 设备测量出了非本征 p 类材料的寿命：

$$\tau_{exl} = 9 \times 10^9 \frac{p_1 + p}{pN_a} \tag{14.22}$$

式中

$$p_1 = N_v \exp\left(\frac{q(E_r - E_g)}{kT}\right) \tag{14.23}$$

式中，E_r 为传导带 SR 中心的能量。实验中，是对 As、Cu 和 Au 掺杂物，位于本征能级上，$p_1 = n_i$，得出的 E_r。

对空位掺杂 p 类 $Hg_{1-x}Cd_xTe$，有：

$$\tau_{vac} = 5 \times 10^9 \frac{n_1}{pN_{vac}} \tag{14.24}$$

式中

$$n_1 = N_e \exp\left(\frac{qE_r}{kT}\right) \tag{14.25}$$

对于导带($x \approx 0.22 \sim 0.30$)，$E_r \approx 30mV$。

正如以上公式和图 14.17 所示[137]，掺杂外来杂质（对 p 类材料，为 Au、Cu 和 As）的寿命要比同等程度的固有掺杂有大的提高。

尽管花费大量精力进行研究是必要的，但 SR 过程并非光电探测器性能的基本限制因素。

14.3.4.2 辐射过程

电荷载流子生成辐射是内部生成光子吸收的结果。辐射复合是发射光子使电子-空穴对（原文错将"pairs"印为"pars"。——译者注）湮灭的逆过程。利用一种解析式可以计算导带-重质空穴带和传导带-轻质空穴带跃迁中的辐射复合率[108]。长期以来一直认为内部辐射过程是探测器性能的基本限制，并将实际器件的性能与该极限值进行比较。已经再次严格研究过红外辐射探测器辐射机理的作用[138-140]。汉弗里（Humpreys）指出，由于放射衰减，光电探测器发射的大部分光子立刻被再次吸收，因此，吸收后的辐射寿命只是光子能从探测器体中逃逸的一种计量[139]。又由于再次吸收，辐射寿命大大增长，并与半导体几何形状有关，所以，一个探测器内部组合式复合-生成过程基本上是无噪声的。相比之下，从探测器同源逃逸的光子复合或者由探测器敏感体之外的热辐射生成光子就是产生噪声的过程。对于探测器阵列，完全可以发生这种情况，一个阵列元可以吸收其它探测器或者结构被动部件发射的光子[140,141]。在探测器背面和侧面涂镀反射层（反射镜结构）能够大大提高光学绝缘作用，避免发射噪声和吸收热光子。

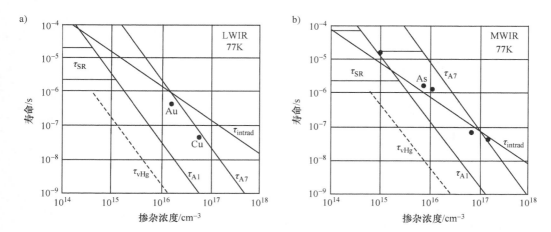

图 14.17 n 类和 p 类材料寿命的测量值，是掺杂浓度的函数，并与俄歇 1（A1）、俄歇 7（A7）、肖克莱-里德（SR）和内部辐射复合理论值相比较
a）温度 77K，长波红外（LWIR） b）温度 77K，中波红外（MWIR）

（资料源自：Kinch, M. A., Aqariden, F., Chandra, D., Liao, P-K., Schaake, H. F., and Shih, H. D., Journal of Electronic Materials, 34, 880-84, 2005）

应当注意到，施加反向偏压的探测器可以抑制内部辐射的生成，敏感层中的电子浓度降低到完全低于其平衡状态的水平[142,143]。

如上所述，尽管内部辐射过程是其基本性质，但并没有限制红外探测器的最终性能。

14.3.4.3 俄歇过程

在高质量窄带隙半导体中，如室温下 $Hg_{1-x}Cd_xTe$ 和 InSb，俄歇机理对生成和复合过程起着主要作用[144,145]。俄歇生成基本上就是费米-狄拉克（Feimi-Dirac）分布高能量拖尾中空穴电子的碰撞电离化。类 InSb 带结构半导体中的带-带间俄歇机理分为 10 种无光子机理。其中两种具有最小的阈值能量（$E_r \approx E_g$），表示为俄歇 1（A1）和俄歇 7（A7），如图 14.18 所示）。在某些更宽的带隙材料中（即 InAs 和低 x 的 $InAs_{1-x}Sb_x$），分裂带能 Δ 与 E_g 相差无几，包括分裂带的俄歇（AS）过程也可能起着重要作用。

A1 生成是一个电子的碰撞电离，产生一个电子-空穴对，所以，该过程包括两个电子和一个重质空穴。已经知道，俄歇 1 过程是 n 类 $Hg_{1-x}Cd_xTe$ 中，特别是 x 约等于 0.2 和较高温度下的重要复合机理[73,127,146,147]。在图 14.19 中，将欣克（Kinch）等人给出的实验结果[146]与本征俄歇 1 载流子寿命 τ_{A1}^i 和本征辐射载流子寿命 τ_R^i 的理论值进行比较，实验数据与数值解有非常好的一致性，即使在温度低于 140K 的非本征范围内，寿命测量值也似乎受控于俄歇 1 效应，下面关系式应当成立：$\tau_{A1} \approx \tau_{A1}^i (n_i/n_0)^2$。一个感兴趣的性质是利用简并 n 类掺杂形成俄歇 1 生成和复合性质。由于低密度，费米级上移成为 n 型掺杂的导带，因此，少数空穴浓度严重下降，俄歇跃迁需要的阈值能量降低。从而对重掺杂 n 类材料中俄歇 1 过程产生拟制作用。

俄歇 7 生成是一个轻质空穴碰撞生成电子空穴对，包括一个重质空穴，一个轻质空穴和

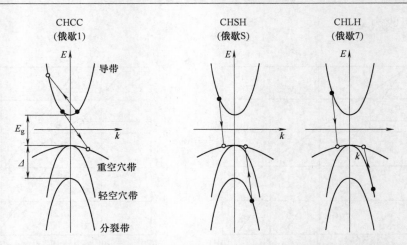

图 14.18 三种带-带间俄歇复合过程(箭头表示电子跃迁,●表示占有态,○表示未满状态)
(C 代表导带;H 代表重空穴带;S 代表分裂带;L 代表轻空穴带。——译者注)

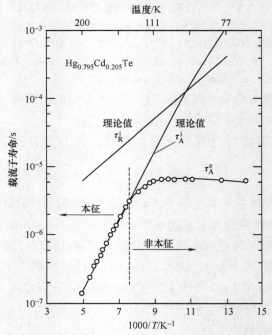

图 14.19 n 类 $Hg_{0.795}Cd_{0.205}Te$ ($n_{77K} = 1.7 \times 10^{14} cm^{-3}$, $\mu_{77K} = 1.42 \times 10^5 cm^2/(V \cdot s)$)寿命的理论和实验值与温度的关系(实线分别代表辐射和俄歇 1 复合的理论值)

(资料源自:Kinch, M. A., Brau, M. J., and Simmons A., Journal of Applied Physics, 44, 1649-63,1973)

一个电子[148-150],该过程在 p 类材料中起着主要作用。由于态密度高得多,所以,重 p 类掺杂并没有对俄歇 7 的生成和复合率产生引人注目的影响。对应的俄歇复合机理是电子-空穴复合(能量传递到电子或空穴)的逆过程。降低温度和提高带隙都会大大降低这些热受激跃迁的概率,所以,希望具有很强的温度和带隙依赖性。俄歇 1 和俄歇 7 过程的净生长率可以表述为[151]

$$G_A - R_A = \frac{n_i^2 - np}{2n_i^2}\left[\frac{n}{(1+an)\tau_{A1}^i} + \frac{p}{\tau_{A7}^i}\right] \quad (14.26)$$

式中，τ_{A1}^i 和 τ_{A7}^i 分别是俄歇 1 和俄歇 7 的复合时间；n_i 是本征浓度。该公式对很宽范围的浓度都是成立的，包括 n 类材料中极易出现的简并情况，该现象用有限值 a 表示。根据怀特的研究[151]，$a = 5.26 \times 10^{-18} \mathrm{cm}^3$。由于价带形状，p 类材料中的简并只能出现在很高掺杂级处，实际上是达不到的。

俄歇 1 本征复合时间为

$$\tau_{A1}^i = 3.8 \times 10^{-18}\left\{\varepsilon_\infty^2(1+\mu)^{1/2}(1+2\mu)\left(\frac{m_0}{m_3^*}\right)\left(\frac{E_g}{kT}\right)^{3/2}|F_1F_2|^{-2}\exp\left[\left(\frac{1+2\mu}{1+\mu}\right)\frac{E_g}{kT}\right]\right\} \quad (14.27)$$

式中，μ 为传导带与重质空穴价带有效质量之比；ε_∞ 为高频介电常数；$|F_1F_2|$ 为电子波函数周期部分的重叠积分，会造成俄歇 1 寿命最大的不确定性，不同研究人员（或者论文作者）所得到的该值范围是 0.1~0.3，实际上在 0.1~0.3 之间，是个常数值，导致寿命只是一个数量级的变化（原书作者对式(14.27)和参数 ε_∞ 做了修订。——译者注）。

俄歇 7 与俄歇 1 本征时间之比为

$$\gamma = \frac{\tau_{A7}^i}{\tau_{A1}^i} \quad (14.28)$$

是另一项高不确定性项。根据卡斯尔曼（Casselman）等人的研究[148,149]，$\mathrm{Hg}_{1-x}\mathrm{Cd}_x\mathrm{Te}$ 具有下面特性：成分范围，$0.16 \leq x \leq 0.40$；温度范围，$50K \leq T \leq K$ 和 $30 \leq \gamma \leq 6$。直接测量载流子复合表明，γ 比前面计算的期望值更大（若 $x \approx 0.2$，温度 $T = 295K$，则 $\gamma \approx 6$）[152]。贝蒂（Beattie）和怀特（White）给出了俄歇寿命的精确计算[153]。利用平价带模型已经推导出一种简单的近似解析表达式，为了涵盖较宽的温度和载流子费米级范围，只需要两个参数，简并和非简并。最近公布的理论[154,155]和实验结果[137,155]表明，该比值甚至更高。图 14.17 给出的数据大约是 60。由于 γ 大于 1，所以，p 类材料中的复合寿命要比同样掺杂的 n 类材料更高。

欣克（Kinch）[136]给出了俄歇 1 本征复合时间的简化公式：

$$\tau_{A1}^i = 8.3 \times 10^{-13} E_g^{1/2}\left(\frac{1}{kT}\right)^{3/2}\exp\left(\frac{qE_g}{kT}\right) \quad (14.29)$$

式中，E_g 的单位为 eV。

正如式(14.26)和式(14.28)所示，由于载流子浓度和本征时间是温度的函数，所以俄歇生长和复合率对温度有很强的依赖性。制冷正是拟制俄歇过程很自然和非常有效的方法。

直至最近，n 类材料俄歇 1 的寿命才被确认。克里希纳穆尔蒂（Krishnamurthy）等人指出[155]，辐射和俄歇复合率要比贝蒂（Beattie）和兰茨伯格（Landsberg）理论[144]中表达式的预测值低许多。看来，沿着具有很小激活能量的导带边缘分布的捕获状态可以解释 n 类掺杂分子束外延技术生长的材料中的寿命。

长期以来，对 p 类俄歇 7 的寿命存有争议。克里希纳穆尔蒂（Krishnamurthy）和卡斯尔曼（Casselman）给出了 p 类 HgCdTe 俄歇寿命的详细计算[154]，与传统的 $\tau_{A7} \sim p^{-2}$ 关系有较大偏离。τ_{A7} 随掺杂的下降相当弱，在高掺杂 p 类低 x 材料中会形成相当长的寿命（若 $p = 1 \times 10^{17} \mathrm{cm}^{-3}$，$x = 0.226$，$T = 77 \sim 300K$（原文错印为"$77 \div 300K$"。——译者注），因数约为 20 倍）。

14.4 俄歇效应为主的光电探测器性能

14.4.1 平衡型器件

现在讨论光电探测器的俄歇(Auger)限比探测率。在平衡状态下,生成和复合率是相等的。假设,两种速率都对噪声有贡献(参考式(3.45)),则有:

$$D^* = \frac{\lambda\eta}{2hc(G_A t)^{1/2}}\left(\frac{A_o}{A_e}\right)^{1/2} \tag{14.30}$$

假设是非简并统计,则有:

$$G_A = \frac{n}{2\tau_{A1}^i} + \frac{p}{2\tau_{47}^i} = \frac{1}{2\tau_{A1}^i}\left(n + \frac{p}{\gamma}\right) \tag{14.31}$$

由此产生的俄歇生成恰好在 $p = \gamma^{1/2} n_i$ 的非本征 p 类材料中达到最小值,从而得到一个重要结论:为达到最高性能需要采用最佳的掺杂量。实际上,对于液氮制冷短波红外(LNSW)器件难以达到所需的 p 类掺杂水平。此外,与 n 类器件相比,p 类器件更容易受到非基本因素的限制(接触、表面、RS 过程),这就是为什么低温和短波(SW)红外光电探测器一般都要利用轻掺杂 n 类材料制造的原因。相比之下,对于准室温环境下工作的长波光电探测器,p 类掺杂恰恰具有明显优势。

俄歇限比探测率为

$$D^* = \frac{\lambda}{2^{1/2}hc}\left(\frac{A_o}{A_e}\right)^{1/2}\frac{\eta}{t^{1/2}}\left(\frac{\tau_{A1}^i}{n+p/\gamma}\right)^{1/2} \tag{14.32}$$

如式(3.52)所示,对于最佳厚度器件有:

$$D^* = 0.31k\frac{\lambda\alpha^{1/2}}{hc}\frac{(2\tau_{A1}^i)^{1/2}}{(n+p/\gamma)} \tag{14.33}$$

利用该表达式可以确定俄歇 1/俄歇 7 的最佳比探测率,是波长、材料带隙和掺杂的函数。

为了评估 D^* 对波长和温度的依赖关系,假设能量与带隙相等的光子具有恒定的吸收量,对于非本征材料($p = N_a$ 或者 $n = N_d$):

$$D^* \sim (\tau_{A1}^i)^{1/2} \sim n_i^{-1} \sim \exp\left(\frac{E_g}{2kT}\right) = \exp\left(\frac{hc/2\lambda_c}{kT}\right) \tag{14.34}$$

在这种情况下,最终的比探测率反比于本征浓度。该特性非常适合较短波长以及低本征浓度时较低温度的情况。

对本征材料及满足最少热生成的掺杂材料,$p = \gamma^{1/2} n_i$,$n = n_i/\gamma^{1/2}$ 和 $n + p = 2\gamma^{-1/2} n_i$,则由下式表示 $D^* \sim n_i^{-2}$ 间的密切依赖关系:

$$D^* \sim \frac{(\tau_{A1}^i)^{1/2}}{n_i} \sim n_i^{-2} \sim \exp\left(\frac{E_g}{kT}\right) = \exp\left(\frac{hc/2\lambda_c}{kT}\right) \tag{14.35}$$

图 14.20a 给出了俄歇生成-复合限 $Hg_{1-x}Cd_x Te$ 光敏二极管比探测率的计算值,是工作波长和温度的函数[157],并在掺杂浓度 $10^{14} cm^{-3}$ 下完成计算,该浓度是目前以实际可控形式能够达到的最低施主掺杂水平。目前在实验室可以达到的值低至约 $1 \times 10^{13} cm^{-3}$,工业中的典

型值是 $3 \times 10^{14} \mathrm{cm}^{-3}$。液氮制冷有可能使其在 $2\sim20\mu\mathrm{m}$ 光谱范围达到背景限红外光电（BLIP）探测器（温度300K）性能。珀耳帖（Peltier）制冷器可以达到200K制冷温度，能够满足中波和短波红外（$<5\mu\mathrm{m}$）BLIP探测器的工作需求。

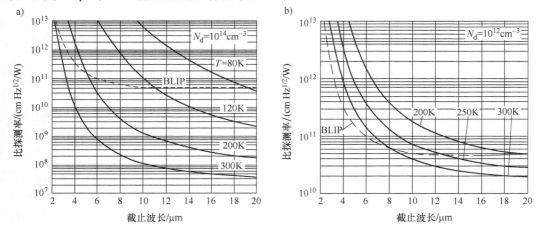

图 14.20　俄歇生成和复合限 $\mathrm{Hg}_{1-x}\mathrm{Cd}_x\mathrm{Te}$ 光电探测器性能的计算值，是工作温度和波长的函数（计算BLIP比探测率的参数：视场（FOV）为 2π，$T_B = 300\mathrm{K}$，$\eta = 1$）

a) 平衡态　b) 非平衡态

使用光学油浸技术可以进一步提高探测器的性能。然而，对于波长 $\approx 5\mu\mathrm{m}$ 和 $10\mu\mathrm{m}$ 非制冷探测器比探测率的理论计算值分别比 D^*_{BLIP}（温度为300K，视场为 2π）低1个甚至2个数量级，采用最佳p类掺杂仍有希望提高约2倍。

14.4.2　非平衡型器件

俄歇生成是红外光电探测器性能的主要限制，然而，英国研究人员提出一种以非平衡工作模式为基础、降低探测器制冷要求的新方法[158,159]，这是无需低温制冷红外光电探测器领域最令人振奋的事情，其概念建立在俄歇过程与自由载流子浓度存在依赖关系的基础上。将自由载流子浓度降低到其平衡值以下就可以达到拟制俄歇过程的目的，应用半导体的非平衡消耗能够降低多数和少数载流子浓度。在某些以轻掺杂窄带隙半导体为基础的器件中，如施以偏压的低-高（low-high，l-h）掺杂或者异质结接触结构、MIS（金属-绝缘体-半导体）结构中、或者使用磁浓度效应都可以实现这一目标。在强消耗下，多数和少数载流子两者的浓度可以降低到本征浓度之下，多数载流子浓度在本征级达到饱和，而少数载流子浓度降到本征级以下，所以，深消耗的必要条件是在低于本征浓度下半导体要有很高的掺杂。

现在讨论俄歇受限器件性能的基本限制。首先，研究以v类材料为基础的探测器。在强消耗条件下，$n = N_d$，俄歇生成率为

$$G_A = \frac{N_d}{2\tau^i_{A1}} \tag{14.36}$$

如式（14.36）所示，与生成率相比，深消耗使复合率忽略不计，所以，作为消耗材料中的噪声源已经得到消除，因此：

$$D^* = \frac{\lambda}{hc} \frac{\eta}{t^{1/2}} \left(\frac{\tau^i_{A1}}{N_d}\right)^{1/2} \tag{14.37}$$

同样，对于π类材料有：

$$G_A = \frac{N_2}{2\gamma\tau_{A1}^i} \tag{14.38}$$

和

$$D^* = \frac{\lambda}{hc}\frac{\eta}{t^{1/2}}\left(\frac{\tau_{A1}^i}{N_a/\gamma}\right)^{1/2} \tag{14.39}$$

与平衡态一样，相对于同样掺杂的v类材料（$\gamma > 1$），使用π类材料的优势是比探测率提高了$\gamma^{1/2}$倍。

比较平衡和非平衡模式对应的公式发现，非平衡工作模式可以将轻掺杂材料中的俄歇生成率降低n_i/N_d，比探测率相应提高$(2n_i/N_d)^{1/2}$。额外多出的$2^{1/2}$增益系数是忽略不计半导体消耗结构中的复合率所致的。p类材料的增益系数甚至更大，是$[2(\gamma+1)n_i/N_a]^{1/2}$倍，主要考虑到消除了俄歇1和俄歇7复合效应。由于降低了能带填充效应而增加了吸收，所以，也有希望额外提高与消耗相关的参量值。

由此产生的性能提高相当大，对于工作在近室温很低掺杂（10^{12}cm^{-3}）的长波红外器件更是如此，如图14.20b所示。有可能完全无需制冷就可实现BLIP探测器的性能。采用下面措施能够达到BLIP极限[157]：

- 采用在很低能级可以受控掺杂的材料（$\approx 10^{12}\text{cm}^{-3}$）。
- 采用具有很低浓度SR中心的超高质量材料。
- 正确设计器件，避免在表面、界面和接触面有热生成。
- 采用散热器件，使其达到一种高消耗状态。

采用光学油浸透镜可以相当容易地满足对BLIP探测器的性能要求，特别是对掺杂浓度的要求。

14.5 光电导探测器

1959年，劳森（Lawson）等人首次阐述了$Hg_{1-x}Cd_xTe$光电导性的研究结果[1]。十年后，在1969年，巴特莱特（Bartlett）等人介绍了光电导体工作在8~14μm光谱范围、77K温度环境下的背景限性能[10]。材料和探测器制造技术的进步使器件性能在很宽的温度和背景范围已经接近响应度的理论极限值[11,160-162]，最大的市场是"通用组件"军用热成像观察仪中的60、120和180元装置。许多年来，光电导性模式是3~5μm和8~14μm $Hg_{1-x}Cd_xTe$ n类光电探测器最普通的工作模式。

1974年，埃利奥特（Elliott）介绍了红外探测器的主要进展，串行扫描热成像系统中的探测、时间延迟和积分功能都能简单地用一个三极管光电导管、扫积型探测器（SPITE）实现[126]。

光电导体的进一步发展就是通过应用堆积接触[165-167]或异质结接触[168,169]，从而消除扫描出工序造成的有害效应[163,164]。已经利用异质结钝化的方法来提高稳定性[170,171]，8~14μm光电探测器的工作环境已经扩展到室温[157,172-175]。无需制冷就能够提高光电导体性能的方法包括优化p类掺杂、采用光学油浸和光学谐振腔。埃利奥特（Elliott）及英国的其它科学家介绍了拟制甚至消除俄歇效应的光导器件[158,159]。

最近 20 年，对光电导体的研究大大减少，原因在于其器件技术趋于成熟，同时，$Hg_{1-x}Cd_xTe$ 仍大量生产，并应用在许多重要领域。

本书 9.11 节对本征光电导体的物理性质和工作原理进行了总结，许多作者都对 HgCdTe 光电导探测器做过评述[126,142,157,172,176-178]。

14.5.1 探测技术

可以用 $Hg_{1-x}Cd_xTe$ 体晶体或外延层来制作光电导体。图 14.21 所示为光电导体的典型结构，各种结构的主要部分均是 $3 \sim 20\mu m$ 厚 $Hg_{1-x}Cd_xTe$ 薄片及电极。敏感元（尺寸为几微米）的最佳厚度取决于工作波长和温度，在非制冷长波器件中则更薄。前表面通常覆盖一层钝化层和增透膜，后表面也需要钝化。相比之下，生长在 CdZnTe 基板上的外延层后表面不需要任何钝化，因为增大带隙会妨碍反射少数载流子。将该器件固定在导热的基板上。

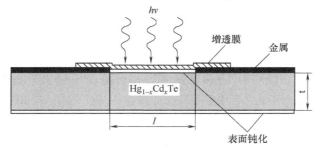

图 14.21　HgCdTe 光电导体的典型结构

为了提高对辐射的吸收，常常在探测器上安装一块金材料的背面反射镜[172,176]，与含有 ZnS 层的光电导体或基板隔离。为了在光学谐振腔中形成驻波，使峰值出现在前表面和波节形成在后表面，需要选择半导体和两种介质层的厚度。为了有效进行干涉，两个表面要足够平。

各生产厂商都大量使用不同的制造方法[172,176,179-182]。$Hg_{1-x}Cd_xTe$ 光电导体制造过程采用现代微电子制造技术，但要特别注意避免对材料的机械和化学伤害。一般地，制造工艺从选择原材料开始，可以是 $Hg_{1-x}Cd_xTe$ 晶片或者外延层，一般要根据成分、掺杂和少数载流子寿命等特性权衡选择。

由体 $Hg_{1-x}Cd_xTe$ 制造 $Hg_{1-x}Cd_xTe$ 光电导体的重要处理工艺包括：

■ $Hg_{1-x}Cd_xTe$ 晶片后表面加工。其方法包括使用细（$0.3 \sim 1\mu m$）氧化铝粉仔细抛光 $Hg_{1-x}Cd_xTe$ 板坯的一个表面，在有机溶剂中清洗，再在含有 1% ~ 10% 溴的甲醇溶液中浸蚀几分钟，用甲醇溶液冲洗。另外，可以利用各种机械-化学抛光方法。钝化是背面制造的最后一道工序，但却 n 类和 p 类材料是不相同的。

■ 固定到基板上。蓝宝石、锗、Irtran2、硅和氧化铝陶瓷是体光电导体最经常使用的基板。一般地，利用环氧树脂胶将 $Hg_{1-x}Cd_xTe$ 晶片粘结到基板上，为了保证有良好的散热效果，要使环氧层厚度小于 $1\mu m$。

■ 将板坯加工到最终厚度，并制造前侧表面。该工序包括研磨（粗磨和精磨）、抛光和刻蚀，然后，表面钝化和镀增透膜（一般是 ZnS）。利用光蚀刻技术中的湿或干刻蚀法刻成单个元。敏感元侧壁也经常进行钝化处理。

■ 电学接触层制造。在完成光刻术之后，进行真空镀、喷溅镀、电镀和电偶或化学金属化。利用金线超声波压焊技术、导电环氧胶粘合或铟焊接技术制造外部接触层，有时，采用扩展接触垫以避免伤及半导体。

由外延层制造光电导体比较简单直接，无需费力加工至极薄厚度，也不需要加工后表面。已经采用 ISOVPE[172,183]、LPE[184-187]、MOCVD[173,174,188-191] 和 MBE[192] 晶体生长技术来制造光电导体。一般用作基板的 CdZnTe 材料具有较差的导热性，为了得到最好的散热性，基板一定要薄至 $30\mu m$ 以下，并且要将光电导体安装在具有良好散热性能的支架上。小尺寸器件（$<50\mu m \times 50\mu m$）散热更容易些，三维方向均可散热，不必使基板很薄。另一种解决方法是将外延层沉积在具有良好导热性能的材料上，如蓝宝石、硅和 GaAs。

低温外延生长技术有可能生长复杂的多层光电导体结构，用作多色器件或者异型光谱响应器件[173,191]。

光电导体制造工艺中最重要的步骤之一是钝化。钝化必须将半导体密封，使其化学性能稳定，而且常常起到镀增透膜的作用。内米洛夫斯基（Nemirovsky）和巴希尔（Bahir）对 $Hg_{1-x}Cd_xTe$ 固有并沉积而成的绝缘层做了详细评述[193]。通常利用 90% 乙二醇水溶液与 0.1N 的 KOH 的混合液进行阳极氧化处理以完成 n 类材料的钝化[194-196]。一般地，生长 100nm 厚的氧化层。n 类 $Hg_{1-x}Cd_xTe$ 氧化界面具有良好的界面特性是由于氧化期间半导体表面的累积效应所致（每平方厘米有 $10^{11} \sim 10^{12}$ 个电子）。也可以在 $K_3Fe(CN)_6$ 和 KOH 水溶液中通过纯化学氧化进行钝化[197]，同时尝试采用干法生长天然氧化物，如等离子体[198] 和光化学氧化技术[199]。涂镀一层 ZnS 或者 SiO_x 膜能够提高钝化层质量[200]。另一种钝化方法是以表面的直接累积为基础，利用浅离子束铣刻蚀技术去除少数空穴[201,202]。

对于以 p 类吸收装置为基础的准室温下工作的器件，对 p 类材料进行钝化具有战略意义。应当承认，钝化工艺仍存在实际困难。由于会造成表面转化，所以，氧化工艺对 p 类 $Hg_{1-x}Cd_xTe$ 无效。实际上，通常采用喷溅或电子束蒸镀 ZnS，然后在部分区域涂镀第二层膜，从而完成 p 类材料钝化，有人建议使用天然硫化物[204] 和氟化物[205]。

由于 CdTe 具有很高的电阻率，所以，是一种非常有希望的钝化材料，与 $Hg_{1-x}Cd_xTe$ 晶格匹配，化学性质兼容[206-208]。使用分级 $CdTe-Hg_{1-x}Cd_xTe$ 界面可以得到非常好的钝化效果[203]，在传导带和价带两种结构中都可以有势垒，在外延晶体生长过程中能够得到最佳异质结钝化[209]。现场直接生长 CdTe 层将导致低固定界面电荷，间接生长 CdTe 钝化层不如直接生长好，但在某些应用领域可以接受。为了避免产生 $Hg_{1-x}Cd_xTe$ 晶格应力，有些论文建议使用较薄厚度（10nm）的 CdTe[193]。

制造接触层是另一个至关重要的步骤。长期以来，以镀铟层用作 n 类材料的接触层金属化[176,179]。目前，更经常使用多层金属化，包括 Cr-Au、Ti-Au 和 Mo-Au，在金属化之前适当进行表面处理。离子束铣法是累积 n 类表面非常有用的方法，并且看来，是 n 类材料金属化之前最可取的表面处理技术。也使用化学和干刻蚀技术。制造良好的 p 类材料接触层是比较困难的，蒸镀、喷溅或非电解镀 Au 和 Cr-Au 最经常用作 p 类材料的接触层。

14.5.2 光电导探测器的性质

14.5.2.1 工作在温度 77K 的器件

尽管已经为新型应用领域定制出 10×10 二维阵列，但工作在温度 77K 和 $8 \sim 14\mu m$ 光谱

第 14 章 碲镉汞（HgCdTe）探测器

范围的 HgCdTe 光电导探测器仍然广泛应用在 200 元线性阵列的一代热成像系统中，并很好地确立了这些器件的生产工艺。所用材料是非本征载流子密度约为 $1\times10^{14}\mathrm{cm}^{-3}$ 的 n 类材料，低空穴扩散系数使 n 类器件不是那么容易扩散到接触层和形成表面复合。此外，n 类材料具有较低浓度的 SR 中心，具有好的表面钝化方法。

商用 HdCdTe 光电导探测器一般呈正方形结构布局，敏感区尺寸从 $25\mu m$ 到 4mm。应用在高分辨率热成像系统中的光电导体长度（约为 $50\mu m$），一般都小于制冷 HgCdTe 中少数载流子扩散和漂移长度，降低了由于光生载流子扩散和漂移到接触区域而形成的光电增益，称为扫出效应[126,163,164,166,176,178,210]。随着电场增大，造成响应"饱和"，图 14.22 所示为典型器件响应度饱和（约 $10^5\mathrm{V/W}$）的特性[126]。

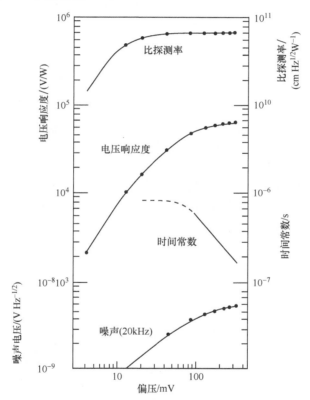

图 14.22 长为 $50\mu m$、工作在温度 80K 下 HgCdTe 光电导探测器的特性与电压的函数关系
（30°视场完成测量，并且，响应度值是波长 $12\mu m$ 时的峰值波长响应）

（资料源自：Elliott, C. T., and Gordon, N. T., Handbook on Semiconductors, North-Holland, Amsterdam, Vol. 4, 841-936, 1993）

欣克（Kinch）等人[11,160,161]、博雷洛（Borello）等人[162] 和西利奎尼（Siliquini）等人[170,187,211] 都阐述过其性能接近理论极限值的 n 类 HgCdTe 光电导探测器（在温度 77K 时，$E_g\approx0.1\mathrm{eV}$）。其生成和复合载流子机理明显受俄歇 1 机理支配。由于温度 77K、$8\sim14\mu m$ 光谱范围使用器件中多数和少数载流子两者的浓度以及 $3\sim5\mu m$ 光谱范围使用器件中的少数载流子浓度都取决于背景光通量，所以，背景辐射对性能具有决定性影响。温度升高，直至约 200K，也可以得到接近 BLIP 探测器的性能[161,212]。图 14.23 给出了温度 300K 时背景光

通量对光电导体性能的影响[162]。背景光产生的空穴密度及高光通量产生的电子密度对缩短复合时间的热生载流子起着支配作用。背景辐射的影响容易掩盖基体材料中可能存在的有关器件电阻率、响应度和噪声等的非均匀性。

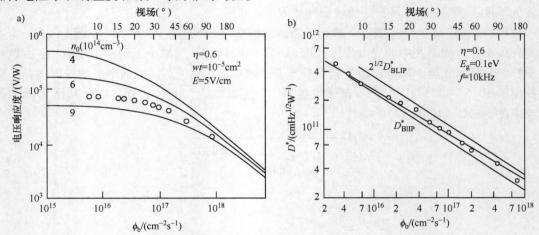

图 14.23 0.1eV HgCdTe 光电导探测器性能对背景光通量的依赖关系
a) 电压响应度 b) 电压探测率

(资料源自：Borrello, S. R., Kinch, M., and Lamont, D., Infrared Physics, 17, 121-25, 1977)

图 14.24 给出了一个光电导探测器低背景光照条件下电压响应度和比探测率的计算值和测量值，是温度的函数[11]。生成和复合率明显受俄歇 1 机理支配。温度 77K 时的探测率达到约 $10^{12}\,\mathrm{cm\,Hz^{1/2}/W}$，非常接近理论预测极限值。

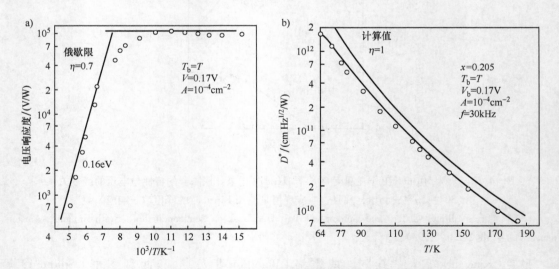

图 14.24 $Hg_{0.795}Cd_{0.205}Te$ 光电导体性能计算值和测量值与温度的关系
a) 电压响应度 b) 比探测率

(资料源自：Kinch, M. A., Borrello, S. R., and Simmons, A., Infrared Physics, 17, 127-35, 1977)

图 14.25 给出了 HgCdTe 光电导体的电压响应度在 8~14μm 光谱范围内和温度 77K、200K 和 300K 时与探测器长度的关系[210]，图中标出的区域分别代表由美国贾德森红外技术

公司(Judson Infrared Inc.)、红外联合有限公司(Infrared-Associates, Inc.)和维戈(Vigo)测量仪表公司生产的探测器系列的电压响应度范围。假设 p 类掺杂材料具有 $p = \gamma^{1/2} n_i$ 的空穴浓度，就可以使工作在温度 200K 和 300K 的探测器性能有所提高。对于欧姆接触的情况(里特纳(Rittner)模式)，扫出效应会大大降低温度 77K 时小尺寸探测器的响应度，在温度 300K 下可以忽略不计该效应。若探测器长度小于 100μm，则实验结果大于以里特纳(Rittner)模式为基础的理论计算值，可能是受限于某种处理方法，有意或无意地使接触层偏离欧姆值。应用高-低接触势垒层会增强光电导探测器的响应度，阿什利(Ashley)和埃利奥特(Elliott)都指出[166]，采用 n^+-n 离子束铣刻的接触层可以使响应度增强 5 倍。

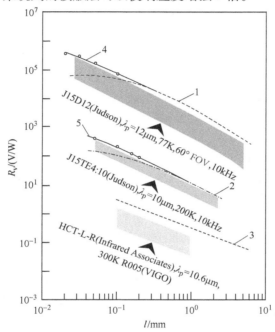

图 14.25 对于 8 ~ 14μm 光谱范围、温度分别为 77K、200K 和 300K 的工作条件下，HgCdTe 光电导探测器的电压响应度与探测器长度的关系(标出的区域代表不同厂商生产的探测器系列的电压响应度范围。理论曲线 1 ~ 3 是采用里特纳(Rittner)模式计算出的值(参考本书 9.11 节)，曲线 4 和 5 是假设采用高－低接触层结构的计算值)

(资料源自：Jóźwikowska, A., Jóźwikowski, K., and Rogalski, A., Infrared Physics, 31, 543-54, 1991)

扫出效应的正特性是高频特性的一种改善。在高偏压条件下，响应时间取决于少数载流子在电极间的传播时间而非过剩载流子寿命。由于复合过程部分地发生在接触层区域，并不贡献复合噪声，因此，g-r 噪声降低为 $1/\sqrt{2}$，扫出/g-r 限器件的探测率有可能提高同样倍数。在高偏压条件下，D^*_{BLIP} 与光伏情况相同。

然而，增益降低会造成约翰森-尼奎斯特噪声，从而对比探测率产生有害影响。当探测器较短并工作在低温和低背景照射环境中时，认为扫出效应是 8 ~ 14μm 光电导体性能的主要限制。对于较短波长的器件，扫出效应的影响甚至更强，对于具有低生成-复合率的 $\lambda <$ 5μm 光电导体；即使较长器件，这些效应在低温和温度升高的情况下，也变得相当强。这样使其成为约翰森-尼奎斯特噪声/扫出效应限器件。

为降低小敏感区器件中的有害扫出效应已经提出了各种方法。欣克(Kinch)等人[161]建议采用重叠结构布局,一个器件的长度要比所需要的敏感长度长,端部区覆盖一层不透明膜。利用这种方法,在低偏压下可以降低载流子扩散到接触层的效应,或者在高偏压下降低少数空穴在阴极的扫出效应。史密斯(Smith)阐述了重叠结构理论[213]。根据沙哈姆(Shacham)和基德隆(Kidron)的研究[165],局部阻挡过量载流子的现象出现在 n 类光电导体的阴极,因而提高了电流响应度,缩短了时间响应。利用 n^+-n 接触层可以将包含少数空穴的区域与高复合率区域分隔开[166-168]。由于 n^+ 区域的简并性,对空穴的势垒远比玻耳兹曼(Boltzman)因数 $(kT/q)\ln(n/n_0)$ 大,阻挡接触层处有效复合速度可以低于 100cm/s。为此,在 1μm 或者更短距离内,电子浓度一定会下降。

采用史密斯(Smith)等人提出的异质结接触层光电导体几乎可以完全消除载流子扫除效应[169,214],其计算预测出响应度"饱和"会消除以及响应度会极大提高。将异质结接触层应用于 $x = 0.20$ 的 HgCdTe 可以使响应度提高一个数量级[214]。

为了提高器件性能,可以组合使用不同的方法,如将重叠/阻挡接触层相组合的器件结构[187]、具有阻挡接触层的异质结构光电导体[211],第二类器件对半导体/钝化界面条件不太敏感。

为反射少数载流子而形成的累积和异质结接触层也可以用于减少光电导体敏感面和背面的复合。另外,过量累积会导致大的分流电导,会使比探测率下降[215]。

14.5.2.2 工作温度高于 77K 的器件

HgCdTe 光电导体工作在较高温度环境中性能会下降。然而,对于许多应用,承认这一事实会带来明显益处。例如,使用热电制冷器可以降低制冷气缸的输入功率,延长其寿命,并达到高于 180K 的工作温度。

高温下载流子寿命变短,主要受限于俄歇过程,并得到 g-r 限性能[126,127]。由于 $\gamma > 1$(见式(14.32)),所以,使用 p 类材料从原理上会占有优势。而实际上,p 类光电导体难于钝化,也难形成低 $1/f$ 噪声接触层,因此,工作在高温环境中的多数器件是 n 类材料。图 14.26 给出了 230μm 正方形 n 类器件在不同温度下的比探测率与截止波长的函数关系。为了便于比较,给出了比探测率的理论极限值,并假设外赋浓度为 $5 \times 10^{14} cm^{-3}$、厚度为 7μm、前后表面的反射系数为 30% 和 $f/1$ 的光学系统[126]。

p 类 HgCdTe 光电导体可用作激光接收器,在这种情况中,一般要求带宽高,而 $f/1$ 噪声并不重要。几位作者都阐述了 p 器件在 LWIR 光谱区中等温度下的研究工作[126,172,182,216-220]。在温度 193K 和较高调制频率 20kHz 下,比探测率的测量值是 7×10^8 cm $Hz^{1/2}W^{-1}$。采用外差探测技术得到的 NEP 最小值约为 1×10^{-19} W/Hz,带宽为 100MHz[220]。

光学油浸光电导体工作在室温和使用热电制冷器达到的温度(200~250K)下,其比探测率的测量值如图 14.27 所示[174]。该器件是利用 ISOVPE(等温气相外延技术制造的)外延层制造,现场掺杂外来杂质。最近,由于对成分和掺杂分布进行了认真优化,使用金属背面反射镜,更好的表面及接触层处理,所以,器件性能有了很大提高[157,173,174]。维戈(Vigo)测量仪表系统公司制造的二级制冷光电探测器已经将工作波长扩展到约 16μm,在波长 12μm 处的比探测率约为 2×10^9 cm $Hz^{1/2}W^{-1}$[157]。

由于寿命短、吸收器电阻接近 50Ω、可以忽略不计的串联电阻以及很低电容,所以,光学油浸器件特别适合于高频工作。利用自由电子激光器测量表明,波长 10.6μm 探测率达到

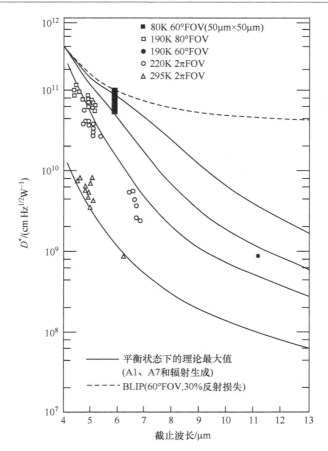

图 14.26 n 类 HgCdTe 光电导体探测器比探测率与截止波长的关系（计算出的理论曲线只包括俄歇生成和辐射生成。若无说明，实验数据是使用 230μm 正方形 n 类探测器的测量值）

（资料源自：Elliott, C. T., and Gordon, N. T., Handbook on Semiconductors, North-Holland, Amsterdan, Vol. 4, 841-936, 1993）

最佳值的器件在温度 300K 和 230K 时的响应时间分别约为 0.6ns 和 4ns。对于专门设计的小尺寸（约 10μm×10μm 或更小）和较重掺杂 p 类材料制成的器件具有更短响应，约为 0.3ns[157]。

目前的高温光电导体在低频范围具有较差性质。一般地，在约为 40V/cm 电场作用下，在非制冷 10.6μm 探测器（典型的大尺寸 VigoR005 光电导体）中可以观察到 10kHz 的 1/f 拐点频率。从低场测量已经推断出霍格（Hooge）常数是约 10^{-4}。若是较强电场，霍格常数快速地非线性增长。所以，对于近室温工作的光电导体，尤其是非制冷器件，1/f 噪声都是一个问题，要求高偏压（约为 100V/cm）以接近性能的生成-复合限。制冷到约 200K，霍格（Hooge）常数减小为 1/2，则要求更低电场，从而有可能在约 1000Hz 或更高频率范围内实现 g-r 限工作。已经观察到 $Hg_{0.8}Cd_{0.2}Te$ 光电导体中的 g-r 和 1/f 噪声在 77～250K 的很宽温度范围内都具有一定的均衡性[221]。

目前，已经完全理解了低频部分性能较差的原因，通常归结于不足的表面钝化和接触层技术。没有一种理论能够定量解释所观察到的低频噪声情况[222]。

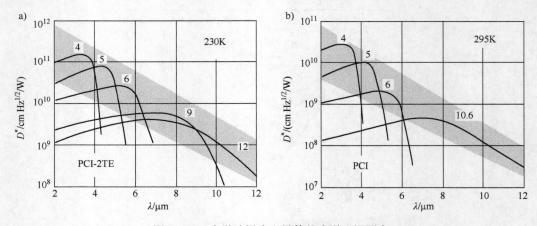

图 14.27 光学油浸光电导体的光谱比探测率
a) 非制冷 b) 使用二级珀耳帖(Peltier)制冷器制冷

(资料源自：Piotrowski, J. and Rogalski, A., Infrared Physics & Technology, 46, 115-31, 2004)

一种研究人员感兴趣的装置是工作在宽光谱范围的双引线器件，其短波范围的性能能有很大提高[173]。该器件由几个输出是并行链接的堆叠式敏感区(吸收器)组成，由此产生的输出信号电流是所有敏感区产生信号之和。由于较宽带隙吸收器的高光电增益以及低的热生成和复合，所以，在短波长区具有相当好的性能，而长波响应基本上不受影响。一个例子是工作波长直至 $11\mu m$ 的非制冷光电导体，与普通的 $11\mu m$ 器件相比，其在 $0.9 \sim 4\mu m$ 光谱范围内的响应提高了约 3 个数量级。

已经研制出非制冷双色光电导体，具有各自独立的准入色区[191]。该器件是采用 MOCVD 技术生长而成，$Hg_{1-x}Cd_xTe$ 层是探测器或者红外滤光片，而 CdTe 层相当于绝缘层，将不同的光谱区分隔开。

应当注意，与其它室温下、响应时间亚纳秒级的 $10.6\mu m$ 探测器(如光子牵引探测器、快速热电偶、测辐射热计和热电探测器相比)，波长约 $10\mu m$ 的非制冷光电导体探测率的测量值要高许多数量级。

14.5.3 俘获模式光电导体

如果少数载流子(空穴)在负电极被扫出之前以某种方式被俘获，则电子流仍然保持流动一段较长时间，从而增大光电导体增益。

20 世纪 80 年代，通过研发俘获模式 HgCdTe 探测器使光电导体的增益有了相当大的提高[223,224]。该器件结构和带隙分布图如图 14.28 所示。采用 LPE 技术将这些结构生长在 CdTe 基板上，生长后低温退火形成 n 类轻掺杂探测器敏感层($n \approx 10^{14} cm^{-3}$)，而整个 n 类层之下，在外延层与基板之间的成分分级界面内保持具有 p 类俘获区的 p 类层。该结将少数载流子空穴与多数载流子电子隔开，减少了耗尽层的宽度。由于电子浓度低，p-n 结处耗尽层宽度相当大，并且，隧穿漏电流最小。由于接触层附近存在空穴俘获区和阻挡 N-n HgCdTe 界面两种区域，所以形成大的光电导增益(约 $1000 \sim 2000$ 数量级)。

图 14.29 给出的温度 80K 时普通和俘获模式 HgCdTe 光电导体 $12\mu m$ 截止波长的电流响应度的比较[224]，是尺寸约为 $50\mu m \times 50\mu m$ 器件的数据，所有器件的阻抗是 100Ω 数量级。为了达到 $10^5 V/W$ 的电压响应度，与 $12W/cm^2$ 相比，俘获模式器件的偏压至少要求低两个

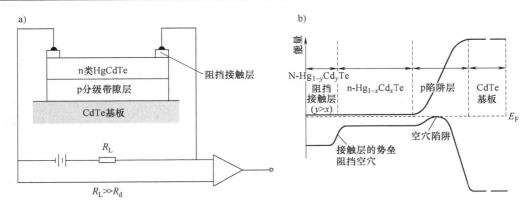

图 14.28 俘获模式 HgCdTe 光电导探测器
a) 探测器结构及其偏压 b) 能带图

（资料源自：Norton, P. R., International Application Published Under The Pattent Cooperation Treaty PCT/US86/002516, International Publication Number WO87/03743, 18 June 1987）

数量级，是 0.12W/cm² 水平的[225]。偏压低两个数量级大大降低了大型多元阵列的偏压热负载。

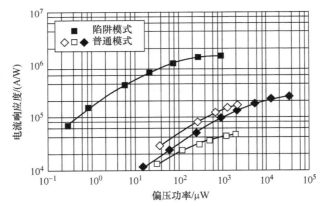

图 14.29 温度 80K 环境下，俘获模式 HgCdTe 器件与普通光电导体探测器电流响应度与偏压依赖关系的比较（图中所列数据是针对尺寸 50μm×50μm 器件及 12μm 截止波长。所有器件的阻抗都是 100Ω 数量级）

（资料源自：Norton, P. R., Optical Engineering, 30, 1649-63, 1991）

俘获模式器件的另一大优点是大大降低了 $1/f$ 噪声[226]。在普通 HgCdTe 光电导探测器中，$1/f$ 噪声拐点的典型值是 1kHz；而在其高频部分，并在 $f/2$ 背景光通量条件下，温度 80K 时的 $1/f$ 噪声拐点仅为几百赫兹数量级。

14.5.4 排斥光电导体

埃利奥特（Elliott）及其它英国研究人员建议并研究出一种新方法，以非平衡工作模式为基础降低光电探测器制冷要求[126,142,158,159,178,227-232]。采用一种不含有大电场的技术使器件中的载流子密度保持在平衡值以下，从而拟制俄歇生长过程及相关噪声。排斥光电导体（excluded photoconductor）就是首次验证的这类器件。

排斥接触层光电导体的工作原理如图 14.30 所示[159]。正偏压接触层是高掺杂 n^+ 或者宽带隙材料,而光敏区是准本征 n 类(v)材料。这种接触层不能注入少数载流子,而是让多数电子输出器件。因此,接触层附近的空穴浓度下降,电子浓度也下降至(为了保持该区域电中性)接近非本征值 $N_d - N_a$ 的水平。其结果是,排斥区内的俄歇(Auger)生成和复合过程受到拟制。为了避免在负偏压接触层出现载流子累积效应,该器件一定要比排斥长度更长。排斥区的长度取决于偏压电流密度、带隙、温度和其它因素。通过对中波红外器件试验已经观察到大于 $100\mu m$ 的长度[230]。需要一个阈值电流以抵消未排斥与排斥区之间的反向扩散电流。此后,随着排斥区长度增大,电阻迅速增大,当电流大于阈值时,电流-电压特性呈现饱和状态。

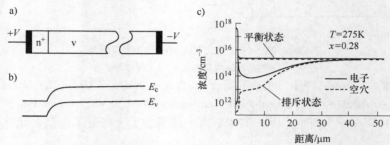

图 14.30 表示 $n^+ - v$ 结构平衡和排斥级的工作原理(其中 $x = 0.28$, $N_d - N_a = 10^{14} cm^{-3}$, $\tau_{ST} = 4\mu m$, $\tau_{Ai} = 2.4\mu S$ 和 $J = 48 A/cm^2$)

a) 原理示意图 b) 能级图 c) 电子和空穴浓度

(资料源自:Ashley, T., Elliott, T. C., and White, A. M., "Non-Equilibrium Devices for Infrared Detection", Proceedings of SPIE 572, 123-32, 1985)

只有通过对电子和空穴数字求解完全连续性方程才能精确分析非平衡器件。在非平衡工作模式情况中,由于严重偏离平衡模式,所以,普通的近似表达式不再适用。通过考虑 5 个微分公式组,包括电子和空穴的唯象(phenomenological)输运方程、连续性方程和泊松方程(参考本书 3.4 节),可以分析该结构的性质。

假设,俄歇生成降低到其它过程之下,并经过简化,英国的研究人员已经推导出下面情况的解析表达式:

- 排斥结束的临界场为

$$E_c = \left(\frac{D_e G}{r\mu_e \mu_h N_d}\right)^{1/2} \tag{14.40}$$

- 排斥区的长度为

$$L = \frac{\mu_h J}{\mu_e qG} - \left(\frac{D_e \mu_h N_d}{r\mu_e G}\right)^{1/2} \tag{14.41}$$

阈值偏压电流[159,175,227,228] 为

$$J_0 = q\left(\frac{D_e \mu_e G N_d}{r\mu_h}\right)^{1/2} \tag{14.42}$$

在上述公式中,r 为在很宽的掺杂、温度和偏压等条件下由数值计算得到的一些小数,为 0.012 ± 0.002;G 为常数,对应于排斥区中固定的残余 SR 过程。

可以用一种简单方式对 $p^+ - \pi$ 结构中的排斥建模。有两个重要区别:第一,由于低空穴迁移率,所以,多数载流子不再决定电流大小;第二,重掺杂 p^+-接触层具有大的生成-复

合速度。利用具有大带隙的 p 类异质结接触层可以解决该问题。

非平衡器件的具体实现取决于几方面的重要限制。排斥区内的电场一定要足够低,从而避免器件被整体加热,以及使电子处于高于晶格温度的情况下。适当进行散热设计以避免结构被加热,由此看来,这不是一个严重的限制——至少对单像元或小尺寸器件是这样。将电子加热会形成一个最大的电场,对于非制冷 $5\mu m$ 器件材料,估算为 $1000V/cm$;而对工作在温度 180K、波长约 $10\mu m$ 的材料,是几百 V/cm。对 $3\sim5\mu m$ 光谱范围,电子被加热并不是一个重要限制,但限制着 $10.6\mu m$ 波长和 $8\sim14\mu m$ 长波段范围对排斥的应用。为了有效地产生排斥效应,需要很低的掺杂浓度($<10^{14}cm^{-3}$)。一般地,工业中使用 $3\times10^{14}cm^{-3}$,采用非俄歇(Auger)生成,如 SR 生成或者表面生成可以拟制排斥。大电场会产生闪变噪声。

利用低浓度体生长材料(离子束铣形成 n^+ 区)已经制造出实际的排斥 HgCdTe 光电导体[159,175],与平衡模式光电导体(一般以非本征 p 类掺杂材料为基础)相比,排斥器件是利用很低浓度 n 类体 HgCdTe 材料制造,采用离子束铣或者简并非本征掺杂技术形成 n^+ 区,图 14.31 给出了该器件的结构示意[159]。为了避免在负接触层产生累积效应,该器件采用三引线结构,其中,用一块不透明掩模板确定灵敏区,并利用一种侧臂式电位探针作为读出接触层。这种器件结构将敏感区面积限制在高耗尽区,避免非掺杂部分产生热以及负接触层在读出电极产生明显噪声。由于天然氧化物钝化会产生累计表面,所以,使用 ZnS 材料钝化,从而分流排斥区。

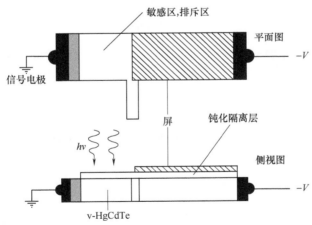

图 14.31　三导线排斥 HgCdTe 光电导探测器示意图

(资料源自:Ashley, T., Elliott, T. C., and White, A. M., "Non-Equilibrium Devices for Infrared Detection", Proceedings of SPIE 572, 123-32, 1985)

图 14.32 给出了两种偏压电流方向时的探测器参数、噪声、响应度和比探测率[126]。在偏压排斥方向,由于两种效应,即排斥区阻抗增大和有效载流子寿命增大至跃迁时间,所以,响应时间和噪声增大到很大的值。在反向偏压时具有高闪变噪声,因此,比探测率的提高比较适中。已经证明,使偏压方向从正向变为反向可以使比探测率提高约 3 倍。这可能与具有较差的 HgCdTe-ZnS 界面性质及注入率波动有关。一个非制冷 $10\mu m\times10\mu m$ 光电导体在截止波长 $4.2\mu m$ 时对 500K 黑体的电压响应度是 $10^6 V/W$,在调制频率 20kHz 时的比探测率是 $1.5\times10^9 cm\ Hz^{1/2}/W$,热评价函数 M^*(295K,零距离)是 $1.5\times10^5 cm^{-1}\ Hz^{1/2}\ K^{-1}$,高于同样条件下其它红外探测器的工作性能[231]。

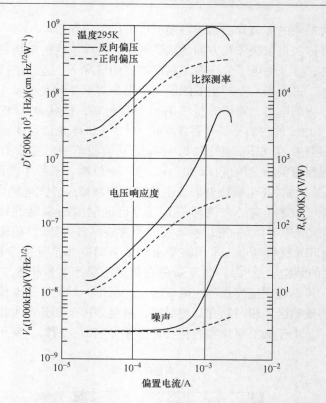

图 14.32 $Hg_{0.72}Cd_{0.28}Te$ 排斥光电导体噪声、电压响应度(500K)、比探测率(500K)在温度 295K 时的测量值与偏压电流的关系

(资料源自：Elliott, C. T., and Gordon, N. T., Handbook on Semiconductors, North-Holland, Amsterdam, Vol. 4, 841-936, 1993)

截至目前，还没有得到具体的 8～14μm 排斥光电导体的验证结论，原因归结于排斥需要高电场将电子加热。

14.5.5 扫积型探测器

扫积型(SPRITE)探测器由埃利奥特(T. C. Elliott)发明，并几乎完全由英国的研究人员进一步研发而成[12,13,233-245]，已经应用在许多成像系统中[243]。图 14.33 给出了该器件的工作原理[233]，基本上就是约 1mm 长、62.5μm 宽和 10μm 厚的 n 类光电导体，包含两个偏压接触层和一个读出电位探针。偏压电场 E 使该器件具有不变的偏压电流，因此，近似于少数空穴漂移速度 v_d 的双极漂移速度 v_a 等于沿器件的像扫描速度 v_s。一般地，器件长度 L 接近或大于漂移长度 $v_d\tau$。其中，τ 是复合时间。

现在，讨论一个像元沿器件的扫描。如图 14.33 所示，扫描期间，材料中的过量载流子浓度增大。当受到照明的区域影响到读出区域时，增大的电导率将调制输出接触层，并提供输出信号，因此，像元本身内的 SPITE 探测器完成信号积分，而对于普通阵列，该过程由外部延迟线和加法电路实现。

长器件的积分时间近似等于复合时间 τ，远比快速扫描串联系统普通像元上的停留时间 τ_{pixel} 长，因此，得到按比例增大的(正比于 τ/τ_{pixel})输出信号。如果约翰逊噪声或放大器噪声

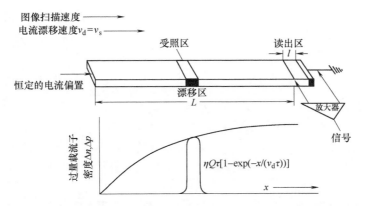

图 14.33 扫积型(SPITE)探测器的工作原理(图形上半部分表示具有 3 个欧姆接触层的 HgCdTe 金属丝,下半部分表示扫描图像中一点时器件载流子密度的变化)

(资料源自:Elliott, C. T., Solid State Devices, Verlag Chemie, Weinheim, 175-201, 1983)

起主导作用,就会导致离散元结构的信噪比(SNR)按比例增大。在背景限探测器中,由于背景造成的过量载流子浓度也会增大同样倍数,但对应噪声只与积分光通量成正比,因此,离散元结构信噪比的净增益增大$(\tau/\tau_{pixel})^{1/2}$倍。

埃利奥特(Elliott)等人推导出扫积型探测器参数的基本表达式[12],电压响应度为

$$R_v = \frac{\lambda}{hc} \frac{\eta \tau E l}{n w^2 t} \left[1 - \exp\left(-\frac{L}{\mu_a E \tau}\right) \right] \quad (14.43)$$

式中,l 为读出区长度;L 为漂移区长度。

由于热激励和背景辐射生成载流子的波动,所以,主要噪声是生成-复合噪声。低频时的噪声光谱密度为

$$V_n^2 = \frac{4E^2 l \tau}{n^2 w t} \left(p_0 + \frac{\eta Q_B \tau}{l} \right) \left(1 - \exp\frac{-L}{\mu_a E \tau} \right) \left[1 - \frac{\tau}{\tau_a} \left(1 - \exp\frac{-\tau_a}{\tau} \right) \right] \quad (14.44)$$

对于 $L \gg \mu_a E \tau$ 和 $\eta Q_B \tau/t \gg p_0$ 背景限长器件,则有:

$$D^* = \frac{\lambda \eta^{1/2}}{2hc} \left(\frac{1}{Q_B w} \right)^{1/2} \left[1 - \frac{\tau}{\tau_a} \left(1 - \exp\frac{-\tau_a}{\tau} \right) \right]^{-1/2} \quad (14.45)$$

若足够高速以致 $\tau_a \ll \tau$,会有:

$$D^* = (2\eta)^{1/2} D^*_{BLIP} \left(\frac{1}{w} \right)^{1/2} \left(\frac{\tau}{\tau_a} \right)^{1/2} \quad (14.46)$$

对标称分辨率尺寸 $w \times w$,像素速率是 v_a/w,以及:

$$D^* = (2\eta)^{1/2} D^*_{BLIP} (s\tau)^{1/2} \quad (14.47)$$

根据上面讨论可知,为了使信噪比有大的增益,就要求有长的寿命。当 $s\tau$ 值大于 1 时,能够有效提高 BLIP 探测器离散器件的比探测率,可以根据相同信噪比的串联阵列的 BLIP 限制像元数目阐述器件的性能:

$$N_{eq}(BLIP) = 2s\tau \quad (14.48)$$

例如,一个以速度 2×10^4 cm/s 和 $\tau = 2\mu$s 扫描、宽 60μm 的像元,得到 $N_{eq}(BLIP) = 13$。

图 14.34 所示为双叉读出结构 8 行 SPRITE 探测器阵列的示意图[233]。双叉型读出结构使探测器阵列排列紧密,毫无凌乱之感。两侧都有读出电路,但一侧使用。

如表 14.4 所示,为了在 8~14μm 光谱范围获得适用的性能,SPRITE 器件需要液氮

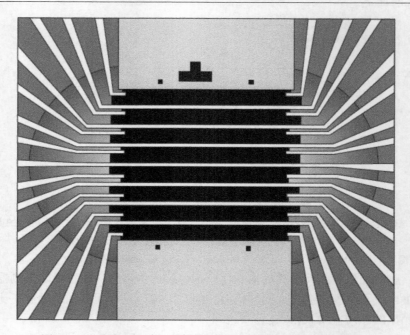

图 14.34 具有双叉读出结构的 8 行 SPRITE 探测器阵列示意图
(资料源自：Elliott, C. T., Solid State Devices, Verlag Chemie, Weinheim, 175-201, 1983)

(LN)制冷，3 级或 4 级珀耳帖(Peltier)制冷器完全能够满足 3～5μm 光谱范围的有效工作。图 14.35 给出了 8～12μm 光谱范围可以达到的性能。除了由焦耳(Joule)热激励使像元温度升高外，探测器是随偏压电场的二次方根增大。此外，增大冷屏的有效 f 数大约到 $f/4$，可

表 14.4 扫积型(SPRITE)探测器性能

材料	锑镉汞	
像元数		8
金属丝长/μm		700
标称灵敏区面积/μm²①		6.25×6.25
工作波段/μm	8～14μm	3～5μm
工作温度/K	77	190
制冷方法	焦耳-汤姆逊或者热力机	热电
偏压场/(V/cm)	30	30
视场	$f/2.5$	$f/2.0$
双击迁移率/(cm²/(V s))	390	140
每个像元的像素速率/(像素/s)	$1.8×10^6$	$7×10^5$
像元电阻的典型值/Ω②	500	$4.5×10^3$
功率消耗/(mW/像元)	9	1
探测器总功率消耗/(mW/像元)	<80	<10
平均 D^* (500K, 20kHz, 1Hz)6.25μm×6.25μm/(10^{10}cm Hz$^{1/2}$/W)	>11	4～7
6.25μm×6.25μm 电压响应度(500K)/(10^4V/W)	6	1

① 原文错印为 μm。——译者注
② 原文漏印单位。——译者注
(资料源自：A. Blackbum, M. V. Blackman, D. E., Charlton, W. A. E., Dunn, M. D., Jenner, K. J., Oliver, and J. T. M., Wotherspoon, Infrared Physics, 22, 57-64, 1982)

以使该参数增大。为了避免背景光通量造成载流子密度增大而使载流子寿命变短,使用大于 $f/2$ 的有效冷屏。

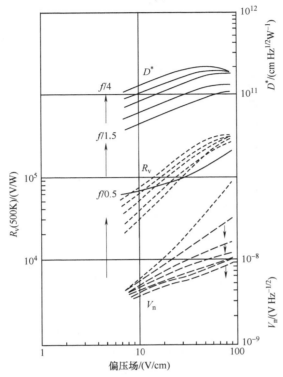

图 14.35　扫积型(SPRITE)探测器性能随偏压电场和视场的变化($\lambda_c = 11.5\mu m$,$T = 77K$)

(资料源自:Blackburn, A., Blackman, M. V., Charlton, D. E., Dunn, W. A. E., Jenner, M. D., Oliver, K. J., and Wotherspoon, J. T. M., Infrared Physics, 22, 57-64, 1982)

工作在 $3 \sim 5\mu m$ 光谱范围的 SPRITE 探测器性能如图 14.36 所示[13]。直至温度 240K,在该波段都可以得到有用的性能。

当扫描速度与载流子速度在整个器件长度范围都匹配时,SPRITE 探测器的空间分辨率取决于光生载流子的散布性扩散及读出区的空间平均,这可以通过调制传递函数(Modulation Transfer Function,MTF)予以解释[233]:

$$\text{MTF} = \left(\frac{1}{1 + k_s^2 L_d^2}\right)\left[\frac{2\sin(k_s l/2)}{k_s l}\right] \quad (14.49)$$

式中,k_s 为空间频率;L_d 为扩散长度。

采用轻质掺杂(约为 $5 \times 10^{14} cm^{-3}$)n 类 HgCdTe 制造 SPRITE 探测器,体材料和外延层两种材料都用[243]。已经对单元、2、4、8、16 和 24 元阵列进行过验证,目前,最常用的是 8 元阵列(见图 14.34)。为了批量制造器件,必须减少读出区和对应接触层的宽度,使它们在像元宽度范围内与长度方向平行,如图 14.34 所示。为了提高比探测率和空间分辨率两种性能,提出了各种改进型器件形状(见图 14.37[240]),包括角形读出区形状用以降低跃迁时间离散,及漂移区稍呈尖锥形以补偿背景辐射造成漂移速度的稍微变化。

SPRITE 探测器对图像中高空间频率的响应主要受限于有限读出区的空间平均性或金属

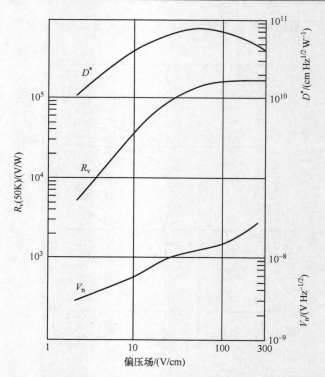

图 14.36 工作在温度 190K 和 3~5μm 光谱范围内 SPRITE 探测器的性能

(资料源自: Blackburn, A., Blackman, M. V., Charlton, D. E., Dunn, W. A. E., Jenner, M. D., Oliver, K. J., and Wotherspoon, J. T. M., Infrared Physics, 22, 57-64, 1982)

图 14.37 SPRITE 器件的形状演化

(资料源自: Elliott, C. T., "SPRITE Detectors and Staring Arrays in $Hg_{1-x}Cd_xTe$," Proceedings of SPIE 1038, 2-8, 1988)

丝中光生载流子的扩散[233]。载流子漂移速度与图像速度不完全匹配会使响应进一步恶化。8~14μm 器件的分辨率约为 55μm。对于温度 200K、3~5μm 器件,空间分辨率约为 140μm。

一种可能提高分辨率的方法是使用短器件,跃迁时间要比载流子寿命短,从而降低了散布性扩散。采用变形光学系统使扫描方向的放大率增大,也可以提高空间分辨率[237,240],以同样的放大率增大比例增加探测器长度和扫描速度,但扩散长度不变,所以空间分辨率得到提高。即使在低背景光通量环境下，SPRITE 探测器仍然是背景限的，所以 SNR 不受影响。

已经多种手段可使空间分辨率和热激励分辨率有了很大提高[242,243]。使用大量像元可以提高系统的热灵敏度。SPRITE 探测器已经很正常地应用于 8 行、16 行和 24 行阵列中，并且这种形式非常适合商用。除了并行阵列，采用普通时间延迟和沿一行进行积分的二维 8×4 并行/串行阵列也得到了验证。工作温度从 80K 降到 70K 以及截止波长从 $12\mu m$ 漂移到 $12.5\mu m$ 两种方法都能够提高信噪比性能和空间分辨率。在 $3 \sim 5\mu m$ 光谱范围，采用更有效的 5 或者 6 级珀耳帖（Peltier）制冷器已经得到很大改善，使用 8 元阵列已经使 500K 黑体探测率高达 $5 \times 10^{10} cm\ Hz^{1/2}/W$。

尽管已经取得了明显成功，但 SPRITE 探测器仍有一些重要限制，如有限的尺寸、严格的制冷要求以及必须使用快速机械扫描。SPRITE 阵列的最终尺寸受限于焦耳热激励产生大的热负荷。这意味着，SPRITE 探测器是凝视二维阵列类型的过渡性器件。

14.6 光伏探测器

最初，HgCdTe 光敏二极管被用为高速探测器，从而激发了对它的进一步研究，大部分是为了直接和外差式探测 $10.6\mu m$ 二氧化碳激光辐射[9,246]。由于具有低的结电容，随之有较低的静态介电常数，所以，这种光敏二极管有可能以外差模式工作在 77K 温度和频率高达几个 GHz 的环境中。在 20 世纪 70 年代中期，注意力转向经常使用的两个大气窗口 $3 \sim 5\mu m$ 和 $8 \sim 14\mu m$ 光谱范围的被动式红外成像应用。当时认为，未来的许多红外应用需要比第一代光电导探测器有更高的辐射性能和/或空间分辨率。光电导探测器的主要限制是，在焦平面上不容易进行多路传输。与光电导体相比，光敏二极管可以组装在含有上兆个像素元的二维阵列中，仅受限于当今的技术。以这种焦平面阵列为基础的系统比较小、较轻、有较低的功率损耗，比第一代探测器的性能高得多。光敏二极管具有很低的频率噪声、较快的响应时间以及有可能使每个像元区都有较均匀的空间响应。然而，光伏探测器要求较复杂的工艺，致使第二代系统发展缓慢和迟迟无法工业化。与光电导探测器另一个不同点是，光伏探测器有各种不同钝化方式、结形成技术和接触层系统的器件结构。

起初，第一批 HgCdTe 光敏二极管是用体材料制造的。然而，后续研发主要采用各种外延技术，包括 ISOVPE、LPE、MBE 和 MOCVD 技术。20 世纪末发表了详细评述其发展史的专著《窄带隙半导体光敏二极管（Narrow-Gap Semiconductor Photodiodes）》（即本章参考文献【73】）。1981 年以来每年的出版物以及 SPIE 论文集中都包含有其它相关的信息资源（见本章参考文献【182，247-254】）。还有研讨技术会议专门讨论 HgCdTe 及相关半导体和红外材料的理化性质（初始，发表在《真空科学技术》期刊（Journal of Vacuum Science and Technology），后来是《电子材料》期刊（Journal of Electronic Materials））。

本章重点将集中在 HgCdTe 光敏二极管的物理性能，以及大型焦平面阵列制造过程的重要技术现状。HgCdTe 光敏二极管技术的成功已经使世界各地的研发中心开始了第三代红外探测器技术的研制（参考本书第 23 章）[18]。

14.6.1 结的形成

采用大量的不同技术，包括 Hg 向内和向外扩散、杂质扩散、离子植入、电子轰击、等离子体诱导型转换、生长期间气相或液相掺杂及其它方法，来制造 p-n HgCdTe 结[73]。为了避免引用太多的相关资料，请读者参考最近出版的专著和评述性文章（见本章参考文献【73，250，251，254】）。

HgCdTe 的弱键能量和离子键特性产生两个重要效应，对大部分结的形成都有一定影响：第一种是 Hg 的作用，会被如离子植入和离子束铣等工艺快速释出，与正常植入区相比，将形成一个深得多的结；第二种效应是错位，在湮灭空位方面发挥着作用。结形成过程中 Hg 空位、错位和离子轰击的作用很复杂，尚未得到详细理解。尽管包含的物理过程很复杂，但生产厂商对各种工艺中结的深度和掺杂比例都有很好的唯象控制。目前，最经常使用生长期间掺杂外延技术制造 p-on-n 结，利用 MBE 和 MOCVD 技术已经成功完成了生长期间的 As 掺杂。

14.6.1.1 Hg 向内扩散

通过 Hg 向内扩散令空位中性，从而实现材料的局部反转是简单直接的方法。n 类传导性源自一种本底施主杂质。达顿（Dutton）等人对 Hg 内扩散过程认识的最新信息做了总结[255]，温度 200℃时的 Hg 扩散过程伴随着空位的向外扩散，使空位在冶金结附近形成分级分布。温度 200~250℃温度下，在空位浓度低于 $10^{16}\,cm^{-3}$ 的材料中形成结只需要 10~15min，对应的扩散常数是 $10^{-10}\,cm^2 s^{-1}$。存在错位会进一步加强空位的迁移率，而 Te 的微量沉淀将妨碍 Hg 进入晶格。诸如错位和微量沉淀等晶体缺陷也可以隐匿本底杂质，进一步影响结的位置和质量。

20 世纪 70 年代初，瓦莱里（Verie）等人最早建议将 Hg 内扩散到掺杂空位（10^{16}~$10^{17}\,cm^{-3}$）的 HgCdTe 中[9,246]，并已经最广泛应用于制造超快光敏二极管。其中，为了得到较大的消耗宽度和较低的结电容，必须具有低浓度（10^{14}~$10^{15}\,cm^{-3}$）n 类区。最初，这类器件使用平台形结构布局。斯皮尔斯（Spears）和弗雷德（Freed）使用 n⁺-n-p 平面结构，对这种技术进行了改进[256,257]：将 0.5μm 厚的 ZnS 喷溅在掺杂空位的 HgCdTe 表面上，利用光抗蚀剂掩模在 ZnS 上蚀刻出一个开口之后而去除光致抗蚀剂之前，在表面喷镀约 10nm 厚的 In 层；在一个密闭容器内利用 240℃ Hg 蒸气扩散可以在 30min 内形成约 5μm 深的低浓度 n 类层及薄的 n⁺ 表面层；再利用光致抗蚀剂剥离技术确定由喷溅形成的 In-Au 焊盘；最后，利用 ZnS 掩模板对结周围进行钝化。尚利（Shanley）等人介绍了制造外差式应用 n⁺-n-p 结构的类似方法[258]。

帕拉特（Parat）等人对 n-p 平面结的制造技术提出了进一步的改进方案[259]：在温度 220℃下 Hg 饱和退火 25h 后，利用 MOCVD 技术生长的中波红外 HgCdTe 层就成为载流子浓度约 $5\times10^{14}\,cm^{-3}$ 的 n 类材料。然而，0.5~0.8μm 厚的 CdTe 覆盖层是 Hg 扩散的有效势垒，并起着良好的结钝化作用。由于在此盖层中开了一个窗口，所以，通过一种选择性方式可以对下层 HgCdTe 层退火，并转换为 n 类材料。

詹纳（Jenner）和布莱克曼（Blackman）介绍了一种改进型 Hg 向内扩散法，它以阳极氧化物作为自由汞的扩散源[260]。该技术特别适合要求较低的均匀掺杂 n 类区域的高速器件。阳极氧化物在氧化物和半导体界面形成富 Hg 层。退火期间，Hg 扩散到材料本底中使材料具有 n 类特性。阳极氧化物层的作用相当于一个向外扩散的掩模板，防止真空环境中缺 Hg。布洛哥夫斯基（Brogowski）和皮奥特洛夫斯基（Piotrowski）已经审定过这种方法[261]。结深度对短退火时间是二次方根依赖关系清楚表明了 p 到 n 类转换的扩散性质。结存在着最大深度显示,自由 Hg 源是有限源。延长退火时间后,Hg 源耗尽,Hg 深深扩散到体材料中,造成材料表面传导率类型的再次转换。

14.6.1.2 离子束铣

低能量离子轰击期间,使空位掺杂 p 类 $Hg_{1-x}Cd_xTe$ 转换为 n 类是另一种形成结的重要技术[262-268],既不需要施主离子也不需要后退火处理,离子束将小比例 Hg 原子(约0.02%的气体离子)注入至晶格中,本底施主原子使类受主 Hg 空位中性化,形成弱 n 类晶格。

通常,离子能量小于 1keV,剂量变化范围是 $10^{16} \sim 10^{19} cm^{-2}$。然而,即使以较低剂量非常缓慢地刻蚀表面,离子束铣技术也会使 HgCdTe 的电学性质在较宽的深度范围内有大的变化。布莱克曼(Blackman)等人指出,p-n 结的深度取决于剂量大小,可以扩展到距离表面几百 μm 处[264]。利用微分霍尔(Hall)效应对离子刻蚀后 HgCdTe 的电学性质进行测量表明,离子束铣后,在靠近表面位置出现一个厚度约 1μm、具有低迁移率和高电子浓度的薄 n 类简并层[266,269]。在该损伤层之下,形成一个 n 类掺杂结构分布(分布按照指数形式远离表面下降),是宽度可控和具有高电子迁移率的低掺杂 n 类区。正如对电子束感应电流的分析所揭示的,n^+ 分级区将为少数载流子提供一个非常有效的反射式接触层,形成高灵敏 n 类区域。采用较高的束电流、较长的离子束铣时间、较低的束电压和较高的离子质量就能够形成较深的结。整个工艺过程在低温下完成,从而保护了原材料和钝化质量,这是该技术的一大优点。20 世纪 70 年代末期,美国通用电气公司(GEC)-马可尼(Marconi)红外有限公司曾经为生产商用 HgCdTe 焦平面阵列使用离子束铣技术进行了 p 类材料的类型转换[270]。

即使与 500℃ 的退火试验相比,离子束铣期间 Hg 的扩散也是非常快的。为了解释该现象,讨论了快速形式的扩散机理(错位、晶界、层错),对 HgCdTe 中 Hg 扩散提出了一种模型:Hg 空位恢复 Hg 间质[271,272]。以此模型为基础指出,原则上,Hg 间质的高值扩散常数与根据平衡退火试验确定的放射性 Hg 自扩散常数值之间没有矛盾。

由于离子碰撞造成的局部伤害局限于离子射程数量级距离内,而反转区域的深度大得多,并与离子轰击要去除的层厚粗略地保持正比关系。

14.6.1.3 离子植入

HgCdTe 离子植入技术是制造具有 n-on-p 类结 HgCdTe 光伏器件工艺中得到确认的一种成熟方法[273,274]。该方法能够避免对金相敏感材料的热激励,并允许精确控制结深,所以,是制造 HgCdTe 光敏二极管的常用方法。通过控制类受主 Hg 空位的密度,使载流子浓度在 $10^{16} \sim 10^{17} cm^{-3}$ 的范围内,许多生产厂商都达到了所希望的 p 类水平。将 Al、Be、In 和 B 离子植入到空位掺杂 p 类材料中可以生产出 n^+-p 结构,但这种技术通常使用轻成分(一般是 B 和 Be)材料离子植入,以形成 n 类区域。或许由于硼是硅的标准植入材料,所以最经常使用。正如富瓦特(Foyt)等人首先发现的[275],n 类材料的电学活动能力与植入损伤有关,而与被植入材料的性质无关。

图 14.38 给出了与 HgCdTe 中离子植入有关的复杂现象。在 HgCdTe 中植入轻成分材料的概念就是通过离子植入的辐射过程(激发出 Hg 原子)及植入源扩散生成自由 Hg 原子[276]。这种概念在一定的本底类材料和载流子浓度下,通过植入感应 Hg 源的 Hg 扩散而形成 n-on-p 结的基础。图 14.38 也给出了退火前(曲线①)退火后(曲线②)的植入成分原子浓度和对应载流子浓度的典型分布,一部分汞 Hg 质是扩散元素,负责掺杂 Hg 空位时改变原始材料的 p 类性质(即间质消除遇到的空位),从而揭示 n 类或 p 类杂质本底材料的净掺杂。该结

形成在湮没区端部。一般地，p-n 结位于 1～3μm 深处，比亚微米范围(<30nm)的植入离子大。如果净本底掺杂是 p 类，则结是 n^+-p 类(虚线)；若净本底掺杂是 n 类，则湮没区是 n 类，形成的结就是 n^+-n^--p 类(实线)。由于结远离材料中的植入缺陷区，没有辐射感应缺陷，所以是最希望得到的情况。

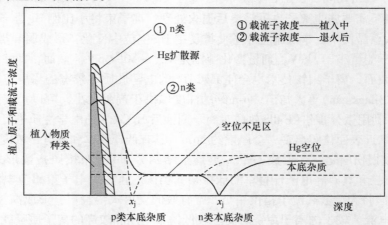

图 14.38　离子植入 HgCdTe 中 Hg 的置换作用对结形成的定量分析模型
(资料源自：Bubulac, L. O., and Tennant, W. E., Applied Physics Letters, 51, 355-57, 1987)

在钝化表面植入及后续刻蚀使像元分离就可以制成平台状二极管。对于平面器件，植入之前，首先在基板上覆盖含有开孔的电介质层(光致抗蚀剂、ZnS 和 CdTe)，作为碰撞离子的掩模板，因而确定了结的面积。一般在室温下完成植入，如果考虑排列方向，就使基板相对于光束轴线倾斜，从而避免产生离子隧穿效应，使用 10^{12}～10^{15} cm^{-2} 剂量和 30～200keV 能量。为了实现高性能，特别对低剂量及应用于短波和中波红外器件，没有必要进行植入后退火。一些研究人员得出结论，如果采用植入后退火工序就可以提高长波红外光敏二极管的性能[277,278]。由于辐射损伤与温度的依赖关系是随植入成分及植入/退火条件变化，所以，植入后退火能够消除辐射造成的损伤。例子表明，In、B 和 Be 在 ≥300℃ 的温度下退火可以消除电学方面的缺陷[277,278]，植入后退火也可以调整掺杂 Hg 空位时 p 类基层的性质。利用连续波二氧化碳激光器对 P 和 B 进行快速热退火后，巴希尔(Bahir)等人已经观察到电活性离子植入[279]。

图 14.39 给出了 PACE-1 HgCdTe 中波红外焦平面阵列一个实例的处理结果。初始，利用 MOCVD 技术将 CdTe 层生长在蓝宝石上[280]，然后，用 LPE 技术将 HgCdTe 生长在 CdTe 缓冲层上，再利用硼离子植入和热退火方法形成结。使用平面还是平台形状，取决于焦平面阵列的技术要求，并利用 ZnS 或 CdTe 膜进行钝化，之后，沉积金属接触层和铟柱，再图形转印在探测器阵列和配套读出电路上，通过铟柱连线将探测器阵列与读出电路装配成组件。

20 世纪 90 年代之前，研究人员很少关注植入 p-on-n 光敏二极管[273,274]。当时，利用 n 类 HgCdTe 中植入 Au、Ag、Cu、P 和 As，接着完成退火形成结。利用非本征掺杂物构建 HgCdTe 中的 p-on-n 结对于 HgCdTe 光敏二极管技术，尤其在长波光谱区域有越来越重要的作用。在公布的 p-on-n 器件结果中，电学结受控于砷扩散分布图的"拖尾"部分，而不是体扩散机理代表的传统部分。

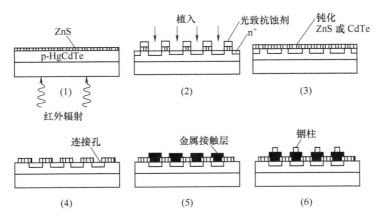

图 14.39 PACE-1 HgCdTe 中波红外焦平面阵列的处理结果

(资料源自: Bailey, R. B., Kozlowski, L. J., Chen, J., Bui, D. Q., Vural, K., Edwall, D. D., Gil, R. V., Vanderwyck, A. B., Gertner, E. R., and Gubala, M. B., IEEE Transactions on Electron Devices, 38, 1104-9, 1991)

来自离子植入源及生长源(砷作为生长周期的一部分)中砷的再分配一般呈现多成分特性,样片之间的"拖尾"成分各不相同。布布拉克(Bubulac)等人提出一种可以解释这些成分的模型[281,282],如图 14.40 所示:成分①一直扩展到与较深的类高斯成分②相交。由于在辐射损伤区是以迟缓扩散机理为主,所以,砷分布在近表面区。已经指出,成分①的深度与原始材料中的错位密度(即 EPD)以及植入-退火条件有关。较深成分②的扩散机理本质上是原子扩散和空位,砷开始扩散到位于表面损伤区域中的 Te 子晶格。由于在该区域 Hg 被碰撞出,形成大量 Hg 间质,所以,将砷引入到晶格中的条件接近于"富汞"条件,使大部分 As 糅合在 Te 子晶格与金属子晶格中。菲克(Fick)扩散定律阐述了这种砷成分的扩散,温度 400℃时的固定扩散系数 $D = 2.5 \times 10^{-14} cm^2/s$,而在 450℃时 $D = 2.0 \times 10^{-13} cm^2/s$,同时确定,这种成分②时的扩散系数与材料中的 EPD 无关。砷的扩散长度与时间二次方根的线性关系确认是砷离子植入源造成成分②中砷的高斯再分配。在不同的基板上利用不同的技术(即 MOCVD/GaAs/Si,LPE/CdTe 和 LPE/蓝宝石)生长出样片的扩散系数具有良好的可重复性,从而证明这种扩散机理是 HgCdTe 中体扩散的显示。这种成分中的扩散机理是控制结形成的最可取机理。

部分砷原子形成的拖尾成分③被引至金属子晶格位置,并按照空位增强机理扩散,增强是偏离原子扩散区内点缺陷平衡的结果(在损伤区,保持有连续的金属空位流传输到扩散区)。由于空位大大增强了扩散,所以,成分③中的原子扩散受到空位梯度分布的影响,产生的扩散系数与位置相关。砷的扩散成分③控制电学结位置,从电学角度,这部分比较复杂,由 n 类和 p 类活性砷、或许还有中性砷组成。位置有可能随电学性质的相关变化转移,取决于后续的热处理和相位平衡。使拖尾现象降至最小的主要措施是降低初始材料的错位密度。EPD 约增加一个数量级(从 $2.6 \times 10^6 cm^{-2}$ 到 $2.7 \times 10^7 cm^{-2}$)就会使表面损伤深度增加 9 倍(从 0.05 增大到 0.45μm),砷浓度也大约增加 2 个数量级(从 $10^{15} cm^{-3}$ 到 $10^{17} cm^{-3}$)。

若初始材料中存在嵌套错位,砷扩散就会进一步得到加强(成分④)。在 Si 材料中,根据"短路"机理指出,杂质可以在错位或成簇缺陷中移动。实验表明,使成分④降至最小的最有效方法是降低材料的 EPD。

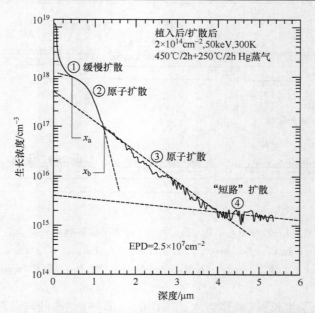

图 14.40 砷离子植入源(SIMS)造成砷成分再分配的典型例子及模型
① 缓慢扩散 ② 原子扩散，砷开始扩散到 Te 子晶格
③ 原子扩散，砷开始扩散到金属晶格 ④ "短路"扩散

(资料源自：Bubulac, L. O., Edwall, D. D., and Viswanathan, C. R., Journal of Vacuum Science and Technology, B9, 1695-1704, 1991)

14.6.1.4 反应离子刻蚀

反应离子刻蚀(Reactive Ion Etching, RIE)是广泛应用于 Si 和 GaAs 半导体中有效的各向异性刻蚀技术，可以制造出具有小特征尺寸的高密度有源器件。作为离子植入成结技术的一种替代方案，在过去几年内，这种等离子体感应技术受到了相当的关注[283]。为了批量生产光敏二极管而在植入技术中必须采用的植入后退火工序，在等离子体技术中不再需要。

如图 14.41 所示，两种空位掺杂 p 类 HgCdTe 样片采用 H_2/CH_4 RIE 技术得到的刻蚀深度是 H_2 和 CH_4 分压的函数[283,284]。蚀刻深度从不含 CH_4 开始增大，在大约(H_2/CH_4) = 8 时达到最大值，然后，下降到不含 H_2。p-n 结深度随混合气体中 CH_4 含量增加而减小。

在等离子体感应型反转过程中，加速等离子体束喷溅 HgCdTe 表面，从普通晶格位置释放 Hg 原子，在刻蚀表面下形成 Hg 间质源。其中一些原子快速扩散到材料中，由于点缺陷相互作用使受主(主要是 Hg 空位)的浓度下降。残余或固有的施主杂质开始在导电性方面起主导作用，造成 p-n 反转。在非本征掺杂材料中，反转扩展到 Hg 空位之外。怀特(White)等人提出了一种 p-n 反转模型[285]，认为结形成机理是下面因素共同作用的结果：RIE 感应损伤、在氢的作用下形成具有强键和力的 Hg 间质以及受主的氢感应中性化。

将 p 类 HgCdTe 放置在 CH_4H_2 反应离子刻蚀等离子体混合气体中制造 n-p 结[283,286,287]，也可以将等离子体感应类反转方法应用于 p-on-n 异质结构，从而隔离高性能光敏二极管[288,289]。

14.6.1.5 生长期间掺杂

目前，在外延生长期间进行掺杂已经成为目前的首选技术，它具有将材料生长与器件处

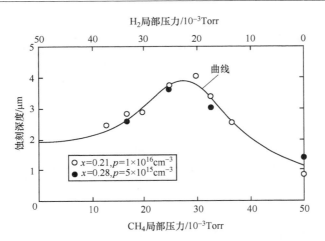

图 14.41 $Hg_{1-x}Cd_xTe$ 刻蚀深度与 H_2 和 CH_4 分压(H_2/CH_4 RIE)的函数关系(○表示 $x=0.21$,$p=1\times10^{16}cm^{-3}$;●表示 $x=0.28$,$p=5\times10^{15}cm^{-3}$;刻蚀时间 10min;射频(rf)功率 180W)
(资料源自:Agnihorti, O. P., Lee, H. C., and Yang, K., Semiconductor Science and Technology, 17, R11-R19, 2002)

理集成在一起的固有优势。利用 LPE 技术从富 Te 熔液[134,290-293]或富 Hg 熔液[47,294]以及采用 MBE[54-56,64,295-297]、MOCVD[53,83,132,298]和 ISOVPE 技术[172]连续生长掺杂层可以得到高性能光敏二极管。最近,迈恩贝弗(Mynbaev)和伊万诺夫-奥姆斯基(Inanov-Omski)对与 HgCdTe 外延层和异质结构掺杂相关的出版物进行了评论[299]。

外延技术有可能现场生长多层结构,要求在 300℃温度之下稳定并随时掺杂以避免发生相互扩散。铟和碘是现场掺杂的首选 n 类掺杂物,砷是首选 p 类掺杂物。

如上所述,为了实现 p 类掺杂,一定要将 As 掺杂物驻留在 Te 位置,这就要求在富阳离子和较高温度下生长晶体或退火。尽管某些生长后需要退火,但利用 LPE 技术从 Hg 熔液(温度 400℃左右)中生长晶体自然满足该条件[291,293]。利用 MOCVD 和 MBE 技术已经成功地在生长期间完成 As 掺杂。米特拉(Mitra)等人评述了为现场(in-site)生长焦平面阵列(FPA)HgCdTe p-on-p 结器件而研制互扩散多层(IMP)MOCVD 工艺的进步[53],并指出,该技术已经发展到在可靠和可重复基础上能够现场生长复杂带隙的多层 HgCdTe 器件结构。对中波/长波 p-n-N-p 双异质结和双波段器件结构进行了一系列相同的生长实验,证明可以连续地重复和有控制地进行生长。

由于 As 具有低的粘着系数,所以,现场 p-类掺杂有一个挑战性问题:在富 Te 条件下(即高浓度 Hg 空位)将 As 掺加到薄层中将促使 As 被激活[300]。在富 Hg 条件下采用 MBE 生长技术会形成孪晶缺陷,并且,As 掺杂物会掺加到孪晶缺陷的表面边界处,即使在最高退火温度下,掺杂 As 的材料也不会被激活。对于高于温度 300℃的等温条件下,退火材料几乎可以达到 100%的有效激活。

图 14.42 所示为采用 MBE 生长期间掺杂铟和砷制造的两种 HgCdTe 光敏二极管结构的横截面示意图[301]。双色探测器是一种 n-p+-n HgCdTe 三层异质结(Triple-Layer Heterojunction,TLHJ)连续 p+-n 光敏二极管结构,生长在晶向(211)的 CdZnTe 基板上。而单色探测器是 p+-n 双层异质结(Double Layer Heterojunction,DLHJ)探测器,设计在晶向(211)Si 基板上,具有 ZnTe 和 CdTe 缓冲层[301,302]。

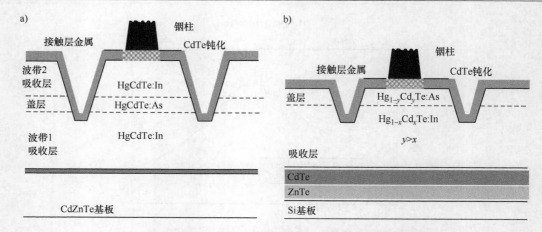

图 14.42 采用 MBE 技术生长 HgCdTe 结构的横截面示意图
a) 双色三层异质结(TLHJ) HgCdTe/CdZnTe b) 单色双层异质结(DLHJ) HgCdTe/Si
(资料源自: Smith, E. P. G., Bornfreund, R. E., Kasai, I., Pham, L. T., Patten, E. A., Peterson, J. M., Roth, J. A., et al., "Status of Two-Color and Large Format HgCdTe FPA Technology at Raytheon Vision System", Proceedings of SPIE 6127, 6126F, 2006)

p-on-n 器件(见图 14.42b)的一个重要优点是: 利用非本征掺杂, 一般是铟或碘(对于 n-on-p 器件, 如此低的 p 类载流子浓度很难实现), 很容易将 n 类 $Hg_{1-x}Cd_xTe$ 载流子浓度控制在 $10^{15}cm^{-3}$ 范围内。覆盖 $Hg_{1-y}Cd_yTe(y \approx x + 0.04)$ 的较宽带隙是 $0.5 \sim 1\mu m$ 厚, 无需故意掺杂。最终结构采用薄(50nm)CdTe 层以保护表面。

平面 p-on-n 光敏二极管是这样形成的: 首先, 透过窗口将 As 选择性地植入在光致抗蚀剂/ZnS 掩模板上, 然后, 穿过覆盖层将 As 扩散到窄带层中[303]。在能量 50~350eV 条件下以大约 $1 \times 10^{14}cm^{-2}$ 的剂量浅植入 As, 从而形成离子植入扩散源[303,304]。植入后, 通常要在 Hg 超压下对结构退火。该材料经历了两次连续退火: 第一次高温(≥350℃, 短时间, 即 20min[305]), 此后马上进行第二次退火(250℃温度 24 小时)。第一次退火消除辐射引起的损伤, 并通过在 Te 子晶格上替换 As 原子扩散和电激活 As, 第二次退火是阻止晶体生长期间将 Hg 空位形成在 HgCdTe 晶格内以及将材料本底恢复到 n 类的 As 扩散效应。p 类覆盖层中 As 掺杂物浓度大约是 $10^{18}cm^{-3}$ 水平。

14.6.1.6 钝化

制造光敏二极管的关键技术是表面钝化。钝化工序是 HgCdTe 光敏二极管技术中影响表面漏电流和器件热稳定性的关键步骤, 所以, 绝大多数生产厂商都以专利工艺对待。小于 100meV 的表面电位就可以较多地累积、消耗或者反转表面, 因而大幅度影响器件性能。与光电导体探测器相比, 同样的镀膜必须同时稳定 n 和 p 类电导率区, 所以, 光敏二极管的钝化更难。根据反转趋势, p 类材料的钝化最难。

内米洛夫斯基(Nemirovsky)等人评述过几种 HgCdTe 钝化技术[193,206,306,307]。钝化技术分为三类: 天然膜(氧化物[193,306,307], 硫化物[193,204,308], 氟化物[205,309]), 涂镀的电介质(ZnS[301,311], SiO_x[200,290], Si_3N_4[312], 聚合物)和现场生长异质结结构(其中, 较宽带隙材料是钝化材料)。将厚电介质膜镀在异质结结构的薄天然膜上, 从而形成双层组合膜常是首选钝化膜层。

基于硅技术的成功, HgCdTe 钝化研究最初集中在氧化物上。HgCdTe 天然层是应用和研究最多的钝化层。天然膜存在两个主要问题：其一是该膜层由湿电化学工艺形成，需要一个导电基板；其二，厚天然膜多孔，不易粘附到基板上。因此，应当把天然膜看作是一种表面处理，并通过涂镀电介质膜实现绝缘。对于 n 类光电导体，因而具有固定的正电荷，所以，用阳极氧化物就足够了。应用于光敏二极管，阳极氧化物通过反转 p 类表面使器件变短。20 世纪 80 年代初期，以利用光化学反应的低温镀膜技术为基础，使用硅氧化物作为光敏二极管的钝化层[200]。然而，当器件在真空中加热较长时间后，不能维持表面仍然具有良好性质（低态密度和良好的光敏二极管性质），需要一种方法以保证具有良好的真空封装[7]。在空间辐射环境中工作时，还会出现表面电荷集结。

最近的研究工作主要集中在使用 CdTe 和 CdZnTe 钝化[307]以及异质结钝化[313]。这些材料具有合适的带隙、晶体结构、化学键、电学特性、粘结力和红外透过率。该领域富有创造性的工作最初由法国 SAT(Societe Anonymique de Telecommunication)公司开创[314]。有希望使用具有理想配比层、最小应力和低界面固定电荷密度（低于 $10^{11}\ cm^{-2}$）的本征 CdTe，采用喷溅、电子束蒸镀以及主要使用 MOCVD 和 MBE 技术生长该层。

利用外延生长[209,315,316]、生长后镀膜[208,317]或生长的异质结构在 Hg/Cd 蒸气中退火[318]都可以得到 CdTe 钝化。现场直接生长 CdTe 层会形成低固定界面电荷，间接生长虽可以接受，但不如直接生长好。有人提出间接镀 CdTe 膜层之前的表面制造工艺[287,317]。采用 MOCVD 和 MBE 技术现场生长 CdTe 层已经获得令人鼓舞的结果，但是，为了得到准平带条件，必须对表面额外进行预处理和后处理，温度 350℃下退火 1 小时呈现出最低密度的固定表面态[315]。然而，对于低 CdTe 掺杂，将会完全耗尽覆盖层，并可能影响界面电荷。布布拉克(Bubulac)等人利用次级离子质谱法(SIMS)和原子力显微术评估电子束和 MBE 生长技术，以确定材料对于 HgCdTe 钝化的可用度[319]，建议并指出，与电子束生长的材料相比，在温度 90℃下利用 MBE 技术生长的 CdTe 密度更大和具有更好的热稳定性，通常使用的材料不一定是单晶，许多情况中多晶层也能提供钝化效果。CdTe 钝化在真空包装烘烤过程中是稳定的，显示空间应用中受辐射影响小。二极管的 R_0A 乘积不随其尺寸发生变化，表明可以忽略表面周围的环境影响。

巴希尔(Bahir)等人[209]讨论了 TiAu/ZnS/CdTe/HgCdTe 金属-绝缘体-半导体异质结结构的研究结果。间接生长的 CdTe 材料表现出滞后现象，从而产生慢界面俘获，p 类 $Hg_{0.78}Cd_{0.22}Te$ 的固定电荷密度已经达到 $(5\pm2)\times10^{10}\ cm^{-2}$。有证据表明直接生长的 CdTe 材料也存在慢界面俘获。CdTe/HgCdTe 界面非对称性（见图 14.43）会产生大的带弯曲以及 p 类 HgCdTe 中载流子反转。若顶部有 ZnS 层，就可消除 CdTe 中的带弯曲，在 CdTe/HgCdTe 界面形成平带条件。绍鲁希(Sarusi)等人研究了利用 MOCVD 技术生长的 CdTe/p 类 $Hg_{0.77}Cd_{0.23}Te$ 异质结构的钝化性质[207]，界面复合速度确定为 5000cm/s，比 ZnS 钝化表面低。该结果证明，CdTe 是以 p 类 HgCdTe 为基础光敏二极管钝化的理想备选材料。

已经清楚认识到，某种程度的 CdTe/HgCdTe 分级界面有益于表面钝化[287]。这种分级可以将初始有缺陷的 HgCdTe 表面转移到较宽带隙的 CdTe 区域，形成具有更好热稳定性的器件，使表面钝化得到改善，而与 CdTe 生长方法无关。

使用 ZnS、CdTe 或宽带隙 $Hg_{1-x}Cd_xTe$ 钝化要经常伴随涂盖一层 SiO_x、SiN_x 或 ZnS 保护膜层[287]。为了防止界面免受环境条件损伤以及将接触层和焊盘（原文将"bonding pads"错印为"bonding lads"。——译者注）金属化图形与基板绝缘隔开，还需要涂镀较厚的电介质膜。

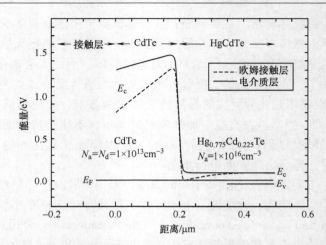

图14.43 接触层对 CdTe/HgCdTe 能带图的影响(与 CdTe 欧姆接触会造成 p 类 HgCdTe 中载流子反转，而电介质层几乎满足平带条件)

(资料源自：Bahir, G., Ariel, V., Garber, V., Rosenfeld, D., and Sher, A., Applied Physics Letters, 65, 2725-27, 1994)

此外，对于前侧照明探测器，电介质膜的光学性质非常重要：在相关的波长范围，薄膜一定要有良好的透过率和合适的折射率，以得到良好匹配的增透膜。最常镀的介质膜是 ZnS(蒸镀或磁控溅射)、CVD-SiO_2(热或者低温光辅助)和 Si_3N_4(使用电子回旋共振(Electron Cyclotron Resonance，ECR)或等离子体增强系统沉积)。

梅斯捷奇金(Mestechkin)等人[208]曾验证过具有 CdTe 表面钝化层的 HgCdTe 晶片和光敏二极管的烘烤稳定性。其中，钝化层采用热蒸镀技术制造。发现，烘烤工艺(温度80℃，真空烘烤10天)会在 CdTe/HgCdTe 界面额外生成缺陷，并使光敏二极管性能恶化。在沉积 CdTe 之后，继而在 Hg 蒸气压和220℃温度下退火能够抑制烘烤中界面缺陷的生成，稳定 HgCdTe 光敏二极管的性能。

14.6.1.7 接触层金属化工艺

与光敏二极管基础层相关的问题是接触电阻、接触表面复合、接触 $1/f$ 噪声以及器件的长时间和热稳定性。接触层决定着器件的性能和可靠性[307]，当金属的功函数小于 n 类半导体(势垒是负)的电子亲和性，而对 p 类半导体势垒为正时，得到理想的欧姆接触层。本书9.5节阐述了金属/半导体势垒形成的各种机理。当今最时髦的理论是以存在表面态或界面态为基础，当该带隙中某具体能量下具有足够高密度时，可以固定住费米能级，形成一个大约与金属无关的势垒高度[302,321]。发现，对 $x<0.4$ 的 $Hg_{1-x}Cd_xTe$，希望欧姆接触层在 n 类材料上以及肖特莱势垒在 p 类 HgCdTe 上；若 $x>0.4$，则希望肖特莱势垒位于 n 和 p 两类材料上。制造欧姆接触层的普通方法是使表面区高掺杂，从而大大减少空间电荷层宽度，以及电子隧穿产生低电阻接触层。实际上，欧姆接触层一般根据经验配方制造，对表面的基本科学原理了解甚少。为了提高附着力和降低固态反应，实际接触层经常由几层不同的金属组成。

HgCdTe 与各金属叠加层间的界面反应分为四类：超级反应、次级反应、中等反应和无反应。具体类别取决于 HgTe 和叠加层金属 Te 形成的相对热[322]，以及金属间化合物 Cd 和 Hg 与叠加层金属之间形成的热[323]。沉积超级反应 Ti 或者次级反应金属(Al、In 和 Cr)会产生金属 Te，并导致界面区 Hg 减少。反之，沉积一种无反应金属，如 Au，就会生成一种只有很少 Hg 损失的计量界面。

对欧姆接触层的电学测量通常是以化学刻蚀出的表面为基础。各种金属对 n 或 p 类 HgCdTe 电学性质的贡献在很大程度上受界面态影响[324]。许多年来，n 类 $Hg_{1-x}Cd_xTe$ 最常用金属是具有低功函数（work function）的铟[17,179,248]。利奇（Leech）和里夫斯（Reeves）验证了在 $x = 0.30 \sim 0.68$ 配方范围内呈现欧姆特性的 In/n-HgCdTe 接触层[325]，载流子在这些接触层中的传输归结于场致热电子发射过程。这种现象是由于 HgCdTe 中一种置换施主 In 的快速向内扩散所致，从而在接触层下形成 n^+ 区。比接触电阻值范围从 $2.6 \times 10^{-5}\Omega\ cm^2$（$x = 0.68$）到 $2.0 \times 10^{-5}\Omega\ cm^2$（$x = 0.30$），与薄层 HgCdTe 电阻率的变化相关。

由于 p 类 HgCdTe 金属接触层需要较大的功函数，一般地，实现欧姆接触更为困难。两种 p 类 HgCdTe 最经常使用 Au、Cr/Au 和 Ti/Au。贝克（Beck）等人的研究表明[326]，p 类 $Hg_{0.79}Cd_{0.21}Te$ 的 Au 和 Al 接触层呈现有欧姆特性，室温下比接触电阻为 $9 \times 10^{-4} \sim 3 \times 10^{-3}\Omega\ cm^2$。$1/f$ 噪声对直径的依赖性意味着，Au 接触层中的噪声源自 Au/HgCdTe 界面附近（或其上），而 Al 接触层中的噪声源自接触层附近的表面传导层。

对于轻掺杂 p 类 $Hg_{1-x}Cd_xTe$，没有太好的接触层，所有金属都容易形成肖特基势垒，该问题对高成分 x 的材料尤其有难度。在靠近金属化的区域中采用重掺杂半导体可以解决此问题，但所需要的掺杂水平实际上很难达到。更为实际的方法是在 $Hg_{1-x}Cd_xTe$-金属界面处采取措施使带隙快速变窄[327]。

14.6.2 对 HgCdTe 光敏二极管性能的主要限制

根据前面的讨论（见本章 14.4 节），俄歇（Auger）机理对 HgCdTe 光敏二极管性能起着主要的限制作用。假设饱和暗电流仅由基质层中热生成所致，并且，其厚度与扩散长度相比较小，则：

$$J_s = Gtq \tag{14.50}$$

式中，G 为基质层中生成率。零偏压电阻面积乘积（参考本书式（9.83））为

$$R_0A = \frac{kT}{q^2Gt} \tag{14.51}$$

假设 n^+-on-p 光敏二极管外赋 p 类区域中是俄歇 7 机理起主要作用，就有：

$$R_0A = \frac{2kT\tau_{A7}^i}{q^2N_at} \tag{14.52}$$

对 p-on-n 光敏二极管，有：

$$R_0A = \frac{2kT\tau_{A1}^i}{q^2N_dt} \tag{14.53}$$

式中，N_a 和 N_d 分别为基质层中受主和施主浓度。

正如式（14.52）和式（14.53）所示，减少基质层厚度可以减小 R_0A 乘积。由于 $\gamma = \tau_{A7}^i/\tau_{A1}^i > 1$，所以，同类掺杂水平的 p 类基质层器件的 R_0A 值要比 n 类大。详细分析表明，若基质层掺杂满足 $p = \gamma^{1/2}n_i$ 条件，就可以使 R_0A 达到绝对极大值，对应着热生成极小值。实际上，对于低温光敏二极管（难于将空穴浓度控制在 $5 \times 10^{15}\ cm^{-3}$ 之下），难于达到所需要的 p 类掺杂，并且，p 类材料还会遇到一些非主流限制，如接触层、表面和 SR 过程。

1985年，罗格尔斯基（Rogalski）和拉科夫斯基（Larkowski）指出，由于在（具有厚 n 类活性区的）p^+-on-n 结的 n 类区域中存在着较低的少数载流子扩散长度，所以，这种结的扩散限 R_0A 乘积要比 n^+-on-n 的大（见图14.44）[328]。该理论预测被后来得到的 p^+-on-n HgCdTe 结实验结果所证实。

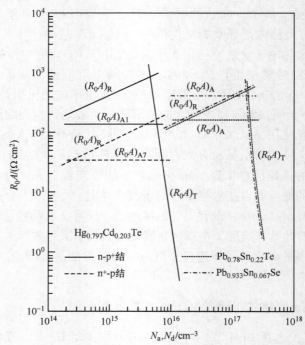

图14.44 $Hg_{0.797}Cd_{0.203}Te$、$Pb_{0.78}Sn_{0.22}Te$ 和 $Pb_{0.933}Sn_{0.067}Se$ 中形成的单侧突变结所的 R_0A 乘积与掺杂浓度的关系

（资料源自：Rogalski, A., and Larkowski, W., Electron Technology, 18(3/4), 55-69, 1985）

应当优化基质层厚度使量子效率接近1，并有低的暗电流。对单通道器件，使基质层厚度稍大于吸收系数倒数，即 $t = 1/\alpha$（约为10μm）；或者对于双通道器件（安装有后向反射镜的器件），t 为 $1/\alpha$ 的 $\frac{1}{2}$。低掺杂有益于低生成热和高量子效率。由于吸收区域中的扩散长度一般大于其厚度，所以，能够聚集质层中产生的载流子以产生光电流。

制造出的各种 HgCdTe 光敏二极管结构可以与背侧和前侧照明混合焦平面阵列（FPA）技术兼容。表14.5给出了其中最重要的8种结构，总结了当今 FPA 主要生产厂商设计生产的 HgCdTe 光敏二极管的应用。

表中，配置结构图 II 和 III 是两种最重要的、适合制造多色探测器的 n-on-p HgCdTe 结构的横截面图。由法国 SAT 公司率先研制出的第 III 类结构已经被法国索菲亚（Sofradir）公司最广泛地开发和利用[330]。第 I 类结构（配置结构图 I）（原文错印为 II。——译者注）是由美国诊断检测系统（DRS）公司研发的垂直集成光敏二极管（VIP™）[333]，目前被称为高密度垂直集成光敏二极管（High-Density Vertically Integrated Photodiode，HDVIP）的这种结构类似英国研发的环孔光敏二极管[270]。利用刻蚀工艺或者后续的离子植入工序将这种 n^+-n^--p 结构形成在通孔周围。一般地，使用 $1.5 \times 10^{14} \sim 5 \times 10^{14} cm^{-3}$ 低本底铟 n^--掺杂，p 类掺杂物通常使用铜（受主浓度约 $4 \times 10^{16} \mathrm{cm}^{-3}$）。在焦平面阵列各个像元中形成 p^+-p 非注入接触区，并且，顶层表面金属网格与其实现电连接，如图 14.45 所示。

表 14.5 混合焦平面阵列（FPA）使用的 HgCdTe 光敏二极管结构

序号	组合配置	结构图	结的形成	生产厂商	参考文献
I	n-on-p VIP（垂直集成光敏二极管）	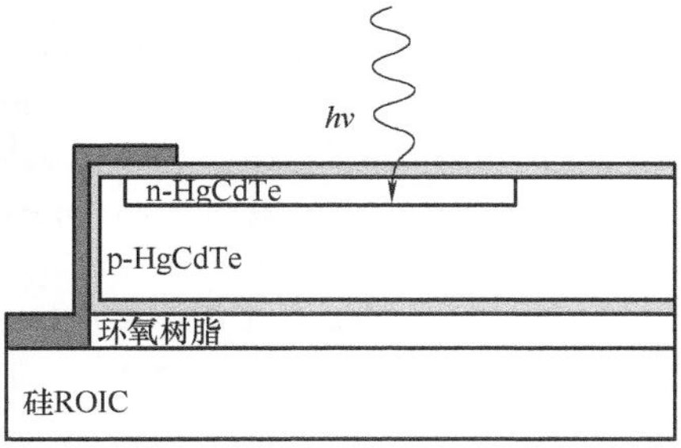 n-HgCdTe / p-HgCdTe / 环氧树脂 / 硅ROIC	离子植入法在 p 类 HgCdTe 中形成 n-on-p 二极管，利用 Te 溶液 LPE 技术生长在 CdZnTe 基板上，并用环氧树脂粘合到硅读出集成电路（ROIC）晶片上，边缘接触	DRS Infrared Technologies（Texas Instruments 的前身）	【329】
II	n-p 环孔	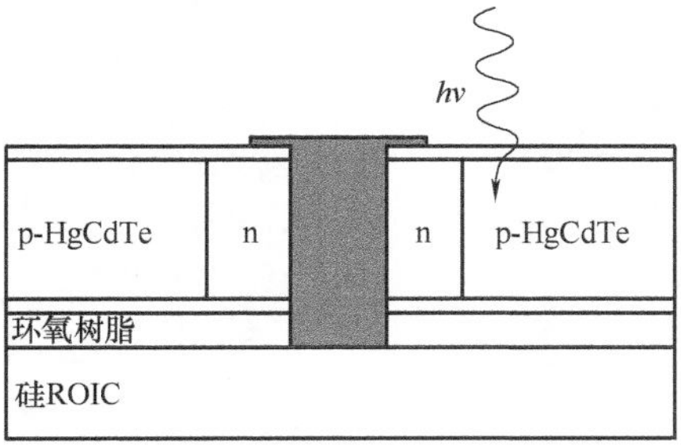 p-HgCdTe / n / n / p-HgCdTe / 环氧树脂 / 硅ROIC	在 p 类掺杂 Hg 空位层中离子束铣形成 n 类区，利用 Te 溶液 LPE 技术生长在 CdZnTe 基板上，并用环氧树脂粘合到硅读出集成电路（ROIC）晶片上，柱形侧向收集二极管	GEC-MarconiInfrared（GMIRL）	【250, 270】
III	n^+-on-p 平面（planar）	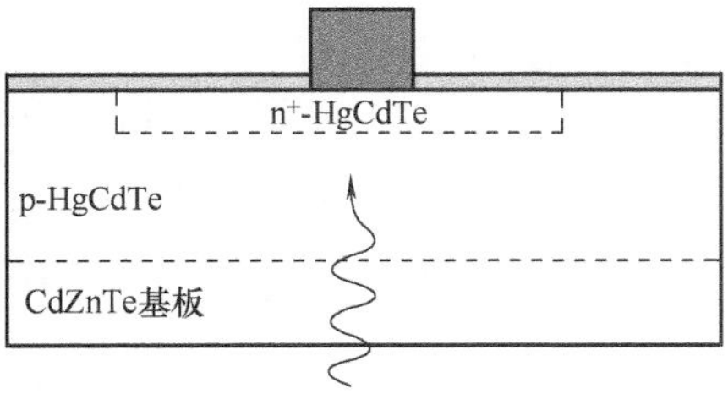 n^+-HgCdTe / p-HgCdTe / CdZnTe基板	离子植入到使用装有富 Te 溶液的滑动槽（slider）而生长的受主 p 型掺杂 LPE 薄膜中	Sofradir（Societe Francaise de Detecteurs Infrarouge）	【330】
IV	n^+-n^--p 平面同质结	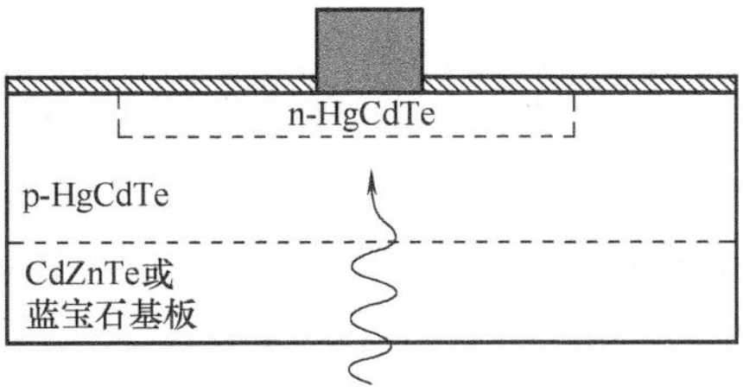 n-HgCdTe / p-HgCdTe / CdZnTe或蓝宝石基板	硼植入到 Hg-空位 p 类材料中，用 Hg 溶液倾倒器生长在直径 3 英寸蓝宝石上，具有 MOCVD CdTe 缓冲层，ZnS 钝化	Rockwell/Boeing	【331】
V	n^+-n^--p 平面同质结	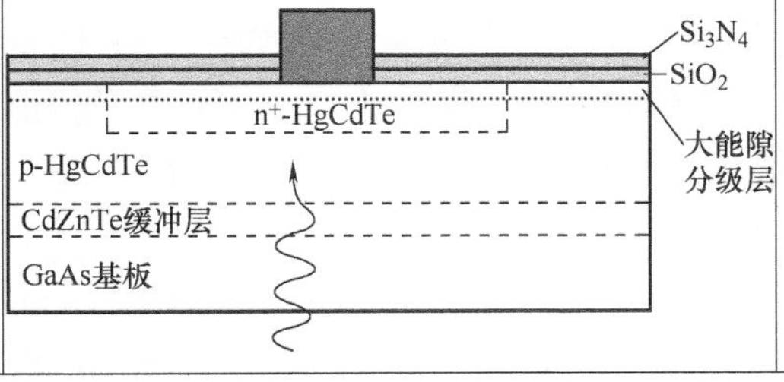 Si_3N_4 / SiO_2 / n^+-HgCdTe / 大能隙分级层 / p-HgCdTe / CdZnTe缓冲层 / GaAs基板	利用 MBE 技术将 n 类层生长在具有 CdZnTe 缓冲层的 GaAs 基板上，硼植入到转换后的 p 类层中，SiO_2/Si_3N_4 钝化	Institute of Semiconductor Physics, Novosibirsk	【63】

（续）

序号	组合配置	结构图	结的形成	生产厂商	参考文献
VI	p-on-n 平台状	p-HgCdTe / n-HgCdTe / 内扩散区 / CdZnTe基板	1. CdZnTe 上双层 LPE 膜：基质层：Te 溶液滑动槽，掺铟；覆盖层，Hg 溶液浸渍槽，掺砷 2. 现场利用 MOCVD 技术在 CdZnTe 上生长掺杂碘基质层，掺砷覆盖层	IR Imaging Systems, sanders; A Lockheed Martin Company (LMIRIS)	【293, 53】
VII	p-on-n 平台状	p-HgCdTe / n-HgCdTe / 缓冲层 / Si基板	1. CdZnTe 或 Si 上双层 LPE 膜，基质层，Hg 溶液浸渍槽，掺杂碘；覆盖层，Hg 溶液浸渍槽，掺杂砷 2. 现场利用 MBE 法在 CdZnTe 或 Si 上生长掺杂碘基质层，掺砷覆盖层	Raytheon Infrared Center of Excellence (RORCoE, formerly SBRC), Hughes Research Laboratories (HRLs)	【294, 332】
VIII	p-on-n 板状隐埋式异质结构	p-HgCdTe N-HgCdTe / n-HgCdTe / 缓冲层 / CdZnTe基板	砷植入到掺杂碘 N-n 或 N-n-N 薄膜中，利用 MBE 技术将该膜生长在 CdZnTe 上	Rockwell/Boeing	【331】

在制造多色探测器时，会用到第Ⅱ类结构中的交叉区域。异质结 p-on-n HgCdTe 光敏二极管结构见表中结构图Ⅵ（也可见图 14.42b）。在这样所谓的双层异质结（Double-Layer Heterojunction，DLHJ）结构中，有一层 In 掺杂浓度在 $1 \times 10^{15} cm^{-3}$ 以下，厚度为 10m 的吸收层。该吸收层夹在 CdZnTe 基板与高 As 掺杂、大能隙区域之间。接触区设置在每个像素的 p^+-层，以及阵列边缘的通用 n-层（不可见）。红外光通量直接穿过对红外线透明的基板。

平面 p-on-n 光敏二极管的结构，是通过从盖层向窄能隙基质层（base layer）有选择地进行部分区域 As 离子植入而得到的[305]。掺杂激活的过程是通过两步骤的 Hg 超压下热退火完成的：首先，在高温下，通过以 As 原子替代 Te 亚晶格，来激活掺杂；其次，降低温度，湮灭在生长和高温退火阶段 HgCdTe 晶格中产生的 Hg 空位。

图 14.46 给出了最经常使用的未加偏压的同质结（n^+-on-p）和异质结（P-on-n）光敏二极管的能带分布示意图。为了避免产生隧穿电流，基质层中的掺杂浓度应低于 $10^{16} cm^{-3}$。在两

第14章 碲镉汞（HgCdTe）探测器

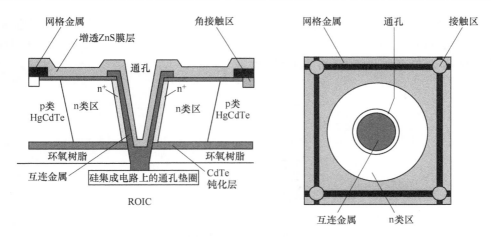

图 14.45 DRS 公司制造的高密度垂直集成光敏二极管（HDVIP™），即 $n^+ - n^- - p$ HgCdTe 光敏二极管
（资料源自：Kinch, M., "HDVIP™ FPA Technology at DRS," Proceedings of SPIE 4369, 566-78, 2001）

类光敏二极管中，轻掺杂窄带吸收区[光敏二极管的"基质"：p(n)类载流子浓度约 5×10^{15} cm^{-3}（$5 \times 10^{14} cm^{-3}$）]决定着暗电流和光电流。界面处的内部电场"阻挡"少数载流子，从而消除表面复合的影响。此外，适当钝化可以避免表面复合。由于 In 具有高可溶性和中高扩散能力，所以，是最经常用作 n 类掺杂中的可控掺杂物。VB族元素是替代 Te 位置的受主，具有很低的扩散度，所以非常适合制造稳定结。已经证明，As 是至今最成功的 p 类掺杂物，主要优点是晶格中的稳定性、低激发能量以及有可能将浓度控制在 $10^{15} \sim 10^{18} cm^{-3}$ 范围内。目前正在重点研究，是将 As 激活为受主时如何降低所需要的高温（400℃）。

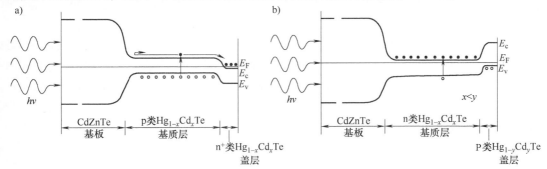

图 14.46 能带示意图
a) n^+-on-p 同质结光敏二极管 b) P-on-n 异质结光敏二极管

使用两种不同方式制造 n-on-p 结：Hg 空位掺杂和非本征掺杂。Hg 空位（V_{Hg}）在 HgCdTe 中提供了本征 p 类掺杂。在这种情况中，掺杂水平仅取决于退火温度。然而，研究人员已经发现，利用 Hg 空位作为 p 类掺杂会缩短电子寿命（见图 14.47），由此形成的探测器比非本征掺杂有较高的电流。对于很低的掺杂（$< 10^5 cm^{-3}$），空穴寿命变成 RS（肖特莱-里德）限的，则不再依赖掺杂[137]。Hg 空位技术使低少数载流子扩散长度约为 $10 \sim 15\mu m$ 的数量级，大小取决于掺杂程度。一般地，n-on-p 空位掺杂二极管具有相当高的扩散电流，由于其性能与掺杂程度及吸收层厚度没有太大依赖关系，因此是一种很有用的技术。用简单模型就可以描述 Hg 空位掺杂 n-on-p 结在至少 8 个数量级范围内的暗电流特性（见图 14.47[334]）。对非

本征掺杂，经常使用 Au、Cu 和 As。因为具有较高的少数载流子寿命，所以，非本征掺杂通常适合低暗电流（低光通量）的应用[134]。非本征掺杂一般具有大的扩散长度和低扩散电流，但性能会出现波动，因而影响成品率和均匀性。

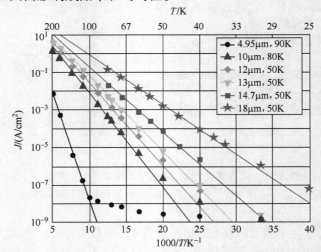

图 14.47　为不同截止波长的 n-on-p HgCdTe 光敏二极管建立的 Hg 空位暗电流模型

（资料源自：Gravrand, O., Chorier, Ph., and Geoffray, H., "Status of very long Infrared Wave Focal Plane Array Development at DEFIR", Proceedings of SPIE 7298, 7298-75, 2009）

对于 p-on-n 结构，诸如 $10^{15}\,\mathrm{cm}^{-3}$ 的低掺杂程度（In 掺杂一般可以达到），其扩散长度的典型值高达 30~50μm，暗电流的生成受限于吸收层本身的体积[334]。式（9.87）和式（9.88）解释了饱和电流的不同特性与扩散长度的关系。如果 $t \gg L$，饱和电流反比于 $N\tau^{1/2}$；若 $t \ll L$，则饱和暗电流反比于 $N\tau$。

若是理想的光敏二极管，扩散电流是主要的，所以漏电流很低，并对探测器偏压不敏感。漏电流是有害噪声的主要来源。图 14.48 给出了温度 40K 时截止波长 12μm 的 HgCdTe 光敏二极管在温度范围 40~90K 内 I-V 的典型特性[335]。温度 77K 时漏电流低于 $10^{-5}\,\mathrm{A/cm^2}$。与偏压无关的漏电流很容易使焦平面阵列达到较好的均匀性，同时降低了光电流变化期间对控制探测器偏压的要求。

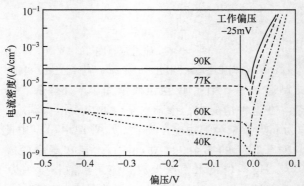

图 14.48　截止波长 12μm p-on-n HgCdTe 光敏二极管在不同温度下的 I-V 特性

（资料源自：Norton, P., "Status of Infrared Detectors," Proceedings of SPIE 3379, 102-14, 1998）

在过去20年，材料和器件已经发展和进步到没有明显 g-r 电流的水平，HgCdTe 光敏二极管质量有了稳定提高。一般地，高温时 R_0A 乘积与温度的关系曲线符合扩散电流关系，而在低温时关系曲线转变成与温度关系不太大的类隧穿关系。图 14.49 给出了具有这种性质的截止波长 $10\mu m$、植入硼 n-on-p HgCdTe 光敏二极管的例子[134]。利用 LPE 技术将富 Te 溶液沉积在 CdZnTe 基板上就可以得到光敏二极管的 p 类基质层。图 14.49a 给出了一组反向 I-V 特性的典型曲线，是温度的函数，实曲线代表实验数据，虚线代表计算值[336]。可以看出，在很宽的温度范围，直至 60K，以及反向偏压低于 0.1V 的范围（扩散电流起主要作用）内，这两种结果都有很好的一致性。若偏压较高，可以明显观察到过量的漏电流。偏压高于 0.1V（原文错印为 eV。——译者注）突然反向击穿，随着温度降低而逐渐降到较低电压，就表明带间发生了隧穿。图 14.49b 给出了相同截止波长的二极管在 0°视场时 R_0A 相对于温度的完整演变，直至温度低至 $T\approx 50K$，两种器件都表现出 $R_0A \propto n_i^{-2}$ 的函数关系。在很低温度（$T<40K$）出现 R_0A 饱和，这是由于仪器阻抗有限（$R>5\times10^{10}\Omega$）所致。如果 n^- 类层厚度从 0 改变到 $5\mu m$（R_0A 乘积仅改变约 5%）[336]，则离子植入形成结期间生成的 n^- 类区域对光敏二极管的 R_0A 乘积会稍有影响。同样的结论也适用于量子效率。

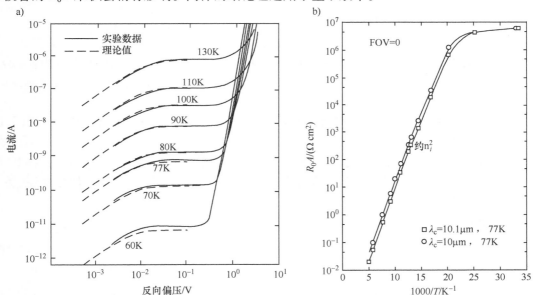

图 14.49 植入硼 n^+-n^--p $Hg_{0.776}Cd_{0.224}Te$ 光敏二极管的暗电流特性

a) I-V 与温度特性，实线表示测量值（资料源自：Destefanis G. and Chamonal J. P., Journal of Electronic Materials, 22, 1027-32, 1993）和虚线代表计算值。（资料源自：Rogalski, A., and Ciupa, R., Journal of Applied Physics, 80, 2483-89, 1996）

$A = 7.2\times10^{-5}cm^2$，$\lambda_i = 10.0\mu m$，温度为 77K

b) R_0A 乘积与 $1/T$ 的函数关系（资料源自：Destefanis, G., and Chamonal, J. P., Journal of Electronic Materials, 22, 1027-32, 1993）

电阻测量值还受到（由罗斯别克（Rosbeck）等人阐述）背景感应分流电阻效应的影响[101]。如图 14.50 所示，n-on-p $Hg_{0.768}Cd_{0.232}Te$ 光敏二极管在 180°、15°、7°和 0°四个不同视场条件下 R_0A 与温度的关系。对于 0°视场，仅仅考虑与耗尽区生成-复合（g-r）相关的电流成分以及体材料的热扩散电流的叠加。对于较大视场的情况，要将热扩散、g-r 和背景电流相加进行分析。已经发现，背景辐射的影响是一种异常线性反向 I-V 关系，很容易与其它电流机理区分。光通量与 R_0A 的关系直接由偏压和量子效率决定，这种机理在异质结器件结构中更为明显[337]。

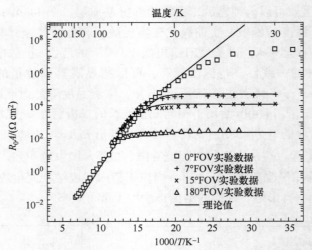

图 14.50 在几种背景条件下，厚基质 n 侧照明 n-on-p $Hg_{0.768}Cd_{0.232}Te$ 光敏二极管 R_0A 乘积与温度的关系（资料源自：Rosbeck, J. P., Star, R. E., Price, S. L., and Riley, K. J., Journal of Applied Physics, 53, 6430-40, 1982）

最近，滕南特（Tennant）等人给出一个简单的经验公式，表述高性能美国泰莱达因（Teledyne）公司（总部在加利福尼亚州）HgCdTe 二极管和阵列（主要是双层平面（planar，或称板状）异质结（DLPH）结构器件）暗电流与温度和波长的关系[338]，称为设计规范 07（又称 07 法则），并预测 13 个数量级范围的暗电流密度变化不大于 2.5 倍。07 法则的近似公式（相关参考文献中给出了精确公式）为

当 $\lambda_c \geq 4.635\mu m$

$$J_{dark} = 8367\exp\left(-\frac{1.44212q}{k\lambda_c T}\right) \tag{14.54}$$

若 $\lambda_c < 4.635\mu m$

$$J_{dark} = 8367\exp\left\{-\frac{1.44212q}{k\lambda_c T}\left[1 - 0.2008\left(\frac{4.635 - \lambda_c}{4.635\lambda_c}\right)^{0.544}\right]\right\} \tag{14.55}$$

式中，λ_c 为截止波长，单位为 μm；T 为工作温度，单位为 K；q 为电子电荷；k 为玻耳兹曼常数（后两种参数是 SI 单位制）。设计规范 07 适用于工作温度与截止波长乘积为 400 ~ 1700$\mu m\cdot K$ 以及工作温度高于 77K 的环境，是一种将其它材料体系与 HgCdTe 进行快速比较的有效方法。然而，如果将其扩展到其它参数，如比探测率和较低工作温度时，应特别小心谨慎。

图 14.51 给出了美国泰莱达因公司的数据和其它供货商提供的较高性能数据的拟合，为了便于比较，图中还包括 InSb（约 5.3μm）和 InGaAs（约 1.7μm）的代表性数据。InGaAs 比 DLPH HgCdTe 具有更低的暗电流密度，而 InSb 有较高的暗电流密度。注意，对于大于 5μm 的波长，λ_e 等于截止波长。对小于 5μm 的波长。会更长一些。

第14章 碲镉汞（HgCdTe）探测器

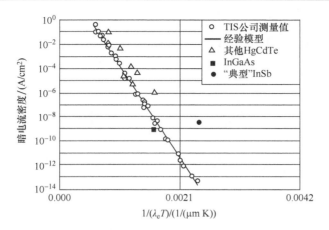

图 14.51 导出设计规范 07 的数据拟合

（资料源自：Tennant, W. E., Lee, D., Zandian, M., Piquette, E., and Carmody, M., Journal of Electronic Materials, 37, 1407-10, 2008）

图 14.52 给出了不同截止波长 R_0A 数据的汇总[334]，这些数据源自电子和信息技术实验室红外实验分部（LETI LIR），使用 V_{Hg} 和非本证掺杂 n-on-p HgCdTe 光敏二极管两种器件，为了与 P-on-n 器件进行比较，还采用了其它实验室利用不同技术和不同二极管结构获得的数据，该数据源自最近发表的各种文献报道[339-342]。已清楚表明，非本征掺杂 n-on-p 光敏二极管产生较高的 R_0A 乘积（较低的暗电流），而汞空位掺杂仍保持在曲线的低端部分。P-on-n 结构的暗电流最小（具有最高的 R_0A 乘积），参考利用美国泰莱达因公司（之前称为罗克韦尔科技（Rockwell Scientific）公司）经验模式计算得到的趋势线[338]。

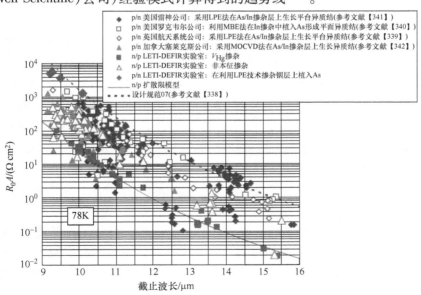

图 14.52 温度 78K 时的 R_0A 与截止波长（数据源自参考文献）

（资料源自：Gravrand, O., Chorier, Ph., and Geoffray, H., "Status of Very Long Infrared Wave Focal Plane Array Development at DEFIR", Proceedings of SPIE 7298, 7298-75, 2009）

另外，对图 14.53 给出的由美国泰莱达因公司得到的暗电流进行了深入研究[343]，其中，采用的器件是利用 MBE 技术生长 P-on-n HgCdTe 光敏二极管 $18\mu m$ 正方形像素。对于 $2.5\mu m$ 和 $5\mu m$ 截止波长的情况下，其暗电流小于每秒每个像素 0.01 个电子。应当记住，截止波长用近似符号表示，由于 λ_c 是温度的函数，所以，随着制冷，HgCdTe 光敏二极管的截止波长会稍有变化。

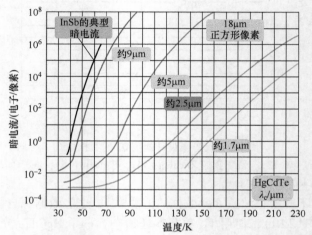

图 14.53 美国泰莱达因公司采用 MBE 技术生长 P-on-n HgCdTe 光敏二极管 $18\mu m$ 正方形像素的暗电流（资料源自：Baletic, J. W., Blank, R., Gulbransen, D., Lee, D., Loose, M., Piquette, E. C., Sprafke, T., Tennant, W. E., Zandian, M., and Zino, J., "Teledyne Imaging Sensors: Infrared Imaging Technologies for Astronomy & Civil Space", Proceedings of SPIE 7021, 70210H, 2008）

图 14.54 给出了 P-on-n HgCdTe 光敏二极管不同温度 R_0A 最高可测量值与截止波长的关系[340]，实线是利用一维模型完成的理论计算值，假设较窄扩散电流带隙 n 侧的扩散电流起着主要作用，并且，少数载流子的复合作用贯穿着俄歇和辐射过程。对于不同温度下的各种生长材料，美国泰莱达因公司的 HgCdTe 光敏二极管的 R_0A 都具有接近理论值的性能。$10\mu m$ 截止波长 HgCdTe 光敏二极管在温度 77K 时 R_0A 乘积的平均值约为 $1000\Omega\ cm^2$，$12\mu m$ 时降到 $200\Omega\ cm^2$。在温度 40K 时，$12\mu m$ 波长的 R_0A 乘积变化范围是 $10^6 \sim 10^8 \Omega\ cm^2$。

雷纳（Reine）等人阐述了发展甚长波红外（VLWIR）HgCdTe 技术具有的几个主要优点[17,344]。不间断地改进已经使 R_0A 乘积得以提高，使扩散电流限降到温度 $40 \sim 45K$ 的范围，截止波长大于 $19\mu m$（见图 14.55）。

对于短波红外和中波红外应用中所需要的宽带隙 HgCdTe 合金，俄歇 1 和俄歇 7 复合机理不是太重要，因此，唯一需要考虑的复合机理是辐射复合。图 13.10a 给出了三种分别利用 LPE、MBE 和 MOCVD 技术生长的 p-on-n 器件。若光敏二极管工作在温度 180K，则 R_0A 的值一般为理论曲线值的 1/10，表明是寿命机理而非传统的辐射复合使寿命缩短。根据德瓦姆斯（Dewames）等人的观点[345]，由过程产生浅 SR 复合中心可能是造成寿命缩短的原因。看来，对于截止波长小于 $3.5\mu m$ 并在室温下工作的光敏二极管，其 R_0A 乘积达不到利用传统辐射复合公式计算的寿命值。然而，利用 HgCdTe（也使用 InGaAs 合金）制造的最好短波光敏二极管性能与辐射极限一致。

由于具有低量子效率（低扩散长度和弱辐射吸收）和动态电阻，所以，普通的 p-n 结长波红外 HgCdTe 光伏探测器在接近室温工作的性能非常差，而其串联电阻、超低结电阻和电压

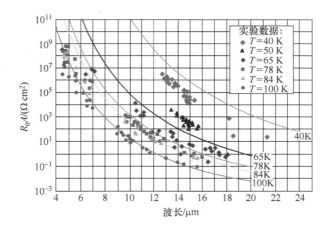

图 14.54　美国 Teledyne 公司(以前称为罗克韦尔科技(Rockwell Scientific)公司)P-on-n HgCdTe 光敏二极管不同温度下 R_0A 数据与截至波长的关系(为了便于比较,同时给出一维理论扩散模型的计算值)

(资料源自:Chuh,T.,"Recent Developments in Infrared and Visible Imaging for Astronomy, Defense and Homeland Security," Proceedings of SPIE 5563, 19-34, 2004)

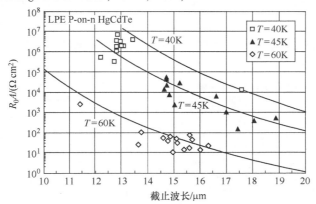

图 14.55　LPE P-on-n HgCdTe 光敏二极管 20 元阵列在温度 60K、45K 和 40K 时 R_0A 的中值数据(为了比较,给出 n 侧扩散电流的 R_0A 计算值(实线))

(资料源自:Reine,M. B., Infrared Detectors and Emitters:Materials and Devices, Chapman and Hall, London,313-76,2000)

响应度甚至造成了更严重的问题。研制一种多异质结光伏器件,将短像元串联能够克服这些问题,结平面垂直于基板的器件就是一个例子(见图 14.56a)。多异质结器件由一种以背侧照明 n^+-p-P 光敏二极管为基础的结构组成。1995 年,这种器件成为第一个商业化的非制冷和未施加偏压的长波光伏探测器,这类器件具有大的电压响应度、快速响应时间,但活性区的响应不均匀,并且响应对入射光偏振有依赖。

更有发展前途的是图 14.56b 所示的单片串联堆积式光伏电池,同时具有高量子效率和微分电阻,每层电池由 p 类掺杂窄带隙吸收层、重掺杂 N^+ 和 p^+ 异质结接触层组成,只在吸收层吸收入射光,异质结接触层汇聚光生电荷载流子。这类器件具有高量子效率、大微分电阻和快速响应。实际问题是缺少相邻的 N^+ 和 P^+ 区。在 N^+ 与 P^+ 界面处引入隧穿电流可以解决该问题。

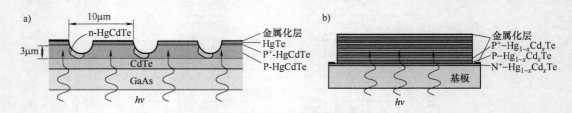

图 14.56 背侧照明多层异质结器件

a) 结平面与表面垂直　b) 四层多层异质结探测器

（资料源自：Piotrowski, J., and Rogalski, A., High-Operating Temperature Infrared Photodetectors, SPIE Press, Bellingham, WA, 2007）

目前，波兰自动化控制检测仪表（VIGO System）公司提供在长波红外、中波红外和短波红外光谱区任意波长位置都具有最佳性质的光伏器件[346]。采用非制冷二级和三级珀耳帖制冷器得到的最长实用波长分别是 $11\mu m$、$13\mu m$ 和 $15\mu m$。

图 14.57 给出了 HgCdTe 器件的性能[347]。若没有光学油浸透镜，则中波红外光生伏探测器是性能接近 g-r 限的准 BLIP（背景限红外光电探测器）器件。但是，当采用二级珀耳帖制冷器进行热电制冷，经过精心设计，则采用光学油浸透镜的器件性能接近 BLIP 限。这种情况不利于 $>8\mu m$ 长波红外光生伏探测器，探测率低于 BLIP 限一个数量级。该器件一般应用于零偏压下。由于选取的光敏二极管中大的 $1/f$ 噪声扩展到约 100MHz，所以，利用俄歇抑制非平衡器件的愿望没有实现。

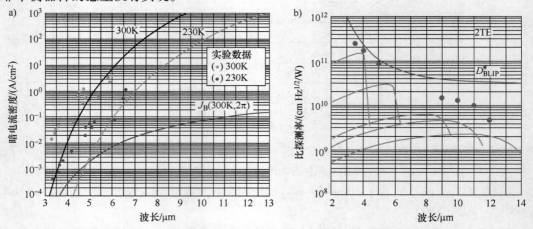

图 14.57 设计有光学油浸透镜的 HgCdTe 器件性能

a) 300K 和 230K 温度下的暗电流密度　b) 使用二级制冷器器件的典型光谱探测率（虚线表示最大的实验数据）

（资料源自：Rogalski, A., "HgTe-Based Photodectors in Poland," Proceedings of SPIE 7298, 72982Q, 2009）

高工作温度（HOT）器件具有非常快响应的性质，非制冷约 $10\mu m$ 的光电探测器的响应时间约为 1ns 或更短。使用光学油浸透镜以减小器件的实际面积，从而缩短光生伏器件的电阻-电容（RC）时间常数[157,173,174]。利用重掺杂 N^+ 作为平台状结构的基质区可以使串联电阻最小降至约 1Ω，并改进阳极接触层。

由于 HgCdTe 三重合金是一种直接带隙半导体，具有高吸收系数，所以，是一种非常有效的辐射吸收器。图 14.58 给出了吸收深度与波长关系，并将吸收深度定义为光子通量

63%（1 - 1/e）被吸收时的距离[343]。为了得到高量子效率，探测器活性层厚度至少应等于截止波长。镀有增透膜的量子效率典型值约为90%。去除背侧照明光敏二极管的基板可以提高短波光谱范围内的量子效率，杂化过程之后去除 CdZnTe 基板的影响如图 14.59b 所示[348]，HgCdTe 光敏二极管非常适合 1～20μm 的光谱范围。图 14.59a 给出了光敏二极管具有代表性的光谱响应。通过调整 HgCdTe 的合金成分可以调整光谱截止波长。

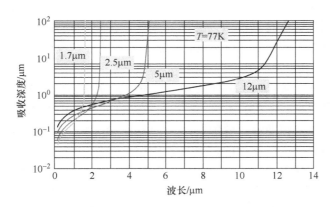

图 14.58　HgCdTe 中光子的吸收深度，是温度 77K 时截至波长的函数

（资料源自：Baletic, J. W., Blank, R., Gulbransen, D., Lee, D., Loose, M., Piquette, E. C., Sprafke, T., Tennant, W. E., Zandian, M., and Zino, J., "Teledyne Imaging Sensors: Infrared Imaging Technologies for Astronomy & Civil Space", Proceedings of SPIE 7021, 70210H, 2008）

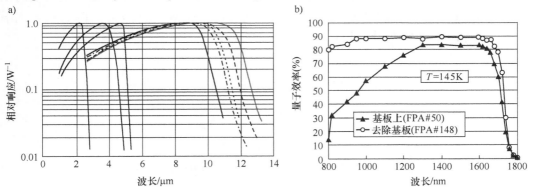

图 14.59　HgCdTe 光敏二极管的光谱特性

a) 代表性的光谱响应数据（资料源自：Norton, P. R., Optical Engineering, 30, 1649-63, 1991）
b) 有无基板近红外焦平面阵列的量子效率比较（资料源自：Piquette, E. E., Edwall, D. D., Arnold, H., Chen, A., and Auyeung, J., Journal of Electronic Materials, 37, 1396-1400, 2008）

14.6.3　对 HgCdTe 光敏二极管性能的次要限制

其它的许多过剩机理影响着 HgCdTe 光敏二极管的暗电流[73]，主要源自基质层、保护层（即盖层）、耗尽层及表面中的次要（nonfundamental）影响源。随着工作温度的降低，热激励暗电流机理变得越来越弱，其它机理开始占上风。实际上，次要影响源对当前 HgCdTe 光敏二极管的暗电流起主要作用，但近室温器件、最高质量 77K LWIR/VLWIR 和 200K MWIR 器件的具体情况例外。HgCdTe 光敏二极管漏电流的主要机理是：耗尽中的生成、带间隧穿，

俘获辅助隧穿和碰撞离子化。其中有些是 p-n 结的结构缺陷造成。由于最终决定阵列的均匀性、生产率以及某些应用领域，尤其具有较低工作温度环境的应用成本，所以现在这些机理受到更多关注。

许多作者依据俘获辅助隧穿机理成功地对 ≤77K 温度下 LWIR HgCdTe 光敏二极管反向偏压漏电机理建模[16,349-356]。埃利奥特（Elliott）等人则提出另一种模型以解释 LWIR HgCdTe 通孔光敏二极管反向偏压漏电流[357]。该模型是在相当低的掺杂器件中以耗尽层内碰撞离子效应为基础，与实际观察有良好吻合。碰撞离子化产生的反向偏压具有两个主要特性：第一，漏电流对很大范围内的温度变化不敏感；第二，与隧穿电流相比，该电流随反向偏压增加非常缓慢。

对于 $x≈0.20$ 的高质量 $Hg_{1-x}Cd_xTe$ 光敏二极管，直至温度降到40K，零偏压和低偏压区中的扩散电流一般是起主要作用的电流[333,337,358,359]。在反向偏压中值处，暗电流是由于俘获辅助隧穿效应所致。俘获辅助隧穿效应同时主导着零偏压和很低温度环境下（低于30K）的暗电流。在高值反向偏压下，体带间的隧穿效应是主要的。若在低于30K 的很低温度，由于与局部缺陷相关的隧穿电流发生，一般可以观察到 R_0A 乘积有很大散布。此外，HgCdTe 光敏二极管的暗电流，尤其在低温下，会额外含有与表面相关的成分。

例如，图 14.60 给出了 P-on-n HgCdTe 光敏二极管在温度 66.7K 条件下的测量值和模型计算值，该光敏二极管在78K 的截止波长为 15.6μm 等效于温度40K 时截止波长为 18.7μm，以及温度 28K 时截止波长为 20.0μm[358]。研究发现，I-V 特性在上述分析的大部分温度和偏压范围内都受限于理想扩散电流的扩散。带间（Band-to-Band，BTB）隧穿限制最大反向偏压（>200mV）和最低温度时的电流。俘获辅助隧穿（Trap-Assisted Tunneling，TAT）机理则限制着低温和中等偏压（50mV < V < 200mV）条件下的电流。

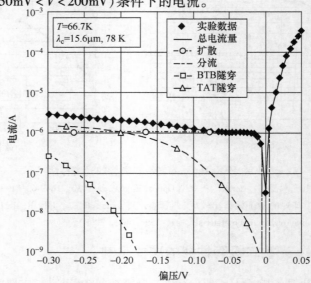

图 14.60 P-on-n HgCdTe 光敏二极管在温度 66.7K 和截止波长 15.6μm（温度为78K）时的测量值及 I-V 建模特性

（资料源自：Gilmore, A. S., Bangs, J., and Gerrishi, A., Journal of Electronic Materials, 35, 1403-10, 2006）

作为例子，图 14.61 给出了 LWIR p-on-n 和 VLWIR n-on-p 光敏二极管不同温度下测量出的曲线[334]，显示，热电流随温度大大减小，但高偏压电流呈现出相反的热性质，这就是常见的隧穿效应。为了使隧穿电流降至最小，至少应在结的一侧采用低掺杂。然而注意到，p-on-n 光敏二极管敏感区掺杂是 $N_d \leq 10^{15} \text{cm}^{-3}$；而 n-on-p 掺杂程度较高，$N_d > 10^{16} \text{cm}^{-3}$。还看到，在较高温度下，扩散限性能扩大到更大的反向偏压。

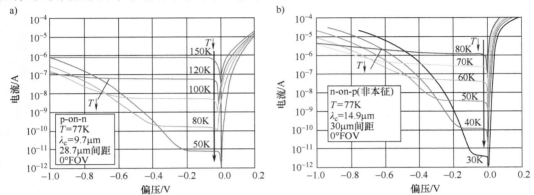

图 14.61　不同温度下典型的暗 I-V 特性
a) p-on-n HgCdTe 光敏二极管　b) n-on-p HgCdTe 光敏二极管

（资料源自：Gravrand, O., Chorier, Ph., and Geoffray, H., "Status of Very Long Infrared Wave Focal Plane Array Development at DEFIR," Proceedings of SPIE 7298, 7298-75, 2009）

陈（Chen）等人对工作在温度 40K 条件下 HgCdTe 光敏二极管 R_0 值的广泛分布做了详细分析[360]。图 14.62 给出了截止波长为 9.4~10.5μm 器件的累计分布函数 R_0。图中清楚地看到，当一些器件在 R_0 值仅涵盖两个数量级就呈现出不错的可操作性，其它器件随 R_0 值涵盖大于 5~6 数量级才会表现出很差的可操作性。温度 40K、R_0 低于 $7 \times 10^6 \Omega$ 时，而出现较低性能，通常是由于存在严重的冶金缺陷，如团和环的错位（dislocation）、针孔、条纹、Te 掺杂和重阶形，但温度 40K、R_0 位于 $7 \times 10^6 \sim 1 \times 10^9 \Omega$ 之间时，二极管不含有明显缺陷（Hg 间质和空位）。

已经知道，错位会增大暗电流和 1/f 噪声电流。在温度 77K 时，要求长波红外材料的位错密度 $< 2 \times 10^5 \text{cm}^{-2}$；对中波红外波段，允许在该温度时具有较高的位错密度。然而，越来越多的证据表明，在工作温度较高时，这种理论不再正确[333]。HgCdTe 二极管反向偏压特性对与结相交的位错密度有很强的依赖性。位错是隧穿电流和 1/f 噪声的重要来源，但如果与 p-n 结耗尽区相交，就认为是唯一的问题。若是垂直集成形状，那么，与平面二极管形状相比，其耗尽区就有特别小的穿透位错横截面，如图 14.63 所示[333]。所以，对于具有潜在材料缺陷的探测器，垂直结构显示出明显的优势。

约翰逊（Johnson）等[129]人指出，当存在高错位密度时，R_0A 乘积按照位错密度的二次方下降；在位错密度随温度下降越来越低时，也开始出现二次方关系，如图 14.64a 所示。温度 77K，当刻蚀坑密度（EPD）近似等于 10^6cm^{-2} 时，R_0A 开始减少；而在温度 40K 时，只要二极管位错超过一个，R_0A 马上会受到影响。大 EPD 时 R_0A 数据出现散布可能与二极管中存在大量"交互作用"的位错对有关，比单个位错降低 R_0A 更有效。为描述 R_0A 乘积与位错密度的关系，以分流 p-n 结的单个和交互作用位错的电导系数为基础研发了一种现象学模

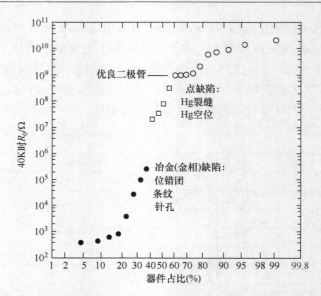

图 14.62 长波红外 p-on-n HgCdTe 光敏二极管（利用 LPE 技术制造）值的累计分布函数（并分成三部分：良好二极管、受点缺陷影响的二极管和受冶金缺陷影响的二极管）

（资料源自：Chen, M.C., List, R.S., Chandra, D., Bevan, M.J., Colombo, L., and Schaake, H.F., Journal of Electronic Materials, 25, 1375-82, 1996.）

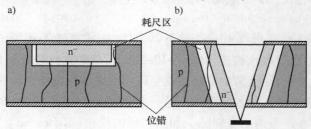

图 14.63 穿透位错的影响
a) 平面集成光敏二极管 b) 垂直集成光敏二极管

（资料源自：Kinch, M., "HDVIP FPA Technology at DRS", Proceedings of SPIE 4369, 566-78, 2001）

型，如图 14.64a 所示，该模型与实验数据相当吻合。

一般地，1/f 噪声与半导体接触层、内部或表面的势垒存在有关。将 1/f 噪声降到可以接受的水平是一种技巧，这很大程度上取决于制造接触层和表面所采用的工艺。迄今为止，并没有形成完全令人满意的理论，目前，有两种解释 1/f 噪声最为流行的模式[361]：霍格 (Hooge) 模式[362]和麦克沃特 (McWorter) 模式。前者假设自由电荷载流子迁移率波动，而后者则以自由载流子密度波动为基础。

托宾 (Tobin) 等人给出了描述植入 n^+-p 中波红外 HgCdTe 光敏二极管 1/f 噪声的关系式[364]：

$$I_{1/f} = \alpha I_1^\beta f^{-1/2} \qquad (14.56)$$

式中，α 和 β 为经验常数，分别等于 1×10^{-3} 和 1；I_1 为漏电流。已经发现，1/f 噪声与光生电流和扩散电流无关，但与表面生成电流呈线性关系。有人提出，施以反向偏压的 HgCdTe

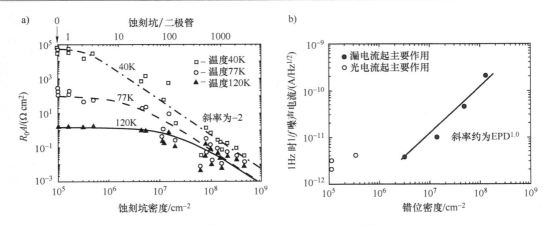

图 14.64 位错密度对 HgCdTe 光敏二极管参数的影响

a) R_0A 乘积与 EPD 关系，表示理论模型与测量数据的拟合程度（其中，截止波长 9.5μm（温度78K）阵列，零视场，温度分别是 120K、77K 和 40K）

b) 温度78K、截止波长 10.3μm HgCdTe 光敏二极管阵列（视场f/2）在 1Hz 时 1/f 噪声电流与错位密度测量值（资料源自：Johnson, S. M., Rhiger, D. R., Rogalski, J. P., Peterson, J. M., Taylor, S. M., and Boyd, M. E., Journal of Vacuum Science and Technology, B10, 1499-1506, 1992）

光敏二极管的 1/f 噪声是表面生成电流受到表面势垒波动调制的结果。春（Chung）等人的研究成果也支持这种意见[365]。安德森（Anderson）和霍夫曼（Hoffman）研究出一种包含截断耗尽区内俘获辅助隧穿效应的模型[366]，研究指出，表面势垒波动模型可以解释经验公式。巴贾杰（Bajaj）等人发现，源自结缺陷（如位错）而形成的生成-复合电流有类似关系[367]。另外一些论文（本章参考文献【352，356，368，369】）支持 1/f 噪声与隧穿过程（特别是俘获辅助隧穿过程）的关系。最近，席贝尔（Schiebel）介绍了一种 HgCdTe 相关模型[370]，可以很好地解释实验数据，包括表面势垒波动对表面生成电流的调制以及截断耗尽区内俘获辅助隧穿效应的影响。

约翰逊（Johnson）等人阐述了位错对 1/f 噪声的影响[129]。如图 14.64b 所示，EPD 低时，光生电流是影响噪声电流的主要因素；而 EPD 较大时，噪声电流随 EPD 线性变化。由此看来，位错并非 1/f 噪声的直接来源，而是通过其漏电流的影响使该噪声变得严重。1/f 噪声电流随 $I^{0.76}$ 变化（I 是二极管总电流），类似未损坏二极管的数据拟合。中波红外 PACE-1 HgCdTe 光敏二极管漏电流与 1/f 噪声有类似变化，通过改变温度、偏压和电子束辐照损伤可以改变漏电流[371]。

美国诊断检查系统（DRS）公司对经 CdTe 钝化的垂直集成 n^+-n^--p HgCdTe 光敏二极管的 1/f 噪声进行了测量，其结果也显示了噪声对器件暗电流密度的依赖关系，如图 14.65 所示。其中，材料的位错密度低于 $2 \times 10^2 cm^{-2}$[333]。该噪声取决于暗电流的绝对值，与成分 x 或工作温度无关[372]。对于 $10^{12} cm^{-2}$ 范围真实表面的俘获密度，这些结果与席贝尔（Schiebel）的理论相当一致。

14.6.4 雪崩光敏二极管

在光纤通信中，作为室温雪崩光敏二极管（APD）颇具魅力的材料 HgCdTe 工作在 1.3 ~ 1.6μm 光谱区，并且，这在 20 世纪 80 年代就已经认识到[373-375]。当价带中自旋轨道分裂能量 Δ 等于基能隙 E_g 时出现共振增强。维里（Verie）等人首先指出，这是一种可以使电子和空

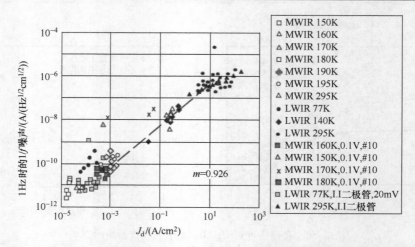

图 14.65 各种 HgCdTe 光敏二极管 $1/f$ 噪声系数与暗电流密度的关系

(资料源自：Kinch, M., "HDVIP™ FPA Technology at DRS", Proceedings of SPIE4396, 566-78, 2001)

穴具有完全不同碰撞离子化率的有利效应，极有希望实现低噪声雪崩光敏二极管。阿拉伯达(Alabedra)等人早期的研究项目是 $x \approx 0.74$($E_g = 0.92$eV) 的 HgCdTe 雪崩光敏二极管[374]，HgCdTe 带结构给出了接近 0 的 k 值——一个在雪崩条件下非常有利的(空穴与电子倍增之比)高比率，从而产生非常小的噪声增益。这些性质使 HgCdTe 雪崩光敏二极管比 InGaAs 雪崩光敏二极管具有更好的质量因数，其中的 k 约 0.45。相比之下，硅的离子化率是 0.02，因此具有低得多的过量噪声，但是，硅对波长大于 1.1μm 的辐射不敏感。

另一种雪崩光敏二极管的应用是激光雷达(LASER)，三维成像形成脉冲激光系统。传统上，使用可见光和大于 1μm 近红外(NIR)工作波长的激光扫描系统已经能够得到三维成像，然而，如果现场有人群，则要求采用人眼安全激光器，近红外光谱区人眼安全波长约为 1.55μm。此外，单脉冲泛光照明激光成像系统的优点使研究人员考虑研发二维阵列的雪崩光敏二极管传感器。与普通的被动式唯成像系统相比，主动/被动式选通系统可以在更远的距离内探测和识别目标。由于所希望的工作距离(一般 10km)及激光功率有限，所以，需要使用灵敏度接近单光子的近红外固态探测器[376]。

如图 14.66 所示，$Hg_{1-x}Cd_xTe$ 的雪崩性质随带隙有着引人注目的变化。莱维克(Leveque)等人[378]阐述了两种体系：空穴离子化系数与电子离子化系数之比 $k = \alpha_h/\alpha_e$ 大于 1 或者小于 1。对于小于 1.9μm (温度 300K 时 $x = 0.65$) 的截止波长，他们预测，在 $E_g \cong \Delta = 0.938$eV 时空穴离子化系数得到共振增强，所以 $\alpha_h \gg \alpha_e$。$k = \alpha_h/\alpha_e \gg 1$ 的这种情况有利于以空穴引发雪崩的低噪声雪崩光敏二极管。里昂(deLyone)等人[379]利用这种体系证实，利用 MBE 技术可以将分离式多层吸收和倍增雪崩光敏二极管(Separate Absorption and Multiplication APD, SAM-APD)现场生长在 CdZnTe 上，其截止波长为 1.6μm，倍增截止波长为 1.3μm。已经证明，在 25 元小阵列中施以 80~90V 反向偏压得到的雪崩增益是 30~40。

HgCdTe 晶体独特的晶格性质可以具有两种完全不同模式的非噪声线性雪崩：小于 0.65eV ($\lambda_c > 1.9$μm) 带隙的纯电子激发 (即 e-APD)，以及中心位于带隙 0.938eV ($\lambda_c = 1.32$μm) 的纯空穴激发 (即 h-APD)，对应着自旋轨道分裂共振。两者在较低带隙的光电探测层都使用吸收和倍增(SAM)分级层分开存在的类似结构。

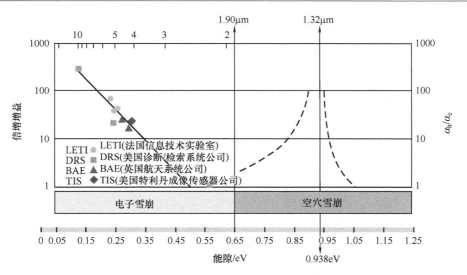

图 14.66 $Hg_{1-x}Cd_xTe$ 电子雪崩光敏二极管（e-APD）和空穴雪崩光敏二极管（h-APD）体系
在 $E_g \approx 0.65eV(\lambda_e \approx 1.9\mu m)$ 处明显转型（较低带隙处，e-APD 增益成指数形式增大，
四家生产商给出非常一致的结果）

（资料源自：Hall, D. N. B., Rauscher, B. S., Pipher, J. L., Hodapp, K. W., and Luppino, G., Astro2010：The Astronomy and Astrophysics Decadal Survey, Technology Development Papers, No. 28）

初始，几个分别完成的实验报告都证实：当截止波长 λ_c 大于 $1.9\mu m$ 时，$Hg_{1-x}Cd_xTe$ 的 $k = \alpha_h/\alpha_e$ 的预测值非常小（≤0.1）[380,381]。对长波红外 HgCdTe（$\lambda_c = 11\mu m$）电子激发倍增作用最早开展研究的结果表明，可以在低压下得到谐振增益（在 -1.4V 电压下是 5.9）[357]。然而在 2001 年，贝克（Beck）等人首次阐述了中波红外侧向收集 n^+-n^--p（p 类吸收层）器件中电子激发雪崩过程所具有的明确和令人信服的优势[382]。此后不久，美国德克萨斯（Texas）大学采用蒙特卡罗仿真算法[384]证实了欣克（Kinch）理论[383]，并应用该理论研制出可以与美国 DRS 红外技术公司得到的实验数据相拟合的经验模型。α_e 和 α_h 之间差别很大主要源自 HgCdTe 能带结构具有三个重要性质：(i) 电子有效质量远小于重空穴有效质量（电子具有非常高的迁移率）；(ii) 光子具有非常低的散射率；(iii) 低至 1/2 的电离化阈值能量（在高能电子可以散射的导带中不存在辅极小值（subsidiary minima），并且，轻空穴也不重要）。

1999 年，美国 DRS 公司研究人员提出一种以 p 类材料环绕 n 类材料的圆柱形高密度垂直集成光敏二极管（High Density Vertically Integrated Photodiode，HDVIP）为基础的雪崩光敏二极管，其结构如图 14.45 所示，也用于生产 FPA。该器件是一种前侧照明光敏二极管，从可见光到红外截止波长（见图 14.67[385]）光谱范围都具有高量子效率响应，其结构形状和工作方式如图 14.68 所示。如果反向偏压从典型值 50mV 提高到几伏，则 n 类集中区全部消耗掉，并形成具有倍增效应的高电场区。在周围 p 类吸收层以光学方式产生空穴-电子对，因而扩散到倍增区，形成结形。蒙特卡罗（Monte Carlo）理论模型预测，倍增过程的宽度一般大于 2GHz[386]。由于结的形状是圆柱形的，所以，将雪崩光敏二极管并行连接成小电容 $N \times N$ 结构布局，可以得到高带宽的大型像素。

HDVIP 的实验数据表明，该器件是一种几乎"理想"的雪崩光敏二极管，具有均匀的指数增益电压特性，空穴与电子电离化系数之比 $k = \alpha_h/\alpha_e = 0$。例如，图 14.69 给出了 8×8 阵

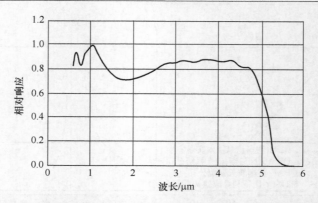

图 14.67　5.1μm HgCdTe HDVIP 在温度 80K 时的相对光谱响应

(资料源自：Beck, J., Wan, C., Kinch, M., Robinson, J., Mitra, P., Scritchfield, R., Ma, F., and Campbell, J., IEEE LEOS Newsletter, October 8-12, 2006)

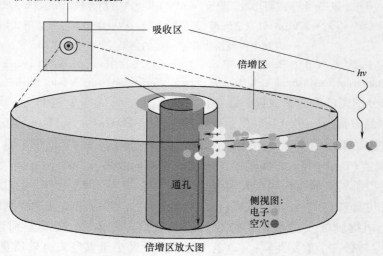

图 14.68　HgCdTe HDVIP 电子雪崩过程的横截面图

(资料源自：Beck, J., Wan, C., Kinch, M., Robinson, J., Mitra, P., Scritchfield, R., Ma, F., and Campbell, J., IEEE LEOS Newsletter, October 8-12, 2006)

列中两个相连二极管的增益测量值与偏压的关系。均匀偏压 13.1V 时的平均光学增益是 1270，均值一致性 σ 是 4.5%。在增益 852 时，8×8 阵列的中值增益归一化暗电流是 3.4nA/cm^2。截止波长 4.3μm 光敏二极管的过量噪声数据表明，增益大于 1000，过量噪声因数为 1.3，且与增益无关（见图 14.70）。这表明电子电离化过程是冲击形式[384,387]。

看起来，中波红外 HgCdTe 雪崩光敏二极管的性能可以扩展到短波和长波红外光敏二极管[386]。0.56eV（截止波长为 2.2μm）这样更宽带隙的 HgCdTe 也呈现类似的指数增益性质。然而，其工作电压较高，过量噪声因数约为 2，认为 $k \approx 0$ 时，存在电子-声子散射。

最近，已有其它证实电子激发雪崩过程基本性质的布局和结构的报道，贝克（Kaker）等人[388,389]介绍了第一台使用侧向收集"通孔" HgCdTe e-APD 320×256 FPA 的激光选通成像系统，其中，工作在人眼安全工作波长 1.57μm，其单元像素尺寸为 24μm×24μm，工作温度

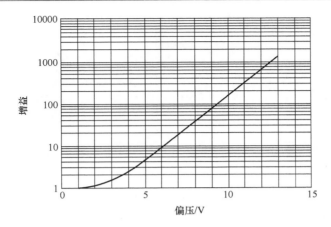

图 14.69 截止波长 4.3μm、8×8 阵列两个相连像素在温度 80K 时增益与偏压的关系
（13.1V 处的平均增益是 1270）

(资料源自：Beck, J., Wan, C., Kinch, M., Robinson, J., Mitra, P., Scritchfield, R., Ma, F., and Campbell, J., IEEE LEOS Newsletter, October 8-12, 2006)

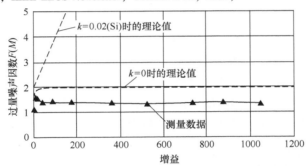

图 14.70 8×8 阵列中截止波长 4.3μm 雪崩光敏二极管的过量噪声因数与增益数据的关系，并与 McIntyre 原创理论曲线进行了比较

(资料源自：Beck, J., Wan, C., Kinch, M., Robinson, J., Mitra, P., Scritchfield, R., Ma, F., and Campbell, J., IEEE LEOS Newsletter, October 8-12, 2006)

为 90K，截止波长为 4.2～4.6μm，−7V 时的增益是 100。瓦伊德亚纳坦（Vaidyanathan）等人[390]利用 MBE 技术将背侧照明离子植入的平面 n^+-n-p e-APD 1×64 阵列生长在 CdZnTe 基板上[390]，截止波长为 4.2μm、温度为 78K、−10.5V 电压下增益是 1000；并且，当截止波长 10.3μm、温度 78K 和 −3.5V 电压时，增益 >100。霍尔（Hall）等人利用 MOCVD（金属有机化学气相沉积）技术将背侧照射中波红外 n-p-P 结构现场生长在 GaAs，其中含有 x = 0.36 倍增层，在温度为 78K、电压为 −12V 条件下得到增益 100。

以美国 DRS 公司研发的前侧照明、侧向收集、"p 类层环绕 n 类层"HDVIP 结构为基础设计的 HgCdTe 雪崩光敏二极管，已经被用来验证中波红外主动/被动 128×128 选通成像系统的可行性。该成像系统的像素间距为 40μm，截止波长为 4.2～5μm，并使用普通的读出集成电路[392,393]。在 −11V 偏压及 1μs 栅极宽、灵敏度小于一个光子的条件下，其中值增益的测量值高达 946。如图 14.71 所示，有两种像元设计方案：单通道和 2×2 通道像元设计。根据实现最高可能增益的可操作性考虑，单通道像元设计风险较低；第二种设计可以提供较高带宽，但随着通道距的缩小，高偏压下的可操作性会招致额外的风险。

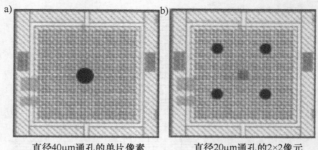

图 14.71 40μm 像元设计

a)单孔像素，在 40μm 间距上有一个直径 8μm 的通孔 b)20μm 间距上有 2×2 个直径 4μm 的通孔

（资料源自：Beck, J., Woodall, M., Scritchfield, R., Ohlson, M., Wood, L., Mitra, P., and Robinson, J., Journal of Electronic Materials, 37, 1334-43, 2008）

最近，佩雷（Perrais）等人[394]研制的背侧照明平面 p-i-n、30μm 间距光敏二极管在 −12.5V 偏压下最高增益是 5300，其截止波长为 5.0μm，利用 MBE 技术将 HgCdTe 层生长在 CdZnTe 基板上。类似短波 e-APD 特性，这种光敏二极管最高增益一般会随截止波长和反向偏压成指数形式增大。

图 14.72a 所示表示将空位掺杂 p 类层（$N_a = 3 \times 10^{16} cm^{-3}$）中靠近表面的狭窄区转换成掺杂浓度 $N_d = 1 \times 10^{18} cm^{-3}$ 的 n^+ 区，从而形成 LETI 结（法国电子和信息技术实验室发明）[395]。在 n^+ 区域形成期间，一般地，将 Hg 空位抑制到外延生长层残余掺杂浓度 $N_d = 3 \times 10^{14} cm^{-3}$ 水平，就可以生成 n^- 区域。n^- 层扩展的深度与 n^+ 层的深度有关。由于减小了光学填充因数和采用了非优化增透膜，二极管的量子效率通常为 50%，n^- 层宽度是 1~3μm 数量级。

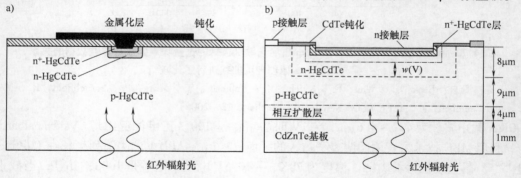

图 14.72 背侧照明板式 n-on-p HgCdTe e-APD 横截面图

a)LETI 结构（资料源自：Rothman, J., Perrais, G., Ballet, P., Mollard, L., Gout, S., and Chamonal, J.-P., Journal of Electronic Materials, 37, 1303-10, 2008）

b)BAE 结构（资料源自：Reine, M. B., Marciniec, J. W., Wong, K. K., Parodos, T., Mullarkey, J. D., Lamarre, P. A., Tobin, S. P., et al., Journal of Electronic Materials, 37, 1376-85, 2008）

英国宇航（BAE）公司研究小组制造的类似结构如图 14.72b 所示[396]，利用 LPE 技术将单层 p 类 HgCdTe 层生长在透红外光谱的 CdZnTe 基板上，使 p 侧掺杂远比 n 侧重得多，所以耗尽层的整个宽度 w 都位于 n 区内。

雪崩光敏二极管板式结构具有许多优点：高填充因数、高量子效率、高带宽（光生载流子传输到消耗区需经过一段短的距离，此外 LPE 生成层中的成分随有效电场分级分布也使光生载流子加速)。法国电子和信息技术实验室(LETI)的研究小组使用平面(planar)结构得到的带宽约为400MHz(波长为1.55μm),在偏压-11V时的增益约2800,对应的增益×带宽积为1.1THz。该器件在80K对应的截止波长为5.3μm(原文错印为"m"。——译者注)[397]。

上述HgCdTe e-APD的性能开启了通往新型被动/主动系统能力和应用的大门。双波段和雪崩增益功能的组合是另一个技术性挑战,将使许多应用成为可能,如在大的温度范围实现双波段探测。

14.6.5 俄歇抑制光敏二极管

由于缺少获得$Hg_{1-x}Cd_xTe$吸收区宽带隙P接触层的技术,长时间以来,没有真正实现俄歇抑制光敏二极管,所以,第一台俄歇抑制器件采用的是带有InSb吸收器的III-V异质结结构[231,232,399,400]。首次研制成功的$Hg_{1-x}Cd_xTe$俄歇萃取(extracting)二极管就是所谓的近似萃取二极管结构(见图14.73),在p^+与n^+区域间的电流通道中额外增加了反向偏压n^+-n^-结,以拦截p^+区注入的电子。荷兰飞利浦元件有限公司(Philips Components, Ltd)制造出线条形和圆柱形两种近似萃取器件[231]。该器件使用体生长$Hg_{1-x}Cd_xTe$材料制造,温度200K时($x=0.2$)的截止波长是9.3μm。由于是自然掺杂,受主浓度是$8×10^{15}cm^{-3}$。利用离子束铣技术制造n^+区。这种结构的I-V性质较复杂,并且由于产生双极晶体管作用和碰撞电离化,所以很难解释。但是,如果应用标准的晶体管模型,还是可以预测其一般特性。对保护结施加偏压已经使电流减少为1/48,但获得的电流比俄歇抑制SR(肖克莱-里德)限的预测值大得多,原因可能是表面生成电流的缘故。

320μm²光学面积的器件在调制频率20kHz条件下500K黑体比探测率的测量值是$1×10^9 cm\ Hz^{1/2}/W$,是类似条件光电探测器的最高值。

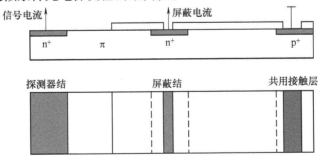

图14.73 近似萃取光敏二极管结构示意图

(资料源自:Elliott, C. T., Semiconductor Science and Technology, 5, S30-S37, 1990)

使用宽带隙P接触层是一种消除p类区域有害热生成的直接方法。真正实现这类器件需要成熟的多层外延生长技术,这样才能生长具有复杂带隙和掺杂配方的高质量异质结结构。早在20世纪90年代,该技术就得以应用,验证了三层n^+-π-P^+和N^+-π-P^+异质结结构光敏二极管[401],并且它们的性能逐步得到提高[400-405]。光学谐振腔形式的光敏二极管使其有希望使用薄萃取区而无需损失量子效率,同时有利于减小饱和电流,并具有最小噪声和偏压功率损耗。

图14.74给出了计划在≥145K温度中工作的P^+-π-N^+ HgCdTe异质结器件的结构图及

对应的能带图[400,403]。长波器件的典型参数是:活性 π 区 $x=0.184$,P$^+$ 区 $x=0.35$,N$^+$ 区 $x=0.23$。利用 IMP(相互扩散多层) MOCVD 技术将该结构生长在 CdZnTe 和 GaAs 基板上,π 区和 P$^+$ 区掺杂 As 浓度分别是 7×10^{15}cm^{-3} 和 1×10^{17}cm^{-3},N$^+$ 掺杂碘浓度是 3×10^{17}cm^{-3}。刻蚀圆形沟槽以形成 64 元线条形阵列,采用普通方式在每个像元端部与 P$^+$ 层接触,从而制成二极管。使用 0.3μm 厚的 ZnS 对这些"沟槽式"平台状器件钝化,并用 Cr/Au 进行金属化。最后,利用铟柱将阵列与蓝宝石基板上的金引线焊接在一起,实现与平台的电连接。

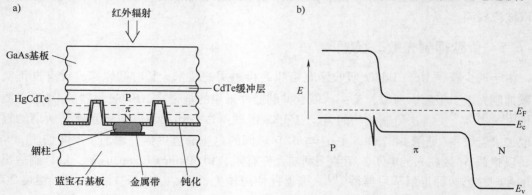

图 14.74 P$^+$-π-N$^+$ HgCdTe 异质结二极管结构及能带示意图

a) P$^+$-π-N$^+$ HgCdTe 异质结光敏二极管的横截面示意图 b) 能带示意图

(资料源自:Elliott, C. T. ,"Advanced Heterostructures for In$_{1-x}$Al$_x$Sb 和 Hg$_{1-x}$Cd$_x$Te Detectors and Emiters", Proceedings of SPIE 2744, 452-62, 1996)

对于低偏压,直至电场大于排斥(exclusion)或萃取的临界值,该器件性能都如同一个线性晶体管(见图 14.75[406])。电流从其最大值 I_{max} 突然减小,进一步增大电压会使电流逐渐降到最小值 I_{min}。若是高电压,二极管击穿会使电流增大,因此靠近转换区的动态电阻增大到较高值。当温度高于 190K,该器件呈现负电阻特性。暗电流最小值(见图 14.76)遵守下面经验公式:

$$I_{min} = 1.3\times10^4 \exp\left(-\frac{qE_g}{kT}\right) \quad (14.57)$$

式中,E_g 的单位为 eV。(原文作者此处做了修订。——译者注)

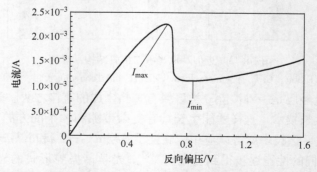

图 14.75 表示 P-p-N 异质结结构 I-V 特性(I_{max} 和 I_{min} 位置)的例子

(资料源自:Elliott, C. T. , Gordon, N. T. , Phillips, T. J. , Steen, H. , White, A. M. , Wilson, D. J. , Jones, C. L. , Maxey, C. D. , and Metcalfe, N. E. , Journal of Electronic Materials, 25, 1146-50, 1996)

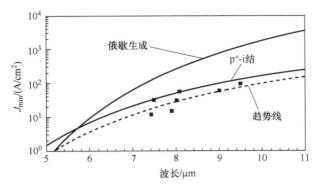

图 14.76 P-p-N 二极管中的 I_{min} 是截止波长的函数（趋势线应当沿虚线变化（原文图中错印为实线。——译者注），为了便于比较，给出了 p^+-i 结漏电流期望值和没有俄歇抑制的 π 区产生的漏电流）

（资料源自：Elliott, C. T., Gordon, N. T., Phillips, T. J., Steen, H., White, A. M., Wilson, D. J., Jones, C. L., Maxey, C. D., and Metcalfe, N. E., Journal of Electronic Materials, 25, 1146-50, 1996）

将实验结果趋势线与暗电流期望值相比较可以看出，波长 $\lambda > 6\mu m$，对俄歇效应有较大抑制。根据 $R_i(2qJ_{min})^{-1/2}$ 计算出的散粒噪声比探测率为

$$D^* = 1.2 \times 10^7 \eta \lambda \exp\left(\frac{qE_g}{kT}\right) \tag{14.58}$$

式中，λ 单位为 μm（原文作者此处做了修订。——译者注）。

散粒噪声（shot noise）限比探测率与截止波长的函数关系如图 14.77 所示[400]。在波长 $7\mu m$ 时，比探测率是 $4 \times 10^9 cm\ Hz^{1/2}/W$；波长为 $11\mu m$ 时稍有下降，是 $3 \times 10^9 cm\ Hz^{1/2}/W$。这些值比非制冷探测器能够达到的值大约高一个数量级。遗憾的是，迄今所制造的这类器件具有很高 $1/f$ 的噪声，所以，在成像应用中不可能实现散粒噪声限 D^*[407,408]。当频率高于 1MHz，只能通过实验观察到散粒噪声，所以，这些器件的应用环境是较高频率的工作环境，如用红外 LED 作为光源进行气体探测的情况。$1/f$ 噪声不会构成问题的另一种应用是激光外差式探测。埃利奥特（Elliott）等人[406]研制了一台适合二氧化碳激光辐射光谱的微冷外差接收器，在温度 260K、本机振荡功率 0.3mW 以及 40MHz 频率（$1/f$ 曲线拐点之上）条件下的噪声等效功率（NEP）是 $2 \times 10^{-19} W\ Hz^{-1}$。该 NEP 值比其它非制冷器件大约高两个数量级，比温度 80K 时的制冷器件仅低三倍。

用银作为受主和铟作为施主掺杂物，并采用 MBE 技术生长的俄歇抑制 N-π-P 光敏二极管已经得到验证[409]。温度 300K 时约 $9\mu m$ 的同样截止波长条件下，其反向电流密度最小值的数据与利用 MOVPE 技术生长的材料类似。已经测量到超过 100% 的量子效率（原作者进一步解释，由于载流子倍增效应，能够得到这种结果。——译者注），原因归结于较高偏压造成载流子倍增或者混合传导效应。

最近报道了一种具有更优化带隙和掺杂配方的改进型 N^+-N^--π-P^--P^+ $Hg_{1-x}Cd_xTe$ 异质结构[403,408]，利用 N 和 P 层将不同成分层间的热生成降至最小。π 区的掺杂浓度约为 $2 \times 10^{15} cm^{-3}$，厚度一般是 $3\mu m$，平台状接触层的作用相当于反射镜，保证具有良好的量子效率。所有材料层都在 220℃ 富汞氮气及同温度汞气中退火 60h，利用 CdTe 和 ZnS 对台状结构

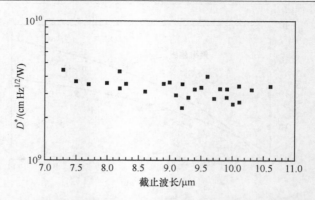

图 14.77 HgCdTe 非平衡探测器在温度 300K 时的散粒噪声比探测率
（资料源自：Elliott, C. T., "Advanced Heterostructures for $In_{1-x}Al_xSb$ and $Hg_{1-x}Cd_xTe$ Detectors and Emitters", Proceedings of SPIE2744, 452-62, 1996）

钝化，尝试过几种预钝化清洁方法：阳极氧化、HBr/Br 刻蚀和柠檬酸刻蚀。CdTe 钝化后的器件在 220℃ 富汞氮气中退火 30h，目的是让 CdTe/HgCdTe 相互扩散以得到分级界面。

已经观察到暗电流从 I_{max} 快速降至 I_{min} 的 I-V 曲线，可以看到串联电阻造成的滞后效应。在未制冷截止波长约为 $10\mu m$ 的二极管中，峰谷值比达到 35，同时看到，萃取饱和电流密度为 $10A/cm^2$，散粒噪声比探测率约为 $3\times10^9 cm\,Hz^{1/2}/W$，比前面结果提高了大约 3 倍[408]。残余暗电流是耗尽层和表面处生成残余俄歇、整个结构区的 SR 生成以及表面漏电流的结果。

室温下截止波长约为 $10\mu m$ 的现有俄歇抑制器件在 $1/f$ 拐点频率（100～几 MHz）处呈现出很大的低频噪声，从而将约 1kHz 频率处的信噪比降到低于平衡器件（equilibrium devices）的水平。$1/f$ 噪声仍然是二维阵列在近室温下实现背景限 NETD 的主要障碍。

中波红外器件的 $1/f$ 噪声水平要小得多，看来能够在很高帧速率或高速调制盘中实现成像应用所需的有效 D^* 值[410]。一般地，低频噪声电流与偏压电流成正比，$a\approx 2\times 10^{-4}$。

最近研制的出 320×256 焦平面阵列 HOTEYE 热成像相机，温度 210K 时截止波长为 $4\mu m$（见图 14.78[410]），像素结构是 P^+-p-N^+（GaAs 基板）。已经测量出一个含有 $f/2$ 光学系统、NETD 约为 60mK 的直方图峰值。如果各像素都施以最佳偏压，就可以观察到 NETD 直方图的提高。然而，此方法存在问题。图 14.78b 给出了 HOTEYE 相机摄制的照片。

具有大 $1/f$ 噪声的原因不太清楚[408,411]，耗尽层中的俘获[412]、高电场区域[413]、热电子[414] 以及背景光生成[415] 都可能是原因。

研究人员企图利用周长-面积分析法确定 $1/f$ 噪声源，但得出了各自矛盾的结果[408]。研究人员发现，对于直径约为 $50\mu m$ 的二极管，周长对漏电流的贡献量是 33%，对噪声功率贡献量是 57%。采用低温退火能够降低一些 $1/f$ 噪声。CdTe 钝化比 ZnS 具有更好的稳定性。降低 $1/f$ 噪声的途径有可能是，通过改进材料制造技术及更好地设计器件，来减小暗电流或者/和 I_n/I 之比。

对于中波红外器件，怀疑噪声源是耗尽层[411]，噪声与带隙成指数函数关系，且噪声 $\propto \exp(E_g/2kT)$。

为了减少 $1/f$ 噪声，建议采用一种改进型加强结半导体结构（Junction Enhanced Semiconductor Structure，JESS），它是在活性层 N^+ 侧附近额外增加一个电子势垒（见图 14.79）[411]

图 14.78 HOTEYE 相机及摄制的照片

a) 安置在紧凑箱体中,外形为 12cm×12cm×30cm(包括物镜) b) 典型照片

(资料源自: Bowen, G. J., Blenkinsop, I. D., Catchpole, R., Gordon, N. T., Harper, M. A., Haynes, P. C., Hipwood, L., et al., "HOTEYE: A Novel Thermal Camera Using Higher Operating Temperature Infrared Detectors," Proceedings of SPIE 5783, 392-400, 2005)

该结构具有良好的反向偏压特性,提高了击穿电压,并具有高量子效率。到目前为止,其低频性能没有大的改善。

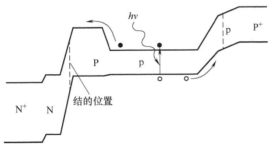

图 14.79 六层萃取光敏二极管示意图(宽带隙 P 层位于吸收层与 N-N⁺ 接触层之间)

目前,正在考虑将一种新颖的异质结光敏 JFET(结型场致效应晶体管)用作很有发展前途的二维阵列高工作温度器件。它具有宽带隙栅极,以及将萃取与信号接触功能分开的先进异质结结构,但是还没找到一个能够确切解决低频问题的方法[416]。

14.6.6 金属-绝缘体-半导体光敏二极管

对 HgCdTe 金属-绝缘体-金属(MIS)结构的兴趣在很大程度上与其应用于单片焦平面阵列中的可能性有关[16,17,417]。该结构不仅可以探测红外辐射,而且能够进行高级的信号管理。近 20 年来,技术人员一直试图研发真正的单片 CCD HgCdTe 红外探测成像装置。由于对 n 类材料有成熟的生长和掺杂控制技术,所以,初期的研究集中在 p 通道 CCD[16,417-419]。然而,在 HgCdTe 中很难形成稳定的 p⁺-n 结,所以,不能将读出电路的结构兼容在器件中。采用芯片外读出电路的同时,增大了传感功能的寄生电容,降低了电荷-电压转换效率,形成有效的动态范围。为了降低难度,必须研发 n 通道 CCD。使用 p 类材料就可以采用离子植入技术形成稳定的二极管,从而提供了一种研发 HgCdTe 金属-绝缘体-半导体场效应晶体管(MISFET)方法[420-422]。由于验证了以 MISTEF 为基础的 HgCdTe 放大器[423],所以,用 HgCdTe 制成真正的单片 CCD 的途径已经非常清晰[424-426]。MIS 结构还被用来研究 HgCdTe 表面和界面性质。

欣克(Kinch)已经深入评述过 HgCdTe MIS 结构的工作原理和性质[417]。在本书 9.7 节已经阐述了 MIS 电容器的一般理论。MIS 光敏二极管中由于吸收辐射产生的少数载流子被俘获在阱中，而表面电位迫使多数载流子进入中心体。尽管 MIS 探测器基本上就是电容器，但是，其暗电流可以与普通 p-n 结光敏二极管的暗电流相当，从而可以参考得到 R_0A 的值。其暗电流源与 p-n 结的基本相同。暗电流限制了低背景下的最大存储或积分时间。暗电流成为一种噪声源，类似反向偏压 p-n 结的情况[417,427]。而在 MIS 结构中，该问题更为严重，因为与 p-n 结光敏二极管相比，为了获得足够的存储容量，它必须高消耗工作。高暗电流的另一原因是在高击穿电压下使用了弱掺杂材料，使耗尽区形成了高生成-复合电流。实际上，暗电流应当减小到低于背景生成的电流，该条件为器件设置了最高工作温度。基质层厚度的优化能够提高工作温度，或者实现较长的积分时间。

俘获 CCD 阱边缘处快速界面态内的电荷情况，是影响低频条件下电荷转换效率的主要限制[417]。由于转换损失正比于快速态密度，所以，应当使转换态密度最小。高频时，电荷在相邻阱之间转换需要的时间有限，所以，转换效率突然下降。减小栅极信号(或选通脉冲宽度)以及提高可使用栅电压(或触发电压)的最大值，可以提高拐点频率，对于典型的 p 类通道器件，约等于 1MHz。对 n 通道器件，因为具有高电子-空穴迁移率比，所以有希望得到非常高的拐角频率。

MIS 结构在最大有效栅电压下工作，以得到最大的电荷存储容量，其栅电压受限于隧穿电流造成的击穿效应。BLIP 性能要求隧穿电流低于入射光通量产生的电流，并利用该判据确定施加于所讨论材料的电场上限，即击穿场 E_{bd}。击穿电压随带隙减小和掺杂程度增高而降低。这种限制尤其适合需要大量存储背景生电流的长波红外(LWIR)器件。图 14.80a 给出了典型的 $f/2$ 系统的背景光通量水平，截止波长 $5\mu m$ 时的 E_{bd} 值是 $3\times10^4 V/cm$，截止波长 $11.5\mu m$ 时的是 $8\times10^3 V/cm$，这与高质量掺杂 p 类 HgCdTe 的实验数据相一致。由于传导带态密度较低(比价带态密度低，为 $1/10^3\sim1/10^2$)以及 p 类材料反转层量子化的影响，所以，n 类 HgCdTe 的击穿电压 E_{bd} 值要低 30%[428]。

图 14.80b 给出了有效阱容量对掺杂浓度的依赖关系，假设单位面积绝缘体电容是 $4\times10^{-8} F/cm^2$。若像素噪声是主要的，则集成 MIS 焦平面阵列要求阱电容是 $10^{-8}\sim10^{-7} C/cm^2$。这类阱电容完全适合掺杂浓度 $>10^{15} cm^{-3}$ 的 $5\mu m$ HgCdTe。然而，由于长波红外具有窄带隙以及较低的击穿值 $E_{bd}=8\times10^3 V/cm$，所以对这类器件的工作情况具有更严格的要求。可以使用低掺杂浓度($10^{14}\sim10^{15} cm^{-3}$)的 n 类 HgCdTe，但是，如图 14.80b 所示，其性能在掺杂浓度低于 $8\times10^{14} cm^{-3}$ 时没有提高，而在 $2\times10^{-8} C/cm^2$ 附近(等效于施加电压 $V=0.5V$)达到一个稳定状态，这种质量的 p 类 HgCdTe 没有可重复性。博雷洛(Borrello)等人介绍了一种以 MIS 探测器为基础的 $10\mu m$ 截止波长、n 类体 HgCdTe 器件[425]，温度 80K 时的量子效率大于 50%，$f/1.3$ 冷屏条件下的峰值比探测率 $D^*=8\times10^8 cmHz^{1/2}/W$。

使用厚度小于少数载流子扩散长度的 HgCdTe 外延层制造 MIS 器件以降低扩散暗电流，如图 14.81 给出的延时积分电荷耦合器件(TDI CCD)的横截面[426]。p 类 HgCdTe LPE 技术生长的外延层生长在(111)B CdZnTe 基板上，退火后，位错(dislocation)密度一般是 $(1\sim4)\times10^5 cm^{-2}$，温度 77K 时的载流子浓度是 $1.7\times10^{15} cm^{-3}$。用图形印制法将 10nm 的 Ta(钽)制

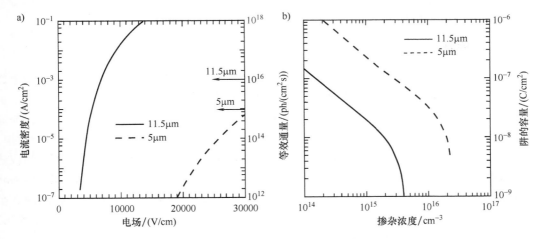

图 14.80　截止波长 5μm 和 11.5μm p 类 HgCdTe
a) 隧穿电流与电场　b) 阱容量与空穴浓度

(资料源自：Kinch, M. A., in Properties of Narrow Gap Cadmium-Based Compounds, EMIS Datareviews Series No. 10, ed. P. Capper, 359 – 63, IEE, London, 1994)

造在 200nm 厚 ZnS 最初的电介质层上就形成器件的通道光阑。同样，将 60nm 厚的钽 (Ta) 也制造在最初的电介质层上而形成 MISFET 栅极。以硼作掺杂材料，采用 HgCdTe 离子植入技术，从而形成 MISFET 源和漏区。使欧姆接触层作 n^+ 区，并在基板上刻蚀一些与上面电介质相通的开孔，再将 100nm 厚的 Sn (锡) 沉积在开孔中，然后，额外将 300nm 厚的 ZnS 均匀涂镀在阵列上。30nm 厚的 TiN_xO_y 薄膜形成 CCD 栅极 2 和 4，2μm 宽、60nm 厚的 Ta 柱放置在每个栅极中心。将 500nm 厚的第二层 ZnS 电介质沉积在基板上，覆盖在第一级栅极上。以类似栅极 2 和 4 的方法制造所有 CCD 栅极。在整个器件上涂镀一层 500nm 厚的 ZnS 膜作为保护膜和增透膜，从而使量子效率提高 40%。最后，利用 3μm 的 Pb-In 金属导线完成电连接。

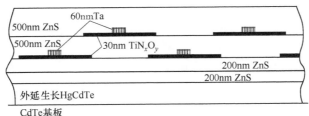

图 14.81　TDI CCD HgCdTe 阵列横截面图 (表示与电荷转移方向垂直的 TDI 部分中材料层)
(资料源自：Wadsworth, M. V., Borrello, S. R., Dodge, J., Gooh, R., McCardel, W., Nado, G., and Shilhanek, M. D., IEEE Transactions on Electron Devices, 42, 244-50, 1995)

如果背景光通量是 6×10^{12} 光子/$(cm^2 s)$，则工作在温度为 77K 时截止波长为 5μm 条件下上述中波红外器件的平均比探测率大于 $3 \times 10^{13} cm\ Hz^{1/2} W^{-1}$[426]。器件工作温度升高会产生更大的暗电流，从而降低 CCD 有效信号的存储容量和 D^* 值。对于截止波长为 5.25μm 的 CCD，实际工作的最高温度是 100K。

与光电导体和 p-n 结光敏二极管不同，MIS 器件是工作在严重非平衡条件下的，在深耗尽层具有大的电场。这使 MIS 器件对材料缺陷远比光电导体和光敏二极管敏感，从而淘汰了整体(或单片)结构法而更喜欢各种混合结构法。

14.6.7 肖特基势垒光敏二极管

与 p-n 结光敏二极管相比,以肖特基势垒为基础的光电接收器具有宽带宽和制造简单的特性。然而,HgCdTe 肖特基势垒光敏二极管的性能并不适用于红外辐射探测。

本书9.5节阐述了金属-半导体(M-S)界面的传统模型。其物理图像经过修正,在显微 M-S 界面观察到一个很大的变化,即由新电化结构形成的界面区研究人员已经提出了几种可以解释结界面中费米能级位置的新模型,包括弗里沃夫(Freeouf)和伍德尔(Woodall)的改进型功函数模型[429]、金属感生带隙态(Metal Induced Gap States,MIGS)模型[430]和斯派塞(Spicer)固有缺陷模型[431]。按照 MIGS 模型的观点,当一种金属与半导体表面密切接触时,金属波函数的尾可以隧穿进入半导体带隙中,导致 MIGS(原文中错印为"MIGs"。——译者注)产生很强的费米能级钉扎(pinning)效应。

斯派塞(Spicer)等人在当前的理论框架内讨论了整个成分范围内 $Hg_{1-x}Cd_xTe$ 上的肖特基势垒和欧姆接触层[320],图 14.82 总结了其预测结果。整个成分范围内的实线代表各种机理对钉扎位置的最低限制。对于以缺陷为基础的模型,两条曲线类似,区别取决于采用小林尊(Kobayoshi)等人[432]还是准格尔(Zunger)[433]的理论计算值。MIGS 导出的钉扎位置是以特索夫(Tersoff)的研究结果为基础的[430]。请注意一个有趣的现象,所有模型都预测传导带中的一个钉扎位置正是对应在 0.4 ~ 0.5 中的一个 x 值。

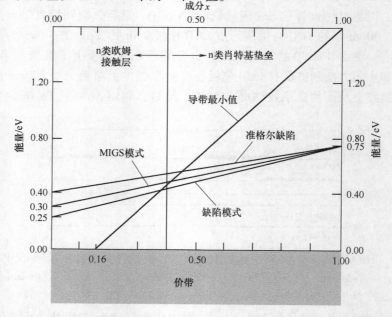

图 14.82 费米级钉扎位置的最低限制,是成分的函数(外推法使用两种模型:MIGS 模型)(资料源自:Tersoff, J. Physical Review, 32, 6968—71, 1985)和缺陷模型(资料源自:Kobayoshi, A., Shankey, O. F., and Dow, J. D., Physical Review 25, 6367-79, 1982; Zunger, A., Physical Review Letters, 54, 849-50, 1985);在 $x=0.4$ 附近,费米级移到欧姆接触层在 n 类材料上的导带中(资料源自:Spicer, W. E., Friedman, D. J., and Carey, G. P., Journal of Vacuum Science and Technology, A6, 2746-51, 1988)

波拉(Polla)和索德(Sood)介绍了以窄带隙体 p 类 $Hg_{1-x}Cd_xTe$ 为基础的肖特基势垒光敏二极管[434,435]，热镀势垒金属(Al、Cr 和 Mn)和喷溅 ZnS 作为钝化层。里克(Leech)和基贝尔(Kibel)阐述了以 MOCVD 体 n 类 $Hg_{1-x}Cd_xTe$($x = 0.6 \sim 0.7$)为基础的肖特基势垒二极管[436]。所有的金属接触层(Ag、Au、Cu、Pd、Pt 和 Sb)都在刻蚀后的表面形成整流接触层，肖特基势垒高度范围 $0.7 \sim 0.8eV$；只有钛(Ti)提供近欧姆特性。整流接触层的理想因数大于1，表明存在传输机理而无热电放射。二极管性质严重依赖于表面处理。

14.7 Hg 基探测器

在红外探测器使用的小带隙 II-VI 族半导体中，只有 Cd、Zn、Mn、和 Mg 显示出与以汞为基础的二元半金属 HgTe 和 HgSe 的带隙相匹配，适合于红外波长范围。看来，为了匹配 $10\mu m$ 光谱而在 HgTe 中引入 Mg 的量是不足以增强 Hg-Te 的键合力的[437]。阻碍 $Hg_{1-x}Cd_xSe$ 技术进步的主要障碍是难以实现类型反转。根据对上述合金系统的分析可以看出，$Hg_{1-x}Zn_xTe$(HgZnTe) 和 $Hg_{1-x}Mn_xTe$(HgMnTe) 占有特殊地位。

在探测器器件各种文献中，不曾系统阐述过 HgZnTe 和 HgMnTe，主要有以下原因：第一，对这些合金系统的研究开始于 HgCdTe 探测器研发之后；第二，HgZnTe 合金比 HgCdTe 要面对更大的技术挑战。如果是 HgMnTe，则 Mn 不是 II 族元素，因此，HgMnTe 并非真正的 II-VI 合金。由于对其晶体学、电学和光学性质并不熟悉，因而研究人员以怀疑态度看待这种三元化合物。在这种状态下，并行研发 HgZnTe 和 HgMnTe 红外探测器制造技术便遇到很大难度，无法向工业界推荐理念和向基金部门递交建议书。

1985年，歇尔(Sher)等人从理论角度指出[438]，HgTe 与 CdTe 组成合金具有不稳定的弱 HgTe 键合力，而与 ZnTe 能够形成稳定的化学键。世界许多研究小组对该预言非常感兴趣，尤其作为红外光谱区光电探测应用的 HgZnTe 合金材料的生长及性质。但对 HgMnTe 化合物晶格稳定性还很不清楚。根据沃尔(Wall)等人的研究，这种合金的 Hg-Te 键及稳定性类似二元窄带隙母体化合物[439]，该结论与发表的其它结果[440]相矛盾。已经知道，由于 Mn 三维轨道变成四面体型键，所以，CdTe 中掺入 Mn 将使其晶格变得不稳定[441]。

本节仅选择性地阐述 HgZnTe 和 HgMnTe 三元合金生长工艺和物理性质的部分内容，更详细资料请参考罗格尔斯基(Rogalski)发表的两篇综述文章(本章参考文献【442,443】)及引证的著作(本章参考文献【73,444】)。

14.7.1 晶体生长

HdZnTe 的伪二元图解释了晶体生长过程遇到的几个严重问题，包括：
- 液态和固态曲线分开距离大，导致高分凝系数。
- 固态曲线较平，小的生长温度变化引起大的成分变化。
- 熔液的 Hg 气压很高，对匀质体晶体的生长相当不利。

为了便于比较，图 14.4 给出了 HgTe-ZnTe 和 HgTe-CdTe 的伪二元相图。

HgTe 和 MnTe 在整个范围并非完全互溶，而 $Hg_{1-x}Mn_xTe$ 单相区大约局限于 $x < 0.35$ 区域[445]。正如贝克拉(Becla)等人讨论的，伪二元 HgTe-MnTe 系统中固态-液态曲线相隔距离比对应的 HgTe-CdTe 系统大两倍多[446]。波德纳鲁克(Bodnaruk)等人证实了该结论[447]。因

此,为了满足对截止波长均匀性的相同要求,HgMnTe 晶体要远比同样生长的 HgCdTe 晶体更加均匀才行。

对于体 HgZnTe 和 HgMnTe 的单晶生长,最常用的方法有三种:布里奇曼-斯托克巴杰(Bridgman-Stockbarger)法,固态再结晶(SSR)法和移动加热器法(Traveling Heater Method,THM)。采用移动加热器法已经生产出高质量 HgZnTe 晶体,特里布莱(Triboulet)等人用该技术制造出纵向和横向(或径向)均匀性都是 ±0.01mol 的 $Hg_{1-x}Zn_xTe$ 的晶体($x≈0.15$)[448],源材料是由 HgTe 和 ZnTe 两种柱形材料组成的圆柱体,其截面之比对应着所希望的成分。

利用不同的改进技术提高 HgMnTe 单晶的结晶质量。吉尔(Gille)等人采用 THM 验证了 $Hg_{1-x}Mn_xTe$($x≈0.10$)单晶生长工艺,沿 16mm 直径晶片的标准偏差 $\Delta x = ±0.003$。贝克拉(Becla)等人[446]通过施加 30kG 磁场减小径向宏观收缩量,消除了布里奇曼垂直法生长材料的小范围成分波动。竹山(Takeyama)和成田(Narita)研发一种称为改进型双级混合法的晶体生长先进技术,可以生产高均匀性、大尺寸三元和四元合金的单晶[450]。

然而,现代器件的最高性能要求更为复杂的结构,只有采用外延生长技术才能实现。此外,与体生长技术相比,外延生长技术有许多优点,包括较低的温度和 Hg 蒸气气压,较短的生长时间,并减轻沉淀问题,从而生长出大尺寸、具有良好横向均匀性的材料。上述优点将研究方向推向开发各种薄膜生长技术,如 VPE、LPE、MBE 和 MOCVD 技术。首次使用 LPE 技术以及富 Hg 溶液生长 HgCdZnTe 和 HgCdMnTe 晶体的研究结果证明,晶体生长期间加入 Zn 和 Mn 可以提高外延层的均匀性[451]。最近,采用 MOCVD 技术以及使用互扩散多层(IMP)工艺生长 HgMnTe 薄膜取得了很大进步[452],能够生长 n 类或 p 类层,这与生长条件有关,非本征电子和空穴浓度分别是 $10^{15}cm^{-3}$ 和 $10^{14}cm^{-3}$ 数量级。

所有的外延生长技术都取决于是否有高质量的合适基板,并需要大尺寸单晶基板。HgTe 和 ZnTe 晶格参数存在大的差别会引起阳离子间很强的反应。对于 $Hg_{1-x}Zn_xTe$,当温度 300K,满足 $a(x) = 6.461 - 0.361x$($a(x)$ 的单位为 Å)(等于 0.1nm,但国际单位制中已没有此单位,为保证该关系式的完整性,在此予以保留,本书其它地方已转换为标准单位。——译者注)条件下,似乎 HgZnTe 比 HgCdTe 能更好遵守费伽(Vegard)定律[444]。与 HgCdTe 相比,$a(x) = 6.461 - 0.121x$(单位为 Å)条件下 $Hg_{1-x}Mn_xTe$ 的晶格参数随 x 快速变化。由于先进的红外器件需要外延生长多层异质结结构,从这个观点出发,上述性质是一个缺点。闪锌矿化合物 $Cd_{1-x}Zn_xTe$($Cd_{1-x}Mn_xTe$)的晶格参数说明一个简单道理:要为外延生长 $Hg_{1-x}Zn_xTe$($Hg_{1-x}Mn_xTe$)来确定合适的基板。然而,布里奇曼(Bridgman)法生长的 CdMnTe 晶体是高孪生晶体,不适合用作外延基板。

14.7.2 物理性质

两类三元合金的物理性质都取决于布里渊(Brillouin)区点 Γ 附近的能隙结构。电子带和轻质量空穴带取决于 kp 理论。HgZnTe 在点 Γ 附近的带隙结构与图 14.1 所示三元 HgCdTe 类似。其带隙能量随成分参数 x 的变化比 HgCdTe 快近 1.4 倍(比 HgMnTe 快 2 倍)。

HgZnTe 和 HgMnTe 的光学和传输性质与成分相关,类似具有同样能隙的 HgCdTe 材料。与 HgCdTe 相比,另外一些合金的物理性质显示出结构上的优势。从统计角度,在 HgTe 中加入 ZnTe 可以减少键的电离度,提高合金的稳定性。此外,由于 ZnTe 的键长(0.2406nm)要比 HgTe(0.2797nm)或 CdTe(0.2804nm)短 14%,所以,HgZnTe 合金单位长度的错位能量及硬度比 HgCdTe 高，HgZnTe 显微硬度的最大值比 HgCdTe 大两倍[453]。HgZnTe 是一种比 HgCdTe 更能抵抗错位形成和塑性变形的材料。

$Hg_{1-x}Cd_xTe$ 生成材料是迁移率为几百 $cm^2/(V·s)$、浓度为 $10^{17}cm^{-3}$ 的高 p 类合金。上述值表明，Hg 空位产生的空穴主导着传导。在过量汞环境中完成低温退火（$T≤300℃$）后（湮灭 Hg 空位），该材料转化为中等 10^{14} ~ 低 $10^{15}cm^{-3}$ 浓度范围的低 n 类材料，迁移率范围是 10^4 ~ $4×10^5 cm^2/(V·s)$。罗兰（Rolland）的研究表明[454]，仅仅对于成分 $x≤0.15$ 的晶体才出现 n 类转换。HgZnTe 中 Hg 的扩散率比 HgCdTe 慢，HgTe 和 ZnTe 间相互扩散的研究表明，HgZnTe 中的相互扩散系数大约比 HgCdTe 中低 10 倍[448]。

伯丁（Berding）等人[455]和格兰杰（Granger）等人[456]从理论上阐述了 HgZnTe 中的散射机理。为了与 $Hg_{0.866}Zn_{0.134}Te$ 的实验数据有较好的拟合，在其迁移率计算中考虑了声子色散、离子化杂质散射以及毫无补偿的纤芯色散。电子迁移率的理论计算表明，可以忽略不计 HgZnTe 合金的无序散射[448]。相比之下，空穴迁移率可能受限于合金散射，并且 HgZnTe 合金空穴迁移率预测值大约比 HgCdTe 小 1/2。此外，阿贝德尔哈基姆（Abdelhakiem）等人认定[457]，在相同能隙、相同受主和施主浓度条件下，其电子的迁移率非常接近 HgCdTe。

HgMnTe 合金是一种半磁化窄隙半导体。带电子与 Mn^{2+} 电子间的交换反应修改了它们的带结构，使其在很低温度下与磁场有关。在红外探测器典型工作温度（$≥77K$）范围内，HgMnTe 与自旋无关的性质，这一点和 HgCdTe 的性质尤为相同，在相关文献中对此都有过透彻讨论。克雷默（Kremer）等人完成的研究认为[458]，材料在 Hg 蒸气中退火消除 Hg 空位，由于一些尚不清楚的固有施主存在，所以由此产生的材料是 n 类的。HgMnTe 中 Hg 的扩散率与 HgCdTe 中的相同。对 $Hg_{1-x}Cd_xTe$（$0.095≤x≤0.15$）传输性质的测量结果表明，进入能隙中的深施主和受主程度不仅影响霍尔（Hall）系数、传导率和霍尔（Hall）迁移率对温度的依赖性，而且还影响少数载流子寿命[459,460]。对 HgCdTe 和 HgMnTe 电子迁移率的理论研究表明，室温下它们的迁移率几乎是一样的；而在温度为 77K 时，电子迁移率大约比具有同样缺陷浓度的 HgMnTe 小 30%[461]。

两种三元合金体系的载流子寿命是半导体的一个敏感特性，与材料的成分、温度、掺杂和缺陷有关。俄歇机理主导着高温寿命，SR 机理主导着低温寿命。据报道，n 类和 p 类两种材料 SR 中心位置的范围都是从价带附近到导带附近。罗格尔斯基（Rogalski）等人对两种三元合金的生成-复合机理及载流子寿命实验数据做了综述[73,444]。

表 14.6 和表 14.7 分别列出了 HgZnTe 和 HgMnTe 材料性质的标准近似关系，大部分内容源自罗格尔斯基（Rogalski）的研究成果[442,443]。其中一些参数，如本征载流子浓度，之后被再次验证过。例如，沙（Sha）等人得出结论[462]，他们对本征载流子浓度修改后的计算大约比早期约瑟维科夫斯基（Jozwikowski）和罗格尔斯基（Rogalski）的结果高 10% ~ 30%[463]。然而，能隙与成分和温度[在计算 n_i 时一定是 $E_g(x,T)$]的关系仍在激烈讨论，所以新的计算应视为近似计算[464]。

表 14.6　$Hg_{1-x}Zn_xTe$（$0.10≤x≤0.40$）的标准关系

参　　数	关　系　式
温度 300K 时晶格常数 $a(x)/nm$	$0.6461 - 0.0361x$
温度 300K 时密度 $\gamma/(g/cm^3)$	$8.05 - 2.41x$

(续)

参　　数	关　系　式
能隙 E_g/eV	$-0.3 + 0.0324x^{1/2} + 2.731x - 0.629x^2 + 0.533x^3$ $+ 5.3 \times 10^{-4}T(1 - 0.76x^{1/2} - 1.29x)$
本征载流子浓度 n_i/(cm^{-3})	$(3.607 + 11.370x + 6.584 \times 10^{-3}T - 3.633 \times 10^{-2}xT)$ $\times 10^{14} E_g^{3/4} T^{3/2} \exp(-5802E_g/T)$
动量矩阵元 P/(eV cm)	8.5×10^{-8}
自旋轨道分裂能量 Δ/eV	1.0
有效质量 m_e^*/m	$5.7 \times 10^{-16} E_g/P^2$；$E_g$ 单位为 eV，P 单位为 eV cm
有效质量 m_h^*/m	0.6
迁移率 μ_e/(cm^2/(V s))	$9 \times 10^8 b/T^{2a}$；$a = (0.14/x)^{0.6}$，$b = (0.14/x)^{7.5}$
迁移率 μ_h/(cm^2/(V s))	$\mu_e(x,T)/100$
静态电介质常数 ε_s	$20.206 - 15.153x + 6.5909x^2 - 0.951826x^3$
高频电介质常数 ε_∞	$1.32 + 19.1916x + 19.496x^2 - 6.458x^3$

（资料源自：A. Rogalski，Progress in Quantum Electronics，13，299-353，1989）

表14.7 Hg$_{1-x}$Mn$_x$Te($0.08 \leq x \leq 0.30$)的标准关系

参　　数	关　系　式
温度 300K 时晶格常数 $a(x)$/nm	$0.6461 - 0.0121x$
温度 300K 时密度 γ/(g/cm^3)	$8.12 - 3.37x$
能隙 E_g/eV	$-0.253 + 3.446x + 4.9 \times 10^{-4}xT - 2.55 \times 10^{-3}T$
本征载流子浓度 n_i/cm^{-3}	$(4.615 - 1.59x + 2.64 \times 10^{-3}T - 1.70 \times 10^{-2}xT + 34.15x^2)$ $\times 10^{14} E_g^{3/4} T^{3/2} \exp(-5802E_g/T)$
动量矩阵元 P/(eV cm)	$(8.35 - 7.94x) \times 10^{-8}$
自旋轨道分裂能量 Δ/eV	1.08
有效质量 m_e^*/m	$(8.35 - 7.94x) \times 10^8 E_g$；$E_g$ 单位为 eV
有效质量 m_h^*/m	0.5
迁移率 μ_e/(cm^2/(V s))	$9 \times 10^8 b/T^{2a}$；$a = (0.095/x)^{0.6}$，$b = (0.095/x)^{7.5}$
迁移率 μ_h/(cm^2/(V s))	$\mu_e(x,T)/100$
静态电介质常数 ε_s	$20.5 - 32.6x + 25.1x^2$

（资料源自：A. Rogalski，Infrared Physics，31，117-66，1991）

14.7.3 HgZnTe 光电探测器

HgCdTe 器件的技术基础使 HgZnTe 红外探测器技术受益匪浅[442,444,465]。与 HgCdTe 相比，由于 HgZnTe 探测器具有较高硬度，所以更容易制备。研发器件制造技术要求能够重复生产高质量、具有低界面态密度的电稳界面。已经发现，通过阳极氧化将表面反转层形成在 HgZnTe 上的趋势大大低于 HgCdTe[466]。在阳极氧化 HgZnTe 界面处的固定电荷（温度 90K 时 2×10^{10} cm^{-2}）是较少的[467]。此外，已经注意到，在热处理工艺中经过阳极氧化的 HgZnTe 界面要比 HgCdTe 更稳定[468]。

20世纪70年代,诺瓦克(Nowak)制造出第一台HgZnTe光电导探测器[469]。由于处于初级研发阶段,这些器件的性能不如HgCdTe的。彼得罗夫斯基(Piotrowski)等人证明,可以将p类$Hg_{0.885}Zn_{0.115}Te$作为高质量室温下波长10.6μm光电导体的材料[470,471]。通过优化成分、掺杂和几何形状,在温度300K下工作的这些光电导体能够得到比探测率为10^8cm$Hz^{1/2}W^{-1}$。罗格尔斯基(Rogalski)及其同事讨论了光电导和光生两类探测器的理论性能[442-444,472-475]。

研究人员还利用HgZnTe三元合金制造光电磁(PEM)探测器。20世纪70年代,诺瓦克(Nowak)制造了第一台未优化的探测器[469]。波兰研究人员介绍了HgZnTe PEM探测器的理论设计[172],10.6μm非制冷HgZnTe PEM探测器的比探测率有希望达到1.2×10^8cm$Hz^{1/2}W^{-1}$。

几种不同技术都可以形成p-n HgZnTe结,包括Hg内扩散[442,465,476]、Au扩散[442,465,477]、离子植入[442,448,465,478,479]和离子刻蚀技术[202,442,465,473]。迄今,离子植入法是获得最高质量n^+-p HgZnTe光敏二极管的技术。由法国SAT公司编写的技术工艺与制造平面结构HgCdTe光敏二极管使用的一样,利用Al植入可以使THM生长的p类材料实现类型反转[478,479]。

温度77K时HgZnTe光敏二极管性能类似HgCdTe光敏二极管,两者的R_0A具有可类比的值(见图14.83[478])。对于错位32元线阵列,温度77K时得到下列的平均测量值:视场为30°,$\lambda_c = (10.5 \pm 0.1)$ μm,$\eta = 65\%$,1.1×10^{11}cm $Hz^{1/2}W^{-1} < D^* < 1.2 \times 10^{11}$cm $Hz^{1/2}$

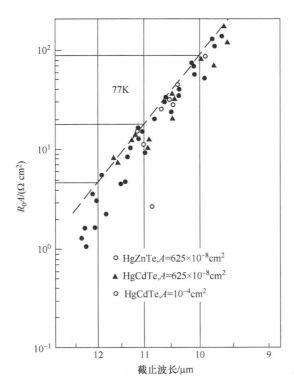

图14.83 HgZnTe和HgCdTe光敏二极管R_0A的比较(虚线是实验数据上限)

(资料源自:Ameurlaine, J., Rousseau, A., Nguyen-Duy, T., and Triboulet, R., "(HgZn)Te Infrared Photovoltaic Detectors," Proceedings of SPIE 929, 14-20, 1988.)

W^{-1}。

利用 HgCdZnTe 四元合金系统已经得到令人鼓舞的结果。凯泽（Kaiser）和贝克拉（Becla）利用四元 $Hg_{1-x-y}Cd_xZn_yTe$ 外延层（采用等温气相外延技术将该四元层生长在 CdZnTe 基板上）制造出高质量 p-n 结[480]。p-n HgCdZnTe 结光谱比探测率的典型值如图 14.84 所示，二极管的视场为 60°，f = 12Hz，T_B = 300K。在这些条件下，这些光敏二极管的比探测率可以与高质量 HgCdTe 光敏二极管相比。

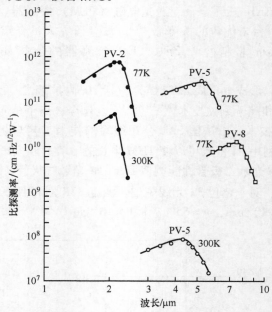

图 14.84 三种 HgCdZnTe 光敏二极管在温度 300K 和 77K 时的光谱比探测率

（资料源自：Kaiser, D. L., and Becla, P., Materials Research Society Symposium Proceedings, 90, 397-404, 1987）

14.7.4 HgMnTe 光电探测器

在不同类型 HgMnTe 红外探测器中，研究人员主要研发的是 p-n 结探测器[465,481,482]。四元 HgCdMnTe 合金系统也是红外应用中令人感兴趣的材料。该体系中第三种阳离子 Cd 的存在，使研究人员有可能利用成分调整带隙，并且调整其它能级，尤其是自旋轨道分裂带 Γ_7[483,484]。由于具有这种灵活性，该系统，尤其对于雪崩光敏二极管，显示出优越性。

贝克拉（Becla）将 p 类生长材料在 Hg 饱和蒸气中退火，制造出高质量的 p-n HgMnTe 和 HgCdMnTe 结[481]。利用 THM 技术将这些结加工在 HgMnTe 或者 HgCdMnTe 体材料中，并且将外延层等温生长在 CdMnTe 基板上。视场 60°的 HgMnTe 和HgCdMnTe光敏二极管的光谱比探测率的典型值如图 14.85 所示。可以看出，3~5μm 和 8~12μm 光谱范围内的比探测率接近背景限，若未镀增透膜，则量子效率的典型值是 20%~40%。

最近，科夏琴科（Kosyachenko）等人利用 500~1000eV 能量和 0.5~1mA/cm^2 电流密度的氩离子束刻蚀系统制造出高质量平面和平台状 HgMnTe 光敏二极管[485,486]。为制造光敏二极管所选择的炉中退火布里奇曼（Bridgman）晶片的空穴浓度是 $(2~5) \times 10^{16} cm^{-3}$。对

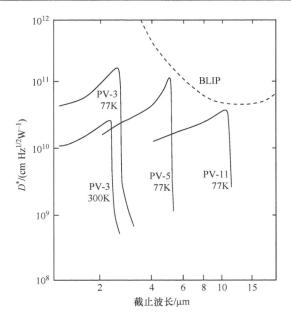

图 14.85　视场 60° HgMnTe 和 HgCdMnTe 光敏二极管的光谱比探测率
（资料源自：Becla, P., Journal of Vacuum Science and Technology A, 4, 2014-18, 1986）

于工作温度为 80K 和截止波长为 10～11μm 的 $Hg_{1-x}Mn_xTe$ 光敏二极管，R_0A 乘积等于 20～30Ω cm²；而对于 $\lambda_c = 7～8\mu m$ 的光敏二极管，已经得到 $R_0A = 500\Omega$ cm²。

HgCdMnTe 体系的潜在优点与雪崩光敏二极管碰撞电离化现象中带隙自旋轨道分裂共振（$E_g = \Delta$）效应有关。室温下，HgCdTe 和 HgMnTe 体系分别在 1.3μm 和 1.8μm 处出现 $E_g = \Delta$ 共振。为了验证上述得到高性能 HgCdMnTe 雪崩光敏二极管的可能性，辛（Shin）等人利用硼植入法制造出该四元合金平台状结构[487]。R_0A 乘积是 $2.62 \times 10^2 \Omega$ cm²，等效于温度 300K 条件下比探测率是 1.9×10^{11} cm Hz$^{1/2}$ W^{-1}。暗电流 10μA 时确定的击穿电压大于 110V，-10V 时的漏电流为 3×10^{-5} A/cm²。该电流密度可以与 Alabedra 等人阐述的平面体 HgCdTe 雪崩光敏二极管相比[374]。在 20 世纪 80 年代，1.46μm 光敏二极管的暗电流远低于所报道的体材料或者 LPE HgCdTe 雪崩光敏二极管暗电流。

贝克拉（Becla）等人[488]研发出 HgMnTe 雪崩光敏二极管，比标准光敏二极管具有更高速度和更好性能。已经制造出了几种 p-n 和 n-p 平台状结构，允许从 n 和 p 类区注入少数载流子，从而产生空穴激发和电子激发增益。波长 7μm 器件的雪崩增益大于 40，10.6μm 探测器的增益高于 10（见图 14.86）。此外还发现，为了得到最佳信噪比和增益带宽积，在 HgMnTe 光敏二极管中更希望产生的是电子激发雪崩倍增。

研究人员还研究了其它类型的 HgMnTe 探测器。贝克拉（Becla）等人阐述了 $Hg_{0.92}Mn_{0.08}Te$ PEM 探测器，受主浓度大约是 2×10^{17} cm^{-3}[489]。为得到该浓度，将采用 THM 技术生长的体晶体切成的晶片放置在 Hg 饱和蒸气中退火，然后，将晶片加工成 5μm 的薄片，并组装在场强约 1.5T 小型永久磁铁的窄槽中。利用成分 x 约为 0.08～0.09 的 $Hg_{1-x}Mn_xTe$ 可以使光电磁探测器达到最高性能。在该成分范围内，探测器的峰值比探测率位于 7～8μm 的光谱范围内。$Hg_{1-x}Mn_xTe$ 的成分增减都将导致波长 10.6μm 处的性能下降。

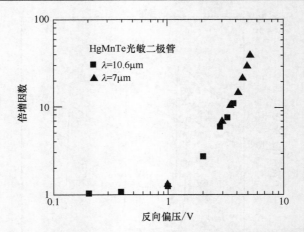

图 14.86 波长为 7~10.6μm 的 HgMnTe 光敏二极管的雪崩倍增因数（是反向偏压的函数）
（资料源自：Becla, P., Motakef, S., and Koehler, T., Journal of Vacuum Science and Technology, B10, 1599-1601, 1992)

参 考 文 献

1. W. D. Lawson, E. H. Putley, and A. S. Young, "Preparation and Properties of HgTe and Mixed Crystals of HgTe-CdTe," *Journal of Physics and Chemistry of Solids* 9, 325-29, 1959.

2. B. J. Andresen, G. F. Fulop, and P. R. Norton, "Infrared Technology and Applications XXXV," *Proceedings of SPIE* 7298, Bellingham, WA, 2009.

3. T. Elliot, "Recollections of MCT Work in the UK at Malvern and Southampton," *Proceedings of SPIE* 7298, 72982M, 2009.

4. E. Burstein, J. W. Davisson, E. E. Bell, W. J. Tumer, and H. G. Lipson, "Infrared Photoconductivity Due to Neutral Impurities in Germanium," *Physical Review* 93, 65-68, 1954.

5. S. Borrello and H. Levinstein, "Preparation and Properties of Mercury-Doped Germanium," *Journal of Applied Physics* 33, 2947-50, 1962.

6. D. Long and J. L. Schmit, "Mercury-Cadmium Telluride and Closely Related Alloys," in *Semiconductors and Semimetals*, Vol. t, eds. R. K. Willardson and A. C. Beer, 175-255, Academic Press, New York, 1970.

7. P. Norton, "HgCdTe Infrared Detechors," *Opto-Electronics Review* 10, 159-74, 2002.

8. C. Verie and R. Granger. "Propriétés de junctions p-n d'alliages $Cd_cHg_{1-x}Te$." *Comptes Rendus de l' Académie des Sciences* 261, 3349-52, 1965.

9. G. C. Verie and M. Sirieix, "Gigahertz Cutoff Frequency Capabilities of CdHgTe Photovolataic Detectors at 10.6μm," *IEEE Journal of Quantum Electronics* 8, 180-84, 1972.

10. B. E. Bartlett. D. E. CHarlton, W. E. Dunn, P. C. Ellen, M. D. Jenner. and M. H. Jervis, "Background Limited Photoconductive Detectors for Use in the 8-14 Micron Atmospheric Window," *Infrared Physics & Technology* 9, 35-36, 1969.

11. M. A. Kinch, S. R. Borrello, and A. Simmons, "0.1 eV HgCdTe Photoconductive Detector Performance," *Infrared Physics* 17, 127-35, 1977.

12. C. T. Elliott, D. Day, and B. J. Wilson, "An Integrating Detector for Serial Scan Thermal Imaging," *Infrared Physics* 22, 31-42, 1982.

13. A. Blackburn, M. V. Blackman, D. E. Charlton, W. A. E. Dunn, M. D. Jenner, K. J. Oliver, and J. T. M. Wotherspoon, "The Practical Realization and Performance of SPRITE Detectors," *Infrared Physics* 22, 57-64,

1982.
14. W. S. Boyle and G. E. Smith, "Charge-Coupled Semiconductor Devices," *Bell Systems Technology Journal* 49, 587-93, 1970.
15. R. Thom, "High Density Infrared Detector Arrays," *U. S. Patent No.* 4,039,833, 8/2/77.
16. M. A. Kinch, "MIS Devices in HgCdTe," in *Properties of Narrow Gap Cadmium-Based Compounds*, EMIS Datareviews Series No. 10, ed. P. Capper, 359-63, IEE, London, 1994.
17. M. B. Reine, "Photovoltaic Detectors in HgCdTe," in *Infrared Detectors and Emitters: Materials and Devices*, eds. P. Capper and C. T. Elliott, 313-76, Chapman and Hall, London, 2000.
18. A. Rogalski, J. Antoszewski, and L. Faraone, "Third-Generation Infrared Photodetector Arrays," *Journal of Applied Physics* 105, 091101-44, 2009.
19. W. F. H. Micklethweite, "The Crystal Growth of Mercury Cadmium Telluride," *Semiconductors and Semimetals*, Vol. 18, eds. R. K. Willardson and A. C. Beer, 48-119, Academic Press, New York, 1981.
20. S. Sher, M. A. Berding, M. van Schlifgaarde, and An-Ban Chen, "HgCdTe Status Review with Emphasis on Correlations, Native Defects and Diffusion," *Semiconductor Science and Technology* 6, C59-C70, 1991.
21. H. R. Vydyanath, "Status of Te-Rich and Hg-Rich Liquid Phase Epitaxial Technologies for the Growth of (Hg, Cd)Te Alloys," *Journal of Electronic Materials* 24, 1275-85, 1995.
22. R. F. Brebrick, "Thermodynamic Modeling of the Hg-Cd-Te Systems," *Journal of Crystal Growth* 86, 39-48, 1988.
23. J. C. Brice, "A Numerical Description of the Cd-Hg-Te Phase Diagram," *Progress in Crystal Growth and Characterization of Materials* 13, 39-61, 1986.
24. T. C. Yu and R. F. Brebrick, "Phase Diagrams for HgCdTe," in *Properties of Narrow Gap Cadmium-Based Compounds*, EMIS Datareviews Series No. 10, ed. P. Capper, 55-63, IEE, London, 1994.
25. *Properties of Narrow Gap Cadmium-Based Compounds*, EMIS Datareviews Series No. 10, ed. P. P. Capper, IEE, London, 1994.
26. T. Tung, C. H. Su, P. K. Liao, and R. F. Brebrick, "Measurement and Analysis of the Phase Diagram and Thermodynamic Properties in the Hg-Cd-Te System," *Journal of Vacuum Science and Technology* 21, 117-24, 1982.
27. H. Maier and J. Hesse, "Growth, Properties and Applications of Narrow-Gap Semiconductors," in *Crystal Growth, Properties and Applications*, ed. H. C. Freyhardt, 145-219, Springer Verlag, Berlin, 1980.
28. J. H. Tregilgas, "Developments in Recrystallized Bulk HgCdTe," *Progress in Crystal Growth and Characterization of Materials* 28, 57-83, 1994.
29. P. Capper, "Bulk Growth Techniques," in *Narrow-gap II-VI Compounds for Optoelectronic and Electromagnetic Applications*, ed. P. Capper, 3-29, Chapman & Hall, London, 1997.
30. P. Capper, "Narrow-Bandgap II-VI Semiconductors: Growth," in *Springer Handbook of Electronic and Photonic Materials*, ed. S. Kasap and P. Capper, 303-24, Springer, Heidelberg, 2006.
31. T. C. Harman, "Single Crystal Growth of $Hg_{1-x}Cd_xTe$," *Journal of Electronic Materials* 1, 230-42, 1972.
32. A. W. Vere, B. W. Straughan, D. J. Williams, N. Shaw, A. Royle, J. S. Gough, and J. B. Mullin, "Growth of $Cd_xHg_{1-x}Te$ by a Pressurised Cast-Recrystallise-Anneal Technique," *Journal of Crystal Growth* 59, 121-29, 1982.
33. L. Colombo, A. J. Syllaios, R. W. Perlaky, and M. J. Brau, "Growth of Large Diameter (Hg,Cd)Te Crystals by Incremental Quenching," *Journal of Vacuum Science and Technology* A3, 100-104, 1985.
34. R. K. Sharma, V. K. Singh, N. K. Nayyar, S. R. Gupta, and B. B. Sharma, "Horizontal Casting for the Growth of $Hg_{1-x}Cd_xTe$ by Solid State Recrystalization," *Journal of Crystal Growth* 131, 565-73, 1993.

35. P. Capper, "Bridgman Growth of $Cd_xHg_{1-x}Te$: A Review," *Progress in Crystal Growth and Characterization of Materials* 19, 259-93, 1989.
36. P. Capper, "The Role of Accelerated Crucible Rotation in the Growth of $Hg_{1-x}Cd_xTe$ and CdTe/CdZnTe," *Progress in Crystal Growth and Characterization of Materials* 28, 1-55, 1989.
37. P. Capper, J. Gosney, J. E. Harris, E. O'Keefe, and C. D. Maxey, "Infra-Red Materials Activities at GEC-Marconi Infra-Red Limited: Part I: Bulk Growth Techniques," *GEC Journal of Research* 13, 164-74, 1996.
38. L. Colombo, R. R. Chang, C. J. Chang, and B. A. Baird, "Growth of Hg-Based Alloys by the Travelling Heater Method," *Journal of Vacuum Science and Technology* A6, 2795-99, 1988.
39. R. Triboulet, "The Travelling Heater Method (THM) for $Hg_{1-x}Cd_xTe$ and Related Materials," *Progress in Crystal Growth and Characterization of Materials* 28, 85-114, 1994.
40. E. R. Gertner, "Epitaxial Mercury Cadmium Telluride," *Annual Review of Materials Science* 15, 303-28, 1985.
41. T. C. Harman, "Liquidus Isotherms, Solidus Lines and LPE Growth in the Te-Rich Corner of the Hg-Cd-Te System," *Journal of Electronic Materials* 9, 945-61, 1980.
42. B. Pelliciari, "State of the Art of LPE HgCdTe at LIR," *Journal of Crystal Growth* 86, 146-60, 1988.
43. L. Colombo and G. H. Westphal, "Large Volume Production of HgCdTe by Dipping Liquid Phase Epitaxy," *Proceedings of SPIE* 2228, 66-72, 1994.
44. H. R. Vydyanath, "Status of Te-Rich and Hg-Rich Liquid Phase Epitaxial Technologies for the Growth of (Hg, Cd)Te Alloys," *Journal of Electronic Materials* 24, 1275-85, 1995.
45. P. Capper, T. Tung, and L. Colombo, "Liquid Phase Epitaxy," in *Narrow-gap II-VI Compounds for Optoelectronic and Electromagnetic Applications*, ed. P. Capper, 30-70, Chapman & Hall, London, 1997.
46. P. E. Herning, "Experimental Determination of the Mercury-Rich Corner of the Hg-Cd-Te Phase Diagram," *Journal of Electronic Materials* 13, 1-14, 1984.
47. T. Tung, L. V. DeArmond, R. F. Herald, P. E. Herning, M. H. Kalisher, D. A. Olson, R. F. Risser, A. P. Stevens, and S. J. Tighe, "State of the Art of Hg-melt LPE HgCdTe at Santa Barbara Research Center," *Proceedings of SPIE* 1735, 109-31, 1992.
48. G. Cohen-Solal and Y. Marfaing, "Transport of Photocarriers in $Cd_xHg_{1-x}Te$ Graded-Gap Structures," *Solid State Electronics* 11, 1131-47, 1968.
49. R. F. Hicks, "The Chemistry of the Organometallic Vapor-Phase Epitaxy of Mercury Cadmium Telluride," *Proceedings of IEEE* 80, 1625-40, 1992.
50. S. J. C. Irvine, "Metal-Organic Vapour Phase Epitaxy," *Narrow-gap II-VI Compounds for Optoelectronic and Electromagnetic Applications*, ed. P. Capper, 71-96, Chapman & Hall, London, 1997.
51. J. Tunnicliffe, S. J. C. Irvine, O. D. Dosser, and J. B. Mullin, "A New MOCVD Technique for the Growth of Highly Uniform CMT," *Journal of Crystal Growth* 68, 245-53, 1984.
52. J. C. Irvine, "Recent Development in MOCVD of $Hg_{1-x}Cd_xTe$," *SPIE Proceedings* 1735, 92-99, 1992.
53. P. Mitra, F. C. Case, and M. B. Reine "Progress in MOVPE of HgCdTe for Advanced Infrared Detectors," *Journal of Electronic Materials* 27, 510-20, 1998.
54. J. M. Arias-Cortes, "MBE of HgCdTe for Electro-Optical Infrared Applications," in *II-VI Semiconductor Compounds*, ed. M. Pain, 509-36, World Scientific Publishing, Singapore, 1993.
55. O. K. Wu, T. J. deLyon, R. D. Rajavel, and J. E. Jensen, "Molecular Beam Epitaxy of HgCdTe," in *Narrow-gap II-VI Compounds for Optoelectronic and Electromagnetic Applications*, ed. P. Capper, 97-130, Chapman & Hall, London, 1997.
56. T. J. de Lyon, R. D. Rajavel, J. A. Roth, and J. E. Jensen, "Status of HgCdTe MBE Technology," in *Handbook of Infrared Detection and Technologies*, eds. M. Henini and M. Razeghi, 309-52, Elsevier, Oxford, 2002.

57. T. S. Lee, J. Garland, C. H. Grein, M. Sumstine, A. Jandeska, Y. Selamet, and S. Sivananthan, "Correlation of Arsenic Incorporation and Its Electrical Activation in MBE HgCdTe," *Journal of Electronic Materials* 29, 869-72, 2000.
58. W. E. Tennant, C. A. Cockrum, J. B. Gilpin, M. A. Kinch, M. B. Reine, and R. P. Ruth, "Key Issue in HgCdTe-Based Focal Plane Arrays: An Industry Perspective," *Journal of Vacuum Science and Technology* B10, 1359-69, 1992.
59. R. Triboulet, A. Tromson-Carli, D. Lorans, and T. Nguyen Duy, "Substrate Issues for the Growth of Mercury Cadmium Telluride," *Journal of Electronic Materials* 22, 827-34, 1993.
60. E. R. Gertner, W. E. Tennant, J. D. Blackwell, and J. P. Rode, "HgCdTe on sapphire: A New Approach to Infrared Detector Arrays," *Journal of Crystal Growth* 72, 462-67, 1987.
61. L. J. Kozlowski, S. L. Johnston, W. V. McLevige, A. H. B. Vandervyck, D. E. Cooper, S. A. Cabelli, E. R. Blazejewski, K. Vural, and W. E. Tennant, "128 × 128 PACE 1 HgCdTe Hybrid FPAs for Thermoelectrically Cooled Applications," *Proceedings of SPIE* 1685, 193-203, 1992.
62. D. D. Edwall, J. S. Chen, J. Bajaj, and E. R. Gertner, "MOCVD HgCdTe/GaA for IR Detectors," *Semiconductor Science and Technology* 5, S221-S224, 1990.
63. V. S. Varavin, V. V. Vasiliev, S. A. Dvoretsky, N. N. Mikhailov, V. N. Ovsyuk, Yu. G. Sidorov, A. O. Suslyakov, M. V. Yakushev, and A. L. Aseev, "HgCdTe Epilayers on GaAs: Growth and Devices," *Opto-Electronics Review* 11, 99-111, 2003.
64. J. M. Peterson, J. A. Franklin, M. Readdy, S. M. Johnson, E. Smith, W. A. Radford, and I. Kasai," High-Quality Large-Area MBE HgCdTe/Si," *Journal of Electronic Materials* 36, 1283-86, 2006.
65. R. Bornfreund, J. P. Rosbeck, Y. N. Thai, E. P. Smith, D. D. Lofgreen, M. F. Vilela, A. A. Buell, et al., "High-Performance LWIR MBE-Grown HgCdTe/Si Focal Plane Arrays," *Journal of Electronic Materials* 37, 1085-91, 2007.
66. P. Capper, "A Review of Impurity Behavior in Bulk and Epitaxial $Hg_{1-x}Cd_xTe$," *Journal of Vacuum Science and Technology* B9, 1667-86, 1991.
67. S. Sher, M. A. Berding, M. van Schlifgaarde, and An-Ban Chen, "HgCdTe Status Review with Emphasis on Correlations, Native Defects and Diffusion," *Semiconductor Science and Technology* 6, C59-C70, 1991.
68. H. R. Vydyanath, "Mechanisms of Incorporation of Donor and Acceptor Dopants in $Hg_{1-x}Cd_xTe$ Alloys," *Journal of Vacuum Science and Technology* B9, 1716-23, 1991.
69. H. R. Vydyanath, "Incorporation of Dopants and Native Defects in Bulk $Hg_{1-x}Cd_xTe$ Crystals and Epitaxial Layers," *Journal of Crystal Growth* 161, 64-72, 1996.
70. P. Capper, "Intrinsic and Extrinsic Doping," in *Narrow-Gap II-VI Compounds for Optoelectronic and Electromagnetic Applications*, ed. P. Capper, 211-37, Chapman & Hall, London, 1997.
71. Y. Marfaing, "Point Defects in Narrow Gap II-VI Compounds," in *Narrow-Gap II-VI Compounds for Optoelectronic and Electromagnetic Applications*, ed. P. Capper, 238-67, Chapman & Hall, London, 1997.
72. H. R. Vydyanath, V. Nathan, L. S. Becker, and G. Chambers, "Materials and Process Issues in the Fabrication of High-Performance HgCdTe Infrared Detectors," *Proceedings of SPIE* 3629, 81-87, 1999.
73. A. Rogalski, K. Adamiec, and J. Rutkowski, *Narrow-Gap Semiconductor Photodiodes*, SPIE Press, Bellingham, WA, 2000.
74. M. A. Berding, M. van Schilfgaarde, and A. Sher, "$Hg_{0.8}Cd_{0.2}Te$ Native Defect: Densities and Dopant Properties, *Journal of Electronic Materials* 22, 1005-10, 1993.
75. J. L. Melendez and C. R. Helms, "Process Modeling of Point Defect Effects in $Hg_{1-x}Cd_xTe$," *Journal of Electronic Materials* 22, 999-1004, 1993.

76. S. Holander-Gleixner, H. G. Robinson, and C. R. Helms, "Simulation of HgTe/CdTe Interdiffusion Using Fundamental Point Defect Mechanisms," *Journal of Electronic Materials* 27, 672-79, 1998.

77. P. Capper, C. D. Maxey, C. L. Jones, J. E. Gower, E. S. O'Keefe, and D. Shaw, "Low Temperature Thermal Annealing Effects in Bulk and Epitaxial $Cd_xHg_{1-x}Te$," *Journal of Electronic Materials* 28, 637-48, 1999.

78. M. A. Berding "Equilibrium Properties of Indium and Iodine in LWIR HgCdTe," *Journal of Electronic Materials* 29, 664-68, 2000.

79. D. Chandra, H. F. Schaake, J. H. Tregilgas, F. Aqariden, M. A. Kinch, and A. Syllaios, "Vacancies in $Hg_{1-x}Cd_xTe$," *Journal of Electronic Materials* 29, 729-31, 2000.

80. H. Wiedemayer and Y. G. Sha, "The Direct Determination of the Vacancy Concentration and p-T Phase Diagram of $Hg_{0.8}Cd_{0.2}Te$ and $Hg_{0.6}Cd_{0.4}Te$ by Dynamic Mass-Loss Measurements," *Journal of Electronic Materials* 19, 761-71, 1990.

81. H. F. Schaake, J. H. Tregilgas, J. D. Beck, M. A. Kinch, and B. E. Gnade, "The Effect of Low Temperature Annealing on Defects, Impurities and Electrical Properties," *Journal of Vacuum Science and Technology* A3, 143-49, 1985.

82. D. A. Stevenson and M. F. S. Tang, "Diffusion Mechanisms in Mercury Cadmium Telluride," *Journal of Vacuum Science and Technology* B9, 1615-24, 1991.

83. P. Mitra, Y. L. Tyan, F. C. Case, R. Starr, and M. B. Reine, "Improved Arsenic Doping in Metalorganic Chemical Vapor Deposition of HgCdTe and In Situ Growth of High Performance Long Wavelength Infrared Photodiodes," *Journal of Electronic Materials* 25, 1328-35, 1996.

84. M. Tanaka, K. Ozaki, H. Nishino, H. Ebe, and Y. Miyamoto, "Electrical Properties of HgCdTe Epilayers Doped with Silver Using an $AgNO_3$ Solution," *Journal of Electronic Materials* 27, 579-82, 1998.

85. S. P. Tobin, G. N. Pultz, E. E. Krueger, M. Kestigian, K. K. Wong, and P. W. Norton, "Hall Effect Characterization of LPE HgCdTe p/n Heterojunctions," *Journal of Electronic Materials* 22, 907-14, 1993.

86. D. Chandra, M. W. Goodwin, M. C. Chen, and L. K. Magel, "Variation of Arsenic Diffusion Coefficients in HgCdTe Alloys with Temperature and Hg Pressure: Tuning of p on n Double Layer Heterojunction Diode Properties," *Journal of Electronic Materials* 24, 599-608, 1995.

87. D. Shaw, "Diffusion in Mercury Cadmium Telluride-An Update," *Journal of Electronic Materials* 24, 587-97, 1995.

88. L. O. Bubulac, D. D. Edwall, S. J. C. Irvine, E. R. Gertner, and S. H. Shin, "p-Type Doping of Double Layer Mercury Cadmium Telluride for Junction Formation," *Journal of Electronic Materials* 24, 617-24, 1995.

89. M. B. Reine, "Fundamental Properties of Mercury Cadmium Telluride," in *Encyclopedia of Modern Optics*, Academic Press, London, 2004.

90. G. L. Hansen, J. L. Schmit, and T. N. Casselman, "Energy Gap Versus Alloy Composition and Temperature in $Hg_{1-x}Cd_xTe$," *Journal of Applied Physics* 53, 7099-7101, 1982.

91. G. L. Hansen and J. L. Schmit, "Calculation of Intrinsic Carrier Concentration in $Hg_{1-x}Cd_xTe$," *Journal of Applied Physics* 54, 1639-40, 1983.

92. M. H. Weiler, "Magnetooptical Properties of $Hg_{1-x}Cd_xTe$ Alloys," in Semiconductors and Semimetals, Vol. 16, eds. R. K. Willardson and A. C. Beer, 119-91, Academic Press, New York, 1981.

93. R. Dornhaus, G. Nimtz, and B. Schlicht, *Narrow-Gap Semiconductors*, Springer Verlag, Berlin, 1983.

94. J. R. Meyer, C. A. Hoffman, F. J. Bartoli, D. A. Arnold, S. Sivanathan, and J. P. Faurie, "Methods for Magnetotransport Characterization of IR Detector Materials," *Semiconductor Science and Technology* 8, 805-23, 1991.

95. R. W. Miles, "Electron and Hole Mobilities in HgCdTe," in *Properties of Narrow Gap Cadmium-Based Com-*

pounds, EMIS Datareviews Series No. 10, ed. P. . P. . Capper, 221-26, IEE, London, 1994.
96. J. S. Kim, J. R. Lowney, and W. R. Thurber, "Transport Properties of Narrow-Gap II-VI Compound Semiconductors," in *Narrow-gap II-VI Compounds for Optoelectronic and Electromagnetic Applications*, ed. P. Capper, 180-210, Chapman & Hall, London, 1997.
97. J. J. Dubowski, T. Dietl, W. Szymańska, and R. R. Ga--zka, "Electron Scattering in $Cd_xHg_{1-x}Te$," *Journal of Physics and Chemistry of Solids* 42, 351-63, 1981.
98. M. C. Chen and L. Colombo, "The Majority Carrier Mobility of n-Type and p-Type $Hg_{0.78}Cd_{0.22}Te$ Liquid Phase Epitaxial Films at 77 K," *Journal of Applied Physics* 73, 2916-20, 1993.
99. R. D. S. Yadava, A. K. Gupta, and A. V. R. Warrier, "Hole Scattering Mechanisms in $Hg_{1-x}Cd_xTe$," *Journal of Electronic Materials* 23, 1359-78, 1994.
100. D. A. Nelson, W. M. Higgins, R. A. Lancaster, R. Roy, and H. R. Vydyanath, *Extended Abstracts of U. S. Workshop on the Physics and Chemistry of Mercury Cadmium Telluride*, p. 175, Minneapolis, Minnesota, October 28-30, 1981.
101. J. P. Rosbeck, R. E. Star, S. L. Price, and K. J. Riley, "Background and Temperature Dependent Current-Voltage Characteristics of $Hg_{1-x}Cd_xTe$ Photodiodes," *Journal of Applied Physics* 53, 6430-40, 1982.
102. W. M. Higgins, G. N. Seiler, R. G. Roy, and R. A. Lancaster, "Standard Relationships in the Properties of $Hg_{1-x}Cd_xTe$," *Journal of Vacuum Science and Technology* A7, 271-75, 1989.
103. P. N. J. Dennis, C. T. Elliott, and C. L. Jones, "A Method for Routine Characterization of the Hole Concentration in p-Type Cadmium Mercury Telluride," *Infrared Physics* 22, 167-69, 1982.
104. S. Barton, P. Capper, C. L. Jones, N. Metcalfe, and N. T. Gordon, "Electron Mobility in p-Type Grown $Cd_xHg_{1-x}Te$," *Semiconductor Science and Technology* 10, 56-60, 1995.
105. P. M. Amirtharaj and J. H. Burnett, "Optical Properties of MCT," in *Narrow-gap II-VI Compounds for Optoelectronic and Electromagnetic Applications*, ed. P. Capper, 133-79, Chapman & Hall, London, 1997.
106. E. O. Kane, "Band Structure of InSb," *Journal of Physics and Chemistry of Solids* 1, 249-61, 1957.
107. W. W. Anderson, "Absorption Constant of $Pb_{1-x}Sn_xTe$ and $Hg_{1-x}Cd_xTe$ Alloys," *Infrared Physics* 20, 363-72, 1980.
108. R. Beattie and A. M. White, "An Analytic Approximation with a Wide Range of Applicability for Band-to-Band Radiative Transition Rates in Direct, Narrow-Gap Semiconductors," *Semiconductor Science and Technology* 12, 359-68, 1997.
109. E. Finkman and S. E. Schacham, "The Exponential Optical Absorption Band Tail of $Hg_{1-x}Cd_xTe$," *Journal of Applied Physics* 56, 2896-900, 1984.
110. S. E. Schacham and E. Finkman, "Recombination Mechanisms in p-Type HgCdTe: Freezout and Background Flux Effects," *Journal of Applied Physics* 57, 2001-9, 1985.
111. C. A. Hougen, "Model for Infrared Absorption and Transmission of Liquid-Phase Epitaxy HgCdTe," *Journal of Applied Physics* 66, 3763-66, 1989.
112. J. Chu, Z. Mi, and D. Tang, "Band-to-Band Optical Absorption in Narrow-Gap $Hg_{1-x}Cd_xTe$ Semiconductors," *Journal of Applied Physics* 71, 3955-61, 1992.
113. J. Chu, B. Li, K. Liu, and D. Tang, "Empirical Rule of Intrinsic Absorption Spectroscopy in $Hg_{1-x}Cd_xTe$," *Journal of Applied Physics* 75, 1234-35, 1994.
114. R. K. Sharma, D. Verma, and B. B. Sharma, "Observation of Below Band Gap Photoconductivity in Mercury Cadmium Telluride," *Infrared Physics & Technology* 35, 673-80, 1994.
115. B. Li, J. H. Chu, Y. Chang, Y. S. Gui, and D. Y. Tang, "Optical Absorption Above the Energy Band Gap in $Hg_{1-x}Cd_xTe$," *Infrared Physics & Technology* 37, 525-31, 1996.

116. S. Krishnamurthy, A. B. Chen, and A. Sher, "Near Band Edge Absorption Spectra of Narrow-Gap III-V Semiconductor Alloys," *Journal of Applied Physics* 80, 4045-48, 1996.

117. S. Krishnamurthy, A. B. Chen, and A. Sher, "Electronic Structure, Absorption Coefficient, and Auger Rate in HgCdTe and Thallium-Based Alloys," *Journal of Electronic Materials* 26, 571-77, 1997.

118. K. Moazzami, D. Liao, J. Phillips, D. L. Lee, M. Carmody, M. Zandian, and D. Edwall, "Optical Absorption Properties of HgCdTe Epilayers with Uniform Composition," *Journal of Electronic Materials* 32, 646-50, 2003.

119. K. Moazzami, J. Phillips, D. Lee, D. Edwall, M. Carmody, E. Piquette, M. Zandian, and J. Arias, "Optical-Absorption Model for Molecular-Beam Epitaxy HgCdTe and Application to Infrared Detector Photoresponse," *Journal of Electronic Materials* 33, 701-8, 2004.

120. F. Tong and N. M. Ravindra, "Optical Properties of $Hg_{1-x}Cd_xTe$," *Infrared Physics* 34, 207-12, 1993.

121. K. Liu, J. H. Chu, and D. Y. Tang, "Composition and Temperature Dependence of the Refractive Index in $Hg_{1-x}Cd_xTe$," *Journal of Applied Physics* 75, 4176-79, 1994.

122. S. Rolland, "Dielectric Constant and Refractive Index of HgCdTe," in *Properties of Narrow Gap Cadmium-Based Compounds*, EMIS Datareviews Series No. 10, Chapter 4A, ed. P. P. Capper, 80-85, IEE, London, 1994.

123. J. L. Pautrat and N. Magnea, "Optical Absorption in HgCdTe and Related Heterostructures," in *Properties of Narrow Gap Cadmium-Based Compounds*, EMIS Data reviews Series No. 10, ed. P. . Capper, 75-79, IEE, London, 1994.

124. J. Chu and A. Sher, Physics and Properties of Narrow Gap Semiconductors, Springer, 2008.

125. S. L. Price and P. R. Boyd, "Overview of Compositional Measurements Techniques for $Hg_{1-x}Cd_xTe$ with Emphasis on IR Transmission, Energy Dispersive X-Ray Analysis and Optical Reflectance," *Semiconductor Science and Technology* 8, 842-59, 1993.

126. C. T. Elliott and N. T. Gordon, "Infrared Detectors," in *Handbook on Semiconductors*, Vol. 4, ed. C. Hilsum, 841-936, North-Holland, Amsterdam, 1993.

127. V. C. Lopes, A. J. Syllaios, and M. C. Chen, "Minority Carrier Lifetime in Mercury Cadmium Telluride," *Semiconductor Science and Technology* 8, 824-41, 1993.

128. Y. Yamamoto, Y. Miyamoto, and K. Tanikawa, "Minority Carrier Lifetime in the Region Close to the Interface Between the Anodic Oxide and CdHgTe," *Journal of Crystal Growth* 72, 270-74, 1985.

129. S. M. Johnson, D. R. Rhiger, J. P. Rosbeck, J. M. Peterson, S. M. Taylor, and M. E. Boyd, "Effect of Dislocations on the Electrical and Optical Properties of Long-Wavelength Infrared HgCdTe Photovoltaic Detectors," *Journal of Vacuum Science and Technology B* 10, 1499-1506, 1992.

130. K. Joz'wikowski and A. Rogalski, "Effect of Dislocations on Performance of LWIR HgCdTe Photodiodes," *Journal of Electronic Materials* 29, 736-41, 2000.

131. M. C. Chen, L. Colombo, J. A. Dodge, and J. H. Tregilgas, "The Minority Carrier Lifetime in Doped and Undoped p-Type $Hg_{0.78}Cd_{0.22}Te$ Liquid Phase Epitaxy Films," *Journal of Electronic Materials* 24, 539-44, 1995.

132. P. Mitra, T. R. Schimert, F. C. Case, R. Starr, M. H. Weiler, M. Kestigian, and M. B. Reine, "Metalorganic Chemical Vapor Deposition of HgCdTe for Photodiode Applications," *Journal of Electronic Materials* 24, 661-68, 1995.

133. M. J. Bevan, M. C. Chen, and H. D. Shih, "High-Quality p-Type $Hg_{1-x}Cd_xTe$ Prepared by Metalorganic Chemical Vapor Deposition," *Applied Physics Letters* 67, 3450-52, 1996.

134. G. Destefanis and J. P. Chamonal, "Large Improvement in HgCdTe Photovoltaic Detector Performances at LETI," *Journal of Electronic Materials* 22, 1027-32, 1993.

135. C. L. Littler, E. Maldonado, X. N. Song, Z. You, J. L. Elkind, D. G. Seiler, and J. R. Lowney, "Investigation of Mercury Interstitials in $Hg_{1-x}Cd_xTe$ Alloys Using Resonant Impact-Ionization Spectroscopy," *Journal of Vacuum Science and Technology B* 9, 1466-70, 1991.
136. M. A. Kinch, "Fundamental Physics of Infrared Detector Materials," *Journal of Electronic Materials* 29, 809-17, 2000.
137. M. A. Kinch, F. Aqariden, D. Chandra, P. -K. Liao, H. F. Schaake, and H. D. Shih, "Minority Carrier Lifetime in p-HgCdTe," *Journal of Electronic Materials* 34, 880-84, 2005.
138. R. G. Humpreys, "Radiative Lifetime in Semiconductors for Infrared Detectors," *Infrared Physics* 23, 171-75, 1983.
139. R. G. Humpreys, "Radiative Lifetime in Semiconductors for Infrared Detectors," *Infrared Physics* 26, 337-42, 1986.
140. T. Elliott, N. T. Gordon, and A. M. White, "Towards Background-Limited, Room-Temperature, Infrared Photon Detectors in the 3-13 μm Wavelength Range," *Applied Physics Letters* 74, 2881-83, 1999.
141. N. T. Gordon, C. D. Maxey, C. L. Jones, R. Catchpole, and L. Hipwood, "Suppression of Radiatively Generated Currents in Infrared Detectors," *Journal of Applied Physics* 91, 565-68, 2002.
142. C. T. Elliott and C. L. Jones, "Non-Equilibrium Devices in HgCdTe," in *Narrow-Gap II-VI Compounds for Optoelectronic and Electromagnetic Applications*, ed. P. Capper, 474-85, Chapman & Hall, London, 1997.
143. T. Ashley, N. T. Gordon, G. R. Nash, C. L. Jones, C. D. Maxey, and R. A. Catchpole, "Long-Wavelength HgCdTe Negative Luminescent Devices," *Applied Physics Letters* 79, 1136-38, 2001.
144. A. R. Beattie and P. T. Landsberg, "Auger Effect in Semiconductors," *Proceedings of the Royal Society of London A* 249, 16-29, 1959.
145. J. S. Blakemore, *Semiconductor Statistics*, Pergamon Press, Oxford, 1962.
146. M. A. Kinch, M. J. Brau, and A. Simmons, "Recombination Mechanisms in 8-14 μm HgCdTe," *Journal of Applied Physics* 44, 1649-63, 1973.
147. G. Nimtz, "Recombination in Narrow-Gap Semiconductors," *Physics Reports* 63, 265-300, 1980.
148. T. N. Casselman and P. E. Petersen, "A Comparison of the Dominant Auger Transitions in p-Type (Hg,Cd)Te," *Solid State Communications* 33, 615-19, 1980.
149. T. N. Casselman, "Calculation of the Auger Lifetime in p-Type $Hg_{1-x}Cd_xTe$," *Journal of Applied Physics* 52, 848-54, 1981.
150. P. E. Petersen, "Auger Recombination in Mercury Cadmium Telluride," in *Semiconductors and Semimetals*, Vol. 18, eds. R. K. Willardson and A. C. Beer, 121-155, Academic Press, New York, 1981.
151. A. M. White, "The Characteristics of Minority-Carrier Exclusion in Narrow Direct Gap Semiconductors," *Infrared Physics* 25, 729-41, 1985.
152. C. M. Ciesla, B. N. Murdin, T. J. Phillips, A. M. White, A. R. Beattie, C. J. G. M. Langerak, C. T. Elliott, C. R. Pidgeon, and S. Sivananthan, "Auger Recombination Dynamics of $Hg_{0.795}Cd_{0.205}Te$ in the High Excitation Regime," *Applied Physics Letters* 71, 491-93, 1997.
153. R. Beattie and A. M. White, "An Analytic Approximation with a Wide Range of Applicability for Electron Initiated Auger Transitions in Narrow-Gap Semiconductors," *Journal of Applied Physics* 79, 802-13, 1996.
154. S. Krishnamurthy and T. N. Casselman, "A Detailed Calculation of the Auger Lifetime in p-Type HgCdTe," *Journal of Electronic Materials* 29, 828-31, 2000.
155. S. Krishnamurthy, M. A. Berding, Z. G. Yu, C. H. Swartz, T. H. Myers, D. D. Edwall, and R. DeWames, "Model of Minority Carrier Lifetimes in Doped HgCdTe," *Journal of Electronic Materials* 34, 873-79, 2005.

156. P. T. Landsberg, *Recombination in Semiconductors*, Cambridge University Press, Cambridge, 2003.

157. J. Piotrowski and A. Rogalski, *High-Operating Temperature Infrared Photodetectors*, SPIE Press, Bellingham, WA, 2007.

158. T. Ashley and C. T. Elliott, "Non-Equilibrium Mode of Operation for Infrared Detection," *Electronics Letters* 21, 451-52, 1985.

159. T. Ashley, T. C. Elliott, and A. M. White, "Non-Equilibrium Devices for Infrared Detection," *Proceedings of SPIE* 572, 123-32, 1985.

160. M. A. Kinch and S. R. Borrello, "0.1 eV HgCdTe Photodetectors," *Infrared Physics* 15, 111-24, 1975.

161. M. A. Kinch, S. R. Borrello, D. H. Breazeale, and A. Simmons, "Geometrical Enhancement of HgCdTe Photoconductive Detectors," *Infrared Physics* 17, 137-45, 1977.

162. S. R. Borrello, M. Kinch, and D. Lamont, "Photoconductive HgCdTe Detector Performance with Background Variations," *Infrared Physics* 17, 121-25, 1977.

163. S. P. Emmons and K. L. Ashley, "Minority-Carrier Sweepout in 0.09-eV HgCdTe," *Applied Physics Letters* 20, 241-42, 1972.

164. M. R. Johnson, "Sweep-Out Effects in $Hg_{1-x}Cd_xTe$ Photoconductors," *Journal of Applied Physics* 43, 3090-93, 1972.

165. Y. J. Shacham-Diamond and I. Kidron, "Contact and Bulk Effects in Intrinsic Photoconductive Infrared Detectors," *Infrared Physics* 21, 105-15, 1981.

166. T. Ashley and C. T. Elliott, "Accumulation Effects at Contacts to n-Type Cadmium-Mercury-Telluride Photoconductors," *Infrared Physics* 22, 367-76, 1982.

167. M. White, "Recombination in a Graded n-n Contact Region in a Narrow-Gap Semiconductor," *Journal of Physics C: Solid State Physics* 17, 4889-96, 1984.

168. D. L. Smith, "Effect of Blocking Contacts on Generation-Recombination Noise and Responsivity in Intrinsic Photoconductors," *Journal of Applied Physics* 56, 1663-69, 1984.

169. D. K. Arch, R. A. Wood, and D. L. Smith, "High Responsivity HgCdTe Heterojunction Photoconductor," *Journal of Applied Physics* 58, 2360-70, 1985.

170. J. F. Siliquini, K. A. Fynn, B. D. Nener, L. Faraone, and R. H. Hartley, "Improved Device Technology for Epitaxial $Hg_{1-x}Cd_xTe$ Infrared Photoconductor Arrays," *Semiconductor Science and Technology* 9, 1515-22, 1994.

171. C. A. Musca, J. F. Siliquini, B. D. Nener, L. Faraone, and R. H. Hartley, "Enhanced Responsivity of HgCdTe Infrared Photoconductors Using MBE Grown Heterostructures," *Infrared Physics & Technology* 38, 163-67, 1997.

172. J. Piotrowski, W. Galus, and M. Grudzien', "Near Room-Temperature IR Photodetectors," *Infrared Physics* 31, 1-48, 1990.

173. J. Piotrowski, "Uncooled Operation of IR Photodetectors," *Opto-Electronics Review* 12, 111-22, 2004.

174. J. Piotrowski and A. Rogalski, "Uncooled Long Wavelength Infrared Photon Detectors," *Infrared Physics & Technology* 46, 115-31, 2004.

175. T. Ashley, C. T. Elliott, and A. M. White, "Infra-Red Detector Using Minority Carrier Exclusion," *Proceedings of SPIE* 588, 62-68, 1985.

176. R. M. Broudy and V. J. Mazurczyck, "(HgCd)Te Photoconductive Detectors," in *Semiconductors and Semimetals*, Vol. 18, ed. R. K. Willardson and A. C. Beer, 157-99, Academic Press, New York, 1981.

177. A. Rogalski, *Infrared Detectors*, Gordon and Breach Science Publishers, Amsterdam, 2000.

178. C. T. Elliott, "Photoconductive and Non-Equilibrium Devices in HgCdTe and Related Alloys," in *Infrared De-*

tectors and Emitters: *Materials and Devices*, ed. P. Capper and C. T. Elliott, 279-312, Kluwer Academic Publishers, Boston, MA, 2001.

179. D. Long and J. L. Schmit, "Mercury-Cadmium Telluride and Closely Related Alloys," in *Semiconductors and Semimetals*, Vol. 5, ed. R. K. Willardson and A. C. Beer, 175-255, Academic Press, New York, 1970.

180. D. L. Spears, "Heterodyne and Direct Detection at 10.6 μm with High Temperature p-Type Photoconductors," *Proceedings of IRIS Active Systems*, 1-15, San Diego, 1982.

181. J. F. Siliquini, K. A. Fynn, B. D. Nener, L. Faraone, and R. H. Hartley, "Improved Device Technology for Epitaxial $Hg_{1-x}Cd_xTe$ Infrared Photoconductor Arrays," *Semiconductor Science and Technology* 9, 1515-22, 1994.

182. J. Piotrowski, "$Hg_{1-x}Cd_xTe$ Infrared Photodetectors," in *Infrared Photon Detectors*, ed. A..Rogalski, 391-494, SPIE Optical Engineering Press, Bellingham, WA, 1995.

183. Z. Djuric, "Isothermal Vapour-Phase Epitaxy of Mercury-Cadmium Telluride (Hg,Cd)Te," *Journal of Materials Science*: *Materials in Electronics* 5, 187-218, 1995.

184. K. Nagahama, R. Ohkata, and T. Murotani, "Preparation of High Quality n-$Hg_{0.8}Cd_{0.2}Te$ Epitaxial Layer and Its Application to Infrared Detector (λ = 8-14 μm)," Japanese *Journal of Applied Physics* 21, L764-L766, 1982.

185. T. Nguyen-Duy and D. Lorans, "Highlights of Recent Results on HgCdTe Thin Film Photoconductors," *Semiconductor Science and Technology* 6, 93-95, 1991.

186. B. Doll, M. Bruder, J. Wendler, J. Ziegler, and H. Maier, "3-5 μm Photoconductive Detectors on Liquid-Phase-Epitaxial-MCT," in *Fourth International Conference on Advanced Infrared Detectors and Systems*, 120-24, IEE, London, 1990.

187. J. F. Siliquini, C. A. Musca, B. D. Nener, and L. Faraone, "Performance of Optimized$Hg_{1-x}Cd_xTe$ Long Wavelength Infrared Photoconductors," *Infrared Physics & Technology* 35, 661-71, 1994.

188. L. T. Specht, W. E. Hoke, S. Oguz, P. J. Lemonias, V. G. Kreismanis, and R. Korenstein, "High Performance HgCdTe Photoconductive Devices Grown by Metalorganic Chemical Vapor Deposition," *Applied Physics Letters* 48, 417-18, 1986.

189. C. G. Bethea, B. F. Levine, P. Y. Lu, L. M. Williams, and M. H. Ross, "Photoconductive $Hg_{1-x}Cd_xTe$ Detectors Grown by Low-Temperature Metalorganic Chemical Vapor Deposition," *Applied Physics Letters* 53, 1629-31, 1988.

190. R. Druilhe, A. Katty, and R. Triboulet, "MOVPE Grown (Hg,Cd)Te Layers for Room Temperature Operating 3-5 μm Photoconductive Detectors," in *Fourth International Conference on Advanced Infrared Detectors and Systems*, 20-24, IEE, London, 1990.

191. M. C. Chen and M. J. Bevan, "Room-Temperature Midwavelength Two-Color Infrared Detectors with HgCdTe Multilayer Structures by Metal-Organic Chemical-Vapor Deposition," *Journal of Applied Physics* 78, 4787-89, 1995.

192. S. Yuan, J. Li He, J. Yu, M. Yu, Y. Qiao, and J. Zhu, "Infrared Photoconductor Fabricated with a Molecular Beam Epitaxially Grown CdTe/HgCdTe Heterostructure," *Applied Physics Letters* 58, 914-16, 1991.

193. Y. Nemirovsky and G. Bahir, "Passivation of Mercury Cadmium Telluride Surfaces," *Journal of Vacuum Science and Technology* A7, 450-59, 1989.

194. P. C. Catagnus and C. T. Baker, "Passivation of Mercury Cadmium Telluride," U. S. Patent 3,977,018, 1976.

195. Y. Nemirovsky and E. Finkman, "Anodic Oxide Films on $Hg_{1-x}Cd_xTe$," *Journal of the Electrochemical Society* 126, 768-70, 1979.

196. E. Bertagnolli, "Improvement of Anodically Grown Native Oxides on n-(Cd,Hg)Te," *Thin Solid Films* 135,

267-75, 1986.

197. A. Gauthier, "Process for Passivation of Photoconductive Detectors Made of HgCdTe," U. S. Patent 4,624,715, 1986.

198. Y. Nemirovsky and R. Goshen, "Plasma Anodization of $Hg_{1-x}Cd_xTe$," *Applied Physics Letters* 37, 813-14, 1980.

199. S. P. Buchner, G. D. Davis, and N. E. Byer, "Summary Abstract: Photochemical Oxidation of (Hg,Cd)Te," *Journal of Vacuum Science and Technology* 21, 446-47, 1982.

200. Y. Shacham-Diamand, T. Chuh, and W. G. Oldham, "The Electrical Properties of Hg-Sensitized'Photox'-Oxide Layers Deposited at 80°C," *Solid-State Electronics* 30, 227-33, 1987.

201. M. V. Blackman, D. E. Charlton, M. D. Jenner, D. R. Purdy, and J. T. M. Wotherspoon, "Type Conversion in $Hg_{1-x}Cd_xTe$ by Ion Beam Treatment," *Electronics Letters* 23, 978-79, 1987.

202. P. Brogowski, H. Mucha, and J. Piotrowski, "Modification of Mercury Cadmium Telluride, Mercury Manganese Tellurium, and Mercury Zinc Telluride by Ion Etching," *Physica Status Solidi (a)* 114, K37-K40, 1989.

203. P. H. Zimmermann, M. B. Reine, K. Spignese, K. Maschhoff, and J. Schirripa, "Surface Passivation of HgCdTe Photodiodes," *Journal of Vacuum Science and Technology* A8, 1182-84, 1990.

204. Y. Nemirovsky, L. Burstein, and I. Kidron, "Interface of p-type Hg1-xCdxTe Passivated with Native Sulfides," *Journal of Applied Physics* 58, 366-73, 1985.

205. E. Weiss and C. R. Helms, "Composition, Growth Mechanism, and Stability of Anodic Fluoride Films on $Hg_{1-x}Cd_xTe$," *Journal of Vacuum Science and Technology* B9, 1879-85, 1991.

206. Y. Nemirovsky, "Passivation with II-VI Compounds," *Journal of Vacuum Science and Technology* A8, 1185-87, 1990.

207. G. Sarusi, G. Cinader, A. Zemel, and D. Eger, "Application of CdTe Epitaxial Layers for Passivation of p-Type $Hg_{0.77}Cd_{0.23}Te$," *Journal of Applied Physics* 71, 5070-76, 1992.

208. A. Mestechkin, D. L. Lee, B. T. Cunningham, and B. D. MacLeod, "Bake Stability of Long-Wavelength Infrared HgCdTe Photodiodes," *Journal of Electronic Materials* 24, 1183-87, 1995.

209. G. Bahir, V. Ariel, V. Garber, D. Rosenfeld, and A. Sher, "Electrical Properties of Epitaxially Grown CdTe Passivation for Long-Wavelength HgCdTe Photodiodes," *Applied Physics Letters* 65, 2725-27, 1994.

210. A. Joz'wikowska, K. Joz'wikowski, and A. Rogalski, "Performance of Mercury Cadmium Telluride Photoconductive Detectors," *Infrared Physics* 31, 543-54, 1991.

211. C. A. Musca, J. F. Siliquini, K. A. Fynn, B. D. Nener, L. Faraone, and S. J. C. Irvine, "MOCVD-Grown Wider-Bandgap Capping Layers in $Hg_{1-x}Cd_xTe$ Long-Wavelength Infrared Photoconductors," *Semiconductor Science & Technology* 11, 1912-22, 1996.

212. J. F. Siliquini, C. A. Musca, B. D. Nener, and L. Faraone, "Temperature Dependence of $Hg_{0.68}Cd_{0.32}Te$ Infrared Photoconductor Performance," *IEEE Transactions on Electron Devices* 42, 1441-48, 1995.

213. D. L. Smith, "Theory of Generation-Recombination Noise and Responsivity in Overlap Structure Photoconductors," *Journal of Applied Physics* 54, 5441-48, 1983.

214. D. L. Smith, D. K. Arch, R. A. Wood, and M. W. Scott, "HgCdTe Heterojunction Contact Photoconductor," *Journal of Applied Physics* 45, 83-85, 1984.

215. J. R. Lowney, D. G. Seiler, W. R. Thurber, Z. Yu, X. N. Song, and C. L. Littler, "Heavily Accumulated Surfaces of Mercury Cadmium Telluride Detectors: Theory and Experiment," *Journal of Electronic Materials* 22, 985-91, 1993.

216. M. C. Wilson and D. J. Dinsdale, "CO_2 Detection with Cadmium Mercury Telluride," in *Third International Conference on Advanced Infrared Detectors and Systems*, 139-45, IEE, London, 1986.

217. D. L. Spears, "IR Detectors: Heterodyne and Direct," in *Optical and Laser Remote Sensing*, eds. D. K. Killinger and A. Mooradian, 278-86, Springer-Verlag, Berlin, 1983.
218. Z. Djuric, Z. Jaksic, Z. Djinovic, M. Matic, and Z. Lazic, "Some Theoretical and Technological Aspects of Uncooled HgCdTe Detectors: A Review," *Microelectronics Journal* 25, 99-114, 1994.
219. F. A. Capocci, A. T. Harker, M. C. Wilson, D. E. Lacklison, and F. E. Wray," Thermoelectrically-Cooled Cadmium Mercury Telluride Detectors for CO_2 Laser Radiation," in *Second International Conference on Advanced Infrared Detectors and Systems*, 40-44, IEE, London, 1983.
220. D. J. Wilson, R. Foord, and G. D. J. Constant, "Operation of an Intermediate Temperature Detector in a 10.6 μm Heterodyne Rangefinder," *Proceedings of SPIE* 663, 155-58, 1986.
221. Y. Li and D. J. Adams, "Experimental Studies on the Performance of $Hg_{0.8}Cd_{0.2}Te$ Photoconductors Operating Near 200 K," *Infrared Physics* 35, 593-95, 1994.
222. Z. Wei-jiann and Z. Xin-Chen, "Experimental Studies on Low Frequency Noise of Photoconductors," *Infrared Physics* 33, 27-31, 1992.
223. P. R. Norton, "Structure and Method of Fabricating a Trapping-Mode Photodetector," *International Application Published Under The Patent Cooperation Treaty* PCT/US86/002516, International Publication Number WO87/03743, 18 June 1987.
224. P. R. Norton, "Infrared Image Sensors," *Optical Engineering* 30, 1649-63, 1991.
225. P. Norton, "HgCdTe for NASA EOS Missions and Detector Uniformity Benchmarks," *Proceedings of the Innovative Long Wavelength Infrared Detector Workshop*, 93-94, Pasadena, Jet Propulsion Laboratory, April 24-26, 1990.
226. D. G. Crove, P. R. Norton, T. Limperis, and J. Mudar, "Detectors," in *The Infrared and Electro-Optical Systems Handbook*, Vol. 3, ed. W. D. Rogatto, 175-283, Infrared Information Analysis Center, Ann Arbor, MI, and SPIE Optical Engineering Press, Bellingham, WA, 1993.
227. T. Ashley, C. T. Elliott, and A. T. Harker, "Non-Equilibrium Mode of Operation for Infrared Detectors," *Infrared Physics* 26, 303-15, 1986.
228. A. M. White, "Generation-Recombination Processes and Auger Suppression in Small-Bandgap Detectors," *Journal of Crystal Growth* 86, 840-48, 1988.
229. A. P. Davis and A. M. White, "Effects of Residual Shockley-Read Traps on Efficiency of Auger-Suppressed IR Detector Diodes," *Semiconductor Science and Technology* 5, S38-S40, 1990.
230. C. T. Elliott, "Future Infrared Detector Technologies," in *Fourth International Conference on Advanced Infrared Detectors and Systems*, 61-66, IEE, London, 1990.
231. C. T. Elliott, "Non-Equilibrium Mode of Operation of Narrow-Gap Semiconductor Devices," *Semiconductor Science and Technology* 5, S30-S37, 1990.
232. T. Ashley and T. C. Elliott, "Operation and Properties of Narrow-Gap Semiconductor Devices Near Room Temperature Using Non-Equilibrium Techniques," *Semiconductor Science and Technology* 8, C99-C105, 1991.
233. C. T. Elliott, "Infrared Detectors with Integrated Signal Processing," in *Solid State Devices*, eds. A. Goetzberger and M. Zerbst, 175-201, Verlag Chemie, Weinheim, 1983.
234. T. Ashley, C. T. Elliott, A. M. White, J. T. M. Wotherspoon, and M. D. Johns, "Optimization of Spatial Resolution in SPRITE Detectors," *Infrared Physics* 24, 25-33, 1984.
235. J. T. M. Wotherspoon, R. J. Dean, M. D. Johns, T. Ashley, C. T. Elliott, and M. A. White," Developments in SPRITE Infra-Red Detectors," *Proceedings of SPIE* 810, 102-12, 1985.
236. R. F. Leftwich and R. Ward, "Latest Developments in SPRITE Detector Technology," *Proceedings of SPIE* 930, 76-86, 1988.

237. A. Campbell, C. T. Elliott, and A. M. White, "Optimisation of SPRITE Detectors in Anamorphic Imaging Systems," *Infrared Physics* 27, 125-33, 1987.

238. A. B. Dean, P. N. J. Dennis, C. T. Elliott, D. Hibbert, and J. T. M. Wotherspoon, "The Serial Addition of SPRITE Infrared Detectors," *Infrared Physics* 28, 271-78, 1988.

239. C. M. Dyson, "Thermal-Radiation Imaging Devices and Systems," U. K. Patent Application 2,199,986 A, 1988.

240. C. T. Elliott, "SPRITE Detectors and Staring Arrays in $Hg_{1-x}Cd_xTe$," *Proceedings of SPIE* 1038, 2-8, 1988.

241. G. D. Boreman and A. E. Plogstedt, "Modulation Transfer Function and Number of Equivalent Elements for SPRITE Detectors," *Applied Optics* 27, 4331-35, 1988.

242. S. P. Braim, A. Foord, and M. W. Thomas, "System Implementation of a Serial Array of SPRITE Infrared Detectors," *Infrared Physics* 29, 907-14, 1989.

243. J. Severn, D. A. Hibbert, R. Mistry, C. T. Elliott, and A. P. Davis, "The Design and Performance Options for SPRITE Arrays," in *Fourth International Conference on Advanced Infrared Detectors and Systems*, 9-14, IEE, London, 1990.

244. A. P. Davis, "Effect of High Signal Photon Fluxes on the Responsivity of SPRITE Detectors," *Infrared Physics* 33, 301-5, 1992.

245. K. J. Barnard, G. D. Boreman, A. E. Plogstedt, and B. K. Anderson, "Modulation-Transfer Function Measurement of SPRITE Detectors: Sine-Wave Response," *Applied Optics* 31, 144-47, 1992.

246. M. Rodot, C. Verie, Y. Marfaing, J. Besson, and H. Lebloch, "Semiconductor Lasers and Fast Detectors in the Infrared (3 to 15 Microns)," *IEEE Journal of Quantum Electronics* 2, 586-93, 1966.

247. M. B. Reine, A. K. Sood, and T. J. Tredwell, "Photovoltaic Infrared Detectors," in *Semiconductors and Semimetals*, Vol. 18, eds. R. K. Willardson and A. C. Beer, 201-311, Academic Press, New York, 1981.

248. A. Rogalski and J. Piotrowski, "Intrinsic Infrared Detectors," *Progress in Quantum Electronics* 12, 87-289, 1988.

249. A. I. D'Souza, P. S. Wijewarnasuriya, and J. G. Poksheva, "HgCdTe Infrared Detectors," in *Thin Films*, Vol. 28, 193-226, 2001.

250. I. M. Baker, "Photovoltaic IR Detectors," in *Narrow-gap II-VI Compounds for Optoelectronic and Electromagnetic Applications*, ed. P. Capper, 450-73, Chapman & Hall, London, 1997.

251. M. B. Reine, "Photovoltaic Detectors in MCT," in *Infrared Detectors and Emitters: Materials and Devices*, eds. P. Capper and C. T. Elliott, 313-76, Kluwer Academic Publishers, Boston, MA, 2001.

252. I. M. Baker, "HgCdTe 2D Arrays: Technology and Performance Limits," in *Handbook of Infrared Technologies*, eds. M. Henini and M. Razeghi, 269-308, Elsevier, Oxford, 2002.

253. A. Rogalski, "Infrared Detectors: Status and Trends," *Progress in Quantum Electronics* 27, 59-210, 2003.

254. I. M. Baker, "II-VI Narrow-Bandgap Semiconductors for Optoelectronics," in *Springer Handbook of Electronic and Photonic Materials*, eds. S. Kasap and P. Capper, 855-85, Springer, Heidelberg, 2006.

255. D. T. Dutton, E. O'Keefe, P. Capper, C. L. Jones, S. Mugford, and C. Ard, "Type Conversion of $Cd_xHg_{1-x}Te$ Grown by Liquid Phase Epitaxy," *Semiconductor Science & Technology* 8, S266-S269, 1993.

256. D. L. Spears and C. Freed, "HgCdTe Varactor Photodiode Detection of cw CO_2 Laser Beats Beyond 60 GHz," *Applied Physics Letters* 23, 445-47, 1973.

257. D. L. Spears, "Planar HgCdTe Quadrantal Heterodyne Arrays with GHz Response at 10.6 μm," *Infrared Physics* 17, 5-8, 1977.

258. J. F. Shanley, C. T. Flanagan, and M. B. Reine, "Elevated Temperature n^+-p $Hg_{0.8}Cd_{0.2}Te$ Photodiodes for Moderate Bandwidth Infrared Heterodyne Applications," *Proceedings of SPIE* 227, 117-22, 1980.

259. K. K. Parat, H. Ehsani, I. B. Bhat, and S. K. Ghandhi, "Selective Annealing for the Planar Processing of HgCdTe Devices," *Journal of Vacuum Science and Technology B* 9, 1625-29, 1991.

260. M. D. Jenner and M. V. Blackman, "Method of Manufacturing an Infrared Detector Device," U. S. Patent 4,318,217, 1982.

261. P. Brogowski and J. Piotrowski, "The p-to-n Conversion of HgCdTe, HgZnTe and HgMnTe by Anodic Oxidation and Subsequent Heat Treatment," *Semiconductor Science and Technology* 5, 530-32, 1990.

262. J. M. T. Wotherspoon, U. S. Patent 4.411.732, 1983.

263. M. A. Lunn and P. S. Dobson, "Ion Beam Milling of $Cd_{0.2}Hg_{0.8}Te$," *Journal of Crystal Growth* 73, 379-84, 1985.

264. M. V. Blackman, D. E. Charlton, M. D. Jenner, D. R. Purdy, and J. T. M. Wotherspoon, "Type Conversion in $Hg_{1-x}Cd_xTe$ by Ion Beam Treatment," *Electronics Letters* 23, 978-79, 1987.

265. J. L. Elkind, "Ion Mill Damage in n-HgCdTe," *Journal of Vacuum Science and Technology B* 10, 1460-65, 1992.

266. V. I. Ivanov-Omskii, K. E. Mironov, and K. D. Mynbaev, "$Hg_{1-x}Cd_xTe$ Doping by Ion-Beam Treatment," *Semiconductor Science and Technology* 8, 634-37, 1993.

267. P. Hlidek, E. Belas, J. Franc, and V. Koubele, "Photovoltaic Spectra of HgCdTe Diodes Fabricated by Ion Beam Milling," *Semiconductor Science & Technology* 8, 2069-71, 1993.

268. K. D. Mynbaev and V. I. Ivanov-Omski, "Modification of $Hg_{1-x}Cd_xTe$ Properties by Low-Energy Ions," *Semiconductors* 37, 1127-50, 2003.

269. G. Bahir and E. Finkman, "Ion Beam Milling Effect on Electrical Properties of $Hg_{1-x}Cd_xTe$," *Journal of Vacuum Science and Technology A* 7, 348-53, 1989.

270. M. Baker and R. A. Ballingall, "Photovoltaic CdHgTe: Silicon Hybrid Focal Planes," *Proceedings of SPIE* 510, 121-29, 1984.

271. E. Belas, P. Höschl, R. Grill, J. Franc, P. Moravec, K. Lischka, H. Sitter, and A. Toth, "Ultrafast Diffusion of Hg in $Hg_{1-x}Cd_xTe$ ($x \approx 0.21$)," *Journal of Crystal Growth* 138, 940-43, 1994.

272. E. Belas, R. Grill, J. Franc, A. Toth, P. Hoschl, H. Sitter, and P. Moravec, "Determination of the Migration Energy of Hg Interstitials in (HgCd)Te from Ion Milling Experiments," *Journal of Crystal Growth* 159, 1117-22, 1996.

273. G. Destefanis, "Electrical Doping of HgCdTe by Ion Implantation and Heat Treatment," *Journal of Crystal Growth* 86, 700-22, 1988.

274. L. O. Bubulac, "Defects, Diffusion and Activation in Ion Implanted HgCdTe," *Journal of Crystal Growth* 86, 723-34, 1988.

275. A. G. Foyt, T. C. Harman, and J. P. Donnelly, "Type Conversion and n-p Junction Formation in $Cd_xHg_{1-x}Te$ Produced by Proton Bombardment," *Applied Physics Letters* 18, 321-23, 1971.

276. L. O. Bubulac and W. E. Tennant, "Role of Hg in Junction Formation in Ion-Implanted HgCdTe," *Applied Physics Letters* 51, 355-57, 1987.

277. P. G. Pitcher, P. L. F. Hemment, and Q. V. Davis, "Formation of Shallow Photodiodes by Implantation of Boron into Mercury Cadmium Telluride," *Electronics Letters* 18, 1090-92, 1982.

278. L. J. Kozlowski, R. B. Bailey, S. C. Cabelli, D. E. Cooper, G. McComas, K. Vural, and W. E. Tennant, "640 × 480 PACE HgCdTe FPA," *Proceedings of SPIE* 1735, 163-73, 1992.

279. G. Bahir, R. Kalish, and Y. Nemirovsky, "Electrical Properties of Donor and Acceptor Implanted $Hg_{1-x}Cd_xTe$ Following CW CO_2 Laser Annealing," *Applied Physics Letters* 41, 1057-59, 1982.

280. R. B. Bailey, L. J. Kozlowski, J. Chen, D. Q. Bui, K. Vural, D. D. Edwall, R. V. Gil, A. B. Vanderw-

yck, E. R. Gertner, and M. B. Gubala, "256 × 256 Hybrid HgCdTe Infrared Focal Plane Arrays," *IEEE Transactions on Electron Devices* 38, 1104-9, 1991.

281. L. O. Bubulac, D. D. Edwall, and C. R. Viswanathan, "Dynamics of Arsenic Diffusion in Metalorganic Chemical Vapor Deposited HgCdTe on GaAs/Si Substrates," *Journal of Vacuum Science and Technology* B9, 1695-704, 1991.

282. L. O. Bubulac, S. J. Ivine, E. R. Gertner, J. Bajaj, W. P. Lin, and R. Zucca, "As Diffusion in $Hg_{1-x}Cd_xTe$ for Junction Formation," *Semiconductor Science & Technology* 8, S270-S275, 1993.

283. O. P. Agnihorti, H. C. Lee, and K. Yang, "Plasma Induced Type Conversion in Mercury Cadmium Telluride," *Semiconductor Science and Technology* 17, R11-R19, 2002.

284. E. Belas, R. Grill, J. Franc, A. Toth, P. Höschl, H. Sitter, and P. Moravec, "Determination of the Migration Energy of Hg Interstitials in (HgCd)Te from Ion Milling Experiments," *Journal of Crystal Growth* 159, 1117-22, 1996.

285. J. K. White, R. Pal, J. M. Dell, C. A. Musca, J. Antoszewski, L. Faraone, and P. Burke, "p-to-n Type-Conversion Mechanisms for HgCdTe Exposed to H_2/CH_4 Plasma," *Journal of Electronic Materials* 30, 762-67, 2001.

286. J. M. Dell, J. Antoszewski, M. H. Rais, C. Musca, J. K. White, B. D. Nener, and L. Faraone" HgCdTe Mid-Wavelength IR Photovoltaic Detectors Fabricated Using Plasma Induced Junction Technology," *Journal of Electronic Materials* 29, 841-48, 2000.

287. J. K. White, J. Antoszewski, P. Ravinder, C. A. Musca, J. M. Dell, L. Faraone, and J. Piotrowski," Passivation Effects on Reactive Ion Etch Formed n-on-p Junctions in HgCdTe," *Journal of Electronic Materials* 31, 743-48, 2002.

288. T. Nguyen, C. A. Musca, J. M. Dell, R. H. Sewell, J. Antoszewski, J. K. White, and L. Faraone, "HgCdTe Long-Wavelength IR Photovoltaic Detectors Fabricated Using Plasma Induced Junction Formation Technology," *Journal of Electronic Materials* 32, 615-21, 2003.

289. E. P. G. Smith, G. M. Venzor, M. D. Newton, M. V. Liguori, J. K. Gleason, R. E. Bornfreund, S. M. Johnson, et al. , "Inductively Coupled Plasma Etching Got Large Format HgCdTe Focal Plane Array Fabrication," *Journal of Electronic Materials* 34, 746-53, 2005.

290. M. Lanir and K. J. Riley, "Performance of PV HgCdTe Arrays for 1-14-μm Applications," *IEEE Transactions on Electron Devices* ED-29, 274-79, 1982.

291. C. C. Wang, "Mercury Cadmium Telluride Junctions Grown by Liquid Phase Epitaxy," *Journal of Vacuum Science and Technology* B9, 1740-45, 1991.

292. A. I. D'Souza, J. Bajaj, R. E. DeWames, D. D. Edwall, P. S. Wijewarnasuriya, and N. Nayar," MWIR DLPH HgCdTe Photodiode Performance Dependence on Substrate Material," *Journal of Electronic Materials* 27, 727-32, 1998.

293. G. N. Pultz, P. W. Norton, E. E. Krueger, and M. B. Reine, "Growth and Characterization of p-on-n HgCdTe Liquid-Phase Epitaxy Heterojunction Material for 11-18 μm Applications," *Journal of Vacuum Science and Technology* B9, 1724-30, 1991.

294. T. Tung, M. H. Kalisher, A. P. Stevens, and P. E. Herning, "Liquid-Phase Epitaxy of $Hg_{1-x}Cd_xTe$ from Hg Solution: A Route to Infrared Detector Structures," *Materials Research Society Symposium Proceedings* 90, 321-56, 1987.

295. E. P. G. Smith, L. T. Pham, G. M. Venzor, E. M. Norton, M. D. Newton, P. M. Goetz, V. K. Randall, et al. , "HgCdTe Focal Plane Arrays for Dual-Color Mid- and Long-Wavelength Infrared Detection," *Journal of Electronic Materials* 33, 509-16, 2004.

296. J. M. Peterson, J. A. Franklin, M. Reddy, S. M. Johnson, E. Smith, W. A. Radford, and I. Kasai, "High-Quality Large-Area MBE HgCdTe/Si," *Journal of Electronic Materials* 35, 1283-86, 2006.
297. G. Destefanis, J. Baylet, P. Ballet, P. Castelein, F. Rothan, O. Gravrand, J. Rothman, J. P. Chamonal, and A. Million, "Status of HgCdTe Bicolor and Dual-Band Infrared Focal Plane Arrays at LETI," *Journal of Electronic Materials* 36, 1031-44, 2007.
298. C. D. Maxey, J. C. Fitzmaurice, H. W. Lau, L. G. Hipwood, C. S. Shaw, C. L. Jones, and P. Capper, "Current Status of Large-Area MOVPE Growth of HgCdTe Device Heterostructures for Infrared Focal Plane Arrays," *Journal of Electronic Materials* 35, 1275-82, 2006.
299. K. D. Mynbaev and V. I. Ivanov-Omski, "Doping of Epitaxial Layers and Heterostructures Based on HgCdTe," *Semiconductors* 40, 1-21, 2006.
300. H. R. Vydyanath, J. A. Ellsworth, and C. M. Devaney, "Electrical Activity, Mode of Incorporation and Distribution Coefficient of Group V Elements in $Hg_{1-x}Cd_xTe$ Grown from Tellurium Rich Liquid Phase Epitaxial Growth Solutions," *Journal of Electronic Materials* 16, 13-25, 1987.
301. E. P. G. Smith, R. E. Bornfreund, I. Kasai, L. T. Pham, E. A. Patten, J. M. Peterson, J. A. Roth, et al., "Status of Two-Color and Large Format HgCdTe FPA Technology at Raytheon Vision Systems," *Proceedings of SPIE* 6127, 61261F, 2006.
302. E. P. G. Smith, G. M. Venzor, Y. Petraitis, M. V. Liguori, A. R. Levy, C. K. Rabkin, J. M. Peterson, M. Reddy, S. M. Johnson, and J. W. Bangs, "Fabrication and Characterization of Small Unit-Cell Molecular Beam Epitaxy Grown HgCdTe-on-Si Mid-Wavelength Infrared Detectors," *Journal of Electronic Materials* 36, 1045-51, 2007.
303. J. M. Arias, J. G. Pasko, M. Zandian, L. J. Kozlowski, and R. E. DeWames, "Molecular Beam Epitaxy HgCdTe Infrared Photovoltaic Detectors," *Optical Engineering* 33, 1422-28, 1994.
304. L. O. Bubulac and C. R. Viswanathan, "Diffusion of As and Sb in HgCdTe," *Journal of Crystal Growth* 123, 555-66, 1992.
305. M. Arias, J. G. Pasko, M. Zandian, S. H. Shin, G. M. Williams, L. O. Bubulac, R. E. DeWames, and W. E. Tennant, "Planar p-on-n HgCdTe Heterostructure Photovoltaic Detectors," *Applied Physics Letters* 62, 976-78, 1993.
306. Y. Nemirovsky, N. Mainzer, and E. Weiss, "Passivation of HgCdTe," in *Properties of Narrow Gap Cadmium-Based Compounds*, EMIS Datareviews Series No. 10, ed. P. P. Capper, 284-90, IEE, London, 1994.
307. Y. Nemirovsky and N. Amir, "Surfaces/Interfaces of Narrow-Gap II-VI Compounds," in *Narrow-gap II-VI Compounds for Optoelectronic and Electromagnetic Applications*, ed. P. Capper, 291-326, Chapman & Hall, London, 1997.
308. Y. Nemirovsky and L. Burstein, "Anodic Sulfide Films on $Hg_{1-x}Cd_xTe$," *Applied Physics Letters* 44, 443-44, 1984.
309. E. Weiss and C. R. Helms, "Composition, Growth Mechanism, and Oxidation of Anodic Fluoride Films on $Hg_{1-x}Cd_xTe$ ($x \approx 0.2$)," *Journal of the Electrochemical Society* 138, 993-99, 1991.
310. A. Kolodny and I. Kidron, "Properties of Ion Implanted Junctions in Mercury Cadmium-Telluride," *IEEE Transactions on Electron Devices* ED-27, 37-43, 1980.
311. P. Migliorato, R. F. C. Farrow, A. B. Dean, and G. M. Williams, "CdTe/HgCdTe Indium-Diffused Photodiodes," *Infrared Physics* 22, 331-36, 1982.
312. N. Kajihara, G. Sudo, Y. Miyamoto, and K. Tonikawa, "Silicon Nitride Passivant for HgCdTe n^+-p Diodes," *Journal of the Electrochemical Society* 135, 1252-55, 1988.
313. P. H. Zimmermann, M. B. Reine, K. Spignese, K. Maschhoff, and J. Schirripa, "Surface Passivation of

HgCdTe Photodiodes," *Journal of Vacuum Science and Technology* A8, 1182-84, 1990.

314. J. F. Ameurlaire and G. D. Cohen-Solal, U. S. Patent No. 3,845,494, 1974; G. D. Cohen-Solal and A. G. Lussereau, U. S. Patent No. 3,988,774, 1976; J. H. Maille and A. Salaville, U. S. Patent No. 4,132,999, 1979.

315. D. J. Hall, L. Buckle, N. T. Gordon, J. Giess, J. E. Hails, J. W. Cairns, R. M. Lawrence, et al., "High-performance Long-Wavelength HgCdTe Infrared Detectors Grown on Silicon Substrates," *Applied Physics Letters* 84, 2113-15, 2004.

316. Y. Nemirovsky, N. Amir, and L. Djaloshinski, "Metalorganic Chemical Vapor Deposition CdTe Passivation of HgCdTe," *Journal of Electronic Materials* 25, 647-54, 1995.

317. Y. Nemirovsky, N. Amir, D. Goren, G. Asa, N. Mainzer, and E. Weiss, "The Interface of Metalorganic Chemical Vapor Deposition-CdTe/HgCdTe," *Journal of Electronic Materials* 24, 1161-67, 1995.

318. S. Y. An, J. S. Kim, D. W. Seo, and S. H. Suh, "Passivation of HgCdTe p-n Diode Junction by Compositionally Graded HgCdTe Formed by Annealing in a Cd/Hg Atmosphere," *Journal of Electronic Materials* 31, 683-87, 2002.

319. L. O. Bubulac, W. E. Tennant, J. Bajaj, J. Sheng, R. Brigham, A. H. B. Vanderwyck, M. Zandian, and W. V. McLevige, "Characterization of CdTe for HgCdTe Surface Passivation," *Journal of Electronic Materials* 24, 1175-82, 1995.

320. W. E. Spicer, D. J. Friedman, and G. P. Carey, "The Electrical Properties of Metallic Contacts on $Hg_{1-x}Cd_xTe$," *Journal of Vacuum Science and Technology* A6, 2746-51, 1988.

321. S. P. Wilks and R. H. Williams, "Contacts to HgCdTe," in *Properties of Narrow Gap Cadmium-Based Compounds*, EMIS Datareviews Series No. 10, ed. P. P. Capper, 297-99, IEE, London, 1994.

322. G. D. Davis, "Overlayer Interactions with (HgCd)Te," *Journal of Vacuum Science and Technology* A6, 1939-45, 1988.

323. J. F. McGilp and I. T. McGovern, "A Simple Semiquantitative Model for Classifying Metal-Compound Semiconductor Interface Reactivity," *Journal of Vacuum Science and Technology* B3, 1641-44, 1985.

324. J. M. Pawlikowski, "Schematic Energy Band Diagram of Metal $Cd_xHg_{1-x}Te$ Contacts," *Physica Status Solidi* (a) 40, 613-20, 1977.

325. P. W. Leech and G. K. Reeves, "Specific Contact Resistance of Indium Ohmic Contacts to n-Type $Hg_{1-x}Cd_xTe$," *Journal of Vacuum Science and Technology* A10, 105-9, 1992.

326. W. A. Beck, G. D. Davis, and A. C. Goldberg, "Resistance and 1/f Noise of Au, Al, and Ge Contacts to (Hg,Cd)Te," *Journal of Applied Physics* 67, 6340-46, 1990.

327. A. Piotrowski, P. Madejczyk, W. Gawron, K. Kos, M. Romanis, M. Grudzien', A. Rogalski, and J. Piotrowski, "MOCVD Growth of $Hg_{1-x}Cd_xTe$ Heterostructures for Uncooled Infrared Photodetectors," *Opto-Electronics Review* 12, 453-58, 2004.

328. A. Rogalski and W. Larkowski, "Comparison of Photodiodes for the 3-5.5 μm and 8-12 μm Spectral Regions," *Electron Technology* 18(3/4), 55-69, 1985.

329. A. Turner, T. Teherani, J. Ehmke, C. Pettitt, P. Conlon, J. Beck, K. McCormack, et al., "Producibility of VIPTM Scanning Focal Plane Arrays," *Proceedings of SPIE* 2228, 237-48, 1994.

330. P. Tribolet, J. P. Chatard, P. Costa, and A. Manissadjian, "Progress in HgCdTe Homojunction Infrared Detectors," *Journal of Crystal Growth* 184/185, 1262-71, 1998.

331. J. Bajaj, "State-of-the-Art HgCdTe Materials and Devices for Infrared Imaging," in *Physics of Semiconductor Devices*, eds. V. Kumar and S. K. Agarwal, 1297-1309, Narosa Publishing House, New Delhi, 1998.

332. T. J. DeLyon, J. E. Jensen, M. D. Gorwitz, C. A. Cockrum, S. M. Johnson, and G. M. Venzor, "MBE

Growth of HgCdTe on Silicon Substrates for Large-Area Infrared Focal Plane Arrays: A Review of Recent Progress," *Journal of Electronic Materials* 28, 705-11, 1999.

333. M. Kinch, "HDVIPTM FPA Technology at DRS," *Proceedings of SPIE* 4369, 566-78, 2001.

334. O. Gravrand, Ph. Chorier, and H. Geoffray, "Status of Very Long Infrared Wave Focal Plane Array Development at DEFIR," *Proceedings of SPIE* 7298, 729821, 2009.

335. P. Norton, "Status of Infrared Detectors," *Proceedings of SPIE* 3379, 102-14, 1998.

336. A. Rogalski and R. Ciupa, "Theoretical Modeling of Long Wavelength n^+-on-p HgCdTe Photodiodes," *Journal of Applied Physics* 80, 2483-89, 1996.

337. G. M. Williams and R. E. DeWames, "Numerical Simulation of HgCdTe Detector Characteristics," *Journal of Electronic Materials* 24, 1239-48, 1995.

338. W. E. Tennant, D. Lee, M. Zandian, E. Piquette, and M. Carmody, "MBE HgCdTe Technology: A Very General Solution to IR Detection, Described by 'Rule 07', A Very Convenient Heuristic," *Journal of Electronic Materials* 37, 1407-10, 2008.

339. J. A. Stobie, S. P. Tobin, P. Norton, M. Hutchins, K.-K. Wong, R. J. Huppi, and R. Huppi, "Update on the Imaging Sensor for GIFTS," *Proceedings of SPIE* 5543, 293-303, 2004.

340. T. Chuh, "Recent Developments in Infrared and Visible Imaging for Astronomy, Defense and Homeland Security," *Proceedings of SPIE* 5563, 19-34, 2004.

341. A. S. Gilmore, J. Bangs, A. Gerrish, A. Stevens, and B. Starr, "Advancements in HgCdTe VLWIR Materials," *Proceedings of SPIE* 5783, 223-30, 2005.

342. C. L. Jones, L. G. Hipwood, C. J. Shaw, J. P. Price, R. A. Catchpole, M. Ordish, C. D. Maxey, et al., "High Performance MW and LW IRFPAs Made from HgCdTe Grown by MOVPE," *Proceedings of SPIE* 6206, 620610, 2006.

343. J. W. Baletic, R. Blank, D. Gulbransen, D. Lee, M. Loose, E. C. Piquette, T. Sprafke, W. E. Tennant, M. Zandian, and J. Zino, "Teledyne Imaging Sensors: Infrared Imaging Technologies for Astronomy & Civil Space," *Proceedings of SPIE* 7021, 70210H, 2008.

344. M. B. Reine, S. P. Tobin, P. W. Norton, and P. LoVecchio, "Very Long Wavelength (>15 μm) HgCdTe Photodiodes by Liquid Phase Epitaxy," *Proceedings of SPIE* 5564, 54-64, 2004.

345. R. E. DeWames, D. D. Edwall, M. Zandian, L. O. Bubulac, J. G. Pasko, W. E. Tennant, J. M. Arias, and A. D'Souza, "Dark Current Generating Mechanisms in Short Wavelength Infrared Photovoltaic Detectors," *Journal of Electronic Materials* 27, 722-26, 1998.

346. J. Piotrowski, "Uncooled IR Detectors Maintain Sensitivity," *Photonics Spectra*, 80-86, *May* 2004.

347. A. Rogalski, "HgTe-Based Photodetectors in Poland," *Proceedings of SPIE* 7298, 72982Q, 2009.

348. E. C. Piquette, D. D. Edwall, H. Arnold, A. Chen, and J. Auyeung, "Substrate-Removed HgCdTe-Based Focal-Plane Arrays for Short-Wavelength Infrared Astronomy," *Journal of Electronic Materials* 37, 1396-1400, 2008.

349. J. Y. Wong, "Effect of Trap Tunneling on the Performance of Long-Wavelength $Hg_{1-x}Cd_xTe$ Photodiodes," *IEEE Transactions on Electron Devices* ED-27, 48-57, 1980.

350. H. J. Hoffman and W. W. Anderson, "Impurity-to-Band Tunneling in $Hg_{1-x}Cd_xTe$," *Journal of Vacuum Science and Technology* 21, 247-50, 1982.

351. D. K. Blanks, J. D. Beck, M. A. Kinch, and L. Colombo, "Band-to-Band Processes in HgCdTe: Comparison of Experimental and Theoretical Studies," *Journal of Vacuum Science and Technology* A6, 2790-94, 1988.

352. R. E. DeWames, G. M. Williams, J. G. Pasko, and A. H. B. Vanderwyck, "Current Generation Mechanisms in Small Band Gap HgCdTe p-n Junctions Fabricated by Ion Implantation," *Journal of Crystal Growth* 86,

849-58, 1988.

353. Y. Nemirovsky, D. Rosenfeld, R. Adar, and A. Kornfeld, "Tunneling and Dark Currents in HgCdTe Photodiodes," *Journal of Vacuum Science and Technology* A7, 528-35, 1989.

354. Y. Nemirovsky, R. Fastow, M. Meyassed, and A. Unikovsky, "Trapping Effects in HgCdTe," *Journal of Vacuum Science and Technology* B9, 1829-39, 1991.

355. D. Rosenfeld and G. Bahir, "A Model for the Trap-Assisted Tunneling Mechanism in Diffused n-p and Implanted n^+-p HgCdTe Photodiodes," *IEEE Transactions on Electron Devices* 39, 1638-45, 1992.

356. Y. Nemirovsky and A. Unikovsky, "Tunneling and 1/f Noise Currents in HgCdTe Photodiodes," *Journal of Vacuum Science and Technology* B10, 1602-10, 1992.

357. T. Elliott, N. T. Gordon, and R. S. Hall, "Reverse Breakdown in Long Wavelength Lateral Collection $Cd_xHg_{1-x}Te$ Diodes," *Journal of Vacuum Science and Technology* A8, 1251-53, 1990.

358. A. S. Gilmore, J. Bangs, and A. Gerrishi, "VLWIR HgCdTe Detector Current-Voltage Analysis," *Journal of Electronic Materials* 35, 1403-10, 2006.

359. O. Gravrand, E. De Borniol, S. Bisotto, L. Mollard, and G. Destefanis, "From Long Infrared to Very Long Wavelength Focal Plane Arrays Made with HgCdTe $n^+ n^-/p$ Ion Implantation Technology," *Journal of Electronic Materials* 36, 981-87, 2007.

360. M. C. Chen, R. S. List, D. Chandra, M. J. Bevan, L. Colombo, and H. F. Schaake, "Key Performance-Limiting Defects in p-on-n HgCdTe Heterojunction Infrared Photodiodes," *Journal of Electronic Materials* 25, 1375-82, 1996.

361. T. D. Kleinpenning, "1/f Noise in p-n Junction Diodes," *Journal of Vacuum Science and Technology* A3, 176-82, 1985.

362. F. N. Hooge, "1/f Noise is No Surface Effect," *Physics Letters* 29A, 123-40, 1969.

363. A. Van der Ziel, Fluctuation Phenomena in Semiconductors, Butterworths, London, 1959.

364. S. P. Tobin, S. Iwasa, and T. J. Tredwell, "1/f Noise in (Hg,Cd)Te Photodiodes," *IEEE Transactions on Electron Devices* ED-27, 43-48, 1980.

365. H. K. Chung, M. A. Rosenberg, and P. H. Zimmermann, "Origin of 1/f Noise Observed in $Hg_{1-x}Cd_xTe$ Variable Area Photodiode Arrays," *Journal of Vacuum Science and Technology* A3, 189-91, 1985.

366. W. W. Anderson and H. J. Hoffman, "Surface-Tunneling-Induced 1/f Noise in $Hg_{1-x}Cd_xTe$ Photodiodes," *Journal of Vacuum Science and Technology* A1, 1730-34, 1983.

367. J. Bajaj, G. M. Williams, N. H. Sheng, M. Hinnrichs, D. T. Cheung, J. P. Rode, and W. E. Tennant, "Excess (1/f) Noise in $Hg_{0.7}Cd_{0.3}Te$ p-n Junctions," *Journal of Vacuum Science and Technology* A3, 192-94, 1985.

368. R. E. DeWames, J. G. Pasko, E. S. Yao, A. H. B. Vanderwyck, and G. M. Williams, "Dark Current Generation Mechanisms and Spectral Noise Current in Long-Wavelength Infrared Photodiodes," *Journal of Vacuum Science and Technology* A6, 2655-63, 1988.

369. Y. Nemirovsky and D. Rosenfeld, "Surface Passivation and 1/f Noise Phenomena in HgCdTe Photodiodes," *Journal of Vacuum Science and Technology* A8, 1159-66, 1990.

370. R. A. Schiebel, "A Model for 1/f Noise in Diffusion Current Based on Surface Recombination Velocity Fluctuations and Insulator Trapping," *IEEE Transactions on Electron Devices* ED-41, 768-78, 1994.

371. J. Bajaj, E. R. Blazejewski, G. M. Williams, R. E. DeWames, and M. Brawn, "Noise (1/f) and Dark Currents in Midwavelength Infrared PACE-I HgCdTe Photodiodes," *Journal of Vacuum Science and Technology* B10, 1617-25, 1992.

372. M. A. Kinch, C.-F. Wan, and J. D. Beck, "Noise in HgCdTe Photodiodes," *Journal of Electronic Materials*

34, 928-32, 2005.
373. C. Verie, F. Raymond, J. Besson, and T. Nquyen Duy, "Bandgap Spin-Orbit Splitting Resonance Effects in $Hg_{1-x}Cd_xTe$ Alloys," *Journal of Crystal Growth* 59, 342-46, 1982.
374. R. Alabedra, B. Orsal, G. Lecoy, G. Pichard, J. Meslage, and P. Fragnon, "An $Hg_{0.3}Cd_{0.7}Te$ Avalanche Photodiode for Optical-Fiber Transmission Systems at $\lambda = 1.3$ μm," *IEEE Transactions on Electron Devices* ED-32, 1302-6, 1985.
375. B. Orsal, R. Alabedra, M. Valenza, G. Lecoy, J. Meslage, and C. Y. Boisrobert, "$Hg_{0.4}Cd_{0.6}Te$ 1.55-μm Avalanche Photodiode Noise Analysis in the Vicinity of Resonant Impact Ionization Connected with the Spin-Orbit Split-Off Band," *IEEE Transactions on Electron Devices* ED-35, 101-7, 1988.
376. J. Vallegra, J. McPhate, L. Dawson, and M. Stapelbroeck, "Mid-IR Couting Array Using HgCdTe APDs and the Medipix 2 ROIC," *Proceedings of SPIE* 6660, 66600O, 2007.
377. D. N. B. Hall, B. S. Rauscher, J. L. Pipher, K. W. Hodapp, and G. Luppino, "HgCdTe Optical and Infrared Focal Plane Array Development in the Next Decade," *Astro2010: The Astronomy and Astrophysics Decadal Survey*, Technology Development Papers, no. 28.
378. G. Leveque, M. Nasser, D. Bertho, B. Orsal, and R. Alabedra, "Ionization Energies in $Cd_xHg_{1-x}Te$ Avalanche Photodiodes," *Semiconductor Science and Technology* 8, 1317-23, 1993.
379. T. J. deLyon, B. A. Baumgratz, G. R. Chapman, E. Gordon, M. D. Gorwitz, A. T. Hunter, M. D. Jack, et al., "Epitaxial Growth of HgCdTe 1.55 μm Avalanche Photodiodes by MBE," *Proceedings of SPIE* 3629, 256-67, 1999.
380. N. Duy, A. Durand, and J. L. Lyot, "Bulk Crystal Growth of $Hg_{1-x}Cd_xTe$ for Avalanche Photodiode Applications," *Materials Research Society Symposium Proceedings* 90, 81-90, 1987.
381. R. E. DeWames, J. G. Pasko, D. L. McConnell, J. S. Chen, J. Bajaj, L. O. Bubulac, E. S. Yao, et al., *Extended Abstracts*, 1989 *Workshop on the Physics and Chemistry of II-VI Materials*, San Diego, October 3-5, 1989.
382. J. D. Beck, C.-F. Wan, M. A. Kinch, and J. E. Robinson, "MWIR HgCdTe Avalanche Photodiodes," *Proceedings of SPIE* 4454, 188-97, 2001.
383. M. A. Kinch, J. D. Beck, C.-F. Wan, F. Ma, and J. Campbell, "HgCdTe Electron Avalanche Photodiodes," *Journal of Electronic Materials* 33, 630-39, 2004.
384. F. Ma, X. Li, J. C. Campbell, J. D. Beck, C.-F. Wan, and M. A. Kinch, "Monte Carlo Simulations of $Hg_{0.7}Cd_{0.3}Te$ Avalanche Photodiodes and Resonance Phenomenon in the Multiplication Noise," *Applied Physics Letters* 83, 785, 2003.
385. J. Beck, C. Wan, M. Kinch, J. Robinson, P. Mitra, R. Scritchfield, F. Ma, and J. Campbell, "The HgCdTe Electron Avalanche Photodiode," *IEEE LEOS Newsletter*, October 8-12, 2006.
386. J. Beck, C. Wan, M. Kinch, J. Robinson, P. Mitra, R. Scritchfield, F. Ma, and J. Campbell, "The HgCdTe Electron Avalanche Photodiode," *Journal of Electronic Materials* 35, 1166-73, 2006.
387. M. K. Kinch, "A Theoretical Model for the HgCdTe Electron Avalanche Photodiode," *Journal of Electronic Materials* 37, 1453-59, 2008.
388. I. Baker, S. Duncan, and J. Copley, "Low Noise Laser Gated Imaging System for Long Range Target Identification," *Proceedings of SPIE* 5406, 133-44, 2004.
389. I. Baker, P. Thorne, J. Henderson, J. Copley, D. Humphreys, and A. Millar, "Advanced Multifunctional Detectors for Laser-Gated Imaging Applications," *Proceedings of SPIE* 6206, 620608, 2006.
390. M. Vaidyanathan, A. Joshi, S. Xue, B. Hanyaloglu, M. Thomas, M. Zandian, D. Edwall, et al., "High Performance Ladar Focal Plane Arrays for 3D Range Imaging," 2004 *IEEE Aerospace Conference Proceedings*,

1776-81, 2004.

391. R. S. Hall, N. T. Gordon, J. Giess, J. E. Hails, A. Graham, D. C. Herbert, D. J. Hall, et al., "Photomultiplication with Low Excess Noise Factor in MWIR to Optical Fiber Compatible Wavelengths in Cooled HgCdTe Mesa Diodes," *Proceedings of SPIE* 5783, 412-423, 2005.

392. J. Beck, M. Woodall, R. Scritchfield, M. Ohlson, L. Wood, P. Mitra, and J. Robinson, "Gated IR Imaging with 128 × 128 HgCdTe Electron Avalanche Photodiode FPA," *Proceedings of SPIE* 6542, 654217, 2007.

393. J. Beck, M. Woodall, R. Scritchfield, M. Ohlson, L. Wood, P. Mitra, and J. Robinson, "Gated IR Imaging with 128 × 128 HgCdTe Electron Avalanche Photodiode FPA," *Journal of Electronic Materials* 37, 1334-43, 2008.

394. G. Perrais, O. Gravrand, J. Baylet, G. Destefanis, and J. Rothman, "Gain and Dark Current Characteristics of Planar HgCdTe Avalanche Photodiodes," *Journal of Electronic Materials* 36, 963-70, 2007.

395. J. Rothman, G. Perrais, P. Ballet, L. Mollard, S. Gout, and J.-P. Chamonal, "Latest Developments of HgCdTe e-APDs at CEA LETI-Minatec," *Journal of Electronic Materials* 37, 1303-10, 2008.

396. M. B. Reine, J. W. Marciniec, K. K. Wong, T. Parodos, J. D. Mullarkey, P. A. Lamarre, S. P. Tobin, et al., "Characterization of HgCdTe MWIR Back-Illuminated Electron-Initiated Avalanche Photodiodes," *Journal of Electronic Materials* 37, 1376-85, 2008.

397. G. Perrais, J. Rothman, G. Destefanis, and J.-P. Chamonal, "Impulse Response Time Measurements in $Hg_{0.7}Cd_{0.3}Te$ MWIR Avalanche Photodiodes," *Journal of Electronic Materials* 37, 1261-73, 2008.

398. G. Perrais, J. Rothman, G. Destefanis, J. Baylet, P. Castelein, J.-P. Chamonal, and P. Tribolet, "Demonstration of Multifunctional Bi-Colour-Avalanche Gain Detection in HgCdTe FPA," *Proceedings of SPIE* 6395, 63950H, 2006.

399. T. Ashley, A. B. Dean, C. T. Elliott, M. R. Houlton, C. F. McConville, H. A. Tarry, and C. R. Whitehouse, "Multilayer InSb Diodes Grown by Molecular Beam Epitaxy for Near Ambient Temperature Operation," *Proceedings of SPIE* 1361, 238-44, 1990.

400. C. T. Elliott, "Advanced Heterostructures for $In_{1-x}Al_xSb$ and $Hg_{1-x}Cd_xTe$ Detectors and Emitters," *Proceedings of SPIE* 2744, 452-62, 1996.

401. C. T. Elliott, "Non-Equilibrium Devices in HgCdTe," in *Properties of Narrow Gap Cadmium-Based Compounds*, EMIS Datareviews Series No. 10, ed. P. Capper, 339-46, IEE, London, 1994.

402. C. T. Elliott, N. T. Gordon, R. S. Hall, T. J. Phillips, A. M. White, C. L. Jones, C. D. Maxey, and N. E. Metcalfe, "Recent Results on Metalorganic Vapor Phase Epitaxially Grown HgCdTe Heterostructure Devices," *Journal of Electronic Materials* 25, 1139-45, 1996.

403. D. Maxey, C. L. Jones, N. E. Metcalfe, R. Catchpole, M. R. Houlton, A. M. White, N. T. Gordon, and C. T. Elliott, "Growth of Fully Doped $Hg_{1-x}Cd_xTe$ Heterostructures Using a Novel Iodine Doping Source to Achieve Improved Device Performance at Elevated Temperatures," *Journal of Electronic Materials* 25, 1276-85, 1996.

404. T. Ashley, C. T. Elliott, N. T. Gordon, R. S. Hall, A. D. Johnson, and G. J. Pryce, "Room Temperature Narrow Gap Semiconductor Diodes as Sources and Detectors in the 5-10 μm Wavelength Region," *Journal of Crystal Growth* 159, 1100-03, 1996.

405. M. K. Haigh, G. R. Nash, N. T. Gordon, J. Edwards, A. J. Hydes, D. J. Hall, A. Graham, J. Giess, J. E. Hails, and T. Ashley, "Progress in Negative Luminescent $Hg_{1-x}Cd_xTe$ Diode Arrays," *Proceedings of SPIE* 5783, 376-83, 2005.

406. C. T. Elliott, N. T. Gordon, T. J. Phillips, H. Steen, A. M. White, D. J. Wilson, C. L. Jones, C. D. Maxey, and N. E. Metcalfe, "Minimally Cooled Heterojunction Laser Heterodyne Detectors in Metalorganic Va-

por Phase Epitaxially Grown $Hg_{1-x}Cd_xTe$," *Journal of Electronic Materials* 25, 1146-50, 1996.

407. C. T. Elliott, N. T. Gordon, R. S. Hall, T. J. Phillips, C. L. Jones, and A. Best, "1/f Noise Studies in Uncooled Narrow Gap $Hg_{1-x}Cd_xTe$ Non-Equilibrium Diodes," *Journal of Electronic Materials* 26, 643-48, 1997.

408. C. L. Jones, N. E. Metcalfe, A. Best, R. Catchpole, C. D. Maxey, N. T. Gordon, R. S. Hall, T. Colin, and T. Skauli, "Effect of Device Processing on 1/f Noise in Uncooled Auger-Suppressed CdHgTe Diodes," *Journal of Electronic Materials* 27, 733-39, 1998.

409. T. Skauli, H. Steen, T. Colin, P. Helgesen, S. Lovold, C. T. Elliott, N. T. Gordon, T. J. Phillips, and A. M. White, "Auger Suppression in CdHgTe Heterostructure Diodes Grown by Molecular Beam Epitaxy Using Silver as Acceptor Dopant," *Applied Physics Letters* 68, 1235-37, 1996.

410. G. J. Bowen, I. D. Blenkinsop, R. Catchpole, N. T. Gordon, M. A. Harper, P. C. Haynes, L. Hipwood, et al., "HOTEYE: A Novel Thermal Camera Using Higher Operating Temperature Infrared Detectors," *Proceedings of SPIE* 5783, 392-400, 2005.

411. M. K. Ashby, N. T. Gordon, C. T. Elliott, C. L. Jones, C. D. Maxey, L. Hipwood, and R. Catchpole, "Novel $Hg_{1-x}Cd_xTe$ Device Structure for Higher Operating Temperature Detectors," *Journal of Electronic Materials* 32, 667-71, 2003.

412. Z. F. Ivasiv, F. F. Sizov, and V. V. Tetyorkin, "Noise Spectra and Dark Current Investigations in n^+-p-type $Hg_{1-x}Cd_xTe$ ($x \approx 0.22$) Photodiodes," *Semiconductor Physics, Quantum Electronics and Optoelectronics*, 2(3), 21-25, 1999.

413. K. Jóźwikowski, "Numerical Modeling of Fluctuation Phenomena in Semiconductor Devices," *Journal of Applied Physics* 90, 1318-27, 2001.

414. W. Y. Ho, W. K. Fong, C. Surya, K. Y. Tong, L. W. Lu, and W. K. Ge, "Characterization of Hot-Electron Effects on Flicker Noise in III-V Nitride Based Heterojunctions," *MRS Internet Journal of Nitride Semiconductor Research* 4S1, G6.4, 1999.

415. M. K. Ashby, N. T. Gordon, C. T. Elliott, C. L. Jones, C. D. Maxey, L. Hipwood, and R. Catchpole, "Investigation into the Source of 1/f Noise in $Hg_{1-x}Cd_xTe$ Diodes," *Journal of Electronic Materials* 33, 757-65, 2004.

416. S. Horn, D. Lohrman, P. Norton, K. McCormack, and A. Hutchinson, "Reaching for the Sensitivity Limits of Uncooled and Minimally Cooled Thermal and Photon Infrared Detectors," *Proceedings of SPIE* 5783, 401-11, 2005.

417. M. A. Kinch, "Metal-Insulator-Semiconductor Infrared Detectors," in *Semiconductors and Semimetals*, Vol. 18, eds. R. K. Willardson and A. C. Beer, 313-78, Academic Press, New York, 1981.

418. R. A. Chapman, S. R. Borrello, A. Simmons, J. D. Beck, A. J. Lewis, M. A. Kinch, J. Hynecek, and C. G. Roberts, "Monolithic HgCdTe Charge Transfer Device Infrared Imaging Arrays," *IEEE Transactions on Electron Devices* ED-27, 134-46, 1980.

419. A. F. Milton, "Charge Transfer Devices for Infrared Imaging," in *Optical and Infrared Detectors*, ed. R. J. Keyes, 197-228, Springer-Verlag, Berlin, 1980.

420. G. M. Williams and E. R. Gertner, "n-Channel M.I.S.F.E.T. in Epitaxial HgCdTe/CdTe," *Electron Letters* 16, 839, 1980.

421. A. Kolodny, Y. T. Shacham-Diamond, and I. Kidron, "n-Channel MOS Transistors in Mercury-Cadmium Telluride," *IEEE Transactions on Electron Devices* 27, 591-95, 1980.

422. Y. Nemirovsky, S. Margalit, and I. Kidron, "n-Channel Insulated-Gate Field-Effect Transistors in $Hg_{1-x}Cd_xTe$ with $x = 0.215$," *Applied Physics Letters* 36, 466-68, 1980.

423. R. A. Schiebel, "Enhancement Mode HgCdTe MISFETs and Circuits for Focal Plane Applications," *IEDM Technical Digest* 132-35, 1987.

424. T. L. Koch, J. H. De Loo, M. H. Kalisher, and J. D. Phillips, "Monolithic n-Channel HgCdTe Linear Ima-

ging Arrays," *IEEE Transactions on Electron Devices* ED-32, 1592-1607, 1985.

425. S. R. Borrello, C. G. Roberts, M. A. Kinch, C. E. Tew, and J. D. Beck, "HgCdTe MIS Photocapacitor Detectors," in *Fourth International Conference on Advanced Infrared Detectors and Systems*, 41-47, IEE, London, 1990.

426. M. V. Wadsworth, S. R. Borrello, J. Dodge, R. Gooh, W. McCardel, G. Nado, and M. D. Shilhanek, "Monolithic CCD Imagers in HgCdTe," *IEEE Transactions on Electron Devices* 42, 244-50, 1995.

427. J. P. Omaggio, "Analysis of Dark Current in IR Detectors on Thinned p-Type HgCdTe," *IEEE Transactions on Electron Devices* 37, 141-52, 1990.

428. R. A. Chapman, M. A. Kinch, A. Simmons, S. R. Borrello, H. B. Morris, J. S. Wrobel, and D. D. Buss, "$Hg_{0.7}Cd_{0.3}Te$ Charge-Coupled Device Shift Registers," *Applied Physics Letters* 32, 434-36, 1978.

429. J. L. Freeouf and J. M. Woodall, "Schottky Barriers: An Effective Work Function Model," *Applied Physics Letters* 39, 727-29, 1981.

430. J. Tersoff, "Schottky Barriers and Semiconductor Band Structures," *Physical Review* 32, 6968-71, 1985.

431. W. E. Spicer, I. Lindau, P. Skeath, C. Y. Su, and P. Chye, "Unified Mechanism for Schottky-Barrier Formation and III-V Oxide Interface States," *Physical Review Letters* 44, 420-23, 1980.

432. A. Kobayoshi, O. F. Shankey, and J. D. Dow, "Chemical Trends for Defect Energy Levels in $Hg_{1-x}Cd_xTe$," *Physical Review* 25, 6367-79, 1982.

433. A. Zunger, "Composition-Dependence of Deep Impurity Levels in Alloys," *Physical Review Letters* 54, 849-50, 1985.

434. D. L. Polla and A. K. Sood, "Schottky Barrier Photodiodes in $Hg_{1-x}Cd_xTe$," *IEDM Technical Digest*, 419-20, 1978.

435. D. L. Polla and A. K. Sood, "Schottky Barrier Photodiodes in p $Hg_{1-x}Cd_xTe$," *Journal of Applied Physics* 51, 4908-12, 1980.

436. P. W. Leech and M. H. Kibel, "Properties of Schottky Diodes on n-Type $Hg_{1-x}Cd_xTe$," *Journal of Vacuum Science and Technology* B9, 1770-76, 1991.

437. R. Triboulet, "Alternative Small Gap Materials for IR Detection," *Semiconductor Science and Technology* 5, 1073-79, 1990.

438. A. Sher, A. B. Chen, W. E. Spicer, and C. K. Shih, "Effects Influencing the Structural Integrity of Semiconductors and Their Alloys," *Journal of Vacuum Science and Technology A* 3, 105-11, 1985.

439. A. Wall, C. Caprile, A. Franciosi, R. Reifenberger, and U. Debska, "New Ternary Semiconductors for Infrared Applications: $Hg_{1-x}Mn_xTe$," *Journal of Vacuum Science and Technology* A4, 818-22, 1986.

440. K. Guergouri, R. Troboulet, A. Tromson-Carli, and Y. Marfaing, "Solution Hardening and Dislocation Density Reduction in CdTe Crystals by Zn Addition," *Journal of Crystal Growth* 86, 61-65, 1988.

441. P. Maheswaranathan, R. J. Sladek, and U. Debska, "Elastic Constants and Their Pressure Dependences in $Cd_{1-x}Mn_xTe$ with $0 \leqslant x \leqslant 0.52$ and in $Cd_{0.52}Zn_{0.48}Te$," *Physical Review* B31, 5212-16, 1985.

442. A. Rogalski, "$Hg_{1-x}Zn_xTe$ as a Potential Infrared Detector Material," *Progress in Quantum Electronics* 13, 299-353, 1989.

443. A. Rogalski, "$Hg_{1-x}Mn_xTe$ as a New Infrared Detector Material," *Infrared Physics* 31, 117-66, 991.

444. A. Rogalski, New Ternary Alloy Systems for Infrared Detectors, SPIE Press, Bellingham, WA, 1994.

445. R. T. Dalves and B. Lewis, "Zinc Blende Type HgTe-MnTe Solid Solutions: I," *Journal of Physics and Chemistry of Solids* 24, 549-56, 1963.

446. P. Becla, J. C. Han, and S. Matakef, "Application of Strong Vertical Magnetic Fields to Growth of II-VI Pseudo-Binary Alloys: HgMnTe," *Journal of Crystal Growth* 121, 394-98, 1992.

447. O. A. Bodnaruk, I. N. Gorbatiuk, V. I. Kalenik, O. D. Pustylnik, I. M. Rarenko, and B. P. Schafraniuk, "Crystalline Structure and Electro-Physical Parameters of $Hg_{1-x}Mn_xTe$ Crystals," *Nieorganicheskie Materialy* 28, 335-39, 1992 (in Russian).

448. R. Triboulet, "(Hg,Zn)Te: A New Material for IR Detection," *Journal of Crystal Growth* 86, 79-86, 1988.

449. P. Gille, U. Rossner, N. Puhlmann, H. Niebsch, and T. Piotrowski, "Growth of $Hg_{1-x}Mn_xTe$ Crystals by the Travelling Heater Method," *Semiconductor Science and Technology* 10, 353-57, 1995.

450. S. Takeyama and S. Narita, "New Techniques for Growing Highly-Homogeneous Quaternary $Hg_{1-x}Cd_xMn_yTe$ Single Crystals," Japanese *Journal of Applied Physics* 24, 1270-73, 1985.

451. T. Uchino and K. Takita, "Liquid Phase Epitaxial Growth of $Hg_{1-x-y}Cn_xZn_yTe$ and $Hg_{1-x}Cd_xMnyTe$ from Hg-Rich Solutions," *Journal of Vacuum Science and Technology* A 14, 2871-74, 1996.

452. A. B. Horsfall, S. Oktik, I. Terry, and A. W. Brinkman, "Electrical Measurements of $Hg_{1-x}Mn_xTe$ Films Grown by Metalorganic Vapour Phase Epitaxy," *Journal of Crystal Growth* 159, 1085-89, 1996.

453. R. Triboulet, A. Lasbley, B. Toulouse, and R. Granger, "Growth and Characterization of Bulk HgZnTe Crystals," *Journal of Crystal Growth* 76, 695-700, 1986.

454. S. Rolland, K. Karrari, R. Granger, and R. Triboulet, "P-to-n Conversion in $Hg_{1-x}Zn_xTe$," *Semiconductor Science and Technology* 14, 335-40, 1999.

455. M. A. Berding, S. Krishnamurthy, A. Sher, and A. B. Chen, "Electronic and Transport Properties of HgCdTe and HgZnTe," *Journal of Vacuum Science and Technology A* 5, 3014-18, 1987.

456. R. Granger, A. Lasbley, S. Rolland, C. M. Pelletier, and R. Triboulet, "Carrier Concentration and Transport in $Hg_{1-x}Zn_xTe$ for x Near 0.15," *Journal of Crystal Growth* 86, 682-88, 1988.

457. W. Abdelhakiem, J. D. Patterson, and S. L. Lehoczky, "A Comparison Between Electron Mobility in n-Type $Hg_{1-x}Cd_xTe$ and $Hg_{1-x}Zn_xTe$," *Materials Letters* 11, 47-51, 1991.

458. R. E. Kremer, Y. Tang, and F. G. Moore, "Thermal Annealing of Narrow-Gap HgTe-Based Alloys," *Journal of Crystal Growth* 86, 797-803, 1988.

459. P. I. Baranski, A. E. Bielaiev, O. A. Bodnaruk, I. N. Gorbatiuk, S. M. Kimirenko, I. M. Rarenko, and N. V. Shevchenko, "Transport Properties and Recombination Mechanisms in $Hg_{1-x}Mn_xTe$ Alloys (x ~ 0.1)," *Fizyka i Technika Poluprovodnikov* 24, 1490-93, 1990.

460. M. M. Trifonova, N. S. Baryshev, and M. P. Mezenceva, "Electrical Properties of n-Type $Hg_{1-x}Mn_xTe$ Alloys," *Fizyka i Technika Poluprovodnikov* 25, 1014-17, 1991.

461. W. A. Gobba, J. D. Patterson, and S. L. Lehoczky, "A Comparison Between Electron Mobilities in $Hg_{1-x}Mn_xTe$ and $Hg_{1-x}Cd_xTe$," *Infrared Physics* 34, 311-21, 1993.

462. Y. Sha, C. Su, and S. L. Lehoczky, "Intrinsic Carrier Concentration and Electron Effective Mass in $Hg_{1-x}Zn_xTe$," *Journal of Applied Physics* 81, 2245-49, 1997.

463. K. Joz'wikowski and A. Rogalski, "Intrinsic Carrier Concentrations and Effective Masses in the Potential Infrared Detector Material, $Hg_{1-x}Zn_xTe$," *Infrared Physics* 28, 101-107, 1988.

464. C. Wu, D. Chu, C. Sun, and T. Yang, "Infrared Spectroscopy of $Hg_{1-x}Zn_xTe$ Alloys," Japanese *Journal of Applied Physics* 34, 4687-93, 1995.

465. A. Rogalski, "Hg-Based Alternatives to MCT," in *Infrared Detectors and Emitters: Materials and Devices*, eds. P. Capper and C. T. Elliott, 377-400, Kluwer Academic Publishers, Boston, MA, 2001.

466. D. Eger and A. Zigelman, "Anodic Oxides on HgZnTe," *Proceedings of SPIE* 1484, 48-54, 1991.

467. K. H. Khelland, D. Lemoine, S. Rolland, R. Granger, and R. Triboulet, "Interface Properties of Passivated HgZnTe," *Semiconductor Science and Technology* 8, 56-82, 1993.

468. Yu. V. Medvedev and N. N. Berchenko, "Thermodynamic Properties of the Native Oxide-$Hg_{1-x}Zn_xTe$ Inter-

face," *Semiconductor Science and Technology* 9, 2253-57, 1994.

469. Z. Nowak, Doctoral Thesis, Military University of Technology, Warsaw, 1974 (in Polish).

470. J. Piotrowski, K. Adamiec, A. Maciak, and Z. Nowak, "ZnHgTe as a Material for Ambient Temperature 10.6 μm Photodetectors," *Applied Physics Letters* 54, 143-44, 1989.

471. J. Piotrowski, K. Adamiec, and A. Maciak. "High-Temperature 10,6 μm HgZnTe Photodetectors," *Infrared Physics* 29, 267-70, 1989.

472. J. Piotrowski and T. Niedziela, "Mercury Zinc Telluride Longwavelength High Temperature Photoconductors," *Infrared Physics* 30, 113-19, 1990.

473. A. Rogalski, J. Rutkowski, K. Jóźwikowski, J. Piotrowski, and Z. Nowak, "The Performance of $Hg_{1-x}Zn_xTe$ Photodiodes," *Applied Physics* A50, 379-84, 1990.

474. K. Jóźwikowski, A. Rogalski, and J. Piotrowski, "On the Performance of $Hg_{1-x}Zn_xTe$ Photoresistors," *Acta Physica Polonica A* 77, 359-62, 1990.

475. J. Piotrowski, T. Niedziela, and W. Galus, "High-Temperature Long-Wavelength Photoconductors," *Semiconductor Science and Technology* 5, S53-S56, 1990.

476. R. Triboulet, T. Le Floch, and J. Saulnier, "First (Hg,Zn)Te Infrared Detectors," *Proceedings of SPIE* 659, 150-52, 1988.

477. Z. Nowak, J. Piotrowski, and J. Rutkowski, "Growth of HgZnTe by Cast-Recrystallization," *Journal of Crystal Growth* 89, 237-41, 1988.

478. J. Ameurlaine, A. Rousseau, T. Nguyen-Duy, and R. Triboulet, "(HgZn)Te Infrared Photovoltaic Detectors," *Proceedings of SPIE* 929, 14-20, 1988.

479. R. Triboulet, M. Bourdillot, A. Durand, and T. Nguyen Duy, "(Hg,Zn)Te Among the Other Materials for IR Detection," *Proceedings of SPIE* 1106, 40-47, 1989.

480. D. L. Kaiser and P. Becla, "$Hg_{1-x-y}Cd_xZn_yTe$: Growth, Properties and Potential for Infrared Detector Applications," *Materials Research Society Symposium Proceedings* 90, 397-404, 1987.

481. P. Becla, "Infrared Photovoltaic Detectors Utilizing $Hg_{1-x}Mn_xTe$ and $Hg_{1-x-y}Cd_xMn_yTe$ Alloys," *Journal of Vacuum Science and Technology* A 4, 2014-18, 1986.

482. P. Becla, "Advanced Infrared Photonic Devices Based on HgMnTe," *Proceedings of SPIE* 2021, 22-34, 1993.

483. S. Takeyama and S. Narita, "The Band Structure Parameters Determination of the Quaternary Semimagnetic Semiconductor Alloy $Hg_{1-x-y}Cd_xMn_yTe$," *Journal of the Physics Society of Japan* 55, 274-83, 1986.

484. S. Manhas, K. C. Khulbe, D. J. S. Beckett, G. Lamarche, and J. C. Woolley, "Lattice Parameters, Energy Gap, and Magnetic Properties of the $Cd_xHg_yMn_xTe$ Alloy System," *Physica Status Solidi (b)* 143, 267-74, 1987.

485. L. A. Kosyachenko, I. M. Rarenko, S. Weiguo, and L. Zheng Xiong, "Charge Transport Mechanisms in HgMnTe Photodiodes with Ion Etched p-n Junctions," *Solid-State Electronics* 44, 1197-1202, 2000.

486. L. A. Kosyachenko, I. M. Rarenko, S. Weiguo, L. Zheng Xiong, and G. Qibing, "Photoelectric Properties of HgMnTe Photodiodes with Ion Etched p-n Junctions," *Opto-Electronics Review* 8, 251-62, 2000.

487. S. H. Shin, J. G. Pasko, D. S. Lo, W. E. Tennant, J. R. Anderson, M. Górska, M. Fotouhi, and C. R. Lu, "$Hg_{1-x-y}Cd_xMn_yTe$ Alloys for 1.3-1.8 μm Photodiode Applications," *Materials Research Society Symposium Proceedings* 89, 267-74, 1987.

488. P. Becla, S. Motakef, and T. Koehler, "Long Wavelength HgMnTe Avalanche Photodiodes," *Journal of Vacuum Science and Technology* B10, 1599-1601, 1992.

489. P. Becla, M. Grudzień, and J. Piotrowski, "Uncooled 10.6 μm Mercury Manganise Telluride Photoelectromagnetic Infrared Detectors," *Journal of Vacuum Science and Technology* B 9, 1777-80, 1991.

第15章 IV-VI族（元素）探测器

1920年左右，凯斯（Case）对硫化铊光电导体进行了研究。它是对1.1μm近红外光谱能够响应的首批光电导体之一[1]。继而研究的材料是铅盐化合物（PbS、PbSe和PbTe），从而将波长响应扩展到7μm。20世纪30年代，德国柏林大学的库兹斯切尔（Kutzsscher）教授利用在撒丁岛（Sadinia）发现的天然方铅矿（galena）制造出PbS光电导体[2]。然而，为了实际应用，必须研发一种制造人工合成晶体的技术。首先是德国制造出PbS薄膜，随之是1944年美国西北大学和1945年英格兰海军部研究试验所[3]。第二次世界大战期间，德国研制出利用PbS探测器探测飞机的热发动机的系统。战后，通信、消防和搜索系统立刻花费很大精力开展这方面的研究，直至今日。响尾蛇（Sidewinder）空空导热跟踪红外制导导弹受到公众的极大关注。60年之后，在1~3μm和3~5μm光谱区的许多应用中，低成本通用PbS和PbSe多晶薄膜仍是首选光电导探测器。目前，铅盐探测器发展偏重于焦平面阵列（FPA）结构。

20世纪60年代中期，美国林肯（Lincoln）实验室的一项发明使IV-VI族半导体的研究工作又推进了一步[4,5]：PbTe、SnTe、PbSe和SnSe形成固溶体，能带隙可以通过零值连续变化，从而有可能通过选择合适的成分得到所需要的小能带隙。从20世纪60年代后期到70年代中期的10年间，由于生产和存储问题，HgCdTe合金探测器对IV-VI族合金器件（主要是PbSnTe）光敏二极管形成严重挑战[6,7]。PbSnTe合金较容易制备，并且更稳定。但硫化物有两大缺点，致使PbSnTe光敏二极管的研究中断：第一，高介电常数产生很高的二极管电容，所以频率响应有限，这对当时正在研究的扫描系统是一个严重限制，当然对使用二维阵列（目前正在研发中）的凝视成像系统不会有大的问题；第二，有很高的热膨胀系数（TCE）[8]（比Si高7倍），限制了与硅合成器组成混合结构的可应用性。20世纪80年代早期，研究人员开始更多关注HgCdTe的研发，所以三元铅盐FPA的研究几乎完全停止。今天，由于能够将这种材料生长在另一种基板，如硅，因此不会形成太大限制。此外，在量子级联激光器发明之前，IV-VI族材料仍然是制造中波红外激光二极管的唯一选择，并一直具有重要意义[9-12]。

本章将研究铅盐硫化物的基本特性，并阐述IV-VI族光电导和光伏红外探测器的详细（制造）技术和性质。

15.1 材料制备和性质

15.1.1 晶体生长

研究人员对二元和三元铅盐合金的性质已做过广泛而深入的研究[6,7,13-21]，在此仅阐述其中最重要的性质。

对伪二元合金体系，如$Pb_{1-x}Sn_xTe$（PbSnTe）和$Pb_{1-x}Sn_xSe$（PbSnSe）的研发已经为

8~14μm 光谱探测技术带来了重大进步，其带隙可以过零值连续变化，并通过选择合适的成分而有希望获得所需要的小带隙（见图 15.1）。与 $Hg_{1-x}Cd_xTe$ 材料体系相比，Ⅳ-Ⅵ 族材料的截止波长对成分不太敏感。

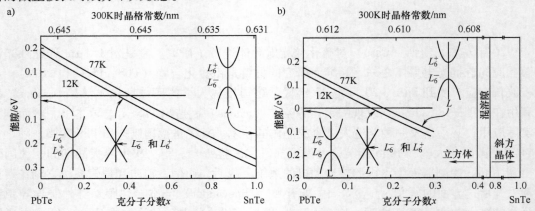

图 15.1 能带隙与含量（或克分子分数）x 以及晶格常数的关系（示意性表示价带和导带）
a) $Pb_{1-x}Sn_xTe$ b) $Pb_{1-x}Sn_xSe$

应注意到，除 PbSnTe 和 PbSnSe 之外，大量的其它铅盐，如 PbS_xSe_{1-x}（PbSSe）和 $PbTe_{1-x}Se_x$（PbTeSe）也是适合用于探测的材料。此外，选择 Y = Sr 或 Eu（Z = Te 或 Se）的材料，可以得到具有更低折射率（见图 15.2）的较宽带隙化合物，从而有更大的自由来设计较复杂的器件结构，包括外延布喇格（Bragg）反射镜。利用 MBE 技术能够在不同的Ⅳ-Ⅵ族光电器件中达此目的[22]。

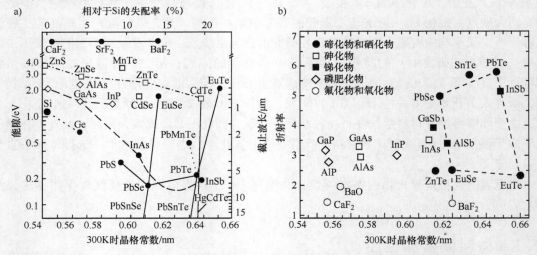

图 15.2 各种 Ⅲ-Ⅴ、Ⅱ-Ⅵ、Ⅳ-Ⅵ、Ⅴ 族半导体以及所选部分氟化物和氧化物的带隙能量与对应的发射波长，以及带隙折射率与晶格常数的关系曲线
a) 带隙能量与对应的发射波长（右侧比例） b) 带隙折射率与晶格常数

（资料源自：Springholz, G., and Bauer, G., Physica Status Solidi (b), 244, 2752-67, 2007）

铅硫化物半导体具有面心立方（岩盐）晶体结构，因而称为"铅盐"。该结构具有（100）解理面（cleavage planes），尽管在（111）晶向也可以生长，但更倾向于在（100）

晶向生长。只有 SnSe 具有正交-B29 结构,所以,三元化合物 PbSnTe 和 PnSSe 完全呈现固溶性,而具有岩盐结构的 PbSnSe 的存在范围局限于富铅侧($x<0.4$)。

三元合金(PbSnTe、PbSnSe 和 PbSSe)的结晶特性与二元化合物(PbTe、PbSe、PbS 和 SnTe)差不多。作为光敏二极管材料,虽然 HgCdTe、PbSnTe 和 PbSnSe 具备较少基本物理性质,但易于制造,所以受到极大关注。三元 IV-VI 族合金液态与固态曲线间的分离间隔要小得多(见图 15.3)[23],因此,比较容易生长均匀成分的 PbSnTe 和 PbSnSe 晶体。第二个不同之处是三元 IV-VI 族合金中所有三种元素的蒸气压量值都类似,因此,蒸气生长技术已成功应用于铅盐生长。

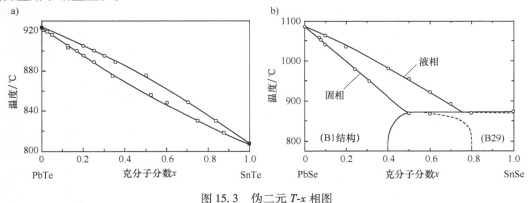

图 15.3 伪二元 T-x 相图
a) $Pb_{1-x}Sn_xTe$ b) $Pb_{1-x}Sn_xSe$

(资料源自:Harman, T. C., Journal of Nonmetals, 1, 183 – 94, 1973)

有大量的铅盐晶体和外延层制造技术,并发表了一些非常好的评述文章[15,16,24,25]。

布里奇曼(Bridgman)或者切克劳斯基法生长出大尺寸、变成分晶体,常含有杂质,并有相当高的错位密度,主要用作生长后续外延层基板。溶液法和移动溶剂法生长可以提供下述优点:较高的成分均匀性和较低的温度,进而导致较低浓度的晶格缺陷和杂质。由于是铅盐分子升华,所以,采用升华生长技术已经能够得到最佳结果。一种成功的生长工艺需要很高纯度的源材料和经过认真调整的金属/硫化物成分比例[16]。蒸气生长工艺采用两种不同方法:无籽晶生长和有籽晶生长技术。对于前者,使用化学计量或稍微富金属源材料可以得到 $2\sim3cm^2$(100)晶面的大尺寸晶体。

与生长炉石英壁尽量少接触,能够得到高质量的金相组织。该生长法的缺点是晶形不可重复,意味着批量生产器件有问题,主要优点是晶体生长过程中可以控制载流子浓度(低至 $10^{17}cm^{-3}$)而无需冗长的退火工序[16]。使用有晶籽生长技术已经生长出具有良好均匀性和结构质量的大尺寸晶体。使用(111)晶向的单晶铅盐片或者(111)晶向的 BaF_2 晶体(与铅盐相比,BaF_2 可以提供晶格匹配及良好的热膨胀匹配)作为晶籽。在塔马里(Tamari)和施特里克曼(Shtrikman)研发的其它方法[26]中,使用一片石英,并把首先涂镀的材料用作生长过程中的非晶向籽晶。使用马尔科夫(Markov)和达维多夫(Davydov)[27]研制的铅盐制造方法已得到良好结果[28]。该方法中,晶体没有接触炉壁,因此,错位密度低,其典型值是 $10^2\sim10^3cm^{-3}$。

IV-VI 族化合物薄膜在基础研究和应用领域已得到广泛应用。通常,采用(气相外延)VPE 或者 LPE 技术生长外延层。最近,使用 MBE 技术已经获得最高质量的器件[22,25,29]。

20世纪70年代末期,利用LPE技术制造PbTe/PbSnTe异质结取得了良好结果。研究人员也对Pb-Sn-Te体系中固液平衡问题进行了大量的实验研究。扎皮诺(Szapiro)等人[30]利用正规缔合溶液的改进型模型计算了富(Pb+Sn)区域中Pb-Sn-Te体系的相图,并与液体高浓度Sn($x>0.3$)情况的计算值相当一致,而与$x<0.2$情况一致性较差。外延层的表面形态与基板晶向及表面处理有关。一般地,使用(100)晶向的PbTe或者PbSnTe基板。值得注意,利用LPE技术生长其它三元铅盐会有一定困难[31]。

由于Ⅳ-Ⅵ族化合物主要以二元分子的形式蒸镀,这意味着几乎是完全一致的蒸镀,在采用MBE技术生长过程中,装填有PbTe、PbS、SnTe、SnSe或者GeTe(原文错印两个"PbS"。——译者注)的化合物喷射源提供主要成分,错位度仅是百分之几,而对锡和锗硫化物,会有明显增大。改变Ⅳ族与Ⅵ族总的通量比,可以控制背景载流子浓度和载流子类型。过量Ⅳ族通量将导致外延层中n类传导性,而过量Ⅵ族通量会在外延层出现p类传导性。

对于基板材料,铅盐与诸如Si和GaAs等普通半导体基板的晶格失配相当大(大于10%,见图15.2a)。此外,Ⅳ-Ⅵ族化合物的热膨胀系数大约$20 \times 10^{-6}/K$,完全不同于硅以及闪锌矿类Ⅲ-Ⅴ或者Ⅱ-Ⅵ族化合物(一般小于$6 \times 10^{-6}/K$)。因此,当材料生长之后需要冷却至室温或更低温度时,会在外延层形成大的热应力。若采用BaF_2基板,虽然具有不同的晶体结构(氟化钙结构),但在上述方面可以获得最佳折中。如图15.2a所示,BaF_2与PbSe或PbTe只是中等程度的晶格失配(分别是-1.2%和+4.2%),并与铅盐的热膨胀系数几乎完全匹配。此外,BaF_2是一种良好的绝缘体,在中红外光谱区具有高光学透过率,由于该材料具有良好的离子特性,所以,对于(111)晶向很容易得到良好的BaF_2表面。由此得出结论:对采用MBE技术生长的铅盐,BaF_2是获得最广泛应用的基板材料。

在20世纪80年代中期,采用一种很薄的CaF_2缓冲层,可以将高质量的MBE层生长在Si(111)基板上,从而重新引起研究人员对生长Ⅳ-Ⅵ族外延层的热情。通过(100)面上位错滑移(相对于(111)平面倾斜)放松了对Ⅳ-Ⅵ族生长层与Si基板之间热膨胀失配的要求。滑移失位错配螺纹结构可以消除机械热应力的积累,从而提高结构层的质量[32]。

15.1.2 缺陷和杂质

铅盐对理想化学配比结构有很大偏离,所以,很难配置载流子浓度低于$10^{17}cm^{-3}$的材料[16,33-35]。对于PbSnTe合金,通过增加SnTe含量,使固态场很严重地漂移到化学配比成分富Te一侧,从而在富Te固态线位置得到很高的空穴浓度。利用等温退火技术(也有利于降低载流子浓度和反转晶体的载流子类型)已经确定了几种$Pb_{1-x}Sn_xTe$合金的固态线,如图15.4所示[16]。利用等温退火或者低温LPE技术获得了低电子和低空穴浓度($10^{15}cm^{-3}$)。对器件应用特别重要的$Pb_{0.80}Sn_{0.20}Te$合金,温度530℃时出现载流子类型反转。

固有缺陷掺杂非常有效的Ⅳ-Ⅵ族化合物(≈0.1%)所具有的固态场宽度较大,偏离理想化学计量配比就形成n或p类传导。通常认为,形成空位和间质,并且控制传导率。由于没有任何明显冻析(freeze-out),所以,铅盐中的固有缺陷不太可能形成类氢态。与过量金属(非金属空位或者可能是金属间质)相关的固有缺陷会形成受主级,而源自非金属(金属空位或者可能是非金属间质)的固有缺陷会形成施主级。帕拉达(Parada)和普拉特(Pratt)首先指出[36,37],PbTe缺陷附近的强扰动会使价带态向导带漂移,因此,Te空位为

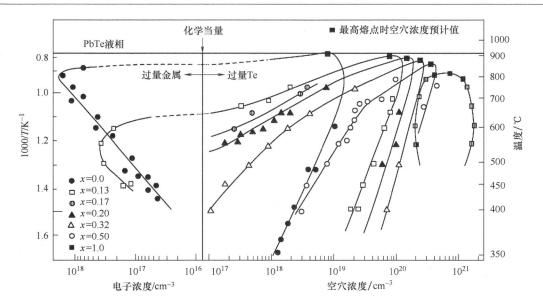

图 15.4 几种 $Pb_{1-x}Sn_xTe$ 配方在温度 77K（对于 SnTe，是 300K）时的载流子浓度与等温退火温度的关系（资料源自：Maier, H., and Hesse, L., Crystal Growth, Properties and Applications, Springer Verlag, Berlin, 145–219, 1980）

导带提供两个电子，Pb 空位为价带提供两个空穴。Pb 间质形成单电子，而 Te 间质呈现中性。赫姆斯特里特（Hemstreet）以散射波团簇计算法为基础对 PbS、PbTe 和 SnTe 得到了类似结果[38]。莱恩特（Lent）等人[39]采用简单的化学理论阐述 PbTe 和 PbSnTe 中的 s 键和 p 键替位点缺陷，从而证实实验数据[40]并支持帕拉达（Parada）和普拉特（Pratt）的预测。

在高纯度元素的晶体生长中，若由于晶格缺陷造成载流子浓度高于 $10^{17}\,cm^{-3}$ 时，通常会忽略外部杂质的影响。低于该浓度，外部杂质对补偿晶格缺陷和其它外部杂质可以起到一定作用。多恩豪斯（Dornhaus）、尼姆茨（Nimtz）和里克特（Richter）给出了 IV-VI 族半导体杂质掺杂结果的汇编资料[41]。可以假设，大部分杂质具有浅能级甚至是谐振能级[42]。然而，在铅盐中也发现了不可识别和可识别缺陷的深施主能级[43]。例如研究人员发现，In 在 $Pb_{1-x}Sn_xTe$ 中有一个能级，在小值 x 时与传导带谐振，当带隙大于克分子分数（或摩尔分数）时处于饱和状态[44]。莱恩特（Lent）等人从理论上解释了 In 能级的此种特性。

镉（Cd）在 $Pb_{1-x}Sn_xTe$ 中是一种补偿杂质，并具有减少载流子浓度和改变 p 类生长材料传导性的重要性质。西尔伯贝格（Silberg）和泽梅尔（Zemel）[45]在具有两种温度区的炉中完成了 Cd 的扩散，材料放置在 400℃的固定温度中，而 Cd 源温度在 150~310℃变化。图 15.5 给出了温度 77K 时 Cd 扩散 $Pb_{1-x}Sn_xTe$ 材料电子浓度测量值与 Cd 浓度 N_{cd} 的关系。饱和区的电子浓度随 x 增大而明显减小。看来，在 Cd 原子完全补偿空位点后，大部分的 Cd 作为电学非活性杂质均匀分布在晶格中。

15.1.3 物理性质

铅盐具有直接能带隙，并出现在布里渊区边缘的点 L，所以，与点 Γ（区域中心）具有

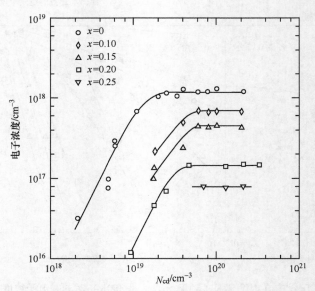

图 15.5 不同 Sn 克分子分数 $Pb_{1-x}Sn_xTe$ 的电子浓度与温度 77K 时 Cd 浓度测量值的函数关系
（资料源自：Silberg, E., and Zemel, A., Journal of Electronic Materials, 8, 99-109, 1979）

相同能带隙的闪锌矿结构相比，有效质量更大和迁移率更低。由于 PbSnTe 和 PbSnSe 中导带反转，所以在一定成分时（见图 15.1）能带隙接近零，因此使用这些三元化合物可以得到超长红外截止波长。等能面分别是用纵和横有效质量 m_l^* 和 m_t^* 表示的椭圆体。PbSnTe 的各向异性因数是 10，并随带隙减少而增大，而对于 PbSnSe 和 PbSSe，该因数要小得多，约为 2。

表 15.1 列出了二元和三元不同铅盐材料的参数。

表 15.1 铅盐的物理性质

晶体结构	T/K	PbTe	$Pb_{0.8}Sn_{0.2}Te$	PbSe	$Pb_{0.93}Sn_{0.7}Se$	PbS
		立方体(NaCl)	立方体(NaCl)	立方体(NaCl)	立方体(NaCl)	立方体(NaCl)
晶格常数 a/nm	300	0.6460	0.64321	0.61265	0.6118	0.59356
热膨胀系数 $\alpha/10^{-6}K^{-1}$	300	19.8	20	19.4		20.3
	77	15.9		16.0		
热容量 C_p/(J mol^{-1}K^{-1})	300	50.7		50.3		47.8
密度 γ/(g/cm^3)	300	8.242	7.91	8.274		7.596
熔点 T_m/K		1197	1168（固态）	1354	1325（固态）	1400
			1178（液态）		1340（液态）	
带隙 E_g/eV	300	0.31	0.20	0.28	0.21	0.42
	77	0.22	0.11	0.17	0.10	0.31
	4.2	0.19	0.08	0.15	0.08	0.29
E_g 的导热率/(10^{-4}eVK^{-1})	80-300	4.2	4.2	4.5	4.5	4.5

(续)

晶体结构		T/K	PbTe	Pb$_{0.8}$Sn$_{0.2}$Te	PbSe	Pb$_{0.93}$Sn$_{0.7}$Se	PbS
			立方体(NaCl)	立方体(NaCl)	立方体(NaCl)	立方体(NaCl)	立方体(NaCl)
有效质量	m_{et}^*/m	4.2	0.022	0.011	0.040	0.037	0.080
	m_{ht}^*/m		0.025	0.012	0.034	0.021	0.075
	m_{el}^*/m		0.19	0.11	0.070	0.041	0.105
	m_{hl}^*/m		0.24	0.13	0.068	0.040	0.105
迁移率	μ_e/(cm^2/(V·s))	77	3×10^4	3×10^4	3×10^4	3×10^4	1.5×10^4
	μ_h/(cm^2/(V·s))		2×10^4	2×10^4	2×10^4	2×10^4	1.5×10^4
本征载流子浓度 n_i/cm^{-3}		77	1.5×10^{10}	3×10^{13}	6×10^{11}	8×10^{13}	3×10^7
静态电介质常数 ε_s		300	380		206		172
		77	428		227		184
高频电介质常数 ε_∞		300	32.8	38	22.9	26.0	17.2
		77	36.9	42	25.2	30.9	18.4
光学声子	LO/cm^{-1}	300	114	120	133		212
	TO/cm^{-1}	77	32		44		67

(资料源自: R. Dalven, Infrared Physics, 9, 141-84, 1969; H. Preier, Applied Physics, 10, 189-206, 1979; H. Maier and J. Hesse, Crystal Growth, Properties and Applications, Springer Verlag, Berlin, 145-219, 1980)

在铅盐能带隙附近，可以观察到三个导带和三个价带组成的结构体系，用下面公式能够表示带缘处有效质量与温度和成分 x 的关系[15]:

$$\frac{1}{m^*(x,T)} = \frac{1}{m_{cv}^*} \frac{E_g(0,0)}{E_g(x,T)} + \frac{1}{m_F^*} \tag{15.1}$$

式中，m_{cv}^* 为价带和导带最近两端之间相互反应给出的贡献量；m_F^* 为远端的贡献量。普雷尔(Preier)[15]和多恩豪斯(Dornhaus)等人[17]阐述了四种有效质量 m_{et}^* (传导带，横向)、m_{eh}^* (价带，横向)、m_{el}^* (导带，纵向) 和 m_{hl}^* 在式 (15.1) 中的功能。

为了在一个宽的成分范围内完成可靠的计算，需要精确理解三元化合物 $E_g(x,T)$ 的依赖关系。在对三元化合物实验数据研究的基础上，将格里萨尔(Grisar)类型公式 $E_g(x,T) = E_1 + [E_1 + \alpha(T+\theta)^2]^{1/2}$ 分别应用于 Pb$_{1-x}$Sn$_x$Te、Pb$_{1-x}$Sn$_x$Se 和 PbS$_{1-x}$Se$_x$，得到的结果与实验数据相当一致[15]:

$$E_g(x,T) = 171.5 - 535x + \sqrt{(12.8)^2 + 0.19(T+20)^2} \tag{15.2}$$

$$E_g(x,T) = 125 - 1021x + \sqrt{400 + 0.256T^2} \tag{15.3}$$

$$E_g(x,T) = 263 - 138x + \sqrt{400 + 0.265T^2} \tag{15.4}$$

式中，E_g 的单位为 meV。罗格尔斯基(Rogalski)和约瑟维科夫斯基(Jozwikowski)[46]根据迪莫克(Dimmock)六能带层 kp 模型分别计算出 Pb$_{1-x}$Sn$_x$Te、Pb$_{1-x}$Sn$_x$Se 和 PbS$_{1-x}$Se$_x$ 中本征载流子浓度。将计算出的非抛物面的 n_i 值与抛物面能带表达式拟合，得到下面的近似表达式:

对于 $Pb_{1-x}Sn_xTe(0 \leq x \leq 0.40)$

$$n_i = (8.92 - 34.46x + 2.25 \times 10^{-3}T + 4.12 \times 10^{-2}xT + 97.00x^2) \times 10^{14} E_g^{3/4} T^{3/2} \exp\left(-\frac{E_g}{2kT}\right) \tag{15.5}$$

对于 $Pb_{1-x}Sn_xSe(0 \leq x \leq 0.12)$

$$n_i = (1.73 - 3.68x + 3.77 \times 10^{-4}T + 1.60 \times 10^{-2}xT + 8.92x^2) \times 10^{15} E_g^{3/4} T^{3/2} \exp\left(-\frac{E_g}{2kT}\right) \tag{15.6}$$

对于 $PbS_{1-x}Se_x(0 \leq x \leq 1)$

$$n_i = (2.14 - 8.85 \times 10^{-1}x + 6.12 \times 10^{-4}T + 6.47 \times 10^{-4}xT + 3.32 \times 10^{-1}x^2) \times$$
$$10^{15} E_g^{3/4} T^{3/2} \exp\left(-\frac{E_g}{2kT}\right) \tag{15.7}$$

大量试验和理论研究集中阐述了铅盐中起主导作用的散射机理[17,47-50]。由于各铅盐具有类似的价带和导带，所以，对于相同温度和掺杂浓度，其电子和空穴迁移率几乎相等。铅盐的室温迁移率范围是 $500 \sim 2000 cm^2/(V \cdot s)$[17]。在许多高质量单晶材料中，因为晶体散射，其迁移率随 $T^{-5/2}$ 变化[14]。这种特性归结于极性光学模式与声学模式晶格散射的组合作用，并且，由于具有缺陷散射使极限值达到 $10^5 \sim 10^6 cm^2/(V \cdot s)$ 的范围（见图15.6）。对二元合金散射机理的研究也适用于混合晶体。然而，对于小带隙材料，其机理的原因使迁移率正比于态密度倒数，所以，声子散射显得不那么重要。但是，即使在室温下，这些材料中的杂质原子和空位的散射也很重要。此外，混合晶体中缺少化学键级造成材料中较强的电子无序散射，低温下同时伴随有较低的载流子浓度。对于温度4.2K时载流子浓度约低于 $10^{18} cm^{-3}$ 的PbSnTe，这类散射是主要的。图15.7给出了77K时 $Pb_{1-x}Sn_xTe(0.17 \leq x \leq 0.20)$ 电子迁移率与载流子浓度的关系[50]。当浓度 $\geq 10^{18} cm^{-3}$ 时，杂质和空位电势的非弹性散射起着决定性影响。

与标准情况相比，下面原因使铅盐带间吸收更为复杂：导带和价带的各向异性多能谷结构、非抛物面凯恩（Kane）类能量色散和k依赖矩阵元。一些研究人员给出了吸收边缘附近能量吸收系数的解析表达式[52-56]。下面给出的双带模型表达式可以很好阐述吸收边缘附近吸收系数与温度和成分的函数关系[53]：

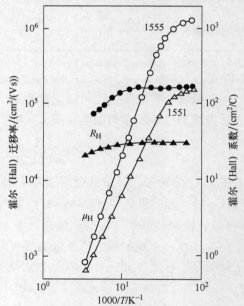

图15.6 BaF_2 基板上两层PbTe外延层结构的霍尔迁移率和霍尔系数与温度的关系
（资料源自：Lopez-Otero, A., Thin Solis Films, 49, 3 - 57, 1978.）

$$\alpha(z) = \frac{2q^2(m_t^* m_l^*)^{1/2}}{\varepsilon_0 n_r c \pi h^4 E_g^{1/2}} \frac{2P_t^2 + P_l^2}{3} \frac{(z-1)^{1/2}}{z} \frac{(z+1)^{1/2}}{\sqrt{2}} \frac{(1+2z^2)}{3z}(f_v - f_c) \tag{15.8}$$

式中，$z = h\nu/E_g$；P_t（原文公式中错印为 P_T。——译者注）和 P_l 分别为横向和纵向动量矩阵元；n_r为折射率；系数$(f_v - f_c)$代表带填充效果，对非简并情况，近似等于1。安德森（Anderson）给出了伯斯坦-莫斯（Burstein-Moss）因数的计算公式[52]。

可以利用大的静态光学介电常数和横向光学声子的低频率表示铅盐的介电性质。对于PbSnTe，静态介电常数的观测值分布在400~5800；并在相同温度下，这些值散布在一个数量级范围内[17,57,58]。最近，布坚科（Butenko）等人根据巴雷特（Barrett）公式确定了在10~300K较宽温度范围内PbTe静态介电常数与温度的关系[60]：

$$\varepsilon_0 = \frac{1.356 \times 10^5}{36.14\coth(36.14/T) + 49.15} \quad (15.9)$$

下面公式用以表述高频介电常数与$Pb_{1-x}Sn_xTe$成分x的函数关系[57]：

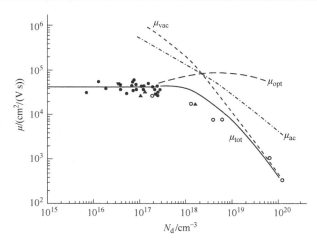

图15.7 温度77K时$Pb_{1-x}Sn_xTe(0.17 \leqslant x \leqslant 0.20)$电子迁移率与载流子浓度的关系（这些散射载流子曲线是纵向光学声子(μ_{opt})、声学声子(μ_{ac})和空位电势(μ_{vac})的计算值）

（资料源自：Sizov, F. F., Lashkarev, G. V., Radchenko, M. V., Orletzki, V. B., and Grigorovich, E. T., Fizika i Tekhika Poluprovodnikov, 10, 1801 – 8, 1976）

$$\varepsilon_\infty = 27.4 + 22.0x - 6.4x^2 \quad (15.10)$$

沙尼（Shani）等人计算出PnSnTe的折射率，与试验结果相当一致[61]。延森（Jensen）和塔拉比（Tarabi）给出了其它铅盐的类似结果[62,63]。

一些作者已经对能带隙、高频介电常数与折射率之间的关系做了总结，如本章参考文献[64,65]。利用古典的振子（oscillator）理论，海尔韦（Herve）和旺达姆（Vandamme）提出了下面形式的折射率和能带隙关系：

$$n^2 = 1 + \left(\frac{13.6}{E_g + 3.4}\right)^2 \quad (15.11)$$

对应用于光电子结构和宽带隙半导体中的大部分化合物，这是一个精确公式，但不能正确解释IV-VI族材料的特性。对于铅盐，利用温波尔（Wemlple）和迪多梅尼科（Didomenico）模型可以使试验和理论结果相当一致[64]。

15.1.4 生成-复合过程

对能带隙非常小的许多IV-VI族化合物，虽然已经提出单声子直接复合以及等离子体复合理论[66,67]，并通过实验得到确认[68,69]，但是，在能带隙0.1eV或更大的材料中，肖克莱-里德-霍尔（SRH）、辐射和俄歇（Auger）复合是主要的[70-73]。

齐泊（Ziep）等人根据凯恩（Kane）类双能带模型以及玻耳兹曼（Boltzmann）统计规律计算了辐射复合确定的寿命[60]。但是，对铅盐镜像对称能带结构的情况$(m_e^* \approx m_h^*)$，较好表达复合率的近似公式是下面形式[6]：

$$G_R = \frac{10^{-15} n_r E_g^2 n_i^2}{(kT)^{3/2} K^{1/2} (2+1/K)^{3/2} (m^*/m)^{5/2}} \quad 单位为 \text{cm}^3/\text{s} \quad (15.12)$$

式中,$K = m_l^*/m_t^*$,为有效质量各向异性系数。如果知道有效质量的纵向和横向分量 m_l^* 和 m_t^*,由于 $m^* = [1/3(2/m_t^* + 1/m_l^*)]^{-1}$,所以可以确定质量 m^*。在式(15.12)中,kT 和 E_g 的单位是 eV。

长期以来,认为俄歇(Auger)过程是 IV-VI 族半导体材料低效率非辐射的组合方式。具有镜像反射对称性的价带和导带出现在布里渊区点 L 位置(谷数 $w=4$)。对于碰撞复合,尤其是仅考虑单谷相互反应时能带边缘附近的载流子,就很难满足能量和动量守恒定律。自从恩普蒂奇(Emtage)在 1976 年发表了创新性论文[74],其它作者陆续发表了有关能带谷际散射理论和实验的研究文章[75-83],并且发现,即使在较低温度时载流子寿命也取决于碰撞复合。根据能带谷际间的相互作用模型(见图 15.8),谷(见图 a)(具有"重"质量 m_l^*)的电子和空穴和谷(见图 b)(具有"轻"质量 m_t^*)的

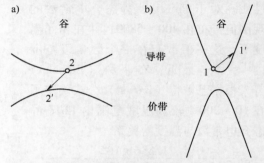

图 15.8 能带谷际俄歇(Auger)复合。

第三个载流子(在 PbSnTe 中,质量各向异性系数 $K>10$)在给定方向参与碰撞复合。结果是,"重"电子和空穴载流子复合,释放出的能量和动量转移给"轻"载流子。

应当考虑两种情况:
- 所有的散射载流子都位于布里渊区固定点位置。
- 最初载流子位于能带不同带谷内。

根据玻耳兹曼(Boltzmann)统计规律[67]:

$$(\tau_A^j)^{-1} = C_A^j (n_0^2 + 2n_0 p_0) \quad (15.13)$$

式中,C_A^j 是第 j 种复合机理的俄歇(Auger)系数,因此:

$$\tau_A^{-1} = (\tau_A^a)^{-1} + (\tau_A^b)^{-1} \quad (15.14)$$

在本章文献【74,79,80,84-86】中可以找到 C_A 不同的近似表达式,特别是图 15.8b 所示的过程。对于恩普蒂奇(Emtage)提出的抛物面能带模型来估计间相互反应过程[74],有:

$$C_A = (2\pi)^{5/2} \frac{w-1}{w^2} \frac{q^2}{(4\pi\varepsilon_0 \varepsilon_\infty)} (kT)^{1/2} E_g^{-7/2} \frac{h^3}{m_l^{*1/3} m_t^{*2/3}} \exp\left(-\frac{E_g K^{-1}}{2kT}\right) \quad (15.15)$$

凯恩类非抛物面带有希望降低俄歇跃迁率[78,80],而恩普蒂奇(Emtage)表达式是能够较精确计算俄歇系数的近似表达式[79]。

齐泊(Ziep)等人对混合晶体 $Pb_{0.78}Sn_{0.22}Te$ 和 $Pb_{0.91}Sn_{0.09}Se$ 在温度 $20K<T<400K$ 和掺杂 $0<N_d<10^{19} \text{cm}^{-3}$ 内的非辐射和辐射复合机理进行了综合验证[84]。计算过程中,考虑到载流子气体的变异、各向异性以及带结构某种程度的非抛物面性。对 $Pb_{0.78}Sn_{0.22}Te$ 的计算数据如图 15.9 所示。从非本征区跃迁到本征区的过程中,辐射寿命及俄歇寿命有最大值。在低温及低掺杂浓度范围内,寿命取决于辐射复合。随温度升高,俄歇复合转变成非辐射复合,并决定着室温下的载流子寿命。在能带隙相差不大情况下,PbSnTe 和 PbSnSe 化合物的辐射寿命仅稍有不同。然而,与 PbSnTe 相比,由于 PnSnSe 的等能量面有较小的各向异性,所以

其俄歇寿命比 PnSnTe 长。当载流子浓度大于 $10^{19}cm^{-3}$ 时，等离子体复合作用强于辐射和俄歇复合。

德米特里耶夫（Dmitriev）计算了 PbSnTe 的俄歇载流子寿命，考虑了载流子退化并给出重叠积分的精确表达式[86]。寿命的计算值大于前面得到的值。

对铅盐的试验研究确认，载流子寿命取决于带间复合以及肖克莱-里德-霍尔（SRH）复合。对 $Pb_{1-x}Sn_xTe$（$0.17 \leq x \leq 0.20$）进行初次深入研究表明，光电导性和光电磁（PEM）（见图 15.10）效应的寿命测量值有较大变化（77K 时 $10^{-12} < \tau < 10^{-8}$）[72,77,87]。最大观测寿命值与俄歇复合根据恩普蒂奇（Emtage）理论计算出的直线有相当好的吻合[84]。尽管有较低的自由载流子浓度，但所有掺杂 Cd 和 In 的材料都具有相当低的寿命。这里假设，以具有 12~25meV 电离化能量的施主能级作为复合中心。

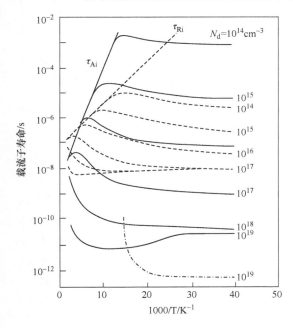 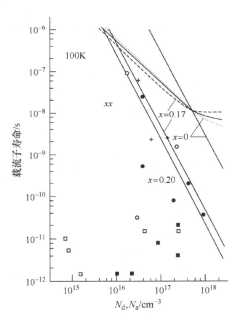

图 15.9　$Pb_{0.78}Sn_{0.22}Te$ 在俄歇、辐射和等离子体不同复合条件下寿命计算值与温度的关系

（资料源自：Ziep, O., Mocker, M., and Genzow, D., Wissensch. Zeitschr. Humboldt – Univ. Berlin, Math.-Nataruiss. Reihe XXX, 81–97, 1981）

图 15.10　$Pb_{1-x}Sn_xTe$（$0.17 \leq x \leq 0.20$）材料不同条件下的光电磁（PEM）寿命（T = 100K）与掺杂成分的关系（●布里奇曼退火；+ THM；○气相沉积；□未补偿；■Cd 补偿）

（资料源自：Harrmann, K. H., Solid-State Electronics, 21, 1487–91, 1978）

若将 PbTe 外延生长在 BaF_2 基板上，则利施卡（Lischka）和休伯（Huber）[76]得到的结果与恩普蒂奇（Emtage）理论完全一致[76]。然而，这些作者都观察到第 2 条寿命分布曲线，其寿命远比俄歇（Auger）复合长（见图 15.11），原因归结于深能级在中等温度下的作用相当于少数载流子陷阱[71]。佐格（Zogg）等人在 n 和 p 类 PbSe 外延层中，利用跃迁光电导法，观察到 4 种寿命曲线[81]，最短的寿命与（材料载流子浓度 $\leq 2 \times 10^{17}cm^{-3}$，温度低于 250K）直接（俄歇和辐射）复合的计算值一致。根据观察到的较长寿命曲线，计算出三种

中等温度时作用相当于少数载流子陷阱的杂质能级（用 20~50meV 间的量值将较近的带隙分开）。沙哈尔 (Shahar) 等人还认为[82]，在温度 10~110K 时，利用 LPE 技术生长的未掺杂 $Pb_{0.8}Sn_{0.2}Te$ 层的载流子寿命取决于带间辐射复合和俄歇复合的机理，而掺杂 In 的 PbTe 层是通过非辐射中心形成复合的。

另外两个研究小组，施利希特 (Schlicht) 等人[88]和威瑟 (Weiser) 等人[89]，对 (111) BaF_2 基板上 Pb-SnTe 外延层得到的实验数据与俄歇寿命计算值并不一致。温度 77K 时光电导衰减时间的测量值比恩普蒂奇 (Emtage) 理论预测值大。此外，并没有观察到寿命对非本征导电区载流子密度的依赖性。威瑟 (Weiser) 等人认为[89]，$T \approx 14K$ 时寿命增大约两个数量级是光子循环的结果，并解释温度 77K 时寿命增大约一个数量级是由于过高估计了恩普蒂奇 (Emtage) 理论中的复合率，或者是材料中应力降低了多谷俄歇过程的重要性。根措 (Genzow) 等人[90]从理论上研究了单轴应变对 PbSnTe 内的俄歇复合和辐射复合的影响，其理论结果与威瑟 (Weiser) 等人[89]的实验数据有相当好的一致性。

可以得出结论，小间隙 IV-VI 族半导体中俄歇复合机理可能是主要的，但并不完全清楚，还没有呈现出有利的实验证据。一些作者会提供不一致的实验结果，可能是与材料制备及测量寿命的试验方法不同有关，并假设这些差异是由于缺乏精确的铅盐能带参数以及无法从理论上阐述俄歇过程中的屏蔽效应[70]。尽管存在着上述差异，仍可以做出下述结论：

- 减小能隙和提高温度，碰撞复合就变得更为重要。
- 若材料存在大量缺陷（杂质、固有缺陷、位错错配），则复合机理归于 SRH 中心。
- 在无缺陷无掺杂材料中，载流子寿命取决于能带间直接复合。

多晶 IV-VI 薄膜的复合过程会由于晶界势垒而有所变动。对铅硫化物多晶层已经提出不同的光电导理论，埃斯珀维克 (Espevik) 等人[91]和约翰逊 (Johnson)[92]给出了简要评述。众所周知，多晶材料是一种二相系统，最近，诺伊斯特洛伊夫 (Neustroev) 和奥西波夫 (Osipov)[93]据此提出一种理论模型，低电阻 n 类电导结晶体被具有高浓度受主能级的氧饱和 p 类翻转层包围，受照射期间，结晶体中产生的电子和空穴被表面势垒隔开，由于光载流子空间分区，所以载流子寿命突然增大，其光电灵敏度随之增高。

与单晶铅盐材料一样，多晶材料中的载流子寿命也取决于三种主要的复合过程：SRH 过程、辐射过程和俄歇过程。维库斯 (Vaitkus) 等人研究了高激励电解沉淀 PbS 以及真空镀膜 PbTe 多晶膜中皮秒级的光电导性[94]，阐述了寿命对非平衡浓度、线性、陷阱辅助俄

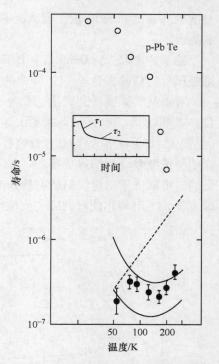

图 15.11 p-PbTe 载流子寿命与温度关系 [寿命的实验值 τ_1（●；$p = 9.5 \times 10^{16} cm^{-3}$），实线是俄歇复合的计算值，假设 m_l^*/m_t^*（上曲线）= 10 和 m_l^*/m_t^*（下曲线）= 14；当光电流脉冲延迟时给出第二个时间常数 τ_2 的实验数据（○）]

(资料源自：Lischka, K., and Huber, W., J. Applied Physics, 48, 2632-33, 1977)

歇、带间辐射和俄歇复合的依赖性[95]：

$$\frac{1}{\tau} = \frac{1}{\tau_R} + (\gamma_{At}N_t + \gamma_R)\Delta N + \gamma_A \Delta N^2 \tag{15.16}$$

式中，γ_{At} 为陷阱俄歇系数；N_t 为陷阱密度；γ_R 为辐射复合系数；γ_A 为带间俄歇复合系数。在所有研究过的薄膜（刚制成并退过火）中，实验值与由式（15.16）得到的理论曲线有相当好的拟合。其中，假设 $\gamma_{At}N_t + \gamma_R = 2.2 \times 10^{11} cm^3/s$ 和 $\gamma_A = 5.3 \times 10^{-29} cm^6/s$。颗粒体材料中带间俄歇复合是载流子的主要机理，而结构及薄膜制备工艺只使其形成较慢复合过程。

15.2 多晶光电导探测器

有大量文章评述铅盐光电导探测器[92,96-106]，其中，约翰逊对铅盐探测器研制工作的回顾是最佳文章之一（即本章参考文献【92】）。

15.2.1 多晶铅盐的沉积

虽然对铅盐光电导体的制造方法还没有完全了解，但已完全确定了其性质。与大部分半导体红外探测器不同，铅盐光电导体材料是以约 $1\mu m$ 厚多晶薄膜的形式使用，并且，单个晶粒的尺寸是 $0.1 \sim 1.0 \mu m$，通常采用化学镀膜方法和经验配方制备，一般比真空镀膜法有更好的响应均匀性和更稳定的性质[99-103]。

商用红外探测器使用的 PbSe 和 PbS 膜是利用化学水浴沉积（Chemical Bath Deposition, CBD）技术制成的，是最经典和研究最多的 PbSe 和 PbS 薄膜沉积方法，1910 年，使用该方法涂镀了 PbS[106]。CBD 技术的基础是缓慢产生的阴离子（S^{2-} 或 Se^{2-}）和复合金属离子间的沉淀反应。通常使用的前驱体是铅盐、$Pb(CH_3COO)_2$ 或者 $Pb(NO_3)_2$，对于 PbS 是硫脲 $[(NH_2)_2CS]$，对于 PbSe 是 $[(NH_2)_2CSe]$，全部放在碱溶液中。铅可以与柠檬酸盐、氨水、三乙醇胺或硒代硫酸钠自身混合，然而，最经常是在高碱性溶液（OH^- 作为 Pb^{2+} 的混合剂）中完成沉积。

当自由离子浓度大于该化合物的溶解度时，在 CBD 中会形成薄膜，因此 CSD 技术要求严格控制反应温度、pH 值和前驱体浓度。此外，要限制薄膜厚度，通常厚度是 300 ~ 500nm。为了得到足够厚度的薄膜（如红外探测器中大约是 $1\mu m$），需要进行几次连续沉积。与气相技术相比，CBD 技术的优点是，该方法是一种低成本温度法，基板可以是对温度敏感的不同形状的材料。

沉积态 PbS 薄膜呈现相当高的光电导性，然而还要使用后置沉积烘烤工艺以达到最终增强灵敏度的目的。为了得到高性能探测器，需经过氧化使铅硫化物膜敏化。在沉积过程中使用添加剂，在有氧气环境中进行后置沉积热处理，或者对薄膜进行化学氧化而完成氧化工序。氧化物的作用是将敏化中心和附加态引入带隙中，从而提高 p 类材料中光激发空穴的寿命。

烘烤工艺将初始的 n 类膜转化为 p 类膜，并通过控制电阻优化性能，使用专用氧气以及特定的烘烤时间可以得到最佳材料。只有小部分（3% ~ 9%）氧气影响到探测器的吸收性质和响应。为了使探测器在某一特定应用条件下具有最佳性能，通常使用的温度范围是 100 ~ 120℃，并有几小时到超过 24 小时的时间间隔。加入到 PbS 化学沉积溶液中的其它杂质对薄膜的光学灵敏度具有相当大的影响[103]。$SbCl_2$、$SbCl_3$ 和 As_2O_3 会拉长诱导期，并且与没有这些杂质的膜层相比，光电灵敏度约增大 10 倍。认为其原因是在拉长诱导期过程中增大了 CO_2 的吸收，因而增多了 $PbCO_3$ 的形成、增大了光电灵敏度。砷硫化物（arsine sulfide）也会改变表面的氧化态。此外还发现，在露天或者氮气环境中烘烤基本上也能达到相同的特性，所以，提高灵敏度必需的所有要素都包含在沉积的 PbS 原始膜层中。

PbSe 光电导体的制备类似 PbS，其工作温度是 77K，但后置沉积烘烤工艺是在高温（>400℃）氧气环境下完成。然而，对应用于室温或/和中等温度中的探测器，在 300～400℃温度范围完成卤素气烘烤后，应当接着进行氧气或者空气环境烘烤[92]。根据托奎马达（Torquemada）及同事的研究[107]，若采用真空热蒸镀方法将 PbSe 层制造在热氧化硅上，则碘对其敏化起着重要作用。在 PbSe 结晶化工艺中，卤族元素的作用相当于输运剂，并促进 PbSe 微晶的快速生长，由于是出现在化学镀 PbSe 膜中，所以在晶化工艺期间，氧气被俘获在 PbSe 晶格中。在 PbSe 敏化方法中掺入卤族元素是将氧气加进电活性位置处半导体晶格中的一种高效技术。如果在 PbSe 敏化期间未加入卤族元素，则只能通过一种不太有效的扩散方式使氧气加入到微晶晶格之内。

许多材料都可用作基板，但采用单晶石英材料能够得到最高的探测器性能，PnSe 探测器常与 Si 材料匹配从而得到较高的集光效率。

也利用无烘烤外延层技术制造光电导体，它具有均匀灵敏度和响应时间，没有老化效应。但这样制造器件并不会降低制造难度和成本。

15.2.2 制造技术

上述膜层可以沉积在镀金电极之上或之下，基板可以采用下面材料：熔凝石英、晶体石英、单晶蓝宝石、玻璃、各种陶瓷、单晶钛酸锶、Irtran-II（ZnS，一种透红外光学材料。——译者注）、Si 和 Ge。最常用的基板材料是适于室温条件的熔凝石英，以及用于温度低于 230K 探测器的单晶蓝宝石。PbS 膜使用很低热膨胀系数的熔凝石英材料会使探测器在较低工作温度时具有较差性能。可以使用不同形状的基板：平板、圆柱形或球形。为了得到较高的集光效率，可采用油浸（immersion）技术将探测器直接沉积在高折射率光学材料（即钛酸锶）上。铅盐不能直接油浸，必须使用专用胶将薄膜与光学元件粘合在一起。

如上所述，为了获得高性能探测器，必须通过下面氧化工艺对铅硫化物薄膜进行敏化：沉积过程中加入添加剂，在有氧环境中进行后置沉积热处理或者对薄膜进行化学氧化。遗憾的是，在早期文献中，几乎很少标出添加剂，经常称为"一种氧化剂"[91,100]，最近一篇论文在阐述 CBD 法和后置沉积处理工艺时提到 H_2O_2 和 $K_2S_2O_8$ 两种氧化剂[108]。研究人员发现，两种处理方法都提高了 PbS 薄膜的电阻率。虽然氧化期间一般都会提高电阻率，但仍能观察到不同的特性[109]。如果将经过敏化而未镀保护膜的 PbS 膜置于露天中，性能就会大大退化。可能使用的保护膜材料是 As_2S_3、CdTe、ZnSe、Al_2O_3、MgF_2 和 SiO_2。真空镀 As_2S_3 具有最好的光学、热和机械性能，从而提高探测器的性能，其缺点是 As 有毒，并且是其前驱体。尽管发表了许多关于 PbS 和 PbSe 薄膜生长的文章，但综合看，铅盐薄膜的电学性质（电阻率，特别是比探测率）相当差。退火和氧化处理对比探测率的影响还没有确切的报道。

已经有三种理论解释薄膜铅盐探测器中的光电导工作过程[102]：第一种理论认为照射期间载流子密度增大，假设氧气会造成一种阻止复合的俘获状态；第二种理论是以"载流子模型"中自由载流子迁移率增大为基础的，假设在有氧环境加热"敏化"过程中，在薄膜结晶体间，或者非均匀薄膜 n 和 p 类区域间会形成势垒；第三种理论是彼得里茨（Petritz）提出的模型（通常，尤其是对铅盐，称为半导体膜光电导率的广义理论）。在对其的评述性文章（即本章参考文献【102】）中，波德（Bode）得出结论：即使还没有明白铅盐的复杂机理，但彼得里茨（Petritz）理论为一般应用提供了一种合理的框架。最近，埃斯珀维克（Espevik）等人[91]为彼得里茨理论作出了重大的贡献。

由于 PbS 和 PbSe 材料具有相当长的响应时间，对光电导增益有很大影响，所以是很独特的材料。已经建议，在对薄膜进行氧化处理的敏化工艺期间，可将 PbS 和 PbSe 薄膜暴露在外的表面转换为 PbO 或者 $PbO_xS\ (Se)_{1-x}$ 混合物，在表面形成异质结（示意见图 15.12）[110]。氧化异质结界面为俘获少数载流子或者将多数载流子隔开创造了条件，因此延长了材料寿命。如上所述，若未采取敏化（氧化）工序，铅盐就会有很短的寿命和低的响应。

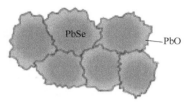

图 15.12 敏化工艺后的 PbSe 多晶膜（镀以 PbO 膜，在表面形成异质结）

（资料源自：Horn, S., Lohrmann, D., Norton, P., McCormack, K., and Hutchinson, A., "Reaching for the Sensitivity Limits of Uncooled and Minimaly-Cooled Thermal and Photon Infrared Detectors", Proceedings of SPIE 5783, 401-11, 2005）

探测器的基本制造步骤是：电极的沉积和成形、活性层沉积和成形、钝化保护膜、安装（盖/窗）以及导线固定。图 15.13 所示为 PbS 探测器典型结构的横截面[92]，为了免受环境影响和提高灵敏度，对整个器件镀以保护膜。标准的封装技术包括沉积电极，并放置在顶部设有窗口的金属壳中，导线布放在基板的一条槽中，一般是利用掩模板将金电极真空镀在薄膜上。

通常利用光刻蚀成形法制造小尺寸的高密度复杂图形。利用真空镀二元金属膜技术，如 TiAu，形成外面的电极。为进行钝化以及使辐射最大量地进入探测器，通常采用四分之一波长厚的 As_2S_3 保护膜。一般地，使用环氧树脂胶将探测器封装在一块盖板与基板之间，盖板材料是普通石英，也可用其它材料，如蓝

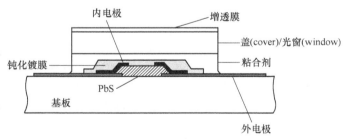

图 15.13 PbS 探测器的典型结构布局

（资料源自：Johnson, T. H., "Lead Sait Detectors and Arrays. PbS and PbSe", Proceedings of SPIE 443, 60-94, 1984）

宝石，以传输更长的波长。这种技术能够相当好地保护探测器免受潮湿环境的影响，盖板上表面通常镀以氟化镁（MgF_2）增透膜。

15.2.3 性能

敏感区的典型尺寸是边长 1mm、2mm 或 3mm 正方形，而大部分厂商提供的尺寸如下：PbSe 探测器是 0.08mm×0.08mm～10mm×10mm，PbS 探测器是 0.025mm×0.025mm～10mm×10mm。敏感区一般呈正方形或矩形，有时新型探测器的各项指标还不能完全达标。

当铅盐探测器工作在温度低于 -20℃ 和暴露于紫外辐射光时，响应度、电阻率和比探测率

会出现半永久性（semipermanent）变化[111]，称为闪烁效应（flash effect）。其变化量和永久度取决于紫外光强度和曝光时间。铅盐探测器应当免受荧光照射，通常储存在一个暗箱里或者盖上一层合适的不透紫外光的材料。这类器件也要密封，使长期稳定性不受湿气和腐蚀影响。

铅盐探测器比探测率的光谱分布如图 15.14 所示。通常，探测器的工作温度是 -196 ~ 100℃，也可以工作在高于该温度的环境中，但绝对不能超过 150℃。表 15.2 列出了不同生产商制造的探测器性能[106]。

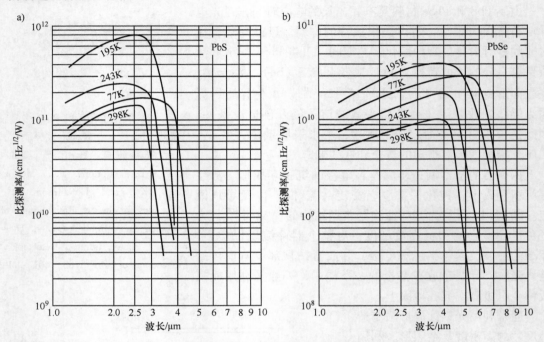

图 15.14 典型的光谱比探测率
a) PbS 光电导体　b) PbSe 光电导体

（资料源自：New England Photoconductor data sheet, http://www.nepcorp.com）

表 15.2　铅盐探测器性能（视场 2π，300K 背景）

	T /K	光谱响应 /μm	λ_p /μm	D^* (λ_p, 1000Hz, 1) / (cm Hz$^{1/2}$W^{-1})	R（□）/MΩ	τ /μs
PbS	298	1~3	2.5	(0.1~1.5) ×10^{11}	0.1~10	30~1000
	243	1~3.2	2.7	(0.3~3) ×10^{11}	0.2~35	75~3000
	195	1~4	2.9	(1~3.5) ×10^{11}	0.4~100	100~10000
	77	1~4.5	3.4	(0.5~2.5) ×10^{11}	1~1000	500~50000
PbSe	298	1~4.8	4.3	(0.05~0.8) ×10^{10}	0.05~20	0.5~10
	243	1~5	4.5	(0.15~3) ×10^{10}	0.25~120	5~60
	195	1~5.6	4.7	(0.8~6) ×10^{10}	0.4~150	10~100
	77	1~7	5.2	(0.7~5) ×10^{10}	0.5~200	15~150

（资料源自：R. H. Harris, Laser Focus/Electro-optics, 87-96, December 1983）

温度低于 230K，背景辐射便开始限制 PbS 探测器的比探测率。在温度 77K 时，该影响变得更为明显,其峰值比探测率小于温度197K时的值。图15.15给出了PbSe探测器峰值比探测率的典型值[111]。由于在制冷条件下,背景光通量基本上随截止波长移向长波而增大,所以,高背景条件下的比探测率在温度从150K变到77K时出现下降。探测器每个方块阻抗可以在$10^6 \sim 10^9 \Omega/\square^{\ominus}$范围内调整,具体数值取决于工作温度、背景通量和化学添加剂。大约30%的量子效率受限于较薄(1~2μm)探测器材料对入射光通量的不完全吸收。PbS和PbSe探测器的响应度均匀性是3%~10%的数量级。

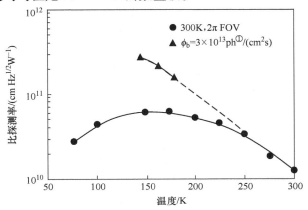

图15.15 在两种背景光通量条件下,PbSe探测器比探测率与温度的函数关系

① ph指光子。——译者注

(资料源自:Norton, P. R., Optical Engineering, 30, 1649-63, 1991)

PbS探测器频率响应的典型曲线如图15.16所示[112]。最佳工作频率是根据低频下噪声与响应度高频消散的组合效应而得到的。

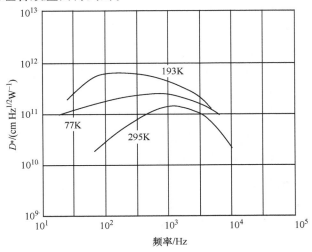

图15.16 在工作温度295K、193K和77K条件下,PbS光电导探测器的峰值光谱比
探测率与斩波频率的函数关系

(资料源自:Dereniak, E. L., and Boreman, G. D., Infrared Detectors and Systems, Wiley, New York, 1996)

㊀ □表示探测器上方块。

15.3 p-n 结光敏二极管

与光电导探测器相比,铅盐光敏二极管尚未得到广阔的商业应用。正如前面所述,在 20 世纪 80 年代,由于 HgCdTe 探测器更受欢迎,所以,PbSnTe 和 PbSnSe FPA 三元体系的研发几乎完全停止。随着生长技术的进步,特别是采用了 MBE 生长技术之后,目前,已经使该器件性能有了很大改善,其中一项创新是以微机电系统(Microelectromechanical System, MEMS)为基础的可调红外探测器,从而提供电压可调谐多波段红外 FPA[113,114],也称为自适应 FPA。

本节将研究铅盐硫化物光伏探测器的基本性能限,并较详细阐述不同类型光敏二极管的相关技术和性质。

15.3.1 性能限

本节的研究主要针对单边突变结模型。通过适当的表面处理或者使用保护环结构可以使表面泄漏效应减至最小,因而不考虑表面泄漏效应。由于价带和传导带是镜像对称的,所以不必区分 n^+-on-p 和 p^+-on-n 结构。

p^+-n 结的 R_0A 乘积取决于扩散电流(见本书第 9 章式(9.87)):

$$(R_0A)_D = \frac{(kT)^{1/2}}{q^{3/2}n_i^2}N_d\left(\frac{\tau_h}{\mu_h}\right)^{1/2} \quad (15.17)$$

式(9.116)给出受控于耗尽层电流的 R_0A 乘积,将突变结消耗层带宽 w 与浓度 N_d 相联系,并假设 $V_b = E_g/q$,从而得到:

$$(R_0A)_{GR} = \frac{E_g^{1/2}\tau_0 N_d^{1/2}}{qn_i(2\varepsilon_0\varepsilon_s)^{1/2}} \quad (15.18)$$

罗格尔斯基(Rogalski)及其同事计算了 77~300K 温度范围铅盐 PbS、PbSe 和 PbTe 突变 p-n 结以及理想肖特基结 R_0A 乘积的极限值[115-119]。例如,PbTe 光敏二极管在温度 77K 时 R_0A 乘积与掺杂物浓度的关系如图 15.17 所示[118]。在温度 77K 时,R_0A 乘积取决于结消耗层生成电流。对于辐射复合和俄歇复合,R_0A 乘积的理论预测值要大几个数量级。隧穿电流使 R_0A 乘积在大约 10^{18}cm^{-3} 浓度时突然降低。

图 15.18 给出了 PbTe n^+-p 结的 R_0A 乘积与温度的依赖关系[119],为便于比较,还给出了实验数据。通过理论曲线与实验数据的比较,可以看出,在高工作温度范围,其一致性已经相当令人满意。正如斜率近似表达式 exp

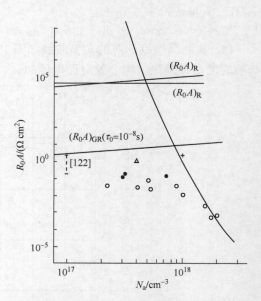

图 15.17 PbTe 的单边突变结 R_0A 乘积与掺杂浓度的关系(实验数据源自参考文献【120】(●)、【118】(○)、【121】(+)、【122】和【123】(△))

(资料源自:Rogalski, A., Kaszuba, W., and Larkowski, W., Thin Solid Films, 103, 343 – 53, 1983)

(E_g/kT) 所示,R_0A(T) 的依赖关系服从扩散限特性,温度降低,则差异变大,并可能受控于结形成技术。图 15.18 所示虚线是计算值,仅假设是带间生成-复合机理(忽略肖克莱-里德-霍尔(SRH)机理)。这就意味着,对于实验数据位于实线上方的光敏二极管,RSH 机理对光敏二极管性能的影响大大减小。可以看出,在高工作温度范围,最高质量光敏二极管的 R_0A 乘积取决于带间生成-复合机理。一些实验数据位于虚线上方,可能是由于光敏二极管串联电阻的影响造成的。这就清楚表明,将光敏二极管制造在 BaF_2/Si 基板上 PbTe 外延层中的 R_0A 乘积比制造在体材料中要小。

铅盐光敏二极管的性能不如 HgCdTe,并低于理论极限。通过提高材料质量(降低陷阱浓度)和优化器件制造技术有可能取得大的改进。采用具有宽带隙薄覆盖层的掩埋 p-n 结应能取得较好结果,该技术已经成功用于制造双层异质结结构的 HgCdTe 光敏二极管(见本书 14.6.1 节)。与体反型吸收层相比,这种较宽带隙盖层产生非常小(可以忽略不计)的热生成扩散电流。

在 20 世纪 70 年代初期,铅盐三元合金(主要是 PbSnTe)光敏二极管技术得到迅速发展[6,7,19]。当时,PbSnTe 光敏二极管的性能高于 HgCdTe。图 15.19 给出长波红外 PbSnTe 光敏

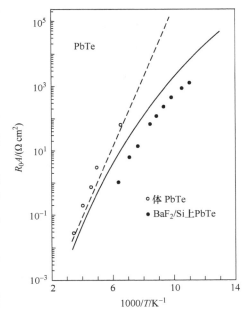

图 15.18 n^+-p PbTe 光敏二极管的 R_0A 乘积与温度的关系(实线是假设存在肖克莱-里德、辐射和俄歇过程的计算结果;虚线是忽略肖克莱-里德机理条件下的计算值;实验值源自参考文献【123】(○)和【124】(●))

(资料源自:Rogalski, A., Cuipa, R., and Zogg, H., "Computer Modeling of Carrier Transport in Binary Salt Photodiodes", Proceedings of SPIE 2373, 172–81, 1995)

管在温度 77K 时 R_0A 乘积与长波截止波长的关系[125],也观察到所选取的实验数据。俄歇复合对 R_0A 乘积的贡献量随光敏二极管基区成分 x 的增加(λ_c 增大)而增大。对于成分 $x >$ 0.22,R_0A 乘积取决于俄歇复合[131]。对 n^+-p-p^+ 同质结,理论曲线与实验数据的一致性已经相当满意。在短波光谱区,由于没有考虑结中的附加电流(如消耗区的生成-复合电流或表面漏电流),理论曲线与实验数据差异增大。双层异质结(DLHJ)结构(n^+-PbSeTe/p-PbSnTe/n-PbSeTe)的理论计算值曲线位于 R_0A 乘积的实验测量值上方,表明有希望制造较高质量的 PbSnTe 光敏二极管。然而时至今日,仍没有制造出这类 PbSnTe 光敏二极管结构。

图 15.20 给出下列条件下 $Pb_{0.80}Sb_{0.20}Te$ 光敏二极管 R_0A 乘积与温度的关系:视场0°,温度为 77K 和截止波长为 11.8μm[125],实验数据和理论计算(实线)相当一致。然而,应注意到,对于更为优化的双层异质结(DLHJ)结构,R_0A 乘积的理论预测值更高(见图 15.20 所示虚线)。所以,对更高质量 p 类 PbSnTe 基质层,当 SR 生成受到抑制时(要求更高的 τ_{no} 和 τ_{po},该计算中假设 $\tau_{no} = \tau_{po} = 10^{-8}s$),会更多强调提高 DLHJ 的 R_0A 乘积。还注意到,与 HgCdTe 相比,PbSnTe 具有更高的固有俄歇生成,所以 PbSnTe 光敏二极管 R_0A 乘积增大会受到更大限制。

利用 PnSnTe 可以更容易制造出高质量单晶和外延层,所以与 PbSnSe 光敏二极管相比,

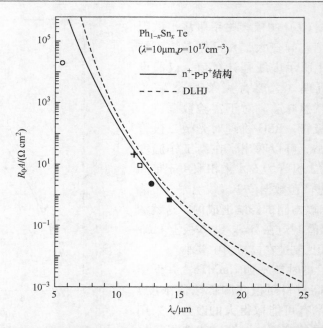

图 15.19 PbSnTe 光敏二极管在温度 77K 时的 R_0A 乘积与长波截止波长的关系（实验数据源自参考文献【123】（○）、【126】（+）、【127】（●）、【128】和【129】（□）、【130】（■）；实线是 n^+-n-p^+ PbSnTe 同质结光敏二极管的计算值；虚线是 DLHJ PbSnTe 光敏二极管结构的计算值）

（资料源自：Rogalski, A., and Ciupa, R., Opto-Electronics Review, 5, 21-29, 1997）

更愿意使用 PnSnTe 光敏二极管。然而最近，瑞士联邦理工学院的研究小组成功地将单片 PbSnSe 肖特基势垒加工在 Si 基板上，从而使该制造技术取得了快速进展[124,133-143]。

一些学术论文在理论上确定了 PbSnSe 光敏二极管的参数极限值[144-146]。图 15.21 是罗格尔斯基（Rogalski）和卡斯祖巴（Kaszuba）定量计算的 PbSnSe 结的 R_0A 乘积（与 PbSnTe 具有相同类型）[145]。俄歇复合对 R_0A 的贡献量随成分 x 增大（λ_c 增大）而增大。对于 $x \approx 0.08$ 成分，$(R_0A)_{GR}$（$\tau_0 = 10^{-8}$s）与 $(R_0A)_A$ 的值相差不多。但是，当 $x > 0.08$，则 R_0A 乘积取决于俄歇复合。图 15.21 同时给出了与肖特基二极管相关的实验数据（资料源自相关文献）。计算结果与实验数据的比较显示了制造高质量 PbSnSe 光敏二极管的潜在可能性。

PbSnSe 中的俄歇复合过程没有 PbSnTe 中那样有效，在 E_g 相差不大的情况下，并且有

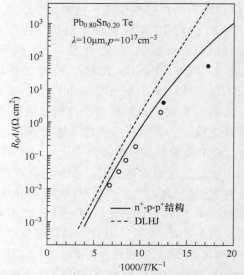

图 15.20 $Pb_{0.80}Sb_{0.20}Te$ 光敏二极管 R_0A 乘积与温度的关系（实验数据源自参考文献【126】（○）和【132】（●）；虚线是 n^+-p-p^+ 同质结光敏二极管的计算值；实线是 DLHJ 光敏二极管结构的计算值）

（资料源自：Rogalski, A., and Ciupa, R., Opto-Electronics Review, 5, 21-29, 1997）

$(R_0A)_{APbSnSe} > (R_0A)_{APbSnTe}$。Preier 首先注意到这种现象[146]。它将各种化合物的 R_0A 乘积理论值与其成分的关系进行比较,结果显示,在温度 77K 时的能隙是 0.1eV。计算结果如图 14.44 所示,结果似乎竭力证明 PbSnSe 能够用作探测器材料。至今,利用 PnSnTe 材料已经制造出较好性能的光敏二极管。

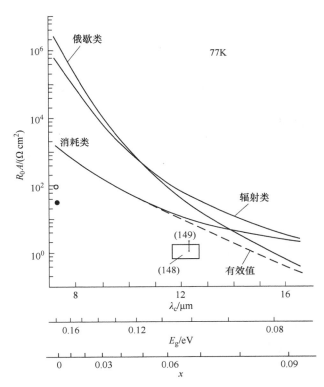

图 15.21 温度 77K 时,单边突变 $Pb_{1-x}Sn_xTe$ 结(最佳浓度)R_0A 乘积与长波光谱截止波长的关系
(实验数据源自参考文献【148】,【149】,【150】(○)和【151】(●))
(资料源自:Rogalski, A., and Kaszuba, W. Infrared Physics, 21, 251 – 59, 1981)

$PbS_{1-x}Se_x$ 三元合金已成为发射波长 4~8μm 激光二极管感兴趣的制造材料[15,29]。这种混合半导体也很有希望成为温度高于 77K、光谱范围在 3~5μm 的光电探测器。罗格尔斯基(Rogalski)和卡斯祖巴(Kaszuba)完成了对 R_0A 乘积的分析[147],在温度 77K 时,通过结的电流的主要贡献量源自耗尽层中生成-复合电流。当耗尽层中有效寿命等于 10^{-10}s 时,实验数据与理论结果有相当好的一致性。随着温度升高,耗尽层的影响减弱,而俄歇复合的影响增强,特别是随着成分 x 增大(λ_c 增大)更是如此。室温下,在一个很宽的成分范围内,俄歇过程起决定性作用。只有 $x=0$ 时,扩散与消耗电流才是不相上下。

15.3.2 技术和性质

已经利用各种技术形成铅盐 p-n 结,包括相互扩散、施主扩散、离子植入、质子轰击,以及通过 VPE 或 LPE 技术在 p 类材料上形成 n 类层。表 15.3 总结了高质量 p-n 结和肖特基势垒光敏二极管的制造技术。

表 15.3 铅盐光敏二极管的性能

材料（浓度）	制造技术	T /K	R_0A /($\Omega \cdot cm^2$)	λ_p /μm	η_p (%)	D_λ^* /($cm \cdot Hz^{1/2}/W$)	视场	f /Hz	备注	参考文献
n-PbTe/p-Pb$_{0.80}$Sn$_{0.20}$Te	LPE，平台状	82	2.64	≈10.5	38	7.3×10^{10}	f/5		10元阵列平均值	【128】
n-PbTe/p-Pb$_{0.80}$Sn$_{0.20}$Te	LPE，平台状	80	1.9~4.2	10	15~34	$(1.6~3.2) \times 10^{10}$	2π	1000	18元阵列平均值	【127】
p-Pb$_{0.80}$Sn$_{0.20}$Te/n-PbTe	LPE，平台状	77	8	≈10	≈50	6×10^{10}	70	1000	背侧照明	【159】
p-Pb$_{0.76}$Sn$_{0.24}$Te/n-PbTe	LPE，平台状	85	0.75	13		4×10^{10}	2π		背侧照明	【130】
Pb$_{0.79}$Sn$_{0.21}$Te ($p \approx 4 \times 10^{16} cm^{-3}$)	扩散，平面	77	1.85	11	40	2.6×10^{10}	2π	1000	124元阵列平均值	【129】
Pb$_{0.785}$Sn$_{0.215}$Te ($p \approx 1.7 \times 10^{16} cm^{-3}$)	向内扩散，平面	82	2.1	≈11		6.3×10^{10}	2π	1000	10元阵列平均值	【128】
Pb$_{0.80}$Sn$_{0.20}$Te（p类）	向内扩散，平台状	77	21	11	45	2.3×10^{10}	2π	1000	最高R_0A值	【126】
Pb$_{0.79}$Sn$_{0.21}$Te ($p \approx 10^{19} cm^{-3}$)	Cd扩散，平台状	77	5	≈11		2.0×10^{10}	2π		n-p$^+$结	【152】
Pb$_{0.80}$Sn$_{0.20}$Te ($p \approx 3 \times 10^{19} cm^{-3}$)	Cd扩散，平台状	77	2~3	10.6	≈30	2.0×10^{10}	2π	800	n-p$^+$结	【153】
PbTe ($p \approx 10^{17} cm^{-3}$)	Sb$^+$植入，平面	77	2.1×10^4	4.4	40	1.0×10^{12}	0	50		【121】
PbTe ($p \approx 10^{17} cm^{-3}$)	Sb$^+$植入，平面	77	1.4×10^3	5.5	55	4.6×10^{11}	0	200	BaF$_2$上薄膜（MBE）	【154】
PbTe ($p \approx 10^{17} cm^{-3}$)	M-S①(Pb)	80	$(2.5~3.5) \times 10^4$	4.8		$(1.6~1.8) \times 10^{11}$	2π	990	BaF$_2$上薄膜（MBE），5元阵列值	【155】
PbTe ($p \approx 10^{17} cm^{-3}$)	M-S(Pb)	80	$(1.7~25) \times 10^3$	4.6~5.4		$(0.63~1.9) \times 10^{11}$	2π	1000	6个夹断状态光敏二极管的值	【122】
PbTe ($p \approx 10^{17} cm^{-3}$)	M-S(Pb)	77	2×10^4	5.5	50	2×10^{12}			Si基板上MBE外延层，有CaF$_2$-BaF$_2$缓冲层	【124】
PbSe$_{0.8}$Te$_{0.2}$	M-S(Pb)	170	13~100	3.7~4.1	51~85	$(8~11) \times 10^{10}$	2π	1000	3个侧向收集光敏二极管的值	【155】

(续)

材料 (浓度)	制造 技术	T /K	R_0A /($\Omega \cdot cm^2$)	λ_p /μm	η_p (%)	D_λ^* /(cm·Hz$^{1/2}$/W)	视场	f /Hz	备注	参考 文献
$Pb_{1-x}Sn_xSe$ [$p=(2\sim6)\times10^{17}$ cm^{-3}]	M-S(Pb)	77	0.39~ 1.6	10.0~ 11.5	22~53	$(1.5\sim5.2)$ $\times10^{10}$	26°~ 90°	330~ 1000	BaF_2 上 $0.062\leq x$ ≤0.70 薄膜 (MBE), 10个光敏二 极管的值	【148】
$Pb_{1-x}Sn_xSe$ ($p\approx2\times10^{17}cm^{-3}$)	M-S(Pb)	77	1~2	10.6	44	6×10^{10}	20°	510	BaF_2 上薄膜(MBE)	【149】
$PbSe(p\approx10^{17}cm^{-3})$	M-S(Pb)	77	12~ 88.3	6.1	73	5.7×10^{10}	2π	330	BaF_2 上薄膜(MBE)	【150】
$PbSe(p\approx10^{17}cm^{-3})$	M-S(Pb)	77	30	6.9	61	2.7×10^{11}	20°	510	BaF_2 上薄膜(MBE)	【151】
$PbS_{0.85}Se_{0.15}$ ($p\approx10^{17}cm^{-3}$)	M-S(In)	77	1.5×10^4	4.2	62	9×10^{11}	0	90	BaF_2 上薄膜(MBE)	【151】
$PbS_{0.63}Se_{0.37}(p\approx10^{18}cm^{-3})$	Se^+植 入,平面	195	0.7	3.65	30	9×10^9	90°	50		【157】
		77	5.8~ 10.3	4.5	36	1.45×10^{11}	90°	50		
$PbS(p\approx3\times10^{18}cm^{-3})$	Se^+植 入,平面	300	0.28	2.55	54	4.8×10^9	90°	100		【158】
		195	70	2.95	56	1.1×10^{11}	90°	100		
		77	7×10^6	3.40	61	$6\times^{11}$	90°	100		

① M-S 代表金属-半导体。——译者注

PbSnTe 光敏二极管是研发得最好的铅盐器件,特别是对于 8~14μm 光谱范围,是利用标准光刻蚀技术制造平台状和平面(planar)光敏二极管。器件性能和稳定性尤其受限于表面处理和钝化技术,并通常是厂商的专利。看来,PbSnTe 表面上有 Pb、Sn 和 Te 的氧化物几乎总会产生高漏电流[160]。由于天然氧化表面含有不稳定的 TeO_2,所以天然氧化不能满足钝化要求[161],经常使用阳极氧化以实现器件钝化。在阳极氧化/分解工艺中利用富甘油水溶液、乙醇和氢氧化钾电解生长阳极氧化[162]。金博(Jimbo)等人采用其它的电解方式[163]。

大气周围环境对铅盐材料的电学性质有很大影响[164,165]。根据孙(Sun)等人的研究[166],该过程是由于吸收氧气、锡离子从体材料扩散到表面以及铅、锡和碲的氧化,从而形成 n 类材料中的耗尽层和 p 类材料中的累积层。通常,在平面 PbSnTe 光敏二极管中使用光刻蚀技术形成 SiO_2 扩散掩模板,在 340~400℃温度范围,利用硅烷-氧反应沉积约 100nm 厚的 SiO_2。然而,根据雅克巴斯(Jakobus)等人的研究[167],在镀以热解 SiO_2 后,PbSnTe 表面变成强 p 类,所以采用射频溅射 Si_3N_4。肖特基势垒光敏二极管的结面积常取决于真空镀层 BaF_2 中的窗

口[155,168]。BaF_2 与 PbSnTe 具有较合适的晶格匹配以及最佳的热膨胀系数匹配。

一般地,采用蒸镀 In 实现 n 类区域的欧姆接触以及化学或真空镀金实现 p 类的欧姆接触,已尝试使用如 ZnS、Al_2O_3、MgF_2、Al_2S_3 和 Al_2Se_3 材料完成表面钝化和镀增透膜[19]。镀以 As_2S_3 的材料将完全不受氧气的影响[164]。可以确定,限制小面积器件性能的最重要因素之一,是焊接导线过程造成的伤害[169]。为了获得高质量光敏二极管,连接导线要远离灵敏区。

15.3.2.1 扩散光敏二极管

历史上,相互扩散是制造铅盐 p-n 结采用的第一种技术[5,6],由于化学计量缺陷的变化造成类型变化。对于 PbSnTe,在 400~500℃ 温度下,利用合金成分 $x = 0.20$ 的富金属 PbSnTe 源扩散,在 p 类基板中形成 n 类区。虽然已经得到高性能器件和探测器阵列(温度 77K,光谱范围为 8~14μm,$D^* > 10^{10} cm\ Hz^{1/2} W^{-1}$),但很难重复得到相同的结果,所以也采用令外部杂质扩散到体 p 类 PnSnTe 中以形成结的方法来制造探测器。已经注意到,通过 Al、In 和 Cd 扩散所形成结的位置和深度在不同晶片中都不相同,在温度高于 100℃ 时,易于漂移[118]。此外,结的扩散率随基板中空穴浓度下降而增大。尽管存在上述技术问题,但是,将 $Cd^{[152,153]}$ 或者 $In^{[126,128,170]}$ 扩散到 p 类 PbSnTe 晶体中已经制造出高质量光敏二极管。

根据弗罗贝尔(Wrobel)的研究[170],形成 $n-p^+$ 结是在温度 400℃ 时、经过 1.5h 的 Cd 扩散,将其扩散到正在生长的 $Pb_{1-x}Sn_xTe$($x = 0.20$)单晶中,应用双温度区生长炉也完成了该项技术(样品在温度 400℃,扩散源温度高达 250℃,In 合金中 2% Cd 作为扩散源)[153,171]。在该工艺中,p^+ 材料转换成载流子浓度约为 $10^{17} cm^{-3}$ 的 n-类材料,特别适合截止波长约为 12μm 的光敏二极管。扩散 1h 后,结的深度小于 10μm。通过 R_0A 乘积测量值与计算值比较,可以估算出耗尽层内的寿命和 n 类区域少数载流子寿命的近似值。温度 77K 时载流子寿命取决于 SR 中心,并小于 $10^{-9} s^{[153]}$。该值与根据均匀掺杂 Cd 材料光电导性和 PEM(光电磁)测量值确定的载流子寿命值一致[72,172]。

利用将铟扩散到 p 类 PbTe[123] 和 p 类 $Pb_{1-x}Sn_xTe$($x = 0.20$)中的技术已经制造出高质量光敏二极管。只能采用低温生长方法,如 LPE 技术[128],或者在其它生长方法中通过在可控气体中退火[169],已经制造出最佳空穴浓度约为 $10^{16} ~ 10^{17}$ 的适合 PbSnTe 的材料。如果生长熔液掺杂砷,利用 LPE 技术就可以生长空穴浓度约为 $4 \times 10^{17} cm^{-3}$ 的 p 类 PbTe 材料[123]。罗韦基奥(Lo Vecchio)等人介绍过铟沉积和扩散方法[169]。

1975 年,琪雅(Chia)等人[128]和德沃(Devaux)等人[173]介绍了 $Pb_{1-x}Sn_xTe$($x = 0.20$)同质结铟扩散平面阵列的结果。具有较低基质载流子浓度的二极管有较大的 R_0A 乘积。通过对正向偏压 $I-V$ 性能和 R_0A 温度依赖性的测量得出结论,在温度高于 70K 时,体扩散电流限制 R_0A 乘积。在温度 78K 时,一个 10 元阵列 R_0A 乘积的平均测量值等于 $3.8Ω\ cm^2$,与少数载流子寿命 $1.7 \times 10^{-8} s$ 相一致。该阵列使用的 $Pb_{0.785}Sn_{0.215}$ 基板具有 $1.7 \times 10^{16} cm^{-3}$ 基区空穴浓度,在低温下,由于表面漏泄原因,R_0A 乘积易于饱和。图 15.22 给出了 10 元阵列两种光敏二极管比探测率与光谱的关系,除短波长区有些散射外,两种曲线难以区分。光谱响应的振荡性是由于绝缘体的增透膜作用。在温度 80K 和反向偏压 10mV 条件下,D^* 的平均测量值($\eta = 79\%$)是 $1.1 \times 10^{11} cm\ Hz^{1/2} W^{-1}$(视场为 $f/5$)。

王(Wang)和洛伦佐(Lurenzo)[129]通过将杂质扩散到低浓度($p \leq 4 \times 10^{16} cm^{-3}$)LPE 生长层中制造出了高质量的平面器件[129]。他们使用氧化物层作为扩散掩模板。在温度 77K 时,一个 124 元阵列（每个像元的面积是 2.5×10^{-5} cm^2）的平均 R_0A 乘积是 1.85Ω cm^2。未镀增透膜的平均量子效率是 40%，在波长为 11μm 和视场为 2π 的条件下峰值比探测率的典型测量值是 2.6×10^{10} cm Hz$^{1/2}$W^{-1}。该阵列一个显著特点是光谱响应特别均匀，λ_c 变化小于 1%。上述技术适合常规制造高质量高密度平面 PbSnTe 阵列。

最近，约翰（John）和佐格（Zogg）将掺杂 Bi 的 n$^+$ 盖层过度生长在 p 类基层上制造出 p-n PbTe 结光敏二极管[174]。p-n 结一般都能和碲很好地配合工作，而砷有过高扩散以致无法得到可靠器件。

15.3.2.2 离子植入

对 IV-VI 族半导体植入技术的研究大部分应用于 n-on-p 结光敏二极管的形成，主要涵盖 3~5μm 的光谱区。

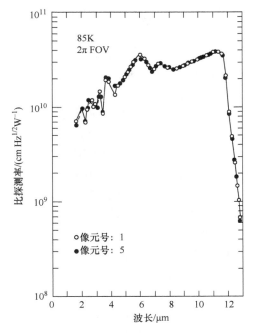

图 15.22 阵列两种光敏二极管的
比探测率与波长的函数关系

（资料源自：Chia, P. S., Balon, J. R., Lockwood, A. H., Randall, D. M., and Renda, J. J., Infrared Physics, 15, 279-85, 1975）

在早期的研究中，曾利用质子轰击将 p 类 PbTe 和 PbSnTe 转换为 n 类[175]。n 类层中电子浓度约为 10^{18} cm^{-3}。王（Wang）等人研究了 Pb$_{0.76}$Sn$_{0.24}$Te 层质子轰击的电学和退火的性质[176,177]，并发现，在温度 100℃ 左右退火来消除缺陷，可以使电导率返回到 p 类。无需详细知道掺杂、晶格损伤和退火的情况，就可以得到高性能器件。最近，唐纳利（Donnelly）[178] 和帕默斯洛夫（Palmetshofer）[179] 对 IV-VI 族半导体离子植入的研究和理解做出了综述。

唐纳利（Donnelly）等人介绍了某些铅盐材料的最高性能二极管[121,157,158]。这些器件是利用 Sb$^+$ 植入技术制造。已经知道，在大约 300℃ 温度下退火，Sb 完全被激活，利用 400keV 电子束和 $(1\sim2)\times10^{14}$ cm^2 总剂量可以完成 Sb$^+$ 离子植入。此后，去除光子抗蚀剂植入掩模板，并且在 340~400℃ 温度范围对每块材料镀以 150nm 厚热解 SiO$_2$ 层，时间约为 2~5min。该退火工序足以消除室温离子植入造成的辐射损伤。然后，将氧化物和 Au 接触层中的开孔电镀在样片材料上。正向偏压 I-V 特性中参数 β 的值大约是 1.6，而由于隧穿，令反向特性呈现出软幂律击穿的特点。温度 77K 时，PbTe 光敏二极管的 R_0A 乘积高达 $2.1 \times 10^4\Omega$ cm^2，并且比探测率受限于背景[121]。随着 50Hz 时背景通量减少（77K 冷屏），探测器比探测率的测量值是 1.6×10^{12} cm Hz$^{1/2}$W^{-1}，稍微低于放大器和热噪声的理论极限值。由于高掺杂 p 类基板（$p > 10^{18}$ cm^{-3}）的满带效应，比探测率的峰值波长 $\lambda_p = 4μm$ 以及截止波长 $\lambda_c = 5.1μm$ 会漂移到更短波长区。

由于 In 具有较低的电学活动性和较高剂量时载流子浓度饱和，所以 In 离子植入似乎不太适合 p-n 结的制造[179]。

光敏二极管制造工艺采用组元植入技术可以制造出很好的 PbSSe 二极管[157]。

15.3.2.3 异质结

适合制造长波光敏二极管的另一种方法是利用 LPE 技术[8,128,130,132,159,180-182]、VPE 技术[183,184]、MBE 技术[185]和 HWE(热壁外延)[186]将 n 类 PbTe(PbSeTe)异质结沉积在 p 类 Pb-SnTe 基板上[186]。

利用 LPE 技术已经得到最好的结果,可以生长载流子浓度为 $10^{15} \sim 10^{17} cm^{-3}$ 的各类材料,并无需退火。使用 LPE 技术,已成功研发一种(使用背侧照明二极管)PbSnTe 光敏二极管设计新概念(见图 15.23 中插图[181])。它使光敏二极管的电学面积完全得到光学利用,大大减少阵列的光学死区,并且,由于 PbTe 和空气的折射率不匹配而增大了二极管光学敏感面积。此外,结一侧采用较宽能隙材料降低了饱和电流。图 15.23 给出了背侧照明 n-PbTe/p-PbSnTe 异质结在温度 77K 时的光谱响应特性。PbTe 基板的吸收使光谱区滤波到 6μm。

应当注意,利用 LPE 技术生长的 PbTe/Pb-SnTe 异质结的光谱响应取决于 PbTe 的生长温度。由于 PbTe 和 PbSnTe 中固有缺陷有相当大的相互扩散系数,所以,外延生长期间,p-n 结有可能移离 PbTe-PbSnTe 界面。当 PbTe 生长在 $T > 480$℃ 温度范围内,p-n 结移到 PbTe 层内[187,188]。别的研究小组也观察到利用 HWE(热壁外延)技术得到的 n-PbTe/p-PbSnTe 异质结结构所呈现的纯 PbTe 光谱响应[189,190]。最近发表的文章指出,异质结光谱响应取决于 PbSnTe 层中电场[191]以及 n 与 p 间的浓度关系[192]。

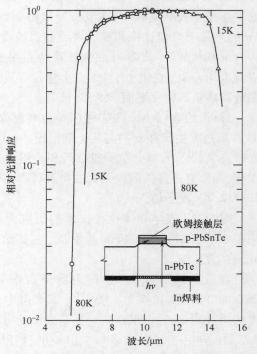

图 15.23 温度 77K 时,n-PbTe/p-PbSnTe(译者注:原文错印为 PnSnTe)背侧照明平台状光敏二极管的光谱响应

(资料源自:Wang,C. C.,Kalisher,M. H.,Tracy,J. M.,Clarke,J. E.,and Longo,J. T.,Solid - State Electronics,21,625 - 32,1978)

PbTe 和 $Pb_{1-x}Sn_xTe$ 间的晶格失配($x = 0.2$ 时为 0.4%)会由于应变缓解引入错配位错,这在确定光敏二极管性能方面有着重要意义[193]。吉泽姆塞特(Kesemset)和方斯坦(Fonstad)在 $Pb_{0.86}Sn_{0.14}Te/PbTe$ 双异质结激光二极管的活性区发现了较高的界面复合速度($\approx 10^5$ cm/s)[194]。减小晶格失配,界面复合速度随之降低。晶格匹配的 PbSnTe/PbTeSe 结构布局为解决该系统失配问题提供了一个很有希望的方法[195]。工作在低于 77K 温度下的 n-PbTeSe/p-PbSnTe 光敏二极管证实了其正确性[132]。

王(Wang)和汉普顿(Hampton)[127]利用 LPE 刮拭技术研制高质量 n-PbTe/p-$Pb_{0.80}Sn_{0.20}$Te 平台状阵列。首先,将 p 类 $Pb_{0.80}Sn_{0.20}$Te 生长在(100)$Pb_{0.80}Sn_{0.20}$Te 单晶上,接着生长 n-类 PbTe。温度大约从 540℃ 变为 500℃ $Pb_{0.80}Sn_{0.20}$Te 外延层生长,制冷速率是 0.1~0.25℃/min(生长 3h 后的典型厚度值是 20μm)。在 $Pb_{0.80}Sn_{0.20}$Te 层停止生长的温度开始生长 PbTe 层,生长 40min 后,PbTe 层厚度约为 5μm。温度为 80K 时,18 元阵列的平均 R_0A 乘积是 3.3Ω·cm^2,视场 2π、300K 背景温度和 $\lambda_p = 10$μm 条件下的平均 D^* 是 2.3×10^{10} cm Hz$^{1/2}$W^{-1}。

王(Wang)等人阐述了 p-$Pb_{0.80}Sn_{0.20}$Te/n-PbTe(原文错印为 n-$Pb_{0.80}Sn_{0.20}$Te/n-PbTe。——译者注)反转异质结结构二极管的电学性质[181]。图 15.24 给出了各种温度时正向和反向偏压下的 I-V 族的典型特性，实线代表测量值，虚线表示理论值。在温度高于 80K 时，扩散电流起主要作用。以扩散作用为主区域中的激活能是 0.082eV。随着温度下降，g-r 电流变成主要的，激活能下降到 0.044eV。$T=15K$ 时，激活能分别约等于 E_g 和 $E_g/2$。在 $30K<T<80K$ 范围内，g-r 电流起主要作用。低于 30K，小面积（$A<10^{-4}cm^2$）二极管的表面漏电流变得很明显，该电流随反向偏压增大而增大。大面积二极管产生过量漏电流的条件或许是体材料缺陷。

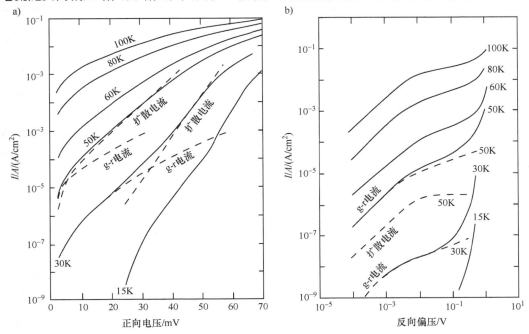

图 15.24　p-$Pb_{0.80}Sn_{0.20}$Te/n-PbTe 反转异质结结构二极管的 I-V 特性

a) 正向偏压　b) 反向偏压

（资料源自：Wang, C. C., Kalisher, M. H., Tracy, J. M., Clarke, J. E., and Longo, J. T., Solid-State Electronics, 21, 625 - 32, 1978）

利用 LPE 技术可以制造双色 PbTe/PbSnTe 探测器，并认为 PbTe/PbSnTe 异质结结构涵盖两个大气窗口（3~5μm 和 8~14μm）[180]。利用 In 扩散技术已经研制出平面 p-n 结。PbTe 二极管在 $\lambda_p=4.6\mu m$ 时的平均 D^* 值是 $10^{11}cm\ Hz^{1/2}W^{-1}$，PbSnTe 二极管在峰值波长 9.8μm 处的平均比探测率是 $2.2\times10^{10}cm\ Hz^{1/2}W^{-1}$。

15.4　肖特基势垒光敏二极管

已经指出[120,196,197]，p 类铅盐半导体肖特基势垒光敏二极管的有效势垒高度 ϕ_b 与金属的功函数无关。如果是中等载流子浓度（$\approx10^{17}cm^{-3}$），ϕ_b 不会明显大于能隙。假设 $\phi_b=E_g$，则式（9.151）有下面形式：

$$(R_0A)_{MS} = \frac{h^3}{4\pi q^2 kT}\frac{1}{m^*}\exp\left(\frac{E_g}{kT}\right) \qquad (15.19)$$

15.4.1 肖特基势垒的相关争议问题

在较高温度范围内,肖特基结 R_0A 乘积的实验值与理论曲线一致,而温度 77K 时偏离计算值很多[117]。该差异似乎是使用式(5.19)的缘故,其间没有考虑 p 类窄带隙半导体肖特基势垒结出现的额外的过程。虽然古普塔(Gupta)及其同事[144]利用上述关系与三元化合物 Pb-SnTe 和 PbSnSe 的实验值取得了良好的一致性,但其结果对于 0.1eV 能隙似乎是个偶然的结果。沃波尔(Walpole)和尼尔(Nill)对这类结提出了能带图式,如图 15.25 所示,可以分为三个区:反转区、耗尽区和体材料区。若是理想结模型,只考虑过程 a,即从金属中费米级到价带的空穴发射,$hv = \phi_b$,而不考虑反转区(过程 b 中)空穴-电子对的激发及耗尽区中(过程 c)空穴-电子对带间激发。因为对于高介电常数,耗尽层很宽,所以,最后一种激发尤为重要。根据尼尔(Nill)及其同事的研究[156],令 ϕ_{be} 值稍微大于能隙 E_g,就使空穴的势垒高度 ϕ_b 大大降低。如果空穴动能稍大于 E_g,则由于隧穿效应使势垒的狭窄顶部变为透明,多数金属的有效势垒 ϕ_{be} 与其功函数无关。此外,接触层形成(即使室温下)期间,金属的相互反应改变了势垒的电子性质和高度。

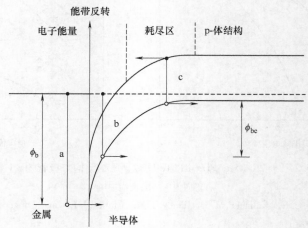

图 15.25　窄带隙 p 类半导体肖特基势垒的能带示意图
(资料源自:Walpole,J. N.,and Nill,K. W.,J. Applied Physics,42,5609 - 17,1971)

PbTe 肖特基结 R_0A 乘积实验值与温度 77K 时 p-n 结的值相差无几[117]。在 p-n 结中,R_0A 乘积取决于生成-复合过程,因此得出结论:金属-半导体结对 R_0A 乘积的基本贡献量源自耗尽层。一些研究者[133,155,198,199]观察到 Pb 势垒铅盐光敏二极管具有两种饱和电流生成机理:扩散限和消耗限特性。在这些论文中,利用与温度相关的弱分流电阻解释了较低温度下 R_0A 的饱和趋势。相反,莫勒(Maurer)假设一种简单的热离子发射理论和带间隧穿效应,并以此解释 Pb-PbTe 肖特基势垒 R_0A 乘积对温度的依赖性[200]。

迄今为止,对 IV-VI 族材料中金属-半导体界面的了解还相当不完整,导致金属势垒光敏二极管中 p-n 结性质还存有不确定性。然而,不能排斥下列可能性:由于金属层造成 IV-VI 层表面化学计量比发生变化从而形成浅扩散 n^+-p 结。常(Chang)等人[201]和格里申娜(Grishina)等人[202]通过实验指出,在 PbTe 和 PbSnTe 上蒸镀的铟膜在室温下可以起化学反应,使金属与半导体之间形成一种中间层结构。

斯佐夫(Sizov)等人根据含标准焓和熵的碲配方体材料数据评估了金属与 PbTe 的活泼性：

$$Ga, Zn, Mn, Ti, Cd, \textbf{PbTe}, Mo, Sn, Ge, Cu, Tl, Pt, Ag, Hg, Bi, Sb, As, Au$$

在 PbTe 表面形成接触层期间，即使室温下，PbTe 左边的金属会与半导体反应，形成新的成分，从而改变势垒的电学性质和高度，而其右侧金属在近室温时不会与半导体反应。

考虑到上述差异，已经在 IV-VI 族化合物上形成制备肖特基势垒的不同方法。最初，沉积 Pb 过程需要对样片制冷（一般是 77K）[196]。一份美国专利[203]显示，在外延层冷却至室温后立即在高真空度下蒸镀金属层（In, Pb），无需降低真空度。然后，现场热镀一层 SiO_2 以避免金属-半导体接触层受大气影响。布希纳(Buchner)等人介绍了一种制造肖特基势垒的逆向法[204]，并指出，只有使表面事先暴露于大气中，将 Pb 沉积在 $Pb_{0.80}Sn_{0.20}Te$ 上才会形成整流势垒。可以解释为，PbSnTe 表面有氧气存在以防止 Sn 通过界面。格里申娜(Grishina)等人认为[205]，固有氧化物防止金属与半导体相互反应，从而使 $Pb(In)-Pb_{0.77}Sn_{0.23}Te$ 肖特基势垒的电学特性有所提高。最近得到证实，将一种薄化学氧化物用作金属与半导体的中间层，可以改善肖特基势垒的性质，而阳极氧化物钝化能够提高热和时间稳定性，并降低多元线性阵列像元间参量的不均匀性（或参量散射）[206]。

使用洁净和和空气接触两种表面作为 Pb-PbTe 整流接触层[207]。与 $Pb_{0.80}Sn_{0.20}Te$ 相比，单层覆盖的 PbTe 氧化易于饱和（PnSnTe 继续氧化将伴随 Sn 从体材料扩散至表面）。用纯净水冲洗，之后 150℃ 温度真空烘烤 12h 可以使 Pb-PbTe 器件具有良好的热稳定性[155]。斯库勒(Schoolar)等人利用真空退火（170℃, 30min）外延膜解吸表面氧化层，以及在沉积铅盐或铟势垒之前令该膜层冷却到 25℃ 等工艺制造肖特基势垒 PbSnSe 和 PbSSe 光敏二极管[149,151]。还发现，界面中含氯会大大改善肖特基结的 I-V 特性[208-210]。为了解决目前有关肖特基势垒形成的争议问题，有必要进一步对界面进行研究。

帕利诺(Paglino)等人对肖特基势垒铅盐光敏二极管理论进行了新的探索[139]，采用韦纳(Werner)和古特勒(Guttler)建立的肖特基势垒波动模型[211]，并假设肖特基势垒高度 ϕ_b 有一个以平均值 ϕ 为中心的连续高斯(Gaussian)分布 σ。由于饱和电流与 ϕ_b 成指数关系（见式(9.149)），所以产生电流的有效载流子为

$$\phi_b = \phi - \frac{q\sigma^2}{2kT} \tag{15.20}$$

该势垒 ϕ_b 比由电容-电压特性导出的平均值 ϕ 要小。由于 ϕ_b 与温度有关，所以在理查森曲线中不会出现直线。为了在 $V \neq 0$ 时能够得到与 I-V 特性相一致的结果，韦纳(Werner)和古特勒(Guttler)指出，势垒 $\Delta\phi$ 和势垒波动的二次方 $\Delta\sigma^2$ 随施加偏压 V 的变化与该电压成正比：

$$\Delta\phi_b(V) = \phi_b(V) - \phi_b(0) = \rho_2 V$$
$$\Delta\sigma^2(V) = \sigma^2(V) - \sigma^2(0) = \rho_3 V \tag{15.21}$$

式中，ρ_2 和 ρ_3 为负常数。这些设置将导出理想因数 β 与温度的函数关系：

$$\frac{1}{\beta} - 1 = -\rho_2 + \rho_3 \frac{q}{2kT} \tag{15.22}$$

以不同材料在大温度范围制造出了大量的肖特基势垒就证实了该式成立[211]。

将 Pb-PbSe 肖特基势垒光敏二极管制造在 Si 基板上，其 $R_0 A$ 乘积与温度的关系曲线如图

15.26 所示[139]。在整个温度范围内,得到几乎完美的吻合。波动 σ 导致低温时 J_{st} 或者 R_0A 乘积饱和。对于 Pb-PbSnSe 肖特基势垒,这些波动呈现一种假设的宽度为 σ、直至 35meV 的高斯分布,这些值取决于结构质量,高质量器件具有较低的 σ。即使 $\beta>2$,用该模型也可以确切描述理想因数 β。预计载流子波动是由穿透位错造成,较低密度的该位错会导致低温下具有较低的 σ 和较高的 R_0A 乘积饱和值。3~4μm 厚生长层 PbSe 的位错密度是 2×10^7 ~ $5\times10^8 cm^{-2}$。以热退火降低密度获得较高的 R_0A 乘积[140],在可预计的厘米数量级范围内将螺旋位错位置拉到样品边缘[32]。

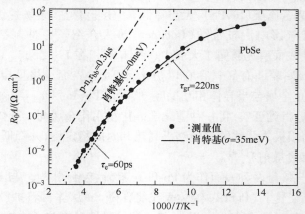

图 15.26 硅基板 Pb-PbSe 肖特基势垒光敏二极管的电阻面积乘积 R_0A 与温度倒数的关系(这些数值符合势垒波动模式(实线);为了便于比较,绘出了理想肖特基势垒光敏二极管的计算值及下面扩散情况下 p-n 结的理论值:带间复合限寿命 $\tau_{bb}=0.3\mu s$、复合寿命 $\tau_e=60ps$ 以及 g-r 限寿命 $\tau_{gr}=220ns$)

(资料源自:Paglino, C., Fach, A., John, J., Muller, P., Zogg, H., and Pescia, D., Journal of Applied Physics, 80, 7138 – 43, 1996)

15.4.2 技术和性质

与 p-n 结制造技术相比,一种相当简单的肖特基势垒光敏二极管制造技术包括子半导体表面上蒸镀一层薄金属膜。这是一种有希望廉价制造大尺寸阵列的平面制造技术,已经成功应用于制造 IV-VI 族化合物。霍洛韦(Holloway)精辟地综述了肖特基势垒 IV-VI 族光敏二极管,重点是薄膜器件的相关内容[155]。

多数情况是通过蒸镀 Pb 或 In 金属材料制造 IV-VI 族半导体肖特基势垒。如果使用体晶体半导体材料,则光敏二极管是通过半透明电极从前侧照明[167,212]。自 1971 年之后,福特(Ford)小组[213]研制了第一台高性能薄膜光敏二极管,通过 BaF_2 基板从背侧照明。霍洛韦(Holloway)提出研发这些器件[155]时,采用 HWE(热壁外延)和 MBE 技术,并利用铅盐外延层制造薄膜 IV-VI 族光敏二极管。这些薄膜是空穴浓度约 $10^{17}cm^{-3}$ 的 p 类材料。最近 20 年研发的 MBE 技术为在(有一层合适的缓冲层)硅基板上生长铅盐外延层提供了可能性。其中,缓冲层是总厚度约为 200nm 的 CaF_2-BaF_2 或者 CaF_2-SrF_2-BaF_2 的堆积层[124],具有足以满足红外器件集成的质量,从而开辟了完全单片、异质外延焦平面阵列的研究新途径。图 15.27 给出了 4 种制造肖特基势垒光敏二极管的结构布局。

20 世纪 70 年代,两个美国研究小组,福特汽车公司(Ford Motor Company)和海军水面兵器中心(Naval Surface Weapons Center)研发高性能薄膜IV-VI族光敏二极管。在严格的清洁条件下所制造的Pb-(p)PbTe光敏二极管温度80~85K时的R_0A乘积是$3×10^4\Omega\cdot cm^2$,由于干涉影响使量子效率达到90%,峰值波长5μm附近的约翰逊噪声限$D^* = 10^{13} cm\ Hz^{1/2} W^{-1}$[155]。最佳光敏二极管的接触区位于半导体和Pb之间,由BaF_2镀膜层中一个光窗口确定。利用这种光敏二极管的结构布局已经制造100元阵列。霍洛韦(Holloway)简要阐述了光刻蚀技术,包括BaF_2光窗和半导体图形印制技术以及Pb和Pt金属化工序[155]。

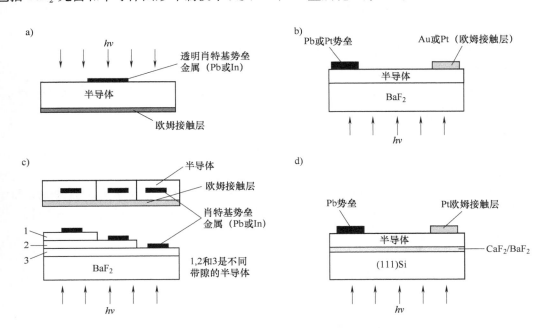

图 15.27 肖特基势垒光敏二极管的各种结构布局
a) 前侧照明普通光敏二极管 b) 背侧照明光敏二极管 c) 多光谱(三色)探测器
d) 硅基板上异质外延光敏二极管

在最近20年,瑞士联邦理工学院(Swiss Federal Institute of Technology)继续从事薄膜IV-VI族光敏二极管技术的研究,并取得了很大进步[9,113,124,138,140,142,143,174]。1985年,佐格(Zoog)和胡佩(Huppi)[214]阐述了一种新型单片异质外延PbSe/Si集成电路,通过外延生长技术将PbSe薄膜生长在Si基板上,并采用$(Ca,Ba)F_2$缓冲层。利用分级层,即Si上是CaF_2和IV-VI族合金界面是BaF_2,克服Si和BaF_2间约14%的晶格失配(见图15.2)。尚未发现IV-VI族合金与氟化物(温度300K时约$20×10^{-6}K^{-1}$)及硅(温度300K时约$2.6×10^{-6}K^{-1}$)之间热膨胀系数失配有什么危害[215]。看来,通过位错滑移缓解了热膨胀失配,并且,该生长层毫无问题地能够经受800多次热循环(300K与80K之间)[138]。由于该技术的改进,利用不同的二元和三元IV-VI族合金(PbS[216,217],PbSe[135,218,219],PbTe[174,199,218],PbEuSe[216]和PbSnSe[133,136,138])已经使单片铅盐焦平面阵列性能有了相当大的提高。通常使用约200nm厚的CaF_2-BaF_2外延堆积缓冲层。

PbSnSe光敏二极管的制造工艺首先在温度350~400℃的第二生长室将一层膜镀在CaF_2缓冲层上,而缓冲层涂镀在3英寸Si(111)晶片上。p类层中载流子浓度的典型值是$(2~5)×$

$10^{17}\,cm^{-3}$,层厚为 3~4μm。由于在主{100}<100>滑移系统中滑移平面相对于表面是倾斜的,通过位错滑移可以减缓热失配应变,所以更希望沿(111)晶向生长。当在(100)晶向基板上生长时,热失配应变释放一定是通过更高滑移系统实现的。一旦其厚度大于约 0.5μm,通常就会导致生长层出现裂缝[141,220]。在几 μm 厚的未处理层中已经使位错密度降至 $10^{-6}\,cm^{-2}$,对于用来制造探测器的材料层,其位错密度范围低至 $10^7 \sim 10^8\,cm^{-2}$。器件制造过程的后续步骤如下:

- 在 MBE 生长室,室温下现场(in situ)或异地(ex situ)在样片材料上真空镀约 200nm 厚的 Pb 层。
- 过生长约 100nm 厚的真空镀 Ti 作为 Pb 的保护层。
- 真空镀 Pt,以更好粘附后面工序的 Au 层和图形印制 Pt 层。
- 确定敏感区:使用一种选择性 Ti 刻蚀剂对 Ti 进行刻蚀,用选择性 Pb 刻蚀剂刻蚀 Pb。
- 将 Au 欧姆接触层电镀在 Pb/Ti/Pt 基础层上面。
- 刻蚀 PbSnSe 层。
- 旋转涂布一层聚酰亚胺,并进行光刻和弯曲,以便绝缘和平面化。
- 真空镀 Al 并利用湿刻蚀技术形成扇出图形。

活性区直径 30~70μm,通过背侧透红外 Si 基板照明。图 15.28 所示为该器件的截面示意图[140]。根据不同尺寸二极管的 R_0A 值得出结论,不需要表面钝化,表面效应忽略不计。

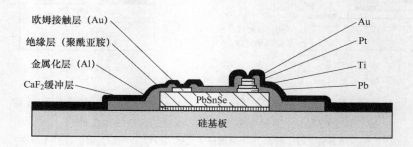

图 15.28 PbSnSe 光生伏红外探测器的横截面图

(资料源自:Fach, A., John, J., Muller, P., Paglino, C., and Zogg, H., Journal of Electronic Materials, 26, 873 -77, 1997)

硅基板上 PbTe 和 $Pb_{0.935}Sn_{0.065}Se$ 光敏二极管的光谱响应曲线如图 15.29 所示[124]。未镀增透膜条件下的量子效率典型值约为 50%。要注意,$Pb_{0.935}Sn_{0.065}Se$ 光敏二极管明显具有干涉效应,有利于大大提高温度 50K 时峰值波长附近的响应,但会导致在温度 77K 时截止波长附近的稍有降低。为使某特定温度下的响应达到最佳,必须优化 PbSnSe 厚度,并优化缓冲层厚度,以便在活性区得到相长干涉。

图 15.30 给出了硅基板上不同铅盐光敏二极管在温度 77K 时 R_0A 乘积与截止波长的函数关系,其中包括 BaF_2/CaF_2 和 CaF_2 多层结构缓冲层。虽然这些值大大高于 BLIP(背景限红外光电探测器)限(温度 300K 时,视场 2π,量子效率 $\eta = 50\%$),但仍然远远低于俄歇(Auger)组合理论给出的理论极限值(见图 15.21)。IV-VI 族光敏二极管的性能不如 HgCdTe 光敏二极管,其 R_0A 乘积比 p+-on-n HgCdTe 低两个数量级。截止波长 10.5μm PbSnSe 的 R_0A 乘积在温

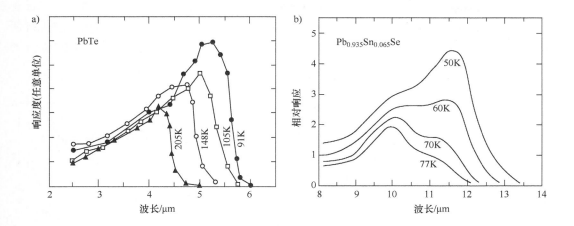

图 15.29 硅基板铅盐光敏二极管不同温度下的光谱响应
a) PbTe 光敏二极管 b) 光敏二极管

(资料源自:Zogg,H.,Blunier,S.,Hoshino,T.,Maissen,C.,Massek,J.,and Tiwari,A. N.,IEEE Transactions on Electron Devices 38,1110-17,1991)

度 77K 时约为 $1\Omega \cdot cm^2$。

图 15.31 给出了 n^+-p $Pb_{0.935}Sn_{0.065}Se$ 光敏二极管 R_0A 乘积与温度的关系[119]。为了进行比较,同时列出佐格(Zogg)及其同事得到的实验数据[133]。对于低于 100K 的温度,R_0A 的增大遵循斜率近似等于 $\exp(E_g/kT)$ 的散射限规律,在温度 77~100K 范围内,该性质归结于耗尽层生成-复合机理。对背侧欧姆接触层光敏二极管的理论预测值(见图 15.31 所示虚线)表明 R_0A 乘积有很大下降。由于以 p 类为基础的区域中少数载流子扩散长度大于光敏二极管厚度,所以光敏二极管的这种结构是较差的。图 15.31 给出的计算结果表明制造较高质量 PbSnSe 的潜在可能性。对于较高温度区域,$R_0A(T)$ 的试验结果服从扩散限规律,起主要作用的生成-复合机理并非是基本的带间机理(辐射或俄歇过程)。这意味着,光敏二极管的扩散限性质取决于 τ_{no} 和 τ_{po} 值低于 10^{-8}s(计算中假设值)的 SR(肖克莱-里德)生成-复合机理。这很可能是由于较高的陷阱浓度造成的,通过 SR 生成-复合机理主导着 p 类材料中过量载流子寿命。

已经发现,PbSnSe 光敏二极管 R_0A 乘积的最大值取决于位错密度,图 15.32[143]给出了各种 PbSnSe 光敏二极管 R_0A 乘积饱和值与位错密度 n 的关系,是一种倒数线性关系:$R_0A \propto 1/n$。根据肖特基理论,没有势垒波动的理想漏电阻理论值是 R_{id},如果器件活性面积 A 范围内有 N 个位错,每个位错都生成一个漏电阻 R_{dis},则微分电阻的测量值为[140]

$$\frac{1}{R_{ef}} = \frac{1}{R_{id}} + \frac{N}{R_{dis}} \qquad (15.23)$$

若 $R_{id} \gg R_{dis}/N$,则

$$R_{0A} = \frac{R_{dis}}{n} \qquad (15.24)$$

由于 $N=nA$,所以每个位错都会造成分流电阻。PbSe 光敏二极管在温度 80K 时的值是 1.2GΩ。韦纳(Werner)和古特勒(Guttler)唯像模型中的波动 σ(参考式(15.20))被解释为是由位错空位中势垒的降低所致。若每个位错造成约 1.2GΩ 的漏电阻,因而断定,位错密度低

于 $2 \times 10^6 cm^{-2}$,处于位错不能主导 PbSe 光敏二极管实际 R_0A 乘积的量级(PbSe 肖特基二极管在温度 80K 时 R_0A 理论值约是 $10^3 cm^2$)。按照佐格(Zogg)及同事所述[32,143],对生成层进行适当热处理(从室温到 77K 再返回到室温,若干次温度循环)就能够得到满足要求的位错密度。

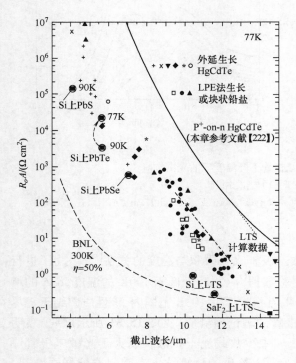

图 15.30 不同铅盐光敏二极管的 R_0A 乘积在温度 77K 时,其实验值与截止波长的关系,为了便于比较,同时给出 HgCdTe 的相关数据,还包括 300K 背景噪声限(BNL)、视场 180°和量子效率 50%的相应曲线(标有 LTS(硒化锡铅)的点线是 PbSnSe 的最终计算值

(资料源自:Rogalski, A., and Piotrowski, J., Progress in Quantum Electronics, 12, 87 – 289, 1988);虚线是 HgCdTe 大量实验数据点的上限(资料源自: Ameurlaine, J., Rousseau, A., Nguyen – Duy, T., and Triboulet, R., "(HgZn)Te Infrared Photovoltaic Detectors", Proceedings of SPIE 929, 14 – 20, 1988);实线代表 p-on-n HgCdTe 光敏二极管的计算数据(资料源自:Rogalski, A., and Ciupa, R., Journal of Applied Physics 77, 3505 – 12, 1995; Zogg, H., Maissen, C., Masek, J., Hoshino, T., Blunier, S., and Tiwari, A. N., Semiconductor Science and Technology 6, C36 – C41, 1991))

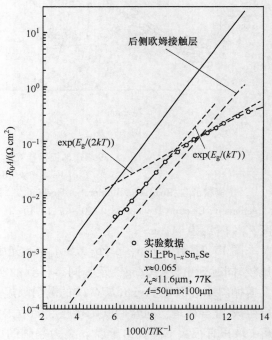

图 15.31 n^+-p $Pb_{0.935}Sn_{0.065}Se$ 光敏二极管 R_0A 乘积与温度的关系(实线是下列参数背侧照明光敏二极管结构的计算值:载流子浓度为 $10^{17} cm^{-3}$ 的 $3\mu m$ 厚 p 类基础层和电子浓度为 $10^{18} cm^{-3}$ 的 $0.5\mu m$ 厚 n^+-盖层;虚线是假设背侧欧姆接触光敏二极管的计算值;实验数据(○)源自 Zogg 的结果[133];短虚线表示扩散和消耗机理)

(资料源自:Rogalski, A., Ciupa, R., and Zogg, H., "Coputer Modeling of Carrier Transport in Binary Salt Photodiodes," Proceedings of SPIE 2373, 172 – 81, 1995)

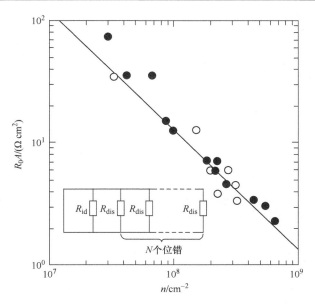

图 15.32 PbSnSe 光敏二极管低温饱和 R_0A 值与位错密度的函数关系（成分波动归一化；位错对漏电阻的影响模型见插图）

（资料源自：Zogg, H., "Photovoltaic IV – VI on Silicon Infrared Devices for Thermal Imaging Applications," Proceedings of SPIE 3269, 52 – 62, 1999）

改进材料质量和器件制造技术，仍可能使性能有较大提高。使用带用薄膜的 p-n 结，比阻挡 Pb 接触层带隙更宽的盖层，应能得到较好结果。

15.5 非寻常薄膜光敏二极管

实际上，光敏二极管的响应速度取决于结电容、动态电阻和串联电阻以及外部电路阻抗的影响（见本书 9.2.3 节）。对于铅盐光敏二极管，最重要的电容是结空间电荷区电容 C（具有高电介质常数），最重要的电阻是外部电阻 R_L。因此，频率上限 f_c 为

$$f_c = \frac{1}{2\pi R_L C} \tag{15.25}$$

对突变结，取 $C = \varepsilon_s \varepsilon_0 A/w$ 和 $w = [2\varepsilon_s \varepsilon_0 (V_b - V)/(qN_{ef})]^{1/2}$。其中，$N_{ef} = N_a N_d/(N_a + N_d)$，为空间电荷区有效掺杂浓度；$V_b$ 为内建结电压。

霍洛韦（Holloway）及同事研发了两种能降低结电容的非寻常光敏二极管（见图 15.33a）[122,224-226]。其耗尽层从 n 类区，经过半导体，延伸到绝缘基板。如果改变偏压，则耗尽层的宽度变化局限于二极管周边。图 15.34 给出了一种典型的四分之三波 PbTe 夹断光敏二极管的某些性质，该结构能够经受 150℃ 的温度至少 8h，不会使其 80K 时的性能恶化，并且为了夹断需要反向偏压（四分之一波是不可用的）。器件的电容从零偏压时的 700pF，在施加反向偏压大于 150mV 后，降至 70pF。输出电容决定着器件电容的 70pF 值。反向偏压小于 0.3V 时，1kHz 频率的噪声电流仍然保持不变，并接近 300K 背景辐射时的计算值。进一步增大偏压会对 $1/f$ 噪声有较大贡献。对于具有较大面积（$5 \times 10^{-3} cm^2$）的四分之三波器件，其结反向偏压电容几乎减小两个数量级。夹断光敏二极管电容的减小大大降低了对 IV-VI 族光敏二极管

工作频率的限制。

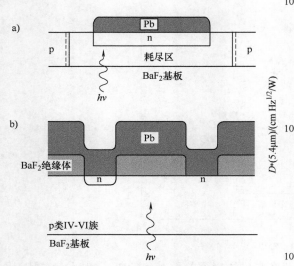

图 15.33　夹断光敏二极管和侧向收集光敏二极管的概念图
a) 夹断光敏二极管的概念图
b) 侧向收集光敏二极管的概念图
（资料源自：Holloway, H., Thin Solid Films 58, 73 – 78, 1979）

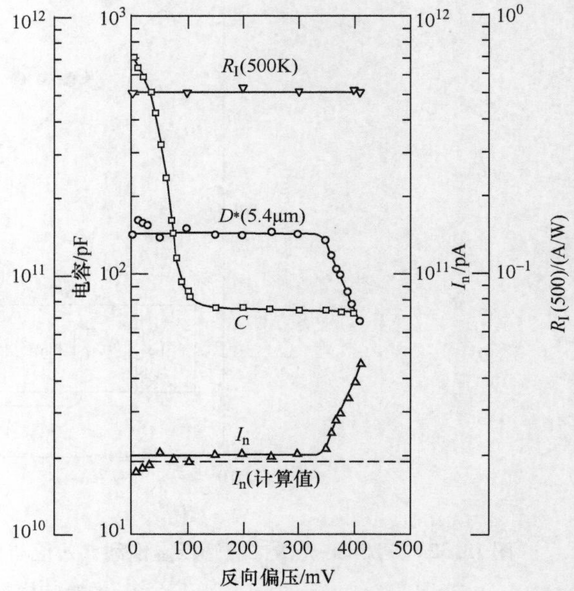

图 15.34　温度 80K 和视场 2π 条件下，四分之三波夹断 PbTe 光敏二极管对偏压的依赖性（在 1kHz 频率下，利用 10Hz 带宽进行黑体和噪声测量；PbTe 薄膜厚度是 0.54μm，光敏二极管的面积是 $6 \times 10^{-4} cm^2$）
（资料源自：Holloway, H., and Yeung, K. F., Applied Physics Letters, 30, 210 – 12, 1977）

减小电容的第二种方法是采用侧向收集光敏二极管（见图 15.33b）。它由一个矩阵形式的小 p-n 结组成，从交错非结 p 类区收集光生少数电子。霍洛韦（Holloway）完成的详细分析指出[226]，使用间隔高达两个扩散长度的集电极可以获得有用的收集效率。另外，如果集电极直径小于该尺寸，则可以减小结电容。对于 IV-VI 族半导体，扩散长度是 10～20μm 数量级。

霍洛韦（Holloway）等人指出[224]，薄膜侧向收集光敏二极管是由 BaF_2 基板上的 PbTe 和 PbSnTe 膜层组成。已经证实，与普通光敏二极管相比，这些器件的电容减少 20 倍，约翰逊噪声限的 D^* 提高 3 倍。

应当注意，随着尺寸减小到可以与半导体中少数载流子扩散长度相比拟时，光生载流子的侧向扩散将大大提高体 p-n 结的光电响应[227-229]。

美国海军水面兵器中心（Naval Surface Weapons Center）的研究小组已经验证了薄膜 IV-VI 族窄带光敏二极管[149,151,208]，将能隙稍有不同的外延层（利用 HWE 技术）生长在被劈开的 BaF_2 基板两侧（见图 15.35 所示插图），肖特基势垒（Pb 或 In）制造在具有较小能隙的层上，具有较大能隙的层作为制冷吸收滤光片。窄带 PbSSe 光敏二极管的光谱响应如图 15.35 所示。其半带宽为 0.1～0.2μm，峰值量子效率为 40%～50%。

斯库勒（Schoolar）和延森（Jensen）采用 PbSnSe 外延层光敏二极管将窄带探测技术扩展应用于长波段[149]。对于 6.67μm 厚的 $Pb_{0.935}Sn_{0.065}Se$ 光敏二极管（有厚 4.12μm 的 $Pb_{0.95}Sn_{0.05}Se$ 滤光片），在温度 77K 和波长 10.6μm 时的光谱半带宽是 0.6μm（使用制冷滤光片和视场为

20°,则约翰逊噪声限 $D^* = 7 \times 10^{10} \text{cm Hz}^{1/2} \text{W}^{-1}$)。

霍洛韦(Holloway)阐述了一种初始研制的窄带器件,其中,侧向收集光敏二极管制造在 BaF_2 基板上,并组合应用电介质堆积层和金属反射镜[230]。通过改变入射光角度可以调整器件的峰值位置。这样的话可建议将该结构用作一种简单的光谱仪。

美国海军水面兵器中心(Naval Surface Weapons Center)的实验室已经研发出多光谱 PbSSe 和 PbSnSe 光伏探测器[208,231]。将 Pb 肖特基势垒接触层沉积在阶梯形结构上来制成双色、三色和四色探测器。其中,连续采用 HWE 技术将铅盐合金半导体镀在 BaF_2 基板上制成阶梯结构(见图 15.27c)。这些后侧照明器件的光谱响应度覆盖着由下面层带隙分开的光谱带。

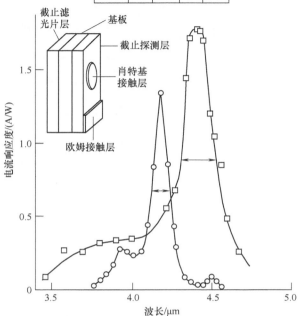

图 15.35 PbSSe 肖特基势垒光敏二极管的窄带结构布局和光谱响应
(资料源自:Schoolar, R. B., Jensen, J. D., and Black, G. M., Applied Physics Letters, 31, 620-22, 1977)

15.6 可调谐谐振腔增强型探测器[一]

随着红外探测器技术的发展,为了增强对不同光谱带目标的细分能力,研究人员对多光谱和高光谱传感器阵列越来越感兴趣。通过使用 MEMS 技术制造的器件阵列如标准具(etalons),都可以制造在红外探测器阵列上,从而允许对入射在探测器上的辐射光进行调谐。如果可以对标准具编程以改变到探测器表面的距离在红外波长数量级,则探测器能够连续对一个波段的所有波长予以响应[232]。

最近,佐格(Zogg)及其同事详细阐述了中红外波段可调谐振腔增强型(Resonant Cavity Enhanced, RCE)IV-VI族探测器[233,234],图 15.36 所示为 Si 基板上可调谐振腔 PbTe 探测器的横截面示意图[233],使用压电致动器或者 MEMS 技术制造上端反射镜,并混合到探测器芯片中。利用 MBE 技术及 IV-VI族材料制造的布拉格(Bragg)反射镜,由高、低折射率交替层的四分之一波长对所组成。如图 15.2b 所示,对于窄带成分,其折射率大($n \approx 5 \sim 6$);有些成分,如

[一] 原文错将节号印为"15.5"。——译者注

EuSe 则 $n=2.4$,或 BaF_2 则 $n=1.4$。很少几种四分之一波长对能在一个宽波带范围具有约 100% 反射率,原因是布拉格反射镜组元间具有高折射率。

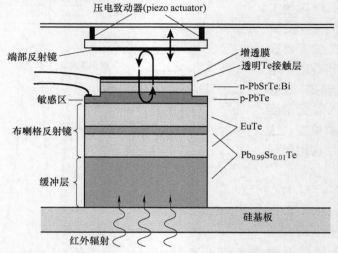

图 15.36 PbTe-on-Si 谐振腔增强型探测器的横截面示意图

(资料源自:Felder,F.,Arnold,M.,Rahim,M.,Ebneter,C.,and Zogg,H.,Applied Physics Letters 91,101102,2007)

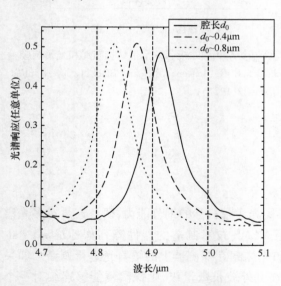

图 15.37 利用压电致动反射镜得到温度 100K 时不同腔长的三种光谱响应

(资料源自:Zogg,H.,Arnold,M.,Felder,F.,Rahim,M.,Ebneter,C.,Zasavitskiy,I.,Quack,N.,Blunier,S.,and Dual,J.,Journal of Electronic Materials,37,1497-1503,2008)

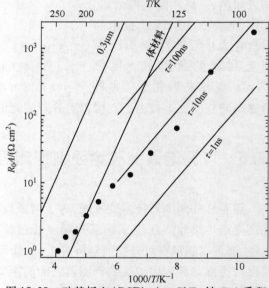

图 15.38 硅基板上(RCE)n^+-p PbTe 结 R_0A 乘积实验值(●)与温度的关系(实线是下列假设条件下的计算值:厚(体材料)和薄(0.3μm 厚膜层)光敏二极管的扩散电流和带间复合极限值以及耗尽层中三种 SR 寿命(100,10,1ns)的生成-复合)

(资料源自:Zogg,H.,Arnold,M.,Felder,F.,Rahim,M.,Ebneter,C.,Zasavitskiy,I.,Quack,N.,Blunier,S.,and Dual,J.,Journal of Electronic Materials,37,1497-1503,2008)

图 15.36 所示面积为 $7.5 \times 10^{-4} \mathrm{cm}^2$ 的探测器敏感层是一种生长在 1.5 对布喇格反射镜上厚 $0.3 \mu\mathrm{m}$ 的 n^+-p 结构。事实上,这是一个顶端具有 Bi 掺杂 n^+-$Pb_{1-x}Sr_xTe$ 窗口的异质结构,顶部透红外接触层是 100nm 薄 Te 层,接着是四分之一波长 TiO_2 增透膜。图 15.37 给出三种不同腔长的光谱响应[234]。该光谱只呈现一个峰值,通过移动端部反射镜可以调谐。

薄 n^+-p PbTe 结 R_0A 乘积与温度的依赖性表明在 $\tau_{SR} \approx 10ns$ 耗尽层中 SR(肖克莱-里德)复合对性能的限制(见图 15.38),该值比硅基板上 PbTe 体光敏二极管的大[174,235]。在温度范围 200~250K 时,实验数据都高于体优化光敏二极管的值。由于扩散层厚度小于电子扩散长度(参考式(9.88)),所以,是源于探测器敏感体积的限制。然而,对 $0.3 \mu\mathrm{m}$ 厚的吸收层,由于 R_0A 乘积应提高 40 倍,所以,实验值仍远低于理论薄膜的极限值。

另一种可调谐振腔增强型探测器方案是采用可移动 MEMS 反射镜器件,将一块镀金正方形反射镜固定在四个对称排列的悬挂柱上[113]。反电极设置在一块玻璃支撑晶片上,距离为 $10 \mu\mathrm{m}$。在硅反射镜膜与玻璃晶片上电极之间施加 30V 电压,可以得到大于 $3 \mu\mathrm{m}$ 的移动量。

15.7 铅盐与 HgCdTe⊖

与 HgCdTe 相比,铅盐三元合金在理论上有下列特点:
- 较强的化学键。
- 更大的缺陷复原能力(见图 15.39,给出光敏二极管在温度 77K 时 $\lambda_c \approx 10 \mu\mathrm{m}$ 的条件下 R_0A 乘积对位错密度的关系)。
- 截止波长对成分不敏感。
- 对钝化要求不太苛刻。

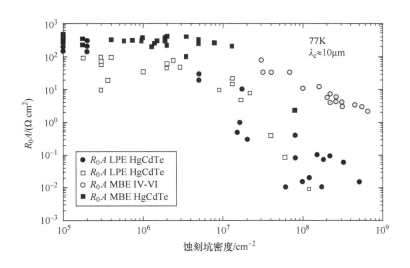

图 15.39 HgCdTe 和 IV-VI 族光敏二极管在截止波长约 $10 \mu\mathrm{m}$ 和温度 77K 条件下乘积与位错密度的关系
(资料源自:Tidrow,M.,private communication,2007)

⊖ 原文错将节号印为"15.6"。——译者注

应能得到大尺寸、高均匀性,并工作在较高温度下的焦平面阵列。上述性质,尤其对超长波(VLWIR)光谱区,可能具有重大意义。现阶段要解决的问题是,材料软、电介质常数高(低速)以及与硅有较高失配。

铅盐三元合金(PbSnTe 和 PbSnSe)似乎更容易制备和更稳定。由于硫系化合物有两大缺点——高介电常数和很高的热膨胀系数(TCE)(原文错印为 TEC。——译者注),所以对 IV-VI 族合金光敏二极管的研究没有继续进行。

高介电常数影响空间电荷区的电容和光敏二极管的响应速度。图 15.40 给出了单边突变 n-p^+ $Pb_{0.78}Sn_{0.22}Te$ 和 $Hg_{0.797}Cd_{0.203}Te$ 光敏二极管在温度 77K($\lambda_c \approx 12\mu m$)时其截止频率与反向偏压的关系[223]。若反向偏压大于 1V 和空间电荷区掺杂浓度高于 $10^{15} cm^{-3}$,则会发生雪崩击穿,已经计算出 50Ω 负载电阻和结面积 $10^{-4} cm^2$ 的截止频率。图 15.40 给出了各种施主浓度值,同时给出空间电荷区宽度和单位面积的电容 C/A。可以看出,反向偏压下 n 侧掺杂浓度不大于 $10^{14} cm^{-3}$ 时,HgCdTe 光敏二极管可以达到 2GHz 的截止频率,而 PbSnTe 光敏二极管的截止频率总是小一个数量级。应当注意,结串联电阻和杂散电容会使截止频率降低。

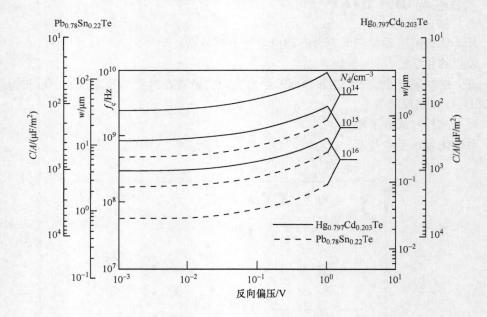

图 15.40 单边突变 n-p^+ $Pb_{0.78}Sn_{0.22}Te$ 和 $Hg_{0.797}Cd_{0.203}Te$ 光敏二极管在温度 77K($\lambda_c \approx 12\mu m$)、敏感区面积 $10^{-4} cm^2$ 时的截止频率(额外标出耗尽层宽度和单位面积的结电容)
(资料源自:Rogalski, A., and Larkowski, W., Electron Technology 18(3/4)55-69,1985)

图 15.41 给出了 PbTe、InSb、HgTe 和 Si 热膨胀系数对温度的依赖关系[215]。室温下,HgTe 和 CdTe 的热膨胀系数约为 $5 \times 10^{-6} K^{-1}$,而 PbSnTe 的为 $20 \times 10^{-6} K^{-1}$,与硅的热膨胀系数(约 $3 \times 10^{-6} K^{-1}$)很不匹配。还要注意,Ge 和 GeAs 的热膨胀系数值接近 HgCdTe 的,据此可知,将探测器放置在这些材料上没有太大的优势。

HgCdTe 和 PbSnSe 光敏二极管基质区的掺杂浓度不同,而隧穿电流(和 R_0A 乘积)对掺杂浓度有很强的依赖关系。为了减少 HgCdTe 和铅盐光敏二极管的高 R_0A 乘积,分别要求掺杂浓度是 $10^{16} cm^{-3}$ 和 $10^{17} cm^{-3}$(或者更少)(见图 14.44)。由于隧穿起始效应,最大的可用掺杂级比 IV-VI 族及 HgCdTe 光敏二极管更大。因为 R_0A 乘积的隧穿贡献量包含因数 $\exp[\text{const}(m^* \varepsilon_s/N)^{1/2} E_g]$(参考式(9.120)),所以,其原因是具有高介电常数。用 MBE 生长的 IV-VI 族材料中较容易控制高于 $10^{17} cm^{-3}$ 的最大允许浓度,在铅盐光敏二极管中,隧穿电流并不是限制因素。

与 HgCdTe 探测器相比,铅盐性能的主要限制与 SR 中心有关。尚不清楚是材料中残余缺陷还是固有缺陷所致。然而,很明显,这些 SR 中心对消耗电流起着主要作用。与具有同样带隙的 HgCdTe 不同,为了得到 BLIP 性能,控制消耗电流需要比 HgCdTe 有更低的工作温度。

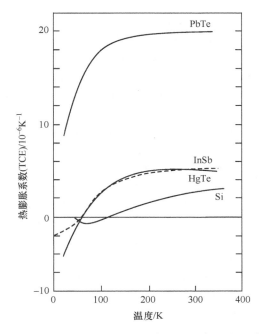

图 15.41　PbTe、InSb、HgTe 和 Si 线性 TCE 与温度的关系
（资料源自：Baars, J., Physics of Narrow Gap Semiconductors, eds. E. Gornik., Heinrich, and L. Palmetshofer, 280-82, Springer, Berlin, 1982）

参 考 文 献

1. T. W. Case, "Notes on the Change of Resistance of Certain Substrates in Light," *Physical Review* 9, 305-10, 1917; "The Thalofide Cell: A New Photoelectric Substance," *Physical Review* 15, 289, 1920.
2. E. W. Kutzscher, "Letter to the Editor," *Electro-Optical Systems Design* 5, 62, June 1973.
3. R. J. Cashman, "Film-Type Infrared Photoconductors," *Proceedings of IRE* 47, 1471-75, 1959.
4. J. O. Dimmock, I. Melngailis, and A. J. Strauss, "Band Structure and Laser Action in $Pb_{1-x}Sn_xTe$," *Physical Review Letters* 16, 1193-96, 1966.
5. A. J. Strauss, "Inversion of Conduction and Valence Bands in $Pb_{1-x}Sn_xSe$ Alloys," *Physical Review* 157, 608-11, 1967.
6. J. Melngailis and T. C. Harman, "Single-Crystal Lead-Tin Chalcogenides," in *Semiconductors and Semimetals*, Vol. 5, eds. R. K. Willardson and A. C. Beer, 111-74, Academic Press, New York, 1970.
7. T. C. Harman and J. Melngailis, "Narrow Gap Semiconductors," in *Applied Solid State Science*, Vol. 4, ed. R. Wolfe, 1-94, Academic Press, New York, 1974.
8. J. T. Longo, D. T. Cheung, A. M. Andrews, C. C. Wang, and J. M. Tracy, "Infrared Focal Planes in Intrinsic Semiconductors," *IEEE Transactions on Electron Devices* ED-25, 213-32, 1978.
9. H. Zogg and A. Ishida, "IV-VI (Lead Chalcogenide) Infrared Sensors and Lasers," in *Infrared Detectors and Emitters: Materials and Devices*, eds. P. Capper and C. T. Elliott, 43-75, Kluwer, Boston, 2001.
10. G. Springholz, "Molecular Beam Epitaxy of IV-VI Heterostructures and Superlattices," in *Lead Chalcogenides*:

Physics and Applications, ed. D. Khoklov, 123 – 207, Taylor & Francis Inc. , 2003.

11. H. Zogg, "Lead Chalcogenide Infrared Detectors Grown on Silicon Substrates," in *Lead Chalcogenides: Physics and Applications*, ed. D. Khoklov, 587 – 615, Taylor & Francis Inc. , 2003.

12. G. Springholz, T. Schwarzl, and W. Heiss, "Mid – Infrared Vertical Cavity Surface Emitting Lasers Based on the Lead Salt Compounds," in *Mid – Infrared Semiconductor Optoelectronics*, ed. A. Krier, 265 – 301, Springer Verlag, 2007.

13. R. Dalven, "A Review of the Semiconductor Properties of PbTe, PbSe, PbS and PbO," *Infrared Physics* 9, 141 – 84, 1969.

14. Yu. I. Ravich, B. A. Efimova, and I. A. Smirnov, *Semiconducting Lead Chalcogenides*, Plenum Press, New York, 1970.

15. H. Preier, "Recent Advances in Lead – Chalcogenide Diode Lasers," *Applied Physics* 10, 189 – 206, 1979.

16. H. Maier and J. Hesse, "Growth, Properties and Applications of Narrow – Gap Semiconductors," in *Crystal Growth, Properties and Applications*, ed. H. C. Freyhardt, 145 – 219, Springer Verlag, Berlin, 1980.

17. R. Dornhaus, G. Nimtz, and B. Schlicht, *Narrow – Gap Semiconductors*, Springer Verlag, Berlin, 1983.

18. A. V. Ljubchenko, E. A. Salkov, and F. F. Sizov, *Physical Fundamentals of Semiconductor Infrared Photoelectronics*, Naukova Dumka, Kiev, 1984 (in Russian).

19. A. Rogalski and J. Piotrowski, "Intrinsic Infrared Detectors," *Progress in Quantum Electronics* 12, 87 – 289, 1988.

20. A. Rogalski, "IV – VI Detectors," in *Infrared Photon Detectors*, ed. E. Rogalski, 513 – 59, SPIE Optical Engineering Press, Bellingham, WA, 1995.

21. A. Rogalski, K. Adamiec, and J. Rutkowski, *Narrow – Gap Semiconductor Photodiodes*, SPIE Press, Bellingham, WA, 2000.

22. G. Springholz and G. Bauer, "Molecular Beam Epitaxy of IV – VI Semiconductor Hetero – and Nano – Structures," *Physica Status Solidi (b)* 244, 2752 – 67, 2007.

23. T. C. Harman, "Control of Imperfections in Crystals of $Pb_{1-x}Sn_xTe$, $Pb_{1-x}Sn_xSe$, and $PbS_{1-x}Se_x$," *Journal of Nonmetals* 1, 183 – 94, 1973.

24. S. G. Parker and R. E. Johnson, "Preparation and Properties of (Pb,Sn)Te," in *Preparation and Properties of Solid State Materials*, ed. W. R. Wilcox, 1 – 65, Marcel Dekker, Inc. , New York, 1981.

25. D. L. Partin and J. Heremans, "Growth of Narrow Bandgap Semiconductors," in *Handbook on Semiconductors*, Vol. 3, ed. S. Mahajan, 369 – 450, Elsevier Science B. V. , Amsterdam, 1994.

26. N. Tamari and H. Shtrikman, "Growth Study of Large Nonseeded $Pb_{1-x}Sn_xTe$ Single Crystals," *Journal of Electronic Materials* 8, 269 – 88, 1979.

27. E. V. Markov and A. A. Davydov, "Vapour Phase Growth of Cadmium Sulphide Single Crystals," *Neorganicheskie Materialy* 11, 1755 – 58, 1975.

28. K. Grasza, "Estimation of the Optimal Conditions for Directional Crystal Growth from the Vapour Phase with No Contact Between Crystal and Ampoule Wall," *Journal of Crystal Growth* 128, 609 – 12, 1993.

29. D. L. Partin, "Molecular – Beam Epitaxy of IV – VI Compound Heterojunctions and Superlattices," in *Semiconductors and Semimetals*, eds. R. K. Willardson and A. C. Beer, 311 – 36, Academic Press, Boston, 1991.

30. S. Szapiro, N. Tamari, and H. Shtrikman, "Calculation of the Phase Diagram of the Pb – Sn – Te System in the (Pb + Sn) – Rich Region," *Journal of Electronic Materials* 10, 501 – 16, 1981.

31. J. Kasai and W. Bassett, "Liquid Phase Epitaxial Growth of $Pb_{1-x}Sn_xSe$," *Journal of Crystal Growth* 27, 215 – 20, 1974.

32. P. Müller, H. Zogg, A. Fach, J. John, C. Paglino, A. N. Tiwari, M. Krejci, and G. Kostorz, "Reduction of

Threading Dislocation Densities in Heavily Lattice Mismatched PbSe on Si(111) by Glide," *Physical Review Letters* 78, 3007–10, 1997.

33. Y. Huand and R. F. Brebrick, "Partial Pressures and Thermodynamic Properties for Lead Telluride," *Journal of the Electrochemical Society* 135, 486–96, 1988.
34. Y. Huand and R. F. Brebrick, "Partial Pressures and Thermodynamic Properties of PbTe – SnTe Solid and Liquid Solutions with 13, 20, and 100 Mole Percent SnTe," *Journal of the Electrochemical Society* 135, 1547–59, 1988.
35. Y. G. Sha and R. F. Brebrick, "Explicit Incorporation of the Energy – Band Structure into an Analysis of the Defect Chemistry of PbTe and SnTe," *Journal of Electronic Materials* 18, 421–43, 1989.
36. N. J. Parada and G. W. Pratt, "New Model for Vacancy States in PbTe," *Physical Review Letters* 22, 180–82, 1969.
37. G. W. Pratt, "Vacancy and Interstitial States in the Lead Salts," *Journal of Nonmetals* 1, 103–9, 1973.
38. L. A. Hemstreet, "Cluster Calculations of the Effects of Lattice Vacancies in PbTe and SnTe," *Physical Review* B12, 1213–16, 1975.
39. C. S. Lent, M. A. Bowen, R. A. Allgaier, J. D. Dow, O. F. Sankey, and E. S. Ho, "Impurity Levels in PbTe and $Pb_{1-x}Sn_xTe$," *Solid State Communications* 61, 83–87, 1987.
40. L. Palmetshofer, "Ion Implantation in IV – VI Semiconductors," *Applied Physics* A34, 139–53, 1984.
41. R. Dornhaus, G. Nimtz, and W. Richter, *Solid – State Physics*, Springer Verlag, Berlin. 1976.
42. K. Lischka, "Bound Defect States in IV – VI Semiconductors," *Applied Physics* A29, 177–89, 1982.
43. V. I. Kaidanov and Yu. I. Ravich, "Deep and Resonant States in $A^{IV}B^{VI}$ Semiconductors," *Uspekhi Fizicheskikh Nauk* 145, 51–86, 1985 (in Russian).
44. B. A. Akimov, L. I. Ryabova, O. B. Yatsenko, and S. M. Chudinov, "Rebuilding of Energy Spectrum in $Pb_{1-x}Sn_xTe$ Alloys Doped with In Under the Pressure and the Variation of Their Composition," *Fizika i Tekhnika Poluprovodnikov* 13, 752–59, 1979; B. A. Akimov, A. V. Dmitriev, D. R. Khokhlov, and L. I. Ryabova, "Carrier Transport and Non – Equillibrium Phenomena in Doped PbTe and Related Materials," *Physica Status Solidi* (a) 137, 9–55, 1993.
45. E. Silberg and A. Zemel, "Cadmium Diffusion Studies of PbTe and $Pb_{1-x}Sn_xTe$ Crystals," *Journal of Electronic Materials* 8, 99–109, 1979.
46. A. Rogalski and K. Jóźwikowski, "The Intrinsic Carrier Concentration in $Pb_{1-x}Sn_xTe$, $Pb_{1-x}Sn_xSe$ and $PbS_{1-x}Se_x$," *Physica Status Solidi* (a) 111, 559–65, 1989.
47. Yu. Ravich, B. A. Efimova, and V. I. Tamarchenko, "Scattering of Current Carriers and Transport Phenomena in Lead Chalcogenides. I. Theory," *Physica Status Solidi* (b) 43, 11–33, 1971.
48. Yu. Ravich, B. A. Efimova, and V. I. Tamarchenko, "Scattering of Current Carriers and Transport Phenomena in Lead Chalcogenides. II. Experiment," *Physica Status Solidi* (b) 43, 453–69, 1971.
49. W. Zawadzki, "Mechanisms of Electron Scattering in Semiconductors," in *Handbook on Semiconductors*, Vol. 1, ed. W. Paul, 423, North Holland, Amsterdam, 1980.
50. F. F. Sizov, G. V. Lashkarev, M. V. Radchenko, V. B. Orletzki, and E. T. Grigorovich, "Peculiarities of Carrier Scattering Mechanisms in Narrow Gap Semiconductors," *Fizika i Tekhnika Poluprovodnikov* 10, 1801–8, 1976.
51. A. Lopez – Otero, "Hot Wall Epitaxy," *Thin Solid Films* 49, 3–57, 1978.
52. W. W. Anderson, "Absorption Constant of $Pb_{1-x}Sn_xTe$ and $Hg_{1-x}Cd_xTe$ Alloys," *Infrared Physics* 20, 363–72, 1980.
53. D. Genzow, K. H. Herrmann, H. Kostial, I. Rechenberg, and A. E. Yunovich, "Interband Absorption Edge

in $Pb_{1-x}Sn_xTe$," *Physica Status Solidi* (*b*) 86, K21 - K25, 1978.

54. D. Genzow, A. G. Mironow, and O. Ziep, "On the Interband Absorption in Lead Chalcogenides," *Physica Status Solidi* (*b*) 90, 535 - 42, 1978.

55. O. Ziep and D. Genzow, "Calculation of the Interband Absorption in Lead Chalcogenides Using a Multiband Model," *Physica Status Solidi* (*b*) 96, 359 - 68, 1979.

56. B. L. Gelmont, T. R. Globus, and A. V. Matveenko, "Optical Absorption and Band Structure of PbTe," *Solid State Communications* 38, 931 - 34, 1981.

57. N. Suzuki and S. Adachi, "Optical Constants of $Pb_{1-x}Sn_xTe$ Alloys," *Journal of Applied Physics* 79, 2065 - 69, 1996.

58. S. Adachi, *Properties of Group - IV, III - V and II - VI Semiconductors*, John Wiley & Sons, Ltd, Chichester, 2005.

59. A. V. Butenko, R. Kahatabi, E. Mogilko, R. Strul, V. Sandomirsky, Y. Schlesinger, Z. Dashevsky, V. Kasiyan, and S. Genikhov, "Characterization of High - Temperature PbTe p - n Junctions Prepared by Thermal Diffusion and by Ion Implantation," *Journal of Applied Physics* 103, 024506, 2008.

60. J. H. Barrett, "Dielectric Constant in Perovskite Type Crystals," *Physical Review* 86, 118 - 20, 1952.

61. Y. Shani, R. Rosman, and A. Katzir, "Calculation of the Refractive Index of Lead - Tin - Telluride for Infrared Devices," *IEEE Journal of Quantum Electronics* QE - 20, 1110 - 14, 1984.

62. B. Jensen and A. Tarabi, "Dispersion of the Refractive Index of Ternary Compound $Pb_{1-x}Sn_xTe$," *Applied Physics Letters* 45, 266 - 68, 1984.

63. B. Jensen and A. Tarabi, "The Refractive Index of Compounds PbTe, PbSe, and PbS," *IEEE Journal of Quantum Electronics* QE - 20, 618 - 21, 1984.

64. K. H. Harrmann, V. Melzer, and U. Muller, "Interband and Intraband Contributions to Refractive Index and Dispersion in Narrow - Gap Semiconductors," *Infrared Physics* 34, 117 - 36, 1993.

65. P. Herve and L. K. J. Vandamme, "General Relation Between Refractive Index and Energy Gap in Semiconductors," *Infrared Physics Technology* 35, 609 - 15, 1994.

66. O. Ziep, D. Genzow, M. Mocker, and K. H. Herrmann, "Nonradiative and Radiative Recombination in Lead Chalcogenides," *Physica Status Solidi* (*b*) 99, 129 - 38, 1980.

67. O. Ziep, "Estimation of Second - Order Auger Recombination in Lead Chalcogenides," *Physica Status Solidi* (*b*) 115, 161 - 70, 1983.

68. D. A. Cammack, A. V. Nurmikko, G. W. Pratt, and J. R. Lowney, "Enhanced Interband Recombination in $Pb_{1-x}Sn_xTe$," *Journal of Applied Physics* 46, 3965 - 69, 1975.

69. D. M. Gureev, O. I. Davarashvili, I. I. Zasavitskii, B. N. Matsonashvili, and A. R. Shotov, "Radiative Recombination in Epitaxial $Pb_{1-x}Sn_xSe$ ($0 \leqslant x \leqslant 0.4$) Layers," *Fizika i Tekhnika Poluprovodnikov* 13, 1752 - 55, 1979.

70. G. Nimtz, "Recombination in Narrow - Gap Semiconductors," *Physics Reports* 63, 265 - 300, 1980.

71. K. Lischka and W. Huber, "Carrier Recombination and Deep Levels in PbTe," *Solid - State Electronics* 21, 1509 - 12, 1978.

72. K. H. Harrmann, "Recombination in Small - Gap $Pb_{1-x}Sn_xTe$," *Solid - State Electronics* 21, 1487 - 91, 1978.

73. D. Khokhlov, ed. Lead Chalcogenides: *Physics and Applications*, Taylor & Francis Inc., 2003.

74. P. R. Emtage, "Auger Recombination and Junction Resistance in Lead - Tin Telluride," *Journal of Applied Physics* 47, 2565 - 68, 1976.

75. K. Lischka, W. Huber, and H. Heinrich, "Experimental Determination of the Minority Carrier Lifetime in PbTe p - n Junctions," *Solid State Communications* 20, 929 - 31, 1976.

76. K. Lischka and W. Huber, "Auger Recombination in PbTe," *Journal of Applied Physics* 48, 2632 – 33, 1977.
77. T. X. Hoai and K. H. Herrmann, "Recombination in $Pb_{0.82}Sn_{0.18}Te$ at High Levels of Optical Excitation," *Physica Status Solidi (b)* 83, 465 – 70, 1977.
78. O. Ziep, M. Mocker, D. Genzow, and K. H. Herrmann, "Auger Recombination in PbSnTe – Like Semiconductors," *Physica Status Solidi (b)* 90, 197 – 205, 1978.
79. O. Ziep and M. Mocker, "A New Approach to Auger Recombination," *Physica Status Solidi (b)* 98, 133 – 42, 1980.
80. R. Rosman and A. Katzir, "Lifetime Calculations for Auger Recombination in Lead – Tin – Telluride," *IEEE Journal of Quantum Electronics* QE18, 814 – 17, 1982.
81. H. Zogg, W. Vogt, and W. Baumgartner, "Carrier Recombination in Single Crystal PbSe," *Solid – State Electronics* 25, 1147 – 55, 1982.
82. A. Shahar, M. Oron, and A. Zussman, "Minority – Carrier Diffusion – Length Measurement and Lifetime in $Pb_{0.8}Sn_{0.2}Te$ and Indium – Doped PbTe Liquid Phase Layers," *Journal of Applied Physics* 54, 2477 – 82, 1983.
83. M. Mocker and O. Ziep, "Intrinsic Recombination in Dependence on Doping Concentration and Excitation Level," *Physica Status Solidi (b)* 115, 415 – 25, 1983.
84. O. Ziep, M. Mocker, and D. Genzow, "Theorie der Band – Band – Rekombination in Bleichalkogeniden," *Wissensch. Zeitschr. Humboldt – Univ. Berlin, Math. – Nataruiss. Reihe* XXX, 81 – 97, 1981.
85. A. V. Dmitriev, "Calculation of the Auger Lifetime of Degenerate Carriers in the Many – Valley Narrow Gap Semiconductors," *Solid State Communications* 74, 577 – 81, 1990.
86. S. D. Beneslavskii and A. V. Dmitriev, "Auger Transitions in Narrow – Gap Semiconductors with Lax Band Structures," *Solid State Communications* 39, 811 – 14, 1981.
87. P. Berndt, D. Genzow, and K. H. Herrmann, "Recombination analysis in 10 μm $Pb_{1-x}Sn_xTe$," *Physica Status Solidi (a)* 38, 497 – 503, 1976.
88. A. Schlicht, R. Dornhaus, G. Nimtz, L. D. Haas, and T. Jakobus, "Lifetime Measurements in PbTe and PbSnTe," *Solid – State Electronics* 21, 1481 – 85, 1981.
89. K. Weiser, E. Ribak, A. Klein, and M. Ainhorn, "Recombination of Photocarriers in Lead – Tin Telluride," *Infrared Physics* 21, 149 – 54, 1981.
90. A. Genzow, M. Mocker, and E. Normantas, "The Influence of Uniaxial Strain on the Band to Band Recombination in $Pb_{1-x}Sn_xTe$," *Physica Status Solidi (b)* 135, 261 – 70, 1986.
91. S. Espevik, C. Wu, and R. H. Bube, "Mechanism of Photoconductivity in Chemically Deposited Lead Sulfide Layers," *Journal of Applied Physics* 42, 3513 – 29, 1971.
92. T. H. Johnson, "Lead Salt Detectors and Arrays. PbS and PbSe," *Proceedings of SPIE* 443, 60 – 94, 1984.
93. L. N. Neustroev and V. V. Osipov, "Physical Properties of Photosensitive Polycrystalline Lead Chalcogenide Films," *Mikroelektronika* 17, 399 – 416, 1988.
94. J. Vaitkus, M. Petrauskas, R. Tomasiunas, and R. Masteika, "Photoconductivity of Highly Excited $A^{IV}B^{VI}$ Thin Films," *Applied Physics* A54, 553 – 55, 1992.
95. J. Vaitkus, R. Tomasiunas, K. Tumkevicius, M. Petrauskas, and R. Masteika, "Picosecond Photoconductivity of Polycrystalline PbTe Films," *Fizika i Tekhnika Poluprovodnikov* 24, 1919 – 22, 1990.
96. T. S. Moss, "Lead Salt Photoconductors," *Proceedings of IRE* 43, 1869 – 81, 1955.
97. R. J. Cashman, "Film – Type Infrared Photoconductors," *Proceedings of IRE* 47, 1471 – 75, 1959.
98. P. W. Kruse, L. D. McGlauchlin, and R. B. McQuistan, *Elements of Infrared Technology*, Wiley, New York, 1962.
99. D. E. Bode, T. H. Johnson, and B. N. McLean, "Lead Selenide Detectors for Intermediate Temperature Op-

eration," *Applied Optics* 4, 327 – 31, 1965.

100. J. N. Humphrey, "Optimization of Lead Sulfide Infrared Detectors Under Diverse Operating Conditions," *Applied Optics* 4, 665 – 75, 1965.

101. T. H. Johnson, H. T. Cozine, and B. N. McLean, "Lead Selenide Detectors for Ambient Temperature Operation," *Applied Optics* 4, 693 – 96, 1965.

102. D. E. Bode, "Lead Salt Detectors," in *Physics of Thin Films*, Vol. 3, eds. G. Hass and R. E. Thun, 275 – 301, Academic Press, New York, 1966.

103. T. S. Moss, G. J. Burrel, and B. Ellis, *Semiconductor Optoelectronics*, Butterworths, London, 973.

104. R. E. Harris, "PbS... Mr. Versatility of the Detector World," *Electro – Optical Systems Design* 47 – 50, December 1976.

105. R. E. Harris, "PbSe... Mr Super Sleuth of the Detector World," *Electro – Optical Systems Design* 42 – 44, March 1977.

106. R. H. Harris, "Lead – Salt Detectors," *Laser Focus/Electro – Optics*, 87 – 96, December 1983.

107. M. C. Torquemada, M. T. Rodrigo, G. Vergara, F. J. Sanchez, R. Almazan, M. Verdu, P. Rodriguez, et al., "Role of Halogens in the Mechanism of Sensitization of Uncooled PbSe Infrared Photodetectors," *Journal of Applied Physics* 93, 1778 – 84, 2003.

108. C. Nascu, V. Vomir, I. Pop, V. Ionescu, and R. Grecu, "The Study of PbS Films: VI. Influence of Oxidants on the Chemically Deposited PbS Thin Films," *Materials Science and Engineering* B41, 235 – 240, 1996.

109. I. Grozdanov, M. Najdoski, and S. K. Dey, "A Simple Solution Growth Technique for PbSe Thin Films," *Materials Letters* 38, 28, 1999.

110. S. Horn, D. Lohrmann, P. Norton, K. McCormack, and A. Hutchinson, "Reaching for the Sensitivity Limits of Uncooled and Minimaly – Cooled Thermal and Photon Infrared Detectors," *Proceedings of SPIE* 5783, 401 – 11, 2005.

111. P. R. Norton, "Infrared Image Sensors," *Optical Engineering* 30, 1649 – 63, 1991.

112. E. L. Dereniak and G. D. Boreman, *Infrared Detectors and Systems*, Wiley, New York, 1996.

113. N. Quack, S. Blunier, J. Dual, F. Felder, M. Arnold, and H. Zogg, "Mid – Infrared Tunable Resonant Cavity Enhanced Detectors," *Sensors* 8, 5466 – 78, 2008.

114. A. Rogalski, J. Antoszewski, and L. Faraone, "Third – Generation Infrared Photodetector Arrays," *Journal of Applied Physics* 105, 091101 – 44, 2009.

115. A. Rogalski, "Detectivity Limits for PbTe Photovoltaic Detectors," *Infrared Physics* 20, 223 – 29, 1980.

116. A. Rogalski and J. Rutkowski, "Ro_A Product for PbS and PbSe Abrupt p – n Junctions," *Optica Applicata* 11, 365 – 70, 1981.

117. A. Rogalski and J. Rutkowski, "Temperature Dependence of the Ro_A Product for Lead Chalcogenides Photovoltaic Detectors," *Infrared Physics* 21, 191 – 99, 1981.

118. A. Rogalski, W. Kaszuba, and W. Larkowski, "PbTe Photodiodes Prepared by the Hot – Wall Evaporation Technique," *Thin Solid Films* 103, 343 – 53, 1983.

119. A. Rogalski, R. Ciupa, and H. Zogg, "Computer Modeling of Carrier Transport in Binary Salt Photodiodes," *Proceedings of SPIE* 2373, 172 – 81, 1995.

120. J. Baars, D. Bassett, and M. Schulz, "Metal – Semiconductor Barrier Studies of PbTe," *Physica Status Solidi* (a) 49, 483 – 88, 1978.

121. J. P. Donnelly, T. C. Harman, A. G. Foyt, and W. T. Lindley, "PbTe Photodiodes Fabricated by Sb^+ Ion Implantation," *Journal of Nonmetals* 1, 123 – 28, 1973.

122. H. Holloway and K. F. Yeung, "Low – Capacitance PbTe Photodiodes," *Applied Physics Letters* 30, 210 – 12, 1977.
123. C. H. Gooch, H. A. Tarry, R. C. Bottomley, and B. Waldock, "Planar Indium – Diffused Lead Telluride Detector Arrays," *Electronics Letters* 14, 209 – 10, 1978.
124. H. Zogg, S. Blunier, T. Hoshino, C. Maissen, J. Masek, and A. N. Tiwari, "Infrared Sensor Arrays with 3 – 12 μm Cutoff Wavelengths in Heteroepitaxial Narrow – Gap Semiconductors on Silicon Substrates," *IEEE Transactions on Electron Devices* 38, 1110 – 17, 1991.
125. A. Rogalski and R. Ciupa, "PbSnTe Photodiodes: Theoretical Predictions and Experimental Data," *Opto – Electronics Review* 5, 21 – 29, 1997.
126. C. A. Kennedy, K. J. Linden, and D. A. Soderman, "High – Performance 8 – 14 μm $Pb_{1-x}Sn_xTe$ Photodiodes," *Proceedings of IEEE* 63, 27 – 32, 1976.
127. C. C. Wang and S. R. Hampton, "Lead Telluride – Lead Tin Telluride Heterojunction Diode Array," *Solid – State Electronics* 18, 121 – 25, 1975.
128. P. S. Chia, J. R. Balon, A. H. Lockwood, D. M. Randall, and F. J. Renda, "Performance of PbSnTe Diodes at Moderately Backgrounds," *Infrared Physics* 15, 279 – 85, 1975.
129. C. C. Wang and J. S. Lorenzo, "High – Performance, High – Density, Planar PbSnTe Detector Arrays," *Infrared Physics* 17, 83 – 88, 1977.
130. C. C. Wang and M. E. Kim, "Long – Wavelength PbSnTe/PbTe Inverted Heterostructure Mosaics," *Journal of Applied Physics* 50, 3733 – 37, 1979.
131. M. Grudzień and A. Rogalski, "Photovoltaic Detectors $Pb_{1-x}Sn_xTe$ ($0 \leqslant x \leqslant 0.25$). Minority Carrier Lifetimes. Resistance – Area Product," *Infrared Physics* 21, 1 – 8, 1981.
132. V. F. Chishko, V. T. Hryapov, I. L. Kasatkin, V. V. Osipov, and O. V. Smolin, "High Detectivity $Pb_{0.8}Sn_{0.2}Te - PbSe_{0.08}Te_{0.92}$ Heterostructure Photodiodes," *Infrared Physics* 33, 275 – 80, 1992.
133. H. Zogg, C. Maissen, J. Masek, S. Blunier, A. Lambrecht, and M. Tacke, "Heteroepitaxial $Pb_{1-x}Sn_xSe$ on Si Infrared Sensor Array with 12 μm Cutoff Wavelength," *Applied Physics Letters* 55, 969 – 71, 1989.
134. H. Zogg, C. Maissen, J. Masek, S. Blunier, A. Lambrecht, and M. Tacke, "Epitaxial Lead Chalcogenide IR Sensors on Si for 3 – 5 and 8 – 12 μm," *Semiconductor Science and Technology* 5, S49 – S52, 1990.
135. H. Zogg, C. Maissen, J. Masek, T. Hoshino, S. Blunier, and A. N. Tiwari, "Photovotaic Infrared Sensor Arrays in Monolithic Lead Chalcogenides on Silicon," *Semiconductor Science and Technology* 6, C36 – C41, 1991.
136. T. Hoshino, C. Maissen, H. Zogg, J. Masek, S. Blunier, A. N. Tiwari, S. Teodoropol, and W. J. Bober, "Monolithic $Pb_{1-x}Sn_xSe$ Infrared Sensor Arrays on Si Prepared by Low – Temperature Process," *Infrared Physics* 32, 169 – 75, 1991.
137. J. Masek, T. Hoshino, C. Maissen, H. Zogg, S. Blunier, J. Vermeiren, and C. Claeys, "Monolithic Lead – Chalcogenide IR – Arrays on Silicon: Fabrication and Use in Thermal Imaging Applications," *Proceedings of SPIE* 1735, 54 – 61, 1992.
138. H. Zogg, A. Fach, C. Maissen, J. Masek, and S. Blunier, "Photovoltaic Lead – Chalcogenide on Silicon Infrared Sensor Arrays," *Optical Engineering* 33, 1440 – 49, 1994.
139. C. Paglino, A. Fach, J. John, P. Müller, H. Zogg, and D. Pescia, "Schottky – Barrier Fluctuations in $Pb_{1-x}Sn_xSe$ Infrared Sensors," *Journal of Applied Physics* 80, 7138 – 43, 1996.
140. A. Fach, J. John, P. Muller, C. Paglino, and H. Zogg, "Material Properties of $Pb_{1-x}Sn_xSe$ Epilayers on Si and Their Correlation with the Performance of Infrared Photodiodes," *Journal of Electronic Materials* 26, 873 – 77, 1997.

141. H. Zogg, A. Fach, J. John, P. Müller, C. Paglino, and A. N. Tiwari, "PbSnSe – on – Si: Material and IR – Device Properties," *Proceedings of SPIE* 3182, 26 – 29, 1998.

142. H. Zogg, "Lead Chalcogenide on Silicon Infrared Sensor Arrays," *Opto – Electronics Review* 6, 37 – 46, 1998.

143. H. Zogg, "Photovoltaic IV – VI on Silicon Infrared Devices for Thermal Imaging Applications," *Proceedings of SPIE* 3629, 52 – 62, 1999.

144. S. C. Gupta, B. L. Sharma, and V. V. Agashe, "Comparison of Schottky Barrier and Diffused Junction Infrared Detectors," *Infrared Physics* 19, 545 – 48, 1979.

145. A. Rogalski and W. Kaszuba, "Photovoltaic Detectors $Pb_{1-x}Sn_xSe$ ($0 \leqslant x \leqslant 0.12$). Minority Carrier Lifetimes. Resistance – Area Product," *Infrared Physics* 21, 251 – 59, 1981.

146. H. Preier, "Comparison of the Junction Resistance of (Pb,Sn)Te and (Pb,Sn)Se Infrared Detector Diodes," *Infrared Physics* 18, 43 – 46, 1979.

147. A. Rogalski and W. Kaszuba, "$PbS_{1-x}Se_x$ ($0 \leqslant x \leqslant 1$) Photovoltaic Detectors: Carrier Lifetimes and Resistance – Area Product," *Infrared Physics* 23, 23 – 32, 1983.

148. D. K. Hohnke, H. Holloway, K. F. Yeung, and M. Hurley, "Thin – Film (Pb,Sn)Se Photodiodes for 8 – 12 μm Operation," *Applied Physics Letters* 29, 98 – 100, 1976.

149. R. B. Schoolar and J. D. Jensen, "Narrowband Detection at Long Wavelengths with Epitaxial $Pb_{1-x}Sn_xSe$ Films," *Applied Physics Letters* 31, 536 – 38, 1977.

150. D. K. Hohnke and H. Holloway, "Epitaxial PbSe Schottky – Barrier Diodes for Infrared Detection," *Applied Physics Letters* 24, 633 – 35, 1974.

151. R. B. Schoolar, J. D. Jensen, and G. M. Black, "Composition – Tuned PbS_xSe_{1-x} Schottky – Barrier Infrared Detectors," *Applied Physics Letters* 31, 620 – 22, 1977.

152. M. R. Johnson, R. A. Chapman, and J. S. Wrobel, "Detectivity Limits for Diffused Junction PbSnTe Detectors," *Infrared Physics* 15, 317 – 29, 1975.

153. J. Rutkowski, A. Rogalski, and W. Larkowski, "Mesa Cd – Diffused $Pb_{0.80}Sn_{0.20}Te$ Photodiodes," *Acta Physica Polonica* A67, 195 – 98, 1985.

154. J. P. Donnelly and H. Holloway, "Photodiodes Fabricated in Epitaxial PbTe by Sb^+ Ion Implantation," *Applied Physics Letters* 23, 682 – 83, 1973.

155. H. Holloway, "Thin – Film IV – VI Semiconductor Photodiodes," in *Physics of Thin Films*, Vol. 11, eds. G. Haas, M. H. Francombe, and P. W. Hoffman, 105 – 203, Academic Press, New York, 1980.

156. K. W. Nill, A. R. Calawa, and T. C. Harman, "Laser Emission from Metal – Semiconductor Barriers on PbTe and $Pb_{0.8}Sn_{0.2}Te$," *Applied Physics Letters* 16, 375 – 77, 1970.

157. J. P. Donnelly and T. C. Harman, "P – n Junction PbS_xSe_{1-x} Photodiodes Fabricated by Se^+ Ion Implantation," *Solid – State Electronics* 18, 288 – 90, 1975.

158. J. P. Donnelly, T. C. Harman, A. G. Foyt, and W. T. Lindley, "PbS Photodiodes Fabricated by Sb^+ Ion Implantation," *Solid – State Electronics* 16, 529 – 34, 1973.

159. A. M. Andrews, J. T. Longo, J. E. Clarke, and E. R. Gertner, "Backside – Illuminated $Pb_{1-x}Sn_xTe$ Heterojunction Photodiode," *Applied Physics Letters* 26, 438 – 41, 1975.

160. R. W. Grant, J. G. Pasko, J. T. Longo, and A. M. Andrews, "ESCA Surface Studies of $Pb_{1-x}Sn_xTe$ Devices," *Journal of Vacuum Science and Technology* 13, 940 – 47, 1976.

161. M. Bettini and H. J. Richter, "Oxidation in Air and Thermal Desorption on PbTe, SnTe and $Pb_{0.8}Sn_{0.2}Te$ Surface," *Surface Science* 80, 334 – 43, 1979.

162. D. L. Partin and C. M. Thrush, "Anodic Oxidation of Lead Telluride and Its Alloys," *Journal of the Electrochemical Society* 133, 1337 – 40, 1986.

163. T. Jimbo, M. Umeno, H. Shimizu, and Y. Amemiya, "Optical Properties of Native Oxide Film Anodically Grown on PbSnTe," *Surface Science* 86, 389 – 97, 1979.
164. J. D. Jensen and R. B. Schoolar, "Surface Charge Transport in PbS_xSe_{1-x} and $Pb_{1-x}Sn_xSe$ Epitaxial Films," *Journal of Vacuum Science and Technology* 13, 920 – 25, 1976.
165. A. Rogalski, "Effect of Air on Electrical Properties of $Pb_{1-x}Sn_xTe$ Layers on a Mica Substrate," *Thin Solid Films* 74, 59 – 68, 1980.
166. S. Sun, S. P. Buchner, N. E. Byer, and J. M. Chen, "Oxygen Uptake on an Epitaxial PbSnTe (111) Surface," *Journal of Vacuum Science and Technology* 15, 1292 – 97, 1978.
167. T. Jakobus, W. Rothemund, A. Hurrle, and J. Baars, "$Pb_{0.8}Sn_{0.2}Te$ Infrared Photodiodes by Indium Implantation," *Revue de Physique Applquee* 13, 753 – 56, 1978.
168. W. Larkowski and A. Rogalski, "High – Performance 8 – 14 μm PbSnTe Schottky Barrier Photodiodes," *Optica Applicata* 16, 221 – 29, 1986.
169. P. Lo Vecchio, M. Jasper, J. T. Cox, and M. B. Barber, "Planar $Pb_{0.8}Sn_{0.2}Te$ Photodiode Array Development at the Night Vision Laboratory," *Infrared Physics* 15, 295 – 301, 1975.
170. J. S. Wrobel, "Method of Forming p – n Junction in PbSnTe and Photovoltaic Infrared Detector Provided Thereby," *Patent USA* 3,911,469, 1975.
171. R. Behrendt and R. Wendlandt, "A Study of Planar Cd – diffused $Pb_{1-x}Sn_xTe$ Photodiodes," *Physica Status Solidi (a)* 61, 373 – 80, 1980.
172. P. T. Landsberg, *Recombination in Semiconductors*, Cambridge University Press, Cambridge, 2003.
173. L. H. DeVaux, H. Kimura, M. J. Sheets, F. J. Renda, J. R. Balon, P. S. Chia, and A. H. Lockwood, "Thermal Limitations in PbSnTe Detectors," *Infrared Physics* 15, 271 – 77, 1975.
174. J. John and H. Zogg, "Infrared p – n – Junction Diodes in Epitaxial Narrow Gap PbTe Layers on Si Substrates," *Applied Physics Letters* 85, 3364 – 66, 1999.
175. E. M. Logothetis, H. Holloway, A. J. Varga, and W. J. Johnson, "N – p Junction IR Detectors Made by Proton Bombardment of Epitaxial PbTe," *Applied Physics Letters* 21, 411 – 13, 1972.
176. T. F. Tao, C. C. Wang, and J. W. Sunier, "Effect of Proton Bombardment on $Pb_{0.76}Sn_{0.24}Te$," *Applied Physics Letters* 20, 235 – 37, 1972.
177. C. C. Wang, T. F. Tao, and J. W. Sunier, "Proton Bombardment and Isochronal Annealing of p – type $Pb_{0.76}Sn_{0.24}Te$," *J. Applied Physics* 45, 3981 – 87, 1974.
178. J. P. Donnelly, "The Electrical Characteristics of Ion Implanted Compound Semiconductors," *Nuclear Instruments and Methods* 182/183, 553 – 71, 1981.
179. L. Palmetshofer, "Ion Implantation in IV – VI Semiconductors," *Applied Physics* A34, 139 – 53, 1984.
180. A. H. Lockwood, J. R. Balon, P. S. Chia, and F. J. Renda, "Two – Color Detector Arrays by PbTe/$Pb_{0.8}Sn_{0.2}Te$ Liquid Phase Epitaxy," *Infrared Physics* 16, 509 – 14, 1976.
181. C. C. Wang, M. H. Kalisher, J. M. Tracy, J. E. Clarke, and J. T. Longo, "Investigation on Leakage Characteristics of PbSnTe/PbTe Inverted Heterostructure Diodes," *Solid – State Electronics* 21, 625 – 32, 1978.
182. Nugraha, W. Tamura, O. Itoh, K. Suto, and J. Nishizawa, "Te Vapor Pressure Dependence of the p – n Junction Properties of PbTe Liquid Phase Epitaxial Layers," *Journal of Electronic Materials* 27, 438 – 41, 1999.
183. W. Rolls and D. V. Eddolls, "High Detectivity $Pb_{1-x}Sn_xTe$ Photovoltaic Diodes," *Infrared Physics* 13, 143 – 47, 1972.
184. R. W. Bicknell, "Electrical and Metallurgical Examination of $Pb_{1-x}Sn_xTe$/PbTe Heterojunctions," *Journal of*

Vacuum Science and Technology 14, 1012 – 15, 1977.

185. V. V. Tetyorkin, V. B. Alenberg, F. F. Sizov, E. V. Susov, Yu. G. Troyan, A. V. Gusarov, V. Yu. Chopik, and K. S. Medvedev, "Carrier Transport Mechanisms and Photoelectrical Properties of PbSnTe/PbTeSe Heterojunctions," *Infrared Physics* 30, 499 – 504, 1990.

186. A. Rogalski, "$Pb_{1-x}Sn_xTe$ Photovoltaic Detectors for the Range of Atmospheric Window 8 – 14 μm Prepared by a Modified Hot – Wall Evaporation Technique," *Electron Technology* 12(4), 99 – 107, 1978.

187. D. Eger, A. Zemel, S. Rotter, N. Tamari, M. Oron, and A. Zussman, "Junction Migration in PbTe – PbSnTe Heterostructures," *Journal of Applied Physics* 52, 490 – 95, 1981.

188. D. Yakimchuk, M. S. Davydov, V. F. Chishko, I. J. Tsveibak, V. V. Krapukhin, and I. A. Sokolov, "Current – Voltage Characteristics of p – $Pb_{0.8}Sn_{0.2}Te$/n – $PbTe_{0.92}Se_{0.08}$ Heterojunctions," *Fizika i Tekhnika Poluprovodnikov* 22, 1474 – 78, 1988.

189. I. Kasai, D. W. Bassett, and J. Hornung, "PbTe and $Pb_{0.8}Sn_{0.2}Te$ Epitaxial Films on Cleaved BaF_2 Substrates Prepared by a Modified Hot – Wall Technique," *Journal of Applied Physics* 47, 3167 – 71, 1976.

190. A. Rogalski, "n – PbTe/p^+ – $Pb_{1-x}Sn_xTe$ Heterojunctions Prepared by a Modified Hot Wall Technique," *Thin Solid Films* 67, 179 – 86, 1980.

191. D. Eger, M. Oron, A. Zussman, and A. Zemel, "The Spectral Response of PbTe/PbSnTe Heterostructure Diodes at Low Temperatures," *Infrared Physics* 23, 69 – 76, 1983.

192. E. Abramof, S. O. Ferreira, C. Boschetti, and I. N. Bendeira, "Influence of Interdiffusion on N – PbTe/P – PbSnTe Heterojunction Diodes," *Infrared Physics* 30, 85 – 91, 1990.

193. N. Tamari and H. Shtrikman, "Dislocation Etch Pits in LPE – Grown $Pb_{1-x}Sn_xTe$ (LTT) Heterostructures," *Journal of Applied Physics* 50, 5736 – 42, 1979.

194. D. Kasemset and G. Fonstad, "Reduction of Interface Recombination Velocity with Decreasing Lattice Parameter Mismatch in PbSnTe Heterojunctions," *Journal of Applied Physics* 50, 5028 – 29, 1979.

195. D. Kasemset, S. Rotter, and C. G. Fonstad, "Liquid Phase Epitaxy of PbTeSe Lattice – Matched to PbSnTe," *Journal of Electronic Materials* 10, 863 – 78, 1981.

196. J. N. Walpole and K. W. Nill, "Capacitance – Voltage Characteristic of the Metal Barrier on p PbTe and n InAs: Effect of Inversion Layer," *Journal of Applied Physics* 42, 5609 – 17, 1971.

197. F. F. Sizov, V. V. Tetyorkin, Yu. G. Troyan, and V. Yu. Chopick, "Properties of the Schottky Barriers on Compensated PbTe < Ga > ," *Infrared Physics* 29, 271 – 77, 1989.

198. W. Vogt, H. Zogg, and H. Melchior, "Preparation and Properties of Epitaxial $PbSe/BaF_2$/PbSe Structures," *Infrared Physics* 25, 611 – 14, 1985.

199. C. Maissen, J. Masek, H. Zogg, and S. Blunier, "Photovoltaic Infrared Sensors in Heteroepitaxial PbTe on Si," *Applied Physics Letters* 53, 1608 – 10, 1988.

200. W. Maurer, "Temperature Dependence of the Ro_A Product of PbTe Schottky Diodes," *Infrared Physics* 23, 257 – 60, 1983.

201. B. Chang, K. E. Singer, and D. C. Northrop, "Indium Contacts to Lead Telluride," *Journal of Physics D: Applied Physics* 13, 715 – 23, 1980.

202. T. A. Grishina, I. A. Drabkin, Yu. P. Kostikov, A. V. Matveenko, N. G. Protasova, and D. A. Sakseev, "Study of In – $Pb_{1-x}Sn_xTe$ Interface by Auger Spectroscopy," *Izvestiya Akademii Nauk SSSR. Neorganicheskie Materialy* 18, 1709 – 13, 1982.

203. K. P. Scharnhorst, R. F. Bis, J. R. Dixon, B. B. Houston, and H. R. Riedl, "Vacuum Deposited Method for Fabricating an Epitaxial PbSnTe Rectifying Metal Semiconductor Contact Photodetector," U. S Patent 3, 961,998, 1976.

204. S. Buchner, T. S. Sun, W. A. Beck, N. E. Dyer, and J. M. Chen, "Schottky Barrier Formation on (Pb, Sn)Te," *Journal of Vacuum Science and Technology* 16, 1171 – 73, 1979.
205. T. A. Grishina, N. N. Berchenko, G. I. Goderdzishvili, I. A. Drabkin, A. V. Matveenko, T. D. Mcheidze, D. A. Sakseev, and E. A. Tremiakova, "Surface – Barrier $Pb_{0.77}Sn_{0.23}Te$ Structures with Intermediate Layer," *Journal of Technical Physics* 57, 2355 – 60, 1987 (in Russian).
206. N. N. Berchenko, A. I. Vinnikova, A. Yu. Nikiforov, E. A. Tretyakova, and S. V. Fadyeev, "Growth and Properties of Native Oxides for IV – VI Optoelectronic Devices," *Proceedings of SPIE* 3182, 404 – 7, 1997.
207. T. S. Sun, N. E. Byer, and J. M. Chen, "Oxygen Uptake on Epitaxial PbTe(111) Surfaces," *Journal of Vacuum Science and Technology* 15, 585 – 89, 1978.
208. A. C. Bouley, T. K. Chu, and G. M. Black, "Epitaxial Thin Film IV – VI Detectors: Device Performance and Basic Material Properties," *Proceedings of SPIE* 285, 26 – 32, 1981.
209. A. C. Chu, A. C. Bouley, and G. M. Black, "Preparation of Epitaxial Thin Film Lead Salt Infrared Detectors," *Proceedings of SPIE* 285, 33 – 35, 1981.
210. M. Drinkwine, J. Rozenbergs, S. Jost, and A. Amith, "The Pb/PbSSe Interface and Performance of Pb/PbSSe Photodiodes," *Proceedings of SPIE* 285, 36 – 43, 1981.
211. J. H. Werner and H. H. Guttler, "Barrier Inhomogeneities at Schottky Contacts," *Journal of Applied Physics* 69, 1522 – 33, 1991.
212. D. W. Bellavance and M. R. Johnson, "Open Tube Vapor Transport Growth of $Pb_{1-x}Sn_xTe$ Epitaxial Films for Infrared Detectors," *Journal of Electronic Materials* 5, 363 – 80, 1976.
213. E. M. Logothetis, H. Holloway, A. J. Varga, and E. Wilkes, "Infrared Detection by Schottky Barrier in Epitaxial PbTe," *Applied Physics Letters* 19, 318 – 20, 1971.
214. H. Zogg and M. Huppi, "Growth of High Quality Epitaxial PbSe Onto Si Using a $(Ca,Ba)F_2$ Buffer Layer," *Applied Physics Letters* 47, 133 – 35, 1985.
215. J. Baars, "New Aspects of the Material and Device Technology of Intrinsic Infrared Photodetectors," in *Physics of Narrow Gap Semiconductors*, eds. E. Gornik, H. Heinrich, and L. . Palmetshofer, 280 – 82, Springer, Berlin, 1982.
216. J. Masek, C. M. Maissen, H. Zogg, S. Blunier, H. Weibel, A. Lambrecht, B. Spanger, H. Bottner, and M. Tacke, "Photovoltaic Infrared Sensor Arrays in Heteroepitaxial Narrow Gap Lead – Chalcogenides on Silicon," *Journal de Physique*, Colloque C4, 587 – 90, 1988.
217. J. Masek, A. Ishida, H. Zogg, C. Maissen, and S. Blunier, "Monolithic Photovoltaic PbS – on – Si Infrared – Sensor Array," *IEEE Electron Device Letters* 11, 12 – 14, 1990.
218. H. Zogg and P. Norton, "Heteroepitaxial PbTe – Si and (Pb,Sn)Se – Si Structures for Monolithic 3 – 5 μm and 8 – 12 μm Infrared Sensor Arrays," *IEDM Technical Digest* 121 – 24, 1985.
219. P. Collot, F. Nguyen – Van – Dau, and V. Mathet, "Monolithic Integration of PbSe IR Photodiodes on Si Substrates for Near Ambient Temperature Operation," *Semiconductor Science and Technology* 9, 1133 – 37, 1994.
220. H. Zogg, A. Fach, J. John, J. Masek, P. Müller, C. Paglino, and W. Buttler, "PbSnSe – on – Si LWIR Sensor Arrays and Thermal Imaging with JFET/CMOS Read – Out," *Journal of Electronic Materials* 25, 1366 – 70, 1996.
221. J. Ameurlaine, A. Rousseau, T. Nguyen – Duy, and R. Triboulet, "(HgZn)Te Infrared Photovoltaic Detectors," *Proceedings of SPIE* 929, 14 – 20, 1988
222. A. Rogalski and R. Ciupa, "Long Wavelength HgCdTe Photodiodes: n^+ – on – p Versus p – on – n Structures," *Journal of Applied Physics* 77, 3505 – 12, 1995.
223. A. Rogalski and W. Larkowski, "Comparison of Photodiodes for the 3 – 5.5 μm and 8 – 14 μm Spectral Re-

gions," *Electron Technology* 18(3/4), 55 – 69, 1985.
224. H. Holloway, M. D. Hurley, and E. B. Schermer, "IV – VI Semiconductor Lateral – Collection Photodiodes," *Applied Physics Letters* 32, 65 – 67, 1978.
225. H. Holloway, "Unconventional Thin Film IV – VI Photodiode Structures," *Thin Solid Films* 58, 73 – 78, 1979.
226. H. Holloway, "Theory of Lateral – Collection Photodiodes," *Journal of Applied Physics* 49, 4264 – 69, 1978.
227. H. Holloway and A. D. Brailsford, "Peripheral Photoresponse of a p – n Junction," *Journal of Applied Physics* 54, 4641 – 56, 1983.
228. H. Holloway and A. D. Brailsford, "Diffusion – Limited Saturation Current of a Finite p – n Junction," *Journal of Applied Physics* 55, 446 – 53, 1984.
229. H. Holloway, "Peripheral Electron – Beam Induced Current Response of a Shallow p – n Junction," *Journal of Applied Physics* 55, 3669 – 75, 1984.
230. H. Holloway, "Quantum Efficiencies of Thin – Film IV – VI Semiconductor Photodiodes," *Journal of Applied Physics* 50, 1386 – 98, 1979.
231. R. B. Schoolar, J. D. Jensen, G. M. Black, S. Foti, and A. C. Bouley, "Multispectral PbS_xSe_{1-x} and $Pb_ySn_{1-y}Se$ Photovoltaic Infrared Detectors," *Infrared Physics* 20, 271 – 75, 1980.
232. J. Carrano, J. Brown, P. Perconti, and K. Barnard, "Tuning In to Detection," *SPIE's OEmagazine*, 20 – 22, April 2004.
233. F. Felder, M. Arnold, M. Rahim, C. Ebneter, and H. Zogg, "Tunable Lead – Chalcogenide on Si Resonant Cavity Enhanced Midinfrared Detector," *Applied Physics Letters* 91, 101102, 2007.
234. H. Zogg, M. Arnold, F. Felder, M. Rahim, C. Ebneter, I. Zasavitskiy, N. Quack, S. Blunier, and J. Dual, "Epitaxial Lead Chalcogenides on Si Got Mid – IR Detectors and Emitters Including Cavities," *Journal of Electronic Materials* 37, 1497 – 1503, 2008.
235. D. Zimin, K. Alchalabi, and H. Zogg, "Heteroepitaxial PbTe – on – Si pn – Junction IR – Sensors: Correlations Between Material and Device Properties," *Physica E* 13, 1220 – 23, 2002.

第 16 章　量子阱红外光电探测器

自江崎（Esaki）和楚（Tsu）最初建议[1]及分子束外延（MBE）生长技术发明以来，在技术挑战、物理新概念和现象、有前途的应用的激励下，研究人员对半导体超晶格（SL）和量子阱（QW）结构的兴趣不断增长，研发出具有奇异电光性质的新型材料和异质结。本章将重点阐述与低维固体中载流子红外激励（量子阱、量子点和超晶格）相关的器件，这些红外探测器的特点是可以用化学性稳定的宽带隙材料来制造，因而能够利用带内（intra-band）工艺。鉴于此，虽然已经完成了有关 AlGaAs 的大部分实验研究，但有可能使用下面材料体系：GaAs/Al$_x$Ga$_{1-x}$As（GaAs/AlGaAs）、In$_x$Ga$_{1-x}$As/In$_x$Al$_{1-x}$As（InGaAs/InAlAs）、InSb/InAs$_{1-x}$Sb$_x$（InSb/InAsSb）、InAs/Ga$_{1-x}$In$_x$Sb（InAs/GaInSb）和 Si$_{1-x}$Ge$_x$/Si（SiGe/Si），以及其它体系。有些器件取得了相当大的进步，有希望加入到高性能集成电路中。大面积外延生长的高均匀性表明，有可能生产大尺寸二维阵列。此外，外延生长期间，由于可以灵活地控制成分所以能够将量子阱红外探测器的响应调整至特定的红外波段或多个波段。

在不同类型量子阱红外光电探测器（QWIP）中，GaAs/AlGaAs 多量子阱探测器技术最为成熟。最近，这些探测器的性能取得了快速进步[2-13]，比探测率得到很大提高，使应用于长波红外（LWIR）成像的兆像素焦平面阵列（FPA）的性能足以与最先进的 HgCdTe 相比拟[14,15]。虽然在研发中花费了相当大的精力，但大尺寸光伏 HgCdTe 焦平面阵列仍很昂贵，主要原因是满足要求的阵列产量很低，进一步的原因是由于 LWIR HgCdTe 器件探测灵敏度和表面漏电流所致，归根结底，是基本材料的性质问题。相对于 HgCdTe 探测器，GaAs/AlGaAs 量子阱器件有许多潜在优点，包括：以成熟的 GaAs 生长和处理技术为基础的标准制造技术，在大于 6 英寸 GaAs 晶片上完成高均匀性和成功控制的 MBE 技术，高产量因而有低成本，更好的热稳定性以及非本征耐辐射性。

本章主要阐述红外探测领域量子阱结构的性质和应用。由于上述器件的相关技术发展很快并不断提出新的概念，所以很难涵盖所有课题。并且，本章假如读者已经熟悉量子阱和超晶格的物理现象、材料、光学和电学性质。巴斯达德（Bastard）[16]、韦斯巴赫（Weisbuch）和温特（Vinter）[17]、希克（Shik）[18]、哈里森（Harrison）[19]、宾贝格（Bimberg）和格伦德曼（Grundmann）及列坚佐夫（Ledentsov）[20]、辛格[21]撰写了有关量子阱物理学方面的一些介绍性教科书可供参考。下面仅将介绍量子阱的初级性质。由于本书第 17 和 18 章将阐述超晶格和量子点光电探测器，所以，下一节重点描述不同类型的低维固体。

16.1　低维固体：基础知识

晶体外延生长技术的快速发展有可能以单层精度生长半导体结构。至少在生长方向上，器件结构的维数可以与相关电子或空穴波函数的波长相比拟，从而意味着，可以以量子力学能级完成电学工程。限制在半导体材料一个相当窄区域内的电子可以大大改变载流子能谱，并可望出现新颖的物理特性，因而产生新型半导体器件以及大大地改善了器件性能[22,23]。最有希望提高电子和光电器件的性能源自态密度的改变。

除了在一维传播方向存在电子移动能量势垒的量子阱外，还可以想象限制在二维方向的电子，最后扩展到所有三维方向。现在，这类结构称为量子线和量子点（Quantum Dot，QD），器件结构的维数系列包括体半导体外延层［三维（3D）］、薄外延层量子阱［二维（2D）］、细长管或量子线［一维（1D）］，最后是量子点孤岛［零维（0D）］。图 16.1 给出了三种量子阱的情况。

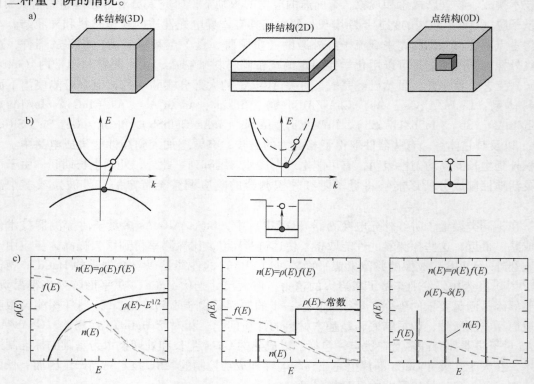

图 16.1　三种量子阱的情况
a）量子纳米结构　b）能量与波矢量
c）体材料、量子阱和量子点中的态密度与能量分布（电子具有玻耳兹曼分布）

晶体半导体中，考虑到晶体周期势，所以，决定传输和光学性质的电子和空穴称为有效质量为 m^* 的"准自由"电子或空穴。按照德布罗意（de Broglie）波长比例，体半导体晶体的维数属于宏观范畴：

$$\lambda = \frac{h}{(2m^*E)^{1/2}} \tag{16.1}$$

忽略所谓的量子尺寸效应。由布洛赫（Bloch）函数表示准自由电子波函数：

$$\Psi_{j\vec{k}}^{3D}(r) = \frac{1}{V} u_{j\vec{k}}(\vec{r}) \exp(i\vec{k}\vec{r}) \tag{16.2}$$

式中，V 为宏观体积；$k = 2\pi/\lambda$，$\vec{k}$ 为电子波矢量；j 为能带序号。布洛赫（Bloch）函数是以自由离子波函数 $\exp(i\vec{k}\vec{r})$ 作包络线，由晶界确定的 k 值是准连续的。导带底部（在价带顶部）准自由电子（空穴）的能量色散为

$$E^{3D} = \frac{h^3 k}{2m^*} \quad (16.3)$$

式中，h 为普朗克常数。这种二次方离差（dispersion）产生一个抛物线态密度函数：

$$\rho^{3D} = \frac{1}{2\pi^2}\left(\frac{2m^*}{h^2}\right)^{3/2} E^{1/2} \quad (16.4)$$

态密度表示容许态能量的分布特性，费米函数 f 则表示该能量下即使完全不存在容许态条件时电子占据一定能量的概率，因此，ρ 与费米函数的乘积描述晶体中某类电荷载流子的总浓度：

$$n = \int \rho(E) f(E) \mathrm{d}E \quad (16.5)$$

半导体的传输和光学特性基本上取决于由带隙能量 E_g 分开的最上面价带与最低的导带。GaAs 是一种直接带隙半导体，带隙结构包含重空穴、轻空穴、分裂价带和最低导带。在 $k=0$（点 Γ）的布里渊（Brillouin）区同一位置具有价带最大值和导带最小值。AlAs 是一种间接带隙半导体，在点 X (100) 方向布里渊（Brillouin）区靠近晶界处有最低导带的最小值。此外，AlAs 中导带最小值具有严重的各向异性，纵向和横向电子质量分别为 $1.1m$ 和 $m_t^* = 0.2m$。

将电子约束在一个或多个维度中可以调制波函数、色散和态密度。与导带和价带边缘空间变化有关的有效位势在由两种不同半导体交错层组成的所谓组分超晶格中受到空间调制。图 16.2 给出了与平面量子阱和超晶格相关的电子态[24]。不确定原理将超晶格中微带宽度与阱间隧穿时间相联系。在一种典型情况中，势垒区是 AlGaAs 层，阱是 GaAs。与已观察到的弹道学（ballistic）电子传播距离相比，成分变化导致的典型距离（≈ 5nm）更小，从而支持了下述概念：波函数在成分得到空间调制的整个结构中都是相干的。刚才述及的波函数是有效质量理论（或等效质量理论）的包络波函数。基质成分的空间变化会引进大量的子晶格，而位势和波函数的基本结构更多致力于量子器件方面。

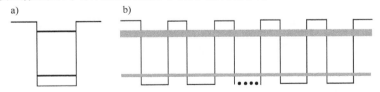

图16.2　量子阱中束缚带和超晶格中微带的形成（约束势与导带边缘有关）
a) 量子阱中束缚态的形成　b) 超晶格中微带的形成
（资料源自：Coon, D. D., and Bandara, K. M. S. V., Physics of
Thin Films, Academic Press, Boston, MA, Vol. 15, 219-64, 1991）

每个量子阱都可以看作是一个三维矩形势阱。当阱的厚度远小于横向维度（$L_z \ll L_x$，L_y），并能与阱内载流子的德布罗意（de Broglie）波长相比拟时，一定要在色散载流子动态学中考虑载流子在 z 方向的移动量。对 x 和 y 方向的运动没有进行量子化（quantized），以便使系统的任一状态对应一个亚能带（subband）。这种阱中的电子（或空穴）可以看做是二维电子（或空穴）气。如果阱无限深，则薛定谔方程能量本征值为

$$E^{2D} = E_{n_z} + \frac{h^2(k_x^2 + k_y^2)}{2m^*} \quad (16.6)$$

约束能量为

$$E_{n_z} = \frac{h^2}{2m}\left(\frac{n_z\pi}{L_z}\right)^2 \qquad (16.7)$$

式中,k_x 和 k_y 分别为沿 x 和 y 轴的动量矢量;n_z 为量子数(n_z = 1, 2, …)。用 x 和 y 方向的平面波以及 z 方向偶或奇谐函数表示电子波函数:

$$\Psi_{n_z}^{2D} = \left(\frac{2}{L}\right)\exp(ik_x x)\exp(ik_y y)\left(\frac{2}{L_z}\right)^{1/2}\sin(k_{n_z}) \qquad (16.8)$$

有限高度的势阱约束电子(见图 16.2a)并不影响上述量子尺寸(效应)的主要性质,然而,可以从三个方面修正其结果:

■ 对于用量子数 n_z 表示的某一量子态性质的约束能量是低于有限势垒高度的。

■ 只有有限个量化状态束缚在有限势垒高度的阱内(对于无限高势垒,存在无限多个量化状态)。当单个量子阱宽度减小,则从该阱发射出第一个受激态,并变成虚态(见图16.3)。例如,图 16.4 给出了随着单量子阱参数的变化,束缚态与虚态间的联系。

■ 电子波函数在边界处不为零,而是穿透进入势垒,振幅成指数形式下降。

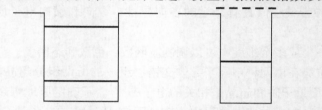

图 16.3 随着量子阱宽度减小而形成虚态的图示说明

(资料源自:Coon, D. D., and Bandara, K. M. S. V., Physics of Thin Films, Academic Press Boston, MA, Vol. 15, 219-64, 1991)

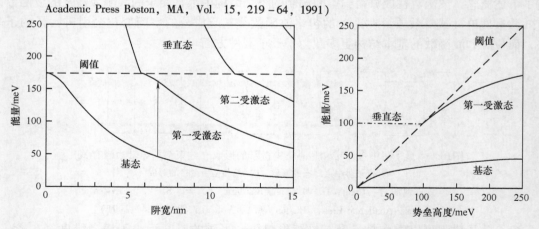

图 16.4 GaAs/Al$_{0.25}$Ga$_{0.75}$As 量子阱中能量级与阱宽的关系(零能级位于阱的底部;7.5nm 量子阱势垒高度的关系如右图所示)

(资料源自:Coon, D. D., and Bandara, K. M. S. V., Physics of Thin Films, Academic Press Boston, MA, Vol. 15, 219-64, 1991)

后面的效应实际上为形成超晶格提供了基础。如果重叠,约束的能量级分裂成由耦合势阱数目确定的各种能级,对于足够大量的耦合阱,这些分裂能级形成准连续能带,如图 16.2b 所示。

一般地，E_n 和 Ψ_n 是有限一维势阱的本征值和本征函数，在 k_x 和 k_y 方向的能级形成一个连续体，对于 E_n 的离散值（即对于任一束缚态），在 $k_x - k_y$ 平面内将形成二维能带，任一能带都会产生一个与能量无关的带态密度。态密度函数从平滑的抛物线形状改变到下面形式的函数：

$$\rho^{2D} = \frac{m^*}{\pi h^2} \sum_{n_z} \delta(E - E_{n_z}) \tag{16.9}$$

式中，$\delta(E)$ 是 $\delta(E \geq E_{n_z}) = 1$ 和 $\delta(E < E_{n_z}) = 0$ 的海维塞德（Heaviside）单位阶梯函数。直至能量达到使离散、束缚态光谱代替连续自由（无束缚）态为止，累积态密度都符合阶梯状。

进一步约束在二维、最终三维中，就会在对应的方向形成量子尺寸效应，对于三维约束，能谱有较强的离散，以及态密度分布接近原子特性。

一种理想的量子点（quantum dot，与 quantum box 具有相同的含意）是一种能够将电子约束在所有三个方向内的结构，因此允许有零维自由度。类似原子中的情况，能量谱完全是离散的。总能量是三个离散分量之和：

$$E^{0D} = E_{nx} + E_{my} + E_{lz} = \frac{h^2 k_{nx}^2}{2m^*} + \frac{h^2 k_{my}^2}{2m^*} + \frac{h^2 k_{lz}^2}{2m^*} \tag{16.10}$$

式中，n、m 和 l 为整数（1，2，…），分别用来对约束 x、y 和 z 方向电子运动的量化能级和量化波数编序。

正如体材料一样，量子点的最重要特性是导带中的电子态密度：

$$\rho^{0D} = 2 \sum_{n,m,l} \delta[E_{nx} + E_{my} + E_{lz} - E] \tag{16.11}$$

每个量子点能级都可以提供两个具有不同自选取向的电子。

零维电子的态密度由位于离散能级 $E(n, m, l)$ 处的狄拉克（Dirac）函数组成，如图 16.1 所示。图中给出了量子点中理想电子态密度的发散度，而现实中，被有限电子寿命（$\Delta E \geq h/\tau$）弄得模糊不清。由于量子点具有离散、类原子能量谱，所以，可以想象并阐述为"人造原子"。希望这种离散度能使载流子动态（学）完全不同于能量范围内态密度连续的更高维结构。

量子点（还有量子阱）的能量位置基本上取决于几何尺寸，并且，即使尺寸只是单层变化也会对光跃迁能量有很大影响。几何参数的扰动造成量子点阵范围内量子能级的相应扰动，随机扰动也影响非均匀量子点阵的态密度。

已经认为，制造量子点的自组装法是最有希望形成量子点的技术之一，可以非常实际地融合到红外光电探测器中。在高晶格失配材料体系的晶体生长中，利用自组装法研制出了纳米级 3D 量子点（或量子岛）。量子点与矩阵间的晶格失配是自组装的基本驱动力，由于晶格失配可以受控于 In 合金比例（直至 7%），所以 GaAs 上 In（Ga）As 是最经常使用的材料体系。

量子阱和量子点两种结构都能应用于红外探测器制造。一般来说，量子点红外探测器（QDIP）类似量子阱红外探测器，但量子阱经常被量子点替代，从而将尺寸约束在所有空间方向上。

图 16.5 给出了 QWIP 和 QDIP 的结构示意[25]。这两种情况的探测机理都是基于下面现

象:电子受到带内光激励,从导带量子阱或量子点的受约束态变成连续态。发射的电子移向偏压电场中的收集器,并形成光电流。假设,两种结构沿生长方向的导带边缘的位势轮廓有图16.5b所示的类似形状。

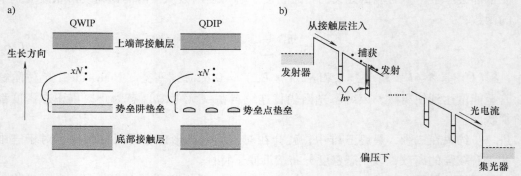

图16.5 QWIP和QDIP的结构示意,以及偏压下的位势轮廓(对于QDIP,忽略湿刻层的影响)
a) QWIP和QDIP结构示意图 b) 偏压下两种结构的位势轮廓图
(资料源自:Liu, H. C., Opto-Electronics Review, 11, 1-5, 2003)

QDIP中自组装量子点在共面方向较宽,而在生长方向较窄,因而在生长方向有很强的约束,而共面约束较弱,所以在量子点中形成了几种等级(见图16.6)。在此情况中,共面能级间的跃迁产生正常的入射响应。

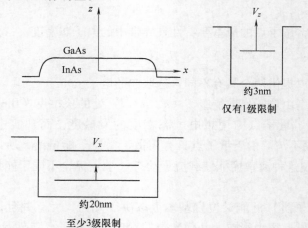

图16.6 生长方向或者共面方向(x或y)偏振光照射下的跃迁示意图(用窄阱表示生长方向的强约束,而共面宽位势阱形成几种态;箭头向上表示z和x偏振光的最强跃迁)
(资料源自:Liu, H. C., Opto-Electronics Review, 11, 1-5, 2003)

16.2 多量子阱和超晶格结构

上面所有讨论主要阐述有两种不同的半导体交错层组成成分的超晶格。由江崎(Esaki)和楚(Tsu)提出的第二种超晶格是掺杂超晶格[1]。这类超晶格由一种半导体交错的n类和p类层组成,带电掺杂物产生的电场调制电位,还讨论了成分和掺杂同时得到调制的超晶格[26]。

16.2.1 成分超晶格结构

研究人员对成分超晶格生长工艺感兴趣的主要是不同带隙材料的异质外延技术。制造高质量成分量子阱和超晶格的一个重要条件是，不同带隙材料的晶格常数要匹配，但所谓的假晶系除外，在这种情况下，除了约束效应，还需要利用晶格失配造成的内应力调整电子带结构。马伊希奥特（Mailhiot）和史密斯（Smith）评述了应力层超晶格的情况[27]。

对于利用异质外延技术可以形成量子阱结构的材料，晶格匹配是一个苛刻的条件，然而，这种限制并非绝对不变。图16.7给出了闪锌矿（zinc-blende）半导体以及Si和Ge在温度4.2K时能隙与其晶格常数的曲线，连线代表除Si-Ge、GaAs-Ge和InAs-GaSb之外的三元合金。由于MnSe和MnTe具有稳定的晶体结构不属于闪锌矿，所以这里没有显示它们。研究人员进行最广泛研究的结构是以GaAs/AlGaAs材料系为基础的。对所有的x值GaAs和$Al_xGa_{1-x}As$都完全满足晶格匹配条件。根据图16.7所示，能隙一般随晶格常数或原子数增大而减小[28]。还应注意，所有二元化合物全部落到由阴影区表示的5个不同列中，这表明，只要二元材料的平均原子数相同，晶格常数就会相似。

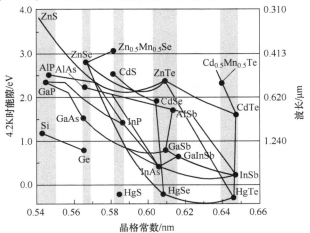

图16.7 一些具有金刚石和闪锌矿结构的半导体的低温能带隙与其晶格常数的关系曲线（阴影区强调几种具有类似晶格常数的半导体族）

（资料源自：Esaki, L., IEEE Journal of Quantum Electronics QE-22, 1611-24, 1986）

不同量子阱结构的物理性质很大程度上是由表面处的能带不连续性（即能带排列）决定的。区域带结构中的突变不连续性通常与其相邻带逐渐弯曲有关，这反映了空间电荷的效应。导带和价带的不连续性决定着载流子传输通过界面的性质，所以，是衡量当前超晶格或量子阱对红外探测器适用程度的最重要量，额外存在的超晶格周期性位势则以下面方式改变半导体的电子能谱：布里渊（Brillouin）区被分成一系列小区间，从而形成由小带隙隔开的窄子能带（参考巴斯塔德（Bastard）文章，即本章参考文献【16】）。因此，超晶格具有均匀半导体所没有的新颖性质。意想不到的是，利用简单讨论不能得到导带和价带不连续性（ΔE_c 和 ΔE_v）的对应值。当两种半导体形成一种异质结构时，以电子亲和性为基础的能带转型，在大多数情况中并不能实现，其原因是在界面处通过原子时出现微妙的电荷共享效应。有关如何使能带存续已经有一些理论研究，从而能够预测一般的趋势，请参考本章参考文献【29-33】。然而，该技术相当复杂，并且，异质结构设计通常依赖试验来取得排列的信息[34-36]。必须考虑到，电学和光学方法不能测量带偏移本身，而是测量与异质结电子结构相关的量，由这些实验确定的带偏移需要一种合适的理论模型。即使对于最广泛研究的$GaAs/Al_xGa_{1-x}As$材料体系，已经公布的基本参数ΔE_c 和 ΔE_v 也稍有不同。在成分$0.1 \leq x \leq 0.4$范围内，普遍可以接受的该系统的相关值是$\Delta E_c : \Delta E_v = 6:4$。

根据与带不连续性的关系，可以将异质界面分为四类：Ⅰ类、Ⅱ类交错型（staggered）、Ⅱ类位移型（misaligned）和Ⅲ类，如图16.8所示。

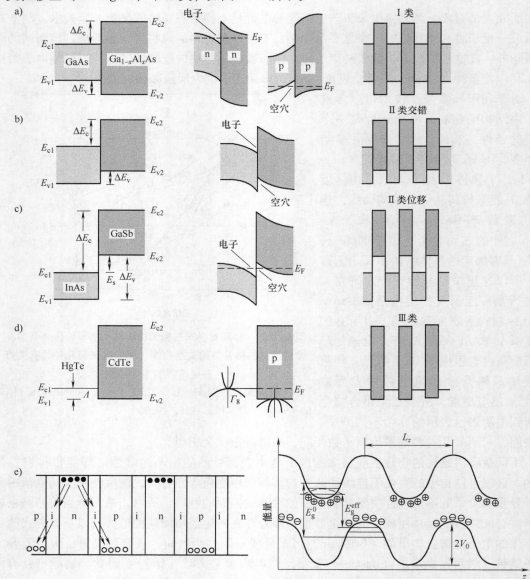

图16.8　各种类型的半导体超晶格和多量子阱结构
a) Ⅰ类结构　b) Ⅱ类交错型结构　c) Ⅱ类位移型结构　d) Ⅲ类结构
e) n-i-p-i 结构：（L_z 为结构周期；$2V_0$ 为调制势阱；E_g^{eff} 为 n-i-p-i 结构中的有效带隙）

诸如 GaAs/AlAs、GaSb/AlSb、具有应变层结构的 GaAs/GaP 以及大部分具有非零带隙的Ⅱ-Ⅵ族和Ⅳ-Ⅵ族半导体结构的材料体系属于Ⅰ类。这里认为 ΔE_c 与 ΔE_v 之和等于两种半导体的带隙之差 $E_{g2} - E_{g1}$，电子和空穴约束在相接触的两种半导体之一的材料内。这类超晶格和多量子阱首先作为有效的注入激光器，其阈值电流远比异质结激光器低。

II 类结构分为两种类型："交错型"（见图 16.8b）和"位移型"（见图 16.8c）。可以看出，$\Delta E_c - \Delta E_v$ 等于带隙差 $E_{g2} - E_{g1}$。在三元和四元 III-V 族的各种材料的某些超晶格中存在 II 类交错型结构，其中一种半导体导带底部和价带顶部低于其它半导体（即 $InAs_xSb_{1-x}$/InSb、$In_{1-x}Ga_xAs/GaSb_{1-y}As_y$ 结构）对应值，因此，导带底部和价带顶部位于超晶格系统或多层量子阱的相反层，使受约束的电子和空穴具有空间间隔。由于光感应非平衡载流子被空间隔开，因而，这类结构有可能用作光电探测器。II 类位移型结构是上述结构形式的扩展，第一种半导体的导带态叠加在第二种半导体的价带态上。例如，InAs/GaAs、PbTe/PbS 和 PbTe/SnTe 材料体系，已确认存在该结构类型。GaSb 价带的电子进入 InAs 导带，并产生电子偶极层和空穴气，如图 16.8c 所示。利用较小周期的超晶格和多量子阱，有可能观察到半金属-半导体跃迁，并且，将该体系用作光敏结构，利用组件厚度改变光谱比探测率范围。

利用一种具有正带隙的半导体（即 $E_g = E_{\Gamma 6} - E_{\Gamma 8} > 0$，如 CdTe 或 ZnTe）和具有负带隙 $E_g = E_{\Gamma 6} - E_{\Gamma 8} < 0$（即 HgTe 类半导体）的半导体可以形成 III 类结构。在所有温度范围内，由于在 $\Gamma 8$ 能带内轻空穴态和重空穴态之间没有激活能，所以，HgTe 类半导体具有半金属性质（见图 16.8d）。不可能利用 III-V 化合物形成这类超晶格。

16.2.2 掺杂超晶格结构

在其它同质晶格中对掺杂进行空间调制可以形成超晶格效应，即对带结构形成空间调制，从而导致电子布里渊（Brillouin）区减小以及在超晶格方向产生新能带。采用周期性 n 掺杂、非掺杂、p 掺杂、非掺杂、n 掺杂…多层结构能够达到这种目的。至今，所有对掺杂超晶格的实验研究和大部分理论研究都针对 GaAs 掺杂超晶格结构，而不包含本征区域，然而，整个掺杂超晶体非常流行使用术语"n-i-p-i 晶体"。江崎（Esaki）和楚（Tsu）在最初的建议中首次提出掺杂超晶格[1]，而之后普卢格（Ploog）和多勒尔（Dohler）对这方面的研究做出了突出的贡献[37-39]。

借助图 16.8e 所示可以解释 n-i-p-i 超晶格的基本原理：掺杂超晶格造成（同一半导体中）n 层与 p 层间的位势振荡，使分隔传导带中电子势谷与价带中空穴势谷的能带隙 E_g^{eff} 减小，带电粒子易产生自洽势[40]。有效位势 $2V_0$ 和有效能带隙 E_g^{eff} 取决于掺杂浓度 N_d、相对介电常数 ε_r 和层厚。若是平衡状态，则有：

$$E_g^{eff} = E_g^0 - \frac{q^2 N_d}{\varepsilon_0 \varepsilon_r}\left(\frac{a}{4} + b\right) \quad (16.12)$$

式中，a 为 n 类和 p 类区的层厚；b 为 i 类区的层厚；$E_g^0 = E_c - E_v$，为本征带隙，并假设施主和受主浓度相等。对同样均匀掺杂浓度 N_d 和零厚度的未掺杂层，则周期性电势弧振幅为

$$V_0 = \frac{q^2}{8\varepsilon_0 \varepsilon_r} N_d a^2 \quad (16.13)$$

对于 GaAs，$N_d = 10^{18} cm^{-3}$，$a = 50 nm$，则 $V_0 = 400 meV$。

式（16.12）忽略了 a 非常小时，n 层和 p 层势谷中能量子化额外产生的几项。势阱中量子化能级近似为谐振器水平：

$$E_{e,h} = h\left(\frac{q^2 N_d}{\varepsilon_0 \varepsilon_r m_{e,h}^*}\right)\left(n + \frac{1}{2}\right) \quad (16.14)$$

例如，对于 GaAs 中电子，在上述参数下的子带间隔计算值是 40.2 meV。

式（16.12）给出了未施加电压时层间的 E_g^{eff} 平衡值。然而，若利用上述的多勒尔（Döhler）方法将 n 层和 p 层分别连接[38]，则极有可能将能带隙作为施加电压的函数予以控制。

n-i-p-i 结构在质量上类似 II 类超晶格，电子和空穴在自由空间中分离减少了电子和空穴波函数的叠加，因此降低了吸收系数。该效应至少通过延长载流子寿命部分地得到了补偿，这也是空间分离的结果。由于光生载流子的空间分离，所以，也可以将这些结构看作电势光电探测器（potential photodetector）[41]。

16.2.3 子带间光学跃迁

对具有无限高势垒一维矩形势阱（见 16.1 节），电子约束的描述是最简单的。对于该模型，光电器件的性能描述都可通过解析得到。虽然这些不能定量应用于真实结构，但根据此模型得到的经验可以转而应用到有限势垒的情况。

与无限阱情况相比，即使采用抛物线分散法，有限阱情况的能级位置变化也很大。分散法的非抛物线性、多谷带结构（即 n-Si 和 n-Ge）和有限势垒高度都会使之大幅度更改。电子的波函数在阱边界已不再为零，而是渗透到势垒中（振幅在势垒内按指数形式下降），这是形成超晶格的基础。包络波函数（与布洛赫（Bloch）函数一起）在阱和势垒中的振幅决定带间和子带间（带内）光学跃迁的强度（见图 16.9）。若想更详细地了解对超晶格和量子阱中光学跃迁的分析，请参考相关资料[16,21,42]。

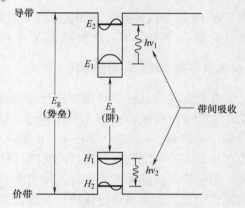

图 16.9　量子阱的能带图
（与导带（n 掺杂）或价带（p 掺杂）相关的量子阱能级间可以有子带间的吸收）

为了得到吸收系数的量值，必须计算偶极矩矩阵元。在理论上，允许的偶极光学跃迁的结果（见本章参考献【16】）分为两类：

■ 源自不同能带极值 i 和 j 的量子阱子带间的带间跃迁，并由类原子偶极矩阵元确定。
■ 子带间（带内，$i=j$）光学跃迁，由相同能带包络线函数间偶极矩阵元确定。

光学偶极矩可以表示为

$$M \sim \int \phi_F(z) \vec{\varepsilon} \cdot \vec{r} \phi_I(z) \mathrm{d}r \qquad (16.15)$$

式中，ϕ_I 和 ϕ_F 分别为初始和最终包络线波函数；$\vec{\varepsilon}$ 为入射光子的偏振矢量；z 为量子阱的生长方向。与带间跃迁的原子（大小）尺寸相比，子带间跃迁得到了量子阱（大小）尺寸数量级的偶极矩阵元。对于无限深势阱，基态与第一受激态间的偶极矩阵元 $<z>$ 的值是 $16L/9\pi^2$（约为 $0.18L_w$，其中 L_w 为量子阱宽度）。由于式（16.15）中包络线波函数是正交，$\vec{\varepsilon} \cdot \vec{r}$ 的分量（沿生长方向）垂直于量子阱，所以，M 是非零值。为了产生子带间跃迁，光电场沿该方向一定也有分量，因此不吸收垂直入射光。

子带光学跃迁的强度正比于 $\cos^2\phi$。其中，ϕ 是量子阱平面与电磁场电场矢量间的夹角。莱文（Levine）等人指出[43]，通过实验已经确认偏振选择原则 $\alpha \propto \cos^2\phi$，如图 16.10 所示[2]。利用多通道波导方案测量了掺杂 GaAs/AlGaAs 量子阱超晶格中红外子带间（在波长 8.2μm 处）的吸收。多通道波导方案可以使子带间的纯吸收提高约两个数量级，因此，允许精确测量振子强度、偏振选择原则和线形（函数）。

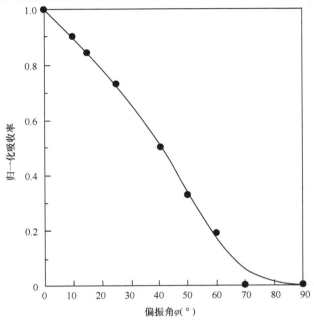

图 16.10　掺杂 8.2μm GaAs/AlGaAs 量子阱超晶格子带间吸收测量值（归化到 $\phi=0$）与值为布儒斯特（Brewster）角 $\theta_B=73°$ 的偏振角的关系，（实线是过测量点的连线，以便于观察）

（资料源自：Levine, B. F., Journal of Applied Physics, 74, R1-R81, 1993）

若通过吸收一个光子 $h\nu$ 能将一个电子从基态 E_1 提升到受激态 E_2，则与此光学跃迁相关的吸收系数 $\alpha(h\nu)$ 可以表示为

$$\alpha(h\nu) = \frac{\rho^{2D}}{L} \frac{\pi q^2 h}{2n_r \varepsilon_0 m^* c} \sin^2\phi f(E_2) g(E_2) \tag{16.16}$$

式中，L 为多量子阱结构的周期长度；m^* 为量子阱中电子的有效质量；n_r 为折射率；$f(E_2)$ 为振子强度；$g(E_2)$ 为一维最终态密度。如果忽略散射效应，则由下式简单给出连续体中最终态密度 $g(E_2)$ [44]：

$$g(E_2) = \frac{1}{2\pi h}\left(\frac{m_b^*}{2}\right)^{1/2} \frac{1}{\sqrt{E_2 - H}} \tag{16.17}$$

式中，m_b^* 为势垒中电子的有效质量；H 为势垒高度。

由式（16.16）可知，吸收峰值处的光子能量取决于 $f(E_2)$ 和 $g(E_2)$ 的乘积。然而，由于函数 $g(E_2)$ 在 $E_2 = H$ 处是奇点，因此吸收峰值接近势垒高度。实际上，连续体中的态密度由于量子阱的存在而被修改，并由于杂质扩散被增加。同时，这两者都倾向于消除奇点。因此，安全做法是，假设 E_2 接近 H 时，连续体中的区域态密度要比 $f(E_2)$ 变化慢[44]。在这种假设下，吸收峰值近似地取决于振子强度 f 的能量关系，通过计算 f 最大时的 $E_2 = E_m$ 值，可以近似得到峰值吸收波长 λ_p：

$$\lambda_p = \frac{2\pi hc}{E_m - E_1} \tag{16.18}$$

崔（Choi）[44]对一种有代表性的 GaAs/Al$_x$Ga$_{1-x}$As 多量子阱光电探测器计算了探测器波长、吸收线宽和振子强度。其中，势垒中 Al 元素的摩尔比 0.14～0.42，量子阱宽度范围为 2～7nm。图 16.11 给出了吸收峰值波长 λ_p 与量子阱宽度的函数关系。在上述探测器参数范围内，λ_p 变化范围是 5～25μm。

许多作者都从理论和实验上探讨过子带间的吸收，它是量子阱宽度、势垒高度、温度和阱中掺杂密度的函数[2,5,6]。班德拉（Bandara）等人指出[45]，对于高掺杂（$N_d > 10^{18}$cm^{-3}），交换相互作用（change interaction）可以大大降低基态子带能量，并且，直接库仑（Coulomb）漂移能够增大受激态子带能量，因此，峰值吸收波长移向更高能量。除了高掺杂密度时吸收峰值漂

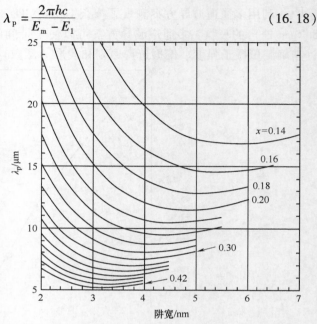

图 16.11 铝材料摩尔比率 x 一定条件下，吸收峰值位置与量子阱宽度的函数关系（曲线间 x 的步长变化 0.02）
（资料源自：Choi, K. K., Journal of Applied Physics, 73, 5230-36, 1993）

移外，吸收线宽变宽，振荡强度亦随掺杂密度线性增大。此外，峰值吸收波长和吸收线宽随温度也有漂移。试验观察到的线宽在 $\Delta v = 50～120$cm$^{-1} \approx 6～15$meV 之内，并受控于纵向光学（LO）声子散射过程，第二受激态与第一基态子之间的弛豫时间在 $\tau_{21} = 0.2～0.9$ps 的范围内。若降低温度，峰值吸收波长和吸收线宽的位置就有小量减少。与室温下典型的最大值 $\alpha \approx 700$cm^{-1} 相比，哈斯南（Hasnain）等人[47]已经观察到峰值吸收大约增大 30%。玛纳斯雷（Manasreh）等人[48]解释了这种温度漂移现象，其中包括集合等离子体、类激子、库仑和交换相互作用、非抛物线性以及带隙和有效质量对温度的依赖性。

为了验证不同多量子阱结构吸收光谱线形状之间的差别，图 3.9 给出了 $T = 300$K 时归一化吸收光谱，光谱宽度有很大差别，束缚受激态跃迁（$\Delta\lambda/\lambda = 9\%～11\%$）比连续体激态窄，约为 1/4～1/3[49]。若是束缚-连续体跃迁情况，则扩展连续体受激态的展宽（效应）会造成光谱相当宽。

使用 n 类 III-V 族的 Γ-点极值多量子阱的主要缺点是，对垂直入射光不会发生子带跃迁。研究人员花费了相当大的精力观察 n 类和 p 类 III-V 族以及 Si/SiGe 多量子阱中垂直入射的红外吸收[50-60]。

对于 n 类结构，当等能量椭球中有效质量张量的主轴相对于生长方向倾斜时，由于多谷带结构，所以有可能出现垂直入射吸收[50]。在这种情况下，垂直入射子带吸收可以足够强，在 n-Si 量子阱中 <110> 或 <111> 生长方向的浓度值达到约 $10^3～10^4$cm^{-3}，基态中自由载流子浓度约为 10^{19}cm^{-3}。重掺杂 Si 要比 n-GaAs 更容易实现，由于具有较大的态密度，所以

硅层中对应的费米级更低。

对 p 类 Si/SiGe 垂直入射多量子阱光电探测器，最大优势是采用全硅基技术。然而，高 Ge 含量 SiGe 层的生长存在一些金属工艺问题。此外，与 n 类 III-V 族化合物多量子阱子带器件相比，p 类多量子阱器件由于具有非常低的载流子迁移率，所以传输特性和灵敏度受到限制。

正如前文所指出[51]，在 p 类量子阱中，对有限共面波矢量而言，多能带有效质量哈密顿（Hamilton）函数的本征函数是加权空穴包络线函数的线性组合。所以，空穴包络线函数的非正交性，是能够利用偏振光进行空穴-子带跃迁的原因。除了子带跃迁，不同空穴能带间还有跃迁（见图 16.12）。对这些所谓的价带-子带间跃迁，适用同样的选择原则[57-59]，这种跃迁不仅出现在 8~12μm 光谱区，而且可以扩展到 3~5μm 红外辐射区[58]。

p 类 Si/SiGe 量子阱红外光电探测器具有宽带光电响应（8~14μm），可以归结于应力以及量子束缚导致重、轻和分裂空穴能带的相互混合[60]。

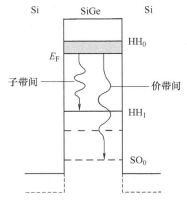

图 16.12　表示有可能出现子带跃迁的量子阱结构能带图
（资料源自：Karunasiri, G., Japanese Journal of Applied Physics, 33, 2401-11, 1994）

必须注意，只有其初始状态充满载流子，超晶格和量子阱才有可能出现子带间跃迁，所以子带光电探测器实质上是非本征探测器。

16.2.4　子带间弛豫时间

研究人员对于直接确定子带间弛豫过程非常感兴趣，因为该过程能够确定多量子阱器件的工作频率、总量子效率及光电导增益。导致载流子俘获的相关作用是电子-声子、电子-杂质以及电子-电子散射。由于对其带结构相当了解，并且价带中重与轻空穴态间耦合会额外变得复杂，所以，理论研究一般局限于 n 类 GaAs/AlGaAs 量子阱红外光电探测器中的电子[12]。

大部分相关的相互作用是电子与纵向光学（LO）声子间的弗罗里希（Fröhlich）相互作用。由于受限载流子在该平面内自由运动，没有将受限态与未受限态分开的能隙，所以，为了满足声子发射的能量-动量守恒定律，最终的空态密度要很高。因此，从扩展态（"高于"势垒）到受限态跃迁非常快，致使受激载流子寿命特别短，为皮秒级。若载流子密度大（大于 $10^{18} cm^{-3}$），则电子-杂质和电子-电子散射起重要作用，而辐射弛豫要比电子-声子相互作用小几个数量级，在此可以忽略不计。

如果 LO 声子在子带间弛豫过程中起决定性作用，则子带间弛豫时间取决于子带间的分离能量是大于或是小于 LO 声子能量 E_{LO}（在 GaAs 中，$E_{LO} = 36. meV$）。若量子阱中基态与受激态的间隔低于 LO 能量，那么，这些声子在弛豫过程中没有任何作用，寿命可以相当长（所以，在外部电场作用下，载流子从量子阱中的逸出概率很大）；否则，子带间弛豫时间应小于 1ps[61]。利用皮秒时间分辨拉曼（Raman）光谱技术完成的试验证明了上述情况。在"宽"GaAs 量子阱（$L_w = 21.5nm$）中，基态与受激态间的分离能量 ΔE_{12} 小于 LO 声子能量（$\Delta E_{12} = 26.8meV < E_{LO} = 36.7meV$），LO 声子散射不会造成载流子散射，子带间弛豫时间有

几百个皮秒[62]。利用量子阱较高受激态中载流子 LO 声子散射可以解释造成这样长寿命的原因。在另一篇资料中（本章参考文献【63】），低温下，已经观察到大于 500ps 的子带间弛豫时间。对于较窄的量子阱（$L_w = 11.6nm$，$\Delta E_{12} = 64.2meV > E_{LO}$），LO 声子在弛豫过程中起主要作用，子带间弛豫时间太短以至于使用分辨率约为 8ps 的设备无法进行测量。

在满足 $\Delta E_{12} > hv_1$ 条件下对子带间弛豫时间完成的另一些试验表明，在 GaAs 和相关的多量子阱中已经测量到约 $\tau_{12} \approx 1 \sim 10ps$ 的子带间弛豫时间[4]。对子带间弛豫时间的试验得到完全不同的 τ_{12} 值，其结果很大程度上取决于光激励载流子密度值、受激态中粒子的受限程度等。

对于束缚-连续体量子阱红外光电探测器，当 $E_2 - E_1 \gg E_{LO}$ 时对子带间能量完成简单评估得出[64]：

$$\frac{1}{\tau_{LO}} = \frac{q^2 \lambda_c E_{LO} I_1}{4h^2 c L_p} \left(\frac{1}{\varepsilon_\infty} - \frac{1}{\varepsilon_s} \right) \tag{16.19}$$

式中，λ_c 为截止波长；L_p 为量子阱红外光电探测器周期；$I_1 \approx 2$，为无量纲整数。若为典型的量子阱红外光电探测器参数，该公式得到的俘获时间约为 5ps。

由于俘获概率取决于粒子大于量子阱的能量位置，所以，受激载流子从基态到连续态的寿命取决于该态大于阱的能量。对于 AlGaAs 多量子阱，通过发射极性光学声子将受激载流子俘获到阱中，并且，对稍高于量子阱的受激态，寿命可能少于 20ps[65]。因此，如果考虑薄膜结构的子带量子阱红外光电探测器，就可以为各种红外应用提供高速工作性能（>1GHz），这些应用如皮秒级 CO_2 激光脉冲侦察、高频外差试验以及使用新红外光纤材料对电信提出的新要求等。

16.3 光电导量子阱红外光电探测器

史密斯（Smith）等人提出一种理念[66,67]，就是利用红外光激发量子阱作为红外探测的一种方法。库恩（Coon）和卡鲁纳西里（Karunasiri）提出同样建议并指出[68]，当第一激发态位于量子阱光发射传统阈值附近时，应当出现最佳响应。维斯特（West）和 Eglash 首先验证了在 50 GaAs 量子阱中受限态之间存在大的子带间吸收[69]。1987 年，莱文（Levine）及其同事制造出第一台工作波长 10μm 的量子阱红外光电探测器[70]，该探测器的设计是以量子阱中两个受限态间跃迁为基础，通过施加电场隧穿出量子阱的。看来，基态和第一受激态间的跃迁具有较大的振子强度和吸收系数，然而，由于光受激载流子不可能完全脱离受激约束态，因此，其本身对探测不太有用。隧穿受激约束态的过程按照指数规律受到抑制。减小双态量子阱尺寸，可以将受激束缚态的强振子强度推高成为连续态。只要虚态（virtual state）未远高于阈值，受激态（excited state）就能有效地增强光激励[71,72]。

至今，已公布了几种以下面列出的结跃迁形式为基础的量子阱红外光电探测器：从束缚（bound）态到扩展（extended）态，从束缚态到准连续（quasi-continuum）态，从束缚态到准束缚（quasi-bound）态，以及从束缚态到微带（miniband）态[12]。所有量子阱红外探测器都是以宽带隙（相对于热红外能量）材料层叠结构的带隙工程为基础，该结构的设计能够使其两种态间的分离能量与被探测的红外光子能量相匹配。

图 16.13 给出在多色量子阱红外光电探测器焦平面阵列制造中使用的两种探测器结构布

局。从束缚态到连续态跃迁形式的量子阱红外光电探测器（见图 16.13a）的主要优点是，光电子可以脱离量子阱到连续传输态而无需隧穿势垒，因此，为了有效收集光电子所需要的偏压可以大大降低，从而降低了暗电流。此外，由于收集光电子不必隧穿势垒，因此，能够将 AlGaAs 势垒做得较厚而无需降低光电子的收集效率。多层结构由厚度为 L_w 的掺杂 Si（$N_d \approx 10^{18} \mathrm{cm}^{-3}$）GaAs 量子阱和厚度为 L_b 的未掺杂 $\mathrm{Al}_x\mathrm{Ga}_{1-x}\mathrm{As}$ 势垒的周期循环层组成。要求量子阱中是重 n 类掺杂以确保低温时出现冻析（freezeout），并有足够数量的电子用以吸收红外辐射。若工作在 $\lambda = 7 \sim 11\mu\mathrm{m}$ 光谱范围，一般地，$L_w = 4\mathrm{nm}$，$L_b = 50\mathrm{nm}$，$x = 0.25 \sim 0.3$，生长 50 个周期。为了将子带间吸收移到更长的波长区，将 x 值降至 0.15，同时，为保持有很强的光学吸收及相当清晰的截止线形状，量子阱宽度从 5nm 增大到 6nm。这种优化允许束缚态到受激连续态有同样的光学吸收以及有效的热电子传输和收集。看来，在不牺牲响应度情况下，如果束缚-准束缚量子阱红外光电探测器中第一激发态能量从连续态到量子阱顶部是在减少的，则暗电流会大大减小（见图 16.14[71]）。与束缚-束缚跃迁的窄响应相比，束缚态-连续态跃迁具有较宽响应。图 16.5a 和 16.13a 所示的简单量子阱红外光电探测器结构是以量子阱电子的光发射为基础的，是双侧面接触的单极器件，为了有效吸收，一般需要 50 个阱（尽管已经使用 10～100 个阱）。

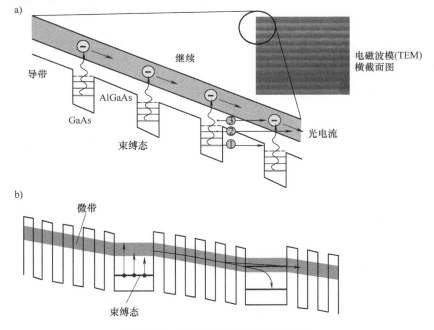

图 16.13 验证 QWIP 结构的能带图
a）束缚态-扩展态跃迁（参考文献【7】）　b）束缚态-微带态跃迁
（产生暗电流的三种机理如图 a 所示：基态顺序隧穿①，中间热辅助隧穿②和热电子发射③）

微带传输量子阱红外光电探测器包含两种束缚态，具有较高能量的束缚态与超晶格势垒中基态微带谐振（见图 16.13b）。在这种方法中，掺杂量子阱吸收红外辐射，激发一个电子进入微带中，从而形成传输机理，直至其被收集或重新俘获到另外的量子阱中，因此，这种微带量子阱红外光电探测器的工作原理类似弱耦合多量子阱束缚-连续量子阱红外光电探测器。在这种器件结构中，超晶格势垒的微带代替高于势垒的连续态。由于在微带中光激励产生的电子必须通过许多薄异质势垒进行传输，形成较低的迁移率，所以，微带 QWIP 要比束缚-连续 QWIP 具有更低的光电导增益。

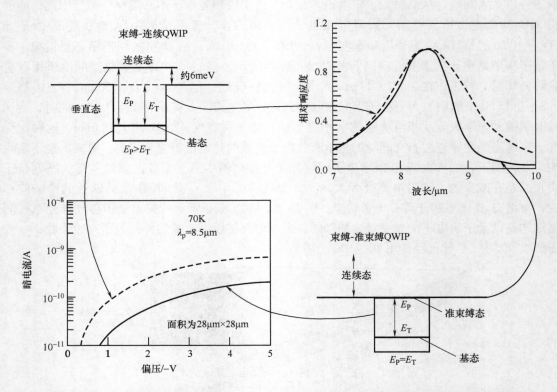

图 16.14 束缚-准束缚和束缚-连续跃迁、波长 8.5μm、温度 77K 的量子阱红外光电探测器（QWIP）的典型光电响应曲线（若无需牺牲响应度（右上图），则当第一激发态从连续态到量子阱顶部是下降时，束缚态-准束缚态 QWIP 的暗电流会大大降低（左下图）；现在，与势垒顶部谐振的第一激发态形成较清晰的吸收和光电响应）

（资料源自：Gunapala, S., Sundaram, M., and Bandara, S., Laser Focus World, 233 - 40, June, 1996）

16.3.1 制造技术

尽管使用 MOCVD 技术可以生长高质量超晶结构[73,74]，但主要是采用 MBE 技术将量子阱 AlGaAs/GaAs 结构生长在半绝缘 GaAs 基板上。目前，适用的 GaAs 基板直径可达 8in，而在 QWIP 生产线中，一般采用 4in 基板。处理技术首先外延生长周期性层叠掺 Si（$N_d \approx 10^{18}$ cm^{-3}）GaAs 量子阱结构，继而生长蚀刻终止层（通常是 AlGaAs），以便去除基板。QWIP 敏感层生长在大约 1μm 厚的两层 n 类 GaAs 接触层（也是重掺杂至 $N_d \approx 10^{18}$ cm^{-3}）中间，并在蚀刻终止层后用一层牺牲层作为光栅。为了光学耦合，一般是制造二维反射式衍射光栅（参考本章 16.6 节）。后续的处理技术包括蚀刻通过超晶格到达底部接触层的平台，以及到 n$^+$ 类掺杂 GaAs 接触层的欧姆接触层，利用化学湿或干蚀刻（原文错将"dry"印为"dray"。——译者注）技术就可以完成这些工序。在选择性蚀刻工艺中，通常采用较实用的离子束蚀刻工序将光栅耦合器刻印在每个像素中。

使用同样工艺制造中波红外和长波红外器件，区别在于平台的确定。由于 MWIR QWIP 是以 InGaAs/AlGaAs 材料系为基础，而长波红外器件是不含铟的 GaAs/AlGaAs 的外延层，所以必须有所不同。根据这些理由，采用不同的方法制造平台：对于 MWIR QWIP，采用反应离子束蚀刻技术；而对 LWIR QWIP，采用化学辅助离子束蚀刻技术[12]。

蒸镀欧姆接触层（即 AuGe/Ni/Au）并通过快速热退火（温度 425℃，20s）形成合金[75]。一般地，每个像素上的光栅都覆盖一层金属（Au），与为提高探测器敏感区的红外吸收而使用欧姆接触金属相比，这是一大优点。使用氮化硅对探测器阵列表面进行钝化，并为每个探测元提供电接触，从而在氮化硅层中形成通光孔。最后，为了方便混合到硅读出线路，分别进行蒸镀金属化。图 16.15 所示为 QWIP 阵列中一个像素的截面图。

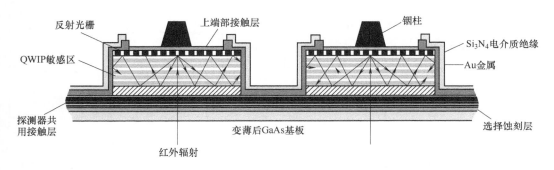

图 16.15 QWIP 阵列中一个探测元的横截面图

将晶片切成许多单个芯片并混合到硅读出电路中之后，为了减少两块芯片间的机械应力和避免像素间光传播造成的光学串扰，要将 GaAs 基板去除，顺序利用机械研磨、化学湿抛光以及选择性湿化学蚀刻工艺能够完成基板去除工序。在遇到前面沉积的终止蚀刻层之时完成最后一道工艺。

16.3.2 暗电流

由于暗电流对探测器噪声有重要贡献，并决定工作温度，所以很好地理解暗电流对于设计和优化 QWIP 器是至关重要的。

对多 QWIP 的初始研究表明，有三种产生明显暗电流的相关机理：隧穿、声子辅助隧穿和脱离量子阱的热电子发射。图 16.16[76] 给出了面积 $A = 2 \times 10^{-5} cm^2$ 的器件在 $V_b = 0.05V$ 条件下对电流的贡献量与温度的函数关系，可以看出，在低温区，隧穿是产生暗电流的主要机理，热电子发射限制高工作温度下的性能。

由于采用更薄的量子阱并将受激态转变为连续态，从而使多量子阱红外探测器进一步取得了快速进展。这些器件的响应度与偏压间的线性关系完全不同于量子阱中由两种束缚态结构组成的器件所具有的高度非线性光电响应性质，特别产生光电信号之前，束缚-束缚态器件要求一个较大的偏压 $V_b > 0.5V$，而束缚-扩展态探测器则在很低偏压下产生光电流。形成该差别的原因在于，束缚-束缚态探测器需要一个较大的电场辅助光受激载流子隧穿逸出量子阱，因此，在低偏压下，受激载流子汇聚在一起就会产生很明显的光电响应。可以通过大幅增大势垒厚度（$L_b \approx 50nm$）的方法，来降低有害暗电流。

下面将按照莱文（Levine）等人的观点进行讨论。莱文指出，热电子辅助隧穿是主要的暗电流源[2,5,7,77]。为了计算暗电流 I_d，首先确定受热激励后脱离量子阱而进入连续传输态的有效电子数量 n 是偏压 V 的函数：

$$n = \left(\frac{m^*}{\pi h^2 L_p}\right)\int_{E_0}^{\infty} f(E) T(E, V) dE \tag{16.20}$$

式中，将二维态密度除以超晶格周期 L_p（将其翻转为平均三维密度）就得到上式包含有效质量 m^* 的第一项；$f(E)$ 是费米因数，且 $f(E) = \{1 + \exp[E - E_0 - E_F)/kT]\}^{-1}$；$E_0$ 为基态能量；E_F 是二维费米级能量；$T(E, V)$ 为单势垒与偏压相关的隧穿电流的传输因数。式（16.20）顾及到高于能量势垒 E_b（对于 $E > E_b$）的热电子发射和热电子辅助隧穿（对于 $E < E_b$）两种情况。与偏压相关的暗电流为

$$I_d(V) = qn(V)v(V)A \tag{16.21}$$

式中，q 为电荷；A 为器件面积；v 为平均传输速度（漂移速度），并且 $v = \mu F [1 + (\mu F/v_s)^2]^{-1/2}$。其中，$\mu$ 为迁移率；F 为平均场；v_s 为饱和漂移速度。

对于 $E < E_b$ 和 $E > E_b$（E_b 是势垒能量）时分别假设 $T(E) = 0$ 和 $T(E) = 1$，便得到相当简单、非常有用的低偏压近似表达式[2,77,78]：

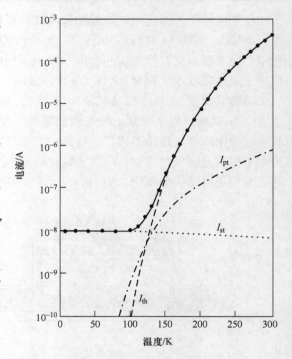

图 16.16 束缚态-束缚态多量子阱 $Al_{0.36}Ga_{0.64}As$/GaAs 器件（50 个阱，其中阱为 7nm 和势垒为 14nm）在低偏压下的暗电流与温度的关系（角标"th"、"st"和"pt"分别代表热电子、隧穿和声子辅助隧穿机理）

（资料源自：Choi, K. K., Levine, B. F., Bethea, C. G., Walker, J., and Malik, R. J., Applied Physics Letters, 50, 1814-16, 1987）

$$n = \left(\frac{m^* kT}{\pi h^2 L_p}\right)\exp\left(-\frac{E_c - E_F}{kT}\right) \tag{16.22}$$

在此，已经令光谱截止能量 $E_c = E_b - E_1$，所以：

$$\frac{I_d}{T} \propto \exp\left(-\frac{E_c - E_F}{kT}\right) \tag{16.23}$$

由下式可以得到费米能量：

$$N_d = \left(\frac{m^* kT}{\pi h^2 L_p}\right)\ln\left[1 + \exp\left(\frac{E_F}{kT}\right)\right] \tag{16.24}$$

图 16.17 给出了 50 周期（I-V 族）多量子阱超晶格在不同温度时的试验（实线）和理论（虚线）暗电流-偏压曲线比较[78]。在 8 个数量级暗电流范围内都具有良好的一致性，证明 AlGaAs 势垒的高质量（在势垒中没有隧穿缺陷或陷阱）。

对工作在高于 45K 温度的 AlGaAs/GaAs QWIP（波长 15μm 的器件），热电子发射是产生暗电流的主要原因。对于温度 70K 和波长 9μm 的器件，理论上，将第一受激态降到量子阱顶端（束缚态-准束缚态 QWIP，见图 16.14）会使暗电流减小约为 1/6[79]，通过试验观察

到下降为 1/4。束缚态-准束缚态 QWIP 仍保持光电流不变[72,79]。可以将第一受激态推到阱中更深处，以增大对热电子发射的势垒，但是，有可能使光电流下降到无法接受的低水平。调整已经掺杂好的密度以减少基态热发射电子，以及增加量子阱层叠结构中每层势垒的厚度都可以减小暗电流。

欣克（Kinch）和亚里夫（Yariv）采用了类似思路[80]，对多量子阱红外探测器的基本物理限制进行了研究，并与理想 HgCdTe 探测器进行比较。图 16.18 给出了 GaAs/AlGaAs 多量子阱超晶格和 HgCdTe 合金在 $\lambda_c = 8.3 \mu m$ 和 $10 \mu m$ 时热生电流与温度的关系。计算时选择一组特定的器件参数（$\tau = 8.5 ps$，$t = 1.7 \mu m$，$L_w = 4 nm$，$L_p = 340 \mu m$，$N_d = 2 \times 10^{18} cm^{-3}$），使之与已公布的 $\lambda_c = 8.3 \mu m$ 探测器数据相吻合[81]。对于 $\lambda_c = 10 \mu m$，量子阱宽度改变为 $L_w = 3 nm$，并假设其它参数不变，由图 16.18 所示可以很明显地

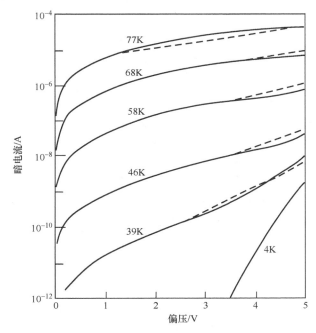

图 16.17　50 周期、直径 $200 \mu m$ 平台 $Al_{0.25}Ga_{0.75}As/GaAs$、掺杂浓度 $1.2 \times 10^{18} cm^{-3}$（$L_w = 4 nm$，$L_b = 48 nm$，$\lambda_c = 10.7 \mu m$）探测器在不同温度下的试验（实线）和理论（虚线）暗电流-偏压曲线

（资料源自：Gunapala, S. D., Levine, B. F., Pfeifer, L., and West, K., Journal of Applied Physics, 69, 6517 – 20, 1991）

看出，对于 HgCdTe，任何特定温度和截止波长下的热生成率比对应的 AlGaAs/GaAs 超晶格近似地小 5 个数量级。在该比较中，有利于 HgCdTe 的主要参数是过量载流子寿命，与 AlGaAs/GaAs 超晶格的 $8.5 \times 10^{-12} s$ 相比，n 类 HgCdTe 在温度 80K 时的值大于 $10^{-6} s$。图 16.18 右侧轴对应的曲线是 BLIP 条件下等效最低工作温度。例如，若系统背景光通量典型值是 $10^{16} ph^{\ominus}/(cm^2 s)$ 时，为了满足 BLIP 条件，要求波长 $8.3 \mu m$（$10 \mu m$）的 AlGaAs/GaAs 超晶格的工作温度低于 69K（58K）。

即使莱文（Levine）等人提出的模型[77]已经得到广泛应用，并与许多实验数据取得良好一致，但该模型没有讨论使电子发射或逸出相平衡的俘获过程，因此，式（16.22）将导致某些误解。例如，忽略了 J_d 对光导增益的隐性依赖关系，从而意味着 J_d 与 $1/L_p$ 之间存在着不真实的比例关系。

QWIP 的工作原理类似非本征光电探测器。但与普通探测器相比，由于载流子占据着离散量子阱，所以其突出特征是离散性。施耐德（Schneider）和刘（Liu）的专著（本章参考文献【12】）详细阐述了量子阱载流子特性，下面按照该专著的观点进行讨论。

⊖ ph 代表光子。

图 16.19 的上图给出了暗电流产生的路径分布示意。在势垒区，电流作为三维通量流过，并且，电流密度 J_{3D} 等于暗电流密度 J_d。稳态条件下，在每个量子阱附近，来自量子阱的电子俘获（电流密度 J_c）和发射（电流密度 J_e）必须将电子俘获到量子阱中以保持平衡，所以，$J_c = J_e$。如果定义 p_c 是俘获概率，则一定有：$J_c = p_c J_{3D}$，并且，俘获和未俘获部分之和一定等于势垒区的电流[12]：

$$J_{3D} = J_c + (1 - p_c) J_{3D}$$
$$= J_e + (1 - p_c) J_{3D}$$
(16.25)

暗电流也可以通过直接计算 J_{3D} 或 J_e 确定，对后一种情况，$J_d = J_e / p_c$。

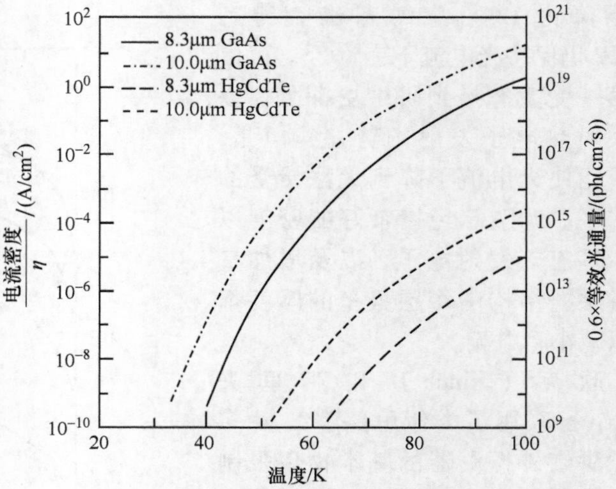

图 16.18 GaAs/AlGaAs 多量子阱和 HgCdTe 合金探测器在波长 λ_c = 8.3μm 和 10μm 时热生成电流与温度的关系（假设 GaAs/AlGaAs 和 HgCdTe 探测器的有效量子效率分别是 12.5% 和 70%）

（资料源自：Kinch, M. A., and Yariv, A., Applied Physics Letters, 55, 2093-95, 1989）

在本章参考文献的综述性文章【6, 82】和本章参考文献的专著【12】中，刘（Liu）给出了重要评论，并提出几种确定 QWIP 暗电流的物理模型，分别如下：

- 载流子漂移模型；
- 发射-俘获模型；
- 几种自洽和数学模型；

在凯恩（Kane）等人首次提出的载流子漂移模型[83]中，只考虑漂移载流子贡献量（忽略扩散）。例如，根据式（16.21）计算暗电流，$J_d = q n_{3D} v(F)$。其中，n_{3D} 是势垒顶部三维（3D）电子密度。在这种方式中，超晶格势垒作为体半导体处理，原因是势垒较厚（比量子阱厚得多），计算费米级时只考虑二维量子阱。假设是完全电离化（量子阱简并性掺杂），二维掺杂密度 N_d 就等于给定量子阱内的电子密度。若 N_d 与费米能 E_f 的关系是 $N_d = (m/(\pi h^2)) E_f$，经过简单运算则得到：

$$n_{3D} = 2 \left(\frac{m_b kT}{2\pi h^2} \right)^{3/2} \exp\left(-\frac{E_a}{kT} \right)$$
(16.26)

如果 $E_a/(kT) \gg 1$，该公式就适合大部分实际情况。其中，m_b 为势垒有效质量；E_a 为热激活能，等于势垒顶部和量子阱中费米级顶部间的能量差。

最初由刘（Liu）等人提出[84]第二种发射-俘获模型可以给出适合大范围施加场的结果。根据 $J_d = J_e/p_c$，该模型首先计算 J_e，然后是暗电流。

逸出电流密度可以写为

$$J_e = \frac{q n_{2D}}{\tau_{sc}}$$
(16.27)

式中，n_{2D}为基态子带最上层部分二维电子密度的电子；τ_{sc}为将这些电子从二维子带转移到势垒顶部非受约束连续态的散射时间。

下式将俘获概率与相关时间联系在一起：

$$p_c = \frac{\tau_t}{\tau_c + \tau_t} \quad (16.28)$$

式中，τ_c为返回量子阱中受激电子的俘获时间（寿命）；τ_t为电子穿过量子阱区域的跃迁时间。对工作电场下的实际器件，$p_c \ll 1$（$\tau_c \gg \tau_t$），暗电流变为

$$J_d = \frac{J_e}{p_c} = q \frac{n_{2D}}{\tau_{sc}} \frac{1}{p_c} = q \frac{n_{2D} \tau_c}{\tau_{sc} \tau_t} = q \frac{n_{2D}}{L_p} \frac{\tau_c}{\tau_{sc}} v \quad (16.29)$$

式中，$L_p = L_w + L_b n_{2D}/\tau_{sc}$，表示电子从量子阱中热逸出或者生成，并且正如稍后所示，$1/p_c$正比于光电导增益，意味着暗电流与光电导增益的关系。

刘（Liu）模型暗电流的最终表达式可以表示为下面形式[12,84]：

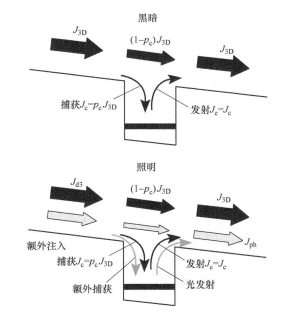

图16.19 控制暗电流和光电流的过程示意图（上图表示暗电流生成路线，下图表示直接光电发射以及为了平衡量子阱电子的损耗而额外输入电流。在光照射条件下，暗电流路线保持不变。收集到的总光电流等于直接光受激和额外输入贡献量之和）

（资料源自：Schneider, H., and Liu, H. C., Quantum Well Infrared Photodetectors, Springer, Berlin, 2007.）

$$J_d = \frac{qv\tau_e}{\tau_{sc}} \int_{E_1}^{\infty} \frac{m}{\pi h^2 L_p} T(E, F) \left[1 + \exp\left(\frac{E - E_F}{kT}\right) \right]^{-1} dE \quad (16.30)$$

若完全是热离子发射机理，当E低于势垒且透射系数$T(E, F) = 0$时，上述公式变为

$$J_d = \frac{qv\tau_c}{\tau_{sc}} \frac{m}{\pi h^2 L_p} kT \exp\left(-\frac{E_a}{kT}\right) \quad (16.31)$$

形式上与式（16.21）和式（16.26）非常近似。

QWIP结构暗电流的几种模型具有不同程度的复杂性，分析表明其与实验数据有良好的一致性[12]。然而，有关散射或复活率的真实计算特别复杂，至今未完成。

利用不同的器件结构、掺杂密度和偏压条件可以调整QWIP暗电流的大小。图16.20给出温度范围为35~77K、光谱峰值为9.6μm的QWIP的I-V特性[85]。图中给出了在偏压2V下电流随偏压缓慢变化的典型工作状况：初始，低压下电流升高，之后在高压下电流升高，其间的电流随偏压缓慢变化。温度77K时，长波红外QWIP暗电流的典型值约为10^{-4}A/cm^2。因此，9.6μm QWIP必须制冷到60K，使其漏电流能够与12μm HgCdTe光敏二极管在高于25℃温度时的工作性能相比拟。

16.3.3 光电流

图 16.19 下图给出了由于红外光入射而在量子阱中发生的额外过程。量子阱中电子的直接光发射使收集器产生可测量的光电流,所有的暗电流的产生途径保持不变。

光电导增益是一个影响探测器光谱响应度和比探测率的重要参数（参考本书 3.2.2 节）,定义为每个被吸收光子产生的、流经外部电路的电子数目；并且,这是为平衡由于光发射造成量子阱电子损耗而从接触层额外注入电流造成的结果。如图 16.19 所示,总的光电流是由直接光发射和额外电流注入的贡献量组成。

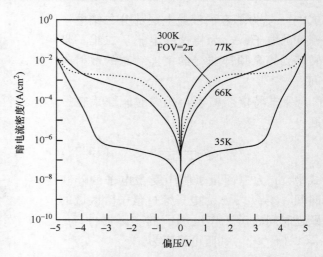

图 16.20 峰值波长响应 9.6μm 的 QWIP 在不同温度下的 I-V 特性以及在温度 30K、视场 180°下 300K 背景窗的测量值

（资料源自：Tidrow, M. Z., Chiang, J. C., Li, S. S., and Bacher, K., Applied Physics Letters, 70, 859 – 61, 1997.）

如果每个量子阱的吸收都一样,那么,光电流的大小就与量子阱数量无关。讨论两个相邻的量子阱,两个阱的光发射和再填充过程是相同的,后续量子阱都有相同幅角。这意味着,只要所有量子阱的吸收量相同,即光发射量保持相同,那么,光电流就不会由于增加更多的量子阱而受到影响。

假设,n_{ex} 是一个量子阱的受激电子数目,利用速率方程,则有：

$$\frac{dn_{ex}}{dt} = \Phi\eta^{(1)} - \frac{n_{ex}}{\tau_{esc}} - \frac{n_{ex}}{\tau_{relax}} \quad (16.32)$$

在稳态条件下（$dn_{ex}/dt = 0$）,考虑到一个量子阱的 $i_{ph}^{(1)} = qn_{ex}/\tau_{esc}$,则由式（16.32）求解 n_{ex},得到：

$$i_{ph}^{(1)} = q\Phi\eta^{(1)}\frac{\tau_{realx}}{\tau_{realx} + \tau_{esc}} = q\Phi\eta\frac{p_e}{N} \quad (16.33)$$

式中,Φ 为单位时间内入射的光子数；上标（1）表示一个量子阱；τ_{esc} 为逸出时间；τ_{realx} 为子带间弛豫时间；$\eta = N\eta^{(1)}$ 是总的吸收量子效率（假设所有量子阱的吸收量都相同）；N 是量子阱数目。受激电子逸出量子阱的概率为

$$\rho_e = \frac{\tau_{realx}}{\tau_{realx} + \tau_{esc}} \quad (16.34)$$

注入电流 $i_{ph}^{(1)} = i_{ph}^{(1)}/p_c$,再次填满量子阱以平衡由发射造成的电子损失,并等于光电流：

$$I_{ph} = \frac{i_{ph}^{(1)}}{p_c} = q\Phi\eta\frac{p_e}{Np_c} \quad (16.35)$$

光电导增益为

$$g_{ph} = \frac{p_e}{Np_c} \quad (16.36)$$

可以从几个方面评述刘（Liu）的模型。按照普通的光电导理论 $g_{ph} = \tau_c/\tau_{t,tot}$（参考式（9.8）和 Rose 的文章本章参考文献【86】），其中 $\tau_{t,tot} = (N+1)\tau_t$，是通过探测器敏感区总的跃迁时间。在 $p_e \approx 1$，$p_c = \tau_t/\tau_c \ll 1$ 和 $N \gg 1$ 的近似条件下，由式（16.36）和普通理论给出的增益表达式变成下列公式：

$$g_{ph} \approx \frac{1}{Np_e} \approx \frac{\tau_c}{\tau_{t,tot}} = \frac{\tau_c v}{NL_p} \quad (16.37)$$

俘获时间也称为载流子寿命，与散射到基态子带中的电子有关。束缚-连续态情况满足 $p_e \approx 1$ 条件，而对于束缚-束缚态情况，不再正确。如果吸收与 N 成正比，则由于 g_{ph} 反比于 N，所以光电流与 N 无关，这就等效于普通理论中与器件长度无关。还应当注意，从噪声考虑，这种无关性并不意味着探测器参数与量子阱数目无关。

光导增益对不同 p_c 值及 $p_e = 1$ 条件下量子阱数目的依赖性连同实验数据如图 16.21 所示[12,87]。已经报道的大部分探测器样机都是 50 个量子阱的，增益值范围为 0.25～0.80。

为了估算 QWIP 的时间量程，假设 τ_c 近似是 5ps，跃迁时间主要取决于受激电子在势垒区的强场漂移速度。对典型参数 $v = 10^7$ cm/s 和 $L_p = 30 \sim 50$ nm，$\tau_t \approx L_p/v$，估算值在 0.3～0.5ps 范围，所以，希望俘获概率 $[p_c = \tau_t/(\tau_c + \tau_t)$ $\approx \frac{\tau_t}{\tau_c}]$ 在与试验数据一致的 0.06～0.10 范围内。

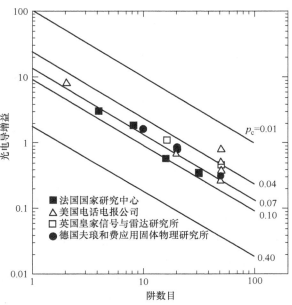

图 16.21 光电导增益计算值与不同俘获概率量子阱数目的关系（实验数据分别来自刘（Liu）（■）、莱文（Levine）（△）、凯恩（Kane）等人（□）和施耐德（Schbeuder）等人（●））

（资料源自：Schbeuder, H., and Liu, H. C., Quantum Well Infrared Photodetectors, Springer, Berlin, 2007）

16.3.4 探测器性能

一般地，应用普通的光电导理论（参考本书 9.1.1 节）阐述多量子阱光电导体，电子耗费时间 $\tau_{t,tot}$ 循环通过超晶格，因此，热电子平均自由路程比超晶格长度大得多。然而，由于热电子寿命很短，所以只有对低周期超晶格才满足 $g_{ph} > 1$（见图 16.21）。

电流响应度为

$$R_i = \frac{\lambda \eta}{hc} q g_{ph} \quad (16.38)$$

它其取决于量子效率和光电导增益，高吸收不一定生成大的光电流。应当指出，受激态与势垒顶部完全谐振时才会有最佳结果[88,89]，因此，光受激电子有效地从量子阱逸出，从而产生大的光电流。

本书3.2.1节曾指出，QWIP 吸收光谱的量值和形状取决于敏感区设计。如图3.9所示，束缚-连续态（样片材料A、B和C）的光谱要比束缚-束缚态或束缚-准束缚态（样片材料E和F）宽得多。表16.1列出了不同 n 掺杂 GaAs/AlGaAs QWIP 结构的吸收值和对应的光谱参数，同时给出了量子效率值。

表16.1 不同掺 n、50周期 $Al_xGa_{1-x}As$ QWIP 的结构参数

样片	阱宽/nm	势垒宽度/nm	成分 x	掺杂密度/$10^{18}cm^{-3}$	子带间跃迁①	λ_p/μm	λ_c/μm	$\Delta\lambda$/μm	$\Delta\lambda/\lambda$(%)	α_p(77K)/cm^{-1}	η(77K)(%)
A	4	50	0.26	1.0	B-C	9.0	10.3	3.0	33	410	13
B	4	50	0.25	1.6	B-C	9.7	10.9	2.9	30	670	19
C	6	50	0.15	0.5	B-C	13.5	14.5	2.1	16	450	14
E	5	50	0.26	0.42	B-B	8.6	9.0	0.75	9	1820	20
F	4.5	50	0.30	0.5	B-QB	7.75	8.15	0.85	11	875	14

① 跃迁类型：束缚-连续态（B-C），束缚-束缚态（B-B），束缚-准束缚态（B-QB）。
(资料源自：B. F. Levine, Journal of Applied Physics, 74, R1-R81, 1993)

由于 $\eta \propto N$ 和 $g_{ph} \propto 1/N$，所以，利用量子阱数目提高响应度已无工作可做。刘（Liu）的分析表明[82]，一定要使逸出概率接近1，以符合束缚-连续态情况。如果采用束缚-束缚态设计，必须使受激态靠近势垒顶端面。对于10kV/cm典型电场下波长10μm的GaAs/AlGaAs QWIP，这表明受激态应当比势垒顶部低大约 10meV。

图 16.22 给出了以上样片材料 A ~ F 响应度的归一化光谱[2,7]。再次看到，束缚-准束缚受激态 QWIP 样片材料的光谱（$\Delta\lambda/\lambda = 10\% \sim 12\%$）比连续态结构（$\Delta\lambda/\lambda = 19\% \sim 28\%$，$\Delta\lambda$ 是响应度降至一半时的光谱宽度）窄得多。

利用下式可以确定比探测率：

$$D^* = R_i \frac{(A\Delta f)^{1/2}}{I_n} \quad (16.39)$$

式中，A 为探测器面积；Δf 为噪声带宽（取作 $\Delta f = 1Hz$）。

一般地，光电导体有几种噪声源，最重要的是，约翰逊噪声、生成-复合噪声（暗噪声）和光子噪声（与入射光子感应的电流有关）。对于 QWIP，$1/f$ 噪声很少限制探测器性能，其性质很复杂，是一个正在研究的课题[12]。

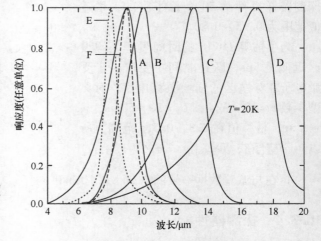

图 16.22 样片材料 A ~ F 在温度 $T = 20K$ 时归一化响应度光谱测量值与波长的关系

(资料源自：Levine, B. F., Journal of Applied Physics, 74, R1 - R81, 1993; Gunapala, S. D., and Badara, S. V., Handbook of Thin Devices, Academic Press, San Diego, Vol. 2, 63 - 99, 2000)

对于普通的光电导体，噪声增益等于光电导增益，$g_n = g_{ph}$。然而，根据刘（Liu）的解释[90]，QWIP 的 g_n 不同于 g_{ph}。标准生成-复合噪声可以表示为

$$I_n^2 = 4qg_n I_d \Delta f \quad (16.40)$$

该公式考虑到生成和复合两种过程的影响。对于 QWIP，生成-复合噪声应当由与载流子发射和俘获相关的贡献量组成（i_e 和 i_c 的波动）。鉴于下式：

$$I_d = \frac{i_e^{(1)}}{p_c} = \frac{i_e}{Np_c} \quad (16.41)$$

式中，$i_e = Ni_e^{(1)}$，为所有 N 个量子阱的总发射电流，并等效于：

$$I_d = \frac{i_c^{(1)}}{p_c} = \frac{i_c}{Np_c} \quad (16.42)$$

则有：

$$I_n^2 = 2q\left(\frac{1}{Np_c}\right)^2 (i_e + i_c) \Delta f = 4q\left(\frac{1}{Np_c}\right)^2 i_e \Delta f = 4q\frac{1}{Np_c}I_d\Delta f \quad (16.43)$$

将其与式（16.40）相比较，则噪声增益由下式确定：

$$g_n = \frac{1}{Np_c} \quad (16.44)$$

并且，不同于光电导增益（参考式（16.36））。显然，该表达式对小量子阱俘获概率（$p_c \ll 1$）是成立的，在通常工作偏压（2~3V）下，QWIP 满足该条件。

该公式并不能对高俘获概率 $p_c \approx 1$（或等效低噪声增益）的极限情况做出正确解释。贝克（Beck）利用随机法研究并认为[91]，高俘获概率不必与低逸出概率相联系，首次为该情况确立了合适模型。较一般形式的表达式为

$$I_n^2 = 4qg_nI_d\left(1 - \frac{p_c}{2}\right)\Delta f \quad (16.45)$$

即使在低偏压条件下（穿过量子阱的载流子俘获概率很高），此公式也适用。对 $p_c \approx 1$ 的情况，该表达式等效于 N 个串联探测器的散粒噪声表达式。

由于 $I_d \propto \exp[-(E_c - E_F)/(kT)]$（参考式（16.21）和式（16.22））和 $D^* \propto (R_i/I_n)$，则有：

$$D^* = D_0\exp\left(\frac{E_c}{2kT}\right) \quad (16.46)$$

在此关系基础上，莱文（Levine）等人给出了非常有用的 D^* 经验公式[2,49]，与 77K 温度时 n 类器件的比探测率有相当好的吻合：

$$D^* = 1.1 \times 10^6\exp\left(\frac{hc}{2kT\lambda_c}\right) 单位为 \text{ cm Hz}^{1/2}\text{W}^{-1} \quad (16.47)$$

对于 p 类 GaAs/AlGaAs QWIP，则有：

$$D^* = 2 \times 10^5\exp\left(\frac{hc}{2kT\lambda_c}\right) 单位为 \text{ cm Hz}^{1/2}\text{W}^{-1} \quad (16.48)$$

图 16.23 给出了 n 类和 p 类两种 GaAs/AlGaAs QWIP 的比探测率与截止能量的关系。应当注意，实验结果是针对一个抛过光的 45°入射端面的，并有希望通过优化光栅或光学谐振腔提高其性能。虽然式（16.47）和式（16.48）能够与温度 77K 时的数据相吻合，但仍希望其能够适合一个较宽的温度范围。

罗格尔斯基（Rogalski）[92]采用简单的解析表达式表述安德森（Andersson）[64]模型中的探测器参数。图 16.24 表示 GaAs/AlGaAs QWIP 在不同温度下比探测率与长波截止波长的关系，在截止波长 $8\mu m \leq \lambda_c \leq 19\mu m$ 和温度 $35K \leq T \leq 77K$ 较宽的范围内与实验数据都有满意的

一致。其中，已经考虑不同情况的样品材料，包括：不同掺杂、不同的晶体生长方法（MBE、MOCVD 和气源 MBE）、不同的光谱带宽、不同的受激态（连续、束缚和准连续），甚至在一种情况中不同的材料体系（即 InGaAs）。实际上，式（16.47）与图 16.24 给出的结果有良好的一致性。

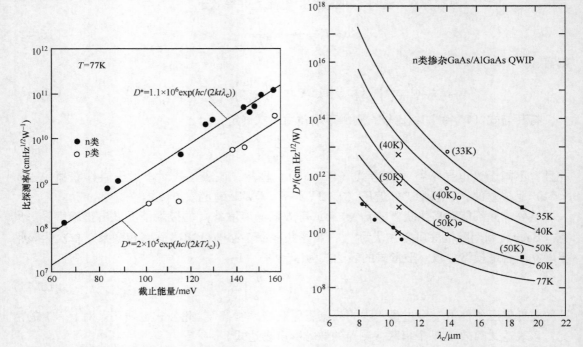

图 16.23　掺杂 n（实心圆）和掺杂 p（空心圆）GaAs/AlGaAs QWIP 在温度 77K 时的比探测率与截止能量的关系（直线表示与测量数据的最好拟合）

（资料源自：Levine, B. F., Zussman, A., Gunapala, S. D., Asom, M. T., Kuo, J. M., and Hobson, W. S., Journal of Applied Physics, 72, 4429-43, 1992）

图 16.24　n 类掺杂 GaAs/AlGaAs QWIP 在温度≤77K 范围内的比探测率与截止波长的关系（实线是理论计算值（实验数据源自参考文献【49】（●）、【78】（×）、【93】（+）、【94】（○）和【95】（■））。

（资料源自：Rogalski, A., Infrared Physics & Technology, 38, 295-310, 1997）

16.3.5　量子阱红外光电探测器与碲镉汞探测器

罗格尔斯基（Rogalski）对 GaAs/AlGaAs QWIP 的比探测率与受限于基质区俄歇（Euger）机理的 n^+-pHgCdTe 光敏二极管的终极性能做了比较[92]。在截止波长 $8\mu m \leqslant \lambda_c \leqslant 24\mu m$ 和工作温度≤77K 的情况下，HgCdTe 光敏二极管的比探测率比较高。当工作温度接近 77K 时，在截止波长 $9\mu m$ 附近 QWIP 的比探测率集中在 $10^{10} \sim 10^{11} cm\, Hz^{1/2} W^{-1}$。然而，在温度低于 50K 范围内，由于与 HgCdTe 材料掺杂有关（p 类掺杂、肖克莱-里德-霍尔复合、俘获辅助隧穿、表面和界面不稳定），所以 HgCdTe 的优势不太明显。

图 16.25 进一步给出了暗电流与温度依赖关系间的差别[96]，给出了 GaAs/AlGaAs QWIP 和 HgCdTe 光敏二极管的电流密度与温度倒数间的关系，并且两者的截止波长都是 $\lambda_c = 10\mu m$。温度低于 40K 时两种探测器的电流密度类似，受限于与温度无关的隧穿效应。温度

变化对 QWIP（≥40K）的热离子发射机制影响很小，但温度升高到一定程度，很快"导通"，性能快速衰减。温度 77K 时，QWIP 的暗电流大约比 HgCdTe 光敏二极管高两个数量级。

作为单个器件，尤其工作在较高温度环境下（>70K），由于存在与子带间跃迁相关的基本限制，长波红外（LWIR）QWIP 不可能与 HgCdTe 光敏二极管竞争。此外，QWIP 具有较低的量子效率，一般小于 10%。图 16.26 对 HgCdTe 光敏二极管与 QWIP 的光谱量子效率 η 进行了比较。采用较高偏压可以提高 QWIP 的量子效率，然而，增大反向偏压会造成漏电流以及增大相关噪声，限制了系统性能的改善。HgCdTe 具有较高的光学吸收和与辐射偏振无关的宽吸收带，大大简化了探测器阵列设计。如果未镀增透膜（AR），HgCdTe 光敏二极管的量子效率一般在 70% 左右，若镀增透膜，会超过 90%。此外，从小于

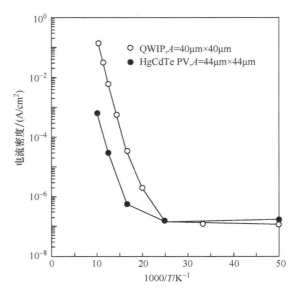

图 16.25　HgCdTe 光敏二极管和 GaAs/AlGaAs QWIP 在 $\lambda_c = 10\mu m$ 时电流密度与温度的关系曲线

（资料源自：Singh, A., and Manasreh, M. O., "Quantum Well and Superlattice Heterostructures for Space-Based Long Wavelength Infrared Photodetectors," Proceedings of SPIE 2397, 193 – 209, 1995）

1μm 到探测器截止波长的范围内，它都与波长无关。在近乎理想量子效率条件下的宽带光谱灵敏度，能够使系统具有更大的收集效率，并可以使用更小孔径，因而使 HgCdTe 焦平面阵列非常适用于成像、光谱辐射测量术以及远距离目标探测。应当注意，由于具有高光子通量，目前 LWIR 凝视阵列的性能在很大程度上受限于读出集成电路的电荷容量和背景（暖光学）。因此，具有全宽度、约 15% 半最大值的 QWIP 光谱响应波带并不是长波红外波长的主要缺点。

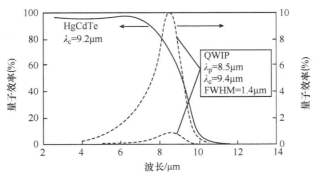

图 16.26　具有相同截止波长的 HgCdTe 光敏二极管和 GaAs/AlGaAs QWIP 的量子效率与波长关系

在技术发展的当前阶段，因为电介质的弛豫效应和光通量的记忆效应，QWIP 并不适合空间基遥感应用。在低照度和低温工作环境中，QWIP 的响应度取决于频率，而频率响应取

决于工作条件（温度、光子辐照度、偏压和探测器动态电阻）。根据经验，典型的频率响应与体非本征 Si 和 Ge 光电导体在相近工作条件下的电介质弛豫效应类似，低频和高频部分各有一个平的频率响应区，而与探测器动态电阻倒数成正比的频率点的响应则在两个平缓变化区间浮动（见图 16.27）[97]。探测器偏压、光子辐照度及工作温度的组合决定着动态电阻。在特定的背景条件下，动态电阻低，在 100kHz 范围内，其浮动不太明显。

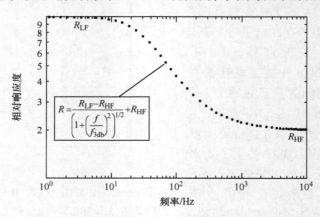

图 16.27　QWIP 探测器的通用频率响应

（资料源自：Arrington, D. C., Hubbs, J. E., Gramer, M. E., and Dole, G. A., "Nonlinear Response of QWIP Detectors: Summary of Data from Four Manufactures" Proceedings of SPIE 4028, 289-99, 2000)

即使 QWIP 是光电导器件，其具有的一些性质，如高阻抗、快速响应时间和低功率损耗，也能很好地与大尺寸焦平面阵列的制造要求匹配。LWIR QWIP FPA 技术的主要缺点是，如果应用需要短的积分时间，并要求在相应波长下比 HgCdTe 更低温度下工作，则性能就会受到限制。QWIP 的主要优点与像素性能均匀性及大尺寸阵列的实用性有关。由于电信业中以 GaAs 为基础的器件在 III-V 族材料/器件生长、处理和封装方面建立了大量的基础工业设施，使 QWIP 在可生产性和成本方面占据了潜在优势。迄今为止，HgCdTe 的主要应用还是红外探测器。

蒂德罗（Tidrow）等人[98]和罗格尔斯基等人[11,13,99,100]对这两种技术做了较详细的比较。

16.4　光伏量子阱红外光电探测器

由莱文（Levine）及其团队率先采用[2]，并在前面章节已经讨论的标准 QWIP 结构是光电导探测器，它是通过外部电场将光受激载流子从名义上对称的量子阱中扫出而工作的。光伏 QWIP 结构的一个重要结果是应用内部电场。在原理上，这些器件在没有偏压条件下，有希望消除暗电流和拟制复合噪声[12]。然而，与光电导 QWIP 相比，其光电流具有相当小的增益。降低光电流和噪声得到的比探测率类似光电导器件[101]，因此，可以得出结论：光电导 QWIP 更适合要求高响应度的应用（即工作在中波红外波段的传感器），而光伏 QWIP 对工作在长波红外光谱区的照相系统更具吸引力，长波红外焦平面阵列受限于读出电路的存储电容。光伏 QWIP 优势源自两个方面：暗电流施加于电容器的有效负载较小以及与光生电荷相关的噪声特别小[12]。

1988 年，卡斯塔利斯基（Kastalsky）等人首次完成了微带概念上的红外探测器的试验工作[102]。这种极低量子效率的 GaAs/AlGaAs 探测器的光谱响应是 3.6～6.3μm 的，并表明是光伏探测。该探测器由束缚-束缚微带跃迁（即两层微带位于势垒端面之下）组成，并在超晶格与收集层之间有一个分级势垒作为基底微带隧穿暗电流的阻挡势垒，受激进入最上面微带中的电子在没有外部偏压下通过势垒形成光电流。施耐德（Schneider）和刘（Liu）在其专著（本章参考文献【12】）中分析了光伏 QWIP 结构设计的未来发展，在此，重点介绍德国弗劳恩霍夫应用固体物理研究所（Fraonhofer IAF）研发的光伏结构，也称为四区 QWIP[103-105]。该结构中的光伏效应源自载流子在非对称量子化态间，而不是非对称内电场间的传输。

图 16.28 给出了光伏"低噪声" QWIP 结构的光电传导机理[104]。由于周期性布局，这种探测器又称为四区 QWIP[106]。该探测器敏感区每个周期单独优化，在敏感区 1，载流子被光学受激，激发成漂移区 2 的准连续态，这两个区域 1 和 2 类似普通 QWIP 的势垒和量子阱。此外，为了控制光受激载流子，还有另外两个区，称为俘获区 3 和隧穿区 4。隧穿区有两个作用：阻挡准连续态中载流子（载流子可以有效地被俘获到俘获区）以及将载流子从俘获区基态传输到后续周期的激发区。为避免俘获载流子再次被热电发射到原量子阱中，该隧穿过程要足够快，同时，隧穿区要提供大的势垒从而避免光受激载流子被发射到左侧激发区。按照这种方式，与载流子俘获相关的噪声便得到拟制。

图 16.28b 给出了在有限施加电场条件下对载流子传输的几种要求，从而实现了四区结构的有效功能。如图所示，隧穿势垒必须对高能量隧穿有低的概率，以便在窄量子阱中的俘获时间比隧穿逸出时间更短。此外，隧穿时间常数一定要比从窄量子阱热离子后向再发射到宽量子阱更

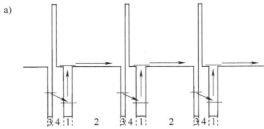

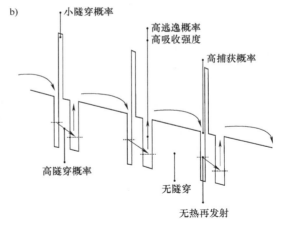

图 16.28 位势分布
1—发射区 2—漂移区 3—俘获区 4—隧穿区
a) 四区 QWIP 的带缘分布示意图
b) 四区 QWIP 的传输机理示意图

（资料源自：Schneider, H., Koidl, P., Walther, M., Fleissner, J., Rehm, R., Diwo, E., Schwarz, K., and Weimann, G., Infrared Physics & Technology, 42, 283 - 89, 2001）

短。隧穿区的一个重要细节是具有阶梯式势垒，要求发射区与隧穿区高能部分之间有一定间隔，从而将吸收线降至可以与普通 QWIP 相比拟的水平。

通过实验已经验证的四区结构（利用 MBE 技术生长在（100）方向的半绝缘 GaAs 基板上）包括（在生长方向）：名义上 3.6nm 厚 GaAs 的 20 周期的敏感层（俘获区），45nm 厚 $Al_{0.24}Ga_{0.76}As$（漂移区），4.8nm 厚 GaAs（激发区）和一系列 3.6nm 厚 $Al_{0.24}Ga_{0.76}$、0.6nm

厚 AlAs、1.8nm 厚 $Al_{0.24}Ga_{0.76}As$ 和 0.6nm 厚 AlAs（隧穿区）。4.8nm 的 GaAs 阱是 n 类掺杂面浓度达到每阱 $4 \times 10^{11} cm^{-2}$，而敏感区夹在 Si 掺杂 $(1.0 \times 10^{18} cm^{-3})$ n 类接触层之间。

图 16.29 给出了 20 周期、截止波长 9.2μm 的低噪声 QWIP 的典型性能值[105]。零偏压时的峰值响应度是 11mV（光伏工作），在 $-2 \sim -3V$ 时是 22mA。$-1 \sim -2V$ 偏压时，其增益约为 0.05。在约 $-0.8V$ 时探测率有最大值，零偏压时大约是该值的 70%。由于传输过程的非对称性，比探测率与偏压符号有很大关系。该特性与普通 QWIP（在零偏压时探测率变为零）形成鲜明对比。

贝克（Beck）首次正确确立了 QWIP 的噪声模型（参考式 (16.45)），施耐德（Schneider）在雪崩倍增应用中做了进一步发展[107]。

图 16.30 给出了普通和低噪声 QWIP 两类结构的峰值比探测率与截止波长的函数关系的比较[105]。低噪声的比探测率较小，与热离子发射模型有较好吻合。

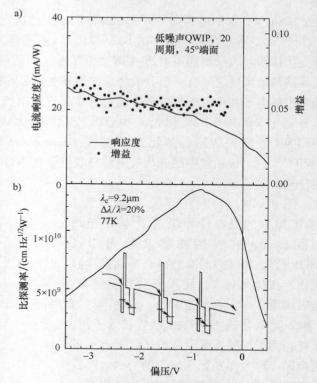

图 16.29 低噪声 QWIP 的典型性能值
a) 低噪声 QWIP 的峰值响应度、增益与偏压的关系
b) 低噪声 QWIP 的峰值比探测率与偏压的关系
（资料源自：Schneider, H., Walther, M., Schonbein, C., Rehm, R., Fleissner, J., Pletschen, W., Braunstein, J., et al., Phisical E7, 101-7, 2000）

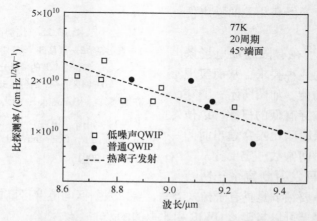

图 16.30 低噪声和普通 QWIP 在温度 77K 时峰值比探测率与截止波长的关系
（资料源自：资料源自：Schneider, H., Walther, M., Schonbein, C., Rehm, R., Fleissner, J., Pletschen, W., Braunstein, J., et al., Phisical E7, 101-7, 2000）

16.5 超晶格微带量子阱红外光电探测器

除量子阱外，超晶格是另一种适合红外光电探测器的非常有前途的结构，但并未引起注意。1988 年[102]和 1990 年[108]，分别制造出具有分级势垒的超晶格子带光电探测器，应用于 3.6~6.3μm 和 8~10.5μm 光谱范围内的光伏探测。

1991 年，超晶格独立应用于 5~10μm 波长范围的探测[109]。该结构由 100 周期的 GaAs 量子阱（L_b = 3nm 或 4.5nm 厚的 $Al_{0.28}Ga_{0.72}As$ 势垒）和 L_w = 4nm 的 GaAs 阱（掺杂浓度 N_d = $1\times10^{18}cm^{-3}$，并置于掺杂 GaAs 接触层之间）组成。对 L_b = 3nm 或 L_b = 4.5nm 的结构，其峰值吸收系数分别是 α = 3100cm^{-1}和 α = 1800cm^{-1}，温度 77K 时的比探测率大约是 2.5×10^9cm $Hz^{1/2}W^{-1}$，同时验证了工作在低偏压区域、具有阻挡层的超晶格[110,111]。最近，为了制造双色焦平面阵列，研究人员已经完成了电压可调谐超晶格红外光电探测器（Super Lattice Infrared Photodetector，SLIP）的研制[112,113]。该 SLIP 的研究结果表明，其优点是较宽的吸收光谱、较低的工作电压以及比普通 QWIP 更灵活的微带工程。

超晶格微带探测器采用这样一种概念：微带（基态和第一激发态）间红外光激发，这些光受激电子沿受激态微带进行传输。当载流子德布罗意（de Broglie）波长变得与超晶格势垒厚度相差无几时，就会形成能量微带。因此，由于隧穿效应，每个阱的波函数都易于重叠。

图 16.31 给出了不同微带结构的导带示意图。根据上激发态位置及势垒层结构，带间跃迁可以以下列形式为基础：束缚-连续微带、束缚-微带和阶梯式束缚-微带。其中，利用束缚-微带跃迁的 GaAs/AlGaAs QWIP 模式是制造大尺寸焦平面阵列最广泛应用的材料体系。

将受激态放置在连续微带中，由于具有较低的势垒高度，所以可以提高热离子暗电流。对于长波红外探测器，光受激能量甚至变得更小，因此这种布局更是至关重要。为了改善探测器性能，一种新型的多量子阱红外探测器引起了更多注意，原因是有希望利用它制造出具有高灵敏度和均匀的大尺寸焦平面阵列。余（Yu）等人的研究表明[114-116]，用短周期超晶格势垒层结构代替 QWIP

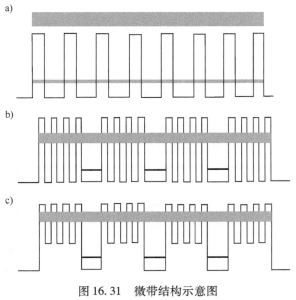

图 16.31　微带结构示意图
a）束缚-连续微带　b）束缚-微带
c）阶梯式束缚-微带

中体 AlGaAs 势垒（见图 16.31b），能够使子带间吸收和热离子发射性能有很大提高。适当选择物理参数，以便使在扩大阱中的第一受激态能够合并，并与超晶格势垒层中微带的基态对齐，从而获得大的振荡强度和子带间吸收。这些多量子阱中的电子传输是基于束缚-微带跃迁、超晶格微带谐振隧穿以及相干传输机理的。因此，该微带 QWIP 的工作原理与弱耦合多量子阱束缚-连续 QWIP 相类似。在这种器件结构中，超晶格势垒微带代替了势垒层上方的连续态。在扩大量子阱中，采用两个束缚态可以消除束缚-连续态跃迁的设计要求中专门解决某一波长的阱宽和势垒高度的问题（即有可能在一个连续的阱宽和势垒高度范围内获得相同的工作波长）。由于光受激电子的传输出现在微带中，电子必须穿过许多薄的、造成较低迁移率的异质势垒。因而，与束缚-连续 QWIP 相比，这些微带 QWIP 具有较低的光电导增益。

在第一台具有扩大量子阱的 GaAs/AlGaAs 多量子阱探测器[114]中，采用的是阱宽度为 8.8nm 和掺杂密度为 $2.0 \times 10^{18} cm^{-3}$ 的 40 周期 GaAs 量子阱。GaAs 量子阱任一侧的势垒层由 5 周期非掺杂 AlGaAs（5.8nm）/GaAs（2.9nm）超晶格层与 GaAs 量子阱交替生长组成。活性结构设置在 1μm 厚 GaAs 缓冲层（生长在半绝缘 GaAs 上）和掺杂密度 $2.0 \times 10^{18} cm^{-3}$、0.45μm 厚 GaAs 盖层之间，以使欧姆接触层容易制造。为了增强光耦合效率，研发出一种平面传输金属光栅耦合器（由纯周期性金属光栅条组成）。当温度 $T \geq 60K$ 时，热离子辅助隧穿通过微带的传导决定着这类微带传输 QWIP 的暗电流；而 $T \leq 40K$，谐振隧穿传导起主导作用。若偏压为 0.2V，在温度 $T = 77K$ 和波长 $\lambda = 8.9\mu m$ 条件下，比探测率 $D^* = 1.6 \times 10^{10} cmHz^{1/2} W^{-1}$。贝克（Beck）[117,118]等人采纳了这种束缚-微带方法，并利用尺寸 $256 \times 256 \sim 640 \times 480$ 的焦平面阵列演示验证了高质量红外成像仪。

为进一步抑制掺杂量子阱中有害的电子隧穿并提高量子阱质量，设计并测量了一种阶梯式束缚-微带 QWIP（见图 16.31c）。它由 GaAs/AlGaAs 超晶格势垒和 $In_{0.07}Ga_{0.93}As$ 应力量子阱组成[116,119]。

研究人员仍不断提出新的超晶格微带探测器，更详细资料，如可参考李（Li）的文章，即本章参考文献【120】。

16.6 光耦合

量子阱红外光电探测器焦平面阵列（QWIP FPA）性能中一个关键因素是光耦合方案。采用45°方向照明探测器就将探测器的结构布局限制在单像元和一维阵列。当前设计的大部分光栅都是针对二维焦平面阵列的，其照明是通过基板背侧实现的。

古森（Goossen）[121,122]和哈斯南等人[123]提出了一种将光有效耦合到二维阵列中的方法。他们将光栅放置在探测器上面，从而令入射光偏离表面的法线方向（见图 16.32a）。光栅采用下面方法制造：在量子阱上镀很细的金属丝或者在盖层上蚀刻沟槽，这些光栅的光耦合效率与45°照明的差不多，对于 50 周期和 $N_d = 1 \times 10^{18} cm^{-3}$ 的 QWIP，量子效率仍然较低（10% ~ 20%）。量子效率低的原因是光耦合效率较低，并且只吸收一种偏振光。

增大量子阱中的掺杂密度可以提高量子效率，但会导致更高的暗电流。为了在不增大暗电流的前提下提高量子效率，安德森（Andersson）[73,124]和绍鲁希（Sarusi）等人[125]研制了一种二维光栅，应用于工作波长为 8 ~ 10μm 范围的 QWIP，从而能够吸收两种偏振分量。在这种情况中，光栅在两个方向都具有周期性。将一个薄 GaAs"反射镜"放置在量子阱结构之下，使辐射会两次通过多量子阱结构，所以，这种增加光腔的方法可以进一步提高吸收（见图 16.32b）。

采用随机粗糙反射表面，如图 16.32c 所示，能够通过更多的红外辐射，得到更高的吸

第16章 量子阱红外光电探测器

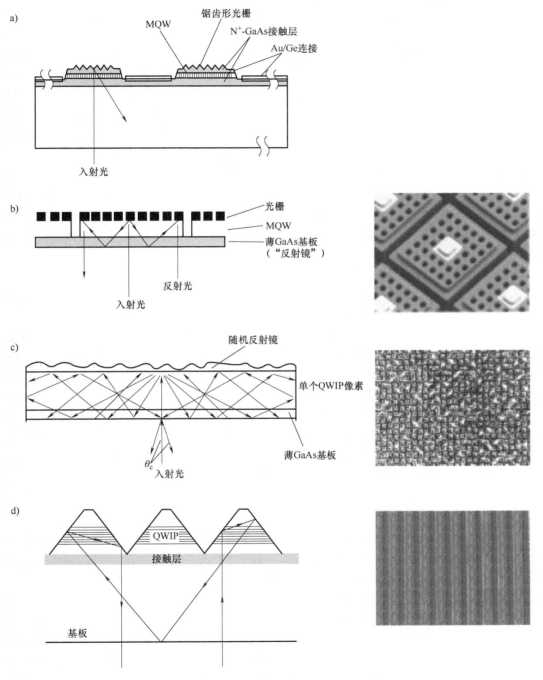

图 16.32　应用于 QWIP 中的光栅光耦合机理
a) 每个探测器上的线性或二维光栅　b) 具有光腔的光栅
c) 随机散射反射器　d) 波纹量子阱

收。绍鲁希（Sarusi）等人[126]证明，与45°照明方案相比，若对多量子阱结构仔细设计随机反射面，可以使性能几乎提高一个数量级。随机性可避免辐射光在第二次反射（见图16.32b）后衍射出探测器。反之，每次反射后的光都能以不同的随机角进行散射，只有光束在正常的临界角范围内（对于 GaAs/空气界面，大约 17°）反射至表面时才会逸出。采用标准的光刻术和选择性干蚀刻方法，精确控制图形的特征尺寸并保证高灵敏度成像阵列所必需的像素间的均匀性，从而制成 GaAs 材料随机表面。有三种不同的散射表面可以降低光束逸出概率（详细内容请见本章参考文献【2，5，125】）。实验表明，当像素单元等于 QWIP 最大响应波长时，可以获得最大响应。如果像素单元大于波长，探测器表面的散射数量下降，光束不能有效地散射；若晶胞的尺寸更小，则散射面变得较平，效率再次下降。不用说，使基板变薄能够可使光有更多次的反射，因而具有更高的响应度，同时降低了两相邻像素间反射（对大尺寸探测器阵列的性能有害）光的量。使基板变薄或者完全消除基板，可以放宽其与 Si 读出集成电路热膨胀的失配要求，甚至能够接受。

应当注意，交叉光栅与随机反射镜功能的主要区别是响应度曲线形状。与交叉光栅不同，由于随机反射镜的散射效率对波长的依赖性要比普通光栅小得多，所以对响应曲线带宽的影响很小。对于具有随机反射镜的 QWIP，集成响应度增强的量与峰值响应度几乎相同。

只有当探测器尺寸较大时，光耦合（如衍射光栅和随机光栅的光耦合）才能够达到高量子效率。此外，由于其对波长的依赖性，每种光栅设计仅适合一种特定波长，因此更需要一种与尺寸和波长均无关的耦合方案。

最近，席默特（Schimert）及其同事[127]阐述了一种将衍射光栅蚀刻在量子阱自身叠层中，因而形成一种电介质光栅的 QWIP。该设计使传导探测器面积（和漏电流）大约减小为 1/4，而保持 15% 的量子阱效率不变。据报道，在温度 77K 时峰值波长为 8.5μm 的 QWIP 具有最高的峰值比探测率 $D^* = 7.7 \times 10^{10} cm\ Hz^{1/2} W^{-1}$。

通过蚀刻坑或沟而留下未蚀刻的凹凸形状，然后镀以金层以实现近乎完美的反射，从而将光栅制造在上接触层后生长的最外层内，如图 16.32b 所示。光栅周期大约等于材料内波长，即 $d = \lambda / n_r$。其中，λ 为被探测的波长；n_r 为折射率。实际上，会选择 λ 接近截止波长。蚀刻深度应是内波长的四分之一（即 $\lambda / (4n_r)$）。类似周期为 2.95μm 的长波红外（LWIR）光栅[12]，采用接触光刻术和反应离子束（BIE）方法已经制造出周期为 1.65μm 的中波红外（MWIR）衍射光栅。

为了简化阵列的制造工艺，提出了一种适合垂直入射光耦合，称为波纹量子阱红外光电探测器（Corrugated QWIP，C-QWIP）的新型结构[128,129]，如图 16.32d 所示。对于目前制造的大尺寸焦平面阵列，单波纹（见图 16.32d 中像素的俯视图）占据整个像素[112,113]。该结构利用三角形侧壁的全内反射已形成有利于红外吸收的光学偏振。沿一个特定的晶体方向蚀刻一组通过探测器活性区的 V 形槽就可以制成这些三角形。在焦平面阵列混装期间，要使用一种环氧树脂材料将探测器阵列与硅读出电路固定在一起。这种位于侧壁上的环氧树脂材料还能大幅度地减小内反射。所以，目前的 C-QWIP 包含有 MgF_2/Au 盖层以保护侧壁（见图 16.33[112]）。该保护层与像素的上下接触层是电绝缘的。选择 MgF_2 介电膜是因为其具有高介电强度、低传导电流、低折射率和小激发系数。

在一种各向同性光学耦合结构中，使用二维光栅消除偏振灵敏度。对于偏振 QWIP，要使用线性而不是二维光栅。利用微扫描器有可能设计出能够分辨景物辐射偏振分量的照相机。这种识别成像仪（或差别性成像仪）无需太多损失灵敏度或增加成本，就可以很方便地定位难以发现的目标。法国泰雷兹（Thales）公司在一组四探测器单元上制造出彼此旋转

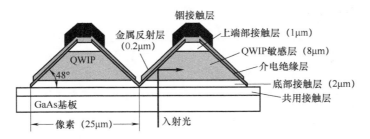

图 16.33　25μm 的 C-QWIP 像素的侧视图

（资料源自：Choi, K. K., Monroy, C., Swaminathan, V., Tamir, T., Leung, M., Devitt, J., Foffai, D., and Endres, D., Infrared Physics & Technology, 50, 124-35, 2007）

45°的四个线性光栅，再将其图形复制在整个阵列上。图 16.34 给出实际阵列的布局电子扫描显微（SEM）图。

图 16.34　偏振 QWIP 阵列的 SEM 图

（资料源自：Robo, J. A., Costard, E., Truffer, J. P., Nedelcu, A., Marcadet, X., and Bois, B., "QWIP Focal Plane Arrays Performance from MWIR to VLWIR," Proceedings of SPIE 7298, 7298-15, 2009）

虽然这些光栅已经应用于商售的 QWIP FPA 中，但仍可以进一步改进之处。微制造技术及源自其它新领域技术的开发，如计算全息和光子晶体等，都有可能研制出更有效的光学耦合器[12]。

16.7　其它相关器件

16.7.1　p 类掺杂 GaAs/AlGaAs 量子阱红外光电探测器

迄今为止，大部分研究工作都集中在 n 类 GaAs/AlGaAs QWIP 上。然而，根据量子机械选择原则，对于 n 类 QWIP，没有使用金属或电介质光栅耦合器，就无法实现垂直入射吸收。研究 p 类 QWIP 的原因，就是其能够吸收垂直入射光。在 p 类 QWIP 中，由于专属区中心（$k \neq 0$）重空穴与轻空穴互相混合，所以垂直入射光可以直接吸收[131]。又因为有效质量较大（因此，有较低的光学吸收系数）和空穴迁移率较低，因此，一般地，p 类 QWIP 的性能要比 n 类 QWIP 低[2,5,132-135]。然而，如果 p 类 QWIP 中产生双轴压缩应变，则重空穴的有效质量将减小，随之使器件的总性能得到提高[136]。

在 I 类多量子阱（MQW）中，对于空穴（与电子一样）来说，该阱位于 GaAs 层中。若是中等掺杂等级（$\leq 5 \times 10^{18} cm^{-3}$）和阱厚不大于 5nm，在温度 77K 时，则如子带（HH_1）中最低的重空穴只是部分地得到填充，其它能量的子带（HH_2 及如 LH_1 的轻空穴）都是空的。同时研究人员发现，只有这三种子带是在 $Ga_{1-x}Al_xAs$（$x = 0.3$）势垒之下。HH_1 子带的空穴可以被光激发到这些子带或者连续态 HH_{ext} 和 LH_{ext}（见图 16.35a）中其它能量子带中。对 p 类 $GaAs/Ga_{0.7}Al_{0.3}As$ 量子阱结构垂直入射吸收和响应度实验结果进行分析表明，$HH_1 \rightarrow LH_{ext}$ 跃迁是 $\lambda \approx 7\mu m$ 波长范围的红外吸收的主要机理[137]。$HH_1 \rightarrow LH_1$ 跃迁已经超出实测的光谱区。

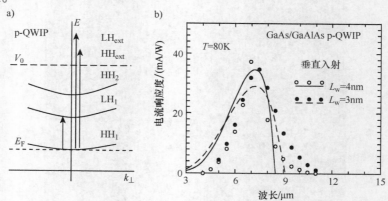

图 16.35　p 类 $GaAs/Ga_{1-x}Al_xAs$ 量子阱红外光电探测器
a) 能带示意图（空穴能量取正值）　b) p 类 $GaAs/Ga_{0.7}Al_{0.3}As$ QWIP 的响应度
（实验数据（圆圈）源自 Levine 等人资料[54]，结构参数 $L_w = 4nm$ 和 $L_w = 3nm$；实线和虚线是计算值）
（资料源自：Man, P., and Pan, D. S., Applied Physics Letters, 61, 2799 - 2801, 1992）

莱文（Levine）等人[54]用实验验证了第一台在 GaAs 价带中采用子带间空穴吸收的 QWIP。利用气源分子束外延（MBE）技术将样片生长在（100）半绝缘基板上，包括有 50 周期、$L_w = 3nm$（或者 $L_w = 4nm$）的量子阱（掺杂铍（Be）浓度 $N_a = 4 \times 10^{18} cm^{-3}$）。其中，量子阱之间是 $L_b = 30nm$ 的 $Ga_{0.7}Al_{0.3}As$ 势垒，并覆盖有 $N_a = 4 \times 10^{18} cm^{-3}$ 的接触层。这些结构的光电导增益的实验值分别是 $g = 0.024$ 和 $g = 0.034$，比 n 类 QWIP 小一个数量级。尽管重空穴有效质量（$m_{hh} \approx 0.5 m_0$）远大于电子的（$m_e \approx 0.073 m_0$），但量子效率 $\eta \geq 15\%$ 和逸出概率 $p_e \geq 50\%$，与 n 类 GaAs/AlGaAs QWIP 的对应值相差无几。这些结构响应度的计算值和实验值如图 16.35 所示，在 $\lambda < \lambda_c$ 范围内，有很好的一致性；而在 $\lambda > \lambda_c$ 范围，响应度具有较小值是由于 $LH_1 \rightarrow LH_{ex}$ 跃迁所致。

p 类 GaAs/GaAlAs 垂直入射 QWIP 子带光电探测器的性能低于同波长下对应的 n 类子带探测器，如其比探测率低至 n 类的 1/5.5（参考式（16.47）和式（16.48））。目前，在红外成像应用领域,很少研发 p 类 QWIP。

16.7.2 热电子晶体管探测器

QWIP 所有设计的基本特点是,对施加电场响应时,低态(基态)中的电子不能流动,而高态(受激态)可以流动,因此产生光电流。由于高温下具有大的暗电流,所以,Ⅲ-V 族多量子阱红外探测器的工作温度需保持低于 77K。研究人员希望降低探测器的暗电流,而同时保持高探测率,从而提高工作温度。蔡(Choi)等人提出一种新的器件结构[138-140],即红外热电子晶体管(Infrared Hot-Electron Transistor,IHET),并详细讨论了其物理学原理[141]。该方案在量子阱层叠结构中增加一个"能量滤波器",因此需要第三终端,但可以较好地消除掺杂在光电流中的漏电流。与两终端标准 QWIP 相比,在一定条件下,合成的 IHET 大大提高了信噪比。然而,不太可能在焦平面阵列中实现三终端探测器。该器件的带结构如图 16.36a 所示[140]。

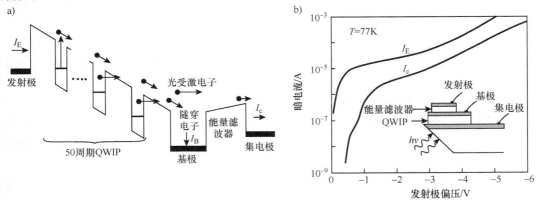

图 16.36 红外热电子晶体管
a) 导带图 b) 发射极暗电流 I_E 和集电极暗电流 I_C,
是温度 77K 时发射极偏压的函数(其中,插图示意性表示器件结构布局)
(资料源自:K. K. Choi, L. Fotiadis, M. Taysing-Lara, W. Chang, and G. J. Iafrate, Applied Physics Letters, 59, 3303-5, 1991)

改进型 IHET 生长在(100)半绝缘基板上[140]。第一层是掺杂浓度为 $1.2 \times 10^{18} cm^{-3}$、$0.6 \mu m$ 厚的 n^+-GaAs 层作为发射层;之后,是对红外敏感的 50 周期 $Al_{0.25}Ga_{0.75}As/GaAs$ 超晶格结构,除了其势垒宽度是 48nm 而非 20nm 外,名义上与莱文(Levine)等人的研究结果一致[77]。在超晶格结构上面生长 30nm 厚的 $In_{0.15}Ga_{0.85}As$ 基质层,接着是 $0.2 \mu m$ 厚 $Al_{0.25}Ga_{0.75}As$ 电子能量高通滤波器以及 $0.1 \mu m$ 厚 n^+-GaAs($n = 1.2 \times 10^{18} cm^{-3}$)层作为集电极层,探测器发射极和集电极面积分别是 $7.92 \times 10^{-4} cm^2$ 和 $2.25 \times 10^{-4} cm^2$。探测器的结构布局以及发射极和集电极暗电流 I_E 与 I_C(原文错印为 I_D。——译者注)如图 16.36b 所示。由于薄 $In_{0.15}Ga_{0.85}As$ 基质层具有大的 Γ-L 谷间隔,因而提高了光电流传输比。在温度 77K 和截止波长 $9.5 \mu m$ 时,该晶体管的比探测率提高到 $1.4 \times 10^{10} cm\ Hz^{1/2}W^{-1}$,比同等条件下先进的 GaAs 多量子阱探测器高两倍。进一步优化器件参数,在温度 77K 时,可以使宽带 $10 \mu m$ 的 IHET 比探测率接近 $10^{10} cm\ Hz^{1/2}W^{-1}$ [140]。

通常,IHET 的暗电流比 QWIP 低 2 到 4 个数量级[142],这一点对许多空间应用要求的波长范围（3~18μm）（背景光子通量非常低）尤为重要。此外，若应用于热成像，希望能够将扩展波长 QWIP 糅合到焦平面阵列中。LWIR IHET 的研发已经取得了很大进步[143-145]。

研究人员已经验证了以 GaAs 为基础的 QWIP 与 GaAs 电路整体集成的可能性，以及 QWIP 与高电子迁移率晶体管集成的概念[146]。为了提高 QWIP[147]性能以及实现单片集成[148]，还提出了其它晶体管的研究思路。然而，到目前为止，在读出电路领域还没有研发 GaAs 技术。

16.7.3 SiGe/Si 量子阱红外光电探测器

根据不同成分，$Si_{1-x}Ge_x$ 合金的带隙在 1.1~0.7eV 范围变化，因此适合用于制造工作在 0.5~1.8μm 波长范围的探测器。然而，由于在界面处存在大的失配位错而不利于获得高性能器件，所以 Ge（晶格常数 $\alpha_0 = 0.5657nm$）和 Si（$\alpha_0 = 0.05431nm$）间大的晶格失配（室温下 $\Delta\alpha_0/\alpha_0 = 4.2\%$）有碍于将集成光电器件制造在硅基板上。几年前研究人员提出[149]，利用 MBE 技术在相对较低温下（$T \approx 400~500℃$）可以毫无失配位错地为伪晶生长高质量晶格失配结构，并证明该层比临界厚度 h_c 要薄。在这种情况中，通过层中畸变调节晶格失配，在其中形成内嵌共格应变，从而在 Si/SiGe 超晶格和多量子阱基础上制造中波和长波红外光电探测器。

Si 基板上应变 SiGe 层的临界厚度很大程度上取决于生长参数，尤其是基板温度。对于 $Si_{0.5}Ge_{0.5}$ 的典型生长温度 $T \approx 500℃$，临界厚度大约是 10nm。如果是多层生长，利用平均 Ge 成分公式 $x_{Ge} = (x_1d_1 + x_2d_2)/(d_1 + d_2)$ 可以得到临界厚度。其中，x 和 d 分别是各成分层的成分和厚度。

应变不仅改变了成分层的带隙，而且分裂了 Si 和 $Si_{1-x}Ge_x$ 层重空穴带和轻空穴带的简并度，还消除了传导带（多能谷带结构）的简并度[150,151]。可以将（由应变引起）$Si_{1-x}Ge_x/Si$ 带结构的变化应用于几种以 p 和 n 类传导器件为基础的光电探测器类型中。对于以价带间吸收为基础的 SiGe/Si QWIP，探测器的响应在很大程度上取决于价带应变导致的分裂[59,152,153]。

硅基探测器的主要优点是，可以制造在 Si 基板上，因此与硅读出器件的单片集成使制造超大规模阵列成为可能。卡鲁纳西里（Karunasiri）等人首次观察到 SiGe/Si 多量子阱中子带间的红外吸收[154]。SiGe/Si 具有大的价带偏移以及小孔穴有效质量有利于空穴子带间吸收。

采用 MBE 技术已经将 p 类多量子阱 SiGe/Si 结构生长在温度保持在 600℃ 左右的高电阻率硅（100）晶片上，以提高外延层质量。该结构包含有 50 周期 3nm 厚 $Si_{0.85}Ge_{0.15}$ 量子阱（掺杂 $p \approx 10^{19}cm^{-3}$），并被 50nm 厚的未掺杂 Si 势垒隔开。3nm 厚的量子阱能够以 Si 势垒上的扩展态吸收波长 10μm 附近的红外能量。整个超晶格夹持在掺杂（$p = 1 \times 10^{19}cm^{-3}$）1μm 厚底层和 0.5μm 厚顶层之间，以保证电接触[56]。

SiGe/Si 多量子阱（直径 200μm 台状结构）的光电响应如图 16.37 所示，晶片边缘上有一个 45°的端面。图中给出了温度 77K、施加在探测器上的偏压是 2V 条件下，0°和 90°偏振的光电响应。若是 0°偏振，峰值在波长 8.6μm 附近；如果是 90°偏振，则峰值在波长 7.2μm。两种情况的响应度相同，为 0.3A/W。在波长 7.5μm 附近具有峰值响应的未偏振光束的响应度约为 0.6A/W，并近似地是两种偏振情况之和。图 16.37 所示的虚线表示光垂直照射在器件背面时响应度的测量值。垂直光入射的光电响应似乎是由于自由载流子吸收造成内部光致发射所致。帕克（Park）等人比较详细地讨论了 SiGe/Si 异质结构的吸收机理[57]。在温度 77K 和波长 9.5μm 条件下，上述非优化 SiGe/Si 多量子阱红外探测器的比探测率预估值约为 $1 \times 10^9 \text{cm Hz}^{1/2} \text{W}^{-1}$。

已经证实，第一台价带-子带红外探测器在 3～5μm 光谱范围内具有较高的比探测率 $D^*(3\mu m) = 4 \times 10^{10}$ $\text{cmHz}^{1/2}\text{W}^{-1}$ [58]。随着 Ge 成分的增加，峰值光电响应移向较短波长，与透射系数的数据一致。该光电响应显示出几个在室温吸收光谱中没有观察到的峰值，可能是由于载流子在偏压下从受激态隧穿通过势垒到达接触层（激发到连续态的载流子除外）时出现几种不同类型跃迁所致。

垂直入射空穴子带间 QWIP 也可使用赝晶 GeSi/Si 量子阱。皮普尔（People）等人阐述了在（001）硅基板上赝晶 p 类 $Si_{0.75}Ge_{0.25}$/Si QWIP 的制造及特性[155,156]。采用 2keV 离子注入技术使 4nm $Si_{0.75}Ge_{0.25}$ 量子阱掺杂硼，

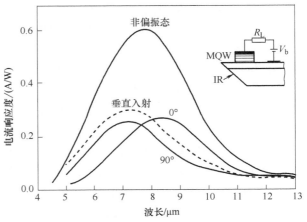

图 16.37　温度 77K 和偏压 2V 条件下，$Si_{0.85}Ge_{0.15}$/Si QWIP 在两种偏振角时的响应度（红外辐射垂直照射在倾斜的端面上，以便使多量子阱结构上的入射角是 45°，如插图所示；虚线表示垂直背面照射的响应度）

（资料源自：Park, J. S., Karunasiri, R. P. G., and Wang, K. L., Applied Physics Letters, 60, 103-5, 1992）

载流子密度约为 $4 \times 10^{18}\text{cm}^{-3}$。30nm 硅势垒层不掺杂。由于应变和量子约束导致重、轻和分裂空穴能带的混合，所以，这些器件具有较宽的响应范围（8～14μm）。在工作偏压为 -2.4V、温度 T=77K 且无制冷屏条件下（视场 2π，300K），直径 200μm 器件的比探测率是 $3.3 \times 10^9 \text{cm Hz}^{1/2}\text{W}^{-1}$、响应度是 0.04A/W 和微分电阻是 $10^6 \Omega$。

$Si/Si_{1-x}Ge_x$ 应变层多量子阱在垂直照射时子带间具有强红外光学吸收，不发生在 p 类结构中而且也可能发生在 n 类结构中[50]，利用不同 Ge 成分和掺杂浓度的（110）$Si/Si_{1-x}Ge_x$ 多量子阱样片材料首次进行了验证，峰值吸收位置是 4.9～5.8μm[52]。有研究人员较早就指出[50]，对于（110）和（111）生长方向（原文错印为［110］和［111］。——译者注），掺杂高达 10^{19}cm^{-3} 的硅量子阱（采用 MBE 生长技术是有可能的）可以使子带间垂直吸收系数达到 10^4cm^{-1}。

辐射垂直入射在 SiGe/Si 超晶格上的试验表明，无需使用光栅耦合器（通常，AlGaAs/GaAs 子带探测器是需要的）有可能制造出红外焦平面阵列。令人鼓舞的是 SiGe/Si QWIP 性能的理论预测值[50,157,158]。SiGe/Si QWIP 超过混合阵列中具有竞争力 III-V 族材料的一个重要优点是，其热膨胀系数与下面的硅读出电路相匹配，所以，阵列尺寸不受制冷期间产生的应力限制。然而，SiGe/Si QWIP 的比探测率还不能与 n 类 GaAs/AlGaAs 材料体系相比，在温度 77K 和长波红外光谱区，大约低 1 个数量级。因此，在 20 世纪 90 年代中期，研究人员放弃了对 SiGe/Si QWIP 的研究。

16.7.4 采用其它材料体系的量子阱红外光电探测器

GaAs/AlGaAs 多量子阱探测器也可以工作在较短波长范围。然而，在该材料体系中，由于需要保持 AlGaAs 是直接势垒而施加的短波长限是 $\lambda = 5.6\mu m$。如果增加 Al 的浓度 x，并使其超过 $x = 0.45$，那么，间接 χ 能谷变成最低能隙。这种结构中的 Γ-χ 散射及 GaAs χ-势垒俘获会造成低效率载流子集合，因而有较差的响应度，所以认为是极不可取的。AlGaAs/GaAs 体系（具有合适的 Al 克分子分数）导带的有限不连续性，使之不能生长对 3~5μm 中波红外波段敏感的外延层结构。因此最开始，莱文（Levine）等人利用 50 阱 AlInAs-InGaAs 外延层结构研究了 AlInAs/InGaAs 体系用作中波红外量子阱红外光电探测器（MWIR QWIP）的前景[159]。其中，AlInAs/InGaAs 体系包括 5nm InGaAs 阱和 10nm 厚 AlInAs 势垒，从而形成束缚-束缚 QWIP，峰值吸收在 $\lambda_p = 4.4\mu m$，$\Delta\lambda/\lambda = 7\%$。之后，哈斯南（Hasnain）等人研究了直接带隙体系 $In_{0.53}Ga_{0.47}As/In_{0.52}Al_{0.48}As$[160]，并试验验证了 77K 时工作波长 $\lambda_p = 4.2\mu m$ 的多量子阱红外探测器的比探测率 $D^* = 2 \times 10^{10} cm\ Hz^{1/2}W^{-1}$，直至温度高达 120K 时，背景限比探测率是 $2.3 \times 10^{12} cm\ Hz^{1/2}W^{-1}$。

使用 AlGaAs/InGaAs 材料体系可以形成较大的导带不连续性，尽管晶格失配外延生长会造成衰减效应和某些限制，但是，这已经成为 MWIR QWIP 的标准材料体系。

一种具有足够大导带不连续性的 AlInAs/InGaAs 晶格匹配结构可以替代应变 AlGaAs/InGaAs 材料体系，适合单能带中波红外和层叠多能带 QWIP 两种焦平面阵列。若与长波红外（LWIR）InP/InGaAs 或 InP/InGaAsP 量子阱叠层相组合，这种材料体系可以在 InP 基板上形成完全匹配的双能带或多能带 QWIP 结构。能够匹配是受益于 InP 基 QWIP 以及避免了应变层外延生长的限制。所以，对于以 QWIP 为基础的热成像应用，AlInAs/InGaAs 是一种重要的材料体系。最近公布的截止波长为 4.6μm、大幅面 640×512 AlInAs/InGaAs 焦平面阵列的性能[161,162]，可以与 MWIR AlGaAs/InGaAs QWIP 的最佳结果相比[14]。

子带吸收和热电子传输不仅局限于 $Al_xGa_{1-x}As/GaAs$ 材料体系。利用下面如晶格匹配的 InP-基材料体系已经验证过长波超晶格探测器：$GaAs/Ga_{0.5}In_{0.5}P$ （$\lambda_p = 8\mu m$），n 掺杂或 p 掺杂 1.3μm $In_{0.53}Ga_{0.47}As/InP$（分别为 7~8μm 和 2.7μm），1.3μm InGaAsP/InP（$\lambda_c = 13.2\mu m$）和 1.55μm InGaAsP/InP（$\lambda_c = 9.4\mu m$）异质结体系。实际上，n 掺杂 $In_{0.53}Ga_{0.47}As/InP$ 多量子阱红外光电导体的响应度要比等效 AlGaAs/GaAs 光电导体稍大些，探测器工作在波长 7.5μm 和温度 77K 环境下的比探测率测量值是 $D^* = 9 \times 10^{10} cm\ Hz^{1/2}W^{-1}$[93,163]。古纳帕拉（Gunapala）等人首先验证了采用 p 类 $Ga_{0.47}In_{0.53}As/InP$ 材料体系制成的短波（$\lambda_c = 2.7\mu m$）探测器[164]，红外光垂直入射在探测器上。莱文（Levine）[2]、纳帕拉（Gunapala）和班达拉（Bandara）[5] 以及李（Li）[120] 对使用非 GaAs/AlGaAs 材料的 QWIP 做了深入评述。

对于迄今验证过的大部分 GaAs 基 QWIP 而言，GaAs 是低带隙量子阱材料，其势垒与 AlGaAs、GaInP 或者 AlInP 晶格匹配。然而，由于希望二元合金 GaAs 的传输优于三元合金，所以研究人员非常感兴趣将 GaAs 用作势垒材料。为此，纳帕拉（Gunapala）等人采用较低带隙非晶格匹配合金 $In_xGa_{1-x}As$ 作为量子阱材料以及 GaAs 势垒[165,166]。已经证明，可以生长具有较低成分（$x < 0.15$）应变层异质结结构，产生较低的势垒高度，这种异质结势垒体系非常适合于很长波长（$\lambda > 14\mu m$）的 QWIP。在温度 $T = 40K$ 和 $\lambda_p = 16.7\mu m$ 时，它具有非常好的热电子传输和高比探测率 $D^* = 1.8 \times 10^{10} cm\ Hz^{1/2}W^{-1}$[166]。如此高的响应度和比探测率可以与普通的晶格匹配 GaAs/AlGaAs 材料体系的性能相媲美[95]。

16.7.5 多色探测器

量子阱方法的一个显著优点是很容易制造适合未来高性能红外系统要求的多色（多光谱）探测器。一般意义上，多色探测器是一种光谱响应随参数（如偏压）变化的器件。已经提出三种实现多色探测的方法：多引线、电压开关和电压调谐。

柯克（Kock）等人研制出第一台双色 GaAs/AlGaAs QWIP[167]，将两个具有不同波长灵敏度的 QWIP 串联层叠在同一个 GaAs 基板上（见图 16.38a）。该方法将分隔单色 QWIP 的各中间传导层连接起来，从而导致利用多路电终端分别寻址多色 QWIP。该方法的优点是设计简单，可以忽略颜色间的电串扰。此外，每个 QWIP 都可单独对所希望的探测波长进行优化，缺点是难以制造多种颜色的器件。许多文章都阐述过解决该技术难题的方法，例如，本章参考文献【168-170】。纳帕拉（Gunapala）等人将一个大的阵列分成 4 个对应着不同颜色的条形阵列（参考本书 23.4 节），从而验证了四色成像仪[171]。

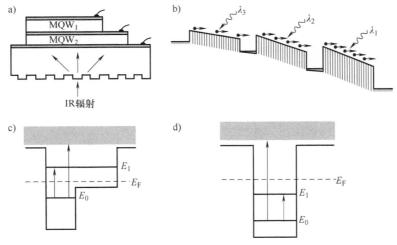

图 16.38　基于下面形式的多色 QWIP

a) 层叠在同一基板上两个串联 QWIP 中的子带跃迁　b) 最高偏压下三色电压可调探测器
c) 非对称阶梯式多量子阱结构中束缚-束缚和束缚-扩展跃迁　d) 束缚-连续态跃迁机理

刘（Liu）等人对多色探测器结构提出一种新颖概念[172]，将普通的（单色）QWIP 层叠在一起，并由重掺杂薄层（测试结构中的厚度约 100nm）分别隔开。依靠器件暗电流-电压特性的高度非线性及指数特性实现可调谐性。从而意味着，应当在单色 QWIP 中根据其直流（DC）电阻值对施加电压在整个多层叠结构范围内进行分配。当施加电压从零开始增大，则通过具有最高电阻的单色 QWIP 的大部分电压会下降；随着电压进一步升高，其增加部分将在通过下一个具有最高电阻单色量子阱层叠结构时下降等。在最高偏压下三色结构的带缘轮廓示意如图 16.38b 所示。上述结构类似格雷夫（Grave）等人提出的方案[173]，但明显区别在于：格雷夫结构中的分压是通过高-低场域的形成实现，不像多量子阱那样可以定量理解[174]。

对这种多色 QWIP 概念进行实际验证的一种三色结构方案中，三种层叠结构的 GaAs 量子阱宽度分别是 5.5nm、6.1nm 和 6.6nm。（每个层叠中有 32 个阱）。$Al_xGa_{1-x}A$ 势垒均为

46.8nm 厚，合金含量分别是 0.26、0.22（原文错印为"022"。——译者注）和 0.19。单色 QWIP 之间的间隔是硅掺杂浓度达 $1.5 \times 10^{18} cm^{-3}$、厚度为 93.4nm 的 GaAs 层，分别在 $7.0\mu m$、$8.5\mu m$ 和 $9.8\mu m$ 位置观察到不同偏压下三种阱的清晰峰值。在非偏振光照射和 45°端面角结构条件下，$8.5\mu m$ 响应波长和偏压 $V_b = -3V$ 对应的比探测率计算值是 $5 \times 10^9 cm\ Hz^{1/2}W^{-1}$。若采用 100% 吸收的高耦合方案，则可以提高到 $D^* = 3 \times 10^{10} cm\ Hz^{1/2}W^{-1}$。

电压可调谐的优点是制造简单（由于只需要两个终端）和实现多种颜色。缺点是颜色之间的电串扰难以达到忽略不计的程度。

电压开关式双色探测的另一个例子示意如图 16.39 所示[112]，像素单元由遵守束缚-微带跃迁机理的两个量子阱超晶格组成，这种思想由王（Wang）等人首次提出[175]。利用一个超晶格调谐中波红外波段，另一个超晶格调谐长波红外波段，超晶格之间是分级势垒。在负偏压下，第二个超晶格中产生的光电子会损失弛豫势垒中的能量，并被第一个超晶格阻挡。在 SL2 中产生的长波光电子进入高传导能量弛豫层，不会导致阻抗丝毫变化。对正偏压，情况正好相反，只有 SL2 长波光电子通过分级势垒，才导致阻抗变化。利用这种设计可以制造双色 C-QWIP[112,113]。

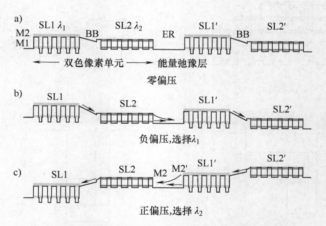

图 16.39 超晶格量子阱中电压开关式双色探测机理
BB 代表势垒带；ER 代表能量弛豫；SL 代表超晶格；M 代表微带。——译者注
（资料源自：Choi, K-K., Monroy, C., Swaminathan, V., Tamir, T., Leung, M., Devitt, J., Forrai, D., and Endres, D., Infrared Physics & Technology, 50, 124-35, 2007）

多色 QWIP 的另一种设计涉及量子阱的特殊形状（即，一种阶梯形阱或者非对称耦合双量子阱）。图 16.38c 给出了阶梯形量子阱结构的例子，双色量子阱光电导体采用非对称阶梯式多量子阱结构中类似振子强度束缚-束缚和束缚-扩展态跃迁机理[176,177]。施加 $\pm 40 kV/cm$ 电场激励足以使峰值比探测率波长从 $8.5\mu m$ 漂移到 $13.5\mu m$[176]。非对称能带弯曲可以促成光电导和光伏两种工作模式，并且演示验证了这种双工作模式的双色 QWIP[178]。

蒂德罗（Tidrow）等人研制的电压可调谐三色 QWIP 已经取得了令人鼓舞的结果[179]。该器件使用一对量子阱结构，每一个都包含两个不同宽度、由一个薄势垒隔开的耦合量子阱（见图 16.40a）。宽阱有两个子带 E_1 和 E_2，窄阱有一个子带 E'_2。如果宽阱掺杂，源自第一能态 E_1 的电子就被入射光子激发到 E_2 或 E'_2 能态。由于在耦合非对称量子阱结构中打破了奇偶对称性，所以可以观察到多种颜色。

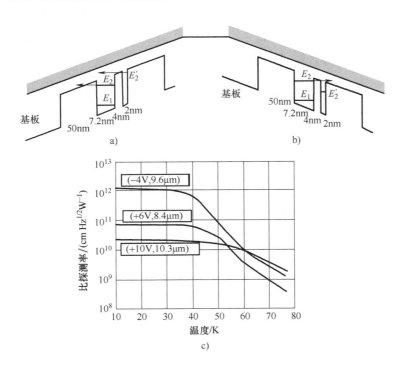

图 16.40　三色 GaAs/AlGaAs QWIP 在下列条件下的能带结构
a) 正偏压　b) 负偏压　c) 8.4、9.6 和 10.3μm 波长位置的峰值比探测率分别在
偏压 +6V、-4V 和 +10V 下与温度的函数关系

（资料源自：Tidrow, M. Z., Choi, K. K., Lee, C. Y., Chang, W. H., Towner, F. J., and Ahearn, J. S., Applied Physics Letters, 64, 1268 - 70, 1994）

将具有 30 周期非对称 GaAs/AlGaAs 耦合双量子阱结构的器件生长在半绝缘（001）GaAs 基板上，宽阱宽度为 7.2nm，窄阱宽度为 2nm，两个耦合阱间的 $Al_{0.31}Ga_{0.69}As$ 势垒为 4nm，耦合阱结构间的势垒为 50nm。底部接触层为 1000nm 的掺杂 GaAs 和下端接触层为 50nm 掺杂 $In_{0.08}Ga_{0.92}As$。宽量子阱和接触层中的 n^+ 掺杂浓度为 $1.0 \times 10^{18} cm^{-3}$（原文错印为"n +"。——译者注），窄阱未掺杂。

图 16.40c 所示为峰值比探测率与温度的函数关系。可以看出，在温度 60K 时，峰值波长 9.6μm 和 10.3μm 的比探测率约为 $10^{10} cm\ Hz^{1/2}W^{-1}$；对于 8.4μm 峰值波长，比探测率较小，$D^* = 4 \times 10^9 cm\ Hz^{1/2}W^{-1}$。通过调谐偏压可以使探测峰值与这三种波长的选择无关，然而，一般难以保证所有电压下都能使 QWIP 具有高性能。为了产生大的子带跃迁强度，同时使受激载流子容易溢出，则跃迁最终态应当靠近势垒上端面。很难使所有电压都满足这两个条件[12]。阶梯量子阱中较宽的阱可能导致俘获概率增大，因此使载流子寿命变短。最后，子带结构的场致变化通常都需要较高的外部电场（高电压，见图 16.40c），从而增大了暗电流和噪声。

对于具有对称量子阱的探测器，也有可能实现双色探测工作[167,180]。该方案关心的是，当阱中有两种态以及阱中不同态间出现光学跃迁（类似图16.38d所示）时，就要求具有大的填充因子或有不同厚度的阱（只有被载流子占据的基态）。这种多量子阱光电探测器的目标是涵盖 $8\sim12\mu m$ 和 $3\sim5\mu m$ 两个光谱区。

16.7.6 集成发光二极管量子阱红外光电探测器

以 QWIP 与发光二极管（LED）相集成的发光二极管量子阱红外光电探测器（QWIP-LED）为基础而实现频率上转换的创新概念，可以代替成像器件制造过程中的标准混合技术。该方法可以制造用标准工艺难以实现的器件，如超大规模传感器[181]。

刘（Liu）等人[182]和雷日（Ryzhii）等人[183]各自提出集成 QWIP-LED 概念，刘（Liu）及其同事首次完成了试验验证[182]，基本思想如图 16.41 所示。在正向偏压下，源自 QWIP 的光电流电子与 LED 中的注入空穴相结合，从而使 LED 的发射增强。QWIP 是一个光电导体，在红外光照射下，其电阻减小，导致通过 LED 的压降增大，因而提高发射率，所以这种器件是一种红外转换器。QWIP 中的光生载流子具有很强的横向区域性，利用高质量 Si CCD 阵列很容易对由此产生的大约 $0.9\mu m$ 波长的发射成像。

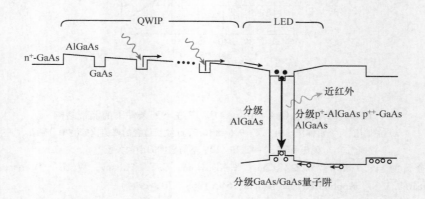

图 16.41　集成 QWIP-LED 的弯曲缘轮廓（在正向偏压下，QWIP 中产生的光电流导致 LED 发射，从而实现 QWIP IR 探测信号到近红外或可见光的上转换）

（资料源自：Liu, H. C., Dupont, E., Byloos, M., Buchanan, M., Song, C. Y., and Wasilewski, Z. R., Intersubband Infrared Photodetectors, World Scientific, Singapore, 299–313, 2003）

目前市场上出售的 CCD（典型值是 4×10^5 个电子）中，电子阱电荷的电容要比长波红外焦平面阵列中读出电路几乎小两个数量级。通常要求 CCD 采用 QWIP-LED 以满阱工作点模式探测，以便使红外成像具有较高热成像灰度级。

由于此方案可以制成无需读出电路的二维大尺寸成像器件，所以，从技术角度出发，集成 QWIP-LED 的优点是很重要的。该器件仍要求工作在低温下，在较小像素的多色成像器件中很容易实现上转换法[184]。

初始验证较小像素（pixelless）QWIP-LED 采用 p 类材料以简化制造工艺（避免使用光栅）。由于性能低，后续研究重点集中在 n 类 QWIP 以及性能的稳步提高[185-187]，最新的成像效果如图 16.42 所示。

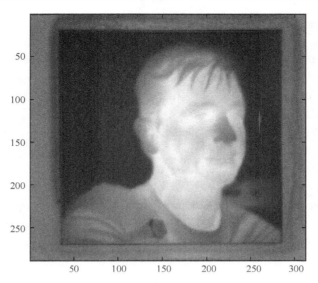

图 16.42 使用 QWIP-LED 热成像实例

(资料源自：Dupont, E., Byloos, M., Oogarah, T., Buchanan, M., and Liu, H. C., Infrared Physics Technology, 47, 132 – 43, 2005)

参 考 文 献

1. L. Esaki and R. Tsu, " Superlattice and Negative Conductivity in Semiconductors," *IBM Journal of Research and Development* 14, 61 – 65, 1970.
2. B. F. Levine, " Quantum – Well Infrared Photodetectors," *Journal of Applied Physics* 74, R1 – R81, 1993.
3. M. O. Manasreh, ed., *Semiconductor Quantum Wells and Superlattices for Long – Wavelength Infrared Detectors*, Artech House, Norwood, MA, 1993.
4. F. F. Sizov and A. Rogalski, " Semiconductor Superlattices and Quantum Wells for Infrared Optoelectronics," *Progress in Quantum Electronics* 17, 93 – 164, 1993.
5. S. D. Gunapala and K. M. S. V. Bandara, " Recent Development in Quantum – Well Infrared Photodetectors," in *Thin Films*, Vol. 21, 113 – 237, Academic Press, New York, 1995.
6. H. C. Liu, " Quantum Well Infrared Photodetector Physics and Novel Devices," in *Semiconductors and Semimetals*, Vol. 62, eds. H. C. Liu and F. Capasso, 129 – 96, Academic Press, San Diego, 2000.
7. S. D. Gunapala and S. V. Bandara, " Quantum Well Infrared Photodetectors (QWIP)," in *Handbook of Thin Devices*, Vol. 2, ed. M. H. Francombe, 63 – 99, Academic Press, San Diego, 2000.
8. J. L. Pan and C. G. Fonstad, " Theory, Fabrication and Characterization of Quantum Well Infrared Photodetectors," *Material Science and Engineering* R28, 65 – 147, 2000.
9. S. D. Gunapala and S. V. Bandara, " GaAs/AlGaAs Based Quantum Well Infrared Photodetector Focal Plane Arrays," in *Handbook of Infrared Detection Technologies*, ed. M. Henini and M. Razeghi, 83 – 119, Elsevier, Oxford, 2002.
10. V. Ryzhi, ed., *Intersubband Infrared Photodetectors*, World Scientific, New Jersey, 2003.
11. A. Rogalski, " Quantum Well Photoconductors in Infrared Detectors Technology," *Journal of Applied Physics* 93, 4355 – 91, 2003.
12. H. Schneider and H. C. Liu, *Quantum Well Infrared Photodetectors*, Springer, Berlin, 2007.
13. A. Rogalski, J. Antoszewski, and L. Faraone, " Third – Generation Infrared Photodetector Arrays," *Journal of*

Applied Physics 105, 091101 - 44, 2009.

14. S. D. Gunapala, S. V. Bandara, J. K. Liu, C. J. Hill, B. Rafol, J. M. Mumolo, J. T. Trinh, M. Z. Tidrow, and P. D. LeVan, " 1024 × 1024 Pixel Mid - Wavelength and Long - Wavelength Infrared QWIP Focal Plane Arrays for Imaging Applications," *Semiconductor Science and Technology* 20, 473 - 80, 2005.

15. M. Jhabvala, K. K. Choi, C. Monroy, and A. La, " Development of a 1K × 1K, 8 - 12 μm QWIP Array," *Infrared Physics & Technology* 50, 234 - 39, 2007.

16. G. Bastard, *Wave Mechanics Applied to Semiconductor Heterostructures*, Editions de Physique, Les Ulis, 1988.

17. C. Weisbuch and B. Vinter, *Quantum Semiconductor Structures*, Academic Press, New York, 1991.

18. A. Shik, *Quantum Wells*, World Scientific, Singapore, 1997.

19. P. Harrison, *Quantum Wells, Wires and Dots: Theoretical and Computational Physics*, Wiley, New York, 1999.

20. D. Bimberg, M. Grundmann, and N. N. Ledentsov, *Quantum Dot Heterostructures*, Wiley, Chichester, 2001.

21. J. Singh, *Electronic and Optoelectronic Properties of Semiconductor Structures*, Cambridge University Press, Cambridge, 2003.

22. H. Sakaki, " Scattering Suppression and High - Mobility Effect of Size - Quantized Electrons in Ultrafine Semiconductor Wire Structures," *Japanese Journal of Applied Physics* 19, L735 - L738, 1980.

23. Y. Arakawa and H. Sakaki, " Multidimensional Quantum - Well Laser and Temperature Dependence of Its Threshold Current," *Applied Physics Letters* 40, 939 - 41, 1982.

24. D. D. Coon and K. M. S. V. Bandara, " New Quantum Structures," in *Physics of Thin Films*, Vol. 15, eds. M. H. Francombe and J. L. Vossen, 219 - 64, Academic Press, Boston, MA, 1991.

25. H. C. Liu, " Quantum Dot Infrared Photodetector," *Opto - Electronics Review* 11, 1 - 5, 2003.

26. D. H. Döhler, " Semiconductor Superlattices: A New Material for Research and Applications," *Physica Scripta* 24, 430, 1981.

27. C. Mailhiot and D. L. Smith, " Strained - Layer Semiconductor Superlattices," *Solid State & Materials Science* 16, 131 - 60, 1990.

28. L. Esaki, " A Bird's - Eye View on the Evolution of Semiconductor Superlattices and Quantum Wells," *IEEE Journal of Quantum Electronics* QE - 22, 1611 - 24, 1986.

29. H. Krömer, " Barrier Control and Measurements: Abrupt Semiconductor Heterojunctions," *Journal of Vacuum Science and Technology* B2, 433, 1984.

30. J. Tersoff, " Theory of Semiconductor Heterojunctions: The Role of Quantum Dipoles," *Physical Review* B30, 4874, 1984.

31. W. A. Harrison, " Elementary Tight - Binding Theory of Schottky - Barrier and Heterojunction Band Line - Ups," in Two *Dimensional Systems: Physics and New Devices*, Springer Series in Solid State Sciences, Vol. 67, eds. G. Bauer, F. Kuchar, and H. Heinrich, 62, Springer, Berlin, 1986.

32. W. Pollard, " Valence - Band Discontinuities in Semiconductor Heterojunctions," *Journal of Applied Physics* 69, 3154 - 58, 1991.

33. H. Kromer, " Band Offsets and Chemical Bonding: The Basis for Heterostructure Applications," *Physica Scripta* 68, 10 - 16, 1996.

34. G. Duggan, " A Critical Review of Semiconductor Heterojunction Band Offsets," *Journal of Vacuum Science and Technology* B3, 1224, 1985.

35. T. W. Hickmott, " Electrical Measurements of Band Discontinuits at Heterostructure Interfaces," in *Two Dimensional Systems: Physics and New Devices*, Springer Series in Solid State Sciences, Vol. 67, eds. G. Bauer, F. Kuchar, and H. Heinrich, 72, Springer, Berlin, 1986.

36. J. Menendez and A. Pinczuk, " Light Scattering Determinations of Band Offsets in Semiconductor Heterojunc-

tions," *IEEE Journal of Quantum Electronics* 24, 1698 – 711, 1988.

37. K. Ploog and G. H. Dohler, " Compositional and Doping Superlattices in III – V Semiconductors," *Advanced Physics* 32, 285 – 359, 1983.

38. G. H. Döhler, " Doping Superlattices (" n – i – p – i crystals")," *IEEE Journal of Quantum Electronics* QE – 22, 1682 – 95, 1986.

39. G. H. Döhler, " The Physics and Applications of n – i – p – i Doping Superlattices," *CRC Critical Reviews in Solid State and Materials Sciences* 13, 97 – 141, 1987.

40. C. Weisbuch, " Fundamental Properties of III – V Semiconductor Two – Dimensional Quantized Structures: The Basis for Optical and Electronic Device Applications," in *Semiconductors and Semimetals*, Vol. 24, eds. R. Willardson and A. C. Beer; *Applications of Multiquantum Wells, Selective Doping, and Superlattices*, ed. R. Dingle, 1 – 133, Academic Press, New York, 1987.

41. A. Rogalski, *New Ternary Alloy Systems for Infrared Detectors*, SPIE Optical Engineering Press, Bellingham, WA, 1994.

42. D. L. Smith and C. Mailhiot, " Theory of Semiconductor Superlattice Electronic Structure," *Reviews of Modern Physics* 62, 173 – 234, 1990.

43. B. F. Levine, R. J. Malik, J. Walker, K. K. Choi, C. G. Bethea, D. A. Kleinman, and J. M. Wandenberg, " Strong 8.2 μm Infrared Intersubband Absorption in Doped GaAs/AlAs Quantum Well Waveguides," *Applied Physics Letters* 50, 273 – 75, 1987.

44. K. K. Choi, " Detection Wavelength of Quantum – Well Infrared Photodetectors," *Journal of Applied Physics* 73, 5230 – 36, 1993.

45. K. M. S. V. Bandara, D. D. Coon, O. Byungsung, Y. F. Lin, and M. H. Francombe, " Exchange Interactions in Quantum Well Subbands," *Applied Physics Letters* 53, 1931 – 33, 1988.

46. M. C. Tatham, J. R. Ryan, and C. T. Foxon, " Time – Resolved Raman Scattering Measurement of Electron – Optical Phonon Intersubband Relaxation in GaAs Quantum Wells," *Solid State Electronics* 32, 1497 – 501, 1989.

47. G. Hasnain, B. F. Levine, C. G. Bethea, R. R. Abbott, and S. J. Hsieh, " Measurement of Intersubband Absorption in Multiquantum Well Structures with Monolithically Integrated Photodetectors," *Journal of Applied Physics* 67, 4361 – 63, 1990.

48. M. O. Manasreh, F. F. Szmulowicz, D. W. Fischer, K. R. Evans, and C. E. Stutz, " Intersubband Infrared Absorption in a GaAs/$Al_{0.3}Ga_{0.7}$As Quantum Well Structure," *Applied Physics Letters* 57, 1790 – 92, 1990.

49. B. F. Levine, A. Zussman, S. D. Gunapala, M. T. Asom, J. M. Kuo, and W. S. Hobson," Photoexcited Escape Probability, Optical Gain, and Noise in Quantum Well Infrared Photodetectors," *Journal of Applied Physics* 72, 4429 – 43, 1992.

50. C. I. Yang and D. S. Pan, " Intersubband Absorption of Silicon – Based Quantum Wells for Infrared Imaging," *Journal of Applied Physics* 64, 1573 – 75, 1988.

51. Y. C. Chang and R. B. James, " Saturation of Intersubband Transitions in p – Type Semiconductor Quantum Wells," *Physical Review* B39, 12672 – 81, 1989.

52. Ch. Lee and K. L. Wang, " Intersubband Absorption in Sb δ – Doped $Si/Si_{1-x}Ge_x$ Quantum Well Structures Grown on Si (110)," *Applied Physics Letters* 60, 2264 – 66, 1992.

53. J. Katz, Y. Zhang, and W. I. Wang, " Normal Incidence Infrared Absorption in AlAs/AlGaAs X – Valley Multiquantum Wells," *Applied Physics Letters* 61, 1697 – 99, 1992.

54. B. F. Levine, S. D. Gunapala, J. M. Kuo, and S. S. Pei, " Normal Incidence Hole Intersubband Absorption Long Wavelength GaAs/Al_xGa_{1-x}As Quantum Well Infrared Photodetector," *Applied Physics Letters* 59, 1864 –

66, 1991.

55. W. S. Hobson, A. Zussman, B. F. Levine, J. de Long, M. Gera, and L. C. Luther, " Carbon Doped GaAs/Al$_x$Ga$_{1-x}$As Quantum Well Infrared Photodetectors Grown by Organometallic Vapor Phase Epitaxy," *Journal of Applied Physics* 71, 3642 – 44, 1992.

56. J. S. Park, R. P. G. Karunasiri, and K. L. Wang, " Normal Incidence Detector Using p – Type SiGe/Si Multiple Quantum Wells," *Applied Physics Letters* 60, 103 – 5, 1992.

57. J. S. Park, R. P. G. Karunasiri, and K. L. Wang, " Intervalence – Subband Transition in SiGe/Si Multiple Quantum Wells: Normal Incidence Detection," *Applied Physics Letters* 61, 681 – 83, 1992.

58. R. P. G. Karunasiri, J. S. Park, and K. L. Wang, " Normal Incidence Infrared Detector Using Intervalence – Subband Transitions in Si$_{1-x}$Ge$_x$/Si Quantum Wells," *Applied Physics Letters* 61, 2434 – 36, 1992.

59. G. Karunasiri, " Intersubband Transition in Si – Based Quantum Wells and Application for Infrared Photodetectors," *Japanese Journal of Applied Physics* 33, 2401 – 11, 1994.

60. R. People, J. C. Bean, C. G. Bethea, S. K. Sputz, and L. J. Peticolas, " Broadband (8 – 14 μm), Normal Incidence, Pseudomorphic Ge$_x$Si$_{1-x}$/Si Strained – Layer Infrared Photodetector Operating between 20 and 77 K," *Applied Physics Letters* 61, 1122 – 24, 1992.

61. B. K. Ridley, " Electron Scattering by Confined LO Polar Phonons in a Quantum Well," *Physical Review* B39, 5282 – 86, 1989.

62. D. Y. Oberli, D. R. Wake, M. V. Klein, T. Henderson, and H. Morkoc, " Intersubband Relaxation of Photoexcited Hot Carriers in Quantum Wells," *Solid State Electronics* 31, 413 – 18, 1988.

63. B. N. Murdin, W. Heiss, C. J. G. M. Langerak, S. – C. Lee, I. Galbraith, G. Strasser, E. Gornik, M. Helm, and C. R. Pidgeon, " Direct Observation of the LO Phonon Bottleneck in Wide GaAs/Al$_x$Ga$_{1-x}$As Quantum Wells," *Physical Review* B55, 5171 – 76, 1997.

64. J. Y. Andersson, " Dark Current Mechanisms and Conditions of Background Radiation Limitation of n – Doped AlGaAs/GaAs Quantum – Well Infrared Detectors," *Journal of Applied Physics* 78, 6298 – 304, 1995.

65. V. D. Shadrin and F. L. Serzhenko, " The Theory of Multiple Quantum – Well GaAs/AlGaAs Infrared Detectors," *Infrared Physics* 33, 345 – 57, 1992.

66. J. C. Smith, L. C. Chiu, S. Margalit, A. Yariv, and A. Y. Cho, " A New Infrared Detector Using Electron Emission from Multiple Quantum Wells," *Journal of Vacuum Science and Technology* B1, 376 – 78, 1983.

67. L. C. Chiu, J. S. Smith, S. Margalit, A. Yariv, and A. Y. Cho, " Application of Internal Photoemission from Quantum – Well and Heterojunction Superlattices to Infrared Photodetectors," *Infrared Physics* 23, 93 – 97, 1983.

68. D. D. Coon and P. G. Karunasiri, " New Mode of IR Detection Using Quantum Wells," *Applied Physics Letters* 45, 649 – 51, 1984.

69. L. C. West and S. J. Eglash, " First Observation of an Extremely Large – Dipole Infrared Transition within the Conduction Band of a GaAs Quantum Well," *Applied Physics Letters* 46, 1156 – 58, 1985.

70. B. F. Levine, K. K. Choi, C. G. Bethea, J. Walker, and R. J. Malik, " New 10 μm Infrared Detector Using Intersubband Absorption in Resonant Tunneling GaAlAs Superlattices," *Applied Physics Letters* 50, 1092 – 94, 1987.

71. S. Gunapala, M. Sundaram, and S. Bandara, " Quantum Wells Stare at Long – Wave IR Scenes," *Laser Focus World*, 233 – 40, June 1996.

72. S. D. Gunapala, J. K. Liu, J. S. Park, M. Sundaram, C. A. Shott, T. Hoelter, T. L. Lin, et al. ," 9 – μm Cutoff 256 × 256 GaAs/Al$_x$Ga$_{1-x}$As Quantum Well Infrared Photodetector Hand – Held Camera," *IEEE Transactions on Electron Devices* 44, 51 – 57, 1997.

73. J. Y. Andersson, L. Lundqvist, and Z. F. Paska, " Quantum Efficiency Enhancement of AlGaAs/GaAs Quantum Well Infrared Detectors Using a Waveguide with a Grating Coupler," *Applied Physics Letters* 58, 2264 – 66, 1991.

74. Z. F. Paska, J. Y. Andersson, L. Lundqvist, and C. O. A. Olsson, " Growth and Characterization of AlGaAs/GaAs Quantum Well Structures for the Fabrication of Long Wavelength Infrared Detectors," *Journal of Crystal Growth* 107, 845 – 49, 1991.

75. W. Bloss, M. O'Loughlin, and M. Rosenbluth, " Advances in Multiple Quantum Well IR Detectors," *Proceedings of SPIE* 1541, 2 – 10, 1991.

76. K. K. Choi, B. F. Levine, C. G. Bethea, J. Walker, and R. J. Malik, " Multiple Quantum Well 10 μm GaAs/Al_xGa_{1-x}As Infrared Detector with Improved Responsivity," *Applied Physics Letters* 50, 1814 – 16, 1987.

77. B. F. Levine, C. G. Bethea, G. Hasnain, V. O. Shen, E. Pelve, R. R. Abbot, and S. J. Hsieh, " High Sensitivity Low Dark Current 10 μm GaAs Quantum Well Infrared Photodetectors," *Applied Physics Letters* 56, 851 – 53, 1990.

78. S. D. Gunapala, B. F. Levine, L. Pfeifer, and K. West, " Dependence of the Performance of GaAs/AlGaAs Quantum Well Infrared Photodetectors on Doping and Bias," *Journal of Applied Physics* 69, 6517 – 20, 1991.

79. S. D. Gunapala, J. S. Park, G. Sarusi, T. L. Lin, J. K. Liu, P. D. Maker, R. E. Muller, C. A. Shott, and T. Hoelter, " 15 – μm 128 × 128 GaAs/Al_xGa_{1-x}As Quantum Well Infrared Photodetector Focal Plane Array Camera," *IEEE Transactions on Electron Devices* 44, 45 – 50, 1997.

80. M. A. Kinch and A. Yariv, " Performance Limitations of GaAs/AlGaAs Infrared Superlattices," *Applied Physics Letters* 55, 2093 – 95, 1989.

81. B. F. Levine, C. G. Bethea, G. Hasnain, J. Walker, and R. J. Malik, " High – Detectivity $D^* = 1.0 \times 10^{10}$ cm Hz /W GaAs/AlGaAs Multiquantum Well $\lambda = 8.3$ μm Infrared Detector," *Applied Physics Letters* 53, 296 – 98, 1988.

82. H. C. Liu, " An Introduction to the Physics of Quantum Well Infrared Photodetectors and Other Related Devices," *in Handbook of Thin Film Devices*, Vol. 2, ed. M. H. Francombe, 101 – 34, Academic Press, San Diego, 2000.

83. M. J. Kane, S. Millidge, M. T. Emeny, D. Lee, D. R. P. Guy, and C. R. Whitehouse," Performance Trade Offs in the Quantum Well Infra – Red Detector," in *Intersubband Transitionsin Quantum Wells*, eds. E. Rosencher, B. Vinter, and B. Levine, 31 – 42, Plenum Press, New York, 1992.

84. H. C. Liu, A. G. Steele, M. Buchanan, and Z. R. Wasilewski, " Dark Current in Quantum Well Infrared Photodetectors," *Journal of Applied Physics* 73, 2029 – 31, 1993.

85. M. Z. Tidrow, J. C. Chiang, S. S. Li, and K. Bacher, " A High Strain Two – Stack Two – Color Quantum Well Infrared Photodetector," *Applied Physics Letters* 70, 859 – 61, 1997.

86. A. Rose, *Concepts in Photoconductivity and Allied Problems*, Interscience, New York, 1963.

87. H. C. Liu, " Photoconductive Gain Mechanism of Quantum – Well Intersubband Infrared Detectors," *Applied Physics Letters* 60, 1507 – 9, 1992.

88. A. G. Steele, H. C. Liu, M. Buchanan, and Z. R. Wasilewski, " Importance of the Upper State Position in the Performance of Quantum Well Intersubband Infrared Detectors," *Applied Physics Letters* 59, 3625 – 27, 1991.

89. H. C. Liu, " Dependence of Absorption Spectrum and Responsivity on the Upper State Position in Quantum Well Intersubband Photodetectors," *Applied Physics Letters* 73, 3062 – 67, 1993.

90. H. C. Liu, " Noise Gain and Operating Temperature of Quantum Well Infrared Photodetectors," *Applied Physics Letters* 61, 2703 – 5, 1992.

91. W. A. Beck, " Photoconductive Gain and Generation – Recombination Noise in Multiple – Quantum – Well In-

frared Detectors," *Applied Physics Letters* 63, 3589 – 91, 1993.

92. A. Rogalski, " Comparison of the Performance of Quantum Well and Conventional Bulk Infrared Photodetectors," *Infrared Physics & Technology* 38, 295 – 310, 1997.

93. S. D. Gunapala, B. F. Levine, D. Ritter, R. A. Hamm, and M. B. Panish, " InGaAs/InP Long Wavelength Quantum Well Infrared Photodetectors," *Applied Physics Letters* 58, 2024 – 26, 1991.

94. A. Zussman, B. F. Levine, J. M. Kuo, and J. de Jong, " Extended Long – Wavelength λ = 11 – 15 μm GaAs/Al$_x$Ga$_{1-x}$As Quantum Well Infrared Photodetectors," *Journal of Applied Physics* 70, 5101 – 7, 1991.

95. B. F. Levine, A. Zussman, J. M. Kuo, and J. de Jong, " 19 μm Cutoff Long – Wavelength GaAs/Al$_x$Ga$_{1-x}$As Quantum Well Infrared Photodetectors," *Journal of Applied Physics* 71, 5130 – 35, 1992.

96. A. Singh and M. O. Manasreh, " Quantum Well and Superlattice Heterostructures for Space – Based Long Wavelength Infrared Photodetectors," *Proceedings of SPIE* 2397, 193 – 209, 1995.

97. D. C. Arrington, J. E. Hubbs, M. E. Gramer, and G. A. Dole, " Nonlinear Response of QWIP Detectors: Summary of Data from Four Manufactures," *Proceedings of SPIE* 4028, 289 – 99, 2000.

98. M. Z. Tidrow, W. A. Beck, W. W. Clark, H. K. Pollehn, J. W. Little, N. K. Dhar, P. R. Leavitt, et al. ," Device Physics and Focal Plane Applications of QWIP and MCT," *Opto – Electronics Review* 7, 283 – 96, 1999.

99. A. Rogalski, " Third Generation Photon Detectors," *Optical Engineering* 42, 3498 – 516, 2003.

100. A. Rogalski, " Competitive Technologies of Third Generation Infrared Photon Detectors," *Opto – Electronics Review* 14, 87 – 101, 2006.

101. C. Schonbein, H. Schneider, R. Rehm, and M. Walther, " Noise Gain and Detectivity of n – Type GaAs/AlAs/AlGaAs Quantum Well Infrared Photodetectors," *Applied Physics Letters* 73, 1251 – 54, 1998.

102. A. Kastalsky, T. Duffield, S. J. Allen, and J. Harbison, " Photovoltaic Detection of Infrared Light in a GaAs/AlGaAs Superlattice," *Applied Physics Letters* 52, 1320 – 22, 1988.

103. H. Schneider, M. Walther, J. Fleissner, R. Rehm, E. Diwo, K. Schwarz, P. Koidl, et al. , " Low – Noise QWIPs for FPA Sensors with High Thermal Resolution," *Proceedings of SPIE* 4130, 353 – 62, 2000.

104. H. Schneider, P. Koidl, M. Walther, J. Fleissner, R. Rehm, E. Diwo, K. Schwarz, and G. Weimann, " Ten Years of QWIP Development at Fraunhofer," *Infrared Physics & Technology* 42, 283 – 89, 2001.

105. H. Schneider, M. Walther, C. Schonbein, R. Rehm, J. Fleissner, W. Pletschen, J. Braunstein, et al. , " QWIP FPAs for High – Performance Thermal Imaging," *Physica E* 7, 101 – 7, 2000.

106. H. Schneider, C. Schonbein, M. Walther, K. Schwarz, J. Fleissner, and P. Koidl, " Photovoltaic Quantum Well Infrared Photodetectors: The Four – Zone Scheme," *Applied Physics Letters* 71, 246 – 248, 1997.

107. H. Schneider, " Theory of Avalanche Multiplication and Excess Noise in Quantum – Well Infrared Photodetectors," *Applied Physics Letters* 82, 4376 – 78, 2003.

108. O. Byungsung, J. W. Choe, M. H. Francombe, K. M. S. V. Bandara, D. D. Coon, Y. F. Lin, and W. J. Takei, " Long – Wavelength Infrared Detection in a Kastalsky – Type Superlattice Structure," *Applied Physics Letters* 57, 503 – 5, 1990.

109. S. D. Gunapala, B. F. Levine, and N. Chand, " Band to Continuum Superlattice Miniband Long Wavelength GaAs/Al$_x$Ga$_{1-x}$As Infrared Detectors," *Journal of Applied Physics* 70, 305 – 8, 1991.

110. K. M. S. V. Bandara, J. W. Choe, M. H. Francombe, A. G. U. Perera, and Y. F. Lin, " GaAs/AlGaAs Superlattice Miniband Detector with 14.5 μm Peak Response," *Applied Physics Letters* 60, 3022 – 24, 1992.

111. C. C. Chen, H. C. Chen, C. H. Kuan, S. D. Lin, and C. P. Lee, " Multicolor Infrared Detection Realized with Two Distinct Superlattices Separated by a Blocking Barrier," *Applied Physics Letters* 80, 2251 – 53, 2002.

112. K – K. Choi, C. Monroy, V. Swaminathan, T. Tamir, M. Leung, J. Devitt, D. Forrai, and D. Endres,

" Optimization of Corrungated – QWIP for Large Format, High Quantum Efficiency, and Multi – Color FPAs," *Infrared Physics & Technology* 50, 124 – 35, 2007.

113. K. – K. Choi, M. D. Jhabvala, and R. J. Peralta, " Voltage – Tunable Two – Color Corrugated – QWIP Focal Plane Arrays," *IEEE Electron Device Letters* 29, 1011 – 13, 2008.

114. L. S. Yu and S. S. Lu, " A Metal Grating Coupled Bound – to – Miniband Transition GaAs Multiquantum Well/Superlattice Infrared Detector," *Applied Physics Letters* 59, 1332 – 34, 1991.

115. L. S. Yu, S. S. Li, and P. Ho, " Largely Enhanced Bound – to – Miniband Absorption in an InGaAs Multiple Quantum Well with Short – Period Superlattice InAlAs/InGaAs Barrier," *Applied Physics Letters* 59, 2712 – 14, 1991.

116. L. S. Yu, Y. H. Wang, S. S. Li, and P. Ho, " Low Dark Current Step – Bound – to – Miniband Transition InGaAs/GaAs/AlGaAs Multiquantum – Well Infrared Detector," *Applied Physics Letters* 60, 992 – 94, 1992.

117. W. A. Beck, J. W. Little, A. C. Goldberg, and T. S. Faska, " Imaging Performance of LWIR Miniband Transport Multiple Quantum Well Infrared Focal Plane Arrays," in *Quantum Well Intersubband Transition Physics and Devices*, eds. H. C. Liu, B. F. Levine, and J. Y. Anderson, 55 – 68, Kluwer Academic Publishers, Dordrecht, 1994.

118. W. A. Beck and T. S. Faska, " Current Status of Quantum Well Focal Plane Arrays," *Proceedings of SPIE* 2744, 193 – 206, 1996.

119. J. Chu and S. S. Li, " The Effect of Compressive Strain on the Performance of p – type Quantum – Well Infrared Photodetectors," *IEEE J. Quantum Electron* 33, 1104 – 113, 1997.

120. S. S. Li, " Multi – Color, Broadband Quantum Well Infrared Photodetectors for Mid – , Long – , and Very Long – Wavelength Infrared Applications," in *Intersubband Infrared Photodetectors*, ed. V. Ryzhii, 169 – 209, World Scientific, Singapore, 2003.

121. K. W. Goossen and S. A. Lyon, " Grating Enhanced Quantum Well Detector," *Applied Physics Letters* 47, 1257 – 1529, 1985.

122. K. W. Goossen, S. A. Lyon, and K. Alavi, " Grating Enhancement of Quantum Well Detector Response," *Applied Physics Letters* 53, 1027 – 29, 1988.

123. G. Hasnain, B. F. Levine, C. G. Bethea, R. A. Logan, L. Walker, and R. J. Malik, " GaAs/AlGaAs Multiquantum Well Infrared Detector Arrays Using Etched Gratings," *Applied Physics Letters* 54, 2515 – 17, 1989.

124. J. Y. Andersson, L. Lundqvist, and Z. F. Paska, " Grating – Coupled Quantum – Well Infrared Detectors: Theory and Performance," *Journal of Applied Physics* 71, 3600 – 3610, 1992.

125. G. Sarusi, B. F. Levine, S. J. Pearton, K. M. S. V. Bandara, and R. E. Leibenguth, " Optimization of Two Dimensional Gratings for Very Long Wavelength Quantum Well Infrared Photodetectors," *Journal of Applied Physics* 76, 4989 – 94, 1994.

126. G. Sarusi, B. F. Levine, S. J. Pearton, K. M. S. V. Bandara, and R. E. Leibenguth, " Improved Performance of Quantum Well Infrared Photodetectors Using Random Scattering Optical Coupling," *Applied Physics Letters* 64, 960 – 62, 1994.

127. T. R. Schimert, S. L. Barnes, A. J. Brouns, F. C. Case, P. Mitra, and L. T. Claiborne, " Enhanced Quantum Well Infared Photodetector with Novel Multiple Quantum Well Grating Structure," *Applied Physics Letters* 68, 2846 – 48, 1996.

128. C. J. Chen, K. K. Choi, M. Z. Tidrow, and D. C. Tsui, " Corrugated Quantum Well Infrared Photodetectors for Normal Incident Light Coupling," *Applied Physics Letters* 68, 1446 – 48, 1996.

129. C. J. Chen, K. K. Choi, W. H. Chang, and D. C. Tsui, " Performance of Corrugated Quantum Well Infra-

red Photodetectors," *Applied Physics Letters* 71, 3045 – 47, 1997.

130. J. A. Robo, E. Costard, J. P. Truffer, A. Nedelcu, X. Marcadet, and P. Bois, " QWIP Focal Plane Arrays Performances from MWIR to VLWIR," *Proceedings of SPIE* 7298, 7298 – 15, 2009.

131. Y. C. Chang and R. B. James, " Saturation of Intersubband Transitions in p – Type Semiconductor Quantum Wells," *Physical Review* B39, 12672 – 81, 1989.

132. H. Xie, J. Katz, and W. I. Wang, " Infrared Absorption Enhancement in Light – and Heavy – Hole Inverted $Ga_{1-x}In_xAs/Al_{1-y}In_yAs$ Quantum Wells," *Applied Physics Letters* 59, 3601 – 3, 1991.

133. H. Xie, J. Katz, W. I. Wang, and Y. C. Chang, " Normal Incidence Infrared Photoabsorption in p – Type $GaSb/Ga_xAl_{1-x}Sb$ Quantum Wells," *Journal of Applied Physics* 71, 2844 – 47, 1992.

134. F. Szmulowicz, G. J. Brown, H. C. Liu, A. Shen, Z. R. Wasilewski, and M. Buchanan, " GaAs/AlGaAs p – Type Multiple – Quantum Wells for Infrared Detection at Normal Incidence: Model and Experiment," *Opto – Electronics Review* 9, 164 – 72, 2001.

135. F. Szmulowicz and G. J. Brown, " Whither p – Type GaAs/AlGaAs QWIP?" *Proceedings of SPIE* 4650, 158 – 66, 2002.

136. K. Hirose, T. Mizutani, and K. Nishi, " Electron and Hole Mobility in Modulation Doped GaInAs – AlInAs Strained Layer Superlattice," *Journal of Crystal Growth* 81, 130 – 35, 1987.

137. P. Man and D. S. Pan, " Analysis of Normal – Incident Absorption in p – Type Quantum – Well Infrared Photodetectors," *Applied Physics Letters* 61, 2799 – 801, 1992.

138. K. K. Choi, M. Dutta, P. G. Newman, and M. L. Saunders, " 10 μm Infrared Hot – Electron Transistors," *Applied Physics Letters* 57, 1348 – 50, 1990.

139. K. K. Choi, M. Dutta, R. P. Moekirk, C. H. Kuan, and G. J. Iafrate, " Application of Superlattice Bandpass Filters in 10 μm Infrared Detection," *Applied Physics Letters* 58, 1533 – 35, 1991.

140. K. K. Choi, L. Fotiadis, M. Taysing – Lara, W. Chang, and G. J. Iafrate, " High Detectivity InGaAs Base Infrared Hot – Electron Transistor," *Applied Physics Letters* 59, 3303 – 5, 1991.

141. K. K. Choi, The *Physics of Quantum Well Infrared Photodetectors*, World Scientific, Singapore, 1997.

142. K. K. Choi, M. Z. Tidrow, M. Taysing – Lara, W. H. Chang, C. H. Kuan, C. W. Farley, and F. Chang, " Low Dark Current Infrared Hot – Electron Transistor for 77 K Operation," *Applied Physics Letters* 63, 908 – 10, 1993.

143. C. Y. Lee, M. Z. Tidrow, K. K. Choi, W. H. Chang, and L. F. Eastman, " Long – Wavelength λ_c = 18 μm Infrared Hot – Electron Transistor," *Journal of Applied Physics* 75, 4731 – 36, 1994.

144. C. Y. Lee, M. Z. Tidrow, K. K. Choi, W. H. Chang, and L. F. Eastman, " Activation Characteristics of a Long Wavelength Infrared Hot – Electron Transistor," *Applied Physics Letters* 65, 442 – 44, 1994.

145. S. D. Gunapala, J. S. Park, T. L. Lin, J. K. Liu, K. M. S. V. Bandara, " Very Long – Wavelength $GaAs/Al_xGa_{1-x}As$ Infrared Hot Electron Transistor," *Applied Physics Letters* 64, 3003 – 5, 1994.

146. D. Mandelik, M. Schniederman, V. Umansky, and I. Bar – Joseph, " Monolithic Integration of a Quantum – Well Infrared Photodetector Array with a Read – Out Circuit," *Applied Physics Letters* 78, 472 – 74, 2001.

147. V. Ryzhii, " Unipolar Darlington Infrared Phototransistor," *Japanese Journal of Applied Physics* 36, L415 – L417, 1997.

148. K. Nanaka, *Semiconductor Devices*, Japan Patent 4 – 364072, 1992.

149. S. C. Jain, J. R. Willis, and R. Bullough, " A Review of Theoretical and Experimental Work on the Structure of Ge_xSi_{1-x} Strained Layers and Superlattices, with Extensive Bibliography," *Advanced Physics* 39, 127 – 90, 1990.

150. R. P. G. Karunasiri and K. L. Wang, " Quantum Devices Using SiGe/Si Heterostructures," *Journal of Vac-*

uum Science and Technology B9, 2064 – 71, 1991.

151. K. L. Wang and R. P. G. Karunasiri, " SiGe/Si Electronics and Optoelectronics," *Journal of Vacuum Science and Technology* B11, 1159 – 67, 1993.

152. R. P. G. Karunasiri, J. S. Park, K. L. Wang, and S. K. Chun, " Infrared Photodetectors with SiGe/Si Multiple Quantum Wells," *Optical Engineering* 33, 1468 – 76, 1994.

153. D. J. Robbins, M. B. Stanaway, W. Y. Leong, J. L. Glasper, and C. Pickering, " $Si_{1-x}Ge_x$/Si Quantum Well Infrared Photodetectors," *Journal of Materials Science: Materials in Electronics* 6, 363 – 67, 1995.

154. R. P. G. Karunasiri, J. S. Park, Y. J. Mii, and K. L. Wang, " Intersubband Absorption in $Si_{1-x}Ge_x$/Si Multiple Quantum Wells," *Applied Physics Letters* 57, 2585 – 87, 1990.

155. R. People, J. C. Bean, C. G. Bethea, S. K. Sputz, and L. J. Peticolas, " Broadband (8 – 14 μm), Normal Incidence Pseudomorphic $Si_{1-x}Ge_x$/Si Strained – Layer Infrared Photodetector Operating between 20 and 77 K," *Applied Physics Letters* 61, 1122 – 24, 1992.

156. R. People, J. C. Bean, S. K. Sputz, C. G. Bethea, and L. J. Peticolas, " Normal Incidence Hole Intersubband Quantum Well Infrared Photodetectors in Pseudomorphic $Si_{1-x}Ge_x$/Si," *Thin Solid Films* 222, 120 – 25, 1992.

157. V. D. Shadrin, V. T. Coon, and F. L. Serzhenko, " Photoabsorption in n – Type Si – SiGe Quantum – Well Infrared Photodetectors," *Applied Physics Letters* 62, 2679 – 81, 1993.

158. V. D. Shadrin, " Background Limited Infrared Performance of n – Type Si – SiGe (111) Quantum Well Infrared Photodetectors," *Applied Physics Letters* 65, 70 – 72, 1994.

159. B. F. Levine, A. Y. Cho, J. Walker, R. J. Malik, D. A. Kleinmen, and D. L. Sivco, " InGaAs/InAlAs Multiquantum Well Intersubband Absorption at a Wavelength of λ = 4.4 μm," *Applied Physics Letters* 52, 1481 – 83, 1988.

160. G. Hasnain, B. F. Levine, D. L. Sivco, and A. Y. Cho, " Mid – Infrared Detectors in the 3 – 5 μm Band Using Bound to Continuum State Absorption in InGaAs/InAlAs Multiquantum Well Structures," *Applied Physics Letters* 56, 770 – 72, 1990.

161. S. Ozer, U. Tumkaya, and C. Besikci, " Large Format AlInAs – InGaAs Quantum – Well Infrared Photodetector Focal Plane Array for Midwavelength Infrared Thermal Imaging," *IEEE Photonics Technology Letters* 19, 1371 – 73, 2007.

162. M. Kaldirim, Y. Arslan, S. U. Eker, and C. Besikci, " Lattice – Matched AlInAs – InGaAs Mid – Wavelength Infrared QWIPs: Characteristics and Focal Plane Array Performance," *Semiconductor Science and Technology* 23, 085007, 2008.

163. S. D. Gunapala, B. F. Levine, D. Ritter, R. A. Hamm, and M. B. Panish, " Lattice – Matched InGaAsP/InP Long – Wavelength Quantum Well Infrared Photoconductors," *Applied Physics Letters* 60, 636 – 38, 1992.

164. S. D. Gunapala, B. F. Levine, D. Ritter, R. Hamm, and M. B. Panish, " InP Based Quantum Well Infrared Photodetectors," *Proceedings of SPIE* 1541, 11 – 23, 1991.

165. S. D. Gunapala, K. M. S. V. Bandara, B. F. Levine, G. Sarusi, D. L. Sivco, and A. Y. Cho, " Very Long Wavelength $In_xGa_{1-x}As$/GaAs Quantum Well Infrared Photodetectors," *Applied Physics Letters* 64, 2288 – 90, 1994.

166. S. D. Gunapala, K. M. S. V. Bandara, B. F. Levine, G. Sarusi, J. S. Park, T. L. Lin, W. T. Pike, and J. K. Liu, " High Performance InGaAs/GaAs Quantum Well Infrared Photodetectors," *Applied Physics Letters* 64, 3431 – 33, 1994.

167. A. Kock, E. Gornik, G. Abstreiter, G. Bohm, M. Walther, and G. Weimann, " Double Wavelength Selective GaAs/AlGaAs Infrared Detector Device," *Applied Physics Letters* 60, 2011 – 13, 1992.

168. Ph. Bois, E. Costard, J. Y. Duboz, and J. Nagle, " Technology of Multiquantum Well Infrared Detectors," *Proceedings of SPIE* 3061, 764 – 71, 1997.

169. E. Costard, Ph. Bois, F. Audier, and E. Herniou, " Latest Improvements in QWIP Technology at Thomson – CSF/LCR," *Proceedings of SPIE* 3436, 228 – 39, 1998.

170. S. D. Gunapala, S. V. Bandara, J. K. Liu, J. M. Mumolo, C. J. Hill, S. B. Rafol, D. Salazar, J. Woollaway, P. D. LeVan, and M. Z. Tidrow, " Towards Dualband Megapixel QWIP Focal Plane Arrays," *Infrared Physics & Technology* 50, 217 – 26, 2007.

171. S. D. Gunapala, S. V. Bandara, J. K. Liu, S. B. Rafol, J. M. Mumolo, C. A. Shott, R. Jones, et al., " 640 × 512 Pixel Narrow – Band, Four – Band, and Broad – Band Quantum Well Infrared Photodetector Focal Plane Arrays," *Infrared Physics & Technology* 44, 411 – 25, 2003.

172. H. C. Liu, J. Li, J. R. Thompson, Z. R. Wasilewski, M. Buchanan, and J. G. Simmons," Multicolor Voltage Tunable Quantum Well Infrared Photodetector," *IEEE Electron Device Letters* 14, 566 – 68, 1993.

173. I. Grave, A. Shakouri, N. Kuze, and A. Yariv, " Voltage – Controlled Tunable GaAs/AlGaAs Multistack Quantum Well Infrared Detector," *Applied Physics Letters* 60, 2362 – 64, 1992.

174. H. C. Liu, " Recent Progress on GaAs Quantum Well Intersubband Infrared Photodetectors," *Optical Engineering* 33, 1461 – 67, 1994.

175. Y. H. Wang, S. S. Li, and P. Ho, " Voltage – Tunable Dual – Mode Operation in InAlAs/InGaAs Quantum Well Infared Photodetector for Narrow – and Broadband Detection at 10 μm," *Applied Physics* Letters 62, 621 – 23, 1993.

176. E. Martinet, F. Luc, E. Rosencher, Ph. Bois, and S. Delaitre, " Electrical Tunability of Infrared Detectors Using Compositionally Asymmetric GaAs/AlGaAs Multiquantum Wells," *Applied Physics Letters* 60, 895 – 97, 1992.

177. E. Martinet, E. Rosencher, F. Luc, Ph. Bois, E. Costard, and S. Delaitre, " Switchable Bicolor (5.5 – 9.0 μm) Infrared Detector Using Asymmetric GaAs/AlGaAs Multiquantum Well," *Applied Physics Letters* 61, 246 – 48, 1992.

178. Y. H. Wang, Sh. S. Li, and P. Ho, " Photovoltaic and Photoconductive Dual – Mode Operation GaAs Quantum Well Infrared Photodetector for Two – Band Detection," *Applied Physics Letters* 62, 93 – 95, 1993.

179. M. Z. Tidrow, K. K. Choi, C. Y. Lee, W. H. Chang, F. J. Towner, and J. S. Ahearn, " Voltage Tunable Three – Color Quantum Well Infrared Photodetector," *Applied Physics Letters* 64, 1268 – 70, 1994.

180. K. Kheng, M. Ramsteiner, H. Schneider, J. D. Ralston, F. Fuchs, and P. Koidl, " Two – Color GaAs/AlGaAs Quantum Well Infrared Detector with Voltage – Tunable Spectral Sensitivity at 3 – 5 and 8 – 12 μm," *Applied Physics Letters* 61, 666 – 68, 1992.

181. H. C. Liu, E. Dupont, M. Byloos, M. Buchanan, C. – Y. Song, and Z. R. Wasilewski, " QWIPLED Pixelless Thermal Imaging Device," in *Intersubband Infrared Photodetectors*, ed. V. Ryzhii, 299 – 313, World Scientific, Singapore, 2003.

182. H. C. Liu, J. Li, Z. R. Wasilewski, and M. Buchanan, " Integrated Quantum Well Intersub – Band Photodetector and Light Emitting Diode," *Electronics Letters* 31, 832 – 33, 1995.

183. V. Ryzhii, M. Ershov, M. Ryzhii, and I. Khmyrova, " Quantum Well Infrared Photodetector with Optical Output," *Japanese Journal of Applied Physics* 34, L38 – L40, 1995.

184. E. Dupont, M. Gao, Z. R. Wasilewski, and H. C. Liu, " Integration of n – Type and p – Type Quantum – Well Infrared Photodetectors for Sequential Multicolor Operation," *Applied Physics Letters* 78, 2067 – 69, 2001.

185. E. Dupont, H. C. Liu, M. Buchanan, Z. R. Wasilweski, D. St – Germain, and P. Chevrette," Pixelless Infrared Imaging Based on the Integration of a n – Type Quantum – Well Infrared Photodetector with a Light Emit-

ting Diode," *Applied Physics Letters* 75, 563 – 65, 1999.
186. E. Dupont, M. Byloos, M. Gao, M. Buchanan, C. - Y. Song, Z. R. Wasilewski, and H. C. Liu," Pixel – Less Thermal Imaging with Integrated Quantum – Well Infrared Photo Detector and Light – Emitting Diode," *IEEE Photonics Technology Letters* 14, 182 – 84, 2002.
187. E. Dupont, M. Byloos, T. Oogarah, M. Buchanan, and H. C. Liu, " Optimization of Quantum – Well Infrared Detectors Integrated with Light – Emitting Diodes," *Infrared Physics Technology* 47, 132 – 43, 2005.

第 17 章　超晶格红外探测器

在低维异质结构中引入量子限制可以大大提高多种光电子器件的性能。这是将超晶格（Super-Lattice，SL）作为另一种红外探测器材料进行研究的主要动机。在采用分子束外延（MBE）技术制造出第一台 GaAs/AlGaAs 量子阱异质结构后仅几年时间，1979 年就提出 HgTe/CdTe 超晶格系统。可以预料，超晶格红外材料在该应用领域比体 HgCdTe（符合目前工业标准）具有以下优点：

- 较高的均匀性，这对探测器阵列很重要。
- 由于拟制超晶格中的隧穿效应（较大的有效质量），从而有较小的漏电流。
- 由于轻空穴和重空穴能带的大量分裂及电子有效质量的增大，所以，具有较低的俄歇（Auger）组合率。

早期想使超晶格性质适用于红外探测的想法未能实现，很大程度上与外延生长 HgTe/CdTe 的难度有关。最近，对多量子阱 AlGaAs/GaAs 光电导体的兴趣越来越浓。然而，这些探测器本质上是非本征材料，已被认为其性能有限，不如 HgCdTe 探测器[1-6]。考虑到这些，除了利用子带吸收[7-14]及掺杂超晶格中的吸收[15]外，为了在红外光谱范围内能够直接移动带隙，还额外利用了以下三种物理原理：

- 无应变超晶格量子约束，HgTe/HgCdTe；
- 超晶格应变诱导带隙减小，InAsSb/InSb；
- 超晶格诱导能带反转，InAs/GaInSb。

这些超晶格类型取决于本征价带到传导带的吸收过程。

17.1　HgTe/HgCdTe 超晶格

HgTe/CdTe 超晶格系统是红外光电子学第一个新型量子级结构，相关研究建议用作长波红外探测器另一种很有发展前途的新结构，而替代 HgCdTe 合金[16]。自此以后，无论理论还是实验上都对这种新超晶格系统给予了相当的重视[17-24]。然而，虽然在该领域进行了大量的基础研究，但至今，仍没有成功研制出参数能够与 HgCdTe 合金光电探测器相比拟且适合于红外探测器的 HgTe/CdTe 超晶格系统。该材料中汞化学键较弱，似乎因此使得超晶格界面不稳定。即使在 HgTe/CdTe 超晶格制造中采用非常低的温度（185℃），它们相互间的大量混合对器件性能仍有严重影响。在温度 185℃ 时，相互扩散系数是 $3.1 \times 10^{-18} cm^2/s$；温度低至 110℃，已经观察到 HgTe 与 CdTe 层之间就有明显混合[25]，不利于形成稳定形式的低维固体系统。由于需要还要对器件进行某些方面处理，如杂质激活、固有缺陷消除及表面钝化，会使情况更糟。考虑到这一点，这里只简要介绍与 HgTe/CdTe 超晶格相关的课题，并且只包含最近公布的相关数据。

17.1.1　材料性质

与属于普通半导体的 CdTe 相比，由于零带隙半导体 HgTe 中的反转带（或逆带）结构

(Γ_6 和 Γ_8),因此 HgTe/CdTe 超晶格属于Ⅲ类超晶格（见图 16.8d）。但是，CdTe 中的 Γ_8 轻空穴带就变成了 HgTe 中的导带。当体状态是由相同对称性的原子轨道组成，但具有相反符号的有效质量时，这些能带体状态的匹配就形成一种准界面态，对光学和传输性质有较大贡献。

正如许多理论计算所示（见本章参考文献【22，24】），HgTe 与 CdTe 间价带的不连续性对 HgTe/CdTe 超晶格能带结构的影响至关重要。在早期发表的文章中，长波红外和超长波红外探测器超晶格结构具有显著优势的假设是以价带偏移小为基础的[16]，即 $\Delta E_v \geq$ 40meV，似乎与晶格匹配异质结界面的共同阴离子规则相一致。其重要的实际意义是，能够从理论上预测如何更好地控制 HgTe/CdTe 超晶格结构中的带隙（与 HgCdTe 合金相比），以及大大减少较大有效质量在超晶格生长方向产生的隧穿电流。最近的研究认识到，只能根据大的价带偏移 $\Delta E_v \geq$ 350meV 理论，来解释 HgTe/CdTe 的许多现象以及相关的超晶格性质[24]。根据贝克尔（Becker）等人的研究[26]，HgTe/CdTe 间的价带偏移为

$$\Delta E_v = \Delta E_{v0} + \frac{d(\Delta E_c)}{dT} T \qquad (17.1)$$

式中，$\Delta E_{v0} = 570\text{meV}$ 和 $\frac{d(\Delta E_c)}{dT} = -0.40\text{meV/K}$[26]；假设，$\Delta E_v$ 随 $Hg_{1-x}Cd_xTe$ 中的 x 线性变化[27]。

HgTe/$Hg_{1-x}Cd_x$Te 超晶格在（001）和（112）B 方向的实验结果及计算值如图 17.1 所示[18]。如果 HgTe 厚度 d_w 约小于 6.2nm，则是正常的能带结构；若 $d_w > 6.2$nm，则是能带结构反转。超晶格结构主要取决于量子阱结构，受势垒（$Hg_{1-x}Cd_x$Te）带结构的影响相当

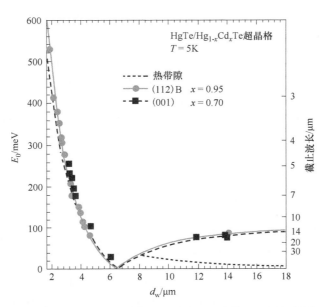

图17.1 HgTe 基多量子阱的 H1→E1 子带跃迁带隙的试验值（不同的符号）和理论计算值（实线和短划虚线），以及逆带结构体系中的热带隙（点虚线）

（资料源自：Becker, C. R., Ortner, K., Zhang, X. C., Oehling, S., Pfeyffer-Jeschke, A., and Latussek, V., Advanced Infrared Technology and Applications, 2007, 79-89, Leon, Mexico）

小。能隙仅随合金成分以及温度有大的变化。图 17.1 所示曲线表明实验结果与理论值具有良好的一致性。

如上所述，HgTe/HgCdTe 超晶格的优势似乎无关紧要，但对超长波红外能带却是相当重要的，是最好的探测器材料之一。与体材料相比，对超晶格所需带隙和截止波长的精度要求较低，图 17.2 所示可以证明这一点。如果温度 40K 和 $\lambda_c = (17.0 \pm 1.0)$ μm，则对合金的精度要求是 $\pm 1.0\%$，而具有正常带结构和反转带结构的超晶格分别是 $\pm 2\%$ 和 $\pm 8\%$。

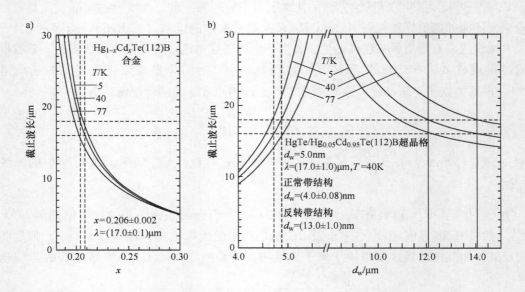

图 17.2 具有正常带结构和反转带结构的材料在温度 5K、40K 和 77K 条件下与截止波长的关系（表明三种情况下为了生成温度 40K 时截止波长是 (17.0 ± 1.0) μm 时，材料所需要的 x 和 d_w 精度）
a) $Hg_{1-x}Cd_xTe$ 合金　b) $HgTe/Hg_{1-x}Cd_xTe$ 超晶格
（资料源自：Becker, C. R., Ortner, K., Zhang, X. C., Oehling, S., Pfeyffer-Jeschke, A., and Latussek, V., Advanced Infrared Technology and Applications, 2007, Leon, Mexico, 79-89, 2008）

如果 HgTe/HgCdTe 量子阱中电子与空穴的色散关系符合式（16.6），那么，态密度就具有众所周知的梯形关系。在下述光子能量处出现第 j 级陡峭：

$$h\nu = E_g^w + \frac{h^2 j^2 \pi^2}{2 d_w^2}\left(\frac{1}{m_e^w} + \frac{1}{m_h^w}\right) \tag{17.2}$$

式中，E_g^w 为量子阱材料体能隙；m_e^w 和 m_h^w 分别为施加约束前量子阱体材料中电子和空穴的有效质量，并在 x 和 y 平面内的运动动能不受 z 方向约束的影响。上述公式与三维体材料，（如 HgCdTe）表示态密度的循序渐进关系式 $(h\nu - E_g^w)^{\frac{1}{2}}$ 形成鲜明对比。

图 17.3 所示为 60meV（$\lambda_c = 20$μm）附近具有类似带隙的超晶格和合金材料吸收系数的实验结果和理论值，两者具有非常好的一致性。此外，超晶格的吸收缘更陡，所以，超晶格的吸收要高 5 倍以上。超晶格材料具有大吸收系数表示明显优于 HgCdTe 体材料，在临近带缘相同位置处，α 是 $1000 \sim 2000 \text{cm}^{-1}$。这意味着，等效合金中的敏感探测层可以变得更薄，在几个微米数量级。对长波范围，该优点比较明显，即使对于中波，吸收也只是略大了些。

还可以看出，与体材料相比，伯斯坦-莫斯（Burstein-Moss）效应会使吸收系数有一个可忽略不计的漂移，原因是在与二维平面垂直的方向具有较平坦的色散以及较大的态密度。

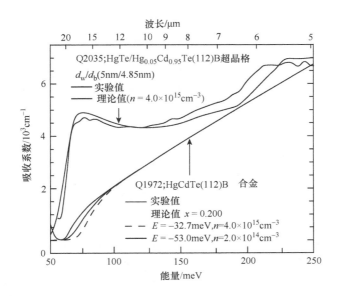

图 17.3 带隙约 60meV（$\lambda_c \approx 20\mu m$）的 HgTe/Hg$_{1-x}Cd_x$Te 超晶格（SL）和 Hg$_{1-x}Cd_x$Te 合金在温度 40K 时吸收系数的实验结果（粗线）和理论值（细线）（合金的两种理论光谱曲线代表两种不同的电子浓度和相应的费米级）

（资料源自：Becker, C. R., Ortner, K., Zhang, X. C., Oehling, S., Pfeyffer-Jeschke, A., and Latussek, V., Advanced Infrared Technology and Applications 2007, Leon, Mexico, 79-89, 2008）

与应用于红外光电子学相关的 HgTe/HgCdTe 超晶体系统的优点之一是带隙不随三元或者四元合金的化学成分变化，而是随非常稳定的二元合金的层厚变化。通过改变势垒厚度（还要考虑"质量展宽"，因为会造成共面有效质量严重依赖生长方向的波矢量）可以在一个很宽的范围内调谐带隙、电子和空穴在生长方向的有效质量，从而调整了载流子的迁移率[24]。合金中，由于其与能隙成比例，所以，质量固定不变，而在超晶格中，简单调整势垒厚度可以单独改变有效质量，与 E_g 无关。由于隧穿电流随 $m^{1/2}$ 成指数形式缩放，所以，有望在生长方向得到大的有效质量（见本书 9.2 节）。但是，为了获得高量子效率的 HgTe/HgCdTe 超晶格系统需要生长薄势垒（小于 3nm[29]），超出了从一个阱到下一个阱的跳跃迁移率范围，因而打破了微带结构的传导模式。

与可比拟的体探测器相比，可以控制 HgTe/HgCdTe 超晶体的电子能带以拟制俄歇（Auger）复合。利用 MBE 技术生长 HgTe/CdTe 超晶格系统能够得到长达 20μs 的肖克莱-里德-霍尔（SRH）寿命[30]。温度 80K 和空穴浓度 5×10^{15} cm^{-3} 条件下载流子寿命计算值如图 17.4 所示实线[31]。光导衰减领域所做的实验结果与理论值相当一致。应当注意，普通和反转超晶格带结构载流子寿命之间有很大的差别。反转超晶体系统具有特别快的寿命，是由于存在许多小能量间隔的子价带以及有效俄歇复合对应的大量占有态[28]。

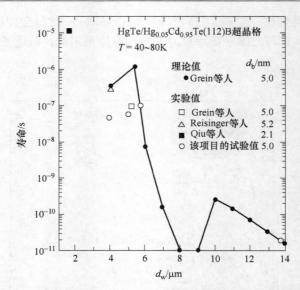

图 17.4 HgTe/Hg$_{1-x}$Cd$_x$Te 超晶格（SL）寿命在温度 40K 和 80K 间的实验值（以符号表示）和理论值（实线表示）（资料源自：Becker, C. R., Ortner, K., Zhang, X. C., Oehling, S., Pfeyffer-Jeschke, A., and Latussek, V., Advanced Infrared Technology and Applications, 2007, Leon, Mexico, 79-89, 2008）；并给出 HgTe/Hg$_{0.05}$Cd$_{0.95}$Te 超晶格在温度 40K、$d_w = d_b = 5nm$ 和受主浓度 $5 \times 10^{15} cm^{-3}$ 条件下的理论计算值
（资料源自：Grein, C. H., Jung, H., Singh, R., and Flatte, M. F., Journal of Electronic Materials, 34, 905-8, 2005）

17.1.2 超晶格光敏二极管

主要采用 MBE 生长技术制造 HgTe/HgCdTe 超晶格系统。由于 Hg 具有高蒸气压和低粘着系数，所以，为了使相互间的扩散效应降至最低，通常使用的温度约 180℃ 或者更低，需要专用 MBE 技术 Hg 源以便使大量的 Hg 蒸气通过系统。为了生长高质量 HgTe/CdTe 超晶格系统，已经采用激光辅助和光助 MBE 生长技术[24]。

尽管预测 HgTe/HgCdTe 超晶格应用于超长波范围，但重点研究仍集中于中波和长波红外光敏二极管。古德温（Goodwin）、欣克（Kinch）和克斯特纳（Koestner）首先在金属-绝缘体-半导体探测器结构中使用 HgTe/CdTe 超晶格[32]。弗洛基（Wroge）等人则分别领先研制出使用 In 和 Ag 分别作为 n 类和 p 类非本征掺杂的光伏器件结构[33]。

哈里斯（Harris）等人在中波红外光敏二极管的应用中取得了令人鼓舞的结果[34]。看来，将光助 MBE 低温生长技术与采用（211）B 方向结合，已经能够生长高度完美的晶体，并完成现场 n 类和 p 类非本征掺杂。基本结构由厚 3～5μm 的 n 类层和厚 1～2μm 的 p 类盖层组成。图 17.5 给出了出台状结构截面图。为了在这些层中保持 p 类和 n 类特性，分别采用浓度 $10^{17} cm^{-3}$ 的掺杂 As 和 $10^{16} cm^{-3}$ 的掺杂 In（一种最佳器件结构的典型掺杂等级应比该值约小 10 倍）。

已经制造出高量子效率和均匀响应的中波红外和长波红外超晶格。中波红外探测器在峰值波长时的量子效率高达 66%（温度 140K，见图 17.6），而 3～5μm 光谱范围的平均值为

55%[22]。量子效率测量值较低,在温度78K时峰值是45%~50%,截止波长是4.9μm。图17.7给出了一种有代表性的超晶格光敏二极管 R_0A 乘积测量值与温度的函数关系。其低温特性是由于体隧穿现象及表面电流所致,并被栅控光敏二极管的特性测量所证实。即使存在钝化问题,但采用无栅控技术制造的超晶格光敏二极管的 R_0A 乘积一般都是 $5 \times 10^5 \Omega \cdot cm^2$(见图17.7),与对应合金可以达到的结果相差无几。

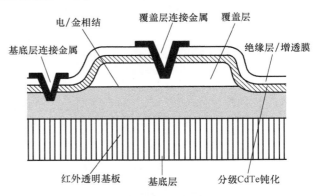

图17.5 一种成功制造的超晶格平台结构示意图

(资料源自:Harris, K. A., Myers, T. H., Yanka, R., Mohnkern, L. M., and Otsuka, N., Journal of Vacuum Science and Technology, B9, 1752-58, 1991)

HgTe/CdTe 材料体系的潜在优势已经在长波红外光谱区得到验证。图17.8给出了一个典型 p-on-n 长波红外超晶格光敏二极管在截止波长9.0μm时的掺杂结构、光谱响应和 I-V 特性[24]。量子效率和 R_0A 的测量值分别是62%和60Ω·cm²。初步得到的结果确认,超晶格光敏二极管的生长质量已经达到先进水平,高性能超晶格光敏二极管技术似乎是可行的。图17.9给出四种 HgTe/CdTe 超晶格光敏二极管在温度80K时 R_0A 乘积与波长的函数关系,与采用 HgCdTe 体材料(布里奇曼(Bridgman)和移动加热器法)生产的 n-on-p 光敏二极管相比,其性能不相上下。

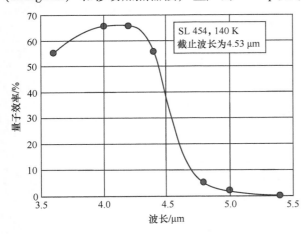

图17.6 温度140K 和 $\lambda_c = 4.53\mu m$ 条件下,HgTe/CdTe 超晶格光敏二极管的典型光谱响应(峰值响应对应着66%的量子效率)

(资料源自:Myers, T. H., Meyer, J. R., and Hoffman, C. A., Semiconductor Quantum Wells and Superlattices for Long-Wavelength Infrared Detectors, Artech House, Boston, MA, 207-59, 1993)

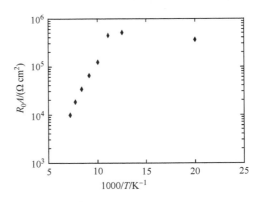

图17.7 一种有代表性的超晶格光敏二极管的 R_0A 乘积测量值与温度的函数关系(低温特性显示隧穿过程对 R_0A 的限制,非最佳表面钝化)

(资料源自:Myers, T. H., Meyer, J. R., and Hoffman, C. A., Semiconductor Quantum Wells and Superlattices for Long-Wavelength Infrared Detectors, Artech House, Boston, MA, 207-59, 1993)

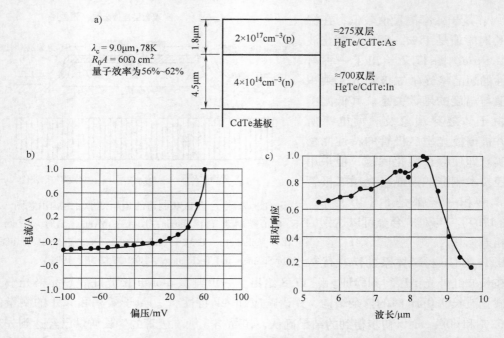

图 17.8 (211) $HgTe/Hg_{0.1}Cd_{0.9}Te$ 超晶格长波红外光敏二极管的结构、I-V 特性和光谱响应

a) 结构 b) I-V 特性 c) 光谱响应

(资料源自：Meyer, J. R., Hoffman, C. A., and Bartoli, F. J., Narrow-Gap Ⅱ-Ⅵ Compounds for Optoelectronic and Electromagnetic Applications, Chapman & Hall, London, 363-400, 1997)

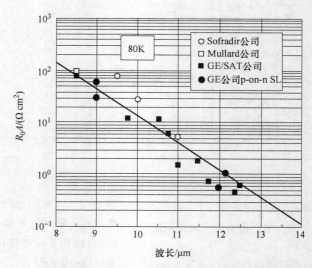

图 17.9 (211) $HgTe/Hg_{0.1}Cd_{0.9}Te$ 超晶格长波红外光敏二极管的 R_0A 乘积与波长的关系

(为便于比较，同时给出批量生产 n-on-p HgCdTe 光敏二极管的类似结果)

(资料源自：Meyer, J. R., Hoffman, C. A., and Bartoli, F. J., Narrow-Gap Ⅱ-Ⅵ Compounds for Optoelectronic and Electromagnetic Applications, Chapman & Hall, London, 363-400, 1997)

(GE 代表美国通用电气公司；SAT 代表法国电信股份有限公司。——译者注)

目前，在可比的截止波长条件下，HgTe/HgCdTe 光敏二极管性能不如高质量的 HgCdTe 光敏二极管，因此，缺少研究资金已经导致对 HgTe/HgCdTe 超晶体红外探测器的研发处于全行业的暂停状态。

17.2 应变层超晶格

正如前面所述，通过子带间跃迁可以有效地将Ⅲ-Ⅴ族半导体在中波和长波光谱范围的红外光吸收应用于红外探测，也有可能在长波探测器应用中以Ⅱ类超晶格方式获得良好的光学性能。其原因是，在这种情况中，长波价带-导带光学跃迁（由于包络波函数重叠的原因，发生在交错层中的态之间）可能相当强，在垂直入射时足以提供相当大的吸收系数[35-38]。这类结构中的带隙出现在某一类结构层的电子态与另一类层中空穴态之间。图 17.10 给出了Ⅱ类超晶格的能带示意图以及基态间的光学跃迁[39]。

Ⅱ类超晶格带缘光学跃迁的强度取决于按指数形式衰减的包络线波函数的尾。这种情况下的衰减长度随势垒高度降低及载流子有效质量减小而增大。当衰减波函数长度等于势垒厚度时，可以观察到明显的吸收系数，层厚递减，则带间吸收系数增大。同时，由于受激载流子通过真实空间中的间接跃迁而出现复合，所以，与具有可比拟带隙的体半导体相比，光受激载流子弛豫时间长得多，因而，这种Ⅱ类超晶格具有高性能。

若组成材料非常接近晶格匹配，则有可能只通过控制层厚和势垒高度就能设计（电子）Ⅱ类超晶格或多量子阱能带结构，也有可能生长高质量Ⅱ类Ⅲ-Ⅴ族材料的应变层超晶格（SLS）器件。在红外探测应用中具有小导带-价带带隙，也可以将量子阱层控制在原子大小的量级，但与势垒材料相比，具有完全不同的量子阱材料晶格常数，因此，通过变形的潜在影响[37,38]，为设计电子能带结构提供了额外机会，如 SiGe/Si 多量子阱的情况。典型的 SLS 结构如图 17.11 所示。薄 SLS 层

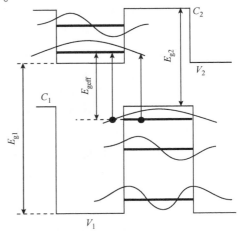

图 17.10　Ⅱ类超晶格能带示意图、包络线波函数和基态间的光学跃迁。E_{geff} 是Ⅱ类结构的带隙。E_{g1} 和 E_{g2} 分别是交错半导体层间的带隙。

（资料源自：Sizov, F. F., Infrared Photon Detectors, SPIE Optical Engineering Press, Belingham, WA, 561-623, 1995）

交错处于拉压应力中，所以，每个应变层的共面晶格常数都是相等的。如果每层都小于形成错位时的临界厚度，就可以利用层的应变实现整个晶格的失配而无需形成错位失配。由于在 SLS 结构中不会形成失配缺陷，因此，对于各种科学研究和实际应用，都能够得到很高晶化质量的 SLS 层。应变可以改变成分的带隙，并以下面方式分裂重空穴和轻空穴能带的简并性：这种改变和带分裂不仅可以导致超晶格电子能带结构中能级反转，而且能合理拟制光受激载流子的复合率[40]。在这类系统中，导带-价带带隙可以制造得比Ⅲ-Ⅴ族合金体晶体中的更小[41]。

有几种体系可以使Ⅱ类超晶格结构实现长波红外吸收，用以适应红外探测。在 20 世纪

70年代中期，完成了 InAs/GaSb 超晶格近晶格匹配体系的研究，替代 GaAs/AlAs 超晶格。1977年，首次认识到 InAs/GaAs 材料体系能够达到小红外能隙[42]，即可揭示出该系统具有Ⅱ类能带偏移[43]，从而意识到该系统应用于红外光电子学的可能性。然而，InAs/GaSb 超晶格的吸收数据表明有一个非常模糊的吸收缘，因此得出结论：这种材料不能用作有效长波光电探测器。其理由是 InAs/GaSb 异质结结构中有较大的价带偏移，等于 0.51eV，从而造成下面事实：InAs 导带最小值是 0.1eV，低于 GaAs 价带最小值。由于量子约束效应，该情况中波函数的重叠以及适合长波红外光谱区的吸收系数太小，只能采用厚层结构实现超晶格系统。为了克服这些缺点，建议以 $InAs_{1-x}Sb_x/InSb$ 制造的应变层

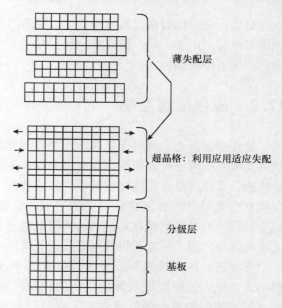

图 17.11 应变层超晶格 (SLS) 示意图

Ⅱ类超晶格系统作为红外探测器的新型材料体系[41]。然而，对于 15nm 的典型层厚，价带和导带电子波函数的重叠程度很小，因此光学吸收也小。只有特别薄的层，吸收系数才与本征体半导体差不多。而由于量子尺寸效应，如此薄的超晶格系统会有较大的有效光学能隙，因此，最近研制出另外一种材料体系 $InAs/Ga_{1-x}In_xSb$，在长波光谱范围内具有足够大的光学吸收[37]。目前认为，只有最后这种体系才是长波红外探测应用领域中 HgCdTe 材料体系的竞争者。

17.3 InAsSb/InSb 应变层超晶格光敏二极管

$InAs_{1-x}Sb_x$ 三元合金是所有Ⅲ-Ⅴ族半导体中能带隙最低的，但该带隙在温度 77K 时不适合 8~14μm 大气窗口 ($\lambda_c \approx 9\mu m$)（见本书 13.4.1 节）。理论上已经指出，InAsSb SLS 在温度 77K 时能足以得到 12μm 的截止波长，与能带偏移无关，而这在当时并不知道[35]。对于 InSb/InAsSb SLS，InAsSb 层处于双向拉伸，InSb 层处于双向压缩状态（在温度 300K 时，InAs 和 InSb 的晶格常数分别是 $\alpha_0 = 0.6058nm$ 和 $\alpha_0 = 0.6479nm$）。应变层超晶格小带隙成分 InAsSb 中的拉伸应变是静压膨胀和单轴压缩应变分量之和。静压膨胀应变小于导带能量，而压缩单轴应变通过将轻空穴移向更高能级及降低重空穴能量而将简并轻空穴和重空穴能带分裂，因此，这种 SLS 中的应变使小带隙成分 InAsSb 的带隙减小，而 InSb 成分的带隙增大。仅仅根据应变效应，InAsSb 应变层超晶格就可能比 InAsSb 合金吸收更长波长。

从奥斯本（Osbourn）提出建议以来，利用 MBE 和 MOCVD 技术生长 InAsSb 应变层超晶格工艺就有了很大进步。罗切尔斯基（Rogalski）的专著[44]阐述了前十年研发外延生长层的工作，在确定 SLS 生长条件，尤其是适合中等成分条件时遇到困难[45-48]，这种三元合金在低温下不稳定，出现混溶隙，产生相离或相聚。特别是对于 MBE 技术，合金成分控制已成为一个难题。由于 CuPt 序的自发性，造成带隙大量收缩。所以，在光电子器件应用中，很

难精确和重复地控制所需要的带隙[49]。

1988 年，首次观察到高质量 InAsSb 应变层超晶格在温度 80K 时的红外吸收光谱[36]，表明 SLS 比对应的 InAsSb 合金带隙在更长的波长位置吸收。对于某些高 As 浓度的 SLS，在直至 20μm 的远红外光谱区都可以观察到可观的吸收。InAsSb/InSb SLS 具有小的有效质量和低势垒高度，因此使得厚 InAsSb/InSb SLS 层具有大的波函数衰减长度而产生的吸收系数。

在垂直光照情况中，II 类超晶格结构可以作为光敏二极管使用。第一台 InAsSb 应变层超晶格光敏二极管具有相当低的比探测率，在温度 77K 时低于 $1 \times 10^{10} cm\ Hz^{1/2} W^{-1}$[50,51]。在 $InAs_{0.15}Sb_{0.85}$/InSb SLS 中植入厚 15nm 的 p-p⁻-n 层能够制造出具有较高比探测率（$D^* > 1 \times 10^{10} cm\ Hz^{1/2} W^{-1}$，$\lambda \leq 10\mu m$）的 InSb/InAsSb SLS 光敏二极管[52]。在 InSb 基板上，将 SLS 生长在成分分级、释放应力的 $In_xGa_{1-x}Sb$（$x = 1.0 \sim 0.9$）厚缓冲层上。p 和 n 掺杂物分别是 Be 和 Se。i 区的掺杂级代表 MBE 生长技术中本底材料的掺杂水平。光敏二极管采用面积 $1.2 \times 10^{-3} cm^2$ 的台状结构绝缘。InGaSb 缓冲层和 n 类基板对长波段是半透明，后向反射接触层增大了光路长度，并大大提高了量子效率。

R_0A 乘积对温度的依赖性表明，探测器性能不受窄带隙半导体固有扩散或耗尽区生成-复合过程的限制。光敏二极管钝化前后进行的噪声测量显示，钝化会产生较大的 1/f 噪声，必须研制其它钝化工艺以使该探测器能在较低调制频率下工作。$InAs_{0.15}Sb_{0.85}$/InSb SLS 二极管在垂直照射

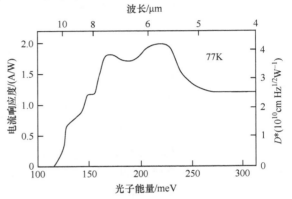

图 17.12　$InAs_{0.15}Sb_{0.85}$/InSb 应变层超晶格光敏二极管在零偏压和温度 $T = 77K$ 条件下的外部电流响应度（比探测率是根据 100kHz、冷屏制冷温度 77K 条件下的噪声测量值确定的）

（资料源自：Kurtz, S. R., Dawson, L. R., Zipperian, T. E., and Whaley, R. D./, IEEE Electron Device Letters, 11, 54-56, 1990）

下零偏压外部电流的响应度如图 17.12 所示。它大约在 119meV 时出现光电响应。反向偏压下响应度有微量增大以及响应度和吸收量值都表明，垂直于应变层超晶格层方向的少数载流子（电子）扩散长度约是 $1 \sim 2\mu m$[52]。

17.4　InAs/GaInSb II 类应变层超晶格

$InAs/Ga_{1-x}In_xSb$（InAs/GaInSb）应变层超晶格可以视为 HgCdTe 的替代品，GaAs/AlGaAs 红外材料系统看作第三代红外探测器的候选材料。量子阱红外光电探测器的低量子效率在很大程度上源自垂直光照射时没有光学跃迁。为了实现合理的量子效率，需要利用反射光栅产生漫射光。对于 InAs/GaInSb SLS 结构，对垂直入射光的吸收很强，因此，SLS 结构具有高响应度，与 HgCdTe 一样，不需要光栅。另外优点是光伏工作模式、高温下工作和完善的 III-V 族工艺技术。

然而，InAs/GaInSn 材料体系是最初期研发阶段的内容，问题包括材料生长、处理、基板准备和器件钝化[53]。SL 生长的优化是界面粗糙度（高温时具有较平的界面）与残余本底

载流子浓度（使该范围低端达到最小）间的平衡结果。由于 InAs 和 GaInSb 层很薄（< 8nm），所以，为了将每层厚度控制在 1 个（或 1/2 个）单层（Monolayer，ML）内，必须有较低的生长速率。各层的常见生长速率小于 1ML/s。

17.4.1 材料性质

由于 InAs 和 GaInSb 的晶格常数差别很小，所以是生长半导体异质结结构的理想材料体系。例如，将具有 15% 铟浓度的 $Ga_{1-x}In_xSb$ 压缩应变生长在晶格失配度 $\Delta a/a = 0.94\%$ 的 GaSb 基板上，InAs 在拉力应变下的晶格失配度是 $\Delta a/a = -0.62\%$。在 $InAs/Ga_{1-x}In_xSb$ SL 中，压缩应变 $Ga_{1-x}In_xSb$ 层可以补偿 InAs 层中的拉力应变。

1987 年，研究人员建议将 $InAs/Ga_{1-x}In_xSb$ SL 应用于 8～14μm 光谱范围的红外探测器[37]。研究人员认为，该材料体系比体 HgCdTe 更好，包括具有较低的漏电流和较高的均匀性。这些 SL 具有的长波红外响应是由于 Ⅱ 类能带对齐和内部应变所致，从而通过变形的潜在影响降低 InAs 的传导带极小值和提高 $Ga_{1-x}In_xSb$ 中的重空穴能带。然而，与 InAsSb 材料不同，InAs/GaSb SL 的应变效应与大量的价带漂移相组合超过 500meV。如图 17.13 所示，InAs 未应变导带最小值位于 InSb 或 GaSb 未应变价带最大值之下，低温时，GaSb 价带边缘大约位于 InAs 导带边缘之上 150meV。然而，在 InAs/GaSb SL 中，当 InAs 层厚度大约超过 10nm 时就可以出现长波红外吸收，随着势垒高度增大形成弱波函数重叠，从而产生较小的光学吸收。用 $Ga_{1-x}In_xSb$ 合金代替 GaSb，有希望使薄 SL 在重要的 12μm 红外光谱区具有较大的光学吸收。InGaSb 与 InAs 层之间小的晶格失配（<5%）会产生四方畸变，使体能量级漂移，并使轻和重空穴能量级的价带简并性分裂。存在共格应变会使能带边缘漂移从而减小 SL 能隙。对于 SLS，从 InAs 导带向上分裂的电子态与从 InGaSb 价带向下分裂的重空穴态之间形成能带隙。由于 SLS 层薄，可以得到较大的截止波长，所以这种小带隙是有利的。

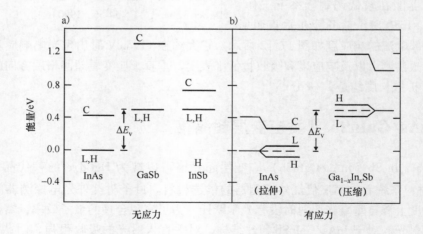

图 17.13 InAs、GaSb、InSb 和 $InAs/Ga_{1-x}In_xSb$ 的能量位置
a）假设的未应变 InAs、GaSb 和 InSb 的相关能量位置 b）$InAs/Ga_{1-x}In_xSb$ 异质结界面
由于晶格失配而感应生成的应变对能带偏移的影响

总之，Ⅱ类 SL 已不再使能带对齐，InAs 的导带低于 InGaAs 层的价带，因此，可以调整 SL 的能带隙以形成半金属材料（对于宽 InAs 和 GaInSb 层）或者窄带隙（对于窄层）半导体材料。在 SL 中，电子主要位于 InAs 层，而空穴局限于 GaInSb 层，如图 17.14 所示[54]，从而抑制了俄歇（Auger）复合机理，提高了载流子寿命，但在空间上间接地出现光学跃迁，因此这种跃迁的光学矩阵元比较小。SL 带隙取决于布里渊区中心电子微带 E_1 与第一重空穴态 HH_1 间的能量差，并且，可以在 0~250meV 范围内连续变化。图 17.14b 所示为超晶格宽可调谐性的例子。

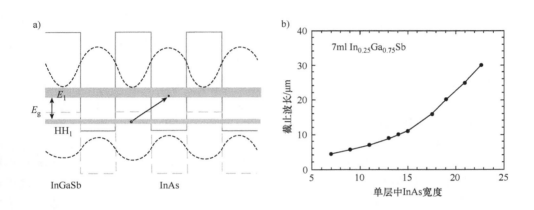

图 17.14 InAs/GaInSb SLS
a) 描述受约束电子和空穴微带形成能带隙的能带缘图
b) 截止波长随超晶格参数（即 InAs 层宽度）的变化

（资料源自：Brown, G. J., Szmulowicz, F., Mahalingam, K., Houston, S., Wei, Y., Gon, A., and Razeghi, M., "Recent Advances in InAs/GaSb Superlattices for Very Long Wavelength Infrared Detector," Proceedings of SPIE4999, 457-66, 2003）

与 HgCdTe 材料系相比，Ⅱ类 SL 的机械性能更高，而带隙对成分的依赖性相当弱。对于 InAs/GaInSb SLS，能够固定其中一种成分，并改变另一种成分以调谐波长。如图 17.15 所示[55]，固定 GaSb 层厚度为 4nm，而将 InAs 厚度从 4nm 变为 6.6nm，则 SLS 的截止波长就从 5μm 调整到 25μm，无需改变材料成分。对于长波红外 HgCdTe 焦平面阵列材料，为了满足高均匀性的要求，一个严重的问题就是改变材料成分（见图 17.16）。

已经认为，InAs/Ga$_{1-x}$In$_x$Sb SLS 材料体系具有超过体 HgCdTe 的优点，包括较低的漏电流和较高的均匀性[37,39,56]，SLS 的电属性优于 HgCdTe 合金[56]。由于是在体半导体中，所以，有效质量与带隙能量没有直接关系。InAs/GaInSb SLS 的电子有效质量较大（与相同带隙 $E_g \approx 0.1eV$ 条件下 HgCdTe 合金的 $m^*/m_0 = 0.009$ 相比，这种结构的 $m^*/m_0 \approx 0.02 \sim 0.03$），与 HgCdTe 合金相比，可以降低 SL 的二极管隧穿电流[57]。虽然，薄量子阱平面内的迁移率急剧下降，但厚 4nm 的薄层 InAs/GaInSb SL 内的电子迁移率接近 $10^4 cm^2/(V \cdot s)$。已经发现，这些 SL 的迁移率受限于相同界面粗糙度的散射机理，带结构的详细计算表明，对层厚的依赖关系非常弱，并与实验结果相当吻合[58]。

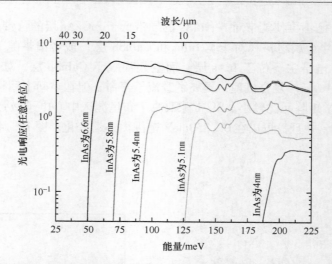

图 17.15 Ⅱ类 SLS 截止波长实验数据随 InAs 厚度的变化，而 GaSb 的 4nm 的厚度不变
（资料源自：Wei, Y., and Razeghi, M., "Modeling of Type-Ⅱ InAs/GaSb Superlattices Using an Empirical Tight-Binding Method and Interface Engineering", Physical Review B69, 085316, 2004）

InAs/GaInSb 材料体系Ⅱ类能带对齐排列的结果是将电子与空穴在空间分开，非常不利于光学吸收，因此，需要电子和空穴波函数有较多重叠。通过生长较薄的 GaInSb 势垒或者将更多的 In 加入到 GaInSb 层中，使光学吸收系数与 HgCdTe 相差无几，从而减缓对电子的约束。

对 InAs/GaInSb SLS 能带-能带间俄歇（Auger）复合和辐射复合寿命的理论分析表明，与具有类似带隙的体 HgCdTe 相比，经过拟制的 p 类俄歇复合率要小几个数量级[40,59]，但 n 类材料的优势较小。在 p 类 SL 中，晶格失配感应产生的应变将最高的两种价带（最高的轻能带显著地位于重空穴能带之下，因此，限制了俄歇跃迁的可用相位空间）分隔开，所以拟制了俄歇复合率。在 n 类 SL 中，俄歇率是通过增大 InGaAs 层的宽度拟制俄歇率，因此，使最低的导带变平，限制了俄歇跃迁的可用相空间。

图 17.16 对 10μm InAs/GaInSb SLS 和 10μm HgCdTe 在温度 77K 时其寿命的理论计算值和实验结果进行了比较。载流子密度约 $2 \times 10^{17} cm^{-3}$ 时的理论值与实验数据有很好的一致性。较低载流子密度时两类数据不一致是由于计算过程没有考虑 $\tau \approx 6 \times 10^{-9}s$ 肖克莱-里德复合过程所致。如果载流子密度更高，SL 载流子寿命就比 HgCdTe 长两个数量级。然而，在低掺杂范围（低于 $10^{15} cm^{-3}$，是制造高性能 p-on-n HgCdTe 光敏二极管所必需的），HgCdTe 载流子寿命的实验值要比 SL 长两个数量级。最近公布的实验数据上限值[61,62]与低载流子浓度范围 HgCdTe 的趋势线非常吻合（见图 17.16）。一般地，SL 载流子寿命受限于能带隙中俘获中心的影响（在低于有效导带边缘约 1/3 带隙的能级位置[61]）。经验数据拟合给出具有类似吸收层但不同器件结构的少数载流子寿命是 35～200ns。还没有清晰理解该器件结构内少数载流子寿命变化的原因[63]。

InAs/InGaSb SLS 也用作 2.5～6μm 中波红外激光器的活性区。迈耶（Meyer）等人根据试验确定了 InAs/GaInSb 量子阱结构与光谱 3.1～4.8μm 相对应能隙的俄歇系数，并且与典型Ⅲ-Ⅵ和Ⅱ-Ⅵ族材料Ⅰ类超晶格的值进行比较[64]，由公式 $\gamma_3 \equiv 1/\tau_A n^2$ 确定俄歇系数。图

7.17 给出了温度约为 300K 条件下不同材料体系的俄歇系数:各种 I 类材料(所有未涂黑的点),包括体和量子阱 III-V 族半导体以及 HgCdTe(倒置三角形)。可以看出,7 种不同 InAs/GaInSbSL 室温下的俄歇系数比相同波长的 I 类结果几乎低一个数量级,表明锑化物 II 类 SL 中的俄歇损失得到明显拟制。该数据意味着,该温度下的俄歇速率对能带结构细节不敏感。与中波红外器件相比,对长波红外 II 类器件实际材料中俄歇拟制的承诺还没有实现。

窄带隙材料要求将掺杂控制到至少 $1×10^{15}$ cm^{-3} 或者更低,避免温度低于 77K 时,有害高电场隧穿电流通过小的耗尽层宽度。必须提高寿命以增强载流子扩散和减小相关的暗电流。目前研制阶段,在基板温度 360~440℃ 范围内生长的 SL 中,残余的掺杂浓度(p 类和 n 类两种)典型值约 $5×10^{15}$ cm^{-3} [53],迄今为止,已经达到的最佳残余载流子浓度可以低至上述值。

17.4.2 超晶格光敏二极管

从理论上讲,拟制俄歇组合机理能够使本征寿命更长,据此可以对高性能 InAs/GaInSbSL 光伏探测器进行预测分析。

约翰逊(Johnson)等人研制出光电响应高达 10.6μm 的第一台 InAs/GaInSb SLS 光敏二极管[65]。该探测器由双异质结 SLS 结构组成,n 类和 p 类 GaSb 生长在 GaSb 基板上。

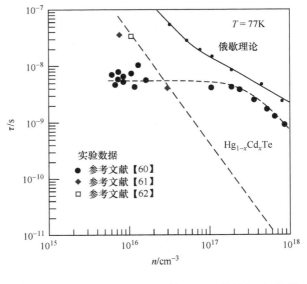

图 17.16 InAs/GaInSb SLS(约 120eV 能隙)在温度 77K 条件下载流子寿命测量值和计算值与载流子密度的关系(实验数据源自:●:Youngdale, E. R., Meyer, J. R., Hoffman, C. A., Bartoli, F. J., Grein, C. H., Young, P. M., Ehrenreich, H., Miles, R. H., and Chow, D. H., Applied Physics Letters, 64, 3160-62, 1994;◆:Yang, O. K., Pfahler, C., Schmitz, J., Pletschen, W., and Fuchs, F., "Trap Centers and Minority Carrier Lifetimes in InAs/GaInSb Superlattice Long Wavelength Photodetectors", Proceedings of SPIE 4999, 448-56, 2003;□:Pellegrini, J., and DeWames, R., "Minority Carrier Lifetime Characteristics in Type II InAs/GaSb LWIR Superlattice n$^+$πp$^+$ Photodiodes," Proceedings of SPIE 7298, 7298-67, 2009)

(理论值源自:Youngdale, E. R., Meyer, J. R., Hoffman, C. A., Bartoli, F. J., Grein, C. H., Young, P. M., Ehrenreich, H., Miles, R. H., and Chow, D. H., Applied Physics Letters, 64, 3160-62, 1994)

光敏二极管中使用异质结比同质结更具优越性(见本书 14.6 节的讨论)。1997 年,德国夫琅和费(Franunhofer)研究所的研究人员证明单个器件可以具有高探测率(在温度 77K 和截止波长 8μm 条件下,接近 HgCdTe 的性能),重新点燃了使用 II 类 SL 进行长波红外探测的研究热情[66]。

目前,超晶格光敏二极管一般以 p-i-n 双异质结结构为基础,器件的重掺杂接触区之间是非故意掺杂本征层。图 17.18 给出了一个经过完善处理的平台状探测器以及 10.5μm InAs/GaSb SL 光敏二极管的设计。通常,在大约 400℃ 基板温度下,采用 MBE 技术将这些

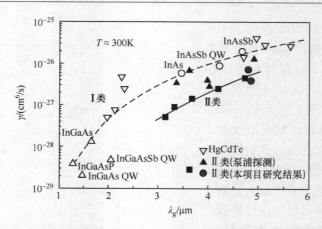

图 17.17 Ⅱ类 InAs/GaInSb 量子阱（涂黑）和各种 Ⅰ 类材料（未涂黑）的俄歇系数与带隙波长的关系（涂黑圆是源自光电导响应技术；涂黑的方形源自激光阈值；而涂黑三角形源自泵浦探测试验。实线和虚线分别表示目前 Ⅱ 和 Ⅰ 类体材料试验与目视有关的数据）

（资料源自：Meyer, J. R., Felix, C. L., Bewley, W. W., Vurgaftman, I., Aifer, E. H., Olafsen, L. J., Lindle, J. R., et al., Applied Physics Letters, 73, 2857-59, 1998）

结构层生长在（001）晶向未掺杂、2 英寸的 GaSb 基板上。由于增加了 V 族裂解束源炉，所以 SL 质量得到相当大的改善。虽然吸收系数较低，但为了透过较多的红外辐射，要求 GaSb 基板薄些，厚度小于 $25\mu m$[67]。由于 GaSb 基板和缓冲层本质上是 p 类，所以，首先生长 p 类接触层，有意在受主浓度为 1×10^{18} 原子/cm^3 时掺杂 Be（见图 17.18）。

中波红外（MWIR）和长波红外（LWIR）传感器是以二元 InAs/GaSb 短周期 SL 为基础[68,69]。所需层厚相当薄以致无益于再使用 GaInSb 合金。InAs/GaSb SL 的振子强度比 InAs/GaInSb 的弱，然而，使用无应变和最小应变二元半导体层的 InAs/GaSb SL 的材料质量也可能优于使用应变三元半导体（GaInSb）的 SLS。为了形成 p-i-n 光敏二极管，在低周期 InAs/GaSb SL 的 GaSb 层中掺杂 Be 浓度达到 $1\times10^{17}cm^{-3}$。通常，在受主掺杂 SL 层之后是 $1\sim 2\mu m$ 厚的未掺杂 SL 层。设计中本征区宽度是变化的，使用的宽度应当与载流子扩散长度相互关联以提高性能。SL 层叠结构上层 InAs 中掺杂硅（$1\times10^{17}\sim 1\times10^{18}cm^{-3}$），典型厚度是 $0.5\mu m$。之后，在 SL 层叠结构上面覆盖 InAs:Si 层（$n\approx 10^{18}cm^{-3}$）以提供良好的欧姆接触。

为了接近 $8\sim 12\mu m$ 光谱范围内的截止波长，制造三元 GaInSb 层中的铟克分子数接近 20% 的 InAs/GaInSb 短周期 SL p-i-n 光敏二极管[53]。

过去几年，材料质量有了很大进步，晶片的表面粗糙度达到 $0.1\sim 0.2nm$。光敏二极管的主要技术挑战是生长厚 SLS 结构而不使材料质量恶化。厚到足以达到合适量子效率的高质量应 SLS 材料对技术成功至关重要。表面钝化也是一个严重问题。除了有效拟制表面漏电流外，适合实际生产的钝化层一定要能够经受器件后续工序中采用的各种处理方法。平台侧壁是产生过电流的一个原因，大的表面漏电流是由于平台轮廓造成周期性晶体结构的不连续所致。已经研讨过几种材料和钝化工艺，较突出的薄膜是氮化硅、氧化硅、硫化铵和锑化铝镓合金以及聚酰亚胺[68]。雷姆（Rehm）等人选择并证明[70]，利用 MBE 技术将晶格匹配的

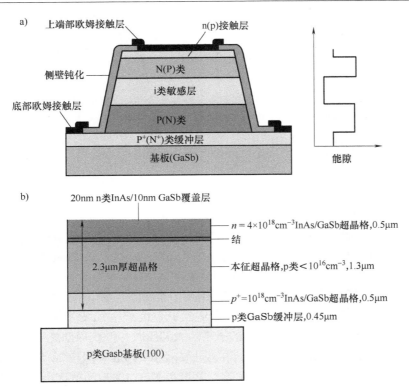

图 17.18 p-i-n 双异质结光敏二极管的结构示意及 10μm 的结构设计
a) 结构示意 b) 10μm 结构
（原文图中错将某些缩写 "SL" 因为 "SI"。——译者注）

AlGaAsSb 生长在刻蚀平台上，可以得到良好的效果。

看来，对于长波红外光敏二极管，采用 SiO_2 钝化层实现重复性和长期稳定性非常重要。一般地，较高带隙材料的反转潜力更大，所以，SiO_2 可以钝化高带隙材料（中波红外光敏二极管），但不适合低带隙材料（长波红外光敏二极管）。利用该性质，建议使用一种双异质结结构以避免高带隙 p 类和 n 类超晶格接触层反转[71]。这种结构大大减少了活性区和 p- 或 n-接触层间界面处的表面漏电通道（见图 17.19），并采用低温、离子喷溅 SiO_2 钝化方法进行有效的表面钝化[71]。最近，利用聚酰亚胺钝化[72,73] 和感应耦合等离子体干蚀刻技术[73] 已经得到最好结果。

有几种能够改善长波红外光敏二极管暗电流和 R_0A 乘积的修改方案。由于过电流是由器件侧壁引起，所以一种方法是消除侧壁。浅蚀刻材料采用很浅的斜面已经证明，有可能减小过电流[74]。

消除侧壁产生过电流的另一种方法是采用一种能带分级结对浅蚀刻台面隔离[75]。分级的主要作用是拟制低温下耗尽层中隧穿和生成-复合电流。由于两种过程与带隙都是指数依赖关系，所以，很大优势是能够将一个宽带隙替换到耗尽层中。按照这种方法，台面蚀刻终端恰好通过该结，并且，只暴露出器件一个很薄（300nm）、较宽的带隙区。后续的钝化是针对较宽带隙材料，因而减小了电连接面积，增大了光学填充因子，也消除了探测器阵列内的深沟槽。

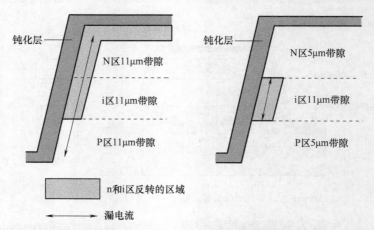

图 17.19　用来拟制 n-接触层反转时 II 类 InAs/GaSb 双异质结结构中表面漏电流的技术方案
（资料源自：Delaunay, P. -Y., Hood, A., Nguyen, B. -M., Hoffman, D., Wei, Y., and Razeghi, M., Applied Physics Letters, 91, 091112, 2007）

高温范围内长波红外光敏二极管的性能受限于扩散过程。空间电荷复合电流在温度 78K 时决定着反向偏压，并且，使占主导地位的复合中心位于本征费米能级，如图 17.20a 所示[62]。低温时，电流在零偏压附近受扩散限制。大偏压时，俘获辅助隧穿电流占主导作用。图 17.20b 给出了 InAs/GaInSb 光敏二极管在截止波长 10.5μm 和温度 78.5K 条件下 R_0A 乘积的实验结果和理论预测值与温度的函数关系。在温度低于 100K 的范围内，该光敏二极管是耗尽层（生成-复合）限的，在温度 $T≤40K$ 时，俘获辅助隧穿效应是主要的。

SL 光敏二极管结构的优化还是一个待研究领域。某些器件设计参数取决于材料性质，如载流子寿命和扩散长度，并且这些性质还在不断改进。另外的改进型设计也使光敏二极管性能有了很大提高，例如，艾菲尔（Aifer）等人[75]提出一种 W 型结构的 II 类超晶格（W-structured type II Superlattice，WSL）长波红外光敏二极管，其 R_0A 可以与最先进的 HgCdTe 相比。初始研发这种结构的目的是提高中波红外激光器的增益，现在有希望成功用于长波红外和超长波红外光敏二极管。在图 17.21a 所示的设计中，采用较浅的 $Al_{0.40}Ga_{0.49}In_{0.11}Sb$ 四元势垒层（Quaternary Barrier Layers，QBL）代替 AlSb 势垒（相对于 InAs，具有非常小的导带偏移），与 20meV AlSb 势垒层相比，可以产生微带宽度约 35meV 的较高电子迁移率。QBL 也使用少于 60% 的 Al，由于最佳 QBL 生长温度非常接近 AlSb（约 500℃）到 InAs 和 InGaSb 层（约 430℃）的生长温度，所以能够提高材料质量。在这种结构中，两种 InAs "电子阱" 位于 InGaSb "空穴阱" 每一侧，并被 AlGaInSb "势垒层" 固定。该势垒将电子波函数对称地限制在空穴阱周围，在确定波函数的同时，增大电子-空穴的重叠。由此产生的准维态密度使 WSL 在能带缘附近具有特别强烈的吸收。然而，由于要求电子微能带使光受激少数载流子进行垂直传输，所以，应当注意，不能完全使波函数固定下来。

新设计的 W 形结构 II 类 SL 光敏二极管采用一种分级带隙 p-i-n 形式。耗尽层中带隙分级拟制了其隧穿和生成-复合电流，使暗电流性能提高一个数量级，10.5μm 截止波长的器件在温度 78K 时 $R_0A=216Ω·cm^2$。未经处理平台的侧壁电阻约为 70kΩcm，比之前公布的 II 类长波红外光敏二极管高许多，表明似乎是分级带隙自钝化[75]。

另一个带有 M 结构势垒的 II 类超晶格光敏二极管如图 17.21b 所示。该结构可以显著降

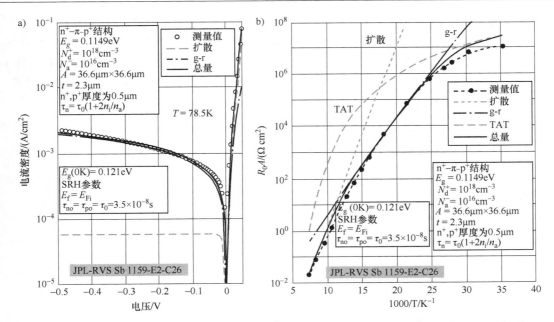

图 17.20 InAs/GaInSb 光敏二极管在 $\lambda_c = 10.5\mu m$ 和温度 78.5K 条件下的实验数据和理论特性
（SRH 代表肖克莱-里德-霍尔机理；GR 代表生成-复合电流；TAT 代表陷阱辅助隧穿电流。——译者注）
a) 温度 78K 时的 $I\text{-}V$ 特性 b) R_0A 与温度的函数关系

（资料源自：Pellegrini, J., and DeWames, R., "Minority Carrier Lifetime Characteristics in Type II InAs/GaSb LWIR Superlattice $n^+\pi p^+$ Photodiodes", Proceedings of SPIE 7298, 7298-67, 2009）

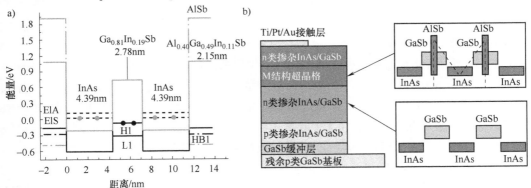

图 17.21 改进型 II 类长波红外光敏二极管示意图
a) 增强型 WSL 在 $k=0$ 时的能带结构（资料源自：Aifer, E. H., Tischler, J. G., Warner, J. H., Vurgaftman, I., Bewley, W. W., Meyer, J. R., and Jackson, E. M., Applied Physics Letters, 89, 053510, 2006）；
b) p-π-M-n SL（表示出标准的和 M 结构超晶格的能带对齐）（资料源自：Nguyen, B. -M., Hoffman, D., Delaunay, P. -Y., and Razeghi, M., Applied Physics Letters, 91, 163511, 2007）

低暗电流，同时在器件光学性能方面并没有什么影响[76]。M 结构的 AlSb 层具有很宽的能隙，能够阻挡相邻两个 InAs 阱中电子的相互作用，从而降低了隧穿的可能性并提高了电子的有效质量。AlSb 层也可以起到价带空穴的作用。可以将 GaSb 空穴量子阱转变为双量子阱。这样可以缩减有效阱宽，空穴能量级受阱尺寸的影响更大。具有 500nm 厚 M 结构的 10.5μm 截止波长的器件的 R_0A 乘积可以达到 $200\Omega cm^2$。最近，在单级器件使用双 M 结构异质结,可以使温度 77K、截止波长 9.3μm 的情况下,R_0A 乘积可以达到 5300Ωcm²。

图 17.22 给出了 InAs/GaInSb SL 和 HgCdTe 光敏二极管在长波光谱的 R_0A 值的比较[77]。图中实线表示 p 类 HgCdTe 材料理论扩散限性能。正如图中所看到,最近研制的 SL 器件的光敏二极管可以与实际的 HgCdTe 器件相比,表明 SL 探测器的研究已经有了相当大的进步。

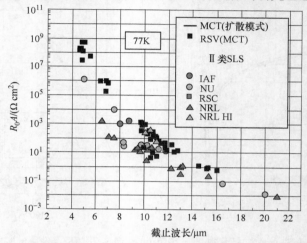

图 17.22 温度 77K 条件下,InAs/GaInSb SL 光敏二极管 R_0A 与截止波长的关系,并与可比 HgCdTe 光敏二极管的理论和试验趋势线进行比较

(MCT 代表 HgCdTe;RSV 代表雷神视觉系统公司;IAF 代表(德国)应用研究所;NU 代表美国西北大学;RSC 代表罗克韦尔科学公司;NRL HI 代表美国夏威夷海军研究实验室。——译者注)

(资料源自:Canedy, C. L., Aifer, H., Vurgaftman, I., Tischler, J. G., Meyer, J. R., Warner, J. H., and Jackson, E. M., Journal of Electronic Materials, 36, 852-56, 2007)

图 17.18 所示 p-i-n 光敏二极管结构的量子效率关键取决于 i(π) 区厚度。通过对一系列 i 区厚度在 1~4μm 范围变化的光敏二极管的量子效率进行拟合,艾菲尔(Aifer)等人确定[75],少数载流子电子在长波红外光谱区的扩散长度是 3.5μm。与高质量 HgCdTe 光敏二极管相比,该值相当低。最近,将 12μm 截止波长光敏二极管 π 区厚度扩展到 6μm,已经得到 54% 的外量子效率。图 17.23a 给出了量子效率对 π 区厚度的依赖关系,图 17.23b 给出了 8 种具有不同 π 区厚度的光谱电流响应度[78]。

图 17.24 给出了 II 类和 P-on-n HgCdTe 光敏二极管比探测率计算值与波长和工作温度的函数关系,并与温度 78K 条件下 II 类探测器的实验数据做了比较[74]。图中实线代表利用一维模型计算 HgCdTe 光敏二极管热限比探测率的理论值,假设较窄带 n 侧的扩散电流起主导作用,并且少数载流子通过俄歇和辐射过程复合。计算中,采用下列典型值:n 侧施主浓度($N_d = 1 \times 10^{15} \text{cm}^{-3}$),窄带隙敏感层厚度(10μm)和量子效率(60%)。II 类 SLS 热限比探测率预测值要比 HgCdTe 的大[59,79]。

根据图 17.24 所示,II 类 SLS 光敏二极管热限比探测率的测量值仍然不如目前的 HgCdTe 光敏二极管,还没有达到理论值。该限制似乎来自两个方面:较高的本底浓度(约 $5 \times 10^{15} \text{cm}^{-3}$,尽管已经报道有低于 10^{15}cm^{-3} 的值[77,80])和较短的少数载流子寿命(在高掺杂 p 类材料中,一般是几十纳秒)。到现在为止,观察到的是非最佳载流子寿命,并且,最

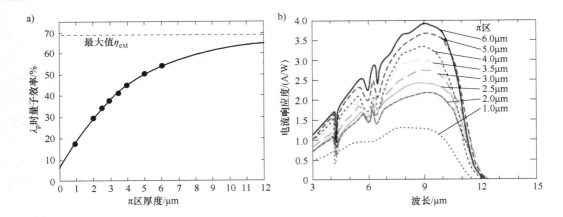

图 17.23 InAs/GaInSb SLS 光敏二极管在温度 77K 条件下的光谱特性

a) 量子效率与 π 区厚度的函数关系（虚线代表未镀增透膜情况可能的量子效率极值）

b) π 区厚度范围 $1 \sim 6\mu m$ 的光敏二极管的电流响应度测量值
（可以看到 $4.2\mu m$ 处的 CO_2 吸收以及 $5 \sim 8\mu m$ 间的水蒸气吸收）

（资料源自：Nguyen, B.-M., Hoffman. D., Wei, Y., Delaunay, P.-Y., Hood, A., and Razeghi, M., Applied Physics Letters, 90, 231108, 2007）

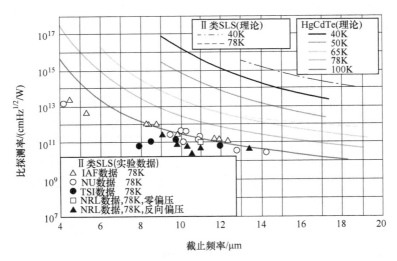

图 17.24 Ⅱ 类和 P-on-n HgCdTe 光敏二极管比探测率的预测值与波长和温度的函数关系
（实验数据源自几种不同的资料）

（资料源自：Bajaj, J., Sullivan, G., Lee, D., Aifer, E., and Razeghi, M., "Comparison of Type-Ⅱ Superlattice and HgCdTe Infrared Detector Technology", Proceedings of SPIE 6542, 65420B, 2007）

能满足需求的低载流子浓度受限于肖克莱-里德复合机理。少数载流子扩散长度是几个微米数量级。为了达到Ⅱ类光敏二极管的性能预测值，主要是提高这些基本参数。

在过去几年，以Ⅱ类 InAs/GaInSb 为基础的探测器有了快速发展。公布的研究结果表明，InAs/GaInSb SL 基本材料性能能满足高性能焦平面阵列的实际需求。

17.4.3 nBn 超晶格探测器

Ⅱ类 SLS 也用于制造单极势垒光电探测器。阻挡一类载流子（电子或空穴）而允许另一类畅通无阻通过的势垒能够用于提高光敏二极管的性能。nBn（全称"n-Barrier-n"。——译者注）探测器结构（见本书 9.9 节）利用单极势垒在毫不影响光电流通过情况下能拟制暗电流[81]和表面漏电流[82]。实际上，单极势垒并不总适合所需要的吸收层，因为吸收层和势垒两者都要求与基板晶格基本匹配，并且，吸收层与势垒之间一定要有合适的能带偏移。晶格几乎匹配的 InAs、GaSb 和 AlSb 材料体系都能满足这些要求，这些材料体系可采用外延技术生长在 GaSb 或者 InAs 基板上。GaSb/AlSb、InAs/AlSb 和 InAs/GaInSb 可以相当灵活地形成各种合金和超晶格[83]。

Ⅱ类 InAs/GaInSb SL 可以用作中波红外[84,85]和长波红外[86] nBn 探测器中的吸收层，然而，到目前为止，精力主要集中在中波红外探测器。比夏朴（Bishop）等人[85]研究了图 17.25 所示的两种器件结构，下面称为 A 和 B 结构。该器件由 0.25μm 厚 n 类底接触层和吸收层组成，前者由 8 个单层（ML）InAs:Si（$n = 4 \times 10^{18} cm^{-3}$）/8 层（ML）GaSb，后者是由非故意掺杂 1.4μm 厚 8ML InAs/8ML GaSb 组成的。厚度 100nm 的 $Al_{0.2}Ga_{0.8}Sb$ 势垒层生长在吸收层上面，并要足够厚以避免电子从上面 SL 接触层隧穿到 SL 吸收层。该结构再覆盖一层 100nm 厚的上端接触层，并与底接触层有相同的 SL 成分、厚度和掺杂浓度。另有文章详细叙述 SL 生长方法[87]。为了保证接触层的欧姆特性，使用重掺杂接触层。一种解决欧姆层的好方法是在 n 类 SL 上完成以 GeAu 为基础的金属化[88]。

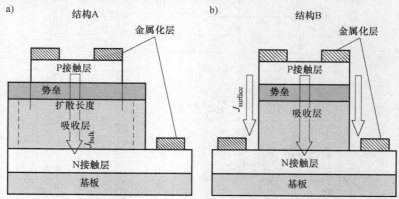

图 17.25 浅蚀刻隔离 nBn 器件示意图
a）结构 A，活性区（原文将"active area"错印为"active read"。——译者注）
取决于少数载流子（空穴）的扩散长度
b）传统定义的台状结构——结构 B
（资料源自：Bishop, G., Plis, E., Rodriguez, J. B., Sharma, Y. D., Kim, H. S., Dawson, L. R., and Krishna, Journal of Vacuum Science and Technology, B26, 1145-48, 2008）

结构 A 和 B 分别以截然不同的两种处理方式得到。使用 $H_3PO_4:H_2O_2:H_2O$（1:2:20）溶液，隔离蚀刻到势垒层 A 结构中间层位置；然后，对 A 和 B 两种结构，采用感应耦合等离子体干蚀刻技术刻蚀到底接触层的中间层位置。对于 A 结构，器件的敏感区取决于少数载流子（空穴）的扩散长度而不是通常的台面。由于希望悬空键位于结构 B 刻蚀台面的侧壁上，所以，希望表面漏电流高。图 17.26 给出了两种结构的暗电流密度与温度的关系以及在相同偏压条件下暗电流密度测量值之比。高温下，使用大面积（400μm×400μm）台面，并未发现对表面电流成分有任何影响，并且，热生电流起着主要作用。随着温度下降和暗电流体成分的大量减少，表面电流成为主要成分。在温度 250K，A 和 B 结构中暗电流相差不多，但 A 结构中的暗电流减少了两个数量级。

图 17.27 给出了电流响应度和量子效率对光谱的依赖性。测量表明，电流响应度和量子效率在波长 4.0μm 时的最大值分别是 0.74A/W 和 23%。

蚀刻平台长波红外超晶格光敏二极管没有稳定的钝化层是以 Ⅱ 类 SL 结构为基础的技术遇到的主要限制之一。正如前面所示，nBn 探测器消除了与 SRH 中心相关的电流以及平台横向表面缺陷，所以，与 p-i-n 设计方案相比，已经使工作温度得到提高。霍沙克拉夫（Khoshakhlagh）等人通过实验证实了长波红外 nBn 探测器的理论预测[86]。

对于长波红外 SLS（参考霍沙克拉夫（Khoshakhlagh）及其同事的讨论，即本章参考文献[86]），研发一种具有良序成分和界面层的优化生长方法至关重要。该器件设计不同于中波红外波段。1.9μm 厚非故意掺杂敏感区由 13 层（ML）InAs/0.75 单层（ML）InSb/7 层（ML）GaSb 组成。与以 p-i-n 设计为基础结构相比，以 nBn 设计为基础的结构的暗电流密度提高了两个数量级[86]。

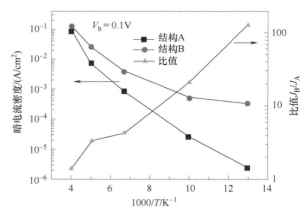

图 17.26 A 和 B 结构中暗电流密度与 1000/T 的关系（V_b=0.1V），同时给出相同偏压时两种结构暗电流密度测量值之比

（资料源自：Bishop, G., Plis, E., Rodriguez, J. B., Sharma, Y. D., Kim, H. S., Dawson, L. R., and Krishna, Journal of Vacuum Science and Technology, B26, 1145-48, 2008）

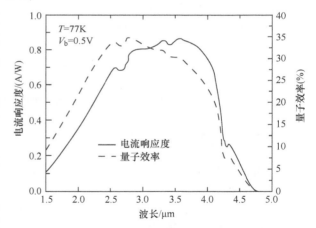

图 17.27 A 结构在温度 77K 和偏压 V_b=0.5V 条件下响应度和量子效率与波长的关系

（资料源自：Bishop, G., Plis, E., Rodriguez, J. B., Sharma, Y. D., Kim, H. S., Dawson, L. R., and Krishna, Journal of Vacuum Science and Technology, B26, 1145-48, 2008）

最近，采用 nBn 探测器设计方法、以 Ⅱ 类 InAs/GaSb SLS 为基础的第一台中波红外焦平面阵列已经得到验证[89,90]。与 p-n 结不同，该器件的尺寸不取决于平台面蚀刻技术，而取决于少数载流子横向扩散长度。在第一台焦平面阵列中，浅蚀刻深度等于 0.15μm，对应着势垒层的中间位置，因此不会触及到位于下面的敏感吸收层。

参 考 文 献

1. M. A. Kinch and A. Yariv, " Performance Limitations of GaAs/AlGaAs Infrared Superlattices," *Applied Physics Letters* 55, 2093-95, 1989.
2. A. Rogalski, " HgCdTe Photodiodes Versus Quantum Well Infrared Photoconductors for Long Wavelength Focal Plane Arrays," *Opto-Electronics Review* 6, 279-94, 1998.
3. M. Z. Tidrow, W. A. Beck, W. W. Clark, H. K. Pollehn, J. W. Little, N. K. Dhar, P. R. Leavitt, et al., " Device Physics and Focal Plane Applications of QWIP and MCT," *Opto-Electronics Review* 7, 283-96, 1999.
4. A. Rogalski, " Quantum Well Photoconductors in Infrared Detectors Technology," *Journal of Applied Physics* 93, 4355-91, 2003.
5. A. Rogalski, " Third Generation Photon Detectors," *Optical Engineering* 42, 3498-516, 2003.
6. A. Rogalski, J. Antoszewski, and L. Faraone, " Third-Generation Infrared Photodetector Arrays," *Journal of Applied Physics* 105, 091101-44, 2009.
7. B. F. Levine, " Quantum-Well Infrared Photodetectors," *Journal of Applied Physics* 74, R1-R81, 1993.
8. S. D. Gunapala and K. M. S. V. Bandara, " Recent Development in Quantum-Well Infrared Photodetectors," in *Thin Films*, Vol. 21, 113-237, Academic Press, New York, 1995.
9. H. C. Liu, " Quantum Well Infrared Photodetector Physics and Novel Devices," in *Semiconductors and Semimetals*, Vol. 62, eds. by H. C. Liu and F. Capasso, 129-96, Academic Press, San Diego, CA, 2000.
10. S. D. Gunapala and S. V. Bandara, " Quantum Well Infrared Photodetectors (QWIP)," in *Handbook of Thin Devices*, Vol. 2, ed. M. H. Francombe, 63-99, Academic Press, San Diego, CA, 2000.
11. J. L. Pan and C. G. Fonstad, " Theory, Fabrication and Characterization of Quantum Well Infrared Photodetectors," *Material Science and Engineering* R28, 65-147, 2000.
12. S. D. Gunapala and S. V. Bandara, " GaAs/AlGaAs Based Quantum Well Infrared Photodetector Focal Plane Arrays," in *Handbook of Infrared Detection Technologies*, eds. M. Henini and M. Razeghi, 83-119, Elsevier, Oxford, 2002.
13. V. Ryzhi, ed., *Intersubband Infrared Photodetectors*, World Scientific, New Jersey, 2003.
14. H. Schneider and H. C. Liu, *Quantum Well Infrared Photodetectors*, Springer, Berlin, 2007.
15. G. H. Döhler, " Doping Superlattices (" n-i-p-i Crystals")," *IEEE Journal of Quantum Electronics* QE-22, 1682-95, 1986.
16. J. N. Schulman and T. C. McGill, " The CdTe/HgTe Superlattice: Proposal for a New Infrared Material," *Applied Physics Letters* 34, 663-65, 1979.
17. D. L. Smith, T. C. McGill, and J. N. Schulman, " Advantages of the HgTe-CdTe Superlattice as an Infrared Detector Material," *Applied Physics Letters* 43, 180-82, 1983.
18. J. P. Faurie, " Growth and Properties of HgTe-CdTe and Other Hg-Based Superlattices," *IEEE Journal of Quantum Electronics* QE-22, 1656-65, 1986.
19. J. M. Berroir, Y. Guldner, and M. Voos, " HgTe-CdTe Superlattices: Magnetooptics and Band Structure," *IEEE Journal of Quantum Electronics* QE-22, 1793-98, 1986.
20. J. R. Meyer, C. A. Hoffman, and R. J. Bartoli, " Narrow-Gap II-VI Superlattices: Correlation of Theory with Experiment," *Semiconductor Science and Technology* 5, S90-S99, 1990.
21. T. H. Myers, J. R. Meyer, C. A. Hoffman, and L. R. Ram-Mohan, " HgTe/CdTe Superlattices for IR Detection Revisited," *Applied Physics Letters* 61, 1814-16, 1992.
22. T. H. Myers, J. R. Meyer, and C. A. Hoffman, " The III Superlattices for Long-Wavelength Infrared Detectors: The HgTe/CdTe System," in *Semiconductor Quantum Wells and Superlattices for Long-Wavelength Infrared*

Detectors, ed. M. O. Manasreh, 207-59, Artech House, Boston, MA, 1993.
23. F. F. Sizov and A. Rogalski, " Semiconductor Superlattices and Quantum Wells for Infrared Optoelectronics," *Progress in Quantum Electronics* 17, 93-164, 1993.
24. J. R. Meyer, C. A. Hoffman, and F. J. Bartoli, " Quantum Wells and Superlattices," in *Narrow-Gap II-VI Compounds for Optoelectronic and Electromagnetic Applications*, ed. P. Capper, 363-400, Chapman & Hall, London, 1997.
25. D. K. Arch, J. P. Faurie, J. L. Staudenmann, M. Hibbs-Brenner, and P. Chow, " Interdiffusion in HgTe-CdTe Superlattices," *Journal of Vacuum Science and Technology* A4, 2101-5, 1986.
26. C. R. Becker, V. Latussek, A. Pfeuffer-Jeschke, G. Landwehr, and L. W. Molenkamp, " Band Structure and Its Temperature Dependence for Type-III HgTe/Hg$_{1-x}$Cd$_x$Te Superlattices and Their Semimetal Constituent," *Physical Review* B62, 10353-63, 2000.
27. C. K. Shih and W. E. Spicer, " Determination of a Natural Valence-Band Offset: The Case of HgTe-CdTe," *Physical Review Letters* 58, 2594-97, 1987.
28. C. R. Becker, K. Ortner, X. C. Zhang, S. Oehling, A. Pfeyffer-Jeschke, and V. Latussek, " Far Infrared Detectors Based on HgTe/Hg$_{1-x}$Cd$_x$Te Superlattices, and In Situ p Type Doping," in *Advanced Infrared Technology and Applications* 2007, ed. M. Strojnik, 79-89, Leon, Mexico, 2008.
29. J. M. Arias, S. H. Shin, D. E. Cooper, M. Zandian, J. G. Pasko, E. R. Gertner, R. E. DeWames, and J. Singh, " P-Type Arsenic Doping of CdTe and HgTe/CdTe Superlattices Grown by Photoassisted and Conventional Molecular-Beam Epitaxy," *Journal of Vacuum Science and Technology* A8, 1025-33, 1990.
30. K. A. Harris, R. W. Yanka, L. M. Mohnkern, A. R. Reisinger, T. H. Myers, Z. Yang, Z. Yu, S. Hwang, and J. F. Schetzina, " Properties of (211) B HgTe-CdTe Superlattices Grown by Photon Assisted Molecular-Beam Epitaxy," *Journal of Vacuum Science and Technology* B10, 1574-81, 1992.
31. C. H. Grein, H. Jung, R. Singh, and M. F. Flatte, " Comparison of Normal and Inverted Band Structure HgTe/CdTe Superlattices for Very Long Wavelength Infrared Detectors," *Journal of Electronic Materials* 34, 905-8, 2005.
32. M. W. Goodwin, M. A. Kinch, and R. J. Koestner, " Metal-Insulator-Semiconductor Properties of HgTe/CdTe Superlattices," *Journal of Vacuum Science and Technology* A6, 2685-92, 1988.
33. M. L. Wroge, D. J. Peterman, B. J. Feldman, B. J. Morris, D. J. Leopold, and J. G. Broerman," Impurity Doping of HgTe-CdTe Superlattices During Growth by Molecular-Beam Epitaxy," *Journal of Vacuum Science and Technology* A7, 435-39, 1989.
34. K. A. Harris, T. H. Myers, R. W. Yanka, L. M. Mohnkern, and N. Otsuka, " A High Quantum Efficiency *In Situ* Doped Mid-Wavelength Infrared p-on-n Homojunction Superlattice Detector Grown by Photoassisted Molecular-Beam Epitaxy," *Journal of Vacuum Science and Technology* B9, 1752-58, 1991.
35. G. C. Osbourn, " InAsSb Strained-Layer Superlattices for Long Wavelength Detector Applications," *Journal of Vacuum Science and Technology* B2, 176-78, 1984.
36. S. R. Kurtz, G. C. Osbourn, R. M. Biefeld, L. R. Dawson, and H. J. Stein, " Extended Infrared Response of InAsSb Strained-Layer Superlattices," *Applied Physics Letters* 52, 831-33, 1988.
37. D. L. Smith and C. Mailhiot, " Proposal for Strained Type II Superlattice Infrared Detectors," *Journal of Applied Physics* 62, 2545-48, 1987.
38. C. Mailhiot and D. L. Smith, " Long-Wavelength Infrared Detectors Based on Strained InAs-GaInSb Type-II Superlattices," *Journal of Vacuum Science and Technology* A7, 445-49, 1989.
39. F. F. Sizov, " Semiconductor Superlattices and Quantum Well Detectors," in *Infrared Photon Detectors*, ed. A. Rogalski, 561-623, SPIE Optical Engineering Press, Bellingham, WA, 1995.

40. C. H. Grein, P. M. Young, and H. Ehrenreich, " Minority Carrier Lifetimes in Ideal InGaSb/InAs Superlattice," *Applied Physics Letters* 61, 2905-7, 1992.

41. G. C. Osbourn, " Design of Ⅲ-V Quantum Well Structures for Long-Wavelength Detector Applications," *Semiconductor Science and Technology* 5, S5-S11, 1990.

42. G. A. Sai-Halasz, R. Tsu, and L. Esaki, " A New Semiconductor Superlattice," *Applied Physics Letters* 30, 651-52, 1977.

43. L. L. Chang, N. J. Kawai, G. A. Sai-Halasz, P. Ludeke, and L. Esaki, " Observation of Semiconductor-Semimetal Transition in InAs/GaSb Superlattices," *Applied Physics Letters* 35, 939-42, 1979.

44. A. Rogalski, *New Ternary Alloy Systems for Infrared Detectors*, SPIE Optical Engineering Press, Bellingham, WA, 1994.

45. H. R. Jen, K. Y. Ma, and G. B. Stringfellow, " Long-Range Order in InAsSb," *Applied Physics Letters* 54, 1154-56, 1989.

46. S. R. Kurtz, L. R. Dawson, R. M. Biefeld, D. M. Follstaedt, and B. L. Doyle, " Ordering-Induced Band-Gap Reduction in $InAs_{1-x}Sb_x$ ($x \approx 0.4$) Alloys and Superlattices," *Physical Review* B46, 1909-12, 1992.

47. S. H. Wei and A. Zunger, " InAsSb/InAs: A Type-I or a Type-Ⅱ Band Alignment," *Physical Review* B52, 12039-44, 1995.

48. R. A. Stradling, S. J. Chung, C. M. Ciesla, C. J. M. Langerak, Y. B. Li, T. A. Malik, B. N. Murdin, et al. , " The Evaluation and Control of Quantum Wells and Superlattices of Ⅲ-V Narrow Gap Semiconductors," *Materials Science and Engineering* B44, 260-65, 1997.

49. Y. H. Zhang, A. Lew, E. Yu, and Y. Chen, " Microstructural Properties of $InAs/InAs_xSb_{1-x}$ Ordered Alloys Grown by Modulated Molecular Beam Epitaxy," *Journal of Crystal Growth* 175/176, 833-37, 1997.

50. S. R. Kurtz, L. R. Dawson, T. E. Zipperian, and S. R. Lee, " Demonstration of an InAsSb Strained-Layer Superlattice Photodiode," *Applied Physics Letters* 52, 1581-83, 1988.

51. S. R. Kurtz, L. R. Dawson, R. M. Biefeld, I. J. Fritz, and T. E. Zipperian, " Long-Wavelength InAsSb Strained-Layer Superlattice Photovoltaic Infrared Detectors," *IEEE Electron Device Letters* 10, 150-52, 1989.

52. S. R. Kurtz, L. R. Dawson, T. E. Zipperian, and R. D. Whaley, " High Detectivity ($>1 \times 10^{10}$ $cmHz^{1/2}$/W), InAsSb Strained-Layer Superlattice, Photovoltaic Infrared Detector," *IEEE Electron Device Letters* 11, 54-56, 1990.

53. L. Burkle and F. Fuchs, " InAs/ (GaIn) Sb Superlattices: A Promising Material System for Infrared Detection," in *Handbook of Infrared Detection and Technologies*, eds. M. Henini and M. Razeghi, 159-89, Elsevier, Oxford, 2002.

54. G. J. Brown, F. Szmulowicz, K. Mahalingam, S. Houston, Y. Wei, A. Gon, and M. Razeghi," Recent Advances in InAs/GaSb Superlattices for Very Long Wavelength Infrared Detection," *Proceedings of SPIE* 4999, 457-66, 2003.

55. Y. Wei and M. Razeghi, " Modeling of Type-Ⅱ InAs/GaSb Superlattices Using an Empirical Tight-Binding Method and Interface Engineering," *Physical Review* B69, 085316, 2004.

56. C. Mailhiot, " Far-Infrared Materials Based on InAs/GaInSb Type Ⅱ, Strained-Layer Superlattices," in *Semiconductor Quantum Wells and Superlattices for Long-Wavelength Infrared Detectors*, ed. M. O. Manasreh, 109-38, Artech House, Boston, MA, 1993.

57. J. P. Omaggio, J. R. Meyer, R. J. Wagner, C. A. Hoffman, M. J. Yang, D. H. Chow, and R. H. Miles, " Determination of Band Gap and Effective Masses in $InAs/Ga_{1-x}In_xSb$ Superlattices," *Applied Physics Letters* 61, 207-9, 1992.

58. C. A. Hoffman, J. R. Meyer, E. R. Youngdale, F. J. Bartoli, R. H. Miles, and L. R. Ram-Mohan," E-

lectron Transport in InAs/Ga$_{1-x}$In$_x$Sb Superlattices," *Solid State Electronics* 37, 1203-6, 1994.

59. C. H. Grein, P. M. Young, M. E. Flatte, and H. Ehrenreich, " Long Wavelength InAs/InGaSb Infrared Detectors: Optimization of Carrier Lifetimes," *Journal of Applied Physics* 78, 7143-52, 1995.

60. E. R. Youngdale, J. R. Meyer, C. A. Hoffman, F. J. Bartoli, C. H. Grein, P. M. Young, H. Ehrenreich, R. H. Miles, and D. H. Chow, " Auger Lifetime Enhancement in InAs-Ga$_{1-x}$In$_x$Sb Superlattices," *Applied Physics Letters* 64, 3160-62, 1994.

61. O. K. Yang, C. Pfahler, J. Schmitz, W. Pletschen, and F. Fuchs, " Trap Centers and Minority Carrier Lifetimes in InAs/GaInSb Superlattice Long Wavelength Photodetectors," *Proceedings of SPIE* 4999, 448-56, 2003.

62. J. Pellegrini and R. DeWames, " Minority Carrier Lifetime Characteristics in Type II InAs/GaSb LWIR Superlattice n$^+$πp$^+$ Photodiodes," *Proceedings of SPIE* 7298, 7298-67, 2009.

63. M. Z. Tidrow, L. Zheng, and H. Barcikowski, " Recent Success on SLS FPAs and MDA's New Direction for Development," *Proceedings of SPIE* 7298, 7298-61, 2009.

64. J. R. Meyer, C. L. Felix, W. W. Bewley, I. Vurgaftman, E. H. Aifer, L. J. Olafsen, J. R. Lindle, et al. , " Auger Coefficients in Type-II InAs/Ga$_{1-x}$In$_x$Sb Quantum Wells," *Applied Physics Letters* 73, 2857-59, 1998.

65. J. L. Johnson, L. A. Samoska, A. C. Gossard, J. L. Merz, M. D. Jack, G. H. Chapman, B. A. Baumgratz, K. Kosai, and S. M. Johnson, " Electrical and Optical Properties of Infrared Photodiodes Using the InAs/Ga$_{1-x}$In$_x$Sb Superlattice in Heterojunctions with GaSb," *Journal of Applied Physics* 80, 1116-27, 1996.

66. F. Fuchs, U. Weimer, W. Pletschen, J. Schmitz, E. Ahlswede, M. Walther, J. Wagner, and P. Koidl, " High Performance InAs/Ga$_{1-x}$In$_x$Sb Superlattice Infrared Photodiodes," *Applied Physics Letters* 71, 3251-53, 1997.

67. J. L. Johnson, " The InAs/GaInSb Strained Layer Superlattice as an Infrared Detector Material: An Overview," *Proceedings of SPIE* 3948, 118-32, 2000.

68. G. J. Brown, " Type-II InAs/GaInSb Superlattices for Infrared Detection: An Overview," *Proceedings of SPIE* 5783, 65-77, 2005.

69. M. Razeghi, Y. Wei, A. Gin, A. Hood, V. Yazdanpanah, M. Z. Tidrow, and V. Nathan, " High Performance Type II InAs/GaSb Superlattices for Mid, Long, and Very Long Wavelength Infrared Focal Plane Arrays," *Proceedings of SPIE* 5783, 86-97, 2005.

70. R. Rehm, M. Walther, J. Schmitz, J. Fleisner, F. Fuchs, W. Cabanski, and J. Ziegler, " InAs/(GaIn)Sb Short-Period Superlattices for Focal Plane Arrays," *Proceedings of SPIE* 5783, 123-30, 2005.

71. P. -Y. Delaunay, A. Hood, B. -M. Nguyen, D. Hoffman, Y. Wei, and M. Razeghi, " Passivation of Type-II InAs/GaSb Double Heterostructure," *Applied Physics Letters* 91, 091112, 2007.

72. A. Hood, P. -Y. Delaunay, D. Hoffman, B. -M. Nguyen, Y. Wei, M. Razeghi, and V. Nathan," Near Bulk-Limited RoA of Long-Wavelength Infrared Type-II InAs/GaSb Superlattice Photodiodes with Polyimide Surface Passivation," *Applied Physics Letters* 90, 233513, 2007.

73. E. K. Huang, D. Hoffman, B. -M. Nguyen, P. -Y. Delaunay, and M. Razeghi, " Surface Leakage Reduction in Narrow Band Gap Type-II Antimonide-Based Superlattice Photodiodes," *Applied Physics Letters* 94, 053506, 2009.

74. J. Bajaj, G. Sullivan, D. Lee, E. Aifer, and M. Razeghi, " Comparison of Type-II Superlattice and HgCdTe Infrared Detector Technologies," *Proceedings of SPIE* 6542, 65420B, 2007.

75. E. H. Aifer, J. G. Tischler, J. H. Warner, I. Vurgaftman, W. W. Bewley, J. R. Meyer, C. L. Canedy, and E. M. Jackson, " W-Structured Type-II Superlattice Long-Wave Infrared Photodiodes with High Quantum Efficiency," *Applied Physics Letters* 89, 053510, 2006.

76. B. -M. Nguyen, D. Hoffman, P-Y. Delaunay, and M. Razeghi, " Dark Current Suppression in Type II InAs/

GaSb Superlattice Long Wavelength Infrared Photodiodes with M-Structure Barrier," *Applied Physics Letters* 91, 163511, 2007.

77. C. L. Canedy, H. Aifer, I. Vurgaftman, J. G. Tischler, J. R. Meyer, J. H. Warner, and E. M. Jackson, " Antimonide Type-Ⅱ W Photodiodes with Long-Wave Infrared Ro$_A$ Comparable to HgCdTe," *Journal of Electronic Materials* 36, 852-56, 2007.

78. B.-M. Nguyen, D. Hoffman, Y. Wei, P.-Y. Delaunay, A. Hood, and M. Razeghi, " Very High Quantum Efficiency in Type-Ⅱ InAs/GaSb Superlattice Photodiode with Cutoff of 12 μm," *Applied Physics Letters* 90, 231108, 2007.

79. C. H. Grein, H. Cruz, M. E. Flatte, and H. Ehrenreich, " Theoretical Performance of Very Long Wavelength InAs/In$_x$Ga$_{1-x}$Sb Superlattice Based Infrared Detectors," *Applied Physics Letters* 65, 2530-32, 1994.

80. A. Hood, D. Hoffman, Y. Wei, F. Fuchs, and M. Razeghi, " Capacitance-Voltage Investigation of High-Purity InAs/GaSb Superlattice Photodiodes," *Applied Physics Letters* 88, 052112, 2006.

81. S. Maimon and G. W. Wicks, " nBn Detector, An Infrared Detector with Reduced Dark Current and Higher Operating Temperature," *Applied Physics Letters* 89, 151109, 2006.

82. J. R. Pedrazzani, S. Maimon, and G. W. Wicks, " Use of *nBn* Structure to Suppress Surface Leakage Currents in Unpassivated InAs Infrared Photodetectors," *Electronics Letters* 44, 1487-88, 2008.

83. P. Klipstein, A. Glozman, S. Grossman, E. Harush, O. Klin, J. Oiknine-Schlesinger, E. Weiss, M. Yassen, and B. Yofis, " Barrier Photodetectors for High Sensitivity and High Operating Temperature Infrared Sensors," *Proceedings of SPIE* 6940, 69402U, 2008.

84. J. B. Rodriguez, E. Plis, G. Bishop, Y. D. Sharma, H. Kim, L. R. Dawson, and S. Krishna, " nBn Structure Based on InAs/GaSb Type-Ⅱ Strained Layer Superlattices," *Applied Physics Letters* 91, 043514, 2007.

85. G. Bishop, E. Plis, J. B. Rodriguez, Y. D. Sharma, H. S. Kim, L. R. Dawson, and S. Krishna," nBn Detectors Based on InAs/GaSb Type-Ⅱ Strain Layer Superlattices," *Journal of Vacuum Science and Technology* B26, 1145-48, 2008.

86. A. Khoshakhlagh, H. S. Kim, S. Myers, N. Gautam, S. J. Lee, E. Plis, S. K. Noh, L. R. Dawson, and S. Krishna, " Long Wavelength InAs/GaSb Superlattice Detectors Based on nBn and pin Design," *Proceedings of SPIE* 7298, 72981P, 2009.

87. E. Plis, S. Annamalai, K. T. Posani, and S. Krishna, " Midwave Infrared Type-Ⅱ InAs/GaSb Superlattice Detectors with Mixed Interfaces," *Journal of Applied Physics* 100, 014510, 2006.

88. H. S. Kim, E. Plis, J. B. Rodriguez, G. Bishop, Y. D. Sharma, and S. Krishna, " N-Type Ohmic Contact on Type-Ⅱ InAs/GaSb Strained Layer Superlattices," *Electronics Letters* 44, 881-82, 2008.

89. H. S. Kim, E. Pils, J. B. Rodriquez, G. D. Bishop, Y. D. Sharma, L. R. Dawson, S. Krishna, et al., " Mid-IR Focal Plane Array Based on Type-Ⅱ InAs/GaSb Strain Layer Superlattice Detector with nBn Design," *Applied Physics Letters* 92, 183502, 2008.

90. C. J. Hill, A. Soibel, S. A. Keo, J. M. Mumolo, D. Z. Ting, S. D. Gunapala, D. R. Rhiger, R. E. Kvaas, and S. F. Harris, " Demonstration of Mid and Long-Wavelength Infrared Antimonide-Based Focal Plane Arrays," *Proceedings of SPIE* 7298, 729404, 2009.

第 18 章　量子点红外光电探测器

量子阱结构在红外探测领域的成功应用，激发了量子点红外光电探测器（Quantum Dot Infrared photodetector，QDIP）的发展。总的来讲，量子点红外光电探测器与量子阱红外光电探测器类似，但是用量子点（Quantum Dot，QD）代替量子阱，尺寸受到空间全方向限制。

应变异质结结构（如 GaAs 基板上的 InGaAs）外延生长技术的最新进展已经可以利用自组织过程形成相干岛，并具有量子盒（quantum box）或量子点的电学特性。一段时间以来，从理论和实验上对零维量子约束半导体异质结结构进行了研究[1-3]。最近，已经能够可靠和重复地制造近乎完美（无缺陷）的量子点器件。同时充分利用半导体异质结结构量子约束的优点设计了一些新型红外光电探测器。与量子阱红外光电探测器（QWIP）一样，量子点红外光电探测器也是以量子点导带（价带）中束缚态间光学跃迁为基础，也同样受益于大带隙半导体的成熟技术。

20 世纪 90 年代初期，在 InSb 基静电量子点中[4]或二维（2D）电子气体中[5]首次观察到远红外波长亚能级间跃迁。1998 年首次验证了量子点红外光电探测器[6]。其研发和性能特性[7-9]以及在热成像焦平面阵列[10]方面均取得了重大进展。

对量子点研究的兴趣可以追溯到 1982 年荒川（Arakawa）和神木（Sakaki）的提议[1]：减小器件敏感区的维度能够提高半导体激光器的性能，所以，初始努力集中于采用超细光刻术与湿或干化学刻蚀技术相结合以求得三维（3D）结构。然而，研究人员很快认识到，该方法的缺点（高密度表面态）大大限制了这类量子点的性能，因此，又将主要精力集中在 GaAs 基板上生长纳米级 InGaAs 量子岛。1993 年，利用分子束外延（MBE）技术首次外延生长出无缺陷量子点纳米结构[11]。目前，使用的大部分量子点结构都是利用 MBE 技术和金属有机化学气相沉积（MOCVD 技术）两种生长技术合作制造[11]。

18.1　量子点红外光电探测器的制备和工作原理

在一定的生长条件下，具有较大晶格常数的薄膜超过其临界厚度时，由于形成相干岛会使薄膜内的压缩应变得到缓解。图 18.1 给出了失配系统的总能量变化与时间的定量关系[12]。该曲线分为三个部分：周期 a（二维沉积）、周期 b（二维-三维转换）和周期 c（岛的成熟形成）。在沉积初期，二维逐层机理形成基板的理想湿刻层。在点 t_{cw} 位置（临界湿润（critical wetting）层厚度），稳定的二维生长进入到亚稳生长区，一种超临界厚的湿刻层逐渐产生，并有可能形成斯特兰斯基-克拉斯塔诺夫（Stranski-Krastanow，S-K）形态学跃迁[13]。该跃迁从图 18.1 所示点 X 附近开始，并且，与跃迁势垒高度 E_a 主要是动态依赖关系，由此推定，无需供应材料，通过消耗超临界厚湿刻层积累的过量材料就可以继续生长。在点 Y 和 Z 之间（成熟期：周期 c），此过程将消耗大部分过剩能量，消耗移动材料会造成大小岛之间有电位差，这些岛可能就是量子点。

一般地，只有生长过程继续发展成为 S-K 生长模式时才会形成相干量子点岛[13]。从二

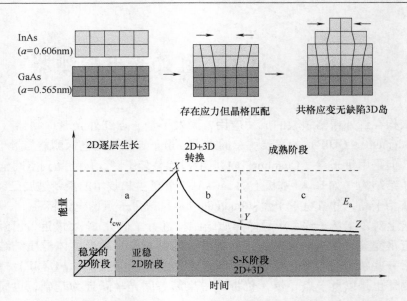

图 18.1 二维-三维形态转换的总能量与时间的关系示意图(t_{cw}是临界湿刻层厚度,E_a形成三维岛势垒;X是纯应变转换的起始点;Y与Z之间是一个缓慢的连续成熟过程)

(资料源自:Seifert, W., Carlsson, N., Johansson, J., Pistol, M. E., and Samuelson, L., Journal of Crystal Growth, 170, 39-46, 1997)

维逐层生长模式到三维岛生长模式的生长过程转换就形成一个参差不齐的 RHEED 图谱(反射式高能电子衍射仪图谱)。与普通的条纹图相比,通常只有逐层生长模式才会观察到这种图谱,一般是沉积一定量的单层膜后出现这种转换。对于 GaAs 上的 InAs 层,该转换出现在生长大约 1.7 个单层 InAs 膜之后,由此开始形成量子岛,同时形成量子点。一般地,由于材料供应过量以及在界面处含有失配错位,会形成非相干岛。

量子点红外光电探测器的探测机理是通过带间光激励使导带量子阱或量子点中束缚态的电子进入连续态。发射电子漂移向(由施加偏压形成的)电场中的集电极,生成光电流。假设,导带边缘沿生长方向的电位形状类似图 16.5 所示的量子阱红外光电探测器。实际上,由于该量子点在生长期间是自发地自组装,所以敏感区多层之间没有关联。

有两种量子点红外光电探测器的结构类型:普通结构(竖直结构,见图 18.2)和横向结构(见图 18.3)。对于竖直量子点红外光电探测器,载流子在上下接触层间竖直传输集结光电流。该器件异质结由下列结构组成:在 GaAs 势垒之间是重复形成的 InAs 量子点层以及敏感区边界上下端形成的接触层。平台高度在 1~4μm 范围内变化,取决于器件的异质结结构。为了在光激发期间提供自由载流子,量子点直接掺杂(一般是硅),并且,为了阻挡热离子发射形成的暗电流,竖直器件异质结结构应包括 AlGaAs 势垒[14,15]。

与场效应晶体管工作原理非常类似,对横向量子点红外光电探测器(见图 18.3a),载流子通过顶端两接触层之间的高迁移率通道传输以汇集光电流。如前所述,存在有 AlGaAs 势垒,但并不阻挡暗电流,而是用于调制掺杂量子点和提供高迁移率通道(见图 18.3b)。垂直入射的红外辐射将载流子从量子点激励到连续态,由于有良好的能带弯曲,所以,由此快速地传输到另一侧的高迁移率二维通道。因为暗电流的主要成分源自量子点之间隧穿和跳

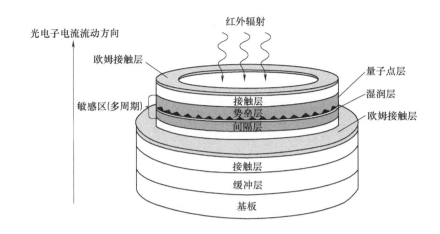

图 18.2 普通量子点探测器结构示意图

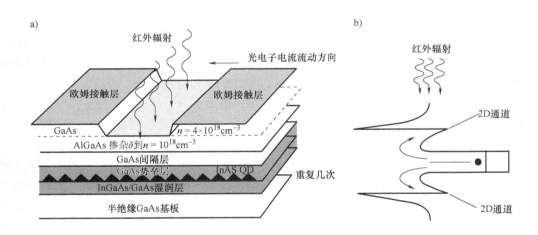

图 18.3 横向量子点探测器结构的一种形式和导带布局及光电响应机理示意图
a) 横向量子点探测器结构的一种形式示意图   b) 导带布局及光电响应机理示意图

跃传导,因此,已经证明,横向量子点红外光电探测器比竖直量子点红外光电探测器有较低的暗电流和较高的工作温度[16]。然而,很难将这些器件通过硅读出电路连接到焦平面阵列混合泵。因此,更多精力是提高与市售读出电路更为兼容的竖直量子点红外光电探测器的性能。

除了标准 InAs/GaAs 量子点红外光电探测器外,还研究了另外几种用作红外光电探测器的异质结结构设计[7,8]。其中一个例子是将 InAs 量子点嵌入已消除应力的 InGaAs 量子阱中,称为量子阱中量子点(Dot-in-a-Well, DWELL)异质结结构(见图 18.4)[10,17,18](原文将 "dot-in-a-well" 错印为 "dot-in-a-wall"。——译者注)。该器件有两个优点:尝试通过控制量子点尺寸调谐波长,由精确控制量子阱尺寸可以得以部分补偿,以及量子阱能够俘获电子和有助于量子点俘获载流子,因此有利于基态重新填充。

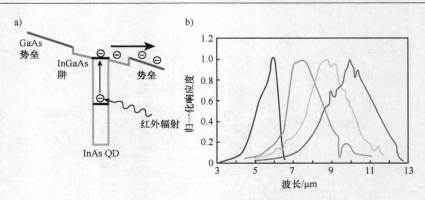

图 18.4 DWELL 红外探测器

a) 工作原理　b) 将阱的宽度从 5.5nm 变化到 10nm, 光谱可调谐性的实验测量值

(资料源自: Gunapala, S. D., Bandara, S. V., Hill, C. J., Ting, D. Z., Liu, J. K., Rafol, B., Blazejewski, E. R., et al., IEEE Journal of Quantum Electronics, 43, 230-37, 2007)

18.2　量子点红外光电探测器的预期优势

QDIP 的量子机械性质导致其比 QWIP 及其它类型红外探测器具有诸多优点。作为 HgCdTe、QWIP 和 II 类超晶格技术，QDIP 具有多波长探测能力，量子点系统能够额外提供调整能级间能量间隔的参数，如量子点尺寸和形状、应变和材料成分。

与 QWIP 相比，量子点红外光电探测器的潜在优点如下：

- 在垂直入射条件下有子带间吸收（对 n 类材料）。在 QWIP 中，根据吸收选择原则，只允许垂直于生长方向存在偏振跃迁。而 QDIP 中的选择原则有本质不同，可以观察到垂直入射。
- 由于在所有三个方向的能量都被量化，所以，电子热生成大大减少，声子瓶颈使受激态的电子弛豫时间增长。除非离散能级间的带隙精确等于声子能隙，否则，不会产生纵光学（LO）声子。由于这些能级只在生长方向量化，而在其它两个方向存在连续态，因此，这种禁限不适合量子阱（因此，LO 声子具有几个皮秒俘获时间的生成-复合 (g-r)），有希望使 QDIP 的信噪比远大于 QWIP；
- 由于对电子波函数的三维量子阱约束，希望 QDIP 的暗电流比 QWIP 小。

提高电子寿命和减小暗电流表明，QDIP 能够在高温环境中工作。实际上，满足上面所有要求已经是一种挑战。

量子点的载流子弛豫时间比量子阱测量值 1~10ps 要长，预计其值受限于电子-空穴散射[19]，而不是声子散射。对于 QDIP，因为是多数载流子器件，没有空穴，所以寿命甚至更长，大于 1ns。

QDIP 的主要缺点是，在 S-K 生长模式中，量子点尺寸的综合变化造成大的不均匀线宽[20,21]。由于反比于综合宽度，所以吸收系数减小。大的非均匀的线宽对 QDIP 性能具有不利影响，因此量子点器件的量子效率比理论预测值低。量子点层的数值耦合也减小了量子点系综的非均匀线宽，由于载流子可以更容易地隧穿相邻量子点层，因而会增大器件的暗电流。对于其它类型探测器，非均匀掺杂会严重影响 QDIP 的性能，所以，提高量子点的均匀性是提高吸收系数和性能的关键，生长和设计新奇量子点异质结构是获得最先进 QDIP 性能最重要方案之一。

18.3 量子点红外光电探测器模型

下面的讨论采用由雷日（Ryzhii）等人研发的量子点红外光电探测器（QDIP）模型[22,23]，由一个被宽带隙材料层隔开的量子点层叠结构组成（见图18.5）。每个量子点层包括密度为 Σ_{QD} 的相同周期性分布的量子点系，并且，掺杂施主的面密度等于 Σ_D。对于真实的QDIP，量子点系长度方向尺寸 a_{QD} 大于宽度方向尺寸 h_{QD}，因此，在宽度方向只存在两种与量化有关的能级。长度方向的足够长尺寸 L_{QD} 造成量子点中有大量的束缚态，因此能够接受大量的电子。反之，宽度方向的尺寸小于量子点层的间隔 L。量子阱长度方向的间隔等于 $L_{QD} = \sqrt{\Sigma_{QD}}$。量子点中第 k 层的平均电子数 $<N_k>$ 可以用孤量子点层指数（$k = 1, 2, \cdots, K$。其中，K 是量子点层总数）表示。QDIP 敏感区（量子点阵列层叠结构）夹持在发射极和集电极两种重掺杂接触层之间。

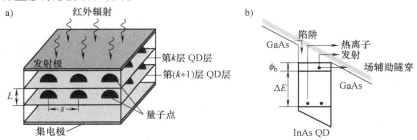

图 18.5 量子点结构及导带结构示意图
a) 量子点结构示意图 b) 量子点导带结构示意图

由于量子点的离散性，量子点的光学吸收应包括填充因数，用一种简单方式计算该因数：

$$F = \frac{\sqrt[3]{V}}{s} \tag{18.1}$$

式中，V 为量子点体积。

对于自组装量子点系，电子和光学光谱呈高斯（Gaussian）分布。菲利普斯（Phillips）利用下面形状中的高斯线性对量子点综合效应的吸收光谱建模[20]：

$$\alpha(E) = \alpha_0 \frac{n_1}{\delta} \frac{\sigma_{QD}}{\sigma_{ens}} \exp\left[-\frac{(E - E_g)^2}{\sigma_{ens}^2}\right] \tag{18.2}$$

式中，α_0 为最大吸收系数；n_1 为量子点基态中电子面密度；δ 为量子点密度；$E_g = E_2 - E_1$，为量子点系基态与受激态之间的光学跃迁能量。应注意到，式（18.2）计算量子点基态中必定存在有电子的吸收系数。

利用下面公式可以计算基态和受激态之间的光学吸收系数[24]：

$$\alpha_0 \approx \frac{3.5 \times 10^5}{\sigma}, \quad 单位为 cm^{-1} \tag{18.3}$$

式中，σ 为跃迁线宽，单位为 meV。式（18.3）显示吸收系数与吸收线宽 σ 之间的折中。σ_{QD} 和 σ_{ens} 分别代表单量子点能带内及量子点总能量分布高斯线性的标准偏离。n_1/δ 和

σ_{QD}/σ_{ens} 项分别表示量子点基态中缺少可用电子和非均匀展宽而造成的吸收减小。

表 18.1 给出量子点参数的参考值,主要针对用 GaAs 或 InGaAs 制造的 QDIP。由外延生长技术制造的自组装量子点系一般是锥体透镜形,利用原子力显微术测量出的基底尺寸是 10～20nm,高度是 4～8nm,密度是 $5 \times 10^{10} \text{cm}^{-1}$。

表 18.1 利用 GaAs 或 InGaAs 制造的 QDIP 的参数值

a_{QD}	h	Σ_{QD}	Σ_D	L	K	N_{QD}
10～40nm	4～8nm	$(1-10)\ 10^{10}\text{cm}^{-2}$	$(0.3-0.6)\ \Sigma_{QD}$	40～100nm	10～70	8

与 QWIP 类似,QDIP 暗电流的产生机理是约束在量子阱中电子的热离子发射,利用下面公式计算暗电流:

$$J_{dark} = evn_{3\text{-}D} \tag{18.4}$$

式中,v 为漂移速度;$n_{3\text{-}D}$ 为三维密度,并且是对势垒中的电子而言的[25]。式(18.4)忽略了扩散贡献量,电子密度由下式计算:

$$n_{3\text{-}D} = 2\left(\frac{m_b kT}{2\pi h^2}\right)^{\frac{3}{2}} \exp\left(-\frac{E_a}{kT}\right) \tag{18.5}$$

式中,m_b 为势垒有效质量;E_a 为激活能,等于量子点中势垒与费米能级上端面的能量差。在较高工作温度和较大偏压条件下,通过三角势垒的场辅助隧穿效应的贡献量相当大[26,27]。

例如,对于 AlGaAs 约束层位于量子点层之下和 GaAs 盖层之上的 QDIP,图 18.6 给出了归一化暗电流与偏压的关系,温度范围为 20～300K[8]。在这种情况中,量子阱中的 InAs 岛和 AlGaAs 阻挡层有效地减小了暗电流并提高了比探测率。如图 18.6 所示,在低温下(即 20K),由于量子点间的电子隧穿效应,暗电流随偏压增大而迅速增大。对高偏压情况,$|0.2V| \leq V_{bias} \leq |1.0V|$,则暗电流缓慢增大,随着偏压进一步增大,暗电流也快速增大,这在很大程度上是由于势垒变低。图 18.6 还给出了室温背景感应产生的光电流。很清楚,背景限红外光电探测器(BLIP)的温度随偏压变化。

如式(9.1)所述,光电流取决于量子效率和增益 g。光电导增益定义为聚集的总载流子与受激总载流子之比,与热产生或光辐射产生无关。在光电导体中,由于载流子寿命 τ_e 大于载流子通过接触层间器件的跃迁时间,所以增益通常都大于 1:

$$g_{ph} = \frac{\tau_e}{\tau_t} \tag{18.6}$$

在 InAs/GaAsQDIP 中,增益值是

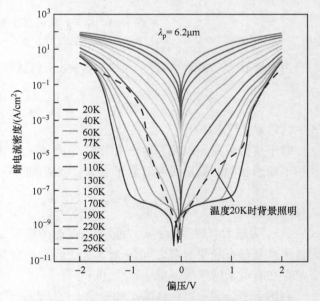

图 18.6 含有 AlGaAs 阻挡层的 QDIP 的暗电流密度,同时给出室温背景感应产生的光电流

(资料源自:Campbell, J. C., and Madhukar, A., "Quantum Dot Infrared Photodetectors", Proceedings of IEEE 95, 1815-27, 2007)

1~5。然而,增益对 QDIP 设计及探测器偏振有很强的依赖性,已经获得非常高的增益,高达几千[8,21]。QDIP 比 QWIP 有更高增益(对于较小电场强度,一般是 0.1~50)源自有较长的载流子寿命。较大的光电导增益能够产生较高的电流响应度(参考式(3.33))。

普通光电导探测器的光电导增益和噪声增益彼此相等,而在 QDIP 中,由于这些器件是不均匀的,所以是不相等的,也不是两极器件。根据俘获概率 p_c 可以将 QWIP 的光电导增益表示为[28,29]

$$g_{ph} = \frac{1 - p_c/2}{Np_c} \quad (18.7)$$

式中,$p_c \ll 1$;N 为量子阱层数。当分母中包含有填充因数 F,考虑到单层内离散量子点的表面密度,该公式对量子点近似正确[30],则有:

$$g_{ph} = \frac{1 - p_c/2}{Np_cF} \quad (18.8)$$

叶(Ye)等人计算出,F 平均值等于 0.35[31]。刘(Liu)及同事最近发表的文章指出[32],光电响应度对温度有依赖关系是因为电子俘获概率对温度有依赖关系。俘获概率可以在低于 0.01 到高于 0.1 很宽的范围内变化,取决于偏压和温度。

QDIP 的噪声电流包含生成-复合(g-r)噪声电流和热噪声(约翰逊噪声)电流两种:

$$I_n^2 = I_{ng\text{-}r}^2 + I_{nJ}^2 = 4qg_nI_d\Delta f + \frac{4kT}{R}\Delta f \quad (18.9)$$

式中,R 为 QDIP 的微分电阻,从暗电流斜率中可以得到。

需要指出的是,噪声增益与电子俘获概率的关系具有下面形式:

$$g_n = \frac{1}{Np_cF} \quad (18.10)$$

对于一般的 QDIP,很低偏压区的热噪声相当大。例如,图 18.7 给出了 InAs/GaAs QDIP 噪声电流在 140Hz 测量频率,以及 77K、90K、105K、120K 和 150K 温度条件下与偏压的关系[31],同时给出温度 77K 时热噪声电流的计算值。在很低偏压区 $|V_{bias}| \leq 0.1V$,热噪声相当大。随着偏压增大,探测器噪声电流远比热噪声电流增加快,主要是生成-复合(g-r)噪声电流。

较大的光电导增益形成较高的电流响应度为

$$R_i = \frac{q\lambda}{hc}\eta g_{ph} \quad (18.11)$$

比探测率定义为探测器面积 A_d 的二次方根上每方均根入射光功率的 1Hz

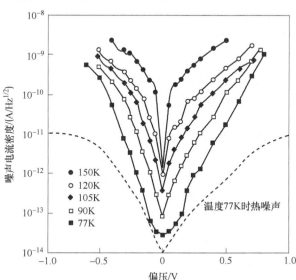

图 18.7 温度 77K、90K、105K、120K 和 150K 时噪声电流密度与偏压的关系(符号表示不同的测量值;虚线代表温度 77K 时热噪声电流的计算值)

(资料源自:Ye, Z., Campbell, J. C., Chen, Z., Kim, E. T., anf Madhukar, A., Applied Physics Letters, 83, 1234-36, 2003)

带宽内的方均根信噪比,即:

$$D^* = \frac{(A_d \Delta f)^{1/2}}{I_n} R_i$$

$$= \frac{q\lambda}{hc} \frac{\eta g_{ph}}{(I_{ng-r}^2 + I_{nJ}^2)^{1/2}} (A_d \Delta f)^{1/2}$$

(18.12)

实际上,经常测量的量子效率是较低的,一般约为2%。应注意到,量子点器件的性能,尤其是近室温条件下的性能有了快速进步,林(Lim)等人已经在4.1μm探测波长附近得到35%的量子效率[33]。

图18.8给出了InAs/GaAs竖直QDIP的典型光电导光谱图[25],插图表示楔形耦合形状。S偏振对应着层面上电场,而P偏振激励电场沿生长轴z以及层面有分量,很清楚地,P偏振响应比S偏振更强。图18.8所示的结果表明,可以很容易地测量QDIP共面偏振激励的光电响应(即垂直入射是可行的)。

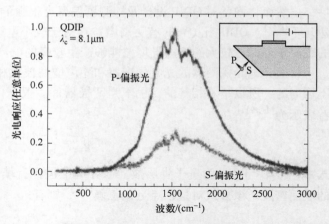

图18.8 45°斜面探测器P和S偏振的光谱响应曲线(QDIP红外光电探测器具有50层InAs量子点,其中被30nm GaAs势垒隔开;量子点密度约为$5 \times 10^9 cm^{-2}$;计算出的电子数目是每点一个)

(资料源自:Liu, H. C., Opto-Electronics Review, 11, 1-5, 2003)

相信这样的光电导光谱是基于以下事实:QDIP的自组装量子点系生长得相当快,以至于平面方向较宽(约20nm),而生长方向较窄(约3nm)[25]。所以,生长方向有很强约束,而共面约束较弱,形成几个等级的量子点(见图16.6)。共面约束能级间的跃迁产生垂直入射响应。

菲利普斯(Philips)对QDIP基本性能限制的分析表明,非常均匀的QDIP的性能($\sigma_{ens}/\sigma_{QD}=1$)的预测结果可以与HgCdTe相匹敌(见图18.9[20])。然而,如前所述,QDIP具有较差性能有两个原因:非最佳带结构和量子点尺寸的非均匀性。根据菲利普斯(Phillips)的分析,假设有两种电子能级,受激态与势垒材料导带最小值一致。如果受激态低于势垒导带,则难以产生光电流,从而反映出低响应度和比探测率。此外,量子点还经常在受激态和基态跃迁间包含额外能级,若这些态类似热激励或者允许能级间有声子散射,那么载流子寿命会大大缩短,因此,暗电流变得很

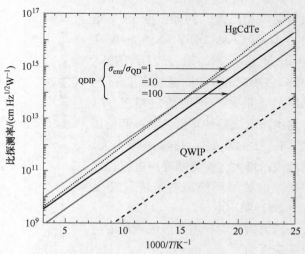

图18.9 HgCdTe、QWIP和QDIP探测器的比探测率与温度的关系,带隙能量对应着10μm波长

(资料源自:Phillips, J., Journal of Applied Physics, 91, 4590-94, 2002)

大，比探测率下降。若是 S-K 生长模式，由于有一个耦合二维"湿润层"，自组装量子点性能会有些衰退。

量子点制造技术也严重影响材料的吸收性能。如果量子点中横向量子约束小，并与各量子阱比较相似，则对垂直辐射的灵敏度下降，使暗电流增大和比探测率降低。在量子点制造技术的目前水平下，利用 σ_{ens}/σ_{QD} 模型得到的量子点能级非均匀性展宽值约 100。此外，量子效率的实验测量值也低，是百分之几，但还没有低至 QWIP 的水平。为了提高 QDIP 的性能，必须改善量子点的尺寸均匀性以及增大量子点的密度。

18.4 量子点红外光电探测器性能

马丁纽克（Martyniuk）和罗格尔斯基（Rogalski）对量子点红外光电探测器的现状及未来发展做了评述[34]，并与其它类型红外光电探测器性能作了比较。下面就此思路进行探讨。

18.4.1 R_0A 乘积

虽然 QDIP 是光电导体，而 HgCdTe 是光敏二极管，但对其暗电流和增量电阻进行比较还是有意义的。按现阶段的技术状况，低偏压条件下两类中波红外光电探测器的暗电流相差不大[9]。图 18.10 给出了 R_0A 乘积与波长的关系。QDIP 的数据是由工作偏压下 I-V 特性的动态电阻确定。图 18.10 中标出的 QDIP R_0A 乘积有限的实验数据可在本章提供的文献中找到。对于截止波长 5μm 和温度 78K 条件下的 HgCdTe 光敏二极管，R_0A 乘积最高测量值位于 $10^8 \sim 10^9 \Omega \cdot cm^2$ 之间。图中实线是利用一维模型的理论计算值，假设较窄带隙 n 侧的扩散电流起主要作用，并且少数载流子是经过俄歇（Auger）和辐射过程进行复合。对 p 侧施主浓度（$N_d = 1 \times 10^{15} cm^{-3}$）和较窄带隙敏感层厚度（10μm），采用典型值完成理论计算。

R_0A 乘积是 HgCdTe 三元合金的固

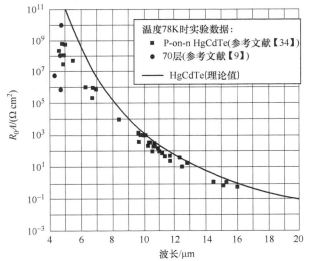

图 18.10 温度 78K 时 P-on-n HgCdTe 光敏二极管和 QDIP 的 R_0A 乘积与波长关系（实线是利用一维 n 侧扩散模型完成的理论计算值）

有性质，大小取决于截止波长。光敏二极管的暗电流随截止波长增大，这是与 QDIP 的很重要区别，对于后者，暗电流对波长很不敏感，而是取决于器件形状。

18.4.2 温度 78K 时的比探测率

对探测器性能比较有用的一个质量参数是热限比探测率。若是光敏二极管，由式（3.57）定义该参数。而对光电导体，由于热噪声和生成-复合（g-r）噪声有不同的贡献量，所以，情况比较复杂。正如前面所讨论，QDIP 的噪声源自量子点中的俘获过程，并且是探测器设计和俘获概率的较复杂函数,因此,比探测率取决于几个特定的量,如量子效率、光电导增益和噪声电流的贡献量(参考式(18.12))。

图 18.11 给出了本章参考文献提供的 QDIP 在温度 77K 时比探测率的最高测量值与 P-on-n HgCdTe 及 II 类 InAs/GaInSb SLS 光敏二极管比探测率的理论预测值的比较。图中实线是利用一维模型对 HgCdTe 光敏二极管热限比探测率的理论计算值,假设窄带隙 n 侧的扩散电流起主要作用,少数载流子经过俄歇(Auger)和辐射过程实现复合。在对 p 侧施主浓度($N_d = 1 \times 10^{15} cm^{-3}$)典型值计算时,采用窄带隙敏感层厚度 10μm 和量子效率 60%。可以看到,在温度 50~100K 内,HgCdTe 光敏二极管理论预测曲线与实验数据非常一致(图 18.11 没有显示)。II 类 SLS 热限比探测率的预测值比 HgCdTe 的大[35]。

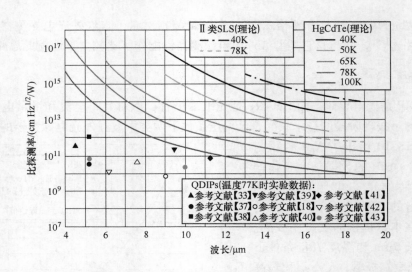

图 18.11 P-on-n HgCdTe 和 II 类 InAs/GaInSb SLS 光敏二极管比探测率预测值与温度 77K 时 QDIP 比探测率测量值

图 18.11 给出了温度 77K 时 QDIP 比探测率测量值表明,量子点器件的比探测率与当今的 HgCdTe 探测器性能相比还不够好。在长波红外区,温度 77K 时 QDIP 实验数据上限与温度 100K 时 HgCdTe 相一致。

18.4.3 高温性能

QDIP 的潜在优势之一是暗电流低。特别是较低暗电流允许有较高的工作温度。然而,迄今为止,相关参考文献中研制的大部分 QDIP 一直工作在 77~200K 温度。鉴于此,研究人员非常有兴趣探讨在高于 200K 温度环境下 QDIP 可以达到的性能,并与其它类型探测器进行比较。

大部分现代红外焦平面阵列是一种混合器件:一个由复合半导体材料制成的探测器阵列和一个称为读出集成电路的硅信号处理芯片。为了具有高注入效率,MOSFET(金属氧化物半导体场效应晶体管)的输入阻抗一定要远低于探测器在该工作点的内部动态电阻,并满足条件(式(19.2))。一般地,对于短波红外和中波红外焦平面阵列,探测器的动态电阻 R_d 大,满足不等式(式(19.2))并不是问题,但对 R_d 小的长波红外器件设计,却是一个重要问题。有能够降低输入阻抗的较复杂注入电路,并允许使用较低的探测器电阻。

上述要求对长波红外近室温 HgCdTe 光电探测器特别苛刻。由于有高的热生成,所以电阻很低。在高电子-空穴配量的 HgCdTe 材料中,双极效应额外使电阻减小。小型非制冷 10.6μm 光敏二极管(50μm×50μm)具有小于 1Ω 的零偏压结电阻,完全低于二极管的串联电阻[44]。因此,普通器件的性能非常差,无法使用。为了满足不等式(式(19.2)),一定要使探测器的增量电阻 R_d > >2Ω,从而有效地保证探测器与硅读出电路耦合。10μm 光敏二极管的饱和电流达到 $1000A/cm^2$,比 300K 温度背景辐照下产生的光电流大 4 个数量级。与 HgCdTe 光敏二极管相比,QDIP 的潜在优势是具有相当低的暗电流和较高的 R_0A 乘积(见图 18.12)。

图 18.13 给出了 HgCdTe 光敏二极管和 QDIP 的热比探测率计算值与非制冷 HgCdTe 和 II 类 InAs/GaInSb SLS 探测器的实验数据的比较。热比探测率是波长和工作温度的函数。俄歇(Auger)机理同样是长波红外 HgCdTe 探测器性能的主要限制。在优化掺杂浓度 $p = \gamma^{1/2} n_i$ 下已经完成了计算。QDIP 在温度 200K 和 300K 时的实验数据源自相关文献。

非制冷长波红外 HgCdTe 光电探测器是市售批量产品,几乎都是单元器件[44],在要求快速响应的红外系统中已经有了重要应用。图 18.13 给出的结

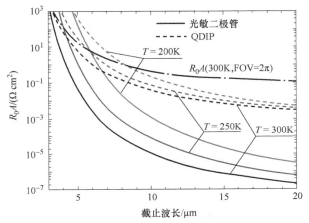

图 18.12 HgCdTe 光敏二极管和 QDIP 的 R_0A 乘积与波长的函数关系(在优化掺杂浓度 $p = \gamma^{1/2} n_i$ 条件下已经完成对 HgCdTe 光敏二极管的计算)

果确信, II 类 SL 是中波红外到超长波红外探测器的良好备选产品。然而,QDIP 与 HgCdTe 和 II 类 SL 探测器的性能比较证明,前者非常适合工作在高温环境中。具有双势垒谐振隧穿滤光片的超长波 QDIP(在吸收区具有量子点层)已经取得了特别令人鼓舞的结果[45]。在这类器件中,谐振隧穿有选择地收集源自量子点的光电子,而同样的隧穿势垒却阻挡其宽能量分布造成的暗电流电子。对于波长为 17μm 探测器,峰值比探测率测量值是 $8.5 \times 10^6 cm\ Hz^{1/2}/W$。迄今,这种新型器件验证了室温光电探测器的最高性能。技术和设计的进一步发展可以使 QDIP 在室温焦平面阵列中的应用具有更大优势,比热探测器(测辐射热计和热电释装置)有更高工作速度(更短的帧时)。

热探测器似乎不适合用于要求有更快帧速和多光谱的下一代红外热成像系统。对许多非成像应用,同样要求比热探测器有更短的响应时间。QDIP 技术和设计的进步有希望实现室温下的高灵敏度和快速响应。

R_0A 乘积是 HgCdTe 三元合金的固有特性,大小取决于截止波长。其光敏二极管的暗电流随截止波长而增大,这是与 QDIP 很重要的一个不同点。相比之下,QDIP 的暗电流受截止波长的影响要小得多,它主要取决于器件的几何形状。

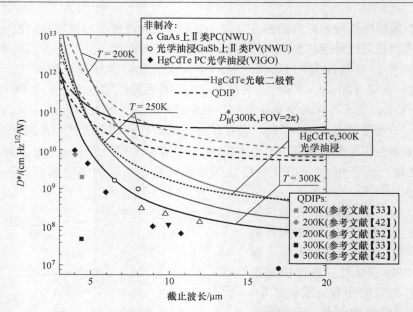

图 18.13 俄歇（Auger）生成-复合限 HgCdTe 光电探测器性能的计算值与波长和工作温度的函数关系（在视场 2π、背景温度 $T_{BLIP}=300K$ 和量子效率 $\eta=1$ 条件下计算了背景限红外光电探测器的比探测率。在优化掺杂浓度 $p=\gamma^{\frac{1}{2}}n_i$ 条件下完成对 HgCdTe 光敏二极管的计算。实验数据源自市售非制冷 HgCdTe 光电导体（Vigo System 公司生产）和非制冷 II 类探测器（the Center for Quantum Devices, Northwestern University 的 Evanston, Illinois 制造）。量子点红外光电探测器的实验数据源自图中标出的文献，探测器工作温度是 200K 和 300K）

（NWU 代表美国西北大学；Vigo 是波兰一家公司名称。——译者注）

参 考 文 献

1. Y. Arakawa and H. Sakaki," Multidimensional Quantum-Well Laser and Temperature Dependence of Its Threshold Current," *Applied Physics Letters* 40, 939-41, 1982.
2. M. Asada, Y. Miyamoto, and Y. Suematsu," Gain and Threshold of Three Dimensional Quantum-Box Lasers," *IEEE Journal of Quantum Electronics* QE-22, 1915-21, 1986.
3. D. Bimberg, M. Grundmann, and N. N. Ledentsov, *Quantum Dot Heterostructures*, Wiley, Chichester, 1999.
4. Ch. Sikorski and U. Merkt," Spectroscopy of Electronic States in InSb Quantum Dots," *Physical Review Letters* 62, 2164-67, 1989.
5. T. Demel, D. Heitmann, P. Grambow, and K. Ploog," Nonlocal Dynamic Response and Level Crossings in Quantum-Dot Structures," *Physical Review Letters* 64, 788-91, 1990.
6. J. Phillips, K. Kamath, and P. Bhattacharya," Far-Infrared Photoconductivity in Self-Organized InAs Quantum Wells," *Applied Physics Letters* 72, 2020-21, 1998.
7. P. Bhattacharya and Z. Mi," Quantum-Dot Optoelectronic Devices," *Proceedings of IEEE* 95, 1723-40, 2007.
8. J. C. Campbell and A. Madhukar," Quantum-Dot Infrared Photodetectors," *Proceedings of IEEE* 95, 1815-27, 2007.
9. P. Bhattacharya, A. D. Stiff-Roberts, and S. Chakrabarti," Mid-Infrared Quantum Dot Photoconductors," in *Mid-Infrared Semiconductor Optoelectronics*, ed. A. Krier, 487-513, Springer Verlag, Berlin, 2007.

10. S. Krishna, S. D. Gunapala, S. V. Bandara, C. Hill, and D. Z. Ting, " Quantum Dot Based Infrared Focal Plane Arrays," *Proceedings of IEEE* 95, 1838-52, 2007.
11. D. Leonard, M. Krishnamurthy, C. M. Reaves, S. P. Denbaars, and P. M. Petroff, " Direct Formation of Quantum-Sized Dots from Uniform Coherent Islands of InGaAs on GaAs Surface," *Applied Physics Letters* 63, 3203-5, 1993.
12. W. Seifert, N. Carlsson, J. Johansson, M-E. Pistol, and L. Samuelson, " In Situ Growth of Nano-Structures by Metal-Organic Vapour Phase Epitaxy," *Journal of Crystal Growth* 170, 39-46, 1997.
13. I. N. Stranski and L. Krastanow, " Zur theorie der orientierten ausscheidung von lonenkristallen aufeinander," *Sitzungsberichte d. Akad. d. Wissenschaften in Wein. Abt. IIb*, Vol. 146, 797-810, 1937.
14. S. Y. Wang, S. D. Lin, W. Wu, and C. P. Lee, " Low Dark Current Quantum-Dot Infrared Photodetectors with an AlGaAs Current Blocking Layer," *Applied Physics Letters* 78, 1023-25, 2001.
15. V. Ryzhii, " Physical Model and Analysis of Quantum Dot Infrared Photodetectors with Blocking Layer," *Journal of Applied Physics* 89, 5117-24, 2001.
16. S. W. Lee, K. Hirakawa, and Y. Shimada, " Bound-to-Continuum Intersubband Photoconductivity of Self-Assembled InAs Quantum Dots in Modulation-Doped Heterostructures," *Applied Physics Letters* 75, 1428-30, 1999.
17. S. Krishna, " Quantum Dots-in-a-Well Infrared Photodetectors," *Journal of Physics D: Applied Physics* 38, 2142-50, 2005.
18. S. D. Gunapala, S. V. Bandara, C. J. Hill, D. Z. Ting, J. K. Liu, B. Rafol, E. R. Blazejewski, et al., " 640 × 512 Pixels Long-Wavelength Infrared (LWIR) Quantum-Dot Infrared Photoconductor (QDIP) Imaging Focal Plane Array," *IEEE Journal of Quantum Electronics* 43, 230-37, 2007.
19. I. Vurgaftman, Y. Lam, and J. Singh, " Carrier Thermalization in Sub-Three-Dimensional Electronic Systems: Fundamental Limits on Modulation Bandwidth in Semiconductor Lasers," *Physical Review* B50, 14309-26, 1994.
20. J. Phillips, " Evaluation of the Fundamental Properties of Quantum Dot Infrared Detectors," *Journal of Applied Physics* 91, 4590-94, 2002.
21. E. Towe and D. Pan, " Semiconductor Quantum-Dot Nanostructures: Their Application in a New Class of Infrared Photodetectors," *IEEE Journal of Selected Topics in Quantum Electronics* 6, 408-21, 2000.
22. V. Ryzhii, I. Khmyrova, V. Pipa, V. Mitin, and M. Willander, " Device Model for Quantum Dot Infrared Photodetectors and Their Dark-Current Characteristics," *Semiconductor Science and Technology* 16, 331-38, 2001.
23. V. Ryzhii, I. Khmyrova, V. Mitin, M. Stroscio, and M. Willander, " On the Detectivity of Quantum-Dot Infrared Photodetectors," *Applied Physics Letters* 78, 3523-25, 2001.
24. J. Singh, *Electronic and Optoelectronic Properties of Semiconductor Structures*, Cambridge University Press, New York, 2003.
25. H. C. Liu, " Quantum Dot Infrared Photodetector," *Opto-Electronics Review* 11, 1-5, 2003.
26. J.-Y. Duboz, H. C. Liu, Z. R. Wasilewski, M. Byloss, and R. Dudek, " Tunnel Current in Quantum Dot Infrared Photodetectors," *Journal of Applied Physics* 93, 1320-22, 2003.
27. A. D. Stiff-Roberts, X. H. Su, S. Chakrabarti, and P. Bhattacharya, " Contribution of Field-Assisted Tunneling Emission to Dark Current in InAs-GaAs Quantum Dot Infrared Photodetectors," *IEEE Photonics Technology Letters* 16, 867-69, 2004.
28. H. C. Liu, " Noise Gain and Operating Temperature of Quantum Well Infrared Photodetectors," *Applied Physics Letters* 61, 2703-5, 1992.

29. W. A. Beck, " Photoconductive Gain and Generation-Recombination Noise in Multiple-Quantum-Well-Infrared Detectors," *Applied Physics Letters* 63, 3589-91, 1993.
30. J. Phillips, P. Bhattacharya, S. W. Kennerly, D. W. Beekman, and M. Duta," Self-Assembled InAs-GaAs Quantum-Dot Intersubband Detectors," *IEEE Journal of Quantum Electronics* 35, 936-43, 1999.
31. Z. Ye, J. C. Campbell, Z. Chen, E. T. Kim, and A. Madhukar, " Noise and Photoconductive Gain in InAs Quantum Dot Infrared Photodetectors," *Applied Physics Letters* 83, 1234-36, 2003.
32. X. Lu, J. Vaillancourt, and M. J. Meisner, " Temperature-Dependent Photoresponsivity and High-Temperature (190 K) Operation of a Quantum Dot Infrared Photodetector," *Applied Physics Letters* 91, 051115, 2007.
33. H. Lim, S. Tsao, W. Zhang, and M. Razeghi, " High-Performance InAs Quantum-Dot Infrared Photoconductors Grown on InP Substrate Operating at Room Temperature," *Applied Physics Letters* 90, 131112, 2007.
34. P. Martyniuk and A. Rogalski, " Quantum-Dot Infrared Photodetectors: Status and Outlook," *Progress in Quantum Electronics* 32, 89-120, 2008.
35. T. Chuh, " Recent Developments in Infrared and Visible Imaging for Astronomy, Defense and Homeland Security," *Proceedings of SPIE* 5563, 19-34, 2004.
36. C. H. Grein, H. Cruz, M. E. Flatte, and H. Ehrenreich, " Theoretical Performance of Very Long Wavelength InAs/In$_x$Ga$_{1-x}$Sb Superlattice Based Infrared Detectors," *Applied Physics Letters* 65, 2530-32, 1994.
37. J. Jiang, S. Tsao, T. O'Sullivan, W. Zhang, H. Lim, T. Sills, K. Mi, M. Razeghi, G. J. Brown, and M. Z. Tidrow, " High Detectivity InGaAs/InGaP Quantum-Dot Infrared Photodetectors Grown by Low Pressure Metalorganic Chemical Vapor Deposition," *Applied Physics Letters* 84, 2166-68, 2004.
38. J. Szafraniec, S. Tsao, W. Zhang, H. Lim, M. Taguchi, A. A. Quivy, B. Movaghar, and M. Razeghi, " High-Detectivity Quantum-Dot Infrared Photodetectors Grown by Metalorganic Chemical-Vapor Deposition," *Applied Physics Letters* 88, 121102, 2006.
39. E. -T. Kim, A. Madhukar, Z. Ye, and J. C. Campbell, " High Detectivity InAs Quantum Dot Infrared Photodetectors," *Applied Physics Letters* 84, 3277-79, 2004.
40. S. Chakrabarti, X. H. Su, P. Bhattacharya, G. Ariyawansa, and A. G. U. Perera, " Characteristics of a Multicolor InGaAs-GaAs Quantum-Dot Infrared Photodetector," *IEEE Photonics Technology Letters* 17, 178180, 2005.
41. R. S. Attaluri, S. Annamalai, K. T. Posani, A. Stintz, and S. Krishna, " Influence of Si Doping on the Performance of Quantum Dots-in-Well Photodetectors," *Journal of Vacuum Science and Technology* B24, 1553-55, 2006.
42. S. Chakrabarti, A. D. Stiff-Roberts, X. H. Su, P. Bhttacharya, G. Ariyawansa, and A. G. U. Perera, " High-Performance Mid-Infrared Quantum Dot Infrared Photodetectors," *Journal of Physics D: Applied Physics* 38, 2135-41, 2005.
43. S. Krishna, D. Forman, S. Annamalai, P. Dowd, P. Varangis, T. Tumolillo, A. Gray, et al. , " Two-Color Focal Plane Arrays Based on Self Assembled Quantum Dots in a Well Heterostructure," *Physica Status Solidi* (c) 3, 439-43, 2006.
44. J. Piotrowski and A. Rogalski, *High-Operating Temperature Infrared Photodetectors*, SPIE Press, Bellingham, WA, 2007.
45. X. H. Su, S. Chakrabarti, P. Bhattacharya, A. Ariyawansa, and A. G. U. Perera, " A Resonant Tunneling Quantum-Dot Infrared Photodetector," *IEEE Journal of Quantum Electronics* 41, 974-79, 2005.

第Ⅳ部分
焦平面阵列

第 19 章 焦平面阵列结构概述

正如本书第 2 章所述，红外探测器的初期研发与热探测器有关，图 19.1 标出了热探测器在天文学方面最初令人惊叹的应用[1]。1856 年，查尔斯·皮亚兹·史密斯（Charles Piazzi Smyth）在（西班牙）特纳利夫岛瓜雅拉（Guajara, Tenerife）山峰上利用热电偶探测月亮的红外辐射[2,3]。20 世纪初期，研究人员又成功地从木星、土星等行星，以及其它一些明亮的星星，如织女星和大角星探测到红外辐射[2]。1915 年，美国国家标准局的威廉·科布伦茨（William Coblentz）研发了热电偶探测器，并用以测量 110 个星座的红外辐射。然而，早期红外仪器的低灵敏度使其无法探测近红外光源，在 20 世纪 50 年代后期突破性地研究出新型敏感红外探测器之前，红外天文学研究一直处于较低的水平。

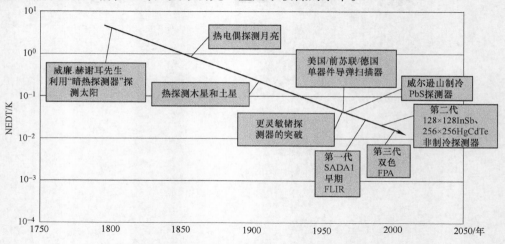

图 19.1　红外探测器的发展史：NEDT 与年代

（资料源自：Caulfield, J. T., "Next Generation IR Focal Plane Array and Applications", Proceedings of the 32nd Applied Imagery Pattern Recognition Workshop, 7-10, IEEE, New York, October 2003）

首先，1983 年，史密斯（Smith）发现了光电导效应[4]。他注意到，硒受到光照，电阻会减小。然而，在 20 世纪，研究人员主要研发光子探测器。1917 年，美国的凯斯（Case）制造出对波长 1.2μm 敏感的硫化亚铊光电导探测器[5]。第二次世界大战之前，德国开始深入研究和开发了硫化铅光电导元件[6]，本书第 2 章曾简要介绍过红外光电探测器的发展历史。

无论过去还是未来，红外探测器技术的发展都主要受军事应用的驱动，诸多进步都是把美国国防部的研究成果转变为红外天文学应用。20 世纪 60 年代中期，在美国加利福尼亚州威尔逊山（Mount Wilson）观测站利用液氮制冷 PbS 光电导体首次对天空进行了红外研究，其最敏感波长是 2.2μm。此次研究覆盖了约 75% 的天空，发现了大约 20000 个红外光源[2]。其中许多光源是之前用可见光未曾发现的星座。

之后，民用红外技术常称为"双重技术应用"。应当指出，民用领域越加广泛地应用采用新材料和高科技的红外技术，而这些技术的成本也越来越低。由于其高效率应用，如环境污染和气候变化的全球监控、农作物产量的长期预测、化学过程监控、傅里叶变换红外光谱术、红外天文学、汽车驾驶、医学诊断中的红外成像及其它，对这些技术的使用需求正在快速增长。传统上，红外技术与控制功能有关，简单地说，早期应用中解决的夜视问题及之后根据温度和辐射率差红外成像（识别侦察系统、坦克瞄准系统、反坦克导弹、空-空导弹）都与探测红外辐射有关。

最近50年，将不同类型的探测器与电子读出电路组合形成探测器阵列，集成电路设计和制造技术的进步使这些固态阵列的尺寸和性能有了连续的快速提高。在红外技术方面，这些器件是基于探测器阵列连接读出电路阵列所形成的组合。

术语"焦平面阵列"（FPA）意指成像系统焦平面处单个探测器图像元（"像素"）的集合。虽然该定义包括一维（"线性"）和二维（2-D）阵列，但通常指后者。光电成像器件的光学部分一般限于将像聚焦在探测器阵列上，利用与该阵列集成在一起的电路即电学方式对所谓的凝视阵列进行扫描。探测器-读出电路组件具有多种结构形式[7]，下面进行讨论。

19.1 概述

有两类多元探测器：一类用于扫描系统，另一类用于凝视系统。最简单的扫描线性焦平面阵列由一排探测器组成（见图19.2a）。通常，利用机械扫描装置使外场景物扫描通过该阵列，从而形成图像。在标准视频帧速下，对每个像素（探测器）施加一个短的积分时间，并累积总电荷。凝视阵列（staring array）是采用电扫描方式的二维探测器像素阵列（见图19.2b），这类阵列能够增强灵敏度和减轻相机重量。

不包括多路复用功能的扫描系统，属于第一代系统。其典型例子是线性光电导阵列

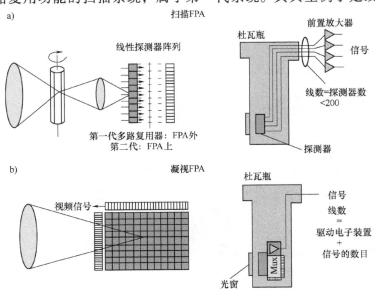

图19.2 扫描型和凝视型焦平面阵列
a）扫描型焦平面阵列 b）凝视型焦平面阵列

（PbS、PbSe 和 HgCdTe），使多元阵列各像元的电连接都远离低温制冷焦平面并位于外缘，每个探测元对应着环境温度下的一条电路。美国通用模块 HgCdTe 阵列使用 60、120 或 180 光电导元，具体取决于应用需求。图 19.3 所示为安装在杜瓦瓶上的 180 元通用模块焦平面阵列（FPA）的例子[8]。

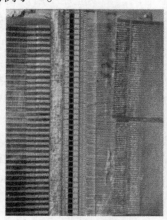

图 19.3 安装在杜瓦瓶上的 180 元通用模块 FPA

（资料源自：Kinch, M. A., "50 Years of HgCdTe at Texas Instruments and Beyond," Proceedings of SPIE 7298, 7298-96, 2009）

目前正在研发的第二代系统（全框架系统）焦平面上的像元数（$>10^6$）比第一代至少多三个数量级，并且，探测元是二维阵列布局。通过电路与阵列的集成，使这些凝视阵列采用电扫描方式。这些读出集成电路包括诸如像素取消选择、每个像素抗模糊、子帧成像、输出前置放大及其它功能。

通常，也利用具有时间延迟和集成功能（Time Delay and Integration，TDI）的多路复用扫描光电探测器线性阵列制造中等像元数的系统。图 19.4 所示阵列是 20 世纪 70 年代中期研制的 8×6 元光电导阵列，计划应用于串-并扫描成像[9]。为解决连接问题而使像元错开从而在图像扫描线之间产生了延迟。现代系统中的典型例子是法国 Sofradir 公司制造的

扫描电子显微图像

图 19.4 50μm 正方形 8×6 元光电导阵列的显微照片（采用曲径式结构以提高响应度；为了解决连接问题使像元错开，因而在图像扫描线之间引入时间延迟）

（资料源自：Elliott, T., "Recollections of MCT Work in the UK at Malvern and Southampton," Proceedings of SPIE 7298, 7298-89, 2009）

HgCdTe288×4 多行阵列，适于 3~5μm 和 8~10.5μm 波段，焦平面具有信号处理功能（光电流积分、快扫、分区、时间延迟和积分功能、输出前置放大及其它）。

探测器焦平面技术的发展使许多成像技术发生了革命性变化[7]，从 γ 射线到红外光波，甚至无线电波，许多情况下获取图像的速率都提高了一百万倍。图 19.5 给出了过去 30 年阵

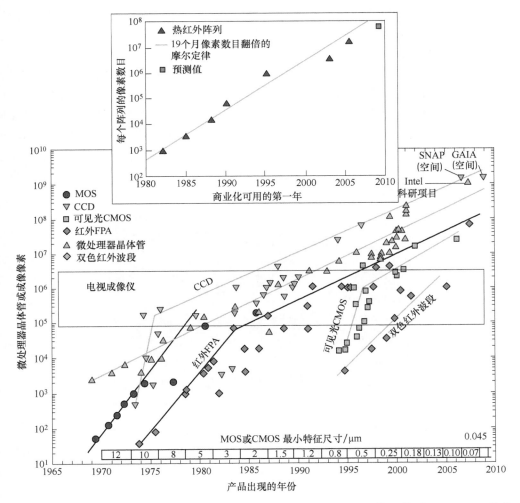

图 19.5　成像阵列格式与微处理器技术复杂性（用晶体管数量表示）的比较［MOS/CMOS 特性的时间轴设计规则表示在该图底部轴上（资料源自：Norton, P., Encyclopedia of Optical Engineering, Marcel Dekker Inc., New York, 320-48, 2003）；25 年来，红外阵列的像素数目遵守摩尔定律，大约以 19 个月倍增的速率按照指数规律增长（资料源自：Hoffman, A., Laser Focus World, 81-84, February 2006）；预测 2009 年制造 8K×8K 阵列，但可能至少晚了一年（资料源自：Beletic, J. W., Blank, R., Gulbransen, D., Lee, D., Loose, M., Piquette, E. C., Sprafke, T., Tennant, W. E., Zandian, M., and Zino, J., "Teledyne Imaging Sensors: Infrared Imaging Technologies for Astronomy & Civil Space," Proceedings of SPIE 7021, 70210H, 2008）］

（SNAP 是指超新星加速探测器；GAIA 是指全球天体测量干涉仪；Intel 是指美国英特尔公司。——译者注）

列尺寸的变化趋势。成像焦平面阵列的研发已经使硅集成电路（IC）技术能够读取和处理阵列信号并显示所形成的图像。表面上，焦平面阵列与随机存取内存（Dynamic Random Access Memory，DRAM）硅集成电路具有同样的增长率，像素数目翻倍的周期增长率大约为19个月[10]，这来自于摩尔（Moore）定律。但是，实际产生匹配尺寸的时间滞后约5~10年。图19.5中的插图（原文错印为"图19.6"。——译者注）表明，每个传感器芯片组件（Sensor Chip Assembly，SCA）的像素数目是中波红外SCA首次应用于天文学领域年份的函数。在2006年，阵列超过4K×4K格式，即1600万像素，大约比摩尔定律预测值晚了一年。2010年发展到10μm像素阵列是8K×8K。

增大像素数目的趋势同样发生在大幅面阵列领域。对一些SCA采用密集对接马赛克镶嵌技术可以继续提高。美国雷神公司（Raytheon）制造出一个4×4马赛克结构，每个马赛克包括2K×2K HgCdTe SCA，共有6700万个像素，并装配成最终的焦平面阵列结构（见图19.6），使用4种红外波长监测南半球整个天空[10]。天文学家特别渴望有一天得到的电子阵列尺寸能够与摄影胶片相比。为地基天文学研发大幅面、高灵敏度镶嵌式红外传感器是全世界众多观测站的目标（大尺寸阵列可以使望远系统的数据输出量急剧增大）。鉴于如今庞大的国防和天文领域的预算，该情况也多少让人惊叹。

图19.6 用于可见光-红外巡天望远镜（VISTA望远镜）、将16个2048×2048 HgCdTe SCA装配在一起的FPA，SCA固定在一块精密的基板上以保证所有的像素都处于12μm的设计聚焦范围内（探测器放置在望远镜相机的真空箱内并制冷到72K）

（资料源自：Hoffman, A., Laser Focus World, 81-84, February 2006）

当单个阵列尺寸继续变大，许多空间任务要求将大量的单个阵列镶嵌在一起形成超大焦平面阵列（FPA）。美国特利丹（Teledyne）图像传感器公司研发的大幅面马赛克阵列结构就是一个例子。它是由35个阵列（每个阵列是2048×2048像素）组成的147兆像素焦平面阵列，是目前全世界最大的红外焦平面[11]。虽然对减小相邻SCA上有源探测器的间隙尺寸目前尚有难度，但许多问题还是能够克服的。可以预测，大于100兆像素的焦平面是可能的，仅受限于财政预算而非技术问题[12]。

红外焦平面阵列研制过程中采用了许多不同结构，一般地，可以分类为混成型和单片型，但是，这种区分并不像支持者和反对者描述得那么重要。设计的中心问题是性能优势和最终的可生产性。每种应用环境会选择不同的方法，这取决于技术要求、投资成本和进度表。表 19.1 列出市售标准产品和/或主要生产商产品目录中有代表性的红外焦平面阵列的性能。

表 19.1 主要生产商提供的有代表性 IR FPA 性能

生产商/网址	尺寸/结构	像素尺寸 /μm	探测器材料	光谱范围 /μm	工作温度 /K	NETD /mK
Raytheon/ www.raytheon.com	256×256/H	30×30	InSb	1~5.5	10~77	
	620×512/H	25×25	InSb	1~5.5	10~77	
	2048×2048/H	25×25	InSb	0.6~5.4	30	
	1024×1024/H	30×30	Si: As BIB	5~28	8~10	
	128×128/H	40×40	HgCdTe	9~11	80	
	2048×2048/H	20×20	HgCdTe	0.85~2.5	70~80	
	320×240/M	25×25	VO$_x$（测辐射热计）	7.5~1.6	−40~71℃	<50
	640×512/480/M	25×25	VO$_x$（测辐射热计）	3.5~12.5	−40~71℃	<50
Teledyne imaging Sensor/ www.teledyne-si.com	2048×2048/H	18×18	HgCdTe	1.65~1.85	140	
	2048×2048/H	18×18	HgCdTe	2.45~2.65	77	
	2048×2048/H	18×18	HgCdTe	5.3~5.5	40	
Mitsubishi/ www.mitsubishi-Imaging.com	320×240/M	25×25	Si 二极管测辐射热计	8~12	300	50
	640×480/M	25×25	Si 二极管测辐射热计	8~12	300	50
BAE System/ www.baesystem.com	640×480/M	28×28	VO$_x$（测辐射热计）	8~14	≈300	30~50
	640×480/M	17×17	VO$_x$（测辐射热计）	8~14	≈300	50
Sofradir/ infrared.sofradir.com	320×256/H	30×30	HgCdTe	7.7~11	70	≤25
	384×288/H	25×25	HgCdTe	7.7~9.5	77~80	17
	640×512/H	15×15	HgCdTe	3.7~4.8	<110	≤18
	1000×256/H	30×30	HgCdTe	0.8~2.5	<200	
	1280×1024/H	15×15	HgCdTe	3.7~4.8	77~110	18
	640×512/H	20×20	QWIP	$\lambda_p=8.5$, $\Delta\lambda=1\mu m$	70~73	31
Ulis/ www.ulis.com	384×288/M	25×25	a-Si（测辐射热计）			<80
	640×512/M	25×25	a-Si（测辐射热计）			<80
	1024×768/M	17×17	a-Si（测辐射热计）			

(续)

生产商/网址	尺寸/结构	像素尺寸 /μm	探测器材料	光谱范围 /μm	工作温度 /K	NETD /mK
L-3/ www.L-3com.com	640×512/H	28×28	InSb	3~5		<20
	1024×1024	25×25	InSb	3~5		<20
	320×240/M	37.5×37.5	VO$_x$（测辐射热计）		≈300	50
	640×480/M	30×30	a-Si（测辐射热计）		≈300	50
	1024×768/M	17×17	a-Si/a-SiGa（测辐射热计）		≈300	<50
DRS Infrared Technologies/ www.drsinhrared.com	320×240/M	25×25	VO$_x$（测辐射热计）	8~12	-20~60℃	40~70
	640×512/M	25×25	VO$_x$（测辐射热计）	8~12	-20~60℃	40~70
Selex/ www.selexgalileo.com	384×288/H	20×20	HgCdTe	8~10	<90	30
	640×512/H	24×24	HgCdTe	8~10	<90	24
	640×512/H	24×24	HgCdTe	3~5	<140	12
	1024×768	16×16	HgCdTe	3~5	<140	15
	640×512/H（双波段）	24×24	HgCdTe	3~5, 8~10	80	13.5/ 26.6
AIM/ www.aim-ir.de	384×288/H	24×24	HgCdTe	8~9	77	<25
	640×512/H	24×24	HgCdTe	3~5	77	<15
	384×288/H	24×24	QWIP	8~10		<20
	640×512/H	24×24	QWIP	8~10		<20
	384×288×2/H（双波段）	24×24	QWIP	λ_p=4.8 和 8.0		<20/<25
	384×288/H	24×24	II类SLS	3~5		<20
	384×288×2/H（双波段）	24×24	II类SLS	3~5		<20/<25
JPL/ www.jpl.nasa.gov	128×128/H	50×50	QWIP	15（λ_c）	45	30
	256×256/H	38×38	QWIP	9（λ_c）	70	40
	640×486/H	18×18	QWIP	9（λ_c）	70	36
SCD/ www.scd.co.il	640×512	20×20	InSb	3~5		<20
	1280×1024	17×17	InSb	3~5	≈300	20
	384×288/M	25×25	VO$_x$（测辐射热计）		≈300	<50
	640×480/M	25×25	VO$_x$（测辐射热计）			<50

(续)

生产商/网址	尺寸/结构	像素尺寸/μm	探测器材料	光谱范围/μm	工作温度/K	NETD/mK
Santa Barbara Focal-plane/www.sbfp.com	640×512/H	20×20	InSb	1~5.2	77	<20
	1024×1024/H	19.5×19.5	InSb	1~5.2	77	<20
	1024×1024/H	19.5×19.5	QWIP	8.5~9.1		<35
Goodrich Corporation/www.sensorsinc.com	320×240/H	25×25	InGaAs	0.9~1.7	300	$D^* > 10^{13}$
	640×512/H	25×25	InGaAs	0.4~1.7	300	$D^* > 6 \times 10^{12}$

注：H 为混成型；M 为单片型。

19.2 单片焦平面阵列结构

在单片结构中，利用探测器材料而不是外部电路同时实现光的探测和信号读出（多路复用）功能。将探测器和读出电路集成于单片结构中以减少处理步骤、提高产出和降低成本。摄录一体机和数码相机就是使用可见光和近红外（0.7~1.0μm）焦平面阵列比较普通的例子。两种通用的硅制造技术能够提供下述器件：电荷耦合器件（CCD）和互补金属氧化物半导体（CMOS）摄像仪。CCD 技术已达到的最高像素数或最大幅面，接近 10^9（见图 19.5）。1970 年，上述获得图像的方法首先由美国贝尔（Bell）实验室研究人员博耶（Boyer）和史密斯（Smith）在一篇论文中提出[17]，CMOS 成像仪也随即转向大幅面，并有希望在几年内与 CCD 竞争大幅面应用。

图 19.7 给出了单片红外焦平面阵列的不同结构形式。单片 CCD 阵列的基本元素是金属-绝缘体-半导体（MIS）结构。作为电荷转移器件的一部分，MIS 电容器探测和积分红外辐射生成的光电流。以 CMOS 为基础、应用于红外和可见光光谱的成像仪，采用主动或被动像素[14-16,18-22]。虽然大部分红外成像应用经常要求像素单元具有高电荷处理容量。但是，由于低背景位能以及在使电荷通过窄带隙 CCD 以实现读出功能时出现噪声、隧穿效应和电荷俘获等较严重问题，所以，以窄带隙半导体材料（即 HgCdTe 和 InSb）制造的 MIS 电容器具有有限的电荷容量。由于 MIS 是非平衡工作，因而，在耗尽区形成的电场比 p-n 结大得多，产生与缺陷相关的隧穿电流比基本的暗电流大几个数量级。与 p-n 结探测器相比，MIS 探测器要求更高的材料质量，至今还没有实现该要求。所以，尽管已竭尽全力研发使用窄带隙半导体的单片焦平面阵列，肖特基势垒探测器的硅基焦平面阵列技术仍是能够达到实用水平的唯一成熟技术。图 19.7a 给出了真正单片硅晶胞设计的例子，几种具有全电视分辨率的 PtSi 肖特基势垒焦平面阵列已有市售，并且也研制出了百万像素以上的阵列（见本书 21.3 节）。由于肖特基势垒焦平面阵列能够与硅超大规模集成电路（VLSI）技术完全兼容，所以，该技术可以提供低成本和可生产的 FPA（焦平面阵列）。

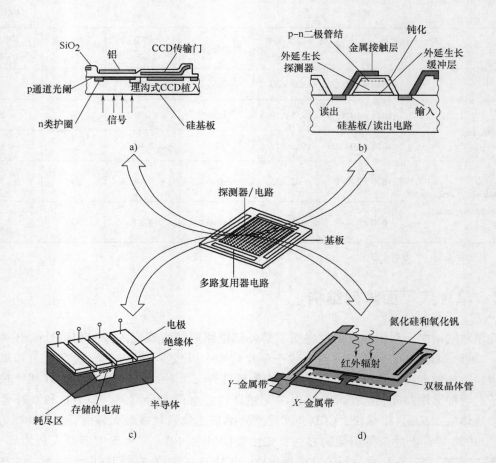

图 19.7 单片红外焦平面阵列
a）全硅材料 b）硅上异质外延 c）非硅材料
（InSb、HgCdTe CCD 和 Ge CMOS） d）微测辐射热计

19.2.1 电荷耦合器件

CCD 的制造技术是一种很成熟的制造技术，其灵敏度几乎接近理论水平，这主要依赖很成熟的半导体结构的光电性质：金属氧化物半导体（MOS）电容器（见图 9.35）。该电容器一般由非本征硅基板以及在其上生长的氧化硅（SiO_2）绝缘层组成。当在 p 类 MOS 结构上施加偏压时，便直接驱使多数电荷载流子（空穴）离开门电极之下的 Si-SiO_2 界面，留下一个正电荷耗尽区，用作移动少数载流子（电子，见图 19.8a）的势能阱。硅中生成的电子通过吸收（生成电荷）聚集在栅极之下的势能阱中（电荷聚集），所以，线性或二维阵列的 MOS 电容器能够以栅极之下的俘获电荷载流子的形式存储图像。通过每个栅极上电压的依次转移（电荷转移），使累积的电荷从势能阱传输到下一个阱。最成功的电压转移方案之一称为三相时钟（见图 19.8b）。将列选通器与连续排列的三个栅极（G_1，G_2，G_3）中的分离电压线（L_1，L_2，L_3）相连，该结构使每个栅极电压能够单独控制。

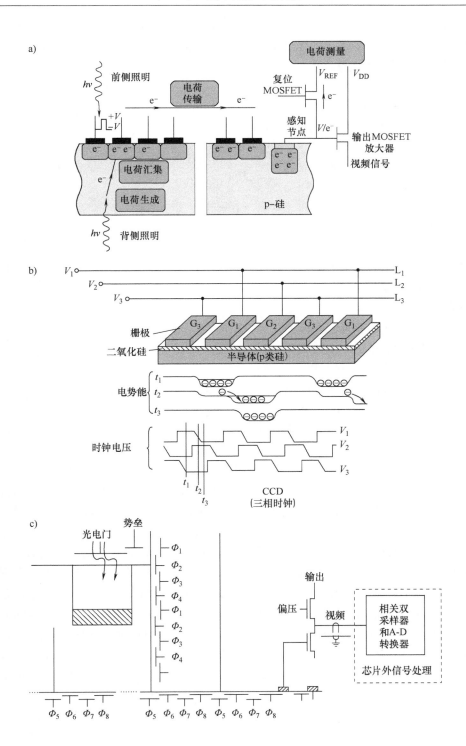

图 19.8 CCD 成像
a) CCD 像素的横截面图（显示电荷生成、聚集、转移和测量）
b) 三相电荷转移机理　c) 典型的读出结构

图19.8c给出了CCD成像仪的典型电路示意图。光生电流首先聚集在像素的电子阱中，然后转移到CCD移位寄存器，在寄存器终端可以从接收信号中读出携带有信息的电荷，并转换成有用信号（电荷测量）。

目前，CCD器件采用下面的读出技术：
- 每个像素中的浮动扩散放大器；
- 相关双采样（Correlated Double Sampling，CDS）系统；
- 浮动栅极放大器。

浮动扩散放大器是一种典型的CCD输出前置放大器，可以放置在图19.9所示的虚线框内的每个单元中[24]。该单元包括三个晶体管和探测器。光电流集成在杂散电容上，该电容是由源极随耦器（source follower）晶体管T_2的栅极电容、交连电容和探测器电容形成的组合电容。在连续积分帧幅之间提供复位时钟Φ_R可以使该电容复位到电压V_R水平。信号电荷的积累使源极随耦器输入节点更低。只有晶体管T_3在计时期间，源极随耦器才是敏感的。源极随耦器T_2的漏电流流经使晶体管T_3和阵列外面的负载电阻。

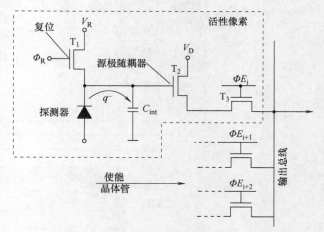

图19.9 具有浮动扩散放大器的单元
（资料源自：Vampola, J. L., The Infrared and Electro-Optical System Handbook, SPIE Press, Belingham, WA, Vol. 3, 285-342, 1993）

图19.10给出了一个前置放大器电路，图中每个探测器的源极随耦器（Source Follower per Detector，SFD）的输出都与钳位电路相连。在（探测器复位之后）光子集成启动期间，对输出信号最初通过钳位电容采样。钳位开关和电容的作用是从输出波形中去除最初的偏置电压。由于是在大量光子电荷聚集对电容充电之前进行初始采样的，所以最终的集成光子信号摆幅没有变化。但对于集成开始时存在的电压失调或漂移，要利用电路将之从最终值中去除。对各像素在帧幅开始和结束要进行两次采样并提供其差值的过程，称为CDS过程。

初始的CDS值包含了直流偏移、低频率漂移、$1/f$噪声和高频噪声，该初始值还要与同样包含直流偏移、低频率漂移、$1/f$噪声和高频噪声的最终值相减。由于在很短的周期内进行了两次采样，所以每次采样的直流和低频漂移分量没有大的变化，相减过程中可以删除这些项。CDS之后的主要读出噪声源是输出放大器的宽带噪声和视频电子产品的过量噪声。通过令感知（检测）节点电容最小，因而反转增益最大，就可以使这两种噪声减至最小。采用各种设计方案（即双级放大器和交错感测节点法）使该电容降至最小。

浮栅放大器布局如图19.11所示，包括两个MOSFET、源极随耦器T_2和调零晶体管T_1。浮置栅极（读出栅极）与CCD传输栅极位于同一行，当移动电荷处于该栅极之下，就造成T_2栅极电势变化，在前置放大器输出口便出现一个电压信号。这种读出方式并不会使移动电荷退化或衰变，所以，在许多位置都可以探测到该电荷。利用几个浮动栅极对同一个电荷进行采样的放大器称为浮动扩散放大器。

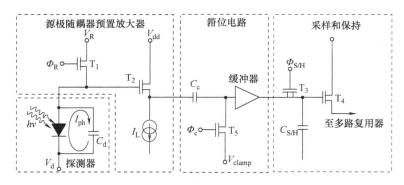

图 19.10 相关双采样电路

(资料源自：Vampola, J. L., The Infrared and Electro-Optical System Hndbook, SPIE Press, Bellingham, WA, Vol. 3, 285-342, 1993)

大约 40 年前，研究人员研制成功了第一个 CCD 成像传感器，主要应用于模拟图像采集、发射和显示。随着对数字图像数据日益增长的需求，传统的图像传感器模拟光栅扫描输出的应用受到限制，研究人员非常希望将控制、数字界面和成像传感器集成在单块芯片上。实际上，硅制造技术的发展已经实现 CMOS 晶体管结构，它远小于可见光波长，可以将多个晶体管真正集成在单片芯片中。

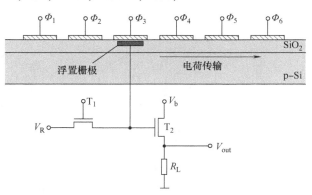

图 19.11 浮动增益放大器电路图

19.2.2 互补金属氧化物半导体器件

另一种非常适合 CCD 读出的方法是用 CMOS 开关完成坐标寻址。与 CMOS 成像仪能够在商用微处理器生产线上制造不同，CCD 器件的结构布局需要进行专门处理。CMOS 的优点是，通过适应其设计规则，完全可以采用目前已有的特定用途的集成电路（Application Specific Integrated Circuit，ASIC）设施。目前生产中使用的设计规范是 $0.07\mu m$，预期未来可采用 $0.045\mu m$ 设计规范。采用如此精细的设计规范，使更多功能可设计在具有更小像素单元的红外和可见光多路复用器中，从而制造出大规模阵列。图 19.5 给出了实现最小电路特征以及由此产生的 CCD、IR FPA 和 CMOS 可见光成像仪尺寸的时间表与像素数目的关系，水平轴还给出了各种 MOS 和 CMOS 工艺适用性的量度。正在研制的更精细光刻技术会使以 CMOS 为基础的成像仪得到快速发展，从而比以 CCD 为基础的方案具有更高的分辨率、更好的成像质量和更高的积分结果，并使成像系统成本更低。由于致密光刻术使具有高光学填充因数的像素能够提取低噪声信号和进行高性能探测，所以，目前，具有最小特征尺寸（$\leqslant 0.5\mu m$）的 CMOS 使单片可见光 CMOS 成像仪的制造成为可能。使高性能个人计算机进入许多家庭的硅晶片生产设施，将会使以 CMOS 为基础的成像领域的消费产品，如视频和数码相机，得到广泛应用。

CMOS 多路复用器的典型结构（见图 19.12c）由敏感区边缘快（列）和慢（行）移位

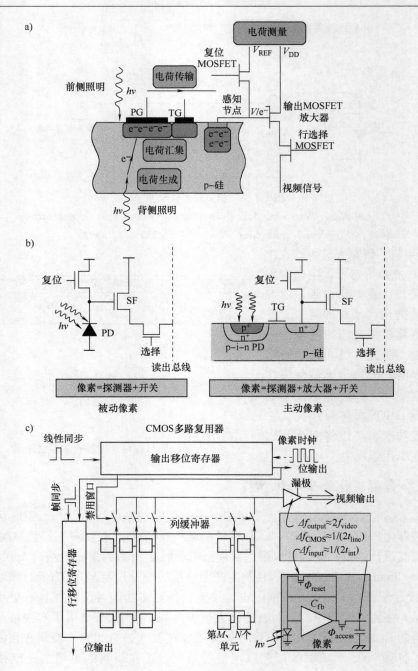

图 19.12 CMOS 成像

a) CMOS 像素的横截面图（电荷产生、汇聚、传输和测量）（资料源自：Janesick, J., SPIE's OEmagazine, 30-33, February 2002）

b) 被动和主动像素传感器（资料源自：Kozlowski, L. J., Vural, K., Luo, J., Tomasini, A., Liu, T., and Kleinhans, W. E., Opto-Electronics Review, 7, 259-69, 1999）；

c) 典型的读出结构。

（SF 代表源极跟随器；PD 代表光敏二极管；TG 代表传输栅极。——译者注）

寄存器组成,当快寄存器对列进行扫描时,通过选择慢寄存器对像素逐个寻址,依此类推。各像传感器并行地与像素单元内的存储电容相连,数字水平扫描寄存器在一列二极管和存储电容中每次只选择一个,而垂直扫描寄存器选择一行总线,所以,可单独对每个像素寻址。

单片 CMOS 成像仪使用主动或被动像素,其简单示意如图 19.12b 所示[22]。与被动像素传感器(Passive Pixel Sensor,PPS)相比,主动像素传感器(Active Pixel Sensor,APS)除具有读出功能外,每个像素还有某种形式的放大作用。PPS 由 3 个晶体管组成:一个复位管 FET,一个选择开关晶体管和一个驱动列总线信号的源极随耦器晶体管。因此,其电路损耗低,即使单片器件,也具有高光学集光效率(即填充因数(Fill Factor,FF)]。光学集光效率高达 80% 会使信号选择达到最大,并由于无需使用微透镜而使制造成本最低。在 CCD 和 CMOS APS 的可见光应用中,一般都需要使用微透镜。将其精密地沉积在每个像素上时(见图 19.13[22]),可将入射光会聚在光敏区。如果光学集光效率低以及未使用微透镜,入射在别处的光便会损失掉;或者在某些情况下,会在有源电路中产生电流从而使图像不均匀。

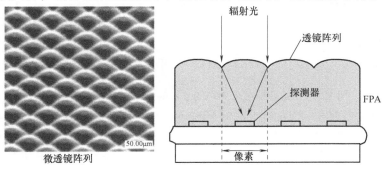

图 19.13 微透镜混合 FPA 的显微图和横截面图

(资料源自:Kozlowski, L. J., Vural, K., Luo, J., Tomasini, A., Liu, T., and Kleinhans, W. E., Opto-Electronics Review, 7, 259-69, 1999)

在 APS 中,3 个 MOSFET 的作用与 PPS 相同。第 4 个晶体管的作用相当于一个传输栅极,将电荷从光敏二极管传输到浮动扩散放大器。通常,两类像素都以卷帘模式工作。APS 能够完成相关双采样以消除复位噪声(kTC 噪声)和像素错位;PPS 只能使用非相关双采样,虽足以减小像素间错位,但不能消除瞬时噪声(利用其它方法,如软复位或锥形复位可以解决瞬时噪声问题)。然而,这些因素的共同作用的结果是使 5~6μm 像素间距、0.5μm 工艺或者 3.3~4.0μm 像素距、0.25μm 工艺中单片成像仪的光学激光效率降至 30%~50%[22]。对于读出电路,将 MOSFET 糅合到每个像素中在光学上是无效的(每个像素最少需要 3 个晶体管)。为了连接 MOSFET,CMOS 传感器也要有几层金属层。总线层叠交错位于像素上面,形成入射光子的"光学通道"。此外,大多数 CMOS 成像仪是前侧照明,由于有较浅的吸收材料,从而限制了红色可见光的灵敏度。CCD 像素的结构布局要保证整个像素都处于敏感状态,具有 100% 光学集光效率。

图 19.14 给出了 CCD 和 CMOS 传感器的原理比较[16]。两种探测器技术都是采用一种光电传感器生成和分离像素中的电荷,然而,除此之外,两种传感器方案完全不同。CCD 读出期间,汇集的电荷总是逐个像素地向周边移动,最后,将所有电荷推向一个共同位置(浮动扩散),一个单级放大器产生相应的输出电压;而 CMOS 探测器在每个像素(APS)中都有一个独立的放大器,将集成电荷转换成电压,因此,无需逐个像素传输电荷。采用集

成 CMOS 开关，将该电压多路复用在公共总线上。在芯片上采用视频输出放大器或者模拟-数字（A-D）转换装置，有可能实现模拟和数字传感器输出。

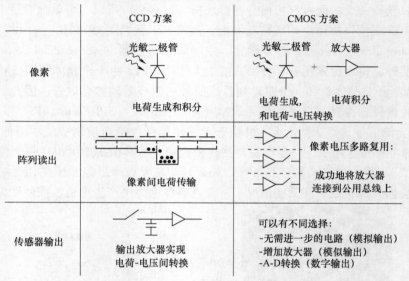

图 19.14　以 CCD 或 CMOS 为基础的成像传感器方法的比较

（资料源自：Hoffman, A., Loose, M., and Suntharalingam, V., Experimental Astronomy, 19, 111-34, 2005）

一般地，CMOS 处理技术的复杂程度比标准 CCD 技术容易 2～3 倍。与 CCD 相比，CMOS 多路复用器具有以下更重要优点：高电路密度、更低的驱动电压、更少时钟、更低的电压（低功耗）、可以与许多专用功能相兼容的堆积密度、对于数字视频和数码相机两类应用都有较低成本。大型成像仪中 CCD 的理论读出噪声最小值受限于芯片外支持电路完成相关双采样后输出放大器的热噪声。由于相关噪声带宽比信号带宽小几个数量级，并有相当好的匹配，所以另一种 CMOS 范例具有更低的瞬时噪声。CCD 灵敏度受限于有限设计空间，包括感知节点和输出缓冲区，而 CMOS 灵敏度仅受限于设计动态范围和工作电压。以 CMOS 为基础的成像仪在片上集成相机功能方面也有一定优势，包括电子监控、数字化和图像处理。由于在低于 $1.0\mu m$ 设计规范下具有其实用性，以及具有均匀的电学特性和较低的噪声因数，所以 CMOS 非常适合时间延迟积分（TDI）类多路复用器。

19.3　混成型焦平面阵列

若是混成型技术（见图 19.15），可以单独优化探测器材料和多路复用器。混成封装焦平面阵列的其它优点包括：多路复用芯片具有近 100% 的填充因数及增大了信号处理面积。光敏二极管具有很低功率损耗、高固有阻抗及可以忽略不计的 $1/f$ 噪声，以及通过读出集成电路（ROIC）很容易多路复用，可以组装在包含有大量像素的二维阵列中，而仅受到当今技术的限制。为具有更高阻抗，可以对光敏二极管施以反向偏压，所以，与小型低噪声硅读出前置放大器电路有更好的电学匹配。由于光敏二极管吸收层具有较高的掺杂级以及光生载流子能被结快速收集，所以，在较高光子通量条件下，与光电导体相比，光敏二极管的光电

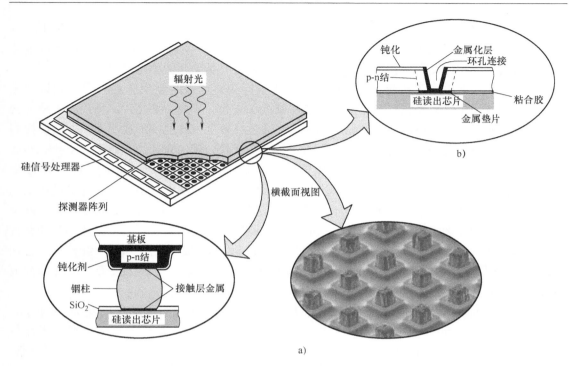

图 19.15 探测器阵列和硅多路复用器间混合红外焦平面阵列的连接技术
a) 铟柱倒焊技术 b) 环孔工艺

响应仍保持线性不变。20 世纪 70 年代后期开始研发混成封装技术[25]，又花费十年时间才实现批量生产。在 20 世纪 90 年代，全二维成像阵列为凝视传感器系统进入生产阶段提供了一种方法。在混合结构中，铟柱与读出电路倒焊技术为几千甚至百万的像素信号多路复用在很少几根线上提供了可能性，从而大大简化了真空封装低温传感器与系统电子装置之间的界面。

19.3.1 互连技术

当今，采用两种混成技术：第一种，在探测器阵列和读出集成电路两种器件上形成铟柱，将探测器与读出集成电路对齐，施加一定的力将铟柱冷焊在一起；另一种，只在读出集成电路上形成铟柱，使探测器阵列与读出集成电路近似对齐，升高温度令铟柱熔化、流动，从而形成接触层。

对于探测器阵列，可以从前侧（使光子通过透明的硅多路复用器）或背侧（使光子通过透明的探测器阵列基板）照明。由于多路复用器通常会有一部分面积被金属化，其余部分不透明，从而使其有效光学面积减小，所以后一种方法有更大优势。将环氧树脂灌注到读出集成电路与探测器间的空隙中以提高连接强度。若是 HgCdTe 混成型焦平面阵列，在透明 CdTe 或 ZnCdTe 基板上制备 HgCdTe 薄外延层上形成光伏探测器。对于 HgCdTe 倒装芯片混成技术，最大的芯片尺寸是边长 20mm 的正方形。为了克服这个问题，一直都在研究一种适用于外延生长技术，并能够替代 CdTe 的基板，即利用蓝宝石或硅作为 HgCdTe 探测器基板。利用 PACE（可生产替代 CdTe 外延层）技术已经研发出短波红外 1024×1024 元 HgCdTe 混合焦平面阵列。使用不透明材料时，为了获得足够的量子效率并减少串音干扰，基板一定要相当薄，小于10μm；某些情况下，完全不需要基板。在这种"直接"背侧照明条件下，探测器阵列和硅读出集成电路芯片并排凸焊在共用电路板上。"间接"布局使硅读出集成电路中像素单元面积比探测器面积大，一般应用于杂散电容不是问题的小型扫描焦平面阵列中。

利用环孔连接技术还制造了混成型焦平面阵列探测器和多路复用装置[26,27]。在该情况中，在探测器使用之前将其与多路复用器芯片胶结在一起，形成一块芯片，利用离子植入技术制成光伏探测器，再用离子束铣钻出环孔，并通过在每个探测器中形成小孔的方法使探测器与其对应的输入电路形成电连接。利用离子束铣在交界处铣出直径为几微米的小孔，然后用金属回填这些孔，从而使交界与硅电路相连。使用大约10μm厚的p类HgCdTe，牢固地与硅电路固定在一起形成弹性应变以解决热膨胀不匹配问题，从而使器件无论在机械还是电学上都很坚固，接触层遮拦一般都小于10%。其缺点包括，HgCdTe结构必须变薄，可能会造成伤害，影响光敏二极管性能，并因为有环氧树脂胶而必须制定合理的低温成结和钝化技术（即室温下实施离子束铣工艺以形成n类层）。美国诊断检查系统（DRS）红外技术公司（之前属于美国德州仪器公司）已经研制出称为VIP™（垂直集成光敏二极管）的类似混成型技术[28,29]。

利用标准商业制造技术处理读出电路晶片，由于光刻术步进重复晒片机（photolithography step and repeat printer）核心尺寸有限，所以晶片的尺寸受到限制[30]。对于亚微米光刻术，这种限制目前是22mm×22mm数量级。因此，假设每侧需要大约2mm用于外围电路，如偏压电源、移位寄存器、列放大器和输出驱动，则阵列本身只能占据18mm×18mm。在这些条件下，1024×1024阵列需要像素不大于18μm。

为了制造较大的传感器阵列，利用一种称为拼接方法的新型光刻术可以制造尺寸大于光刻步进机的十字线视场的探测器阵列。大阵列分成较小子块，再按照图19.16所示十字线积木形式拼接成完整的传感器芯片[31]。利用多次曝光技术将每块积木照相排版制造在晶片的适当位置。由于光学系统安装有快门机构或者能够选择性地只对所希望的部分曝光，所以一次只对探测器阵列一块区域曝光。

Ⅲ-Ⅴ族复合半导体适用于直至8in的大直径晶片，因此，如InSb、量子阱红外光电探测器（QWIP）和Ⅱ类应变层超晶格（SLS）焦平面技术都是研发如4096×4096（或者更大）大幅面阵列可能使用的方法。古纳帕拉（Gunapala）及合作者探讨了将阵列尺寸扩大到16兆像素的可能性[31]。

应当注意，与紧密对接子阵列的装配不同，拼接技术形成一种无缝探测器阵列。由于基板晶寸（通常是CdZnTe）尺寸有限，所以，通常采用对接技术制造超大幅面HgCdTe混成型传感器阵列。例如，蒂莱蒂尼（Teledyne）科学与成像公司为天文学和低背景应用研发出世界上最大的HgCdTe短波红外焦平面阵列，该器件幅面是混成型2048×2048，像素单元尺寸为18μm×18μm，敏感区尺寸为37mm。将四个阵列组镶嵌成2×2马赛克结构，包含4096×4096个像素[32]。最近，已经演示验证了像素尺寸为15μm、第一个大幅面的中波红外焦平面阵列[33,34]。

大约30年前，开始利用集成电路技术研发红外焦平面阵列、新材料生长技术以及微电子新技术，后两种技术相结合为红外系统的高灵敏度和空间分辨率方面的发展提供了许多新的可能性。此外，这些技术还有一些其它优点：简单、可靠和低成本。15年前，单元探测器的价格常常超过$2000，而现在一些流行的红外焦平面阵列的生产成本是每个探测器少于

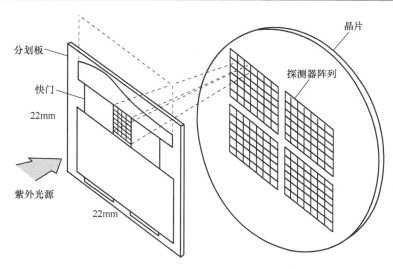

图 19.16　采用以光刻步进机为基础的阵列拼接技术对
探测器阵列核心部分进行照相排版

（资料源自：Gunapala, S. D., Bandara, S. V., Liu, J. K., Mumolo, J. M., Hill, C. J., Ting, D. Z., Kurth, E., Woolaway, J., LeVan, P. D., and Tidrow, M. Z., "Towards 16 Megapixel Focal Plane Arrays", Proceedings of SPIE 6660, 66600E, 2007)

$0.1，在不久的将来甚至会下降更多。随着非制冷探测器商业市场的扩大，商业化以后的成本必然降低。目前，热像仪使用的 320×240 测辐射热计阵列的成本低于$5000。

19.3.2　读出集成电路

研发读出集成电路（ROIC）的关键一直是输入前置放大器技术的演变，这种演变主要受到性能要求的提高及硅处理技术改进两方面的驱动。下面对各种电路做简要讨论。

自 1985 年研究界提出光生信号要进行低噪声读出以来，混合型红外焦平面阵列一直采用 CMOS 电路来满足这方面要求。而 CCD 技术应用于尺寸不太大的阵列，并且其生产线比 CMOS 生产线更为复杂。

直接注入（Direct Injection DI）电路是第一代集成读出电路之一，多年以来一直用作 CCD 和可见光成像仪的输入电路。直接注入电路也通常用于红外战术性（tactical）应用，在这种情况中，背景通量高，探测器电阻中等[35]。使用该电路的目的是将尽可能大的电容融入到像素单元中，经过较长的积分时间而获得较好的信噪比。直接注入电路经过输入晶体管将光子电流注入到积分电容器上（见图 19.17[20]）。随着光电流对整个幅面的电容器充电，就形成简单的电荷积分（见图 19.17b）。接着，多路复用器读出最终值，并在帧幅开始之前，电容器电压复位。为了降低探测器噪声，使所有探测器具有均匀的准零偏压非常重要。

绘制一条探测器和输入 MOSFET 的 I-V 特性载荷曲线，可以确定耦合后探测器和输入直接注入电路的工作点（见图 19.18[36]）。MOSFET 的输入阻抗是源漏电流的函数（在该情况中是二极管总电流），对于低注入电流，通常以公式 $qI/(nkT)$ 给出的跨导 g_m 表示（n 是理想因数，随温度和晶体管形状变化，一般在 1~2 范围内）。

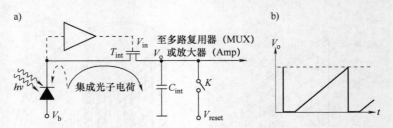

图 19.17 直接注入读出电路

(资料源自：Hewitt, M. J., Vampola, J. L., Black, S. H., and Nielsen, C. J., "Infrared Readout Electronics: A Historical Perspective", Proceedings of SPIE 2226, 108-19, 1994)

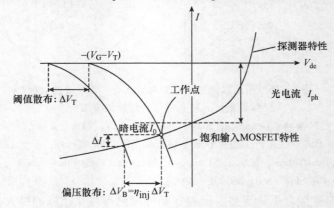

图 19.18 直接注入：DC 工作点。阈值电压散布的影响

(资料源自：Longo, J. T., Cheung, D. T., Andrews, A. M., Wang, C. C., and Tracy, J. M., IEEE Transactions on Electron Devices, ED-25, 213-32, 1978)

注入效率近似为[36,37]

$$\varepsilon = \frac{IR_d}{IR_d + \frac{nkT}{q}} \tag{19.1}$$

式中，R_d 为探测器的动态阻抗；I 为注入到探测器的总电流（光电流和暗电流之和），等于背景限情况中的光电流 I_{ph}。

为了获得高注入效率，MOSFET 的输入阻抗一定要远低于其工作点处探测器的内动态电阻，并且应满足下列条件[24]：

$$IR_d > > \frac{nkT}{q} \tag{19.2}$$

对大多数应用，探测器性能取决于小偏压下（动态电阻处于极大值）探测器的工作状态。这里必须使无关的漏电流降至最小，所以研究人员对这些漏电流和相关低频噪声的控制非常感兴趣。一般地，对于二极管电阻较大（R_0A 乘积大于 $10^6\Omega\ cm^2$）的中波红外凝视系统，满足不等式（式（19.2））并不困难；而对 R_0 较小（R_0A 乘积约为 $10^2\Omega\ cm^2$）的长波红外设计，这方面显得非常重要。

反馈增强直接注入（Feedback Ehhanced Direct Injection，FEDI）电路类似直接注入电路，但在探测器节点与输入 MOSFET 栅极之间增加了反相放大器（见图 10.17 所示虚线）。

反相增益可提供反馈，对不同等级光电流对应的探测器偏压形成较好的控制。对于中等和高背景辐射，可以保持一个固定的探测偏压。放大器降低了直接注入电路的输入阻抗，从而提高了注入效率和增大了带宽。反馈增强直接注入电路的最小可工作光通量比直接注入电路低一个数量级，因此，与直接注入电路相比，在一个较大范围内都有线性响应。

对于背景限情况，式（19.1）就变为 $I_{ph}R_d$ 的简单函数。若系统性能要求很高，则动态电阻应很高，这对于工作在长波段范围内的探测器设计是一个技术挑战。有更为复杂、能够有效降低输入电阻以及允许使用较低探测器电阻的注入电路。

由于简单，直接注入电路得到了广泛应用，然而，它需要具有高阻抗的探测器界面。一般地，由于注入效率问题，很少应用于低背景辐射的情况；多数情况下，战略性应用会遇到低背景辐射条件，并要求低噪声多路复用器与高电阻探测器连接。战略性（strategic）应用中通常使用的输入电路是电容跨阻放大器（Capacitative Transimpedance Amplification，CTIA）输入电路[35,38]。

电容-反馈跨阻放大器是一个复位积分器（或复位开关），迎合了很多应用中大范围探测器的接口和性能要求。CTIA 输入电路包括一个增益为 A 的反相放大器、位于反馈循环中的积分电容 C_j 和复位开关 K（见图 9.19）。光电子电荷会造成放大器反向输入节点处电压微量变化，放大器输出电压则大幅度减少。随着帧幅时间内探测器电流累积，均匀照明就在输出端形成线性渐变（或线性斜坡）。积分结束时，对输出电压采样并多路传输到输出总线。由于放大器输入阻抗低，因而积分电容做得特别小（即 12fF），产生低噪声性能。反馈或者积分电容器设置增益，开关 K 周期性闭合以实现复位。CTIA 输入电路能提供低输入阻抗、稳定的探测器偏压、高增益、高频率响应和高光子电流注入效率，从低到高背景辐射都有很低的噪声。

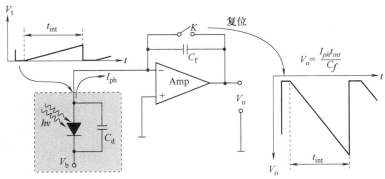

图 9.19 电容跨阻放大器单元示意图

（资料源自：Felix, P., Moulinj, M., Munier, B., Portmann, and Reboul, J.-P. IEEE Trans. Elect. Dev. ED-27, 1980, Fig. 3 （p. 178））

除上述 DI 电路和 CTIA 电路的输入方式外，还有其它类型的多路复用器。其中最重要的是，对 SFD 电路，缓冲直接注入（Buffered DI，BDI）电路和栅极调制输入（Gate Modulation Input，GMI）电路。众多论文都阐述过这些方案[19-22,38-40]，表 19.2 总结了 DI、CTIA 和 SFD 电路的优缺点[16]。如上所述，DI 电路应用于较高光通量情况；CTIA 电路较为复杂和功率较高，但线性特别好；而 SFD 电路最常应用于大幅面混成型天文学阵列以及商业单片 CMOS 相机。

表 19.2 三种最普通输入电路的性能比较

电路	优点	缺点	备注
直接注入（DI）电路	大的阱容量 增益取决于 ROIC 设计（C_{int}） 探测器偏压保持不变 低 FET 发光 低功率	低光通量时性能较差	高光通量时标准电路
电容跨阻放大器（CTIA）电路	增益取决于 ROIC 设计（C_f）； 探测器偏压保持不变	电路较复杂 FET 发光 功率较大	证明有很高的增益
每个探测器的源极随耦器（SFD）电路	简单 低噪声 低 FET 发光 小功率	增益由探测器和 ROIC 输入电容确定 积分期间探测器电容变化 有一些非线性	IR 天文学中最普通的电路

（资料源自：Hoffman, A. Loose, M. and Suntharalingam, V. Experimental Astronomy, 19, 111-34, 2005）

表 19.3 收集了一组由美国英迪格（Indigo）公司和雷神视觉系统（Raytheon Vision System, RVS）公司设计的大幅面 ROIC 的技术规范。美国英迪格（Indigo）公司的产品对最苛刻应用提供了一种现成的解决方案。大尺寸阵列包括 15~25μm 范围的各种像素，为用户提供广泛的光学设计、杜瓦/制冷器结构和分辨率需求。相反，美国 RVS 公司具有研制天文焦平面阵列的丰富经验。由于天文成像要求更高的分辨率和更大视场，所以，该公司的传感器芯片利用各种探测器材料和阵列尺寸高达 4096×4096 个像素的硅读出电路。

表 19.3 大幅面读出集成电路

	美国 Indigo 公司						美国 RVS 公司				
	ISC 9803	ISC 002	ISC 9901	ISC 0402	ISC 0403	ISC 0404	Aladdin	Orion	Virgo	Phoenix	Aquarius
幅面	640×512	640×512	640×512	640×512	640×512	1024×1024	1024×1024	1024×1024, 2048×2048	1024×1024, 2048×2048	1024×1024, 2048×2048	1024×1024
像素尺寸/μm	25	25	20	20	15	18	27	25	20	25	30
ROIC 类型	DI	CTIA	DI	DI	DI	DI	SFD	SFD	SFD	SFD	SFD
工作温度/K	80~310	80~310	80~310	80	80	80	10~30	30	77	10~30	4~10
集成电容（e^-）	1.1×10^7	2.5×10^6	7×10^6	1.1×10^7	6.5×10^6	1.2×10^7	2.0×10^5	3.0×10^5	$>3.5\times10^5$	3.0×10^5	1 或 15×10^6
ROIC 噪声（e^-）	≤550	≤360	≤350	≤1279	≤760	≤1026	10~50	<20	<20	6~20	<1000
全帧速率/Hz	30	30	30	>30	>30	>30					

（续）

	美国 Indigo 公司						美国 RVS 公司				
	ISC 9803	ISC 002	ISC 9901	ISC 0402	ISC 0403	ISC 0404	Aladdin	Orion	Virgo	Phoenix	Aquarius
输出数目	1、2 或 4	1、2 或 4	1、2 或 4	1、2 或 4	1、2 或 4	4、8 或 16	32	64	4 或 16	4	16 或 64
封装	LCC[①]	LCC	LCC	LCC	LCC	LCC	LCC	模式：2 侧面可启	模式：3 侧面可启	LCC	模式：2 侧面可启
探测器	p-on-n	p-on-n	p-on-n	p-on-n	p-on-n	p-on-n					
兼容探测器	InSb 或 QWIP	InGaAs 或 HgCdTe	InSb 或 QWIP	InSb, InGaAs, HgCdTe 或 QWIP	InSb	InSb	InSb, HgCdTe 或 IBC	InSb	HgCdTe	InSb 或 IBC	IBC

① LCC：无引线芯片载体封装。

组合的 SFD 单元如图 19.20 所示，包括一个积分电容、相当于开关的复位晶体管 T_1、源极随耦器晶体管 T_2 和选择晶体管 T_3。积分电容恰好是探测器电容和晶体管 T_2 的输入电容。给复位电容一个脉冲就使积分电容复位到基准电压 V_R，继而光电流对积分期间电容进行积分。源极随耦器减缓 SFD 缓升输入电压，在视频输出缓冲区之前，经过开关晶体管 T_3 便多路传输到公用总线。在多路复用器读周期之后，输入节点复位，再次开始积分周期。当开关处于开放状态时，必须有很低的电流泄漏，否则会将其添加到光电流信号上。SFD 的动态范围受限于探测器的电流-电压特性，随着信号集成，探测器偏压随时间及入射光强度变化。对诸如天文学一类窄带宽应用，SFD 具有低噪声，并在极低背景辐照下（即每 100ms 每个像素几个光子）的信噪比仍可接受。中等和高背景照明条件下呈非线性，形成有限的动态范围。增益取决于探测器响应度以及组合探测器级加上源极随耦器的输入电容。主要噪声源是 kTC 噪声（源自探测器复位）、MOSFET 通道热以及 $\frac{1}{f}$ 噪声。

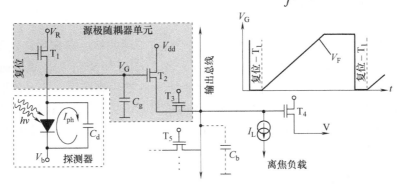

图 19.20　探测器单元源极随耦器的示意图

电阻负载 R_L 栅极调制电路如图 19.21a 所示，采用该电路是为了将 SFD 的优点扩展应用于高辐射背景和暗电流情况。该电路利用光电流调制栅极电压,从而在 MOSFET 中感应产生输出电流,其漏电流累积在积分电容器上。对高背景辐照情况,若探测器只受到背景辐照,可以调整探测器或负载电阻上的偏压以形成忽略不计的漏电流或者电荷积分,所以,该电路设计能够阻挡很多该背景成分。应用这种信号,晶体管的漏电流随光子电流增大,因而排斥(或阻挡)一定量的背景光通量。负载电阻的设定要确保其具有低 $1/f$ 噪声、良好的温度稳定性及像素间的均匀性。

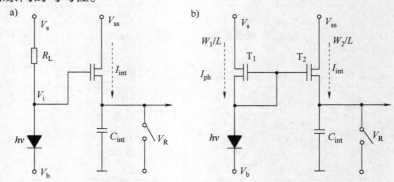

图 19.21
a)电阻负载栅极调制 b)电流镜栅极调制

电流镜(Current Mirror CM)栅极调制(见图 19.21b)将读出扩展到很高的背景辐照条件。在这种电流镜前置放大器中,MOSFET 代替了电阻负载电路中的电阻。流经两个紧密匹配晶体管的第一个晶体管通道的光子电流,会引发双晶体管中共栅极电压变化,从而在第二个晶体管中产生类似电流。如果连接两个匹配晶体管的源电压是 V_s 和 V_{ss},则两者具有相同的栅极源电压,使输出晶体管中的电流与输入晶体管中的探测器电流相同。在该电路中,积分电流与探测器电流是线性函数关系。这种 CM 界面很容易直接访问或者与 CCD 多路复用器交连,对晶胞面积没有太高需求。电流镜电路在大部分应用中都要求增益与偏置校正,与电阻负载电路相比,其优点是具有较好的线性,并没有负载电阻。

19.4 焦平面阵列的性能

本节讨论与焦平面阵列性能相关的概念。对于红外成像系统,确定最终性能的质量因数不是比探测率 D^*,而是噪声等效温差(NEDT)和最小可分辨温差(Minimum Resolvable Difference Temperature,MRDT),被视为热成像系统的主要性能指标:热灵敏度和空间分辨率。热灵敏度涉及可以辨别高于噪声级的最小温差;MRDT 关心的是空间分辨率,并是下述问题的答案:一个系统能够对多小的物体成像?劳埃德(Lloyd)在其专著中阐述了确定系统性能的一般方法[41]。

19.4.1 噪声等效温差

NEDT 是经常提及的热成像仪质量因子,虽然该术语广泛出现在红外领域的文章中,但是,它可以应用于不同条件下具有不同意义的不同系统[42]。

一台探测器的 NEDT 表示输出信号等于噪声信号方均根值时入射辐射的温度变化。在通常认为是系统参数并考虑系统损耗时，探测器 NEDT 和系统 NEDT 是同一个概念。NEDT 定义为

$$\text{NEDT} = \frac{V_n(\partial T/\partial Q)}{(\partial V_s/\partial Q)} = V_n \frac{\Delta T}{\Delta V_s} \tag{19.3}$$

式中，V_n 为方均根噪声；Q 为入射到焦平面的光谱光子通量密度（ph/（cm²s））；ΔV_s 为温度差 ΔT 时测量出的电压信号变化。

为了推导 NEDT 的计算公式，假设是图 19.22 所示热成像系统的结构布局。图中 A_s 和 A_d 分别代表物体和探测器的表面，r 是物体到透镜的距离（系统的光学装置），A_{ap} 和 D 表示透镜的表面和直径（孔径，入瞳）。探测器放置在系统焦平面处，到入瞳的距离近似等于 f。$F/\#$ 是光学系统的数值孔径（即 $F=f/D$，而 $A_{ap} = \pi D^2/4$）。

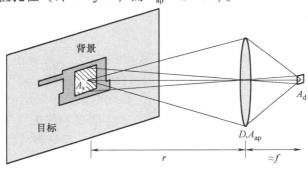

图 19.22　热成像系统的结构布局

利用本书 1.3 节讨论的方法，根据辐照度确定探测器的光通量 Φ_d。在角度非常小的限定条件下（$r \gg f$），利用 $A\Omega$ 乘积表述光通量从目标到探测器的转换：

$$\Phi_d = LA_{ap}\Omega_d \tag{19.4}$$

假设，该系统基元立体角为

$$\Omega_d = \frac{A_d}{f^2} = \frac{A_{\text{footprint}}}{r^2} \tag{19.5}$$

因此

$$\Phi_d = L\frac{\pi D_{ap}^2 A_d}{4 \; f^2} = L\frac{\pi}{4} \frac{A_d}{(F/\#)^2} \tag{19.6}$$

由图 19.22 所示光学系统布局可以看出，探测器的辐照度 $E_d = \Phi_d/A_d$ 与距离 r 无关，仅取决于光源辐射率及光学系统的 $F/\#$。

为了得到探测器产生的信号电压 V_s 的表达式，将式（19.6）乘以探测器响应度，并对系统通带范围内光谱函数的有效波长进行积分：

$$V_s = \frac{\pi}{4} \frac{A_d}{(F/\#)^2} \int_{\lambda_a}^{\lambda_b} R_v(\lambda) L(\lambda) d\lambda \tag{19.7}$$

有意义的是系统的热灵敏度，所以：

$$\frac{dV_s}{dT} = \frac{\pi}{4} \frac{A_d}{(F/\#)^2} \int_{\lambda_a}^{\lambda_b} R_v(\lambda) \frac{\partial L(\lambda)}{\partial T} d\lambda \tag{19.8}$$

利用式（2.6），可以将该公式重新写为下面形式：

$$\frac{dV_s}{V_n} = \frac{\pi}{4} \frac{A_d}{(F/\#)^2} \frac{1}{(A_d \Delta f)^{\frac{1}{2}}} dT \int_{\lambda_a}^{\lambda_b} D^*(\lambda) \frac{\partial L(\lambda)}{\partial T} d\lambda \tag{19.9}$$

利用此公式可以将 NEDT 定义为信噪比等于 1 所需要的最小温差：

$$\text{NEDT} = \frac{4(F/\#)^2 \Delta f^{\frac{1}{2}}}{\pi A_d^{\frac{1}{2}}} \left[\int_{\lambda_a}^{\lambda_b} \frac{\partial L(\lambda)}{\partial T} D^*(\lambda) d\lambda \right]^{-1} \tag{19.10}$$

考虑到 $M = \pi L$（参考式(1.14)），得到：

$$\text{NEDT} = \frac{4(F/\#)^2 \Delta f^{\frac{1}{2}}}{A_d^{\frac{1}{2}}} \left[\int_{\lambda_a}^{\lambda_b} \frac{\partial M(\lambda)}{\partial T} D^*(\lambda) d\lambda \right] \tag{19.11}$$

上述讨论中，假设大气和光学传输系数是 1。

NEDT 表示红外系统的热灵敏度特性，即为了形成信噪比等于 1 所需要的温差。NEDT 越小，表示热灵敏度越高。

为了获得较高的灵敏度（较低的 NEDT），式（19.10）和式（19.11）的光谱积分应尽量达到最大，光谱响应度峰值与出射度对比峰值重合时就会得到上述情况。然而，由于其它限制，如大气/不理想的透光效果或探测器特性，热成像系统不可能满足这些条件。因为噪声方均根（rms）值正比于 $\Delta f^{1/2}$，所以，对带宽二次方根的依赖关系是很直观的。此外，较低的 NEDT 源自具有较小的 $F/\#$，因此，在小数值孔径下，探测器可以俘获更多光通量，从而提高信噪比（SNR）。

NEDT 对探测器面积的关系非常重要。NEDT 与探测器面积是二次方根倒数关系会产生两个方面影响：随探测器面积二次方根增大噪声方均根值，及随探测器面积成正比增大信号电压，其结果是，$\text{NEDT} \propto 1/(A_d)^{1/2}$。对于大尺寸探测器（像素），成像仪热灵敏度较高时，空间分辨率较差。另一参数 MRDT 涉及热灵敏度和空间分辨率两种因素，更适用于设计。

正如表 19.4 和上述最后两个公式所示，红外热像仪可以在宽光谱范围内具有最佳性能[43]。受大气窗口 8~14μm 和 3~5.5μm 限制的光谱范围将使 NEDT 积分值（参考式（19.10）和式（19.11））分别降低至约 33% 和 6%（在 0→∞ 光谱范围内），所以，若非选择性探测器为基础的红外系统是为探测大气层中约 300K 温度的物体而进行优化，那么，一定工作在 8~14μm 光谱区。

表 19.4　不同温度下 λ_a 与 λ_b 之间辐射出射度计算值

$\lambda/\mu m$		$\int_{\lambda_a}^{\lambda_b} \frac{\partial M(\lambda,T)}{\partial \lambda} d\lambda$ 单位为 $\text{Wcm}^2\text{K}^{-1}$			
λ_a	λ_b	$T=280K$	$T=290K$	$T=300K$	$T=310K$
3	5	1.1×10^{-5}	1.54×10^{-5}	2.1×10^{-5}	2.81×10^{-5}
3	5.5	2.01×10^{-5}	2.73×10^{-5}	3.62×10^{-5}	4.72×10^{-5}
3.5	5	1.06×10^{-5}	1.47×10^{-5}	2.0×10^{-5}	2.65×10^{-5}
3.5	5.5	1.97×10^{-5}	2.66×10^{-5}	3.52×10^{-5}	4.57×10^{-5}
4	5	9.18×10^{-6}	1.26×10^{-5}	1.69×10^{-5}	2.23×10^{-5}

(续)

$\lambda/\mu m$		$\int_{\lambda_a}^{\lambda_b} \frac{\partial M(\lambda,T)}{\partial \lambda} d\lambda$ 单位为 Wcm^2K^{-1}			
λ_a	λ_b	$T=280K$	$T=290K$	$T=300K$	$T=310K$
4	5.5	1.83×10^{-5}	2.45×10^{-5}	3.22×10^{-5}	4.14×10^{-5}
8	10	8.47×10^{-5}	9.65×10^{-5}	1.09×10^{-4}	1.21×10^{-4}
8	12	1.54×10^{-4}	1.77×10^{-4}	1.97×10^{-4}	2.17×10^{-4}
8	14	2.15×10^{-4}	2.38×10^{-4}	2.62×10^{-4}	2.86×10^{-4}
10	12	7.34×10^{-5}	8.08×10^{-5}	8.81×10^{-5}	9.55×10^{-5}
10	14	1.3×10^{-4}	1.42×10^{-4}	1.53×10^{-4}	1.65×10^{-4}
12	14	5.67×10^{-5}	6.1×10^{-5}	6.52×10^{-5}	6.92×10^{-5}

（资料源自：G. Gaussorgues, La Thermographe Infrarouge, Lavoisier, Paris, 1984）

上述讨论成立是假设探测器的瞬时噪声是其主要噪声源，然而，这种断言对凝视阵列是不成立的。此探测器响应非均匀性才是主要噪声源，并以固定图像噪声（空间噪声）形式出现。相关文献中采用各种方法确定该噪声，而最普通的定义是，源自一个电子源的暗电流信号不均匀性（即不是暗电流产生热），如时钟跃变或者由于行、列、像素放大器/开关的偏置变化。因此，红外传感器性能计算必须包括焦平面阵列的非均匀性无法得到正确补偿时对空间噪声的处理。

穆尼（Mooney）等人对空间噪声的形成原因做了全面讨论[44]。凝视系统的总噪声是瞬时噪声和空间噪声的综合。空间噪声是采用非均匀性补偿后的残余非均匀性 u 与信号电子 N 的乘积。等于 $N^{1/2}$ 的光子噪声是高红外背景信号条件下（空间噪声相当大）的主要瞬时噪声，因此，总的 NEDT 为

$$\text{NEDT}_{total} = \frac{(N+u^2N^2)^{\frac{1}{2}}}{\frac{\partial N}{\partial T}} = \frac{(1/N+u^2)^{1/2}}{\frac{1}{N}\frac{\partial N}{\partial T}} \tag{19.12}$$

式中，$\partial N/\partial T$ 为光源温度变化 1K 引起的信号变化；分母 $(\partial N/\partial T)/N$（原文错印为 $(\partial N/\partial T)N$。——译者注）是光源温度变化 1K 引起的信号分数变化。该式表示景物的相对对比度。

具有不同残余非均匀性的总 NEDT 对比探测率的依赖性如图 19.23 所示，目标温度 300K，其它参数如图 19.23 所示。当比探测率接近 $10^{10} cm\ Hz^{1/2}/W$ 时，校正前的焦平面阵列性能是均匀性限，因此，基本上与比探测率无关。校正后的非均匀性从 0.1%（原文错印为 0.1a。——译者注）提高到 0.01% 可以使 NEDT 从 63mK 降至 6.3mK。

19.4.2 读出电路对噪声等效温差的影响

中波和长波红外焦平面阵列的性能一般受限于读出电路（即受限于读出集成电路存储电容），在这种情况中[38]：

$$\text{NEDT} = (\tau C \eta_{BLIP} \sqrt{N_w})^{-1} \tag{19.13}$$

式中，N_w 为一次积分时间 t_{int} 被积分的光生载流子数：

$$N_w = \eta A_d t_{int} Q_B \tag{19.14}$$

简单地说，背景限红外光电探测器（BLIP）的百分比 η_{BLIP} 是光子噪声与焦平面阵列复

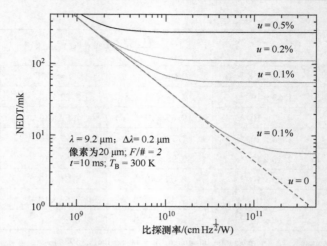

图 19.23 NEDT 与比探测率的函数关系（包括非均匀性影响，其中 $u = 0.01\%$、0.1%、0.2% 和 0.5%；注意到，当 $D^* > 10^{10} \text{cm Hz}^{1/2}/\text{W}$ 时，比探测率不是相关的品质因数）

合噪声之比：

$$\eta_{\text{BLIP}} = \left(\frac{N_{\text{photon}}^2}{N_{\text{photon}}^2 + N_{\text{FPA}}^2} \right)^{1/2} \quad (19.15)$$

由上述公式可以看出，读出电路的电荷容量、与帧时相关的积分时间和敏感材料的暗电流是红外焦平面阵列的主要问题。NEDT 反比于积分电荷的二次方根，所以，电荷越大，性能越高。量子阱电荷容量是各个像素单元存储电容中能够存储的最大电荷量，像素单元尺寸限制于阵列中探测元的尺寸。

图 19.24 给出了 HgCdTe 焦平面阵列的 NEDT 理论值与电荷容量的关系。其中，假设在正常工作条件和不同光谱带通（$3.4 \sim 4.2\mu m$、$4.4 \sim 4.8\mu m$、$3.4 \sim 4.8\mu m$ 和 $7.8 \sim 10\mu m$）下，将积分电容器充电到最大电容值一半（为了保持动态范围）[45]。TCM2800 型号给出温度 95K 的测量数据，其它 PACE（可生产替代 CdTe 外延层）HgCdTe 焦平面阵列给出温度 78K 时的测量值，同时给出了有代表性的长波红外焦平面阵列的数据。可以看出，灵敏度测量值与期望值一致。

对于大尺寸长波红外 HgCdTe 混成型阵列，探测器阵列与读出电路热膨胀系数间的失配会迫使像元间距降至 $20\mu m$ 或更小，以使横向位移最小。然而，Si 基板上 HgCdTe 异质结外延生长

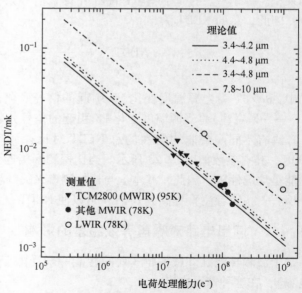

图 19.24 NEDT 与电荷电容的关系

（资料源自：Kozlowski, L. J., "HgCdTe Focal Plane Arrays for High Performance Infrared Cameras", Proceedings of SPIE 3179, 200-11, 1997）

技术的成功研制使利用大直径 Si 基板实现低成本大批量生产大幅面阵列成为可能。

必须注意到，积分时间和焦平面阵列帧时之间的差别。高背景辐照下，在与标准视频帧率相兼容的帧时内处理产生的大量载流子常是不可能的。利用非焦平面阵列帧幅积分可以得到与探测器限 D^* 而不是电荷处理限 D^* 相当的传感器灵敏度。

19.4.2.1 HgCdTe 光敏二极管和量子阱红外光电探测器的读出电路限噪声等效温差

HgCdTe 光敏二极管在温度 77K 时产生的噪声源自两个方面：光电流的散粒噪声和探测器电阻的约翰逊噪声，表示为[46]

$$I_\mathrm{n} = \sqrt{\left(2qI_\mathrm{ph} + \frac{4kT_\mathrm{d}}{R}\right)\Delta f} \quad (19.16)$$

式中，k 为玻耳兹曼（Boltzmann）常数；R 为光敏二极管的动态电阻。假设，积分时间 τ_int 能使读出电路节点电容保持充满一半，则有：

$$\Delta f = \frac{1}{2\tau_\mathrm{int}} \quad (19.17)$$

和

$$I_\mathrm{n} = \sqrt{\left(2qI_\mathrm{ph} + \frac{4kT_\mathrm{d}}{R}\right)\frac{1}{2\tau_\mathrm{int}}} \quad (19.18)$$

在作战背景条件下，约翰逊噪声远比光电流散粒噪声小。如果是帧幅中会聚的大量电子受限于读出集成电路电荷阱电容的情况（经常是这种情况），则信噪比为

$$\frac{S}{N} = \frac{\dfrac{qN_\mathrm{w}}{2\tau_\mathrm{int}}}{\sqrt{2q\left(\dfrac{qN_\mathrm{w}}{2\tau}\right)\dfrac{1}{2\tau_\mathrm{int}}}} = \sqrt{\frac{N_\mathrm{w}}{2}} \quad (19.19)$$

假设，背景光通量 Φ 对温度的微分可以写成下面较好的近似形式：

$$\frac{\partial \Phi}{\partial T} = \frac{hc}{\lambda k T_\mathrm{B}^2}Q \quad (19.20)$$

并利用式（19.19），则 NEDT 为

$$\mathrm{NEDT} = \frac{2kT_\mathrm{B}^2}{hc}\frac{\overline{\lambda}}{\sqrt{2N_\mathrm{w}}} \quad (19.21)$$

最后两个公式中，$\overline{\lambda} = \dfrac{(\lambda_1 + \lambda_2)}{2}$，为 λ_1 与 λ_2 之间光谱波段的平均波长。

假设，存储电容的典型值是 2×10^7 个电子，$\overline{\lambda} = 10\mathrm{\mu m}$ 和 $T_\mathrm{B} = 300\mathrm{K}$，则由公式得到的 NEDT 是 19.8mK。

对 QWIP 可以完成同样的估算。在这种情况中，与生成-复合噪声相比，约翰逊噪声可以忽略不计，所以：

$$I_\mathrm{n} = \sqrt{4qg(I_\mathrm{ph} + I_\mathrm{d})\frac{1}{2\tau_\mathrm{int}}} \quad (19.22)$$

式中，暗电流近似为

$$I_\mathrm{d} = I_0 \exp\left(-\frac{E_\mathrm{a}}{kT}\right) \quad (19.23)$$

式中，I_d 为暗电流；I_0 为取决于传输性质和掺杂程度的常数；E_a 为热激发能量，通常小于与光谱响应截止波长相对应的能量。还应强调，g、I_{ph} 和 I_0 是与偏压相关的量。

若存储电容限量子阱红外光电探测器（QWIP）的信噪比为

$$\frac{S}{N} = \frac{q\dfrac{N_w}{2\tau_{int}}}{\sqrt{4qg\left(\dfrac{qN_w}{2\tau}\right)\dfrac{1}{2\tau_{int}}}} = \frac{1}{2}\sqrt{\frac{N_w}{g}} \quad (19.24)$$

那么，NEDT 为

$$\text{NEDT} = \frac{2kT_B^2}{hc}\overline{\lambda}\sqrt{\frac{g}{N_w}} \quad (19.25)$$

比较式（19.21）和式（19.25）不难发现，由于 g 的合理值是 0.4，所以电荷限 QWIP 探测器的 NEDT 值比 HgCdTe 光敏二极管好 $(2g)^{\frac{1}{2}}$ 倍。假设与 HgCdTe 光敏二极管有相同的工作条件，则 NEDT 值是 1.77mK，因此，低光电导增益实际上提高了 S/N，QWIP 焦平面阵列比具有同样存储电容的 HgCdTe 焦平面阵列有更好的 NEDT。

因为主要限制来自读出电路，所以，最先进的 QWIP 和 HgCdTe 焦平面阵列的性能品质因数类似，但达到该性能需要完全不同的积分时间。长波红外 HgCdTe 器件具有很短的积分时间（一般小于 300μs），对于冻结快速运动物体情景非常有用。由于具有良好的同质性和低光电增益，所以，QWIP 甚至能够得到更好的 NEDT，然而，积分时间一定要长 10~100 倍，一般地，在 5~20ms。所以，必须根据对一个系统的特殊需求来选择最好的技术。

19.5 最小可分辨温差

MRDT 经常是成像传感器的首选品质因数，包含热成像仪分辨率和灵敏度两项指标。已知被评价热像仪的 MRDT，据此就能够评估探测、识别和辨别目标的可能性。MRDT 是阐述成像仪—观察者系统探测被观察物体低对比细节能力的一个主观参数，是观察者能够分辨（靶条）热像所需要的（标准 4 杆靶靶条与背景之间）最小温差与靶标空间频率关系的一种衡量方式[41,42,47]，理论上定义为

$$\text{MRDT}(f_s) \approx K(f_s)\frac{\text{NEDT}}{\text{MTF}(f_s)} \quad (19.26)$$

式中，f_s 为空间频率，单位为周/弧度（r/rad）；MTF(f_s) 是调制传递函数；$K(f_s)$ 为一个包含人眼对（以 NEDT 表示其特性的）噪声图像经过 MTF 调制后信号响应程度的函数[48,49]。

图 19.25 给出了窄视场（高分辨率）传感器在中波和长波红外光谱区和 300K 背景温度下 BLIP 的 MRDT 曲线[38]。为了表示衍射限模糊与经过两倍过采样模糊后像素间距相匹配造成的影响，该图给出了两条长波红外曲线。为方便比较，同时给出了第一代扫描、凝视非制冷、凝视热电（TE）制冷和凝视 PtSi 传感器的代表性曲线，此间假设，NEDT 值分别是 0.1K、0.1K、0.05K 和 0.1K。可以发现，中波红外凝视型传感器灵敏度的理论值比第一代传感器高一个数量级，而长波红外凝视型传感器高两个数量级。实际上，由于电荷处理方面的限制，长波红外传感器的 MRDT 仅比中波红外传感器稍高一些。

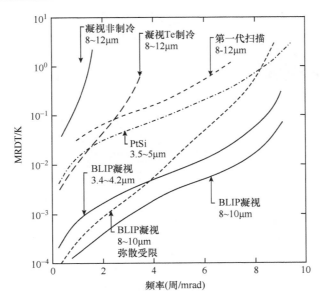

图 19.25　凝视型焦平面阵列结构在不同波段的 BLIP MRDT
（资料源自：Kozlowski, L. J. and Kosonocky, W. F., Handbook of Optics, Chapter 23, McGraw-Hill, Inc., New York, 1995）

19.6　自适应焦平面阵列

以微机电系统（MEMS）为基础可调谐红外探测器领域最近取得的进展有希望制造出电压可调谐多波段红外焦平面阵列，这些技术已经成为美国国防部高级研究项目局（DARPA）投资的自适应焦平面阵列（Adaptive Focal Plane Array，AFPA）计划的一部分，并演示验证了多光谱可调谐红外 HgCdTe 探测器结构[50-54]。目前，其它研究小组利用 HgCdTe[55-57] 和 IV-VI 族探测器[58]分别开始独立研发自适应焦平面阵列。

图 19.26 给出了以 MEMS 为基础可调谐红外探测器的一般概念。MEMS 滤波器是静电致动法布里-泊罗可调谐专用滤波器，在具体实施过程中，MEMS 滤波器阵列的安装能让滤波器面向探测器，从而使光谱串扰降至最低。由于利用 MEMS 制造技术，一系列器件，如光具座，都可以制造在红外探测器阵列上，从而在探测器上对入射光进行调谐。如果可以对光具座进行编程，到探测器表面距离的变化达到红外波长数量级，则该探测器就能连续地对整个波段范围的所有波长响应。

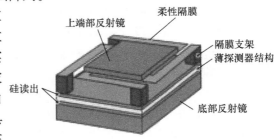

图 19.26　以 MEMS 为基础可调谐红外探测器的一般概念

自适应焦平面阵列采用的各种组件集成技术涉及许多学科间复杂的相互作用，包括 MEMS 器件处理、光学镀膜技术、微透镜、光学系统建模以及焦平面阵列，其目的是形成每个像素的波长灵敏度都可以单独调谐的图像-传感器阵列。事实上，该器件是由电子可编程微光谱仪大尺寸阵列组成的。

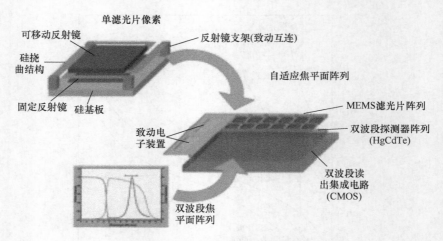

图 19.27 双波段自适应焦平面阵列

（资料源自：Gunning, W. I., DeNatale, J., Stupar, P., Borwick, R., Lauxterman, S., Kobrin, P., and Auyeung, J., "Dual Band Adaptive Focal Plane Array. An Example of the Challenge and Potential of Intelligent Integrated Microsystems", Proceedings of SPIE 6232, 62320F, 2006）

美国特利丹（Teledyne）科学成像公司利用双波段自适应焦平面阵列提供了中波红外光谱宽波段成像技术，并验证了长波红外光谱区同时进行光谱调谐技术（见图19.27）。滤波器特性（包括长波红外带通带宽和可调谐范围）取决于集成薄膜反射镜和增透膜。表面上每个 MEMS 的名义尺寸是 $100\sim200\mu m$，每个探测器覆盖一个小子阵列探测器像素。使用像素间距 $20\mu m$ 的双波段焦平面阵列就可以使每个 MEMS 滤波器覆盖 $5\times5\sim10\times10$ 个像素的探测器子阵列，然后，MEMS 滤波器阵列将逐步演变到单个可调谐像素。

上述器件需要新的读出集成电路以适应每个像素中增加的控制功能，因此，在焦平面阵列背侧 $100\mu m$ 内设计安装 MEMS 滤波器，一个分离型 MEMS 致动集成电路（MEMS Actuation IC，MAIC）与 MEMS 芯片混成（见图19.28），通过器件侧上面的针块连接器完成 MEMS 致动集成电路的连接。

图 19.28 AFPA 综合测试包的分解图（展示安装在双波段焦平面阵列上面的 MEMS/MAIC 混成组件；利用图右下所示的连接件完成对 MAIC 的连接，将短针连接器安装到位）

（资料源自：Gunning, W., Lauxtermann, S., Durmas, H., Xu, M., Stupar, P., Borwick, R., Cooper, D., Kobrin, P., Kangas, M., DeNatale, J., and Tennant, W., "MEMS-Based Tunable Filters for Compact IR Spectral Imaging", Proceedings of SPIE 7298, 729821, 2009）

图 19.29 给出了一个典型滤波器对 $8\sim11\mu m$ 光谱范围内各种波长进行调谐得到的光谱响应测量值[53]。长波红外带通带宽的测量值约为 100nm。每个 MEMS 滤波器数据都相对峰值进行归一化，以消除对焦平面阵列光谱响应的依赖性。已经发现，边带振荡是由于焦平面

阵列背侧反射与 MEMS 滤波器反射镜间的干涉造成。

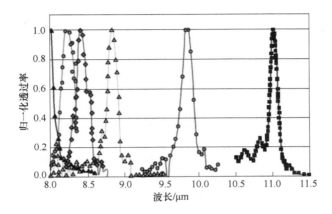

图 19.29　集成 AFPA 器件归一化透射率测量值，显示 8~11μm 光谱范围内窄带
光谱响应（对于每次测量，都要将 MEMS 滤波器调谐到一个固定波长，
随着对窄带入射照明光的扫描，便记录下 FPA 的输出）

（资料源自：Gunning, W., Lauxtermann, S., Durmas, H., Xu, M., Stupar, P., Borwick, R., Cooper, D., Kobrin, P., Kangas, M., DeNatale, J., and Tennant, W., "MEMS-Based Tunable Filters for Compact IR Spectral Imaging", Proceedings of SPIE 7298, 729821, 2009）

将 AFPA 的概念变为现实，将使重要的军事任务，包括侦查、战场监测和精确定位，明显提高其性能成为可能[50]。

参 考 文 献

1. J. T. Caulfield, "Next Generation IR Focal Plane Arrays and Applications," *Proceedings of the 32nd Applied Imagery Pattern Recognition Workshop*, 7–10, IEEE, New York, October 2003.
2. http://coolcosmos.ipac.caltech.edu/cosmic_classroom/timeline/timeline_onepage.heml
3. H. J. Walker,"Brief History of Infrared Astronomy," *Astronomy and Geophysics* 41, 10–13, October 2000.
4. W. Smith,"Effect of Light on Selenium During the Passage of an Electric Current," *Nature* 7, 303, 1873.
5. T. W. Case,"Notes on the Change of Resistance of Certain Substrates in Light," *Physical Review* 9, 305–10, 1917.
6. R. J. Cushman,"Film-Type Infrared Photoconductors," *Proceedings of IRE* 47, 1471–75, 1959.
7. P. Norton,"Detector Focal Plane Array Technology," in *Encyclpedia of Optical Engineering*, ed. R. Driggers, 320–48, Marcel Dekker Inc., New York, 2003.
8. M. A. Kinch, "Fifty Years of HgCdTe at Texas Instruments and Beyond," *Proceedings of SPIE* 7298, 72982T, 2009.
9. T. Elliott," Recollections of MCT Work in the UK at Malvern and Southampton," *Proceedings of SPIE* 7298, 72982M, 2009.
10. A. Hoffman,"Semiconductor Processing Technology Improves Resolution of Infrared Arrays," *Laser Focus World*, 81–84, February 2006.
11. J. W. Beletic, R. Blank, D. Gulbransen, D. Lee, M. Loose, E. C. Piquette, T. Sprafke, W. E. Tennant, M. Zan-

dian, and J. Zino, "Teledyne Imaging Sensors: Infrared Imaging Technogies for Astronomy & Civil Space," *Proceedings of SPIE* 7021, 70210H, 2008.

12. A. W. Hoffman, P. L. Love, and J. P. Rosbeck, "Mega – Pixel Detector Arrays: Visible to 28μm," *Proceedings of SPIE* 5167, 194 – 203, 204.

13. D. A. Scribner, M. R. Kruer, and J. M. Killiany, "Infrared Focal Plane Array Technology," *Proceedings of IEEE* 79, 66-85, 1991.

14. J. Janesick, "Charge Coupled CMOS and Hybrid Detector Arrays," *Proceedings of SPIE* 5167, 1-18, 2003.

15. B. Burke, P. Jorden, and P. Vu, "CCD Technology," *Experimental Astronomy* 19, 69-102, 2005.

16. A. Hoffman, M. Loose, and V. Suntharalingam, "CMOS Detector Technology," *Experimental Astronomy* 19, 111-34, 2005.

17. W. S. Boyle and G. E. Smith, "Charge-Coupled Semiconductor Devices," *Bell Systems Technical Journal* 49, 587-93, 1970.

18. E. R. Fossum, "Active Pixel Sensors: Are CCD's Dinosaurs?" *Proceedings of SPIE* 1900, 2-14, 1993.

19. E. R. Fossum and B. Pain, "Infrared Readout Electronics for Space Science Sensors: State of the Art and Future Directions," *Proceedings of SPIE* 2020, 262-85, 1993.

20. M. J. Hewitt, J. L. Vampola, S. H. Black, and C. J. Nielsen, "Infrared Readout Electronics: A Historical Perspective," *Proceedings of SPIE* 2226, 108-19, 1994.

21. L. J. Kozlowski, J. Montroy, K. Vural, and W. E. Kleinhans, "Ultra-Low Noise Infrared Focal Plane Array Status," *Proceedings of SPIE* 3436, 162-71, 1998.

22. L. J. Kozlowski, K. Vural, J. Luo, A. Tomasini, T. Liu, and W. E. Kleinhans, "Low-Noise Infrared and Visible Focal Plane Arrays," *Opto-Electronics Review* 7, 259-69, 1999.

23. J. Janesick, "Dueling Detectors. CMOS or CCD?" *SPIE's OEmagazine*, 30-33, February 2002.

24. J. L. Vampola, "Readout Electronics for Infrared Sensors," in *The Infrared and Electro-Optical Systems Handbook*, Vol. 3, ed. W. D. Rogatto, 285-342, SPIE Press, Bellingham, WA, 1993.

25. R. Thorn, "High Density Infrared Detector Arrays," U. S. Patent No. 4,039,833, 1977.

26. I. M. Baker and R. A. Ballingall, "Photovoltaic CdHgTe-Silicon Hybrid Focal Planes," *Proceedings of SPIE* 510, 121-29, 1984.

27. I. M. Baker, "Photovoltaic IR Detectors," in *Narrow-Gap II-VI Compounds for Optoelectronic and Electromagnetic Applications*, ed. P. Capper, 450-73, Chapman & Hall, London, 1997.

28. A. Turner, T. Teherani, J. Ehmke, C. Pettitt, P. Conlon, J. Beck, K. McCormack, et al., "Producibility of VIP™ Scanning Focal Plane Arrays," *Proceedings of SPIE* 2228, 237-48, 1994.

29. M. A. Kinch, "HDVIP™ FPA Technology at DRS," *Proceedings of SPIE* 4369, 566-78, 2001.

30. P. Norton, J. Campbell, S. Horn, and D. Reago, "Third-Generation Infrared Imagers," *Proceedings of SPIE* 4130, 226-36, 2000.

31. S. D. Gunapala, S. V. Bandara, J. K. Liu, J. M. Mumolo, C. J. Hill, D. Z. Ting, E. Kurth, J. Woolaway, P. D. LeVan, and M. Z. Tidrow, "Towards 16 Megapixel Focal Plane Arrays," *Proceedings of SPIE* 6660, 66600E, 2007.

32. http://www.teledyne-si.com/infrared_visible_fpas/index.html

33. E. P. G. Smith, G. M. Venzor, Y. Petraitis, M. V. Liguori, A. R. Levy, C. K. Rabkin, J. M. Peterson, M. Reddy, S. M. Johnson, and J. W. Bangs, "Fabrication and Characterization of Small Unit-Cell Molecular Beam Epitaxy Grown HgCdTe-on-Si Mid-Wavelength Infrared Detectors," *Journal of Electronic Materials* 36, 1045-51, 2007.

34. G. Destefanis, J. Baylet, P. Ballet, P. Castelein, F. Rothan, O. Gravrand, J. Rothman, J. P. Chamonal, and

Million,"Status of HgCdTe Bicolor and Dual-Band Infrared Focal Plane Arrays at LETI," *Journal of Electronic Materials* 36, 1031-44, 2007.

35. L. J. Kozlowski, S. A. Cabelli, D. E. Cooper, and K. Vural, "Low Background Infrared Hybrid Focal Plane Array Characterization," *Proceedings of SPIE* 1946, 199-213, 1993.
36. J. T. Longo, D. T. Cheung, A. M. Andrews, C. C. Wang, and J. M. Tracy, "Infrared Focal Planes in Intrinsic Semiconductors," *IEEE Transactions on Electron Devices* ED-25, 213-32, 1978.
37. P. Felix, M. Moulin, B. Munier, J. Portmann, and J.-P. Reboul, "CCD Readout of Infrared Hybrid Focal-Plane Arrays," *IEEE Transactions on Electron Devices* ED-27, 175-88, 1980.
38. L. J. Kozlowski and W. F. Kosonocky, "Infrared Detector Arrays," in *Handbook of Optics*, Chapter 23, eds. M. Bass, E. W. Van Stryland, D. R. Williams, and W. L. Wolfe, McGraw-Hill, Inc., New York, 1995.
39. M. Kimata and N. Tubouchi, "Charge Transfer Devices," in *Infrared Photon Detectors*, ed. A. Rogalski, 99-144, SPIE Optical Engineering Press, Bellingham, WA, 1995.
40. J. Bajaj, "State-of-the-Art HgCdTe Materials and Devices for Infrared Imaging," in *Physics of Semiconductor Devices*, eds. V. Kumar and S. K. Agarwal, 1297-1309, Narosa Publishing House, New Delhi, 1998.
41. J. M. Lloyd, *Thermal Imaging Systems*, Plenum Press, New York, 1975.
42. J. M. Lopez-Alonso, "Noise Equivalent Temperature Difference (NETD)," in *Encyclopedia of Optical Engineering*, ed. R. Driggers, 1466-74, Marcel Dekker Inc., New York, 2003.
43. G. Gaussorgues, *La Thermographe Infrarouge*, Lavoisier, Paris, 1984.
44. J. M. Mooney, F. D. Shepherd, W. S. Ewing, and J. Silverman, "Responsivity Nonuniformity Limited Performance of Infrared Staring Cameras," *Optical Engineering* 28, 1151-61, 1989.
45. L. J. Kozlowski, "HgCdTe Focal Plane Arrays for High Performance Infrared Cameras," *Proceedings of SPIE* 3179, 200-11, 1997.
46. A. C. Goldberger, S. W. Kennerly, J. W. Little, H. K. Pollehn, T. A. Shafer, C. L. Mears, H. F. Schaake, M. Winn, M. Taylor, and P. N. Uppal, "Comparison of HgCdTe and QWIP Dual-Band Focal Plane Arrays," *Proceedings of SPIE* 4369, 532-46, 2001.
47. STANAG No. 4349. *Measurement of the Minimum Resolvable Temperature Difference (METD) of Thermal Cameras.*
48. E. Dereniak and G. Boreman, *Infrared Detectors and Systems*, John Wiley and Sons, New York, 1996.
49. K. Krapels, R. Driggers, R. Vollmerhausen, and C. Halford, "Minimum Resolvable Temperature Difference (MRT): Procedure Improvements and Dynamic MRT," *Infrared Physics & Technology* 43, 17-31, 2002.
50. J. Carrano, J. Brown, P. Perconti, and K. Barnard, "Tuning In to Detection," *SPIE's OEmagazine* 20-22, April 2004.
51. W. J. Gunning, J. DeNatale, P. Stupar, R. Borwick, R. Dannenberg, R. Sczupak, and P O Pettersson, "Adaptive Focal Plane Array: An Example of MEMS, Photonics, and Electronics Integration," *Proceedings of SPIE* 5783, 336-75, 2005.
52. W. I. Gunning, J. DeNatale, P. Stupar, R. Borwick, S. Lauxterman, P. Kobrin, and J. Auyeung, "Dual Band Adaptive Focal Plane Array. An Example of the Challenge and Potential of Intelligent Integrated Microsystems," *Proceedings of SPIE* 6232, 62320F, 2006.
53. W. Gunning, S. Lauxtermann, H. Durmas, M. Xu, P. Stupar, R. Borwick, D. Cooper, P. Kobrin, M. Kangas, J. DeNatale, and W. Tennant, "MEMS-Based Tunable Filters for Compact IR Spectral Imaging," *Proceedings of SPIE* 7298, 729821, 2009.
54. C. A. Musca, J. Antoszewski, K. J. Winchester, A. J. Keating, T. Nguyen, K. K. M. B. D. Silva, J. M. Dell, et al., "Monolithic Integration of an Infrared Photon Detector with a MEMS-Based Tunable Filter," *IEEE*

Electron Device Letters 26, 888-90, 2005.

55. A. J. Keating, K. K. M. B. D. Silva, J. M. Dell, C. A. Musca, and L. Faraone, "Optical Characteristics of Fabry-Perot MEMS Filters Integrated on Tunable Short-Wave IR Detectors," *IEEE Photonics Technology Letters* 18, 1079-81, 2006.
56. J. Antoszewski, K. J. Winchester, T. Nguyen, A. J. Keating, K. K. M. B. Dilusha Silva, C. A. Musca, J. M. Dell, and L. Faraone, "Materials and Processes for MEMS-Based Infrared Microspectrometer Integrated on HgCdTe Detector," *IEEE Journal of Selected Topics in Quantum Electronics* 14, 1031-41, 2008.
57. L. P. Schuler, J. S. Milne, J. M. Dell, and L. Faraone, "MEMS-Based Microspectrometer Technologies for NIR and MIR Wavelengths," *Journal of Physics D: Applied Physics* 42, 13301, 2009.
58. H. Zogg, M. Arnold, F. Felder, M. Rahim, C. Ebneter, I. Zasavitskiy, N. Quack, S. Blunier, and J. Dual, "Epitaxial Lead Chalcogenides on Si Got Mid-IR Detectors and Emitters Including Cavities," *Journal of Electronic Materials* 37, 1497-1503, 2008.

第 20 章 热探测器焦平面阵列

多年来，热探测器红外成像一直是研究和开发的课题。热探测器不适用于高速扫描热成像仪，只有热释电光导摄像管找到了较为广泛的应用。大约 1970 年左右，这些器件就达到了其性能的基本极限。然而，热探测器的速度足以满足使用二维探测器的非扫描热像仪的需求。图 20.1 给出了具有典型探测率的热探测器噪声等效温差（NEDT）与噪声带宽的关系[1]，在下述条件下得到计算值：像素尺寸 $100\mu m \times 100\mu m$，光谱范围为 $8 \sim 14\mu m$，红外系统的数值孔径为 $f/1$，光学透过率 $t_{op}=1$。对于大尺寸热探测器阵列，由于有效噪声带宽可以小于 100Hz，所以，NEDT 的最佳值能够低于 0.1K，足以与由小型光子探测器阵列和扫描装置组成的普通制冷热像仪的几百 kHz 带宽相比拟。该状况使热成像技术处于一场技术革命之中，原因是二维电子扫描阵列的快速发展，能够以大量的像元使中等灵敏度得到补偿。大规模集成与微机械加工技术相结合能够制造大尺寸二维非制冷红外传感器阵列，从而使低成本、高性能热像仪的制造成为可能。虽然是为军事应用进行研发，但低成本红外成像仪同样应用于非军事应用中，如驾驶员监视仪、飞机辅助观察仪、工业工艺监测、社区服务、消防、便携式探矿（或探雷）、夜视、边境检测、执法、搜救等。

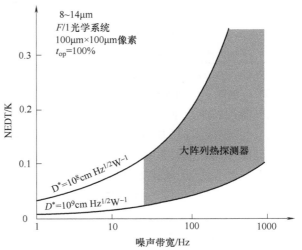

图 20.1 热探测器在典型探测率下的 NEDT 与等效噪声带宽的关系

（资料源自：Watton, R., and Mansi, M. V., "Performance of a Thermal Imager Employing a Hybrid Pyroelectric Detector Array with MOSFET Readout", Proceedings of SPIE 865, 78-85, 1987）

低温制冷热像仪代表性的成本价约为 \$50000(U.S.)，从而将其定位于重要的军事应用，包括全黑暗工作环境。成本太高难以广泛应用的军用系统派生出一些商用系统（如微测辐射热计、辐射计和铁电成像仪）。成像辐射计使用以快照模式工作的线性热电阵列，其价格比使用微测辐射热计的电视速率成像辐射计降了许多[2]。随着批量生产增大，商用系统的价格将不可避免地降低（见表 20.1）。

表 20.1 热像仪商用非制冷阵列的大概价格

性　　能	价格/\$
640×480 像素，$25\mu m \times 25\mu m$ 测辐射热计阵列	15000
384×288 像素，$35\mu m \times 35\mu m$ 或 $25\mu m \times 25\mu m$ 测辐射热计阵列	4000 ~ 5500
320×240 像素，$50\mu m \times 50\mu m$ 测辐射热计阵列	3500 ~ 500

性能	价格/$
320×240 像素，50μm×50μm 测辐射热计阵列（成像辐射计）*	1500~30000
120×1 像素，50μm×50μm 热电阵列（成像辐射计）*	<8000
320×240 像素，50μm×50μm 混合型铁电测辐射热计阵列成像仪（增强驾驶员观察能力）	1500~3000
160×120 像素，50μm×50μm 测辐射热计阵列（应用于热像仪）	<2000
160×120 像素，50μm×50μm 测辐射热计阵列（驾驶员增强观察系统）	<2000
160×120 像素，50μm×50μm 测辐射热计阵列（成像辐射计）	<4000

辐射计阵列的价格相当高，取决于特殊的性能需求。表中列出的估算价应视为大概价格。

* 阵列的成本会因为尺寸变化而大幅升高，也会因为特殊要求而改变。表中给出的预测值只是一个估计。

NEDT 是焦平面阵列（FPA）的品质因数。正如本书 19.4 节所述，该参数综合考虑了光学系统、阵列和读出电子电路。

假设与探测器温度扰动噪声相比，其它探测器（像素）和系统噪声源都可以忽略不计，那么，就能够确定温度扰动噪声对焦平面阵列性能的限制。将式（3.23）代入式（19.11），则给出温度扰动噪声限 NEDT（即 NEDT_t）：

$$\text{NEDT}_t = \frac{8F^2 T_d (kG_{\text{th}})^{1/2}}{\varepsilon t_{\text{op}} A_d} \left[\int_{\lambda_a}^{\lambda_b} \frac{dM}{dT} d\lambda \right] \tag{20.1}$$

可以以类似方式确定背景扰动噪声对 NEDT 的限制。将辐射变化主导热变化机制时，得到 NEDT_b。在这种情况中，将式（3.24）代入式（19.11），得到：

$$\text{NEDT}_b = \frac{8F^2 [2kG\sigma(T_d^5 + T_b^5)_{\text{th}}\Delta f]^{1/2}}{(\varepsilon A_d)^{1/2} t_{\text{op}}} \left[\int_{\lambda_a}^{\lambda_b} \frac{dM}{dT} d\lambda \right]^{-1} \tag{20.2}$$

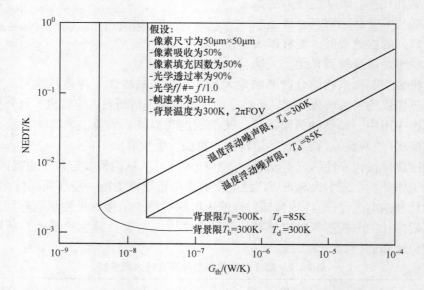

图 20.2 温度扰动噪声和背景扰动噪声对非制冷和低温热探测器焦平面阵列 NEDT 的限制，是热导率的函数（其它参数列在图中）

（资料源自：Kruse, P. W., Infrared Physics & Technology, 36, 869-82, 1995）

根据式(20.1)和式(20.2)分别计算出在工作温度300K和85K,以及背景温度300K条件下焦平面阵列的温度扰动噪声和背景扰动噪声限NEDT,如图20.2所示[3],计算时使用的其它参数也列于图中。所有热红外探测器的数值都位于或高于图20.2所示的极限值。由于其噪声都大于温度扰动噪声,所以,实际探测器的值一般都位于对应的极限线之上。

非制冷热成像系统在灵敏度和响应时间之间采取了重要的折中。由于NEDT正比于$G_{th}^{1/2}$,而探测器的响应时间反比于G_{th},所以,热传导率是一个特别重要的参数。材料处理技术的改进致使热传导率发生变化,从而能够以牺牲时间响应为代价而提高灵敏度。赫恩(Horn)及其同事对NEDT和时间响应进行折中而完成的典型计算结果如图20.3所示[5]。

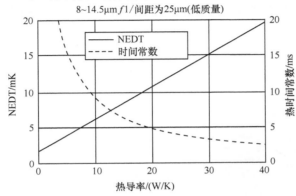

图20.3 非制冷热成像系统灵敏度和响应时间之间的折中
(资料源自:Ratches, J. A., *Ferroelectrics*, 342, 183-92, 2006)

20.1 热电堆焦平面阵列

大部分热电堆是作为单点探测器,广泛应用于低功率领域,如辐射温度传感器和红外气体探测器。热电堆具有很有用的特性:高线性,不需要光学斩波器,其D^*值与电阻测辐射热计和热电探测器相差不大;可以工作在一个很宽的温度范围内,几乎对温度稳定性没有要求;无需施加偏压,从而导致$1/f$噪声可以忽略不计,并且在其输出信号中没有平顶基座脉冲电压。然而,实现热电堆阵列受到了限制,并花费极少精力进行该方面研究,原因是实现每一个热电堆像素都需要大尺寸像素。像素尺寸,如$250\mu m \times 250\mu m$,尤其限制着其应用于大幅面探测器阵列。其响应度(5~15V/W数量级)和噪声低几个数量级,因此,为了实现其潜在性能,在热成像系统中的应用就要求非常低噪声的电子。热释电探测器几乎没有找到类似电视帧频成像仪中矩阵阵列那样的应用,反而被用作线性阵列,通过机械扫描对静态或近似静态物体成像。宽工作温度范围、由于冷热结之间固有的微分运算方式而不要求温度稳定性及辐射测量精度都使热电堆非常适合于相同的空基科学成像应用[6]。然而,热电堆阵列中的温度梯度会造成相当大的偏移量,所以,要求对阵列仔细设计以使其温度的空间变化降至最小。这些限制使热电堆无法应用于需要大尺寸焦平面阵列的红外成像仪,而对非制冷红外探测器的注意力主要转移到微测辐射热计。

尽管存在上述限制,但也有一些将焦平面阵列与读出电路成功组合的例子。菅野(Kanno)等人利用后置CCD表面微制造技术令人鼓舞地制造出128×128阵列[7],阵列中的每个像素都有 32 对 p-多晶 Si/n-多晶 Si 热电堆，面积为 $100\mu m \times 100\mu m$，填充因数为 67%（见图 20.4）。在 CCD 上方，利用微制造技术制造一层厚度 450nm 的 SiO_2 隔膜层（作为隔热层）。多晶硅电极 70nm 厚和 $0.6\mu m$ 宽。热结位于隔膜层中心部位，而冷结位于热导率很大的隔膜层外边缘。

32 对热电堆的低频电压响应度是 1550V/W（见图 20.5）。128×128 热电堆焦平面阵列扫描器由垂直和水平隐藏式 CCD 组成，具有相重叠的双层多晶硅电极。130Hz 的截止频率完全能够以每秒 30 帧或 60 帧的速度拍摄运动目标。据报道，使用数值孔径的光学系统，其 NEDT 是 0.5K。虽然这些参数对热电堆焦平面阵列已经非常好，但要求真空封装下工作却提高了其价格。此外，与互补型金属氧化物半导体（CMOS）技术相比，目前 CCD 技术不是广泛使用的技术。

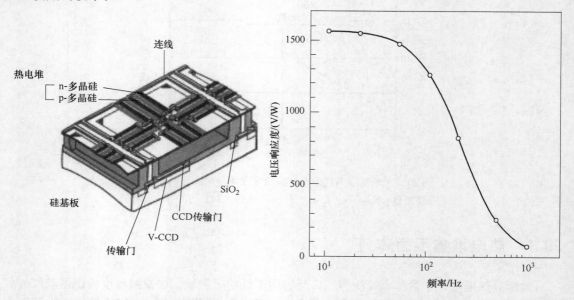

图 20.4 热电堆红外焦平面阵列的像素结构
（资料源自：Kanno, T., Saga, M., Matsumoto, S., Uchida, M., Tsukamoto, N., Tanaka, A., Itoh, S., et al., "Uncooled Infrared Focal Plane Array Having 128×128 Thermopile Detector Elements", *Proceedings of SPIE* 2269, 450-59, 1994）

图 20.5 热电堆电压响应度与频率关系
（资料源自：Kanno, T., Saga, M., Matsumoto, S., Uchida, M., Tsukamoto, N., Tanaka, A., Itoh, S., et al., "Uncooled Infrared Focal Plane Array Having 128×128 Thermopile Detector Elements", *Proceedings of SPIE* 2269, 450-59, 1994）

最近，日本尼桑（Nissan）研究中心验证了另一种适用于各种汽车传感器系统的大幅面热电堆焦平面阵列[8,9]。在该 120×90 元阵列中的每个探测器包含有两对 p-n 多晶热电偶，外部几何尺寸是 $100\mu m \times 100\mu m$，内电阻是 $90k\Omega$。为了使探测器隔热，采用前端体蚀刻。精密图形转印生成的黑色金吸收层以及利用磷硅酸盐玻璃牺牲层的脱膜技术能够使探测器具有高响应度，约为 3900V/W。采用 $0.8\mu m$ CMOS 工艺来单片集成热电堆。表 20.2 列出了器件的技术要求和性能。使用数值孔径 $f/1$ 的光学系统（与 CCD 扫描仪的热电焦平面阵列是相同水平），NEDT 的测量值是 0.5K[7]。图 20.6 给出了已进行偏移量和响应度补偿的红外图像[9]。

表 20.2　120×90 元红外成像热电堆传感器的技术指标

参　数	指　标	参　数	指　标
像元间距	100μm	电压响应度	3900V/W
填充因数	42%	时间常数	44ms
热电堆对	2	电阻	99kΩ
热电堆宽度	0.8μm	模具尺寸	14mm×11mm
束梁数目	2	光窗	Ge
束梁宽度	4.4μm	封装尺寸	44mm(直径)

(资料源自：M. Hirota, Y. Nakajima, M. Saito, and M. Uchiyama, Sensors Actuators, A135, 146-51, 2007)

密歇根(Michigan)大学的研究人员使用本单位发明的 3μm CMOS 工艺验证了一种 32×32 焦平面阵列，主要在晶片后侧采用微机械制造技术将 32 对 n-p 多晶硅热电偶加工在电介质隔膜上，从而实现 375μm×375μm 尺寸的像素，敏感区面积（原文将"area"错印为"are"。——译者注）300μm×300μm（填充因数 64%）[10]。但是，为了使像素间散热、避免冷结被加热以及相邻像素间有良好的隔热效果，在晶片前侧也设置一些小的刻蚀腔，该器件的电压响应度是 15V/W，热时间常数是 1ms，比探测率是 1.6×10^7 cm $Hz^{1/2}$/W。

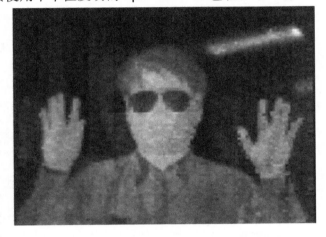

图 20.6　使用 120×90 元焦平面阵列摄取的红外图像
(资料源自：Hirota, M., Nakajima, Y., Saito, M., and Uchiyama, M., Sensors Actuators, A135, 146-51, 2007)

低成本和二维热电堆阵列可加工性的要求使人们对使用多晶硅热电材料极感兴趣，热电堆也因而具有较低的热电品质因数。富特(Foote)及其同事[11-13]将 Bi-Te 与 Bi-Sb-Te 热电材料相组合提高了热电堆线性阵列的性能，与大部分其它的热电阵列相比，其 D^* 值是最高的，如图 5.5 所示。本章参考文献【11】介绍了热电堆线性阵列技术，由 0.5μm 厚 Si_3N_4 膜组成，对下面的硅基板形成背面蚀刻。在每层膜上，都有一些 Bi-Te 和 Bi-Sb-Te 热电偶沿基板与膜之间的细底座流转。探测器与狭缝紧密排列，通过隔膜使探测器彼此分开，并确定探测器的底座。

由于 Bi-Sb-Te 材料并不完全适合 CMOS 技术，所以，将线性热电偶阵列连接在一起，以便与 CMOS 读出电子芯片分开。这种技术已经发展到利用具有两层牺牲层的三级结构以提高二维阵列的性能，以这种方式有可能增大填充因数并在每个像素中耦合大量的热电偶。图 20.7 给出了热电堆探测器结构[13]，几乎有 100% 的填充因数，并且，该模型认为，探测器的最佳 D^* 值将超过 10^9 cm $Hz^{1/2}$/W。下一步的奋斗目标是继续制造高性能大尺寸焦平面阵列。

麦克马纳斯(McManus)和米克尔森(Mickelson)[14]，以及克鲁斯(Kruse)[2]介绍过一些使用铬/康铜热电偶的硅微结构线性热电阵列成像辐射计。一个例子是使用 120 像素的线性阵

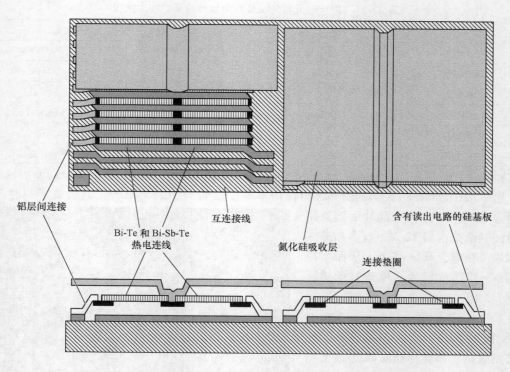

图 20.7 热电堆探测器结构示意图（上图表示两个像素的俯视图，将像素左侧部分剖开以显示底层结构；下图是两个像素的侧视截面图）

（资料源自：Foote, M. C., and Gaalema, S., "Progress Towards High-Performance Thermopile Imaging Arrays", *Proceedings of SPIE* 4369, 350-54, 2001）

列。其中像素间距为 $50\mu m$，热电堆由三个串联热电偶组成。该线性阵列以 1.44s 的周期机械扫描数值孔径 $f/0.7$ 锗透镜的焦平面，NEDT 是 0.35K。IR SnapShot®成像辐射计热电线性阵列的技术规范见表 20.3[2]。

表 20.3 IR SnapShot 成像辐射计热电线性阵列的技术规范

参　数	性　能	参　数	性　能
像素数	128	温度 300K 时的电阻/Ω	2380
访问像素数	120	热响应时间/s	12
像素尺寸/μm	50	响应度/(V/W)	265
每个像素的结数	3	$D^*/(cm\ Hz^{1/2}/W)$	1.7×10^8

（资料源自：P. W. Kruse, Uncooled Thermal Imaging, Arrays, Systems, and Applications, SPIE Press, Bellingham, WA, 2001）

美国安阿伯（Ann Arbor）传感器系统有限责任公司专门是从事非接触温度测量的小公司，总部设在密歇根州，与总部位于马来西亚（Malaysia）的万德（MemsTech）公司采用 32×32 热电堆焦平面技术联合研发了第一台商业热像仪 AXT100（见图 20.8[15]）。采用普通的 CMOS 处理和非真空封装技术实现了低生产成本。该热像仪具有图像处理能力，通过平滑插值，使 32×32 的图像达到 128×128 的分辨率。有两种手动调焦物镜可供选择——29°($f/0.8$)或 22°($f/1.0$)，光谱范围为 7~14μm,同时提供复合视频和 S-视频输出(包括 NTSC 和 PAL 制式)(NTSC 代表国际电视标准委员会制式;PAL 代表逐行倒相制式。——译者注)。

图 20.8 美国安阿伯(Ann Arbor)传感器系统公司制造的 AXT100 热电堆照相机
(资料源自:AXT100 brochure, http://www.aas2.com/products/axt100/index.htm)

20.2 测辐射热计焦平面阵列

虽然对非制冷热像仪的研究可以追溯到 20 世纪 70 年代,但最初的注意力是在低温材料上。非制冷红外技术能有今日成就要归功于 20 世纪 80 年代美国国防部。当时,与美国霍尼韦尔(Honeywell)公司和美国德州仪器(TI)公司签署了研究两种不同非制冷红外技术的大型合同[2,16,17]。美国德州仪器公司主要研发低温技术(如钛酸锶钡(BST)),而美国霍尼韦尔(Honeywell)公司集中开发微测辐射热计技术,两家公司都成功制造出灵敏度低于 50mK 的非制冷红外 320×240 幅面的焦平面阵列。1992 年,这些技术尚未分类,此后,许多其它公司也致力于该技术的研究,美国霍尼韦尔(Honeywell)公司已经授权几家公司,可以利用该技术为民用和军用系统研发和生产非制冷焦平面阵列。美国政府允许其生产商向国外销售该产品,但不能泄漏生产技术。另外几个国家,包括英国、法国、日本和韩国不服输,决定研制自己的非制冷成像系统,尽管美国在这方面起了重要的带头作用,但低成本非制冷红外系统最令人兴奋的进展可能来自非美国公司(如日本三菱电机(Mitsubishi Electric)公司研制的串联 p-n 结微测辐射热计焦平面阵列[18])。该方法非常新颖,以全硅型微测辐射热计为基础。目前,最重要的非制冷微测辐射热计焦平面阵列生产商如下:美国的雷神公司(Raytheon)[19-23],宇航系统(BAE)公司(源自霍尼韦尔公司)[24-27],诊断检查系统(DRS)公司(源自波音公司)[28-30],英迪格(Indigo)公司[31-32],红外视觉技术公司[33]和 L-3 通讯红外产品公司[34];加拿大国立光学研究所(INO)[35-38];法国尤利斯(ULIS)红外成像传感器公司[39-42];日本的日本电气公司(NEC)[43-46]和三菱电机公司(Mitsubishi)[18,47-50];英国的奎奈蒂克(QinetiQ)技术公司[51];比利时的贾克斯(XenICs)红外相机制造公司[52];以色列半导体器件(SCD)公司[53,54]。许多研究所也从事非制冷微测辐射热计红外阵列的研究。

目前非常感兴趣的热探测器是二维电子寻址阵列,其带宽小,并能对一个帧时积分。微桥探测器阵列的研制成功使非制冷热像仪的灵敏度和阵列尺寸有了重大进步。虽然灵敏度不如制冷光子探测器高，但对于低成本、重量轻和低功率红外热像仪已经足够了。当今 1024×768 元阵列（像素尺寸 17μm）NEDT 预测值小于 50mK。

正如本书 19.4 节所述，当探测器集成阵列时，具有高探测率极为重要，但判断品质最重要的标准是分辨视场中小温差的能力，表示为 NEDT。

为了正确计算 NEDT，合理分析带宽范围内的噪声源很重要。对于脉冲偏压微测辐射热计系统（即 VO_x 测辐射热计），有三种重要带宽：电带宽、热带宽和输出带宽[2,55]。

电带宽取决于为了测量探测器电阻而施加的偏压脉冲的积分时间。当施加脉冲偏压时，电带宽为[2]

$$\Delta f = \frac{1}{2\Delta t} \tag{20.3}$$

式中，Δt 为偏压脉冲持续时间。假设积分时间典型值是 60μs，则电带宽是 8kHz。

电带宽对于分析 $1/f$ 和约翰逊噪声十分重要。对于通过施加脉冲偏压以串联方式读出的大尺寸焦平面阵列。该带宽可以相当大，从而使其范围内的约翰逊噪声大于 $1/f$ 噪声。

热带宽取决于测辐射热计的热时间常数，对分析热起伏噪声非常重要。假设，测辐射热计用作第一级低通滤波器，则热带宽为

$$\Delta f = \frac{1}{4\tau_{th}} \tag{20.4}$$

式中，τ_{th} 为热时间常数。若时间常数的典型值是 5～20ms，则热带宽在 12～50Hz 间变化。

输出带宽是施以脉冲偏压时的带宽。假设帧速率是 30 或 60Hz，则按照下式计算出的输出带宽是 15～30Hz：

$$\Delta f = \frac{\text{帧速率}}{2} \tag{20.5}$$

由以上分析可以得出，电带宽远大于热和输出带宽。

可以证明，不同类型噪声对 NEDT 的贡献服从下面规律[55]：

- 约翰逊噪声

$$\text{NEDT}_{\text{Johnson}} \propto \frac{G_{th}(TR_B)^{1/2}}{V_b \alpha} \tag{20.6}$$

- 热起伏噪声

$$\text{NEDT}_{th} \propto TG_{th}^{1/2} \tag{20.7}$$

- $1/f$ 噪声

$$\text{NEDT}_{1/f} \propto \frac{\beta G_{th}}{\alpha} \tag{20.8}$$

式中，R_B 为测辐射热计电阻；β 为 $1/f$ 噪声电压测量值 $V_{1/f}$ 与探测器偏压 V_b 之比。

在 $1/f$ 噪声模式下，噪声电压应反比于载流子数 N 的二次方根[56]和体积，所以：

$$\beta = \frac{V_{1/f}}{V_b} \propto \frac{1}{N^{1/2}} \frac{1}{(\text{体积})^{1/2}} \propto \frac{1}{A^{1/2}} \tag{20.9}$$

图 20.9 给出了 $1/f$ 噪声对总噪声的贡献量与美国宇航系统（BAE）公司制造的 VO_x 薄膜表面面积的函数关系[55]。这种关系符合式（20.9）所述。遗憾的是，$1/f$ 噪声的这种依赖关系预测，较小像素测辐射热计会比较大像素有更高的 $1/f$ 噪声。

图 20.10 给出了不同探测器和电子噪声源对宇航系统公司 VO_x 微测辐射热计性能的影响。由该图得出的重要结论是:目前微测辐射热计的性能受限于 VO_x 材料中的 $1/f$ 噪声的影响。$1/f$ 噪声大是由于 VO_x 非多晶结构所致。正如式(20.6)所示,约翰逊噪声对 NEDT 的贡献量反比于偏压 V_b。当对测辐射热计施加高偏压时,这类噪声不会使系统性能有太大恶化,在足够高偏压区,读出集成电路和约翰逊噪声接近热起伏噪声。探测器引脚的热传导率、而非辐射传导率主导着热起伏噪声。

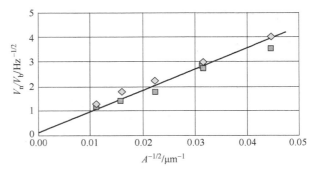

图 20.9 V_n/V_b 与 VO_x 薄膜表面积二次方根的倒数关系

(资料源自:Kohin, M., and Bulter, N., "Performance Limits of Uncooled Microbolometer Focal-Plane Arrays", *Proceedings of SPIE* 5406, 447-53, 2004)

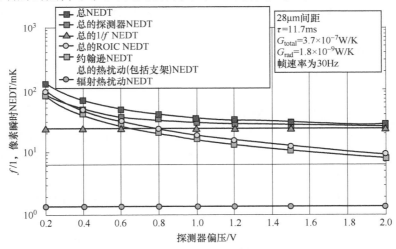

图 20.10 不同噪声源对 VO_x 微测辐射热计性能的影响

(资料源自:Kohin, M., and Bulter, N., "Performace Limits of Uncooled Microbolometer Focal-Plane Arrays", *Proceedings of SPIE* 5406, 447-53, 2004)

为了提高 VO_x 微测辐射热计性能,必须降低 $1/f$ 噪声。由式(20.8)可知,采用以下措施可以达到此目的:

- 降低探测器材料的 $1/f$ 噪声;
- 降低测辐射热计管脚的热传导率;
- 提高 VO_x 的 α。

最后一种方法对读出集成电路(ROIC)的动态范围将产生负面的作用[55]。

当约翰逊噪声和 $1/f$ 噪声起主导作用(见式(20.6)和式(20.8))时,如果正比于 G_{th} 的噪声源主要影响着 NEDT,并有 $\tau_{th} = C_{th}/G_{th}$,所以,可以引入下面形式的品质因数(FOM)[55]:

$$\text{FOM} = \text{NEDT} \times \tau_{th} \qquad (20.10)$$

用户不仅对灵敏度感兴趣,而且还有热时间常数,以及根据式(10.20)描述的品质因数

(FOM)确认的热时间常数和灵敏度之间的折中。图 20.11 给出了两种 NEDT×τ_{th} 乘积的 NEDT 对时间常数的关系。

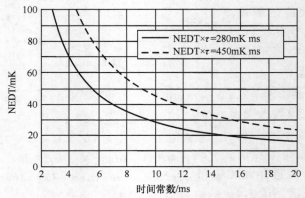

图 20.11 两种 NEDT×τ_{th} 乘积的微测辐射热计 NEDT 与热时间常数 τ_{th} 的计算值
(资料源自:Kohin, M., and Bulter, N., "Performace Limits of Uncooled VO$_x$ Microbolometer Focal-Plane Arrays", *Proceedings of SPIE* 5406, 447-53, 2004)

表 20.4 给出了提高微测辐射热计灵敏度的各种方法,可以看出,许多方法同时又负面地影响着热时间常数。

表 20.4 提高微测辐射热计系统灵敏度的方法

设计/工艺改进方案	对 NEDT 的影响	对热时间常数的影响	对系统尺寸的影响	备 注
增加 VO$_x$ 容量	减小	增大		像素电阻要足够大,使 VO$_x$ 电阻在像素总电阻中起主导作用;增加长度不会对电阻有负面的作用
降低材料中固有的 1/f 噪声	降低			如何降?
增大 VO$_x$ 的 TCR(电阻温度系数)	降低?			还不清楚较高的 TCR 材料是否有等效或更小的 1/f 噪声
减小引脚的热传导率	降低	增大		像素电阻要足够大,使 VO$_x$ 电阻在像素总电阻中起主导作用;增加长度不会对电阻有负面的作用
减小桥的热容	增大	减小		
增大桥的热传导率	增大	减小		
减小 f/#	减小		增大	
减小像素间距	增大		减小	对较小、较便宜的系统是必要的

(资料源自:M. Kohin and N. Butler, "Performance Limits of Uncooled Microbolometer Focal Plane Array", *Proceedings of SPIE* 5406, 447-53, 2004)

20.2.1 制造技术

最先进的微测辐射热计焦平面阵列制造技术源自 1982 年美国霍尼韦尔(Honeywell)技术中心伍德先生(R. A. Wood)领导的研究团队的开创性努力[2]。1985 年,该技术中心与美国国防部,主要是高级研究计划局(DARPA)、美国陆军夜视和电子传感器管理局(Night Vision and Electronic Sensors Directorate, NVESD),签署了军事应用研究合同,从而成功地研制出

50μm 像素、240×336 非制冷氧化钒阵列,能够在满足美国电视帧速率 30Hz 条件下工作。

1990~1994 年期间,美国霍尼韦尔(Honeywell)公司最初将该技术授权给四家公司——美国休斯(Hughes)、安博(Amber)、罗克韦尔(Rockwell)和劳拉(Loral)公司,允许为军民用系统研发和生产非制冷焦平面阵列,后被军工和航天工业兼并和收购,现在的名称是 British Aerospace(源自霍尼韦尔分部)和雷神(Raytheon)公司。各生产商对 VO_x 测辐射热计阵列进行了大量的研究工作,对美国霍尼韦尔(Honeywell)微测辐射热计的支撑结构进行了改进,从而增大了填充因数、减小了像素尺寸和提高了 CMOS 读出能力。

第一个 240×336 VO_x 50μm 微测辐射热计阵列是制造在标准工业晶片(直径 4in)上,与单片读出电路集成在底层硅片中(见本书 6.2.4 节)[57]。为了使微测辐射热计具有良好的隔热性,一般地,保证环境气压是 0.01mbar 数量级。通过测辐射热计管脚的热传导可以低至 3.5×10^{-8} W/K [55]。原理上,测辐射热计无需进行热稳定,然而,为了简化像素非均匀性校正,初始的霍尼韦尔测辐射热计阵列设计有热电温度稳定器。另一问题是需要通过顺序访问像素读出信号,其方法是依次对像素施加脉冲电压。通常,要求一个双极输入放大器,利用双 CMOS 技术能够满足要求。水平和垂直方向像素寻址电路与阵列相集成,然而,大部分模拟读出电路在芯片之外。光敏电阻中(一般是 10~20kΩ)的约翰逊噪声是主要的,额外还有 1/f 噪声和晶体管读出噪声贡献量。工作中,阵列将消耗大约 40mW 功率[57,58]。利用 f/1 光学系统的非制冷热像仪已经验证平均 NEDT 好于 0.05K(见图 20.12)。

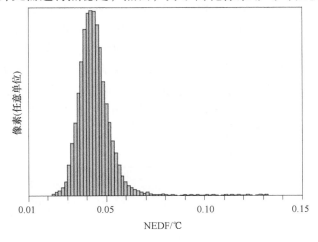

图 20.12 霍尼韦尔非制冷热像仪(光学系统数值孔径)像素 NEDT 测量值的直方图

(资料源自:Wood, R. A., "Uncooled Thermal Imaging with Monolithic Silicon Focal Planes", *Proceedings of SPIE* 2020, 322-29, 1993)

目前,大部分方法都使用 CMOS 硅电路,其功率损耗远低于双极型电路。此外,大部分读出电路都置于芯片上,也称为读出集成电路,商用焦平面阵列通常使用含有集成 A-D 转换的列并行读出结构[55,59]。

美国霍尼韦尔(Honeywell)公司研发了一种技术,将表面微机械桥结构置于经过 CMOS 处理的晶片上,该技术是最广泛应用于单片非制冷成像的方法之一。经简化的单片集成工艺步骤表示如图 20.13 所示[60]:首先加工读出集成电路,再顺序将探测器材料沉积和图形印制在读出集成晶片上;为了制造牺牲层,一般采用高温稳定的聚酰亚胺;最后,利用氧等离子体去除聚酰亚胺层,从而得到无需支撑的测辐射热计隔热膜。由于存在损害读出集成电路的风险,所以,对这种测辐射热计传感材料的镀膜工艺温度限制到约 450℃。低镀膜温度无法使用单晶材料,是单片集成的一个潜在缺点。对于由比利时微电子研究中心(IMEC)研制、后来转让给比利时贾克斯(XenICs)红外相机制造公司生产的多晶 SiGe 电阻微测辐射热计,该缺点更为严重。多晶 SiGe 需要在高温下涂镀,所以,不是很容易与 CMOS 集成[52]。该材料属于非晶体结构,需要复杂的后置 CMOS 处理工艺以减小残余应力的影响,所以,显示出很高的 $1/f$ 噪声。

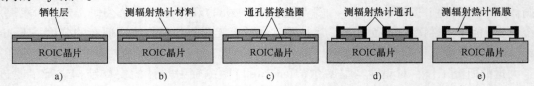

图 20.13 非制冷红外测辐射热计阵列的单片集成
a) 在 ROIC 晶片上镀牺牲层 b) 镀测辐射热计材料 c) 测辐射热计的图形转印
d) 形成通道 e) 牺牲层蚀刻

(资料源自:Niklas, F., Vieider, C., and Jakobsen, H., "MEMS-Based Uncooled Infrared Bolometer Arrays: A Review", *Proceedings of SPIE* 6836, 68360D-1, 2007)

制造非制冷测辐射热计的另一种方法是图 20.14 所示的体微机械制造技术[61]。测辐射热计形成在晶片的基板表面上,然后,选择性蚀刻测辐射热计下面的基板,使其与基板的其余部分隔热。对电子组件进行处理之前、后或中间对晶片进行微机械加工工艺。在体微机械制造技术中,电路和测辐射热计两者都可以按照一种标准 CMOS 生产线制造,是其一大优点。缺点是 ROIC 不能放置在测辐射热计隔膜之下,必须放置在其旁边,因而降低了阵列的填充因数。日本三菱(Mitsubilish)电机公司利用体微机械制造技术已成功制造出商用二极管测辐射热计阵列[50]。

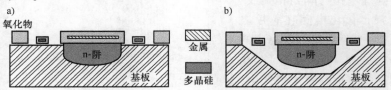

图 20.14 非制冷红外测辐射热计阵列的体微机械制造工艺
a) 为信号读出电路形成的测辐射热计和电路(一般地,并排设置)
b) 对测辐射热计隔膜下面的体材料进行选择性蚀刻

(资料源自:Eminoglu, S., Sabuncuoglu Tezcan, D., Tanrikulu, M. Y., and AKin, T. Sensors & Actuators A 109, 102-13, 2003)

制造微测辐射热计阵列的第三种技术是所谓的异质三维(3D)测辐射热计集成,如图 20.15 所示[60]。在这种情况中,测辐射热计材料涂镀在一块分离的辅助晶片上,继而,利用低温晶片胶合工艺将材料从辅助晶片转移到读出集成电路晶片上。该技术的重要优点是在标准读出集成电路上可以使用高性能测辐射热计单晶传感材料。瑞典阿切罗(Acreo)信息通信技术研究所(ICT)研发了这种三维测辐射热计集成工艺[62]。

20.2.2 焦平面阵列性能

与其它红外阵列技术相比,目前,微测辐射热计探测器是已经较大批量在生产,所要求的性能比较接近理论极限,并在重量、功率损耗和价格方面都具有优势。将 240×320 阵列 $50\mu m$ 微测辐射热计制造在标准工业晶片上(直径为 4in),连同单片读出电路集成在底层硅上,雷德福(Radford)等人研制出 $50\mu m$ 正方形氧化钒像素组成的 240×320 像素阵列,热时间常数是 40ms,得到的平均 NEDT($f/1$ 光学系统)是 $8.6mK$[63]。

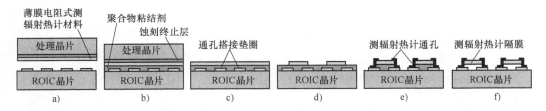

图 20.15 非制冷红外测辐射热计阵列异质三维集成

a) 分别制造 ROIC 晶片和镀有测辐射热计电阻材料的辅助晶片 b) 晶片胶合 c) 使辅助晶片变薄
d) 形成测辐射热计 e) 形成通道 f) 聚合物粘结剂的牺牲层蚀刻

(资料源自:Niklas, F., Vieider, C., and Jakobsen, H., "MEMS-Based Uncooled Infrared Bolometer Arrays: A Review", *Proceedings of SPIE* 6836, 68360D-1, 2007)

然而,为了减小像素尺寸以发挥几种潜在优势,要求有一种很强势的系统。许多非制冷红外成像系统的探测范围受限于像素的分辨率,而不是灵敏度。用标准锗材料设计的光学系统价格近似取决于材料直径的二次方,所以,减小像素尺寸会使光学系统成本降低。减小光学系统尺寸能够带来诸多益处:缩短总尺寸、重量和便携式红外系统的价格,此外,还能在每片晶片上制造更大量的焦平面阵列。然而,NEDT 反比于像素面积,因此,如果像素尺寸从 $50\mu m \times 50\mu m$ 减至 $17\mu m \times 17\mu m$,其它保持不变,那么,NEDT 将增大 9 倍。为了对此进行补偿,必须改进读出电路。

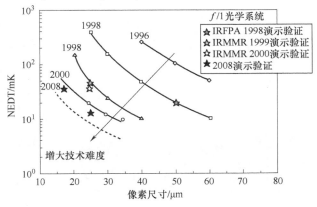

图 20.16 焦平面阵列的发展

(资料源自:Kohin, M., and Bulter, N., "Performace Limits of Uncooled VO$_x$ Microbolometer Focal-Plane Arrays", *Proceedings of SPIE* 5406, 447-53, 2004); Anderson, J., Bradley, D., Chen, D. C., Chin, R., Jurgelewicz, K., Radford, W., Kennedy, A., et al., "Low Cost Microsensors Program", *Proceedings of SPIE* 4369, 559-65, 2001.)

若未来阵列采用 $f/1$ 光学系统,则 $17\mu m$ 间隔的微测辐射热计焦平面阵列的 NEDT 预测值是 20mK(见图 20.16)[55,64]。然而,高灵敏度 $17\mu m$ 微测辐射热计的研发对制造工艺改进和像素设计是一个重大挑战,当像素单元小至 $40\mu m$ 以下,仍采用普通的单级微机械加工工艺制造微测辐射热计像素会使性能严重恶化。如果微测辐射热计的加工能力(设计规则)有明显改进,该问题将得到某种程度的缓解。

目前市售的测辐射热计阵列是由 VO$_x$、非晶态硅(a-Si)或者硅光敏二极管制造的。VO$_x$ 是主要的制造技术,其缺点是与 CMOS 生产线不兼容,在 CMOS 处理工艺之后还需要一条单独的生产线,以避免对 CMOS 生产线造成污染。图 20.17 给出了不同生产商制造的市售测辐射热计的电子扫描显微(SEM)图[30,55,65]。

普通单级测辐射热计阵列的填充因数一般是 60% ~ 70%[30,40]。为了提高填充因数,采用两层测辐射热计设计,填充因数高达 90%[21,46]。1998 年,韩国高级科学技术研究所(KAIST)的研究人员首次研究成功双层结构[66],图 20.17c 给出了两级(伞状结构)设计的例

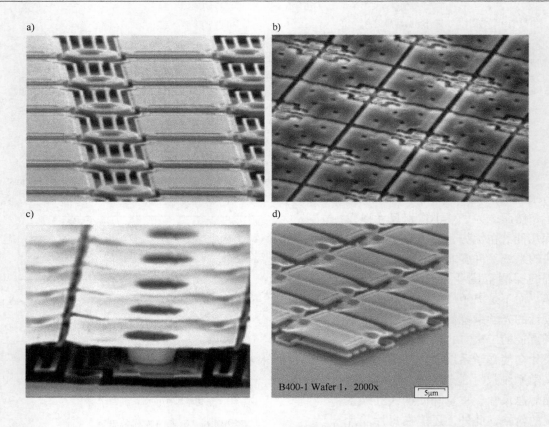

图 20.17 市售测辐射热计设计

a) 宇航系统公司 (BAE) 制造的 $28\mu m \times 28\mu m VO_x$ 测辐射热计 (资料源自: Kohin, M., and Bulter, N., "Performace Limits of Uncooled Microbolometer Focal-Plane Arrays", *Proceedings of SPIE* 5406, 447-53, 2004)

b) 尤利斯 (Ulis) 制造的 $50\mu m \times 50\mu m$ 非晶态测辐射热计

c) DRS 制造的 $17\mu m \times 17\mu m VO_x$ 伞状结构测辐射热计 (资料源自: Li, C., Skidmore, G. D., Howard, C., Han, C. J., Wood, L., Peysha, D., Williams, E., et al., "Recent Development of Ultra Small Pixel Uncooled Focal Plane Arrays at DRS", Proceedings of SPIE 6542, 65421Y, 2007)

d) 雷神 (Raytheon) 公司制造的 $17\mu m \times 17\mu m VO_x$ 测辐射热计 (资料源自: Black, S., Ray, M., Hewlitt, C., Wyles, R., Gordon, E., Almada, K., Baur, S., Kuiken, M., Chi, D., and Sessler, T., "RVS Uncooled sensor Development for Tactical Applications", *Proceedings of SPIE* 6940, 694022, 2008)

子。在这种情况中，测辐射热计引脚及某些情况下的感应材料都放置在测辐射热计吸收膜之下[30,46]。伞状结构阵列使用直至 $17\mu m \times 17\mu m$ 的非常小像素[30]。美国雷神 (Raytheon) 公司选择另外一种方式，也实现了先进的双层微机械制造工艺，在此情况下，将隔热层制造在结构的第一层上，而光学吸收区在第二层，该工艺也成功制造出 $17\mu m$ 像素间隔的焦平面阵列 (见图 20.17d)。

表 20.5 对目前仍处于研发阶段的产品和测辐射热计阵列的主要供应商和技术规范做了总结，表 20.6 专门总结了美国雷神 (Raytheon) 公司 VO_x 微测辐射热计的设计和性能参数。正如已看到的，美国宇航系统公司 (BAE)[26,27]、诊断检测系统 (DRS) 公司[30]、尤利斯 (ULIS) 红外成像传感器公司[41,42]、L-3 公司[34] 和以色列半导体器件 (SCD) 公司[54] 也得到了类似

性能。卓越的测辐射热计性能使红外相机的热和空间分辨率，以及像质都得到改善，例如，图20.18给出了4杆差分黑体（$\Delta T = 20$℃）的图像，一个是25μm像素间距640×480元阵列，另一个是17μm像素间距1024×786元阵列[67]。

表20.5 商用最先进在研非制冷红外测辐射热计阵列

公司	测辐射热计类型	阵列格式	像素间隔/μm	探测器NEDT/mK（f/1, 20~60Hz）
FLIR（美国）	VO_x测辐射热计	160×120~640×480	25	35
L-3（美国）	VO_x测辐射热计	320×240	37.5	50
	a-Si测辐射热计	160×120~640×480	30	50
	a-Si/a-SiGe	320×240~1024×768	在研阶段：17	30~50
BAE（美国）	VO_x测辐射热计	320×240~40×480	28	30~50
	VO_x测辐射热计（标准设计）	160×120~640×480	17	50
	VO_x测辐射热计（标准设计）	1024×768	在研阶段：17	
DRS（美国）	VO_x测辐射热计（伞状设计）	320×240	25	35
	VO_x测辐射热计（标准设计）	320×240	17	50
	VO_x测辐射热计（伞状设计）	640×480	在研阶段：17	
Raytheon（美国）	VO_x测辐射热计	320×240~640×480	25	30~40
	VO_x测辐射热计（伞状设计）	320×240~640×480	17	50
	VO_x测辐射热计（伞状设计）	640×480, 1024×768	在研阶段：17	
ULIS（法国）	a-Si测辐射热计	160×120, 640×480	25~50	35~80
	a-Si测辐射热计	1024×768	在研阶段：17	
Mitsubishi（日本）	Si二极管测辐射热计	320×240, 640×480	25	50
SVD（以色列）	VO_x测辐射热计	384×288	25	50
	VO_x测辐射热计	640×480	25	50
NEC（日本）	VO_x测辐射热计	320×240	23.5	75

表20.6 美国雷神（Raytheon）公司VO_x测辐射热计的性能

性能参数	性能（光学系统数值孔径为f/1和目标温度为300K）		
阵列结构	320×240	320×240	640×480
像素尺寸/(μm×μm)	50×50	25×25	20×20
光谱响应/μm	8~14	8~14	8~14
信号响应/(V/W)	>2.5×10^{7}V/W 或者 50mk/K_{scene}	>2.5×10^{7}V/W 或者 20mk/K_{scene}	>2.5×10^{7}V/W 或者 25mk/K_{scene}
f/1时 NEDT/mK[①]	<20	<30	<30
非均匀偏置/mV	<150p-p	<150p-p	<150p-p
输出噪声/mV	1.0rms	1.0rms	0.6rms
f/1时内部动态范围/K	>40	>100	>100
像素可操作性（%）	>98	>99	>98
功率消耗/mW	200	150	390

(续)

性能参数	性能（光学系统数值孔径为 $f/1$ 和目标温度为300K）		
名义工作温度/℃	25	25	25

① 原文将(mK)错印为(Mk)。——译者注

（资料源自：D. Murphy, M. Ray, J. Wyles, C. Hewitt, R. Wyles, E. Gordon, K. Almada, et al., "640×512 17μm Microbolometer FPA and Sensor Development", Proceedings of SPIE 9542, 65421Z, 2007; W. Radford, D. Murphy, A. Finch, K. Hay, A. Kennedy, M. Ray, A. Syed, et al., "Sensitivity Improvementsin Uncooled Microbolometer FPAs", Proceedings of SPIE 3698, 119-30, 1999; S. Black, M. Ray, C. Hewitt, R. Wyles, E. Gordon, K. Almada, S. Baur, M. Kuiken, D. Chi, and T. Sessler, "RVS Uncooled Sensor Development for Tactical Applications", Proceedings of SPIE 6940, 694022, 2008）

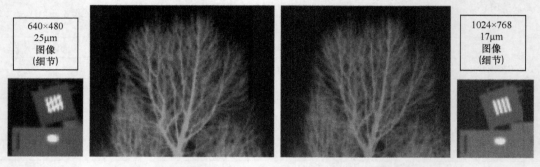

图 20.18 差分黑体的图像（左侧 640×480 元 25μm 像素间距，右侧 1024×768 元 17μm 像素间距）和成像质量比较（细节）

（资料源自：Fieque, B., Robert, P., Minassian, C., Vilain, M., Tissot, J. L., Crastes, A., Legras, O., and Yon, J. J., "Uncooled Amorphous Silicon XGA IRFPA with 17μmPixel-Pitch for High End Applications", Proceedings of SPIE 6940, 69401X, 2008）

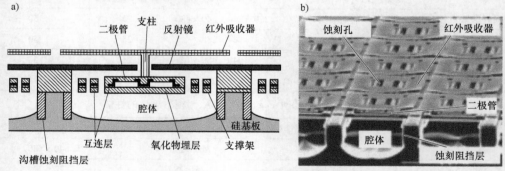

图 20.19 SOI 二极管微测辐射热计
a）探测器横截面示意图 b）40 间距的二极管像素的电子扫描显微图

（资料源自：Kimata, M., Uenob, M., Takedac, M., and Setod, T., "SOI Diode Uncooled Infrared Focal Plane Arrays", Proceedings of SPIE 6127, 61270X, 2006）

利用体微制造技术加工的市售测辐射热计阵列是由日本三菱（Mitsubilish）公司利用传统的绝缘体硅片（SOI）CMOS 技术研发的串联二极管微测辐射热计。图 20.19 给出了探测器横截面的示意图以及最新二极管像素的电子扫描显微图。为了在不降低红外吸收效率的同时使热传导率减小，最先进的像素是三级结构，设置独立的金属反射器以吸收温度传感器（底层）和红外吸收金属薄膜（顶层）间的界面红外辐射。MEMS 工艺包括 XeF_2 干体硅蚀刻及双有机牺牲层表面微机械制造工艺[50]。由 640×480 元像素组成的阵列以多个悬浮串联二极管

为基础(像素尺寸是 $25\mu m \times 25\mu m$),若光学系统数值孔径是 $f/1$,据报道,NEDT 值是 40mK(见表 20.7)。尽管该方法能够提供非常均匀的阵列,极有可能获得高性能廉价非制冷探测器,但其制造是基于内部专用 SOI CMOS 工艺。较好的方法是利用标准的 CMOS 工艺将探测器阵列与读出电路集成在一起[61]。

表 20.7 SOI 二极管非制冷红外阵列的技术规范和性能

像元数目	320×240	320×240	320×240	640×480
像素尺寸/μm	40×40	28×28	25×25	25×25
芯片尺寸/mm	17.0×17.0	13.5×13.0	12.5×13.5	20.0×19.0
像素结构	两级	三级	三级	三级
二极管数目	8	6	6	6
热传导率/(W/W)	1.1×10^{-7}	4.0×10^{-8}	1.6×10^{-8}	1.6×10^{-8}
灵敏度/($\mu V/K$)	930	801	2842	2064
噪声(rms)/μV	110	70	102	83
非均匀性(%)	1.46	1.25	1.45	0.90
$f/1$ 时 NEDT/mK	120	87	36	40

(资料源自: M. Kimata, Uenob, M. Takedac, and T. Setod, "SOI Diode Uncooled Infrared Focal Plane Array", *Proceedings of SPIE* 6127, 61270X, 2006)

利用硅上半导体 $YBa_2Cu_3O_{6+x}$ ($0.5 \leq x \leq 1$) 已经得到令人鼓舞的结果[68-70]。为了保证与以 CMOS 为基础的处理电路兼容和可能的集成,采用硅微机械制造技术和室温处理工艺[68]。丸田(Wada)等人研发出像素间距 $40\mu m$、320×240 YBaCuO 微测辐射热计焦平面阵列,光学系统数值孔径为 $f/1$ 的相机原理样机具有 0.08K 的 NEDT[70]。为了减小测辐射热计的电阻(是 10Ω cm,比普通 VO_x 测辐射热计薄膜高两个数量级),将射频磁控溅射薄膜涂镀在事先备有 SiO_2 绝缘层和梳状铂电极的硅材料上。最近,已经尝试在各种基板上制造 YBaCuO 探测器[71,72]。

20.2.3 封装

一般地,测辐射热计阵列的封装是以电子器件批量生产封装工艺广泛使用的技术为基础,部分的由生产厂商内部专门设计。引线框架要使电路板集成,与标准 CMOS 器件设计一样,应确保牢固的电路接触和高可靠性,并满足使用环境要求,如军用、消防、车用、工艺控制或生产维护。

为了保证最高性能,普通测辐射热计的真空工作环境低于 0.01mbar[21]。必须采用真空封装的原因主要基于:热通过空气间隙从测辐射热计传导至底层基板会造成 NEDT 增大。由何(He)等人完成的测量表明,对于像素面积 $50\mu m \times 50\mu m$ 和空气间隙 $20\mu m$ 的器件,气体热传导从 0.1mbar 压力就开始有影响[73]。

测辐射热计阵列封装的最重要要求包括:良好和可靠的密封,优良红外透过率的光窗材料及高生产率和低成本封装技术[60]。封装也可以进行芯片级或晶片级封装。通常情况下,将测辐射热计芯片放置在一个能够透红外辐射的密封金属或者陶瓷封装体内,再装入密封装置中。在有关 MEMS 的新版手册[74]中可以找到微系统封装的各种方法。

芯片上密封封装法示意如图 20.20a[75]所示。该方法是以两个电镀垫片的共晶焊料熔接工艺为基础：一个放置在硅晶片上并位于测辐射热计阵列周围，形状相同的另一个垫片放置在由透红外材料制成的晶片上。通常采用锗材料，该材料的红外透过光谱高达20μm。在倒装焊接之后，通过含有垫片的基板上的小沟槽向两块基板间和两块垫片间纳升数量级的空间充气，泵浦到所需压力，最后，加热两块基板到共晶温度（对于PbSn，只有240℃）从而造成垫片材料回流。例如，图20.20b给出了组装在陶瓷真空封装壳体中的SB-300型640×480元20μm像素间距的焦平面阵列，用于进行性能测试和成像过程研究。

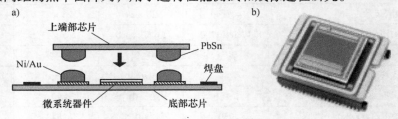

图20.20 测辐射热计阵列封装

a) 片上封装微测辐射热计阵列示意图（资料源自: De Moor, P., John, J., Sedky, S., and Van Hoof, C., "Linear Array of Fast Uncooled Poly SiGe Microbolometers for Ir Detection", *Proceedings of SPIE* 4028, 27-34, 2000）

b) 安装在高真空、轻质量和低成本陶瓷封装壳体中的SB-300型640×480元20μm像素间距的FPA（美国雷神公司制造）（资料源自: Murphy, D., Ray, M., Kennedy, A., Wyles, J., Hewitt, C., Wyles, R., Gordon, E., et al., "High Sensitivity 640×512(20μm pitch) Microbolometer FPAs", *Proceedings of SPIE* 6206, 62061A, 2006）

20.3 热释电焦平面阵列

红外相机中使用热释电材料和器件是当今很成熟的一项技术。从边防监测、环境监控到火灾探测等领域，已经应用了许多年[76]。在最近20年，使用小型热释电像元二维阵列进行非制冷热成像的兴趣越来越高[2,77-86]。

以热释电阵列为基础的成像系统都需要使用光学调制器，用以调制或使入射辐射散焦，这对极不希望使用斩波器（如制导武器）的诸多应用是一个重要限制。斩波器是一种可靠性较低的机械零件，不方便、较笨重。然而，若观察景物是从场输出观察斩波器，那么，利用一种调制盘叶片，通过减去数据输出部分，探测器就可以形成热图像。这种图像差分处理技术不仅能消除阵列像元间的偏移量变化，而且起着瞬时高通滤波器的作用，可以消除$1/f$噪声成分及长期频率漂移（低频空间噪声）。

最近几年，注意力转向大尺寸热电焦平面阵列固态读出电路，特别是使热释电阵列与硅芯片直接连接的可能性。一些研究小组，包括美国通用电气公司（GEC）[78]、英国皇家信号与雷达研究所（RRSE）[79]、英国国防评价与研究局/宇航系统（DERA/BAE System）公司[83]、美国德州仪器公司[81,84,86]及其它厂家已经对实际阵列进行了演示验证。

20.3.1 线阵列

线性阵列特别适合探测器探头与被成像物体间有相对运动的应用场合（如防盗报警和推扫式线扫描）[76,78,89-94]。该阵列需要几十到几百个像元，由于探测器沿阵列方向没有扫描，所以带宽很窄。一块经过抛光的、大约 20μm 厚的热电材料薄晶片固定到基板上，通过研发专用薄膜制造技术（离子束蚀刻技术）以及以自承式响应元厚度小于 5μm 的 $LiTaO_3$ 为基础，已经使制造热释电线性阵列成为可能[95]。表 20.8 列出了不同类型 $LiTaO_3$ 线性阵列的基本性质。

表 20.8 线阵列的典型性质（128Hz 矩形斩波，阵列温度为 25℃）

像元数目	1×128	1×128	1×128	1×256
像元尺寸/(μm×μm)	90×100	90×100	90×2300	40×50
像元间距/μm	100	100	100	50
元件厚度/μm	20	5	20	5
电压响应度 R_v/(V/W)	200000	500000	200000	500000
R_v 变化(%)	1~2	2~5	1~2	3~6
NEP/nW	5(2.5)	2(1)	6(3)	2(1)
NEDT(300K, f/1 光学系统)/K	0.8(0.4)	0.3(0.15)	0.04(0.02)	1.4(0.7)
MTF(R=3lp/mm)	0.6	0.6	0.6	0.7

注释：( ) 中的值是另外 4 种频率得到的数据（帧速率 32Hz）。
（资料源自：V. Norkus, T. Sokoll, G. Gerlach, and G. Hofmann, "Pyroelectric Infrared Array and Their Applications", *Proceedings of SPIE* 3122, 409-19, 1997）

热释电层被划分成网格状，从而被纵横的沟槽分割成二维阵列热释电单元。必须采用这种结构以防止热在阵列平面内横向扩散。离子铣技术能够使二维网格状热释电材料的沟槽宽度达 20μm 或更小。而不采用网格状结构，则热释电元之间的热扩散会在调频低于 100Hz 时变得严重。另一种增大热释电元间耦合，因而也增大串扰的影响是由于电极边缘的边缘效应产生的电容耦合。

借助于普通的场效应晶体管（FET）读出热释电探测器的电荷，每个探测器与自己的源极随耦器场效应晶体管（作为阻抗缓冲器）相连。这些晶体管的输出传递到多路复用器，按照实际需要确定的速率依次对热释电元抽样。

采用 CCD 设计和读出集成电路，得到第一台热释电阵列。沃顿（Watton）等人对优化直接注入模式的注入效率所需界面条件做了严格分析[93]。看来，与像素内 CCD 采样耦合的铁电像元的电容会产生起主要作用的 kTC 噪声，从而限制性能。基于这种考虑，注意力转向采用 CMOS 读出集成电路设计。

长期以来，非常感兴趣使用薄热释电薄膜，因为使用该材料有可能制成低热质量像元[96]。经过验证的阵列包括：利用体微机械制造技术制造的线阵列，在(100)硅上喷镀 Pb-TiO_3[97]；在 MgO 上喷镀 La-$PbTiO_3$[98]；在硅上喷镀 PVDF-TrEE（聚偏氟乙烯-三氟乙烯共聚物）[99]以及在(100)硅上喷镀 $Pb(Zr_{0.15}Ti_{0.85})O_3$。在这些微机械制造技术中，已经将硅从热释电薄膜背后去除掉，留下一层低热质量薄膜。第一种方法利用黑色吸收层，通常是多孔金属膜（黑色铂金或金）；第二种方法是在 λ/4 厚的热电层上使用半透明上部电极（如 NiCr）。与第二种方法（吸收 60%）相比，第一种方法的吸收更大（约 90%），然而总厚度和热容量也随之增大[94]。例如，图 20.21 给出了为红外光谱学气体传感器研制的线性阵列，热释电材料是利用溶胶-凝胶法沿(111)晶向涂镀的压电陶瓷（PZT）15/85 薄膜[101]。

最近，研究人员已成功演示、验证了辐射集光器与热释电探测器的集成，利用干和湿蚀

图 20.21 利用体微机械制造技术得到的周期 200μm、50 元阵列的俯视图(薄膜尺寸是 2mm×11mm；黑铂金吸收层、CrAu 接触线、像元间的膜层以及为了减小生电容形成的 SiO_2 层都清晰可见)

(资料源自：Willing, B., Kohli, M., Muralt, P., Setter, N., and Oehler, O., Sensors and Actuators A66, 109-13, 1998)

刻技术能够在硅基板中制造出锥体和半椭球两种集光器腔体[102,103]。

焦平面阵列技术可以分为混成型和单片型，目前混成型制造和微机械制造技术尚处于竞争阶段。

20.3.2 混成型结构

混成型法是以网格状陶瓷晶片为基础，将其抛光到厚度为 10~15μm 并加入读出芯片。界面技术必须解决下面两方面矛盾：一方面是为读出像元输出信号需要提供电连接，另一方面为了避免热负载造成信号损失而需要提供隔热措施。

图 20.22 给出了一种阵列结构[87]。$LiTaO_3$ 有效容积探测器被共用的前侧电极、后侧电极和网格状切口所固定。利用一根金属化的聚合物隔热杆将探测器后侧电极与底层多路复用器相连接，隔热杆为具有受控热传导率的探测器提供连接和支撑。探测器的名义尺寸是 35μm×35μm，10μm 厚，并且，对于 50μm 像元间距，探测器间的间隙是 15μm。若探测器的 $f=30Hz$，则 $R_v = 1×10^6 V/W$。为了获得最大的响应度和最小的热起伏噪声，从探测器到其周围环境的热传导应当降至最小。总的热传导率预估值为 $3.3×10^6 W/K$，比采用微机械制造技术得到的硅测辐射热计高，热时间常数约为 15ms。330×240 元阵列原理样机的 NEDT 预测值为 0.07K，其中，光学系统数值孔径为 $f/1$，光学透射率为 0.85，斩波效率为 0.85。

正如本书第 7 章所述，施加偏压以保持和优化相变附近的热释电效应能够提高热释电探测器的性能。美国德州仪器(TI)公司已经研制出这类热释电焦平面[80,81]，该探测器阵列在 48.5μm 中心位置包含有 245×328 个像素。若在室温附近工作并采用 $f/1$ 光学系统，则与硅读出集成电路混成的铁电钛酸锶钡(BST)像素所构成的器件通常都能够使系统的 NEDT 达到

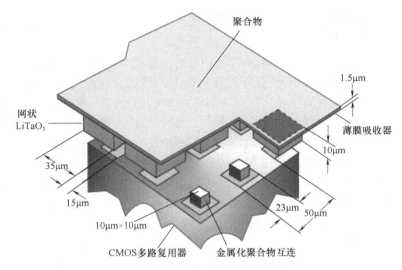

图 20.22 混成型热电阵列结构

(资料源自：Butler, N., and Iwasa, S., "Solid State Pyroelectric Imager", *Proceedings of SPIE*, 1685, 146-54, 1992)

0.047℃。

这些阵列 95% 的制造工艺都能与标准的硅工艺相兼容。通过制造直径 100mm、具有良好介电性能的陶瓷钛酸锶钡晶片，使探测器制造工艺与硅晶片处理方式的共用部分保持不变。高密度烧结陶瓷钛酸锶钡具有单晶材料不具备的成本和性能优势，经磨边和抛光后，利用 Nd-YAG 激光器将晶片表面划隔成阵列形式，从而形成网格状阵列。使用一种酸性腐蚀剂消除激光损伤，之后，在有氧环境中退火以恢复材料的化学计量比特性。切缝大约是 12μm。对二甲苯回填镀膜、网格面再次磨平以及制

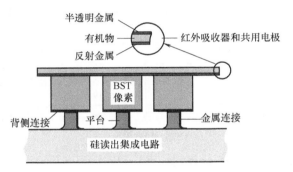

图 20.23 钛酸锶钡(BST)介电测辐射热计的像素

(资料源自：Hanson, C. M., "Uncooled Thermal Imaging at Texas Instruments", *Proceedings of SPIE* 2020, 330-39, 1993)

造共用电极和谐振腔红外吸收器，从而完成阵列红外敏感侧的处理。吸收层是一层 λ/4 厚的透明有机层，夹在半透明金属层与共用电极之间。有关吸收层成分的资料一般都不公开，认为是"技术专利"。红外吸收层在 7.5~13.0μm 光谱范围内的平均吸收高于 90%。切割晶片并将单工序模安装在载体上(光学膜一侧朝下)，准备模具以便将晶片磨薄和抛光到大约 20μm 的最终厚度。利用干蚀刻技术去除对二甲苯后，涂镀接触层和连接层金属，为后续的混成准备阵列。采用金属配线技术形成匹配的有机平台，从而为混合准备读出集成电路。对两部分进行焊接，为包装和最后测试做准备。图 20.23 给出了热电探测器的器件结构细节[80]。

CMOS 读出单元包含高通滤波器、增益级、可调谐低通滤波器和寻址开关，阵列输出与标准 TV 格式兼容。将该阵列安装在一个单级热电制冷器上以保持铁电相变附近的稳定性。

增加一个镀增透膜的锗光窗，允许 7.5~13μm 红外光谱透过，从而完成陶瓷器件的界面处理和封装。

在 20 世纪 90 年代中期，由于美国 TI 公司红外系统的 NEDT 测量值小于 0.04℃（光学系统数值孔径 $f/1$），无需校正系统级噪声和其它损失。显然，这在研发和生产非制冷铁电红外系统方面处于领先地位，其批量生产后 NEDT 的平均值是 70~80mK。已经证明，工厂可以轻松超过每月 500 件探测器的稳定生产率[80]。混合型铁电测辐射热计探测器是第一个投产的产品，并且是（在美国由通用汽车（GM）公司凯迪拉克分部首创应用、销售热像仪的先河，其售价低于 \$2000）得到最广泛应用的热探测器类型[2]。

英国的宇航系统（BAE）公司也验证过像素间距 56μm 和 40μm 的大尺寸混成型阵列，电介质测辐射热计采用 $Pb(Sc_{0.5}Ta_{0.5})O_3$，施加偏压为 4~5V/μm（对于 BST，该值较高），F_d 为 $10~15\times10^{-5}Pa^{-1/2}$，通常未施加偏压的热电效应的给定值约为 $4\times10^{-5}Pa^{-1/2}$。从热压陶瓷块切割成薄的 $Pb(Sc_{0.5}Ta_{0.5})O_3$（简称 PST）晶片，再利用激光辅助蚀刻工艺形成网格状[104]。在液相焊接过程中采用铅/锡焊接接缝。沃特莫尔（Whatmore）和沃顿（Watton）详细介绍了该阵列的制造方法[83]。

表 20.9 列出了英国宇航（BAE）系统公司和英国国防评价与研究局（DERA）研制计划中已经制造和测试过的混成型阵列的性能。

表 20.9 英国 BAE 系统公司和 DERA 研制计划中已得到验证的混成型阵列的性能

阵列元	间距/μm	ROIC 尺寸/(mm×mm)	封装气体	NEDT/mK	奈奎斯特处阵列的 MTF
100×100	100	15.3×13.4	N_2	87	65%
256×128	56	17.0×12.4	Xe	90	45%
384×288	40	19.7×19.0	Xe	140	35%

（资料源自：R. W. Whatmore and R. Watton, in Infrared Detectors and Emitters: Materials and Devices, 99-147, Kluwer Academic Publishers, Boston, MA, 2000）

20.3.3 单片结构

虽然这种混成型阵列技术已经得到了许多应用，使用这些阵列的热像仪也在批量生产，但并没有对这种混成型技术的研究进展进行预测，原因在于，隆起焊盘（或钢柱）的热传导相当高，以至于使阵列的 NEDT（光学数值孔径为 $f/1$）限制在约 50mK。混成型阵列的最佳 NEDT 约为 38mK，大约等效于 4μW/K 的热传导率。由于探测器像素间的热传导及系统数字分辨率欠佳造成的过量噪声，使早期钛酸锶钡（BST）产品的调制传递函数（Modulation Transfer Function，MTF）较差，所以，阵列制造技术的热点转向单片硅微结构技术。这种工艺具有很少几步工序和更短周期。大批量生产的价格主要受限于探测器的封装成本，混成型和单片型阵列有很大差别。然而，严重的问题在于，随着厚度变薄，令人们极感兴趣的铁电材料性质也随之失去魅力。

薄膜铁电（Thin-Film Ferroelectric，TFFE）探测器有希望具有微测辐射热计的性能，最小 NEDT 小于 20mK[83,84,86]。材料和器件结构的特性足以（此处将"match"错写为"mach"。——译者注）达到对测辐射热计技术 NEDT 的预测（见图 20.24）。

波拉（Polla）及其同事已经首次利用表面微机械制造技术制造出 64×64 $PbTiO_3$ 热释电红外热像仪[105,106]。1.2μm 厚的多晶硅微桥形成在硅晶片表面上方 0.8μm 处，该微桥的测量

值是 $50\mu m \times 50\mu m$, 并且对 $30\mu m \times 30\mu m$ 的厚度为 $0.36\mu m$ 的 $PbTiO_3$ 薄膜形成一种低热的平台支撑。N 类金属氧化物半导体(N-Mental Oxide Semiconductor, NMOS)前置放大器直接置于每个微桥单元之下。单像元热释电系数的测量值是 $90nC/(cm^2K)$。30Hz 时黑体电压响应度测量值是 $1.2 \times 10^4 V/W$, 比探测率是 $2 \times 10^8 cm\ Hz^{1/2}W^{-1}$。

目前的 TFFE 探测器明显类似美国霍尼韦尔(Honeywell)公司研发的 VO_x 微测辐射热计结构, 但在技术上有几个重要的不同之处[82-86,107,108]。由于该器件是一个电容而不是电阻(因为是在一个测辐射热计中), 所以, 电极位于像素表面上方和下方, 并且是透明的, 不

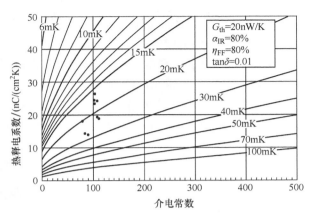

图 20.24 $25\mu m$ 像素恒定 NEDT 曲线是介电常数和热释电系数的函数(其中, 数据点表示测试结构中抽样材料的性质)

(资料源自: Hanson, C. M., Beratan, H. R., and Belcher, J. F., "Uncooled Infrared Imaging Using Thin-Film Ferroelectrics", Proceedings of SPIE 4288, 298-303, 2001)

会遮挡光学敏感区。通常, 探测器电容大约是 3pF, 所以, 引线电阻相当大, 丝毫不会降低信噪比, 从而可以利用薄的传导率较差的电极材料以使热传导率降至最小。一个关键性的设计特性是, 铁电薄膜是自承重材料, 无需底膜作机械支撑。在这种使用透明氧化物电极的方式中, 铁电材料主要承担热传导率。

已经清楚, 是通过谐振光腔完成对红外辐射的吸收。在单片桥结构中, 该腔体位于铁电材料本身内或者铁电材料与读出集成电路之间的空间内, 可以以下两种方式(见图 20.25)实现[108,109]:

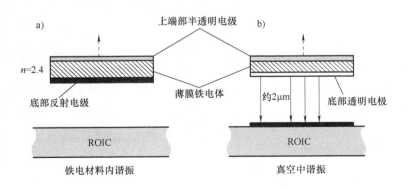

图 20.25 TFFE 探测器可能具有的两种吸收谐振腔

(资料源自: Tidrow, M. Z., Clark, W. W., Tipton, W., Hoffman, R. Beck, W., S. C., Robertson, D. N., et al., "Uncooled Infrared Detectors and Focal Plane Arrays", Proceedings of SPIE 3553, 178-87, 1997)

1. 底部电极一定是高反射, 上部电极半透明, 为了在 $10 \sim 12\mu m$ 辐射光谱范围内对谐振腔有最佳调谐, 铁电层厚度一定大约要有 $1\mu m$。

2. 两个电极一定是半透明状，每个像素下的读出集成电路上必须有一块反射镜，并且该像素一定位于读出集成电路上方约 2μm 处。

图 20.26a 给出了根据第二种方法设计的 TFFE 像素的横截面图[84]，顶部两个电极与其中一个支轴相连用作与读出电路的电连接，因此，像素的电容是底部和顶部全端面连接方式时同类电容值的 1/4。在这种情况下，铁电材料的性质取决于旋涂溶液金属-有机物的离析情况。图 20.26b 给出了 48.5μm 像素间隔、320×240 元部分阵列的显微图。

a)
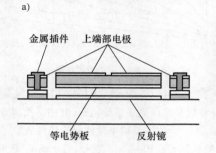

b)
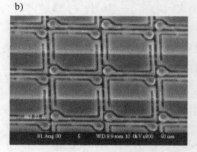

图 20.26 TFFE 像素

a) 具有分离顶部电极的像素元横截面图 b) 48.5μm 像素间隔、320×240 元部分阵列的显微图

（资料源自：Hanson, C. M., Beratan, H. R., and Belcher, J. F., "Uncooled Infrared Imaging Using Thin-Film *Ferroelectrics*", *Proceedings of SPIE* 4288, 298-303, 2001）

影响陶瓷薄膜性能的一个重要因素是实现正确铁电晶相需要高温处理。令人感兴趣的 TFFE 是耐熔材料，需要在高温下退火以实现晶体化，并开发出高的热释电性质。温度高于 450℃ 的热处理可能导致硅和铝互相连接时的不良反应。已经研究了涂镀铁电薄膜的各种方法，包括旋镀金属-有机离析、射频磁控溅射、双离子束溅射、溶胶-凝胶处理和激光烧蚀等技术。为了获得最佳的材料响应而不使底层硅基板受损，还研发了一些表面快速热退火技术[82]。

一般地，目前 48.5μm 像素器件的 NEDT 大约是 80～90mK，其中包括所有的系统损失[86]，与体钛酸锶钡相比，该器件具有良好的 MTF。图 20.27 给出了从驾驶人视频录像机中取得的显示照片分辨率的例子，采用微机械技术制造的 320×240TFFE 像素。均匀的图像扩展暗区表明，具有明显的低空间噪声。使厚度变薄、改善隔热性及材料性能，有希望使 NEDT 有所提高。然而，较大的挑战是减小像素尺寸。若注意到一些厂商正在研制 17μm 像素，这挑战则更加严峻。

图 20.27 从驾驶人视频录像中取得的单幅 $f/1$、320×240 元 TFFE 图像

（资料源自：Hanson, C. M., Beratan, H. R., and Belcher, J. F., "Uncooled Infrared Imaging Using Thin-Film *Ferroelectrics*", *Proceedings of SPIE* 4288, 298-303, 2001）

应当提及，英国国防评价与研究局（DERA）的研究小组已经开发出集成和"复合"两种探测器技术[82,110]。在第一种技术中，探测器材料作为薄膜涂镀在硅读出集成电路表面的独立微桥结构上；"复合"技术则将混成型与集成技术组合（见图20.28），以类似集成技术的方式制造微桥像素，再形成在高密度互联硅晶片上。互连晶片采用制造铁电薄膜器件工艺中能够经受中等高温的材料，使每个像素都包含有一个窄的传导通道，与底侧电连接。最后，按照常规的阵列混合工艺，将探测器晶片焊接到读出集成电路上。据预测，采用 $Pb(Sc_{0.5}Ta_{0.5})O_3$ 薄膜，有可能使 NEDT 达到 20mK（50Hz 图像速率和 $f/1$ 光学系统）。

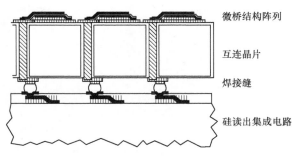

图 20.28 "复合"探测器阵列设计的横截面示意图
（资料源自：Todd, M. A., Manning, P. A., Donohue, O. D., Brown, A. G., and Watton, R., "Thin Film Ferroelectric Materials for Microbolometer Arrays", Proceedings of SPIE 4130, 128-39, 2000）

20.3.4 对非制冷焦平面阵列商业市场的展望

20世纪70年代初期，美国计划为具体的军事应用研制非制冷红外探测器，主要为每个士兵配备热像仪，为此，要求热像仪更小、更便携，并比制冷热像仪更廉价。1978年，美国德州仪器公司获得了钛酸锶钡铁电红外探测器的专利，次年，该项技术首次在军事应用领域得到验证[111]。同时，美国霍尼韦尔（Honeywell）研发了另外一种技术，如微机械测辐射热计技术。在以后的15年中，美国军方注意到这两项技术。然而，大约10年前，由于相信 VO_x 材料比钛酸锶钡更好，所以美国军方不再为研究钛酸锶钡提供更多的资金支持，这意味着，该项研究速度大大放缓。美国国防部高级研究计划局（DARPA）的支持重心转向美国雷神（Raytheon）商用红外技术公司对 TFFE 探测器阵列的研究。美国导弹防御局和 L-3 红外通信产品公司希望通过进一步研究，将该项技术转换成适销对路的产品，然而该计划并未得到实施[86]。对钛酸锶钡的研究停滞，而 VO_x 技术仍能获得较多基金，如今钛酸锶钡像素的尺寸是 50μm，和 10 年前一样。此外，转动斩波器（rotating chopper）有 50% 时间遮挡探测器，对相机灵敏度不利。机械斩波器（mechanical chopper）容易击穿损坏，并对冲击和振动敏感，因此，钛酸锶钡相机平均无故障间隔时间（Mean Time Between Failure, MTBF）比微测辐射热计相机短。与 VO_x 和非晶体硅（a-Si）探测器相比，钛酸锶钡探测器的缺点是采用热电制冷以稳定电偏振。

20世纪90年代中期，研发了第三种技术，非晶硅（α-Si）。使用非晶硅的最大优点是可以由原来的硅制造厂商生产。接着，军方控制了 VO_x 技术，并且，要求具有出口许可证才能将微测辐射热计相机向美国本土之外销售。今天，VO_x 测辐射热计也可以在由硅制造厂商生产，上述两大原因也不复存在。

目前，VO_x 测辐射热计显然是最广泛应用于非制冷探测器的技术（见图20.29）。VO_x 赢得了这场技术战争，并且，与其它两种技术相比，氧化钒探测器一直以更低成本生产[111]。

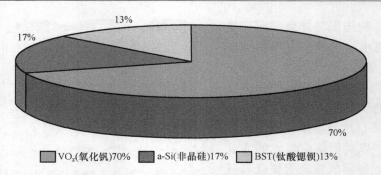

图 20.29 VO_x、a-Si 和 BST 探测器市场份额预估值

（资料源自：http：//www.flir.com/uploadedFiles/Cores_and_Components/Technical_Notes/uncooled%20detectors%20BST.pdf.）

20.4 新型非制冷焦平面阵列

新型非制冷微机械热探测器的研制得益于 MEMS 技术最新发展的结果，极有希望作为成像芯片应用于低成本高性能相机中。悬臂梁结构的高灵敏度使阵列中的每个像素尺寸从目前的 50μm 到 20μm 甚至变得更小，而低畸变成像性能保持不变[112,113]。

这些年来，一些研究小组在降低 NEDT 和时间常数方面取得了很大进展[112-123]。多光谱成像技术公司已经研发出一种新型电耦合换热器，悬臂梁的弯曲造成电容变化，第一台焦平面阵列产品是 160×120 元像素传感器、50μm 间距的微悬臂梁阵列，并采用 0.25μm 设计原则直接制造在该阵列的读出集成电路上。图 20.30 给出了显示像素结构及用于安装探测器阵列的真空混成型金属/陶瓷封装的细节显微图。该封装图包括一个热电（TE）制冷器，以保持阵列温度以及非蒸型吸气剂稳定，从而消除密封后封装包内的残留气体。一种热补偿技术[112]使探测器阵列无需热电制冷器就能够工作。

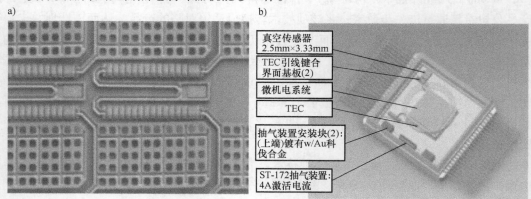

图 20.30 50μm 间距微悬臂梁结构、160×120 元焦平面阵列
a）像素结构细节的 SEM 显微图 b）真空传感器封装示意图（TEC 代表热电制冷器。——译者注）

（资料源自：Hunter, S. R., Maurer, G., Simelgor, G., Radhakrishnan, S., Gray, J., Bachir, K., Pennell, T., Bauer, M., and Jagadish, U., "Development and Optimization of Microcantilever Based IR Imaging Arrays", *Proceedings of SPIE* 6940, 694013, 2008）

早期制造的焦平面阵列的 NEDT 值大约是 1~2K，远大于建模值。对传感器结构的测量结果表明，这些传感器能够提高相机质量，控制电路也大大改善了 NEDT 值，提高了 3~10 倍。通常，可以使像素间的均匀性优于 ±10%，经过两点校正和增益校正的 NEDT 预估值大约是 300~500mK（见图 20.31[113]）。

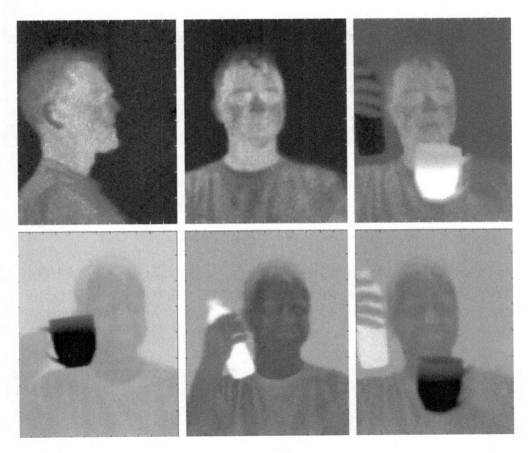

图 20.31　显示两点非均匀校正和坏像素相减结果的正像红外图像和倒像红外图像
（每幅图像都包含一杯热水和冷水，这些图像的 NEDT 估计值约 300~500mK）
（资料源自：Hunter, S. R., Maurer, G., Simelgor, G., Radhakrishnan, S., Gray, J., Bachir, K., Pennell, T., Bauer, M., and Jagadish, U., "Development and Optimization of Microcantilever Based IR Imaging Arrays", *Proceedings of SPIE* 6940, 694013, 2008）

测量数据的直方图表明，随着焦平面阵列温度下降，NEDT 峰值在减小。单个像素的最佳 NEDT 是 1~15mK，时间常数 15ms 左右，得到的最佳像素性能 NEDT×τ_{th} 是 120~200mK s[113]。由此可见，与 50μm 间距像素阵列的测辐射热计最佳性能相差不大[124]。

最近，一些研究小组正在研制光学可读成像阵列。2006 年，美国田纳西州（Tennessee）橡树岭国家实验室的格尔博维奇（Grbovic）等人介绍了一种高分辨率 256×256 像素阵列[115]。其 NEDT 和时间常数分别小于 500mK 和 6ms，通过对噪声和非响应像素的自动后处理可以提高像质，如图 20.32 所示[116]。如果在器件标定过程中确定一块精密模版，就能够提高修补法的像质。对于修补法，最好在模板中采用稍欠真实的像素，而不是已损坏的像素。

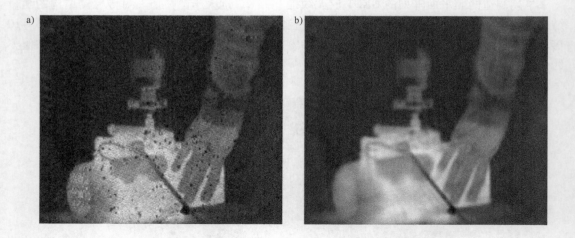

图 20.32 256×256 MEMS IR FPA 的读出图像

a）基线相减后 b）修补法后

（资料源自：Lavic, N., Archibald, R., Grbovic, D., Rajic, S., and Datskos, P., "Uncooled MEMS IR Imagers with Optical Readout and Image Processing", Proceedings of SPIE 6542, 65421E, 2007）

美国安捷讯（Agiltron）光电技术有限公司生产了一种 280×240 元光机红外传感器，能够以每秒高达 1000 幅的速度为中波和长波两种红外成像仪（见图 20.33）提供光学读出[117]，介绍了对快速发生事件的探测结果，如炮击和火箭飞行。在当前研发阶段，热像仪的 NEDT 大约是 120mK，光学系统数值孔径是 $f/1$。

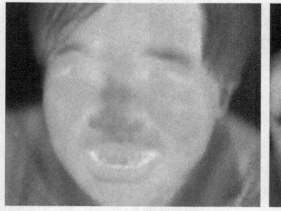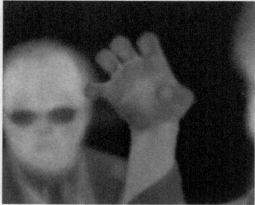

图 20.33 280×240 元光机相机拍摄的具有代表性的长波红外图像

（资料源自：Salerno, J. P., "High Frame Rate Imaging Using Uncooled Optical Readout photomechanical IR Sensor", Proceedings of SPIE 6542, 65421D, 2007）

参 考 文 献

1. R. Watton and M. V. Mansi, "Performance of a Thermal Imager Employing a Hybrid Pyroelectric Detector Array with MOSFET Readout," *Proceedings of SPIE* 865, 78-85, 1987.
2. P. W. Kruse, *Uncooled Thermal Imaging. Arrays, Systems, and Applications*, SPIE Press, Bellingham, WA, 2001.
3. P. W. Kruse, "A Comparison of the Limits to the Performance of Thermal and Photon Detector Imaging Arrays," *Infrared Physics & Technology* 36, 869-82, 1995.
4. S. Horn, D. Lohrmann, P. Norton, K. McCormack, and A. Hutchinson, "Reaching for the Sensitivity Limits of Uncooled and Minimally-Cooled Thermal and Photon Infrared Detectors," *Proceedings of SPIE* 5783, 401-11, 2005.
5. J. A. Ratches, "Current and Future Trends in Military Night Vision Applications," *Ferroelectrics* 342, 183-92, 2006.
6. A. W. van Herwaarden, F. G. van Herwaarden, S. A. Molenaar, E. J. G. Goudena, M. Laros, P. M. Sarro, C. A. Schot, W. van der Vlist, L. Blarre, and J. P. Krebs, "Design and Fabrication of Infrared Detector Arrays for Satellite Attitude Control," *Sensors Actuators* 83, 101-8, 2000.
7. T. Kanno, M. Saga, S. Matsumoto, M. Uchida, N. Tsukamoto, A. Tanaka, S. Itoh, et al., "Uncooled Infrared Focal Plane Array Having 128 × 128 Thermopile Detector Elements," *Proceedings of SPIE* 2269, 450-59, 1994.
8. M. Hirota, Y. Nakajima, M. Saito, F. Satou, and M. Uchiyama, "Thermoelectric Infrared Imaging Sensors for Automotive Applications," *Proceedings of SPIE* 5359, 111-25, 2004.
9. M. Hirota, Y. Nakajima, M. Saito, and M. Uchiyama, "120 × 90 Element Thermoelectric Infrared Focal Plane Array with Precisely Patterned Au-Black Absorber," *Sensors Actuators* A135, 146-51, 2007.
10. A. D. Oliver and K. D. Wise, "A 1024-Element Bulk-Micromachined Thermopile Infrared Imaging Array," *Sensors Actuators* 73, 222-31, 1999.
11. M. C. Foote, E. W. Jones, and T. Caillat, "Uncooled Thermopile Infrared Detector Linear Arrays with Detectivity Greater than 109 cmHz$^{1/2}$/W," *IEEE Transactions on Electron Devices* 45, 1896-1902, 1998.
12. M. C. Foote and E. W. Jones, "High Performance Micromachined Thermopile Linear Arrays," *Proceedings of SPIE* 3379, 192-97, 1998.
13. M. C. Foote and S. Gaalema, "Progress Towards High-Performance Thermopile Imaging Arrays," *Proceedings of SPIE* 4369, 350-54, 2001.
14. T. McManus and S. Mickelson, "Imaging Radiometers Employing Linear Thermoelectric Arrays," *Proceedings of SPIE* 3698, 352-60, 1999.
15. AXT100 brochure, http://www.aas2.com/products/axt100/index.htm.
16. R. E. Flannery and J. E. Miller, "Status of Uncooled Infrared Imagers," *Proceedings of SPIE* 1689, 379-95, 1992.
17. R. A. Wood, "Micromachined Bolometer Arrays Achieve Low-Cost Imaging," *Laser Focus World*, 101-6, June 1993.
18. T. Ishikawa, M. Ueno, K. Endo, Y. Nakaki, H. Hata, T. Sone, and M. Kimata, "Low-Cost 320 × 240 Uncooled IRFPA Using Conventional Silicon IC Process," *Opto-Electronics Review* 7, 297-303, 1999.
19. D. Murphy, M. Ray, R. Wyles, J. Asbrock, N. Lum, J. Wyles, C. Hewitt, A. Kennedy, and D. V. Lue, "High Sensitivity 25 μm Microbolometer FPAs," *Proceedings of SPIE* 4721, 99-110, 2002.
20. D. Murphy, A. Kennedy, M. Ray, R. Wyles, J. Wyles, J. Asbrock, C. Hewitt, D. Van Lue, and T. Ses-

sler, "Resolution and Sensitivity Improvements for VOx Microbolometer FPAs," *Proceedings of SPIE* 5074, 402-13, 2003.

21. D. Murphy, M. Ray, J. Wyles, J. Asbrock, C. Hewitt, R. Wyles, E. Gordon, et al., "Performance Improvements for VO_x Microbolometer FPAs," *Proceedings of SPIE* 5406, 531-40, 2004.

22. D. Murphy, M. Ray, A. Kennedy, J. Wyles, C. Hewitt, R. Wyles, E. Gordon, et al., "High Sensitivity 640 × 512 (20 μm pitch) Microbolometer FPAs," *Proceedings of SPIE* 6206, 62061A, 2006.

23. D. Murphy, M. Ray, J. Wyles, C. Hewitt, R. Wyles, E. Gordon, K. Almada, et al., "640 × 512 17 μm Microbolometer FPA and Sensor Development," *Proceedings of SPIE* 6542, 65421Z, 2007.

24. M. N. Gurnee, M. Kohin, R. Blackwell, N. Butler, J. Whitwam, B. Backer, A. Leary, and T.. Nielsen, "Developments in Uncooled IR Technology at BAE Systems," *Proceedings of SPIE* 4369, 287-96, 2001.

25. R. Blackwell, S. Geldart, M. Kohin, A. Leary, and R. Murphy, "Recent Technology Advancements and Applications of advanced uncooled imagers," *Proceedings of SPIE* 5406, 422-27, 2004.

26. R. J. Blackwell, T. Bach, D. O'Donnell, J. Geneczko, and M. Joswick, "17 μm Pixel 640 × 480 Microbolometer FPA Development at BAE Systems," *Proceedings of SPIE* 6542, 65421U, 2007.

27. R. Blackwell, D. Lacroix, T. Bach, J. Ishii, S. Hyland, J. Geneczko, S. Chan, B. Sujlana, and M.. Joswick, "Uncooled VO_x Systems at BAE Systems," *Proceedings of SPIE* 6940, 694021, 2008.

28. P. E. Howard, J. E. Clarke, A. C. Ionescu, and C. Li, "DRS U6000 640 × 480 VO_x Uncooled IR Focal Plane," *Proceedings of SPIE* 4721, 48-55, 2002.

29. P. E. Howard, J. E. Clarke, A. C. Ionescu, C. Li, and A. Frankenberger, "Advances in Uncooled 1-Mil Pixel Size Focal Plane Products at DRS, *Proceedings of SPIE* 5406, 512-20, 2004.

30. C. Li, G. D. Skidmore, C. Howard, C. J. Han, L. Wood, D. Peysha, E. Williams, et al., "Recent Development of Ultra Small Pixel Uncooled Focal Plane Arrays at DRS," *Proceedings of SPIE* 6542, 65421Y, 2007.

31. W. Parish, J. T. Woolaway, G. Kincaid, J. L. Heath, and J. D. Frank, "Low Cost 160 × 128 Uncooled Infrared Sensor Array," *Proceedings of SPIE* 3360, 111-19, 1998.

32. W. A. Terre, R. F. Cannata, P. Franklin, A. Gonzalez, E. Kurth, W. Parrish, K. Peters, T. Romeo, D. Salazar, and R. Van Ysseldyk, "Microbolometer Production at Indigo Systems," *Proceedings of SPIE* 5406, 557-65, 2004.

33. K. A. Hay, D. Van Deusen, T. Y. Liu, and W. A. Kleinhans, "Uncooled Focal Plane Array Detector Development at InfraredVision Technology Corp.," *Proceedings of SPIE* 5074, 491-99, 2003.

34. T. Schimert, J. Brady, T. Fagan, M. Taylor, W. McCardel, R. Gooch, S. Ajmera, C. Hanson, and A. J. Syllaios, "Amorphous Silicon Based Large Format Uncooled FPA Microbolometer Technology," *Proceedings of SPIE* 6940, 694023, 2008.

35. H. Jerominek, T. D. Pope, C. Alain, R. Zhang, F. Picard, M. Lehoux, F. Cayer, S. Savard, C. Larouche, and C. Grenier, "Miniature VO_2-Based Bolometric Detectors for High-Resolution Uncooled FPAs," *Proceedings of SPIE* 4028, 47-56, 2000.

36. T. D. Pope, H. Jeronimek, C. Alain, F. Cayer, B. Tremblay, C. Grenier, P. Topart, et al., "Commercial and Custom 160 × 120, 256 × 1 and 512 × 3 Pixel Bolometric FPAs, *Proceedings of SPIE* 4721, 64-74, 2002.

37. C. Alain, H. Jerominek, P. A. Topart, T. D. Pope, F. Picard, F. Cayer, C. Larouche, S. Leclair, and B. Tremblay, "Microfabrication Services at INO," *Proceedings of SPIE* 4979, 353-63, 2003.

38. P. Topart, C. Alain, L. LeNoc, S. Leclair, Y. Desroches, B. Tremblay, and H. Jerominek, "Hybrid Micropackaging Technology for Uncooled FPAs," *Proceedings of SPIE* 5783, 544-50, 2005.

39. E. Mottin, J. Martin, J. Ouvrier-Buffet, M. Vilain, A. Bain, J. Yon, J. L. Tissot, and J. P. Chatard, "En-

hanced Amorphous Silicon Technology for 320 × 240 Microbolometer Arrays with a Pitch of 35 μm," *Proceedings of SPIE* 4369, 250-56, 2001.

40. E. Mottin, A. Bain, J. Martin, J. Ouvrier-Buffet, S. Bisotto, J. J. Yon, and J. L. Tissot, "Uncooled Amorphous Silicon Technology Enhancement for 25 μm Pixel Pitch Achievement," *Proceedings of SPIE* 4820, 200-07, 2003.

41. J. J. Yon, A. Astier, S. Bisotto, G. Chamming's, A. Durand, J. L. Martin, E. Mottin, J. L. Ouvrier-Buffet, and J. L. Tissot, "First Demonstration of 25 μm Pitch Uncooled Amorphous Silicon Microbolometer IRFPA at LETI-LIR," *Proceedings of SPIE* 5783, 432-40, 2005.

42. J. J. Yon, E. Mottin, and J. L. Tissot, "Latest Amorphous Silicon Microbolometer Developments at LETI-LIR," *Proceedings of SPIE* 6940, 69401W, 2008.

43. H. Wada, T. Sone, H. Hata, Y. Nakaki, O. Kaneda, Y. Ohta, M. Ueno, and M. Kimata, "YBaCuO Uncooled Microbolometer IR FPA," *Proceedings of SPIE* 4369, 297-304, 2001.

44. Y. Tanaka, A. Tanaka, K. Iida, T. Sasaki, S. Tohyama, A. Ajisawa, A. Kawahara, et al. ,"Performance of 320 × 240 Uncooled Bolometer-Type Infrared Focal Plane Arrays, *Proceedings of SPIE* 5074, 414-24, 2003.

45. N. Oda, Y. Tanaka, T. Sasaki, A. Ajisawa, A. Kawahara, and S. Kurashina, "Performance of 320 × 240 Bolometer-Type Uncooled Infrared Detector," *NEC Research & Development* 44, 170-74, 2003.

46. S. Tohyama, M. Miyoshi, S. Kurashina, N. Ito, T. Sasaki, A. Ajisawa, and N. Oda, "New Thermally Isolated Pixel Structure for High-Resolution Uncooled Infrared FPAs," *Proceedings of SPIE* 5406, 428-36, 2004.

47. T. Ishikawa, M. Ueno, Y. Nakaki, K. Endo, Y. Ohta, J. Nakanishi, Y. Kosasayama, H. Yagi, T. Sone, and M. Kimata, "Performance of 320 × 240 Uncooled IRFPA with SOI Diode Detectors," *Proceedings of SPIE* 4130, 1-8, 2000.

48. Y. Kosasayama, T. Sugino, Y. Nakaki, Y. Fujii, H. Inoue, H. Yagi, H. Hata, M. Ueno, M. Takeda, and M. Kimata, "Pixel Scaling for SOI-Diode Uncooled Infrared Focal Plane Arrays," *Proceedings of SPIE* 5406, 504-11, 2004.

49. T. Ishikawa, M. Ueno, K. Endo, Y. Nakaki, H. Hata, T. Sone, and M. Kimata, "640 × 480 Pixel Uncooled Infrared with SOI Diode Detectors," *Proceedings of SPIE* 5783, 566-77, 2005.

50. M. Kimata, M. Uenob, M. Takedac, and T. Setod, "SOI Diode Uncooled Infrared Focal Plane Arrays," *Proceedings of SPIE* 6127, 61270X, 2006.

51. P. A. Manning, J. P. Gillham, N. J. Parkinson, and T. P. Kaushal, "Silicon Foundry Microbolometers: The Route to the Mass-Market Thermal Imager, *Proceedings of SPIE* 5406, 465-72, 2004.

52. V. N. Leonov, Y. Creten, P. De Moor, B. Du Bois, C. Goessens, B. Grietens, P. Merken, et al. ,"Small Two-Dimensional and Linear Arrays of Polycrystalline SiGe Microbolometers at IMEC-XenICs," *Proceedings of SPIE* 5074, 446-57, 2003.

53. U. Mizrahi, A. Fraenkel, L. Bykov, A. Giladi, A. Adin, E. Ilan, N. Shiloah, et al. , "Uncooled Detektor Development Program at SCD," *Proceedings of SPIE* 5783, 551-58, 2005.

54. U. Mizrahi, L. Bikov, A. Giladi, A. Adin, N. Shiloah, E. Malkinson, T. Czyzewski, A. Amsterdam, Y. Sinai, and A. Fraenkel, "New Features and Development Directions in SCD's μ-Bolometer Technology," *Proceedings of SPIE* 6940, 694020, 2008.

55. M. Kohin and N. Butler, "Performance Limits of Uncooled VO_x Microbolometer Focal-Plane Arrays," *Proceedings of SPIE* 5406, 447-53, 2004.

56. A. Van Der Ziel, "Flicker Noise in Electronic Devices," in *Advances in Electronics and Electron Physics*, 49, 225-97, 1979.

57. R. A. Wood, C. J. Han, and P. W. Kruse, "Integrated Uncooled IR Detector Imaging Arrays," *Proceedings of*

IEEE Solid State Sensor and Actuator Workshop, 132-35, Hilton Head Island, SC, June 1992.
58. R. A. Wood, "Uncooled Thermal Imaging with Monolithic Silicon Focal Planes," *Proceedings of SPIE* 2020, 322-29, 1993.
59. W. J. Parrish and T. Woolaway, "Improvements in Uncooled Systems Using Bias Equalization", *Proceedings of SPIE* 3698, 748-55, 1999.
60. F. Niklas, C. Vieider, and H. Jakobsen, "MEMS-Based Uncooled Infrared Bolometer Arrays: A Review," *Proceedings of SPIE* 6836, 68360D-1, 2007.
61. S. Eminoglu, D. Sabuncuoglu Tezcan, M. Y. Tanrikulu, and T. Akin, "Low-Cost Uncooled Infrared Detectors in CMOS Process," *Sensors & Actuators A* 109, 102-13, 2003.
62. C. Vieider, S. Wissmar, P. Ericsson, U. Halldin, F. Niklaus, G. Stemme, J.-E. Kallhammer, et al., "Low-Cost Far Infrared Bolometer Camera for Automotive Use," *Proceedings of SPIE* 6542, 65421L, 2007.
63. W. Radford, D. Murphy, A. Finch, K. Hay, A. Kennedy, M. Ray, A. Sayed, et al., "Sensitivity Improvements in Uncooled Microbolometer FPAs," *Proceedings of SPIE* 3698, 119-30, 1999.
64. J. Anderson, D. Bradley, D. C. Chen, R. Chin, K. Jurgelewicz, W. Radford, A. Kennedy, et al., "Low Cost Microsensors Program," *Proceedings of SPIE* 4369, 559-65, 2001.
65. S. Black, M. Ray, C. Hewitt, R. Wyles, E. Gordon, K. Almada, S. Baur, M. Kuiken, D. Chi, and T. Sessler, "RVS Uncooled Sensor Development for Tactical Applications," *Proceedings of SPIE* 6940, 694022, 2008.
66. H.-K. Lee, J.-B. Yoon, E. Yoon, S.-B. Ju, Y.-J. Yong, W. Lee, and S.-G. Kim, "A High Fill Factor Infrared Bolometer Using Micromachined Multilevel Electrothermal Structures," *IEEE Transactions on Electron Devices* 46, 1489-91, 1999.
67. B. Fieque, P. Robert, C. Minassian, M. Vilain, J. L. Tissot, A. Crastes, O. Legras, and J. J. Yon, "Uncooled Amorphous Silicon XGA IRFPA with 17 μm Pixel-Pitch for High End Applications," *Proceedings of SPIE* 6940, 69401X, 2008.
68. A. Jahanzeb, C. M. Travers, Z. Celik-Butler, D. P. Butler, and S. G. Tan, "A Semiconductor YBaCuO Microbolometer for Room Temperature IR Imaging," *IEEE Transactions on Electron Devices* 44, 1795-1801, 1997.
69. M. Almasri, Z. Celik-Butler, D. P. Butler, A. Yaradanakul, and A. Yildiz, "Semiconducting YBaCuO Microbolometers for Uncooled Broad-Band IR Sensing," *Proceedings of SPIE* 4369, 264-73, 2001.
70. H. Wada, T. Sone, H. Hata, Y. Nakaki, O. Kaneda, Y. Ohta, M. Ueno, and M. Kimata, "YBaCuO Uncooled Microbolometer IRFPA," *Proceedings of SPIE* 4369, 297-304, 2001.
71. A. Yildiz, Z. Celik-Butler, and D. P. Butler, "Microbolometers on a Flexible Substrate for Infrared Detection," *IEEE Sensors Journal* 4, 112-17, 2004.
72. S. A. Dayeh, D. P. Butler, and Z. Celik-Butler, "Micromachined Infrared Bolometers on Flexible Polyimide Substrates," *Sensors & Actuators A* 118, 49-56, 2005.
73. X. He, G. Karunasiri, T. Mei, W. J. Zeng, P. Neuzil, and U. Sridhar, "Performance of Microbolometer Focal Plane Arrays Under Varying Pressure," *IEEE Electron Device Letters* 21, 233-35, 2000.
74. V. K. Lindroos, M. Tilli, A. Lehto, and T. Motorka, *Handbook of Silicon Based MEMS Materials and Technologies*, William Andrew Publishing, Norwich, NY, 2008.
75. P. De Moor, J. John, S. Sedky, and C. Van Hoof, "Lineal Arrays of Fast Uncooled Poly SiGe Microbolometers for IR Detection," *Proceedings of SPIE* 4028, 27-34, 2000.
76. R. W. Whatmore, "Pyroelectric Devices and Materials," *Reports on Progress in Physics* 49, 1335-86, 1986.
77. R. Watton, "Ferroelectric Materials and Design in Infrared Detection and Imaging," *Ferroelectrics* 91, 87-108, 1989.

78. R. W. Whatmore, "Pyroelectric Ceramics and Devices for Thermal Infra-Red Detection and Imaging," *Ferroelectrics* 118, 241-59, 1991.

79. R. Watton, "IR Bolometers and Thermal Imaging: The Role of Ferroelectric Materials," *Ferroelectrics* 133, 5-10, 1992.

80. C. M. Hanson, "Uncooled Thermal Imaging at Texas Instruments," *Proceedings of SPIE* 2020, 330-39, 1993.

81. H. Betatan, C. Hanson, and E. DG. Meissner, "Low Cost Uncooled Ferroelectric Detector," *Proceedings of SPIE* 2274, 147-56, 1994.

82. M. A. Todd, P. A. Manning, O. D. Donohue, A. G. Brown, and R. Watton, "Thin Film Ferroelectric Materials for Microbolometer Arrays," *Proceedings of SPIE* 4130, 128-39, 2000.

83. R. W. Whatmore and R. Watton, "Pyroelectric Materials and Devices," in *Infrared Detectors and Emitters: Materials and Devices*, eds. P. Capper and C. T. Elliott, 99-147, Kluwer Academic Publishers, Boston, MA, 2000.

84. C. M. Hanson, H. R. Beratan, and J. F. Belcher, "Uncooled Infrared Imaging Using Thin-Film Ferroelectrics," *Proceedings of SPIE* 4288, 298-303, 2001.

85. R. W. Whatmore, Q. Zhang, C. P. Shaw, R. A. Dorey, and J. R. Alock, "Pyroelectric Ceramics and Thin Films for Applications in Uncooled Infra-Red Sensor Arrays," *Physica Scripta* T 129, 6-11, 2007.

86. C. M. Hanson, H. R. Beratan, and D. L. Arbuthnot, "Uncooled Thermal Imaging with Thin-Film Ferroelectric Detectors," *Proceedings of SPIE* 6940, 694025, 2008.

87. N. Butler and S. Iwasa, "Solid State Pyroelectric Imager," *Proceedings of SPIE* 1685, 146-54, 1992.

88. R. Takayama, Y. Tomita, J. Asayama, K. Nomura, and H. Ogawa, "Pyroelectric Infrared Array Sensors Made of c-Axis-Oriented La-Modified $PbTiO_3$ Thin Films," *Sensors and Actuators* A21-A23, 508-12, 1990.

89. R. Watton, F. Ainger, S. Porter, D. Pedder, and J. Gooding, "Technologies and Performance for Linear and Two Dimensional Pyroelectric Arrays," *Proceedings of SPIE* 510, 139-48, 1984.

90. D. E. Burgess, P. A. Manning, and R. Watton, "The Theoretical and Experimental Performance of a Pyroelectric Array Imager," *Proceedings of SPIE* 572, 2-6, 1985.

91. D. E. Burgess, "Pyroelectric in Harsh Environment," *Proceedings of SPIE* 930, 139-50, 1988.

92. R. Takayama, Y. Tomita, K. Iijima, and I. Ueda, "Pyroelectric Properties and Application to Infrared Sensors of $PbTiO_3$ and $PbZrTiO_3$ Ferroelectric Thin Films," *Ferroelectrics* 118, 325-42, 1991.

93. R. Watton, P. Manning, D. Burgess, and J. Gooding, "The Pyroelectric/CCD Focal Plane Hybrid: Analysis and Design for Direct Charge Injection," *Infrared Physics* 22, 259-75, 1982.

94. P. Muralt, "Micromachined Infrared Detectors Based on Pyroelectric Thin Films," *Reports on Progress in Physics* 64, 1339-88, 2001.

95. V. Norkus, T. Sokoll, G. Gerlach, and G. Hofmann, "Pyroelectric Infrared Arrays and Their Applications," *Proceedings of SPIE* 3122, 409-19, 1997.

96. J. D. Zook and S. T. Liu, "Pyroelectric Effects in Thin Films," *Journal of Applied Physics* 49, 4604-6, 1978.

97. M. Okuyama, H. Seto, M. Kojima, Y. Matsui, and Y. Hamakawa, "Integrated Pyroelectric Infrared Sensor Using $PbTiO_3$ Thin Film," *Japanese Journal of Applied Physics* 22, 465-68, 1983.

98. R. Takayama, Y. Tomita, J. Asayama, K. Nomura, and H. Ogawa, "Pyroelectric Infrared Array Sensors Made of c-Axis-Oriented La-Modified $PbTiO_3$ Thin Films," *Sensors and Actuators* A21-23, 508-12, 1990.

99. N. Neumann, R. Kohler, and G. Hofmann, "Pyroelectric Thin Film Sensors and Arrays Based on P(VDF/TrFE)," *Integrated Ferroelectrics* 6, 213-30, 1995.

100. M. Kohli, C. Wuethrich, K. Brooks, B. Willing, M. Forster, P. Muralt, N. Setter, and P. Ryser, "Pyroelectric Thin-Film Sensor Array," *Sensors and Actuators* A60, 147-53, 1997.

101. B. Willing, M. Kohli, P. Muralt, N. Setter, and O. Oehler, "Gas Spectrometry Based on Pyroelectric Thin Film Arrays Integrated on Silicon," *Sensors and Actuators A* 66, 109-13, 1998.

102. C. Shaw, S. Landi, R. Whatmore, and P. Kirby, "Development Aspects of an Integrated Pyroelectric Array Incorporating and Thin PZT Film and Radiation Collectors," *Integrated Ferroelectrics* 63, 93-97, 2004.

103. R. W. Whatmore, "Uncooled Pyroelectric Detector Arrays Using Ferroelectric Ceramics and Thin Films," *MEMS Sensor Technologies*, 10812, 1-9, 2005.

104. M. A. Todd and R. Watton, "Laser-Assisted Etching of Ferroelectric Ceramics for the Reticulation of IR Detector Arrays," *Proceedings of SPIE* 1320, 95, 1990.

105. D. L. Polla, C. Ye, and T. Tamagawa, "Surface-Micromachined $PbTiO_3$ Pyroelectric Detectors," *Applied Physics Letters* 59, 3539-41, 1991.

106. L. Pham, W. Tjhen, C. Ye, and D. L. Polla, "Surface-Micromachined Pyroelectric Infrared Imaging Array with Vertically Integrated Signal Processing Circuitry," *IEEE Transactions on Ultrasonics, Ferroelectrics, and Frequency Control* 41, 552-55, 1994.

107. S. G. Porter, R. Watton, and R. K. McEwen, "Ferroelectric Arrays: The Route to Low Cost Uncooled Infrared Imaging," *Proceedings of SPIE* 2552, 573-82, 1995.

108. J. F. Belcher, C. M. Hanson, H. R. Beratan, K. R. Udayakumar, and K. L. Soch, "Uncooled Monolithic Ferroelectric IRFPA Technology," *Proceedings of SPIE* 3436, 611-22, 1998.

109. M. Z. Tidrow, W. W. Clark, W. Tipton, R. Hoffman, W. Beck, S. C. Tidrow, D. N. Robertson, et al., "Uncooled Infrared Detectors and Focal Plane Arrays," *Proceedings of SPIE* 3553, 178-87, 1997.

110. R. K. McEwen and P. A. Manning, "European Uncooled Thermal Imaging Sensors," *Proceedings of SPIE* 3698, 322-37, 1999.

111. http://www.flir.com/uploadedFiles/Eurasia/Cores_and_Components/Technical_Notes/uncooled%20detectors%20BST.pdf.

112. S. R. Hunter, G. S. Maurer, G. Simelgor, S. Radhakrishnan, and J. Gray, "High Sensitivity 25μm and 50μm Pitch Microcantilever IR Imaging Arrays," *Proceedings of SPIE* 6542, 65421F, 2007.

113. S. R. Hunter, G. Maurer, G. Simelgor, S. Radhakrishnan, J. Gray, K. Bachir, T. Pennell, M. Bauer, and U. Jagadish, "Development and Optimization of Microcantilever Based IR Imaging Arrays," *Proceedings of SPIE* 6940, 694013, 2008.

114. J. Zhao, "High Sensitivity Photomechanical MW-LWIR Imaging Using an Uncooled MEMS Microcantilever Array and Optical Readout," *Proceedings of SPIE* 5783, 506-13, 2005.

115. D. Grbovic, N. V. Lavrik, and P. G. Datskos, "Uncooled Infrared Imaging Using Bimaterial Microcantilever Arrays," *Applied Physics Letters* 89, 073118, 2006.

116. N. Lavrik, R. Archibald, D. Grbovic, S. Rajic, and P. Datskos, "Uncooled MEMS IR Imagers with Optical Readout and Image Processing," *Proceedings of SPIE* 6542, 65421E, 2007.

117. J. P. Salerno, "High Frame Rate Imaging Using Uncooled Optical Readout Photomechanical IR Sensor," *Proceedings of SPIE* 6542, 65421D, 2007.

118. M. Wagner, E. Ma, J. Heanue, and S. Wu, "Solid State Optical Thermal Imagers," *Proceedings of SPIE* 6542, 65421P, 2007.

119. M. Wagner, "Solid State Optical Thermal Imaging: Performance Update," *Proceedings of SPIE* 6940, 694016, 2008.

120. B. Jiao, C. Li, D. Chen, T. Ye, S. Shi, Y. Qu, L. Dong, et al., "A Novel Opto-Mechanical Uncooled Infrared Detector," *Infrared Physics & Technology* 51, 66-72, 2007.

121. S. Shi, D. Chen, B. Jiao, C. Li, Y. Qu, Y. Jing, T. Ye, et al., "Design of a Novel Substrate-Free Double-

Layer-Cantilever FPA Applied for Uncooled Optical-Readable Infrared Imaging System," *IEEE Sensors Journal* 7, 1703-10, 2007.

122. F. Dong, Q. Zhang, D. Chen, Z. Miao, Z. Xiong, Z. Guo, C. Li, B. Jiao, and X. Wu, "Uncooled Infrared Imaging Device Based on Optimized Optomechanical Micro-Cantilever Array," *Ultramicroscopy* 108, 579-88, 2008.

123. X. Yu, Y. Yi, S. Ma, M. Liu, X. Liu, L. Dong, and Y. Zhao, "Design and Fabrication of a High Sensitivity Focal Plane Array for Uncooled IR Imaging," *Journal of Micromechanics and Microengineering* 18, 057001, 2008.

124. P. Kruse, "Can the 300K Radiating Background Noise Limit be Attained by Uncooled Thermal Imagers?" *Proceedings of SPIE* 5406, 437-46, 2004.

第21章 光子探测器焦平面阵列

回顾过去几百年，由于继光学系统（望远镜、显微镜、目镜和照相机等）的发明和发展，光学图像从成像在人眼视网膜发展到光学底版或胶片上。光探测器的诞生可以追溯到1873年，史密斯（Smith）发现硒的光电导性，直至1905年，其进展都非常缓慢。当时，爱因斯坦（Einstein）阐述了金属中新发现的光电效应，普朗克（Planck）通过量子假说解决了黑体发射的困扰。随着20世纪20~30年代电视的出现，在为此研制的真空管传感器一类带来曙光的技术推动下，很快涌现出大量的应用和新器件。兹沃尔金（Zworykin）和莫顿（Morton），著名的电视之父，在其传奇著作《电视（Television）(1939年)》最后一页曾结论性阐述到：当火箭飞行到月亮和其它天体时，人们观察到的第一张图像将是由摄像机拍摄的照片，从而开拓了人类新的眼界，伴随阿波罗和探险家的任务完成，他们的预言变成现实。20世纪60年代初期，光刻术使研制可见光光谱硅单片成像焦平面阵列的制造技术成为可能，可视电话应用领域也注意到一些早期的研究成果，有一些研究集中于电视摄像机、卫星侦查和数字成像。由于红外成像技术在军事领域的重要应用，所以，与可见光成像技术同时得到了大力推广和发展。近年（1997年），安装在哈勃（Hubble）空间望远镜上的CCD相机传回外太空图像，是一个经过10天集成的图像，具有第30个大小量级的星系，也是一个甚至令当代天文学家都难以想象的图像。或许，下一步的工作将是研究宇宙大爆炸时代，因此，光电探测器将继续为人类开拓更具魅力的新视野。

在过去30年，虽然花费了大量精力利用各种红外光电探测器材料（包括窄带半导体）研发单片结构，但只有很少几种逐渐成熟到实际应用水平，其中包括Si、PtSi及最近成功研制的PbS和PbTe，而其它红外材料体系（InGaAs、InSb、HgCdTe、GaAs/AlGaAs QWIP和非本征硅）应用于混成型结构中。

本章介绍光子探测器阵列红外探测技术。

21.1 本征硅和锗焦平面阵列

可见光成像传感器具用三种基本结构：
- 单片电荷耦合器件（CCD）（前侧和后侧两种照明方式）。
- 单片互补型金属氧化物半导体（CMOS），光敏二极管包含在硅读出集成电路（ROIC）中。
- 混成型CMOS，利用探测层探测光并将光电荷收集在像素中，并使用CMOS ROIC实现信号放大和读出。

目前，两种单片技术为摄录一体机和数码相机市场提供大部分器件：CCD和CMOS成像仪。简西克（Jenesick）对CCD和CMOS两种成像仪共有的基本性能参数做了比较[1,2]。与CCD技术相比，CMOS目前的性能有碍于该技术在科学和高端的使用[3]。为了提高性能，需要对CMOS像素进行专门设计并确定制造工艺。

对可见光光谱单片成像焦平面阵列(FPA)的研究始于20世纪60年代,进一步的发展过程如图21.1所示,给出了CCD和CMOS器件成像传感器在不同应用领域的变化趋势[4],研发CCD技术主要为适应成像领域,优化制造工艺是为了制造一个可实现的最佳光学性质和成像质量。CCD系统主要应用于高性能低容量领域,如专业数码相机、机器视觉、医学和科学应用,但由于低功率损耗,将定时、控制及其它信号处理电路集成在芯片上,还实现了单电源供电和主时钟运作。然而,在低成本大容量应用中,尤其对低功率损耗和小系统尺寸是其重要应用条件时,CMOS赢得了青睐,主要因素源自CMOS成像技术形成的新产品,如汽车视频、计算机视频、光学鼠标、可视电话、玩具、生物识别技术以及大量的混成型产品。

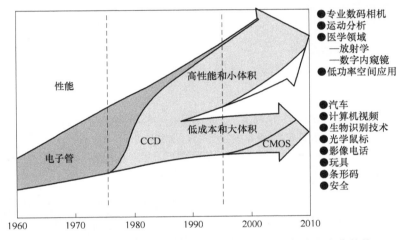

图21.1 CCD和CMOS成像传感器在不同应用领域中的变化趋势

(资料源自:Titus, H., "Imaging Sensors That Capture Your Attention", Sensors, 18, February, 2001)
(原文作者删除了图中"Consumer ESC"一项。——译者注)

传统上,彩色胶片已经成为照相术的绝对标准,具有全世界消费者都非常习惯的丰富暖色调和令人难以置信的色彩细节。胶片采用三层乳胶摄取图像每一点的全部色彩,从而实现上述目的。

大约30年前,研发了数字CCD硅成像传感器,迎来了数字照相术时代。在可见光成像领域,CCD阵列将读出电路与传感器集成在一个组合像素中,并包括集成红-绿-蓝(RGB)彩色滤光片。最常用的镶嵌滤波模式(或棋盘滤波模式)将四个像素中的两个用于绿光,另外两个分别用于红光和蓝光,因此,该传感器只能汇聚50%绿光以及各25%的红光和蓝光。为了填充空格而采用数字插值后处理技术,致使一半以上的图像由人工生成,成为其固有缺点。在这种情况中,填充的部分只是像素面积的一部分(如约70%)[5]。遗憾的是,人们对数码照相的方便和即时性非常喜爱,就在一定程度上牺牲了彩色胶片丰富的暖色调和细节的特性,原因是,CCD数字成像传感器只能记录所抓拍图像每一点的一种颜色,而非每个位置的全部色彩。

美国的适马(Foveon)公司结合了胶片和数字技术两者的优点[5],通过创造性设计具有三层像素的三层分色感光技术(foveonX3)直接成像传感器,类同于具有三层化学乳胶的彩色胶片,从而能够达到此目的(见图21.2[6])。利用标准CMOS生产线制造这种硅传感器。适马层嵌入硅材料中有利于红、绿和蓝光以不同深度穿透硅基板(光电探测器上层对蓝光、中间层对绿光和底层对红光敏感),从而使成像传感器能够抓拍到所摄图像每一点的全部色彩,是无需插值的100%全色彩。图21.2b[6]给出了吸收系数与深度的函数关系,对任何一种波长都是深度的指数函数。由于较高能量的光子会更强地相互作用,因而有较小的空间常数,会按照指数形式较迅速地随深度衰减。

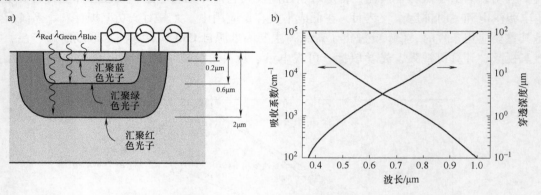

图21.2 美国Foveon公司研制的传感器的叠层示意图
a) 传感器横截面图 b) 吸收系数和硅中的穿透深度
(资料源自:Lyon, R. F., and Hubel, P., IS&T/SID Tenth Imaging Conference, 349-95, 2001)

目前,最大的CCD阵列超过100兆像素。加拿大达尔萨(DALSA)公司宣称,已成功生产出111兆像素的CCD(见图21.3),敏感区面积测量值约为4in×4in,10560×10506像素,像素尺寸为9μm[7]。这块破纪录的芯片是专门为美国海军天文台天体测量部研制,帮助研究人员确定星体和太阳系目标的位置和运动,以及建立天球参考架。为了满足天文界需求,现已开始大量生产大尺寸CCD传感器,尤其是最近研制的可对接CCD阵列使摄影测量和遥感界相当感兴趣。为了生产大尺寸(直至十亿像素)帧图像而研制镶嵌式(马赛克结构)面阵列是一个非常有趣的想法[8]。

图21.3 加拿大达尔萨(DALSA)公司制造的111兆像素CCD阵列(像素尺寸为9μm)
(资料源自:hhtp://www.dalsasemi.com)

美国特利丹图像传感器(Teledyne Imaging Sensors,TIS)公司采用单片型和混成型两种CMOS探测器(见表21.1)探测可见光[9,10]。这些具有最佳性能的硅基成像阵列是针对天文界研制。具有低噪声($2.8e^-$读出噪声)和低暗电流(温度295K时,$<10pA/cm^2$)、像素数目高达59兆的单片成像传感器一直以99.9%可操作性在生产。

美国TIS公司的单片CMOS传感器是全数字型片上系统,具有全偏压生成、定时以及成像阵列的模拟-数字(A-D)转换。表21.2列出了一些阵列的例子[10]。

表 21.1 美国 TIS 公司采用的可见光硅成像传感器技术

传感器结构	单片型 CMOS	混成型 CMOS
量子效率	■ 前侧：具有标准微透镜是65%；具有优化微透镜是80% ■ 背侧：与背侧 CCD 和混合型硅 p-i-n CMOS 具有相同的量子效率	■ X 射线、可见光和近红外光谱，有高量子效率 ■ 探测层厚度为 50～250μm ■ 多层和厚度分级增透膜有利
暗电流（温度298K）	■ <10pA/cm² （前侧照明） ■ 由于背侧照明造成暗电流升高将取决于表面处理工艺的质量	■ 5～10nA/cm² ■ 正在研发，以便将暗电流降至约 1nA/cm²
读出噪声	■ 经过验证的是 2.8e⁻ ■ 正在研发 <2e⁻ 读出电路	■ 使用源极随耦器是 7～10e⁻ 单 CDS①，使用多次抽样会更低 ■ 在每秒 900 帧幅 ROIC 中使用专用电容跨阻放大器（CTIA）像素，则 <4e⁻ ■ 对于高电容 CTIA 像素，是 50～100e⁻
阵列尺寸	■ 2 兆像素（1936×1280） ■ 12 兆像素（3648×3375） ■ 59 兆像素（7680×7680）	■ 640×480 像素 ■ 1024×1024 像素 ■ 2048×2048 像素 ■ 4096×4096 像素

注：斜体字表示未来的改进目标。
① CDS 表示相关双采样。——译者注

（资料源自：Y. Bai, J. Bajaj, J. W. Beletic, and M. C. Farris, "Teledyne Imaging Sensors: Silicon CMOS Imaging Technologies for X-Ray, UV, Visible and Near Infrared", Proceedings of SPIE 7021, 702102, 2008）

表 21.2 特利丹图像传感器公司研发的单片 CMOS 成像仪

成像仪名称	像素数目	像素总数（兆）	像素间距/μm	芯片 ADC	读出模式	充电容量（e⁻）	读出噪声（e⁻）	量子效率（%）	帧速率/Hz	功率/mW
V1M	1280×1280	1.6	14	12-bit	波纹	36×10⁴	77	峰值65%，红、绿和蓝光中更低	10	200
V2M	1936×1086	2.1	5 和 10			15×10⁴	<50		30	300
V12M	3648×3375	12.3	5			4×10⁴	<16		20	1250
V59M	7680×7680	59	5			4.5×10⁴	<30		8	3000

资料源自：Y. Bai, J. Bajaj, J. W. Beletic, and M. C. Farris, "Teledyne Imaging Sensors: Silicon CMOS Imaging Technologies for X-Ray, UV, Visible and Near Infrared", Proceedings of SPIE 7021, 702102, 2008）

  由于 CMOS 读出电路本身比 CCD 放大器有更高噪声，所以迄今为止，CMOS 成像仪的读出噪声相对于 CCD 一直处于不利地位。具有较高噪声的一个原因是源自三种晶体管 CMOS 像素感知节点的电容。对于 $0.25\mu m$ CMOS 成像传感器工艺中 $5\mu m$ 典型值的像素尺寸，感知节点电容约为5fF，对应着 $32\mu V$/电子的响应度，将最低读出噪声限制到约 10 个电子。随着晶体管像素的研发，单片 CMOS 能够达到天文学所需要的最低噪声[10]。

  对于使用材料较灵活、具有较大表面面积以及几乎 100% 填充因数的特定应用领域，已经研发出可见光混成型结构[10,11]。最近演示验证了为天文学和民用空间领域研制、尺寸大到 4096×4096 元像素的混成型硅 p-i-n 探测器阵列[10]。其原理样机证明了高像素互连性（>99.9%）和高像素可操作性（>99.8%）。这种设计可以扩展到 16K×16K 的阵列格式。应补充说明一点，由于 CMOS ROIC 制造过程中使用了薄氧化物，FPA 本身难以形成辐射，所以不会遇到 CCD 中低效转移电荷的问题。

2007 年，被称为 HyViSi™、并具有表 21.3 所列性能的三种美国 TIS 公司混成型硅 p-i-n CMOS 传感器（H1RG-18、H2RG-18、H1RG-10，见图 21.4）在美国亚利桑那州基特峰（Kitt Peak）上的 2.1 米望远镜上进行了测试[10]。

表 21.3 硅 p-i-n CMOS FPA 采用的 ROIC 性能

	TCM6604A	TCM8050A	H1RG-18	H2RG-18	H4RG-10
像素放大器	CTIA	DI	SF	SF	SF
阵列格式（像素数目）	640×480	1024×1024	1024×1024	2048×2048	4096×4096
像素间距/μm	27	18	18	18	10
输出量数目	4	4	1，2 或 16	1，4 或 32	1，4，16，32 或 64
像素速率/MHz	8	6	0.1~5	0.1~5	0.1~5
读出模式	快照	快照	纹波	纹波	纹波
窗口模式	可编程	全部，512，256	波导窗	波导窗	波导窗
充电电容(ke⁻)	700	3000	100	100	100
读出噪声(e⁻)	<100	<300	<10	<10	<10
功率损耗/mW	<70	<100	<1	<4	<14

（资料源自：Y. Bai, J. Bajaj, J. W. Beletic, and M. C. Farris, "Teledyne Imaging Sensors: Silicon CMOS Imaging Technologies for X-Ray, UV, Visible and Near Infrared", *Proceedings of SPIE* 7021, 702102, 2008）

CTIA 代表电容跨阻放大器；DI 代表直接注入；SF 代表源极随耦器。——译者注

1K×1K H1RG-18 HyViSi　　2K×2K H2RG-18 HyViSi　　4K×4K H1RG-10 HyViSi

图 21.4 美国 TIS 公司制造的混成型硅 p-i-n CMOS 传感器

（资料源自：Y. Bai, J. Bajaj, J. W. Beletic, and M. C. Farris, "Teledyne Imaging Sensors: Silicon CMOS Imaging Technologies for X-Ray, UV, Visible and Near Infrared", *Proceedings of SPIE* 7021, 702102, 2008）

即使按照常规方法能够制造具有兆像素分辨率、良好可生产性和均匀性的硅成像仪，这种探测器对大于 1μm 波长的辐射也不敏感。目前，SiGe 合金广泛应用于硅 CMOS 和双极技术中，利用这种技术研发一种单芯片短波红外像传感器，按照标准硅制造工艺集成锗光电探测器，如图 10.13 所示。已经制造出间隔 10μm、128×128 元像素的成像阵列，并正在快速扩展到更高分辨率[12]。

21.2 非本征硅和锗焦平面阵列

20世纪50年代初期,研制出了第一台非本征光电导探测器[13],在研制本征探测器之前,该类探测器广泛应用于波长大于 $10\mu m$ 的光谱范围。由于该技术非常适合控制早期锗材料的纯度,所以,第一台高性能非本征探测器是以锗为基础的。20世纪60年代发明了锗中掺杂汞,导致第一台应用于长波红外大气窗口的前视红外(FLIR)系统的诞生,其应用的是线阵列[14]。探测机理以非本征受激为基础,所以,需要保持工作温度 25K 的二级制冷器。虽然锗掺杂是20世纪60年代选择的红外探测器,但在20世纪80年代大部分应用中硅掺杂代替了锗掺杂。

20世纪70年代初期,首次研发一种单片非本征光电探测器阵列,准备在初级信号处理过程中将光敏单元和器件集成在一块单晶中。20个光敏像素单元排列在 Si:As 板上,每个单元包括一个光敏单元、以杂质补偿为基础的负载电阻以及连接在电路中作为源极随耦器的 MOSFET[15]。该阵列提供了有用的性能,但在探测器通道之间存在不利的电学和光学串扰,需要进一步研究以得到校正。

1974年,首次阐述了使用CCD多路复用技术研发单片硅阵列[16],稍后,研发出两种模式的单板CCD[17]。所有这些器件(见图21.5)都是在光敏基板温度下工作,对应着自由载流子浓度低至与杂质浓度相差不大时的杂质低电离态。

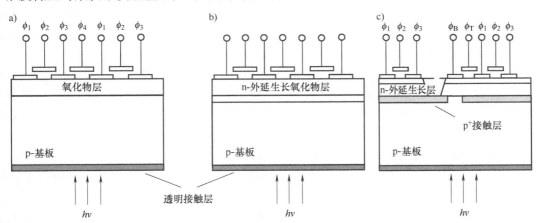

图 21.5 具有 CCD 多路复用器的单片硅阵列
a) 累积模式 b) 伪累积模式 c) 通道模式

(资料源自:Pommerrenig, D. H., "Extrinsic Silicon Focal Plane Arrays", Proceedings of SPIE 443, 144-50, 1984)

对于累积模式,CCD将传输累积在硅-氧化硅界面处的光生多数电荷载流子(空穴)。但由于传输率低以及时钟效率局限于低频[16],所以该器件尚未得到应用。在伪累积模式(Pseudo Accumulation Mode, PAM)中,注入光生空穴作为n外延层中的少数载流子,从而被CCD同步输出。对于通道模式,光敏基板埋藏式安装有各个探测器单元的连接线,在CCD传输栅极电路作用下汇聚被传输到n外延层的光生空穴,并被同步输出。对Si:Ga和Si:In使用PAM,已经制造出 32×96 元阵列[18],可以在 $10^8 \sim 10^{14} ph/(cm^2 s)$ 背景条件下工作。

为了避免源自n外延层和p基板连线的注入电流,对单片阵列的偏压和工作温度要求很严格，工作温度要低于探测器特性规定值。此外，与相同基板材料的离散型探测器相比，单板探测器的响应度衰减很多（低两个数量级），并假设是由热氧化、p^+ 和 n^+ 扩散、外延生长及多晶（门电路）成分等原因所致。已经知道，响应度下降是由于器件制造过程中施主浓度增大，超过了 $10^{14} cm^{-3}$[19]。此外，利用磷吸杂工艺（降低对起始值的净补偿）能够使寿命和响应度恢复增大一个数量级。

为了避免采用 CCD 固有的长移位寄存器，建议使用另一种伪单片读出机理。在电荷注入器件（Charge Injection Device，CID）光电探测器阵列时，假设光信号电荷汇聚和存储在晶体管单元的 MOS 电容中，在会聚电荷的同一单元中将该电荷读出。CID 光电探测器阵列并不包含其它用于电荷传输的附加单元，利用半导体基板注入技术使阵列单元不含有累积的信号电荷，并在某些情况下用作一种读出方法。

初始是针对少数电荷载流子累积而建议采用 CID[20]。若将负偏压施加在 n 类硅基板的栅极电路上，在该栅极电路下就会出现一个电子耗尽层。当对基板进行本征辐照时，形成空穴-电子对，并将少数电荷载流子（空穴）会聚和存储在硅-氧化硅界面处的电子耗尽层中。去除电压，累积的电荷载流子就被注入到基板中，从而提供信号输出。

当自由载流子浓度变得很低并处于低温和辐照条件下，这类器件就有能力会聚和存储由于杂质中心的光致电离化而产生的多数电荷载流子。为达此目的，若基板是 n 类传导材料，就应施加正偏压，之后，为了将累积电荷注入到基板中并读出，要施加一个负极性的脉冲电压到栅极电路，该电压应足够大以便穿过基板过程中使复合效应降到最小。根据这种方法已经研制出二维 32×32 元和 2×64 元 Si: Bi CID 阵列[21,22]。然而，该阵列阱性能远低于预测值，光电响应的截止频率也远低于器件中介电弛豫过程速率所确定的预测值。

由于红外探测器具有低的工作温度，所以 CCD 法并不兼有低读出噪声的优点。还可以采用埋沟式 CCD 以避免俘获噪声，但不再有足够的移动电荷维持该通道，此器件会以表面通道模式工作，伴随而来的是产生高噪声。此外，在特别高剂量的电离辐射下，会使 CCD 器件损坏，从而降低电荷传输效率。为此，研发了不同形式的结构，每个像素连接一台读出放大器，并由晶体管开关将信号传给输出放大器[23]。

单片阵列具有 CCD 多路复用功能所造成的上述缺点通过将器件转换成 CMOS 探测器阵列的混成型结构而得以解决，从而可能在制造过程中使用较低的温度。采用这种设计，还额外使硅材料具有选择输入电路和信号处理的余地，主要取决于阵列的应用、为提高探测器性能所需要的时间和增加的电子器件，以及为增大动态范围而减小增益和 DC 抑制电路。

最大的非本征红外探测器阵列是为天文学制造的，大约 20 年前开始应用[24]。自此以后，每 7 个月其尺寸就会加倍[25]。在 40 年内，测绘天空某一区域的速度已经提高了 10^{18} 倍，对应着每 8 个月速度翻一番。单个探测器的灵敏度接近光子噪声设置的基本限制。

早期的探测器阵列较小（典型尺寸是 32×32 像素），读出噪声大于 1000 个电子。高性能阵列的基本结构和工艺源自军事应用，未来的发展得益于美国宇航局（NASA）和国家科学基金会（National Science Foundation）的投入[26]。目前，美国雷神视觉系统（RVS）公司、诊断检测系统（DRS）公司和 TIS 公司提供的大多数红外阵列是应用在天文学方面，最重的是受阻杂质带（BIB）探测器阵列。由雷基（Rieke）收集的上述厂商为天文学领域提供的最先进红外探测器阵列的性能见表 21.4[25]。

第 21 章 光子探测器焦平面阵列

表 21.4 Si:As BIB 混成阵列

参数	美国 DRS 技术公司[①] WISE	美国雷神视觉系统(RVS)公司[②] JWST
波长范围/μm	5～28	5～28
格式	1024×1024	1024×1024
像素间距/μm	18	25
工作温度/K	7.8	6.7
读出噪声/(rms)(e)	42(Fowler-1；希望使用更多的读出电路，从而具有更低噪声)	10
暗电流/(e/s)	<5	0.1
阱容量/e	>10^5	2×10^5
量子效率/(%)	>70	>70
输出	4	4
帧率/(帧/s)	1	0.3

注：JWST 指詹姆斯·韦伯(James Webb)空间望远镜；WISE 指大视场红外巡天探测者。

① 资料源自 A. K. Mainzer, P. Eisenhardt, E. L. Wright, E.-C. Liu, W. Irace, I. Heinrichsen, R. Cutri, and V. Duval, "Preliminary Design of the Wide-Field Infrared Survey Explorer(WISE)," *Proceedings of SPIE* 5899, 58990R, 2005；

② 资料源自 P. J. Love, A. W. Hoffman, N. A. Lum, K. J. Ando, J. Rosbeck, W. D. Ritchie, N. J. Therrien, R. S. Holcombe, and E. Corrales, "1024×1024Si: As IBC Detector Arrays for JWST MIRI", *Proceedings of SPIE* 5902, 590209, 2005。

(资料源自：G. H. Rieke, Annual review Astronomy and Astrophysics, 45, 77-115, 2007)

BIB 探测器结构如图 21.6 所示，该结构曾在本书 11.4 节详细阐述过。为了阻挡由于到达 p^+ 接触层而产生的跳跃电导电流(在掺杂敏感探测区相当可观)，通常在 n 类吸收层与普通的背侧植入层(p^+层)之间都有一层薄的轻掺杂 n^- 层(一般是外延生长层)。为使杂质离子化呈现高量子效率，在 10μm 厚度范围内敏感层的掺杂浓度要足够高以便开始形成杂质带，也可以避免 n 类活性区中形成大的空间电荷层，否则会产生与照射过程相关的电介质弛豫响应。

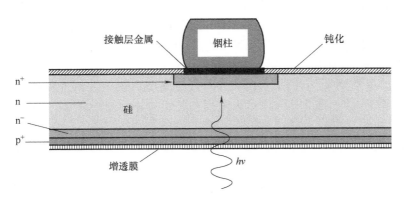

图 21.6 阻挡杂质带探测器

现在，大尺寸凝视阵列中的阻挡杂质带器件正在成为市售商品[27-32]。尤其是 1024×1024 大幅面尺寸、像素小至 18μm 的 Si:As BIB 阵列的制造技术已经有了令人瞩目的进展，工作温度 30K 时其响应光谱范围直至 30μm。18μm 像素尺寸小于 Q 波段(17～24μm)的波长，由于应用在该波长范围的成像仪一般都会使光束扩散至多个采样像素上，所以不会构成问题。

目前，BIB 阵列主要应用于地基和空基远红外天文学领域。该阵列应当工作在最大可能的均匀条件下，即最良好和稳定的环境中，背景条件严重影响着阵列性能。表 21.4 给出的例子是对低背景条件的优化结果，通过将探测器和栅极电路集成电容 C 降至最小而使读出噪声降至最低。若电荷 Q 一定，由于 $V=Q/C$，所以，电压达到最大。若探测器面对较高的背景条件，则读出放大器饱和。消除这种不良影响的方法是简单地增大集成电容或者利用能够控制较大信号的另一种放大器结构。

为了提高阵列性能，富勒（Fowler）和盖特雷（Gatley）提出，在积分段首尾处形成多个通过阵列的无损通道，以降低读出噪声[33]。对通过阵列一个通道上的每个像素重新设置，并对后续其它通道上探测器节点电压进行采样，就可以从数据中删除真正的基准电压。每选择 1 个像素，都要根据探测器节点电容选行和列 FET，重新分配电荷。富勒（Fowler）认为，由于 kTC 噪声与电荷再分配有关，所以读出噪声是主要的。在积分首尾形成多个通过阵列的无损通道可以使读出噪声降低通道数的二次方根倍。

与低背景光条件相比，对应用于高背景光条件的非本征硅阵列的研究较少。普通地基系统中的探测器一般工作在高达 10^9 ph/s 的热背景条件下，没有更适合该类中波红外背景条件的最佳新型阵列[25]，可以使用的最大尺寸高背景 Si：As BIB 阵列是 256×256 或 240×320 像素。最近，美国诊断检测系统（DRS）公司已经研发出第一台 1024×1024 元高背景 BIB 探测器阵列。

正如本书 11.4 节所述，BIB 探测器活性层应当较厚，并且尽可能重的掺杂，大约 10^{18} cm^{-3} 的 As 浓度能够满足该限制需求。该层厚度受限于少数杂质浓度以及偏压造成电荷载流子的初始雪崩。根据洛夫（Love）等人的研究[29]，45μm 厚的膜层少数载流子浓度上限是 1.44×10^{12} cm^{-3}，而 35μm 厚的膜层少数载流子浓度上限是 1.85×10^{12} cm^{-3}。所以，探测器 As 掺杂设计值是 7×10^{17} cm^{-3}，厚度是 35μm。

大尺寸 BIB 阵列的读出电路类似本书第 19 章（见图 19.13）所述。然而，应当指出，由于这些探测器的读出电路需要很低的温度[34]，所以，在此条件下，硅基 MOSFET 在运作上会遇到一些难度。这些都与热生电荷载流子的冻结效应相关，从而造成电路不稳定、噪声增大以及信号迟滞。格利登（Glidden）等人对该问题做了详细阐述[35]，通过生长重掺杂电路可以使其中许多方面得以缓解。

图 21.7 给出了詹姆斯·韦伯（James Webb）空间望远镜中波红外仪器中使用的 1024×1024 Si：As BIB 阵列[28]。图 21.7a 所示为阵列安装架的详细图，21.7b 所示为一个完整的阵列。

由于远红外光谱区的大气透明度（大于 30μm）不足，所以应用局限于实验室、高空和空间。硅探测器在高低背景辐射条件下都可以得到几乎一样的光谱响应，所以，在很大程度上，代替了锗非本征探测器，但对许多长波红外应用，仍然很看重锗探测器。若波长大于 40μm，就没有合适的浅掺杂物应用于硅。非常浅的施主（如 Sb）以及受主（如 B、In 或者 Ga）都能使非本征锗的截止波长达到 100μm。

Ge：Ga 光电导体是 40~120μm 光谱范围内最佳低背景光子探测器。然而，使用该探测器也存在一些问题。例如，为了控制热电流，一定要使用轻掺杂材料，因而，吸收长度非常长（一般是 3~5mm）。由于扩散长度也大（一般是 250~300μm），因此需要 500~700μm 大小的像素而使串扰效应降至最小。在空间应用中，大像素意味着宇宙辐射有更高的命中率，依次表明在低背景极限条件下工作的阵列要具有很低的读出噪声，对于具有大电容和大噪声的大尺寸像素，这是难以实现的。一种解决办法是利用尽可能短的曝光时间。由于能带隙小，所以，锗探测器一定能在低于硅"冻析"温度范围（一般是在液氦温度）内正常工作。

第 21 章 光子探测器焦平面阵列

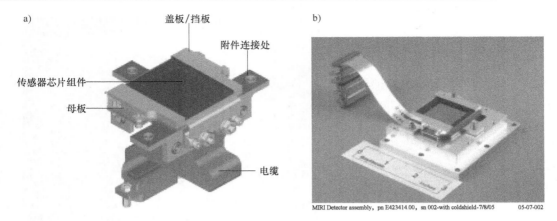

图 21.7 詹姆斯·韦伯（James Webb）空间望远镜中波红外仪器中使用的 1024×1024 Si:As BIB 阵列
a) 阵列安装架的详细图 b) 一个完整的阵列

（资料源自：Love, P. J., Hoffmann, A. W., Lum, N. A., Ando, K. J., Rosbeck, J., Ritchie, W. D., Therrien, N. J., Holcombe, R. S., and Corrales, E., "1024×1024 Si:As BIB Detector Array for JWST MIRI", Proceedings of SPIE 5902, 590209, 2005）

沿 Ge:Ga(100) 轴向采用单轴应力能够减小锗受主结合能，将截止波长扩展至大约 240μm，同时工作温度也会降至 2K 以下。在该效应实际应用中，基本上是对探测器施加并保持一个非常均匀的可控压力，以便使整个探测器体积置于压力之下，而又不会使任何一点的压力超过其断裂强度。已经研发了一些机械应力模型。加压 Ge:Ga 光电导体系统在天文学和天体物理学领域已得到了广泛应用[25,36-41]。

红外天文学卫星（Infrared Astronomical Satellite, IRAS）、红外空间天文台（Infrared Space Observatory, ISO）以及远红外光谱斯皮策（Spitzer）太空望远镜全部采用体锗光电导体。在斯皮策望远镜系统中，采用波长 70μm、32×32 元像素 Ge:Ga 无压力阵列；而对于波长 160μm，则采用 2×20 元阵列的压力探测器。该探测器安装在一个所谓的 Z 平面内，表明该阵列在第三维度上也具有很大的尺寸。Ge:Ga 探测器材料具有很差的吸收性能，因此要求该探测器很巨大，2mm 长。由于在锗中有很长的吸收路径，所以，利用横向接触法从侧面照明探测器，读

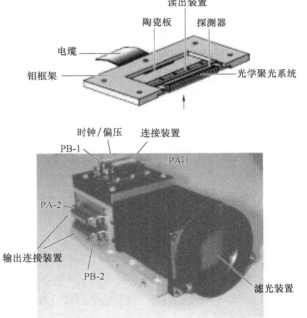

图 21.8 Spitzer 太空望远镜波长 70μm、4×32 个模块、侧面照明探测器阵列设计（8 个此类模块叠加形成一个完整的 32×32 阵列，覆盖波长范围 50~110μm）

（资料源自：Young, E. T., Davis, J. T., Thompson, C. L., Rieke, G. H., Rivlis, G., Schnurr, R., Cadien, J., Davidson, L., Winters, G. S., and Kormos, K. A., "Far-Infrared Imaging Array for SIRTF", Proceedings of SPIE 3354, 57-65, 1998）

出电路隐藏其后,如图 21.8 所示[36]。

德国马克斯·普朗克(Max Planck)外空物理学研究所在阿波利特·伯格里希(Albrecht Poglitzch)博士指导下研制出一种新型积分式野外能谱仪,也称为野外成像远红外线能谱仪(Field Imaging Far-Infrared Line Spectrometer,FIFI-LS),形成一个 5×5 元图像,任意两个波段中每个像素都具有 16 个光谱分辨率元。如图 21.9 所示,该阵列是为赫谢耳(Herschel)空间天文台和平流层红外天文台(SOFIA)专门研制的。为达此目的,该仪器具有两个 16×25 元 Ge:Ga 阵列,在 45～110μm

图 21.9　16×25 元像素格式的受压 Ge:Ga 探测器阵列(FIFI-LS)

(资料源自: http://fifi-ls.mpg-garching.mpg.dr/detector.html)

光谱范围是无压工作,而对 110～210μm 光谱范围是有压工作。每个探测器像素都在自己的子组件中经受压力,并将信号线连接到附近的前置放大器上。与没有这些约束的器件相比,很明显,这类阵列被限制到非常小的格式。

由于生产所需要的外延低掺杂阻挡层是一个有问题的需求,所以,美国 NASA(国家航空航天局)利用砷化镓将 BIB 探测器性能扩展到波长 400μm 的计划有相当难度[43,44]。

远红外光电导体阵列遇到标准体光电导体光度学测量问题,特别是,锗探测器的响应更为复杂,会影响标定、观察方式以及低背景应用时的数据分析。该器件工作在很低的偏压下,即使放大器工作点有很小变化也会造成探测器偏压有不可接受的变化,更详细的内容请参考雷基(Rieke)编写的本章参考文献【25】。

21.3　光电发射阵列

肖特基(Schottky)势垒焦平面阵列技术一直在发展[45]。第一个肖特基势垒焦平面阵列是美国无线电(RCA)公司实验室在与美国罗姆航空发展中心(Rome Air Development Center,RADC)签订的合同支持下研制出的 25×50 元红外电荷耦合器件(IR-CCD)[46]。目前,肖特基势垒焦平面阵列代表中波红外光谱范围内最先进的焦平面阵列技术。为空基遥感应用研制出扫描型 PtSi 焦平面阵列,像素数高达 4×4096 元[47]和 2048×16 时间延迟积分(TDI)元[48]。例如,科索诺奇(Kosonocky)[49,50]和木全(Kimata)等人[45,51-53]综述了各种结构布局的凝视型肖特基势垒焦平面阵列。表 21.5 对典型的高分辨率 PtSi 肖特基势垒焦平面阵列(具有高电视分辨率)的技术要求和性能做了总结。

不同厂商研制的结构的详细尺寸及电荷的传输方法都不相同。若像素尺寸和设计原则一定,则设计凝视型肖特基势垒焦平面阵列包括电荷容量和填充因数间的折中,此外,还取决于对焦平面阵列结构的选择,包括:

- 行间转移 CCD 结构
- 电荷扫描器件(Charge Sweep Device,CSD)
- 行处理电荷累积(Line-Addressed Charge-Accumulation,LACA)读出电路
- MOS 开关读出电路。

表 21.5 典型 PtSi 肖特基势垒焦平面阵列的技术要求和性能

阵列尺寸	读出电路	像素尺寸 /($\mu m \times \mu m$)	填充因数 (%)	饱和度 (e^-)	NEDT/ ($f/\#$)(K)	年份	厂商
512×512	CSD	26×20	39	1.3×10^6	0.07(1.2)	1987	日本三菱公司
512×488	IL-CCD	31.5×25	36	5.5×10^5	0.07(1.8)	1989	美国仙童(Fairchild)公司
512×512	LACA	30×30	54	4.0×10^5	0.10(1.8)	1989	美国罗姆航空发展中心
640×486	IL-CCD	25×25	54	5.5×10^5	0.10(2.8)	1990	美国柯达公司
640×480	MOS	24×24	38	1.5×10^6	0.06(1.0)	1990	美国萨尔诺夫(Sarnoff)公司
640×488	IL-CCD	21×21	40	5.0×10^5	0.10(1.0)	1991	日本电气公司
640×480	HB/MOS	20×20	80	7.5×10^5	0.10(2.0)	1991	美国休斯(Hughes)公司
1040×1040	CSD	17×17	53	1.6×10^6	0.10(1.2)	1991	日本三菱公司
512×512	CSD	26×20	71	2.9×10^6	0.03(1.2)	1992	日本三菱公司
656×492	IL-CCD	26.5×26.5	46	8.0×10^5	0.06(1.8)	1993	美国仙童(Fairchild)公司
811×508	IL-CCD	18×21	38	7.5×10^5	0.06(1.2)	1996	日本尼康公司
801×512	CSD	17×20	61	2.1×10^6	0.04(1.2)	1997	日本三菱公司
537×505	IL-CCD	15.2×11.8	32	2.5×10^5	0.13(1.2)	1997	
1968×1968	IL-CCD	30×30	—	—	—	1998	美国仙童(Fairchild)公司

注:IL-CCD 为行间转移 CCD;HB 为混合型;CSD 为电荷扫描器件;MOS 为金属氧化物半导体;LACA 为行处理电荷累积;CCD 为电荷耦合器件。

(资料源自:M. Kimata, Handbook of Infrared Detection Technologies, 353-92, Elsevier, Oxford, 2002)

公布的大部分肖特基势垒焦平面阵列都有行间转移 CCD 结构。图 12.10 给出了最普通的 PtSi/p-Si 肖特基势垒探测器与硅 CCD 读出电路的基本结构和工作原理,光谱范围为 3~5μm[49]。辐射透过 p 类硅并被金属 PtSi 吸收,从而产生热空穴并超过势垒进入硅中,留下硅化物负电荷,然后,再通过直接电荷注入法将硅化物负电荷传输到 CCD。该像素的典型横截面图和行间转移 CCD 结构的工作原理如图 21.11 所示[51]。此像素由下列部件组成:具有光学腔的肖特基势垒探测器、传输栅极电路和一级垂直 CCD。肖特基势垒二极管外围安装的 n 类护圈能够降低边缘电场和抑制暗电流,有效探测器面积取决于护环的内边缘。传输栅极电路是一个增强型 MOS 晶体管,利用 n^+ 扩散完成探测器与传输栅极电路的连接。埋沟 CCD 用于垂直传输。

在光学集成期间,表面通道传输栅极电路在施加偏压后蓄积能量。在这种条件下,肖特基势垒探测器与 CCD 寄存器是绝缘的。红外辐射使 PtSi 薄膜中产生热空穴,一些受激热空

穴发射到硅基板中,在 PtSi 电极中留下过量电子,从而降低了 PtSi 电极的电势。积分结束时,传输栅极电路接受脉冲被打开,将探测器的信号电子读出到 CCD 寄存器。同时,PtSi 电极的电势恢复到传输栅极电路的信道电平。

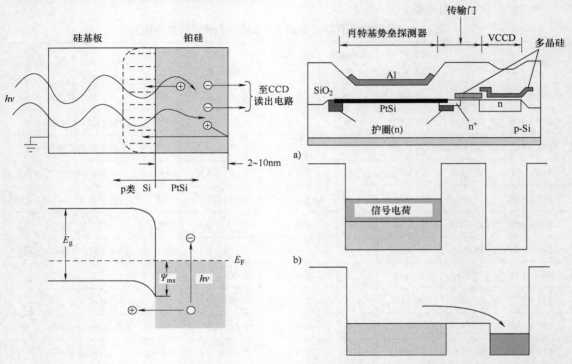

图 21.10　PtSi/p-Si 肖特基势垒探测器的工作原理

(资料源自:Kosonocky, W. F., Optoelectronics-Devices and Technologies, 6, 173-203, 1991)

图 21.11　具有行间转移 CCD 读出结构的 PtSi 肖特基势垒红外焦平面阵列的典型结构和工作原理
a) 集成图　b) 读出原理

(资料源自:Kimata, M., and Tsubouchi, N., Infrared Photon Detectors, 299-349, SPIE Optical Engineering Press, Bellingham, WA, 1995)

　　肖特基势垒红外焦平面阵列的一个独特性能是内置模糊(或散焦)控制(模糊现象是量子阱饱和及电子溢出到临近像素中的一种串扰形式)。强照明对探测器施加正向偏压,并且,在探测器内没有电子继续累积。探测器中小的负电压不足以对护圈施加正向偏压,从而无法在传输栅极电路作用下使电子通过硅层注入到 CCD 寄存器。所以,除非垂直 CCD 的电荷容量不足,否则肖特基势垒红外焦平面阵列都能理想地抑制模糊现象。

　　焦平面阵列的响应度正比于填充因数,增大填充因数是改善成像仪性能的最重要因素,为此,也采用日本三菱公司研发、称为电荷扫描器件(CSD)的一种读出电路结构。木全(Kimata)及其同事研发了一系列采用 CSD 结构的红外图像传感器,阵列尺寸从 256×256 元到 1040×1040 元。这些器件的技术要求和性能见表 21.6[45]。随着设计规则更为精细,这种读出结构的有效性更强。利用 $1.2\mu m$ CSD 技术,512×512 单片结构中 $26\mu m \times 20\mu m$ 像素的填充因数可高达 71%[54]。若光学系统数值孔径为 f/1.2 和温度为 300K,则 NEDT 的预估值是 0.033K。20 世纪 90 年代初期,1040×1040 元 CSD 焦平面阵列是二维红外焦平面阵列中具有最小像素尺寸（17μm×17μm）的器件[55,56]。该像素采用1.5μm设计原则制造，填充因数是53%。如果1040×1040像素的信号电荷是以与电视兼容的帧速率从一个输出口读出，那么需要一个大约40MHz不切实际的像素读出率、所以采用4片输出芯片设计[57]。1040×1040像素分成4块520×520像素，每一块有一个水平CCD和一个浮动扩散放大器。水平CCD以10MHz时钟频率工作就可以读出一百万个30Hz帧速率的像素数据。图21.12所示为一个安装在40线陶瓷封装箱中1040×1040元阵列的照片以及使用PtSi CSD焦平面阵列拍摄的第一幅兆像素级红外图像[55]。器件的芯片尺寸是20.6mm×19.4mm，在温度300K、冷屏的数值孔径f/1.2和30Hz帧速率的条件下，兆像素阵列的NEDT是0.1K。

表21.6 安装有CSD读出电路的二维PtSi肖特基势垒焦平面阵列的技术要求和性能

阵列尺寸	256×256	512×512	512×512	512×512	801×512	1040×1040
像素尺寸/(μm×μm)	26×26	26×20	26×20	26×20	17×20	17×17
填充因数(%)	58	39	58	71	61	53
芯片尺寸/(mm×mm)	9.9×8.3	16×12	16×12	16×12	16×12	20.6×19.4
像素电容	普通	普通	高C	高C	高C	高C
CSD	4相位	4相位	4相位	4相	4相	4相
HCCD	4相位	4相位	4相位	4相	4相	4相
输出数目	1	1	1	1	1	4
界面	非集成	场集成	帧幅/场集成	帧幅/场集成	柔性	场集成
I/O引脚数	30	30	30	30	25	40
工艺技术	NMOS/CCD 2多晶/2Al	NMOS/CCD 2多晶/2Al	NMOS/CCD 2多晶/2Al	NMOS/CCD 2多晶/2Al	CMOS/CCD 2多晶/2Al	NMOS/CCD 2多晶/2Al
设计原则/μm	1.5	2	1.5	1.2	1.2	1.5
热响应/(ke/K)	—	13	—	32	22	9.6
饱和度(e)	$0.7×10^6$	$1.2×10^6$		$2.9×10^6$	$2.1×10^6$	$1.6×10^6$
NEDT/K	—	0.07		0.033	0.037	0.1

（资料源自：M. Kimata, M. Ueno, H. Yagi, T. Shiraishi, M. Kawai, K. Endo, Y. Kosasayama, T. Sone, T. Ozeki, and N. Tsubouchi, Opto-Electronics Rewiew, 6, 1-10, 1998）

正如表21.6所示，日本三菱电气公司制造的所有512×512焦平面阵列的像素尺寸都是26μm×20μm。1987年研制的最早期阵列是按照设计规则2μm制造，填充因数相当小，只有39%[58]。随着设计标准提高，最近，使用一种加强型CSD读出电路结构已经研制出高性能PtSi肖特基势垒红外图像传感器[45,59,60]。图21.13所示为填充因数71%、512×512阵列像素的照片，是按照1.2μm设计标准制造的[45]。在温度300K和光学系统数值孔径f/1.2条件下NEDT测量值约为30mK（见表21.6），801×512元器件的总功率损耗低于50mW。利用最高设计标准，有希望制造出填充因数为78%的高灵敏度焦平面阵列[53]。

为了增大填充因数，已经建议采用其它像素设计方法。一种是通常应用于复合半导体焦平面阵列的混成结构，其具有吸引力的优势是探测器和多路复用器分别优化。正如图21.14所示，每个肖特基电极可以制造得彼此非常靠近以至于耗尽层都可以合并，并且，硅化物电极间只要有 2μm 的氧化物间隙就可以使二极管绝缘而无需使用护圈(自保护探测)[61]。利用这种结构，20μm 像素阵列的填充因数达到 80%[62]。

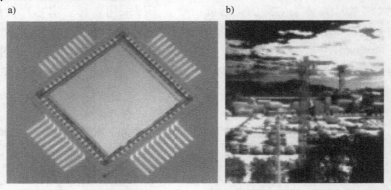

图 21.12　1040×1040 元 PtSi/p-Si 肖特基势垒 CSD FPA
a) 安装在一个 40 引脚线陶瓷封装体中的阵列照片　b) 使用该阵列拍摄的第一幅兆像素红外照片
(资料源自：Yutani, N., Yagi, H,, Kimata, M., Nakanish, S., and Tsubouchi, N., Technical Digest IEDM, 175-78, 1991)

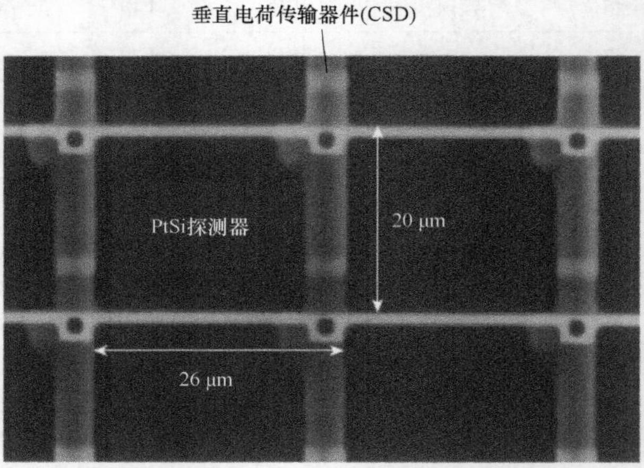

图 21.13　恰好在铝反射镜形成之前拍摄的 512×512 PtSi 肖特基势垒 CSD FPA 像素的照片
(资料源自：Kimata, M., Ueno, M., Yagi, H. Shiraishi, T., Kawai, M., Endo, K., Kosasayama, Y., Sone, T., Ozeki, T., and Tsubouchi, N., Opto-Electronics Review, 6, 1-10, 1998)

科索诺奇(Kosonocky)等人[63]对肖特基势垒焦平面阵列提出一种新概念，它具有 100% 的填充因数，称为直接肖特基注入(Direct Schottky Injection, DSI)法。DSI FPA 由以下部分组成：形成在较薄硅基板(10~25μm)一个表面上的连续硅化物电极(DSI 表面)和另一侧表面的 CCD 读出寄存器，如图 21.15 所示。工作期间，硅基板会在 DSI 表面和读出电路结构的电荷汇聚单元之间耗尽，注入的热空穴沿电场线从 DSI 表面向汇聚单元漂移。美国戴维·萨尔诺夫(David Sarnoff)研究中心利用 50μm×50μm 像素的 128×128 元焦平面阵列和 p 通道行间转移 CCD(IT-CCD)读出多路复用器验证了 DSI 概念的可行性[63]。然而，该器件有较大串扰，约 20%。

目前，主要是利用大约 0.15μm 光刻技术在 300mm 晶片生产工艺线上制造 PtSi 肖特基势垒 FPA。大约十年前,单片 PtSi 肖特基势垒焦平面阵列的性能就达到了一个稳定水平,预计未来的发展将会较缓慢。

正如本书第 12 章所述,除了 PtSi 外,还有另外一些硅化物应用于肖特基势垒红外探测器(Pd_2Si、IrSi、Co_2Si 和 NiSi),但从未得到广泛应用[53]。SiGe 与 Si 之间价带的不连续性还被用作红外光谱区内部光致发射的能量势垒。MBE 技术有可能在硅基板上生长出高质量应力 SiGe 薄膜,从而对扩大截止波长给出了另一种选择。普雷斯汀(Presting)阐述了不同结构的异质结内部光致发射(Heterojunction Internal Photoemission,HIP)探测器,空穴从 p 类高掺杂 SiGe 量子阱发射到未掺杂硅层中[64]。

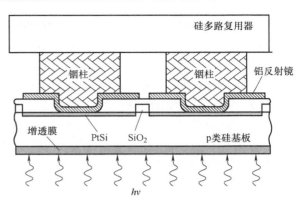

图 21.14 具有自防护探测器的混成型肖特基势垒 FPA 的像素结构

(资料源自:Gstes, J. L., Connelly, W. G., Franklin, T. D., Mills, R. E., Price, F. W., and Wittwer, T. Y., "488×640 Element Hybrid Platinum Silicide Schottky Focal Plane Array", *Proceedings of SPIE* 1540, 262-73, 1991)

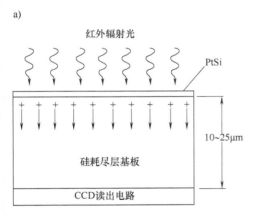

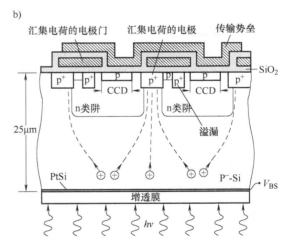

图 21.15 直接肖特基注入(DSI)法制造的 FPA
a)器件概念,将空穴从连续 PtSi 电极注入到另一侧表面上的读出 CCD 中
b)IT-CCD DSI FPA 通过 BCCD(埋沟式电荷耦合器件)通道的截面图
(资料源自:Kosonocky, W. F., Villani, T. S., Shallcross, F. V., and O'Neil, J. J., "A Schottky-Barrier Image Se3nsor with 100% Fill Factor", *Proceedings of SPIE* 1308, 70-80, 1990)

曹(Tsaur)等人已经研发出第一台 400×400 像元、采用 CCD 读出电路的 GeSi/Si 异质结阵列[65,66]。在温度 53K 时,它形成一个未经校正的热像,其截止波长为 9.3μm,最小可分辨温差为 0.2K(光学系统数值孔径 f/2.35),该阵列响应度的非均匀性低于 1%。已经阐述过波长 λ_c =10μm 时 $Ge_{1-x}Si_x$/Si 320×244 像元和 400×400 像元阵列的性能(像素尺寸和填充因数分别是,40μm×40μm 和 28μm×28μm,以及 43% 和 40%)[67]。为了提高 FPA 的性能,已经增加了单片硅微透镜阵列,虽然这些探测器处于初期发展阶段,但同样截止波长的

量子效率已经超过 IrSi 探测器。

最近,瓦达(Wada)等人研究一种高分辨率 8~12μm、512×512 像元 GeSi 异质结内部光致发射(HIP)MOS 读出电路结构 FPA。其中,像素尺寸为 34μm × 34μm,填充因数为 59%[68],该阵列是采用 0.8μm 单-多晶硅和双-铝 NMOS(N 类金属-氧化物半导体)工艺制造的。图 21.16 给出了像素的设计的横截面图和电路图[69],此像素包含一个源极随耦放大器和一个存储电容(四个晶体管和一个电容器),存储电容器由一个铝反射镜和与传输栅极电路漏极相连的其它电极组成。在目标温度 43K 和背景温度 300K(光学系统数值孔径 f/0.2)条件下得到的 NEDT 是 0.08K,响应度不一致性(或色散)为 2.2%,并有 99.998% 的高像素产出。

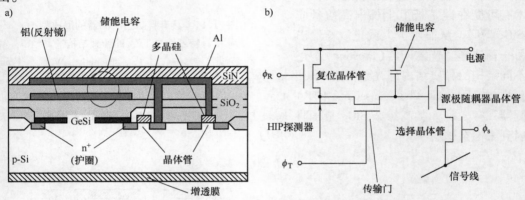

图 21.16　GeSi HIP FPA 的像素
a) 结构截面图　b) 电路图

(资料源自:Kimata, M., Yagi, H., Ueno, M., Nakanishi, J., Ishikawa, T., Nakaki, Y., Kawai, M., et al., "Silicon Infrared Focal Plane Arrays", Proceedings of SPIE4288, 286-97, 2001)

21.4　III-V 族(元素)焦平面阵列

21.4.1　InGaAs 焦平面阵列

由于 InGaAs 三元合金能够在室温下以高量子效率工作,并适合于可见光到 3μm 的光谱范围,所以对于短波红外成像应用是一种最佳材料。这些应用涵盖商用和工业两个领域,包括半导体-晶片检验、波前传感、天文学、光谱学、机器视觉和军用(侦查、活动点跟踪和激光雷达)。

本书 13.2 节曾介绍传统 InGaAs 光敏二极管的制造技术。光敏二极管阵列与 CMOS 读出集成电路相组合,然后集成到相机中,以便于以视频速率输出到监视器,或者利用一台计算机进行定量测量和机器视觉。

已经制造出 256、512 和 1024 像元的线阵列格式,适用于三种光谱范围:0.9~1.7μm、1.1~2.2μm 和 1.1~2.6μm(见表 21.7)[70,71]。它们可以应用于各种尺寸的探测器中,具体取决于探测器高度、像素间距和像素数量,并采用 1、2 或 3 级热电制冷封装,对于特别冷的应用环境可以不用制冷器。使用 1024 正方形像素的线形阵列可监测快速运动工业过程的高分辨率成像，高像素阵列广泛应用于光谱仪[72,73]。大范围阵列像素和读出格式使用户能够与其应用做到最佳匹配。

表 21.7 美国古德里奇（Goodrich）公司制造的线性阵列的像素和读出电路格式

多路复用器类型		间距/μm		波长/μm			像素数目	输出	最大像素速率	每秒最大行数
	抗模糊	25	50	1.7	2.2	2.5			兆像素/s	24.4μs[①]
LX			●	50, 500	50, 250	250	256, 512	2, 4	10, 20	20, 661
LD/LDB	LDB	●		500	250	250	512	2	5	7812
LSB		●	●	500	250	250	256	1	2, 5	7812
LE		●		25, 500	250	250	1024	2	5	4340
LSE			●	500	250	250	512	1	2, 5	4340

① 原文作者建议，删除此处的"ET"。——译者注
（资料源自：InGaAs Products：Focal Plane Arrays, http://www.sensorsinc.com/arrays.html）

1990 年，奥尔森（Olsen）等人验证了第一台应用于 1.0~1.7μm 光谱范围的二维 128×128 混成型焦平面阵列[74]。30μm 正方形像素的间隔是 60μm，并能够与二维雷地康管（Riticon）多路复用器相兼容，暗电流低于 100pA，电容约为 0.1pF（-5V, 300K），量子效率测量值大于 80%（波长 1.3μm 处）。在过去 20 年，这些器件的研制取得了很大进展，现在，1280×1024 像元大尺寸阵列已经得到应用。320×240 像元阵列可在室温下工作，能够使相机的体积小于 25cm³，重量小于 100g，功耗低于 750mW[75]。

目前，有几家厂商制造 InGaAs 焦平面阵列，包括：美国古德里奇公司（Goodrich Corporation）（前身为传感器无限公司）[75-80]，美国英迪格系统（Indigo System）公司（与前视红外系统公司（FLIR System）合并）[81-83]，美国特利丹·贾森技术公司（Teledyne Jodson Technologies）[84]，美国 Aerius（原文错印为 Aerious）光电子公司[85] 和贾克斯（XenICs）红外相机制造公司[86]。

表 21.8 列出了美国古德里奇公司制造的近红外相机的性能测量值[71]，最近，对 $In_{0.53}Ga_{0.47}As$ 材料体系最大和最小像素间距热像仪进行了验证[19,80,87,88]。美国雷神视觉系统（RVS）公司采用美国古德里奇公司（Goodrich Corporation）提供的探测器研发出低背景应用条件下超过百万探测元的阵列（1280×1024 和 1024×1024 规格）[87]。探测器元间隔小至 15μm[80]。

表 21.8 美国古德里奇公司（Goodrich）制造的近红外 InGaAs FPA 技术条件

	结构布局		
	标准结构（320×240）	标准结构（640×512）	Vis（可见光）-InGaAs（640×512）
像素间距/μm	25	25	25
光学填充因数（%）	100	100	100
光谱响应/μm	0.9~1.7	0.9~1.7	0.4~1.7
量子效率	1.0~1.6 光谱范围内 >65%	1.0~1.6 光谱范围内 >65%	1.0~1.6 光谱范围内 >65%
平均比探测率/(cm·$Hz^{1/2}$/W)	>1×10¹³	>1.5×10¹³	>6×10¹²

（续）

	结构布局		
	标准结构(320×240)	标准结构(640×512)	Vis(可见光)-InGaAs(640×512)
噪声等效辐射(ph/(cm²s))	>1.4×10⁹	<9×10⁸	<2.5×10⁹
噪声(rms)	<84 电子(一般)	<125 电子(一般)	<300 电子
可操作性(%)	>99	>99.2	>99.2
满阱	>7×10⁴ 电子	>3.9×10⁶ 电子	>8×10⁵ 电子
曝光时间	60μs ~ 16.57ms, 16档	200μs ~ 33.19ms	
图像校正	2项(偏置和增益)逐像素校正,用户选择	2项(偏置和增益)逐像素校正,坏像素替换	2项(偏置和增益)逐像素校正,坏像素替换
实际动态范围	>800:1	>1000:1	>2500:1
活性区	8mm×6.4mm, 对角线 10.2mm	16mm×12.8mm, 对角线 20.5mm	16mm×12.8mm, 对角线 20.5mm

（资料源自: InGaAs Products: Focal Plane Arrays, http://www.sensorsinc.com/arrays.htm）

探测器的暗电流和噪声相当低,以至于可以将 InGaAs 探测器应用于带宽 0.9 ~ 1.7μm、要求焦平面能承受高工作温度的天文学领域中。最近发表的一篇论文对 1.7μm 截止波长处 1k×1k InGaAs 光敏二极管的低温性能与类似的 2k×2k HgCdTe 热像仪做了比较[89]。数据表明,InGaAs 探测器具有良好性能,可以与目前最先进的 HgCdTe 热像仪相比较。

图 21.17a 给出了根据多光谱自适应网络战术成像系统(Multispectral Adaptive Networked Tactical Imaging System,MANTIS)计划研制的 1280×1024、波长 1.7μm InGaAs 传感器芯片

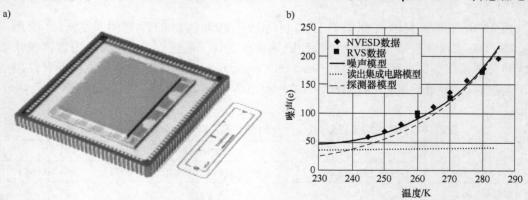

图 21.17 MANTIS 的 1280×1024 像元 InGaAs 探测器
a) 传感器芯片组件 b) 30Hz 时的噪声与温度的函数关系
(曲线是数据与噪声模型(包括探测器的 g-r 噪声和 ROIC kTC 噪声)的拟合线)
(NVESD 代表夜视和电子传感器委员会; RVS 代表雷神视觉系统公司。——译者注)
(资料源自: Hoffman, A., Sessler, T., Rosbeck, J., Acton, D., and Ettenberg, M., "Megapixel InGaAs Arraya for Low Background Applications", Proceedings of SPIE 5783, 32-38, 2005)

组件(Sensor Chip Assembly，SCA)[87]。该探测器阵列与一种含有单元放大器的新型读出集成电路相组合，其中，设计有电容跨阻放大器和取样/保持电路。图 21.17b 给出了该 SCA 在 30Hz 帧速率下的噪声测量值。假设 kTC 噪声是主要贡献量的噪声模型与探测器 g-r 噪声相吻合，这意味着，在温度 280K 时，探测器的 R_0A 乘积是 $8 \times 10^6 \Omega cm^2$，读出集成电路大约贡献 40 个电子的噪声。高于温度 240K，探测器噪声起主要作用，低于 240K 时，读出集成电路噪声是主要的。

除了通过消除基板工艺后置混合技术增加可见光响应外，InGaAs 焦平面阵列在短波红外光谱范围能够达到非常高的灵敏度。在外延生长的晶片结构中增加定影层可以保证完全去除 InP 基板，并且，可见光 InGaAs 探测器结构(见图 21.18)与图 13.8 所示的也非常类似[77,78]。组合利用机械和化学湿蚀刻技术去除基板，一定要将留下的 InP 接触层厚度控制在 10nm 以内，确保具有一致的可见光量子效率，较厚的 InP 层会导致可见光光谱区的量子效率降低以及图像滞留。

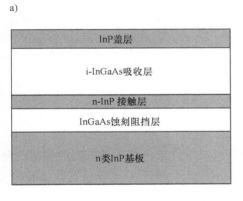
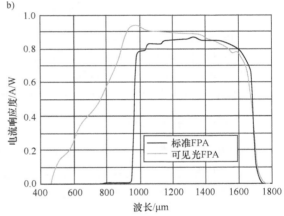

图 21.18 可见光 InGaAs 探测器
a) 外延晶片结构 b) 量子效率，并与标准探测器相比较

(资料源自：Martin, T., Brubaker, R., Dixon, P., Gagliadi, M.-A, and Sudol, T., "640 × 512 InGaAs Focal Plane Array Camera for Visible and SWIR Imaging", *Proceedings of SPIE* 5783, 12-20, 2005)

美国古德里奇(Goodrich)公司利用 15μm 像素已经研制出高分辨率 1280 × 1024 像元 InGaAs 可见光/短波红外昼夜热像仪。阵列中设计了具有电容跨电阻放大(CTIA)功能的读出单元，由于具有较小的集成电容，所以，其噪声数量级小于 50 个电子。读出集成电路以每秒 120 帧的速率读出，并使用循环的非快照集成技术使动态范围达到 3000:1，利用双采样技术使探测器噪声的总测量值达到 114 个电子。图 21.19 给出了非均匀校正后，利用该相机拍摄的照片[80]。

还应提及，使多个光波波长沿同一光纤传输，即众所周知的波分复用技术(WDM)，能够解决电信网络中对更大数据传输的需求。InGaAs 阵列广泛应用于上述系统 S、C 和 L 光谱的光谱显示器中[75]。

为了单片集成探测器阵列和读出电路，还将 InP 基板上 InGeAs p-i-n 光敏二极管探测器技术与 InP 结型场效应晶体管(JFET)技术相结合[90,91]。研究人员已经阐述过第一台 4 × 4 测试阵列[92]，在波长 1540nm 处该焦平面阵列的电压响应度和 NEP 分别是 1695V/W 和 45nW/

$Hz^{1/2}$。然而，在该焦平面阵列投入使用之前，应当进一步提高电路接触层的稳定性。

图 21.19　1280×1024 InGaAs 可见光/短波红外热像仪研发团队利用其研发的相机拍摄的照片
（资料源自：Enriguez, M. D., Blessinger, M. A., Groppe, J. V., Sudol, T. M., Battagila, J., Stern, M., and Onat, B. M., "Performance of High Resolution Visible-InGaAs Imager for Day/Night Vision", *Proceedings of SPIE* 6940, 69400O, 2008）

21.4.2　InSb 焦平面阵列

20 世纪 50 年代后期，已经使用 InSb 光敏二极管。红外技术近期的最重要进步是研发应用于凝视阵列的大尺寸二维焦平面阵列。阵列格式和读出电路适用于光学系统数值孔径 $f/2$ 的高背景工作条件和低背景天文学应用两种情况，很少使用线阵列。

InSb 材料远比 HgCdTe 成熟，并且，高质量 10cm 直径的体基板已是市售产品。背侧照明、直接混合型 InSb 光敏二极管凝视阵列（像元间距为 15μm，像素数高达 4k×4k）可制造。2009 年，研究人员建议研制的像元间距 10μm、6k×6k 焦平面阵列，8μm 间距的兆像素焦平面阵列是之后 4 年的奋斗目标。图 21.20 给出了美国 L3-辛辛那提电子公司（Cincinnati Electronics）研制超大尺寸 InSb 焦平面阵列方面的近期的研制结果，同时也给出目前的努力点以及未来的发展方向[93]。

20 世纪 80 年代中期最早制造的阵列是 58×62 像元的，其大小恰好与当今高达 4048×4048 像元的阵列可以相比，像素数量增大了三个数量级。在这个时间段内，阵列噪声性能从几百个电子提高到目前低于 4 个电子[98]。与之类似，探测器的暗电流从大约 10

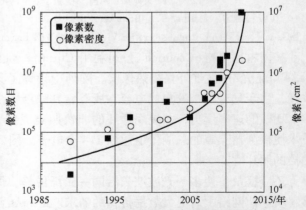

图 21.20　InSb FPA 规格和像素密度的测量值与预测值（注意到，当时预测 2012 年将实现兆像素）
（资料源自：Norton, P. R., Andresen, B. F., and Fulom, G. F., "Introduction", *Proceedings of SPIE* 6490, xix-xxxvi, 2008）

第21章 光子探测器焦平面阵列

个电子/s 降到 0.004 个电子/s[99,100]。

已经研发出单片结构和混成型结构 InSb 焦平面阵列。单片结构集成了固态成像装置需要的所有功能，如光子探测、电荷存储以及多路复用读出（见本书第19章）。利用器件探测和读出部分可以分别优化的混成型结构已经得到 InSb 焦平面阵列的最佳性能。

21.4.2.1 混成型 InSb 焦平面阵列

制造混成型焦平面阵列过程中，保持制造工艺低温度非常重要，这就要求保持 InSb 表面条件不变从而避免表面漏泄。采用阳极氧化和氧化铝表面钝化方式能够使工艺温度在结形成之后降到100℃以下[101]。目前的器件制造工艺要求在混成前或后将探测器材料变薄，以成功实现背侧照明，达到提高量子效率和消除串扰的目的。对于 n 类基板上 p 类平台的结构，一定要使基板薄至 5~15μm（在结的扩散长度内发生光子吸收）[102]。同时，要有高质量的背侧表面（以降低表面复合）及厚度和表面质量均匀（以提高响应均匀性）。因此，在实现合理产量的同时，保持高探测器质量是有难度的。实现此目标是获得的主要成就之一。最近十年，许多厂商在制造 InSb 探测器和读出电子芯片两种工艺方面做了相当大的改进。在探测器阵列和硅读出集成电路模具上沉积一些内置凸台，然后，利用倒装焊接机将它们混装在一起，再利用环氧树脂填充凸台间的空隙。产量的提高和质量的改进都是因为采用了新式钝化技术及专门为独特的减薄工艺研制的镀增透膜技术。

迄今为止，红外焦平面阵列的尺寸受限于几个方面：包括缺少合适的大面积、低成本探测器基板，利用亚微米工艺无法制造大面积读出集成电路以及硅读出集成电路与典型的红外探测器材料热膨胀系数相差较大。采用另外一些探测器基板和硅晶片制造厂商采用的一种"十字线拼接法"（十字线图像复合光刻术（Reticle Image Composition Lithography，CL）），在很大程度上克服了这些限制，从而使读出集成电路芯片远比投影印制光刻术工艺使用的十字线大。

由于 InSb 探测器钝化后变薄，并且利用一块平面离子植入工艺制造，所以，该探测器可以按照比例将小像素尺寸放大为大规格。为了采用背侧照明工作方式（以得到足够的量子效率，使串扰降至最低），必须使体 InSb 薄至≤10μm。同时，也迫使 InSb 要与硅读出集成电路的热膨胀系数相匹配。因此，相对于反复的热循环而言，这种方式提供一种可靠的混成型结构。

为红外仪器选择 InSb 的理由之一是其具有较宽的响应，如图 21.21 所示[100,103]。在 0.4~5μm 宽光谱范围内，其内部量子效率近乎100%，这正是该应用中薄 InSb 阵列的一个优点。限制量子效率的因素是入射光在表面的反射，通过镀增透膜可以使其降至最小。

1993年，美国圣巴巴拉研究中心（Santa Barbara Research Center,

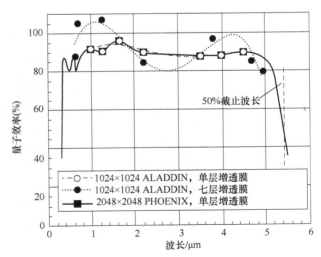

图 21.21 1024×1024 ALADDIN SCA（单层和七层增透膜）和 2048×2048 PHOENIX SCA（单层增透膜）中 InSb SCA 的量子效率与波长的函数关系

SBRC)首先生产出第一台超百万像素的 InSb 阵列,并于 1994 年,在美国亚利桑那州图森(Tucson)的国家光学天文观测台(National Optical Astronomy Observations,NOAO)的望远镜上进行了验证[104-107]。该阵列为 1024×1024 像素,中心间隔为 27μm,分成 4 个象限,每个象限包含 8 个输出放大器。选择该方案是由于当时大尺寸阵列的产量不确定。1996 年,总共生产了 16 个器件,从而完成了研制计划[107]。

美国的阿拉丁(ALADDIN)传感器芯片组件已经升级为更大的版本、ORION(猎户座)FPA系列。美国 RVS 公司天文焦平面阵列的发展史如图 21.22 所示,天文 InSb 焦平面阵列的下一步发展是 2048×2048 的 ORION SCA(猎户座型号传感器芯片组件)系列(见图 21.23)[100]。部署 4 个 ORION SCA 作为国家光学天文观测台(NOAO)近红外相机中的 4096×4096 元焦平面阵列,目前,正在美国基特(Kit)峰梅奥尔(Mayall)4 米望远镜上运行[103]。该阵列有 64 路输出,允许高达 10Hz 帧速率。制造大尺寸焦平面阵列的一个挑战是保持光学聚焦性能不变,因此,要求大面积探测器表面有良好的平面度。富勒(Fowler)及其同事介绍了猎户座(ORION)系列专用的封装技术[108]。许多封装概念都共享雷神视觉系统(RVS)公司为詹姆斯·韦伯空间望远镜(James Webb Space Telescope,JWST)研制的三面对接 2k×2k 焦平面阵列 InSb 模块方案[109]。其它资料对猎户座(ORION)与詹姆斯 JWST 的协作研制做了介绍[100]。

图 21.22 美国 RVS 公司研制 InSb 天文红外探测器阵列的年序表和历史

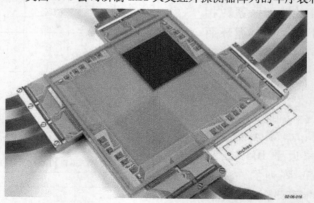

图 21.23 为了建造 4k×4k 焦平面阵列,采用 2 面对接 ORION 模块方案的验证图
(一个模块包含有 InSb SCA,另一块含有裸露的读出电路结构)
(资料源自:Hoffman, A. W., Corrales, E., Love, P. J., Rosbeck, J., Merrill, M., Fowler, A., and McMurtry, C., "2k×2k InSb for Astronomy", Proceedings of SPIE 5499, 59-67, 2004.)

已经证明，大尺寸 InSb 光敏二极管具有小的暗电流，如图 21.24 所示[100]。然而，根据生成-复合机理（见图 13.20a），该暗电流并不符合暗电流预测值规律，在进一步得到研究基金后，对非理想钝化产生表面电流的可能性可以开展研究。

PHOENIX（凤凰）系列传感器芯片组件（SCA）是制造并验证过的另一种 2k×2k 焦平面 InSb 阵列。这种探测器阵列与 ORION（猎户座）系列一样（25μm 像素），但其读出电路是针对较低的帧速率和功率损耗进行优化。由于只有 4 个输出口，所以，整个帧幅的读出时间一般是 10s。较少数目的输出口允许采用三面对接的较小模块的封装方式[100]。

表 21.9 列出了天文学应用中最先进 InSb 阵列的性质，参数源自不同的来源。

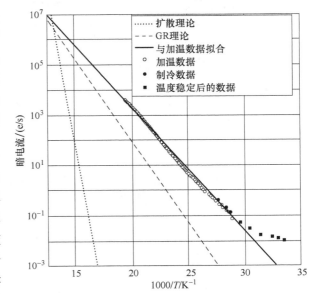

图 21.24　2k×2k InSb 阵列的暗电流与温度倒数的关系（为了进行比较，给出了扩散和生成-复合暗电流的理论曲线。暗电流测量值沿着半对数曲线上的直线部分降到 33K，然后，以 0.01e/s 平缓地降到 300K；该数据是针对两种情况：将探测器温度升高和冷却）

（资料源自：Hoffman, A. W., Corrales, E., Love, P. J., Rosbeck, J., Merrill, M., Fowler, A., and McMurtry, C., "2K×2K InSb for Astronomy", Proceedings of SPIE 5499, 59-67, 2004.）

不同规格的 InSb 焦平面阵列找到了许多高背景辐射条件下的应用，包括导弹系统、拦截系统和商业相机系统。随着对更高分辨率日益增强的需求，一些厂商开始研发兆像素探测器。表 21.10 对美国 L-3 通信公司（辛辛那提电子公司）、美国圣巴巴拉（Santa Barbara）焦平面阵列公司以及美国半导体器件（SCD）公司制造的市售兆像素 InSb 焦平面阵列的性能做了比较。最近，美国半导体器件（SCD）公司研发了一种 15μm 像素、1280×1024 像元新的大尺寸 InSb 探测器[109]。研究人员为该探测器设计了一种新的读出电路，并采用 0.18μm CMOS 技术制造。

表 21.9　应用于高背景照度中兆像素 InSb 焦平面阵列

参　数	结 构 布 局		
	1024×1024	1024×1024（ALADDIN 系列）	2048×2048（ORION II 系列）
结构	—	模块-两面对接	模块-两面对接
像素间距/μm	30	27	25
工作温度（K）	50	30	32
读出电路结构	SFD	SFD	SFD
读出噪声（rms）(e)	10~50	<25	6
暗电流（e/s）	<400	<0.1	0.01

(续)

参 数	结 构 布 局		
	1024×1024	1024×1024（ALADDIN系列）	2048×2048（ORION II 系列）
阱电容量(e)	2×10^5	3×10^5（1V电压）	1.5×10^5
量子效率(%)	>80	>80	>80
输出	4	32（每个象限8个）	64
帧/s	1~10	20	10
资料来源	www.raytheon.com	[106]	[108]

表 21.10 市售兆像素 InSb FPA 的性能

参 数	结 构 布 局		
	1024×1024（美国L-3通信公司）	1024×1024（美国圣巴巴拉焦平面阵列公司）	1280×1024（美国SCD公司）
像素间距/μm	25	19.5	15
动态范围/bit		14	15
像素电容量(e)	1.1×10^7	8.1×10^6	6×10^6
功耗/mW	<100	<150	<120
NEDT/mK	<20	<20	20
帧速率/Hz	1~10	120	120
可操作性(%)	>99	>99.5	>99.5
资料来源	www.L-3Com.com	www.sbfp.com	www.scd.co.il

还有其它厂商参与 15μm 间距大尺寸探测器 InSb 焦平面阵列的研发。美国 L-3 辛辛那提电子公司计划通过在网格状小型像素设计中采用微光学器件以实现 100% 的填充因数，从而进一步提高探测器性能[100]。

21.4.2.2 单片 InSb 焦平面阵列

在 InSb 探测器技术的演变历史中，还研发了单片焦平面阵列。研发 MIS 探测器的主要动机是希望将固态成像装置所需要的全部功能（如光子探测、电荷存储和多路复用等，见本书第 19 章）与高性能成像仪集成在一起。由于窄带隙半导体，如 InSb 的基本限制，无法达到上述目的。

最初，CID 是一个用于减少读出电路所需电荷转移数目的 MOS 器件[111]。其后不久，利用窄带隙材料制造 CID，形成单片 InSb 焦平面阵列[112]。米雄（Michon）和伯克（Burke）阐述了 CID 的基本原理和读出技术[113]。在 CID 中，探测过程发生在由两种 MIS 结构组成、以 x-y 寻址方式读出的单元装置内。对于制造在窄隙半导体中的读出机理，其充电容量远低于可相比的硅器件。用一个经验公式 $V_{bd} \propto E_g^{3/2}$，可以将半导体的体击穿电压 V_{bd} 与半导体的带隙能量 E_g 联系在一起[114]。所以，InSb 的标称击穿电压约为硅的 0.1 倍。电荷存储也取决于绝缘体厚度的介电常数。

1967 年，费伦（Phelan）和迪莫克（Dimmock）首先建议使用 InSb MIS 器件作为光伏红外探测器[115]。利莱（Lile）和维德（Weider）进行了更为全面的研究[116,117]。

MIS 电容制造在 n 类和 p 类 (111) B 两种平面 InSb 晶片上, 其中晶片掺杂浓度是 10^{14}cm^{-3}, 为中低水平; 蚀刻坑的密度小于 100cm^{-2}。用硝酸基酸对晶片抛光并用去离子水冲洗。已经在实验上对几种介电材料用作栅极绝缘层做了评估, 包括 SiO_x、Al_2O_3、SiO_x 和 In_2O_3, 以及阳极生长 InSb、TiO_2 和 SiO_2 的自然氧化层。业已发现, 采用低温 CVD 法涂镀的 SiO_2 能够制造出具有低表面态密度的 InSb MIS 器件, 以及几乎为零的平带电压[118,119]。在先后镀了 120nm 厚的氧化膜以及 15nm 厚铬膜之后, 再往晶片上喷镀 0.5μm 厚的金膜[119-121]。

一个 n 类 InSb 上 MIS 电容器在温度 $T = 77$K 和不同频率时电容和电导率的测量值如图 21.25 所示[119]。根据准静态和高频 C-V 特性测量值计算出的表面态密度, 在带隙上半部有一个 $5 \times 10^{10} \text{cm}^{-2} \text{eV}^{-1}$ 的最小值, 而在下半部增大到 $5 \times 10^{11} \text{cm}^{-2} \text{eV}^{-1}$。

金 (Kim) 提出将 InSb MOS 技术与 CID 技术相结合[112]。图 21.26a 给出了应用于 CID 器件中的 n 类 InSbMIS 结构示意[122]。在 InSb CID 技术中使用了全平面 (无需后置蚀刻) 工艺[120,121]。图 21.26b 给出了一个单元结构的截面图和俯视图。该晶片经过化学抛光, 并在低于 200℃ 温度下镀以 135nm 厚的 CVD SiO_2 膜。然后, 利用薄铬层图印制成形列选通器和静电场起电板 (或场电极)。随之, 镀第二层 220nm 的 SiO_2, 并用另一层铬薄膜形成行选通器。若镀以增透膜, 则 7.5nm 厚铬层在波长 4μm 处的透过率是 60%~70%。使用较厚的金层形成连接管道、垫和电场屏蔽。改进型器件不是采用常规的并排排列电容布局, 而是一个同心设计, 一个电容器围绕着另一个电容器。将选通器拐角处弄圆, 使其附近位置的电场降至最小。使用这种平面工艺制造的阵列在 2% 数量级的选通器氧化物厚度内呈现出非均匀性, 注入串扰小于 1%。

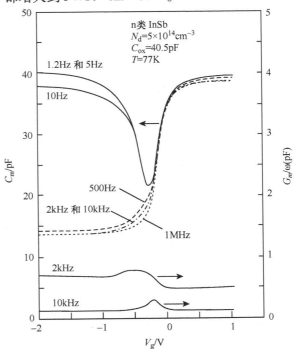

图 21.25 n 类 InSb 上 MIS 电容器在温度 77K 时的电容和电导率曲线

(资料源自: Wei, C. Y., Wang, K. L., Taft, E. A., Swab, J. M., Gibbons, M. D., Davern, W. E., and Brown, D. M., *IEEE Transactions on Electron Devices*, ED-27, 170-75, 1980)

CID 的设计优化很大程度上取决于使阵列工作的读出电路方案。虽然有许多不同的读出电路技术已应用于硅 CID[113], 但到目前为止, 由于 InSb CID 的后续发展, 只有三种电路 (即理想模式、传统的电荷共享模式和顺序行注入模式) 应用于 InSb CID[122]。吉本斯 (Gibbons) 及其同事对这三种常用读出电路做了比较[121,123,124]。

InSb CID 的暗电流正比于载流子产生的损耗和少数载流子从体材料到消耗层的扩散之和, 可以写为

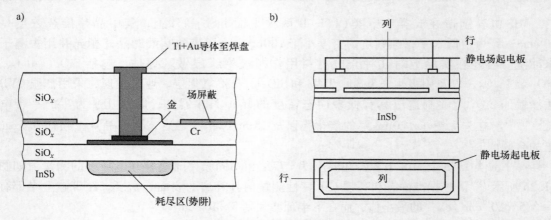

图 21.26 InSb CID 器件

a) MIS 电容器结构;(资料源自: Gibbons, M. D., Wang, S. C., Jost, S. R., Meikleham, V. F., Myers, T. H., and Milton, A. F., "Developments in InSb Material and Charge Injection Devices", *Proceedings of SPIE* 865, 52-58, 1987)

b) 双选通器 CID 单元的截面图和俯视图。(资料源自: Wang, S. C. H., Wei, C. Y., Woodbury, H. H., and Gibbons, M. D., IEEETransactions on Electron Devices, ED-32, 1599-1607, 1985)

$$J_{\mathrm{ds}} = \frac{qn_{\mathrm{i}}w}{2\tau} + \frac{qn_{\mathrm{i}}^2 L}{N_{\mathrm{d}}\tau} \tag{21.1}$$

假设,施主浓度 $N_{\mathrm{d}} = 3 \times 10^{14} \mathrm{cm}^{-3}$,扩散长度 $L = 25\mu\mathrm{m}$,工作温度为 80K,那么消耗产生的电流几乎比扩散电流高三个数量级。对杂质和晶体缺陷非常敏感的少数载流子寿命对暗电流有非常大的影响。利用 LPE 生长技术将 InSb 外延层生长在 InSb 晶片上能够提高 InSb 材料的质量[125],与体材料相比,少数载流子寿命提高两个数量级以上。体 InSb MIS 探测器一般工作在温度 77~90K,而利用 LPE 技术制造的器件可以使工作温度高于 100K。

InSb CID 制造技术的进步导致开始研发 512 元线列阵[122]和具有焦平面硅 MOS 扫描器/前置放大器的 128×128 凝视型阵列[123,126]。该二维阵列采用 43μm 探测器中心间距,电荷共享模式下的性能效率(定义为前置放大器读出的载流子数目除以入射在传感器上的光子数目)是 28%,偏离标准量 9%[127]。填充因数约为 75%,因此,像素感应区是 $6.2 \times 10^{-5} \mathrm{cm}^2$。此阵列以 2.26μs 像元读出和 0.3ms 积分时间工作,其阵列部件的噪声(2000 载流子)源自读出电路,NEDT 计算值小于 0.25℃。已知的参数表明,与混成型焦平面阵列相比,InSb CID 的性能相当差。

1975 年,利用 InSb 首次验证了半导体而不是硅和锗 CCD[128]。后来,汤姆(Thom)等人制造了一个真正的单片 20 元 p 通道线 CCD 阵列[118]。为了形成非零输入和电荷输出级,工艺流程采用 Be 离子掺杂构成平面 p^+-n 结,以及一种铝和 SiO_2 交叠的 CCD 选通结构,从而可以使用低温 CVD 和等离子体蚀刻技术。该器件的电荷传输效率(Charge Transfer Efficiency,CTF)是 0.995,受限于横向表面电位变化而不是表面态。已经证明,积分时间与读出速率无关,并演示验证了多路复用以及时间延迟积分两种模式的工作原理。若积分时间 5ms、工作温度 65K 和背景光通量 $10^{12}\mathrm{ph/(cm^2 s)}$ 条件下,多路复用模式阵列的平均比探测率测量值是 $6.4 \times 10^{11} \mathrm{cmHz}^{\frac{1}{2}}/\mathrm{W}$。

20 世纪 80 年代末,利用窄带隙半导体制造高性能单板阵列没有获得成功。由于特殊的物理性质，单板 InSb 器件的探测能力受到限制，主要问题如下：MIS 单元的信号处理，尤其是在高背景通量和高暗电流密度条件下的处理技术，及实现高 CTE 的难度。特别是非平衡 MIS 器件产生与缺陷有关的隧穿电流比基本的暗电流大几个数量级，所以，与光敏二极管相比，MIS 电容器需要非常高质量的材料。

21.5 HgCdTe 焦平面阵列

焦平面阵列中使用的 HgCdTe 探测器的主要工作模式是光伏效应。与光电导探测器相比，尤其是在长波和超长波光谱区域，光敏二极管有许多优点：$f/1$ 噪声很小，可以忽略不计；很高的阻抗（便于前置或者多路复用制冷）；使用背侧照明、像元紧密排列的二维阵列，从而使布局配置具有多功能性；较好的线性；DC 耦合以测量总的入射光通量以及高 $2^{1/2}$ 倍的 BLIP 比探测率极限。然而，对于某些仪器，如使用较少探测器以及要求探测超长波长的仪器，光电导探测器仍然是一种较好选择。雷纳（Reine）等人在一篇论文中对波长 15μm 遥感应用中光电导和光伏 HgCdTe 探测器性能做了详尽比较[129,130]。迄今为止，光伏 HgCdTe 焦平面阵列主要是基于 p 类材料。

较高密度的探测器布局会有较高的图像分辨率及系统灵敏度。已经制造出下列形式的 HgCdTe 红外焦平面阵列：线性（240，288，480，960，和 10240），具有时间延迟积分的二维扫描（TDI；256×4，288×4，480×6 普通规格）及从 64×64 ~ 4096×4096 元各种二维凝视型规格（见图 21.27a）。正在研究 1.6μm 以及更长波长区应用雪崩光敏二极管的可能性。业已验证过 15μm 到大于 1mm 正方形的像素。在单个阵列尺寸继续增大的同时，许多太空任务要求将大量单个阵列镶嵌在一起而形成超大尺寸焦平面阵列。由美国 TIS 公司研制的大尺寸镶嵌式焦平面阵列是一个具有 147 兆像素的焦平面阵列，包含有 35 个阵列，每个阵列有 2048×2048 像素（见图 21.27b）。它是目前世界上最大的红外焦平面之一[131]。

HgCdTe 三元合金[132]公布于世 50 周年纪念会是一次回顾世界各国 HgCdTe 材料和器件研发进程的机会，2009 年 4 月 13 ~ 17 日，借助于在美国佛罗里达州奥兰多市举办第 35 届红

图 21.27 美国 TIS 公司封装组件的例子

a) 一块应用于天文观测的 4 块 Hawaii-2RGs（型号）镶嵌组件

b) 设想为微引力透镜行星探测器制造的 35 块 Hawaii-2RGs（型号）阵列镶嵌件的机械原理样机

（资料源自：Beletic, J. W., Blank, R., Gulbransen, D., Lee, D., Loose, M., Piquette, E. C., Sprafke, T., Tennant, W. E., Zandian, M., and Zino, J., "Teledyne Imaging Sensors: Infrared Imaging Technologies for Astronomy & Civil Space," Proceedings of SPIE 7021, 70210H, 2008）

外技术和应用(Infrared Technology and Applications)专题研讨会之机举行。在SPIE(国际光学工程学会)会议论文集 Vol. 7298 中编辑和收录的受邀论文是关于HgCdTe焦平面阵列研发史的最好资料来源。例如,图 21.28 给出了美国(TIS)公司(源自美国罗克韦尔科学中心)和美国雷神(Raytheon)视觉系统(RVS公司)源自圣巴巴拉(Santa Barbara)研究中心(SBRC))研发HgCdTe焦平面阵列的时间表[133,134]。图 21.28b 给出了根据基板尺寸和对应的探测器阵列尺寸列出了SBRC/RVS公司的成长史,从最初 $3cm^2$ 的体HgCdTe晶片,逐渐进步到在 $30cm^2$ CdZnTe 晶片上研制液相外延技术,直至今天在另外一种 $180cm^2$ 基板上采用分子束外延生长技术。

目前一般都是利用焦耳-汤普森(Joule-Thompson)或者气缸制冷器使长波和中波红外阵列在液氮温度下工作,其中有些采用热电法使阵列制冷到 190~240K。由于许多焦平面阵列都有很高的数据率,所以外壳采用共面引脚以使寄生阻抗降至最小。

较高背景通量下,在与标准视频帧速率相兼容的帧时内处理产生的大量载流子是不可能的,焦平面常以远高于视频更新率的子帧速率工作。可以对这些子帧使用非焦平面阵列积分,以得到与探测器限 D^* 而非处理电荷限制 D^* 相称的传感器灵敏度等级。值得注意的是,最近十年,长波红外焦平面阵列在这方面的进展相当缓慢。在长波红外光谱具备更高一个数量级灵敏度的时候,由于电荷处理限制造成凝视型读出限制,常将长波红外相机的灵敏度限制在更低的水平(和与其竞争的中波红外系统相比),主要原因在于较低的长波红外对比度以及同样的(或较低的)电荷处理能力。

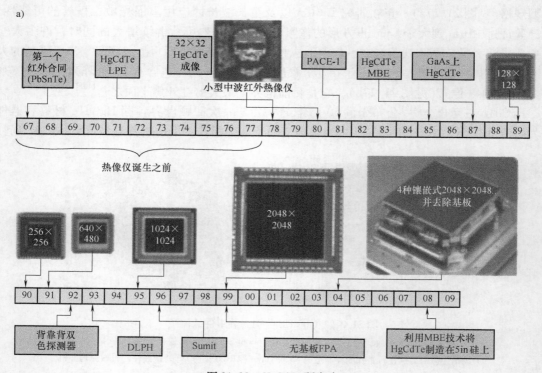

图 21.28 HgCdTe 研发史

a) 美国特利丹(Teledyne)图像传感器公司(资料源自:Tennant, W. E., and Arias, J. M., "HgCdTe at Teledyne", *Proceedings of SPIE* 7298, 72982V, 2009)

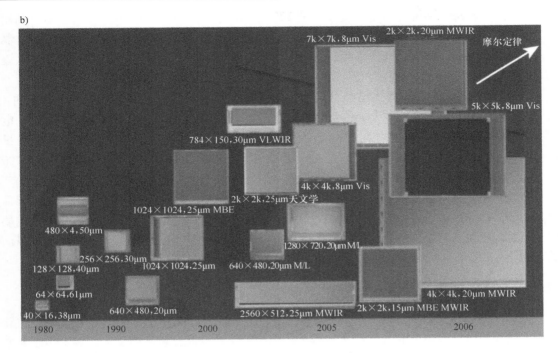

图 21.28 HgCdTe 研发史（续）

b）美国雷神（Raytheon）视觉系统公司（资料源自：Bratt，P. R.，Johnson，S. M.，Rhiger，D. R.，Tung，T.，Kalisher，M. H.，Radford，W. A.，Garwood，G. A.，and Cockrum，C. A.，"Historical Perspectives on HgCdTe Material and Device Development at Raytheon Vision Systems"，*Proceedings of SPIE* 7298，72982U，2009）

PACE 代表可生产替代 CdTe 外延层技术；DLPH 代表双层光敏二极管异质结；Sumit 代表可堆叠统一模组互连技术。——译者注

在本书第 19 章，曾讨论过研发红外焦平面阵列中使用的一些结构，一般分类为单片型和混成型两种。

21.5.1 单片焦平面阵列

单片焦平面阵列具有下列优点：最小的焦平面互连以及不同材料探测器阵列与读出电路间毫无问题的匹配。另一个优点是，由于信号探测和集成是在同一个阱中完成，所以，消除了注入电荷损耗。在 20 世纪 70 年代中期~90 年代中期，单片 HgCdTe MIS CTD 的研制几乎花费了将近 20 年的时间，有三种基本的 HgCdTe 电荷 CTD 结构：CCD、CID 和电荷成像矩阵（Charge Imaging Matriees，CIM）。然而，由于使用窄带隙 HgCdTe 材料，所以，造成单片 CCD 焦平面阵列存在三种基本限制：有限的电荷转移效率（CTF）、高暗电流和难以获得高 CTF。这些器件并不能与中波、尤其是长波红外光谱最先进的混成型二极管阵列竞争，为此，本节简单介绍一种单片 HgCdTe 器件方法，罗格尔斯基（Rogalski）的专著（本章参考文献【23】）对其发展史有更为详细的阐述。

由于对 n 类 HgCdTe 材料的生长和掺杂控制技术比较成熟，所以最初的研究集中在 p 通道 CCD[135-138]。然而，在 HgCdTe 中难以形成稳定的 p^+-n 结，因而不能将读出电路结构糅合到器件中。在对 HgCdTe 中金属绝缘半导体场效应晶体管（MISFET）为基础的放大器完成演示验证之后，科赫（Koch）等人研制出一个由两个 55bit 多路复用器组成的单板 n 类线性 CCD

成像阵列[140]，每个多路复用器各负责寻址 100 元 MIS 探测器阵列（$x = 0.37$）的一半。利用为主栅极氧化层以及后续结构中绝缘层和低温光化学气相沉积二氧化硅，就可以将该器件制造在等温气相外延（ISOVPE）技术生长的 HgCdTe 外延层上。利用 SiO_2/HgCdTe 界面，可以使电荷传输效率高达 0.9995；在温度 60~140K 内，测量值都高于 0.999。

沃兹沃思（Wadsworth）等人已经对截止波长 5μm、低背景应用环境验证过全单板 128×128 像元 HgCdTe CCD 阵列[141]。该阵列将时间延迟积分（TDI）探测、串行读出多路复用、电荷-电压反转和缓冲放大都组合在 HgCdTe 探测器芯片中，其性能（在温度 77K 和背景光通量 $6 \times 10^{12} ph/(cm^2 s)$ 时，比探测率值超过 $3 \times 10^{13} cm\ Hz^{1/2} W^{-1}$）表明，该单片 CCD 是 20 世纪 90 年代很有希望替代以二极管为基础的混合成像技术的一个方案。

随着集成时间（局限于约 10μs）变得与传输时间相差不大，即使是中等背景通量 CCD，8~14μm HgCdTe MIS 的低存储容量也使其毫无用处，不可能使阵列读出。长波红外系统的应用局限于具有较短积分时间的扫描方案（如 960×1 和 480×4 像元）[142]。许多器件的限制都难以消除，为此，MIS 器件被混成型焦平面阵列中的 HgCdTe 光敏二极管替代。

21.5.2 混成型焦平面阵列

可以证明，目前的高性能 HgCdTe 阵列与混合型 HgCdTe/Si 研制计划中将高度发达的硅集成电路相组合，具有其它任何竞争技术无法比拟的热和空间分辨率的优势，对于热成像系统是非常有益。

线性和小型二维阵列使用前侧照明金属带互连法，其实是使用硅信号处理芯片作为制备 HgCdTe 阵列时的处理基板。将 HgCdTe 晶片胶粘到该芯片上，蚀刻到大约 10μm 厚度，并用于后续平面或平台二极管的形成。另外，可以分别制备薄 HgCdTe 层，钝化，并通过涂镀一条环形或者条形边缘金属条，并用环氧树脂使其与硅芯片相连。这种方法的主要问题是交连占据区减少了光学敏感区的面积。对于小间距（<50μm）二维阵列，该问题变得很敏感，形成低光学填充因数。

贝克（Baker）等人[143-146]为前侧照明探测器研制了一种新型互连技术，称为环控技术，如图 19.16b 所示。这是一种横向集光器件，中心有小面积接触。采用约 9μm 厚 p 类单板 HgCdTe，并牢固地与硅电路连接以便使应力弹性地起作用，从而解决热膨胀失配问题。这就使器件无论是机械还是电学性能都非常牢固可靠，接触遮挡面积一般小于 10%。研究已经表明，直至长度 15mm 的阵列都不会受到多次低温循环的影响[147]。该工艺有两次简单地使用掩模工序：第一次确定光致抗蚀剂薄膜孔的矩阵形式，一般地，孔的直径是 5μm，利用离子束铣技术剥蚀掉孔中的 HgCdTe，直至露出铝接触垫，然后向孔中回填一种导体，从而在 HgCdTe 与下层多路复用器垫圈之间形成连接桥，在离子铣过程中，在孔周围形成结；第二次是使 p 类接触层得以应用，利用离子束铣使直径几个 μm 的细孔穿过结，之后在孔中回填一种金属，使结与硅电路相连。

环控技术已经应用于长波和中波两种红外阵列，形成高性能和可靠性的器件。对于目前 640×512 二维阵列，所制造的单板面积超过 16mm×13mm，像素尺寸小至 15μm，并制有 2μm 通孔[145]。

横向环孔技术的改进型是美国德州仪器公司研制的垂直 MIS 方法[148]。最近，该公司研制成功垂直集成光敏二极管（VIP™）技术[149]。在这种方法中，采用等离子体蚀刻工序加工出通孔，使用离子植入工序在接触层附近形成稳定的 HgCdTe 结和损伤层。为了获得较高的寿命和较低的热电流，在 LPE 生长过程中加入 Cu，在二极管形成过程中清除掉，并选择性地留在 p 类区，使与汞空位相关的肖克莱-里德（S-R）中心部分地中性化。该方法的最终结果是，暗电流接近全掺杂异质结构的值。在垂直集成光敏二极管（VIP™）工艺中，借助 HgCdTe 中的通孔，利用环氧树脂直接将 n-on-p 光敏二极管芯片与大尺寸 Si 晶片上的读出集成电路相混合。

如图 19.16a 所示，背侧照明结构采用单个制造的探测器阵列，然后借助铟柱倒装焊与硅扇出电路混成[114,124,150-152]。这种技术很容易得到高光学填充因数。

最初，利用离子植入技术将该结构中使用的二极管形成在一片 p 类 HgCdTe 晶片上。在二极管阵列混合后，必须将该 HgCdTe 晶片磨薄到约 10μm，以便在结区对红外辐射有最佳吸收，并通过降低扩散量提高 R_0A 乘积。

采用外延技术将 HgCdTe 生长在透明基板上，完全可以实现背侧照明。混成后无需使材料变薄，与体晶体相比，外延层具有上乘质量是这种方法的另一优点。人们很关心铟柱互连的稳定性，已经表明，该器件的互连成品率高于 98%，并有非常好的可靠性。目前，可操作性一般都高于 99.5%。

天文学的发展迫切需要在尽可能宽的光谱范围内成像，包括可见光～短波和中波红外。最近研制出一种去除阻挡可见光基板的工艺。此外，通过消除硅读出电路与探测器阵列之间的热失配，可使阵列适应热膨胀，并消除像素间的串扰。

具有 CdZnTe 缓冲层的蓝宝石已经成为短波和中波红外器件的标准基板[153]。长波红外器件一般以 CdZnTe 为基板。以 GaAs 为基础的基板研究尚未如此快地达到人们期望的水平，该技术重新回到实验室状态做进一步研究[154]，而对硅进行的大部分 MOCVD 使得 GaAs 层能作为硅与 HgCdTe 之间的晶格失配缓冲层[155]。已经有很多文献报道了各种将 MOVCVD 层生长在硅基板上的 75mm 直径的 GaAs 层上的这种器件结构。未来转入生产的方法与另外以硅为基础的基板有关，如 CdZnTe/Si[156]。

然而，准晶格匹配 CdZnTe 基板存在着严重缺陷，如没有大尺寸材料、高生产成本、更重要的是 CdZnTe 基板与硅读出集成电路的热膨胀系数（TEC）相差较大。此外，对大尺寸二维红外焦平面阵列（1024×1024 或更大）的需求已经使 CdZnTe 基板的应用受到限制。最近，能够生产的 CdZnTe 基板的面积局限于约为 50cm²。在该规格下，晶片无法承载两个 1024×1024 焦平面阵列，甚至不能使用一个模具在该规格基板上制造出很大尺寸的焦平面阵列（2048×2048 或更大）。

由于硅材料相对便宜，可以制成大尺寸晶片，并且硅基板与焦平面阵列中硅读出电路的耦合可以制造具有长期热循环可靠性的超大尺寸阵列，所以，在红外焦平面阵列中使用硅基板非常具有吸引力[157]。图 14.42b 给出了利用 MBE 技术生长 p-on-n HgCdTe/Si 双层异质结（DLHJ）器件的横截面示意图。它使用 1μm 厚的薄 ZnTe 缓冲层，保证能够随时形成双晶的优先方位（211），从而根据生长条件形成不良区域（552）。CdTe 缓冲层厚度一般是 6～9μm，有助于降低由湮没作用造成的位错密度。

尽管 CdTe 与 Si 之间有较大的晶格失配（约 19%），然而，利用 MBE 技术已经成功地在 Si 上生长出异质结外延 CdTe 层。在温度 77K 时，硅基板上 HgCdTe 在长波红外光谱区截止波长处的二极管性能可以与体 CdZnTe 基板相比[134,158]。图 21.29 给出了探测器在温度 140K

时中等 R_0A 乘积与截止波长趋势线的关系，包括利用 MBE 技术在体 CdZnTe 和 Si 两种材料上生长 HgCdTe，以及利用 LPE 技术在体 CdZnTe 上生长的 HgCdTe 结果。美国雷神视觉系统（RVS）公司验证了高性能凝视型短波红外焦平面阵列系列，包括 1024×1024 和 2048×2048 规格；以及高性能凝视型中波红外焦平面阵列系列，包括 640×480、1024×1024、2048×2048 和 2560×512 规格，可操作性大于 99.4%[134]。例如，图 21.30 给出了 2560×512 规格

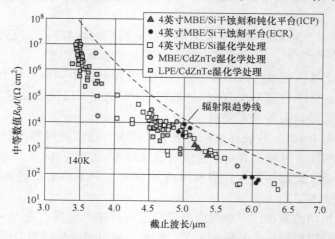

图 21.29 40μm 像素、中等 R_0A 的 HgCdTe/Si DLHJ 探测器阵列趋势线数据与温度 140K 时截止波长测量值的关系（趋势线数据包括生长在硅（采用 MBE 技术）和 CdZnTe 基板（采用 MBE 和 LPE）上的 HgCdTe 材料）

（资料源自：Bratt, P. R., Johnson, S. M., Rhiger, D. R., Tung, T., Kalisher,, M. H., Radford, W. A., Garwood, G. A., and Cockrum, C. A., "Historical Perspectives on HgCdTe Material and Device Development at Raytheon Vision Systems", Proceedings of SPIE 7298, 72982U, 2009）

图 21.30 25μm 像素、高性能 2560×512 MWIR HgCdTe/Si FPA 照片

（资料源自：Bratt, P. R., Johnson, S. M., Rhiger, D. R., Tung, T., Kalisher,, M. H., Radford, W. A., Garwood, G. A., and Cockrum, C. A., "Historical Perspectives on HgCdTe Material and Device Development at Raytheon Vision Systems", Proceedings of SPIE 7298, 72982U, 2009）

的阵列与一块口香糖的比较,显示出这种凝视型阵列究竟有多大。

过去几年,致力于将 HgCdTe/Si 的性能延伸到长波红外光谱区。在英国,利用 MOVPE 技术将 HgCdTe 生长在 GaAs 和 GaAs/Si 基板上[159-161],主要挑战是一直希望具有高错位密度值的材料(在中等值 $10^6 cm^{-2}$ 内)能够达到良好的 I-V 性质。阵列的中等 NEDT 相当好,但一般地,特别在背景通量条件下,会残留有噪声尾,从而限制可操作性[134]。

有两种一般类型的硅寻址电路:CCD 和 FET 开关。铟柱(焊接)技术为读出集成电路的进步和发展提供了所需要的使能技术(或促进科技)。1984 年以来,CMOS 技术提高了传感器芯片组件电路和设计的总水平,使读出集成电路具有低噪声、高生产率和高密度[162]。CCD 和 CMOS 之间的选择取决于具体应用,例如,利用 CMOS 而非 CCD 处理器设计 TDI 线阵列似乎更为复杂。换句话说,凝视阵列使用 CMOS 处理器有许多优势。现在,优先选择 CMOS,低温下有良好的工作状态。

使用 CCD 结构对凝视型系统探测器发出的信息多路复用,或/和在扫描系统中实现 TDI 功能[152,163]。在 TDI 系统中,电荷包在同步过程中随扫描像移动。对于快速和低损耗读出电路,埋沟 CCD 优于表面沟道 CCD。在电荷数量级低于 1.6×10^5 个电子时,硅 CCD 的 CTF 达到 0.99998。HgCdTe 阵列使用 CCD 存在的问题是难以将有效电荷注入到 CCD 的源耦合输入中。为了使注入效率达到 0.9,R_0A 值应当是 BLIP 的 10 倍[164]。输入栅极电路 $1/f$ 噪声对于 CCD 结构更为重要,因此,对 R_0A 甚至会施加更为严格的要求。另一个问题源自有限的电荷存储量(约 $10^4 e/\mu m^2$)和时钟速率。短周期中背景光电流造成存储阱饱和会使大尺寸阵列的帧速率不切实际的高,除非额外增加电荷略读和分区电路,以消除部分无关重要的电荷。为了具有足够的灵敏度,时钟速率一定要高,并且应当在 CCD 结构的每个像素单元内完成背景消除。然而,希望高密度焦平面阵列中像素单元尺寸小(小于 $50\mu m \times 50\mu m$)增加了输入的复杂性。尽管长波红外显像管具有较高的最终性能。实际上,相比之下,对 R_0A 值和背景约束条件的严格要求使短波和中波红外焦平面阵列更容易实现。在 CCD 技术中,由于混合 CCD/CMOS 工艺封装密度差,所以也很难想出采用额外电路禁用有缺陷像素的方法。

通过固定的图像噪声设置系统的实际最小可分辨温差。为了达到可能值 10mK,一定要使输出均匀性小于 0.03%,而目前标准偏离量一般都较高。这就清楚地表明校正固定图像噪声的必要性。中波红外光敏二极管对读出(原文将"readout"错印为"reedout"。——译者注)输出及相关线性输出的高注入效率,能够对非均匀性进行简单的二点校正,也可以采用下面方法:在两种均匀的不同背景光通量条件下对焦平面阵列进行标定,将每个像素的标定系数储存在存储器中[151],再利用一种加减算法对所有像素的直流偏置和交流响应度归一化。另一种固定图像噪声源是焦平面阵列的温度波动,通常,对一种温度进行直流偏置的再次标定就足够了。由于 CCD 具有较差的存储效率,所以,不太适合应用于长波光谱。

一种非常吸引人的替代短波和中波、尤其是长波红外焦平面阵列中 CCD 读出电路的方案是 CMOS 开关坐标寻址法(见图 19.13)。本书 19.2.2 节介绍过 CMOS 的优点。在芯片外支持电路中增加 CDS(相关双采样)电路之后,大型热像仪输出放大器热噪声限制着 CCD 的最小读出噪声理论值。由于相关噪声宽度基本上小几个数量级,并能较好地与信号带宽相匹配,所以 CMOS 的替代方案有较低的瞬时噪声。当 CCD 的灵敏度受限于有限的设计空间(包括感知节点和输出缓冲区)时,CMOS 的灵敏度仅受限于所需的动态范围以及工作电压[165]。

在混成型 HgCdTe 焦平面中,利用各种探测器界面电流使信号处于良好的工作状态。读出电路利用几种探测器界面(见本书 19.2.2 节)。对战略和战术应用,一般需要对输入电路进行专门优化。若是战术应用,背景光通量高,探测器电阻中等,直接注入(Direct Injection, DI)是经常使用的输入电路,目的是尽可能将大的电容器装配到像素单元中,对于通过较长积分时间才能得到信噪比的高战术应用,更是如此。为了简单化,广泛使用该电路。然而,要求高阻抗探测器界面,并由于注射效率问题,一般地不应用于低背景辐射情况。战略应用的多数情况是低背景照明,要求低噪声多路复用器与高电阻探测器交连。战略应用中经常使用的输入电路是 CTIA 输入电路,除了 DI 和 CTIA 输入电路外,还要区分其它多路复用器,最重要的是:每个探测器的 SFD(见表 19.3)、电子扫描缓冲直接注入(Electronically Scanned Buffered Direct Injection, ESBDI)、缓冲直接注入(Buffered DI, BDI)、MOSFET 体场效应晶体管)负载栅极调制输入电路[51,165-169]。CTIA 和缓冲 DI 两者都能给出高注入效率,也凸显 $f/1$ 噪声和可操作性,但需要更高的工作功率。

红外焦平面阵列采用一种最简单、最通用的读出电路是 DI 输入电路,暗电流和光电流集成在一个积聚电容中。在这种情况下,由于晶体管阈值的变化,其阵列偏压的变化量约 ±(5~10)mV。在温度 80K 时,尽管零伏附近的反向偏压会有小的变化,但 HgCdTe 二极管对漏电流只有很小的依赖关系。(原文作者删去此处重复的一段话。——译者注)。若是高注射效率,FET 的电阻应当比其工作点处的二极管电阻小(见本书 19.3.2 节)。一般地,对于二极管电阻很大(R_0A 乘积大于 $10^6 \Omega cm^2$)的中波红外 HgCdTe 凝视型设计满足不等式(19.2)不是问题,而对二极管电阻很小(R_0A 乘积是几百个 $10^6 \Omega \cdot cm^2$)的长波红外器件设计却非常重要。若是长波红外 HgCdTe 光敏二极管,希望采用大的偏压,但对阵列的材料质量有很强的依赖性,对于非常高质量的长波红外 HgCdTe 阵列,施加 -1V 偏压是可能的。

正如本书 19.4.2 节所述,中波和长波红外焦平面阵列的性能受限于读出电路,并利用式(19.13)估算 NEDT。只有集成大量的电子才能有高的灵敏度,并要求每个像素中的集成电容都相当高。电荷处理能力取决于像素单元间距。对于 $30\mu m \times 30\mu m$ 的像素,存储电容量局限在 5×10^7 电子(取决于设计)。例如,若存储电容量是 5×10^7 电子,则 $30\mu m \times 30\mu m$ 像素探测器的总电流密度一定小于 $27\mu A/cm^2$,其积分时间为 33ms[170]。若总电流密度是 $1mA/cm^2$ 左右,则积分时间必须减小到 1ms。对于长波红外 HgCdTe 焦平面阵列,积分时间通常小于 $100\mu s$。由于噪声功率带宽 $\Delta f = 1/(2\tau_{int})$,所以小的积分时间会造成特大噪声。

通常情况下,电容(器)有一个薄栅极氧化介质层,电容密度高达 $3fF/\mu m^2$。约 $25\mu m$ 正方形像素的电容局限于约 1pF,希望得到的最佳 NEDT 是每帧约 10mK。

从几家厂商的市售产品中可以购买到安装有 CMOS 多路复用器的中波和长波电扫描 HgCdTe 阵列。表 19.3 给出了世界范围内的工业界状况,表 21.11~表 21.14 则列出了美国雷神(Raytheon)、法国索弗拉迪(Sofradir)、美国特利丹(Teledyne)和意大利塞莱克斯(Selex)等公司制造的大尺寸短波、中波和长波红外凝视型阵列的典型技术规范。由于常需要针对具体应用进行调整,所以大部分厂商自产多路复用器。

第 21 章 光子探测器焦平面阵列

表 21.11 美国雷神(Raytheon)公司 Virgo-2K 凝视型阵列技术规范

参　数	短　波
阵列尺寸	2048×2048
光谱范围	0.8~2.5μm
像素尺寸	20μm×20μm
光学填充因数	>98%
结构	三面拼接
读出电路结构	SFD 晶胞-PMOS
探测器材料	双层异质结 HgCdTe
阱电容量	0.5V 偏压下 $\geq 3\times 10^5 e^-$
输出性能	每次输出复原时间1%，则 ≤2.5μs
输出数目	4 或 16
帧时	每帧690ms，16次输出模式1.43Hz；每帧2.66s，4次输出模式0.376Hz
量子效率	>80%
读出噪声	$<20e^-/s$(富勒1)
暗电流	$<1e^-/s$
工作温度	70~80K(原文漏掉单位"K"。——译者注)
电学界面	具有51针MDM连接器的母板

表 21.12 法国 Sofradir 公司 HgCdTe 焦平面阵列技术规范

参　数	中波(木星)	长波(金星)
阵列尺寸	1280×1024	384×288
像素尺寸	15μm×15μm	25μm×25μm
光谱响应	3.7~4.8μm	7.7~9.5μm
工作温度	77~110K	77~80K
最大电荷容量	$4.2\times 10^6 e^-$	$3.37\times 10^7 e^-$
读出噪声	$<150\mu V(400e^-)$	$<130\mu V(1460e^-)$
信号输出	4 或 8	1 或 4
像素输出率	直至20MHz	直至8MHz
帧速率	直至120Hz，全帧速率	直至300Hz，全帧速率
NEDT	18mK	17mK
可操作性	>99.5%	>99.5%
非均匀性(DC&Resp.)		<5%
残余固定图像噪声	<NEDT	<NEDT

表 21.13 美国特利丹(Teledyne)公司图像传感器 Hawaii-2RG™ 阵列技术规范

参　数	单位	1.7μm	2.5μm	5.4μm
ROIC		Hawaii-2RG™		
像素数目		2048×2048		
像素尺寸	μm	18		
输出		可编程1,4,32		

(续)

参　数	单位	1.7μm	2.5μm	5.4μm
功率消耗	mW	<0.5		
探测器基板		CdZnTe，可以去除掉		
截止波长： 1.7μm，140K(50%峰值量子效率) 2.5μm，77K(50%峰值量子效率) 5.4μm，40K(50%峰值量子效率)	μm	1.65~1.85	2.45~2.65	5.3~5.5
平均量子效率(QE)0.4~1.0μm	%	≥70		
平均量子效率(QE) 1.7μm：1.0~1.6μm 2.5μm：1.0~2.4μm 5.4μm：1.0~5.0μm	%	≥80		
平均暗电流 1.7μm，0.25V偏压和140K 2.5μm，0.25V偏压和77K 5.4μm，0.175V偏压和40K	e^-/s	≤0.01	≤0.01	≤0.05
100kHz像素读出率时中等读出噪声(单CDS)	e^-	≤25(目标值20)	≤20(目标值15)	≤16(目标值12)
0.25V(以及0.175V)偏压和5.4μm截止波长时的阱电容量	e^-	≥80 000		
串扰	%	≤2		
可操作率	%	99	≥99	≥98
集簇性： 阵列上中心位置2000×2000像素范围内大于50个连续无法使用像素		≤阵列0.5%		
SCA平面度	μm	≤30(目标值是10)		
平面性	μm	≤50(目标值25)		

表21.14　意大利塞莱克斯(Selex)HgCdTe焦平面阵列技术规范

参　数	MW(隼系列)	LW(鹰系列)
工作波段	3~5μm	8~10μm
阵列尺寸	1024×768	640×512
像素间距	16μm	24μm
活性区面积	16.38mm×12.29mm	15.36mm×12.29mm
NEDT	15mK	24mK
可操作性	>99.5%	>99.5%
信号均匀性	<5%	<5%
扫描格式	快照或者滚动读出	快照或者滚动读出
电荷容量	$8\times10^6 e^-$	$1.9\times10^7 e^-$
输出数目	8	4

(续)

参　　数	MW(隼系列)	LW(鹰系列)
像素速率	直至每个输出 10MHz	直至每个输出 10MHz
技术	CMOS	CMOS
本征 MUX 噪声	50μV(rms)	50μV(rms)
工作温度	直至 140K	直至 90K
功耗	40mW	40mW

美国雷神(Raytheon)公司的短波 Virgo-2k 2028×2028 像素阵列是为天文学制造的标准产品，20μm 像素阵列具有高量子效率、低暗电流及易于操作的片上时钟。选择 4 或 16 个输出，可以满足大范围输入光通量条件和读出速率。

法国索弗拉迪(Sofradir)公司制造的凝视型中波和长波快照阵列是专门为高分辨率(TV 格式)应用(前视红外(FLIR)、红外搜索与跟踪(IRST)、侦查、机载摄像、测温术)设计的。为了满足系统不同的机械和制冷需求，这些焦平面阵列可以提供不同真空时间长度的杜瓦瓶和制冷器结构布局。意大利塞莱克斯(Selex)公司提供类似的快照阵列。

美国特利丹图像传感器(TIS)公司 Hawaii-2RG™ 系列的图像传感器是适用于可见光光谱范围、没有基板的短波和中波 HgCdTe 阵列。应用上述模块化设计组成的这些阵列——四面拼接可以组装成大型镶嵌式 2048×2048 H2RG 型模块——专门用以地基和空基可见光和红外天文学领域。图 21.31 给出了无基板 HgCdTe 焦平面阵列可见光和短波红外的光谱响应，同时没有使探测器的机械和电学质量下降，并有望改善可见光的光谱响应[9]。

研发下一代 HgCdTe 焦平面阵列最具挑战性的任务之一是探测电路中多种功能的集成。主要精力集中在研发多色探测器，尤其是用于目标识别。雪崩光敏二极管是增加焦平面阵列附加功能的另类器件，对短波和中波光谱范围更是如此。HgCdTe 雪崩光敏二极管(APD)具有极低的过量噪声，原因是对 $\lambda > 2\mu m$ 的光谱有选择性地电子倍增，并且是决定性的倍增过程所致(见本书 14.7.4 节)[171]。

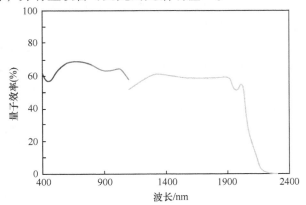

图 21.31　无基板 256×256 阵列的光谱量子效率
(资料源自：Chuh, T., "Recent Developments in Infrared and Visible Imaging for Astronomy, Defense and Homeland Security," *Proceedings of SPIE* 5563, 19-34, 2004)

HgCdTe 雪崩光敏二极管用于门极-主动/被动成像仪[172-177]。之后，研究人员对其中波范围的低通量应用特别感兴趣，主要是观测频谱范围上很窄的一个区域。另外，其光生电流的放大作用可以改善一些读出集成电路的线性问题，其动态增益可以用来提高工作的动态范围。

意大利塞莱克斯(Selex)公司的贝克(Baker)等人首先利用 320×256 像元 24μm 像素雪崩光敏二极管焦平面阵列验证了激光选通成像[172]。据其报道，若 $\lambda_c = 4.2\mu m$ 光敏二极管有一个 $\tau_{int} = 1\mu s$ 的积分时间，则雪崩增益高达 $M = 100$，低过量噪声以及等效光子噪声 $NEP_h =$

15e(rms)的输入噪声。随后[173,174]，又阐述了一种主被动双模成像技术，并首先公布了三维主动成像仪的结果，距离分辨率是1m。接着，别克(Beck)等人详细列举了一种128×128焦平面阵列的技术性能[175]，其像素间距为40μm，截止波长为4.2~5μm，积分时间内50ns~500μs。在温度80K、偏压11V和噪声等效输入低至0.4光子条件下平均增益的测量值高达946。最近，已经验证了第一台中波320×256像元被动放大成像仪，其中采用30μm像素和99.8%的可操作性[176]。还出现了对多功能长波-中波-雪崩增益探测器的电光性能的报道，256×256像元30μm像素阵列混合在双色读出电路上，并且对30μm像素间距测试阵列直接测量[177]。

21.6 铅盐焦平面阵列

铅盐是第二次世界大战期间第一批成功应用的红外探测器。此后，在20世纪50到60年代，为研制更好和更为复杂的器件并理解其性质做出了很大努力。一些文章对其发展史做了评述和展望[23,178-181]。在中波红外波段许多应用中，低成本PbS和PbSe多晶薄膜仍然被选择为光电导探测器[182,183]。

现代铅盐探测器阵列在一块基板上包含有1000多个像元。这些阵列能使可操作性大于99%，小于100像元的小尺寸阵列的可操作性是100%。一侧尺寸大至几英寸的阵列采用单行排列结构，可以是等面积等间隔或者变尺寸。另外一种布局是双行排列，可以是行间对准或者是交错排列(一些交错行是楼梯、人字和双十字形式)。

诺斯罗普·格鲁门(Northrop Grumman)电光系统(EOS)公司将256像素PbSe阵列与Si多路复用器读出芯片相耦合制造出具有扫描功能的组件[184]。表21.15列出了128和256像元布局的PbS和PbSe阵列的性能[185]。长寿命热电像元使探测器/杜瓦瓶组件制冷以保证其寿命大于10年。然而，应注意到，铅盐光电导体探测器有相当大的$1/f$噪声。例如PbSe，在温度77K时拐点频率是300Hz，温度200K时750Hz，温度300K时是7kHz[186]。通常限制这些材料用于扫描成像仪。

表21.15 设计有CMOS多路复用读出电路的PbS和PbSe线阵列的典型性能

结构布局	PbS		PbSe	
	128	256	128	256
像元维度/μm	91×102(共线)	38×56(交错)	91×102(共线)	38×56(交错)
中心距/μm	101.6	50.8	101.6	50.8
$D^*/(\text{cm Hz}^{1/2}\text{W}^{-1})$	$3×10^{11}$	$3×10^{11}$	$3×10^{10}$	$3×10^{10}$
电压响应度/(V/W)	$1×10^8$	$1×10^8$	$1×10^6$	$1×10^6$
像元时间常数/μs	≤1000	≤1000	≤20	≤20
像元名义温度/K	220	220	220	220
可操作性(%)	≥98	≥98	≥98	≥98
动态范围	≤2000:1	≤2000:1	≤2000:1	≤2000:1
通道均匀性	±10	±10	±10	±10

(资料源自：Northrop/Grumman Electro-Optical System data sheet, 2002)

图 21.32 给出了诺斯罗普·格鲁门（Northrop Grumman）电光系统公司制造的多模探测器/多路复用器/制冷器组件[182]。该器件包括一个线性或二元 128 或 256 光电导 PbSe 像元阵列与单或双 128 通道多路复用器芯片相集成，便于选择偶/奇或者自然顺序像素模拟输出形式。该多路复用阵列采用热电制冷方式，并用一块镀有增透膜的蓝宝石光窗将其安装在一个长寿命真空封装壳体中，然后安装在电路板上，如图所示。还制造出包含有 PbS 像元的类似组件。

焦平面制造过程中，在湿化学槽中将铅盐硫属化合物沉积在 Si 或 SiO 上，这种单片方案能够避免为与 Si 匹配而使用很厚的层叠式材料（如混成型）。该探测器材料从湿化学溶液中沉积出来，在 CMOS 多路复用器上形成多晶光电导体岛。图 21.33 给出了该探测器阵列格式中的几个 $30\mu m$ 像素。诺斯罗普·格鲁门（Northrop Grumman）电光系统公司介绍了一种 320×240 规格（技术指标见表 21.16）、像素尺寸 $30\mu m$ 的单片 PbS 焦平面阵列[182]。虽然 PbS 光电导体可以在环境温度下满意地工作，而利用内置热电制冷器能够使性能进一步得以提高。

图 21.32 诺斯罗普·格鲁门（Northrop Grumman）电光系统公司制造的多模 PbSe 探测器

（资料源自：Beystrum, T., Himoto, R., Jacksen, N., and Sutton, M., "Low Cost Pb Salt FPAs", *Proceedings of SPIE* 5406, 287-94, 2004）

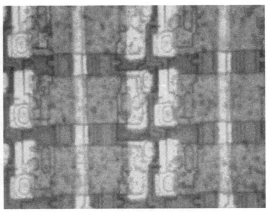

图 21.33 320×240 像元规格中的单个 PbS 像素（像素间隔 $30\mu m$）

（资料源自：Beystrum, T., Himoto, R., Jacksen, N., and Sutton, M., "Low Cost Pb Salt FPAs", *Proceedings of SPIE* 5406, 287-94, 2004.）

表 21.16 320×240 PbS 焦平面阵列技术条件

焦平面阵列结构布局	单板 320×240 PbS	焦平面阵列结构布局	单板 320×240 PbS
像素尺寸/($\mu m\times\mu m$)	30×30	帧速率/Hz	60
比探测率 D^*/(cm·$Hz^{\frac{1}{2}}$/W)	8×10^{10}（普通温度）；3×10^{11}（220K）	集成周期	全帧时
		最大动态范围/dB	69
信号处理器类型	CMOS	主动散热/mW	最大值 200
时间常数/ms	0.2（普通温度）；1（220K）	可操作性（%）	>99
集成方式选择	快照	跨电阻最大值/MΩ	100
输出线数目	2	探测器偏压/V	0~6

（资料源自：Northrop/Grumman Electro-Optical System data sheet, 2002）

巴雷特(Barrett)、贾华拉(Jhabvala)和马尔达里(Maldari)描述了首次尝试实现准单板式铅盐探测器阵列的过程,详细说明了利用 MOS 转换直接集成 PbS 光电导探测器技术[187,188]。在该工艺中,利用化学方法将 PbS 膜镀在 SiO_2 和金属叠加层上。在温度 300K 和 2.0~2.5μm 光谱范围条件下,集成光电导 PbS 探测器-硅 MOSFET 预置放大器比探测率的测量值是 10^{11} cm $Hz^{1/2}W^{-1}$。其中,25μm×25μm 上的像素很容易制造。

佐格(Zogg)等人研制出最多由 256 个 PbTe 和 PbSnSe 肖特基势垒光敏二极管组成的单片交错式线阵列(见图 15.28)[189-192]。其二极管直径为 30μm,间距为 50μm。这些阵列基板包含有每个像素读出电路所需的集成晶体管,按照 CMOS/JFET(互补型金属氧化物半导体/结型场效应晶体管)组合技术制造读出电路芯片。当 CMOS 设计要求 MΩ 数量级阻抗以便使放大器噪声不起主要作用时,JFET 作为输入晶体管可以设计为具有忽略不计的噪声,即使低阻抗(低至 10kΩ)也不会有损于如双极设计中的高偏压电流。对于每个通道,电荷积分器汇聚当前某段时间内的光生电荷,然后,将产生的信号送到常规输出电路中。为了减小读出噪声,采用单个偏置校正和多个相关采样,再采用数码方法做进一步处理,减去背景及固定图像噪声校正。

瑞士联邦理工学院(Swiss Federal Institute of Technology)的研究小组首先在硅基板上制造出包含有主动寻址电路的单板 PbTe 焦平面阵列(96×128)[193,194]。在此使用的单片法克服了 IV-VI 族材料和硅材料之间热膨胀系数严重失配的问题。在 IV-VI 族材料主要滑移系统中很容易由位错滑移造成弹性变形,但丝毫不会使结构性能恶化,所以,探测器活性区与 Si 之间的严重晶格失配对制造高质量膜层没有妨碍。

图 21.34 给出了利用 MBE 技术将 PbTe 像素生长在 Si 读出结构上的示意性横截面图[193]。为了与硅基板兼容,采用 2~3nm 厚的 CaF_2 缓冲层。为了只获得准反射损耗限量子效率,需要设计厚度 2~3μm 的敏感层。PbTe 光敏二极管的光谱响应曲线如图 15.29 所示。若没有镀增透膜,量子效率的典型值约为 50%。采用金属半导体 Pb/PbTe 探测器,当阳极(喷溅 Pt)为所有像素共用时,每个 Pb 阴极接触层都连接到存取晶体管的漏极。图 21.35 给出了一个完整的阵列[194]。

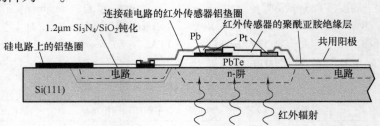

图 21.34 一个像素的截面示意图(显示 PbTe 岛作为背侧照明光伏红外探测器、与(存取晶体管)电路的电连接以及共用阳极)

(资料源自: Alchalabi, K., Zimin, D., Zogg, H., and Buttler, W., IEEE Electron Device Letter, 22, 110-12, 2001)

尽管外延层晶格和 Si(111)层上热膨胀失配 IV-VI 族材料间的位错密度典型值是 $10^7 cm^{-2}$,但仍能够制造出适合于温度 95K(截止波长为 5.5μm)、R_0A 乘积 200Ω cm^2 的有用光敏二极管,原因是 IV-VI 族材料具有高介电常数,遮蔽了短距离内带电缺陷形成的电场。

已经制造出铅盐异质结构光伏(PV)探测器。异质结直接形成在基板和 IV-VI 族薄膜之间,使用这种方法可以制造高密度单片 PbS-Si 异质结阵列[195]。然而,异质结阵列的性能不如肖特基势垒和 p-n 结阵列。

20 世纪 70 年代末和 80 年代初,研发铅盐混合型阵列的试验没有成功。一个严重问题是Ⅳ-Ⅵ族材料与硅材料热膨胀系数极不匹配,因而,Ⅳ-Ⅵ族探测器/硅混成技术定位于工作温度 77K 和 8~14μm 光谱条件下 10^3 个像元小尺寸光敏二极管阵列。采用凸点焊接技术使这类包含有 32×32 像元背侧照明 PbTe[196]和 PbSnTe[114]光敏二极管的混成型结构与硅芯片互连技术得到了验证。更大阵列需要由约 10^3 个的子模块组装成连续阵列[114]。

图 21.35 完成全部处理工艺的单片 96×128 元硅上 PbTe 中波红外焦平面阵列的部分零件(其中,硅基板上含有读出电路,像素尺寸为 75μm)

(资料源自:Zogg, H., Alchalabi, K., Zimin, D., and Kellermann, K., IEEE Trasactions on Electron Devices, 50, 209-14, 2005)

费利克斯(Felix)等人阐述了一个硅 CCD 上具有前侧照明 $Pb_{0.8}Sn_{0.2}Te$ 光敏二极管的混成型岛结构的实验结果[163]。该光敏二极管是采用双 LPE 技术在 PbTe 基板上生长 PbTe/PbSnTe 制成。这种技术比较复杂,但由于每个探测器都是一个独立的物理实体,因此这些结构会避免出现热膨胀失配问题。另外,由于是面积接触,所以,该岛结构法有一个填充因数损失。在温度 77K 和视场 2π 条件下,光敏二极管的平均 R_0A 乘积接近 $0.8\Omega\ cm^2$,比探测率约为 $2\times10^{10}cmHz^{1/2}W^{-1}$。费利克斯(Felix)及其同事还给出了直接注入到线性多路复用硅 CCD 中的 $Pb_{0.8}Sn_{0.2}Te$ 光敏二极管读出电路的实验结果[163],得到的注入效率是 65%。

21.7 量子阱红外光电探测器阵列

正如本书 16.3.5 节所述,QWIP 是中波和长波 HgCdTe 混成型探测器的替代产品,其优点与像素性能均匀性及大尺寸阵列的实用性有关;缺点是对短积分时间应用其性能受限,并且要求同等波长条件下工作温度比 HgCdTe 低。此外,GaAs/AlGaAs 量子阱器件的优点还包括,采用以成熟的 GaAs 生长方法为基础的标准制造及处理技术,在大于 6in GaAs 晶片上高均匀性和具有良好控制能力的 MBE 生长技术,高产量以及低成本,较好的热稳定性及外在辐射硬度。图 21.36 列出了超长波红外(VLWIR)GaAs/AlGaAs QWIP 的性能演变史[197]。正如所见,研发初期比探测率提高非常迅速,开始研发束缚-束缚 QWIP 时,具有较低的灵敏度,并且,具有随机反射镜的束缚-准束缚 QWIP 已经达到相当高的性能。

量子阱红外光电导体探测器具有较低的量子效率,一般小于 10%。该探测器的光谱响应带也窄,半最大宽度约是全宽度的 15%。在工作温度 77K 时,截止波长约为 9μm 的所有 QWIP 的 D^* 数据都集中在 $10^{10}\sim10^{11}cm\ Hz^{1/2}W^{-1}$。对 HgCdTe 光敏二极管基本物理限制的研究表明,具有较高性能的这类探测器可以与工作温度为 40~77K 的 QWIP 相比。然而,已经指出,低光电导增益实际上提高了信噪比,并且,QWIP 焦平面阵列要比具有相同存储容量的 HgCdTe 焦平面阵列有更高的温度分辨率(见本书19.4.2节)。

1991年,贝西娅(Bethea)等人研制了第一台利用 AlGaAs/GaAs QWIP 的长波红外相机[198]。采用商售 3～5μm 红外波段 InSb 扫描相机,对光学系统和电子线路做了改进以便应用在 λ = 10μm 光谱范围。为了与初始的 10 像素线 InSb 阵列几何尺寸相兼容,还改变了 GaAs 超晶格的制造工艺,从而形成由间隔670μm、200μm² 像素组成的 10 像素 GaAs 量子阱阵列。将 GaAs 基板抛光成 45°使其与量子阱有良好的光学耦合。利用上述非最佳红外相机(λ_c = 10.7μm)已经得到 NEDT <0.1K。罗格尔斯基(Rogalski)阐述了 QWIP 焦平面阵列的未来研究远景[23]。迄今,许多研究小组已经开发出各种高质量的焦平面阵列,包括当今的美国

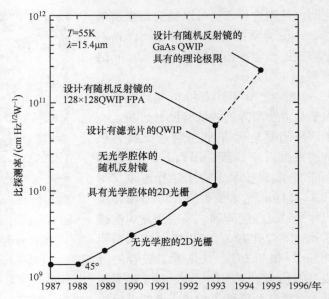

图 21.36 超长波长 GaAs/AlGaAs QWIP 的性能演变史
(所有数据都归一化到 λ = 15.4μm 和温度 T = 55K)
(资料源自: Gunapala, S. D., and Bandara, K. M. S. V., Thin Films, Academic Press, New York, Vol. 21, 113-237, 1995)

朗讯科技公司(Lucent Technologies)(美国新泽西州美利山)[199]研发的第一个阵列,以及美国喷气推进实验室(美国加利福尼亚州帕萨迪纳)[197,200,205]、法国泰雷兹研究技术中心(Thales Research and Technology)(法国帕莱索)[202,203]、德国夫琅和费应用固体物理研究所(IAF)(德国弗赖堡)[204,205]、瑞典阿切罗(Acreo)信息通信技术研究所(ICT)[206]、美国陆军研究实验室(马里兰州阿德尔菲)[207,208]以及英国航空航天系统公司(BAE)[209-211]等研究小组的成果。还有一些大学的研究小组也演示验证了 QWIP 焦平面阵列,美国西北大学(伊利诺伊州埃文斯顿)[212]、以色列耶路撒冷技术学院(以色列耶路撒冷)以及土耳其中东技术大学(土耳其安卡拉)[213,214]的研究小组均在其中。

正如本书 16.4 节所示,与普通的光电导 QWIP 相比,低噪声光伏 QWIP 焦平面阵列具有较长的积分时间,并提高了热成像系统的热分辨率。换言之,如果需要短积分时间(小于 5ms),则光电导 QWIP 非常合适。在这种情况下,热分辨率受限于探测器的量子效率而非通常的存储容量。具有高量子效率的 QWIP 的量子阱被掺杂到有较高的电子浓度(一般是 $4 \times 10^{11} cm^2$,比标准光电导 QWIP 约高 4 倍)[205]。具有更高载流子浓度($2 \times 10^{12} cm^{-2}$)的光电导 QWIP 也应用于中波红外波段,在温度约90K条件下具有 BLIP 性能。

图 21.37 给出了 640×512 像元两类焦平面阵列,即低噪声长波和标准中波红外焦平面阵列 NEDT 的代表性直方图[215]。对于采用像素间距为24μm 和积分时间为30ms 的长波照相系统,已经得到 NEDT 值低至 9.6mK,是迄今为止 8～12μm 红外光谱热像仪达到的最高温度分辨率。若是典型的 640×512 像元 MWIR QWIP FPA(见图21.37b),温度88K时的 NEDT 是 14.3mK。

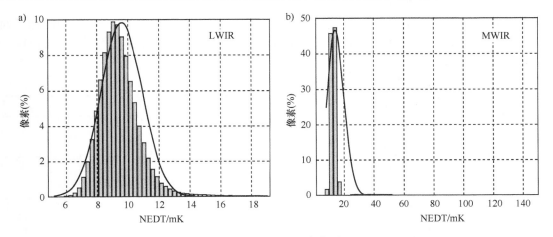

图 21.37 NEDT 直方图

a) 640×512 LWIR 低噪声 QWIP FPA(其中光学系统数值孔径为 $f/2$, 积分时间为 30ms)

b) 640×512 MWIR 低噪声 QWIP FPA(其中光学系统数值孔径为 $f/2$, 积分时间为 20ms)

(资料源自: Schneider, H., Fleissner, J., Rehm, R., Walther, M., Pletschen, W., Koidl, P., Weimann, G., Ziegler, J., Breiter, R., and Cabanski, W., "High-Resolution QWIP FPAs for the 8-12μm and 3-5μmRegimes", *Proceedings of SPIE* 4820, 297-305, 2003)

由德国夫琅和费应用固体物理研究所(IAF)验证过的 QWIP FPA 的性质见表 21.17[205]。令人感兴趣地注意到, 对于高掺杂(每个量子阱 $4 \times 10^{11} cm^{-2}$)及大周期数($N=35$)阵列, 积分时间只有 1.5ms 的热分辨率有希望达到 40mK。

表 21.17 德国夫琅和费应用固体物理研究所(IAF)制造的 QWIP FPA 性能

FPA 类型	阵列尺寸	间距/μm	λ/μm	$f/\#$	τ_{int}/ms	NEDT/mK
256×256 PC	256×256	40	8~9.5	$f/2$	16	10
640×512 PC	640×486 512×512	24	8~9.5	$f/2$	16	20
256×256 LN	256×256	40	8~9.5	$f/2$	20 / 40	7 / 5
384×288 LN	384×288	24	8~9.5	$f/2$	20	10
640×512 LN	640×486 512×512	24	8~9.5	$f/2$	20	10
384×288 PC-HQE	384×288	24	8~9.5	$f/2$	1.5	40
640×512 PC-HQE	640×486 512×512	24	8~9.5	$f/2$	1.5	40
640×512 PC-MWIR	640×486 512×512	24	4.3~5	$f/1.5$	20	14

注: PC 指光电导型; LN 指低噪声; HQE 指高量子效率; τ_{int} 积分时间

(资料源自: H. Schneider and H. C. Liu, *Quantum WellInfrared Photodetectors*, Springer, Berlin, 2007)

各种类型的中波和长波红外高分辨率混成型 QWIP 适合不同应用(前视红外、红外搜索跟踪、侦查、监控机载摄像机等)。为了满足上述系统不同的机械和制冷需求, 可以使这些阵列与各种长真空寿命杜瓦瓶配装。由法国泰雷兹研究技术中心(Thales Research and Technology)制造的凯瑟琳(Catherine) XP 和 MP 相机就是其典型例子。在法国 Sofradir 公司制造的传感器芯片组件中包含有混成型和集成后的织女星和天狼星（Vega and Sirius）系列的焦平面阵列[216]（见表21.18）。美国洛克希德·马丁有限（Lockheed Martin）公司也提供了一组QWIP的结构参数（见表21.19）。

表21.18　法国Sofradir公司QWIP焦平面阵列

参　数	长波（天狼星系列）	长波（织女星系列）
阵列尺寸	640×512	384×288
像素尺寸	20μm×20μm	25μm×25μm
光谱响应	$\lambda_p = (8.5 \pm 0.1)\mu m$ 50%时 $\Delta\lambda = 1\mu m$	$\lambda_p = 8.5\mu m$ 50%时 $\Delta\lambda = 1\mu m$
工作温度	70~73K	73K
集成类型	快照	快照
最大电荷容量	$1.04 \times 10^7 e^-$	$1.85 \times 10^7 e^-$
读出噪声	增益为1时，110μV	增益为1时，950e^-
信号输出	1，2或4	1，2或4
像素读出速率	直至每个读出10MHz	直至每个读出10MHz
帧速率	直至120Hz，全帧速率	直至200Hz，全帧速率
NEDT	31mK（300K，f/2，积分时间7ms）	<35mK（300K，f/2，积分时间7ms）
可操作率	>99.9%	>99.95%
非均匀性	<5%	<5%

表21.19　美国洛克希德·马丁有限公司制造的红外热像仪中的QWIP FPA组件

	参　数
光谱范围	8.5~9.1μm
分辨率/像素尺寸	1024×1024/19.5μm 640×512/24μm 320×256/30μm
集成形式	快照
积分时间	<5μs 全帧时
动态范围	14bit
数据传输速率	32M 像素/s
帧速率	1024×1024，114Hz 640×512，94Hz 320×256，366Hz
阱电容量	1024×1024，8.1Me^- 640×512，8.4Me^- 320×256，20Me^-
NEDT	<35mK
可操作性	>95.5（典型值>99.95
固定焦平面	f/2.3（13，25，50，100）mm

最近，利用束缚-扩展态和束缚态-微带态转换成功验证了像素尺寸 18μm、1 兆像素的混成型中波和长波红外 QWIP，并获得了良好的成像性能（见图 21.38）[217-220]。古纳帕拉（Gunapala）等人验证了工作温度为 95K、光学系统数值孔径为 $f/2.5$、300K 背景条件下 NEDT 达到 17mK 的中波红外探测器阵列，以及工作温度为 70K、其它条件相同而 NEDT 达到 13mK 的长波红外探测器阵列[218]。这种技术完全能够扩展到 2k×2k 阵列。图 21.39 给出了源自截止波长 5.1μm 和 9μm 两种波长下 1024×1024 像素相机中的视频图像。除了具有良好的热分辨率和对比外，两张照片都呈现出很好的细节分辨能力（显示相邻像素间有小的光学串扰）和高调制传递函数。

图 21.38 安装在 84 针无线芯片载体上 1024×1024 像元 QWIP FPA 的照片
（资料源自：Gunapala, S. D., Bandara, S. V., Liu, J. K., Hill, C. J., Rafol, B., Mumolo, J. M., Trinh, J. T., Tidrow, M. Z., and LeVan, P. D., Semiconductor Science and Technology, 20, 473-80, 2005）

图 21.40 给出了 1024×1024 元中波和长波红外 QWIP FPA 在 -2V 偏压下 NEDT 值与温度的函数关系。背景温度 300K，像素面积 17.7μm×17.5μm，光学系统 $f/\#$ 是 2.5，中波和长波阵列的帧速率分别是 10Hz 和 30Hz。

a) 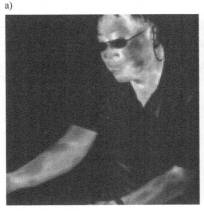 b)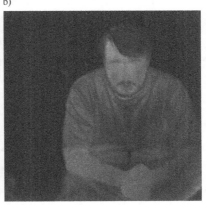

图 21.39 源自下述相机的照片
（两者的帧速率分别是 10Hz 和 30Hz，工作温度分别是 90K 和 72K，并采用电荷容量 8×10^6 个电子的 ROIC 电容器）
a) 截止波长 5.1μm 1024×1024 像元 QWIP FPA 相机
b) 截止波长 9μm 1024×1024 像元 QWIP FPA 相机
（资料源自：Gunapala, S. D., Bandara, S. V., Liu, J. K., Hill, C. J., Rafol, B., Mumolo, J. M., Trinh, J. T., Tidrow, M. Z., and LeVan, P. D., Semiconductor Science and Technology, 20, 473-80, 2005）

若给定帧时和最大可存储电荷，则提高长波凝视系统性能的方法就是减小暗电流以达到光子限系统性能。博伊斯（Bois）等人阐述了一种新方法[221]：采用两层相同的 QWIP 和一层

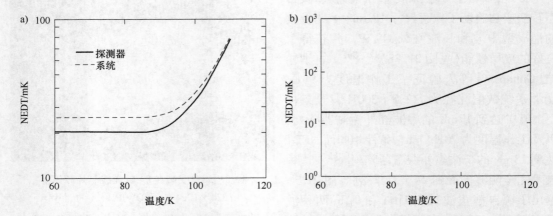

图 21.40 中波和长波红外 QWIP FPA 在 -2V 偏压下的 NEDT 与温度的函数关系
a) 中波红外 1024×1024 QWIP FPA 在 -2V 偏压下的 NEDT 与温度的函数关系
b) 长波红外 1024×1024 QWIP, FPA 在 -2V 偏压下的 NEDT 与温度的函数关系

(资料源自：Gunapala, S. D., Bandara, S. V., Liu, J. K., Hill, C. J., Rafol, B., Mumolo, J. M., Trinh, J. T., Tidrow, M. Z., and LeVan, P. D., Semiconductor Science and Technology, 20, 473-80, 2005)

新的略读结构以适应探测器的大暗电流。上层 QWIP 生成的光电流比下层大，所以，利用一种桥式读出布局，可以从上层 QWIP 暗电流中减去下层暗电流而丝毫不影响光电流。采用这种探测器结构，焦平面阵列应当工作在更高温度的环境中，并具有较长的积分时间。选择最佳相减速率(subtratctionrate)后，对于工作温度为 85K、$\lambda_c = 9.3\mu m$ 和 $f/1$ 的光学系统，则 NEDT 预期值是 10mK。然而在温度为 65K 时，标准 QWIP 一般都可达到该性能(见图 21.41)。

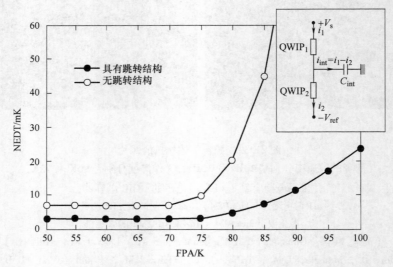

图 21.41 采用略读结构使 NEDT 得到提高($f/1$, 25μm 像素, $T_b = 300K$)
(资料源自：Bois, P., Costard, E., Marcadet, X., and Herniou, E., Infrared Physics & Technology, 42, 291-300, 2001)

21.8 InAs/GaInSb 应力层超晶格焦平面阵列

正如本书 17.4 节所述，InAs/Ga$_{1-x}$In$_x$Sb(InAs/GaInSb)应变层超晶格(SLS)可以视为 HgCdTe 和 GaAs/AlGaAs 红外材料系的一种替代材料该 SLS 具有高响应度，这与 HgCdTe 相同，在 QWIP 中无需使用光栅。另外一些优点是，可光伏模式工作，可高温环境下工作以及具有成熟的Ⅲ-V 工艺技术。

在过去几年内，Ⅱ类 InAs/GaInSb 基探测器有了快速进步[222]。在单器件中采用双 M 形结构异质结，在温度 77K 和截止波长 9.3μm 条件下，可以得到高达 5300Ω cm^2 的 R_0A 乘积，量子效率接近 80%[223]。该结果表明，InAs/GaInSb SLS(原文错将"SLS"印为"SLs"。——译者注)的材料问题能够满足高性能焦平面阵列的实际需求。

已经制成第一个混成型 SLS 中波[224-227] 和长波红外[227-229] 焦平面阵列探测器。256×256 像元中波红外探测器的截止波长是 5.3μm，在 f/2 光学系统和积分时间 τ_{int} =5ms 条件下得到非常好的 NEDT 测量值，大约是 10mK(见图 21.42)[224]。将积分时间降到 1ms 的测试结果表明，NEDT 反比于积分时间的二次方根。这就意味着，即使短积分时间，探测器仍然是背景限的。InAs/GaInSb 焦平面阵列一个非常重要的特性是具有高均匀性。响应度散布显示有大约 3% 的标准偏离量。据估计，坏像素是 1%~2% 数量级，并且满意地以单个像素而非成堆分布。

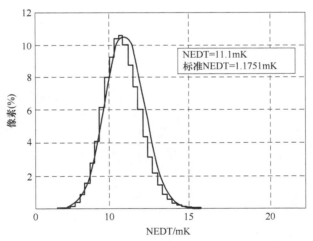

图 21.42 256×256 像元中波Ⅱ类超晶格焦平面阵列的 NEDT(采用 f/2 (原文错印为"f/#"。——译者注)光学系统和积分时间 τ_{int} =5ms)

(资料源自: Cabanski, W., Eberhardt, K., Rode, W., Wendler, J., Ziegler, J., Fleiner, J., Fuchs, F., et al. "3rd Gen Focal Plane Array IR Detection Modules and Applications", *Proceedings of SPIE* 5406, 184-92, 2005)

最近已有报道，对高性能 10μm 截止波长的Ⅱ类焦平面阵列进行了演示验证[227-229]，它利用双异质结设计抑制了表面漏电流。在该二极管结构中，一个低带隙主吸收超晶格层夹持在 n$^+$(掺杂 Si)和 p$^+$(掺杂 Be)高带隙超晶格层中间，再涂以掺杂 Be 的 GaSb p$^+$ 盖层而完成整个工序。经 SiO$_2$ 钝化后二极管具有的 R_0A 乘积是 23Ω cm^2。采用这种光敏二极管设计已经证明，320×256 像元、像素尺寸为 30μm×30μm 的焦平面阵列（在 f/2 光学系统和 300K 背景条件下）的 NEDT 为 33mK，积分时间为 0.23ms，这些可以与 HgCdTe 相比似。图 21.43 给出了利用该阵列在温度 81K 条件下摄取的图像。

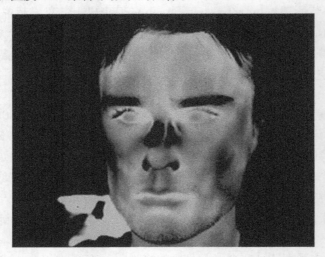

图 21.43　温度 81K 条件下，使用 LWIR Ⅱ 类 InAs/GaSb FPA 摄取的图像

（资料源自：Delaunay, P.-Y., Nguyen, B. M., Hoffman, D., and Razeghi, M., IEEE Journal of Quantum Electronics, 44, 462-67, 2008）

美国喷气推进实验室（Jet Propulsion Laboratory）和美国 RVS 公司验证了第一台兆像素和 640×512 Ⅱ 类超晶格势垒红外光电探测器（nBn）中波红外焦平面阵列（见图 21.44）[21.44]，同时首次验证了双波段长波和中波焦平面阵列（见本书 23.5 节）。

a)　　　　　　　　　　　　b)

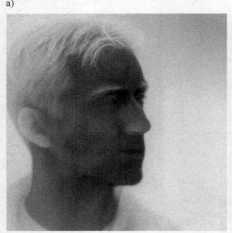 

图 21.44　利用下面器件摄取的图像

a) 以超晶格为基础的兆像素焦平面阵列　b) nBn 640×512 MWIR FPA

（资料源自：Hill, C. J., Soibel, A., Keo, S. A., Mumolo, J. M., Ting, D. Z., Gunapala, S. D., Rhiger, D. R., Kvaas, R. E., and Harris, S. F., "Demonstration Mid and Long-Wavelength Infrared Antimonide-Based Focal Plane Arrays", Proceedings of SPIE 7298, 729404, 2009）

参 考 文 献

1. J. R. Janesick, *Scientific Charge-Coupled Devices*, SPIE Press, Bellingham, WA, 2001.
2. J. R. Janesick, "Charge-Coupled CMOS and Hybrid Detector Arrays," *Proceedings of SPIE* 5167, 1-18, 2003.
3. "About Image Sensor Solutions," http://www.kodak.com.
4. H. Titus, "Imaging Sensors That Capture Your Attention," *Sensors* 18, February 2001.
5. "X-3: New Single-Chip Colour CCD Technology," *New Technology*, 20-24, March/April 2002.
6. R. F. Lyon and P. Hubel, "Eyeing the Camera: Into the Next Century," *IS&T/SID Tenth Color Imaging Conference*, 349-355, 2001.
7. "DALSA Develops 100 + Megapixel CCD," http://www.dpreview.com/news/0606/06061901dalsa100mp.asp
8. G. Patrie, "Gigapixel Frame Images: Part II. Is the Holy Grail of Airborne Digital Frame Imaging in Sight?" *GeoInformatics*, 24-29, March 2006.
9. T. Chuh, "Recent Developments in Infrared and Visible Imaging for Astronomy, Defense and Homeland Security," *Proceedings of SPIE* 5563, 19-34, 2004.
10. Y. Bai, J. Bajaj, J. W. Beletic, and M. C. Farris, "Teledyne Imaging Sensors: Silicon CMOS Imaging Technologies for X-Ray, UV, Visible and Near Infrared," *Proceedings of SPIE* 7021, 702102, 2008.
11. S. Kilcoyne, N. Malone, M. Harris, J. Vampola, and D. Lindsay, "Silicon p-i-n Focal Plane Arrays at Raytheon," *Proceedings of SPIE* 7082, 70820J, 2008.
12. C. S. Rafferty, C. A. King, B. D. Ackland, I. Aberg, T. S. Sriram, and J. H. O'Neill, "Monolithic Germanium SWIR Imaging Array," *Proceedings of SPIE* 6940-20, 2008.
13. E. Burstein, G. Pines, and N. Sclar, "Optical and Photoconductive Properties of Silicon and Germanium," in *Photoconductivity Conference at Atlantic City*, eds. R. Breckenridge, B. Russell, and E. Hahn, 353-413, Wiley, New York, 1956.
14. S. Borrello and H. Levinstein, "Preparation and Properties of Mercury Doped Infrared Detectors," *Journal of Applied Physics* 33, 2947-50, 1962.
15. N. Sclar, "Properties of Doped Silicon and Germanium Infrared Detectors," *Progress in Quantum Electronics* 9, 149-257, 1984.
16. R. D. Nelson, "Accumulation-Mode Charge-Coupled Device," *Applied Physics Letters* 25, 568-70, 1974.
17. D. H. Pommerrenig, "Extrinsic Silicon Focal Plane Arrays," *Proceedings of SPIE* 443, 144-50, 1984.
18. R. D. Nelson, "Infrared Charge Transfer Devices: The Silicon Approach," *Optical Engineering* 16, 275-83, 1977.
19. T. T. Braggins, H. M. Hobgood, J. C. Swartz, and R. N. Thomas, "High Infrared Responsivity Indium-Doped Silicon Detector Material Compensated by Neutron Transmutation," *IEEE Transactions on Electron Devices* ED-27, 2-10, 1980.
20. C. J. Michon and H. K. Burke, "Charge Injection Imaging," in *International Solid-State Circuits Conference, Dig. Tech. Papers*, 138-39, 1973.
21. C. M. Parry, "Bismuth-Doped Silicon: An Extrinsic Detector for Long-Wavelength Infrared (LWIR) Applications," *Proceedings of SPIE* 244, 2-8, 1980.
22. M. E. McKelvey, C. R. McCreight, J. H. Goebel, and A. A. Reeves, "Charge-Injection-Device 2 × 64 Element Infrared Array Performance," *Applied Optics* 24, 2549-57, 1985.
23. A. Rogalski, *Infrared Detectors*, Gordon and Breach Science Publishers, Amsterdam, 2000.
24. W. J. Forrest, A. Moneti, C. E. Woodward, J. L. Pipher, and A. Hoffman, "The New Near-Infrared Array Camera at the University of Rochester," *Publications of the Astronomical Society of the Pacific* 97, 183-98,

1985.

25. G. H. Rieke, "Infrared Detector Arrays for Astronomy," *Annual Review Astronomy and Astrophysics* 45, 77-115, 2007.

26. J. Wu, W. J. Forrest, J. L. Pipher, N. Lum, and A. Hoffman, "Development of Infrared Focal Plane Arrays for Space," *Review of Scientific Instruments* 68, 3566-78, 1997.

27. A. K. Mainzer, P. Eisenhardt, E. L. Wright, F.-C. Liu, W. Irace, I. Heinrichsen, R. Cutri, and V.. Duval, "Preliminary Design of the Wide-Field Infrared Survey Explorer (WISE)," *Proceedings of SPIE* 5899, 58990R, 2005.

28. P. J. Love, A. W. Hoffman, N. A. Lum, K. J. Ando, J. Rosbeck, W. D. Ritchie, N. J. Therrien, R. S. Holcombe, and E. Corrales, "1024 × 1024 Si: As IBC Detector Arrays for JWST MIRI," *Proceedings of SPIE* 5902, 590209, 2005.

29. P. J. Love, K. J. Ando, R. E. Bornfreund, E. Corrales, R. E. Mills, J. R. Cripe, N. A. Lum, J.. P.. Rosbeck, and M. S. Smith, "Large-Format Infrared Arrays for Future Space and Ground-Based Astronomy Applications," *Proceedings of SPIE* 4486, 373-84, 2002.

30. K. J. Ando, A. W. Hoffman, P. J. Love, A. Toth, C. Anderson, G. Chapman, C. R. McCreight, K.. A. Ennico, M. E. McKelvey, and R. E. McMurray, Jr., "Development of Si: As Impurity Band Conduction (IBC) Detectors for Mid-Infrared Applications," *Proceedings of SPIE* 5074, 648-57, 2003.

31. A. K. Mainzer, H. Hogue, M. Stapelbroek, D. Molyneux, J. Hong, M. Werner, M. Ressler, and E. Young, "Characterization of a Megapixel Mid-Infrared Array for High Background Applications," *Proceedings of SPIE* 7021, 70210T, 2008.

32. M. E. Ressler, H. Cho, R. A. M. Lee, K. G. Sukhatme, J. J. Drab, G. Domingo, M. E. McKelvey, R. E. McMurray, Jr., and J. L. Dotson, "Performance of the JWST/MIRI Si: As Detectors," *Proceedings of SPIE* 7021, 70210O, 2008.

33. A. M. Fowler and I. Gatley, "Demonstration of an Algorithm for Read-Noise Reduction in Infrared Arrays," *Astrophysical Journal* 353, L33-L34, 1990.

34. E. T. Young, "Progress on Readout Electronics for Far-Infrared Arrays," *Proceedings of SPIE* 2226, 21-28, 1994.

35. R. M. Glidden, S. C. Lizotte, J. S. Cable, L. W. Mason, and C. Cao, "Optimization of Cryogenic CMOS Processes for Sub-10°K Applications," *Proceedings of SPIE* 1684, 2-39, 1992.

36. E. T. Young, J. T. Davis, C. L. Thompson, G. H. Rieke, G. Rivlis, R. Schnurr, J. Cadien, L. Davidson, G. S. Winters, and K. A. Kormos, "Far-Infrared Imaging Array for SIRTF," *Proceedings of SPIE* 3354, 57-65, 1998.

37. R. Schnurr, C. L. Thompson, J. T. Davis, J. W. Beeman, J. Cadien, E. T. Young, E. E. Haller, and G. H. Rieke, "Design of the Stressed Ge: Ga Far-Infrared Array for SIRTF," *Proceedings of SPIE* 3354, 322-31, 1998.

38. M. Fujiwara, T. Hirao, M. Kawada, H. Shibai, S. Matsuura, H. Kaneda, M. Patrashin, and T. Nakagawa, "Development of a Gallium-Doped Germanium Far-Infrared Photoconductor Direct Hybrid Two-Dimensional Array," *Applied Optics* 42, 2166-73, 2003.

39. M. Shirahata, S. Matsuure, S. Makiuti, M. A. Patrashin, H. Kaneda, T. Nakagawa, M. Fujiwara, et al., "Preflight Performance Measurements of a Monolithic Ge: Ga Array Detector for the Far-Infrared Surveyor Onboard ASTRO-F," *Proceedings of SPIE* 5487, 369-80, 2004.

40. A. Poglitsch, R. O. Katterloher, R. Hoenle, J. W. Beeman, E. E. Haller, H. Richter, U. Grozinger, N. M. Haegel, and A. Krabbe, "Far-Infrared Photoconductors for Herschel and SOFIA," *Proceedings of SPIE*

4855, 115-28, 2003.

41. S. M. Birkmann, K. Eberle, U. Grozinger, D. Lemke, J. Schreiber, L. Barl, R. Katterloher, A. . Poglitsch, J. Schubert, and H. Richter, "Characterization of High- and Low-Stressed Ge: Ga Array Cameras for Herschel's PACS Instrument," *Proceedings of SPIE* 5487, 437-47, 2004.

42. E. T. Young, "Germanium Detectors for the Far-Infrared," http://www.stsci.edu/stsci/meetings/space_detectors/pdf/gdfi.pdf

43. N. M. Haegel, "BIB Detector Development for the Far Infrared: From Ge to GaAs," *Proceedings of SPIE* 4999, 182-94, 2003.

44. E. E. Haller and J. W. Beeman, "Far Infrared Photoconductors: Recent Advances and Future Prospects," *Far-IR Sub-MM&MM Detectors Technology Workshop*, 2-06, Monterey, April 1-3, 2002.

45. M. Kimata, M. Ueno, H. Yagi, T. Shiraishi, M. Kawai, K. Endo, Y. Kosasayama, T. Sone, T. . Ozeki, and N. Tsubouchi, "PtSi Schottky-Barrier Infrared Focal Plane Arrays," *Opto-Electronics Review* 6, 1-10, 1998.

46. E. S. Kohn, W. F. Kosonocky, and F. V. Shallcross, "Charge-Coupled Scanned IR Imaging Sensors," *Final Report RADC-TR-308*, Rome Air Development Center, 1977.

47. M. Denda, M. Kimata, S. Iwade, N. Yutani, T. Kondo, and N. Tsubouchi, "Schottky-Barrier Infrared Linear Image Sensor with 4-Band × 4096-Element," *IEEE Transactions on Electron Devices* 38, 1145-51, 1991.

48. M. T. Daigle, D. Colvin, E. T. Nelson, S. Brickman, K. Wong, S. Yoshizumi, M. Elzinga, et al., "High Resolution 2048 × 16 TDI PtSi IR Imaging CCD," *Proceedings of SPIE* 1308, 88-98, 1990.

49. W. F. Kosonocky, "Review of Infrared Image Sensors with Schottky-Barrier Detectors," *Optoelectronics-Devices and Technologies* 6, 173-203, 1991.

50. W. F. Kosonocky, "State-of-the-Art in Schottky-Barrier IR Image Sensors," *Proceedings of SPIE* 1682, 2-19, 1992.

51. M. Kimata and N. Tsubouchi, "Schottky Barrier Photoemissive Detectors," in *Infrared Photon Detectors*, ed. A. Rogalski, 299-349, SPIE Optical Engineering Press, Bellingham, WA, 1995.

52. M. Kimata, "Metal Silicide Schottky Infrared Detector Arrays," in *Infrared Detectors and Emitters: Materials and Devices*, eds. P. Capper and C. T. Elliott, 77-98, Kluwer Academic Publishers, Boston, MA, 2000.

53. M. Kimata, "Silicon Infrared Focal Plane Arrays," in *Handbook of Infrared Detection Technologies*, eds. M. Henini and M. Razeghi, 353-92, Elsevier, Oxford, 2002.

54. H. Yagi, N. Yutani, J. Nakanishi, M. Kimata, and M. Nunoshita, "A Monolithic Schottky-Barrier Infrared Image Sensor with 71% Fill Factor," *Optical Engineering* 33, 1454-60, 1994.

55. N. Yutani, H. Yagi, M. Kimata, J. Nakanishi, S. Nagayoshi, and N. Tsubouchi, "1040 × 1040 Element PtSi Schottky-Barrier IR Image Sensor," *Technical Digest IEDM*, 175-78, 1991.

56. M. Kimata, N. Yutani, N. Tsubouchi, and T. Seto, "High Performance 1040 × 1040 Element PtSi Schottky-Barrier Image Sensor," *Proceedings of SPIE* 1762, 350-60, 1992.

57. T. Shiraishi, H. Yagi, K. Endo, M. Kimata, T. Ozeki, K. Kama, and T. Seto, "PtSi FPA with Improved CSD Operation," *Proceedings of SPIE* 2744, 33-43, 1996.

58. M. Kimata, M. Denda, N. Yutani, S. Iwade, and N. Tsubouchi, "512 × 512 Element PtSi Schottky-Barrier Infrared Image Sensor," *IEEE Journal of Solid-State Circuits* SC-22, 1124-29, 1987.

59. M. Inoue, T. Seto, S. Takahashi, S. Itoh, H. Yagi, T. Siraishi, K. Endo, and M. Kimata, "Portable High Performance Camera with 801 × 512 PtSi-SB IRCSD," *Proceedings of SPIE* 3061, 150-58, 1997.

60. M. Kimata, T. Ozeki, M. Nunoshita, and S. Ito, "PtSi Schottky-Barrier Infrared FPAs with CSD Readout," *Proceedings of SPIE* 3179, 212-23, 1997.

61. F. D. Shepherd, "Recent Advances in Platinum Silicide Infrared Focal Plane Arrays," *Technical Digest IEDM*,

370-73, 1984.

62. J. L. Gates, W. G. Connelly, T. D. Franklin, R. E. Mills, F. W. Price, and T. Y. Wittwer, "488 × 640-Element Hybrid Platinum Silicide Schottky Focal Plane Array," *Proceedings of SPIE* 1540, 262-73, 1991.
63. W. F. Kosonocky, T. S. Villani, F. V. Shallcross, G. M. Meray, and J. J. O'Neil, "A Schottky-Barrier Image Sensor with 100% Fill Factor," *Proceedings of SPIE* 1308, 70-80, 1990.
64. H. Presting, "Infarred Silicon/Germanium Detectors," in *Handbook of Infrared Detection Technologies*, eds. M. Henini and M. Razeghi, 393-448, Elsevier, Oxford, 2002.
65. B-Y. Tsaur, C. K. Chen, and S. A. Marino, "Long-Wavelength GeSi/Si Heterojunction Infrared Detectors and 400 × 400-Element Imager Arrays," *IEEE Electron Device Letters* 12, 293-96, 1991.
66. B-Y. Tsaur, C. K. Chen, and S. A. Marino, "Long-Wavelength $Ge_{1-x}Si_x$/Si Heterojunction Infrared Detectors and Focal Plane Arrays," *Proceedings of SPIE* 1540, 580-95, 1991.
67. B-Y. Tsaur, C. K. Chen, and S. A. Marino, "Heterojunction $Ge_{1-x}Si_x$/Si Infrared Detectors and Focal Plane Arrays," *Optical Engineering* 33, 72-78, 1994.
68. H. Wada, M. Nagashima, K. Hayashi, J. Nakanishi, M. Kimata, N. Kumada, and S. Ito, "512 × 512 Element GeSi/Si Heterojunction Infrared Focal Plane Array," *Opto-Electronics Review* 7, 305-11, 1999.
69. M. Kimata, H. Yagi, M. Ueno, J. Nakanishi, T. Ishikawa, Y. Nakaki, M. Kawai, et al., "Silicon Infrared Focal Plane Arrays," *Proceedings of SPIE* 4288, 286-97, 2001.
70. A. M. Joshi, V. S. Ban, S. Mason, M. J. Lange, and W. F. Kosonocky, "512 and 1024 Element Linear InGaAs Detector Arrays for Near-Infrared (1-3 μm) Environmental Sensing," *Proceedings of SPIE* 1735, 287-95, 1992.
71. *InGaAs Products: Focal Plane Arrays*, http://www.sensorsinc.com/arrays.html
72. G. H. Olsen and M. J. Cohen, "Applications of Near-Infrared Imaging," *Proceedings of SPIE* 3379, 300-306, 1998.
73. A. Richards, "Focal-Plane Arrays Open New Near-Infrared Vistas," *Advanced Imaging*, March 2003.
74. G. Olsen, A. Joshi, M. Lange, K. Woodruff, E. Mykietyn, D. Gay, G. Erickson, D. Ackley, V. Ban, and C. Staller, "A 128 × 128 InGaAs Detector Array for 1.0-1.7 Microns," *Proceedings of SPIE* 1341, 432-37, 1990.
75. M. H. Ettenberg, M. J. Cohen, R. M. Brubaker, M. J. Lange, M. T. O'Grady, and G. H. Olsen, "Indium Gallium Arsenide Imaging with Smaller Cameras, Higher Resolution Arrays, and Greater Material Sensitivity," *Proceedings of SPIE* 4721, 26-36, 2002.
76. M. H. Ettenberg, M. J. Lange, M. T. O'Grady, J. S. Vermaak, M. J. Cohen, and G. H. Olsen, "A Room Temperature 640 × 512 Pixel Near-Infrared InGaAs Focal Plane Array," *Proceedings of SPIE* 4028, 201-7, 2000.
77. T. J. Martin, M. J. Cohen, J. C. Dries, and M. J. Lange, "InGaAs/InP Focal Plane Arrays for Visible Light Imaging," *Proceedings of SPIE* 5406, 38-45, 2004.
78. T. Martin, R. Brubaker, P. Dixon, M.-A. Gagliardi, and T. Sudol, "640 × 512 InGaAs Focal Plane Array Camera for Visible and SWIR Imaging," *Proceedings of SPIE* 5783, 12-20, 2005.
79. B. M. Onat, W. Huang, N. Masaun, M. Lange, M. H. Ettenberg, and C. Dries, "Ultra Low Dark Current InGaAs Technology for Focal Plane Arrays for Low-Light Level Visible-Shortwave Infrared Imaging," *Proceedings of SPIE* 6542, 65420L, 2007.
80. M. D. Enriquez, M. A. Blessinger, J. V. Groppe, T. M. Sudol, J. Battaglia, J. Passe, M. Stern, and B. M. Onat, "Performance of High Resolution Visible-InGaAs Imager for Day/Night Vision," *Proceedings of SPIE* 6940, 69400O, 2008.

81. R. F. Cannata, R. J. Hansen, A. N. Costello, and W. J. Parrish, "Very Wide Dynamic Range SWIR Sensors for Very Low Background Applications," *Proceedings of SPIE* 3698, 756-65, 1999.
82. J. Barton, R. Cannata, and S. Petronio, "InGaAs NIR Focal Plane Arrays for Imaging and DWDM Applications," *Proceedings of SPIE* 4721, 37-47, 2002.
83. T. R. Hoelter and J. B. Barton, "Extended Short Wavelength Spectral Response from InGaAs Focal Plane Arrays," *Proceedings of SPIE* 5074, 481-90, 2003.
84. H. Yuan, G. Apgar, J. Kim, J. Laguindanum, V. Nalavade, P. Beer, J. Kimchi, and T. Wong,"FPA Development: From InGaAs, InSb, to HgCdTe," *Proceedings of SPIE* 6940, 69403C, 2008.
85. *InGaAs Focal Plane Arrays*, http://www.aeriousphotonics.com/prod_ingaas.html
86. Near Infrared Cameras, http://www.Xenics.com/en/infrared_camera/visnir-nir_camera_Visual_near_and_near_infrared_cameras_-_ingaas.asp
87. A. Hoffman, T. Sessler, J. Rosbeck, D. Acton, and M. Ettenberg, "Megapixel InGaAs Arrays for Low Background Applications," *Proceedings of SPIE* 5783, 32-38, 2005.
88. J. Getty, E. Hadjiyska, D. Acton, S. Harris, B. Starr, A. Levy, J. Wehner, S. Taylor, and A.. Hoffman, "VIS/SWIR Focal Plane and Detector Development at Raytheon Instruments Performance Data and Future Developments at Raytheon," *Proceedings of SPIE* 6660, 66600C, 2007.
89. S. Seshadri, D. M. Cole, B. Hancock, P. Ringold, C. Peay, C. Wrigley, M. Bonati, et al.,"Comparison the Low-Temperature Performance of Megapixel NIR InGaAs and HgCdTe Imager Arrays," *Proceedings of SPIE* 6690, 669006, 2007.
90. S. K. Mendis, S. E. Kemeny, R. C. Gee, B. Pain, C. O. Staller, Q. Kim, and E. R. Fossum, "CMOS Active Pixel Sensors for Highly Integrated Image Systems," *IEEE Journal of Solid-State Circuits* 32, 187-97, 1997.
91. Q. Kim, T. J. Cunningham, and B. Pain, "Readout Characteristics of Integrated Monolithic InGaAs Active Pixel Image Sensor Array," *Proceedings of SPIE* 3290, 278-86, 1998.
92. Q. Kim, M. J. Lange, C. J. Wrigley, T. J. Cunningham, and B. Pain, "Two-Dimensional Active Pixel InGaAs Focal Plane Arrays," *Proceedings of SPIE* 4277, 223-29, 2001.
93. P. R. Norton, B. F. Andresen, and G. F. Fulom, "Introduction," *Proceedings of SPIE* 6940, xix-xxxvi, 2008.
94. G. Orias, A. Hoffman, and M. Casselman, "58 × 62 Indium Antimonide Focal Plane Array for Infrared Astronomy," *Proceedings of SPIE* 627, 408-17, 1986.
95. G. C. Baily, C. A. Niblack, and J. T. Wimmers, "Recent Developments on a 128 × 128 Indium Antimonide/FET Switch Hybrid Imager for Low Background Applications," *Proceedings of SPIE* 686, 76-83, 1986.
96. S. Shirouzu, T. Tsuji, N. Harada, T. Sado, S. Aihara, R. Tsunoda, and T. Kanno, "64 × 64 InSb Focal Plane Array with Improved Two Layer Structure," *Proceedings of SPIE* 661, 419-25, 1986.
97. J. T. Wimmers, R. M. Davis, C. A. Niblack, and D. S. Smith, "Indium Antimonide Detector Technology at Cincinnati Electronics Corporation," *Proceedings of SPIE* 930, 125-38, 1988.
98. C. W. McMurtry, W. J. Forrest, J. L. Pipher, and A. C. Moore, "James Webb Space Telescope Characterization of Flight Candidate NIR InSb Array," *Proceedings of SPIE* 5167, 144-58, 2003.
99. G. Finger, R. J. Dorn, A. W. Hoffman, H. Mehrgan, M. Meyer, A. F. M. Moorwood, and J.. Stegmeier, "Readout Techniques for Drift and Low Frequency Noise Rejection in InfraredArrays," in *Scientific Detectors for Astronomy*, eds. P. Amico, J. W. Beletic, and J. E. Beletic, 435-44, Springer, Berlin, 2003.
100. A. W. Hoffman, E. Corrales, P. J. Love, J. Rosbeck, M. Merrill, A. Fowler, and C. McMurtry,"2K × 2K InSb for Astronomy," *Proceedings of SPIE* 5499, 59-67, 2004.

101. H. Fujisada, N. Nakayama, and A. Tanaka, "Compact 128 InSb Focal Plane Assembly for Thermal Imaging," *Proceedings of SPIE* 1341, 80-91, 1990.
102. M. A. Blessinger, R. C. Fischer, C. J. Martin, C. A. Niblack, H. A. Timlin, and G. Finger," Performance of a InSb Hybrid Focal Plane Array," *Proceedings of SPIE* 1308, 194-201, 1990.
103. E. Beuville, D. Acton, E. Corrales, J. Drab, A. Levy, M. Merrill, R. Peralta, and W. Ritchie," High Performance Large Infrared and Visible Astronomy Arrays for Low Background Applications: Instruments Performance Data and Future Developments at Raytheon," *Proceedings of SPIE* 6660, 66600B, 2007.
104. A. M. Fowler and J. B. Heynssens, "Evaluation of the SBRC 256 × 256 InSb Focal Plane Array and Preliminary Specifications for the 1024 × 1024 InSb Focal Plane Array," *Proceedings of SPIE* 1946, 25-32, 1993.
105. A. M. Fowler, D. Bass, J. Heynssens, I. Gatley, F. J. Vrba, H. D. Ables, A. Hoffman, M. Smith, and J. Woolaway, "Next Generation in InSb Arrays: ALADDIN, the 1024 × 1024 InSb Focal Plane Array Readout Evaluation Results," *Proceedings of SPIE* 2268, 340-45, 1994.
106. A. M. Fowler, J. B. Heynssens, I. Gatley, F. J. Vrba, H. D. Ables, A. Hoffman, and J. Woolaway," ALADDIN, the 1024 × 1024 InSb Array: Test Results," *Proceedings of SPIE* 2475, 27-33, 1995.
107. A. M. Fowler, I. Gatley, P. McIntyre, F. J. Vrba, and A. Hoffman, "ALADDIN, the 1024 × 1024 InSb Array: Design, Description, and Results," *Proceedings of SPIE* 2816, 150-60, 1996.
108. A. M. Fowler, K. M. Merrill, W. Ball, A. Henden, F. Vrba, and C. McCreight, "Orion: A 1-5 Micron Focal Plane for the 21st Century," in *Scientific Detectors for Astronomy: The Beginning of a New Era*, ed. P. Amico, 51-58, Kluwer, Dordrecht, 2004.
109. O. Nesher, I. Pivnik, E. Ilan, Z. Calalhorra, A. Koifman, I. Vaserman, J. O. Schlesinger, R. . Gazit, and I. Hirsh, "High Resolution 1280 × 1024, 15μm Pitch Compact InSLIR Detector with On-Chip ADC," *Proceeding of SPIE* 7298, 72983K, 2009.
110. R. Rawe, C. Martin, M. Garter, D. Endres, B. Fischer, M. Davis, J. Devitt, and M. Greiner," Novel High Fill-Factor, Small Pitch, Reticulated InSb IR FPA Design," *Proceedings of SPIE* 5783, 899-906, 2005.
111. H. K. Burke and G. J. Milton, "Charge-Injection Device Imaging: Operating Techniques and Performance Characteristics," *IEEE Transactions on Electron Devices* ED-23, 189-95, 1976.
112. J. C. Kim, "InSb Charge-Injection Device Imaging Array," *IEEE Transactions on Electron Devices* ED-25, 232-46, 1978.
113. G. J. Michon and H. K. Burke, "CID Image Sensing," in *Charge-Coupled Devices*, ed. D. F. Barbe, 5-24, Springer-Verlag, Berlin, 1980.
114. J. T. Longo, D. T. Cheung, A. M. Andrews, C. C. Wang, and J. M. Tracy, "Infrared Focal Plane in Intrinsic Semiconductors," *IEEE Transactions on Electron Devices* ED-25, 213-32, 1978.
115. R. J. Phelan and J. O. Dimmock, "InSb MOS Infrared Detector," *Applied Physics Letters* 10, 55-58, 1967.
116. D. L. Lile and H. H. Wieder, "The Thin Film MIS Surface Photodiode," *Thin Solid Films* 13, 15-20, 1972.
117. D. L. Lile, "Surface Photovoltage and Internal Photoemission at the Anodized InSb Surface," *Surface Science* 34, 337-67, 1973.
118. R. D. Thom, T. L. Koch, J. D. Langan, and W. L. Parrish, "A Fully Monolithic InSb Infrared CCD Array," *IEEE Transactions on Electron Devices* ED-27, 160-70, 1980.
119. C. Y. Wei, K. L. Wang, E. A. Taft, J. M. Swab, M. D. Gibbons, W. E. Davern, and D. M. Brown," Technology Developments for InSb Infrared Images," *IEEE Transactions on Electron Devices* ED-27, 170-75, 1980.
120. C. Y. Wei and H. H. Woodbury, "Ideal Mode Operation of an InSb Charge Injection Device,"*IEEE Transactions on Electron Devices* ED-31, 1773-80, 1984.

121. S. C. H. Wang, C. Y. Wei, H. H. Woodbury, and M. D. Gibbons, "Characteristics and Readout of an InSb CID Two-Dimensional Scanning TDI Array," *IEEE Transactions on Electron Devices* ED-32, 1599-1607, 1985.

122. M. D. Gibbons, S. C. Wang, S. R. Jost, V. F. Meikleham, T. H. Myers, and A. F. Milton, "Developments in InSb Material and Charge Injection Devices," *Proceedings of SPIE* 865, 52-58, 1987.

123. M. D. Gibbons and S. C. Wang, "Status of CID InSb Detector Technology," *Proceedings of SPIE* 443, 151-66, 1984.

124. D. A. Scribner, M. R. Kruer, and J. M. Killiany, "Infrared Focal Plane Array Technology," *Proceedings of IEEE* 79, 66-85, 1991.

125. S. R. Jost, V. F. Meikleham, and T. H. Myers, "InSb: A Key Material for IR Detector Applications," *Materials Research Society Symposium Proceedings* 90, 429-35, 1987.

126. A. Bahraman, C. H. Chen, J. M. Geneczko, M. H. Shelstad, R. N. Ting, and J. G. Vodicka, "Current State of the Art in InSb Infrared Staring Imaging Devices," *Proceedings of SPIE* 750, 27-31, 1987.

127. M. D. Gibbons, J. M. Swab, W. E. Davern, M. L. Winn, T. C. Brusgard, and R. W. Aldrich, "Advances in InSb Charge Injection Device (CID) Focal Planes," *Proceedings of SPIE* 225, 55-63, 1980.

128. R. D. Thom, R. E. Eck, J. D. Philips, and J. B. Scorso, "InSb CCDs and Other MIS Devices for Infrared Applications," in *Proceedings of the 1975 International Conference on the Applications of CCDs*, 31-41, 1975.

129. M. B. Reine, E. E. Krueger, P. O'Dette, C. L. Terzis, B. Denley, J. Hartley, J. Rutter, and D..E.. Kleinmann, "Advances in 15 μm HgCdTe Photovoltaic and Photoconductive Detector Technology for Remote Sensing," *Proceedings of SPIE* 2816, 120-37, 1996.

130. M. B. Reine, E. E. Krueger, P. O'Dette, and C. L. Terzic, "Photovoltaic HgCdTe Detectors for Advanced GOES Instruments," *Proceedings of SPIE* 2812, 501-17, 1996.

131. J. W. Beletic, R. Blank, D. Gulbransen, D. Lee, M. Loose, E. C. Piquette, T. Sprafke, W..E.. Tennant, M. Zandian, and J. Zino, "Teledyne Imaging Sensors: Infrared Imaging Technologies for Astronomy & Civil Space," *Proceedings of SPIE* 7021, 70210H, 2008.

132. W. D. Lawson, S. Nielson, E. H. Putley, and A. S. Young, "Preparation and Properties of HgTe and Mixed Crystals of HgTe-CdTe," *Journal of Physics and Chemistry of Solids* 9, 325-29, 1959.

133. W. E. Tennant and J. M. Arias, "HgCdTe at Teledyne," *Proceedings of SPIE* 7298, 72982V, 2009.

134. P. R. Bratt, S. M. Johnson, D. R. Rhiger, T. Tung, M. H. Kalisher, W. A. Radford, G..A.. Garwood, and C. A. Cockrum, "Historical Perspectives on HgCdTe Material and Device Development at Raytheon Vision Systems," *Proceedings of SPIE* 7298, 72982U, 2009.

135. R. A. Chapman, M. A. Kinch, A. Simmons, S. R. Borrello, H. B. Morris, J. S. Wrobel, and D..D.. Buss, "$Hg_{0.7}Cd_{0.3}Te$ Charge-Coupled Device Shift Registers," *Applied Physics Letters* 32, 434-36, 1978.

136. R. A. Chapman, S. R. Borrello, A. Simmons, J. D. Beck, A. J. Lewis, M. A. Kinch, J. Hynecek, and C. G. Roberts, "Monolithic HgCdTe Charge Transfer Device Infrared Imaging Arrays," *IEEE Transactions on Electron Devices* ED-27, 134-46, 1980.

137. A. F. Milton, "Charge Transfer Devices for Infrared Imaging," in *Optical and Infrared Detectors*, ed. R. J. Keyes, 197-228, Springer-Verlag, Berlin, 1980.

138. M. A. Kinch, "Metal-Insulator-Semiconductor Infrared Detectors," in *Semiconductors and Semimetals*, Vol. 18, eds. R. K. Willardson and A. C. Beer, 313-78, Academic Press, New York, 1981.

139. R. A. Schiebel, "Enhancement Mode HgCdTe MISFETs and Circuits for Focal Plane Applications," *IEDM Technical Digest* 132, 1987.

140. T. L. Koch, J. H. De Loo, M. H. Kalisher, and J. D. Phillips, "Monolithic n-Channel HgCdTe Linear Imaging Arrays," *IEEE Transactions on Electron Devices* ED-32, 1592-1607, 1985.

141. M. V. Wadsworth, S. R. Borrello, J. Dodge, R. Gooh, W. McCardel, G. Nado, and M. D. Shilhanek, "Monolithic CCD Imagers in HgCdTe," *IEEE Transactions on Electron Devices* 42, 244-50, 1995.

142. M. A. Kinch, "MIS Devices in HgCdTe," in *Properties of Narrow Gap Cadmium-Based Compounds*, EMIS Datareviews Series No. 10, ed. P. Capper, 359-63, IEE, London, 1994.

143. M. Baker and R. A. Ballingall, "Photovoltaic CdHgTe: Silicon Hybrid Focal Planes," *Proceedings of SPIE* 510, 121-29, 1984.

144. I. M. Baker, "Infrared Radiation Imaging Devices and Methods for Their Manufacture," U. S. Patent 4, 521, 798, 1985.

145. I. M. Baker, G. J. Crimes, J. E. Parsons, and E. S. O'Keefe, "CdHgTe-CMOS Hybrid Focal Plane Arrays: A Flexible Solution for Advanced Infrared Systems," *Proceedings of SPIE* 2269, 636-47, 1994.

146. I. M. Baker, M. P. Hastings, L. G. Hipwood, C. L. Jones, and P. Knowles, "Infrared Detectors for the Year 2000," *III-Vs Review* 9(2), 50-60, 1996.

147. I. M. Baker, G. J. Crimes, R. A. Lockett, M. E. Marini, and S. Alfuso, "CMOS/HgCdTe, 2D Array Technology for Staring Systems," *Proceedings of SPIE* 2744, 463-72, 1996.

148. R. L. Smythe, "Monolithic HgCdTe Focal Plane Arrays," *Government Microcircuit Applications Conference Proceedings*, 289-92, Fort Monmouth, US Army ERADCOM, New Jersey, 1982.

149. A. Turner, T. Teherani, J. Ehmke, C. Pettitt, P. Conlon, J. Beck, K. McCormack, et al. ,"Producibility of VIP™ Scanning Focal Plane Arrays," *Proceedings of SPIE* 2228, 237-48, 1994.

150. R. Thorn, "High Density Infrared Detector Arrays," U. S. Patent No. 4, 039, 833, 1977.

151. K. Chow, J. P. Rode, D. H. Seib, and J. Blackwell, "Hybrid Infrared Focal-Plane Arrays," *IEEE Transactions on Electron Devices* ED-29, 3-13, 1982.

152. J. P. Rode, "HgCdTe Hybrid Focal Plane," *Infrared Physics* 24, 443-53, 1984.

153. W. E. Tennant, "Recent Development in HgCdTe Photovoltaic Device Grown on Alternative Substrates Using Heteroepitaxy," *Technical Digest IEDM*, 704-6, 1983.

154. M. Hewish, "Focal Plane Arrays Revolutionize Thermal Imaging," *International Defense Review* 4, 307-11, 1993.

155. C. D. Maxey, J. P. Camplin, I. T. Guilfoy, J. Gardner, R. A. Lockett, C. L. Jones, P. Capper, M. Houlton, and N. T. Gordon, "Metal-Organic Vapor-Phase Epitaxial Growth of HgCdTe Device Heterostructures on Three-Inch-Diameter Substrates," *Journal of Electronic Materials* 32, 656-60, 2003.

156. T. J. de Lyon, S. M. Johnson, C. A. Cockrum, O. K. Wu, W. J. Hamilton, and G. S. Kamath, "CdZnTe on Si(001) and Si(112): Direct MBE Growth for Large-Area HgCdTe Infrared Focal-Plane Array Applications," *Journal of the Electrochemical Society* 141, 2888-93, 1994.

157. J. M. Peterson, J. A. Franklin, M. Readdy, S. M. Johnson, E. Smith, W. A. Radford, and I. Kasai, "High-Quality Large-Area MBE HgCdTe/Si," *Journal of Electronic Materials* 36, 1283-86, 2006.

158. R. Bornfreund, J. P. Rosbeck, Y. N. Thai, E. P. Smith, D. D. Lofgreen, M. F. Vilela, A. A. Buell, et al. , "High-Performance LWIR MBE-Grown HgCdTe/Si Focal Plane Arrays," *Journal of Electronic Materials* 36, 1085-91, 2007.

159. D. J. Hall, L. Buckle, N. T. Gordon, J. Giess, J. E. Hails, J. W. Cairns, R. M. Lawrence, et al. ,"High-Performance Long-Wavelength HgCdTe Infrared Detectors Grown on Silicon Substrates," *Applied Physics Letters* 85, 2113-15, 2004.

160. C. D. Maxey, J. C. Fitzmaurice, H. W. Lau, L. G. Hipwood, C. S. Shaw, C. L. Jones, and P. Capper,

"Current Status of Large-Area MOVPE Growth of HgCdTe Device Structures for Infrared Focal Plane Arrays," *Journal of Electronic Materials* 35, 1275-82, 2006.

161. C. L. Jones, L. G. Hipwood, C. J. Shaw, J. P. Price, R. A. Catchpole, M. Ordish, C. D. Maxey, et al., "High Performance MW and LW IRFPAs Made from HgCdTe Grown by MOVPE," *Proceedings of SPIE* 6206, 620610, 2006.

162. M. J. Hewitt, J. L. Vampola, S. H. Black, and C. J. Nielsen, "Infrared Readout Electronics: A Historical Perspective," *Proceedings of SPIE* 2226, 108-19, 1994.

163. P. Felix, M. Moulin, B. Munier, J. Portmann, and J. P. Reboul, "CCD Readout of Infrared Hybrid Focal-Plane Arrays," *IEEE Transactions on Electron Devices* ED-27, 175-88, 1980.

164. P. Knowles, "Mercury Cadmium Telluride Detectors for Thermal Imaging," *GEC Journal of Research* 2, 141-56, 1984.

165. L. J. Kozlowski, K. Vural, J. Luo, A. Tomasini, T. Liu, and W. E. Kleinhans, "Low-Noise Infrared and Visible Focal Plane Arrays," *Opto-Electronics Review* 7, 259-69, 1999.

166. J. L. Vampola, "Readout Electronics for Infrared Sensors," in *The Infrared and Electro-Optical Systems Handbook*, Vol. 3, ed. W. D. Rogatto, 285-342, SPIE Press, Bellingham, WA, 1993.

167. E. R. Fossum and B. Pain, "Infrared Readout Electronics for Space Science Sensors: State of the Art and Future Directions," *Proceedings of SPIE* 2020, 262-85, 1993.

168. L. J. Kozlowski and W. F. Kosonocky, "Infrared Detector Arrays," in *Handbook of Optics*, Chapter 23, eds. M. Bass, E. W. Van Stryland, D. R. Williams, and W. L. Wolfe, McGraw-Hill, Inc., New York, 1995.

169. A. Rogalski and Z. Bielecki, "Detection of Optical Radiation," in *Handbook of Optoelectronics*, Vol. 1, , eds. J. P. Dakin and R. G. W. Brown, 73-117, Taylor & Francis, New York, 2006.

170. M. Z. Tidrow, W. A. Beck, W. W. Clark, H. K. Pollehn, J. W. Little, N. K. Dhar, R. P. Leavitt, et al., "Device Physics and Focal Plane Array Applications of QWIP and MCT," *Opto-Electronics Review* 7, 283-96, 1999.

171. M. A. Kinch, J. D. Beck, C.-F. Wan, F. Ma, and J. Campbell, "HgCdTe Electron Avalanche Photodiodes," *Journal of Electronic Materials* 33, 630-39, 2004.

172. I. Baker, S. Duncan, and J. Copley, "Low Noise Laser Gated Imaging System for Long Range Target Identification," *Proceedings of SPIE* 5406, 133-44, 2004.

173. I. Baker, P. Thorne, J. Henderson, J. Copley, D. Humphreys, and A. Millar, "Advanced Multifunctional Detectors for Laser-Gated Imaging Applications," *Proceedings of SPIE* 6206, 620608, 2006.

174. I. Baker, D. Owton, K. Trundle, P. Thorne, K. Storie, P. Oakley, and J. Copley, "Advanced Infrared Detectors for Multimode Active and Passive Imaging Applications," *Proceedings of SPIE* 6940, 69402L, 2008.

175. J. Beck, M. Woodall, R. Scritchfield, M. Ohlson, L. Wood, P. Mitra, and J. Robinson, "Gated IR Imaging with 128 × 128 HgCdTe Electron Avalanche Photodiode FPA," *Proceedings of SPIE* 6542, 654217, 2007.

176. J. Rothman, E. de Borniol, P. Ballet, L. Mollard, S. Gout, M. Fournier, J. P. Chamonal, et al., "HgCdTe APD: Focal Plane Array Performance at DEFIR," *Proceedings of SPIE* 7298, 729835, 2009.

177. G. Perrais, J. Rothman, G. Destefanis, J. Baylet, P. Castelein, J.-P. Chamonal, and P. Tribolet, "Demonstration of Multifunctional Bi-Colour-Avalanche Gain Detection in HgCdTe FPA," *Proceedings of SPIE* 6395, 63950H, 2006.

178. R. J. Cashman, "Film-Type Infrared Photoconductors," *Proceedings of IRE* 47, 1471-75, 1959.

179. P. W. Kruse, L. D. McGlauchlin, and R. B. McQuistan, *Elements of Infrared Technology: Generation, Transmission, and Detection*, Wiley, New York, 1962.

180. A. Smith, F. E. Jones, and R. P. Chasmar, *The Detection and Measurement of Infrared Radiation*, Clarendon, Oxford, 1968.
181. A. Rogalski, "IV-VI detectors," in *Infrared Photon Detectors*, ed. E. Rogalski, pp. 513-559, SPIE Optical Engineering Press, Bellingham, WA, 1995.
182. T. Beystrum, R. Himoto, N. Jacksen, and M. Sutton, "Low Cost Pb Salt FPAs," *Proceedings of SPIE* 5406, 287-94, 2004.
183. G. Vergara, M. T. Montojo, M. C. Torquemada, M. T. Rodrigo, F. J. Sanchez, L. J. Gomez, R. M. Almazan, et al., "Polycrystalline Lead Selenide: The Resurgence of an Old Infrared Detector," *Opto-Electronics Review* 15, 110-17, 2007.
184. J. F. Kreider, M. K. Preis, P. C. T. Roberts, L. D. Owen, and W. M. Scott, "Multiplexed Mid-Wavelength IR Long, Linear Photoconductive Focal Plane Arrays," *Proceedings of SPIE* 1488, 376-88, 1991.
185. *Northrop/Grumman Electro-Optical Systems* data sheet, 2002.
186. P. R. Norton, "Infrared Image Sensors," *Optical Engineering* 30, 1649-63, 1991.
187. M. D. Jhabvala and J. R. Barrett, "A Monolithic Lead Sulfide-Silicon MOS Integrated-Circuit Structure," *IEEE Transactions on Electron Devices* ED-29, 1900-1905, 1982.
188. J. R. Barrett, M. D. Jhabvala, and F. S. Maldari, "Monolithic Lead Salt-Silicon Focal Plane Development," *Proceedings of SPIE* 409, 76-88, 1988.
189. H. Zogg, S. Blunier, T. Hoshino, C. Maissen, J. Masek, and A. N. Tiwari, "Infrared Sensor Arrays with 3-12 μm Cutoff Wavelengths in Heteroepitaxial Narrow-Gap Semiconductors on Silicon Substrates," *IEEE Transactions on Electron Devices* 38, 1110-17, 1991.
190. H. Zogg, A. Fach, C. Maissen, J. Masek, and S. Blunier, "Photovoltaic Lead-Chalcogenide on Silicon Infrared Sensor Arrays," *Optical Engineering* 33, 1440-49, 1994.
191. H. Zogg, A. Fach, J. John, P. Muller, C. Paglino, and A. N. Tiwari, "PbSnSe-on-Si: Material and IR-Device Properties," *Proceedings of SPIE* 3182, 26-29, 1998.
192. H. Zogg, "Photovoltaic IV-VI on Silicon Infrared Devices for Thermal Imaging Applications," *Proceedings of SPIE* 3629, 52-62, 1999.
193. K. Alchalabi, D. Zimin, H. Zogg, and W. Buttler, "Monolithic Heteroepiraxial PbTe-on-Si Infrared Focal Plane Array with 96 × 128 Pixels," *IEEE Electron Device Letters* 22, 110-12, 2001.
194. H. Zogg, K. Alchalabi, D. Zimin, and K. Kellermann, "Two-Dimensional Monolithic Lead Chalcogenide Infrared Sensor Arrays on Silicon Read-Out Chips and Noise Mechanisms," *IEEE Transactions on Electron Devices* 50, 209-14, 2003.
195. A. J. Steckl, H. Elabd, K. Y. Tam, S. P. Sheu, and M. E. Motamedi, "The Optical and Detector Properties of the PbS-Si Heterojunction," *IEEE Transactions on Electron Devices* ED-27, 126-33, 1980.
196. D. R. Lamb and N. A. Foss, "The Applications of Charge-Coupled Devices to Infra-Red Image Sensing Systems," *Radio Electronic Engineers* 50, 226-36, 1980.
197. S. D. Gunapala and K. M. S. V. Bandara, "Recent Development in Quantum-Well Infrared Photodetectors," *Thin Films*, Vol. 21, eds. M. M. Francombe and J. L. Vossen, 113-237, Academic Press, New York, 1995.
198. C. C. Bethea, B. F. Levine, V. O. Shen, R. R. Abbott, and S. J. Hseih, "10-μm GaAs/AlGaAs Multiquantum Well Scanned Array Infrared Imaging Camera," *IEEE Transactions on Electron Devices* 38, 1118-23, 1991.
199. B. F. Levine, "Quantum-Well Infrared Photodetectors," *Journal of Applied Physics* 74, R1-R81, 1993.
200. S. D. Gunapala and S. V. Bandara, "Quantum Well Infrared Photodetectors (QWIP)," in *Handbook of Thin*

Devices, Vol. 2, ed. M. H. Francombe, 63-99, Academic Press, San Diego, 2000.

201. S. D. Gunapala and S. V. Bandara, "GaAs/AlGaAs Based Quantum Well Infrared Photodetector Focal Plane Arrays," in *Handbook of Infrared Detection Technologies*, eds. M. . Henini and M. Razeghi, 83-119, Elsevier, Oxford, 2002.

202. E. Costard, Ph. Bois, F. Audier, and E. Herniou, "Latest Improvements in QWIP Technology at Thomson-CSF/LCR," *Proceedings of SPIE* 3436, 228-39, 1998.

203. J. A. Robo, E. Costard, J. P. Truffer, A. Nedelcu, X. Marcadet, and P. Bois, "QWIP Focal Plane Arrays Performances from MWIR to VLWIR," *Proceedings of SPIE* 7298, 72980F, 2009.

204. H. Schneider, P. Koidl, M. Walther, J. Fleissner, R. Rehm, E. Diwo, K. Schwarz, and G. . Weimann, "Ten Years of QWIP Development at Fraunhofer," *Infrared Physics & Technology* 42, 283-89, 2001.

205. H. Schneider and H. C. Liu, *Quantum Well Infrared Photodetectors*, Springer, Berlin, 2007.

206. H. Martijn, S. Smuk, C. Asplund, H. Malm, A. Gromov, J. Alverbro, and H. Bleichner, "Recent Advances of QWIP Development in Sweden," *Proceedings of SPIE* 6542, 65420V, 2007.

207. K. K. Choi, *The Physics of Quantum Well Infrared Photodetectors*, Word Scientific, Singapore, 1997.

208. K-K. Choi, C. Monroy, V. Swaminathan, T. Tamir, M. Leung, J. Devitt, D. Forrai, and D. . Endres, "Optimization of Corrugated-QWIP for Large Format, High Quantum Efficiency, and Multi-Color FPAs," *Infrared Physics & Technology* 50, 124-35, 2007.

209. W. A. Beck and T. S. Faska, "Current Status of Quantum Well Focal Plane Arrays," *Proceedings of SPIE* 2744, 193-206, 1996.

210. T. Whitaker, "Sanders' QWIPs Detect Two Color at Once," *Compound Semiconductors* 5(7), 48-51, 1999.

211. M. Sundaram and S. C. Wang, "2-Color QWIP FPAs," *Proceedings of SPIE* 4028, 311-17, 2000.

212. J. Jiang, S. Tsao, K. Mi, M. Razeghi, G. J. Brown, C. Jelen, and M. Z. Tidrow, "Advanced Monolithic Quantum Well Infrared Photodetector Focal Plane Array Integrated with Silicon Readout Integrated Circuit," *Infared Physics & Technology* 46, 199-207, 2005.

213. S. Ozer, U. Tumkaya, and C. Besikci, "Large Format AlInAs-InGaAs Quantum-Well Infrared Photodetector Focal Plane Array for Midwavelength Infrared Thermal Imaging," *IEEE Photonics Technology Letters* 19, 1371-73, 2007.

214. M. Kaldirim, Y. Arslan, S. U. Eker, and C. Besikci, "Lattice-Matched AlInAs-InGaAs Mid-Wavelength Infrared QWIPs: Characteristics and Focal Plane Array Performance," *Semiconductor Science and Technology* 23, 085007, 2008.

215. H. Schneider, J. Fleissner, R. Rehm, M. Walther, W. Pletschen, P. Koidl, G. Weimann, J. Ziegler, R. Breiter, and W. Cabanski, "High-Resolution QWIP FPAs for the 8-12 μm and 3-5 μm Regimes," *Proceedings of SPIE* 4820, 297-305, 2003.

216. E. Costard and Ph. Bois, "THALES Long Wave QWIP Thermal Imagers," *Infared Physics & Technology* 50, 260-69, 2007.

217. M. Jhabvala, K. Choi, A. Goldberg, A. La, and S. Gunapala, "Development of a 1k × 1k GaAs QWIP Far IR Imaging Array," *Proceedings of SPIE* 5167, 175-85, 2004.

218. S. D. Gunapala, S. V. Bandara, J. K. Liu, C. J. Hill, B. Rafol, J. M. Mumolo, J. T. Trinh, M. . Z. . Tidrow, and P. D. LeVan, "1024 × 1024 Pixel Mid-Wavelength and Long-Wavelength Infrared QWIP Focal Plane Arrays for Imaging Applications," *Semiconductor Science and Technology* 20, 473-80, 2005.

219. M. Jhabvala, K. K. Choi, C. Monroy, and A. La, "Development of a 1K × 1K, 8-12 μm QWIP Array," *Infared Physics & Technology* 50, 234-39, 2007.

220. S. D. Gunapala, S. V. Bandara, J. K. Liu, J. M. Mumolo, C. J. Hill, S. B. Rafol, D. Salazar,

J. Woollaway, P. D. LeVan, and M. Z. Tidrow, "Towards Dualband Megapixel QWIP Focal Plane Arrays," *Infared Physics & Technology* 50, 217-26, 2007.

221. P. Bois, E. Costard, X. Marcadet, and E. Herniou, "Development of Quantum Well Infrared Photodetectors in France," *Infared Physics & Technology* 42, 291-300, 2001.

222. M. Z. Tidrow, L. Zheng, and H. Barcikowski, "Recent Success on SLS FPAs and MDA's New Direction for Development," *Proceedings of SPIE* 7298, 7298-61, 2009.

223. E. K. Huang, D. Hoffman, B.-M. Nguyen, P.-Y. Delaunay, and M. Razeghi, "Surface Leakage Reduction in Narrow Band Gap Type-II Antimonide-Based Superlattice Photodiodes," *Applied Physics Letters* 94, 053506, 2009.

224. W. Cabanski, K. Eberhardt, W. Rode, J. Wendler, J. Ziegler, J. Fleisner, F. Fuchs, et al., "3rd Gen Focal Plane Array IR Detection Modules and Applications," *Proceedings of SPIE* 5406, 184-92, 2005.

225. M. Münzberg, R. Breiter, W. Cabanski, H. Lutz, J. Wendler, J. Ziegler, R. Rehm, and M. Walther, "Multi Spectral IR Detection Modules and Applications," *Proceedings of SPIE* 6206, 620627, 2006.

226. F. Rutz, R. Rehm, J. Schmitz, J. Fleissner, M. Walther, R. Scheibner, and J. Ziegler, "InAs/GaSb Superlattice Focal Plane Array Infrared Detectors: Manufacturing Aspects," *Proceedings of SPIE* 7298, 72981R, 2009.

227. C. J. Hill, A. Soibel, S. A. Keo, J. M. Mumolo, D. Z. Ting, S. D. Gunapala, D. R. Rhiger, R. E. Kvaas, and S. F. Harris, "Demonstration of Mid and Long-Wavelength Infrared Antimonide-Based Focal Plane Arrays," *Proceedings of SPIE* 7298, 729404, 2009.

228. P.-Y. Delaunay, B. M. Nguyen, D. Hoffman, and M. Razeghi, "High-Performance Focal Plane Array Based on InAs-GaSb Superlattices with a 10-μm Cutoff Wavelength," *IEEE Journal of Quantum Electronics* 44, 462-67, 2008.

229. M. Razeghi, D. Hoffman, B. M. Nguyen, P.-Y. Delaunay, E. K. Huang, M. Z. Tidrow, and V. Nathan, "Recent Advances in LWIR Type-II InAs/GaSb Superlattice Photodetectors and Focal Plane Arrays at the Center for Quantum Devices," *Proceedings of the IEEE* 97, 1056-66, 2009.

第22章　太赫兹探测器和焦平面阵列

电磁波谱的太赫兹(THz)波谱经常描述为未被探索的最后光谱区。最初，人类依靠的是太阳辐射。之后(大约50万年以前)(远古)洞穴人学会利用火把。大约公元前1000年，出现了蜡烛，继又出现煤气灯(1772年)、白炽灯泡(爱迪生，1897年)、无线电波(1886 – 1895年)、X射线(1895年)、紫外(UV)辐射(1901年)，并于19世纪末研究和20世纪初发明了雷达(1936年)。然而，对于电子学和光子学技术，研究人员面对太赫兹电磁光谱仍面临挑战。

常常认为，太赫兹辐射(见图22.1)是$\nu = 0.1 \sim 10THz$频率范围内的光谱(对应$\lambda \approx 300 \sim 30 \mu m$)[1-3]，并与不太严谨确定的亚毫米波段$\nu \approx 0.1 \sim 3THz$(对应$\lambda \approx 3000 \sim 100 \mu m$)部分地相重叠[4]，更宽频段$\nu = 0.1 \sim 10THz$甚至被看做是太赫兹范围[5,6]。因而，将这两种并在一起(见本章参考文献【7】)。本文采用的太赫兹范围是$\nu \approx 0.1 \sim 10THz$。

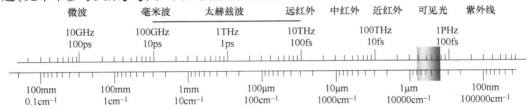

图22.1　电磁波谱

已经证明，太赫兹电磁波谱是最难以捉摸的波谱之一。由于太赫兹波谱处于红外光与微波辐射之间，所以，在这些相邻波谱中经常使用的成熟技术难以应用于太赫兹辐射。纵观历史，化学家和天文学家主要应用太赫兹光谱技术研究旋转和振动谐振中的光谱特性以及简单分子的热发射谱线。太赫兹接收器是用于研究高层大气，如臭氧层中的微量气体以及臭氧消耗循环过程中含有的多种气体(如一氧化氯)。在太赫兹宽光谱范围内(见图22.2[8]，$\nu \approx 35GHz$，$96GHz$，$140GHz$和$220GHz$等附近的窄光窗除外)存在大气的有效吸收。太赫兹和毫米波能够有效地探测水的存在，因此，可以透过衣服成功地分辨人体的不同成分(人体的水分含量约为60%)。在较长的波谱区(厘米波)，甚至能够观察到隐藏在一堵墙后面(并非很厚)的人。需要特别提及的是，宇宙大爆炸以来发射的98%的光子以及约一半的宇宙光度(luminosity)属于太赫兹辐射[9]。这种残留辐射承载着宇宙空间、银河系、星系和恒星形成的信息[10]。

过去20年，对先进材料的研究带来了新的更高能能源，太赫兹系统也发生了革命性变化，验证了太赫兹在先进的物理学研究和商业领域应用的可能性。对太赫兹技术的研究正受到越来越多的关注，开发该波段的器件在人类活动的各个领域变得愈加重要(如安全、生物、毒品和爆炸探测、气相指纹技术和成像等)。对太赫兹光谱的兴趣源于以下事实：利用此光谱可以揭示不同的物理现象，因此，在该研究领域，需要多学科的专门知识。已经有一些资料对太赫兹技术的各种应用做了评述(如本章参考文献【1-3，11-18】)。

亚毫米与红外波长探测之间的重要区别在于光子能量小(与室温下26meV热能相比，在

$\lambda \approx 300 \mu m$ 时，$h\nu \approx 4 meV$)（原文此处漏印"）"。——译者注）。由下式确定的艾里（Airy）斑直径（衍射极限）大，并且也表明太赫兹系统具有低空间分辨率：式中，f 为光学系统焦距；D 为入瞳直径；$f/\#$ 为光学系统的 f 数。

$$A_{dif} \approx 2.44 \frac{\lambda f}{D} = 2.44\lambda(f/\#) \tag{22.1}$$

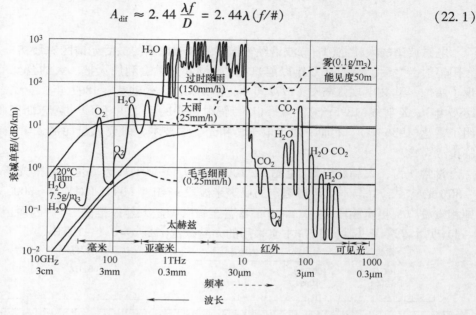

图 22.2 地球大气层从可见光到射频（无线电频率）波段的衰减

（资料源自：Lettington, A. H., Blankson, I. M., Attia, M., and Dunn, D., "Review of ImagingArchitecture", Proceedings of SPIE 4719, 327-40, 2002）

限制亚毫米（THz）光谱区（如高分辨率光谱学应用（$\nu/\Delta\nu \approx 10^6$）或者光度（photometry）学（$\nu/\Delta\nu = 3 \sim 10$）和成像应用）外差传感器阵列研究的一个严重问题是固态本地振荡器（Local Oscillator, LO）的功率。除了采用相对论电子并能达到千瓦级太赫兹功率的自由电子激光器外[19]，其它的太赫兹光源仅产生毫瓦或微瓦级功率（见图 22.3[5]）。传统的电子器件，如晶体管，在超过 150GHz 范围内都不能正常工作，所以，大部分太赫兹光谱范围内没有合适的放大器。相类似，长期以来应用于可见光和红外波段的半导体激光器也不再适合大部分太赫兹光谱。虽然在高频晶体管[20]和半导体激光器方面[21]已经取得了很大进步，然而，可以明显预见，所谓的太赫兹空白（或太赫兹空隙）对于科学家和工程师仍是未来一个重要挑战。

22.1 直接和外差太赫兹探测技术：概论

太赫兹探测系统分为两类：直接（非相干）和外差式（相干）系统（见本书第 4 章）。第一种系统测量信号幅度，通常以宽带光谱响应表示其特性；第二种系统是将入射的光子流放大，不仅保持信号幅度，而且能使给出物体额外信息的相位不变。因此，相干探测器服从量子机械噪声限。探测之前，常将信号频率做降频变换（可以使用特别低的噪声电路）。已经证明，这在要求具有非常高灵敏度和光谱分辨率（一般地，$\Delta\nu/\nu \approx 10^5 \sim 10^6$）的应用环境中特别有用。主要的技术挑战是需要提高较高频率时的灵敏度，需要经过改进的本地振荡器以及

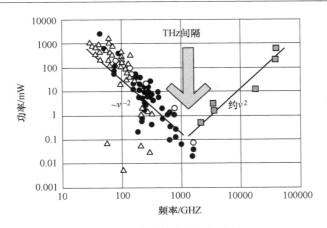

图 22.3 光源技术的 THz 空白

■量子级联激光器（Quantum Cascade Laser, QCL）是从高频向下发展，最低为 $\nu = 1.2$THz，对于连续波为 $T = 110$K；对于脉冲为 $T = 163$K。
●在大于 150GHz 时，频率倍增管占据其它电子器件（△）之首。
○低温光源。
（资料源自：Crowe, T. W., Bishop, W. L., Porterfield, D. W., Hesler, J. L., and Weikle, R. M., IEEE Journal of SolidiState Circuits, 40, 2104 – 10, 2005）

希望有大尺寸焦平面阵列的接收器[11,12]。

一般地，直接探测系统的工作光谱范围较宽（如光子背景较低时），能够提供足够的分辨率，也能够适用于中等光谱分辨率 $\Delta\nu/\nu \approx 10^3 \sim 10^4$ 或者更低[4]。并且，由于它比较简单，所以也适用于成像。直接探测器应用在对灵敏度要求比光谱分辨率更重要的领域。

与直接探测相比，外差式探测凸显几个优点。例如本章参考文献[23]指出，频率和相位调制探测，亚-背景限红外光电探测器（BLIP）工作（对背景光通量、颤噪效应等现象的识别）以及由于降频变换使信号获得增益。

外差式探测的缺点归结于要求实现下述要求：信号和 LO 光束应当重合，且直径相等；波前应当有相同的曲率半径，相同的横向空间模式结构；应在相同方向发生偏振。此外，很难为外差式系统提供大尺寸阵列。

本书第 4 章已经对外差式探测做过概述，在此，主要对直接和外差式探测的基本性能约束额外相关的一些关系进行讨论。

评价太赫兹探测器的质量因数是噪声等效功率（NEP），定义为方均根（rms）输出信号等于方均根噪声值（SNR = 1）时所需要的方均根输入辐射信号功率 P_s。对于 BLIP，则有[23]：

$$\text{NEP}_D^{\text{BLIP}} = \left(\frac{2h\nu}{\eta}P_s\right) \qquad \text{单位为 W/Hz}^{1/2} \qquad (22.2)$$

较低的 NEP 意味着探测器更灵敏。

对 BLIP 模式的外差式探测，可以表示为[23]

$$\text{NEP}_D^{\text{BLIP}} = \frac{h\nu}{\eta} \qquad \text{单位为 W/Hz} \qquad (22.3)$$

注意到，对外差探测，NEP 的单位为 W/Hz，而不是直接探测的 W/Hz$^{1/2}$，但经常引用的还是 W/Hz$^{1/2}$。

常以混频器的噪声温度 T_{mix} 表示外差探测器的灵敏度，而 T_{mix} 与混频器的 NEP 有关，并定

义为

$$\text{NEP}_{\text{mix}} = kT_{\text{mix}} \quad (22.4)$$

若波长 $\lambda \approx 3\text{mm}(\upsilon \approx 100\text{GHz})$，即大气层的透射窗口，则根据同时测量电磁波幅度和相位的测不准原理，$T_s^{\min} = 4.8\text{K}$ 是对噪声温度施加的基本限制，常以此限制用于比较毫米和亚毫米波段外差式探测器的噪声温度限制。由于外差式探测器同时测量幅度和相位，所以它们遵守测不准原理，是一个局限于 4.8K/Hz 绝对本底噪声的量子噪声。例如，图 4.7 给出了肖特基二极管混频器、超导体-绝缘体-超导体(SIS)混频器和热电子测辐射热计(HEB)混频器的比较。

若光谱范围大于 $40\mu\text{m}$，可以使用光子和热两种探测器。当工作温度 $T \leqslant 4\text{K}$，则采用响应时间 $\tau \approx 10^{-6} \sim 10^{-8}\text{s}$ 和 $\text{NEP} \approx 10^{-13} \sim 5 \times 10^{-17} \text{W/Hz}^{1/2}$ 的不同类型制冷半导体探测器(热电子 InSb、Si、Ge 测辐射热计，非本征硅和锗)[24-31]。应力 Ge:Ga 非本征光电导体能够对长达 $\lambda \approx 400\mu\text{m}$ 的波长敏感[32]，并能组装在阵列内[33]。最近，雷基(Rieke)对不同类型探测器做了全面评述[34]。

对于热太赫兹探测器，可以引用高莱(Golay)探测器[35,36]、热电探测器[37]以及利用天线将能量耦合到一个小吸热区的不同类型微测辐射热计[38-41]作为例子。尽管非制冷热探测器的灵敏度较低，但优点是室温下能够在一个宽频带范围内工作，NEP 是 $10^{-9} \sim 10^{-11} \text{W/Hz}^{1/2}$ [42-47]（见表 22.1）。

表 22.1 一些非制冷 THz 探测器的参数

探测器类型	调制频率 /Hz	工作频率 /THz	噪声等效功率 /(W/Hz$^{1/2}$)	参考文献
高莱探测器	$\leqslant 20$	$\leqslant 30$	$10^{-9} \sim 10^{-10}$	—
压电	$\leqslant 10^2$（随 f 增大而减小，并取决于尺寸）	$\leqslant 30$	$(1 \sim 3) \times 10^{-9}$（随 f 增大而减小）	—
微测辐射热计	$\leqslant 10^2$	$\leqslant 30$	$\approx 10^{-10}$（随 f 增大而减小）	—
双微测辐射热计	$\leqslant 10^6$	$\leqslant 3$	1.6×10^{-10}（随 f 增大而减小）	[43]
Nb 微测辐射热计	—	$\leqslant 30$	5×10^{-11}	[44]
肖特基二极管	$\leqslant 10^{10}$	$\leqslant 10$	$\leqslant 10^{-10}$（在 0.1~10THz 范围内，随 f 增大而减小几个数量级）	—
GaAs HEMT①	$\leqslant 2 \times 10^{10}$	$\leqslant 30$	$\approx 10^{-10}$（取决于栅极长度和栅极电压）	[45]
Si MOSFET	3×10^4	0.645	3×10^{-10}	[46]
SHEB②	$< 10^8$	$\approx 0.03 \sim 2$	$\approx 4 \times 10^{-10}$（取决于 f）	[47]

① HEMT 代表高电子迁移率晶体管。——译者注
② SHEB 代表超导热电子测辐射热计。——译者注
（资料源自：F. Sizov, Opto-Electronics Review, 18(1), 10-36, 2010）

毫米和亚毫米波段中最灵敏的直接探测器是制冷到 100~300mK 的微测辐射热计，NEP 高达 $(0.3~3) \times 10^{-19}$ W/Hz$^{1/2}$，受限于宇宙背景辐射波动。开尔文（Kelvin）亚超导结构在温度 $T \approx 100~200$mK 内特别敏感[7,48]。由于高灵敏度，这些探测器的 NEP 都低于背景光子限。

直接探测系统和外差式探测系统使用的探测器是相同的，对于其中的某些探测器。例如，低温半导体热电子测辐射热计（HEB），由于具有较长的响应时间（$\tau \approx 10^{-7}$s），所以，应用于相干（Coherent）系统是不明智的，也同样适用于大多数非制冷热探测器。

太赫兹探测器灵敏度的提高令人印象深刻，如图 22.4 给出了测辐射热计在半个多世纪内的情况[49]。50 年里，NEP 降低了 10^{11} 倍，对应着不到两年就翻翻。

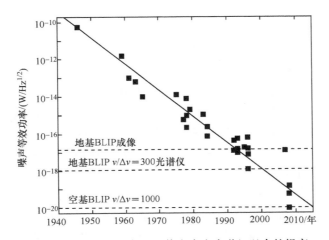

图 22.4　测辐射热计 NEP 值在半个多世纪以来的提高

（资料改编自：Benford, D. J., "Transition Edge Sensor Bolometers for CMB Polarimetry", http://cmbpol.uchicage.edu/workshops/technology2008/depot/cmbpol_ technologies_ benford_ icps_ 4. pdf）

按照具体应用，可以选择被动或者主动成像系统，大部分成像系统采用被动直接探测方式[40,50,51]。由于这些系统只是测量的目标发射能量，因而需要特别灵敏的探测器。对于主动系统，其工作方式是景物被照明，所以，能够使用外差式探测技术提高低照度水平的灵敏度或者通过扫描介质成像。如果可以用中等量的太赫兹能量照明应用环境中的目标，那么，以二极管倍增器为基础的光源就能大大提高其信号强度。

对于外差工作模式，混合场必须通过一个非线性电路单元或者混频器使功率从原始频率转换到中（差）频。在太赫兹范围，该器件是一个二极管或其它非线性电路组件。简单做些考虑（如雷基（Rieke）专著中所述[52]），则更喜欢以"二次方律"器件用作基本的混频器。若是二次方 $I\text{-}V$ 曲线，$I \propto V^2 \propto P$，输出的混频器信号正比于功率，这正是通常需要测量的量。

图 22.5 给出了具有强电场二次非线性器件的 $I\text{-}V$ 特性。这些例子都是正向偏压肖特基二极管、超导体-绝缘体-超导体（SIS）隧道结、半导体和超导体 HEB 及超晶格系统（SL），其性质将在下面讨论。这些器件的 $I\text{-}V$ 特性示意如图 22.5 所示。同时，由于具有合理的转换效率和低噪声，所以，为了保证宽带通条件下后续信号在相当低频率时（一般为 1~30GHz）有放大功能，这些非线性器件应具有高转换工作速度。如果器件的时间常数小，输出就简单地遵从差频；若时间常数大，就平均量来说，因输出信号包含一个不变的值，因而器件没有响应。

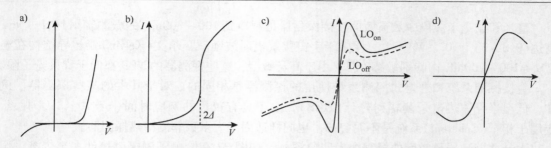

图 22.5　以太赫兹外差接收器为基础的非线性单元的 $I-V$ 特性示意图
a) 肖特基二极管　b) SIS　c) HEB　d) SL

22.2　肖特基势垒结构

尽管太赫兹波段已有其它类型的探测器(主要是 SIS 和 HEB), 但肖特基势垒二极管(SBD)仍是太赫兹技术中的基本器件, 在直接探测技术应用中, 作为外差式接收混频器中的非线性器件工作在 4~300K 温度环境中[1,5,22,42,53]。20 世纪 80 和 90 年代, 在混频器中非常流行使用低温制冷 SBD, 之后, 被 SIS 或 HEB 混频器替代[11]。它们的混合过程与 SBD 中的类似。但在 SIS 结构中, 如整流过程是基于准粒子(电子)量子机械光子辅助隧穿效应。

很多研究人员完成了对太赫兹接收器 SBD 及混频器发展现状的分析(见本章参考文献【5,53,54】)。当存在太赫兹电场时, 如图 9.32 所示, 可以讨论表示为 a、b 和 c 的三组电子。只有 b 组电子产生的电流受太赫兹电场的影响[55]。该组电子遭遇转换时间效应, 在太赫兹电场半周期内, 它们必须穿过耗尽层以通过该势垒。表面效应、电荷惯性、电介质弛豫和等离子体谐振都会导致探测器性能衰退。在太赫兹频率范围内, 串联电阻和热电子产生的噪声在散粒噪声中起主导作用, 但使二极管制冷能够降低该噪声。

传统上的肖特基势垒结构是半导体表面(所谓的晶体探测器)圆锥形金属丝(如钨针)的尖接触点, 如广泛使用的是 p-Si/W 接触点。在工作温度 $T = 300K$ 时, $NEP = 4 \times 10^{-10} W/Hz^{1/2}$。也采用尖点钨或者铍黄铜与 n-Ge、n-GaAs 和 n-InSb 接触(见图[56,57])。在 20 世纪 60 年代中期, 杨格(Young)和欧文(Irvin)首次利用光刻技术为高频应用研制出 GaAs 肖特基二极管, 其基本结构为后来许多研究小组沿用。图 22.6 所示的须状二极管结构类似于所谓的蜂窝状芯片设计, 由于本身含有很少量的不良接触点, 因而很大程度上提高了二极管质量。这种设计为肖特基二极管混频器走向太赫兹频率实际应用迈出了非常重要的一步[60-64]。一块芯片上可含有几千个二极管, 并使诸如串联电阻和并联电容造成的寄生损失降至最低。对于背侧欧姆接触的高掺杂 GaAs 基板(约为 $5 \times 10^{18} cm^{-3}$), 厚度为 300nm~1μm 的 GaAs 外延薄层生长在基板的上表面。用金属 Pt 填充外延层上面 SiO_2 绝缘层中的空穴从而确定阳极面积是 0.25~1μm[62]。为了将信号和本机振荡辐射耦合到混频器中, 在 90° 三直角锥反射器中采用一根长天线[63,64], 需要的本地振荡器功率范围是 1~10mW。

设计有该结等效电路的须状 SBD 的横截面图如图 22.6b 所示[60]。对于外差工作模式, 混频过程发生在非线性结电阻 R_j 中, 二极管的串联电阻 R_s 和与电压有关的结电容 C_j 都是令性能衰减的寄生参数。

由于须状技术的局限性, 如对设计和可重复性的约束, 所以, 在 20 世纪 80 年代初期, 主

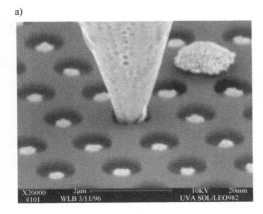 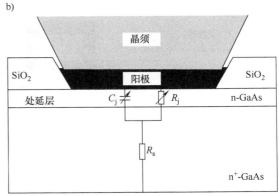

图 22.6 GaAs 肖特基势垒须状接触二极管

a) 用于 5THz 接触芯片的 SEM 显微图 b) 该结等效电路的截面图

(资料源自: Crowe, T. W., Porterfile, D. P., Hesler, J. L., Bishop, W. L., Kurtz, D. S., and Hui, K., "Terahertz Sources and Detectors," Proceedings of SPIE 5790, 271-80, 2005)

要致力于生产平面肖特基二极管。目前,须状二极管几乎完全被平面二极管代替。若是散装二极管芯片,则采用倒装芯片方法,焊装或者利用导电环氧树脂将二极管安装在电路中。采用最近研制的先进技术,将二极管与许多被动电路元器件(阻抗匹配、滤波器和波导探头)集成在同一块基板上[59]。通过提高机械对准和降低损耗,使该平面技术完全适用大于 300GHz,直至几 THz 的频率范围。

与敞形结构安装相比,波导结构布局的肖特基二极管混频器使耦合效率得以提高。为了克服共面接触垫片造成的大并联电容,如图 22.7a 所示,建议采用表面沟道二极管[65]。焊接在微带电路(如薄石英基板)上的平面二极管安装在一个波导混频器模块中,所需要的本地振荡器功率大约 1mW。若混频器工作在约 600GHz,则双边带(Double Sideband,DSB)噪声温度约 1000K。为了消除支撑结构(表面模式的影响)造成的损耗,正在研制一种将肖特基二极管制造在薄膜片上的技术[66],在该方法中,二极管与匹配电路集成,从芯片中消除大部分 GaAs 基板,并将整个电路制造在残留 GaAs 薄膜上。图 22.7b 给出了这类 SBD 的例子,薄膜厚度为 $3\mu m$,GaAs 幅面为 $600\mu m \times 1400\mu m$。

偏压值 $V > 3kT/q$ 时肖特基势垒结的 I-V 特性(参考式(9.148))可以近似表示为

$$J_{MSt} = J_{st} \exp\left(\frac{V}{V_0}\right) \tag{22.5}$$

式中,器件斜率 $V_0 = \beta kT/q$。对上式微分,得到结电阻:

$$R_J = \frac{V_0}{J_{Mst}} \tag{22.6}$$

寄生参数 R_s 和 C_J 决定二极管的临界频率,也称为截止频率:

$$\nu_c = (2\pi R_s C_J)^{-1} \tag{22.7}$$

明显高于工作频率。

该结空间电荷的电容可以近似表示为[67]

$$C_J(V) = \frac{\varepsilon A}{\omega} + 3\frac{\varepsilon A}{d} \tag{22.8}$$

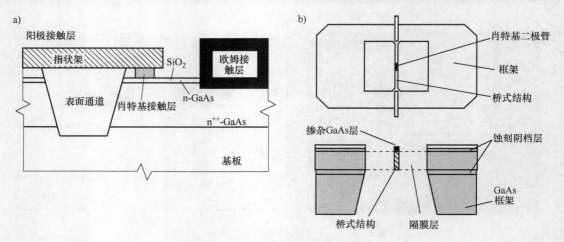

图 22.7 平面肖特基二极管设计

a) 频率低于 1THz 的表面沟道二极管设计(资料源自:Marazita, S. M., Bishop, W. L., Hesler, J. L., Hui, K., Bowen, W. E., and Crowe, T. W., "Integrated GaAs Schottky Mixers by Spin-on-Dielectric Wafer Bonding," IEEE Transactions on Electron Devices 47, 1152–56, 2000)

b) 薄膜片上的 GaAs 肖特基二极管(资料源自:Siegel, P., Smith, R. P., Gaidis, M. C., and Martin, S. IEEE Transactions on Electron Devices 47, 596–604, 1999)

式中,ε 为半导体的介电常数;A 和 d 分别为阳极面积和直径;ω 为与载流子密度、扩散电位及偏压有关的耗尽层厚度;第二项为周边电容。由于耗尽层与施加的偏压有关,因此,结电容与电压有关。因此,电容量要大于 $C \approx 10^{-7} F/cm^2$。

为了在高频时得到高性能,二极管面积要小,而减小结面积时,为了提高工作频率,需要减小结的电容,但同时增大了串联电阻。最先进器件的阳极直径约为 $0.25\mu m$,电容为 $0.25fF$。对高频工作模式,将 GaAs 层掺杂至 $n \approx (5 \sim 10) \times 10^{17} cm^{-3}$ [5,60,68]。

若是较低频率(ν 约小于 0.1THz),则可以较好地理解 SBD 的工作原理,并用考虑到肖特基二极管寄生参数(变电容和串联电阻)的混频理论予以描述。然而,在亚毫米(即 THz)光谱范围,器件设计和性能关系变得相当复杂,在较高频率时,存在有几种寄生机理,不仅取决于表面效应,而且与半导体材料的高频过程有关,如载流子散射,载流子通过势垒的传输时间,电介质弛豫等都变得很重要。

图 22.8 给出了室温下频率与 SBD 电压灵敏度的依赖关系[53]。实线所示为表面效应、载流子惯性、外延层中的等离子体谐振(f_{pe})和基板中的等离子体谐振(f_{ps})、声子吸收(f_t 和 f_l 分别是横向和纵向极光学声子的频率)及转换效应允许值的理论依赖关系。除了不包括转换效应外,虚线所示的内容与之相同。实验结果与不同阳极形状的 SBD 有关,在整个频率范围内,实验结果与计算值之间都有非常满意的一致。由于天线的进一步改进,图中所示探测器的灵敏度提高了一个数量级——在 1THz 附近大约是 350V/W。在直接探测模式中,SBD 在 ν = 891GHz 处的 NEP = $3 \times 10^{-10} \sim 10^{-8} W/Hz^{1/2}$ [53]。

与制冷 HEB 和 SIS 混频器(见图 4.7)相比,外差式 SBD 接收器质量最差,却同时提供了使 SBD 混频器应用于不同毫米和亚毫米领域的机会,其灵敏度非常适用于中等分辨率的毫米波光谱仪[69,70]。超导混频器一般要求微瓦级本地振荡器功率,比 SBD 上一代产品大约低 3~4 个数量级,因此,可以利用更宽范围的本地振荡器能源。迄今已使用和正在使用的技术包括二

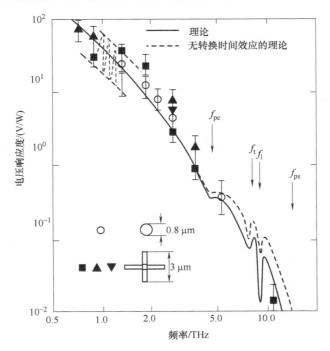

图 22.8 不同阳极形状 SBD 电压灵敏度与辐射频率的依赖关系

(资料源自：Bozhkov, V. G., Radiophysics and Quantum Electronics, 46, 631-56, 2003.)

极管倍增器、激光器和光电子器件，以及诸如调速管之类的"真空管"振荡器，包括以纳米技术制造的新型产品。

22.3 对破坏中断光子探测器

20 世纪 60 年代初，首次提出超导隧道结(Superconductor Tunnel Junction，STJ)对破坏中断探测器[71]，继而，提出不同的几种方法使准粒子与库珀(Cooper)对分离，其中包括：超导体-绝缘体-超导体(Superconductor-Insulator-Superconductor，SIS)、超导体-绝缘体-一般金属(Superconductor-Insulator-Normalmetal，SIN)探测器和混频器、射频(RF)动态电感探测器和超导量子相干器件(Superconducting Quantum Interference Device，SQUID)动态电感探测器。尤其是通过研发多路复用技术，使超导探测器具有许多优点：高灵敏度，能够利用光刻技术制造以及大尺寸阵列。兹姆茨纳斯(Zmuidzinas)和理查兹(Richards)阐述了这些器件的基本物理学原理及最新研究进展[11]，在此，重点讨论最重要的 SIS 类型探测器。

SIS 类型探测器是一种夹层结构，由两种超导体夹着一层薄的(约 2nm 厚)绝缘层，其示意如图 22.9 所示。Nb 和 NbTiN 几乎是专门用作电极的超导体。对于标准的结形成工艺，基极是 200nm 厚溅射 Nb，通过热氧化技术(Al_2O_3)或等离子体氮化技术(AlN)形成一层 5nm 溅射铝用作隧道结。反电极是 100nm 厚溅射 Nb 或者反应溅

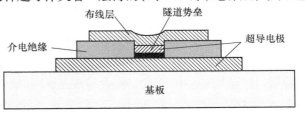

图 22.9 一个典型 SIS 结的截面图

射 NbTiN，此结面积的典型值是 $1\mu m^2$。通过一次镀膜工艺能够完成整个 SIS 结构。对反电极进行光刻术、电子束光刻术或者反应离子蚀刻处理，从而形成结，最后，热镀 200nm 厚 SiO 或者溅射相同厚度的 SiO_2。SiO_x 层对结起着绝缘作用，并用作结上布线和射频调谐电路的介电层。

SIS 的工作原理基于准粒子穿过绝缘层的光助隧穿效应。虽然在 20 世纪 60 年代，已经从物理学角度在理论上解释并验证了该效应[72,73]，但几乎花费了 20 年时间才将其应用在混频器中[74,75]。由于具有很强的非线性 I-V 特性，所以，目前 SIS 隧道结主要用作外差式毫米和亚毫米接收器中的混频器。也可直接用作探测类的探测器[75,76]。SIS 结的工作温度低于 1K，一般 $T \leqslant 300mK$。

用半导体理论中众所周知的能带表示法也可以描述 SIS 的工作原理。如图 22.10a 所示，低于能隙的态看做是占有态，而高于能隙的态是空态，曲线表示电子的态密度。当偏压 V_b 施加于结上，在两个超导体费米级之间有一个 qV_b 的相对能量移位。如果 qV_b 低于能隙 2Δ，就不会出现电流（电子只能在同能量级隧穿到未占有态中）。然而，如果结受到照射，能量为 $h\nu$ 的光子会帮助隧穿，就可能出现 $qV_b > 2\Delta - h\nu$。

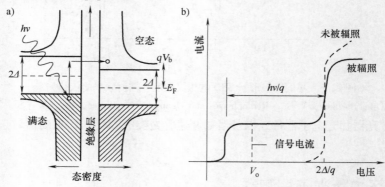

图 22.10 SIS 结
a）施加偏压的能级图以及光子辅助隧穿的说明
b）未被照射和受到照射势垒的 I-V 特性
根据一定偏压 V_0 下的过量电流测量入射光的强度

SIS 器件的 I-V 特性如图 22.10b 所示。当偏压达到能隙电压时，电流会突然增大。在该特定电压下，两个超导层的发散态密度相交，绝缘层一侧上的库珀对分解成两个电子（准粒子），接着，这些准粒子从绝缘体一侧隧穿到另一侧，之后复合。正常隧穿电流的突然形成超越了与超导体能隙 2Δ 相等的直流阈值电压，并且，利用单粒子隧穿过程中的这种突然非线性进行混频。I-V 的非线性很小，大约是几十毫伏，与肖特基二极管的非线性差不多（1mV 数量级）。然而，隙电压时 SIS 的非线性比太赫兹光子的能量小得多，不可能再应用古典的混频器理论。为了解释太赫兹探测中应用 SIS 的可能性，必须详细阐述包括量子效应在内的混频理论[76]。

尽管由于固有的快速隧穿过程使中频（IF）带宽及 SIS 结本身很大，但在实际应用中，受限于电路，一般的中频波带是 4～8GHz。对于设计高频 SIS 混频器的主要挑战之一是处理 SIS 结的大平板电容。虽然 SIS 的结面积与肖特基二极管的面积类似，但两个超导电极形成一个平板电容器，所以其寄生电容要大得多（一般是 50～100fF，而肖特基二极管约为 1fF）。因此，需要片上调谐电路以补偿电容，并且，合理地设计 SIS 混频器至关重要[11,22]。当频率较高，尤其是超过 1THz（$\lambda = 300\mu m$）时，调谐电路的损耗就变得很重要，并且会使混频器性能恶化。尽管如此，大约直至 1.5~1.6THz(λ = 200~188μm)的频率范围，仍然获得了良好的性能。

有两种途径可以实现上述 SIS 混频器的合理设计：波导耦合和准光学耦合[11]。图 22.11 给出了两种结构布局的例子。比较传统的方法是波导耦合，首先，由一个喇叭形装置将辐射汇聚在单模波导中，然后，再自身耦合到 SIS 芯片上面用刻印方法制造出的薄膜波导线上。图 22.11b 所示的芯片大约是 2mm 长和 0.24mm 宽，利用绝缘体上硅粘结晶片法将其制造在 25μm 厚的硅材料上。扩展到基板边缘外 1μm 厚金材料梁式引线是与金属波导探针的电连接线[11]。波导耦合严重复杂化表现在：混频器一定要很窄，并必须制造在超薄基板上。

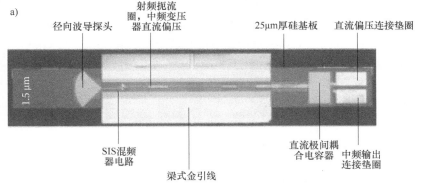

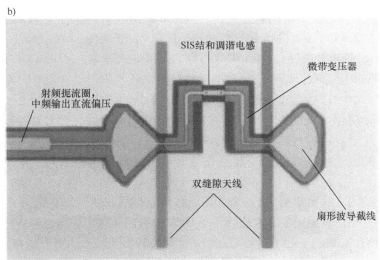

图 22.11 两种结构布局

a) 工作在 200~300GHz 频段的波导 SIS 混频器照片 b) 准光学 SIS 混频器照片

(资料源自：Znuidzinas, J., and Richards, P. L., Proceedings of IEEE92, 1597-1616, 2004)

若是准光学耦合模式，将辐射汇聚到波导内的中间步骤省略，取而代之的是 SIS 芯片自身的一块刻制天线。这类混频器大大简化了制造工艺，并可以利用厚基板。在设计图 22.11b 所示的结构时，径向部分作为射频短电路，将狭缝接收的辐射耦合到 Nb/SiO/Nb 超导微带中。这种芯片在结中间使用 Nb/Al$_2$O$_3$/Nb SIS 结和短带电路两种结构，提供所需的调谐电感以补偿结电容。

SIS 混频器属于 $\nu \approx$ 0.3~0.7THz 频带内最灵敏和具有低非本征噪声的一类器件。使用 Nb

引线的 Nb 基 SIS 混频器几乎达到量子限,也就是说,噪声温度低于 $3h\nu/kT$(见图 4.7)[76,79]。频率较高时,$\nu \approx 1.0 \sim 1.3$ THz,由于高频损耗,SIS 非本征噪声快速增大。利用多元或矩阵阵列有希望进一步提高灵敏度。然而,直至现在,SIS 探测器很难集成到大尺寸阵列中。由于这方面的明显难度,因而,只是在小尺寸阵列制造技术上获得成功[78]。对于 $\nu < 1$ THz 频率范围内毫米和亚毫米波长的地基射电天文学,SIS 混频器似乎是最好的解决方案[80]。

对于低频带大相对带宽而言,SIS 混频器的信号带宽是其中心频率的 10%~30%。直至 1THz,该混频器都是位于一个波导管支架中,而 1.2~1.25THz 混频器则使用准光学耦合技术。

单像素 SIS 混频器一般需要 40~100μW 本地振荡器泵浦功率,与单像素 SBD 混频器($P > 1$ mW)相比,明显要低。更低的本地振荡器功率就需要使用超导体热电子测辐射热计混频器($< 0.1 \sim 1 \mu$W)[81],但也是工作在很低的温度环境下。与肖特基二极管或者 SIS 探测器不同,热电子测辐射热计是热探测器。

22.4 热探测器

在太赫兹波段还有许多类型的长波和远红外波段的热探测器(包括高莱(Golay)探测器、测辐射热计、低温探测器)。

与其它热器件一样,传统上将测辐射热计看做是慢器件,在许多应用中,其性能受限于速度和灵敏度之间的折中。对于工作在室温和 10~100μm 光谱范围的普通非制冷微测辐射热计,热容量的典型值约为 2×10^{-9} J/K(测辐射热计的尺寸是 50μm × 50μm × 0.5μm),热传导率是 10^{-7} W/K(a-Si 或 VO_x 测辐射热计),两个参数可以确定其时间常数 $\tau \approx 20$ ms(见本书第 3 章)。这类测辐射热计的 NEP 上限仅受限于与环境的辐射交换,是 $NEP_R = 2.7 \times 10^{-13}$ W/Hz$^{1/2}$,只有采用大 τ 值($\tau \approx 3.5 \times 10^4$ s)时才能使上限值达到 $NEP_R = 1.7 \times 10^{-19}$ W/Hz$^{1/2}$ [42]。

如果测辐射热计用作 THz 混频器,就要足够快地满足中频需求(即混频过程中总的时间常数最大值必须是几十皮秒),换句话说,需要高热导率和小热容量[38]。将这种子系统作为半导体或超导体中的电子与晶格(声子)相互作用,就可以满足这些要求,电子热容量比晶格低许多数量级。

第一个含有"热电子"的测辐射热计(即 HEB)是低温体 n-InSb[24,83]。InSb HEB 带宽约为 4MHz。目前,研究人员已经提出了其它能够用于 HEB 制造的其它半导体材料。尽管光子-电子相互反应速率很高而使加热电子的速率极高,但最大频率转换受限于热弛豫速率,低温下半导体受控于电子-声子相互作用时间 $\tau \approx 10^{-7}$ s[84]。与加热晶格的普通热探测器相比,该响应时间较短,而与超导体 HEB 的 τ 相比,还是较长的。因此,对于直接探测半导体系统,其响应速度相当合适,但并不适合混频器。在工作温度低于 4K 时,其 NEP 可以达到 5×10^{-13} W/Hz$^{1/2}$。

外差探测工作模式所需要的半导体 HEB 的电流-电压非线性特性是以传导率对电子迁移率的依赖关系为先决条件,是施加电场的函数,因此也是电子温度的函数。将半导体 HEB 频率转换器的温度提高到约 80K(电子-声子相互作用更强,并且 $\tau \approx 10^{-11}$ s),可以得到更高的中频(IF)和更宽的 Δf,在这种情况下,这类频率转换器的噪声水平略有增大,转换损耗也随之快速增大。

对于低维半导体结构,电子-声子反应大幅提高(τ 减小),因此,可以将这类结构视为具有较高中频和直至 10^9 Hz 较宽带宽的频率转换器[85-87]。对光响应弛豫时间的直接测量表明,在温度 4.2~20K 时，$\tau\approx0.5$ns[88]。因此，与体半导体 HEB 相比，其中频能够增大三倍。

纵观历史，20 世纪 70 年代初期发明了利用半导体的 HEB 混频器[83]，在早期的亚毫米天文学应用中起着重要作用[89]，而在 90 年代初期，被 SIS 混频器替代。然而，超导 HEB 的研发使得 SIS 混频器无法达到的频率范围内也能够制造出最灵敏的太赫兹混频器。HEB 混频器和普通的测辐射热计的主要区别是响应速度。HEB 混频器速度相当快，足以达到 GHz 的中频输出带宽。

表 22.2 汇总了含有测辐射热计的天文仪器的典型技术要求。为了满足这些，在响应时间和 NEP 之间作些折中是必要的。

表 22.2 典型天文仪器的技术要求

仪器	波长范围/μm	NEP/(W/Hz$^{1/2}$)	τ/ms	NEP$\tau^{1/2}$/×10^{-19}J	备注
SCUBA	350~850	1.5×10^{-16}	6	9	高背景光，需合适的 τ
SCUBA-2	450~850	7×10^{-17}	1~2	1	低背景光，需快速 τ
BoloCAM	1100~2000	3×10^{-17}	10	3	低背景光，较慢器件①
SPIRE	250~500	3×10^{-17}	8	2.4	空间背景光，速度稍慢器件①
Planck-HFI	350~3000	1×10^{-17}	5	0.5	最低背景光，需相当快 τ

① 原文中多印了"okay"一词。——译者注

22.4.1 半导体测辐射热计

传统的测辐射热计包含具有跳频过程（产生的电阻符合 $\alpha\exp(T/T_0)$ 规律）的重掺杂和补偿半导体。利用 Si 中离子植入技术或者 Ge 中子嬗变掺杂技术制造热敏电阻[90]。一般地，是利用平板印制技术将其制造在 Si 或者 SiN 薄膜上。选择几兆欧的阻抗以使工作在大约 100K 温度时结型场效应管放大器（JFET）的噪声降至最低。可以断言，这种技术的局限性源自 100~300mK 温度下测辐射热计与约 100K 温度下放大器之间热机械和电学界面，没有可行的具体方法能够将多个此类测辐射热计多路复用到一个 JFET 放大器。目前阵列要求每个像素一个放大器，并局限于几百个像素。

在一个测辐射热计中，光子被网格中连续或图印成形的金属薄膜吸收。设计的图印成形薄膜能够选择光谱带以提供偏振灵敏度或控制（输入和输出信息）吞吐量。使用不同的测辐射热计结构，在密堆积阵列和蛛网结构中，制造有弹出结构和凸起焊接结构。阿格内塞（Agnese）等人阐述了一种利用铟凸起焊接技术将两块晶片组装成的不同阵列结构[91]。另一类测辐射热计则被集成在喇叭形耦合阵列中，采用 AC 偏压使低频噪声降至最低。

当今的技术是在许多实验中，包括美国 NASA 航向指示器地基仪器和如 BOOMERANG、MAXIMA 和 BAM 气球试验，形成了可以在光谱范围 40~3000μm 内工作的几百个像素的阵列。图 22.12 给出了空间 BOOMERANG 试验（普朗克（Planck）和赫谢耳（Herschel）试验任务）使用的蛛网状测辐射热计[90]。

另一种方法是图 22.13a 所示同温层红外线天文台（SOFIA）SHARCII 仪器使用的一种阵列[92]。该阵列结构有 12×32 像素，包括弹出结构，吸收器涂镀在随后成为褶皱的电介质薄膜上。12×32 个测辐射热计阵列、负载电阻和隔热 JFET 都安装在体积大约 18cm×17cm×18cm

的结构中，总的质量是 5kg，并散热到 4K。每个测辐射热计都制造在 1μm 的硅膜上，集光面积是 1mm×1mm²。全部面积被离子植入磷和硼，深度约为 0.4μm，以形成热敏电阻。在热敏电阻边缘和测辐射热计支架使用筒并掺杂引线就可以完成热敏电阻和硅框架上微量铝之间的电连接。四个隔热支架都是 16μm 宽和 420μm 长，在褶皱之前，每个测辐射热计都镀以约 20nm 的铋吸收薄膜和约 16nm 的 SiO 保护膜。在 0.36K 基底温度和黑暗中，测辐射热计的峰值响应度约为 $4×10^8$ V/W，10Hz 时的 NEP 最小值约为 $6×10^{-17}$ W/Hz$^{1/2}$。声子噪声是噪声的主要贡献者，其次是测辐射热计的约翰逊噪声。

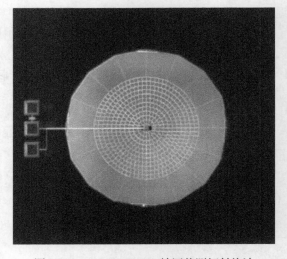

图 22.12 BOOMERANG 蛛网状测辐射热计
（资料源自："Detectors Needs for Long Wavelength Astrophysics," A Report by the Infrared, Submillimeter, and Millimeter Detector Working Group, June 2002）

随着对工作在测辐射热计温度附近的低噪声读出电路的研发，制造第一台真正适用于远红外和亚毫米光谱范围的高性能测辐射热计阵列正在成为可能。例如，赫谢耳（Herschel）/PACS（光电探测器阵列相机和光谱仪）仪器 2048 像素阵列的测辐射热计[93]，是 JFET 的另一种方案。该阵列结构并非很明确地类似直接混成型中红外阵列。在此，用图形刻印法将硅晶片转印成测辐射热计，如图 22.14 所示，每块都是硅网格形式。正如本书第 6 章所述，硅微机械制造技术的开发使测辐射热计结构有了极大进步，是制造大规模阵列的中心技术。获得合适的响应和时间常数特性，需要仔细设计吊杆和网格。用氮化钛薄层将网格涂黑，为了保证宽光谱范围内有 50% 的效率，薄层的表面电阻要与自由空间的阻抗（377Ω/□薄膜区）匹配。利用对温度敏感的合适电阻值表示每个位于网格中心的测辐射热计（包含有一个通过离子植入掺杂的硅基温度计）的特性。对于 MOSFET（金属氧化物半导体场效应晶体管）读出放大器，完全可以调整到大电阻（$>10^{10}$Ω）。在制造混成型阵列的最后工序中，利用铟柱焊接技术将 MOSFET 基读出

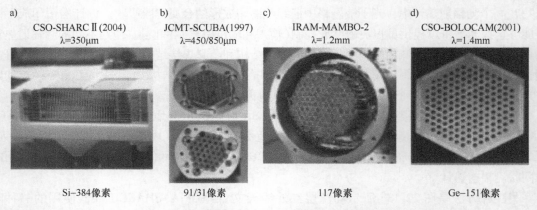

图 22.13 安装在下列型号地基望远镜中的阵列
a) CSO – SHARCII b) JCMT – SCUBA c) IRAM – MAMBO – 2 d) CSO – BOLOCAM

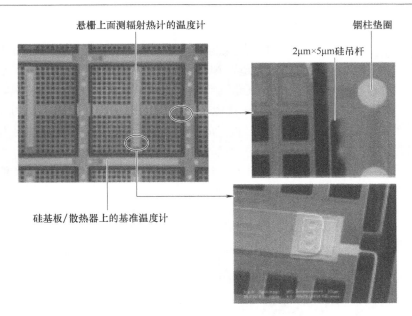

图 22.14 像素尺寸 750μm 的 Herschel/PACS 测辐射热计阵列

(资料源自：Rieke, G. H., Annual Review of Astronomy and Astrophysics, 45, 77 – 115, 2007)

电路与硅测辐射热计晶片连接在一起。目前，其性能受限于 MOSFET 放大器噪声，NEP ≈ 10^{-16} W/$Hz^{1/2}$。然而，该技术使非常大的阵列结构也适合于较高背景的应用。更详细的内容请参考比洛(Billot)等人的文章本章参考文献【93】。

22.4.2 超导热电子测辐射热计

进行热探测的另一种方法是利用超导体中电子子系统。当金属热容量取决于电子时，其在低温下与超导跃迁附近的晶格或正常金属会微弱地相互作用。若某种金属吸收一个光子，最初，单个电子就接受该光子能量，之后，便快速地与其它电子共享此能量，因而，电子温度稍有升高。电子温度通常是通过后续发射声子而降至镀浴温度(bath temperature)。尽管该项研究已经取得了重大进展，但 HEB 混频器的物理学细节还没有完全理解。

HEB 混频器的主要问题是为了产生几个 GHz 的有效中频输出带宽，必须有足够快的热时间常数。对于固定的热弛豫时间，热容量设置所需要的本地振荡器功率，并利用很小体积的(< 10^{-2} μm^3)超导薄膜使之降到最小。所需的本地振荡器功率要比 SIS 混频器的功率(一般是 100～500nW)约小一个数量级，而比 SBD 低得更多(大约 3～4 个数量级)。本地振荡器功率随微桥体积按比例变化，并随临界温度升高而减小[94]。

正如本书 6.3 节所述，使用两种方法可以得到有用的中频输出带宽。
- 声子制冷，利用具有大电子-声子反应的超薄 NbN 或 NbTiN 薄膜。
- 扩散制冷，利用亚微米 Nb、Ta、NbAu 或者 Al 器件与普通金属制冷"垫圈"或电极耦合。

上述两类器件颇具竞争性的灵敏度验证已经做过。

卡拉西克(Karasik)等人对制造在 Si 平面体基板上的热电子超导直接探测 Ti 纳米测辐射热计进行了验证，其中采用 Nb 连接层，在 300mK 温度下的 NEP 是 $3×10^{-19}$ W/$Hz^{1/2}$[41]。可以证明,较大器件在温度 T = 190K 时的热时间常数 τ_{eph} = 25μs。

与 SDD 或 SIS 混频器不同,HEB 是热探测器,属二次方律混频器类。图 22.15a 所示例子是混频器的芯片中心区,将 3.5nm 厚的超导 NbN 薄膜制造在高电阻 Si 基板上,基板上有一层用电子束蒸镀的 MgO 缓冲层[95]。在氩气和氮气(Ar + N₂)混合气体中采用磁控溅射技术涂镀超薄 NbN 薄膜,NbN 薄膜敏感区取决于 Au 接触垫圈(一般地,超导桥的长度在 0.1 ~ 0.4μm 间变化,宽度是 1 ~ 4μm)间 0.2μm 间隙尺寸。NbN 微带与图形刻印技术制成的平面天线相集成作为长周期螺旋结构,NbN 临界温度取决于基板的镀膜厚度。硅基板上镀有 MgO 缓冲层致使 NbN 薄膜的超导性质有很明显提高(见图 22.15b)。超导跃迁温度约 9K,跃迁宽度约 0.5K。

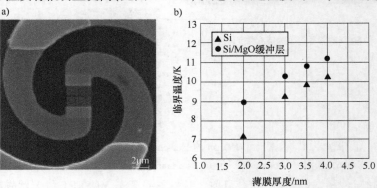

图 22.15 NbN HEB 混合器芯片

a)混合器中心区的 SEM 显微照片 b)临界温度与 Si 基板(三角形)和具有 MgO 缓冲层硅基板(圆点)上 NbN 膜层厚度的关系

(资料源自:Goltsman, G. N., Vachtomin, Yu. B., Antipov, S. V., Finkel, M. I., Maslennikov, S. N., Smirnov, K. V., Poluakov, S. L., et al., Proceedings of SPIE 5727, 95 – 106, 2005)

NbN 超导 HEB 混频器具有很强的电子-声子反应,响应时间可以达到 10^{-11}s[96],并且,对工作在 ν > 1THz 内没有主要限制(没有明显容量),所以,这些器件可以在宽光谱范围内(直至 SIS 混频器都无法工作的可见光光谱)应用外差探测。例如,图 22.16 给出了 3.5nm 厚 NbN 薄膜器件与中频有关的输出功率,其中,NbN 薄膜分别镀在 MgO 基板面(曲线 A)和具有 MgO 缓冲层的 Si 基板上(曲线 B)。频率局限于几个 GHz 范围,是由于自由载流子弛豫速率的影响。

声子与电子比热之比 C_p/C_e 控制着电子到声子的能量流以及不平衡声子被电子重新吸收而形成的能量回流。对于 Nb 层,该比例是 0.85,NbN 层的是 0.65,而 YBaCuO 层的是 38[97]。对非常薄的薄膜,在被电子再吸收之前,声子可以遁逃到基板中。若基板上 Nb 镀膜层厚度小于 10nm,则 $\tau_{phe} > \tau_{eph}$,并且,声子有效遁逃到基板,就会使能量回流到电子。因此,τ_{eph} 只能控制大约 5ns 的响应时间。与体半导体测辐射热计(工作温度 $T \approx$ 4K)相比,Nb 器件对宽光谱区非常敏感,并且快得多,NEP 可达到 3×10^{-13} W/Hz$^{1/2}$[98]。

与 Nb 薄膜相比,NbN 薄膜具有更强的电子-声子反应,所以,其 τ_{eph} 和 τ_{phe} 短得多。对 3nm 厚的超薄 NbN 薄膜,τ_{eph} 和 τ_{phe} 两者共同决定着探测器的响应时间,在 τ_c 附近($\tau_{eph} \approx$ 10ps)约为 30ps[96]。NEP 可以达到 10^{-12} W/Hz$^{1/2}$[99]。

若是 YBaCuO 探测器薄层,比值 $C_p/C_c \approx$ 38,主要是声子制冷类型,从声子到电子的能量回流可以忽略不计,其热化时间比 NbN 层快约一个数量级($\tau_{eph} \approx$ 1ps)。在由 fs 级脉冲激励的 YBaCuO 薄膜中,非热辐射过程主导着电子弛豫的前期阶段,因此,非热(热电子)和热辐射

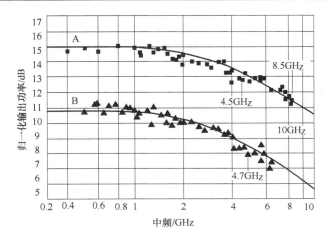

图 22.16　3.5nm 厚 NbN 薄膜器件的输出功率与中频的函数关系，曲线 A 表示薄膜器件镀在
MgO 基板平面上，曲线 B 表示镀在具有 MgO 缓冲层的 Si 基板上
(资料源自：Goltsman, G. N., Vachtomin, Yu. B., Antipov, S. V., Finkel, M. I., Maslennikov, S. N., Smirnov, K. V., Poluakov, S. L., et al., Proceedings of SPIE 5727, 95 – 106, 2005)

(声子)过程实际上被解耦[96]。为了使电子与声子解耦，薄膜中的非平衡声子应在一个短时间内(与声子-电子时间 τ_{eph} 相比)从其中遁逃出(进入基板)。

HEB 混频器可以制造成具有喇叭形天线的波导结构或者准光学混频器，若大于 1THz，则更经常使用准光学混合型天线。如图 22.15a 所示，超导微桥结构被镶嵌在一个平面天线内，如双缝或者对数螺旋天线。将具有反馈天线和微桥结构的基板安装在一个超半球或椭球透镜的相反侧。

HEB 远比 SBD 灵敏，而比 SIS 混频器的灵敏度稍差，如图 4.7 所示。该图表明，如果使用 HEB 混频器，则双边带(DSB)噪声温度范围从 600GHz 时的 400K 变化到 5.2THz 时的 6800K。对较低的 2.5THz 的频率范围，噪声温度非常接近 $10h\nu/k$ 曲线。大于该频率，对应值变得稍差些，主要是由于光学部分的损耗增大、天线的低效率以及超导桥中表面效应的贡献量所致。一般地，声子制冷 HEB 要比扩散制冷器件有更低的噪声温度。

由于高灵敏度，所以，NbN HEB 混频器是目前大于 1THz 外差光谱术的首选。赫谢耳(Herschel)任务和平流层红外天文台(SOFIA)中使用的混频器便是实例。

讨论到高温超导体(High Temperature Superconductor, HTSC)HEB，应当注意到，还没有这类接收器的文章发表。由于其成分复杂，还不能制造具有高临界温度的很薄的薄层，所以，技术上尚未达到高度成熟的状态。HTSC 属于声子制冷类型，电子扩散机理可以忽略不计[97,100]。与低温器件相比，较高的工作温度使声子动态原理起重要作用，并引入了过量噪声，所以，这些接收器很明显噪声大，因而也不能达到低温 HEB 的灵敏度[100]。但是，由于其具有很短的电子-声子弛豫时间(对于 YBaCuO[101]，$\tau_{eph} \approx 1.1ps$)，所以，HTSC HEB 混频器是宽带宽器件。里亚提(Lyatti)等人已经得出结论[102]，HTSC HEB 混频器的 NEP 可以达到 $5 \times 10^{-15} W/Hz^{1/2}$。

22.4.3　转换边界传感器测辐射热计

转换边界传感器(Transmission-Edge Sensor, TES)测辐射热计的名字源自其温度计，该温度计是以夹持在转换区内的超导薄膜为基础，在几个 mK 的温度范围内可以从超导态转换到正常态(见图6.15)。此薄膜非常稳定,但转换区电阻对温度有过高的依赖关系,利用由一层正常材料和一层超导体组成的双层薄膜可以改变转换温度。这种设计能够使库珀对(Cooper pair)从超导体向一般金属中扩散,并具有微弱的超导作用-这种过程称为邻近效应。与纯超导膜相比,降低了转换温度,因此,在原理上,TES测辐射热计相当类似HEB。如果是HEB,允许超导体中的电子直接吸收辐射功率从而实现高速度;而对于TES,与普通的测辐射热计一样,使用分离的辐射吸收器而通过声子使能量传输到超导TES中。

可以使用不同类型的超导金属薄膜对(双层),包括薄膜 Mo/Au、Mo/Cu 和 Ti/Au 等。两种金属层的特性如同转换温度是800mK(对于Mo)到0K(对于Au)的单层膜一样,并在该温度范围可以调谐转换温度。由于这些器件的能量分辨率随温度成比例缩放,所以要求较低的温度($T < 200$mK)。

传统上,超导测辐射热计需要施加偏压以保持恒定电流,读出电路具有电压放大器。偏压功率 $P_b = I^2 R$ 随 T_c 附近电阻 R 增大而造成温度升高进而增大。结果,一个正电热反馈导致不稳定,甚至热失控。欧文(Irwin)提出采用负电热反馈的新思路[103]以稳定转换工作点处 TES 的温度。当吸收光子的功率造成 TES 温度升高时,其电阻也升高,偏压电流下降,电功率损耗随之降低,部分地消除了吸收功率的影响,并可以忽略纯粹的热漂移。采用负反馈的 TES 的优点包括线性、带宽以及对外部参数(如被吸收的光功率和散热片的温度)变化响应不敏感。因此,这些器件适合制造能满足众多新任务要求的大尺寸喇叭口形耦合连续阵列[104-106]。

实际上,选择偏压 V_b 以得到小光学功率 P 时,能够将 TES 加热到温度转换的陡峭点。对于中等 P 值,电热反馈保持总功率输入 $P + V^2/R$(因此也是温度)不变。电流响应定义为测辐射热计电流 I 对光学功率变化的响应,因此,对于具有单极响应的热电路而言是相等的[11,107]:

$$R_i = \frac{dI}{dP} = -\frac{1}{V_b} \frac{L}{(L+1)} \frac{1}{(1+i\omega\tau)} \quad (22.9)$$

式中,$L = \alpha P/GT$ 为环路增益。其中,$\alpha = (T/R)dR/dT$,为超导转换的陡峭度计量,也为测辐射热计的品质因数;$G = dP/dT$ 为差热传导率;τ 为有效时间常数。对于典型的环路增益 $L \approx 10^2$[103],低频响应度 $R_i \approx -1/V_b$,并仅取决于偏压,而与信号功率及散热片温度无关。有效温度常数 $\tau = \tau_0/(1+L)$ 远比没有反馈 $\tau_0 = C/G$ 热探测器的时间常数短。负电热反馈使测辐射热计运行快几十甚至几百倍,Mo/Cu 邻近效应层($T_c = 190$mK)的 α 值与热浮动噪声相一致[108],在 100 ~ 250 间[109]。

TES 的电阻低,所以,只能传输大量的能量到低输入阻抗放大器,不包括 JFET 和 MOSFET。信号反馈到超导量子干涉器件(Superconducting Quantum Interference Device, SQUID),这是日益增长的以超导性原理工作的一类电子器件的基础。在这种情况下,TES 是一个变压器,利用输入线圈耦合到 SQUID,利用电流偏置分流电阻为 TES 提供不变的偏压。当分流电阻工作在非常接近探测器温度条件时,可以忽略不计偏置器的约翰逊噪声。SQUID 读出电路有许多优点:工作在测辐射热计温度附近;具有很低的功率损耗和大的噪声容限;对微颤拾波干扰不敏感。此外,为了有助于将其集成在同一块芯片上,SQUID 读出电路和 TES 测辐射热计两者使用类似的制造和光刻工艺。

图 22.17 给出了 TES 与 SQUID 放大器线圈串联的典型电路图。利用一个冷分流电阻 R_{sh}(具有 10mΩ 电阻,远小于 TES 的 $R \approx 1\Omega$)的电流偏置实现偏压,使用 SQUID 的电表测量通过 TES 的电流,并且,SQUID 输入的同频带信号传输电抗远小于 R。当关闭 SQUIDs 的偏压,则

整个器件进入超导态,丝毫不会增加噪声,因此,通过打开和关闭阵列中 SQUID 的行和列(每个像素中一个),就可以实现冷多路复用器功能。SQUID 的偏压受控于地址线,如果偏压下产生 100μA 电流,那么,每个 SQUID 都能够从一种工作状态转换到超导态。设置地址线使所有串联的超导量 SQUID,除一根线外都处于超导状态,只有那一根线贡献输出电压。通过一系列合适的偏压设置,每个 SQUID 放大器都可依次读出。为了避免从低温控制器引出大量引线,在放大之前,可以多路复用 30~50 个探测器的引线。

一般地,以 SQUID 为基础、为 TES 测辐射热计和微热量计研制的多路复用器使用分时[111]和分频[112]两种方法。已经介绍过分时法,其中,多路复用器使用 SQUID 从而使每个测辐射热计顺序通过

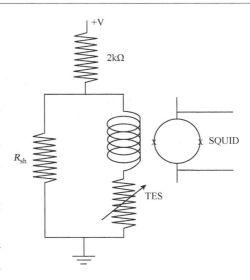

图 22.17　典型的 TES 偏压电路和低噪声低功率 SQUID

单超导量子干 SQUID 放大器打开输出。若是频率域情况,每个 TES 都施加一个正弦变化的偏压,并且,通过加法将一些 TES 信号编码成振幅调制载流子信号。然后,该信号被单 SQUID 放大器放大,由环境温度锁相放大器进行复位。关于 SQUID 多路复用器的更详细内容,请阅读参考文献【110,113-116】。

TES 测辐射热计阵列最具代表性的例子是应用于亚毫米相机 SCUBA 亚毫米通用测辐射热计阵列(Submillimeter Common User Bolometer Array,SCUBA) – 2 中、大约 10^4 个像素的器件[105,117]。以波长 450μm 和 850μm 工作的相机安装在美国夏威夷州詹姆斯·克拉克·麦克斯韦(James Clerk Maxwell)望远镜中。每个 SCUBA-2 由 4 块子阵列组成,每个子阵列包括 1280 个边缘转换传感器。该探测器结构的截面图设计如图 22.18 所示。此探测器技术以硅微制造技术为基础,每个像素包含两个焊接在一起的硅晶片,正方井形结构的上晶片支撑着氮化硅薄膜,薄膜上有 TES 探测器和硅吸收板;下面硅晶片薄至 1/4 波长(波长 850μm 时厚 70μm),晶片上表面事先植入磷以匹配自由空间的阻抗(377Ω/□)。一条深蚀刻槽将探测器单元与其散热器隔开,只有一条薄的氮化硅薄膜搭桥相连。将读出测辐射热计的超导电子线路制造在各个晶片上,利用铟柱焊接技术将两个组件组装在一个阵列中。更详细内容请参考沃尔顿(Walton)等人[105]和伍德克拉夫特(Woodcraft)等人[118]的文章。

除 SCUBA-2 使用的阵列外,安装有 SQUID 读出电路不同形式的 TES 测辐射热计均在积极研发中[41,119]。对于宇宙微波背景偏振研究任务,大幅面天线耦合 TES 测辐射热计阵列是极具吸引力的备选产品,具有射频双工发送功能的宽带天线和/或交错式天线能够有效使用焦平面,天线本身对偏振敏感,并且,TES 测辐射热计中的反馈为增益提供的良好稳定性更方便于偏振差分。

应用于 TES 测辐射热计的制造技术非常灵活,并且也在一直研发专用的探测器以满足特定观察任务的需求。已经介绍过一种测辐射热计设计方法,使用标准平面光刻术制造大尺寸、具有很高填充因数的单片探测器阵列。图 22.19 显示 1024 像素阵列结构及单个像素[120]。吸收单元是一个 1μm 厚的低应力(非化学计量量)氮化硅(Low-stress Silicon Nitride,LSN)正方形网

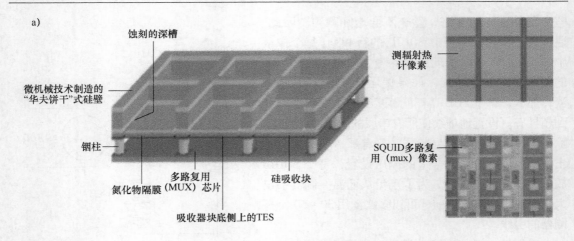

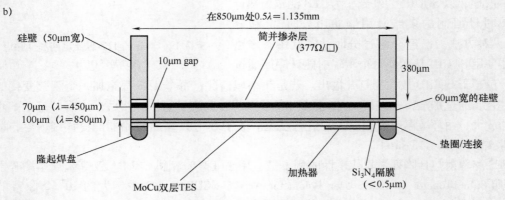

图 22.18　SCUBA-2 测辐射热计阵列
a)设计特点　b)单像素截面图

(资料源自：Walton, A. J., Parkes, W., Terry, J. G., Dunare, C., Stevenson, J. T. M., Gundlach, A. M., Hilton, G. C., IEE Proceedings. Science, Measurement and Technology, 151, 119-20, 2004.

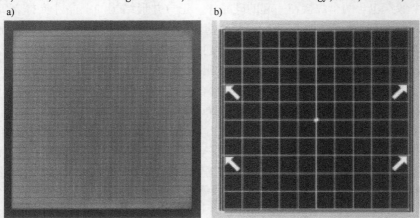

图 22.19　单板超导测辐射热计阵列
a)1024 元阵列测辐射热计(1.5mm×1.5mm 像素尺寸)的氮化硅结构
b)包括传感器和金属化在内的单个完整像素

(资料源自：Gildemeister, J., Lee, A., and Richards, P., Applied Physics Letters, 77, 4040-42, 2000)

格，用金材料进行金属化以形成一个 377Ω/□ 的平均薄膜电阻，一个有效确定太赫兹频率短路的回短电路位于网格后面 $\lambda/4$ 距离处，该网格吸收器在四个位置（箭头所示）受到具有低热导率的 LSN 梁的支撑。为了使 $T_c \approx 400\text{mK}$，在网格中心制成 Al 和 Ti 的邻近效应层。为了将热敏电阻与阵列边缘相连接，像素间梁和分隔带使用全超导导线，其它设计采用微机械制造和褶皱方法将导线从第三维度方向引出[121]。

图 22.20 给出了一个具有径向支撑架的密集喇叭形耦合阵列。位于喇叭形小端的测辐射热计分隔得足够远以便支撑和引线，该阵列完全采用光刻技术制造[11,122]。

图 22.20　55 个 TES 蛛网测辐射热计阵列和测辐射热计特写照片（将此类 6 个楔形器件组装在一起，形成 330 元六角形喇叭状耦合阵列）

（资料源自：Zmuidzinas, J., and Richards, P. L., "Superconducting Detectors and Mixers for Millimeter and Submillimeter Astrophysics", Proceedings of IEEE 92, 1597-1616, 2004）

22.5　场效应晶体管探测器

纳米级 FET 通道中等离子体波激励（电子密度波）的非线性使其在比器件截止频率略高的频率处有响应，原因是电子弹道传输所致。按照弹道学原理，动量弛豫时间比电子传输时间长（原文错将"longer than"印为"longer that"。——译者注）。FET 可以应用于谐振（调谐到一定的波长）和非谐振（宽带）两种太赫兹探测技术[123-126]，并通过改变栅极电压直接调谐。

晶体管接收器工作在很宽的温度范围内，直至室温[127]。使用不同的材料体系制造 FET、高电子迁移率晶体管(HEMT)和 MOSFET 器件,包括:Si、GaAs/AlGaAs、InGaP/InGaAs/GaAs 和 GaN/AlGaN[127-131]。在具有反向偏压肖特基结的二维电子通道[132]以及具有周期性光栅栅极的双量子阱 FET[133]中也能观察到等离子体振荡。

1993 年,吉亚科诺夫(Dyakonov)和舒尔(Shur)[134]根据栅极二维晶体管通道,以及浅水通道或者乐器声波中电子传输方程式之间的正式模拟,首次提出使用 FET 用作太赫兹辐射探测器[134]。因此,类流体力学现象也应当存在于该通道的载流子动力学中,在一定边界条件下可以预测该类流体在该形式等离子体波中的不稳定性。

支持研发稳定振荡器的物理机理是,对波振幅具有连续放大作用的晶体管能够使等离子体波在边界处反射,利用具有足够高电子迁移率的 FET 的等离子体激励可以发射和探测太赫兹辐射[135,136]。

下面利用线性色散定律表述 FET 中的等离子体波[134],在栅控区:

$$\omega_p = sk = k\left[\frac{q(V_g - V_{th})}{m^*}\right]^{1/2} \quad (22.10)$$

式中,$s \approx 10^8 \mathrm{cm/s}$,为 GaAs 通道中等离子体波速度;$V_g$ 为栅极电压;V_{th} 为阈值电压;k 为波矢量;q 为电子电荷;m^* 为电子有效质量。图 22.21 表示等离子体波在 FET 栅控区中的谐振振荡。FET 体(3D)和非栅控区的色散关系不同于式(22.10),分别为

$$\omega_p = \left(\frac{qN}{m^*}\right)^{1/2}$$

和

$$\omega_p = \left(\frac{q^2 n}{2m^*}k\right)^{1/2} \quad (22.11)$$

式中,N 为合金区体电子浓度;n 为通道区薄膜电子密度。

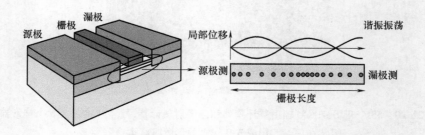

图 22.21 场效应晶体管中的等离子体振荡

一般地,栅控区等离子体波速度明显地比电子漂移速度大。长度为 L_g 的短 FET 的作用相当于本征频率 $\omega_n = \omega_0(1+2n)(n=1, 2, 3, \cdots)$ 波的谐振腔。等离子体基频为

$$\omega_0 = \frac{\pi}{2L_g}\left[\frac{q(V_g - V_{th})}{m^*}\right]^{1/2} \quad (22.12)$$

当 $\omega_0 \tau < < 1$,τ 为动量弛豫时间,探测器响应是 ω 和 V_g 的光滑函数(宽带探测器);当 $\omega_0 \tau > > 1$,FET 可以用作栅极电压响应频率可调的谐振探测器,并可以应用于太赫兹光谱范围。

假设 $m^* \approx 0.1 m_0$(m_0 为自由电子质量)、$L_g \approx 100 \mathrm{nm}$ 和 $V_g - V_{th} \approx 1 \mathrm{V}$,等离子体波的频率

估算为 $\nu_0 = \omega_0/2\pi \approx 3THz$,最小的栅极长度约为 30nm,则具有 GaAs 通道的 FET 的 ν_0 能够达到 12~14THz。

图 22.22 给出了 60nm 栅极长度 InGaAs/InAlAs 的晶体管特性[137]。该器件在 2.5THz 频率辐照下的光电响应特性与不同温度下栅极电压测量值的函数关系如图 22.22a 所示。当 $T>100K$ 时,唯一一个非谐振探测是作为宽带峰值被观察到的。随着温度降到 80K 以下,另外的峰值作为非谐振探测中与温度无关的背景的一个边峰出现,这种特性可以归结为等离子体波太赫兹辐射的谐振探测所致。为了支持该假设,额外对温度 10K 下 1.8THz、2.5THz 和 3.1THz 激励频率做了测量,实验结果如图 22.22b 所示。为了便于比较,根据式(22.12)对等离子体频率与栅极电压的关系做了理论预测,画出一条连续曲线如图 22.22c 所示。可以看出,激励频率从 1.8THz 增大到 3.1THz 会造成等离子体谐振随栅极电压移动,粗略地与理论值(式(22.12))一致。

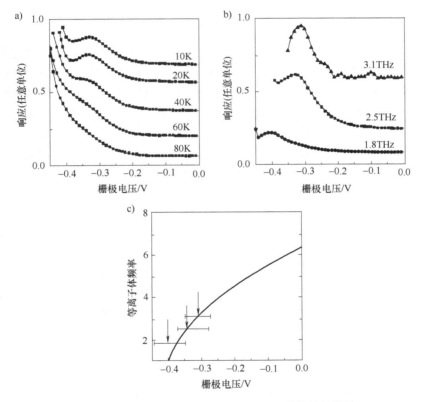

图 22.22 60nm 栅极长度 InGaAs/InAlAs 晶体管的特性

a) 2.5THz 频率的响应与不同温度(从 80K 降到 10K)下栅极电压的函数关系

b) 温度 10K 下响应与不同频率下(1.8、2.5 和 3.1THz)栅极电压的函数关系

c) 最大谐振位置(用箭头表示)与栅极电压的函数关系(实线表示等离子体频率计算值(利用式(22.12))与栅极电压的函数关系;误差线对应着等离子体谐振峰值测量值线宽)

(资料源自:Teppe, F., El Fatimy, A., Boubanga, S., Seliuta, D., Valusis, G., Chenaud, B., and Knap, W., Acta Physics Polonica A, 113, 815-20, 2008)

看起来,将一个晶体管驱动为饱和区能够加强非谐振探测,即使不满足 $\omega_0\tau \gg 1$ 条件,也能导致谐振探测[127,129]。真正的理由是,对于热漂移电子,等离子体振荡的有效衰变率等

于 $1/\tau_{eff} = 1/\tau - 2v/L_g$。其中，$v$ 电子漂移速度，施加电流时，变得更长。随着 $\omega\tau_{eff}$ 趋于 1，探测就变成谐振模式。

陶克(Tauk)等人研究了室温和频率 $v = 0.7$THz 条件下 20～300nm 栅极长度的硅 MOS-FET[128]，发现响应取决于栅极长度栅极偏压。得到的响应度是 200V/W，NEP ≥ 10^{-10} W/$Hz^{1/2}$，并验证了硅 MOSFET 作为对太赫兹辐射敏感探测器的可能性。利用 0.25μm CMOS 技术还完成了对 3×5 硅 MOSFET 焦平面阵列的处理[46]，阵列的每个像素都包括一个与 FET 相耦合的 645GHz 微带贴片天线和一个具有 1.6MHz 带宽的 43dB 电压放大器，NEP 是 $3×10^{-10}$ W/$Hz^{1/2}$，为在 CMOS 技术基础上高帧速率成像研制宽带太赫兹探测器和焦平面阵列铺平了道路。这些快速探测器在 THz 辐射频率范围内室温下的性能达到了其它非制冷探测器的水平(见表 22.1)。

22.6 结论

太赫兹探测器技术的进步已经使其性能达到了这样的水平：在低温或者亚开尔文(Kelvin)温度下工作的许多离散型和小尺寸像素阵列(如 SIS、热电 HEB 和 TES)的性能在整个太赫兹范围内接近低背景辐射条件下的最终性能，但仪器灵敏度的进一步提高将伴随着大幅面阵列与读出电路在焦平面的使用，以满足高分辨率光谱术(在 $v ≥ 1$THz 时，$v/\Delta v ≈ 10^7$)要求和视觉需求。超导 HEB 探测器也可以作为近红外区具有低速暗计数和 GHz 计数速率的单光子计数器。由于其过量噪声，HTSC HEB 没有希望达到低温超导 HEB 的灵敏度，但由于具有短的电子-声子弛豫时间，所以，这些材料是宽带器件的备选材料。

非制冷和制冷 SBD 在毫米和亚毫米光谱区有较高的灵敏度，但由于缺少大功率小型固态本地振荡器源(要求功率大于 1mW)，所以，很难将其装配在大量像素阵列中。目前，具有单像素相干 SBD 探测器的系统和具有中等数量像素的阵列是可行的，但因应用过程中的物理限制，因此，不适用于 $v > 1$THz 的情况。

最重要的一种太赫兹技术是非制冷或稍加制冷的太赫兹传感器，但需要进一步提高灵敏度以使系统不致太复杂和太笨重。以 FET 中二维电子等离子体谐振为基础的非制冷或稍有制冷的传感器有希望用于廉价系统的大尺寸阵列。NEP 在 10^{-10}～10^{-11} W/$Hz^{1/2}$ 间的其它非制冷器件太赫兹直接热探测器可应用于许多低分辨率光谱学和主动视觉系统。

参 考 文 献

1. P. H. Siegel, "Terahertz Technology," *IEEE Transactions on Microwave Theory Technology* 50, 910-28, 2002.
2. P. H. Siegel and R. J. Dengler, "Terahertz Heterodyne Imaging Part I: Introduction and Techniques," *International Journal of Infrared Millimeter Waves* 27, 465-80, 2006.
3. P. H. Siegel and R. J. Dengler, "Terahertz Heterodyne Imaging Part II: Instruments," *International Journal of Infrared Millimeter Waves* 27, 631-55, 2006.
4. G. Chattopadhyay, "Submillimeter-Wave Coherent and Incoherent Sensors for Space Applications," in *Sensors: Advancements in Modeling, Design Issues, Fabrication and Practica Applications*, eds. S. C. Mukhopadhyay and R. Y. M. Huang, 387-414, Springer, New York, 2008.
5. T. W. Crowe, W. L. Bishop, D. W. Porterfield, J. L. Hesler, and R. M. Weikle, "Opening the Terahertz Window with Integrated Diode Circuits," *IEEE Journal of Solid-State Circuits* 40, 2104-10, 2005.

6. D. Dragoman and M. Dragoman, "Terahertz Fields and Applications," *Progress in Quantum Electronics* 28, 1-66, 2004.
7. J. Wei, D. Olaya, B. S. Karasik, S. V. Pereverzev, A. V. Sergeev, and M. E. Gershenzon, "Ultrasensitive Hot-Electron Nanobolometers for Terahertz Astrophysics," *Nature Nanotechnology* 3, 496-500, 2008.
8. A. H. Lettington, I. M. Blankson, M. Attia, and D. Dunn, "Review of Imaging Architecture," *Proceedings of SPIE* 4719, 327-40, 2002.
9. A. W. Blain, I. Smail, R. J. Ivison, J.-P. Kneib, and D. T. Frayer, "Submillimetre Galaxies," *Physics Reports* 369, 111-76, 2002.
10. D. Leisawitz, W. C. Danchi, M. J. DiPirro, L. D. Feinberg, D. Y. Gezari, M. Hagopian, W. D. Langer, et al., "Scientific Motivation and Technology Requirements for the SPIRIT and SPECS Far-Infrared/Submillimeter Space Interferometers," *Proceedings of SPIE* 4013, 36-46, 2000.
11. J. Zmuidzinas and P. L. Richards, "Superconducting Detectors and Mixers for Millimeter and Submillimeter Astrophysics," *Proceedings of IEEE* 92, 1597-616, 2004.
12. B. Ferguson and X.-C. Zhang, "Materials for Terahertz Science and Technology," *Nature Materials* 1, 26-33, 2002.
13. D. Mittleman, *Sensing with Terahertz Radiation*, Springer-Verlag, Berlin, 2003.
14. E. R. Brown, "Fundamentals of Terrestrial Millimetre-Wave and THz Remote Sensing," *International Journal of High Speed Electronics & Systems* 13, 99-1097, 2003.
15. R. M. Woodward, "Terahertz Technology in Global Homeland Security," *Proceedings of SPIE* 5781, 22-31, 2005.
16. D. L. Woolard, R. Brown, M. Pepper, and M. Kemp, "Terahertz Frequency Sensing and Imaging: A Time of Reckoning Future Applications?" *Proceedings of IEEE* 93, 1722-43, 2005.
17. H. Zhong, A. Redo-Sanchez, and X.-C. Zhang, "Identification and Classification of Chemicals Using Terahertz Reflective Spectroscopic Focal-Plane Imaging System," *Optics Express* 14, 9130-41, 2006.
18. M. Tonouchi, "Cutting-Edge Terahertz Technology," *Nature Photonics* 1, 97-105, 2007.
19. G. L. Carr, M. C. Martin, W. R. McKinney, K. Jordan, G. R. Neil, and G. P. Williams, "High Power Terahertz Radiation from Relativistic Electrons," *Nature* 420, 153-56, 2002.
20. H. Wang, L. Samoska, T. Gaier, A. Peralta, H. Liao, Y. C. Leong, S. Weinreb, Y. C. Chen, M. Nishimoto, and R. Lai, "Power-Amplifier Modules Covering 7-113 GHz Using MMICs," *IEEE Transactions* MTT-49, 9-16, 2001.
21. S. Barbieri, J. Alton, S. S. Dhillon, H. E. Beere, M. Evans, E. H. Linfield, A. G. Davies, et al., "Continuous-Wave Operation of Terahertz Quantum-Cascade Lasers," *IEEE Journal of Quantum Electronics* 39, 586-91, 2003.
22. H.-W. Hübers, "Terahertz Heterodyne Receivers," *IEEE Journal of Selected Topics in Quantum Electronics* 14, 378-91, 2008.
23. N. Kopeika, *A System Engineering Approach to Imaging*, SPIE Optical Engineering Press, Bellingham, WA, 1998.
24. M. A. Kinch and B. V. Rollin, "Detection of Millimetre and Sub-Millimetre Wave Radiation by Free Carrier Absorption in a Semiconductor," *British Journal of Applied Physics* 14, 672-76, 1963.
25. Y. Nakagawa and H. Yoshinaga, "Characteristics of High-Sensitivity Ge Bolometer," *Japanese Journal of Applied Physics* 9, 125-31, 1970.
26. P. R. Bratt, "Impurity Germanium and Silicon Infrared Detectors," *in Semiconductors and Semimetals*, Vol. 12, eds. R. K. Willardson and A. C. Beer, 39-142, Academic Press, New York, 1977.

27. E. E. Haller, M. R. Hueschen, and P. L. Richards, "Ge: Ga Photoconductors in Low Infrared Backgrounds," *Applied Physics Letters* 34, 495-97, 1979.
28. N. Sclar, "Properties of Doped Silicon and Germanium Infrared Detectors," *Progress in Quantum Electronics* 9, 149-257, 1984.
29. R. Padman, G. J. White, R. Barker, D. Bly, N. Johnson, H. Gibson, M. Griffin, et al., "A Dual-Polarization InSb Receiver for 461/492 GHz," *International Journal of Infrared Millimeter Waves* 13, 1487-513, 1992.
30. J. E. Huffman, "Infrared Detectors for 2 to 220 μm Astronomy," *Proceedings of SPIE* 2274, 157-69, 1995.
31. A. G. Kazanskii, P. L. Richards, and E. E. Haller, "Far-Infrared Photoconductivity of Uniaxially Stressed Germanium," *Applied Physics Letters* 31, 496-97, 1977.
32. H.-W. Hübers, S. G. Pavlov, K. Holldack, U. Schade, and G. Wüstefeld, "Long Wavelength Response of Unstressed and Stressed Ge: Ga Detectors," *Proceedings of SPIE* 6275, 627505, 2008.
33. R. Hoenle, J. W. Beeman, E. E. Haller, and U. Groezinger, "Far-Infrared Photoconductors for Herschel and SOFIA," *Proceedings of SPIE* 4855, 115-28, 2003.
34. G. H. Rieke, "Infrared Detector Arrays for Astronomy," *Annual Review of Astronomy and Astrophysics* 45, 77-115, 2007.
35. S. Hargreaves and R. A. Lewis, "Terahertz Imaging: Materials and Methods," *Journal of Materials Science: Materials in Electronics* 18, S299-S303, 2007.
36. N. Karpowicz, H. Zhong, J. Xu, K.-I. Lin, J.-S. Hwang, and X.-C. Zhang, "Nondestructive Sub-THz Imaging," *Proceedings of SPIE* 5727, 132-42, 2005.
37. A. Dobroiu, C. Otani, and K. Kawase, "Terahertz-Wave Sources and Imaging Applications," *Measurement Science and Technology* 17, R161-R174, 2006.
38. P. L. Richards, "Bolometers for Infrared and Millimeter Waves," *Journal of Applied Physics* 76, 1-24, 1994.
39. M. Kenyon, P. K. Day, C. M. Bradford, J. J. Bock, and H. G. Leduc, "Progress on Background-Limited Membrane-Isolated TES Bolometers for Far-IR/Submillimeter Spectroscopy," *Proceedings of SPIE* 6275, 627508, 2006.
40. A. D. Turner, J. J. Bock, J. W. Beeman, J. Glenn, P. C. Hargrave, V. V. Hristov, H. T. Nguyen, F. Rahman, S. Sethuraman, and A. L. Woodcraft, "Silicon Nitride Micromesh Bolometer Array for Submillimeter Astrophysics," *Applied Optics* 40, 4921-32, 2001.
41. B. S. Karasik, D. Olaya, J. Wei, S. Pereverzev, M. E. Gershenson, J. H. Kawamura, W. R. McGrath, and A. V. Sergeev, "Record-Low NEP in Hot-Electron Titanium Nanobolometers," *IEEE Transactions on Applied Superconductivity* 17, 293-97, 2007.
42. F. Sizov, "THz Radiation Sensors," *Opto-Electronics Review* 18, 10-36, 2010.
43. T.-L. Hwang, S. E. Scharz, and D. B. Rutledge, "Microbolometers for Infrared Detection," *Applied Physics Letters* 34, 773-76, 1979.
44. E. N. Grossman and A. J. Miller, "Active Millimeter-Wave Imaging for Concealed Weapons Detection," *Proceedings of SPIE* 5077, 62-70, 2003.
45. W. Knap, J. tusakowski, F. Teppe, N. Dyakonova, and Y. Meziani, "Terahertz Generation and Detection by Plasma Waves in Nanometer Gate High Electron Mobility Transistors," *Acta Physica Polonica A* 107, 82-90, 2005.
46. A. Lisauskas, D. Glaab, H. G. Roskos, E. U. Oejefors, and R. Pfeiffer, "Terahertz Imaging with Si MOSFET Focal-Plane Arrays," *Proceedings of SPIE* 7215, 72150J, 2009.
47. V. N. Dobrovolsky, F. F. Sizov, Y. E. Kamenev, and A. B. Smirnov, "Ambient Temperature or Moderately Cooled Hot Electron Bolometer for mm and Sub-mm Regions," *Opto-Electronics Review* 16, 172-78, 2008.

48. L. Kuzmin, "Optimal Cold-Electron Bolometer with a Superconductor-Insulator-Normal Tunnel Junction and an Andreev Contact," *17th International Symposium on Space THz Technology*, 183-86, Paris, May 10-12, 2006.
49. D. J. Benford, "Transition Edge Sensor Bolometers for CMB Polarimetry," http://cmbpol.uchicago.edu/workshops/technology2008/depot/cmbpol_technologies_benford_jcps_4.pdf
50. C. A. Allen, M. J. Amato, S. R. Babu, A. E. Bartels, D. J. Benford, R. J. Derro, C. D. Dowell, et al., "Design and Fabrication of Two-Dimensional Semiconducting Bolometer Arrays for HAWC and SHARC-II," *Proceedings of SPIE* 4855, 63-72, 2003.
51. T. J. Ames, T. G. Phillips, and C. Rioux, "Astronomical Demonstration of Superconducting Bolometer Arrays," *Proceedings of SPIE* 4855, 100-107, 2003.
52. G. H. Rieke, *Detection of Light: From the Ultraviolet to the Submillimeter*, Cambridge University Press, Cambridge, 2003.
53. V. G. Bozhkov, "Semiconductor Detectors, Mixers, and Frequency Multipliers for the Terahertz Band," *Radiophysics and Quantum Electronics* 46, 631-56, 2003.
54. T. W. Crowe, R. J. Mattauch, H.-P. Roser, W. L. Bishop, W. C. B. Peatman, and X. Liu, "GaAs Schottky Diodes for THz Mixing Applications," *Proceedings of IEEE* 80, 1827-41, 1992.
55. A. Van Der Ziel, "Infrared Detection and Mixing in Heavily Doped Schottky Barrier Diodes," *Journal of Applied Physics* 47, 2059-68, 1976.
56. H. A. Watson, *Microwave Semiconductor Devices and Their Circuit Applications*, McGraw-Hill, New York, 1969.
57. E. J. Becklake, C. D. Payne, and B. E. Pruer, "Submillimetre Performance of Diode Detectors Using Ge, Si and GaAs," *Journal of Physics D: Applied Physics* 3, 473-81, 1970.
58. D. T. Young and J. C. Irvin, "Millimeter Frequency Conversion Using Au-n-type GaAs Schottky Barrier Epitaxial Diodes with a Novel Contacting Technique," *Proceedings of IEEE* 12, 2130-32, 1965.
59. T. W. Crowe, D. P. Porterfield, J. L. Hesler, W. L. Bishop, D. S. Kurtz, and K. Hui, "Terahertz Sources and Detectors," *Proceedings of SPIE* 5790, 271-80, 2005.
60. H. P. Röser, H.-W. Hübers, E. Brundermann, and M. F. Kimmitt, "Observation of Mesoscopic Effects in Schottky Diodes at 300 K when Used as Mixers at THz Frequencies," *Semiconductor Science and Technology* 11, 1328-32, 1996.
61. L. K. Seidel and T. W. Crowe "Fabrication and Analysis of GaAs Schottky Barrier Diodes Fabricated on Thin Membranes for Terahertz Applications." *International Journal of Infrared and Millimeter Waves* 10, 779-787, 1989.
62. T. W. Crowe, "GaAs Schottky Barrier Mixer Diodes for the Frequency Range 1-10 THz," *International Journal of Infrared Millimeter Waves* 11, 765-77, 1990.
63. H. Kräutle, E. Sauter, and G. V. Schultz, "Antenna Characteristics of Whisker Diodes Used at Submillimeter Receivers," *Infrared Physics* 17, 477-83, 1977.
64. R. Titz, B. Auel, W. Esch, H. P. Röser, and G. W. Schwaab, "Antenna Measurements of Open-Structure Schottky Mixers and Determination of Optical Elements for a Heterodyne System at 184, 214 and 287 μm," *Infrared Physics* 30, 435-41, 1990.
65. S. M. Marazita, W. L. Bishop, J. L. Hesler, K. Hui, W. E. Bowen, and T. W. Crowe, "Integrated GaAs Schottky Mixers by Spin-on-Dielectric Wafer Bonding," *IEEE Transactions on Electron Devices* 47, 1152-56, 2000.
66. P. Siegel, R. P. Smith, M. C. Gaidis, and S. Martin, "2.5-THz GaAs Monolithic Membrane-Diode Mixer," *IEEE Transactions on Microwave Theory Technology* 47, 596-604, 1999.

67. J. A. Copeland, "Diode Edge Effects on Doping Profile Measurements," *IEEE Transactions on Electron Devices* 17, 404-7, 1970.
68. V. I. Piddyachiy, V. M. Shulga, A. M. Korolev, and V. V. Myshenko, "High Doping Density Schottky Diodes in the 3 mm Wavelength Cryogenic Heterodyne Receiver," *International Journal of Infrared Millimeter Waves* 26, 1307-15, 2005.
69. F. Maiwald, F. Lewen, B. Vowinkel, W. Jabs, D. G. Paveljev, M. Winnerwisser, and G. Winnerwisser, "Planar Schottky Diode Frequency Multiplier for Molecular Spectroscopy up to 1.3 THz," *IEEE Microwave Guided Wave Letters* 9, 198-200, 1999.
70. D. H. Martin, *Spectroscopic Techniques for Far-Infrared, Submillimeter and Millimeter Waves*, North-Holland, Amsterdam, 1967.
71. E. Burstein, D. N. Langenberg, and B. N. Taylor, "Superconductors as Quantum Detectors for Microwave and Sub-Millimeter Radiation," *Physical Review Letters* 6, 92-94, 1961.
72. A. H. Dayem and R. J. Martin, "Quantum Interaction of Microwave Radiation with Tunnelling between Superconductors," *Physical Review Letters* 8, 246-48, 1962.
73. P. K. Tien and J. P. Gordon, "Multiphoton Process Observed in the Interaction of Microwave Fields with the Tunnelling between Superconductor Films," *Physical Review* 129, 647-51, 1963.
74. P. L. Richards, T. M. Shen, R. E. Harris, and F. L. Lloyd, "Quasiparticle Heterodyne Mixing in SIS Tunnel Junctions," *Applied Physics Letters* 34, 345-47, 1979.
75. G. J. Dolan, T. G. Phillips, and D. P. Woody, "Low-Noise 115 GHz Mixing in Superconducting Oxide-Barrier Tunnel Junctions," *Applied Physics Letters* 34, 347-49, 1979.
76. J. R. Tucker and M. J. Feldman, "Quantum Detection at Millimeter Wavelength," *Reviews of Modern Physics* 57, 1055-1113, 1985.
77. Ch. Otani, S. Ariyoshi, H. Matsuo, T. Morishima, M. Yamashita, K. Kawase, H. Satoa, and H. M. Shimizu, "Terahertz Direct Detector Using Superconducting Tunnel Junctions," *Proceedings of SPIE* 5354, 86-93, 2004.
78. V. P. Koshelets, S. V. Shitov, L. V. Filippenko, P. N. Dmitriev, A. N. Ermakov, A. S. Sobolev, and M. Yu. Torgashin, "Integrated Superconducting Sub-mm Wave Receivers," *Radiophysics and Quantum Electronics* 46, 618-30, 2003.
79. C. A. Mears, Q. Hu, P. L. Richards, A. H. Worsham, D. E. Prober, and A. V. Raisanen, "Quantum Limited Heterodyne Detection of Millimeter Waves Using Super Conducting Tantalum Tunnel Junctions," *Applied Physics Letters* 57, 2487-89, 1990.
80. A. Karpov, D. Miller, F. Rice, J. A. Stern, B. Bumble, H. G. LeDuc, and J. Zmuidzinas, "Low Noise SIS Mixer for Far Infrared Radio Astronomy," *Proceedings of SPIE* 5498, 616-21, 2004.
81. G. Chattopadhyay, "Future of Heterodyne Receivers at Submillimeter Wavelengths," *Digest IRMMW-THz-2005 Conference*, 461-62, 2005.
82. G. N. Gol'tsman, "Hot Electron Bolometric Mixers: New Terahertz Technology," *Infrared Physics & Technology* 40, 199-206, 1999.
83. T. G. Phillips and K. B. Jefferts, "A Low Temperature Bolometer Heterodyne Receiver for Millimeter Wave Astronomy," *Review of Scientific Instruments* 44, 1009-14, 1973.
84. K. Seeger, *Semiconductor Physics*, Springer, Berlin, 1991.
85. S. M. Smith, M. J. Cronin, R. J. Nicholas, M. A. Brummell, J. J. Harris, and C. T. Foxon, "Millimeter and Submillimeter Detection Using $Ga_{1-x}Al_xAs/GaAs$ Heterostructures," *International Journal of Infrared Millimeter Waves* 8, 793-802, 1987.

86. J.-X. Yang, F. Agahi, D. Dai, C. F. Musante, W. Grammer, K. M. Lau, and K. S. Yngvesson, "Wide-Bandwidth Electron Bolometric Mixers: A 2DEG Prototype and Potential for Low-Noise THz Receivers," *IEEE Transactions on Microwave Theory Technology* 41, 581-89, 1993.

87. G. N. Gol'tsman and K. V. Smirnov, "Electron-Phonon Interaction in a Two-Dimensional Electron Gas of Semiconductor Heterostructures at Low Temperatures," *JETP Letters* 74, 474-79, 2001.

88. A. A. Verevkin, N. G. Ptitsina, K. V. Smirnov, G. N. Gol'tsman, E. M. Gershenzon, and K. S. Ingvesson, "Direct Measurements of Energy Relaxation Times on an AlGaAs/GaAs Heterointerface in the Range 4.2-50 K," *JETP Letters* 64, 404-9, 1996.

89. T. Phillips and D. Woody, "Millimeter-Wave and Submillimeter-Wave Receivers," *Annual Review of Astronomy and Astrophysics* 20, 285-321, 1982.

90. "Detectors Needs for Long Wavelength Astrophysics," *A Report by the Infrared, Submillimeter, and Millimeter Detector Working Group*, June 2002.

91. P. Agnese, C. Buzzi, P. Rey, L. Rodriguez, and J. L. Tissot, "New Technological Development for Far-Infrared Bolometer Arrays," *Proceedings of SPIE* 3698, 284-90, 1999.

92. C. Dowell, C. A. Allen, S. Babu, M. M. Freund, M. B. Gardnera, J. Groseth, M. Jhabvala, et al., "SHARC II: A Caltech Submillimeter Observatory Facility Camera with 384 Pixels," *Proceedings of SPIE* 4855, 73-87, 2003.

93. N. Billot, P. Agnese, J. L. Augueres, A. Beguin, A. Bouere, O. Boulade, C. Cara, et al., "The Herschel/PACS 2560 Bolometers Imaging Camera," *Proceedings of SPIE* 6265, 62650D, 2006.

94. J. J. A. Baselmans, A. Baryshev, S. F. Reker, M. Hajenius, J. Gao, T. Klapwijk, B. Voronov, and G. Gol'tsman, "Influence of the Direct Response on the Heterodyne Sensitivity of Hot Electron Bolometer Mixers," *Journal of Applied Physics* 100, 184103, 2006.

95. G. N. Gol'tsman, Yu. B. Vachtomin, S. V. Antipov, M. I. Finkel, S. N. Maslennikov, K. V. Smirnov, S. L. Poluakov, et al., "NbN Phonon-Cooled Hot-Electron Bolometer Mixer for Terahertz Heterodyne Receivers," *Proceedings of SPIE* 5727, 95-106, 2005.

96. K. S. Il'in, M. Lindgren, M. Currie, A. D. Semenov, G. N. Gol'tsman, R. Sobolewski, S. I. Cherednichenko, and E. M. Gershenzon, "Picosecond Hot-Electron Energy Relaxation in NbN Superconducting Photodetectors," *Applied Physics Letters* 76, 2752-54, 2000.

97. A. D. Semenov, G. N. Gol'tsman, and R. Sobolewski, "Hot-Electron Effect in Semiconductors and Its Applications for Radiation Sensors," *Semiconductor Science and Technology* 15, R1-R16, 2002.

98. E. M. Gershenson, M. E. Gershenson, G. N. Goltsman, B. S. Karasik, A. M. Lyul'kin, and A. D. Semenov, "Ultra-Fast Superconducting Electron Bolometer," *Journal of Technical Physics Letters* 15, 118-19, 1989.

99. Y. Gousev, G. Gol'tsman, A. Semenov, E. Gershenzon, R. Nebosis, M. Heusinger, and K. Renk, "Broad-Band Ultrafast Superconducting NbN Detector for Electromagnetic-Radiation," *Journal of Applied Physics* 75, 3695-97, 1994.

100. A. J. Kreisler and A. Gaugue, "Recent Progress in High-Temperature Superconductor Bolometric Detectors: From the Mid-Infrared to the Far-Infrared (THz) Range," *Semiconductor Science and Technology* 13, 1235-45, 2000.

101. M. Lindgren, M. Currie, C. Williams, T. Y. Hsiang, P. M. Fauchet, R. Sobolewsky, S. H. Moffat, R. A. Hughes, J. S. Preston, and F. A. Hegmann, "Intrinsic Picosecond Response Times of Y-Ba-Cu-O Superconducting Photoresponse, *Applied Physics Letters* 74, 853-55, 1999.

102. M. V. Lyatti, D. A. Tkachev, and Yu. Ya. Divin, "Signal and Noise Characteristics of a Terahertz Frequency-Selective $YBa_2Cu_3O_{7-\delta}$ Josephson Detector," *Technical Physics Letters* 32, 860-62, 2006.

103. K. Irwin, "An Application of Electrothermal Feedback for High-Resolution Cryogenic Particle-Detection," *Applied Physics Letters* 66, 1998-2000, 1995.

104. W. Duncan, W. S. Holland, M. D. Audley, M. Cliffe, T. Hodson, B. D. Kelly, X. Gao, et al., "SCUBA-2: Developing the Detectors," *Proceedings of SPIE* 4855, 19-29, 2003.

105. A. J. Walton, W. Parkes, J. G. Terry, C. Dunare, J. T. M. Stevenson, A. M. Gundlach, G. C. Hilton, et al., "Design and Fabrication of the Detector Technology for SCUBA-2," *IEEE Proceedings. Science, Measurement and Technology* 151, 119-20, 2004.

106. A.-D. Brown, D. Chuss, V. Mikula, R. Henry, E. Wollack, Y. Zhao, G. C. Hilton, and J. A. Chervenak, "Auxiliary Components for Kilopixel Transition Edge Sensor Arrays," *Solid State Electronics* 52, 1619-24, 2008.

107. S. Lee, J. Gildemeister, W. Holmes, A. Lee, and P. Richards, "Voltage-Biased Superconducting Transition-Edge Bolometer with Strong Electrothermal Feedback Operated at 370 mK," *Applied Optics* 37, 3391-97, 1998.

108. H. F. C. Hoevers, A. C. Bento, M. P. Bruijn, L. Gottardi, M. A. N. Korevaar, W. A. Mels, and P. . A. J. de Korte, "Thermal Fluctuation Noise in a Voltage Biased Superconducting Transition Edge Thermometer," *Applied Physics Letters* 77, 4422-24, 2000.

109. M. D. Audley, D. M. Glowacka, D. J. Goldie, A. N. Lasenby, V. N. Tsaneva, S. Withington, P. K. Grimes, et al., "Tests of Finline-Coupled TES Bolometers for COVER," *Digest IRMMW-THz-2007 Conference*, 180-81, Cardiff, 2007.

110. *The SQUID Handbook, Vol. II: Applications*, eds. J. Clarke and A. I. Braginski, Wiley-VCH, Weinheim, 2006.

111. J. A. Chervenak, K. D. Irwin, E. N. Grossman, J. M. Martinis, C. D. Reintsema, and M. E. Huber, "Superconducting Multiplexer for Arrays of Transition Edge Sensors," *Applied Physics Letters* 74, 4043-45, 1999.

112. P. J. Yoon, J. Clarke, J. M. Gildemeister, A. T. Lee, M. J. Myers, P. L. Richards, and J. T. Skidmore, "Single Superconducting Quantum Interference Device Multiplexer for Arrays of Low-Temperature Sensors," *Applied Physics Letters* 78, 371-73, 2001.

113. K. D. Irvin, "SQUID Multiplexers for Transition-Edge Sensors," *Physica C* 368, 203-10, 2002.

114. K. D. Irwin, M. D. Audley, J. A. Beall, J. Beyer, S. Deiker, W. Doriese, W. D. Duncan, et al., "In-Focal-Plane SQUID Multiplexer," *Nuclear Instruments & Methods in Physics Research* A520, 544-47, 2004.

115. K. D. Irvin and G. C. Hilton, "Transition-Edge Sensors," in *Cryogenic Particle Detection*, ed. C. . Enss, 63-149, Springer-Verlag, Berlin, 2005.

116. T. M. Lanting, H. M. Cho, J. Clarke, W. L. Holzapfel, A. T. Lee, M. Lueker, P. L. Richards, M. . A. . Dobbs, H. Spieler, and A. Smith, "Frequency-Domain Multiplexed Readout of Transition-Edge Sensor Arrays with a Superconducting Quantum Interference Device," *Applied Physics Letters* 86, 112511, 2005.

117. W. S. Holland, W. Duncan, B. D. Kelly, K. D. Irwin, A. J. Walton, P. A. R. Ade, and E. I. Robson, "SCUBA-2: A New Generation Submillimeter Imager for the James Clerk Maxwell Telescope," *Proceedings of SPIE* 4855, 1-18, 2003.

118. A. L. Woodcraft, M. I. Hollister, D. Bintley, M. A. Ellis, X. Gao, W. S. Holland, M. J. MacIntosh, et al., "Characterization of a Prototype SCUBA-2 1280-Pixel Submillimetre Superconducting Bolometer Array," *Proceedings of SPIE* 6275, 62751F, 2006.

119. D. J. Benford, J. G. Steguhn, T. J. Ames, C. A. Allen, J. A. Chervenak, C. R. Kennedy, S. Lefranc, et al., "First Astronomical Images with a Multiplexed Superconducting Bolometer Array," *Proceedings of SPIE* 6275, 62751C, 2006.

120. J. Gildemeister, A. Lee, and P. Richards, "Monolithic Arrays of Absorber-Coupled Voltage-Biased Superconducting Bolometers," *Applied Physics Letters* 77, 4040-42, 2000.

121. D. J. Benford, G. M. Voellmer, J. A. Chervenak, K. D. Irwin, S. H. Moseley, R. A. Shafer, G. .J. . Stacey, and J. G. Staguhn, "Thousand-Element Multiplexed Superconducting Bolometer Arrays," in *Proceedings on Far-IR, Sub-MM, and MM Detector Workshop*, Vol. NASA/CP-2003-211 408, eds. J. Wolf, J. Farhoomand, and C. R. McCreight, 272-75, 2003.

122. J. Gildemeister, A. Lee, and P. Richards, "A Fully Lithographed Voltage-Biased Superconducting Spiderweb Bolometer," *Applied Physics Letters* 74, 868-70, 1999.

123. A. El Fatimy, F. Teppe, N. Dyakonova, W. Knap, D. Seliuta, G. Valusis, A. Shchepetov, et al., "Resonant and Voltage-Tunable Terahertz Detection in InGaAs/InP Nanometer Transistors, *Applied Physics Letters* 89, 131926, 2006.

124. W. Knap, V. Kachorowskii, Y. Deng, S. Rumyantsev, J.-Q. Lu, R. Gaska, M. S. Shur, et al., "Nonresonant Detection of Terahertz Radiation in Field Effect Transistors," *Journal of Applied Physics* 91, 9346-53, 2002.

125. Y. M. Meziani, J. Lusakowski, N. Dyakonova, W. Knap, D. Seliuta, E. Sirmulis, J. Deverson, G. Valusis, F. Boeuf, and T. Skotnicki, "Non Resonant Response to Terahertz Radiation by Submicron CMOS Transistors," *IEICE Transactions on Electronics* E89-C, 993-98, 2006.

126. G. C. Dyer, J. D. Crossno, G. R. Aizin, J. Mikalopas, E. A. Shaner, M. C. Wanke, J. L. Reno, and S. J. Allen, "A Narrowband Plasmonic Terahertz Detector with a Monolithic Hot Electron Bolometer," *Proceedings of SPIE* 7215, 721503, 2009.

127. F. Teppe, M. Orlov, A. El Fatimy, A. Tiberj, W. Knap, J. Torres, V. Gavrilenko, A. Shchepetov, Y. Roelens, and S. Bollaert, "Room Temperature Tunable Detection of Subterahertz Radiation by Plasma Waves in Nanometer InGaAs Transistors," *Applied Physics Letters* 89, 222109, 2006.

128. R. Tauk, F. Teppe, S. Boubanga, D. Coquillat, W. Knap, Y. M. Meziani, C. Gallon, F. Boeuf, T. Skotnicki, and C. Fenouillet-Beranger, "Plasma Wave Detection of Terahertz Radiation by Silicon Field Effects Transistors: Responsivity and Noise Equivalent Power," *Applied Physics Letters* 89, 253511, 2006.

129. V. I. Gavrilenko, E. V. Demidov, K. V. Marem'yanin, S. V. Morozov, W. Knap, and J. Lusakowski, "Electron Transport and Detection of Terahertz Radiation in a GaN/AlGaN Submicrometer Field-Effect Transistor," *Semiconductors* 41, 232-34, 2007.

130. Y. M. Meziani, M. Hanabe, A. Koizumi, T. Otsuji, and E. Sano, "Self Oscillation of the Plasma Waves in a Dual Grating Gates HEMT Device," *International Conference on Indium Phosphide and Related Materials*, Conference Proceedings, 534-37, Matsue, 2007.

131. A. M. Hashim, S. Kasai, and H. Hasegawa, "Observation of First and Third Harmonic Responses in Two-Dimensional AlGaAs/GaAs HEMT Devices Due to Plasma Wave Interaction," *Superlattice Microstructures* 44, 754-60, 2008.

132. V. Ryzhii, A. Satou, I. Khmyrova, M. Ryzhii, T. Otsuji, V. Mitin, and M. S. Shur, "Plasma Effects in Lateral Schottky Junction Tunneling Transit-Time Terahertz Oscillator," *Journal of Physics: Conference Series* 38, 228-33, 2006.

133. X. G. Peralta, S. J. Allen, M. C. Wanke, N. E. Harff, J. A. Simmons, M. P. Lilly, J. L. Reno, P. J. Burke, and J. P. Eisenstein, "Terahertz Photoconductivity and Plasmon Modes in Double-Quantum-Well Field-Effect Transistors," *Applied Physics Letters* 81, 1627-30, 2002.

134. M. Dyakonov and M. S. Shur, "Shallow Water Analogy for a Ballistic Field Effect Transistor: New Mechanism of Plasma Wave Generation by the DC Current," *Physical Review Letters* 71, 2465-68, 1993.

135. M. Dyakonov and M. Shur, "Plasma Wave Electronics: Novel Terahertz Devices Using Two Dimensional Electron Fluid," *IEEE Transactions on Electron Devices* 43, 1640-46, 1996.
136. M. Shur and V. Ryzhii, "Plasma Wave Electronics," *International Journal of High Speed Electronics and Systems* 13, 575-600, 2003.
137. F. Teppe, A. El Fatimy, S. Boubanga, D. Seliuta, G. Valusis, B. Chenaud, and W. Knap, "Terahertz Resonant Detection by Plasma Waves in Nanometric Transistors," *Acta Physica Polonica A* 113, 815-20, 2008.

第 23 章　第三代红外探测器

由于多色探测器能够提高目标识别(discrimination)和鉴定(identification)能力，并具有较低的虚警率(flasealarm rate)，所以，先进的红外成像系统对其寄予很高期望。收集红外光谱区离散数据的系统可以识别场景中绝对温度及目标的独特特征。通过提供"对比度"(contrast)这种新的维度，多波段探测技术还提供先进的彩色处理算法以进一步提高灵敏度，因而优于单色器件。这对于识别导弹目标、弹头以及诱饵(或假目标)间的温差是特别重要的。各种多光谱红外焦平面阵列(FPA)非常有益于各种应用，如导弹预警和制导，精确打击，空中侦察，目标探测、识别、捕获和跟踪，热成像，导航设备和夜视等[1,2]；在地球和星际遥感、天文学等方面，它们也起着重要作用[3]。

如果目标很容易识别，利用单色焦平面阵列就能够完成军事侦察、目标探测及跟踪。然而，当存有杂波、或者目标和/或背景不确定、或者工作期间目标和/或背景可以变化的情况，单色系统设计就遇到了麻烦，会使总的能力衰退。普遍认为，为了减少杂波和提高所需要的特征/对比度，需要使用多光谱焦平面阵列。在这种情况中，多色成像能够在很大程度上提高系统的总性能。

目前，多光谱系统依靠麻烦的成像技术，或者使光学信号通过多个红外焦平面阵列后色散，或者利用滤光轮以便于光谱鉴别聚焦在单个焦平面阵列上的图像。这些系统包括在光路中设计分束镜、透镜和带通滤光镜，使图像聚焦在与不同红外波段对应的焦平面阵列上。此外，需要复杂的光学对准以便逐像素地排列多光谱图像。因此，由于尺寸大、较复杂和制冷需求，致使这些方法的代价较高，并给传感器平台带来额外负担。

未来的多光谱成像系统将包括非常大的传感器，能够为数字任务处理子系统提供大量数据。现在，具有超过百万像素的焦平面阵列是可行的，随着这些成像阵列的探测器数目增加，其分辨率会更高，对内嵌数字成像处理系统的计算要求也将更高。解决该瓶颈问题的方法是在探测器像素中加入一定量的像素级处理结构，类似生物传感器信息处理系统采用的技术。目前，世界上的一些科研小组转向研究生物视网膜以解决如何提高人造传感器的课题[4,5]。

本章将评述宽红外光谱范围内最先进的多色探测器技术。在感兴趣的波长范围内，如短波、中波和长波红外，将介绍 4 种一直在研究的多色探测器技术：HgCdTe、量子阱红外光电探测器(QWIP)、锑基Ⅱ类超晶格和量子点红外光电探测器(QDIP)。

HgCdTe 光敏二极管[6-13]和 QWIP)[2,14-21]两种器件在短波、中波和长波红外光谱区提供多色成像能力。由于其主要限制与读出电路有关，所以，最先进的 QWIP 和 HgCdTe 焦平面阵列的性能评价函数是一样的。蒂德罗(Tidrow)等人[2]和罗格尔斯基(Rogalski)[16,22]对这两种技术已经给出了较详细的比较。

最近，Ⅱ类 InAs/GaInSb 超晶格[18,23-28]和 QDIP[27-34]已经成为第三代红外探测器的备选产品。表 23.1 列出了三类长波红外器件在温度 77K 时的基本性能。低维固体红外探测器(性能)能否超越"体"窄带 HgCdTe 探测器将是未来红外光电探测器需要解决的最重要问题之一。

下面将介绍有关多色红外探测器材料的开发和利用问题，最后，讨论为实现第三代焦平面阵列一直在进行的探测器技术方面的努力。

表 23.1 LWIR HgCdTe、II 类超晶格光敏二极管和 QWIP 在温度 77K 时的基本性质

参数	HgCdTe	QWIP（n 类）	InAs/GaInSb SL
红外吸收	垂直入射	$E_{optical} \perp$ 阱平面要求垂直入射，无吸收	垂直入射
量子效率(%)	≥70	≤10	60~70
光谱灵敏度	宽带	窄带（FWHM≈1~2μm）	宽带
光学增益	1	0.2（30~50 个阱）	1
热生成寿命	≈1μs	≈10ps	≈0.1μs
$(\lambda_c = 10\mu m) R_0 A$ 乘积 $/300\Omega \cdot cm^2$		10^4	200
$(\lambda_c = 10\mu m, FOV=0)$ 比探测率 $/(2 \times 10^{12} cmHz^{1/2} W^{-1})$		2×10^{10}	1×10^{12}

23.1 多色探测技术的优越性

红外多光谱成像（有时在学术论文中称作超光谱（hyperspectral）成像）是近期的一个研究课题，将光谱学信息与以空间可分辨方式获取该信息的能力相结合[35]。从仪器角度讲，利用一台红外相机记录目标红外辐射的空间分布，并通过扫描一个色散像元获得光谱信息从而记录每个图像的光谱。美国宇航局（NASA）为各种星载遥感应用配置了单色焦平面阵列及光谱滤光片、傅里叶（Fourier）变换光谱仪的光栅光谱仪，利用推扫式扫瞄记录地球在可见光到超长波红外（VLWIR）光谱范围内的超光谱图像。以机械扫描（如滤光轮、单色仪）为基础的色散器件并不可取，原因包括：尺寸较大，还容易振动并以较慢速度在较窄范围进行频谱调整[36]。在材料、电路和光学技术方面的最新发展，让研究人员已经研制出新型电子调谐滤光片，包括所谓的自适应焦平面阵列[37]。

正如前面所述，使用单个焦平面阵列同时探测多波段能够减少甚至去除遥感传感器中为差分波长而必须设计得笨重又复杂的光学组件，研制出小而轻、较简单且有较高性能的仪器。

不论是否可将探测目标特性看作黑体，其发出的真实温度是精确可靠的。换句话说，若具有不同于黑体的性质，则要进行发射度补偿（emissivity compensation）。如果已知发射度 ε，可以使用单波长系统；而对于灰体（窄带宽范围内的发射度是未知常数），更有可能利用双色系统。

现在讨论符合下列条件的探测器：若目标表面具有所需温度，该探测器就能够涵盖其黑体发射的光谱范围，因此，较高温度物体的截止波长较短。选择不同探测器，如中波红外探测器（较高温度区）或长波红外探测器（较低温度区），就可以使用双波带技术测量温度。这种探测器针对的是温度 T 时研究对象满足普朗克（Planck）定律的黑体：

$$r(\lambda) = \frac{2h\nu^2}{\lambda^3 \exp[(h\nu/kT)-1]} \tag{23.1}$$

式中，r 为单位波长的发光度；ν 为辐射频率。

双色探测技术是在两种不同波长 λ_1 和 λ_2 下完成对汇集功率的测量。可以证明，探测到的信号比为

$$R = \left(\frac{\varepsilon_1}{\varepsilon_2}\right)\left(\frac{\lambda_1}{\lambda_2}\right)^5 \left(\frac{\sigma_2 \Delta \lambda_2}{\sigma_1 \Delta \lambda_1}\right) \exp\left[\frac{hc}{kT}\left(\frac{1}{\lambda_2} - \frac{1}{\lambda_1}\right)\right] \tag{23.2}$$

现在，信号属于以下类型：

$$R = C_1 \exp\left(\frac{C_2}{T}\right) \tag{23.3}$$

式中，C_1 和 C_2 为仪器常数。对 R 取对数，则有：

$$\ln R = \ln C_1 + \frac{C_2}{T} \tag{23.4}$$

求解，最终得到下列形式的 T：

$$T = \frac{C_2}{\ln R - \ln C_1} = \frac{(hc/k)[(1/\lambda_2)-(1/\lambda_1)]}{\ln R + \ln(\varepsilon_2/\varepsilon_1) + 5\ln(\lambda_2/\lambda_1) + \ln(\sigma_1 \Delta \lambda_1/\sigma_2 \Delta \lambda_2)} \tag{23.5}$$

倘若发射度在 λ_1 与 λ_2 之间不发生变化，并且自身已经标定过，那么由于温度与目标发射度无关，所以双色探测技术还是非常有利的。导弹表面与尾焰的温度相差很大，因此，该方法特别适用于导弹探测技术。

23.2 第三代探测器的技术要求

20 世纪 90 年代（见图 2.1），在探测器研发热潮的巨大推动下出现了第三代红外探测器。但第三代红外系统的定义还不是十分明确。按照通常理解，第三代红外系统能够提供诸如大量像素、较高帧速率、较好热分辨率、多色功能及片上信号处理功能等各种更强的功能。根据雷戈（Reago）等人的观点[38]，是按照美国和盟军空军保持现有优势的需求定义的第三代探测器。这类器件包括制冷和非制冷两类焦平面阵列[1,38]：

- 具有多色波带高性能、高分辨率制冷成像仪；
- 中等到高性能非制冷成像仪；
- 非常低成本、消耗性的非制冷成像仪。

研发第三代成像仪时，红外制造厂商要面对许多挑战，在此，对其中一些做简要的讨论：

- 噪声等效温差（NEDT）；
- 像素和芯片尺寸问题；
- 均匀性；
- 识别和探测范围。

目前的读出技术是以互补金属氧化物半导体（CMOS）电路为基础，得益于小型化电路尺寸明显和持续进展。第二代成像仪（采用 $f/2$ 光学系统）的 NEDT 约为 20～30mK。第三代热像仪的目的是提高灵敏度，对应着 NEDT 达到约 1mK。根据式（19.13）可以确定，在长波红

外光谱范围、目标温度为 300K 和热对比度为 0.02 的条件下,所需要的电荷存储能力在 10^9 个电子以上。对于使用标准 CMOS 电容的小尺寸像素,不可能获得如此高的电荷存储密度[1]。尽管减小了亚微米 CMOS 设计规范的氧化层厚度增大了单位面积电容,但正如图 23.1 所示,降低了偏压也就无从谈起提高电荷存储密度。铁电电容可以提供比现在使用的氧化硅电容大得多的电荷存储密度。然而,这种技术尚未写进 CMOS 标准制造工艺中。

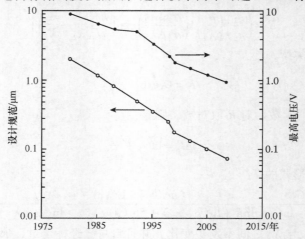

图 23.1 硅制造工艺设计规范最小值和最大偏压的趋势
(资料源自:Norton, P., Campbell, J., Horn, S., and Reago, D.,
"Third-Generation Infrared Imagers," Proceedings of SPIE 4130, 226-36, 2000)

为了大大提高电荷存储容量和动态范围,美国国防部高级研究计划局(DARPA)赞助开展垂直集成传感器阵列(Vertically Integrated Sensor Array,VISA)的研究计划[39-41]。这种一直处于研究之中的方法是以传统的"混成型"结构为基础,将具有二维铟柱阵列的探测器与硅读出电路相连接。VISA 额外增加了硅处理芯片层,连接在读出电路下面以提供更为复杂的功能。这样更小的和多色的探测器使用时不会有损存储容量而对于多色焦平面阵列,其信噪比将会得到提高。因而,长波红外焦平面阵列的灵敏度提高 10 倍。

像素和芯片的尺寸是与多色成像仪格式有关的重要问题。通过增大读出电路和探测器硅片(加工过晶片有可能被利用)的数量而降低小尺寸像素成本,而且,小尺寸像素还可以使用更小更轻的光学系统。

像素尺寸的基本限制取决于衍射。衍射限艾里光斑(Airy disk)尺寸为

$$d = 2.44 \lambda f/\# \tag{23.6}$$

式中,d 为光斑直径;λ 为波长;$f/\#$ 为聚焦物镜的 f 数。$f/2.0$ 的典型光学系统,在波长 $5\mu m$ 处的光斑尺寸是 $25\mu m$。由于系统用户希望一定程度的过采样,所以,对于中波红外应用,可以将像素尺寸减至 $12\mu m$ 的数量级。随着历史的发展,诺顿(Norton)预测[42],中波红外像素尺寸在某些情况会明显降到约 $10\mu m$,刚好打破当时较小像素尺寸的记录。对于寻求最大空间分辨率的应用,短波红外像素尺寸将收缩到相应较小的维度,长波红外像素不可能收缩到远低于 $20\mu m$ 的尺寸。然而预计,长波红外像素将制造得如中波红外像素那样小,从而实现设计一个读出电路可同时用于中波和长波两种红外焦平面阵列。

最近验证过由 $15\mu m$ 像素组成的第一个大尺寸中波红外焦平面阵列[11,43]。将双色或三色

探测器结构在诸如 $18\mu m \times 18\mu m$ 的小尺寸像素中实现是个特别大的挑战。目前,一侧尺寸小于 $25\mu m$ 的具有两个铟柱的双色同步模式像素尚未研制成功。

图 14.16 给出了 $Hg_{1-x}Cd_xTe$ 在 x 变化 0.1% 时截止波长的不确定性,表明在超长红外光谱区截止波长会有严重变化。对于短红外波长($\approx 3\mu m$)和中波长($\approx 5\mu m$)的红外材料,其截止波长变化不大。然而,对长波长红外 HgCdTe 探测器,非均匀性是一个严重问题,$Hg_{1-x}Cd_xTe$ 晶片中 x 的变化会造成很大的光谱不均匀性。在温度 77K 和 $\lambda_c = 20\mu m$ 时,变化量 $\Delta x = 0.1\%$ 将造成 $\Delta \lambda_c$ 大于 $0.5\mu m$,并且不可能通过两点或三点法进行校正[2]。使用制冷滤光片可以从光谱上校正焦平面阵列截止波长的不均匀性,但截止波长变化造成的暗电流变化仍然存在。若应用于长波红外波段及双色长波/超长波红外波段,在很大程度上,HgCdTe 将不是最佳解决方案。

第三代红外探测器的另一种方案是锑基Ⅲ-Ⅴ族材料系。这些材料机械性能很好,并且,对成分带隙没有很强的依赖关系(见图 13.49)。在长波和超长波红外光谱范围使用Ⅱ类超晶格的一个优点是能够固定一种材料成分而变化其它成分以调整波长(见图 17.15)。

热成像系统首先是用来探测物体,然后识别。一般识别范围是探测范围的 $1/3 \sim 1/2$[15]。为了增大识别范围,需要使红外系统(因此也需要使探测器)具有更好的分辨率和灵敏度。一直在研的第三代制冷热像仪就是要扩大目标的探测和识别范围,确保国防力量在夜间技术方面处于压倒敌方的优势。

采用多光谱探测技术使不同波长的图像相互关联,能够进一步扩大识别范围。例如,在中波红外光谱区,当目标和背景无法彼此区分时,红外图像被淹没(或洗白)(见图 23.2[15])。由于背景对比从正变到负,所以,涵盖整个光谱范围的探测器将被洗白。另外,采用双波段探测器(直至 $3.8\mu m$,以及 $3.8\mu m$ 直至 $5\mu m$),并将第一波段的输出和第二波段的逆序相加,会使对比得到加强,这是对整个光谱范围响应进行积分时不可能达到的。

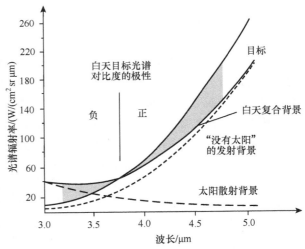

图 23.2 MWIR 光谱范围内目标和背景对比度反转
(资料源自:Sarusi, G., Infrared Physics & Technology, 44, 439-44, 2003)

图 23.3 给出了利用美国夜视与电子传感器管理局(NVESD)(弗吉尼亚州贝尔沃堡市)开发的 NVTherm 程序对第三代热像仪建模得到的探测和识别距离。作为距离判据,假设是标准的 70% 探测或识别概率。注意到,中波红外范围的识别距离几乎是长波红外探测范围的 70%,长波红外的探测距离更具优势。在探测模式下,第三代系统是作为具有自动目标识别功能的宽视场移动步进扫描仪工作的(第二代系统依靠手动目标搜索),所以光学系统有一个很宽的视场(WFOV-f/2.5)[44]。中波红外具有较高空间分辨率传感效应,使用摄远物镜(NFOV-f/6)时,具有长距离识别的优点。

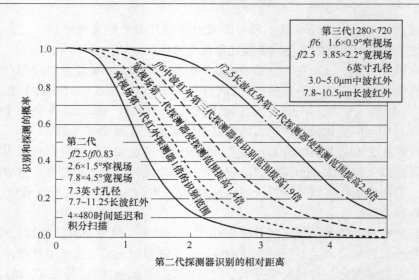

图23.3 目前第二代 TDI 扫描 LWIR 热像仪以及 20μm 像素、1280 格式 LWIR 和 MWIR 第三代热像仪之间探测和识别范围比较

(资料源自：Horn, S., Norton, P., Cincotta, T., Stolz, A., Benson, D., Perconti, P., and Campbell, J., "Challenges for Third-Generation Cooled Images", Proceedings of SPIE 5074, 44-51, 2003)

23.3 HgCdTe 多色探测器

同时探测多波长的标准方法是在其入射到探测器之前，利用光学组件，如物镜、棱镜和光栅将光波成分分隔开。另一种较简单的方法是层叠结构，采用光学方法将较短波长的探测器放置在长波长探测器之前。20 世纪 70 年代初期，以这种方式验证了使用 HgCdTe[45] 和 InSb/HgCdTe[46] 光电导体的双色探测器。然而目前，大量精力集中于制造具有多色成像能力的单片焦平面阵列，以消除使用离散阵列随时存在的空间对准和时间配准问题，从而简化光学设计，减小尺寸、重量和功率损耗。

集成多色焦平面阵列的像素单元由几种组合探测器组成，每一种对各自的光谱带敏感（见图23.4）。光辐射入射到短波带探测器，而较长波长辐射通过后面的探测器。每一层吸收直至截止波长的辐射，而透过的较长波长再被后续层汇聚。对于 HgCdTe，其结构是将长波长的 HgCdTe 光敏二极管按照光学规律放置在短波长光敏二极管后面。

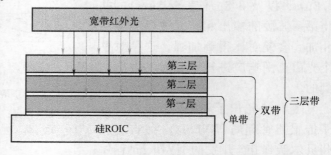

图23.4 三色探测器像素结构(第一波带的红外光通量被第三层吸收，而长波长光通量透过后续层；薄势垒将吸收带隔开)

在对两种不同短波红外光谱敏感的晶格匹配 InP 结构中，首次利用四元Ⅲ-Ⅴ族合金（$Ga_xIn_{1-x}As_yP_{1-y}$）吸收层制造连排（back-to-back）式光敏二极管双色探测器[47]。美国罗克韦尔（Rockwell）公司[48]和美国圣巴巴拉（Santa Barbara）研究中心[49]利用 HgCdTe 实现了原始连

排概念的变化。在液相外延(LPE)生长 HgCdTe 器件中成功验证了多光谱探测器[49]之后，美国雷神公司(Reytheon)[6,7,9,50-53]、英国航空航天系统(BAE System)公司[54]、法国莱蒂(Leti)公司、意大利塞莱克斯(Selex)和英国奎奈蒂克(QinetiQ)公司[59-62]、英国诊断检测系统(DRS)公司[12,63-65]、美国特利丹公司(Teledyne)和美国夜视与电子传感器管理局(NVESD)[66,67]使用 MBE 和 MOCVD 技术生长出各种多光谱探测器。十多年来，各种规格的像素尺寸(小至 20μm)、阵列规格(多达 1280×720)和光谱带灵敏度(MWIR/MWIR，MWIR/LWIR 和 LWIR/LWIR)方面都有了稳定的进步。

23.3.1 双波段 HgCdTe 探测器

集成双色焦平面阵列的像素单元由两个相互搭配的探测器组成，每个探测器对不同的一种光谱带敏感。在背侧照明双波段探测器中，较长截止波长的光敏二极管外延生长在较短截止波长的光敏二极管上面，较短截止波长的光敏二极管的作用相当于较长截止波长光敏二极管的长波长带通滤光片。

连续模式和同步模式的两种探测器都由多层材料制成。首次验证的最简单双色 HgCdTe 探测器是图 23.5a 所示偏压可选择型 n-P-N 三层异质结(TLHJ)连排式光敏二极管(大写字母表示较宽的带隙结构)。n 型基吸收区有意识地掺杂浓度约 $(1 \sim 3) \times 10^{15} cm^{-3}$ 的铟。器件制造过程至关重要的步骤是保证现场 p 类掺杂 As 层(一般 1~2μm 厚)具有良好的机械和电学性质，以避免光谱串扰造成内部增益。带隙方面的设计趋势包括增大 CdTe 克分子数以及 p 类层厚度，防止带外载流子被最终收集。

连续模式探测器每个像素单元中有一个铟柱，对连排式光敏二极管工作波段提供连续偏压选择功能。当施加在凸缘连接上的偏压极性为正时，对上侧(长波)光敏二极管施以反向偏压，而下侧(短波)光敏二极管施加正向偏压。正向偏压短波光敏二极管的低阻抗将短波光电流分流，并且，只有出现在外部电路的光电流是长波光电流。若反转偏压极性，结果正好相反，只有短波光电流。探测器内转换时间相当短，是微秒级。所以，通过中波与长波模式间的快速转换，就可以实现缓慢变化目标或图像的探测。偏压可选择器件的问题是，其结构形式不允许单独选择每个光敏二极管的最佳偏压，在长波探测器中有大量的中波串扰。

多色探测器要求有很深的绝缘槽，以完全穿过较厚(至少 10μm)的长波红外吸收层。小于 20μm 像素尺寸的小尺寸双色三层异质结(TLHJ)探测器至少需要 15μm 槽深，上方不能大于 5μm 宽。多年来就已经使用干蚀刻技术生产双色探测器。为将像素尺寸缩小到 20μm 以下而研发的一种材料技术，是一种先进的蚀刻技术。最近，美国雷神(Raytheon)公司开发出一种工业用耦合等离子体(Inductively Coupled Plasma，ICP)平台干蚀刻技术替代电子回旋共振(Electron Cycltron Resonance，ECR)平台干蚀刻法。与 ECR 相比，蚀刻期间，ICP 在横向对平台腐蚀小、有相当小的蚀刻支架效应，并能提高蚀刻深度的均匀性[66]。对于伪平面器件，有较低的纵横比，所以它也比较容易完成蚀刻工序。此外，像素与电学方面无关，所以没有电串扰。

许多应用需要采用真正的双波段同步探测。在图 23.5b~f 所示的一些巧妙结构中就实现了该目的。有两种不同结构：一种称为 n-P-N 类连排式光敏二极管(见图 23.5b)；第二种是法国 Leti(莱蒂)公司研发的一种结构(见图 23.5d)。两者的吸收材料都是 p 类，中间夹着一种势垒，以避免两种 n-on-p 二极管之间出现载流子漂移。每个像素包含两种标准 n-on-p

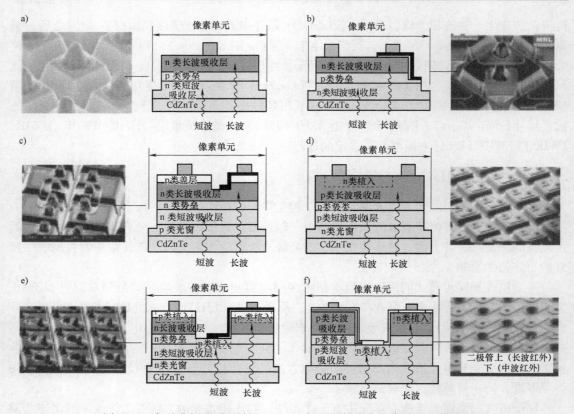

图 23.5 各种背侧照明双波段 HgCdTe 探测器技术中像素单元的截面图

a) 美国 Raytheon 公司的偏压可选择型 n-p-n 结构(资料源自：Wilson, J. A., Patten, E. A., Chapman, G. R., Kosai, K., Baumgratz, B., Goetz, P., Tighe, S., et al., "Intergrated Two-Color Detection for Advanced FPA Applications," Proceedings of SPIE 2274, 117-25, 1994)

b) 美国 Reytheon 公司的同步模式 n-p-n 设计(资料源自：Rajavel, R. D. Jamba, D. M., Jensen, J. E., Wu, O. K., Wilson, J. A., Johnson, J. L., Patten, E. A., Kasai, K., Goetz, P. M., and Johnson, S. M., Journal of Electronic Materials, 27, 747-51, 1998)

c) 英国 BAE 公司的同步模式 p-n-n-p 结构(资料源自：Reine, M. B., Hairston, A., O'Dette, P., Smith, F. T. J., Musicant, B. L., Mitra, p., and Case, F. C., "Simultaeous MW/LW Dual-Band MOCVD HgCdTe 64 × 64FPAs," Proceedings of SPIE 3379, 200-12, 1998)

d) 法国 Leti 公司的同步式 n-p-p-p-n 设计(资料源自：Zanatta, J. P., Ferret, P., Loyer, R., Petroz, G., Cremer, S., Chamonal, J. P., Bouchut, P., Million, A., and Destefanis, G., "Single and Two Colour Infrared Focal Plane Arrays Made by MBE in HgCdTe", Proceedings of SPIE 4130, 441-51, 2000)

e) 美国 Rockwell 公司以 p-on-n 结为基础的同步式结构(资料源自：Tennant, W. E., Thomas, M., Kozlowski, L. J., McLevige, W. V., Edwall, D. D., Zandian, M., Spariosu, K., et al., Journal of Electronic Materials, 30, 590-94, 2001)

f) 法国 Leti 公司以 n-on-p 结为基础的同步式结构(资料源自：Destefanis, G., Baylet, P., Castelein, P., Rothan, F., Gravrand, O., Rothman, J., Chamonal, J. P., and Million, A., Journal of Electronic Materials, 36, 1031-44, 2007)

光敏二极管，通常 p 类层掺杂有 Hg 空位。在外延生长期间，简单地使第一吸收层局部掺杂 In 就可以制成短波二极管，采用一种平面植入工序可以得到较长波长结。应当注意，n 类材料中电子迁移率要比 p 类材料中空穴大约 100 倍，因此，n-on-p 结构将有更低的公共电阻。

对于大面积焦平面阵列长波光谱区探测，由于具有大的入射光子通量，所以，是一个很重要的考虑因素。

图 23.5e 和 f 所示为最后两种结构称为伪平面结构，是一种完全不同的方法，非常接近洛克伍德（Lockwood）等人[68]在 1976 年为 PbTe/PbSnTe 异质结双色光敏二极管设计的结构。它们分别以 p 类或 n 类植入技术制造的 p-on-n（见图 23.5e）或 n-on-p（见图 23.5f）两种二极管概念为基础，都是两种不同水平的三层异质结结构。美国罗克韦尔（Rockwell）公司研制的结构是一种以双层平面异质结（DLPH）MBE 生长方法为基础的同步双色中波/长波红外焦平面阵列技术（见图 23.5e）。为了避免载流子在两种波带间扩散，用 1μm 厚宽带隙的薄层将两种吸收层分开。将砷作为 p 类掺杂物植入，并经退火将其激活，最后制成二极管，从而实现两种波段产生一种单载子（或单极性）工作模式。波带 2 的植入面积是围绕波带 1 微凹处的一个同心环。由于横向载流子扩散长度比中波红外材料中像素尺寸大，且波带 1 的结较浅，所以，在每个像素都被其周围干蚀刻出的一条沟槽隔离开以降低载流子串扰。整个结构覆盖一层具有稍宽带隙的材料，以降低表面复合和简化钝化工艺。

所有这些同步双波段探测器结构都额外需要一条电路连接线，即从多结结构底层到短波和长波两种光敏二极管的电连接线。最重要的区别是要求每个单元中有第二个读出电路。

预期，三层异质结结构（TLHJ）的像素尺寸能够减小到 15μm，而阵列规格可以增大到几兆像素。使用伪平面结构应当较容易地制造像素尺寸约为 20μm 的大尺寸规格阵列的中波/长波红外器件。

与单色混合型焦平面阵列一样，偏压可选择探测器每个像素单元中只有一个柱形连接，这是该探测器的主要优点。此外，与目前的硅读出芯片的性能相差无几。由于入射光的全内反射偏离平台侧壁，所以，该结构每种波带的光学填充因数大约都是 100%。美国雷神（Raytheon）公司的方法使用具有时分复用集成功能（Time Division Multiplexed Integration，TDMI）的读出集成电路（RO-IC）[7]，如图 23.6 所示。随着探测器偏压的变化，探测器电流将输入电路与积分电容分

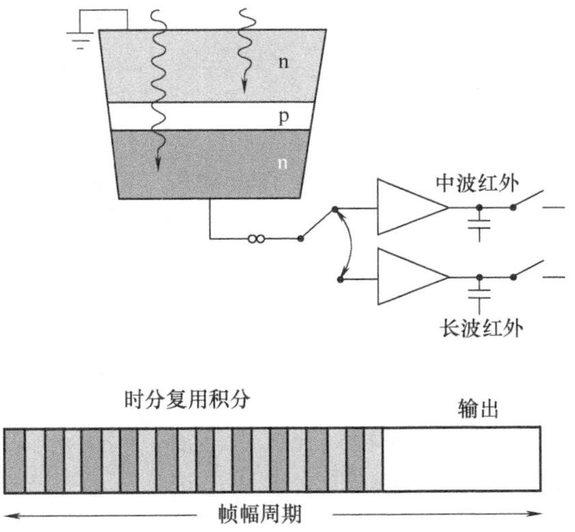

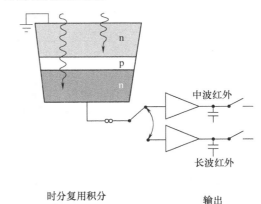

图 23.6　具有时分复用集成功能（TDMI）的雷神双色焦平面阵列（探测器的偏压极性在单个帧周期内交替变换多次）

（资料源自：Radford, W. A., Patten, E. A., King, D. F., Pierce, G. K., Vodicka, J., Goetz, P., Venzor, G., et al. ,"Third Generation FPA Development Status at Raytheon Vision Systems," Proceedings of SPIE 5783, 331-39, 2005）。

开，当时间远小于帧周期时，便完成了偏压转换。一般地，使用小于 1ms 的快速子帧转换。将各个子帧积分周期汇聚的电荷求和而完成对中波红外波段的积分，将各个子帧积分周期汇聚的电荷求平均便完成对长波红外光谱区的积分。

图 23.7 给出了为单平台、单铟柱双色中波 1/中波 2 红外[69]和中波/长波红外[51]三层异质结结构（TLHJ）单元探测器的 I-V 特性。在像素电连接处施加适当的极性和偏压，则

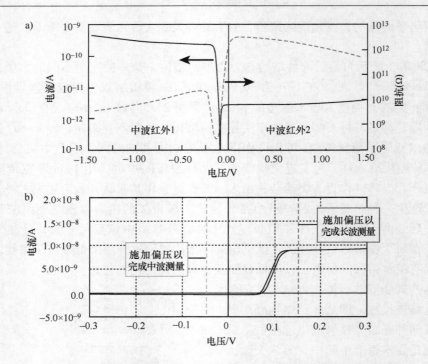

图 23.7 单平台、单铟柱双色 TLHJ 单元探测器的典型 I-V 特性

a) 温度为 77K、视场为 30°、25μm 像素以及截止波长为 3.1μm 和 5.0μm 条件下的中波红外 1/中波红外 2（资料源自：Baylet, J., Ballet, P., Castelein, P., Rothan, F., Gravrand, O., Frendler, M., Laffosse, E., et al., Journal of Electronic Materials, 35, 1153-58, 2006）

b) 20μm 像素以及截止波长为 5.5μm 和 10.5μm 条件下的中波红外/长波红外（资料源自：Smith, E. P. G., Patten, E. A., Goetz, P. M., Venzor, G. M., Roth, J. A., Nosho, B. Z., Benson, J. D., et al., Journal of Electronic Materials, 35, 1145-52, 2006）

结或者对短波或者对长波红外辐射响应。如所预期，I-V 曲线显示出连排式二极管结构的蛇纹石形状，在两个有效反向偏压区呈现出的"平坦部分"是高质量双色二极管的重要标志。图 23.8 给出了不同双色器件的光谱响应[70]。这里注意到，由于短波探测器吸收了近 100% 的短波长，因而在波带之间有最小串扰。试验结构件表明，在一定温度下，根据可达到的 R_0A 随波长的变化情况判断，双色探测器分离型光敏二极管完全类似单色探测器（见表 23.2）[6]。

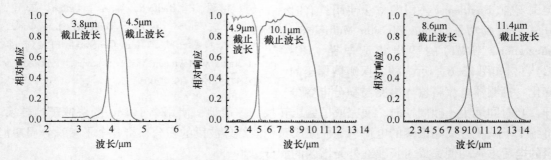

图 23.8 双色 HgCdTe 探测器在中波红外和长波红外各种双波段组合条件下的光谱响应曲线
（资料源自：Norton, P. R., "Satus of Infrared Detectors," Proceedings of SPIE 3379, 102-14, 1998）

表23.2 256×256 30μm 像素单元焦平面阵列单色和双色 HgCdTe MWIR 和 LWIR 探测器性能参数的典型测量值

256×256 30μm 像素单元性能参数	DLHJ 单色		TLHJ 连续双色					
	MWIR	LWIR	MWIR/MWIR		MWIR/LWIR		LWIR/LWIR	
光谱带	MWIR	LWIR	带1	带2	带1	带2	带1	带2
78K 截止波长/μm	5	10	4	5	5	10	8	10
工作温度/K	78	78	120	120	70	70	70	70
串扰(%)	—	—	<5	<10	<5	<10	<5	<10
量子效率(%)	>70	>70	>70	>65	>70	>50	>70	>50
0 FOVR_0A/(Ω cm^2)	>1×10^7	>500						
0 FOVR_rA①/(Ω cm^2)	—	—	6×10^5	2×10^5	1×10^6	2×10^2	5×10^4	5×10^2
互连可操作性(%)	>99.9	>99.9	>99.9	>99.9	>99.9	>99.9	>99.9	>99.9
响应可操作性(%)	>99	>98	>99	>97	>99	>97	>98	>95

① 非零偏压下电阻面积乘积。

(资料源自:E. P. G. Smith, L. T. Pham, G. M. Venzor, E. M. Norton, M. D. Newton, P. M. Goetz, Randall, et al., Journal of Electronic Materials, 33, 509-16, 2004)

美国雷神(Raytheon)视觉系统公司生产的具有最佳性能的可选择偏压双色焦平面阵列的带外串扰低于10%,互连可操作性为99.9%以及99%的响应可操作性,可以与最先进的单色技术相比拟。据预测,正在研发的材料生长和制造工艺将会进一步提高双色焦平面阵列的性能。

最近,美国雷神(Raytheon)视觉系统公司已经研发出双色、大幅面红外焦平面阵列以支持美军第三代前视红外(FLIR)系统:一种是640×480;另一种是"高清晰"1280×720规格,像素单元尺寸为20μm×20μm(见图23.9)[52]。集成电路共享一个公共芯片结构,且合并相同的像素单元电路设计和布局;焦平面阵列可以以双波段或单波段两种模式工作。已经证明,温度78K时截止波长直至11μm的高质量 MWIR/LWIR 1280×720焦平面阵列具有良好的灵敏度,中波范围像素的可操作性超过99.9%,长波范围的大于98%。表23.3给出了至今制造的三种最好的1280×720焦平面阵列灵敏度和可操作性测量数据的总结[9]。对于帧速率60Hz、积分时间对应着满阱电荷约40%(中波)和60%(长波)条件的双带时分复用集成(TDMI)工作模式,中波在温度300K和$f/3.5$光学系统时的 NEDT 测量中值接近20mK,长波为25mK。正如图23.10所示[9,71],使用$f/2.8$视场(FOV)宽带折射光学系统,并以60Hz帧速工作的红外照相机摄像,已经取得了非常高的分辨率。

表23.3 至今制造的三种最佳 1280×720 MW/LW FPA 性能总结

FPA	晶片①	MW t_{int}/ms	MW 中值 NEDT/mK	MW 响应可操作性	LW λ_{int}/ms	LW 中值 NEDT/mK	LW 响应可操作性
7607780	3827	3.14	23.3	99.7%	0.13	30.2	98.5%
7616474	3852	3.40	18.0	99.8%	0.12	27.0	97.0%
7616475	3848	3.40	18.0	99.9%	9.12	26.8	98.7%

① 原文将"Wafer"错印为"W after"。——译者注

(资料源自:D. F. King, W. A. Radford, E. A. Patten, R. W. Graham, T. F. McEwan, J. G. Vodicka, R. F. Bornfreund, P. M. Goetz, G. M. Venzor, and S. M. Johnson, "3rd-Genaration 1280×720FPA Development Status at Raytheon Vision Systems," Proceedings of SPIE 6206, 62060W, 2006)

图 23.9 安装在杜瓦瓶上、由美国 RVS 公司制造的双波段 MW/LWIR FPA
a) 1280×720 规格 b) 640×480 规格

（资料源自：King, D. F., Graham, J. S., Kennedy, A. M., Mullins, R. N., McQuitty, J. C., Radford, W. A., Kostrzewa, T. J., et al., "3rd – Generation MW/LWIR Sensor Engine for Advanced Tactical Systems," Proceedings of SPIE 6940, 69402R, 2008.

中波红外

长波红外

图 23.10 在温度 78K 和 $f/2.8$ FOV 条件下，利用双色 $20\mu m$ 像素单元 MWIR/LWIR HgcdTe/CdZnTe TLHJ1280×720 FPA 和 1280×720 TDMI ROIC 混成型的相机以 60Hz 帧速率拍摄的图像

（资料源自：King, D. F., Radford, W. A, Patten, E. A., Graham, R. W., McEwan, T. F., Vodicka, J. G., Bornfreund, R. F., Goetz, P. M., Venzor, G. M., and Johnson, S. M., "3rd-Genaration 1280×720FPA Development Status at Raytheon Vision Systems," Proceedings of SPIE 6206, 62060W, 2006）

对其它结构形式也进行了验证,并取得了令人印象深刻的结果,例如,双波段(2.5~3.9μm 和 3.9~4.6μm)128×128 同步 MWIR1-MWIR2 焦平面阵列(见图 23.11)的 NEDT 低于 25mK,在温度高达 180K 时获得的图像质量没有明显恶化。测量相机有一个 50mm、$f/2.3$ 物镜。此外,利用图 23.5e 所示的伪平面同步结构也得到 40μm 像素、128×128 像元的高性能焦平面阵列。在中波红外(3~5μm)器件在温度 $T<130K$ 范围和长波红外(8~10μm)器件在 $T\approx 80K$ 的情况下,已经得到背景限比探测率性能(见图 23.12)[66],焦平面阵列呈现出低 NEDT 值:中波红外光谱为 9.3mK 和长波红外光谱为 13.3mK。这与具有良好成像质量的单色焦平面阵列类似。

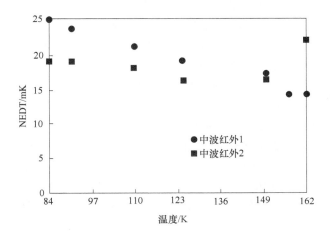

图 23.11 安装有 50mm、$f/2.3$ 物镜的双色相机的 NEDT 与工作温度的函数关系
(资料源自:Norton, P. R., "Status of Infrared Detectors," Proceedings of SPIE, 3379, 102-14, 1998)

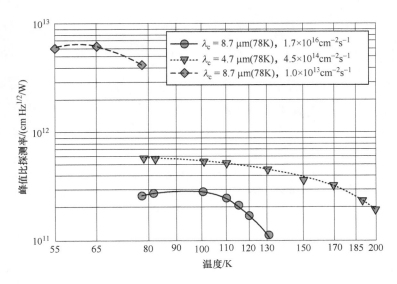

图 23.12 双色伪平面同步 MWIR/LWIR 128×128 HgCdTe FPA 的比探测率
(资料源自;Tennant, W. E., Thomas, M., Kozlowski, L. J., McLevige, W. V., Edwall, D. D., Zandian, M., Spariosu, K., et al., Journal of Electronic Materials, 30, 590-94, 2001)

已经从理论上阐述过双色 MWIR/LWIR HgCdTe 探测器[60,72-74]，并证明，有希望利用数学模型以较高精度预测复杂探测器的性能。此外，利用模拟技术非常有利于理解不同材料参数和几何特性对探测器性能的影响。

位于英国南安普敦（Southampton）市的诊断检测系统（DRS）公司和英国航天（BAE）系统公司研制的 HgCdTe 高密度垂直集成光敏二极管（HDVIP）（见图 14.45）代表另一种红外焦平面阵列结构方案，在二极管形成方法及其与硅集成电路混合方式两个方面都不同于较为流行的焦平面阵列结构[64]。单色高密度垂直集成光敏二极管（HDVIP）结构包含一个利用 LPE 技术或 MBE 技术生长在 CdZnTe 基板上的 HgCdTe 外延层[63]，外延生长之后，去除基板，再通过蒸镀 CdTe 互扩散层（温度 250℃ 时，在相场富 Te 侧实施互扩散工艺就形成浓度约 $10^{16} cm^{-3}$ 的金属空位）对 HgCdTe 层两个表面进行钝化。在此工艺期间，Cu 也可以是源自生长期间提供另一种掺杂物 ZnS 源的扩散。英国诊断检索系统（DRS）公司已经将这种单色结构扩展应用到双色结构，将两种单色层胶合成一个组件并形成能够通向较低层的绝缘通道，以便读出上层的颜色，如图 21.13 所示。通过 HgCdTe 蚀刻一些孔（或通道），直到硅上面的接触垫圈，从而与硅读出集成电路连接（见图 23.13c）。应用于双波段焦平面阵列的读出集成电路，最初是为单色 25μm（方形）像素 640×480 像元阵列设计的。读出集成电路偶数行没有与探测器相连，所以，芯片以只输出奇数行的模式工作。奇数列与长波红外探测器相连，并且，中波红外探测器在偶数列。已经利用这种方法制造 50μm 像素 240×320 像元中波-长波（MW-LW）和中波-中波（MW-MW）两种焦平面阵列。一直在努力研究高密度专用双色读出集成电路的设计，以便使双色焦平面阵列的间距小于 30μm。

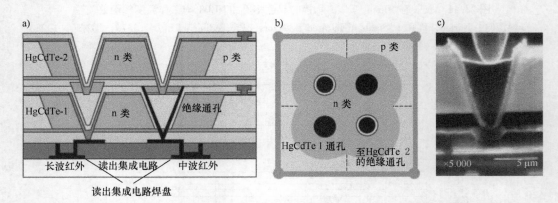

图 23.13　双波段 HDVIP 结构由两层用环氧树脂胶粘结到硅读出电路上的薄 HgCdTe 层组成
　　a）侧视图　b）俯视图（资料源自：Aqariden, F., Dreiske, P. D., Kinch, M. A., Liao, P. K., Murphy, T., Schaake, H. F., Shafer, T. A., Shih, H. D., and Teherant, T. H., Journal of Electronic Materials, 36, 900-904, 2007）
　　c）为了形成结以及与硅读出电路的连接而蚀刻的小孔

英国诊断检测系统（DRS）公司利用 $f/3$ 光学系统和 60Hz 帧速率得到的双色 MW-LW 和 MW-MW 240×320 焦平面阵列具有代表性的性能数据见表 23.4[64]。组合件的可操作性达到 >92.5%。然而，长波红外层的集光效率（量子效率与像素单元填充因数的乘积）的测量值较低。据最近一篇论文介绍，其可操作性大于 99%[63]。

表 23.4 双色 MW-LW 和 MW-MW 240×320 HgCdTe FPA 的性能数据(其中采用 f/3 光学系统和 60Hz 帧速率)

	光谱带宽 /μm	像素尺寸 /μm	SNR 可操作性(%)	集光效率(CE) (%)	响应度均匀性[①] (σ/平均值)	NEDT /mK
320×240 MW/LW	3.0~5.2/ 8.0~10.2	50	97.1/96.3	60/35	4.9%/4.2%	9/23
320×240 MW/MW	3.0~4.2/ 4.2~5.2	50	99.4/99.6	58/58	4.3%/3.7%	18.1/8.3

① 原文将"Response Uniformity"错印为"Response Rniformity"。——译者注

(资料源自:M. A. Kinch,"HDVIP FPA Technology at DRS,"Proceedings of SPIE 4369, 566-78, 2001)

23.3.2 三色 HgCdTe 探测器

从一些系统方面考虑,认为采用三色焦平面阵列比双色更为有用。三色 HgCdTe 焦平面阵列的成功开发需要进一步研究材料质量、适当的处理技术,以及根据像素性能和阵列中不同像素间的相互作用两个方面对热像仪工作原理有更好理解。

最近,英国的研究人员验证了第一个实现三色 HgCdTe 探测器的概念[75],即背侧照射 HgCdTe 探测器的概念,示意如图 23.14 所示。在 n-p-n 结构中使用三种吸收材料实现偏压相关截止波长:第一层 n 层确定短波长(SW)光谱区,p 类层确定中波区(IW),上层是长波长(LW)光谱区。注意到,在此所用术语短波(SW)和长波(LW)是相对的,无须与短波或长波红外波段的概念相一致;短波、中波和长波区的截止波长分别标为 λ_{c1}、λ_{c2} 和 λ_{c3}。由于势垒区是低掺杂,所以,施加的偏压主要落在结的一侧。对于图 23.14 所示的器件结构,负偏压表示接触层 A 的电势比接触面 B 的高。

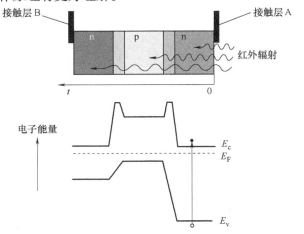

图 23.14 三色概念和相关的零偏压能带图

(资料源自:Hipwood, L. G., Jones, C. L., Maxey, C. D., Lau, H. W., Fitzmaurice, J., Catchpole, R. A., and Ordish, M.," Three-Color MOVPE MCT Diodes", Proceedings of SPIE 6206, 620612, 2006)

预计,在低偏压时,短波长或长波长响应起主要作用,具体取决于哪一个结被施以反向偏压。在这种情况下,由于势垒阻挡电子通过中波长区,所以与偏压可选择双色探测器情况一样,两者都产生光电子以及直接由正向偏压结注入载流子。增大反向偏压降低势垒,并在中波长层由光照产生的电子能够穿过结。使用负偏压的情况及光谱响应的相应变化如图 23.15c 所示,使偏压向正值方向变化将使截止波长移向中波长(见图 23.15d)。同样,增大正偏压会使截止频率线从中波截止频率重合区移向短波区。应当注意,上述讨论是针对理想情况的探测器结构,实际上,由于中波吸收层不够厚,难以充分吸收所有的中波辐射,所以不可能实现理想的长波响应。

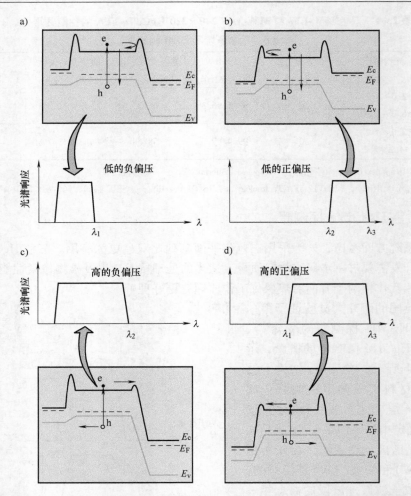

图 23.15 三色探测器理想化的光谱响应，也表示出正负偏压对带隙结构的影响
（资料源自：Hipwood, L. G., Jones, C. L., Maxey, C. D., Lau, H. W., Fitzmaurice, J., Catchpole, R. A., and Ordish, M., "Three–Color MOVPE MCT Diodes", Proceedingsof SPIE 6206, 620612, 2006）

利用 MOVPE 技术将三色 HgCdTe 探测器生长在偏离（100）方向的 GaAs 基板上，以减小锥丘生长缺陷的尺寸。图 23.16 给出了截止波长 3μm（短波）、4μm（中波）和 6μm（长波）的光谱响应[75]。在正偏压模式下，长波/中（LM/IM）波结处于反向偏压下，当高于 0.2V 时（只在 +0.6V 才出现），得到一个与偏压无关的长波光谱。由于所选择的掺杂级，所以，在这些施加偏压下，在 LW/IM 结位置没有观察到势垒变低。响应低于 λ_2 是由于中波层中的不完全吸收，造成这些波长在长波层中形成载流子（在中波吸收层生成的载流子没有足够能量超越长波势垒）。随着正偏压降到低于 0.2V，长波响应衰减，并随电流沿反方向传输而出现短波层信号。对于这种偏压模式，内置场起着主要作用。同时，由于具有较大带隙，最大的场位于 SW/IW（短波/中波）结位置。进一步降低偏压会造成短波响应增大。负电压会将 SW/IW 结置于反向偏压下，造成截止波长 λ_1 的短波响应。进一步增大负电压会降低该结处势垒，并可以出现中波层响应，因而将截止波长移到 λ_2。由于短波吸收层的不完全吸收，可以观察到短波信号随负电压增大而增大。

由于复杂和昂贵的制造工艺,所以,使数学模拟成为研发 HgCdTe 带隙工程化器件的重要工具。数学模拟能够为设计和优化像素和阵列结构的几何外形提供极有价值的指导原则。迄今,只发表了有限的探讨三色探测器性能的理论性文章(本章参考文献【75,76】)。卓兹考斯基(Jozwikowski)和罗格尔斯基(Rogalski)[76]指出,三色探测器的性能在很大程度上取决于势垒掺杂程度及相对于结的位置,势垒位置稍有移动和掺杂水平小的变化都会造成光谱响应度很大的变化。这种性质是三色探测器的一个严重缺点,所以,该探测器结构在技术上遇到了严重挑战。

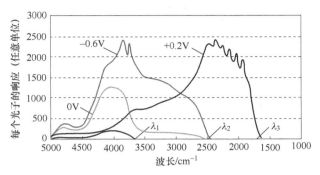

图 23.16 三色 HgCdTe 探测器的光谱响应在不同偏压下随截止波长 3、4 和 6μm 的变化

(资料源自:Hipwood, L. G., Jones, C. L., Maxey, C. D., Lau, H. W., Fitzmaurice, J., Catchpole, R. A., and Ordish, M., "Three-Color MOVPE MCT Diodes", Proceedings of SPIE 6206, 620612, 2006)

23.4 多波段量子阱红外光电探测器

由于 QWIP 只吸收窄光谱带内的红外辐射,对吸收带之外是透明的。对于要求制造能同时准确读出双色红外焦平面阵列的像素,是一种理想的探测器,因此,当两种光谱带间隔大于几个微米时,没有光谱串扰。除了需要增加与硅读出集成电路的电连接通孔外,多光谱 QWIP 阵列中的每个像素均采用类似单波段 QWIP 的技术制造。

桑塔斯(Sanders)是最早用下面四种重要材料的组合都试制过双色、256×256 像元、与微带相连的 QWIP FPA 的:长波红外/长波红外(LWIR/LWIR)、中波红外/长波红外(MWIR/LWIR)、近红外/长波红外(NIR/LWIR)和中波红外/中波红外(MWIR/MWIR)——具有同步积分[77,78]。目前,有以下单位生产双色 QWIP:美国喷气推进实验室(JPL)[19,20,79-85],美国陆军研究实验室[86-88],美国戈达德(Goddard)宇宙飞行中心(Goddard)[88,89],法国泰勒斯(Thales)航空电子公司[17,21,90-93]及德国 AIM 红外技术有限公司[18,94,95]。其中多数以束缚扩展跃迁为基础。

外延生长期间,垂直层叠不同的 QWIP 层就可以制造能同时探测两种不同波长的器件,也可以同时通过(将多量子阱(MQW)探测器异质结结构分隔开的)掺杂接触层将各自的偏压施加到每个 QWIP 上。图 23.17a 给出了双色层叠式 QWIP 与所有三色欧姆接触层相连接的结构示意图[20]。采用 MBE 技术将器件外延层生长在 6in 大小的半绝缘 GaAs 基板上,称为绝缘层的非掺杂 GaAs 层生长在 AlGaAs 两层蚀刻停止层之间;继而以厚 0.5μm 掺杂 GaAs 层;然后,再生长两层 QWIP 异质结结构,并被另一欧姆层隔开。在对短波灵敏的叠层(蓝光 QWIP)上面生长对长波敏感的叠层(红光 QWIP)。图 23.17b 给出了在 1.5V 共用偏压(图中标注是 1V。——译者注)和温度 77K 条件下,同时记录的一个像素两个 QWIP 的光谱响应。每个 QWIP 包含大约 20 个周期的 $GaAs/Al_xGa_{1-x}As$ 多量子阱叠层,通过调整掺硅 GaAs 量子阱(电子浓度的典型值是 $5×10^{17}cm^{-3}$)的厚度和未掺杂 $Al_xGa_{1-x}As$ 势垒(厚度约 55~

60nm)中铝的成分,形成所需要的峰值响应度位置和光谱宽度。用环氧树脂胶回填焦平面阵列探测器与读出电路多路复用器之间的间隙。这种回填为探测器阵列和读出电路混成而进行磨薄工序提供了必要的机械强度。完全去除初始使用的双波段焦平面阵列基板,仅留 50nm 厚的一层 GaAs 薄膜,从而可以通过消除硅读出电路与探测器阵列间的热失配使该阵列能承受任何热膨胀。同时消除了像素间的串扰,最终大大提高了红外辐射耦合到 QWIP 像素中的光学效率。利用上述制造工艺,已经使兆像素双波段 QWIP 焦平面阵列的研发有了很大进步[19,84,85]。

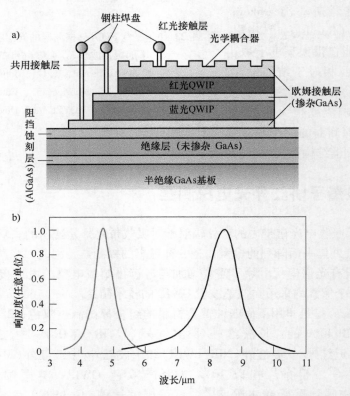

图 23.17 双波段 QWIP 的结构示意及实验光谱响应度
a) 双波段 QWIP 的结构的示意性
b) 温度 77K 和 1V 共用偏压下,同时记录的一个像素两个 QWIP 的典型光谱响应度
(资料源自:Gunapala, S. D., Bandara, S. V., Liu, J. K., Mumolo, J. M., Hill, C. J., Rafol, S. B., Salazar, D., Woollaway, J., LeVan, P. D., and Tidrow, M. Z., Infrared Physics & Technology, 50, 217-26, 2007)

图 23.18 给出了美国喷气推进实验室(JPL)研发的双波段 QWIP 处理工艺[96]。4in 晶片上制造了 320×256 像元中波红外/长波红外双波段 QWIP 器件,像素并排配置并可以同步读出。如图 23.18b 所示,每个 MQW 区发射的载流子分别被三个接触层接收,中间的接触层(见图 23.18c)作为探测器的共用部分。利用通孔连接将探测器共用部分的电子连线与长波红外连线引至每个像素的顶端部。再利用图 23.18 所示的清晰可见的金通道连线将共用接触层的电连接与长波红外像素的连接引到每个像素的顶端,从而解释了形成二维成像阵列的处理技术,在一个像素上同时探测不同的波段。

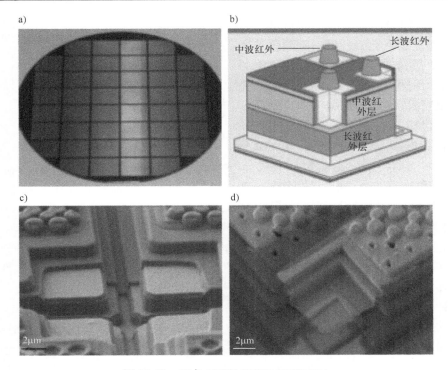

图 23.18 双色 MWIR/LWIR QWIP FPA

a) 制造在 4in GaAs 晶片上的 48 个 FPA b) 像素结构的三维视图 c) 共用接触层的电连接
d) 利用金连线将像素连接引到每个像素的顶端部

(资料源自：Gunapala, S., Compound Semiconductor, 10, 25-28, October 2005)

大部分 QWIP 使用二维光栅，其缺点是对波长的依赖性很强，并且，其效率随像素尺寸减小而降低。美国洛克希德·马丁(Lockheed Martin)公司在其双色长波-长波焦平面阵列中采用了矩形和旋转矩形二维光栅。尽管使用大的试验器件结构使随机反射镜具有较高的量子效率，但由于宽-高比减小，所以虽使用小型焦平面阵列像素上的随机反射镜但不可能得到可比拟的量子效率[81]。此外，由于随机反射镜的特征尺寸与探测器峰值波长呈线性关系，所以，短波探测器随机反射镜的制造较难。也因此与单色阵列相比，保证多色 QWIP 焦平面阵列的量子效率就成为一个较难的问题。美国喷气推进实验室已经研发出两种不同的光学耦合技术：第一种技术采用双周期拉马尔(Lamar)光栅结构，第二种则以多衍射级为基础(见图 23.18c 和 d)[96]。

QWIP 的典型工作温度是 40~80K。虽然希望对两种颜色施加相同的偏压，但每个 QWIP 上的偏压都可以分别调整。结果表明，由于每个 20 个周期 QWIP 的峰值量子效率预计约为 10%，所以，复杂的双色处理工艺还能兼顾到双色器件中每个焦平面阵列的电学和光学效率。为了便于比较，两倍周期数的一般单色 QWIP 具有大约 20% 的量子效率，需要使用一种精确的设计方法优化探测器结构以满足不同需求。在生产过程中，光栅制造仍是一个相当棘手的问题，并且，小尺寸和较厚材料层像素的探测器效率十分不确定。

过去 10 年，美国喷气推进实验室(JPL)一直从事双波段 QWIP 焦平面阵列的研发，目标是为中等背景应用研发 640×480 像元长波/超长波红外阵列[79]。关键问题之一是缺少合适的读出多路复用器，为了解决该问题，美国喷气推进实验室(JPL)使用现有的为单色应用研发的多路复用器及波带交错的 CMOS 读出结构(即一种颜色是奇数行,另一种颜色是偶数行)验证了最初的双波带概念。该方案的缺点是不能为两种波带提供满填充因数,每种波带的填充因数约为 50%。图 23.19 所示的器件结构包括一个 30 周期的层叠超长红外波长结构(50nm AlGaAs 势垒和 6nmGaAs 阱)和一个 18 周期层叠长波红外结构(50nm AlGaAs 势垒和 4nm GaAs 阱),并用重掺杂 0.5μm 厚 GaAs 中间接触层隔开。超长波 QWIP 设计为 14.5μm 处有束缚-准束缚子带间吸收峰值,长波红外 QWIP 在 8.5μm 处有束缚-连续子带间吸收峰值。其主要原因是长波红外器件结构的光电流和暗电流都比超长波红外光谱小。

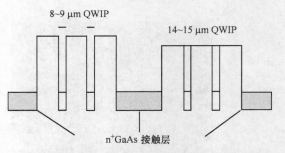

图 23.19 LWIR 和 VLWIR 双色探测器的导带图
(资料源自:Gunapala, S. D., Bandara, S. V., sIGN, A., Liu, J. K., Rafol, S. B., Luong, E. M., Mumolo, J. M., et al.," 8-9 and 14-15 μm Two-Color 640×486 Quantum Well Infrared Photodetector(QWIP) Focal Plane Array(FPA) Camera", Proceedings of SPIE 3698, 687-97, 1999)

图 23.20 给出了交错双波段 GaAs/AlGaAs 焦平面阵列的侧视示意图[79]。设计了两种不同的二维周期性光栅结构,分别独立地将 8~9μm 和 14~15μm 辐射耦合到焦平面阵列偶数行和奇数行探测器像素中。利用上部 0.7μm 厚的 GaAs 保护覆盖层制造 8~9μm 的二维光耦合周期光栅,而通过长波红外多量子阱层制造 14~15μm 探测器像素的光耦合二维周期光

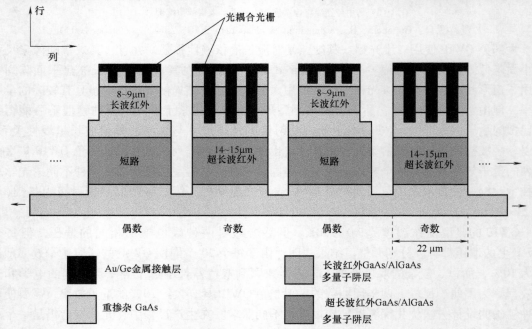

图 23.20 交错双波段焦平面阵列的结构截面图
(资料源自:Gunapala, S. D., Bandara, S. V., sIGN, A., Liu, J. K., Rafol, S. B., Luong, E. M., Mumolo, J. M., et al.," 8-9 and 14-15 μm Two-Color 640×486 Quantum Well Infrared Photodetector(QWIP) Focal Plane Array(FPA) Camera," Proceedings of SPIE 3698, 687-97, 1999)

栅。因此，这种光栅方案使焦平面阵列所有奇数行中对 8~9μm 敏感的探测器短路，然后，将光敏 GaAs/AlGaAs 多量子阱层干蚀刻到 0.5μm 掺杂 GaAs 中间接触层中，从而制成长波红外探测器像素。焦平面阵列中所有偶数行的超长波红外像素都是短路状态，将两种多量子阱层叠结构干蚀刻到 0.5μm 厚重掺杂 GaAs 底部接触层中，从而制成超长波红外探测器像素。在对焦平面阵列探测器与读出多路复用器间的间隙回填环氧树脂之后，将基板磨薄，剩下的 GaAs/AlGaAs 材料只含有 QWIP 像素和一层非常薄的薄膜（≈100nm）。

640×486 GaAs/AlGaAs 阵列中有 99.7% 的长波红外像素和 98% 的超长波红外像素参与工作生成图像，这证明 GaAs 技术是一种高产技术。在工作温度 77K 和背景温度 300K 及 f/2 冷光阑条件下，8~9μm 探测器达到背景限性能（BLIP）；在温度 45K 相同的工作条件下，14~15μm 探测器具有背景限性能。这些双波段焦平面阵列的性能测试是在下列条件下完成的：背景温度 300K、f/2 冷光阑和 30Hz 帧速率。长波和超长波红外探测器在温度 40K 的 NEDT 预估值分别是 36mK 和 44mK；长波红外 NEDT 的实验测量值等于 29mK，低于预测值，这种改进归功于二维周期光栅光耦合效率的提高。然而，超长波红外 NEDT 实验测量值高于预测值。原因可能是 14~15μm 光谱区低效率光耦合、读出多路复用器噪声和接近电子学噪声所致。在温度 44K，两种光谱区探测器像素性能受限于光电流噪声和读出电路噪声。

法国泰勒斯（Thales）公司选用 ISC0208 Indigo 读出集成电路对双波段 QWIP 相机的原理样机进行验证。由于这种读出电路不是专门为双波段应用设计，所以 QWIP 验证机不可能是时间相干中波/长波红外阵列。中波/长波红外成像是基于两种层叠量子阱结构（见图 23.21[93]），卡斯特兰（Castelein）及其同事对此已做过阐述[91]。这种处理技术与为原位跳读焦平面阵列研发的一样[97]。当积分第二种波段时读出第一种波带，因此，两种 QWIP 偏压在两种帧幅之间进行调制。该 QWIP 晶片采用与 25μm 像素间距、384×288 元格式 ISC0208 读出集成电路一致的处理程序。图 23.22 给出了处理细节的 SEM 显微图。

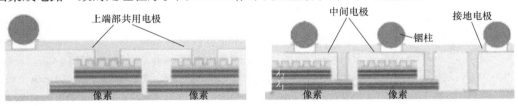

图 23.21 两种不同类型双波带 QWIP 阵列的截面图
（资料源自：Robo, J. A., Costard, E., Truffer, J. P., Nedelcu, A., Marcadet, X., and Bois, P., " QWIP Focal Plane Arrays Performances from MWIR to VLWIR", Oroceedings of SPIE 7298, 72980F, 2009）

为了涵盖中波红外光谱范围，采用应变层型 InGaAs/AlGaAs 材料系。中波红外层叠结构中的 InGaAs 会产生高共面压应力，提高了响应度。由桑德斯（Sanders）组织制造的中波/长波红外焦平面阵列包括一层截止波长为 8.6μm 的 GaAs/AlGaAs QWIP，并位于截止波长为 4.7μm 的 InGaAs/GaAs/AlGaAs 应变异质结构上。该制造工艺使中波和长波探测器的填充因数分别是 85% 和 80%。具有这种结构布局的第一个焦平面阵列的可操作性大于 97%，采用 f/2 光学系统时 NEDT 值小于 35mK。

戈德堡（Goldberg）等人曾阐述过应用在中波红外和长波红外光谱区的第一个具有像素配置和同步操作模式的双波段 QWIP 焦平面阵列[86]。这种 256×256 像元的焦平面阵列在中波红外光谱区的 NEDT 已经达到 30mK，长波红外光谱区的值是 34mK。

最近，戈德堡（Goldberg）等人验证了[20] 320×256 中波/长波红外像素配置和同步可读双波段 QWIP 焦平面阵列。中波/长波红外器件的结构与图 23.23 所示结构非常类似。多量子阱结构的每个周期都由下列成分组成：4nm 的耦合量子阱（包括 1nm 的 GaAs、2nm 的 $In_{0.3}Ga_{0.7}As$ 和 1nm 的 GaAs 层（掺杂浓度 $n = 1 \times 10^{18} cm^{-3}$））、耦合量子阱之间 4nm 未掺杂 $Al_{0.3}Ga_{0.7}As$ 势垒以及 40nm 厚未掺杂 $Al_{0.3}Ga_{0.7}As$ 势垒。值得注意的是，每个 QWIP 器件的活性多量子阱区对其它波长均是透明的，这是普通带间探测器不具有的重要优点，温度 65K 时中波和长波红外探测器 NEDT 的实验测量值分别是 28mK 和 38mK。

图 23.22　25μm 像素间距的双波段 QWIP 阵列的处理细节

（资料源自：Robo，J. A.，Costard，E.，Truffer，J. P.，Nedelcu，A.，Marcadet，X.，and Bois，P.，"QWIP Focal Plane Arrays Performances from MWIR to VLWIR，"Oroceedings of SPIE 7298，72980F，2009）

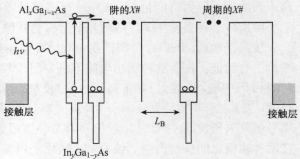

图 23.23　束缚-准束缚 QWIP 中导带示意图（采用一对量子阱结构展宽响应光谱）

（资料源自：Gunapala，S. D.，Bandara，S. V.，Liu，J. K.，Mumolo，J. M.，Hill，C. J.，Rafol，S. B.，Salarar，D.，Woollaway，J.，Levan，P. D.，and Tidrow，M. Z.，Infrared Physics &Technology，50，217-26，2007）

施耐德（Schneider）等人曾提出另外一种双波段中波/长波红外 QWIP 结构[95]。这种同步集成 384×288 像元焦平面阵列（像素为 40μm）分别包括长波红外和中波红外的光伏和光电导 QWIP（见图 16.29）。中波红外光谱区已经得到良好的 NEDT（17mK）（见图 23.24）。由于长波红外波长并非最佳耦合，所以，观察到的 NEDT 较高，但仍呈现 43mK 的一个合理值。器件设计的改进已经证明，两种峰值波长（4.8μm 和 8.0μm）都有 NEDT < 30mK 的良好热分辨率（$f/2$ 光学系统和 6.8ms 全帧时）。利用双波段 384×288 像元阵列拍摄的照片如图 23.25 所示。由德国 AIM 红外技术有限公司制造的双波段 QWIP 特性见表 23.5，该表同时对供应商美国 QmagiQ 红外成像技术有限责任公司生产的鹰牌相机性能做了比较[98]。

最近，美国喷气推进实验室（JPL）的研究小组采用中波/长波红外像素配准同步可读 1024×1024 双波段器件结构。与像素搭配双波段器件中每个像素使用 3 个铟柱相比，该结构每个像素只使用两个铟柱（见图 23.26）[85]。因而减少了 30% 的铟柱。并且，在焦平面混

合工艺期间,较多铟柱需要额外增加力,所以,对于大尺寸焦平面阵列,这是一个独特优

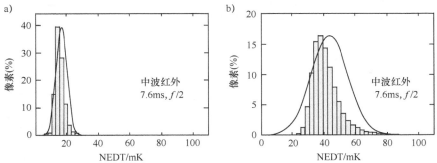

图 23.24 双波段 QWIP FPA 中波/长波红外响应 NEDT 直方图

a) 双波段 QWIP FPA 中波红外响应 NEDT 直方图 b) 双波段 QWIP FPA 长波红外响应 NEDT 直方图
(资料源自:Schneider, H., Maier, T., Fleissner, J., Walther, M., Koidl, P., Weimann, G., Cabanski, W., et al., Infrared Physics & Technology, 47, 53 - 58, 2005)

图 23.25 使用双波段 384×288 像元 QWIP 验证相机(焦距 100mm 光学系统)在恶劣的气象条件下(冬天下午 2 点,温度低于 0℃,天空有云)拍摄的外景图像(教堂塔楼位于 1200 米距离;左侧照片表示中波红外场景,右侧照片是长波红外的照片)
(资料源自:Schneider, H., Maier, T., Fleissner, J., Walther, M., Koidl, P., Weimann, G., Cabanski, W., et al., Infrared Physics & Technology, 47, 53 - 58, 2005)

表 23.5 双波段 QWIP FPA 的技术规范

	德国 AIM 红外建模有限公司①
技术	QWIP 双波段,CMOS MUX③
光谱波段	$\lambda_p = 4.8\mu m$;$\lambda_p = 7.8\mu m$;两个波段时间积分
类型	长波低噪声;中波光导高度掺杂
像元	388×288×2;像素间距 40μm
可操作性	>99.5%
偏压	两个波段单独施加
NEDT	<30mK,两个光谱波段采用 f/2 光学系统和 6.8ms 全帧时
读出模式④	快照;先凝视后扫描;两种波段的时间信号一致
子帧	任意 8 个步骤
数据速率数字	80MHz 高速串行接口
全帧速率	$\tau_{int} = 16.8ms$ 时 50Hz;$\tau_{int} = 6.8ms$ 时 100Hz
IDCA(探测器和制冷器集成组件)	1.5W 分裂式线制冷器

(续)

美国 QmagiQ 有限责任公司[②]			
参数	中波(MW)	长波(LW)	条件
阵列格式	320×256		
像素间距/μm	40		
工作温度/K	68		
光学响应/(mV/℃)	20±5	20±5	f/2.3 冷屏，ROIC 增益设为 1，1V 偏压，300K 场景
非校正响应均匀性(%)	5±2	3±2	消除孔径阴影效应
校正后响应均匀性(%)	0.1~0.2	0.1~0.2	在 20℃和 40℃两点非均匀校正(NUC)后，30℃情景温度
瞬时平均 NEDT/mK	35~45	25~35	f/2.3，17ms 积分时间，30Hz 帧速率
瞬时方差 NEDT/mK	3±1	3±1	
工作温度/K	68~70		暗电流和噪声随工作温度增大
总可操作性(%)	>99.5	>99.5	实际值取决于性能规格
ISC0006 功耗/mW[⑤]	约 80		

① 资料源自：M. Munzberg, R. Breiter, W. Cabanski, H. Lutz, J. Wendler, J. Ziegler, R. Rehm, and M. Walther, "Multi Spectral IR Detection Modules and Applications", Proceedings of SPIE 6206, 620627, 2006；
② 资料源自：http://www.qumagiq.com.
③ 原文将"CMOS MUX"错印为"CMOC MUX"，代表 CMOS 多路复用器。——译者注
④ 原文将"readout module"错印为"read put module"。——译者注
⑤ 原文将"mW"错印为"MW"。——译者注

势。探测器阵列间距是 30μm，实际的中波和长波红外像素尺寸是 28μm×28μm。以温度 77K 时中波和长波红外探测器的单像素数据为基础对 NEDT 预测值分别是 22mK 和 24mK，实验测量值分别是 27mK 和 40mK。

QWIP 的发展可能与多色探测技术有关。由美国宇航局(NASA)地球科学技术办公室资助、美国戈达德(Goddard)喷气推进实验室-美国陆军研究实验室联合完成的项目已经成功研发出四波段超光谱 640×512 QWIP 阵列（见图 23.27）。该器件结构包括：15 个周期层叠 3~5μm QWIP 结构，25 个周期层叠 8.5~10μm QWIP 结构，25 个周期层叠 10~12μm QWIP 结构和 30 个周期层叠 14~15.5μm QWIP 结构[82,83]。甚长波(VLWIR) QWIP 结构设计成束缚-准束缚子带间吸收。与甚长波红外器件相比，由于其它 QWIP 结构的光电流和暗电流较小，所以设计成束缚-

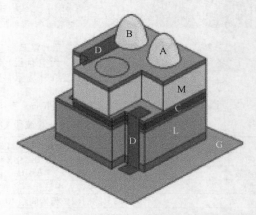

图 23.26 双波段 QWIP 器件结构的三维视图，显示分别独立进入 MWIR 和 LWIR 器件的通孔连接（色彩编码含义：C 是绝缘层；L 是长波红外 QWIP；M 是中波红外 QWIP；G 接触层；D 是 MQW 区域间金属桥；A 和 B 是铟柱）

（资料源自：Soibel, A., Gunapala, S. D., Bandara, S. V., Liu, J. K., Mumolo, J. M., Ting, D. Z., Hill, C. J., and Nguyen, J., "Large Format Mulyicolor QWIP Focal Plane Arrays", Proceedings of SPIE7298, 729806, 2009）

连续子带间吸收。

采用类似上述双波段系统的方法（见图 23.20）制造四波段 QWIP。利用深槽蚀刻工艺确定 4 种不连续探测波段，并通过探测器短路工艺，以用镀金二维反射蚀刻光栅消除有害的光谱带，如图 23.28 所示。

利用电荷容量为 1.1×10^7 个电子的读出集成电路电容器，在温度 45K 下以 30Hz 帧速率拍摄视频图像，如图 23.29 所示。值得注意的是，由于锗透镜的光学透过率在大于 14μm 的光谱范围内减小，所以，在 13～15μm 光谱

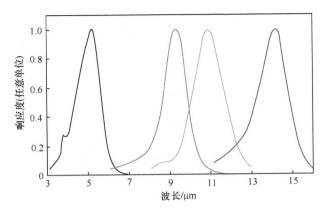

图 23.27　四波段 QWIP FPA 的归一化光谱响应

（资料源自：Gunapala, S. D., Bandara, S. V., Liu, J. K., Rafol, B., and Mumolo, J. M., IEEE Transactions on Electron Devices, 50, 2352-60, 2003）

范围内物体的成像不太清晰。图 23.30 给出了所有光谱带的峰值比探测率与工作温度的函数关系。由图 23.30 可以看得非常清楚，4～6μm、8.5～10μm、10～12μm 和 13～15μm 光谱带的 BLIP 的温度分别是 100K、60K、50K 和 40K。在温度 40K 时，上述四波段 NEDT 的实验测量值分别是 21mK、45mK、14mK 和 44mK。

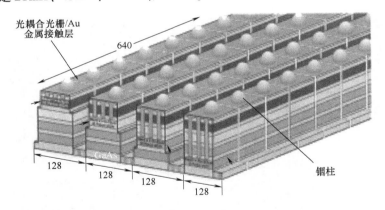

图 23.28　四波段 QWIP 器件结构和深槽二维周期光栅结构的层次图（每个像素代表四波段焦平面阵列一个 640×128 元像素面积）

（资料源自：Gunapala, S. D., Bandara, S. V., Liu, J. K., Rafol, B., and Mumolo, J. M., IEEE Transactions on Electron Devices, 50, 2353-60, 2003）

最近提出一种同时可读并置排列像素的新型四波段红外成像系统[85]。焦平面阵列分成 2×2 个子像素区，其功能相当于图 23.31 所示的 Q1、Q2、Q3 和 Q4 的超像素，每个子像素仅对四种特定波段的一种光谱区敏感。

上述结果表明，最近几年，尤其是在多波段成像应用方面，QWIP 有了相当大的进步。比较有利的是，利用 MBE 技术可以便利地产生出具有超低缺陷密度的多波段结构，这就是它们本身具有的潜在优势。

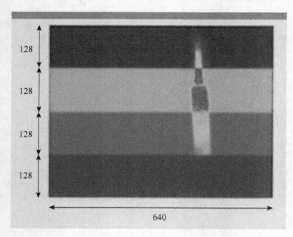
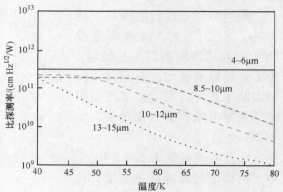

图23.29 使用截止波长为 4~15μm、四波段 640×512 像元 QWIP 相机拍摄的一幅视频图像（由于镀增透膜锗透镜在 13~15μm 光谱范围的光学透过率差，所以在该范围几乎无法观察）

（资料源自：Gunapala, S. D., Bandara, S. V., Liu, J. K., Rafol, B., and Mumolo, J. M., IEEE Transactions on Electron Devices, 50, 2353-60, 2003）

图23.30 四波带 QWIP FPA 每个波带的比探测率与温度的函数关系（利用单像素测试探测器在 $V_b = -1.5V$、300K 背景温度和 $f/5$ 光学系统条件下的数据得到比探测率的预测值）

（资料源自：Gunapala, S. D., Bandara, S. V., Liu, J. K., Rafol, B., and Mumolo, J. M., IEEE Transactions on Electron Devices, 50, 2353-60, 2003）

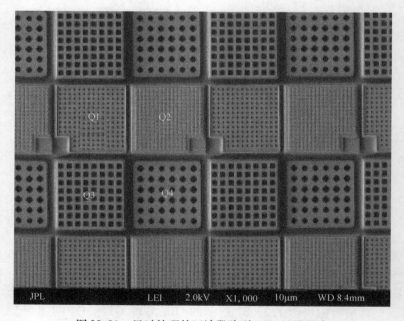

图23.31 经过处理的四波段阵列 SEM 显微照片

（资料源自：Soibel, A., Gunapala, S. D., Bandara, S. V., Liu, J. K., Mumolo, J. M., Ting, D. Z., Hill, C. J., and Nguyen, J., "Large Format Multicolor QWIP Focal Plane Arrays", Proceedings of SPIE 7298, 729806, 2009）

23.5 Ⅱ类 InAs/GaInSb 双波段探测器

最近，Ⅱ类 InAs/GaInSb 超晶格已经成为第三代红外探测器的第三种备选方案[18,23-28,99-102]。

位于德国弗莱堡市(Freiberg)的夫琅和费(Fraunhofer)研究所制造出了高质量双色中波红外Ⅱ类 SLS 焦平面阵列，其生长顺序是：首先，200nm 晶格匹配 AlGaAsSb 缓冲层，继而是 700nm 厚掺杂 GaSb 层；接着，蒸镀 330 个周期 p 类 7.5ML InAs/10ML GaSb 的"蓝光通道"；之后是 500nm p 类 GaAs 的共用地接触层；利用 150 个周期的 9.5ML InAs/10ML GaSb 超晶格实现"红光通道"；最后，生长一层 20nm 厚的 InAs 结构。像素结构的整个垂直厚度只有 4.5μm，与总层厚约为 15μm 的双波段 HgCdTe 焦平面阵列相比，大大降低了技术上的挑战。对于 n 类和 p 类掺杂超晶格区及接触层，分别使用 Si、GaTe 和 Be。

已经验证过第一台双波段 288×384 中波红外 InAs/GaSb 相机[18]。图 23.32 列出了器件的处理过程：第一步，利用以氯为基础的化学辅助离子束蚀刻技术制造通往底层二极管共用 p 类和 n 类接触层的通孔；第二步，再次采用化学蚀刻技术制造深槽，使每个像素具备电学

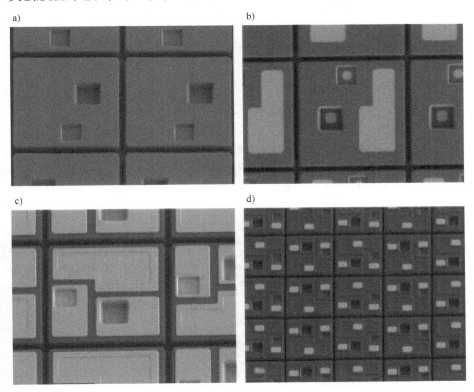

图 23.32　显示 288×384 双色 InAs/GaSb SLS FPA 处理工艺的 SEM 显微照片（对于 40μm 像素间距，每个像素三个接触点就能够同时和空间同步探测两种颜色）

（资料源自：Munzberg, M., Breiter, R., Cabanski, W., Lutz, H., Wendler, J., Ziegler, J., Rehm, and Walther, M., "Multi Spectral IR Detector Modules and Applications", Proceedings of SPIE 6206, 620627, 2006）

绝缘(见图23.32a)，在二极管钝化镀膜后，采用反应离子束蚀刻技术选择性地在钝化层上开孔以便使用接触层(见图23.32b)；最后，完成接触层金属化镀膜(见图23.32c)。图23.32d 给出了一块完整处理过的双色焦平面阵列。

上述方法已经实现了 $40\mu m$ 像素的同步探测。图 23.33 所示的实线是温度 77K 和零偏压条件下两个通道的归一化光电流光谱。若采用 $f/2$ 光学系统、2.8ms 积分时间和 73K 的探测器温度，则超晶格相机蓝光通道($3.4\mu m \leq \lambda \leq 4.1\mu m$)的 NEDT 达到 29.5mK，红光通道($4.1\mu m \leq \lambda \leq 5.1\mu m$)的 NEDT 是 16.5mK。表 23.6 还给出了品质因数的汇总。作为例子，图 23.34 给出了 288×384 InAs/GaSb 双色相机拍摄的高质量照片，该图像分别是 $3\sim4\mu m$ 和 $4\sim5\mu m$ 探测范围内以互补色青色和红色编码的两个通道图像的叠加。按照频率与瑞利散射系数的依赖关系，红色调表明景象中有 CO_2 热发射，而水蒸气(如排出的废气或云中蒸汽)则呈现蓝色。

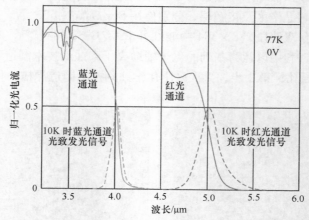

图 23.33 温度 77K 时归一化光电流和温度 10K 时光致发光信号与波长关系
(资料源自：Munzberg, M., Breiter, R., Cabanski, W., Lutz, H., Wendler, J., Ziegler, J., Rehm, R., and Walther, M., "Multi Spectral IR Detection Modules and Applications", Proceedings od SPIE6206, 620627, 2006.)

图 23.34 使用 288×384 双波段 InAs/GaSb SL 相机拍摄的某一工业区的双光谱红外图像(分别用补色，即青色和红色表示双色通道 $3\sim4\mu m$ 和 $4\sim5\mu m$)

(资料源自：Rutz, F., Rehm, R., Schmitz, J., Fleissner, J., Walther, M., Scheibner, R., and Ziegler, J., "InAs/GaSb Superlattice Focal Plane Array Infrared Detectors: Manufacturing Aspects", Proceedings of SPIE 7298, 72981R, 2009)

表 23.6 384×288 双色超晶格红外模块的重要特性

技术	锑 II 类超晶格，CMOS MUX①
光谱带区	蓝色光谱：3.4~4.0μm 红色光谱：4.0~5.0μm 两种光谱积分时间一致
像元	388×284×2；40μm 像素间距
像元尺寸	38μm
填充因数	两种光谱范围都 >80%
偏压	两种光谱分别施加
3~4μm 光谱的集成能力（单位 $10^6 e^-$）	1，2/6（两种增益级）±10%
4~5μm 光谱的集成能力（单位 $10^6 e^-$）	7/19（两种增益级）±10%
像元的可操作性	>98%
读出模式	快照；先凝视后扫描；两种波段的时间信号一致
子帧幅	任意 8 种步骤
输出	每种颜色 4 种模拟输出
数据速率数字	80MHz 高速串行接口
全帧速率	τ_{int} = 2ms 时 150Hz
环境温度范围	-54 ~ +71℃
振动	MIL-STD-810F
（探测器和制冷器集成组件）IDCA	1W 或 1.5W 线性分裂式斯特林制冷器或 0.7W 集成斯特林制冷器
包括电子装置在内的 IDCA 重量	线性分裂式斯特林制冷器 >2.5kg，集成斯特林制冷器大约 1kg

① 原文将"CMOS MUX"错印为"CMOC MUX"，代表 CMOS 多路复用器。——译者注
（原文作者删除其中"read put module"一行。——译者注）
（资料源自：M. Munzberg, R. Breiter, W. Cabanski, K. Hofmann, H. Lutz, J. Wendler, J. Ziegler, P. Rehm, and M. Walther, "Dual Color IR Detection Modules, Thends and Applications", Proceedings of SPIE 6542, 654207, 2007）

导弹袭击告警系统是首批三代红外系统双波段 SLS 的商业化代表产品之一。像素尺寸小至 30μm×30μm 的正方形 256×256 元焦平面阵列正在研制中[100]。每个像素仅利用两个铟柱就可以减少像素尺寸。这些非常满意的结果证明，锑化物 SL 技术是当前 MBE 技术生长 HgCdTe 双色技术的直接竞争者。

23.6 多波段量子点红外光电探测器

在外延生长期间将不同的 QWIP 层进行竖直叠加，就可以制造能够探测几种波长的 QDIP 器件，图 23.35 给出了其结构示意图。在鲁（Lu）等人的结构中[103]，每个 QDIP 由 10 个周期的 InAs/InGaAs 量子点层组成，上下层夹持有电极。图 23.36 给出了该结构在不同偏压下能带层的简化图。探测带偏压的选择源自非对称带结构。低偏压时，高能 GaAs 势垒层

长波红外辐射产生的光电流,只对中波红外入射光敏感;反之,偏压升高时,势垒能量下降,从而在不同的偏压电平下探测长波红外信号。

第一个双色量子点焦平面阵列的验证是以电压可调谐 InAs/InGaAs/GaAs DWELL(量子阱中量子点)结构为基础[31,32]。正如本书18.1节所述,在这类结构中,将 InAs 量子点放置在一个 InGaAs 阱中,再依次放置在 GaAs 矩阵中(见图18.4)。

图23.37 给出了 DWELL 探测器的响应曲线[104]。已经证明,该器件的多波段响应范围从中波红外(3~5μm)到

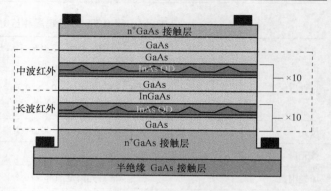

图 23.35 多光谱 QDIP 器件的结构示意图

(资料源自:Lu, X, Vaillancourt, J., and Meisner, M., "A Voltage-T unable Multiband Quantum Dot Infrared Focal Plane Array with High Photoconductivity," Proceedingsod SPIE 642, 65420Q, 2007)

长波红外(8~12μm),前者以束缚-连续转换为基础,而后者则是以量子点中束缚态到量子阱中的束缚态转换为基础。由于计算出量子点级间的能隙约为50~60meV,所以,还观察到超长红外波长(VWIR)响应,并归结于量子点中两种束缚态之间的转换。此外,调整器件偏压,有可能调整中波、长波和超长波红外吸收所产生的电子比例。一般地,在低电压到正常电压段,具有较高的逃脱几率,所以,中波红外响应占优势;随着偏压升高,增大了 DWELL 探测器中较低态的隧穿概率(见图23.38),所以,长波和甚长波红外响应明显加强(见图23.38)[34]。由于量子限制斯塔克(Stark)效应,可以观察到与偏压相关的光谱响应偏移。利用电压控制光谱响应的这种性质可以实现频谱智能传感器,并根据所需要的应用能够调整其波长和带宽[31,104-106]。

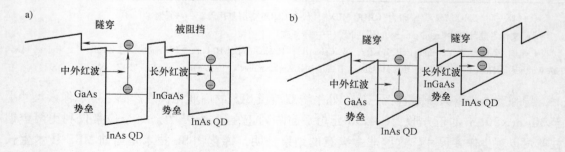

图 23.36 图 23.35 所示结构在不同偏压下的简化能带图

a)低压 b)高压

(资料源自:Lu, X, Vaillancourt, J., and Meisner, M., "A Voltage-T unable Multiband Quantum Dot Infrared Focal Plane Array with High Photoconductivity", Proceedingsod SPIE 642, 65420Q, 2007)

一般地,探测器结构由15层非对称 DWELL 结构组成,并夹持在两层高掺杂 n-GaAs 接触层中间。DWELL 层是这样一种结构:在 $In_{0.15}Ga_{0.85}As$ 阱中有2.2个单层(ML)n 类掺杂 InAs 量子点,并置于 GaAs 矩阵中。使底部 InGaAs 阱的宽度在1~6nm 范围内变化,就可以使探测器的工作波长从7.2μm 变化到11μm。对试验器件在温度78K 时得到的响应度和比探

测率如图 23.39 所示[32]，长波红外光谱比探测率的测量值是 2.6×10^{10} cm Hz$^{1/2}$/W（V_b = 2.6V），中波红外光谱是 7.1×10^{10} cm Hz$^{1/2}$/W（V_b = 1V）。

最近，瓦利（Varley）等人[33]验证了以 DWELL 探测器为基础的双色、MWIR/LWIR（中波/长波红外）、320×256 像元焦平面阵列，NEDT 的最小测量值分别是（中波红外）55mK 和（长波红外）70mK（见图 23.40）。

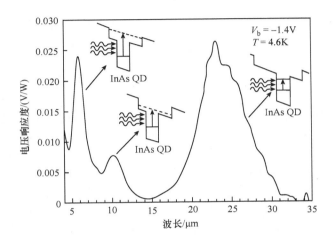

图 23.37　InAs/In$_{0.15}$Ga$_{0.85}$As/GaAs DWELL 探测器的多光谱响应（MWIR（LWIR）峰值可能是从量子点中一种态到量子阱中一种较高（较低）态的转换，而 VLWIR 响应可能是 QD 内两种量子-束缚态间转换；在温度 80K 时可以观察到这种响应）

（资料源自：Krishna, S., Journal of Physics D: Applied Physics, 38, 2142-50, 2005）

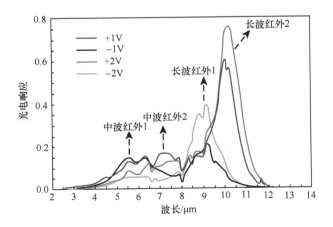

图 23.38　DWELL 探测器在 V_b = +/−1V 和 +/−2V 条件下的光谱响应（注意，可以利用探测器测量中波和长波两种红外光谱的响应；施加偏压可以改变波段的相对强度）

（资料源自：Krishna, S., Ganapala, S. D., Bandara, S. V., Hill, C., and Ting, D. Z."，Quantum Dot Based Infrared Focal Plane Arrays", Proceedings of IEEE 95, 1838−52, 2007）

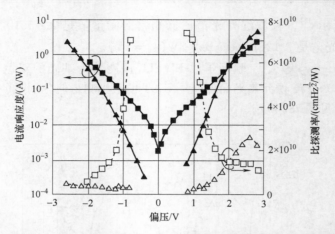

图 23.39 利用标定过的黑体光源得到的 15 叠层 DWELL 探测器的峰值响应度(■：MWIR 响应度；▲：LWIR 响应度；□：MWIR 比探测率；△：LWIR 比探测率)

(资料源自：Krishna, S., Forman, D., Annamalai, S., Dowd, P., Varangis, P., Tumolillo, T., et al., Physica Status Solidi(c), 3, 439-43, 2006)。

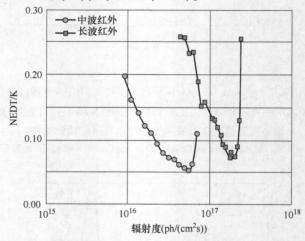

图 23.40 MWIR 和 LWIR 光谱在温度 77K 时的 NEDT(MWIR 和 LWIR 的辐照度分别是 3~5μm (f/2)和 8~12μm(f/2.3))

(资料源自：Varley, E., Lenz, M., Lee, S.J., Brown, J.S., Ramirez, D.A., Stintz, and Krishna, S., Applied Physics Letters, 91, 081120, 2007)

参考文献

1. P. Norton, J. Campbell, S. Horn, and D. Reago, "Third-Generation Infrared Imagers," *Proceedings of SPIE* 4130, 226-36, 2000.

2. M. Z. Tidrow, W. A. Beck, W. W. Clark, H. K. Pollehn, J. W. Little, N. K. Dhar, P. R. Leavitt, et al., "Device Physics and Focal Plane Applications of QWIP and MCT," *Opto-Electrononics Review* 7, 283-96, 1999.

3. M. N. Abedin, T. F. Refaat, I. Bhat, Y. Xiao, S. Bandara, and S. D. Gunapala, "Progress of Multicolor Single Detector to Detector Array Development for Remote Sensing," *Proceedings of SPIE* 5543, 239-47, 2004.

4. P. McCarley, "Recent Developments in Biologically Inspired Seeker Technology," *Proceedings of SPIE* 4288, 1-

12, 2001.

5. J. T. Caulfield, "Next Generation IR Focal Plane Arrays and Applications," *Proceedings of 32nd Applied Imagery Pattern Recognition Workshop*, IEEE, New York, 2003.

6. E. P. G. Smith, L. T. Pham, G. M. Venzor, E. M. Norton, M. D. Newton, P. M. Goetz, V. K. Randall, et al., "HgCdTe Focal Plane Arrays for Dual-Color Mid- and Long-Wavelength Infrared Detection," *Journal of Electronic Materials* 33, 509-16, 2004.

7. W. A. Radford, E. A. Patten, D. F. King, G. K. Pierce, J. Vodicka, P. Goetz, G. Venzor, et al., "Third Generation FPA Development Status at Raytheon Vision Systems," *Proceedings of SPIE* 5783, 331-39, 2005.

8. A. Rogalski, "HgCdTe Infrared Detector Material: History, Status, and Outlook," *Reports on Progress in Physics* 68, 2267-336, 2005.

9. D. F. King, W. A. Radford, E. A. Patten, R. W. Graham, T. F. McEwan, J. G. Vodicka, R. F. Bornfreund, P. M. Goetz, G. M. Venzor, and S. M. Johnson, "3rd-Generation 1280 × 720 FPA Development Status at Raytheon Vision Systems," *Proceedings of SPIE* 6206, 62060W, 2006.

10. G. Destefanis, P. Ballet, J. Baylet, P. Castelein, O. Gravrand, J. Rothman, F. Rothan, et al., "Bi-Color and Dual-Band HgCdTe Infrared Focal Plane Arrays at DEFIR," *Proceedings of SPIE* 6206, 62060R, 2006.

11. G. Destefanis, J. Baylet, P. Ballet, P. Castelein, F. Rothan, O. Gravrand, J. Rothman, J. P. Chamonal, and A. Million, "Status of HgCdTe Bicolor and Dual-Band Infrared Focal Plane Arrays at LETI," *Journal of Electronic Materials* 36, 1031-44, 2007.

12. P. D. Dreiske, "Development of Two-Color Focal-Plane Arrays Based on HDVIP," *Proceedings of SPIE* 5783, 325-30, 2005.

13. N. T. Gordon, P. Abbott, J. Giess, A. Graham, J. E. Hails, D. J. Hall, L. Hipwood, C. L. Lones, C. D. Maxeh, and J. Price, "Design and Assessment of Metal-Organic Vapour Phase Epitaxy-Grown Dual Wavelength Infrared Detectors," *Journal of Electronic Materials* 36, 931-36, 2007.

14. S. D. Gunapala and S. V. Bandara, "GaAs/AlGaAs Based Quantum Well Infrared Photodetector Focal Plane Arrays," in *Handbook of Infrared Detection Technologies*, eds. M. Henini and M. Razeghi, 83-119, Elsevier, Oxford, 2002.

15. G. Sarusi, "QWIP or Other Alternatives for Third Generation Infrared Systems," *Infrared Physics & Technology* 44, 439-44, 2003.

16. A. Rogalski, "Quantum Well Photoconductors in Infrared Detectors Technology," *Journal of Applied Physics* 93, 4355-4391 (2003).

17. A. Manissadjian, D. Gohier, E. Costard, and A. Nedelcu, "Single Color and Dual Band QWIP Production Results," *Proceedings of SPIE* 6206, 62060E, 2006.

18. M. Münzberg, R. Breiter, W. Cabanski, H. Lutz, J. Wendler, J. Ziegler, R. Rehm, and M. Walther, "Multi Spectral IR Detection Modules and Applications," *Proceedings of SPIE* 6206, 620627, 2006.

19. S. D. Gunapala, S. V. Bandara, J. K. Liu, J. M. Mumolo, C. J. Hill, D. Z. Ting, E. Kurth, J. Woolaway, P. D. LeVan, and M. Z. Tidrow, "Towards 16 Megapixel Focal Plane Arrays," *Proceedings of SPIE* 6660, 66600E, 2007.

20. S. D. Gunapala, S. V. Bandara, J. K. Liu, J. M. Mumolo, C. J. Hill, S. B. Rafol, D. Salazar, J. Woollaway, P. D. LeVan, and M. Z. Tidrow, "Towards Dualband Megapixel QWIP Focal Plane Arrays," *Infrared Physics & Technology* 50, 217-26, 2007.

21. A. Nedelcu, E. Costard, P. Bois, and X. Marcadet, "Research Topics at Tales Research and Technology: Small Pixels and Third Generation Applications," *Infrared Physics & Technology* 50, 227-33, 2007.

22. A. Rogalski, "Third Generation Photon Detectors," *Optical Engineering* 42, 3498-3516, 2003.

23. R. Rehm, M. Walther, J. Schmitz, J. Fleßner, F. Fuchs, J. Ziegler, and W. Cabanski, "InAs/GaSb Superlattice Focal Plane Arrays for High-Resolution Thermal Imaging," *Opto-Electronics Review* 14, 283-96, 2006.
24. A. Rogalski and P. Martyniuk, "InAs/GaInSb Superlattices as a Promising Material System for Third Generation Infrared Detectors," *Infrared Physics & Technology* 48, 39-52, 2006.
25. R. Rehm, M. Walther, J. Schmitz, J. Fleßner, J. Ziegler, W. Cabanski, and R. Breiter, "Bispectral Thermal Imaging with Quantum-Well Infrared Photodetectors and InAs/GaSb Type II Superlattices," *Proceedings of SPIE* 6292, 629404, 2006.
26. A. Rogalski, "Competitive Technologies of Third Generation Infrared Photon Detectors," *Opto-Electronics Review* 14, 87-101, 2006.
27. A. Rogalski, "New Material Systems for Third Generation Infrared Photodetectors," *Opto-Electronics Review* 16, 458-82, 2008.
28. A. Rogalski, J. Antoszewski, and L. Faraone, "Third-Generation Infrared Photodetector Arrays," *Journal of Applied Physics* 105, 091101-44, 2009.
29. S. M. Kim and J. S. Harris, "Multicolor InGaAs Quantum-Dot Infrared Photodetectors," *IEEE Photonics Technology Letters* 16, 2538-40, 2004.
30. S. Chakrabarti, X. H. Su, P. Bhattacharya, G. Ariyawansa, and A. G. U. Perera, "Characteristics of a Multicolour InGaAs-GaAs Quantum-Dot Infrared Photodetector," *IEEE Photonics Technology Letters* 17, 178-80, 2005.
31. S. Krishna, D. Forman, S. Annamalai, P. Dowd, P. Varangis, T. Tumolillo, A. Gray, et al., "Demonstration of a 320 × 256 Two-Color Focal Plane Array Using InAs/InGaAs Quantum Dots in Well Detectors," *Applied Physics Letters* 86, 193501, 2005.
32. S. Krishna, D. Forman, S. Annamalai, P. Dowd, P. Varangis, T. Tumolillo, et al., "Two-Color Focal Plane Arrays Based on Self Assembled Quantum Dots in a Well Heterostructure," *Physica Status Solidi (c)* 3, 439-43, 2006.
33. E. Varley, M. Lenz, S. J. Lee, J. S. Brown, D. A. Ramirez, A. Stintz, and S. Krishna, "Single Bump, Two-Color Quantum Dot Camera," *Applied Physics Letters* 91, 081120, 2007.
34. S. Krishna, S. D. Gunapala, S. V. Bandara, C. Hill, and D. Z. Ting, "Quantum Dot Based Infrared Focal Plane Arrays," *Proceedings of IEEE* 95, 1838-52, 2007.
35. M. D. Morris, *Microscopic and Spectroscopic Imaging of the Chemical State*, Marcel Dekker, New York, 1993.
36. C. D. Tran, "Principles, Instrumentation, and Applications of Infrared Multispectral Imaging, An Overview," *Analytical Letters* 38, 735-52, 2005.
37. W. J. Gunning, J. DeNatale, P. Stupar, R. Borwick, R. Dannenberg, R. Sczupak, and P. O. Pettersson, "Adaptive Focal Plane Array: An Example of MEMS, Photonics, and Electronics Integration," *Proceedings of SPIE* 5783, 336-75, 2005.
38. D. Reago, S. Horn, J. Campbell, and R. Vollmerhausen, "Third Generation Imaging Sensor System Concepts," *Proceedings of SPIE*, 3701, 108-17, 1999.
39. S. Horn, P. Norton, K. Carson, R. Eden, and R. Clement, "Vertically-Integrated Sensor Arrays - VISA," *Proceedings of SPIE* 5406, 332-40, 2004.
40. R. Balcerak and S. Horn, "Progress in the Development of Vertically-Integrated Sensor Arrays," *Proceedings of SPIE* 5783, 384-91, 2005.
41. P. R. Norton, "Third-Generation Sensors for Night Vision," *Opto-Electronics Review* 14, 283-96, 2006.
42. P. R. Norton, "Infrared Detectors in the Next Millennium," *Proceedings of SPIE* 3698, 652-65, 1999.
43. E. P. G. Smith, G. M. Venzor, Y. Petraitis, M. V. Liguori, A. R. Levy, C. K. Rabkin, J. M. Peterson,

M. Reddy, S. M. Johnson, and J. W. Bangs, "Fabrication and Characterization of Small Unit-Cell Molecular Beam Epitaxy Grown HgCdTe-on-Si Mid-Wavelength Infrared Detectors," *Journal of Electronic Materials* 36, 1045-51, 2007.

44. S. Horn, P. Norton, T. Cincotta, A. Stolz, D. Benson, P. Perconti, and J. Campbell, "Challenges for Third-Generation Cooled Imagers," *Proceedings of SPIE* 5074, 44-51, 2003.

45. H. Halpert and B. I. Musicant, "N-Color (Hg, Cd) Te Photodetectors," *Applied Optics* 11, 2157-61, 1972.

46. InSb/HgCdTe Two-Color Detector, http://www.irassociates.com/insbhgcdte.htm

47. J. C. Campbell, A. G. Dentai, T. P. Lee, and C. A. Burrus, "Improved Two-Wavelength Demultiplexing InGaAsP Photodetector," *IEEE Journal of Quantum Electronics* QE-16, 601, 1980.

48. E. R. Blazejewski, J. M. Arias, G. M. Williams, W. McLevige, M. Zandian, and J. Pasko, "Bias-Switchable Dual-Band HgCdTe Infrared Photodetector." *Journal of Vacuum Science and Technology* B10, 1626, 1992.

49. J. A. Wilson, E. A. Patten, G. R. Chapman, K. Kosai, B. Baumgratz, P. Goetz, S. Tighe, et al. , "Integrated Two-Color Detection for Advanced FPA Applications," *Proceedings of SPIE* 2274, 117-25, 1994.

50. R. D. Rajavel, D. M. Jamba, J. E. Jensen, O. K. Wu, J. A. Wilson, J. L. Johnson, E. A. Patten, K. Kasai, P. M. Goetz, and S. M. Johnson, "Molecular Beam Epitaxial Growth and Performance of HgCdTe-Based Simultaneous-Mode Two-Color Detectors," *Journal of Electronic Materials* 27, 747-51, 1998.

51. E. P. G. Smith, E. A. Patten, P. M. Goetz, G. M. Venzor, J. A. Roth, B. Z. Nosho, J. D. Benson, et al. , "Fabrication and Characterization of Two-Color Midwavelength/Long Wavelength HgCdTe Infrared Detectors," *Journal of Electronic Materials* 35, 1145-52, 2006.

52. D. F. King, J. S. Graham, A. M. Kennedy, R. N. Mullins, J. C. McQuitty, W. A. Radford, T. J. Kostrzewa, et al. , "3rd-Generation MW/LWIR Sensor Engine for Advanced Tactical Systems," *Proceedings of SPIE* 6940, 69402R, 2008.

53. E. P. G. Smith, A. M. Gallagher, T. J. Kostrzewa, M. L. Brest, R. W. Graham, C. L. Kuzen, E. T. Hughes, et al. , "Large Format HgCdTe Focal Plane Arrays for Dual-Band Long-Wavelength Infrared Detection," *Proceedings of SPIE* 7298, 72981Y, 2009.

54. M. B. Reine, A. Hairston, P. O'Dette, S. P. Tobin, F. T. J. Smith, B. L. Musicant, P. Mitra, and F. C. Case, "Simultaneous MW/LW Dual-Band MOCVD HgCdTe 64 × 64 FPAs," *Proceedings of SPIE* 3379, 200-12, 1998.

55. J. P. Zanatta, P. Ferret, R. Loyer, G. Petroz, S. Cremer, J. P. Chamonal, P. Bouchut, A. Million, and G. Destefanis, "Single and Two Colour Infrared Focal Plane Arrays Made by MBE in HgCdTe," *Proceedings of SPIE* 4130, 441-51, 2000.

56. P. Tribolet. M. Vuillermet, and G. Destefanis, "The Third Generation Cooled IR Detector Approach in France," *Proceedings of SPIE* 5964, 49-60, 2005.

57. J. P. Zanatta, G. Badano, P. Ballet, C. Largeron, J. Baylet, O. Gravrand, J. Rothman, et al. , "Molecular Beam Epitaxy of HgCdTe on Ge for Third-Generation Infrared Detectors," *Journal of Electronic Materials* 35, 1231-36, 2006.

58. P. Tribolet, G. Destefanis, P. Ballet, J. Baylet, O. Gravrand, and J. Rothman, "Advanced HgCdTe Technologies and Dual-Band Developments," *Proceedings of SPIE* 6940, 69402P, 2008.

59. J. Giess, M. A. Glover, N. T. Gordon, A. Graham, M. K. Haigh, J. E. Hails, D. J. Hall, and D. J. Lees, "Dial-Wavelength Infrared Focal Plane Arrays Using MCT Grown by MOVPE on Silicon Substrates," *Proceedings of SPIE* 5783, 316-24, 2005.

60. N. T. Gordon, P. Abbott, J. Giess, A. Graham, J. E. Hails, D. J. Hall, L. Hipwood, C. L. Lones, C. D. Maxeh, and J. Price, "Design and Assessment of Metal-Organic Vapour Phase Epitaxy-Grown Dual Wavelength

Infrared Detectors," *Journal of Electronic Materials* 36, 931-36, 2007.

61. C. L. Jones, L. G. Hipwood, J. Price, C. J. Shaw, P. Abbott, C. D. Maxey, H. W. Lau, et al., "Multi-Colour IRFPAs Made from HgCdTe Grown by MOVPE," *Proceedings of SPIE* 6542, 654210, 2007.

62. J. P. G. Price, C. L. Jones, L. G. Hipwood, C. J. Shaw, P. Abbott, C. D. Maxey, H. W. Lau, et al., "Dual-Band MW/LW IRFPAs Made from HgCdTe Grown by MOVPE," *Proceedings of SPIE* 6940, 69402S, 2008.

63. F. Aqariden, P. D. Dreiske, M. A. Kinch, P. K. Liao, T. Murphy, H. F. Schaake, T. A. Shafer, H. D. Shih, and T. H. Teherant, "Development of Molecular Beam Epitaxy Grown $Hg_{1-x}Cd_xTe$ for High-Density Vertically-Integrated Photodiode-Based Focal Plane Arrays," *Journal of Electronic Materials* 36, 900-904, 2007.

64. M. A. Kinch, "HDVIP™ FPA Technology at DRS," *Proceedings of SPIE* 4369, 566-78, 2001.

65. M. A. Kinch, *Fundamentals of Infrared Detector Materials*, SPIE Press, Bellingham, 2007.

66. W. E. Tennant, M. Thomas, L. J. Kozlowski, W. V. McLevige, D. D. Edwall, M. Zandian, K. Spariosu, et al., "A Novel Simultaneous Unipolar Multispectral Integrated Technology Approach for HgCdTe IR Detectors and Focal Plane Arrays," *Journal of Electronic Materials* 30, 590-94, 2001.

67. L. A. Almeida, M. Thomas, W. Larsen, K. Spariosu, D. D. Edwall, J. D. Benson, W. Mason, A. J. Stoltz, and J. H. Dinan, "Development and Fabrication of Two-Color Mid- and Short-Wavelength Infrared Simultaneous Unipolar Multispectral Integrated Technology Focal-Plane Arrays," *Journal of Electronic Materials* 30, 669-76, 2002.

68. A. H. Lockwood, J. R. Balon, P. S. Chia, and F. J. Renda, "Two-Color Detector Arrays by PbTe/Pb0.8Sn0.2Te Liquid Phase Epitaxy," *Infrared Physics* 16, 509-14, 1976.

69. J. Baylet, P. Ballet, P. Castelein, F. Rothan, O. Gravrand, M. Fendler, E. Laffosse, et al., "TV/4 Dual-Band HgCdTe Infrared Focal Plane Arrays with a 25-μm Pitch and Spatial Coherence," *Journal of Electronic Materials* 35, 1153-58, 2006.

70. P. R. Norton, "Status of Infrared Detectors," *Proceedings of SPIE* 3379, 102-14, 1998.

71. E. P. G. Smith, R. E. Bornfreund, I. Kasai, L. T. Pham, E. A. Patten, J. M. Peterson, J. A. Roth, et al., "Status of Two-Color and Large Format HgCdTe FPA Technology at Reytheon Vision Systems," *Proceedings of SPIE* 6127, 61271F, 2006.

72. K. Jóźwikowski and A. Rogalski, "Computer Modeling of Dual-Band HgCdTe Photovoltaic Detectors," *Journal of Applied Physics* 90, 1286-91, 2001.

73. A. K. Sood, J. E. Egerton, Y. R. Puri, E. Bellotti, D. D'Orsogna, L. Becker, R. Balcerak, K. Freyvogel, and R. Richwine, "Design and Development of Multicolor MWIR/LWIR and LWIR/VLWIR Detector Arrays," *Journal of Electronic Materials* 34, 909-12, 2005.

74. E. Bellotti and D. D'Orsogna, "Numerical Analysis of HgCdTe Simultaneous Two-Color Photovoltaic Infrared Detectors," *IEEE Journal of Quantum Electronics* 42, 418-26, 2006.

75. L. G. Hipwood, C. L. Jones, C. D. Maxey, H. W. Lau, J. Fitzmaurice, R. A. Catchpole, and M. Ordish, "Three-Color MOVPE MCT Diodes," *Proceedings of SPIE* 6206, 620612, 2006.

76. K. Jóźwikowski and A. Rogalski, "Numerical Analysis of Three-Colour HgCdTe Detectors," *Opto-Electronics Review* 15, 215-22, 2007.

77. W. A. Beck and T. S. Faska, "Current Status of Quantum Well Focal Plane Arrays," *Proceedings of SPIE* 2744, 193-206, 1996.

78. M. Sundaram and S. C. Wang, "2-Color QWIP FPAs," *Proceedings of SPIE* 4028, 311-17, 2000.

79. S. D. Gunapala, S. V. Bandara, A. Sigh, J. K. Liu, S. B. Rafol, E. M. Luong, J. M. Mumolo, et al., "8-9 and 14-15 μm Two-Color 640 × 486 Quantum Well Infrared Photodetector (QWIP) Focal Plane Array

Camera," *Proceedings of SPIE* 3698, 687-97, 1999.

80. S. D. Gunapala, S. V. Bandara, A. Singh, J. K. Liu, B. Rafol, E. M. Luong, J. M. Mumolo, et al., "640 × 486 Long-Wavelength Two-Color GaAs/AlGaAs Quantum Well Infrared Photodetector (QWIP) Focal Plane Array Camera," *IEEE Transactions on Electron Devices* 47, 963-71, 2000.

81. S. D. Gunapala, S. V. Bandara, J. K. Liu, E. M. Luong, S. B. Rafol, J. M. Mumolo, D. Z. Ting, et al., "Recent Developments and Applications of Quantum Well Infrared Photodetector Focal Plane Arrays," *Opto-Electronics Review* 8, 150-63, 2001.

82. S. D. Gunapala, S. V. Bandara, J. K. Liu, B. Rafol, J. M. Mumolo, C. A. Shott, R. Jones, et al., "640 × 512 Pixel Narrow-Band, Four-Band, and Broad-Band Quantum Well Infrared Photodetector Focal Plane Arrays," *Infrared Physics & Technology* 44, 411-25, 2003.

83. S. D. Gunapala, S. V. Bandara, J. K. Liu, B. Rafol, and J. M. Mumolo, "640 × 512 Pixel Long-Wavelength Infrared Narrowband, Multiband, and Broadband QWIP Focal Plane Arrays," *IEEE Transactions on Electron Devices* 50, 2353-60, 2003.

84. S. D. Gunapala, S. V. Bandara, J. K. Liu, J. M. Mumolo, C. J. Hill, D. Z. Ting, E. Kurth, J. Woolaway, P. D. LeVan, and M. Z. Tidrow, "Development of Megapixel Dual-Band QWIP Focal Plane Array," *Proceedings of SPIE* 6940, 69402T, 2008.

85. A. Soibel, S. D. Gunapala, S. V. Bandara, J. K. Liu, J. M. Mumolo, D. Z. Ting, C. J. Hill, and J. Nguyen, "Large Format Multicolor QWIP Focal Plane Arrays," *Proceedings of SPIE* 7298, 729806, 2009.

86. A. Goldberg, T. Fischer, J. Kennerly, S. Wang, M. Sundaram, P. Uppal, M. Winn, G. Milne, and M. Stevens, "Dual Band QWIP MWIR/LWIR Focal Plane Array Test Results," *Proceedings of SPIE* 4028, 276-87, 2000.

87. A. C. Goldberger, S. W. Kennerly, J. W. Little, H. K. Pollehn, T. A. Shafer, C. L. Mears, H. F. Schaake, M. Winn, M. Taylor, and P. N. Uppal, "Comparison of HgCdTe and QWIP Dual-Band Focal Plane Arrays," *Proceedings of SPIE* 4369, 532-46, 2001.

88. K. -K. Choi, M. D. Jhabvala, and R. J. Peralta, "Voltage-Tunable Two-Color Corrugated-QWIP Focal Plane Arrays," *IEEE Electron Devvice Letters* 29, 1011-13, 2008.

89. M. Jhabvala, "Applications of GaAs Quantum Well Infrared Photoconductors at the NASA/Goddard Space Flight Center," *Infrared Physics & Technology* 42, 363-76, 2001.

90. E. Costard, Ph. Bois, X. Marcadet, and A. Nedelcu, "QWIP and Third Generation IR Imagers," *Proceedings of SPIE* 5783, 728-35, 2005.

91. P. Castelein, F. Guellec, F. Rothan, S. Martin, P. Bois, E. Costard, O. Huet, X. Marcadet, and A. Nedelcu, "Demonstration of 256 × 256 Dual-Band QWIP Infrared FPAs," *Proceedings of SPIE* 5783, 804-15, 2005.

92. N. Perrin, E. Belhaire, P. Marquet, V. Besnard, E. Costard, A. Nedelcu, P. Bois, et al., "QWIP Development Status at Thales," *Proceedings of SPIE* 6940, 694008, 2008.

93. J. A. Robo, E. Costard, J. P. Truffer, A. Nedelcu, X. Marcadet, and P. Bois, "QWIP Focal Plane Arrays Performances from MWIR to VLWIR," *Proceedings of SPIE* 7298, 72980F, 2009.

94. W. Cabanski, M. Munzberg, W. Rode, J. Wendler, J. Ziegler, J. Fleßner, F. Fuchs, et al., "Third Generation Focal Plane Array IR Detection Modules and Applications," *Proceedings of SPIE* 5783, 340-49, 2005.

95. H. Schneider, T. Maier, J. Fleissner, M. Walther, P. Koidl, G. Weimann, W. Cabanski, et al., "Dual-Band QWIP Focal Plane Array for the Second and Third Atmospheric Windows," *Infrared Physics & Technology* 47, 53-58, 2005.

96. S. Gunapala, "Megapixel QWIPs Deliver Multi-Color Performance," *Compound Semiconductor*, 10, 25-28, Oc-

tober 2005.
97. P. Bois, E. Costard, X. Marcadet, and E. Herniou, "Development of Quantum Well Infrared Photodetectors in France," *Infrared Physics & Technology* 42, 291-300, 2001.
98. http://www.qumagiq.com
99. E. H. Aifer, J. G. Tischler, J. H. Warner, I. Vurgaftman, and J. R. Meyer, "Dual Band LWIR/VLWIR Type-II Superlattice Photodiodes," *Proceedings of SPIE* 5783, 112-22, 2005.
100. M. Munzberg, R. Breiter, W. Cabanski, K. Hofmann, H. Lutz, J. Wendler, J. Ziegler, P. Rehm, and M. Walther, "Dual Color IR Detection Modules, Trends and Applications," *Proceedings of SPIE* 6542, 654207, 2007.
101. F. Rutz, R. Rehm, J. Schmitz, J. Fleissner, M. Walther, R. Scheibner, and J. Ziegler, "InAs/GaSb Superlattice Focal Plane Array Infrared Detectors: Manufacturing Aspects," *Proceedings of SPIE* 7298, 72981R, 2009.
102. M. Razeghi, D. Hoffman, B. M. Nguyen, P.-Y. Delaunay, E. K. Huang, M. Z. Tidrow, and V. Nathan, "Recent Advances in LWIR Type-II InAs/GaSb Superlattice Photodetectors and Focal Plane Arrays at the Center for Quantum Devices," *Proceedings of IEEE* 97, 1056-66, 2009.
103. X. Lu, J. Vaillancourt, and M. Meisner, "A Voltage-Tunable Multiband Quantum Dot Infrared Focal Plane Array with High Photoconductivity," *Proceedings of SPIE* 6542, 65420Q, 2007.
104. S. Krishna, "Quantum Dots-in-a-Well Infrared Photodetectors," *Journal of Physics D: Applied Physics* 38, 2142-50, 2005.
105. U. Sakoglu, J. S. Tyo, M. M. Hayat, S. Raghavan, and S. Krishna, "Spectrally Adaptive Infrared Photodetectors with Bias-Tunable Quantum Dots," *Journal of the Optical Society of America B* 21, 7-17, 2004.
106. A. G. U. Perera, "Quantum Structures for Multiband Photon Detection," *Opto-Electronics Review* 14, 99-108, 2006.

跋

红外探测系统的未来应用要求：
- 较高的像素灵敏度；
- 进一步提高像素密度；
- 由于探测器与信号处理功能相集成（具有更多的片上信号处理），无需太多的传感器制冷技术，从而降低红外成像阵列系统的成本；
- 宽光谱范围的光子技术（例如，e-APD（e 谱线雪崩光敏二极管）和 h-APD（h 谱线雪崩光敏二极管）HgCdTe 光敏二极管的研发）；
- 通过多光谱传感器的研发提高红外成像阵列的功能性。

阵列尺寸会继续增大，而发展速度可能会低于摩尔(Moore)定律曲线确定的值。

增大阵列尺寸在技术上已经是可行的，然而，要求较大阵列的市场需求并不像现在已经突破的兆像素那样强烈。

对于未来民用和军用红外探测器应用，还会遇到许多严峻挑战。对于许多系统，例如夜视仪，用人眼观察红外图像可以使分辨率提高到大约 1 百万个像素，与高清晰度电视的分辨率几乎一样。使用 1280×1024 规格完全能够满足大部分高容量应用。虽然大范围监视和天文学应用可能要使用较大尺寸，但资金限制有可能会避免过去几十年出现的成指数形式增长的情况。

第三代红外热像仪开始走上具有挑战性的发展之路。对于多波段传感器，提高灵敏度使识别范围达到最大是主要目的。双波段 MW/LW（长波/长波）红外焦平面阵列的目标是 1920×1080 元像素，考虑到低成本，应当制造在硅晶片上。满足这些技术条件的挑战是材料的均匀性和缺陷、与硅的异质结集成及特别高的容量（对长波红外光谱，达到十亿数量级）。

据预测，由于 HgCdTe 技术具有良好的性质，未来将会继续拓展其势力范围。尽管会遇到其它技术的严重挑战，并且比预期的发展要慢，但对于需要高性能、具有多光谱能力及快速响应的应用，HgCdTe 不太可能有真正的对手。然而，对于长波和甚长波 HgCdTe 探测器，非均匀性是一个严重问题。对需要工作在长波红外波段和双色中波/长波/甚长波红外波段的应用，HgCdTe 最有可能不是最佳光学方案。II 类 InAs/GaInSb 超晶格结构是另一种较新的红外材料体系，并且非常有可能适用于长波/甚长波红外光谱范围，其性能能够与具有相同截止波长的 HgCdTe 相比。

如果锑(Sb)基 II 类 SLS（应力层超晶格）技术有突破，那么，很明显，对于短积分时间，该材料系能够提供与 HgCdTe 差不多的高热分辨率。锑基超晶格的处理工艺非常接近标准的 III-V 类技术，所以，批量生产的低成本有希望使其更具竞争力。与 HgCdTe 相比具有低成本在于，可以将投资应用于锑基工业中激光器和晶体管方面，并有可能在未来实现商业化应用。

不久的将来，VO_x 测辐射热计可能会主导高性能非制冷热成像领域。然而，其灵敏度的限制和仍然很重要的价格将鼓励许多研究团队开发其它的红外传感技术，以提高性能和降低探测器成本。微机电系统(MEMS)的最新进展已经导致非制冷红外探测器朝着微机械热探测器方向发展，一种相当吸引人的方法是光学耦合悬臂梁技术。

尽管仍处于初期研发阶段，但有可能提供一种焦平面阵列，使其光谱响应实时地匹配传感器需求，或许代表未来多光谱红外成像系统一种令人瞩目的方案。这类系统有希望为未来的防空作战系统提供大为改善的威胁和目标识别能力。

在非常多元化的应用范围内，包括生物和化学危险药物检测、爆炸物检测、建筑物和机场安全、射电天文学和空间研究、生物学和医学，太赫兹(THz)探测器显得愈加重要。太赫兹仪器灵敏度的进一步提高将伴随着在焦平面位置使用大尺寸阵列和读出电路，以满足高分辨率光谱术的视觉需求。